五金手册

主　编　郭玉林　何雅槐　李志远
副主编　随红军　刘天舒　张建银
　　　　刘椿年

河南科学技术出版社
·郑州·

内 容 提 要

该手册是介绍五金材料和商品的工具书，内容有：基础资料，金属材料，通用零件配件及焊接材料，常用机床及附件，工具和量具，泵阀管路附件及建筑五金。本书针对五金工程所包括的各种材料、配件、设备，就其型号、规格、型式、各项技术指标以及适用范围做了全面系统的介绍，数据齐全，资料性强，以表格为主，辅以图示，可供各个行业的业务技术人员选择使用。

图书在版编目(CIP)数据

五金手册/郭玉林，何诗槐，李志远主编. —郑州：河南科学技术出版社，2012.9

ISBN 978-7-5349-5949-3

Ⅰ.①五… Ⅱ.①郭… ②何… ③李… Ⅲ.①五金制品-手册 Ⅳ.①TS914-62

中国版本图书馆 CIP 数据核字(2012)第 193284 号

出版发行：河南科学技术出版社

地址：郑州市经五路 66 号　邮编：450002

电话：(0371)65737028

网址：www.hnstp.cn

责任编辑：冯　英

责任校对：徐小刚　王艳红　申卫娟　李　华

封面设计：霍胤良

印　　刷：安阳市泰亨印刷有限责任公司

经　　销：全国新华书店

幅面尺寸：140mm×202mm　印张：47.125　字数：1400 千字

版　　次：2012 年 9 月第 1 版　2012 年 9 月第 1 次印刷

定　　价：98.00 元

本书编委会

主　编　郭玉林　何雅槐　李志远

副主编　随红军　刘天舒　张建银　刘椿年

编　委　张军民　黄　穗　段承钧　吕　莉
辛　楠　方思秀　李　立　吴润燕
樊　康　陈百胜　汤　力　仲淑艳
王薇晓　金湧涛

目　录

第一章　基础资料

1.1　常用字母及符号

1.1.1　英文字母

正体

大写：A B C D E F G H I J K L M N O P Q R S T U V W X Y Z

小写：a b c d e f g h i j k l m n o p q r s t u v w x y z

斜体：

大写：*A B C D E F G H I J K L M N O P Q R S T U V W X Y Z*

小写：*a b c d e f g h i j k l m n o p q r s t u v w x y z*

1.1.2　希腊字母

斜体

大写：$A\ B\ \Gamma\ \Delta\ E\ Z\ H\ \Theta\ I\ K\ \Lambda\ M\ N\ \Xi\ O\ \Pi\ P\ \Sigma\ T\ \Upsilon\ \Phi\ X\ \Psi\ \Omega$

小写：$\alpha\ \beta\ \gamma\ \delta\ \varepsilon\ \zeta\ \eta\ \theta\ \iota\ \kappa\ \lambda\ \mu\ \nu\ \xi\ o\ \pi\ \rho\ \sigma\ \tau\ \upsilon\ \varphi\ \chi\ \psi\ \omega$

1.1.3　化学元素符号

有关元素的化学符号、原子序数、原子量和相对密度列于表1－1。

表 1－1　有关元素的化学符号、原子序数、原子量和相对密度表

元素名称	化学符号	原子序数	原子量	相对密度	元素名称	化学符号	原子序数	原子量	相对密度	元素名称	化学符号	原子序数	原子量	相对密度	元素名称	化学符号	原子序数	原子量	相对密度
银	Ag	47	107.88	10.5	钴	Co	27	58.94	8.8	铌	Nb	41	92.91	8.6	锶	Sr	38	87.63	2.6
铝	Al	13	26.97	2.7	铬	Cr	24	52.01	7.19	镍	Ni	28	58.69	8.9	钽	Ta	73	180.88	16.6
砷	As	33	74.91	5.73	氟	F	9	19.00	1.11	磷	P	15	30.98	1.82	钍	Th	90	232.12	11.5
金	Au	79	197.2	19.3	铁	Fe	26	55.85	7.87	铅	Pb	82	207.21	11.34	钛	Ti	22	47.90	4.54
硼	B	5	10.82	2.3	锗	Ge	32	72.60	5.36	铂	Pt	78	195.23	21.45	碲	Te	52	127.6	—
钡	Ba	56	137.36	3.5	汞	Hg	80	200.61	13.6	镭	Ra	88	226.05	5	铀	U	92	238.07	18.7
铍	Be	4	9.02	1.9	碘	I	53	126.92	4.93	铷	Rb	37	85.48	1.53	钒	V	23	50.95	5.6
铋	Bi	83	209.00	9.8	铱	Ir	77	193.1	22.4	钌	Ru	44	101.7	12.2	钨	W	74	183.92	19.15
溴	Br	35	79.916	3.12	钾	K	19	39.096	0.86	硫	S	16	32.06	2.07	锌	Zn	30	65.38	7.17
碳	C	6	12.01	1.9~2.3	镁	Mg	12	24.32	1.74	锑	Sb	51	121.76	6.67	锆	Zr	40	91.22	6.49
钙	Ca	20	40.08	1.55	锰	Mn	25	54.92	7.3	硒	Se	34	78.96	4.81					
铜	Cu	29	63.54	8.93	钼	Mo	42	95.95	10.2	硅	Si	14	28.06	2.35					
镉	Cd	48	112.41	8.65	钠	Na	11	22.997	0.97	锡	Sn	50	118.70	7.3					

1.2 国内外部分技术标准及其代号

我国国家标准、国内行业标准、国际和区域部分技术标准、部分国家技术标准以及部分国外专业标准的代号和含义列于表1－2～表1－4。

表1－2 我国国家标准代号含义表

标准代号	含义
GB	强制性国家标准
GB/T	推荐性国家标准
GBn	国家内部标准
GBJ	国家工程建设标准
GJB	国家军用标准
GBZ	国家职业安全卫生标准
JJF	国家计量检定规范
JJG	国家计量检定规程

表1－3 国内行业标准代号含义表

标准代号	含义	标准代号	含义
BB	包装行业标准	DL、DLJ	电力行业标准
CB	船舶行业标准	DZ	地质矿产行业标准
CH	测绘行业标准	EJ	核工业行业标准
CJ、CJJ	城镇建设行业标准	FZ、FJJ	纺织行业标准
CY、CW	新闻出版行业标准	GA	公共安全行业标准
DA	档案行业标准	GH	供销合作行业标准

续表

标准代号	含　义	标准代号	含　义
GY、GYJ	广播电影电视行业标准	SB、SBJ	国内贸易行业标准
HB	航空行业标准	SC	水产行业标准
HG、HGJ	化工行业标准	SH、SHJ	石油化工行业标准
HJ	环境保护行业标准	SJ	电子行业标准
HY	海洋行业标准	SL、SLJ	水利行业标准
JB、JBJ	机械行业标准	SN	商检行业标准
JC	建材行业标准	SY	海洋石油天然气行业标准
JG、JGJ	建筑行业标准	SY、SYJ	石油天然气行业标准
JR	金融行业标准	TB、TBJ	铁路运输行业标准
JT、JTJ	交通行业标准	TD	土地管理行业标准
JY	教育行业标准	WB	物质管理行业标准
LB	旅游行业标准	WH	文化行业标准
LD	劳动和劳动安全行业标准	WJ	兵工民品行业标准
LY	林业行业标准	WM	外经贸行业标准
MH	民用航空行业标准	WS	卫生行业标准
MT	煤炭行业标准	XB	稀土行业标准
MZ	民政行业标准	YB、YBJ	黑色冶金行业标准
NY	农业行业标准	YC	烟草行业标准
QB、QBJ	轻工业行业标准	YD、YDJ、YDn	通信行业标准
QC	汽车行业标准	YS、YSJ	有色冶金行业标准
QJ	航天行业标准	YY	医药行业标准
QX	气象行业标准	YZ	邮政行业标准

表 1－4　国际和区域部分技术标准代号和含义

标准或组织代号	含　义	标准或组织代号	含　义
AOW	亚洲大洋洲开放系统互连研讨会	ICRP/CIPR	国际辐射防护委员会
ASAC	亚洲标准咨询委员会标准	ICRU	国际辐射单位和测量委员会
ASEB	亚洲电子数据交换理事会	IDF/FIL	国际制酪业联合会
BIPM	国际计量局标准	IEC	国际电工委员会标准
BISFA	国际人造纤维标准化局	IFLA	国际图书馆协会与学会联合会
CAC	食品法典委员会	IIR/IIF	国际制冷学会
CCC/CCD	关税合作理事会	IIW	国际焊接学会标准
CCIR	国际无线电咨询委员会	ILO/OIT	国际劳工组织
CCITT	国际电报电话咨询委员会	IMO/OMI	国际海事组织
CEE	国际电气设备合格认证委员会	IOOC/COI	国际橄榄油理事会
CEN	欧洲标准化委员会标准	ISO	国际标准化组织标准
CENELEC	欧洲电工标准化委员会	ITU	国际电信联盟
CIE	国际照明委员会	IWS	国际羊毛局
CISPR	国际无线电干扰特别委员会	LAEA/AIEA	国际原子能机构
EBU	欧洲广播联盟	OLML	国际法制计量组织标准
ECSS	欧洲航空标准化协作组织	SEMI	国际半导体设备和材料组织
EEC	欧洲经济共同体标准	UIC	国际铁路联盟
ETSI	欧洲电信联盟	UNESCO	联合国教科文组织
EURONORM	欧洲煤钢联盟标准	UNFAO	联合国粮农组织
IATA	国际航空运输协会	UNIATEC	国际电影技术协会联合会
ICAC	国际棉花咨询委员会	UPU	万国邮政联盟
ICAO/OACI	国际民航组织	WIPO/OMPI	世界知识产权组织

1.3 常用计量单位及其换算

1.3.1 国际单位制（SI）基本单位及 SI 词头

SI 单位是国际单位制中由基本单位和导出单位构成一贯单位制的那些单位。国际单位制的单位包括 SI 单位以及 SI 单位的倍数单位。SI 单位的倍数单位包括 SI 单位的十进倍数和分数单位，详见表 1－5～表 1－7。

表 1－5 SI 基本单位

量名称	SI 单位		量名称	SI 单位	
	名称	符号		名称	符号
长度	米	m	热力学温度	开［尔文］	K
质量（重量）	千克	kg	物质的量	摩［尔］	mol
时间	秒	s	发光强度	坎［德拉］	cd
电流	安［培］	A			

SI 词头：SI 词头用于表示各种不同大小的因数。SI 词头是一个系列，由 20 个词头组成，每个词头都代表一个因数，具有特定的名称和符号，详见表1－6。20 个词头中因数从 10^3 到 10^{-3} 是十进位的，即 10^2（h），10^1（da），10^{-1}（d），10^{-2}（c），其他是千进位。

表 1－6 SI 词头

名称	符号	代表的因数	名称	符号	代表的因数	名称	符号	代表的因数
尧［它］	Y	10^{24}	千	k	10^3	纳［诺］	n	10^{-9}
泽［它］	Z	10^{21}	百	h	10^2	皮［可］	p	10^{-12}
艾［可萨］	E	10^{18}	十	da	10^1	飞［母托］	f	10^{-15}
拍［它］	P	10^{15}	分	d	10^{-1}	阿［托］	a	10^{-18}
太［拉］	T	10^{12}	厘	c	10^{-2}	仄［普托］	z	10^{-21}
吉［咖］	G	10^9	毫	m	10^{-3}	幺［科托］	y	10^{-24}
兆	M	10^6	微	μ	10^{-6}			

表 1－7　与国际单位制并用的单位

单位名称	单位符号	用 SI 单位表示的值
分	min	1min＝60s
［小］时	h	1h＝60min＝3 600s
日（天）	d	1d＝24h＝86 400s
度	°	1°＝（π/180）rad
［角］分	′	1′＝（1/60）°＝（π/10 800）rad
［角］秒	″	1″＝（1/60）′＝（π/648 000）rad
升	L（l）	$1L=1dm^3=10^{-3}m^3$
吨	t	$1t=10^3kg$
电子伏	eV	$1eV\approx1.602\ 177\times10^{-19}J$
原子质量单位	u	$1u\approx1.660\ 540\times10^{-27}kg$

1.3.2　国家选定的作为法定计量单位的非 SI 的单位

表 1－8　国家选定的作为法定计量单位的非 SI 的单位

量的名称	单位名称	单位符号	换算关系和说明
时间	分	min	1min＝60s
	［小］时	h	1h＝60min＝3 600s
	日（天）	d	1d＝24h＝86 400s
［平面］角	［角］秒	″	1″＝（π/648 000）rad
	［角］分	′	1′＝60″＝（π/10 800）rad
	度	°	1°＝60′＝（π/180）rad
旋转速度	转每分	r/min	$1r/min=(1/60)s^{-1}$
长度	海里	n mile	1n mile＝1 852m （只用于航程）
质量	吨	t	$1t=10^3kg$
	原子质量单位	u	$1u\approx1.660\ 540\times10^{-27}kg$
体积	升	L（l）	$1L=1dm^3=10^{-3}m^3$
能	电子伏	eV	$1eV\approx1.602\ 177\times10^{-19}J$
级差	分贝	dB	
线密度	特［克斯］	tex	$1tex=10^{-6}kg/m=1g/km$
面积	公顷	hm^2	$1hm^2=10\ 000m^2$
速度	节	kn	1kn＝1n mile/h＝（1 852/3 600）m/s （只用于航行）

1.3.3 国际单位制单位（力学）与其他单位的换算因数

国际单位制单位长度、面积、体积、平面角等 19 种力学单位与其他单位的换算因数见表 1－9～表 1－27。

表 1－9 长度

单位	m（米）	km（千米）	cm（厘米）	mm（毫米）	mile（英里）
m	1	1×10^{-3}	1×10^{2}	1×10^{3}	$6.213\ 71\times10^{-4}$
km	1×10^{3}	1	1×10^{5}	1×10^{6}	0. 621 371
cm	1×10^{-2}	1×10^{-5}	1	10	$6.213\ 71\times10^{-6}$
mm	1×10^{-3}	1×10^{-6}	0. 1	1	$6.213\ 71\times10^{-7}$
mile	1 609. 344	1. 609 344	$1.609\ 344\times10^{5}$	$1.609\ 344\times10^{6}$	1
yd	0. 914 4	9.144×10^{-4}	91. 44	914. 4	$5.681\ 82\times10^{-4}$
ft	0. 304 8	3.048×10^{-4}	30. 48	304. 8	$1.893\ 94\times10^{-4}$
in	2.54×10^{-2}	2.54×10^{-5}	2. 54	25. 4	$1.578\ 28\times10^{-5}$
n mile	1 852	1. 852	1.852×10^{5}	1.852×10^{6}	1. 150 78
单位	yd（码）	ft（英尺）	in（英寸）	n mile（海里）	
m	1. 093 61	3. 280 84	39. 370 1	$5.399\ 57\times10^{-4}$	
km	$1.093\ 61\times10^{3}$	$3.280\ 84\times10^{3}$	$3.937\ 01\times10^{4}$	0. 539 957	
cm	$1.093\ 61\times10^{-2}$	$3.280\ 84\times10^{-2}$	0. 393 701	$5.399\ 57\times10^{-6}$	
mm	$1.093\ 61\times10^{-3}$	$3.280\ 84\times10^{-3}$	$3.937\ 01\times10^{-2}$	$5.399\ 57\times10^{-7}$	
mile	1 760	5 280	63 360	0. 868 976	
yd	1	3	36	$4.937\ 36\times10^{-4}$	
ft	0. 333 333	1	12	$1.645\ 79\times10^{-4}$	
in	$2.777\ 78\times10^{-2}$	$8.333\ 33\times10^{-2}$	1	$1.371\ 49\times10^{-5}$	
n mile	2 025. 37	6 076. 12	72 913. 4	1	

表1-10　面积

单位	m^2（平方米）	cm^2（平方厘米）	yd^2（平方码）	ft^2（平方英尺）
m^2	1	1×10^4	1.195 99	10.763 9
cm^2	1×10^{-4}	1	$1.195\ 99\times10^{-4}$	$1.076\ 39\times10^{-3}$
yd^2	0.836 127	8 361.27	1	9
ft^2	0.092 903 04	929.030 4	0.111 111	1
in^2	$6.451\ 6\times10^{-4}$	6.451 6	$7.716\ 05\times10^{-4}$	$6.944\ 44\times10^{-3}$
a	100	1×10^6	119.599	$1.076\ 39\times10^3$
acre	4 046.86	$4.046\ 86\times10^7$	4.840	43 560
市亩	666.667	$6.666\ 67\times10^6$	797.327	7 175.93

单位	in^2（平方英寸）	a（公亩）	acre（英亩）	市亩
m^2	1 550.00	1×10^{-2}	$2.471\ 05\times10^{-4}$	0.001 5
cm^2	0.155 000	1×10^{-6}	$2.471\ 05\times10^{-8}$	1.5×10^{-7}
yd^2	1 296	$8.361\ 27\times10^{-3}$	$2.066\ 12\times10^{-4}$	$1.254\ 19\times10^{-3}$
ft^2	144	$9.290\ 304\times10^{-4}$	$2.295\ 68\times10^{-5}$	$1.393\ 55\times10^{-4}$
in^2	1	$6.451\ 6\times10^{-6}$	$1.594\ 23\times10^{-7}$	$9.677\ 42\times10^{-7}$
a	$1.550\ 00\times10^5$	1	$2.471\ 05\times10^{-2}$	0.15
acre	6 272 640	40.468 6	1	6.072 90
市亩	$1.033\ 33\times10^6$	6.666 67	0.164 666	1

表 1－11 体积

单位	m^3（立方米）	cm^3（立方厘米）	L（升）	yd^3（立方码）
m^3	1	1×10^{6}	1×10^{3}	1.307 95
cm^3	1×10^{-6}	1	1×10^{-3}	$1.307\ 95\times10^{-6}$
L	1×10^{-3}	1×10^{3}	1	$1.307\ 95\times10^{-3}$
yd^3	0.764 555	$7.645\ 55\times10^{5}$	764.555	1
ft^3	$2.831\ 68\times10^{-2}$	$2.831\ 68\times10^{4}$	28.316 8	$3.703\ 70\times10^{-2}$
in^3	$1.638\ 71\times10^{-5}$	16.387 1	$1.638\ 71\times10^{-2}$	$2.143\ 35\times10^{-5}$
UK gal	$4.546\ 09\times10^{-3}$	4 546.09	4.546 09	$5.946\ 07\times10^{-3}$
US gal	$3.785\ 41\times10^{-3}$	3 785.41	3.785 41	$4.951\ 15\times10^{-3}$
单位	ft^3（立方英尺）	in^3（立方英寸）	UK gal（英加仑）	US gal（美加仑）
m^3	35.314 7	61 023.7	219.969	264.172
cm^3	$3.531\ 47\times10^{-5}$	$6.102\ 37\times10^{-2}$	$2.199\ 69\times10^{-4}$	$2.641\ 72\times10^{-4}$
L	$3.531\ 47\times10^{-2}$	61.023 7	0.219 969	0.264 172
yd^3	27	46 656	168.178	201.974
ft^3	1	1 728	6.228 83	7.480 52
in^3	$5.787\ 04\times10^{-4}$	1	$3.604\ 65\times10^{-3}$	$4.329\ 00\times10^{-3}$
UK gal	0.160 544	277.420	1	1.200 95
US gal	0.133 681	231	0.832 674	1

表 1－12　平面角

单位	rad（弧度）	°（度）	′（分）	″（秒）	周(转)
rad	1	57. 295 8	3 437. 75	206 265	0. 159 155
°	1.74533×10^{-2}	1	60	3 600	2.77778×10^{-3}
′	2.90888×10^{-4}	1.66667×10^{-2}	1	60	4.62963×10^{-5}
″	4.84814×10^{-6}	2.77778×10^{-4}	1.66667×10^{-2}	1	7.71605×10^{-7}
周(转)	6. 283 19	360	21 600	1.296×10^{6}	1

表 1－13　角速度、转速

单位	rad/s（弧度每秒）	rad/min（弧度每分）	(°)/s（度每秒）	(°)/min（度每分）	r/s（转每秒）	r/min（转每分）
rad/s	1	60	57. 295 8	3 437. 75	0. 159 155	9. 549 30
rad/min	1.66667×10^{-2}	1	0. 954 931	57. 295 8	2.65258×10^{-3}	0. 159 155
(°)/s	1.74533×10^{-2}	1. 047 20	1	60	2.77778×10^{-3}	0. 166 667
(°)/min	2.90888×10^{-4}	1.74533×10^{-2}	1.66667×10^{-2}	1	4.62963×10^{-5}	2.77778×10^{-3}
r/s	6. 283 19	376. 991	360	21 600	1	60
r/min	0. 104 720	6. 283 19	6	360	1.66667×10^{-2}	1

表 1 – 14　速度

单位	m/s（米每秒）	km/h（千米每小时）	ft/s（英尺每秒）	mile/h（英里每小时）	yd/s（码每秒）	n mile/h（海里每小时）
m/s	1	3.6	3.280 84	2.236 94	1.093 61	1.943 84
km/h	0.277 778	1	0.911 344	0.621 371	0.303 781	0.539 957
ft/s	0.304 8	1.097 28	1	0.681 818	0.333 333	0.592 484
mile/h	0.447 04	1.609 344	1.466 67	1	0.438 888	0.868 976
yd/s	0.914 4	3.291 84	3	2.045 46	1	1.777 45
n mile/h	0.514 444	1.852	1.687 81	1.150 78	0.562 602	1

表 1 – 15　加速度

单位	m/s^2（米每二次方秒）	cm/s^2（厘米每二次方秒）	in/s^2（英寸每二次方秒）	ft/s^2（英尺每二次方秒）	yd/s^2（码每二次方秒）
m/s^2	1	100	39.3701	3.280 84	1.093 61
cm/s^2	0.01	1	0.393 701	$3.280\ 84\times10^{-2}$	$1.093\ 61\times10^{-2}$
in/s^2	2.54×10^{-2}	2.54	1	$8.333\ 33\times10^{-2}$	$2.777\ 78\times10^{-2}$
ft/s^2	0.304 8	30.48	12	1	0.333 333
yd/s^2	0.914 4	91.44	36	3	1

表 1-16　质量

单位	kg（千克）	g（克）	t（吨）	UK ton（英吨）	US ton（美吨）
kg	1	1×10^{3}	1×10^{-3}	$9.842\ 07\times10^{-4}$	$1.102\ 31\times10^{-3}$
g	1×10^{-3}	1	1×10^{-6}	$9.842\ 07\times10^{-7}$	$1.102\ 31\times10^{-6}$
t	1×10^{3}	1×10^{6}	1	0. 984 207	1. 102 31
UK ton	$1.016\ 05\times10^{3}$	$1.016\ 05\times10^{6}$	1. 016 05	1	1. 12
US ton	$9.071\ 85\times10^{2}$	$9.071\ 85\times10^{5}$	0. 907 185	0. 892 857	1
cwt	50. 802 3	$5.080\ 23\times10^{4}$	$5.080\ 23\times10^{-2}$	0. 05	0. 056
lb	0. 453 592 37	453. 592 37	$4.535\ 923\ 7\times10^{-4}$	$4.464\ 29\times10^{-4}$	5×10^{-4}
oz	$2.834\ 95\times10^{-2}$	28. 349 5	$2.834\ 95\times10^{-5}$	$2.790\ 18\times10^{-5}$	3.125×10^{-5}
gr	$6.479\ 89\times10^{-5}$	$6.479\ 89\times10^{-2}$	$6.479\ 89\times10^{-8}$	$6.377\ 55\times10^{-8}$	$7.142\ 86\times10^{-8}$
单位	cwt（英担）	lb（磅）	oz（盎司）	gr（格令）	
kg	$1.968\ 41\times10^{-2}$	2. 204 62	35. 274 0	$1.543\ 24\times10^{4}$	
g	$1.968\ 41\times10^{-5}$	$2.204\ 62\times10^{-3}$	$3.527\ 40\times10^{-2}$	15. 432 4	
t	19. 684 1	2 204. 62	35 274 . 0	$1.543\ 24\times10^{7}$	
UK ton	20	2 240	35 840	1.568×10^{7}	
US ton	17. 857 1	2 000	32 000	1.4×10^{7}	
cwt	1	112	1 792	780 000	
lb	$8.928\ 57\times10^{-3}$	1	1 600	7 000	
oz	$5.580\ 37\times10^{-4}$	6.25×10^{-2}	1	437. 5	
gr	$1.275\ 51\times10^{-6}$	$1.428\ 57\times10^{-4}$	$2.285\ 71\times10^{-3}$	1	

表 1-17　密度

单位	kg/m^3（千克每立方米）	kg/L（千克每升）	lb/ft^3（磅每立方英尺）	lb/in^3（磅每立方英寸）
kg/m^3	1	1×10^{-3}	$6.242\,80\times10^{-2}$	$3.612\,73\times10^{-5}$
kg/L	1×10^{3}	1	62.428 0	$3.612\,73\times10^{-2}$
lb/ft^3	16.018 5	$1.601\,85\times10^{-2}$	1	$5.787\,04\times10^{-4}$
lb/in^3	27 679.9	27.679 9	1 728	1
UK ton/ft^3	35 881.4	35.881 4	2 240	1.296 30
UK ton/yd^3	1 328.94	1.328 94	82.963 0	$4.801\,10\times10^{-2}$
lb/UK gal	99.776 3	$9.977\,63\times10^{-2}$	6.228 83	$3.604\,65\times10^{-3}$
lb/US gal	119.826	0.119 826	7.480 50	$4.329\,00\times10^{-3}$
单位	UK ton/ft^3（英吨每立方英尺）	UK ton/yd^3（英吨每立方码）	lb/UK gal（磅每英加仑）	lb/US gal（磅每美加仑）
kg/m^3	$2.786\,96\times10^{-5}$	$7.524\,80\times10^{-4}$	$1.002\,24\times10^{-2}$	$8.345\,40\times10^{-3}$
kg/L	$2.786\,96\times10^{-2}$	0.752 480	10.022 4	8.345 40
lb/ft^3	$4.464\,29\times10^{-4}$	$1.205\,36\times10^{-2}$	0.160 544	0.133 681
lb/in^3	0.771 428	20.828 6	277.420	231
UK ton/ft^3	1	27	359.619	299.446
UK ton/yd^3	$3.703\,70\times10^{-2}$	1	13.319 2	11.090 5
lb/UK gal	$2.780\,72\times10^{-3}$	$7.507\,97\times10^{-2}$	1	0.832 674
lb/US gal	$3.339\,50\times10^{-3}$	$9.016\,73\times10^{-2}$	1.200 95	1

表 1－18　面密度

单位	kg/m²（千克每平方米）	lb/1 000 ft²（磅每千平方英尺）	oz/yd²（盎司每平方码）	oz/ft²（盎司每平方英尺）
kg/m²	1	204. 816	29. 493 5	3. 277 06
lb/1 000 ft²	4.88243×10^{-3}	1	0. 144	0. 016
oz/yd²	3.39057×10^{-2}	6. 944 44	1	0. 111 111
oz/ft²	0. 305 152	62. 5	9	1

表 1－19　线密度

单位	kg/m（千克每米）	lb/yd（磅每码）	lb/ft（磅每英尺）	lb/in（磅每英寸）
kg/m	1	2. 015 91	0. 671 969	5.59974×10^{-2}
lb/yd	0. 496 055	1	0. 333 333	2.77778×10^{-2}
lb/ft	1. 488 16	3	1	8. 333 33
lb/in	17. 858 0	36	12	1

表 1－20　质量流量

单位	kg/s（千克每秒）	kg/h（千克每小时）	t/h（吨每小时）	lb/s（磅每秒）	lb/h（磅每小时）	UK ton/h（英吨每小时）
kg/s	1	3 600	3. 6	2. 204 62	7 936. 63	3. 543 14
kg/h	2.77778×10^{-4}	1	1×10^{-3}	6.12394×10^{-4}	2. 204 62	9.84206×10^{-4}
t/h	0. 277 778	1×10^{3}	1	0. 612 394	2 204. 62	0. 984 206
lb/s	0. 453 592	1 632. 93	1. 632 93	1	3 600	1. 607 14
lb/h	1.25998×10^{-4}	0. 453 592	4.53592×10^{-2}	2.77778×10^{-4}	1	4.46429×10^{-4}
UK ton/h	0. 282 236	1 016. 05	1. 016 05	0. 622 222	2 240	1

表 1－21　体积流量

单位	m^3/s（立方米每秒）	m^3/h（立方米每小时）	L/s（升每秒）	ft^3/s（立方英尺每秒）
m^3/s	1	3 600	1×10^{3}	35.314 7
m^3/h	$2.777\ 78\times10^{-4}$	1	0.277 778	$9.809\ 63\times10^{-3}$
L/s	1×10^{-3}	3.6	1	$3.531\ 47\times10^{-2}$
ft^3/s	$2.831\ 68\times10^{-2}$	101.941	28.316 8	1
ft^3/h	$7.865\ 79\times10^{-6}$	$2.831\ 68\times10^{-2}$	$7.865\ 79\times10^{-3}$	$2.777\ 78\times10^{-4}$
UK gal/s	$4.546\ 09\times10^{-3}$	16.365 9	4.546 09	0.160 544
UK gal/h	$1.262\ 80\times10^{-6}$	$4.546\ 09\times10^{-3}$	$1.262\ 80\times10^{-3}$	$4.459\ 55\times10^{-5}$
US gal/min	$6.309\ 03\times10^{-5}$	0.227 125	$6.309\ 03\times10^{-2}$	$2.228\ 01\times10^{-3}$

单位	ft^3/h（立方英尺每小时）	UK gal/s（英加仑每秒）	UK gal/h（英加仑每小时）	US gal/min（美加仑每分）
m^3/s	$1.271\ 33\times10^{5}$	219.969	$7.918\ 89\times10^{5}$	$1.588\ 03\times10^{4}$
m^3/h	35.314 7	$6.110\ 25\times10^{-2}$	219.969	4.402 87
L/s	127.133	0.219 969	791.889	15.850 3
ft^3/s	3 600	6.228 83	$2.242\ 38\times10^{4}$	448.831
ft^3/h	1	$1.730\ 23\times10^{-3}$	6.228 83	0.124 675
UK gal/s	577.959	1	3 600	72.057 0
UK gal/h	0.160 544	$2.777\ 78\times10^{-4}$	1	$2.001\ 58\times10^{-2}$
US gal/min	8.020 85	$1.387\ 79\times10^{-2}$	49.960 5	1

表 1-22 力

单位	N（牛顿）	kgf（千克力）	dyn（达因）	lbf（磅力）	UK tonf（英吨力）	pdl（磅达）
N	1	0.101 972	1×10^{5}	0.224 809	$1.003\ 61\times10^{-4}$	7.233 01
kgf	9.806 65	1	980 665	2.204 62	$9.842\ 07\times10^{-4}$	70.931 5
dyn	1×10^{-5}	$1.019\ 72\times10^{-6}$	1	$2.248\ 09\times10^{-6}$	$1.003\ 61\times10^{-9}$	$7.233\ 01\times10^{-5}$
lbf	4.448 22	0.453 592	$4.448\ 22\times10^{5}$	1	$4.464\ 29\times10^{-4}$	32.174 0
UK tonf	9 964.02	1 016.05	$9.964\ 02\times10^{8}$	2 240	1	$7.206\ 99\times10^{4}$
pdl	0.138 255	$1.409\ 81\times10^{-2}$	$1.382\ 55\times10^{4}$	$3.108\ 10\times10^{-2}$	$1.387\ 54\times10^{-5}$	1

表 1-23 压力、压强、应力

单位	Pa（帕斯卡）	kgf/cm^2（千克力每平方厘米）	atm（标准大气压）	bar（巴）
Pa	1	$1.019\ 72\times10^{-5}$	$9.869\ 23\times10^{-6}$	1×10^{-5}
kgf/cm^2	98 066.5	1	0.967 841	0.980 665
atm	101 325	1.033 23	1	1.013 25
bar	1×10^{5}	1.019 72	0.986 923	1
mmHg	133.322	$1.359\ 51\times10^{-3}$	$1.315\ 79\times10^{-3}$	$1.333\ 22\times10^{-3}$
pdl/ft^2	1.488 16	$1.517\ 50\times10^{-5}$	$1.468\ 70\times10^{-5}$	$1.488\ 16\times10^{-5}$
lbf/in^2	6 894.76	$7.030\ 70\times10^{-2}$	$6.804\ 62\times10^{-2}$	$6.894\ 76\times10^{-2}$

续表

单位	Pa（帕斯卡）	kgf/cm^2（千克力每平方厘米）	atm（标准大气压）	bar（巴）
lbf/ft^2	47. 880 3	$4.882\ 43 \times 10^{-4}$	$4.725\ 41 \times 10^{-4}$	$4.788\ 03 \times 10^{-4}$

单位	mmHg（毫米汞柱）	pdl/ft^2（磅达每平方英尺）	lbf/in^2（磅力每平方英寸）	lbf/ft^2（磅力每平方英尺）
Pa	$7.500\ 64 \times 10^{-3}$	0. 671 971	$1.450\ 38 \times 10^{-4}$	$2.088\ 54 \times 10^{-2}$
kgf/cm^2	735. 559	$6.589\ 76 \times 10^{4}$	14. 223 3	2 048. 16
atm	760	$6.808\ 74 \times 10^{4}$	14. 695 9	2 116. 22
bar	750. 064	$6.719\ 71 \times 10^{4}$	14. 503 8	2 088. 54
mmHg	1	89. 588 7	$1.933\ 66 \times 10^{-2}$	2. 784 50
pdl/ft^2	$1.116\ 21 \times 10^{-2}$	1	$2.158\ 40 \times 10^{-4}$	$3.108\ 10 \times 10^{-2}$
lbf/in^2	51. 715 4	4 633. 06	1	144
lbf/ft^2	0. 359 131	32. 174 0	$6.944\ 44 \times 10^{-3}$	1

表 1－24　动力黏度

单位	Pa·s（帕斯卡秒）	Pa·h（帕斯卡小时）	P（泊）	cP（厘泊）	$kgf \cdot s/m^2$（千克力秒每平方米）	$lbf \cdot s/ft^2$（磅力秒每平方英尺）
Pa·s	1	$2.777\ 78 \times 10^{-4}$	10	1×10^3	0.101 972	$2.088\ 54 \times 10^{-2}$
Pa·h	3 600	1	3.6×10^4	3.6×10^6	367.099	75.187 4
P	0.1	$2.777\ 78 \times 10^{-5}$	1	100	$1.019\ 72 \times 10^{-2}$	$2.088\ 54 \times 10^{-3}$
cP	1×10^{-3}	$2.777\ 78 \times 10^{-7}$	1×10^{-2}	1	$1.019\ 72 \times 10^{-4}$	$2.088\ 54 \times 10^{-5}$
$kgf \cdot s/m^2$	9.806 65	$2.724\ 06 \times 10^{-3}$	98.066 5	9 806.65	1	0.204 816
$lbf \cdot s/ft^2$	47.880 3	$1.330\ 01 \times 10^{-2}$	478.803	47 880.3	4.882 43	1

表 1－25　运动黏度

单位	m^2/s（平方米每秒）	St（斯托克斯）	m^2/h（平方米每小时）	in^2/s（平方英寸每秒）
m^2/s	1	1×10^4	3 600	$1.550\ 00 \times 10^3$
St	1×10^{-4}	1	0.36	0.155 000
m^2/h	$2.777\ 78 \times 10^{-4}$	2.777 78	1	0.430 556
in^2/s	$6.451\ 6 \times 10^{-4}$	6.451 6	2.322 58	1
ft^2/s	$9.290\ 30 \times 10^{-2}$	$9.200\ 30 \times 10^2$	334.451	144
ft^2/h	$2.580\ 64 \times 10^{-5}$	0.258 064	$9.290\ 30 \times 10^{-2}$	0.04
yd^2/s	0.836 127	$8.361\ 27 \times 10^3$	$3.010\ 06 \times 10^3$	1 296

续表

单位	ft^2/s（平方英尺每秒）	ft^2/h（平方英尺每小时）	yd^2/s（平方码每秒）	
m^2/s	10.763 9	$3.875\ 01\times10^{4}$	1.195 99	
St	$1.076\ 39\times10^{-3}$	3.875 01	$1.195\ 99\times10^{-4}$	
m^2/h	$2.989\ 98\times10^{-3}$	10.763 9	$3.322\ 19\times10^{-4}$	
in^2/s	$6.944\ 44\times10^{-3}$	25	$7.716\ 05\times10^{-4}$	
ft^2/s	1	3 600	0.111 111	
ft^2/h	$2.777\ 78\times10^{-4}$	1	$3.086\ 42\times10^{-5}$	
yd^2/s	9	32 400	1	

表 1－26　功、能

单位	J（焦耳）	kgf · m（千克力米）	kW · h（千瓦小时）	ft · pdl（英尺磅达）
J	1	0.101 972	$2.777\ 78\times10^{-7}$	23.730 4
kgf · m	9.806 65	1	$2.724\ 07\times10^{-6}$	232.715
kW · h	3.6×10^{6}	$3.670\ 98\times10^{5}$	1	$8.542\ 93\times10^{7}$
ft · pdl	$4.214\ 01\times10^{-2}$	$4.297\ 10\times10^{-3}$	$1.170\ 56\times10^{-8}$	1
ft · lbf	1.355 82	0.138 255	$3.766\ 16\times10^{-7}$	32.174 0
eV	$1.602\ 19\times10^{-19}$	$1.633\ 78\times10^{-20}$	$4.450\ 52\times10^{-26}$	$3.802\ 06\times10^{-18}$
erg	1×10^{-7}	$1.019\ 72\times10^{-8}$	$2.777\ 78\times10^{-14}$	$2.373\ 04\times10^{-6}$
米制马力小时	$2.647\ 80\times10^{6}$	2.7×10^{5}	0.735 501	$6.283\ 34\times10^{7}$

续表

单位	ft · lbf（英尺磅力）	eV（电子伏特）	erg（尔格）	米制马力小时
J	0. 737 562	6.24146×10^{13}	1×10^{7}	3.77672×10^{-7}
kgf · m	7. 233 01	6.12078×10^{19}	0.80665×10^{7}	3.70370×10^{-6}
kW · h	2.65522×10^{6}	2.24693×10^{25}	3.6×10^{13}	1. 359 62
ft · pdl	3.10810×10^{-2}	2.63016×10^{17}	4.21401×10^{5}	1.59151×10^{-8}
ft · lbf	1	8.46230×10^{18}	1.35582×10^{7}	5.12055×10^{-7}
eV	1.18171×10^{-19}	1	1.60219×10^{-12}	6.05102×10^{-26}
erg	7.37562×10^{-8}	6.24146×10^{11}	1	3.77672×10^{-14}
米制马力小时	1.95291×10^{6}	1.65261×10^{25}	2.64780×10^{13}	1

表 1－27　功率

单　位	W（瓦特）	erg/s（尔格每秒）	kgf · m/s（千克力米每秒）	ft · lbf/s（英尺磅力每秒）	hp（英制马力）	米制马力
W	1	1×10^{7}	0. 101 972	0. 737 562	1.34102×10^{-3}	1.35962×10^{-3}
erg/s	1×10^{-7}	1	1.01972×10^{-8}	7.37562×10^{-8}	1.34102×10^{-10}	1.35962×10^{-10}
kgf · m/s	9. 806 65	9.80665×10^{7}	1	7. 233 01	1.31509×10^{-2}	1.33333×10^{-2}
ft · lbf/s	1. 355 82	1.35582×10^{7}	0. 138 255	1	1.81818×10^{-3}	1.84340×10^{-3}
hp	745. 700	7.45700×10^{9}	76. 040 2	550	1	1. 013 87
米制马力	735. 499	7.35499×10^{9}	75	542. 476	0. 986 320	1

1.3.4 能量单位换算

为了使大家了解各种能量单位的换算关系，并有利于向国际标准或国家标准过渡，表 1－28 给出了能量单位的换算表，以供参考。

表 1－28 能量单位换算表

单位	焦耳 (J)	千克力·米 (kgf·m)	尔格 (erg)	千瓦·时 (kW·h)	米制马力·时 (Ps·h)	英制马力·时 (hp·h)
焦耳 (J)	1	0.101 971 6	1×10^{7}	$2.777\ 778\times10^{-7}$	$3.776\ 727\times10^{-7}$	$3.725\ 062\times10^{-7}$
千克力·米 (kgf·m)	9.806 65	1	$9.806\ 65\times10^{7}$	$2.724\ 069\times10^{-6}$	$3.703\ 704\times10^{-6}$	$3.653\ 039\times10^{-6}$
尔格 (erg)	1×10^{-7}	$1.019\ 716\times10^{-8}$	1	$2.777\ 778\times10^{-14}$	$3.776\ 727\times10^{-14}$	$3.725\ 062\times10^{-14}$
千瓦·时 (kW·h)	3.6×10^{6}	$3.670\ 978\times10^{5}$	3.6×10^{13}	1	1.359 622	1.341 022
米制马力·时 (Ps·h)	$2.647\ 796\times10^{6}$	2.7×10^{5}	$2.647\ 796\times10^{13}$	0.735 498 8	1	0.986 321
英制马力·时 (hp·h)	$2.684\ 519\times10^{6}$	$2.737\ 447\times10^{5}$	$2.684\ 519\times10^{13}$	0.745 70	1.013 869	1
国际蒸汽表千卡 ($kcal_{IT}$)	$4.186\ 8\times10^{3}$	$4.269\ 348\times10^{2}$	$4.186\ 8\times10^{10}$	1.163×10^{-3}	$1.581\ 240\times10^{-3}$	$1.559\ 610\times10^{-3}$
热化学千卡 ($kcal_{th}$)	4.184×10^{3}	$4.266\ 493\times10^{2}$	4.184×10^{10}	$1.162\ 222\times10^{-3}$	$1.580\ 182\times10^{-3}$	$1.558\ 567\times10^{-3}$
20℃千卡 ($kcal_{20}$)	$4.181\ 6\times10^{3}$	$4.264\ 0\times10^{2}$	$4.181\ 6\times10^{10}$	$1.161\ 6\times10^{-3}$	$1.579\ 3\times10^{-3}$	$1.557\ 676\times10^{-3}$

续表

单位	焦耳 (J)	千克力·米 (kgf·m)	尔格 (erg)	千瓦·时 (kW·h)	米制马力·时 (Ps·h)	英制马力·时 (hp·h)
15℃千卡 ($kcal_{15}$)	4.1855×10^{3}	4.2680×10^{2}	4.1856×10^{10}	1.1626×10^{-3}	1.5807×10^{-3}	1.55913×10^{-3}
英制热单位 (Btu)	1 055.06	107.586	1.05506×10^{10}	2.93072×10^{-4}	3.98467×10^{-4}	3.93016×10^{-3}

单位	国际蒸汽表千卡 ($kcal_{IT}$)	热化学千卡 ($kcal_{th}$)	20℃千卡 ($kcal_{20}$)	15℃千卡※ ($kcal_{15}$)	英制热单位 (Btu)	
焦耳 (J)	2.388459×10^{-4}	2.390057×10^{-4}	2.3914×10^{-4}	2.3802×10^{-4}	9.47814×10^{-4}	
千克力·米 (kgf·m)	2.342278×10^{-3}	2.343846×10^{-3}	2.3452×10^{-3}	2.3430×10^{-3}	9.29489×10^{-3}	
尔格 (erg)	2.388459×10^{-11}	2.390057×10^{-11}	2.3914×10^{-11}	2.3892×10^{-11}	9.47814×10^{-11}	
千瓦·时 (kW·h)	8.598452×10^{2}	8.604206×10^{2}	8.6091×10^{2}	8.6011×10^{2}	3.41213×10^{3}	
米制马力·时 (Ps·h)	6.324151×10^{2}	6.328382×10^{2}	6.3320×10^{2}	6.3261×10^{2}	2.5092×10^{3}	
英制马力·时 (hp·h)	6.411861×10^{2}	6.416150×10^{2}	6.419819×10^{2}	6.413837×10^{2}	2.544426×10^{3}	
国际蒸汽表千卡 ($kcal_{IT}$)	1	1.000 669	1.001 2	1.000 3	3.968 30	
热化学千卡 ($kcal_{th}$)	0.999 331 2	1	1.000 6	0.999 64	3.965 66	

续表

单位	国际蒸汽表千卡($kcal_{IT}$)	热化学千卡($kcal_{th}$)	20℃千卡($kcal_{20}$)	15℃千卡($kcal_{15}$)	英制热单位(Btu)	
20℃千卡($kcal_{20}$)	0.998 76	0.999 43	1	0.999 61	3.963 43	
15℃千卡($kcal_{15}$)	0.999 69	1.000 4	1.000 9	1	3.967 07	
英制热单位(Btu)	$2.519\ 97\times10^{-1}$	$2.521\ 65\times10^{-1}$	$2.523\ 07\times10^{-1}$	$2.520\ 75\times10^{-1}$	1	

注：※15℃千卡，即1kg纯水，在101.325kPa下，温度从14.5℃升高到15.5℃所需要的热量。

1.3.5 英寸与毫米对照便查表

1. 英寸的分数、小数、习惯称呼与毫米对照表

表 1-29 英寸的分数、小数、习惯称呼与毫米对照表

英寸（in）的分数	英寸（in）的小数	习惯称呼	毫米（mm）
1/64	0.015 625	一厘二毫半	0.396 875
1/32	0.031 250	二厘半	0.793 750
3/64	0.046 875	三厘七毫半	1.190 625
1/16	0.062 500	半分	1.587 500
5/64	0.078 125	六厘二毫半	1.984 375
3/32	0.093 750	七厘半	2.381 250
7/34	0.109 375	八厘七毫半	2.778 125
1/8	0.125 000	一分	3.175 000
9/64	0.140 625	一分一厘二毫半	3.571 875
5/32	0.156 250	一分二厘半	3.968 750
11/64	0.171 875	一分三厘七毫半	4.365 625
3/16	0.187 500	一分半	4.762 500
13/64	0.203 125	一分六厘二毫半	5.159 375
7/32	0.218 750	一分七厘半	5.556 250
15/64	0.234 375	一分八厘七毫半	5.953 125
1/4	0.250 000	二分	6.350 000
17/64	0.265 625	二分一厘二毫半	6.746 875
9/32	0.281 250	二分二厘半	7.143 750
19/64	0.296 875	二分三厘七毫半	7.540 625
5/16	0.312 500	二分半	7.937 500
21/64	0.328 125	二分六厘二毫半	8.334 375
11/32	0.343 750	二分七厘半	8.731 250
23/64	0.359 375	二分八厘七毫半	9.128 125
3/8	0.375 000	三分	9.525 000
25/64	0.390 625	三分一厘二毫半	9.921 875
13/32	0.406 250	三分二厘半	10.318 750
27/64	0.421 875	三分三厘七毫半	10.715 625
7/16	0.437 500	三分半	11.112 500
29/64	0.453 125	三分六厘二毫半	11.509 375
15/32	0.468 750	三分七厘半	11.906 250
31/64	0.484 375	三分八厘七毫半	12.303 125

续表

英寸（in）的分数	英寸（in）的小数	习惯称呼	毫米（mm）
1/2	0.500 000	四分	12.700 000
33/64	0.515 625	四分一厘二毫半	13.096 875
17/32	0.531 250	四分二厘半	13.493 750
35/64	0.546 875	四分三厘七毫半	13.890 625
9/16	0.562 500	四分半	14.287 500
37/64	0.578 125	四分六厘二毫半	14.684 375
19/32	0.593 750	四分七厘半	15.081 250
39/64	0.609 375	四分八厘七毫半	15.478 125
5/8	0.625 000	五分	15.875 000
41/64	0.640 625	五分一厘二毫半	16.271 875
21/32	0.656 250	五分二厘半	16.668 750
43/64	0.671 875	五分三厘七毫半	17.065 625
11/16	0.687 500	五分半	17.462 500
45/64	0.703 125	五分六厘二毫半	17.859 375
23/32	0.718 750	五分七厘半	18.256 250
47/64	0.734 375	五分八厘七毫半	18.653 125
3/4	0.750 000	六分	19.050 000
49/64	0.765 625	六分一厘二毫半	19.446 875
25/32	0.781 250	六分二厘半	19.843 750
51/64	0.796 875	六分三厘七毫半	20.240 625
13/16	0.812 500	六分半	20.637 500
53/64	0.828 125	六分六厘二毫半	21.034 375
27/32	0.843 750	六分七厘半	21.431 250
55/64	0.859 375	六分八厘七毫半	21.828 125
7/8	0.875 000	七分	22.225 000
57/64	0.890 625	七分一厘二毫半	22.621 875
29/32	0.906 250	七分二厘半	23.018 750
59/64	0.921 875	七分三厘七毫半	23.415 625
15/16	0.937 500	七分半	23.812 500
61/64	0.953 125	七分六厘二毫半	24.209 375
31/32	0.968 750	七分七厘半	24.606 250
63/64	0.984 375	七分八厘七毫半	25.003 125
1	1.000 000	一英寸	25.400 000

2. 英寸与毫米对照表

表 1－30　英寸与毫米对照表

英寸 (in)	0	1/16	1/8	3/16	1/4	5/16	3/8	7/16	1/2	9/16	5/8	11/16	3/4	13/16	7/8	15/16
0	毫米	1.588	3.175	4.763	6.350	7.938	9.525	11.113	12.700	14.288	15.875	17.463	19.050	20.638	22.225	23.813
1	25.400	26.988	28.575	30.163	31.750	33.338	34.925	36.513	38.100	39.688	41.275	42.863	44.450	46.038	47.625	49.213
2	50.800	52.388	53.975	55.563	57.150	58.738	60.325	61.913	63.500	65.088	66.675	68.263	69.850	71.438	73.025	74.613
3	76.200	77.788	79.375	80.963	82.550	84.138	85.725	87.313	88.900	90.488	92.075	93.663	95.250	96.838	98.425	100.01
4	101.60	103.19	104.78	106.36	107.95	109.54	111.13	112.71	114.30	115.89	117.48	119.06	120.65	122.24	123.83	125.41
5	127.00	128.59	130.18	131.76	133.35	134.94	136.53	138.11	139.70	141.29	142.88	144.46	146.05	147.64	149.23	150.81
6	152.40	153.99	155.58	157.16	158.75	160.34	161.93	163.51	165.10	166.69	168.28	169.86	171.45	173.04	174.63	176.21
7	177.80	179.39	180.98	182.56	184.15	185.74	187.33	188.91	190.50	192.09	193.68	195.26	196.85	198.44	200.03	201.61
8	203.20	204.79	206.38	207.96	209.55	211.14	212.73	214.31	215.90	217.49	219.08	220.66	222.25	223.84	225.43	227.01
9	228.60	230.19	231.78	233.36	234.95	236.54	238.13	239.71	241.30	242.89	244.48	246.06	247.65	249.24	250.83	252.41
10	254.00	255.59	257.18	258.76	260.35	261.94	263.53	265.11	266.70	268.29	269.88	271.46	273.05	274.64	276.23	277.81
11	279.40	280.99	282.58	284.16	285.75	287.34	288.93	290.51	292.10	293.69	295.28	296.86	298.45	300.04	301.63	303.21
12	304.80	306.39	307.98	309.56	311.15	312.74	314.33	315.91	317.50	319.09	320.68	322.26	323.85	325.44	327.03	328.61
13	330.20	331.79	333.38	334.96	336.55	338.14	339.73	341.31	342.90	344.49	346.08	347.66	349.25	350.84	352.43	354.01
14	355.60	357.19	358.78	360.36	361.95	363.54	365.13	366.71	368.30	369.89	371.48	373.06	374.65	376.24	377.83	379.41
15	381.00	382.59	384.18	385.76	387.35	388.94	390.53	392.11	393.70	395.29	396.88	398.46	400.05	401.64	403.23	404.81
16	406.40	407.99	409.58	411.16	412.75	414.34	415.93	417.51	419.10	420.69	422.28	423.86	425.45	427.0	428.63	430.21
17	431.80	433.39	434.98	436.56	438.15	439.74	441.33	442.91	444.50	446.09	447.68	449.26	450.85	452.44	454.03	455.61
18	457.20	458.79	460.38	461.96	463.55	465.14	466.73	468.31	469.90	471.49	473.08	474.66	476.25	477.84	479.43	481.01
19	482.60	484.19	485.78	487.36	488.95	490.54	492.13	493.71	495.30	496.89	498.48	500.06	501.65	503.24	504.83	506.41
20	508.00	509.59	511.18	512.76	514.35	515.94	517.53	519.11	520.70	522.29	523.88	525.46	527.05	528.64	530.23	531.81
21	533.40	534.99	536.58	538.16	539.75	541.34	542.93	544.51	546.10	547.69	549.28	550.86	552.45	554.04	555.63	557.21
22	558.80	560.39	561.98	563.56	565.15	566.74	568.33	569.91	571.50	573.09	574.68	576.26	577.85	579.44	581.03	582.61
23	584.20	585.79	587.38	588.96	590.55	592.14	593.73	595.31	596.90	598.49	600.08	601.66	603.25	604.84	606.43	608.01
24	609.60	611.19	612.78	614.36	615.95	617.54	619.13	620.71	622.30	623.89	625.48	627.06	628.65	630.24	631.83	633.41

续表

英寸(in)	0	1/16	1/8	3/16	1/4	5/16	3/8	7/16	1/2	9/16	5/8	11/16	3/4	13/16	7/8	15/16
25	635.00	636.59	638.18	639.76	641.35	642.94	644.53	646.11	647.70	649.29	650.88	652.46	654.05	655.64	657.23	658.81
26	660.40	661.99	663.58	665.16	666.75	668.34	669.93	671.51	673.10	674.69	676.28	677.86	679.45	681.04	682.63	684.21
27	685.80	687.39	688.98	690.56	692.15	693.74	695.33	696.91	698.50	700.09	701.68	703.26	704.85	706.44	708.03	709.61
28	711.20	712.79	714.38	715.96	717.55	719.14	720.73	722.31	723.90	725.49	727.08	728.66	730.25	731.84	733.43	735.01
29	736.60	738.19	739.78	741.36	742.95	744.54	746.13	747.71	749.30	750.89	752.48	754.06	755.65	757.24	758.83	760.41
30	762.00	763.59	765.18	766.76	768.35	769.94	771.53	773.11	774.70	776.29	777.88	779.46	781.05	782.64	784.23	785.81
31	787.40	788.99	790.58	792.16	793.75	795.34	796.93	798.51	800.10	801.69	803.28	804.86	806.45	808.04	809.63	811.21
32	812.80	814.39	815.98	817.56	819.15	820.74	822.33	823.91	825.50	827.09	828.68	830.26	831.85	833.44	835.03	836.61
33	838.20	839.79	841.38	842.96	844.55	846.14	847.73	849.31	850.90	852.49	854.08	855.66	857.25	858.84	860.43	862.01
34	863.60	865.19	866.78	868.36	869.95	871.54	873.13	874.71	876.30	877.89	879.48	881.06	882.65	884.24	885.83	887.41
35	889.00	890.59	892.18	893.76	895.35	896.94	898.53	900.11	901.70	903.29	904.88	906.46	908.05	909.64	911.23	912.81
36	914.40	915.99	917.58	919.16	920.75	922.34	923.93	925.51	927.10	928.69	930.28	931.86	933.45	935.04	936.63	938.21
37	939.80	941.39	942.98	944.56	946.15	947.74	949.33	950.91	952.50	954.09	955.68	957.26	958.85	960.44	962.03	963.61
38	965.20	966.79	968.38	969.96	971.55	973.14	974.73	976.31	977.90	979.49	981.08	982.66	984.25	985.84	987.43	989.01
39	990.60	992.19	993.78	995.36	996.95	998.54	1 000.1	1 001.7	1 003.3	1 004.9	1 006.5	1 008.1	1 009.7	1 011.2	1 012.8	1 014.4
40	1 016.0	1 017.6	1 019.2	1 020.8	1 022.4	1 023.9	1 025.5	1 027.1	1 028.7	1 030.3	1 031.9	1 033.5	1 035.1	1 036.6	1 038.2	1 039.8
41	1 041.4	1 043.0	1 044.6	1 046.2	1 047.8	1 049.3	1 050.9	1 052.5	1 054.1	1 055.7	1 057.3	1 058.9	1 060.5	1 062.0	1 063.6	1 065.2
42	1 066.8	1 068.4	1 070.0	1 071.6	1 073.2	1 074.7	1 076.3	1 077.9	1 079.5	1 081.1	1 082.0	1 084.3	1 085.9	1 087.4	1 089.0	1 090.6
43	1 092.2	1 093.8	1 095.4	1 097.0	1 098.6	1 100.1	1 101.7	1 103.3	1 104.9	1 106.5	1 108.1	1 109.7	1 111.3	1 112.8	1 114.4	1 116.0
44	1 117.6	1 119.2	1 120.8	1 122.4	1 124.0	1 125.5	1 127.1	1 128.7	1 130.3	1 131.9	1 133.5	1 135.1	1 136.7	1 138.2	1 139.8	1 141.4
45	1 143.0	1 144.6	1 146.2	1 147.8	1 149.4	1 150.9	1 152.5	1 154.1	1 155.7	1 157.3	1 158.9	1 160.5	1 162.1	1 163.6	1 165.2	1 166.8
46	1 168.4	1 170.0	1 171.6	1 173.2	1 174.8	1 176.3	1 177.9	1 179.5	1 181.1	1 182.7	1 184.3	1 185.9	1 187.5	1 189.0	1 190.6	1 192.2
47	1 193.8	1 195.4	1 197.0	1 198.6	1 200.2	1 201.7	1 203.3	1 204.9	1 206.5	1 208.1	1 209.7	1 211.3	1 212.9	1 214.4	1 216.0	1 217.6
48	1 219.2	1 220.8	1 222.4	1 224.0	1 225.6	1 227.1	1 228.7	1 230.3	1 231.9	1 233.5	1 235.1	1 236.7	1 238.3	1 239.8	1 241.4	1 243.0
49	1 244.6	1 246.2	1 247.8	1 249.4	1 251.0	1 252.5	1 254.1	1 255.7	1 257.3	1 258.9	1 260.5	1 262.1	1 263.7	1 265.2	1 266.8	1 268.4
50	1 270.0	1 271.6	1 273.2	1 274.8	1 276.4	1 277.9	1 279.5	1 281.1	1 282.7	1 284.3	1 285.9	1 287.5	1 289.1	1 290.6	1 292.2	1 293.8

3. 毫米与英寸对照表

表 1-31 毫米与英寸对照表

毫米(mm)	英寸(in)	毫米(mm)	英寸(in)	毫米(mm)	英寸(in)	毫米(mm)	英寸(in)
1	0.039 4	26	1.023 6	51	2.007 9	76	2.992 1
2	0.078 7	27	1.063 0	52	2.047 2	77	3.031 5
3	0.118 1	28	1.102 4	53	2.086 6	78	3.070 9
4	0.157 5	29	1.141 7	54	2.126 0	79	3.110 2
5	0.196 9	30	1.181 1	55	2.165 4	80	3.149 6
6	0.236 2	31	1.220 5	56	2.204 7	81	3.189 0
7	0.275 6	32	1.259 8	57	2.244 1	82	3.228 3
8	0.315 0	33	1.299 2	58	2.283 5	83	3.267 7
9	0.354 3	34	1.338 6	59	2.322 8	84	3.307 1
10	0.393 7	35	1.378 0	60	2.362 2	85	3.346 5
11	0.433 1	36	1.417 3	61	2.401 6	86	3.385 8
12	0.472 4	37	1.456 7	62	2.440 9	87	3.425 2
13	0.511 8	38	1.496 1	63	2.480 3	88	3.464 6
14	0.551 2	39	1.535 4	64	2.519 7	89	3.503 9
15	0.590 6	40	1.574 8	65	2.559 1	90	3.543 3
16	0.629 9	41	1.614 2	66	2.598 4	91	3.582 7
17	0.669 3	42	1.653 5	67	2.637 8	92	3.622 0
18	0.708 7	43	1.692 9	68	2.677 2	93	3.661 4
19	0.748 0	44	1.732 3	69	2.716 5	94	3.700 8
20	0.787 4	45	1.771 7	70	2.755 9	95	3.740 2
21	0.826 8	46	1.811 0	71	2.795 3	96	3.779 5
22	0.866 1	47	1.850 4	72	2.834 6	97	3.818 9
23	0.905 5	48	1.889 8	73	2.874 0	98	3.858 3
24	0.944 9	49	1.929 1	74	2.913 4	99	3.897 6
25	0.984 3	50	1.968 5	75	2.952 8	100	3.937 0

1.3.6 磅与千克对照便查表

1. 磅与千克对照表

表 1－32 磅与千克对照表

磅 (lb)	千克 (kg)	磅 (lb)	千克 (kg)	磅 (lb)	千克 (kg)	磅 (lb)	千克 (kg)
1	0.453 6	26	11.793	51	23.133	76	34.473
2	0.907 2	27	12.247	52	23.587	77	34.927
3	1.360 8	28	12.701	53	24.040	78	35.380
4	1.814 4	29	13.154	54	24.494	79	35.834
5	2.268 0	30	13.608	55	24.948	80	36.287
6	2.721 6	31	14.061	56	25.401	81	36.741
7	3.175 1	32	14.515	57	25.855	82	37.195
8	3.628 7	33	14.969	58	26.308	83	37.648
9	4.082 3	34	15.422	59	26.762	84	38.102
10	4.535 9	35	15.876	60	27.216	85	38.555
11	4.989 5	36	16.329	61	27.669	86	39.009
12	5.443 1	37	16.783	62	28.123	87	39.463
13	5.896 7	38	17.237	63	28.576	88	39.916
14	6.350 3	39	17.690	64	29.030	89	40.370
15	6.803 9	40	18.144	65	29.484	90	40.823
16	7.257 5	41	18.597	66	29.937	91	41.277
17	7.711 1	42	19.051	67	30.391	92	41.731
18	8.164 7	43	19.504	68	30.844	93	42.184
19	8.618 3	44	19.958	69	31.298	94	42.638
20	9.071 8	45	20.412	70	31.751	95	43.091
21	9.525 4	46	20.865	71	32.205	96	43.545
22	9.979 0	47	21.319	72	32.659	97	43.999
23	10.433	48	21.772	73	33.112	98	44.452
24	10.886	49	22.226	74	33.566	99	44.906
25	11.340	50	22.680	75	34.019	100	45.359

2. 千克与磅对照表

表1－33　千克与磅对照表

千克(kg)	磅(lb)	千克(kg)	磅(lb)	千克(kg)	磅(lb)	千克(kg)	磅(lb)
1	2.204 6	26	57.320	51	112.436	76	167.551
2	4.409 2	27	59.525	52	114.640	77	169.756
3	6.613 9	28	61.729	53	116.845	78	171.960
4	8.818 5	29	63.934	54	119.050	79	174.165
5	11.023	30	66.139	55	121.254	80	176.370
6	13.228	31	68.343	56	123.459	81	178.574
7	15.432	32	70.548	57	125.663	82	180.779
8	17.637	33	72.752	58	127.868	83	182.983
9	19.842	34	74.957	59	130.073	84	185.188
10	22.046	35	77.162	60	132.277	85	187.393
11	24.251	36	79.366	61	134.482	86	189.597
12	26.455	37	81.571	62	136.686	87	191.802
13	28.660	38	83.776	63	138.891	88	194.007
14	30.865	39	85.980	64	141.096	89	196.211
15	33.069	40	88.185	65	143.300	90	198.416
16	35.274	41	90.389	66	145.505	91	200.620
17	37.479	42	92.594	67	147.710	92	202.825
18	39.683	43	94.799	68	149.914	93	205.030
19	41.888	44	97.003	69	152.119	94	207.234
20	44.092	45	99.208	70	154.324	95	209.439
21	46.297	46	101.413	71	156.528	96	211.644
22	48.502	47	103.617	72	158.733	97	213.848
23	50.706	48	105.822	73	160.937	98	216.053
24	52.911	49	108.026	74	163.142	99	218.257
25	55.116	50	110.231	75	165.347	100	220.462

1.3.7 华氏温度、摄氏温度对照便查表

1. 华氏温度与摄氏温度对照表

表 1 - 34 华氏温度与摄氏温度对照表

华氏（℉）	摄氏（℃）	华氏（℉）	摄氏（℃）	华氏（℉）	摄氏（℃）	华氏（℉）	摄氏（℃）
-40	-40.00	38	3.33	4	28.89	170	76.67
-30	-34.44	40	4.44	86	30.00	180	82.22
-20	-28.89	42	5.56	88	31.11	190	87.78
-10	-23.33	44	6.67	90	32.22	200	93.33
0	-17.78	46	7.78	92	33.33	210	98.89
2	-16.67	48	8.89	94	34.44	220	104.44
4	-15.56	50	10.00	96	35.56	230	110.00
6	-14.44	52	11.11	98	36.67	240	115.56
8	-13.33	54	12.22	100	37.78	250	121.11
10	-12.22	56	13.33	102	38.89	260	126.67
12	-11.11	58	14.44	104	40.00	270	132.22
14	-10.00	60	15.56	106	41.11	280	137.78
16	-8.89	62	16.67	108	42.22	290	143.33
18	-7.78	64	17.78	110	43.33	300	148.89
20	-6.67	66	18.89	112	44.44	310	154.44
22	-5.56	68	20.00	114	45.56	320	160.00
24	-4.44	70	21.11	116	46.67	330	165.56
26	-3.33	72	22.22	118	47.78	340	171.11
28	-2.22	74	23.33	120	48.89	350	176.67
30	-1.11	76	24.44	130	54.44	360	182.22
32	0	78	25.56	140	60.00	370	187.78
34	1.11	80	26.67	150	65.56	380	193.33
36	2.22	82	27.78	160	71.11	390	198.89

注：从华氏温度（℉）求摄氏温度（℃）的公式：

$$摄氏温度 = （华氏温度 - 32） \times \frac{5}{9}$$

2. 摄氏温度与华氏温度对照表

表 1－35　摄氏温度与华氏温度对照表

摄氏（℃）	华氏（℉）	摄氏（℃）	华氏（℉）	摄氏（℃）	华氏（℉）	摄氏（℃）	华氏（℉）
－40	－40.0	15	59.0	38	100.4	105	221.0
－35	－31.0	16	60.8	39	102.2	110	230.0
－30	－22.0	17	62.6	40	104.0	115	239.0
－25	－13.0	18	64.4	41	105.8	120	248.0
－20	－4.0	19	66.2	42	107.6	125	257.0
－15	5.0	20	68.0	43	109.4	130	266.0
－10	14.0	21	69.8	44	111.2	135	275.0
－5	23.0	22	71.6	45	113.0	140	284.0
0	32.0	23	73.4	46	114.8	145	293.0
1	33.8	24	75.2	47	116.6	150	302.0
2	35.6	25	77.0	48	118.4	155	311.0
3	37.4	26	78.8	49	120.2	160	320.0
4	39.2	27	80.6	50	122.0	165	329.0
5	41.0	28	82.4	55	131.0	170	338.0
6	42.8	29	84.2	60	140.0	175	347.0
7	44.6	30	86.0	65	149.0	180	356.0
8	46.4	31	87.8	70	158.0	185	365.0
9	48.2	32	89.6	75	167.0	190	374.0
10	50.0	33	91.4	80	176.0	195	383.0
11	51.8	34	93.2	85	185.0	200	392.0
12	53.6	35	95.0	90	194.0	205	401.0
13	55.4	36	96.8	95	203.0	210	410.0
14	57.2	37	98.6	100	212.0	215	419.0

注：从摄氏温度（℃）求华氏温度（℉）的公式：

$$华氏温度 = 摄氏温度 \times \frac{9}{5} + 32$$

1.3.8 马力与千瓦对照便查表

1. 公制马力与千瓦对照表

表1－36 公制马力与千瓦对照表

公制马力（Ps）	千瓦（kW）	公制马力（Ps）	千瓦（kW）	公制马力（Ps）	千瓦（kW）	公制马力（Ps）	千瓦（kW）
1	0.74	10	7.36	19	13.97	60	44.13
2	1.47	11	8.09	20	14.71	65	47.80
3	2.21	12	8.83	25	18.39	70	51.48
4	2.94	13	9.56	30	22.07	75	55.16
5	3.68	14	10.30	35	25.74	80	58.84
6	4.41	15	11.03	40	29.42	85	62.52
7	5.15	16	11.77	45	33.10	90	66.19
8	5.88	17	12.50	50	36.78	95	69.87
9	6.62	18	13.24	55	40.45	100	73.55

注：1英制马力（HP）＝0.746千瓦（kW）。

2. 千瓦与公制马力对照表

表1－37 千瓦与公制马力对照表

千瓦（kW）	公制马力（Ps）	千瓦（kW）	公制马力（Ps）	千瓦（kW）	公制马力（Ps）	千瓦（kW）	公制马力（Ps）
1	1.36	10	13.60	19	25.83	60	81.58
2	2.72	11	14.96	20	27.19	65	88.38
3	4.08	12	16.32	25	33.99	70	95.17
4	5.44	13	17.68	30	40.79	75	101.97
5	6.80	14	19.03	35	47.58	80	108.16
6	8.16	15	20.39	40	54.38	85	115.57
7	9.52	16	21.75	45	61.18	90	122.37
8	10.88	17	23.11	50	67.98	95	129.16
9	12.24	18	24.47	55	74.78	100	135.96

注：1千瓦（kW）＝1.341英制马力（HP）。

1.4 钢铁强度及硬度换算

1.4.1 碳钢、合金钢硬度及强度换算值

表 1-38 碳钢、合金钢硬度与强度换算值

硬度								抗拉强度 σ_b(MPa)								
洛氏		表面洛氏			维氏	布氏($F/D^2=30$)		碳钢	铬钢	铬钒钢	铬镍钢	铬钼钢	铬镍钼钢	铬锰硅钢	超高强度钢	不锈钢
HRC	HRA	HR15N	HR30N	HR45N	HV	HBS	HBW									
20.0	60.2	68.8	40.7	19.2	226	225		774	742	736	782	747		781		740
20.5	60.4	69.0	41.2	19.8	228	227		784	751	744	787	753		788		749
21.0	60.7	69.3	41.7	20.4	230	229		793	760	753	792	760		794		758
21.5	61.0	69.5	42.2	21.0	233	232		803	769	761	797	767		801		767
22.0	61.2	69.8	42.6	21.5	235	234		813	779	770	803	774		809		777
22.5	61.5	70.0	43.1	22.1	238	237		823	788	779	809	781		816		786
23.0	61.7	70.3	43.6	22.7	241	240		833	798	788	815	789		824		796
23.5	62.0	70.6	44.0	23.3	244	242		843	808	797	822	797		832		806
24.0	62.2	70.8	44.5	23.9	247	245		854	818	807	829	805		840		816
24.5	62.5	71.1	45.0	24.5	250	248		864	828	816	836	813		848		826
25.0	62.8	71.4	45.5	25.1	253	251		875	838	826	843	822		856		837
25.5	63.0	71.6	45.9	25.7	256	254		886	848	837	851	831	850	865		847
26.0	63.3	71.9	46.4	26.3	259	257		897	859	847	859	840	859	874		858
26.5	63.5	72.2	46.9	26.9	262	260		908	870	858	867	850	869	883		868
27.0	63.8	72.4	47.3	27.5	266	263		919	880	869	876	860	879	893		879

续表

硬度								抗拉强度 σ_b(MPa)								
洛氏		表面洛氏			维氏	布氏($F/D^2=30$)		碳钢	铬钢	铬钒钢	铬镍钢	铬钼钢	铬镍钼钢	铬锰硅钢	超高强度钢	不锈钢
HRC	HRA	HR15N	HR30N	HR45N	HV	HBS	HBW									
27.5	64.0	72.7	47.8	28.1	269	266		930	891	880	885	870	890	902		890
28.0	64.3	73.0	48.3	28.7	273	269		942	902	892	894	880	901	912		901
28.5	64.6	73.3	48.7	29.3	276	273		954	914	903	904	891	912	922		913
29.0	64.8	73.5	49.2	29.9	280	276		965	925	915	914	902	923	933		924
29.5	65.1	73.8	49.7	30.5	284	280		977	937	928	924	913	935	943		936
30.0	65.3	74.1	50.2	31.1	288	283		989	948	940	935	924	947	954		947
30.5	65.6	74.4	50.6	31.7	292	287		1 002	960	953	946	936	959	965		959
31.0	65.8	74.7	51.1	32.3	296	291		1 014	972	966	957	948	972	977		971
31.5	66.1	74.9	51.6	32.9	300	294		1 027	984	980	969	961	985	989		983
32.0	66.4	75.2	52.0	33.5	304	298		1 039	996	993	981	974	999	1 001		996
32.5	66.6	75.5	52.5	34.1	308	302		1 052	1 009	1 007	994	987	1 012	1 103		1 008
33.0	66.9	75.8	53.0	34.7	313	306		1 065	1 022	1 022	1 007	1 001	1 027	1 026		1 021
33.5	67.1	76.1	53.4	35.3	317	310		1 078	1 034	1 036	1 020	1 015	1 041	1 039		1 034
34.0	67.4	76.4	53.9	35.9	321	314		1 092	1 048	1 051	1 034	1 029	1 056	1 052		1 047
34.5	67.7	76.7	54.4	36.5	326	318		1 105	1 061	1 067	1 048	1 043	1 071	1 066		1 060
35.0	67.9	77.0	54.8	37.0	331	323		1 119	1 074	1 082	1 063	1 058	1 087	1 079		1 074
35.5	68.2	77.2	55.3	37.6	335	327		1 133	1 088	1 098	1 078	1 074	1 103	1 094		1 087
36.0	68.4	77.5	55.8	38.2	340	332		1 147	1 102	1 114	1 093	1 090	1 119	1 108		1 101
36.5	68.7	77.8	56.2	38.8	345	336		1 162	1 116	1 131	1 109	1 106	1 136	1 123		1 116
37.0	69.0	78.1	56.7	39.4	350	341		1 177	1 131	1 148	1 125	1 122	1 153	1 139		1 130

续表

硬度								抗拉强度 σ_b(MPa)								
洛氏		表面洛氏			维氏	布氏($F/D^2=30$)		碳钢	铬钢	铬钒钢	铬镍钢	铬钼钢	铬镍钼钢	铬锰硅钢	超高强度钢	不锈钢
HRC	HRA	HR15N	HR30N	HR45N	HV	HBS	HBW									
37.5	69.2	78.4	57.2	40.0	355	345		1 192	1 146	1 165	1 142	1 139	1 171	1 155		1 145
38.0	69.5	78.7	57.6	40.6	360	350		1 207	1 161	1 183	1 159	1 157	1 189	1 171		1 161
38.5	69.7	79.0	58.1	41.2	365	355		1 222	1 176	1 201	1 177	1 174	1 207	1 187	1 170	1 176
39.0	70.0	79.3	58.6	41.8	371	360		1 238	1 192	1 219	1 195	1 192	1 226	1 204	1 195	1 193
39.5	70.3	79.6	59.0	42.4	376	365		1 254	1 208	1 238	1 214	1 211	1 245	1 222	1 219	1 209
40.0	70.5	79.9	59.5	43.0	381	370	370	1 271	1 225	1 257	1 233	1 230	1 265	1 240	1 243	1 226
40.5	70.8	80.2	60.0	43.6	387	375	375	1 288	1 242	1 276	1 252	1 249	1 285	1 258	1 267	1 244
41.0	71.1	80.5	60.4	44.2	393	380	381	1 305	1 260	1 296	1 273	1 269	1 306	1 277	1 290	1 262
41.5	71.3	80.8	60.9	44.8	398	385	386	1 322	1 278	1 317	1 293	1 289	1 327	1 296	1 313	1 280
42.0	71.6	81.1	61.3	45.4	404	391	392	1 340	1 296	1 337	1 314	1 310	1 348	1 316	1 336	1 299
42.5	71.8	81.4	61.8	45.9	410	396	397	1 359	1 315	1 358	1 336	1 331	1 370	1 336	1 359	1 319
43.0	72.1	81.7	62.3	46.5	416	401	403	1 378	1 335	1 380	1 358	1 353	1 392	1 357	1 381	1 339
43.5	72.4	82.0	62.7	47.1	422	407	409	1 397	1 355	1 401	1 380	1 375	1 415	1 378	1 404	1 361
44.0	72.6	82.3	63.2	47.7	428	413	415	1 417	1 376	1 424	1 404	1 397	1 439	1 400	1 427	1 383
44.5	72.9	82.6	63.6	48.3	435	418	422	1 438	1 398	1 446	1 427	1 420	1 462	1 422	1 450	1 405
45.0	73.2	82.9	64.1	48.9	441	424	428	1 459	1 420	1 469	1 451	1 444	1 487	1 445	1 473	1 429
45.5	73.4	83.2	64.6	49.5	448	430	435	1 481	1 444	1 493	1 476	1 468	1 512	1 469	1 496	1 453
46.0	73.7	83.5	65.0	50.1	454	436	441	1 503	1 468	1 517	1 502	1 492	1 537	1 493	1 520	1 479
46.5	73.9	83.7	65.5	50.7	461	442	448	1 526	1 493	1 541	1 527	1 517	1 563	1 517	1 544	1 505
47.0	74.2	84.0	65.9	51.2	468	449	455	1 550	1 519	1 566	1 554	1 542	1 589	1 543	1 569	1 533

续表

硬度								抗拉强度 σ_b（MPa）								
洛氏		表面洛氏			维氏	布氏（$F/D^2=30$）		碳钢	铬钢	铬钒钢	铬镍钢	铬钼钢	铬镍钼钢	铬锰硅钢	超高强度钢	不锈钢
HRC	HRA	HR15N	HR30N	HR45N	HV	HBS	HBW									
47.5	74.5	84.3	66.4	51.8	475		463	1 575	1 546	1 591	1 581	1 568	1 616	1 569	1 594	1 562
48.0	74.7	84.6	66.8	52.4	482		470	1 600	1 574	1 617	1 608	1 595	1 643	1 595	1 620	1 592
48.5	75.0	84.9	67.3	53.0	489		478	1 626	1 603	1 643	1 636	1 622	1 671	1 623	1 646	1 623
49.0	75.3	85.2	67.7	53.6	497		486	1 653	1 633	1 670	1 665	1 649	1 699	1 651	1 674	1 655
49.5	75.5	85.5	68.2	54.2	504		494	1 681	1 665	1 697	1 695	1 677	1 728	1 679	1 702	1 689
50.0	75.8	85.7	68.6	54.7	512		502	1 710	1 698	1724	1 724	1 706	1 758	1 709	1 731	1 725
50.5	76.1	86.0	69.1	55.3	520		510		1 732	1 752	1 755	1 735	1 788	1 739	1 761	
51.0	76.3	86.3	69.5	55.9	527		518		1 768	1 780	1 786	1 764	1 819	1 770	1 792	
51.5	76.6	86.6	70.0	56.5	535		527		1 806	1 809	1 818	1 794	1 850	1 801	1 824	
52.0	76.9	86.8	70.4	57.1	544		535		1 845	1 839	1 850	1 825	1 881	1 834	1 857	
52.5	77.1	87.1	70.9	57.6	552		544			1 869	1 883	1 856	1 914	1 867	1 892	
53.0	77.4	87.4	71.3	58.2	561		552			1 899	1 917	1 888	1 947	1 901	1 929	
53.5	77.7	87.6	71.8	58.8	569		561			1 930	1 951			1 936	1 966	
54.0	77.9	87.9	72.2	59.4	578		569			1 961	1 986			1 971	2 006	
54.5	78.2	88.1	72.6	59.9	587		577			1 993	2 022			2 008	2 047	
55.0	78.5	88.4	73.1	60.5	596		585			2 026	2 058			2 045	2 090	
55.5	78.7	88.6	73.5	61.1	606		593								2 135	
56.0	79.0	88.9	73.9	61.7	615		601								2 181	
56.5	79.3	89.1	74.4	62.2	625		608								2 230	
57.0	79.5	89.4	74.8	62.8	635		616								2 281	

续表

硬度								抗拉强度 σ_b(MPa)								
洛氏		表面洛氏			维氏	布氏($F/D^2=30$)		碳钢	铬钢	铬钒钢	铬镍钢	铬钼钢	铬镍钼钢	铬锰硅钢	超高强度钢	不锈钢
HRC	HRA	HR15N	HR30N	HR45N	HV	HBS	HBW									
57.5	79.8	89.6	75.2	63.4	645		622								2 334	
58.0	80.1	89.8	75.6	63.9	655		628								2 390	
58.5	80.3	90.0	76.1	64.5	666		634								2 448	
59.0	80.6	90.2	76.5	65.1	676		639								2 509	
59.5	80.9	90.4	76.9	65.6	687		643								2 572	
60.0	81.2	90.6	77.3	66.2	698		647								2 639	
60.5	81.4	90.8	77.7	66.8	710		650									
61.0	81.7	91.0	78.1	67.3	721											
61.5	82.0	91.2	78.6	67.9	733											
62.0	82.2	91.4	79.0	68.4	745											
62.5	82.5	91.5	79.4	69.0	757											
63.0	82.8	91.7	79.8	69.5	770											
63.5	83.1	91.8	80.2	70.1	782											
64.0	83.3	91.9	80.6	70.6	795											
64.5	83.6	92.1	81.0	71.2	809											
65.0	83.9	92.2	81.3	71.7	822											
65.5	84.1				836											
66.0	84.4				850											
66.5	84.7				865											
67.0	85.0				879											
67.5	85.2				894											
68.0	85.5				909											

1.4.2 碳钢硬度与强度换算值

表 1－39　碳钢硬度与强度换算值

硬度							抗拉强度 σ_b (MPa)
洛氏	表面洛氏			维氏	布氏		
HRB	HR15T	HR30T	HR45T	HV	HBS		
					$F/D^2=10$	$F/D^2=30$	
60.0	80.4	56.1	30.4	105	102		375
60.5	80.5	56.4	30.9	105	102		377
61.0	80.7	56.7	31.4	106	103		379
61.5	80.8	57.1	31.9	107	103		381
62.0	80.9	57.4	32.4	108	104		382
62.5	81.1	57.7	32.9	108	104		384
63.0	81.2	58.0	33.5	109	105		386
63.5	81.4	58.3	34.0	110	105		388
64.0	81.5	58.7	34.5	110	106		390
64.5	81.6	59.0	35.0	111	106		393
65.0	81.8	59.3	35.5	112	107		395
65.5	81.9	59.6	36.1	113	107		397
66.0	82.1	59.9	36.6	114	108		399
66.5	82.2	60.3	37.1	115	108		402
67.0	82.3	60.6	37.6	115	109		404
67.5	82.5	60.9	38.1	116	110		407
68.0	82.6	61.2	38.6	117	110		409
68.5	82.7	61.5	39.2	118	111		412
69.0	82.9	61.9	39.7	119	112		415
69.5	83.0	62.2	40.2	120	112		418
70.0	83.2	62.5	40.7	121	113		421
70.5	83.3	62.8	41.2	122	114		424
71.0	83.4	63.1	41.7	123	115		427
71.5	83.6	63.5	42.3	124	115		430
72.0	83.7	63.8	42.8	125	116		433
72.5	83.9	64.1	43.3	126	117		437
73.0	84.0	64.4	43.8	128	118		440
73.5	84.1	64.7	44.3	129	119		444
74.0	84.3	65.1	44.8	130	120		447
74.5	84.4	65.4	45.4	131	121		451

续表

硬度							抗拉强度 σ_b (MPa)
洛氏	表面洛氏			维氏	布氏		
					HBS		
HRB	HR15T	HR30T	HR45T	HV	$F/D^2=10$	$F/D^2=30$	
75.0	84.5	65.7	45.9	132	122		455
75.5	84.7	66.0	46.4	134	123		459
76.0	84.8	66.3	46.9	135	124		463
76.5	85.0	66.6	47.4	136	125		467
77.0	85.1	67.0	47.9	138	126		471
77.5	85.2	67.3	48.5	139	127		475
78.0	85.4	67.6	49.0	140	128		480
78.5	85.5	67.9	49.5	142	129		484
79.0	85.7	68.2	50.0	143	130		489
79.5	85.8	68.6	50.5	145	132		493
80.0	85.9	68.9	51.0	146	133		498
80.5	86.1	69.2	51.6	148	134		503
81.0	86.2	69.5	52.1	149	136		508
81.5	86.3	69.8	52.6	151	137		513
82.0	86.5	70.2	53.1	152	138		518
82.5	86.6	70.5	53.6	154	140		523
83.0	86.8	70.8	54.1	156		152	529
83.5	86.9	71.1	54.7	157		154	534
84.0	87.0	71.4	55.2	159		155	540
84.5	87.2	71.8	55.7	161		156	546
85.0	87.3	72.1	56.2	163		158	551
85.5	87.5	72.4	56.7	165		159	557
86.0	87.6	72.7	57.2	166		161	563
86.5	87.7	73.0	57.8	168		163	570
87.0	87.9	73.4	58.3	170		164	576
87.5	88.0	73.7	58.8	172		166	582
88.0	88.1	74.0	59.3	174		168	589
88.5	88.3	74.3	59.8	176		170	596
89.0	88.4	74.6	60.3	178		172	603
89.5	88.6	75.0	60.9	180		174	609

续表

硬度							抗拉强度σ_b (MPa)
洛氏	表面洛氏			维氏	布氏		
					HBS		
HRB	HR15T	HR30T	HR45T	HV	$F/D^2=10$	$F/D^2=30$	
90.0	88.7	75.3	61.4	183		176	617
90.5	88.8	75.6	61.9	185		178	624
91.0	89.0	75.9	62.4	187		180	631
91.5	89.1	76.2	62.9	189		182	639
92.0	89.3	76.6	63.4	191		184	646
92.5	89.4	76.9	64.0	194		187	654
93.0	89.5	77.2	64.5	196		189	662
93.5	89.7	77.5	65.0	199		192	670
94.0	89.8	77.8	65.5	201		195	678
94.5	89.9	78.2	66.0	203		197	686
95.0	90.1	78.5	66.5	206		200	695
95.5	90.2	78.8	67.1	208		203	703
96.0	90.4	79.1	67.6	211		206	712
96.5	90.5	79.4	68.1	214		209	721
97.0	90.6	79.8	68.6	216		212	730
97.5	90.8	80.1	69.1	219		215	739
98.0	90.9	80.4	69.6	222		218	749
98.5	91.1	80.7	70.2	225		222	758
99.0	91.2	81.0	70.7	227		226	768
99.5	91.3	81.4	71.2	230		229	778
100.0	91.5	81.7	71.7	233		232	788

第二章　金属材料

2.1　金属材料的基本知识

2.1.1　有关材料力学性能名词解释

表 2－1　材料力学性能名词解释

序号	性能指标 名称	符号	单位	解　释
1	极限强度	—	MPa	材料抵抗外力破坏作用的最大能力，叫做极限强度
	（1）抗拉强度	σ_b		外力是拉力时的极限强度叫做抗拉强度
	（2）抗压强度	σ_y		外力是压力时的极限强度叫做抗压强度
	（3）抗弯强度	σ_w		外力与材料轴线垂直，并在作用后使材料呈弯曲，这时的极限强度叫做抗弯强度
	（4）抗剪强度	τ		外力与材料轴线垂直，并对材料呈剪切作用，这时的极限强度叫做抗剪强度
2	（1）屈服点	σ_s	MPa	材料受拉力至某一程度时，其变形突然增加很大，这时材料抵抗外力的能力叫做屈服点
	（2）规定残余伸长应力	σ_r $\sigma_{r0.2}$		材料在卸除拉力后，标距部分残余伸长率达到规定数值（常为 0.2%）的应力，其角注数值表示残余伸长率，例：$\sigma_{r0.2}$
	（3）规定非比例伸长应力	σ_p $\sigma_{p0.01}$		材料在受拉力过程中，标距部分非比例伸长率达到规定数值（例：0.01%）时的应力，其角注数值表示非比例伸长率，例：$\sigma_{p0.01}$
3	弹性极限	σ_e	MPa	材料在受外力（拉力）到某一限度时，若除去外力，其变形（伸长）即消失，恢复原状，材料抵抗这一限度的外力的能力叫做弹性极限

续表

序号	性能指标		单位	解　　释
	名称	符号		
4	伸长率	δ	%	材料受拉力作用断裂时，伸长的长度与原有长度的百分比，叫做伸长率
	（1）短试棒求得的伸长率	δ_5		试棒标距＝5倍直径
	（2）长试棒求得的伸长率	δ_{10}		试棒标距＝10倍直径
5	断面收缩率	ψ	%	材料受拉力作用断裂时，断面缩小的面积与原有断面积百分比，叫做断面收缩率
6	硬度 （1）布氏硬度	HB	MPa	材料抵抗硬的物体压入自己表面的能力，叫做硬度。它是以一定的负荷把一定直径的淬硬钢球或硬质合金球压在材料表面，保持规定时间后卸除负荷，测量材料表面的压痕，按公式用压痕面积来除负荷所得的商 HBS（≤450）为以钢球测得的硬度值；HBW（≤650）为以硬质合金球测得的硬度值
	（2）洛氏硬度	HR		以一定的负荷把淬硬钢球或顶角为120°圆锥形金刚石压入器压入材料表面，然后以材料表面上凹坑的深度来计算硬度大小
	①标尺C	HRC		采用1 471.1N总负荷和金刚石压入器求得的硬度
	②标尺A	HRA		采用588.4N总负荷和金刚石压入器求得的硬度
	③标尺B	HRB		采用980.7N总负荷和压入直径1.59mm淬硬钢球求得的硬度
	④标尺F	HRF		采用588.4N总负荷和压入直径为1.588mm的淬硬钢球求得的硬度，它适用于薄软钢板、退火铜合金等试件的硬度测定
	（3）表面洛氏硬度			试验原理与洛氏硬度一样，它适用于钢材表面经渗碳、氮化等处理的表面层硬度以及薄、小试件硬度的测定
	①标尺15N	HR15N		采用147.1N总负荷和金刚石压入器求得的硬度
	②标尺30N	HR30N		采用294.2N总负荷和金刚石压入器求得的硬度
	③标尺45N	HR45N		采用441.3N总负荷和金刚石压入器求得的硬度

续表

<table>
<tr><th rowspan="2">序号</th><th colspan="2">性能指标</th><th rowspan="2">单位</th><th rowspan="2">解　　释</th></tr>
<tr><th>名称</th><th>符号</th></tr>
<tr><td rowspan="4">6</td><td>④标尺 15T</td><td>HR15T</td><td rowspan="4">MPa</td><td>采用 147.1N 总负荷和压入直径 1.59mm 淬硬钢球求得的硬度</td></tr>
<tr><td>⑤标尺 30T</td><td>HR30T</td><td>采用 294.2N 总负荷和压入直径 1.59mm 淬硬钢球求得的硬度</td></tr>
<tr><td>⑥标尺 45T</td><td>HR45T</td><td>采用 441.3N 总负荷和压入直径 1.59mm 淬硬钢球求得的硬度</td></tr>
<tr><td>(4) 维氏硬度</td><td>HV</td><td>以一定负荷把 136°方锥形金刚石压头压在材料表面,保持规定时间后卸除负荷,测量材料表面的压痕对角线平均长度,按公式用压痕面积来除负荷所得的商</td></tr>
<tr><td rowspan="2">7</td><td>(1) 冲击吸收功（冲击功）</td><td>A_{KU}
A_{KV}</td><td>J</td><td>一定形状和尺寸的材料试样在冲击负荷作用下折断时所吸收的功</td></tr>
<tr><td>(2) 冲击韧性（冲击值）</td><td>a_{KU}
a_{KV}</td><td>J/cm^2</td><td>将冲击吸收功除以试样缺口底部处横截面积所得的商
冲击试验采用的试样分夏比法 U 形缺口试样和 V 形缺口试样</td></tr>
</table>

2.1.2　金属材料分类

表 2－2　金属材料分类

按组成成分分
（1）纯金属——由一种金属元素组成的物质。目前已知纯金属约有 80 多种，但工业上采用的为数甚少 （2）合金——由一种金属元素（为主的）与另外一种（或几种）金属元素（或非金属元素）组成的物质。它的种类甚多，如工业上常用的生铁和钢，就是铁碳合金；黄铜就是铜锌合金等。由于合金的各项性能一般较优于纯金属，因此在工业上合金的应用比纯金属广泛
按实用分
（1）黑色金属——铁和铁的合金，如生铁、铁合金、铸铁和钢等 （2）有色金属——除黑色金属外的金属和合金，如铜、锡、铅、锌、铝以及黄铜、青铜、铝合金和轴承合金等。另外在工业上还采用铬、镍、锰、钼、钴、钒、钨、钛等，这些金属主要用作合金添加物，以改善金属的性能，其中钨、钛、钴多用以生产刀具用的硬质合金。所有上述有色金属，都称为工业用金属，以区别于贵重金属（铂、金、银）与稀有金属（包括放射性的铀、镭等）

2.1.3 生铁、铁合金及铸铁

表 2-3 生铁、铁合金、铸铁

生铁
（1）来源——把铁矿石放到高炉中冶炼，产品即为液态生铁。把液态生铁铸于砂模或钢模中，即成块状生铁 （2）组成成分——含碳量在 2% 以上的一种铁碳合金，此外尚含有硅、锰、磷、硫等元素 （3）品种： ①按用途分——有炼钢用生铁、铸造用生铁等 ②按化学成分分——有普通生铁、特种生铁等
铁合金
（1）定义——铁与硅、锰、铬、钛等元素组成的合金的总称。铁与硅组成的合金，叫做硅铁；铁与锰组成的合金，叫做锰铁等 （2）用途——供铸造或炼钢作还原剂或合金元素的添加剂
铸铁
（1）来源——把铸造生铁放到熔铁炉中熔炼，产品即为铸铁（液态）。再把液态铸铁浇铸成铸件，这种铸件叫做铸铁件 （2）品种： ①按断口颜色分——有灰铸铁、白口铸铁、麻口铸铁 ②按化学成分分——有普通铸铁、合金铸铁 ③按生产方法和组织性能分——有普通灰铸铁、孕育铸铁、可锻铸铁、球墨铸铁和特殊性能铸铁等

2.1.4 钢的分类

钢以铁为主要元素、含碳量一般在 2% 以下，并含有其他元素的材料。根据 GB/T 1304—1991 可对钢进行以下分类。

钢按化学成分分类列于表 2-4；非合金钢、低合金钢和合金钢合金元素规定含量界限值列于表 2-5；非合金钢按其主要质量等级和主要性能或使用特性分类列于表 2-6；钢按主要质量等级和主要特性及使用特性分类列于表 2-7；低合金钢的主要分类及举例列于表 2-8；合金钢的分类列于表 2-9。

表 2-4　钢按化学成分分类

钢种	规定与要求
非合金钢；低合金钢；合金钢	（1）非合金钢、低合金钢和合金钢按照化学成分分类，合金元素含量的确定应符合下列规定： ①当标准、技术条件或订货单对钢的熔炼分析化学成分规定最低值或范围时，应以最低值作为规定含量进行分类 ②当标准、技术条件或订货单对钢的熔炼分析化学成分规定最高值时，应以最高值的 0.7 倍作为规定含量进行分类 ③在没有标准、技术条件或订货单规定钢的化学成分时，应按生产厂报出的熔炼分析值作为规定含量进行分类；在特殊情况下，只有钢的成品分析值时，可按成品分析值作为规定含量进行分类，但当处在两类临界情况下，要考虑化学成分允许偏差的影响，对钢的原来预定的类别应准确地予以证明 ④标准、技术条件或订货单中规定的或在钢中实际存在的不作为合金化元素有意加入钢中的残余元素含量，不应作为规定含量对钢进行分类 （2）表 2-5 中所列的任一元素，按上述（1）条确定的每个元素规定含量的百分数，处在表 2-5 中所列非合金钢、低合金钢或合金钢相应元素的界限值范围内时，这些钢分别为非合金钢、低合金钢或合金钢 ①当 Cr、Cu、Mo、Ni 四种元素，有其中两种、三种或四种元素同时规定在钢中时，对于低合金钢，应同时考虑，这些元素中每种元素的规定含量，所有这些元素的规定含量总和，应不大于规定的两种、三种或四种元素中每种元素最高界限值总和的 70%。如果这些元素的规定含量总和大于规定的元素中每种元素最高界限值总和的 70%，即使这些元素每种元素的规定含量低于规定的最高界限值，也应划入合金钢 ②上述①条的原则也适用于 Nb、Ti、V、Zr 四种元素

表 2-5　非合金钢、低合金钢和合金钢合金元素规定含量界限值

合金元素	合金元素规定含量界限值（%）		
	非合金钢	低合金钢	合金钢
Al	<0.10	—	≥0.10

续表

合金元素	合金元素规定含量界限值（%）		
	非合金钢	低合金钢	合金钢
B	<0.000 5	—	≥0.000 5
Bi	<0.10	—	≥0.10
Cr	<0.30	0.30～<0.50	≥0.50
Co	<0.10	—	≥0.10
Cu	<0.10	0.10～<0.50	≥0.50
Mn	<1.00	1.00～<1.40	≥1.40
Mo	<0.05	0.05～<0.10	≥0.10
Ni	<0.30	0.30～<0.50	≥0.50
Nb	<0.02	0.02～<0.06	≥0.06
Pb	<0.40	—	≥0.40
Se	<0.10	—	≥0.10
Si	<0.50	0.50～<0.90	≥0.90
Te	<0.10	—	≥0.10
Ti	<0.05	0.05～<0.13	≥0.13
W	<0.10	—	≥0.10
V	<0.04	0.04～<0.12	≥0.12
Zr	<0.05	0.05～<0.12	≥0.12
La系（每一种元素）	<0.02	0.02～<0.05	≥0.05
其他规定元素（S、P、C、N除外）	<0.05	—	≥0.50

注：La系元素含量也可为混合稀土含量总量。

表 2－6　非合金钢按其主要质量等级和主要性能或使用特性分类及举例

按主要质量等级分类 按主要特性分类	普通质量非合金钢	优质非合金钢	特殊质量非合金钢
以规定最高强度为主要特性的非合金钢	普通质量低碳结构钢板和钢带 GB 912 中的低碳钢牌号 GB 2517 中的 RJ 216、RJ 235、RJ 255、RJ 294、RJ 343、RJ 392	(1)冲压薄板压碳钢 GB 5213 中的 08Al GB 3276 中的 08、10 (2)供镀锡、镀锌、镀铅板带和原板用碳素钢 GB 2518、GB 2520、GB 4174、GB 5065、GB 5066 全部碳素钢牌号 (3)不经热处理的冷顶锻和冷挤压用钢	
以规定最低强度为主要特性的非合金钢	(1)碳素结构钢 GB 700 中的 Q 195、Q 215的 A、B 级；Q 235 的 A、B 级；Q 255A、B 级、Q 275 (2)碳素钢筋钢 GB 13013 中的 Q 235	(1)碳素结构钢 GB 700 中除普通质量 A、B 级钢以外的所有牌号及 A、B 级规定冷成型性及模锻性特殊要求者 (2)优质碳素结构钢 GB 699 中除 65Mn、70Mn、70、75、80、85 以外的所有牌号钢 YB 2009 中的 55Ti、60Ti、70Ti	(1)优质碳素结构钢 GB 699 中的 65Mn、70Mn、70、75、80、85 钢 (2)保证淬透性钢 GB 5216 中的 45H

续表

按主要质量等级分类 / 按主要特性分类	普通质量非合金钢	优质非合金钢	特殊质量非合金钢
以规定最低强度为主要特性的非合金钢	(3)铁道用钢 GB 11264 中的 50Q、55Q GB 11265 中的 Q235 – A、Q255 – A GB 11266 轻轨垫板用的碳素钢 GB 2826 钢轨垫板用的碳素钢	(3)锅炉和压力容器用钢 GB 713 中的 20g、22g GB 3087 中的 10、20 GB 5310 和 GB5311 中的 20G GB 6479 中的 10、20G GB 6653中的 20HP、15MnHP GB 6654 中的 20R	(3)保证厚度方向性能钢 GB 5313 中的所有非合金钢
	(4)钢板桩钢	(4)造船用钢 GB 712 中的 A、B、D、E、AH32、DH32、EH32 GB 5312 中的 C10、C20 GB 9945 中的 A、B	(4)铁道用钢 GB 5068 中的 LZ、JZ GB 8601中的 CL60A 级 GB 8602中的 LG60 与 LG65 的 A 级
	(5)一般工程用不进行热处理的普通质量碳素钢YB 170中的所有普通质量碳素钢	(5)铁道用钢 GB 2585 中的 U71、U74 GB 8601 中的 CL 60B 级 GB 8602 中的 LG 60B 级与 LG 65B 级 YB 354 钢轨鱼尾板用碳素钢	(5)航空用钢 包括所有航空专用非合金结构钢牌号
		桥梁用钢 (6)YB 168 中的 16q	(6)兵器用钢 包括各种兵器用非合金结构钢牌号

续表

按主要质量等级分类 / 按主要特性分类	普通质量非合金钢	优质非合金钢	特殊质量非合金钢
以规定最低强度为主要特性的非合金钢		(7)汽车用钢 GB 11262 中的 12LW、15LW GB 3088 中的45 GB 9947 中的08Z、20Z、25Z (8)锚链用钢 YB 897 中的 M15、M20、M30 (9)自行车用钢 GB 3644 中的 Z06Al、ZQ195、ZQ215、ZQ235 GB 3645 中的 ZQ195、ZQ195－F、ZQ215、ZQ215－Al、ZQ215－F、ZQ235、ZQ235－Al、ZQ235－F、Z06Al、Z09Mn、Z13Mn、Z17Mn、Z09Al GB 3646 中的19Mn GB 3647 中的19Mn (10)输油及输气管用钢 (11)工程结构用铸造碳素钢 GB 11352 中的 ZG200－400、ZG230－450、ZG270－500、ZG310－570、ZG340－640 GB 7659 中的 ZG200－400H、ZG230－450H、ZG275－485H (12)预应力及混凝土钢筋用优质非合金钢	(7)核压力容器用非合金钢

续表

按主要质量等级分类 / 按主要特性分类	普通质量非合金钢	优质非合金钢	特殊质量非合金钢
以碳含量为主要特性的非合金钢	(1)普通碳素钢盘条 GB 701 中的所有碳素钢牌号 (2)一般用途低碳钢丝 GB 343 中的所有低碳钢牌号 (3)花纹钢板 GB 3277 中的普通质量碳素结构钢	(1)焊条用钢 GB 1300中的H08、H08A、H08Mn、H08MnA、H15A、H15Mn GB 3429 中的H 08A ZBH4405 中的H08A (2)冷镦用钢 GB 715 中的BL2、BL3 GB 5953中的ML10～ML45 GB 5955中的ML15、ML20 GB 6478 中的 ML08 ～ML45、ML25Mn～ML45Mn (3)花纹钢板 GB 3277 优质非合金钢 (4)盘条钢 GB 4354 中的25～65、40Mn～60Mn ZBH44003 (5)非合金调质钢(特殊质量钢除外) (6)非合金表面硬化钢(特殊质量钢除外) (7)非合金弹簧钢(特殊质量钢除外)	(1)焊条用钢 GB 1300中的H08E ZBH4405 中的H08E、H08C (2)碳素弹簧钢 GB 1222 中的65～85、65Mn GB 4357 中的所有非合金钢 (3)特殊盘条钢 GB 4355 中的60、60Mn、65、65Mn、70、70Mn、75、80、T8MnA、T9A ZBH44004 中的60～85、60Mn、65Mn、70Mn、75Mn、80Mn、85Mn (4)非合金调质钢 (5)非合金表面硬化钢 (6)火焰及感应淬火硬化钢 (7)冷顶锻和冷挤压钢

续表

按主要质量等级分类 / 按主要特性分类	普通质量非合金钢	优质非合金钢	特殊质量非合金钢
非合金易切削钢		易切削结构钢 GB 8731 中的 Y12、Y12Pb、Y15、Y15Pb、Y20、Y30、Y35、Y45Ca	特殊易切削钢 要求测定热处理后冲击韧性等 YB 685 中的 Y75
非合金工具钢			(1)碳素工具钢 GB 1298 中的全部牌号 YB 483 中的 T12A (2)碳素中空钢 GB 1301 中的 ZKT8
规定磁性能和电性能的非合金钢		(1)非合金电工钢板、带 GB 2521 无硅电工钢板、带 (2)具有规定导电性能(＜9s/m)的非合金电工钢	(1)具有规定导电性能(≥9s/m)的非合金电工钢 (2)具有规定磁性能的非合金软磁材料 GB 6983、GB 6984、GB 6985 中的 DT3、DT3A、DT4、DT4A、DT4E、DT4C ZBH72001 中的 F7402－U、F7402－V、F7402－W
其他非合金钢	栅栏用钢丝		原料纯铁 GB 9971 中的 YT1F、YT2F、YT3、YT4

表 2－7　钢按主要质量等级和主要特性及使用特性分类

钢种	类别	主要特性
非合金钢	按主要质量等级分类	普通质量非合金钢
		（1）普通质量非合金钢是指不规定生产过程中需要特别控制质量要求的并应同时满足下列四种条件的所有钢种： ①钢为非合金化的（符合本标准第一部分对非合金钢的合金元素规定含量界限值的规定） ②不规定热处理 注:退火、正火、消除应力及软化处理不作为热处理对待。 ③如产品标准或技术条件中有规定，其特性值应符合下列条件： 碳含量最高值　≥0.10%； 硫或磷含量最高值　≥0.045%； 氮含量最高值　≥0.007%； 抗拉强度最低值　≤690MPa； 屈服点或屈服强度最低值　≤360MPa； 伸长率最低值（$L_0=5.65\sqrt{F_0}$）≤33%； 弯心直径最低值　≥0.5×试件厚度； 冲击功最低值（20℃，V 形，纵向标准试样）≤27J； 洛氏硬度最高值（HRB）≥60 注：力学性能的规定值指用厚度为 3～16mm 钢料做的纵向或横向试样测定的性能。 ④未规定其他质量要求 （2）普通质量非合金钢主要包括： ①一般用途碳素结构钢，如 GB 700 规定的 A、B 级钢 ②碳素钢筋钢，如 GB 13031 规定的 Q 235 钢 ③铁道用一般碳素钢，如 GB 11264、GB 11265、GB 2826 规定的轻轨和垫板用碳素钢 ④一般钢板桩型钢
		优质非合金钢
		（1）优质非合金钢是指除普通质量非合金钢和特殊质量非合金钢以外的非合金钢，在生产过程中需要特别控制质量（例如控制晶粒度，降低硫、磷含量，改善表面质量或增加工艺控制等），以达到比普通质量非合金钢特殊的质量要求（例如良好的抗脆断性能，良好的冷成型性等），但这种钢的生产控制不如特殊质量非合金钢严格（如不控制淬透性）

续表

钢种	类别	主要特性
非合金钢	按主要质量等级分类	（2）优质非合金钢主要包括： ①机构结构用优质碳素钢，如 GB 699 规定的条钢（但 70～85 钢、65Mn、70Mn 钢除外） ②工程结构用碳素钢，如 GB 700 规定的质量等级为 C、D 级钢 ③冲压薄板的低碳结构钢，如 GB 5213、GB 3276 规定的优质碳素钢薄板 ④镀层板、带用的碳素钢，如 GB 2518、GB 2520、GB 4174、GB 5065、GB 5066 等规定的镀锡、镀锌、镀铝板带和原板 ⑤锅炉和压力容器用碳素钢，如 GB 713、GB 3087、GB 6653、GB 6654 规定的碳素钢板、钢带和钢管 ⑥造船用碳素钢，如 GB 712、GB 5312、GB 9945 规定的碳素钢板、钢管和型钢 ⑦铁道用优质碳素钢，如 GB 2585 规定的重轨用碳素钢 ⑧焊条用碳素钢，如 GB 1300 规定的碳素钢，但成品分析 S、P 不大于 0.025% 的钢除外 ⑨用于冷锻、冷挤压、冷冲击、冷拔的对表面质量有特殊要求的非合金钢棒料和线材，如 GB 715、GB 5955、GB 6478、GB 5953 规定的非合金钢 ⑩非合金易切削结构钢，如 GB 8731 规定的易切削钢 ⑪电工用非合金钢板、带，如 GB 2521 规定的无硅钢板、带 ⑫优质铸造碳素钢，如 GB 11352、GB 7659 规定的铸造碳素钢
		特殊质量非合金钢
		特殊质量非合金钢是指在生产过程中需要特别严格控制质量和性能（例如，控制淬透性和纯洁度）的非合金钢，应符合下列条件： （1）钢材要经热处理并至少具有下列一种特殊要求的非合金钢（包括易切削钢和工具钢）： ①要求淬火和回火或模拟表面硬化状态下的冲击性能 ②要求淬火或淬火和回火后的淬硬层深度或表面硬度 ③要求限制表面缺陷，比对冷镦和冷挤压用钢的规定更严格

续表

钢种	类别	主要特性
非合金钢	按主要质量等级分类	④要求限制非金属夹杂物含量和(或)要求内部材质均匀性 (2)钢材不进行热处理并至少应具有下述一种特殊要求的非合金钢: ①要求限制非金属夹杂物含量和(或)内部材质均匀性，例如钢板抗层状撕裂性能 ②要求限制磷含量和(或)硫含量最高值，并符合如下规定: 熔炼分析值　≤0.020%; 成品分析值　≤0.025% ③要求残余元素的含量同时作如下限制: Cu 熔炼分析最高含量　≤0.10%; Co 熔炼分析最高含量　≤0.05%; V 熔炼分析最高含量　≤0.05% ④表面质量的要求比冷镦和冷挤压用钢的规定更严格 (3)具有规定的电导性能或具有规定的磁性能(对于只规定最大磁损和最小磁感应而不规定磁导率的磁性薄板和带除外)的钢 (4)特殊质量非合金钢主要包括: ①保证淬透性非合金钢，如 GB 5216 规定的碳素钢 ②保证厚度方向性能非合金钢，如 GB 5313 规定的非合金钢 ③铁道用特殊非合金钢，如 GB 5068、GB 8601、GB 8602 规定的车轴坯、车轮、轮箍钢 ④航空、兵器等专用非合金结构钢 ⑤核能用非合金钢 ⑥特殊焊条用非合金钢，如 GB 1300 规定的 S、P 含量(成品分析)不大于 0.025% 的非合金钢 ⑦碳素弹簧钢，如 GB 1222 规定的非合金钢及 GB 699 中规定的 70~85 钢，65Mn、70Mn 钢 ⑧特殊盘条钢及钢丝，如 GB 4355、GB 4358 规定的琴钢丝用盘条及琴钢丝 ⑨特殊易切削钢 ⑩碳素工具钢和中空钢，如 GB 1298、GB 1301 规定的碳素工具钢和中空钢

续表

钢种	类别	主要特性
非合金钢	按主要质量等级分类	⑪电磁纯铁,如 GB 6983、GB 6984、GB 6985 规定的具有规定电磁性能的纯铁 ⑫原料纯铁，如 GB 9971 中规定的 S、P 含量极低的纯铁
	按主要性能及使用特性分类	非合金钢按其基本性能及使用特性等主要特性分类如下： ①以规定最高强度（或硬度）为主要特性的非合金钢，例如冷成型用薄钢板 ②以规定最低强度为主要特性的非合金钢，例如造船、压力容器、管道等用的结构钢 ③以限制碳含量为主要特性的非合金钢（但下述④、⑤项包括的钢除外），例如线材、调质用钢等 ④非合金易切削钢，钢中硫含量最低值、熔炼分析值不小于 0.070%，并（或）加入 Pb、Bi、Te、Se 或 P 等元素 ⑤非合金工具钢 ⑥具有专门规定磁性或电性能的非合金钢，例如无硅磁性薄板和带，电磁钝铁 ⑦其他非合金钢，例如原料钝铁等
低合金钢	按主要质量等级分类	普通质量低合金钢
		（1）普通质量低合金钢是指不规定生产过程中需要特别控制质量要求的供作一般用途的低合金钢。应同时满足下列条件： ①合金含量较低（符合本标准第一部分对低合金钢的合金元素规定含量界限值规定） ②不规定热处理 注：退火、正火、消除应力及软化处理不作为热处理对待。 ③如产品标准或技术条件中有规定，其特性值应符合下列条件： 硫或磷含量最高值 ≥0.045%； 抗拉强度最低值 ≤690MPa； 屈服点或屈服强度最低值 ≤360MPa； 伸长率最低值 ≤26%； 弯心直径最低值 ≥2×试件厚度；

续表

<table>
<tr><th>钢种</th><th>类别</th><th>主要特性</th></tr>
<tr><td rowspan="3">低合金钢</td><td rowspan="3">按主要质量等级分类</td><td>冲击功最低值(20℃，V 形纵向标准试样) ≤27J。
注：①力学性能的规定值指厚度为 3 ~ 16mm 钢材的纵向或横向试样测定的性能。
②规定的抗拉强度、屈服点或屈服强度特性值只适用于可焊接的低合金高强度结构钢。
④未规定其他质量要求
（2）普通质量低合金钢主要包括：
①一般用途低合金结构钢，规定的屈服强度不大于 360MPa，如 GB 1591 规定的低合金钢（但不包括屈服强度大于 360MPa 的牌号）
②低合金钢筋钢，如 GB 1499 规定的低合金钢
③铁道用一般低合金钢，如 GB 11264 规定的低合金轻轨钢
④矿用一般低合金钢，如 GB 3414 规定的低合金钢（但进行调质处理的牌号除外）</td></tr>
<tr><td>优质低合金钢</td></tr>
<tr><td>优质低合金钢是指除普通质量低合金钢和特殊质量低合金钢以外的低合金钢，在生产过程中需要特别控制质量（例如降低硫、磷含量，控制晶粒度，改善表面质量，增加工艺控制等），以达到比普通质量低合金钢特殊的质量要求（例如良好的抗脆断性能、良好的冷成型性能等），但这种钢的生产控制和质量要求，不如特殊质量低合金钢严格
优质低合金钢主要包括：
①可焊接的高强度结构钢，规定的屈服强度大于 360MPa 而小于 420MPa
②锅炉和压力容器用低合金钢，如 GB 713、GB 6653、GB 6654、GB 6655 等规定的低合金钢
③造船用低合金钢，如 GB 712 规定的低合金钢
④汽车用低合金钢，如 GB 3273 规定的低合金钢
⑤桥梁用低合金钢，如 YB 168 等规定的低合金钢
⑥自行车用低合金钢，如 GB 3646、GB 3647 规定的低合金钢</td></tr>
</table>

续表

钢种	类别	主要特性
		⑦低合金耐候钢，如 GB 4171、GB 4172 规定的低合金钢 ⑧铁道用低合金钢，如 GB 2585、GB 8603、GB 8604 等规定的低合金钢轨钢、异型钢 ⑨矿用低合金钢（普通质量钢除外） ⑩输油、输气管线用低合金钢
		特殊质量低合金钢
低合金钢	按主要质量等级分类	（1）特殊质量低合金钢是指在生产过程中需要特别严格控制质量和性能（特别是严格控制硫、磷等杂质含量和纯洁度）的低合金钢。应至少符合下列一种条件 ①规定限制非金属夹杂物含量和（或）内部材质均匀性，例如，钢板抗层状撕裂性能 ②规定严格限制磷含量和（或）硫含量最高值，并符合下列规定： 熔炼分析值 ≤0.020%； 成品分析值 ≤0.025% ③规定限制残余元素含量，并应同时符合下列规定： Cu 熔炼分析最高含量 ≤0.10%； Co 熔炼分析最高含量 ≤0.05%； V 熔炼分析最高含量 ≤0.05% ④规定低温（低于 -40℃）冲击性能 ⑤可焊接的高强度钢，规定的屈服强度最低值≥420MPa 注：指对厚度 3～16mm 的钢材取纵向或横向试样测定的性能。 （2）特殊质量低合金钢主要包括： ①核能用低合金钢 ②保证厚度方向性能低合金钢，如 GB 5313 规定的低合金钢 ③铁道用特殊低合金钢，如 GB 8601 规定的车轮用低合金钢 ④低温用低合金钢 ⑤舰船、兵器等专用特殊低合金钢

续表

钢种	类别	主要特性
低合金钢	按主要性能及使用特性分类	低合金钢按其基本性能及使用特性等主要特性分类如下： ①可焊接的低合金高强度结构钢 ②低合金耐候钢 ③低合金钢筋钢 ④铁道用低合金钢 ⑤矿用低合金钢 ⑥其他低合金钢
合金钢	按主要质量等级分类	优质合金钢
		（1）优质合金钢是指在生产过程中需要特别控制质量和性能，但其生产控制和质量要求不如特殊质量合金钢严格的合金钢 （2）优质合金钢主要包括： ①一般工程结构用合金钢 ②合金钢筋钢，如GB 1499规定的40Si2MnV、45SiMnV、45Si2MnTi等 ③电工用硅（铝）钢（无磁导率要求），如GB 2521、GB 5212等规定的硅（铝）钢带（片） ④铁道用合金钢 ⑤地质、石油钻探用合金钢，如YB 235、YB 528规定的地质、石油钻探用合金钢管（但经调质处理的钢除外） ⑥硫、磷含量大于0.035%的耐磨钢和硅锰弹簧钢，如GB 5680规定的高锰铸钢
		特殊质量合金钢
		（1）特殊质量合金钢是指在生产过程中需要特别严格控制质量和性能的合金钢。除优质合金钢以外的所有其他合金钢都为特殊质量合金钢 （2）特殊质量合金钢主要包括： ①压力容器用合金钢，如GB 6654规定的18MnMoNbR、GB 713规定的14MnMoVg、18MnMoNbg、GB 3531规定的09MnTiCuREDR、09Mn2VDR等 ②经热处理的合金钢筋钢，如GB 4463规定的40Si2Mn、48Si2Cr等

续表

钢种	类别	主要特性
合金钢	按主要质量等级分类	③经热处理的地质石油钻探用合金钢，如 YB 235、YB 528 规定的合金钢 ④合金结构钢，如 GB 3077 规定的全部牌号 ⑤合金弹簧钢，如 GB 1222 规定的合金钢牌号 ⑥不锈钢，如 GB 1220、GB 2100 等规定的全部牌号 ⑦耐热钢，如 GB 1221、GB 8492 等规定的全部牌号 ⑧合金工具钢，如 GB 1299 规定的全部牌号 ⑨高速工具钢，如 GB 9943 规定的全部牌号 ⑩轴承钢，如 GB 3086、GB 3203、YB 9 等规定的高碳铬轴承钢、高碳铬不锈轴承钢、渗碳轴承钢、高温轴承钢、无磁轴承钢等 ⑪高电阻电热钢和合金，如 GB 1234 规定的合金钢和合金 ⑫无磁钢，如铬镍奥氏体型钢（0Cr16Ni14）、高锰铝奥氏体型钢（45Mn17Al3）等 ⑬永磁钢，如变形永磁钢和铸造永磁钢及粉末烧结永磁钢
	按主要性能及使用特性分类	合金钢按其基本性能及使用特性等主要特性分类如下： ①工程结构用合金钢，包括一般工程结构用合金钢，合金钢筋钢，压力容器用合金钢，地质石油钻探用钢，高锰耐磨钢等 ②机械结构用合金钢，包括调质处理合金结构钢、表面硬化合金结构钢、冷塑性成型（冷顶锻、冷挤压）合金结构钢、合金弹簧钢等，但不锈、耐蚀和耐热钢，轴承钢除外 ③不锈、耐蚀和耐热钢，包括不锈钢、耐酸钢、抗氧化钢和热强钢等，按其金相组织可分为马氏体型钢、铁素体型钢、奥氏体型钢、奥氏体－铁素体型钢、沉淀硬化型钢等 ④工具钢，包括合金工具钢、高速工具钢。合金工具钢分为量具刃具用钢、耐冲击工具用钢、冷作模具钢、热作模具钢、无磁模具钢、塑料模具钢等。高速工具钢分为钨钼系工具钢、钨系高速工具钢和钴系高速工具钢等 ⑤轴承钢，包括高碳轴承钢、渗碳轴承钢、不锈轴承钢、高温轴承钢、无磁轴承钢等 ⑥特殊物理性能钢，包括软磁钢、永磁钢、无磁钢及高电阻钢和合金钢等 ⑦其他，如铁道用合金钢等

表 2－8　低合金钢的主要分类举例

按主要质量等级分类 / 按主要特性分类	普通质量低合金钢	优质低合金钢	特殊质量低合金钢
可焊接低合金高强度结构钢	一般用途低合金结构钢 GB 1591 中的 09MnV、09MnNb、12Mn、18Nb、16Mn、16MnRE、09MnCuPTi、12MnV、10MnSiCu、14MnNb	①一般用途低合金结构钢 GB 1591 中的 10MnPNbRE、15MnV、15MnTi、16MnNb、14MnVTiRE、15MnVN ②锅炉和压力容器用低合金钢 GB 713 中的 16Mng、12Mng、15MnVg GB 5681 中的 16MnR GB 6653 中的 12MnHP、16MnHP、12MnCrVHP、10MnNbHP GB 6654 中的 16MnR、15MnVR、15MnVNR GB 6655 中的 16MnRC、15MnVRC GB 6479 中的 16Mn、15MnV ③造船用低合金钢 GB 712 中的 AH36、DH36、EH36 ④汽车用低合金钢 GB 3273 中的 09MnREL、06TiL、08TiL、10TiL、09SiVL、16MnL、16MnREL GB 9947 中的 15TiZ ⑤桥梁用低合金钢 YB 168 中的 12Mnq、12MnVq、16Mnq、15MnVq、15MnVNq YB（T）10 中的 16Mnq、16MnCuq、15MnVq、15MnVNq	①核能用低合金钢 ②压力容器用低合金钢 GB 3531 中的 16MnDR、06MnNbDR ③保证厚度方向性能低合金钢 GB 5313 中的所有低合金钢牌号 ④舰船、兵器用低合金钢

续表

按主要质量等级分类 按主要特性分类	普通质量低合金钢	优质低合金钢	特殊质量低合金钢
可焊接低合金高强度结构钢		⑥自行车用低合金钢 GB 3646 中的 12Mn、16Mn GB 3647 中的 12Mn、16Mn	
低合金耐候钢		①低合金高耐候性钢 GB 4171 中的 09CuPCrNi - A、09CuPCrNi - B、09CuP ②可焊接低合金耐候钢 GB 4172 中的 16CuCr、12MnCuCr、15MnCuCr、15MnCuCr - QT	
低合金钢筋钢	一般低合金钢筋钢 GB 1499 中的 20MnSi、20MnTi、20MnSiV、25MnSi、20MnNbb		
铁道用低合金钢	低合金轻轨钢 GB 11264 中的 45SiMnP、50SiMnP	①低合金重轨钢 GB 2585 中的 U71Cu、U71Mn、U70MnSi、U71MnSiCu ②起重机用低合金钢轨钢 GB 3426 中的 U71Mn ③铁路用异型钢 GB 8603 中的 09CuPRE GB 8604 中的 09V	铁路用低合金车轮钢 GB 8601 中的 CL45MnSiV
矿用低合金钢	矿用低合金结构钢 GB 3414 中的 20MnK、25MnK、24Mn2K（热轧）、30Mn2K	矿用低合金结构钢 GB 3414 中的 20Mn2K（调质）、20MnVK、34SiMnK	
其他低合金钢		易切削结构钢 GB 8731 中的 Y40Mn	刮脸刀片用低合金钢 GB 3527 中的 Cr03

表 2－9　合金钢的分类

主要质量等级	1		2	3	4		5		6	7	8
	优质合金钢		特殊质量合金钢								
主要使用特性	工程结构用钢	其他	工程结构用钢	机械结构用钢（第4、6除外）	不锈、耐蚀和耐热钢		工具钢		轴承钢	特殊物理性能钢	其他
分类　按其他特性对钢进一步分类	11 一般工程结构用合金钢	16 电工用硅（铝）钢（无磁导率要求）	21 压力容器用合金钢（4类除外）	31 Mn(X)系钢	41 马氏体型	411/421 Cr(X)系钢	51 合金工具钢	511 Cr(X)系钢	61 高碳铬轴承钢	71 软磁钢（除16外）	
						412/422 CrNi(X)系钢		512 Ni(X)、CrNi(X)系钢			
	12 合金钢筋钢			32 SiMn(X)系钢	或 42 铁素体型	413/423 CrNo(X) CrCo(X)系钢		513 Mo(X)、CrMo(X)系钢	62 渗碳轴承钢	72 永磁钢	
	13 地质石油钻探用合金钢（23除外）	17 铁道用合金钢	22 热处理合金钢筋钢	33 Cr(X)系钢		414/424 CrAl(X) CrSi(X)系钢		514 V(X)、CrV(X)系钢	63 不锈轴承钢	73 无磁钢	
						415/425 其他		515 W(X)、CrW(X)系钢		74 高电阻钢和合金	
			23 经热处理的地质、石油钻探用合金钢	34 CrMo(X)系钢	43 奥氏体型	431/441/451 CrNi(X)系钢					
				35 CrNiMo(X)系钢		432/442/452 CrNiMo(X)系钢		516 其他	64 高温轴承钢		
			24 高锰钢		或 44 奥氏体－铁素体型	433/443/453 CrNi＋Ti或Nb钢	52 高速工具钢	521 WMo系钢	65 无磁轴承钢		
				36 Ni(X)系钢		434/444/454 CrNiMo＋Ti或Nb钢		522 W系钢			
					或 45 沉淀硬化型	435/445/455 CrNi＋V、W、Co钢		523 Co系钢			
				37 B(X)系钢		436/446 CrNiSi(X)系钢					
						437 CrMnNi(X)系钢					
				38 其他		438 其他					

注：(X)表示该合金系列中还包括有其他合金元素，如Cr(X)系，除Cr钢外，还包括CrMn钢等。

2.1.5　钢产品标记代号

在 GB/T 15575—1995 中规定了钢产品标记代号方法及常用标记代号。它适用于钢丝、钢板、钢带、型钢、钢管等产品的标记代号。

钢产品标记代号的分类如下：

a. 加工状态；

b. 截面形状代号；

c. 尺寸精度；

d. 边缘状态；

e. 表面质量；

f. 表面种类；

g. 表面化学处理；

h. 软化程度；

i. 硬化程度；

j. 热处理；

k. 力学性能；

l. 冲压性能；

m. 用途。

钢产品标记代号采用与类别名称相应的英文名称首位字母（大写）和阿拉伯数字组合表示。

钢铁产品的标记代号由表示类别和特征两部分的标记代号组成。

例如：切边钢带的标记代号 EC，其中：

E——代表类别为边缘状态；

C——代表特征为切边。

可以采用阿拉伯数字作为表示产品特征的标记代号。

例如：低冷硬的钢带标记代号 H1/4，其中：

H——代表类别为硬化程度；

1/4——代表特征为低冷硬。

根据习惯和通用性，可以采用国际通用标记代号。例如，冲压性能为超深冲的钢板标记代号为 DQ。

钢产品常用标记代号列于表 2 - 10，钢铁产品代号中英文名称对照列于表 2 - 11。

表2-10　钢产品常用标记代号

类别名称	标记代号	类别名称	标记代号
加工状态:	W	麻面	SG
热轧	WH	发蓝	SBL
冷轧	WC	热镀锌	SZH
冷拉（拔）	WCD	电镀锌	SZE
尺寸精度	P	热镀锡	SSH
普通精度	PA	电镀锡	SSE
较高精度	PB	表面化学处理:	ST
高级精度	PC	钝化（铬酸）	STC
厚度较高精度	PT	磷化	STP
宽度较高精度	PW	锌合金化	STZ
厚度宽度较高精度	PTW	软化程度:	S
边缘状态:	E	半软	S1/2
切边	EC	软	S
不切边	EM	特软	S2
磨边	ER	硬化程度:	H
表面质量:	F	低冷硬	H1/4
普通级	FA	半冷硬	H1/2
较高级	FB	冷硬	H
高级	FC	特硬	H2
表面种类:	S	热处理	T
酸洗（喷丸）	SA	退火	TA
剥皮	SF	球化退火	TG
光亮	SL	光亮退火	TL
磨光	SP	正火	TN
抛光	SB	回火	TT

续表

类别名称	标记代号	类别名称	标记代号
淬火+回火	TQT	用途	U
淬火+回火	TQT	一般用途	UG
正火+回火	TNT	重要用途	UM
固溶	TS	特殊用途	US
力学性能：	M	其他用途	UO
低强度	MA	压力加工用	UP
普通强度	MB	切削加工用	UC
较高强度	MC	顶锻用	UF
高强度	MD	热加工用	UH
超高强度	ME	冷加工用	UC
冲压性能： 普通冲压 深冲压 超深冲	Q CQ DQ DDQ		其他用途可以指某种专门用途，在U后加专用代号

注：①截面形状和型号：用表示产品截面形状特征的英文字母作为标记代号。例如：方形空心型钢的代号QHS。

②如果产品有型号，应在表示产品形状特征的标记代号后加上型号。

表2-11　钢铁产品代号中英文名称对照表

代号	中文名称	英文全称
W	加工状态（方法）	working condition
WH	热轧（含热扩、热挤、热锻）	hot working
WC	冷轧（含冷挤压）	cold working
WCD	冷拉（拔）	cold draw
P	尺寸精度	precision of dimensions
PA	普通精度	A class
PB	较高精度	B class

续表

代号	中文名称	英文全称
PC	高级精度	C class
PT	厚度较高精度	B class of thickness
PW	宽度较高精度	B class of width
PTW	厚度宽度较高精度	B class of thickness and width
E	边缘状态	edge condition
EC	切边	cut edge
EM	不切边	mill edge
ER	磨边	rub edge
F	表面质量	workmanship finish and appearance
FA	普通级	A class
FB	较高级	B class
FC	高级	C class
S	表面种类	surface kind
SA	酸洗（喷丸）	acid
SF	剥皮	flake
SL	光亮	light
SP	磨光	polish
SB	抛光	buff
SG	麻面	grinding
SBL	发兰	blue
SZH	热镀锌	hot - dip coating zinc
SZE	电镀锌	electroplated plating zinc
SSH	热镀锡	hot - dip coating tin（Sn）
SSE	电镀锡	electroplated plating tin（Sn）
ST	表面化学处理	treatment of surface pickled

续表

代号	中文名称	英文全称
STC	钝化（铬酸）	passivation
STP	磷化	phosphatization
STZ	锌合金化	zinc alloying
S	软化程度	soft grade
S1/2	半软	soft half
S	软	soft
S2	特软	soft special
H	硬化程度	hard grade
H1/4	低冷硬	hard low
H1/2	半冷硬	hard half
H	冷硬	hard
H2	特硬	hard special
T	热处理	heat treatment
TA	退火	annealing
TG	球化退火	globurizing
TL	光亮退火	light annealing
TN	正火	normalizing
TT	回火	tempering
TQT	淬火 + 回火	quenching and tempering
TNT	正火 + 回火	normalizing and tempering
TS	固溶	solution treatment
M	力学性能	mechanical properties
MA	低强度	strength A class
MB	普通强度	strength B class
MC	较高强度	strength C class

续表

代号	中文名称	英文全称
MD	高强度	strength D class
ME	超高强度	strength E class
Q	冲压性能	drawability property
CQ	普通冲压	drawability property A class
DQ	深冲压	drawability property B class
DDQ	超深冲	drawability property C class
U	用途	use
UG	一般用途	use kind of general
UM	重要用途	use kind of major
US	特殊用途	use kind of special
UO	其他用途	use kind of other
UP	压力加工用	use for pressure process
UC	切削加工用	use for cutting process
UF	顶锻用	use for foge process
UH	热加工用	use for hot process
UC	冷加工用	use for cold process

2.1.6 钢产品分类

根据国家标准（GB/T 15574—1995），钢产品分类中规定了按照生产工序、外形、尺寸和表面对钢产品进行分类的基本原则，并规定了钢的工业产品、钢的其他产品的分类基本内容。它适用于按照生产工序、外形、尺寸和表面对钢产品进行分类；一般不按钢产品的最终用途和生产工艺进行分类，有时只作为分类的参考。

（1）钢的工业产品分类如下：

a. 初产品；

b. 半成品；

c. 轧制成品和最终产品；

d. 锻制条钢。

（2）钢的其他产品分类如下：

a. 粉末冶金产品；

b. 铸件；

c. 锻压产品；

d. 光亮产品；

e. 冷成型产品；

f. 焊接型钢；

g. 钢丝；

h. 钢丝绳。

按生产工序，将钢产品分细如表 2－12。

表 2－12　钢产品分细表（按生产工序分）

<table>
<tr><th>名称</th><th>分类</th><th colspan="2">分细品种</th></tr>
<tr><td rowspan="14">钢产品</td><td rowspan="2">初产品</td><td colspan="2">液态钢</td></tr>
<tr><td colspan="2">钢锭</td></tr>
<tr><td rowspan="5">半成品</td><td colspan="2">方形横截面半成品</td></tr>
<tr><td colspan="2">矩形横截面半成品</td></tr>
<tr><td colspan="2">扁平半成品</td></tr>
<tr><td colspan="2">异型半成品（异型坯）</td></tr>
<tr><td colspan="2">供无缝钢管用半成品（管坯）</td></tr>
<tr><td rowspan="6">轧制成品和最终产品</td><td rowspan="4">按外形尺寸分</td><td>条钢</td></tr>
<tr><td>盘条</td></tr>
<tr><td>扁平产品</td></tr>
<tr><td>钢管</td></tr>
<tr><td rowspan="2">按生产阶段分</td><td>热轧成品和最终产品</td></tr>
<tr><td>冷轧（拔）产品</td></tr>
<tr><td>锻制条钢</td><td colspan="2"></td></tr>
</table>

2.1.7 钢铁产品牌号表示方法

钢铁产品牌号的表示（GB/T 221—2000），一般采用汉语拼音字母，化学元素符号和阿拉伯数字相结合的方法表示。

采用汉语拼音字母表示产品名称、用途、特性和工艺方法时，一般从代表产品名称的汉字的汉语拼音中选取第一个字母。当和另一个产品所取字母重复时，改取第二个字母或第三个字母，或同时选取两个汉字的第一个拼音字母。

采用汉语拼音字母，原则上只取一个，一般不超过两个。

通常，产品名称及表示符号如表 2－13 所示；钢铁产品牌号表示方法及举例列于表 2－14。

表 2－13　钢铁产品名称及表示符号

名　　称	采用的汉字及汉语拼音		采用符号	位置
	汉字	汉语拼音		
炼钢用生铁	炼	LIAN	L	牌号头
铸造用生铁	铸	ZHU	Z	牌号头
球墨铸铁用生铁	球	QIU	Q	牌号头
脱碳低磷粒铁	脱炼	TUO LIAN	TL	牌号头
含钒生铁	钒	FAN	F	牌号头
耐磨生铁	耐磨	NAI MO	NM	牌号头
碳素结构钢	屈	QU	Q	牌号头
低合金高强度钢	屈	QU	Q	牌号头
耐候钢	耐候	NAI HOU	NH	牌号尾
保证淬透性钢			H	牌号尾
易切削非调质钢	易非	YIFEI	YF	牌号头
热锻用非调质钢	非	FEI	F	牌号头
易切削钢	易	YI	Y	牌号头
电工用热轧硅钢	电热	DIAN RE	DR	牌号头
电工用冷轧无取向硅钢	无	WU	W	牌号中
电工用冷轧取向硅钢	取	QU	Q	牌号中
电工用冷轧取向高磁感硅钢	取高	QU GAO	QG	牌号中
（电讯用）取向高磁感硅钢	电高	DIAN GAO	DG	牌号头

续表

名　　称	采用的汉字及汉语拼音		采用符号	位置
	汉字	汉语拼音		
电磁纯铁	电铁	DIAN TIE	DT	牌号头
碳素工具钢	碳	TAN	T	牌号头
塑料模具钢	塑模	SU MO	SM	牌号头
（滚珠）轴承钢	滚	GUN	G	牌号头
焊接用钢	焊	HAN	H	牌号头
钢轨钢	轨	GUI	U	牌号头
铆螺钢	铆螺	MAO LUO	ML	牌号头
锚链钢	锚	MAO	M	牌号头
地质钻探钢管用钢	地质	DI ZHI	DZ	牌号头
船用钢			采用国际符号	
汽车大梁用钢	梁	LIANG	L	牌号尾
矿用钢	矿	KUANG	K	牌号尾
压力容器用钢	容	RONG	R	牌号尾
桥梁用钢	桥	QIAO	q	牌号尾
锅炉用钢	锅	GUO	g	牌号尾
焊接气瓶用钢	焊瓶	HAN PING	HP	牌号尾
车辆车轴用钢	辆轴	LIANG ZHOU	LZ	牌号头
机车车轴用钢	机轴	JI ZHOU	JZ	牌号头
管线用钢			S	牌号头
沸腾钢	沸	FEI	F	牌号尾
半镇静钢	半	BAN	b	牌号尾
镇静钢	镇	ZHEN	Z	牌号尾
特殊镇静钢	特镇	TE ZHEN	TZ	牌号尾
高级优质钢			A	牌号尾
特级优质钢			E	牌号尾

注：没有汉字及汉语拼音的，采用的符号为英文字母。

表 2-14　钢铁产品牌号表示方法和举例

产品名称	牌号表示方法	举　例
生铁	采用符号和阿拉伯数字表示 阿拉伯数字表示平均含硅量（以千分之几计）	例如：含硅量为 2.75% ~3.25% 的铸造用生铁，其牌号表示为“Z30”；含硅量为 0.85% ~1.25% 的炼钢用生铁，其牌号表示为“L10”
	含钒生铁和脱碳低磷粒铁，阿拉伯数字分别表示钒和碳的平均含量（均以千分之几计）	例如：含钒量不小于 0.40% 的含钒生铁，其牌号表示为“F 04”；含碳量为 1.20% ~1.60% 的炼钢用脱碳低磷粒铁，其牌号表示为“TL14”
碳素结构钢和低合金结构钢	（1）通用结构钢：采用代表屈服点的拼音字母“Q”，屈服点数值（单位为 MPa）和表 2-13 中规定的质量等级，脱氧方法等符号表示，按顺序组成牌号	例如：碳素结构钢牌号表示为：Q235AF，Q235BZ；低合金高强度结构钢牌号表示为：Q345C，Q345D
	碳素结构钢的牌号组成中，表示镇静钢的符号“Z”和表示特殊镇静钢的符号“TZ”可以省略	例如：质量等级分别为 C 级和 D 级的 Q235 钢，其牌号表示为 Q235CZ 和 Q235DTZ，可以省略为 Q235C 和 Q235D
	低合金高强度结构钢分为镇静钢和特殊镇静钢，在牌号的组成中没有表示脱氧方法的符号	
	（2）专用结构钢：一般采用代表钢屈服点的符号“Q”、屈服点数值和表 2-13 规定的代表产品用途的符号等表示	例如：压力容器用钢牌号表示为“Q345R”；焊接气瓶用钢牌号表示为“Q295HP”；锅炉用钢牌号表示为“Q390g”；桥梁用钢表示为“Q420q”
	耐候钢是抗大气腐蚀用的低合金高强度结构钢	表示为“Q340NH”
	根据需要，通用低合金高强度结构钢的牌号也可以采用二位阿拉伯数字（表示平均含碳量，以万分之几计）和规定的元素符号，按顺序表示；专用低合金高强度结构钢的牌号也可以采用二位阿拉伯数字（表示平均含碳量，以万分之几计）。元素符号和代表产品用途的符号，按顺序表示	

续表

产品名称	牌号表示方法	举　例
优质碳素结构钢和优质碳素弹簧钢	(1) 优质碳素结构钢：采用阿拉伯数字或阿拉伯数字和元素符号、表2－13 中规定的符号表示，以二位阿拉伯数字表示平均含碳量（以万分之几计） 沸腾钢和半镇静钢，在牌号尾部分别加符号“F”和“b” 镇静钢一般不标符号 较高含锰量的优质碳素结构钢，在表示平均含碳量的阿拉伯数字后加锰元素符号 高级优质碳素结构钢，在牌号后加符号“A” 特级优质碳素结构钢，在牌号后加符号“E” 优质碳素弹簧钢的牌号表示方法与优质碳素结构钢相同 (2) 专用优质碳素结构钢：采用阿拉伯数字（平均含碳量）和表 2－13 规定的代表产品用途的符号表示	例如：平均含碳量为 0.08% 的沸腾钢，其牌号表示为“08F”；平均含碳量为 0.10% 的半镇静钢，其牌号表示为“10b” 例如：平均含碳量为 0.45% 的镇静钢，其牌号表示为“45” 例如：平均含碳量为 0.50%，含锰量为 0.70%～1.00% 的钢，其牌号表示为“50Mn” 例如：平均含碳量为 0.20% 的高级优质碳素结构钢，其牌号表示为“20A” 例如：平均含碳量为 0.45% 的特级优质碳素结构钢，其牌号表示为“45E” 例如：平均含碳量为 0.20% 的锅炉用钢，其牌号表示为“20g”
易切削钢	易切削钢：采用元素符号、表2－13 规定的符号和阿拉伯数字表示。阿拉伯数字表示平均含碳量（以万分之几计） 加硫易切削钢和加硫磷易切削钢，在符号“Y”和阿拉伯数字后不加易切削元素符号 较高含锰量的加硫或加硫磷易切削钢，在符号 Y 和阿拉伯数字后加锰元素符号 含钙、铅等易切削元素的易切削钢，在符号“Y”和阿拉伯数字后加易切削元素符号	例如：平均含碳量为 0.15% 的易切削钢，其牌号表示为“Y15” 例如：平均含碳量为 0.40%，含锰量为 1.20%～1.55% 的易切削钢，其牌号表示为“Y40Mn” 例如：平均含碳量为 0.15%，含铅量为 0.15%～0.35% 的易切削钢，其牌号表示为“Y15Pb”；平均含碳量为 0.45%，含钙量为 0.002%～0.006% 的易切削钢，其牌号表示为“Y45Ca”

续表

产品名称	牌号表示方法	举　例
合金结构钢和合金弹簧钢	合金结构钢：采用阿拉伯数字和规定的合金元素符号表示。用二位阿拉伯数字表示平均含碳量（以万分之几计），放在牌号头部	
	合金元素含量表示方法为：平均含量小于1.50%时，牌号中仅标明元素，一般不标明含量；平均合金含量为1.50%～2.49%、2.50%～3.49%、3.50%～4.49%、4.50%～5.49%等时，在合金元素后相应写成2、3、4、5等	例如：碳、铬、锰、硅的平均含量分别为0.30%、0.95%、0.85%、1.05%的合金结构钢，其牌号表示为“30CrMnSi”；碳、铬、镍的平均含量分别为0.20%、0.75%、2.95%的合金结构钢，其牌号表示为“20CrNi3”
	高级优质合金结构钢，在牌号尾部加符号“A”表示	例如：“30CrMnSiA”
	特级优质合金结构钢，在牌号尾部加符号“E”表示	例如：“30CrMnSiE”
	专用合金结构钢，在牌号头部（或尾部）加表2－13规定的代表产品用途的符号表示	例如：碳、铬、锰、硅的平均含量分别为0.30%、0.95%、0.85%、1.05%的铆螺钢，其牌号表示为“ML30CrMnSi”
	合金弹簧钢的表示方法与合金结构钢相同	例如：碳、硅、锰的平均含量分别为0.60%、1.75%、0.75%的弹簧钢，其牌号表示为“60Si2Mn”
	高级优质弹簧钢，在牌号尾部加符号“A”	例如：“60Si2MnA”
非调质机械结构钢	非调质机械结构钢，在牌号的头部分别加符号“YF”、“F”表示易切削非调质机械结构钢和热锻用非调质机械结构钢，牌号表示方法与合金结构钢相同	例如：平均含碳量为0.35%，含钒量为0.06%～0.13%的易切削非调质机械结构钢，其牌号表示为“YF35V”；平均含碳量为0.45%，含钒量为0.06%～0.13%的热锻用非调质机械结构钢，其牌号表示为“F45V”

续表

产品名称	牌号表示方法	举　例
工具钢	（1）碳素工具钢：采用元素符号和表2－13中规定的符号和阿拉伯数字表示。阿拉伯数字表示平均含碳量(以千分之几计)。普通含锰量碳素工具钢，在表示工具钢符号“T”后为阿拉伯数字。较高含锰量碳素工具钢，在表示工具钢符号“T”和阿拉伯数字后加锰元素符号	例如：平均含碳量为0.90%的碳素工具钢，其牌号表示为“T9” 例如：平均含碳量为0.80%、含锰量为0.40%～0.60%的碳素工具钢，其牌号表示为“T8Mn”
	高级优质碳素工具钢，在牌号尾部加符号“A”	例如：平均含碳量为1.0%的高级优质碳素工具钢，其牌号表示为“T10A”
		例如：平均含碳量为1.60%，含铬量为11.75%，含钼量为0.50%，含钒量为0.22%的合金工具钢，其牌号表示为“Cr12MoV”；平均含碳量为0.85%，含钨量为6.00%，含钼量为5.00%，含铬量为4.00%，含钒量为2.00%的高速工具钢，其牌号表示为“W6Mo5Cr4V2”
	（2）合金工具钢和高速工具钢：牌号表示方法与合金结构钢相同。采用合金元素、符号和阿拉伯数字表示，但一般不标明含碳量数字	例如：平均含碳量为0.80%，含硅量为0.45%，含锰量为0.95%的合金工具钢，其牌号表示为“8MnSi”
	若平均含碳量小于1.00%时，可采用一位数字表示含碳量(以千分之几计)	
	低铬（平均含铬量小于1%）合金工具钢，在含铬量（以千分之几计）前加数字“0”	例如：平均含铬量为0.60%的合金工具钢，其牌号表示为“Cr06”
塑料模具钢	在牌号头部加符号“SM”，牌号表示方法与优质碳素结构钢和合金工具钢相同	例如：平均含碳量为0.45%的碳素塑料模具钢，其牌号表示为SM45；平均含碳量为0.34%，含铬量为1.70%，含钼量为0.42%的合金塑料模具钢，其牌号表示为“SM3Cr2Mo”

续表

产品名称	牌号表示方法	举　例
轴承钢	（1）高碳铬轴承钢：在牌号头部加符号“G”，但不标明含碳量。铬含量以千分之几计，其他合金元素按合金结构钢的合金含量表示	例如：平均含铬量为1.50%的轴承钢。其牌号表示为“GCr15”
	（2）渗碳轴承钢：采用合金结构钢的牌号表示方法，仅在牌号头部加符号“G”	例如：平均含碳量为0.20%，含铬量为0.35%～0.65%，含镍量为0.40%～0.70%，含钼量为0.10%～0.35%的渗碳轴承钢，其牌号表示为“G20CrNiMo”
	高级优质渗碳轴承钢：在牌号尾部加“A”	例如：“G20CrNiMoA”
	（3）高碳铬不锈轴承钢和高温轴承钢：采用不锈钢和耐热钢的牌号表示方法，牌号头部不加符号“G”	例如：平均含碳量为0.90%，含铬量为18%的高碳铬不锈轴承钢，其牌号表示为9Cr18；平均含碳量为1.02%，含铬量为14%，含钼量为4%的高温轴承钢，其牌号表示为“10Cr14Mo4”
不锈钢和耐热钢	不锈钢和耐热钢牌号采用合金元素符号和阿拉伯数字表示，易切削不锈钢和耐热钢在牌号头部加“Y”。一般用一位阿拉伯数字表示平均含碳量（以千分之几计）；当平均含碳量不小于1.00%时；采用二位阿拉伯数字表示；当含碳量上限小于0.1%时，以“0”表示含碳量；当含碳量上限不大于0.03%，大于0.01%时（超低碳），以“03”表示含碳量；当含碳量上限不大于0.01%时（极低碳），以“01”表示含碳量。含碳量没有规定下限时，采用阿拉伯数字表示含碳量的上限数字。合金元素含量表示方法同合金结构钢	例如：平均含碳量为0.20%，含铬量为13%的不锈钢，其牌号表示为“2Cr13”；含碳量上限为0.08%，平均含铬量为18%，含镍量为9%的铬镍不锈钢，其牌号表示为“0Cr18Ni9”；含碳量上限为0.12%、平均含铬量为17%的加硫易切削铬不锈钢，其牌号表示为“Y1Cr17”；平均含碳量为1.10%，含铬量为17%的高碳铬不锈钢，其牌号表示为“11Cr17”含碳量上限为0.03%，平均含铬量为19%，含镍量为10%的超低碳不锈钢，其牌号表示为“03Cr19Ni10”，含碳量上限为0.01%，平均含铬量为19%，含镍量为11%的极低碳不锈钢，其牌号表示为“01Cr19Ni11”

续表

产品名称	牌号表示方法	举例
焊接用钢	焊接用钢包括焊接用碳素钢、焊接用合金钢和焊接用不锈钢等，其牌号表示方法是在各类焊接用钢牌号头部加符号“H” 高级优质焊接用钢，在牌号尾部加符号“A”	例如：“H08”、“H08Mn2Si”、“H1Cr19Ni9” 例如：“H08A”、“H08Mn2SiA”
电工用硅钢	硅钢牌号采用表2－13规定的符号和阿拉伯数字表示。阿拉伯数字表示典型产品（某一厚度的产品）的厚度和最大允许铁损值（W/kg） （1）电工用热轧硅钢：在牌号头部加符号“DR”，之后为表示最大允许铁损值100倍的阿拉伯数字。如果是在高频率（400Hz）下检验的，在表示铁损值的阿拉伯数字后加符号“G”。不加“G”的，表示在频率50Hz下检验。在铁损值或在符号“G”后加一条横线，横线后为产品公称厚度（单位：mm）100倍的数字 （2）电工用冷轧无取向硅钢和取向硅钢：在牌号中间为分别表示无取向硅钢符号“W”和取向硅钢符号“Q”，在符号之前为产品公称厚度（单位：mm）100倍的数字，符号之后为铁损值100倍的数字 取向高磁感硅钢：其牌号应在符号“Q”和铁损值之间加符号“G” 电讯用取向高磁感硅钢牌号采用表2－13规定的符号和阿拉伯数字表示。阿拉伯数字表示电磁性能级别，从1～6表示电磁性能从低到高	例如：频率为50Hz时，厚度为0.50mm，最大允许铁损值为4.40W/kg的电工用热轧硅钢，其牌号表示为“DR440－50”；频率为400Hz时，厚度为0.35mm，最大允许铁损值为17.50W/kg的电工用热轧硅钢，其牌号表示为“DR1750G－35” 例如：“30Q130”、“35W300” 例如：“27QG100” 例如：“DG5”

续表

产品名称	牌号表示方法	举例
电磁纯铁	电磁纯铁牌号采用表 2－13 规定符号和阿拉伯数字表示 阿拉伯数字表示不同牌号的顺序号。电磁性能不同，可以在牌号尾部分别加质量等级符号“A”、“C”、“E”	例如：“DT3”、“DT4” 例如：“DT4A”、“DT4C”、“DT4E”
高电阻电热合金	采用化学元素和阿拉伯数字表示。牌号表示与不锈钢和耐热钢的牌号表示方法相同（镍、铬基合金不标出含碳量）	例如：平均含铬量为 25%、含铝量为 5%、含碳量不大于 0.06% 的合金（其余为铁），其牌号表示为“0Cr25Al5”

2.1.8 工业上常用的有色金属

表 2－15 工业上常用的有色金属

纯金属	分类及用途		
合金	铜合金	黄铜	普通黄铜（铜锌合金）——压力加工用
			特殊黄铜（含有其他合金元素的黄铜，如铝黄铜、硅黄铜、锰黄铜、铅黄铜、锡黄铜等）——铸造用
		青铜	锡青铜（铜锡合金，也含有磷或锌铅等合金元素）——压力加工用
			特殊青铜（无锡青铜，如铝青铜、铍青铜、硅青铜等）——铸造用
		白铜	普通白铜（铜镍合金）
			特殊白铜（含有其他合金元素的白铜，如锰白铜、铁白铜、锌白铜等）——压力加工用
	铝合金	变形铝合金	防锈铝（铝锰或铝镁合金）——压力加工用
			硬铝（铝铜镁或铝铜锰合金）——压力加工用
			超硬铝（铝铜镁锌合金）——压力加工用
			锻铝（铝铜镁硅合金）——压力加工用
		铸造铝合金	铝硅合金、铝铜合金、铝镁合金、铝锌合金、铝稀土合金等——铸造用

续表

纯金属	分类及用途	
合金	镍合金	镍硅合金、镍锰合金、镍铬合金、镍铜合金等——压力加工用
	锌合金	锌铜合金、锌铝合金——压力加工用
		锌铝合金——铸造用
	铅合金	铅锑合金
	镁合金——压力加工用、铸造用	
	轴承合金	铅基轴承合金——铅锡轴承合金、铅锑轴承合金
		锡基轴承合金——锡锑轴承合金
	硬质合金	钨钴硬质合金、钨钛钴硬质合金
		铸造碳化钨
	印刷合金——铅基印刷合金——铅锑印刷合金	

2.1.9 有色金属及其合金牌号的表示方法

有色金属及其合金牌号有两种表示方法（GB/T 340—1976），即汉字牌号和字母代号。汉字牌号用汉字和阿拉伯数字表示；字母代号用符号（汉语拼音字母或化学元素符号）和阿拉伯数字表示。规定中，牌号和代号同时列入，相互对照。现行产品标准中，牌号主要采用汉语拼音字母代号表示。

常用有色金属及合金名称代号列于表2－16；有色金属及合金产品状态名称、特性代号列于表2－17；有色金属及合金产品代号表示方法列于表2－18。

表2－16 常用有色金属及合金名称代号

名称	代号	名称	代号	名称	代号
铜	T	白铜	B	特殊铝	LT
镍	N	无氧铜	TU	硬钎焊铝	LQ
铝	L	防锈铝	LF	镁合金（变形加工用）	MB
镁	M	锻铝	LD	阳极镍	NY
黄铜	H	硬铝	LY	钛及钛合金	T*
青铜	Q	超硬铝	LC	电池锌板	XD

续表

名称	代号	名称	代号	名称	代号
印刷合金	I	铸造碳化钨	YZ	细铝粉	FLX
印刷锌板	XI	碳化钛（铁）镍钼硬质合金	YN	特细铝粉	FLT
焊料合金	HI	多用途（万能）硬质合金	YW	炼铜，化工用铝粉	FLG
轴承合金	Ch	钢结硬质合金	YE	镁粉	FM
稀土	RE	金属粉末	F	铝镁粉	FLM
钨钴硬质合金	YG	喷铝粉	FLP		
钨钛钴硬质合金	YT	涂料铝粉	FLU		

注：①＊钛及钛合金符号，除字母 T 外，还要加上表示金属或合金组织类型的字母 A、B、C（分别表示 α 型、β 型、α＋β 型钛合金）。

②单一稀土金属用化学元素符号表示。

表 2－17　有色金属及合金产品状态、特性代号表

状态特性含义	代号	状态特性含义	代号
热加工	R	优质表面	O
退火（焖火）	M	不包铝（热轧）	BR
淬火	C	不包铝（退火）	BM
淬火后冷轧（冷作硬化）	CY	不包铝（淬火、冷作硬化）	BCY
淬火（自然时效）	CZ	不包铝（淬火、优质表面）	BCO
淬火（人工时效）	CS	不包铝（淬火、冷作硬化、优质表面）	BCYO
硬	Y	优质表面（退火）	MO
3/4 硬	Y_1	优质表面淬火自然时效	CZO
1/2 硬	Y_2	优质表面淬火人工时效	CSO
1/3 硬	Y_3	淬火后冷轧、人工时效	CYS
1/4 硬	Y_4	热加工、人工时效	RS
特硬	T	淬火、自然时效、冷作硬化、优质表面	CZYO

续表

状态特性含义	代号	状态特性含义	代号
涂漆蒙皮板	Q	添加碳化铌硬质合金	N
加厚包铝的	J	细颗粒硬质合金	X
不包铝的	B	粗颗粒硬质合金	C
表面涂层硬质合金	U	超细颗粒硬质合金	H
添加碳化钽硬质合金	A		

表 2－18　有色金属及合金产品代号表示方法

产品类别	产品代号表示方法	举　例
纯金属产品	（1）冶炼产品 纯金属的冶炼产品，均用化学元素符号结合顺序号或表示主成分的数字表示。元素符号和顺序号（或数字）中间划一短横“－”	
	工业纯度金属，用顺序号表示，其纯度随顺序号增加而降低	例如：一号铜用 Cu－1 表示；二号铜用 Cu－2 表示
	高纯度金属，用表示主成分的数字表示。短横之后加一个“0”以示高纯。“0”后第一个数字表示主成分“9”的个数	例如：主成分为 99.999% 的高纯铟，表示为 In－05
	（2）纯金属加工产品 铜、镍、铝的纯金属加工产品分别用汉语拼音字母（T、N、L）加顺序号表示	例如：一号纯铝加工产品表示为 L1
	其余产品，均用化学元素符号加顺序号表示	例如：一号纯银加工产品表示为 Ag1

续表

产品类别	产品代号表示方法	举　例
合金加工产品	合金加工产品的代号，用汉语拼音字母、元素符号或汉语拼音字母及元素符号结合表示成分的数字组或顺序号表示 （1）铜合金 普通黄铜用“H”加基元素铜的含量表示。三元以上黄铜用“H”加第二个主添加元素符号及除锌以外的成分数字组表示 青铜用“Q”加第一个主添加元素符号及除基元素铜外的成分数字组表示 白铜用“B”加镍含量表示，三元以上的白铜用“B”加第二个主添加元素符号及除基元素铜外的成分数字组表示 （2）镍合金 镍合金用“N”加第一个主添加元素符号及除基元素镍外的成分数字组表示 （3）铝合金 铝合金的牌号用2×××~8×××系列表示。具体可查GB/T 16474~16475—1996标准 （4）镁合金 镁合金用“M”加表示变形加工的汉语拼音字母“B”及顺序号表示 （5）钛及钛合金 钛及钛合金用“T”加表示金属或合金组织类型的字母及顺序号表示。字母A、B、C分别表示α型、β型和α+β型钛合金 （6）其他合金 除上述合金外的其他合金，用基元素的化学元素符号加第一个主添加元素符号及除基元素外的成分数字组表示	例如：68黄铜表示为H68；90-1锡黄铜表示为HSn90-1 例如：6.5-0.1锡青铜表示为QSn 6.5-0.1 例如：30白铜表示为B30；3-12锰白铜表示为BMn3-12 例如：9镍铬合金表示为NCr9 例如：二号变形镁合金表示为MB2 例如：一号α型钛表示为TA1；四号α+β型钛合金表示为TC4 例如：1.5锌铜合金表示为ZnCu1.5；13.5-2.5锡铅合金表示为SnPb13.5-2.5；20金镍合金表示为AuNi20；4铜铍中间合金表示为CuBe4

续表

产品类别	产品代号表示方法	举　例
硬质合金	用汉语拼音字母加一决定合金特性的主元素（或化合物）成分数字（或顺序号）表示。必要时，后面可加上表示产品性能、添加元素或加工方法的汉语拼音字母	例如：钨钴 6 合金表示为 YG6；钨钛钴 5 表面涂层合金表示为 YT5U（“U”为“涂”字汉语拼音的第二个字母）；添加少量碳化铌的钨钴 8 合金表示为 YG8N（“N”为“铌”字汉语拼音第一个字母）
焊料	焊料用汉语拼音字母“H1”加两个主元素符号及除第一个主元素外的成分数字组表示	例如：40－35 银铜焊料表示为 H1AgCu40－35
金属粉末	金属粉末用“F”加元素符号（铜、镍、铝、镁分别用 T、N、L、M）表示。后面加上表示产品纯度、粒度规格或产品特性的数字。表示纯度、粒度规格或产品特性的数字之间用一短横隔开。必要时，可在表示纯度的数字前加上表示生产方法、用途、产品特性的汉语拼音字母。对没有纯度等级只有粒度规格或产品特性的金属粉末，可不用表示纯度的数字和短横	例如：三号喷铝粉表示为 FLP3

2.1.10　变形铝及铝合金牌号表示方法

变形铝及铝合金牌号表示方法（GB/T 16474—1996）列于表 2－19；铝及铝合金组别列于表 2－20；合金元素极限含量算术平均值的变化量列于表 2－21；国际四位数字体系牌号列于表 2－22；对四位字符体系牌号的变形铝及铝合金化学成分注册要求也将做出相应的介绍。

表 2－19　变形铝及铝合金牌号表示方法

类别	定义及规定
术语	（1）合金元素：为使金属具有某些特性，在基体金属中有意加入或保留的金属或非金属元素 （2）杂质：存在于金属中的，但并非有意加入或保留的金属或非金属元素 （3）组合元素：在规定化学成分时，对某两种或两种以上的元素总含量规定极限值时，这两种或两种以上的元素统称为一组组合元素 （4）极限含量算术平均值：合金元素允许的最大与最小百分含量的算术平均值
牌号命名的基本原则	（1）国际四位数字体系牌号可直接引用，见表 2－22 （2）未命名为国际四位数字体系牌号的变形铝及铝合金，应采用四位字符牌号（但试验铝及铝合金采用前缀 X 加四位字符牌号）命名，并按表 2－23 的要求注册化学成分。四位字符牌号命名方法应符合《四位字符体系牌号命名方法》的规定
四位字符体系牌号命名方法	四位字符体系牌号的第一、三、四位为阿拉伯数字，第二位为英文大写字母（C、I、L、N、O、P、Q、Z 字母除外）。牌号的第一位数字表示铝及铝合金的组别，如表 2－20 所示。除改型合金外，铝合金组别按主要合金元素（6×××系按 Mg_2Si）来确定。主要合金元素指极限含量算术平均值为最大的合金元素。当有一个以上的合金元素极限含量算术平均值同为最大时，应按 Cu、Mn、Si、Mg、Mg_2Si、Zn、其他元素的顺序来确定合金组别。牌号的第二位字母表示原始纯铝或铝合金的改型情况，最后两位数字用以标识同一组中不同的铝合金或表示铝的纯度 （1）纯铝的牌号命名法：铝含量不低于 99.00% 时为纯铝，其牌号用 1××× 系列表示。牌号的最后两位数字表示最低铝百分含量。当最低铝百分含量精确到 0.01% 时，牌号的最后两位数字就是最低铝百分含量中小数点后面的两位。牌号第二位的字母表示原始纯铝的改型情况。如果第二位的字母为 A，则表示为原始纯铝；如果是 B～Y 的其他字母（按国际规定用字母表的次序选用），则表示为原始纯铝的改型，与原始钝铝相比，其元素含量略有改变

续表

类别	定义及规定
四位字符体系牌号命名方法	（2）铝合金的牌号命名法：铝合金的牌号用2×××~8×××系列表示。牌号的最后两位数字没有特殊意义，仅用来区分同一组中不同的铝合金。牌号第二位的字母表示原始合金的改型情况。如果牌号第二位的字母是A，则表示为原始合金；如果是B~Y的其他字母（按国际规定用字母表的次序选用），则表示为原始合金的改型合金。改型合金与原始合金相比，化学成分的变化，仅限于下列任何一种或几种情况： ①一个合金元素或一组组合元素形式的合金元素，极限含量算术平均值的变化量符合表2-21的规定 ②增加或删除了极限含量算术平均值不超过0.30%的一个合金元素；增加或删除了极限含量算术平均值不超过0.40%的一组组合元素形式的合金元素 ③为了同一目的，用一个合金元素代替了另一个合金元素 ④改变了杂质的极限含量 ⑤细化晶粒的元素含量有变化

表2-20　铝及铝合金组别

组　别	牌号系列
纯铝（铝含量不小于99.00%）	1×××
以铜为主要合金元素的铝合金	2×××
以锰为主要合金元素的铝合金	3×××
以硅为主要合金元素的铝合金	4×××
以镁为主要合金元素的铝合金	5×××
以镁和硅为主要合金元素并以Mg_2Si相为强化相的铝合金	6×××
以锌为主要合金元素的铝合金	7×××
以其他合金元素为主要合金元素的铝合金	8×××
备用合金组	9×××

表 2-21　合金元素极限含量算术平均值的变化量

原始合金中的极限含量算术平均值范围	极限含量算术平均值的变化量
≤1.0%	0.15%
>1.0% ~2.0%	0.20%
>2.0% ~3.0%	0.25%
>3.0% ~4.0%	0.30%
>4.0% ~5.0%	0.35%
>5.0% ~6.0%	0.40%
>6.0%	0.50%

注：改型合金中的组合元素极限含量的算术平均值，应与原始合金中相同组合元素的算术平均值或各相同元素（构成该组合元素的各单个元素）的算术平均值之和相比较。

表 2-22　国际四位数字体系牌号

代码	规定与要求
B 1	国际四位数字体系牌号组别的划分
	国际四位数字体系牌号的第二位数字表示组别，如下所示： （1）钝铝（铝含量不小于99.00%）　1××× （2）合金组别按下列主要合金元素划分 ①Cu　2××× ②Mn　3××× ③Si　4××× ④Mg　5××× ⑤Mg+Si　6××× ⑥Zn　7××× ⑦其他元素　8××× ⑧备用组　9×××
B 2	国际四位数字体系1×××牌号系列
	1×××组表示钝铝（其铝含量不小于99.00%），其最后两位数字表示最低铝百分含量中小数点后面的两位 牌号的第二位数字表示合金元素或杂质极限含量的控制情况。如果第二位为0，则表示其杂质极限含量无特殊控制；如果是1~9，则表示对一项或一项以上的单个杂质或合金元素极限含量有特殊控制

续表

代码	规定与要求
B 3	国际四位数字体系 2××× ~8××× 牌号系列
	2××× ~8××× 牌号中的最后两位数字没有特殊意义，仅用来识别同一组中的不同合金，其第二位表示改型情况。如果第二位为 0，则表示为原始合金；如果是 1 ~9，则表示为改型合金
B 4	国际四位数字体系国家间相似铝及铝合金牌号
	国家间相似铝及铝合金表示某一国家新注册的，与已注册的某牌号成分相似的纯铝或铝合金。国家间相似铝及铝合金采用与其成分相似的四位数字牌号后缀一个英文大写字母（按国际字母表的顺序，由 A 开始依次选用，但 I、O、Q 除外）来命名

注：变形铝及铝合金国际四位数字体系牌号是指按照 1970 年 12 月制定的变形铝及铝合金国际牌号命名体系推荐方法命名的牌号。此推荐方法是由承认变形铝及铝合金国际牌号体系协议宣言的世界各国团体或组织提出，牌号及成分注册登记秘书处设在美国铝业协会（AA）。

根据标准相关规定，四位字符体系牌号的变形铝及铝合金化学成分注册时应符合下列要求：

（1）化学成分明显不同于其他已经注册的变形铝及铝合金。

（2）各元素含量的极限值表示到如下位数：

<0.001%　　0.000×

0.001% ~ <0.01%　　0.00×

0.01% ~ <0.1%

用精炼法制得的钝铝　　0.0××

用非精炼法制得的纯铝和铝合金　　0.0××

0.1% ~0.55%　　0.××

（通常表示在 0.30% ~0.55% 范围内的极限值为 0.×0 或 0.×5）

>0.55%　　0.×，×.×，××.×

（但 1××× 牌号中，组合元素 Fe + Si 的含量必须表示为 0.×× 或 1.××）

（3）规定各元素含量的极限值时按以下顺序排列：Si、Fe、Cu、Mn、

Mg、Cr、Ni、Zn、Ti、Zr、其他元素的单个和总量、Al。当还要规定其他的有含量范围限制的元素时，应按化学符号字母表的顺序，将这些元素依次插到 Zn 和 Ti 之间，或在角注中注明。

（4）纯铝的最低铝含量应有明确规定。对于用精炼法制取的纯铝，其铝含量为 100.00% 与全部其他金属元素及硅（每种元素含量须≥0.001 0%）的总量之差值。在确定总量之前，每种元素要精确到小数点后面第三位，作减法运算前应先将其总量修约到小数点后面第二位。对于非精炼法制取的纯铝，其铝含量为 100.00% 与全部其他金属元素及硅（每种元素含量须≥0.010%）的总量之差值。在确定总量之前，每种元素要精确到小数点后面第二位。铝合金的铝含量要规定为“余量”。

2.1.11 变形铝及铝合金状态代号

（1）基本原则：

a. 基础状态代号用一个英文大写字母表示。

b. 细分状态代号采用基础状态代号后跟一位或多位阿拉伯数字表示。

（2）状态代号：基础状态代号列于表 2－23；H 细分状态代号列于表 2－24；HX8 状态与 O 状态的最小抗拉强度差值列于表 2－25；HXY 细分状态代号与加工硬化程度列于表 2－26；花纹板和其压花前的板材状态代号对照列于表 2－27；TX 细分状态代号说明与应用列于表 2－28；TXX 及 TXXX 细分状态代号说明与应用列于表 2－29；消除应力状态代号说明与应用列于表 2－30；变形铝及铝合金原状态代号相应的新代号列于表 2－31。

表 2－23 基础状态代号

代号	名称	说明与应用
F	自由加工状态	适用于在成型过程中，对于加工硬化和热处理条件无特殊要求的产品，该状态产品的力学性能不作规定
O	退火状态	适用于经完全退火获得最低强度的加工产品
H	加工硬化状态	适用于通过加工硬化提高强度的产品，产品在加工硬化后可经过（也可不经过）使强度有所降低的附加热处理。H 代号后面必须跟有两位或三位阿拉伯数字

续表

代号	名称	说明与应用
W	固溶热处理状态	一种不稳定状态，仅适用于经固溶热处理后，室温下自然时效的合金，该状态代号仅表示产品处于自然时效阶段
T	热处理状态（不同于F、O、H状态）	适用于热处理后，经过（或不经过）加工硬化达到稳定状态的产品。T代号后面必须跟有一位或多位阿拉伯数字

表2-24　H细分状态代号

代号	名称	适用范围
HXX状态		
H1	单纯加工硬化状态	适用于未经附加热处理，只经加工硬化即获得所需强度的状态
H2	加工硬化及不完全退火的状态	适用于加工硬化程度超过成品规定要求后，经不完全退火，使强度降低到规定指标的产品。对于室温下自然时效软化的合金，H2与对应的H3具有相同的最小极限抗拉强度值；对于其他合金，H2与对应的H1具有相同的最小极限抗拉强度值，但延伸率比H1稍高
H3	加工硬化及稳定化处理的状态	适用于加工硬化后经低温热处理或由于加工过程中的受热作用致使其力学性能达到稳定的产品。H3状态仅适用于在室温下逐渐时效软化（除非经稳定化处理）的合金
H4	加工硬化及涂漆处理的状态	适用于加工硬化后，经涂漆处理导致了不完全退火的产品
HXXX状态		
H111	—	适用于最终退火后又进行了适量的加工硬化，但加工硬化程度又不及H11状态的产品

续表

代号	名称	适用范围
H112	—	适用于热加工成型的产品。该状态产品的力学性能有规定要求
H116	—	适用于镁含量≥4.0%的5×××系合金制成的产品。这些产品具有规定的力学性能和抗剥落腐蚀性能要求

注：①在字母H后面添加两位阿拉伯数字（称为HXX状态），或三位阿拉伯数字（称为HXXX状态），表示H的细分状态。

②H后面第一位数字表示获得该状态的基本处理程序。

③H后面的第二位数字表示产品的加工硬化程度。数字8表示硬状态。通常采用O状态的最小抗拉强度与表2－26规定的强度差值之和，来规定HX8状态的最小抗拉强度值。对于O（退火）和HX8状态之间的状态，应在HX代号后分别添加从1～7的数字来表示，在HX后添加数字9表示比HX8加工硬化程度更大的超硬状态。

④HXXX中花纹板的状态代号见表2－27。

表2－25　HX8状态与O状态的最小抗拉强度差值

O状态的最小抗拉强度/MPa	HX8状态与O状态的最小抗拉强度差值（MPa）
≤40	55
45～60	65
65～80	75
85～100	85
105～120	90
125～160	95
165～200	100
205～240	105
245～280	110
285～320	115
≥325	120

表 2－26　HXY 细分状态代号与加工硬化程度

细分状态代号	加工硬化程度
HX1	抗拉强度极限为 O 与 HX2 状态的中间值
HX2	抗拉强度极限为 O 与 HX4 状态的中间值
HX3	抗拉强度极限为 HX2 与 HX4 状态的中间值
HX4	抗拉强度极限为 O 与 HX8 状态的中间值
HX5	抗拉强度极限为 HX4 与 HX6 状态的中间值
HX6	抗拉强度极限为 HX4 与 HX8 状态的中间值
HX7	抗拉强度极限为 HX6 与 HX8 状态的中间值
HX8	硬状态
HX9	超硬状态 最小抗拉强度极限值超过 HX8 状态至少 10MPa

注：当按上表确定的 HX1～HX9 状态的抗拉强度极限值，不是以 0 或 5 结尾时，应修约至以 0 或 5 结尾的相邻较大值。

表 2－27　花纹板和其压花前的板材状态代号对照

花纹板的状态代号	压花前的板材状态代号
H114	O
H124 H224 H324	H11 H21 H31
H134 H234 H334	H12 H22 H32
H144 H244 H344	H13 H23 H33
H154 H254 H354	H14 H24 H34

续表

花纹板的状态代号	压花前的板材状态代号
H164 H264 H364	H15 H25 H35
H174 H274 H374	H16 H26 H36
H184 H284 H384	H17 H27 H37
H194 H294 H394	H18 H28 H38
H195 H295 H395	H19 H29 H39

表 2－28　TX 细分状态代号说明与应用

状态代号	工艺处理状态与应用
T0	固溶热处理后，经自然时效再通过冷加工的状态 适用于经冷加工提高强度的产品
T1	由高温成型过程冷却，然后自然时效至基本稳定的状态 适用于由高温成型过程冷却后，不再进行冷加工（可进行矫直、矫平，但不影响力学性能极限）的产品
T2	由高温成型过程冷却，经冷加工后自然时效至基本稳定的状态 适用于由高温成型过程冷却后，进行冷加工或矫直、矫平以提高强度的产品
T3	固溶热处理后进行冷加工，再经自然时效至基本稳定的状态 适用于在固溶热处理后，进行冷加或矫直、矫平以提高强度的产品

续表

状态代号	工艺处理状态与应用
T4	固溶热处理后自然时效至基本稳定的状态 适用于固溶热处理后，不再进行冷加工（可进行矫直、矫平，但不影响力学性能极限）的产品
T5	由高温成型过程冷却，然后进行人工时效的状态 适用于由高温成型过程冷却后，不经过冷加工（可进行矫直、矫平，但不影响力学性能极限），予以人工时效的产品
T6	固溶热处理后进行人工时效的状态 适用于固溶热处理后，不再进行冷加工（可进行矫直、矫平，但不影响力学性能极限）的产品
T7	固溶热处理后进行过时效的状态 适用于固溶热处理后，为获取某些重要特性，在人工时效时，强度在时效曲线上越过了最高峰点的产品
T8	固溶热处理后经冷加工，然后进行人工时效的状态 适用于经冷加工、或矫直、矫平以提高强度的产品
T9	固溶热处理后经人工时效，然后进行冷加工的状态 适用于经冷加工提高强度的产品
T10	由高温成型过程冷却后，进行冷加工，然后进行人工时效的状态 适用于经冷加工或矫直、矫平以提高强度的产品

注：①某些6×××系的合金，无论是炉内固溶热处理，还是从高温成型过程急冷以保留可溶性组分在固溶体中，均能达到相同的固溶热处理效果，这些合金的T3、T4、T6、T7、T8和T9状态可采用上述两种处理方法的任一种。

②在字母T后面添加一位或多位阿拉伯数字表示T的细分状态。在T后面添加0～10的阿拉伯数字，表示的细分状态（称为TX状态）。T后面的数字表示对产品的基本处理程序。

表 2－29　TXX 及 TXXX 细分状态代号说明与应用

状态代号	工艺处理状态与应用
T42	适用于自 O 或 F 状态固溶热处理后，自然时效到充分稳定状态的产品，也适用于需方对任何状态的加工产品热处理后，力学性能达到了 T42 状态的产品
T62	适用于自 O 或 F 状态固溶热处理后，进行人工时效的产品，也适用于需方对任何状态的加工产品热处理后，力学性能达到了 T62 状态的产品
T73	适用于固溶热处理后，经过时效以达到规定的力学性能和抗应力腐蚀性能指标的产品
T74	与 T73 状态定义相同。该状态的抗拉强度大于 T73 状态，但小于 T76 状态
T76	与 T73 状态定义相同。该状态的抗拉强度分别高于 T73、T74 状态，抗应力腐蚀断裂性能分别低于 T73、T74 状态，但其抗剥落腐蚀性能仍较好
T7X2	适用于自 O 或 F 状态固溶热处理后，进行人工过时效处理，力学性能及抗腐蚀性能达到了 T7X 状态的产品
T81	适用于固溶热处理后，经 1% 左右的冷加工变形提高强度，然后进行人工时效的产品
T87	适用于固溶热处理后，经 7% 左右的冷加工变形提高强度，然后进行人工时效的产品

注：在 TX 状态代号后面再添加一位阿拉伯数字（称为 TXX 状态），或添加两位阿拉伯数字（称为 TXXX 状态），表示经过了明显改变产品特性（如力学性能、抗腐蚀性能等）的特定工艺处理的状态（消除应力状态除外）。

表 2-30 消除应力状态代号说明与应用

状态代号	工艺处理状态与应用
TX51 TXX51 TXXX51	适用于固溶热处理或自高温成型过程冷却后，按规定量进行拉伸的厚板、轧制或冷精整的棒材以及模锻件、锻环或轧制环，这些产品拉伸后不再进行矫直 厚板的永久变形量为 1.5% ~3%；轧制或冷精整棒材的永久变形量为 1% ~3%；模锻件、锻环或轧制环的永久变形量为 1% ~5%
TX510 TXX510 TXXX510	适用于固溶热处理或自高温成型过程冷却后，按规定量进行拉伸的挤制棒、型和管材，以及拉制管材，这些产品拉伸后不再进行矫直 挤制棒、型和管材的永久变形量为 1% ~3%；拉制管材的永久变形量为 1.5% ~3%
TX511 TXX511 TXXX511	适用于固溶热处理或自高温成型过程冷却后，按规定量进行拉伸的挤制棒、型和管材，以及拉制管材，这些产品拉伸后可略微矫直以符合标准公差 挤制棒、型和管材的永久变形量为 1% ~3%；拉制管材的永久变形量为 1.5% ~3%
TX52 TXX52 TXXX52	适用于固溶热处理或自高温成型过程冷却后，通过压缩来消除应力，以产生 1% ~5% 的永久变形量的产品
TX54 TXX54 TXXX54	适用于在终锻模内通过冷整形来消除应力的模锻件

注：此表为上述 TX 或 TXX 或 TXXX 状态代号后面添加“51”、或“510”、或“511”、或“52”、或“54”表示经过了消除应力处理的产品状态代号。

W 的消除应力状态，正如 T 的消除应力状态代号表示方法，可在 W 状态代号后面添加相同的数字（如 51、52、54），以表示不稳定的固溶热处理及消除应力状态。

表 2-31　变形铝及铝合金原状态代号相应的新代号

旧代号	新代号	旧代号	新代号
M	O	CYS	TX51、TX52 等
R	H112 或 F	CZY	T0
Y	HX8	CSY	T9
Y1	HX6	MCS	T62
Y2	HX4	MCZ	T42
Y4	HX2	CGS1	T73
T	HX9	CGS2	T76
CZ	T4	CGS3	T74
CS	T6	RCS	T5

注：原以 R 状态交货的，提供 CZ、CS 试样性能的产品，其状态可分别对应新代号 T62、T42。

2.1.12　贵金属及其合金牌号表示方法

贵金属及其合金牌号表示方法（GB/T 18035—2000）列于表 2-32。

贵金属的牌号分类：按照生产过程，并兼顾到某种产品的特定用途，贵金属及其合金牌号分为冶炼产品、加工产品、复合材料、粉末产品和钎焊料五类。

表 2-32　贵金属及其合金牌号表示方法

分类	表示方法	示例
冶炼产品	冶炼产品牌号： □-□ □ 产品纯度 产品名称 产品形状 （1）产品的形状：分别用英文的第一个字母大写或其字母组合形式表示，其中 IC 表示铸锭状金属，SM 表示海绵状金属 （2）产品名称：用化学元素符号表示 （3）产品纯度：用百分含量的阿拉伯数字表示，不含百分号	（1）IC-Au99.99 表示纯度为 99.99% 的金锭 （2）SM-Pt99.999 表示纯度为 99.999% 的海绵铂

续表

<table>
<tr><th>分类</th><th>表示方法</th><th>示例</th></tr>
<tr><td>加工产品</td><td>（1）加工产品牌号：
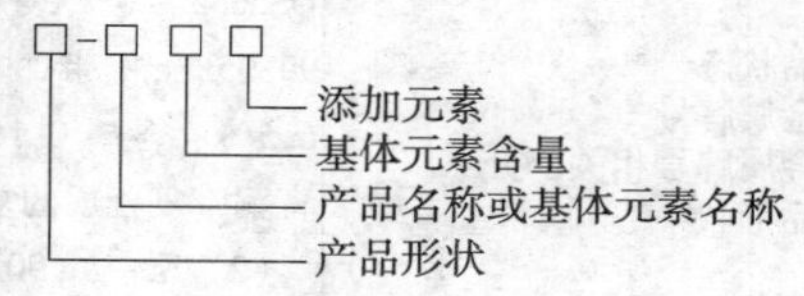

（2）产品形状：分别用英文的第一个字母大写形式或英文第一个字母大写和第二个字母小写形式表示，其中：Pl 表示板材，Sh 表示片材，St 表示带材，F 表示箔材，T 表示管材，R 表示棒材，W 表示线材，Th 表示丝材
（3）产品名称：若产品为纯金属，则用其化学元素符号表示名称：若为合金，则用该合金的基体的化学元素符号表示名称
（4）产品含量：若产品为纯金属，则用百分含量表示其含量；若为合金，则用该合金基体元素的百分含量表示其含量，均不含百分号
（5）添加元素：用化学元素符号表示添加元素。若产品为三元或三元以上的合金，则依据添加元素在合金中含量的多少，依次用化学元素符号表示。若产品为纯金属加工材，则无此项
若产品的基体元素为贱金属，添加元素为贵金属，则仍将贵金属作为基体元素放在第二项；第三项表示该贵金属元素的含量，贱金属元素放在第四项</td><td>（1）Pl－Au99.999 表示纯度为 99.999% 的纯金板材
（2）W－Pt90Rh 表示含 90% 铂，添加元素为铑的铂铑合金线材
（3）W－Au93NiFeZr 表示含 93% 金，添加元素为镍、铁和锆的金镍铁锆合金线材
（4）St－Au75Pd 表示含 75% 金，添加元素为钯的金钯合金带材
（5）St－Ag30Cu 表示含 30% 银，添加元素为铜的银铜合金带材</td></tr>
</table>

续表

分类	表示方法	示例
复合材料	（1）复合材料牌号： □-□/□ □ 产品状态 贱金属牌号 贵金属牌号相关部分 产品形状 （2）产品的形状的表示方法同“加工产品” 构成复合材料的贱金属牌号，其表示方法参见现行相关国家标准 （3）产品状态分为软态（M）、半硬态（Y_2）和硬态（Y）。此项可根据需要选定或省略 三层及三层以上复合材料，在第三项后面依次插入表示后面层的相关牌号，并以“/”相隔开	（1）St－Ag99.95/QSn6.5－0.1 表示由含银 99.95% 银带材和含锡 6.5%、含磷 0.1% 的锡磷青铜带复合成的复合带材 （2）St－Ag 90Ni/H62Y_2 表示由含银 90% 的银镍合金和含铜 62% 的黄铜复合成的半硬态的复合带材 （3）St－Ag99.95/T2/Tg99.95 表示第一层为含银 99.95% 银带、第二层为 2 号紫铜带、第三层为含银 99.95% 银带复合成的三层复合带材
粉末产品	（1）粉末产品牌号 □ □-□ □ 粉末平均粒径 粉末形状 粉末名称 粉末产品代号 （2）代号：用英文大写字母 P 表示 （3）名称：若粉末是纯金属，则用其化学元素符号表示；若是金属氧化物，则用其分子式表示；若是合金，则用其基体元素符号、基体元素含量、添加元素符号依次表示 粉末形状：用英文大写字母表示，其中：S 表示片状粉末，G 表示球状粉末。若不强调粉末的形状，其形状可不表示 （4）粉末平均粒径：用阿拉伯数字表示，单位为 μm。若平均粒径是一个范围，则取其上限值	（1）PAg－S6.0 表示平均粒径小于 6.0μm 的片状银粉 （2）PPd－G0.15 表示平均粒径小于 0.15μm 的球状钯粉

续表

分类	表示方法	示例
钎焊料	（1）钎焊料牌号： □（□）□-□ └钎焊料熔化温度 └钎焊料的基体元素及其含量、添加元素 └钎焊料用途 └钎焊料代号 （2）钎焊料代号：用英文大写字母 B 表示 （3）钎焊料用途：用英文大写字母表示，其中：V 表示电真空焊料。若不强调钎焊料的用途，此项可不用字母表示 （4）钎焊料合金的基体元素及其含量以及添加元素，其表示方法同“加工产品”的相关部分 （5）钎焊料熔化温度：共晶合金为共晶点温度，其余合金为固相线温度/液相线温度	（1）BVAg 72Cu – 780 表示含 72% 的银，熔化温度为 780℃，用于电真空器件的银铜合金钎焊料 （2）BAg70CuZn – 690/740 表示含 70% 的银，固相线温度为 690℃，液相线温度为 740℃的银铜锌合金钎焊料

2.1.13 铸造有色金属及其合金牌号表示方法

1. 铸造有色金属

铸造有色金属牌号由“Z”和相应纯金属的化学元素符号及表明产品纯度百分含量的数字或用一字线加顺序号组成。

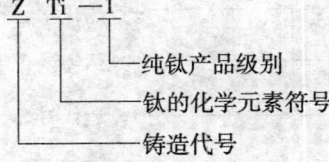

牌号表示示例：

（1）铸造纯铝：

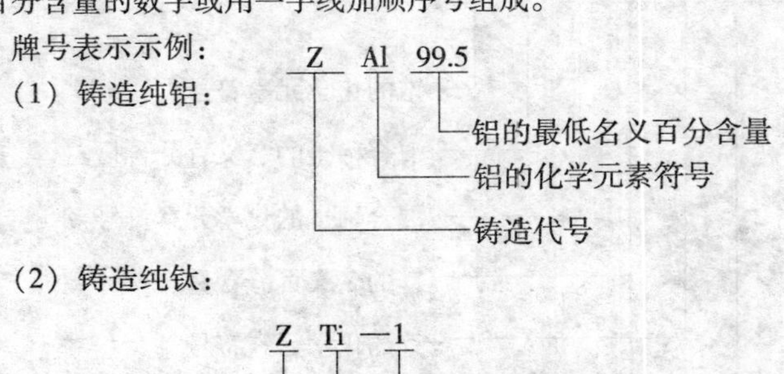

（2）铸造纯钛：

Z Ti —1

纯钛产品级别

钛的化学元素符号

铸造代号

2. 铸造有色合金牌号

铸造有色合金牌号由基体金属的化学元素符号、主要合金化学元素符号（其中混合稀土元素符号统一用 RE 表示）以及表明合金元素名义百分含量的数字组成。对杂质限量要求严、性能高的优质合金，在牌号后面标注大写字母“A”表示优质。

牌号表示示例：

（1）铸造优质铝合金：

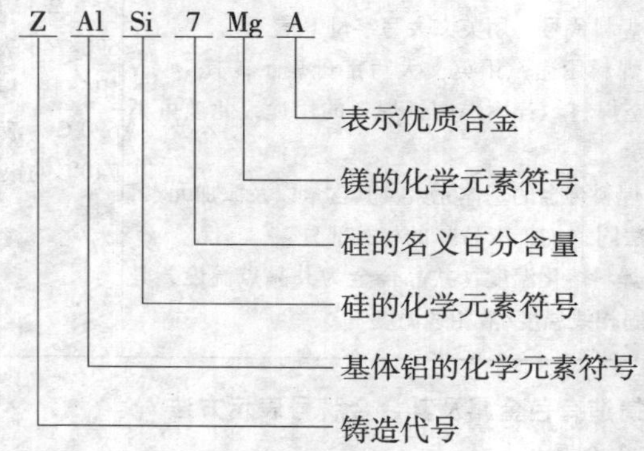

（2）铸造镁合金：

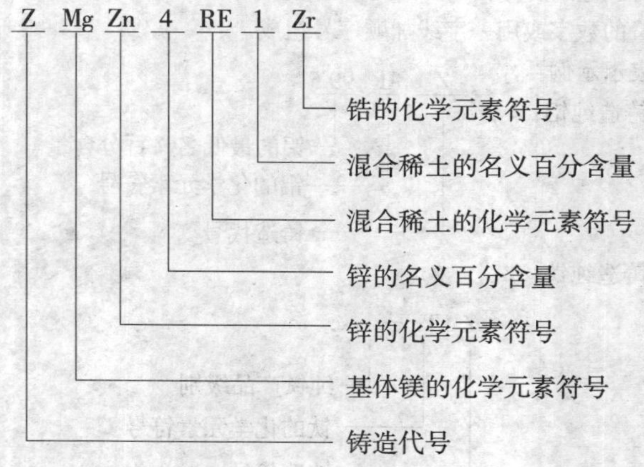

(3) 铸造锡青铜：

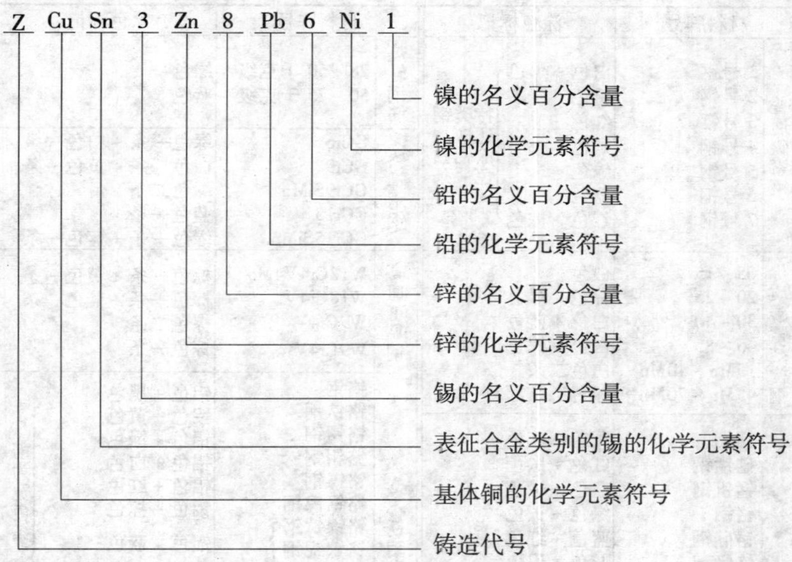

(4) 铸造钛合金：

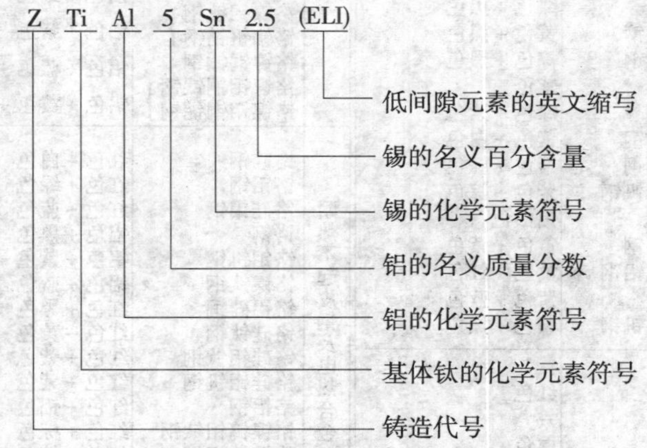

2.1.14 金属材料的涂色标记

金属材料的涂色标记列于表2－33。

表 2－33　金属材料的涂色标记

材料牌号		涂色标记	
普通碳素钢	1 号钢	白色＋黑色	特类钢还应加涂铝白色一条
	2 号钢	黄色	
	3 号钢	红色	
	4 号钢	黑色	
	5 号钢	绿色	
	6 号钢	蓝色	
	7 号钢	红色＋棕色	
优质碳素结构钢	05～15	白色	
	20～25	棕色＋绿色	
	30～40	白色＋蓝色	
	45～85	白色＋棕色	
	15Mn～40Mn	白色二条	
	45Mn～70Mn	绿色三条	
合金结构钢	锰钢	黄色＋蓝色	
	硅锰钢	红色＋黑色	
	锰钒钢	蓝色＋绿色	
	铬钢	绿色＋黄色	
	铬硅钢	蓝色＋红色	
	铬锰钢	蓝色＋黑色	
	铬锰硅钢	红色＋紫色	
	铬钒钢	绿色＋黑色	
	铬锰钛钢	黄色＋黑色	
	铬钨钒钢	棕色＋黑色	
	钼钢	紫色	
	铬钼钢	绿色＋紫色	
	铬锰钼钢	紫色＋白色	
	铬钼钒钢	紫色＋棕色	
	铬硅钼钒钢	紫色＋棕色	
	铬铝钢	铝白色	
	铬钼铝钢	黄色＋紫色	
	铬钨钒铝钢	黄色＋红色	
	硼钢	紫色＋蓝色	
	铬钼钨钒钢	紫色＋黑色	
热轧钢筋	Ⅰ级	红色	
	Ⅱ级	—	
	Ⅲ级	白色	
	Ⅳ级	黄色	

材料牌号		涂色标记	
热轧钢筋	28～50 千克级	绿色	
	50～75 千克级	蓝色	
铬轴承钢	GCr6	绿色一条＋白色一条	
	GCr9	白色一条＋黄色一条	
	GCr9SiMn	绿色二条	
	GCr15	蓝色一条	
	GCr15SiMn	绿色一条＋蓝色一条	
高速工具钢	W12Cr4V4Mo	棕色一条＋黄色一条	
	W18Cr4V	棕色一条＋蓝色一条	
	$W9Cr4V_2$	棕色二条	
	W9Cr4V	棕色一条	
不锈耐酸钢	铬钢	铝色＋黑色	前为宽色条，后为窄色条
	铬钛钢	铝色＋黄色	
	铬锰钢	铝色＋绿色	
	铬钼钢	铝色＋白色	
	铬镍钢	铝色＋红色	
	铬锰镍钢	铝色＋棕色	
	铬镍钛钢 铬镍铌钢	铝色＋蓝色	
	铬钼钛钢	铝色＋白色＋黄色	
	铬钼钒钢	铝色＋红色＋黄色	
	铬镍钼钛钢 铬钼钒钴钢	铝色＋紫色	
	铬镍铜钛钢	铝色＋蓝色＋白色	
	铬镍钼铜钛钢 铬镍钼铜铌钢	铝色＋黄色＋绿色	
耐热不起皮钢及电热合金	铬硅钢	红色＋白色	前为宽色条，后为窄色条
	铬钼钢	红色＋绿色	
	铬硅钼钢	红色＋蓝色	
	铬钢	铝色＋黑色	
	铬钼钒钢	铝色＋紫色	
	铬镍钛钢	铝色＋蓝色	
	铬铝硅钢	红色＋黑色	
	铬硅钛钢	红色＋黄色	
	铬硅钼钛钢	红色＋紫色	
	铬硅钼钒钢	红色＋紫色	
	铬铝钢	红色＋铝色	
	铬镍钨钼钛钢	红色＋棕色	
	铬镍钨钼钢	红色＋棕色	
	铬镍钨钛钢	铝色＋白色＋红色	

续表

材料牌号		涂色标记	材料牌号		涂色标记
精铝锭	特级	一个蓝色 T 字	锌锭	Zn－0	红色二条
	一级	一个蓝色纵线		Zn－1	红色一条
	二级	二条蓝色纵线		Zn－2	黑色二条
铝锭	特一级铝	白色一条		Zn－3	黑色一条
	特二级铝	白色二条		Zn－4	绿色二条
	一级铝	红色一条		Zn－5	绿色一条
	二级铝	红色二条	铅锭	Pb－1	不加颜色标志
	三级铝	红色三条		Pb－2	黄色竖划二条
				Pb－3	黄色竖划三条

注：本表所列的涂色标记引自有关资料，若有新标准颁布，则应以新标准为准。

2.2　金属材料的化学成分及力学性能

2.2.1　生铁

1. 炼钢用生铁

炼钢用生铁（GB/T 717—1998）的化学成分列于表 2－34。

表 2－34　炼钢用生铁的化学成分

牌号		L04	L08	L10
化学成分（%）	C	≥3.5		
	Si	≤0.45	>0.45～0.85	>0.85～1.25
	Mn	一组≤0.40；二组>0.40～1.00；三组>1.00～2.00		
	P	一级>0.100～0.150；二级>0.150～0.250；三级>0.250～0.400		
	S	特类≤0.02；一类>0.02～0.03；二类>0.03～0.05；三类>0.05～0.07		

注：①各牌号生铁的含碳量，均不作报废依据。

②需方对含硅量有特殊要求时，由供需双方协议规定。

③需方对含砷量有特殊要求时，由供需双方协议规定。

④硫、磷含量的界限数值按 YB/T 081 规定全数值比较法进行判定。

⑤采用高磷矿石冶炼的单位，需经国家主管部门批准后，生铁含磷量允许不大于 0.85%。

⑥采用含铜矿石冶炼时，生铁含铜量允许不大于 0.30%。

⑦各牌号生铁应以铁块或铁水形态供应。

⑧各牌号生铁铸成块状时，可以生产两种块度的铁块：a. 小块生铁：每块生铁的质量为 2～7kg。每批中大于 7kg 及小于 2kg 两者之和所占质量比，由

供需双方协议规定；b. 大块生铁：每块生铁的质量不得大于40kg，并有两个凹口，凹口处厚度不大于45mm。每批中小于4kg的碎铁块所占质量比，由供需双方协议规定。

2. 铸造用生铁

铸造用生铁（GB/T 718—1982）的化学成分列于表2-35。

表2-35　铸造用生铁的化学成分

铁种		铸造用生铁					
铁号	牌号	铸34	铸30	铸26	铸22	铸18	铸14
	代号	Z34	Z30	Z26	Z22	Z18	Z14
化学成分（%）	C	>3.3					
	Si	>3.20~3.60	>2.80~3.20	>2.40~2.80	>2.00~2.40	>1.60~2.00	>1.25~1.60
	Mn	一组≤0.50，二组>0.50~0.90，三组>0.90~1.30					
	P	一级≤0.06，二级>0.06~0.10，三级>0.10~0.20，四级>0.20~0.40，五级>0.40~0.90					
	S	一类≤0.03（Z14≤0.04），二类≤0.04（Z14≤0.05），三类≤0.05（Z14≤0.06）					

注：①根据供需方协议，可供应化学成分范围较窄或含其他合金元素的特殊铸造生铁。

②根据供需方协议，Z34号生铁含硅量允许3.60%~6.00%，但袋入一个车箱内的生铁，其含硅量的差别应不大于0.40%。

③根据需方要求，方可供应第一组含锰的生铁。经供需双方协议，可供应含锰量大于1.3%的生铁。

④用含铜矿石冶炼的生铁应分析含铜量。各号生铁的含碳量与含铜量，均不作报废依据。

⑤生铁订货时，必须在合同中注明铁号和组、级、类等技术条件的具体要求。

⑥各号生铁均应铸成2~7kg小块，而大于7kg与小于2kg的铁块之和，每批中应不超过总质量的10%，铁块长度不大于200mm。根据需方要求，方可供应质量不大于40kg的铁块。

2.2.2 铁合金

1. 硅铁

硅铁（GB/T 2272—1987）合金的化学成分列于表2－36。

表2－36 硅铁合金的化学成分

牌号	化学成分（%）							
	Si	Al	Ca	Mn	Cr	P	S	C
		≤						
FeSi90Al1.5	87.0～95.0	1.5	1.5	0.4	0.2	0.04	0.02	0.2
FeSi90Al3	87.0～95.0	3.0	1.5	0.4	0.2	0.04	0.02	0.2
FeSi75Al0.5－A	74.0～80.0	0.5	1.0	0.4	0.3	0.035	0.02	0.1
FeSi75Al0.5－B	72.0～80.0	0.5	1.0	0.5	0.5	0.04	0.02	0.2
FeSi75Al1.0－A	74.0～80.0	1.0	1.0	0.4	0.3	0.035	0.02	0.1
FeSi75Al1.0－B	72.0～80.0	1.0	1.0	0.5	0.5	0.04	0.02	0.2
FeSi75Al1.5－A	74.0～80.0	1.5	1.0	0.4	0.3	0.035	0.02	0.1
FeSi75Al1.5－B	72.0～80.0	1.5	1.0	0.5	0.5	0.04	0.02	0.2
FeSi75Al2.0－A	74.0～80.0	2.0	1.0	0.4	0.3	0.035	0.02	0.1
FeSi75Al2.0－B	74.0～80.0	2.0	1.0	0.4	0.3	0.04	0.02	0.1
FeSi75Al2.0－C	72.0～80.0	2.0	—	0.5	0.5	0.04	0.02	0.2
FeSi75－A	74.0～80.0	—	—	0.4	0.3	0.035	0.02	0.1
FeSi75－B	74.0～80.0	—	—	0.4	0.3	0.04	0.02	0.1
FeSi75－C	72.0～80.0	—	—	0.5	0.5	0.04	0.02	0.2
FeSi65	65.0～<72.0	—	—	0.6	0.5	0.04	0.02	—
FeSi45	40.0～47.0	—	—	0.7	0.5	0.04	0.02	—

2. 钛铁

钛铁（GB/T 3282—1987）合金的化学成分列于表2－37。

表2－37 钛铁合金化学成分

牌号	化学成分（%）							
	Ti	Al	Si	P	S	C	Cu	Mn
		≤						
FeTi30－A	25～35	8	4.5	0.05	0.03	0.1	0.4	2.5
FeTi30－B	25～35	8.5	5	0.06	0.04	0.15	0.4	2.5
FeTi40－A	35～45	9	3	0.03	0.03	0.1	0.4	2.5
FeTi40－B	35～45	9.5	4	0.04	0.04	0.15	0.4	2.5

3. 锰铁

锰铁（GB/T 3795—1996）根据其含碳量的不同分为三类：

（1）低碳类：碳不大于0.7%。

（2）中碳类：碳大于0.7%~2.0%。

（3）高碳类：碳大于2.0%~8.0%。

锰铁的化学成分列于表2－38和表2－39；锰铁的物理状态列于表2－40。

表2－38　电炉锰铁化学成分

类别	牌　号	化学成分（%）						
		Mn	C	Si		P		S
				Ⅰ	Ⅱ	Ⅰ	Ⅱ	
			≤					
低碳锰铁	FeMn88C0.2	85.0~92.0	0.2	1.0	2.0	0.10	0.30	0.02
	FeMn84C0.4	80.0~87.0	0.4	1.0	2.0	0.15	0.30	0.02
	FeMn84C0.7	80.0~87.0	0.7	1.0	2.0	0.20	0.30	0.02
中碳锰铁	FeMn82C1.0	78.0~85.0	1.0	1.5	2.5	0.20	0.35	0.03
	FeMn82C1.5	78.0~85.0	1.5	1.5	2.5	0.20	0.35	0.03
	FeMn78C2.0	75.0~82.0	2.0	1.5	2.5	0.20	0.40	0.03
高碳锰铁	FeMn78C8.0	75.0~82.0	8.0	1.5	2.5	0.20	0.33	0.03
	FeMn74C7.5	70.0~77.0	7.5	2.0	3.0	0.25	0.38	0.03
	FeMn68C7.0	65.0~72.0	7.0	2.5	4.5	0.25	0.40	0.03

注：需方对化学成分有特殊要求时，可由供需双方另行商定。

表 2－39　高炉锰铁化学成分

类别	牌　号	化学成分（%）						
		Mn	C	Si		P		S
				Ⅰ	Ⅱ	Ⅰ	Ⅱ	
			≤					
高碳锰铁	FeMn78	75.0～82.0	7.0	1.0	2.0	0.30	0.50	0.03
	FeMn74	70.0～77.0	7.5	1.0	2.0	0.40	0.50	0.03
	FeMn68	65.0～72.0	7.0	1.0	2.5	0.40	0.60	0.03
	FeMn64	60.0～67.0	7.0	1.0	2.5	0.50	0.60	0.03
	FeMn58	55.0～62.0	7.0	1.0	2.5	0.50	0.60	0.03

注：需方对化学成分有特殊要求时，可由供需双方另行商定。

表 2－40　锰铁的物理状态（粒度范围）

等级	粒度（mm）	偏差（%）		
		筛上物	筛下物	
		≤		
1	20～250	—	中低碳类	10
			高碳类	8
2	50～150	5	5	
3	10～50	5	5	
4①	0.097～0.45	5	30	

注：表中①为中碳锰铁粉剂。

4. 锰硅合金

锰硅合金按锰、硅及其杂质含量的不同，分为 8 个牌号，根据（GB/T 4008—1996）其化学成分列于表 2－41；锰硅合金以块状或粒状供货，其粒度范围及允许偏差列于表 2－42。

表 2-41　锰硅合金的化学成分

牌　号	化学成分（%）						
	Mn	Si	C	P			S
				Ⅰ	Ⅱ	Ⅲ	
			≤				
FeMn64Si27	60.0～67.0	25.0～28.0	0.5	0.10	0.15	0.25	0.04
FeMn67Si23	63.0～70.0	22.0～25.0	0.7	0.10	0.15	0.25	0.04
FeMn68Si22	65.0～72.0	20.0～23.0	1.2	0.10	0.15	0.25	0.04
FeMn64Si23	60.0～67.0	20.0～25.0	1.2	0.10	0.15	0.25	0.04
FeMn68Si18	65.0～72.0	17.0～20.0	1.8	0.10	0.15	0.25	0.04
FeMn64Si18	60.0～67.0	17.0～20.0	1.8	0.10	0.15	0.25	0.04
FeMn68Si16	65.0～72.0	14.0～17.0	2.5	0.10	0.15	0.25	0.04
FeMn64Si16	60.0～67.0	14.0～17.0	2.5	0.20	0.25	0.30	0.05

注：①硫为保证元素，其余均为必测元素。

②需方对化学成分有特殊要求时，可由供需双方另行商定。

表 2-42　锰硅合金粒度范围和允许偏差

等级	粒度范围（mm）	偏差（%）	
		筛上物	筛下物
		≤	
1	20～300	5	5
2	10～150	5	5
3	10～100	5	5
4	10～50	5	5

注：需方对物理状态如有特殊要求，可由供需双方另行商定。

5. 铬铁

根据 GB/T 5683—1987，铬铁合金的化学成分列于表 2-43。

表 2-43　铬铁合金的化学成分

类别	牌　　号	化学成分（%）								
		Cr	C ≤	Si≤		P≤		S≤	
				Ⅰ	Ⅱ	Ⅰ	Ⅱ	Ⅰ	Ⅱ
微碳	FeCr69C0.03	63.0～75.0	0.03	1.0		0.03		0.025	
	FeCr55C3	①	0.03	1.5	2.0	0.03	0.04	0.03	
	FeCr69C0.06	63.0～75.0	0.06	1.0		0.03		0.025	
	FeCr55C6	①	0.06	1.5	2.0	0.04	0.06	0.03	
	FeCr69C0.10	63.0～75.0	0.10	1.0		0.03		0.025	
	FeCr55C10	①	0.10	1.5	2.0	0.04	0.06	0.03	
	FeCr69C0.15	63.0～75.0	0.15	1.0		0.03		0.025	
	FeCr55C15	①	0.15	1.5	2.0	0.04	0.06	0.03	
低碳	FeCr69C0.25	63.0～75.0	0.25	1.5		0.03		0.025	
	FeCr55C25	①	0.25	2.0	3.0	0.04	0.06	0.03	0.05
	FeCr69C0.50	63.0～75.0	0.50	1.5		0.03		0.025	
	FeCr55C50	①	0.50	2.0	3.0	0.04	0.06	0.03	0.05
中碳	FeCr69C1.0	63.0～75.0	1.0	1.5		0.03		0.025	
	FeCr55C100	①	1.0	2.5	3.0	0.04	0.06	0.03	0.05
	FeCr69C2.0	63.0～75.0	2.0	1.5		0.03		0.025	
	FeCr55C200	①	2.0	2.5	3.0	0.04	0.06	0.03	0.05
	FeCr69C4.0	63.0～75.0	4.0	1.5		0.03		0.025	
	FeCr55C400	①	4.0	2.5	3.0	0.04	0.06	0.03	0.05
高碳	FeCr67C6.0	62.0～72.0	6.0	3.0		0.03		0.04	0.06
	FeCr55C600	①	6.0	3.0	5.0	0.04	0.06	0.04	0.06
	FeCr67C9.5	62.0～72.0	9.5	3.0		0.03		0.04	0.06
	FeCr55C1000	①	10.0	3.0	5.0	0.04	0.06	0.04	0.06

注：带①记号牌号的含铬量分Ⅰ、Ⅱ两组，Ⅰ组≥60.0%，Ⅱ组≥52.0%。

6. 钨铁

钨铁（GB/T 3648—1996）按钨及杂质含量的不同分为四个牌号，其化学成分列于表 2-44。

表 2-44 钨铁化学成分表

牌 号	化 学 成 分（%）											
	W	C	P	S	Si	Mn	Cu	As	Bi	Pb	Sb	Sn
		≤										
FeW80-A	75.0~85.0	0.10	0.03	0.06	0.5	0.25	0.10	0.06	0.05	0.05	0.05	0.06
FeW80-B	75.0~85.0	0.30	0.04	0.07	0.7	0.35	0.12	0.08	—	—	0.05	0.08
FeW80-C	75.0~85.0	0.40	0.05	0.08	0.7	0.50	0.15	0.10	—	—	0.05	0.08
FeW70	≥70.0	0.80	0.06	0.10	1.0	0.60	0.18	0.10	—	—	0.05	0.10

注：①钨铁必测元素为 W、C、P、S、Si、Mn 的含量，其余为保证元素。

②钨铁以 70% 含钨量作为基准量。

③需方对表列元素如有特殊要求，可由供需双方另行协商。

④需方要求时，可协商提供表列以外其他元素的实测数据。

⑤钨铁以块状交货，粒度范围为 10~130mm，小于 10mm×10mm 粒度的量不应超过该批总质量的 5%，其粒度检测按 GB/T 13247 进行。

⑥钨铁按炉批或分级批交货。按炉批交货时，每批产品中的最高或最低含钨量与平均试样含钨量之差不得超过 3%。按分级批交货时，各炉之间钨含量之差不大于 3%。

7. 钼铁

钼铁（GB/T 3649—1987）合金的化学成分列于表 2-45。

表 2-45 钼铁合金的化学成分

牌 号	化 学 成 分 （%）						
	Mo	≤					
		Si	S	P	C	Cu	Sb	Sn
FeMo70	65.0~75.0	1.5	0.10	0.05	0.10	0.50	—	—
FeMo70Cu1	65.0~75.0	2.0	0.10	0.05	0.10	1.0	—	—
FeMo70Cu1.5	65.0~75.0	2.5	0.20	0.10	0.10	1.5	—	—
FeMo60-A	55.0~65.0	1.0	0.10	0.04	0.10	0.50	0.04	0.04
FeMo60-B	55.0~65.0	1.5	0.10	0.05	0.10	0.50	0.05	0.06
FeMo60-C	55.0~65.0	2.0	0.15	0.05	0.20	1.0	0.08	0.08
FeMo60	≥60.0	2.0	0.10	0.05	0.15	0.5	0.04	0.04
FeMo55-A	≥55.0	1.0	0.10	0.08	0.20	0.5	0.05	0.06
FeMo55-B	≥55.0	1.5	0.15	0.10	0.25	1.0	0.08	0.08

8. 钒铁

钒铁（GB/T4139—1987）合金的化学成分列于表 2 - 46。

表 2 - 46 钒铁合金的化学成分

牌　号	化学成分（%）≤						
	V	C	Si	P	S	Al	Mn
FeV40 - A	40.0	0.75	2.0	0.10	0.06	1.0	
FeV40 - B	40.0	1.00	2.0	0.20	0.10	1.5	
FeV50 - A	50.0	0.40	2.0	0.06	0.04	0.5	0.50
FeV50 - B	50.0	0.75	2.5	0.10	0.05	0.8	0.50

2.2.3 铸铁

1. 灰铸铁件

灰铸铁件（GB/T 9439—1988）的牌号和力学性能列于表 2 - 47。

表 2 - 47 灰铸铁件牌号和力学性能

（1）单铸试棒的抗拉强度 σ_b（MPa）

牌　号	HT100	HT150	HT200	HT250	HT300	HT350
抗拉强度 σ_b（MPa）	≥100	≥150	≥200	≥250	≥300	≥350

（2）附铸试棒（块）的抗拉强度

牌　号	铸件壁厚（mm）	抗拉强度 σ_b（MPa）≥				
		附铸试棒（mm）		附铸试块（mm）		铸件（参考）
		∅30	∅50	R15	R25	
HT150	>20～40	130	—	(120)	—	120
	>40～80	115	(115)	110	—	105
	>80～150	—	105	—	100	90
	>150～300	—	100	—	90	80
HT200	>20～40	180	—	(170)	—	165
	>40～80	160	(155)	150	—	145
	>80～150	—	145	—	140	130
	>150～300	—	135	—	130	120
HT250	>20～40	220	—	(210)	—	205
	>40～80	200	(190)	190	—	180
	>80～150	—	180	—	170	165
	>150～300	—	165	—	160	150

续表

（2）附铸试棒（块）的抗拉强度

牌　号	铸件壁厚（mm）	抗拉强度 σ_b（MPa）≥				
		附铸试棒（mm）		附铸试块（mm）		铸件（参考）
		∅30	∅50	R15	R25	
HT300	>20～40	260	—	（250）	—	245
	>40～80	235	（230）	225	—	215
	>80～150	—	210	—	200	195
	>150～300	—	195	—	185	180
HT350	>20～40	300	—	（290）	—	285
	>40～80	270	（265）	260	—	255
	>80～150	—	240	—	230	225
	>150～300	—	215	—	210	205

（3）不同壁厚铸件的抗拉强度

壁　厚（mm）	牌　号					
	HT100	HT150	HT200	HT250	HT300	HT350
	抗拉强度 σ_b（MPa）≥					
>2.5～4	130	175	220	—	—	—
>4～10				270		
>10～20	100	145	195	240	290	340
>20～30	90	130	170	220	250	290
>30～50	80	120	160	200	230	260

（4）铸件的硬度牌号及硬度范围

硬度牌号	H145	H175	H195	H215	H235	H255
硬度范围 HBS	≤170	150～200	170～220	190～240	210～260	230～280
主要金相组织	铁素体	铁素体＋珠光体	珠光体	珠光体	100%珠光体（孕育铸铁）	100%珠光体（孕育铸铁）

注：①单铸试棒当铸件壁厚超过20mm，而质量又超过200kg并有特殊要求时，可采用与铸件冷却条件相似的附铸试棒或附铸试块加工成试样来测定抗拉强度。

②表中括号内数值仅供铸件壁厚大于试样直径时使用。

③当铸件壁厚>300mm时，其力学（机械）性能应由供需双方协商确定。

④HT100牌号的灰铸铁件在厚断面处强度太低，没有实用价值。

⑤不同壁厚的灰铸铁件，当一定牌号的铁水浇注壁厚均匀而形状简单的铸件时，壁厚变化所造成抗拉强度的变化，可从表中查出参考数据；当铸件壁厚不均匀，或有型芯时，此表只能近似地给出不同壁厚处的大致的抗拉强度值，铸件设计应根据关键部位的实测值进行。

2. 球墨铸铁件

球墨铸铁件（GB/T 1348—1988）的力学性能和牌号列于表2－48。

表2－48　球墨铸铁件牌号和力学性能

（1）单铸试块的力学性能

牌　号	抗拉强度 (MPa)≥	屈服强度 (MPa)≥	延伸率（%）≥	硬　度 HBS	V形缺口冲击值 (J/cm^2)≥	主要金相组织
QT400－18	400	250	18	130～180	14/11(12/9)	铁素体
QT400－15	400	250	15	130～180	—	铁素体
QT450－10	450	310	10	160～210	—	铁素体
QT500－7	500	320	7	170～230	—	铁素体＋珠光体
QT600－3	600	370	3	190～270	—	珠光体＋铁素体
QT700－2	700	420	2	225～305	—	珠光体
QT800－2	800	480	2	245～335	—	珠光体或回火组织
QT900－2	900	600	2	280～360	—	贝氏体或回火马氏体

（2）附铸试块的力学性能

牌　号	壁厚（mm）	抗拉强度 (MPa)	屈服强度 (MPa)	延伸率（%）≥	硬度 HBS	V形缺口冲击值 (J/cm^2)≥	主要金相组织
QT400－18A	＞30～60	390	250	18	130～180	14/11(12/9)	铁素体
	＞60～200	370	240	12	130～180	12/9(10/7)	铁素体
QT400－15A	＞30～60	390	250	15	130～180	—	铁素体
	＞60～200	370	240	12	130～180	—	铁素体
QT500－7A	＞30～60	450	300	7	170～240	—	铁素体＋珠光体
	＞60～200	420	290	5	170～240	—	铁素体＋珠光体
QT600－3A	＞30～60	600	360	3	180～270	—	珠光体＋铁素体
	＞60～200	550	340	1	180～270	—	珠光体＋铁素体
QT700－2A	＞30～60	700	400	2	220～320	—	珠光体
	＞60～200	650	380	1	220～320	—	珠光体

（3）铸件的硬度牌号、硬度值、主要金相组织和力学性能（可作协商验收依据）

牌　号	硬　度 HBS	主要金相组织	力学性能		
			抗拉强度 (MPa)≥	屈服强度 (MPa)≥	延伸率（%）≥
QT－H330	280～360	贝氏体或马氏体	900	600	2
QT－H300	245～335	珠光体或回火组织	800	480	2
QT－H265	225～305	珠光体	700	420	2
QT－H230	190～270	珠光体＋铁素体	600	370	3

续表

牌　　号	硬　度 HBS	主要金相组织	力学性能		
			抗拉强度	屈服强度	延伸率 (%)≥
			(MPa)≥		
QT－H200	170～230	铁素体＋珠光体	500	320	7
QT－H185	160～210	铁素体	450	310	10
QT－H155	130～180	铁素体	400	250	15
QT－H150	130～180	铁素体	400	250	15

注：①冲击值栏中，不带括号的是在室温（23±5)℃条件下进行的，带括号的是在低温（－20±2)℃条件下进行的（这时牌号须分别改为QT400—18L、QT400—18AL)；分子数值是三个试样平均值，分母数值是个别值。

②表中牌号后面的"A"，表示为在附铸试块上测得的力学性能，以区别单铸试块所测得的力学性能。

3. 可锻铸铁件

可锻铸铁件（GB/T 9440—1988）的力学性能列于表2－49。

表2－49　可锻铸铁件的力学性能

牌号和系列		试样直径 d（mm）	抗拉强度	屈服强度	延伸率 (%) ≥ $L_0=3d$	硬　度 HBS
系列	牌　　号		(MPa) ≥			
(1) 黑心可锻铸铁和珠光体可锻铸铁						
A	KTH300－06	12或15	300	—	6	≤150
B	KTH330－08		330	—	8	
A	KTH350－10		350	200	10	
B	KTH370－12		370	—	12	
A	KTZ450－06		450	270	6	150～200
A	KTZ550－04		550	340	4	180～230
A	KTZ650－02		650	430	2	210～260
A	KTZ700－02		700	530	2	240～290
(2) 白心可锻铸铁						
—	KTB350－04	9	340	—	5	≤230
		12	350	—	4	
		15	360	—	3	
—	KTB380－12	9	320	170	15	≤200
		12	380	200	12	
		15	400	210	8	

续表

牌号和系列		试样直径 d（mm）	抗拉强度	屈服强度	延伸率（%）≥ $L_0=3d$	硬度 HBS
系列	牌号		（MPa）≥			
（2）白心可锻铸铁						
—	KTB400－05	9 12 15	360 400 420	200 220 230	8 5 4	≤220
—	KTB450－07	9 12 15	400 450 480	230 260 280	10 7 4	≤220

注：①牌号 B 系列为过渡牌号。

②牌号 KTH300－06 适用于气密性零件。

③黑心和珠光体可锻铸铁直径 12mm 试样只适用于主要壁厚≤10mm 的铸件。

④白心可锻铸铁试样直径应尽可能与铸件的主要壁厚相近。

4. 耐热铸铁

耐热铸铁（GB/T 9437—1998）的牌号和化学成分、室温下的力学性能和高温短时抗拉强度分别列于表 2－50、表 2－51、表 2－52。

表 2－50　耐热铸铁牌号和化学成分

铸件牌号	化学成分（%）						
	C	Si	Mn	P	S	Cr	Al
			≤				
RTCr	3～3.8	1.5～2.5	1	0.2	0.12	0.5～1	—
RTCr2	3～3.8	2～3	1	0.2	0.12	>1～2	—
RTCr16	1.6～2.4	1.5～2.2	1	0.1	0.05	15～18	—
RTSi5	2.4～3.2	4.5～5.5	0.8	0.2	0.12	0.5～1	—
RQTSi4	2.4～3.2	3.5～4.5	0.7	0.1	0.03	—	—
RQTSi4Mo	2.7～3.5	3.5～4.5	0.5	0.1	0.03	Mo 0.3～0.7	—
RQTSi5	2.4～3.2	>4.5～5.5	0.7	0.1	0.03	—	—
RQTAl4Si4	2.5～3	3.5～4.5	0.5	0.1	0.02	—	4～5
RQTAl5Si5	2.3～2.8	>4.5～5.2	0.5	0.1	0.02	—	>5～5.8
RQTAl22	1.6～2.2	1～2	0.7	0.1	0.03	—	20～24

表 2-51　耐热铸铁室温下的力学性能

牌号	抗拉强度 σ_b（MPa）≥	硬度 HBS	牌号	抗拉强度 σ_b（MPa）≥	硬度 HBS
RTCr	200	189~288	RQTSi4Mo	540	197~280
RTCr2	150	207~288	RQTSi5	370	228~302
RTCr16	340	400~450	RQTAl4Si4	250	285~341
RTSi5	140	160~270	RQTAl5Si5	200	302~363
RQTSi4	480	187~269	RQTAl22	300	241~364

注：①在使用温度下，铸件的平均氧化增重速度不大于0.5g/（m^2·h），生长率不大于0.2%。

②允许用热处理方法达到表中力学性能。

表 2-52　耐热铸铁高温短时抗拉强度

牌号	抗拉强度 σ_b（MPa）≥（下列温度时的）					牌号	抗拉强度 σ_b（MPa）≥（下列温度时的）				
	500℃	600℃	700℃	800℃	900℃		500℃	600℃	700℃	800℃	900℃
RTCr	225	144	—	—	—	RQTSi4Mo	—	—	101	46	—
RTCr2	243	166	—	—	—	RQTSi5	—	—	67	30	—
RTCr16	—	—	—	144	88	RQTAl4Si4	—	—	—	82	32
RTSi5	—	—	41	27	—	RQTAl5Si5	—	—	—	167	75
RQTSi4	—	—	75	35	—	RQTAl22	—	—	—	130	77

2.2.4　铸钢

1. 一般工程用铸造碳钢件

一般工程用铸造碳钢件（GB/T 11352—1989）的化学成分及力学性能列于表2-53。

2. 一般用途耐热钢和合金钢铸件

一般用途耐热钢和合金钢铸件（GB/T 8492—2002）适用于一般工程用耐热钢和合金铸件，其包括的牌号代表了适合在一般工程中不同耐热条件下广泛应用的铸造耐热钢和耐热合金铸件的种类。

一般用途耐热钢和合金钢铸件牌号及化学成分列于表2-54。

表 2-53　一般工程用铸造碳钢件的化学成分及力学性能

牌　号	化 学 成 分 （%） ≤						室温下试样机械性能≥				
							屈服点或屈服强度	抗拉强度	伸长率	收缩率	（V形）冲击吸收功
	C*	Si	Mn*	S	P	残余元素	（MPa）		（%）		A_{KV}（J）
ZG200-400	0.20	0.50	0.80	0.040	0.040	Ni 0.30	200	400	25	40	30
ZG230-450	0.30	0.50	0.90	0.040	0.040	Cr 0.35	230	450	22	32	25
ZG270-500	0.40	0.50	0.90	0.040	0.040	Cu 0.30	270	500	18	25	22
ZG310-570	0.50	0.60	0.90	0.040	0.040	Mo 0.20	310	570	15	21	15
ZG340-640	0.60	0.60	0.90	0.040	0.040	V 0.05	340	640	10	18	10

注：①*对上限每减少0.01%碳，允许增加0.04%锰。对ZG200-400，锰含量最高至1.00%，其余四个牌号锰含量最高至1.20%。

②残余元素总和≤1.00%。

③表列数值适用于厚度≤100mm的铸件；对于厚度>100mm的铸件，仅屈服强度数值可供设计用。如须从经热处理的铸件上或从代表铸件的大型试块上切取试样时，其数值须由供需双方协商确定。

④对收缩率和冲击吸收功，如需方无要求，即由制造厂选择保证其中一项。

表 2－54　一般用途耐热钢和合金钢铸件牌号和化学成分

牌号	化学成分（%）								
	C	Si	Mn	P ≤	S ≤	Cr	Mo	Ni	其他
ZG30Cr7Si2	0.20～0.35	1.0～2.5	0.5～1.0	0.04	0.04	6～8	0.5	0.5	
ZG40Cr13Si2	0.3～0.5	1.0～2.5	0.5～1.0	0.04	0.03	12～14	0.5	1	
ZG40Cr17Si2	0.3～0.5	1.0～2.5	0.5～1.0	0.04	0.03	16～19	0.5	1	
ZG40Cr24Si2	0.3～0.5	1.0～2.5	0.5～1.0	0.04	0.03	23～26	0.5	1	
ZG40Cr28Si2	0.3～0.5	1.0～2.5	0.5～1.0	0.04	0.03	27～30	0.5	1	
ZGCr29Si2	1.2～1.4	1.0～2.5	0.5～1.0	0.04	0.03	27～30	0.5	1	
ZG25Cr18Ni9Si2	0.15～0.35	1.0～2.5	2	0.04	0.03	17～19	0.5	8～10	
ZG25Cr20Ni14Si2	0.15～0.35	1.0～2.5	2	0.04	0.03	19～21	0.5	13～15	
ZG40Cr22Ni10Si2	0.3～0.5	1.0～2.5	2	0.04	0.03	21～23	0.5	9～11	
ZG40Cr24Ni24Si2Nb	0.25～0.50	1.0～2.5	2	0.04	0.03	23～25	0.5	23～25	Nb 1.2～1.8
ZG40Cr25Ni12Si2	0.3～0.5	1.0～2.5	2	0.04	0.03	24～27	0.5	11～14	
ZG40Cr25Ni20Si2	0.3～0.5	1.0～2.5	2	0.04	0.03	24～27	0.5	19～22	
ZG40Cr27Ni4Si2	0.3～0.5	1.0～2.5	1.5	0.04	0.03	25～28	0.5	3～6	
ZG45Cr20Co20Ni20Mo3W3	0.35～0.60	1.0	2	0.04	0.03	19～22	2.5～3.0	18～22	Co18～22 W2～3
ZG10Ni31Cr20Nb1	0.05～0.12	1.2	1.2	0.04	0.03	19～23	0.5	30～34	Nb 0.8～1.5

续表

牌号	化学成分（%）								
	C	Si	Mn	P ≤	S ≤	Cr	Mo	Ni	其他
ZG40Ni35Cr17Si2	0.3~0.5	1.0~2.5	2	0.04	0.03	16~18	0.5	34~36	
ZG40Ni35Cr26Si2	0.3~0.5	1.0~2.5	2	0.04	0.03	24~27	0.5	33~36	
ZG40Ni35Cr26Si2Nb1	0.3~0.5	1.0~2.5	2	0.04	0.03	24~27	0.5	33~36	Nb 0.8~1.8
ZG40Ni38Cr19Si2	0.3~0.5	1.0~2.5	2	0.04	0.03	18~21	0.5	36~39	
ZG40Ni38Cr19Si2Nb1	0.3~0.5	1.0~2.5	2	0.04	0.03	18~21	0.5	36~39	Nb 1.2~1.8
ZNiCr28Fe17W5Si2C0.4	0.35~0.55	1.0~2.5	1.5	0.04	0.03	27~30		47~50	W4~6
ZNiCr50Nb1C0.1	0.1	0.5	0.5	0.02	0.02	47~52	0.5	*a*	N0.16 N+C0.2 Nb1.4~1.7
ZNiCr19Fe18Si1C0.5	0.4~0.6	0.5~2.0	1.5	0.04	0.03	16~21	0.5	50~55	
ZNiFe18Cr15Si1C0.5	0.35~0.65	2	1.3	0.04	0.03	13~19		64~69	
ZNiCr25Fe20Co15W5Si1C0.46	0.44~0.48	1~2	2	0.04	0.03	24~26		33~37	W4~6 Co14~16
ZCoCr28Fe18C0.3	0.5	1	1	0.04	0.03	25~30	0.5	1	Co48~52 Fe20 最大值

注：①表中的单个值表示最大值。

②*a* 为余量。

3. 工程结构用中、高强度不锈钢铸件

工程结构用中、高强度不锈钢铸件的化学成分和力学性能（根据 GB/T 6967—1986）分别列于表 2－55 和 2－56。

表 2－55　工程结构用中、高强度不锈钢铸件的牌号和化学成分

序号	牌号	化学成分（%）							
		C	Cr	Ni	Si	Mn	Mo	P	S
1	ZG10Cr13	0.15	11.5～13.5	—	1.00	0.60	—	0.035	0.030
2	ZG20Cr13	0.16～0.24	11.5～13.5	—	1.00	0.60	—	0.035	0.030
3	ZG10Cr13Ni1	0.15	11.5～13.5	1.00	1.00	1.00	0.50	0.035	0.030
4	ZG10Cr13Ni1Mo	0.15	11.5～13.5	1.00	1.00	1.00	0.15～1.00	0.035	0.030
5	ZG06Cr13Ni4Mo	0.07*	11.5～13.5	3.5～5.0	1.00	1.00	0.40～1.00	0.035	0.030
6	ZG06Cr13Ni6Mo	0.07*	11.5～13.5	5.0～6.5	1.00	1.00	0.40～1.00	0.035	0.030
7	ZG06Cr16Ni5Mo	0.06	15.5～17.5	4.5～6.0	1.00	1.00	0.40～1.00	0.035	0.030

注：①表中数值除给出范围者外，均为最大值。

②*铸焊结构工程使用时，C≤0.06%。

③残余元素含量 w_{Cu}≤0.50%，w_{V}≤0.03%，w_{W}≤0.10%，$w_{总}$ 量≤0.80%。

表 2－56　工程结构用中、高强度不锈钢铸件的力学性能

序号	牌　号	屈服点 σ_s（MPa）	抗拉强度 σ_b（MPa）	伸长率 δ（%）	断面收缩率 φ（%）	冲击吸收功 A_K（J）	冲击韧度 a_K（J/cm²）	硬度 HBS
		≥						
1	ZG10Cr13	350	550	18	40	—	—	163～229
2	ZG20Cr13	400	600	16	35	—	—	170～235
3	ZG10Cr13Ni1	450	600	16	35	—	—	170～241
4	ZG10Cr13Ni1Mo	450	630	16	35	—	—	170～241
5	ZG06Cr13Ni4Mo	560	760	15	35	50	60	217～286

续表

序号	牌　号	屈服点 σ_s（MPa）	抗拉强度 σ_b（MPa）	伸长率 δ(%)	断面收缩率 φ（%）	冲击吸收功 A_K(J)	冲击韧度 a_K（J/cm^2）	硬度 HBS
		≥						
6	ZG06Cr13Ni6Mo	560	760	15	35	50	60	221～286
7	ZG06Cr16Ni5Mo	600	800	15	35	40	50	221～286

注：序号 1、2、3、4 不锈钢铸件的力学性能，适用于壁厚 100mm 以下的铸件；序号为 5、6、7 适用于壁厚 200mm 以下的铸件。

4. 焊接结构用碳素钢铸件

焊接结构用碳素钢铸件的化学成分和力学性能（GB/T 7659—1987）列于表 2－57 和表 2－58。

表 2－57　焊接结构用碳素钢铸件牌号与化学成分

牌　号	化学成分（%）≤										
	C	Si	Mn	S	P	残余元素					
						Ni	Cr	Cu	Mo	V	总和
ZG200－400H	0.20	0.50	0.80	0.04	0.04	0.30	0.30	0.30	0.15	0.05	0.80
ZG230－450H	0.20	0.50	1.20	0.04	0.04						
ZG275－485H	0.25	0.50	1.20	0.04	0.04						

注：牌号末尾的 H，为“焊”字汉语拼音的第一个大写字母，表示焊接用钢。

表 2－58　焊接结构用碳素钢铸件力学性能

牌　号	屈服点 σ_s（MPa）	抗拉强度 σ_b（MPa）	伸长率 δ_5（%）	断面收缩率 φ（%）	冲击吸收功 A_{KV}（J）	冲击韧度 a_{KU}（J/cm^2）
	≥					
ZG200－400H	200	400	25	40	30	59
ZG230－450H	230	450	22	35	25	44
ZG275－485H	275	485	20	35	22	34

注：①当铸件壁厚大于 100mm 时，仅 σ_s 值可供使用，其余值只适用于厚度小于和等于 100mm 的铸件。

②当需从经过热处理的铸件上或从代表铸件的大型试块上切取试样时，性能指标由供需双方商定。

③冲击试验中，仅当供方尚不具备夏比（V 形缺口）试样加工条件时，允许暂按夏比（U 形缺口）试样的冲击韧度值 a_{KU} 交货。

2.2.5 碳素结构钢

普通碳素结构钢（GB/T 700—1988）的牌号和化学成分以及力学性能见表 2－59 和表 2－60。

表 2－59 普通碳素结构钢的牌号和化学成分

<table>
<tr><th rowspan="3">牌号</th><th rowspan="3">等级</th><th colspan="5">化学成分（%）</th><th rowspan="3">脱氧方法</th></tr>
<tr><th rowspan="2">C</th><th rowspan="2">Mn</th><th>Si</th><th>S</th><th>P</th></tr>
<tr><th colspan="3">≤</th></tr>
<tr><td>Q195</td><td>—</td><td>0.06～0.12</td><td>0.25～0.50</td><td>0.30</td><td>0.050</td><td>0.045</td><td>F、b、Z</td></tr>
<tr><td rowspan="2">Q215</td><td>A</td><td rowspan="2">0.09～0.15</td><td rowspan="2">0.25～0.55</td><td rowspan="2">0.30</td><td>0.050</td><td rowspan="2">0.045</td><td rowspan="2">F、b、Z</td></tr>
<tr><td>B</td><td>0.045</td></tr>
<tr><td rowspan="4">Q235</td><td>A</td><td>0.14～0.22</td><td>0.30～0.65</td><td rowspan="4">0.30</td><td>0.050</td><td rowspan="2">0.045</td><td rowspan="2">F、b、Z</td></tr>
<tr><td>B</td><td>0.12～0.20</td><td>0.30～0.70</td><td>0.045</td></tr>
<tr><td>C</td><td>≤0.18</td><td rowspan="2">0.35～0.80</td><td>0.040</td><td>0.040</td><td>Z</td></tr>
<tr><td>D</td><td>≤0.17</td><td>0.035</td><td>0.035</td><td>TZ</td></tr>
<tr><td rowspan="2">Q255</td><td>A</td><td rowspan="2">0.18～0.28</td><td rowspan="2">0.40～0.70</td><td rowspan="2">0.30</td><td>0.050</td><td rowspan="2">0.045</td><td rowspan="2">Z</td></tr>
<tr><td>B</td><td>0.045</td></tr>
<tr><td>Q275</td><td>—</td><td>0.28～0.38</td><td>0.50～0.80</td><td>0.35</td><td>0.050</td><td>0.045</td><td>Z</td></tr>
</table>

注：①钢的牌号由表示屈服点的字母（Q）、屈服点数值（单位为 MPa）、质量等级符号（A、B、C、D）和脱氧方法字母（沸腾钢——F、半镇静钢——b、镇静钢——Z、特殊镇静钢——TZ 等四个部分组成。例：Q235－A·F。在牌号组成表示方法中，“Z”与“TZ”符号予以省略。

②Q235A、B 级沸腾钢的锰含量上限为 0.60%；沸腾钢的硅含量≤0.07%，半镇静钢的硅含量≤0.17%，镇静钢的硅含量下限为 0.12%。

③D 级钢应含有足够的形成细晶粒结构的元素，例如钢中酸溶铝含量≥0.015%或全铝含量≥0.020%。

④钢中铬、镍、铜残余含量分别≤0.30%，经需方同意，A 级钢的铜含量可≤0.35%；砷残余含量≤0.080%；氧气转炉钢的氮含量≤0.008%。

⑤在保证钢材力学性能符合标准规定情况下，各牌号 A 级钢的碳、硅、锰含量和各牌号其他等级钢的碳、锰含量下限可以不作为交货条件，但其含量（熔炼分析）应在质量证书中注明。

表 2-60 普通碳素结构钢的力学性能

牌号	拉伸试验													冲击试验			冷弯试验（$B=2a$）180°			
	屈服点 σ_s（MPa）						抗拉强度 σ_b（MPa）	伸长率 δ_5（%）≥												
	钢材厚度或直径（mm）							钢材厚度或直径（mm）									试样方向	钢材厚度或直径 a（mm）		
	≤16	>16~40	>40~60	>60~100	>100~150	>150		≤16	>16~40	>40~60	>60~100	>100~150	>150	等级	温度℃	V 形冲击功（纵向）（J）≥		≤60	>60~100	>100~200
																		弯心直径 d		
Q195	(195)	(185)	—	—	—	—	315~430	33	32	—	—	—	—	—	—	—	纵 横	0 0.5a	—	—
Q215	215	205	195	185	175	165	335~450	31	30	29	28	27	26	A B	— 20	— 27	纵 横	0.5a a	1.5a 2a	2a 2.5a
Q235	235	225	215	205	195	185	375~500	26	25	24	23	22	21	A B C D	— 20 0 -20	— 27 27 27	纵 横	a 1.5a	2a 2.5a	2.5a 3a
Q255	255	245	235	225	215	205	410~550	24	23	22	21	20	19	A B	— 20	— 27		2a	3a	3.5a
Q275	275	265	255	245	235	225	490~630	20	19	18	17	16	15	—	—	—		3a	4a	4.5a

注：①B 为试样宽度，a 为钢材厚度或直径。

②Q195 钢的屈服点仅供参考，不作为交货条件。

③各牌号 A 级钢的冷弯试验，在需方有要求时才进行。当冷弯试验合格时，抗拉强度上限可不作为交货条件。

④各牌号 B 级沸腾钢轧制钢材的厚度（直径）一般不大于 25mm。

⑤进行拉伸和弯曲试验时，钢板和钢带应取横向试样，伸长率允许比规定降低 1%（绝对值）。型钢应取纵向试样。

⑥夏比（V 形缺口）冲击吸收功值按一组三个试样单值的算术平均值计算，允许其中一个试样单值低于规定值，但不得低于规定值的 70%。

⑦当采用 5mm×10mm×55mm 小尺寸试样做冲击试验时，其试验结果应不小于规定值的 50%。

2.2.6 优质碳素结构钢

根据国标（GB/T 699—1999）规定，优质碳素结构钢钢材按冶金质量等级分为：

优质钢

高级优质钢 A

特级优质钢 E

优质碳素结构钢钢材按使用加工方法分为两类：

（1）压力加工用钢　UP

　　热压力加工用钢　UHP

　　顶锻用钢　UF

　　冷拔坯料用钢　UCD

（2）切削加工用钢　UC

优质碳素结构钢的牌号、统一数字代号及化学成分（熔炼分析）见表 2－61；优质碳素结构钢的硫、磷含量见表 2－62；优质碳素结构钢的力学性能见表 2－63。

表 2－61　优质碳素结构钢的牌号、统一数字代号及化学成分（熔炼分析）

序号	统一数字代号	牌号	化学成分（%）					
			C	Si	Mn	Cr	Ni	Cu
						≤		
1	U20080	08F	0.05～0.11	≤0.03	0.25～0.50	0.10	0.30	0.25
2	U20100	10F	0.07～0.13	≤0.07	0.25～0.50	0.15	0.30	0.25
3	U20150	15F	0.12～0.18	≤0.07	0.25～0.50	0.25	0.30	0.25
4	U20082	08	0.05～0.11	0.17～0.37	0.35～0.65	0.10	0.30	0.25
5	U20102	10	0.07～0.13	0.17～0.37	0.35～0.65	0.15	0.30	0.25
6	U20152	15	0.12～0.18	0.17～0.37	0.35～0.65	0.25	0.30	0.25
7	U20202	20	0.17～0.23	0.17～0.37	0.35～0.65	0.25	0.30	0.25
8	U20252	25	0.22～0.29	0.17～0.37	0.50～0.80	0.25	0.30	0.25
9	U20302	30	0.27～0.34	0.17～0.37	0.50～0.80	0.25	0.30	0.25
10	U20352	35	0.32～0.39	0.17～0.37	0.50～0.80	0.25	0.30	0.25
11	U20402	40	0.37～0.44	0.17～0.37	0.50～0.80	0.25	0.30	0.25
12	U20452	45	0.42～0.50	0.17～0.37	0.50～0.80	0.25	0.30	0.25
13	U20502	50	0.47～0.55	0.17～0.37	0.50～0.80	0.25	0.30	0.25
14	U20552	55	0.52～0.60	0.17～0.37	0.50～0.80	0.25	0.30	0.25
15	U20602	60	0.57～0.65	0.17～0.37	0.50～0.80	0.25	0.30	0.25

续表

序号	统一数字代号	牌号	化学成分（%）					
			C	Si	Mn	Cr	Ni	Cu
						≤		
16	U20652	65	0.62~0.70	0.17~0.37	0.50~0.80	0.25	0.30	0.25
17	U20702	70	0.67~0.75	0.17~0.37	0.50~0.80	0.25	0.30	0.25
18	U20752	75	0.72~0.80	0.17~0.37	0.50~0.80	0.25	0.30	0.25
19	U20802	80	0.77~0.85	0.17~0.37	0.50~0.80	0.25	0.30	0.25
20	U20852	85	0.82~0.90	0.17~0.37	0.50~0.80	0.25	0.30	0.25
21	U21152	15Mn	0.12~0.18	0.17~0.37	0.70~1.00	0.25	0.30	0.25
22	U21202	20Mn	0.17~0.23	0.17~0.37	0.70~1.00	0.25	0.30	0.25
23	U21252	25Mn	0.22~0.29	0.17~0.37	0.70~1.00	0.25	0.30	0.25
24	U21302	30Mn	0.27~0.34	0.17~0.37	0.70~1.00	0.25	0.30	0.25
25	U21352	35Mn	0.32~0.39	0.17~0.37	0.70~1.00	0.25	0.30	0.25
26	U21402	40Mn	0.37~0.44	0.17~0.37	0.70~1.00	0.25	0.30	0.25
27	U21452	45Mn	0.42~0.50	0.17~0.37	0.70~1.00	0.25	0.30	0.25
28	U21502	50Mn	0.48~0.56	0.17~0.37	0.70~1.00	0.25	0.30	0.25
29	U21602	60Mn	0.57~0.65	0.17~0.37	0.70~1.00	0.25	0.30	0.25
30	U21652	65Mn	0.62~0.70	0.17~0.37	0.90~1.20	0.25	0.30	0.25
31	U21702	70Mn	0.67~0.75	0.17~0.37	0.90~1.20	0.25	0.30	0.25

注：①表中所列牌号为优质钢。如果是高级优质钢，在牌号后面加“A”（统一数字代号最后一位数字改为“3”）；如果是特级优质钢，在牌号后面加“E”（统一数字代号最后一位数字改为“6”）；对于沸腾钢，牌号后面为“F”（统一数字代号最后一位数字为“0”）；对于半镇静钢，牌号后面为“b”（统一数字代号最后一位数字为“1”）。

②使用废钢冶炼的钢允许含铜量不大于0.30%。

③热压力加工用钢的铜含量应不大于0.20%。

④铅浴淬火（派登脱）钢丝用的35~85钢的锰含量为0.30%~0.60%；铬含量不大于0.10%，镍含量不大于0.15%，铜含量不大于0.20%；硫、磷含量应符合钢丝标准要求。

⑤08钢用铝脱氧冶炼镇静钢，锰含量下限为0.25%，硅含量不大于0.03%，铝含量为0.02%~0.07%。此时钢的牌号为08Al。

⑥冷冲压用沸腾钢含硅量不大于0.03%。

⑦氧气转炉冶炼的钢其含氮量应不大于0.008%。供方能保证合格时，可不做分析。

⑧经供需双方协议，08~25钢可供应硅含量不大于0.17%的半镇静钢，其牌号为08b~25b。

表 2-62　优质碳素结构钢的硫、磷含量表

组　别	P	S
	≤（%）	
优质钢	0.035	0.035
高级优质钢	0.030	0.030
特级优质钢	0.025	0.020

表 2-63　优质碳素结构钢的力学性能

序号	牌号	试样毛坯尺寸(mm)	推荐热处理/℃			力学性能					钢材交货状态硬度 HBS 10/3000 ≤	
			正火	淬火	回火	σ_b (MPa)	σ_s (MPa)	δ_5 (%)	ψ (%)	A_{KU2} (J)	未热处理钢	退火钢
						≥						
1	08F	25	930			295	175	35	60		131	
2	10F	25	930			315	185	33	55		137	
3	15F	25	920			355	205	29	55		143	
4	08	25	930			325	195	33	60		131	
5	10	25	930			335	205	31	55		137	
6	15	25	920			375	225	27	55		143	
7	20	25	910			410	245	25	55		156	
8	25	25	900	870	600	450	275	23	50	71	170	
9	30	25	880	860	600	490	295	21	50	63	179	
10	35	25	870	850	600	530	315	20	45	55	197	
11	40	25	860	840	600	570	335	19	45	47	217	187
12	45	25	850	840	600	600	335	16	40	39	229	197
13	50	25	830	830	600	630	375	14	40	31	241	207
14	55	25	820	820	600	645	380	13	35		255	217
15	60	25	810			675	400	12	35		255	229
16	65	25	810			695	410	10	30		255	229
17	70	25	790			715	420	9	30		269	229

续表

序号	牌号	试样毛坯尺寸(mm)	推荐热处理/℃			力学性能					钢材交货状态硬度 HBS 10/3000 ≤	
			正火	淬火	回火	σ_b (MPa)	σ_s (MPa)	δ_5 (%)	ψ (%)	A_{KU2} (J)	未热处理钢	退火钢
						≥						
18	75	试样		820	480	1 080	880	7	30		285	241
19	80	试样		820	480	1 080	930	6	30		285	241
20	85	试样		820	480	1 130	980	6	30		302	255
21	15Mn	25	920			410	245	26	55		163	
22	20Mn	25	910			450	275	24	50		197	
23	25Mn	25	900	870	600	490	295	22	50	71	207	
24	30Mn	25	880	860	600	540	315	20	45	63	217	187
25	35Mn	25	870	850	600	560	335	18	45	55	229	197
26	40Mn	25	860	840	600	590	355	17	45	47	229	207
27	45Mn	25	850	840	600	620	375	15	40	39	241	217
28	50Mn	25	830	830	600	645	390	13	40	31	255	217
29	60Mn	25	810			695	410	11	35		269	229
30	65Mn	25	830			735	430	9	30		285	229
31	70Mn	25	790			785	450	8	30		285	229

注：①对于直径或厚度小于25mm的钢材，热处理是在与成品截面尺寸相同的试样毛坯上进行。

②表中所列正火推荐保温时间不少于30min，空冷；淬火推荐保温时间不少于30min，75、80和85钢油冷，其余钢水冷；回火推荐保温时间不少于1h。

③表中所列的力学性能仅适用于截面尺寸不大于80mm的钢材。对大于80mm的钢材，允许其断后伸长率、断面收缩率比表中的规定分别降低2%（绝对值）及5%（绝对值）。

用尺寸大于80～120mm的钢材改锻（轧）成70～80mm的试料取样检验时，其试验结果应符合表中规定。

用尺寸大于120～250mm的钢材改锻（轧）成90～100mm的试料取样检验时，其试验结果应符合表中规定。

2.2.7 低合金高强度结构钢

低合金高强度结构钢（GB/T 1591—1994）的化学成分和力学性能列于表2－64和表2－65。

表 2－64　低合金高强度结构钢的化学成分

牌号	质量等级	化学成分（%）										
		C≤	Mn	Si≤	P≤	S≤	V	Nb	Ti	Al≥	Cr≤	Mi≤
Q295	A	0. 16	0. 80～1. 50	0. 55	0. 045	0. 045	0. 02～0. 15	0. 015～0. 060	0. 02～0. 20	—		
	B				0. 040	0. 040				—		
Q345	A	0. 20	1. 00～1. 60		0. 045	0. 045				—		
	B				0. 040	0. 040				—		
	C	0. 18			0. 035	0. 035				0. 015		
	D				0. 030	0. 030				0. 015		
	E				0. 025	0. 025				0. 015		
Q390	A	0. 20			0. 045	0. 045	0. 02～0. 20			—	0. 30	0. 70
	B				0. 040	0. 040				—		
	C				0. 035	0. 035				0. 015		
	D				0. 030	0. 030				0. 015		
	E				0. 025	0. 025				0. 015		
Q420	A		1. 00～1. 70		0. 045	0. 045				—	0. 40	
	B				0. 040	0. 040				—		
	C				0. 035	0. 035				0. 015		
	D				0. 030	0. 030				0. 015		
	E				0. 025	0. 025				0. 015		
Q460	C				0. 035	0. 035				0. 015	0. 70	
	D				0. 030	0. 030						
	E				0. 025	0. 025						

注：①表中的铝为全铝含量，如化验酸溶铝时，其含量应不小于 0. 010%。

②Q295 钢的碳含量到 0. 18% 也可交货。

③不加钒、铌、钛的 Q295 级钢，当碳≤0. 12% 时，锰含量上限可提高到 1. 80%。

④Q345 钢的锰含量上限可提高到 1. 70%。

⑤厚度≤6mm 的钢板、钢带和厚度≤16mm 的热连轧钢板、钢带的锰含量下限可降低 0. 20%。

⑥在保证钢材力学性能符合标准规定的情况下，用铌作为细化晶粒元素时，其 Q345、Q390 钢的锰含量下限可低于表中的下限含量。

表 2－65　低合金高强度结构钢的力学性能

牌号	质量等级	屈服点 σ_s（MPa） 厚度（直径，边长）（mm） ≤16	>16～35	>35～50	>50～100	抗拉强度 σ_b（MPa）	伸长率 δ_5（%）	冲击吸收功 A_{KV}（纵向）（J） +20℃	0℃	－20℃	－40℃	180°弯曲试验 d＝弯心直径；a＝试样厚度（直径） 钢材厚度（直径）（mm） ≤16	>16～100
		≥					≥						
Q295	A	295	275	255	235	390～570	23					$d=2a$	$d=3a$
	B						23	34					
Q345	A	345	325	295	275	470～630	21					$d=2a$	$d=3a$
	B						21	34					
	C						22		34				
	D						22			34			
	E						22				27		
Q390	A	390	370	350	330	490～650	19					$d=2a$	$d=3a$
	B						19	34					
	C						20		34				
	D						20			34			
	E						20				27		
Q420	A	420	400	380	360	520～680	18					$d=2a$	$d=3a$
	B						18	34					
	C						19		34				
	D						19			34			
	E						19				27		
Q460	C	460	440	420	400	550～720	17		34			$d=2a$	$d=3a$
	D						17			34			
	E						17				27		

2.2.8 易切削结构钢

易切削结构钢（GB/T 8731—1988）的化学成分及力学性能列于表2-66、表2-67。

表2-66 易切削结构钢的化学成分

牌号	化学成分（%）（其他元素含量见注）					
	C	Si	Mn	S	P	Pb
Y12	0.08~0.16	0.15~0.35	0.70~1.00	0.10~0.20	0.08~0.15	—
Y12Pb	0.08~0.16	≤0.15	0.70~1.00	0.15~0.25	0.05~0.10	0.15~0.35
Y15	0.10~0.18	≤0.15	0.80~1.20	0.23~0.33	0.05~0.10	—
Y15Pb	0.10~0.18	≤0.15	0.80~1.20	0.23~0.33	0.05~0.10	0.15~0.35
Y20	0.17~0.25	0.15~0.35	0.70~1.00	0.08~0.15	≤0.06	—
Y30	0.27~0.35	0.15~0.35	0.70~1.00	0.08~0.15	≤0.06	—
Y35	0.32~0.40	0.15~0.35	0.70~1.00	0.08~0.15	≤0.06	—
Y40Mn	0.37~0.45	0.15~0.35	1.20~1.55	0.20~0.30	≤0.05	—
Y45Ca	0.42~0.50	0.20~0.40	0.60~0.90	0.04~0.08	≤0.04	—

注：Y45Ca钢中，钙含量0.002%~0.006%，残余元素镍、铬、铜含量各为≤0.25%，供热压力加工用时，铜含量≤0.20%。

表2-67 易切削结构钢的力学性能及硬度

牌号	抗拉强度σ_b (MPa)	伸长率δ_5	收缩率ψ	冲击功 (J) ≥	硬度 (HBS) ≤
		(%) ≥			
(1) 热轧状态交货条钢和盘条的纵向力学性能和硬度					
Y12	390~540	22	36	—	170
Y12Pb	390~540	22	36	—	170
Y15	390~540	22	36	—	170
Y15Pb	390~540	22	36	—	170
Y20	450~600	20	30	—	175
Y30	510~655	15	25	—	187
Y35	510~655	14	22	—	187
Y40Mn	590~735	14	20	—	207
Y45Ca	600~745	12	26	—	241
(2) 直径>16mm钢材经热处理毛坯试样的力学性能①					
Y45Ca	≥600	16	40	39	—

续表

牌　号	钢材尺寸（mm）			伸长率 δ_5（%）≥	硬度 HBS
	8～20	>20～30	>30		
	抗拉强度 σ_b（MPa）				
（3）冷拉状态交货条钢的纵向力学性能和硬度②					
Y12	530～755	510～735	490～685	7.0	152～217
Y12Pb	530～755	510～735	490～685	7.0	152～217
Y15	530～755	510～735	490～685	7.0	152～217
Y15Pb	530～755	510～735	490～685	7.0	152～217
Y20	570～785	530～745	510～705	7.0	167～217
Y30	600～825	560～765	540～735	6.0	174～223
Y35	625～845	590～785	570～765	6.0	176～229
Y45Ca	695～920	655～855	635～835	6.0	196～255
（4）冷拉条钢高温回火状态力学性能和硬度					
Y40Mn③	590～785			17	179～229

注：①拉力试样毛坯，直径 25mm，正火，加热温度 830～850℃，保温不小于 30min；冲击试样毛坯，直径 15mm，调质处理，淬火温度 840℃ ±20℃，水冷，回火温度建议 600℃。

②直径 <8mm 钢丝的力学性能和硬度，由供需双方协商。

③Y40Mn 以热轧或冷拉后高温回火状态交货，其他钢号以热轧或冷拉状态交货。

2.2.9　合金结构钢

根据国标（GB/T 3077—1999）合金结构钢按冶金质量等级分为：

优质钢

高级优质钢（牌号后加 A）

特级优质钢（牌号后加 E）

按使用加工用途不同分为：

（1）压力加工用钢　UP

　　热压力加工　UHP

　　顶锻用钢　UF

　　冷拔坯料　UCD

（2）切削加工用钢　UC

合金结构钢的牌号和化学成分列于表 2－68；钢中磷、硫、铜、铬、镍和钼的残余含量应符合表 2－69 中规定；钢的力学性能列于表 2－70。

表 2－68　合金结构钢的化学成分

钢组	序号	统一数字代号	牌号	化学成分(%)										
				C	Si	Mn	Cr	Mo	Ni	W	B	Al	Ti	V
Mn	1	A00202	20Mn2	0.17～0.24	0.17～0.37	1.40～1.80								
	2	A00302	30Mn2	0.27～0.34	0.17～0.37	1.40～1.80								
	3	A00352	35Mn2	0.32～0.39	0.17～0.37	1.40～1.80								
	4	A00402	40Mn2	0.37～0.44	0.17～0.37	1.40～1.80								
	5	A00452	45Mn2	0.42～0.49	0.17～0.37	1.40～1.80								
	6	A00502	50Mn2	0.47～0.55	0.17～0.37	1.40～1.80								
MnV	7	A01202	20MnV	0.17～0.24	0.17～0.37	1.30～1.60								0.07～0.12
SiMn	8	A10272	27SiMn	0.24～0.32	1.10～1.40	1.10～1.40								
	9	A10352	35SiMn	0.32～0.40	1.10～1.40	1.10～1.40								
	10	A10422	42SiMn	0.39～0.45	1.10～1.40	1.10～1.40								
SiMnMoV	11	A14202	20SiMn2MoV	0.17～0.23	0.90～1.20	2.20～2.60		0.30～0.40						0.05～0.12
	12	A14262	25SiMn2MoV	0.22～0.28	0.90～1.20	2.20～2.60		0.30～0.40						0.05～0.12
	13	A14372	37SiMn2MoV	0.33～0.39	0.60～0.90	1.60～1.90		0.40～0.50						0.05～0.12
B	14	A70402	40B	0.37～0.44	0.17～0.37	0.60～0.90					0.0005～0.0035			
	15	A70452	45B	0.42～0.49	0.17～0.37	0.60～0.90					0.0005～0.0035			
	16	A70502	50B	0.47～0.55	0.17～0.37	0.60～0.90					0.0005～0.0035			
MnB	17	A71402	40MnB	0.37～0.44	0.17～0.37	1.10～1.40					0.0005～0.0035			
	18	A71452	45MnB	0.42～0.49	0.17～0.37	1.10～1.40					0.0005～0.0035			
MnMoB	19	A72202	20MnMoB	0.16～0.22	0.17～0.37	0.90～1.20		0.20～0.30			0.0005～0.0035			
MnVB	20	A73152	15MnVB	0.12～0.18	0.17～0.37	1.20～1.60					0.0005～0.0035			0.07～0.12
	21	A73202	20MnVB	0.17～0.23	0.17～0.37	1.20～1.60					0.0005～0.0035			0.07～0.12
	22	A73402	40MnVB	0.37～0.44	0.17～0.37	1.10～1.40					0.0005～0.0035			0.05～0.10
MnTiB	23	A74202	20MnTiB	0.17～0.24	0.17～0.37	1.30～1.60					0.0005～0.0035		0.04～0.10	
	24	A74252	25MnTiBRE	0.22～0.28	0.20～0.45	1.30～1.60					0.0005～0.0035		0.04～0.10	

续表

钢组	序号	统一数字代号	牌号	化学成分(%)										
				C	Si	Mn	Cr	Mo	Ni	W	B	Al	Ti	V
Cr	25	A20152	15Cr	0.12~0.18	0.17~0.37	0.40~0.70	0.70~1.00							
	26	A20153	15CrA	0.12~0.17	0.17~0.37	0.40~0.70	0.70~1.00							
	27	A20202	20Cr	0.18~0.24	0.17~0.37	0.50~0.80	0.70~1.00							
	28	A20302	30Cr	0.27~0.34	0.17~0.37	0.50~0.80	0.80~1.10							
	29	A20352	35Cr	0.32~0.39	0.17~0.37	0.50~0.80	0.80~1.10							
	30	A20402	40Cr	0.37~0.44	0.17~0.37	0.50~0.80	0.80~1.10							
	31	A20452	45Cr	0.42~0.49	0.17~0.37	0.50~0.80	0.80~1.10							
	32	A20502	50Cr	0.47~0.54	0.17~0.37	0.50~0.80	0.80~1.10							
CrSi	33	A21382	38CrSi	0.35~0.43	1.00~1.30	0.30~0.60	1.30~1.60							
CrMo	34	A30122	12CrMo	0.08~0.15	0.17~0.37	0.40~0.70	0.40~0.70	0.40~0.55						
	35	A30152	15CrMo	0.12~0.18	0.17~0.37	0.40~0.70	0.80~1.10	0.40~0.55						
	36	A30202	20CrMo	0.17~0.24	0.17~0.37	0.40~0.70	0.80~1.10	0.15~0.25						
	37	A30302	30CrMo	0.26~0.34	0.17~0.37	0.40~0.70	0.80~1.10	0.15~0.25						
	38	A30303	30CrMoA	0.26~0.33	0.17~0.37	0.40~0.70	0.80~1.10	0.15~0.25						
	39	A30352	35CrMo	0.32~0.40	0.17~0.37	0.40~0.70	0.80~1.10	0.15~0.25						
	40	A30422	42CrMo	0.38~0.45	0.17~0.37	0.50~0.80	0.90~1.20	0.15~0.25						
CrMoV	41	A31122	12CrMoV	0.08~0.15	0.17~0.37	0.40~0.70	0.30~0.60	0.25~0.35						0.15~0.30
	42	A31352	35CrMoV	0.30~0.38	0.17~0.37	0.40~0.70	1.00~1.30	0.20~0.30						0.10~0.20
	43	A31132	12Cr1MoV	0.08~0.15	0.17~0.37	0.40~0.70	0.90~1.20	0.25~0.35						0.15~0.30
	44	A31253	25Cr2MoVA	0.22~0.29	0.17~0.37	0.40~0.70	1.50~1.80	0.25~0.35						0.15~0.30
	45	A31263	25Cr2Mo1VA	0.22~0.29	0.17~0.37	0.50~0.80	2.10~2.50	0.90~1.10						0.30~0.50
CrMoAl	46	A33382	38CrMoAl	0.35~0.42	0.20~0.45	0.30~0.60	1.35~1.65	0.15~0.25				0.70~1.10		
CrV	47	A23402	40CrV	0.37~0.44	0.17~0.37	0.50~0.80	0.80~1.10							0.10~0.20
	48	A23503	50CrVA	0.47~0.54	0.17~0.37	0.50~0.80	0.80~1.10							0.10~0.20

续表

钢组	序号	统一数字代号	牌号	化学成分(%)										
				C	Si	Mn	Cr	Mo	Ni	W	B	Al	Ti	V
CrMn	49	A22152	15CrMn	0.12~0.18	0.17~0.37	1.10~1.40	0.40~0.70							
	50	A22202	20CrMn	0.17~0.23	0.17~0.37	0.90~1.20	0.90~1.20							
	51	A22402	40CrMn	0.37~0.45	0.17~0.37	0.90~1.20	0.90~1.20							
CrMnSi	52	A24202	20CrMnSi	0.17~0.23	0.90~1.20	0.80~1.10	0.80~1.10							
	53	A24252	25CrMnSi	0.22~0.28	0.90~1.20	0.80~1.10	0.80~1.10							
	54	A24302	30CrMnSi	0.27~0.34	0.90~1.20	0.80~1.10	0.80~1.10							
	55	A24303	30CrMnSiA	0.28~0.34	0.90~1.20	0.80~1.10	0.80~1.10							
	56	A24353	35CrMnSiA	0.32~0.39	1.10~1.40	0.80~1.10	1.10~1.40							
CrMnMo	57	A34202	20CrMnMo	0.17~0.23	0.17~0.37	0.90~1.20	1.10~1.40	0.20~0.30						
	58	A34402	40CrMnMo	0.37~0.45	0.17~0.37	0.90~1.20	0.90~1.20	0.20~0.30						
CrMnTi	59	A26202	20CrMnTi	0.17~0.23	0.17~0.37	0.80~1.10	1.00~1.30						0.04~0.10	
	60	A26302	30CrMnTi	0.24~0.32	0.17~0.37	0.80~1.10	1.00~1.30						0.04~0.10	
CrNi	61	A40202	20CrNi	0.17~0.23	0.17~0.37	0.40~0.70	0.45~0.75		1.00~1.40					
	62	A40402	40CrNi	0.37~0.44	0.17~0.37	0.50~0.80	0.45~0.75		1.00~1.40					
	63	A40452	45CrNi	0.42~0.49	0.17~0.37	0.50~0.80	0.45~0.75		1.00~1.40					
	64	A40502	50CrNi	0.47~0.54	0.17~0.37	0.50~0.80	0.45~0.75		1.00~1.40					
	65	A41122	12CrNi2	0.10~0.17	0.17~0.37	0.30~0.60	0.60~0.90		1.50~1.90					
	66	A42122	12CrNi3	0.10~0.17	0.17~0.37	0.30~0.60	0.60~0.90		2.75~3.15					
	67	A42202	20CrNi3	0.17~0.24	0.17~0.37	0.30~0.60	0.60~0.90		2.75~3.15					
	68	A42302	30CrNi3	0.27~0.33	0.17~0.37	0.30~0.60	0.60~0.90		2.75~3.15					
	69	A42372	37CrNi3	0.34~0.41	0.17~0.37	0.30~0.60	1.20~1.60		3.00~3.50					
	70	A43122	12Cr2Ni4	0.10~0.16	0.17~0.37	0.30~0.60	1.25~1.65		3.25~3.65					
	71	A43202	20Cr2Ni4	0.17~0.23	0.17~0.37	0.30~0.60	1.25~1.65		3.25~3.65					
CrNiMo	72	A50202	20CrNiMo	0.17~0.23	0.17~0.37	0.60~0.95	0.40~0.70	0.20~0.30	0.35~0.75					
	73	A50403	40CrNiMoA	0.37~0.44	0.17~0.37	0.50~0.80	0.60~0.90	0.15~0.25	1.25~1.65					

续表

钢组	序号	统一数字代号	牌　号	化学成分(%)										
				C	Si	Mn	Cr	Mo	Ni	W	B	Al	Ti	V
CrMnNiMo	74	A50183	18CrNiMnMoA	0.15~0.21	0.17~0.37	1.10~1.40	1.00~1.30	0.20~0.30	1.00~1.30					
CrNiMoV	75	A51453	45CrNiMoVA	0.42~0.49	0.17~0.37	0.50~0.80	0.80~1.10	0.20~0.30	1.30~1.80					0.10~0.20
CrNiW	76	A52183	18Cr2Ni4WA	0.13~0.19	0.17~0.37	0.30~0.60	1.35~1.65		4.00~4.50	0.80~1.20				
	77	A52253	25Cr2Ni4WA	0.21~0.28	0.17~0.37	0.30~0.60	1.35~1.65		4.00~4.50	0.80~1.20				

注：①本标准中规定带“A”字标志的牌号仅能作为高级优质钢订货，其他牌号按优质钢订货。

②根据需方要求，可对表中各牌号按高级优质钢（指不带“A”）或特级优质钢（全部牌号）订货，只需在所订牌号后加“A”或“B”字标志（对有“A”字牌号应先去掉“A”）。需方对表中牌号化学成分提出其他要求可按特殊要求订货。

③统一数字代号系根据 GB/T 17616 规定列入，优质钢尾部数字为“2”，高级优质钢（带“A”钢）尾部数字为“3”，特级优质钢（带“E”钢）尾部数字为“6”。

④稀土成分按 0.05% 计算量加入，成品分析结果供参考。

表 2－69　钢中磷、硫、铜、铬、镍及钼的残余含量

钢类	P	S	Cu	Cr	Ni	Mo
	(%)≤					
优　质　钢	0.035	0.035	0.30	0.30	0.30	0.15
高级优质钢	0.025	0.025	0.25	0.30	0.30	0.10
特级优质钢	0.025	0.015	0.25	0.30	0.30	0.10

表 2－70　合金结构钢的力学性能

钢组	序号	牌号	试样毛坯尺寸(mm)	热处理 淬火 加热温度(℃) 第一次淬火	热处理 淬火 加热温度(℃) 第二次淬火	热处理 淬火 冷却剂	热处理 回火 加热温度(℃)	热处理 回火 冷却剂	力学性能 抗拉强度 σ_b (MPa) ≥	力学性能 屈服点 σ_s (MPa) ≥	力学性能 断后伸长率 δ_5 (%) ≥	力学性能 断面收缩率 ψ (%) ≥	力学性能 冲击吸收功 A_{KU2} (J) ≥	钢材退火或高温回火供应状态布氏硬度 HB 100/3 000 ≤
Mn	1	20Mn2	15	850	—	水、油	200	水、空	785	590	10	40	47	187
				880	—	水、油	440	水、空						
	2	30Mn2	25	840	—	水	500	水	785	635	12	45	63	207
	3	35Mn2	25	840	—	水	500	水	835	685	12	45	55	207
	4	40Mn2	25	840	—	水、油	540	水	885	735	12	45	55	217
	5	45Mn2	25	840	—	油	550	水、油	885	735	10	45	47	217
	6	50Mn2	25	820	—	油	550	水、油	930	785	9	40	39	229
MnV	7	20MnV	15	880	—	水、油	200	水、空	785	590	10	40	55	187
SiMn	8	27SiMn	25	920	—	水	450	水、油	980	835	12	40	39	217
	9	35SiMn	25	900	—	水	570	水、油	885	735	15	45	47	229
	10	42SiMn	25	880	—	水	590	水	885	735	15	40	47	229
SiMnMoV	11	20SiMn2MoV	试样	900	—	油	200	水、空	1 380	—	10	45	55	269
	12	25SiMn2MoV	试样	900	—	油	200	水、空	1 470	—	10	40	47	269
	13	37SiMn2MoV	25	870	—	水、油	650	水、空	980	835	12	50	63	269

续表

钢组	序号	牌号	试样毛坯尺寸(mm)	热处理					力学性能					钢材退火或高温回火供应状态布氏硬度 HB 100/3 000
				淬火			回火		抗拉强度 σ_b (MPa)	屈服点 σ_s (MPa)	断后伸长率 δ_5 (%)	断面收缩率 ψ (%)	冲击吸收功 A_{KU2} (J)	
				加热温度(℃)		冷却剂	加热温度(℃)	冷却剂						
				第一次淬火	第二次淬火				≥					≤
B	14	40B	25	840	—	水	550	水	785	635	12	45	55	207
	15	45B	25	840	—	水	550	水	835	685	12	45	47	217
	16	50B	20	840	—	油	600	空	785	540	10	45	39	207
MnB	17	40MnB	25	850	—	油	500	水、油	980	785	10	45	47	207
	18	45MnB	25	850	—	油	500	水、油	1 030	835	9	40	39	217
MnMoB	19	20MnMoB	15	880	—	油	2 000	油、空	1 080	885	10	50	55	207
MnVB	20	15MnVB	15	860	—	油	200	水、空	885	635	10	45	55	207
	21	20MnVB	15	860	—	油	200	水、空	1 080	885	10	45	55	207
	22	40MnVB	25	850	—	油	520	水、油	980	785	10	45	47	207
MnTiB	23	20MnTiB	15	860	—	油	200	水、空	1 130	930	10	45	55	187
	24	25MnTiBRE	试样	860	—	油	200	水、空	1 380	—	10	40	47	229
Cr	25	15Cr	15	880	780～820	水、油	200	水、空	735	490	11	45	55	179
	26	15CrA	15	880	770～820	水、油	180	油、空	685	490	12	45	55	179
	27	20Cr	15	880	780～220	水、油	200	水、空	835	540	10	40	47	179
	28	30Cr	25	860	—	油	500	水、油	885	685	11	45	47	187
	29	35Cr	25	860	—	油	500	水、油	930	735	11	45	47	207
	30	40Cr	25	850	—	油	520	水、油	980	785	9	45	47	207
	31	45Cr	25	840	—	油	520	水、油	1 030	835	9	40	39	217
	32	50Cr	25	830	—	油	520	水、油	1 080	930	9	40	39	229

续表

钢组	序号	牌号	试样毛坯尺寸(mm)	热处理					力学性能					钢材退火或高温回火供应状态布氏硬度HB 100/3 000
				淬火			回火		抗拉强度 σ_b (MPa)	屈服点 σ_s (MPa)	断后伸长率 δ_5 (%)	断面收缩率 ψ (%)	冲击吸收功 A_{KU2} (J)	
				加热温度(℃)		冷却剂	加热温度(℃)	冷却剂	≥					≤
				第一次淬火	第二次淬火									
CrSi	33	38CrSi	25	900	—	油	600	水、油	980	835	12	50	55	255
CrMo	34	12CrMo	30	900	—	空	650	空	410	265	24	60	110	179
	35	15CrMo	30	900	—	空	650	空	440	295	22	60	94	179
	36	20CrMo	15	880	—	水、油	500	水、油	885	685	12	50	78	197
	37	30CrMo	25	880	—	水、油	540	水、油	930	785	12	50	63	229
	38	30CrMoA	15	880	—	油	540	水、油	930	735	12	50	71	229
	39	35CrMo	25	850	—	油	550	水、油	980	835	12	45	63	229
	40	42CrMo	25	850	—	油	560	水、油	1 080	930	12	45	63	217
CrMoV	41	12CrMoV	30	970	—	空	750	空	440	225	22	50	78	241
	42	35CrMoV	25	900	—	油	630	水、油	1 080	930	10	50	71	241
	43	12Cr1MoV	30	970	—	空	750	空	490	245	22	50	71	179
	44	25Cr2MoVA	25	900	—	油	640	空	930	785	14	55	63	241
	45	25Cr2Mo1VA	25	1 040	—	空	700	空	735	590	16	50	47	241

续表

钢组	序号	牌号	试样毛坯尺寸(mm)	热处理 淬火 加热温度(℃) 第一次淬火	第二次淬火	冷却剂	回火 加热温度(℃)	冷却剂	力学性能 抗拉强度 σ_b (MPa)	屈服点 σ_s (MPa)	断后伸长率 δ_5 (%)	断面收缩率 ψ (%)	冲击吸收功 A_{KU2} (J)	钢材退火或高温回火供应状态布氏硬度 HB 100/3 000
									≥					≤
CrMoAl	46	38CrMoAl	30	940	—	水、油	640	水、油	980	835	14	50	71	229
CrV	47	40CrV	25	880	—	油	650	水、油	885	735	10	50	71	241
	48	50CrVA	25	860	—	油	500	水、油	1 280	1 130	10	40	—	255
CrMn	49	15CrMn	15	880	—	油	200	水、空	785	590	12	50	47	179
	50	20CrMn	15	850	—	油	200	水、空	930	735	10	45	47	187
	51	40CrMn	25	840	—	油	550	水、油	980	835	9	45	47	229
CrMnSi	52	20CrMnSi	25	880	—	油	480	水、油	785	635	12	45	55	207
	53	25CrMnSi	25	880	—	油	480	水、油	1 080	885	10	40	39	217
	54	30CrMnSi	25	880	—	油	520	水、油	1 080	885	10	45	39	229
	55	30CrMnSiA	25	880	—	油	540	水、油	1 080	835	10	45	39	229
	56	35CrMnSiA	试样	加热到880℃，于280～310℃等温淬火					1 620	1 280	9	40	31	241
			试样	950	890	油	230	空、油						
CrMnMo	57	20CrMnMo	15	850	—	油	200	水、空	1 180	885	10	45	55	217
	58	40CrMnMo	25	850	—	油	600	水、油	980	785	10	45	63	217
CrMnTi	59	20CrMnTi	15	880	870	油	200	水、空	1 080	850	10	45	55	217
	60	30CrMnTi	试样	880	850	油	200	水、空	1 470	—	9	40	47	229

续表

钢组	序号	牌号	试样毛坯尺寸(mm)	热处理					力学性能					钢材退火或高温回火供应状态布氏硬度 HB 100/3 000
				淬火			回火		抗拉强度 σ_b (MPa)	屈服点 σ_s (MPa)	断后伸长率 δ_5 (%)	断面收缩率 ψ (%)	冲击吸收功 A_{KU2} (J)	
				加热温度(℃)		冷却剂	加热温度(℃)	冷却剂	≥					≤
				第一次淬火	第二次淬火									
CrNi	61	20CrNi	25	850	—	水、油	460	水、油	785	590	10	50	63	197
	62	40CrNi	25	820	—	油	500	水、油	980	785	10	45	55	241
	63	45CrNi	25	820	—	油	530	水、油	980	785	10	45	55	255
	64	50CrNi	25	820	—	油	500	水、油	1 080	835	8	40	39	255
	65	12CrNi2	15	860	780	水、油	200	水、空	785	590	12	50	63	207
	66	12CrNi3	15	860	780	油	200	水、空	930	685	11	50	71	217
	67	20CrNi3	25	830	—	水、油	480	水、油	930	735	11	55	78	241
	68	30CrNi3	25	820	—	油	500	水、油	980	785	9	45	63	241
	69	37CrNi3	25	820	—	油	500	水、油	1 130	980	10	50	47	269
	70	12Cr2Ni4	15	860	780	油	200	水、空	1 080	835	10	50	71	269
	71	20Cr2Ni4	15	880	780	油	200	水、空	1 180	1 080	10	45	63	269
CrNiMo	72	20CrNiMo	15	850	—	油	200	空	980	785	9	40	47	197
	73	40CrNiMoA	25	850	—	油	600	水、油	980	835	12	55	78	269
CrMnNiMo	74	18CrMnNiMoA	15	830	—	油	200	空	1 180	885	10	45	71	269
CrNiMoV	75	45CrNiMoVA	试样	860	—	油	460	油	1 470	1 330	7	35	31	269
CrNiW	76	18Cr2Ni4WA	15	950	850	油	200	水、空	1 180	835	10	45	78	269
	77	25Cr2Ni4WA	25	850	—	油	550	水、油	1 080	930	11	45	71	269

注：①表中所列热处理温度允许调整范围：淬火 ±15℃，低温回火 ±20℃，高温回火 ±50℃。

②硼钢在淬火前可先经正火，正火温度应不高于其淬火温度，铬锰钛钢第一次淬火可用正火代替。

③拉伸试验时试样钢上不能发现屈服，无法测定屈服点 σ_s 情况下，可以测规定残余伸长应力 $\sigma_{r0.2}$。

2.2.10 碳素工具钢

碳素工具钢（GB/T 1298—1986）按使用加工方法分为压力加工用钢（热压力加工和冷压力加工）和切削加工用钢。其化学成分和硬度值列于表2－71、表2－72。

表2－71 碳素工具钢牌号及化学成分

牌号	化学成分（%）				
	C	Mn	Si	S	P
			≤		
T7	0.65～0.74	≤0.40	0.35	0.030	0.035
T8	0.75～0.84	≤0.40			
T8Mn	0.80～0.90	0.40～0.60			
T9	0.85～0.94	≤0.40			
T10	0.95～1.04	≤0.40			
T11	1.05～1.14	≤0.40			
T12	1.15～1.24	≤0.40			
T13	1.25～1.35	≤0.40			

注：①高级优质钢（牌号后加A）硫含量≤0.020%；磷含量≤0.030%。

②平炉冶炼的钢硫含量：优质钢≤0.035%；高级优质钢≤0.025%。

③钢中允许残余元素含量：铬≤0.25%；镍≤0.20%；铜≤0.30%。供制造铅浴淬火钢丝时，钢中残余元素含量：铬≤0.10%；镍≤0.12%；铜≤0.20%；三者之和≤0.40%。

表2－72 碳素工具钢硬度值

牌号	退火状态		试样淬火	
	退火后硬度 HB ≤	压痕直径（mm）≥	淬火温度（℃）及冷却剂	淬火后 HRC ≥
T7	187	4.40	800～820，水	62
T8			780～820，水	
T8Mn				
T9	192	4.35	760～780，水	
T10	197	4.30		
T11	207	4.20		
T12	207	4.20		
T13	217	4.10		

2.2.11 合金工具钢

合金工具钢（GB/T 1299—2000）牌号、化学成分列于表2－73；合金工具钢交货状态的钢材硬度值和试样淬火硬度值列于表2－74。

表2－73 合金工具钢的牌号和化学成分

统一数字代号	序号	钢组	牌号	化学成分(%)									
				C	Si	Mn	P ≤	S ≤	Cr	W	Mo	V	其他
T30100	1－1	量具刃具用钢	9SiCr	0.85～0.95	1.20～1.60	0.30～0.60	0.030	0.030	0.95～1.25				
T30000	1－2	量具刃具用钢	8MnSi	0.75～0.85	0.30～1.60	0.80～1.10	0.030	0.030					
T30060	1－3	量具刃具用钢	Cr06	1.30～1.45	≤0.40	≤0.40	0.030	0.030	0.50～0.70				
T30201	1－4	量具刃具用钢	Cr2	0.95～1.10	≤0.40	≤0.40	0.030	0.030	1.30～1.65				
T30200	1－5	量具刃具用钢	9Cr2	0.80～0.95	≤0.40	≤0.40	0.030	0.030	1.30～1.70				
T30001	1－6	量具刃具用钢	W	1.05～1.25	≤0.40	≤0.40	0.030	0.030	0.10～0.30	0.80～1.20			
T40124	2－1	耐冲击工具用钢	4CrW2Si	0.35～0.45	0.80～1.10	≤0.40	0.030	0.030	1.00～1.30	2.00～2.50			
T40125	2－2	耐冲击工具用钢	5CrW2Si	0.45～0.55	0.50～0.80	≤0.40	0.030	0.030	1.00～1.30	2.00～2.50			
T40126	2－3	耐冲击工具用钢	6CrW2Si	0.55～0.65	0.50～0.80	≤0.40	0.030	0.030	1.10～1.30	2.20～2.70			
T40100	2－4	耐冲击工具用钢	6CrMnSi2Mo1	0.50～0.65	1.75～2.25	0.60～1.00	0.030	0.030	0.10～0.50		0.20～1.35	0.15～0.35	
T40300	2－5	耐冲击工具用钢	5Cr3Mn1SiMo1V	0.45～0.55	0.20～1.00	0.20～0.90	0.030	0.030	3.00～3.50		1.30～1.80	≤0.35	

续表

统一数字代号	序号	钢组	牌号	化学成分(%)									
				C	Si	Mn	P ≤	S ≤	Cr	W	Mo	V	其他
T21200	3-1	冷作模具钢	Cr12	2.00 ~ 2.30	≤0.40	≤0.40	0.030	0.030	11.50 ~ 13.00				
T21202	3-2		Cr12Mo1V1	1.40 ~ 1.60	≤0.60	≤0.60	0.030	0.030	11.00 ~ 13.00		0.70 ~ 1.20	0.5 ~ 1.10	
T21201	3-3		Cr12MoV	1.45 ~ 1.70	≤0.40	≤0.40	0.030	0.030	11.00 ~ 12.50		0.40 ~ 0.60	0.15 ~ 0.30	Co:≤1.00
T20503	3-4		Cr5Mo1V	0.95 ~ 1.05	≤0.50	≤1.00	0.030	0.030	4.75 ~ 5.50		0.90 ~ 1.40	0.15 ~ 0.50	
T20000	3-5		9Mn2V	0.85 ~ 0.95	≤0.40	1.70 ~ 2.00	0.030	0.030				0.10 ~ 0.25	
T20111	3-6	冷作模具钢	CrWMn	0.90 ~ 1.05	≤0.40	0.80 ~ 1.10	0.030	0.030	0.90 ~ 1.20	1.20 ~ 1.60			
T20110	3-7		9CrWMn	0.85 ~ 0.95	≤0.40	0.90 ~ 1.20	0.030	0.030	0.50 ~ 0.80	0.50 ~ 0.80			
T20421	3-8		Cr4W2MoV	1.12 ~ 1.25	0.40 ~ 0.70	≤0.40	0.030	0.030	3.50 ~ 4.00	1.90 ~ 2.60	0.80 ~ 1.20	0.80 ~ 1.10	
T20432	3-9		6Cr4W3Mo2VNb	0.60 ~ 0.70	≤0.40	≤0.40	0.030	0.030	3.80 ~ 4.40	2.50 ~ 3.50	1.80 ~ 2.50	0.80 ~ 1.20	Nb:0.2 ~ 0.35
T20465	3-10		6W6Mo5Cr4V	0.55 ~ 0.65	≤0.40	≤0.60	0.030	0.030	3.70 ~ 4.30	6.00 ~ 7.00	4.50 ~ 5.50	0.70 ~ 1.10	
T20104	3-11		7CrSiMnMoV	0.65 ~ 0.75	0.85 ~ 1.15	0.65 ~ 1.05	0.030	0.030	0.90 ~ 1.20		0.20 ~ 0.50	0.15 ~ 0.30	

续表

统一数字代号	序号	钢组	牌号	化学成分(%) C	Si	Mn	P ≤	S ≤	Cr	W	Mo	V	Al	其他
T20102	4-1	热作模具钢	5CrMnMo	0.50 ~ 0.60	0.25 ~ 0.60	1.20 ~ 1.60	0.030	0.030	0.60 ~ 0.90		0.15 ~ 0.30			
T20103	4-2		5CrNiMo	0.50 ~ 0.60	≤0.40	0.50 ~ 0.80	0.030	0.030	0.50 ~ 0.80		0.15 ~ 0.30			
T20280	4-3		3Cr2W8V	0.30 ~ 0.40	≤0.40	≤0.40	0.030	0.030	2.20 ~ 2.70	7.50 ~ 9.00		0.20 ~ 0.50		
T20403	4-4		5Cr4Mo3SiMnVAl	0.47 ~ 0.57	0.80 ~ 1.10	0.80 ~ 1.10	0.030	0.030	3.80 ~ 4.30		2.80 ~ 3.40	0.80 ~ 1.20	0.30 ~ 0.70	
T20323	4-5		3Cr3Mo3W2V	0.32 ~ 0.42	0.60 ~ 0.90	≤0.65	0.030	0.030	2.80 ~ 3.30	1.20 ~ 1.80	2.50 ~ 3.00	0.80 ~ 1.20		
T20452	4-6		5Cr4W5Mo2V	0.40 ~ 0.50	≤0.40	≤0.40	0.030	0.030	3.40 ~ 4.40	4.50 ~ 5.30	1.50 ~ 2.10	0.70 ~ 1.10		Ni: 1.40 ~ 1.80
T20300	4-7		8Cr3	0.75 ~ 0.85	≤0.40	≤0.40	0.030	0.030	3.20 ~ 3.80					
T20101	4-8		4CrMnSiMoV	0.35 ~ 0.45	0.80 ~ 1.10	0.80 ~ 1.10	0.030	0.030	1.30 ~ 1.50		0.40 ~ 0.60	0.20 ~ 0.40		
T20303	4-9		4Cr3Mo3SiV	0.35 ~ 0.45	0.80 ~ 1.20	0.25 ~ 0.70	0.030	0.030	3.00 ~ 3.75		2.00 ~ 3.00	0.25 ~ 0.75		
T20501	4-10		4Cr5MoSiV	0.33 ~ 0.43	0.80 ~ 1.20	0.20 ~ 0.50	0.030	0.030	4.75 ~ 5.50		1.10 ~ 1.60	0.30 ~ 0.60		
T20502	4-11		4Cr5MoSiV1	0.32 ~ 0.45	0.80 ~ 1.20	0.20 ~ 0.50	0.030	0.030	4.75 ~ 5.50		1.10 ~ 1.75	0.80 ~ 1.20		
T20520	4-12		4Cr5W2VSi	0.32 ~ 0.42	0.80 ~ 1.20	≤0.40	0.030	0.030	4.50 ~ 5.50	1.60 ~ 2.40		0.60 ~ 1.00		

续表

统一数字代号	序号	钢组	牌号	化学成分(%)										
				C	Si	Mn	P ≤	S ≤	Cr	W	Mo	V	Al	其他
T23152	5-1	无模具磁钢	7Mn15Cr2Al3V2WMo	0.65 ~ 0.75	≤0.80	14.50 ~ 16.50	0.030	0.030	2.00 ~ 2.50	0.50 ~ 0.80	0.50 ~ 0.80	1.50 ~ 2.00	2.30 ~ 3.30	
T22020	6-1	塑模具料钢	3Cr2Mo	0.28 ~ 0.40	0.20 ~ 0.80	0.60 ~ 1.00	0.030	0.030	1.40 ~ 2.00		0.30 ~ 0.55			
T22024	6-2		3Cr2MnNiMo	0.32 ~ 0.40	0.20 ~ 0.40	1.10 ~ 1.50	0.030	0.030	1.70 ~ 2.00		0.25 ~ 0.40			Ni: 0.85 ~ 1.15

注：①5CrNiMo 钢经供需双方同意允许钒含量小于 0.20%。

②钢中残余铜含量应不大于 0.30%，“铜 + 镍”含量应不大于 0.55%。

③钢材或坯的化学成分允许偏差应符合 GB/T 222—1984 表 2 的规定。

表2－74　合金工具钢交货状态和试样淬火硬度值

序号	钢组	牌号	交货状态	试样淬火		
			布氏硬度 HBW10/3 000	淬火温度(℃)	冷却剂	洛氏硬度 HRC≥
1－1	量具刃具用钢	9SiCr	241～197	820～860	油	62
1－2		8MnSi	≤229	800～820	油	60
1－3		Cr06	241～187	780～810	水	64
1－4		Cr2	229～179	830～860	油	62
1－5		9Cr2	217～179	820～850	油	62
1－6		W	229～187	800～830	水	62
2－1	耐冲击工具用钢	4CrW2Si	217～179	860～900	油	53
2－2		5CrW2Si	255～207	860～900	油	55
2－3		6CrW2Si	285～229	860～900	油	57
2－4		6CrMnSi2Mo1V	≤229	677℃±15℃预热，885℃（盐浴）或900℃（炉控气氛）±6℃加热，保温5～15 min油冷，58～204℃回火		58
2－5		5Cr3Mn1SiMo1V		677℃±15℃预热，941℃（盐浴）或955℃（炉控气氛）±6℃加热，保温5～15 min空冷，56～204℃回火		56
3－1	冷作模具钢	Cr12	269～217	950～1 000	油	60
3－2		Cr12Mo1V1	≤255	820℃±15℃预热，1 000℃（盐浴）或1 010℃（炉控气氛）±6℃加热，保温10～20 min空冷，200℃±6℃回火		59
3－3		Cr12MoV	255～207	950～1 000	油	58
3－4		Cr5Mo1V	≤255	790℃±15℃预热，940℃（盐浴）或950℃（炉控气氛）±6℃加热，保温5～15 min空冷，200℃±6℃回火		60
3－5		9Mn2V	≤229	780～810	油	62
3－6		CrWMn	255～207	800～830	油	62
3－7		9CrWMn	241～197	800～830	油	62
3－8		Cr4W2MoV	≤269	960～980、1 020～1 040	油	60
3－9		6Cr4W3Mo2VNb	≤255	1 100～1 160	油	60
3－10		6W6Mo5Cr4V	≤269	1 180～1 200	油	60

续表

序号	钢组	牌号	交货状态 布氏硬度 HBW10/3 000	试样淬火 淬火温度(℃)	 冷却剂	 洛氏硬度 HRC≥
3－11	冷作模具钢	7CrSiMnMoV	≤235	淬火:870～900 回火:150±10	油冷或空冷 空冷	60
4－1	热作模具钢	5CrMnMo	241～197	820～850	油	
4－2		5CrNiMo	241～197	830～860	油	
4－3		3Cr2W8V	≤255	1 075～1 125	油	
4－4		5Cr4Mo3SiMnVAl	≤255	1 090～1 120	油	
4－5		3Cr3Mo3W2V	≤255	1 060～1 130	油	
4－6		5Cr4W5Mo2V	≤269	1 100～1 150	油	
4－7		8Cr3	255～207	850～880	油	
4－8		4CrMnSiMoV	241～197	870～930	油	
4－9		4Cr3Mo3SiV	≤229	790℃±15℃预热,1 010℃(盐浴)或1 020℃(炉控气氛)±6℃加热,保温5～15 min空冷,550℃±6℃回火		
4－10		4Cr5MoSiV	≤235	790℃±15℃预热,1 000℃(盐浴)或1 010℃(炉控气氛)±6℃加热,保温5～15 min空冷,550℃±6℃回火		
4－11		4Cr5MoSiV1	≤235	790℃±15℃预热,1 000℃(盐浴)或1 010℃(炉控气氛)±6℃加热,保温5～15 min空冷,550℃±6℃回火		
4－12		4Cr5W2VSi	≤229	1 030～1 050	油或空	
5－1	无磁模具钢	7Mn15Cr2Al3V2WMo	—	1 170～1 190固溶 650～700时效	水 空	45
6－1	塑料模具钢	3Cr2Mo	—			
6－2		3Cr2MnNiMo	—			

注：①保温时间是指试样达到加热温度后保持的时间。

a. 试样在盐浴中进行，在该温度保持时间为5 min，对Cr12Mo1V1钢是10 min。

b. 试样在炉控气氛中进行，在该温度保持时间为：5～15 min，对Cr12Mo1V1钢是10～20 min。

②回火温度200℃时应一次回火2 h，550℃时应二次回火，每次2 h。

③ 7Mn15Cr2Al3V2WMo钢可以热轧状态供应，不作交货硬度。

2.2.12 高速工具钢

高速工具钢（GB/T 9943—1988）的化学成分和硬度列于表 2－75、表 2－76。

表 2－75 高速工具钢化学成分

序号	牌号	化学成分（%）								
		C	Mn	Si	Cr	V	W	Mo	Co	Al
1	W18Cr4V	0.70～0.80	0.10～0.40	0.20～0.40	3.80～4.40	1.00～1.40	17.50～19.00	≤0.30	—	—
2	W18Cr4VCo5	0.70～0.80	0.10～0.40	0.20～0.40	3.75～4.50	0.80～1.20	17.50～19.00	0.40～1.00	4.25～5.75	—
3	W18Cr4V2Co8	0.75～0.85	0.20～0.40	0.20～0.40	3.75～5.00	1.80～2.40	17.50～19.00	0.50～1.25	7.00～9.50	—
4	W12Cr4V5Co5	1.50～1.60	0.15～0.40	0.15～0.40	3.75～5.00	4.50～5.25	11.75～13.00	≤1.00	4.75～5.25	—
5	W6Mo5Cr4V2	0.80～0.90	0.15～0.40	0.20～0.45	3.80～4.40	1.75～2.20	5.50～6.75	4.50～5.50	—	—
6	CW6Mo5Cr4V2	0.95～1.05	0.15～0.40	0.20～0.45	3.80～4.40	1.75～2.20	5.50～6.75	4.50～5.50	—	—
7	W6Mo5Cr4V3	1.00～1.10	0.15～0.40	0.20～0.45	3.75～4.50	2.25～2.75	5.00～6.75	4.75～6.50	—	—
8	CW6Mo5Cr4V3	1.15～1.25	0.15～0.40	0.20～0.45	3.75～4.50	2.75～3.25	5.00～6.75	4.75～6.50	—	—
9	W2Mo9Cr4V2	0.97～1.05	0.15～0.40	0.20～0.55	3.50～4.00	1.75～2.25	1.40～2.10	8.20～9.20	—	—
10	W6Mo5Cr4V2Co5	0.80～0.90	0.15～0.40	0.20～0.45	3.75～4.50	1.75～2.25	5.50～6.50	4.50～5.50	4.50～5.50	—
11	W7Mo4Cr4V2Co5	1.05～1.15	0.20～0.60	0.15～0.50	3.75～4.50	1.75～2.25	6.25～7.00	3.25～4.25	4.75～5.75	—
12	W2Mo9Cr4VCo8	1.05～1.15	0.15～0.40	0.15～0.65	3.50～4.25	0.95～1.35	1.15～1.85	9.00～10.0	7.75～8.75	—
13	W9Mo3Cr4V	0.77～0.87	0.20～0.40	0.20～0.40	3.80～4.40	1.30～1.70	8.50～9.50	2.70～3.30	—	—
14	W6Mo5Cr4V2Al	1.05～1.20	0.15 0.40	0.20～0.60	3.80～4.40	1.75～2.20	5.50～6.75	4.50～5.50	—	0.80～1.20

注：①表中所有牌号钢的磷、硫含量均分别≤0.03%。

②根据双方协议可供应钒含量为 1.60%～2.20% 的 W6Mo5Cr4V2 钢。

③钢中残余铜含量应≤0.25%，残余镍含量应≤0.30%。

④根据需方要求，为改善钢的切削加工性能，其含硫量可规定为 0.06%～0.15%。

⑤在钨系高速钢中，钼含量允许到 1.0%。钨、钼二者关系，当钼含量超过 0.30% 时，钨含量应减少，在钼含量超过 0.30% 的部分，每 1% 的钼代替 2% 的钨，在这种情况下，在钢号的后面加注“Mo”。

⑥电渣钢的硅含量下限不限。

表 2-76 高速工具钢的交货硬度及试样淬回火硬度值

序号	牌号	交货硬度(HBS)≤		试样热处理制度及淬回火硬度					
		其他加工方法	退火	预热温度(℃)	淬火温度(℃)		淬火剂	回火温度(℃)	硬度 HRC≥
					盐浴炉	箱式炉			
1	W18Cr4V	269	255	820~870	1 270~1 285	1 270~1 285	油	550~570	63
2	W18Cr4VCo5	285	269	820~870	1 270~1 290	1 280~1 300	油	540~560	63
3	W18Cr4V2Co8	302	285	820~870	1 270~1 290	1 280~1 300	油	540~560	63
4	W12Cr4V5Co5	293	277	820~870	1 220~1 240	1 230~1 250	油	530~550	65
5	W6Mo5Cr4V2	262	255	730~840	1 210~1 230	1 210~1 230	油	540~560	63(箱式炉) 64(盐浴炉)
6	CW6Mo5Cr4V2	269	255	730~840	1 190~1 210	1 200~1 220	油	540~560	65
7	W6Mo5Cr4V3	269	255	730~840	1 190~1 210	1 200~1 220	油	540~560	64
8	CW6Mo5Cr4V3	269	255	730~840	1 190~1 210	1 200~1 220	油	540~560	64
9	W2Mo9Cr4V2	269	255	730~840	1 190~1 210	1 200~1 220	油	540~560	65
10	W6Mo5Cr4V2Co5	285	269	730~840	1 190~1 210	1 200~1 220	油	540~560	64
11	W7Mo4Cr4V2Co5	285	269	730~840	1 180~1 200	1 190~1 210	油	530~550	66
12	W2Mo9Cr4VCo8	285	269	730~840	1 170~1 190	1 180~1 200	油	530~550	66
13	W9Mo3Cr4V	269	255	820~870	1 210~1 230	1 220~1 240	油	540~560	63(箱式炉) 64(盐浴炉)
14	W6Mo5Cr4V2Al	285	269	820~870	1 230~1 240	1 230~1 240	油	540~560	65

注：回火温度为550~570℃时，回火2次，每次1h；回火温度为540~560℃时，回火2次，每次2h；回火温度为530~550℃时，回火3次，每次2h。

2.2.13 渗碳轴承钢

渗碳轴承钢（GB/T 3203—1982）适用于制作轴承套圈及滚动件用的渗碳轴承钢钢坯、热轧和锻制圆钢及冷拉圆钢。其热轧圆钢的直径及允许偏差列于表2－77；渗碳轴承钢的牌号和化学成分（熔炼分析）列于表2－78；渗碳轴承钢用经热处理毛坯制造的试样测定钢材的纵向机械性能列于表2－79；对于末端淬透性能列于表2－80。

表2－77 渗碳轴承钢热轧圆钢的直径及允许偏差

直径	允许偏差	直径	允许偏差	直径	允许偏差	直径	允许偏差
8	+0.6	23	+0.7	38	+0.9	75	+1.2
10		24		40		80	
11		25		42		85	+1.8
12		26		43		90	
13		27		44		95	
14		28		45		100	
15		29		46		105	
16		30		48		110	
17		32	+0.9	50		115	
18		33		52	+1.2	120	+2.5
19		34		55		125	
20		35		60		130	
21	+0.7	36		65		140	
22		37		70		150	

注：①热轧圆钢椭圆度不得超过该尺寸公差的70%。

②表中单位为mm。

表 2－78　渗碳轴承钢牌号和化学成分

序号	牌　　号	化学成分(%)								
		C	Si	Mn	Cr	Ni	Mo	Cu	P	S
								≤		
1	G20CrMo	0.17～0.23	0.20～0.35	0.65～0.95	0.35～0.65	—	0.08～0.15	0.25	0.030	0.030
2	G20CrNiMo	0.17～0.23	0.15～0.40	0.60～0.90	0.35～0.65	0.40～0.70	0.15～0.30	0.25	0.030	0.030
3	G20CrNi2Mo	0.17～0.23	0.15～0.40	0.40～0.70	0.35～0.65	1.60～2.00	0.20～0.30	0.25	0.030	0.030
4	G20Cr2Ni4	0.17～0.23	0.15～0.40	0.30～0.60	1.25～1.75	3.25～3.75	—	0.25	0.030	0.030
5	G10CrNi3Mo	0.08～0.13	0.15～0.40	0.40～0.70	1.00～1.40	3.00～3.50	0.08～0.15	0.25	0.030	0.030
6	G20Cr2Mn2Mo	0.17～0.23	0.15～0.40	1.30～1.60	1.70～2.00	≤0.30	0.20～0.30	0.25	0.030	0.030

注：①当按高级优质钢供货时，其硫、磷含量应不大于0.020%，并在牌号后面标以字母“A”。

②钢材按熔炼成分交货。

③钢材通常交货长度为3～5 m（对于多工位压力机使用的钢材，其长度可为3～6 m），允许交付长度不小于2 m的钢材，但其重量不得超过该批总重量的10%。

④成品钢材和钢坯的化学成分允许与表中比较有表2－79规定的偏差。

表 2－79　成品钢材和钢坯化学成分比较的偏差值

化学元素	C	Si	Mn	Cr	Ni	Mo	Cu	P	S
允许偏差（%）	±0.02	±0.03	±0.04	±0.05	±0.05	±0.02	+0.05	+0.005	+0.005

表 2－80　渗碳轴承钢用经热处理毛坯制造的试样测定钢材的纵向机械性能

序号	牌　　号	试样毛坯直径（mm）	淬　火			回　火		机　械　性　能			
			温　度(℃)		冷却剂	温度(℃)	冷却剂	抗拉强度 σ_b (MPa)	伸长率 δ_5 (%)	收缩率 ψ (%)	冲击值 A_k (kJ/m^2)
			第一次淬火	第二次淬火				≥			
1	G20CrNiMo	15	880 ±20	790 ±20	油	150 ~ 200	空	1 175	9	45	800
2	G20CrNi2Mo	25	880 ±20	800 ±20	油	150 ~ 200	空	980	13	45	800
3	G20Cr2Ni4	15	870 ±20	790 ±20	油	150 ~ 200	空	1 175	10	45	800
4	G10CrNi3Mo	15	880 ±20	790 ±20	油	180 ~ 200	空	1 080	9	45	800
5	G20Cr2Mn2Mo	15	880 ±20	810 ±20	油	180 ~ 200	空	1 275	9	40	700

注：①G20CrMo 的机械性能积累数据供参考。

②表中所列机械性能适用于截面尺寸小于等于 80 mm 的钢材。尺寸 81 ~ 100 mm 的钢材，允许其伸长率、收缩率及冲击值较表中的规定分别降低 1 个单位、5 个单位及 5%；尺寸 101 ~ 150 mm 的钢材，允许其伸长率、收缩率及冲击值较表中的规定分别降低 2 个单位、10 个单位及 10%；尺寸 151 ~ 250 mm 的钢材，允许其伸长率、收缩率及冲击值较表中的规定分别降低 3 个单位、15 个单位及 15%。

③用尺寸大于 80 mm 的钢材改轧或改锻成 70 ~ 80 mm 的试料取样检验时，其结果应符合表中的规定。

④以退火状态交货的钢材，其硬度：G20Cr2Ni4（A）不大于 241，其余钢号不大于 229。

⑤热轧或锻制钢材以热轧（锻）状态交货或以退火状态交货。冷拉钢材应以退火（或回火）状态交货。

表 2－81　末端淬透性能表

牌　号	试样热处理制度		硬　度　HRC	
			距末端距离(mm)	
			1.5	9.0
G20CrNiMo	920 ~ 950℃,60 min,正火	900℃ ±20℃,15 ~ 30 min,水	40 ~ 48	23 ~ 38
G20CrNi2Mo	920℃ ±20℃,30 min,正火	920℃ ±20℃,15 ~ 30 min,水	41 ~ 48	≥30

注：表中未列的钢号，根据需方要求也可进行末端淬透性检验，其硬度值供参考。

2.2.14 高碳铬轴承钢

高碳铬轴承钢（GB/T 18254—2002）热轧圆钢尺寸应符合 GB/T 702—1986 的规定；锻制圆钢尺寸应符合 GB/T 908—1987 中规定；盘条尺寸应符合 GB/T 14981—1994 中 B 级精度规定，经需方同意，在合同中注明，也可按 C 级精度交货；冷拉圆钢（直条或盘状）尺寸及其允许偏差应符合 GB/T 905—1994 中 h11 级规定，经需方同意，在合同中注明，也可按其他级别规定交货。

钢材的长度：

热轧圆钢的交货长度为 3 000 ~ 7 000mm。

锻制圆钢的交货长度为 2 000 ~ 4 000mm。

冷拉（轧）圆钢的交货长度为 3 000 ~ 6 000mm。

钢管的交货长度为 3 000 ~ 5 000mm。

经双方协商并在合同中注明，钢材交货长度范围允许变动。

钢材应在规定长度范围内以齐尺长度交货，每捆中最长与最短钢材的长度差应不大于 1 000mm。

按定尺或倍尺交货的钢材，其长度允许偏差应不超过 +50mm。

盘条的盘重应不小于 500kg。

钢材按以下几种交货状态提供：

（1）热轧和热锻不退火圆钢（简称：热轧、热锻）。

（2）热轧和热锻软化退火圆钢（简称：热轧软退、热锻软退）。

（3）热轧球化退火圆钢（简称：热轧球退）。

（4）热轧球化退火剥皮圆钢［简称：热轧（锻）软剥］。

（5）冷拉（轧）圆钢。

（6）冷拉（轧）磨光圆钢。

（7）热轧钢管。

（8）热轧退火剥皮钢管。

（9）冷拉（轧）钢管。

具体的交货状态应在合同中注明，也可以供应其他状态的冷拉钢材，如："退火 + 磷化 + 微拔"、"退火 + 微拔" 等。

高碳铬轴承钢钢管外径、壁厚及其允许偏差列于表 2 – 82；钢材弯曲度列于表 2 – 83；钢材牌号和化学成分列于表 2 – 84；球化或软化退火钢材硬度列于表 2－85。

表 2－82　高碳铬轴承钢钢管外径、壁厚及其允许偏差

钢管种类及生产方法		钢管尺寸(mm)		尺寸范围(mm)	允许偏差(mm)
热轧钢管	阿塞尔法轧制 +剥皮	外径		55～148 >148～170	±0.15 ±0.20
		壁厚		4～8 >8～34	+20% +15%
	阿塞尔法热轧管	外径		60～75 >75～100 >100～170	±0.35 ±0.50 ±0.50
		壁厚	外径<80	<8	+12%
			外径≥80	≥8	+10%
冷拉(轧)钢管		外径		≤65	+0.20 －0.10
				>65	±0.20
		壁厚		3～4 >4～12	+12% +10%
用其他方法生产的钢管		供需双方协议，并在合同中注明			

表 2－83　高碳铬轴承钢钢材弯曲度

钢材种类		弯曲度(mm/m)≤	总弯曲度(mm)≤
热轧圆钢		4	0.4%×钢材长度
热轧退火圆钢		3	0.3%×钢材长度
热锻圆钢		5	0.5%×钢材长度
冷拉圆钢	直径≤25mm	2	0.2%×钢材长度
	直径>25mm	1.5	0.15%×钢材长度
钢管	壁厚≤15mm	1	4
	壁厚>15mm	1.5	

注：经供需双方协商，并在合同中注明，可提供弯曲度要求更严的钢材。

表 2－84　高碳铬轴承钢牌号和化学成分

统一数字代号	牌号	化学成分(%)										O	
		C	Si	Mn	Cr	Mo	P	S	Ni	Cu	Ni+Cu	模注钢	连铸钢
							≤						
B00040	GCr4	0.95～1.05	0.15～0.30	0.15～0.30	0.35～0.50	≤0.08	0.025	0.020	0.25	0.20		15×10^{-6}	12×10^{-6}

续表

统一数字代号	牌号	化学成分(%)										O	
		C	Si	Mn	Cr	Mo	P	S	Ni	Cu	Ni + Cu	模注钢	连铸钢
							≤						
B00150	GCr15	0.95 ~ 1.05	0.15 ~ 0.35	0.25 ~ 0.45	1.40 ~ 1.65	≤ 0.10	0.025	0.025	0.30	0.25	0.50	15×10^{-6}	12×10^{-6}
B01150	GCr15 SiMn	0.95 ~ 1.05	0.45 ~ 0.75	0.95 ~ 1.25	1.40 ~ 1.65	≤ 0.10	0.025	0.025	0.30	0.25	0.50	15×10^{-6}	12×10^{-6}
B03150	GCr15 SiMo	0.95 ~ 1.05	0.65 ~ 0.85	0.20 ~ 0.40	1.40 ~ 1.70	0.30 ~ 0.40	0.027	0.020	0.30	0.25		15×10^{-6}	12×10^{-6}
B02180	GCr18 Mo	0.95 ~ 1.05	0.20 ~ 0.40	0.25 ~ 0.40	1.65 ~ 1.95	0.15 ~ 0.25	0.025	0.020	0.25	0.25		15×10^{-6}	12×10^{-6}

注：①根据需方要求，并在合同中注明，供方应分析 Sn、As、Ti、Sb、Pb、Al 等残余元素，具体指标由供需双方协商确定。

②轴承钢管用钢的残余铜质量分数（熔炼分析）应不大于 0.20%。

③盘条用钢的硫质量分数（熔炼分析）应不大于 0.020%。

④钢坯或钢材的化学成分允许偏差应符合下表的规定。仅当需方有要求时，生产厂才做成品钢材分析。需方可按炉批对钢坯或钢材进行成品分析。

元素	C	Si	Mn	Cr	P	S	Ni	Cu	Mo
允许偏差（%）	±0.03	±0.02	±0.03	±0.05	+0.005	+0.005	+0.03	+0.02	≤0.10时，+0.10 >0.10时，±0.02

表 2－85　高碳铬轴承钢球化或软化退火钢材硬度

牌　号	布氏硬度　HBW
GCr4	179 ~ 207
GCr15	179 ~ 207
GCr15SiMn	179 ~ 217
GCr15SiMo	179 ~ 217
GCr18Mo	179 ~ 207

注：①供热压力加工用热轧不退火材，需方有硬度要求时，其布氏硬度值不小于 302HBW。

②经需方要求以“退火 + 磷化 + 微拔”或“退火 + 微拔”交货的冷拉钢（直条或盘状），其布氏硬度值应不大于 229HBW。

③经供需双方协商，并在合同中注明，钢材的硬度不另行规定。

2.2.15 弹簧钢

弹簧钢（GB/T 1222—1984）的化学成分及力学性能列于表2－86、表2－87。

表2－86 弹簧钢的牌号及化学成分

序号	牌号	化学成分（%）											
		C	Si	Mn	Cr	V	B	Mo	W	Ni≤	Cu≤	P≤	S≤
1	65	0.62～0.70	0.17～0.37	0.50～0.80	≤0.25	—	—			0.25	0.25	0.035	0.035
2	70	0.62～0.75	0.17～0.37	0.50～0.80	≤0.25	—	—			0.25	0.25	0.035	0.035
3	85	0.82～0.90	0.17～0.37	0.50～0.80	≤0.25	—	—			0.25	0.25	0.035	0.035
4	65Mn	0.62～0.70	0.17～0.37	0.90～1.20	≤0.25	—	—			0.25	0.25	0.035	0.035
5	55Si2Mn	0.52～0.60	1.50～2.00	0.60～0.90	≤0.35	—	—			0.35	0.25	0.035	0.035
6	55Si2MnB	0.52～0.60	1.50～2.00	0.60～0.90	≤0.35	—	0.0005～0.004			0.35	0.25	0.035	0.035
7	55SiMnVB	0.52～0.60	0.70～1.00	1.00～1.30	≤0.35	0.08～0.16	0.0005～0.0035			0.35	0.25	0.035	0.035
8	60Si2Mn	0.56～0.64	1.50～2.00	0.60～0.90	≤0.35	—	—			0.35	0.25	0.035	0.035
9	60Si2MnA	0.56～0.64	1.60～2.00	0.60～0.90	≤0.35	—	—			0.35	0.25	0.030	0.030
10	60Si2CrA	0.56～0.64	1.40～1.80	0.40～0.70	0.70～1.00	—	—			0.35	0.25	0.030	0.030
11	60Si2CrVA	0.56～0.64	1.40～1.80	0.40～0.70	0.90～1.20	0.10～0.20	—			0.35	0.25	0.030	0.030
12	55CrMnA	0.52～0.60	0.17～0.37	0.65～0.95	0.65～0.95	—	—			0.35	0.25	0.030	0.030
13	60CrMnA	0.56～0.64	0.17～0.37	0.70～1.00	0.70～1.00	—	—			0.35	0.25	0.030	0.030
14	60CrMnMoA	0.56～0.64	0.17～0.37	0.70～1.00	0.70～0.90	—		0.25～0.35		0.35	0.25	0.030	0.030
15	50CrVA	0.46～0.54	0.17～0.37	0.50～0.80	0.80～1.10	0.10～0.20	—			0.35	0.25	0.030	0.030
16	60CrMnBA	0.56～0.64	0.17～0.37	0.70～1.00	0.70～1.00		0.0005～0.004			0.35	0.25	0.030	0.030
17	30W4Cr2VA	0.26～0.34	0.17～0.37	≤0.40	2.00～2.50	0.50～0.80			4.00～4.50	0.35	0.25	0.030	0.030

注：①当用平炉或转炉冶炼时，牌号不带“A”的钢，磷、硫含量均≤0.040%。

②根据需方要求，并在合同中注明，钢中残余铜含量≤0.20%。

③55Si2MnB钢的钢材或钢坯，允许硼含量≥0.0002%。

表 2-87 弹簧钢的力学性能

序号	牌号	热处理			力学性能（纵向）≥				
		淬火温度（℃）	淬火	回火温度（℃）	屈服点 σ_s	抗拉强度 σ_b	伸长率（%）		收缩率（%）
					（MPa）		δ_5	δ_{10}	
1	65	840	油	500	785	981		9	35
2	70	830	油	480	834	1 030		8	30
3	85	820	油	480	981	1 128		6	30
4	65Mn	830	油	540	785	981		8	30
5	55Si2Mn	870	油	480	1 180	1 275		6	30
6	55Si2MnB	870	油	480	1 180	1 275		6	30
7	55SiMnVB	860	油	460	1 226	1 373		5	30
8	60Si2Mn	870	油	480	1 180	1 275		5	25
9	60Si2MnA	870	油	440	1 373	1 569		5	20
10	60Si2CrA	870	油	420	1 569	1 765	6	—	20
11	60Si2CrVA	850	油	410	1 667	1 863	6	—	20
12	55CrMnA	830 ~ 860	油	460 ~ 510	1 078（$\sigma_{0.2}$）	1 226	9	—	20
13	60CrMnA	830 ~ 860	油	460 ~ 520	1 078（$\sigma_{0.2}$）	1 226	9	—	20
14	60CrMnMoA	—	—	—	—	—	—	—	—
15	50CrVA	850	油	500	1 128	1 275	10	—	40
16	60CrMnBA	830 ~ 860	油	460 ~ 520	1 078（$\sigma_{0.2}$）	1 226	9	—	20
17	30W4Cr2VA	1 050 ~ 1 100	油	600	1 324	1 471	7	—	40

注：①除规定热处理温度上下限外，表中热处理温度允许偏差为：淬火为±20℃，回火为±50℃。

②30W4Cr2VA 钢，除抗拉强度外，其他性能检验结果供参考。

③力学性能适用截面≤80mm^2 钢材。截面＞80mm^2 钢材的伸长率和收缩率允许比规定分别降低 1 个和 5 个单位。

2.2.16 不锈钢棒

1. 不锈钢棒的化学成分

表 2-88 不锈钢棒的化学成分(GB/T 1220—1992)

类型	序号	牌号	化学成分(%)					
			C	Si	Mn	P	S	Ni
奥氏体型	1	1Cr17Mn6Ni5N	≤0.15	≤1.00	5.50~7.50	≤0.060	≤0.030	3.50~5.50
	2	1Cr18Mn8Ni5N	≤0.15	≤1.00	7.50~10.00	≤0.060	≤0.030	4.00~6.00
	3	1Cr18Mn10Ni5Mo3N	≤0.10	≤1.00	8.50~12.00	≤0.060	≤0.030	4.00~6.00
	4	1Cr17Ni7	≤0.15	≤1.00	≤2.00	≤0.035	≤0.030	6.00~8.00
	5	1Cr18Ni9	≤0.15	≤1.00	≤2.00	≤0.035	≤0.030	8.00~10.00
	6	Y1Cr18Ni9	≤0.15	≤1.00	≤2.00	≤0.20	≥0.15	8.00~10.00
	7	Y1Cr18Ni9Se	≤0.15	≤1.00	≤2.00	≤0.20	≤0.060	8.00~10.00
	8	0Cr18Ni9	≤0.07	≤1.00	≤2.00	≤0.035	≤0.030	8.00~11.00
	9	00Cr19Ni10	≤0.030	≤1.00	≤2.00	≤0.035	≤0.030	8.00~12.00
	10	0Cr19Ni9N	≤0.08	≤1.00	≤2.00	≤0.035	≤0.030	7.00~10.50
	11	0Cr19Ni10NbN	≤0.08	≤1.00	≤2.00	≤0.035	≤0.030	7.50~10.50
	12	00Cr18Ni10N	≤0.030	≤1.00	≤2.00	≤0.035	≤0.030	8.50~11.50
	13	1Cr18Ni12	≤0.12	≤1.00	≤2.00	≤0.035	≤0.030	10.50~13.00
	14	0Cr23Ni13	≤0.08	≤1.00	≤2.00	≤0.035	≤0.030	12.00~15.00
	15	0Cr25Ni20	≤0.08	≤1.00	≤2.00	≤0.035	≤0.030	19.00~22.00
	16	0Cr17Ni12Mo2	≤0.08	≤1.00	≤2.00	≤0.035	≤0.030	10.00~14.00
	17	1Cr18Ni12Mo2Ti[⑥]	≤0.12	≤1.00	≤2.00	≤0.035	≤0.030	11.00~14.00
	18	0Cr18Ni12Mo2Ti	≤0.08	≤1.00	≤2.00	≤0.035	≤0.030	11.00~14.00
	19	00Cr17Ni14Mo2	≤0.030	≤1.00	≤2.00	≤0.035	≤0.030	12.00~15.00
	20	0Cr17Ni12Mo2N	≤0.08	≤1.00	≤2.00	≤0.035	≤0.030	10.00~14.00
	21	00Cr17Ni13Mo2N	≤0.030	≤1.00	≤2.00	≤0.035	≤0.030	10.50~14.50
	22	0Cr18Ni12Mo2Cu2	≤0.08	≤1.00	≤2.00	≤0.035	≤0.030	10.00~14.50
	23	00Cr18Ni14Mo2Cu2	≤0.030	≤1.00	≤2.00	≤0.035	≤0.030	12.00~16.00
	24	0Cr19Ni13Mo3	≤0.08	≤1.00	≤2.00	≤0.035	≤0.030	11.00~15.00
	25	00Cr19Ni13Mo3	≤0.030	≤1.00	≤2.00	≤0.035	≤0.030	11.00~15.00

续表

类型	序号	牌　号	化学成分（%）				
			Cr	Mo	Cu	N	其　他
奥氏体型	1	1Cr17Mn6Ni5N	16.00～18.00	—	—	≤0.25	—
	2	1Cr18Mn8Ni5N	17.00～19.00	—	—	≤0.25	—
	3	1Cr18Mn10Ni5Mo3N	17.00～19.00	2.8～3.5	—	0.20～0.30	—
	4	1Cr17Ni7	16.00～18.00	—	—	—	—
	5	1Cr18Ni9	17.00～19.00	—	—	—	—
	6	Y1Cr18Ni9	17.00～19.00	①	—	—	—
	7	Y1Cr18Ni9Se	17.00～19.00	—	—	—	Se≥0.15
	8	0Cr18Ni9	17.00～19.00	—	—	—	—
	9	00Cr19Ni10	18.00～20.00	—	—	—	—
	10	0Cr19Ni9N	18.00～20.00	—	—	0.10～0.25	—
	11	0Cr19Ni10NbN	18.00～20.00	—	—	0.15～0.30	Nb≤0.15
	12	00Cr18Ni10N	17.00～19.00	—	—	0.12～0.22	—
	13	1Cr18Ni12	17.00～19.00	—	—	—	—
	14	0Cr23Ni13	22.00～24.00	—	—	—	—
	15	0Cr25Ni20	24.00～26.00	—	—	—	—
	16	0Cr17Ni12Mo2	16.00～18.50	2.00～3.00	—	—	—
	17	1Cr18Ni12Mo2Ti⑥	16.00～19.00	1.80～2.50	—	—	Ti5×(C%－0.02)～0.80
	18	0Cr18Ni12Mo2Ti	16.00～19.00	1.80～2.50	—	—	Ti5×C%－0.70
	19	00Cr17Ni14Mo2	16.00～18.00	2.00～3.00	—	—	—
	20	0Cr17Ni12Mo2N	16.00～18.00	2.00～3.00	—	0.10～0.22	—
	21	00Cr17Ni13Mo2N	16.00～18.50	2.00～3.00	—	0.12～0.22	—
	22	0Cr18Ni12Mo2Cu2	17.00～19.00	1.20～2.75	1.00～2.50	—	—
	23	00Cr18Ni14Mo2Cu2	17.00～19.00	1.20～2.75	1.00～2.50	—	—
	24	0Cr19Ni13Mo3	18.00～20.00	3.00～4.00	—	—	—
	25	00Cr19Ni13Mo3	18.00～20.00	3.00～4.00	—	—	—

续表

类型	序号	牌号	化学成分（%）					
			C	Si	Mn	P	S	Ni
奥氏体型	26	1Cr18Ni12Mo3Ti⑥	≤0. 12	≤1. 00	≤2. 00	≤0. 035	≤0. 030	11. 00 ~ 14. 00
	27	0Cr18Ni12Mo3Ti	≤0. 08	≤1. 00	≤2. 00	≤0. 035	≤0. 030	11. 00 ~ 14. 00
	28	0Cr18Ni16Mo5	≤0. 040	≤1. 00	≤2. 00	≤0. 035	≤0. 030	15. 00 ~ 17. 00
	29	1Cr18Ni9Ti⑥	≤0. 12	≤1. 00	≤2. 00	≤0. 035	≤0. 030	8. 00 ~ 11. 00
	30	0Cr18Ni10Ti	≤0. 08	≤1. 00	≤2. 00	≤0. 035	≤0. 030	9. 00 ~ 12. 00
	31	0Cr18Ni11Nb	≤0. 08	≤1. 00	≤2. 00	≤0. 035	≤0. 030	9. 00 ~ 13. 00
	32	0Cr18Ni9Cu3	≤0. 08	≤1. 00	≤2. 00	≤0. 035	≤0. 030	8. 50 ~ 10. 50
	33	0Cr18Ni13Si4	≤0. 08	3. 00 ~ 5. 00	≤2. 00	≤0. 035	≤0. 030	11. 50 ~ 15. 00
奥氏体-铁素体型	34	0Cr26Ni5Mo2	≤0. 08	≤1. 00	≤1. 50	≤0. 035	≤0. 030	3. 00 ~ 6. 00
	35	1Cr18Ni11Si4AlTi	0. 10 ~ 0. 18	3. 40 ~ 4. 00	≤0. 80	≤0. 035	≤0. 030	10. 00 ~ 12. 00
	36	00Cr18Ni5Mo3Si2	≤0. 030	1. 30 ~ 2. 00	1. 00 ~ 2. 00	≤0. 035	≤0. 030	4. 50 ~ 5. 50
铁素体型	37	0Cr13Al	≤0. 08	≤1. 00	≤1. 00	≤0. 035	≤0. 030	③
	38	00Cr12	≤0. 030	≤1. 00	≤1. 00	≤0. 035	≤0. 030	③
	39	1Cr17	≤0. 12	≤0. 75	≤1. 00	≤0. 035	≤0. 030	③
	40	Y1Cr17	≤0. 12	≤1. 00	≤1. 25	≤0. 060	≥0. 15	③
	41	1Cr17Mo	≤0. 12	≤1. 00	≤1. 00	≤0. 035	≤0. 030	③
	42	00Cr30Mo2⑤	≤0. 010	≤0. 40	≤0. 40	≤0. 030	≤0. 020	—
	43	00Cr27Mo⑤	≤0. 010	≤0. 40	≤0. 40	≤0. 030	≤0. 020	—

续表

类型	序号	牌号	化学成分（%）				
			Cr	Mo	Cu	N	其他
奥氏体型	26	1Cr18Ni12Mo3Ti⑥	16.00～19.00	2.50～3.50	—	—	Ti5×(C%－0.02)～0.80
	27	0Cr18Ni12Mo3Ti	16.00～19.00	2.50～3.50	—	—	Ti 5×C%－0.70
	28	0Cr18Ni16Mo5	16.00～19.00	4.00～6.00	—	—	—
	29	1Cr18Ni9Ti⑥	17.00～19.00	—	—	—	Ti 5(C%－0.02)～0.80
	30	0Cr18Ni10Ti	17.00～19.00	—	—	—	Ti≥5×C%
	31	0Cr18Ni11Nb	17.00～19.00	—	—	—	Nb≥10×C%
	32	0Cr18Ni9Cu3	17.00～19.00	—	3.00～4.00	—	—
	33	0Cr18Ni13Si4	15.00～20.00	—	—	—	②
奥氏体-铁素体型	34	0Cr26Ni5Mo2	23.00～28.00	1.00～3.00	—	—	②
	35	1Cr18Ni11Si4AlTi	17.50～19.50	—	—		Al 0.10～0.30；Ti 0.40～0.70
	36	00Cr18Ni5Mo3Si2	18.00～19.50	2.50～3.00	—	—	—
铁素体型	37	0Cr13Al	11.50～14.50	—	—	—	Al 0.10～0.30
	38	00Cr12	11.00～13.00	—	—	—	—
	39	1Cr17	16.00～18.00	—	—	—	—
	40	Y1Cr17	16.00～18.00	①	—	—	—
	41	1Cr17Mo	16.00～18.00	0.75～1.25	—	—	—
	42	00Cr30Mo2⑤	28.50～32.00	1.50～2.50	—	≤0.015	—
	43	00Cr27Mo⑤	25.00～27.50	0.75～1.50	—	≤0.015	—

续表

类型	序号	牌号	化学成分（%）					
			C	Si	Mn	P	S	Ni
马氏体型	44	1Cr12	≤0.15	≤0.50	≤1.00	≤0.035	≤0.030	③
	45	1Cr13	≤0.15	≤1.00	≤1.00	≤0.035	≤0.030	③
	46	0Cr13	≤0.08	≤1.00	≤1.00	≤0.035	≤0.030	③
	47	Y1Cr13	≤0.15	≤1.00	≤1.25	≤0.060	≥0.15	③
	48	1Cr13Mo	0.08~0.18	≤0.60	≤1.00	≤0.035	≤0.030	③
	49	2Cr13	0.16~0.25	≤1.00	≤1.00	≤0.035	≤0.030	③
	50	3Cr13	0.26~0.35	≤1.00	≤1.00	≤0.035	≤0.030	③
	51	Y3Cr13	0.26~0.40	≤1.00	≤1.25	≤0.060	≥0.15	③
	52	3Cr13Mo	0.28~0.35	≤0.80	≤1.00	≤0.035	≤0.030	③
	53	4Cr13	0.36~0.45	≤0.60	≤0.80	≤0.035	≤0.030	③
	54	1Cr17Ni2	0.11~0.17	≤0.80	≤0.80	≤0.035	≤0.030	1.50~2.50
	55	7Cr17	0.60~0.75	≤1.00	≤1.00	≤0.035	≤0.030	③
	56	8Cr17	0.75~0.95	≤1.00	≤1.00	≤0.035	≤0.030	③
	57	9Cr18	0.90~1.00	≤0.80	≤0.80	≤0.035	≤0.030	③
	58	11Cr17	0.95~1.20	≤1.00	≤1.00	≤0.035	≤0.030	③
	59	Y11Cr17	0.95~1.20	≤1.00	≤1.25	≤0.060	≥0.15	③
	60	9Cr18Mo	0.95~1.10	≤0.80	≤0.80	≤0.035	≤0.030	③
	61	9Cr18MoV	0.85~0.95	≤0.80	≤0.80	≤0.035	≤0.030	③
沉淀硬化型	62	0Cr17Ni4Cu4Nb	≤0.07	≤1.00	≤1.00	≤0.035	≤0.030	3.00~5.00
	63	0Cr17Ni7Al	≤0.09	≤1.00	≤1.00	≤0.035	≤0.030	6.50~7.75
	64	0Cr15Ni7Mo2Al	≤0.09	≤1.00	≤1.00	≤0.035	≤0.030	6.50~7.50

续表

类型	序号	牌号	化学成分（%）				
			Cr	Mo	Cu	N	其他
马氏体型	44	1Cr12	11.50 ~ 13.00	—	—	—	—
	45	1Cr13	11.50 ~ 13.50	—	—	—	—
	46	0Cr13	11.50 ~ 13.50	—	—	—	—
	47	Y1Cr13	12.00 ~ 14.00	①	—	—	—
	48	1Cr13Mo	11.50 ~ 14.00	0.30 ~ 0.60	—	—	—
	49	2Cr13	12.00 ~ 14.00	—	—	—	—
	50	3Cr13	12.00 ~ 14.00	—	—	—	—
	51	Y3Cr13	12.00 ~ 14.00	①	—	—	—
	52	3Cr13Mo	12.00 ~ 14.00	0.50 ~ 1.00	—	—	—
	53	4Cr13	12.00 ~ 14.00	—	—	—	—
	54	1Cr17Ni2	16.00 ~ 18.00	—	—	—	—
	55	7Cr17	16.00 ~ 18.00	④	—	—	—
	56	8Cr17	16.00 ~ 18.00	④	—	—	—
	57	9Cr18	17.00 ~ 19.00	④	—	—	—
	58	11Cr17	16.00 ~ 18.00	④	—	—	—
	59	Y11Cr17	16.00 ~ 18.00	④	—	—	—
	60	9Cr18Mo	16.00 ~ 18.00	0.40 ~ 0.70	—	—	—
	61	9Cr18MoV	17.00 ~ 19.00	1.00 ~ 1.30	—	—	V 0.07 ~ 0.12
沉淀硬化型	62	0Cr17Ni4Cu4Nb	15.50 ~ 17.50	—	3.00 ~ 5.00	—	Nb 0.15 ~ 0.45
	63	0Cr17Ni7Al	16.00 ~ 18.00	—	≤0.50	—	Al 0.75 ~ 1.50
	64	0Cr15Ni7Mo2Al	14.00 ~ 16.00	2.00 ~ 3.00	—	—	Al 0.75 ~ 1.50

注：①可加入小于等于0.60%钼。

②必要时，可添加上表以外的合金元素。

③允许含有小于等于0.60%镍。

④可以加入小于等于0.75%钼。

⑤ 00Cr30Mo2、00Cr27Mo 允许含有小于等于0.50%镍，小于等于0.20%铜，而 Ni + Cu≤0.50%，必要时，可添加上表以外的合金元素。

⑥此牌号除专用外，一般情况下不推荐使用。

2. 奥氏体型、奥氏体－铁素体型、铁素体型钢的热处理制度及其力学性能

表 2－89　奥氏体型、奥氏体－铁素体型、铁素体型钢的热处理制度及其力学性能

类型	序号	牌　号	热处理（℃）	拉伸试验				冲击试验	硬度试验		
				$\sigma_{0.2}$ (MPa)	σ_b (MPa)	δ_5 (%)	ψ (%)	A_k (J)	HBS	HRB	HV
				≥					≤		
奥氏体型	1	1Cr17Mn6Ni5N	固溶 1 010～1 120 快冷	275	520	40	45		241	100	253
	2	1Cr18Mn8Ni5N	固溶 1 010～1 120 快冷	275	520	40	45		207	95	218
	3	1Cr18Mn10Ni5Mo3N	固溶 1 100～1 150 快冷	345	685	45	65		—	—	—
	4	1Cr17Ni7	固溶 1 010～1 150 快冷	205	520	40	60		187	90	200
	5	1Cr18Ni9	固溶 1 010～1 150 快冷	205	520	40	60		187	90	200
	6	Y1Cr18Ni9	固溶 1 010～1 150 快冷	205	520	40	50		187	90	200
	7	Y1Cr18Ni9Se	固溶 1 010～1 150 快冷	205	520	40	50		187	90	200
	8	0Cr18Ni9	固溶 1 010～1 150 快冷	205	520	40	60		187	90	200
	9	00Cr19Ni10	固溶 1 010～1 150 快冷	177	480	40	60		187	90	200
	10	0Cr19Ni9N	固溶 1 010～1 150 快冷	275	550	35	50		217	95	220
	11	0Cr19Ni10NbN	固溶 1 010～1 150 快冷	345	685	35	50		250	100	260
	12	00Cr18Ni10N	固溶 1 010～1 150 快冷	245	550	40	50		217	95	220
	13	1Cr18Ni12	固溶 1 010～1 150 快冷	177	480	40	60		187	90	200
	14	0Cr23Ni13	固溶 1 030～1 150 快冷	205	520	40	60		187	90	200
	15	0Cr25Ni20	固溶 1 030～1 180 快冷	205	520	40	50		187	90	200
	16	0Cr17Ni12Mo2	固溶 1 010～1 150 快冷	205	520	40	60		187	90	200
	17	1Cr18Ni12Mo2Ti	固溶 1 000～1 100 快冷	205	530	40	55		187	90	200
	18	0Cr18Ni12Mo2Ti	固溶 1 000～1 100 快冷	205	530	40	55		187	90	200
	19	00Cr17Ni14Mo2	固溶 1 010～1 150 快冷	177	480	40	60		187	90	200
	20	0Cr17Ni12Mo2N	固溶 1 010～1 150 快冷	275	550	35	50		217	95	220
	21	00Cr17Ni13Mo2N	固溶 1 010～1 150 快冷	245	550	40	50		217	95	220
	22	0Cr18Ni12Mo2Cu2	固溶 1 010～1 150 快冷	205	520	40	60		187	90	200
	23	00Cr18Ni14Mo2Cu2	固溶 1 010～1 150 快冷	177	400	40	60		187	90	200
	24	0Cr19Ni13Mo3	固溶 1 010～1 150 快冷	205	520	40	60		187	90	200
	25	00Cr19Ni13Mo3	固溶 1 010～1 150 快冷	177	480	40	60		187	90	200

续表

类型	序号	牌号	热处理（℃）	拉伸试验 $\sigma_{0.2}$（MPa）≥	拉伸试验 σ_b（MPa）≥	拉伸试验 δ_5（%）≥	拉伸试验 ψ（%）≥	冲击试验 A_k（J）≥	硬度试验 HBS ≤	硬度试验 HRB ≤	硬度试验 HV ≤
奥氏体型	26	1Cr18Ni12Mo3Ti	固溶 1 000 ~ 1 100 快冷	205	530	40	55		187	90	200
	27	0Cr18Ni12Mo3Ti	固溶 1 000 ~ 1 100 快冷	205	530	40	55		187	90	200
	28	0Cr18Ni16Mo5	固溶 1 030 ~ 1 180 快冷	177	480	40	45		187	90	200
	29	1Cr18Ni9Ti	固溶 920 ~ 1 150 快冷	205	520	40	50		187	90	200
	30	0Cr18Ni10Ti	固溶 920 ~ 1 150 快冷	205	520	40	50		187	90	200
	31	0Cr18Ni11Nb	固溶 980 ~ 1 150 快冷	205	520	40	50		187	90	200
	32	0Cr18Ni9Cu3	固溶 1 010 ~ 1 150 快冷	177	480	40	60		187	90	200
	33	0Cr18Ni13Si4	固溶 1 010 ~ 1 150 快冷	205	520	40	60		207	95	218
奥氏体-铁素体型	34	0Cr26Ni5Mo2	固溶 950 ~ 1 100 快冷	390	590	18	40	—	277	29	292
	35	1Cr18Ni11Si4AlTi	固溶 930 ~ 1 050 快冷	440	715	25	40	63	—	—	—
	36	00Cr18Ni5Mo3Si2	固溶 920 ~ 1 150 快冷	390	590	20	40	—	—	30	300
铁素体型	37	0Cr13Al	退火 780 ~ 830 空冷或缓冷	177	410	20	60	78	183	—	—
	38	00Cr12	退火 700 ~ 820 空冷或缓冷	196	265	22	60	—	183		
	39	1Cr17	退火 780 ~ 850 空冷或缓冷	205	450	22	50	—	183		
	40	Y1Cr17	退火 680 ~ 820 空冷或缓冷	205	450	22	50	—	183		
	41	1Cr17Mo	退火 780 ~ 850 空冷或缓冷	205	450	22	60	—	183		
	42	00Cr30Mo2	退火 900 ~ 1 050 快冷	295	450	20	45	—	228		
	43	00Cr27Mo	退火 900 ~ 1 050 快冷	245	410	20	45	—	219		

3. 马氏体型钢的热处理制度及其力学性能

表 2－90　马氏体型钢的热处理制度及其力学性能

类型	序号	牌号	热处理（℃）			退火后的硬度 HBS ≤
			退火	淬火	回火	
马氏体型	44	1Cr12	800～900 缓冷或约 750 快冷	950～1 000 油冷	700～750 快冷	200
	45	1Cr13	800～900 缓冷或约 750 快冷	950～1 000 油冷	700～750 快冷	200
	46	0Cr13	800～900 缓冷或约 750 快冷	950～1 000 油冷	700～750 快冷	183
	47	Y1Cr13	800～900 缓冷或约 750 快冷	950～1 000 油冷	700～750 快冷	200
	48	1Cr13Mo	830～900 缓冷或约 750 快冷	970～1 020 油冷	650～750 快冷	200
	49	2Cr13	800～900 缓冷或约 750 快冷	920～980 油冷	600～750 快冷	223
	50	3Cr13	800～900 缓冷或约 750 快冷	920～980 油冷	600～750 快冷	235
	51	Y3Cr13	800～900 缓冷或约 750 快冷	920～980 油冷	600～750 快冷	235
	52	3Cr13Mo	800～900 缓冷或约 750 快冷	1 025～1 075 油冷	200～300 油、水、空冷	207
	53	4Cr13	800～900 缓冷或约 750 快冷	1 050～1 100 油冷	200～300 空冷	201
	54	1Cr17Ni2	680～700 高温回火空冷	950～1 050 油冷	275～350 空冷	285
	55	7Cr17	800～920 缓冷	1 010～1 070 油冷	100～180 快冷	255
	56	8Cr17	800～920 缓冷	1 010～1 070 油冷	100～180 快冷	255
	57	9Cr18	800～920 缓冷	1 000～1 050 油冷	200～300 油、空冷	255
	58	11Cr17	800～920 缓冷	1 010～1 070 油冷	100～180 快冷	269
	59	Y11Cr17	800～920 缓冷	1 010～1 070 油冷	100～180 快冷	269
	60	9Cr18Mo	800～900 缓冷	1 000～1 050 油冷	200～300 空冷	269
	61	9Cr18MoV	800～900 缓冷	1 050～1 075 油冷	100～200 空冷	269

续表

类型	序号	牌号	经淬回火的力学性能							
			拉伸试验				冲击试验	硬度试验		
			$\sigma_{0.2}$ (MPa)	σ_b (MPa)	δ_5 (%)	ψ (%)	A_k (J)	HBS	HRC	HV
			≥							
马氏体型	44	1Cr12	390	590	25	55	118	170		
	45	1Cr13	345	540	25	55	78	159		
	46	0Cr13	345	490	24	60	—	—		
	47	Y1Cr13	345	540	25	55	78	159		
	48	1Cr13Mo	490	685	20	60	78	192		
	49	2Cr13	440	635	20	50	63	192		
	50	3Cr13	540	735	12	40	24	217		
	51	Y3Cr13	540	735	12	40	24	217		
	52	3Cr13Mo	—	—	—	—	—		50	
	53	4Cr13	—	—	—	—	—		50	
	54	1Cr17Ni2	—	1 080	10	—	39	—	—	—
	55	7Cr17							54	
	56	8Cr17							56	
	57	9Cr18							55	
	58	11Cr17							58	
	59	Y11Cr17							58	
	60	9Cr18Mo							55	
	61	9Cr18MoV							55	

4. 沉淀硬化型钢的热处理制度及其力学性能

表 2-91 沉淀硬化型钢的热处理制度及其力学性能

类型	序号	牌号	热处理 种类	热处理 条件	拉伸试验 $\sigma_{0.2}$ (MPa)	拉伸试验 σ_b (MPa)	拉伸试验 δ_5 (%)	拉伸试验 ψ (%)	硬度试验 HBS	硬度试验 HRC
沉淀硬化型	62	0Cr17Ni4Cu4Nb	固溶	1 020～1 060℃快冷	—	—	—	—	≤363	≤38
			480℃时效 550℃时效 580℃时效 620℃时效	经固溶处理后,470～490℃空冷 经固溶处理后,540～560℃空冷 经固溶处理后,570～590℃空冷 经固溶处理后,610～630℃空冷	≥1 180 ≥1 000 ≥865 ≥725	≥1 310 ≥1 060 ≥1 000 ≥930	≥10 ≥12 ≥13 ≥16	≥40 ≥45 ≥45 ≥50	≥375 ≥331 ≥302 ≥277	≥40 ≥35 ≥31 ≥28
	63	0Cr17Ni7Al	固溶	1 000～1 100℃快冷	≤380	≤1 030	≥20	—	≤229	—
			565℃时效	经固溶处理后,于 760℃ ±15℃保持 90min,在 1h 内冷却到 15℃以上,保持 30min,再加热到 565℃ ±10℃保持 90min 空冷	≥960	≥1 140	≥5	≥25	≥363	—
			510℃时效	经固溶处理后,955℃ ±10℃保持 10min,空冷到室温,在 24h 以内冷却到 -73℃ ±6℃,保持 8h,再加热到 510℃ ±10℃保持 60min 后空冷	≥1 030	≥1 230	≥4	≥10	≥388	—
	64	0Cr15Ni7Mo2Al	固溶	1 000～1 100℃快冷					≤269	—
			565℃时效	经固溶处理后,于 760℃ ±15℃保持 90min,在 1h 内冷却到 15℃以下,保持 30min,再加热到 565℃ ±10℃保持 90min,空冷	≥1 100	≥1 210	≥7	≥25	≥375	
			510℃时效	经固溶处理后,于 955℃ ±10℃保持 10min,空冷到室温在 24h 内冷却到 -73℃ ±6℃保持 8h,再加热到 510℃ ±10℃保持 60min 后空冷	≥1 210	≥1 320	≥6	≥20	≥388	

注：①对于 0Cr18Ni10Ti、0Cr18Ni11Nb、1Cr18Ni9Ti、0Cr18Ni12Mo2Ti、0Cr18Ni12Mo3Ti 和 1Cr18Ni12Mo3Ti 根据需方要求可进行稳定化处理，此时的热处理温度为 850～930℃，但必须在合同中注明。

②1Cr18Ni9Ti 与 0Cr18Ni10Ti、1Cr18Ni12Mo2Ti 与 0Cr18Ni12Mo2Ti、1Cr18Ni12Mo3Ti 与 0Cr18Ni12Mo3Ti 牌号的力学性能指标一致，需方可根据耐腐蚀性能的差别来选用。

2.2.17 耐热钢棒

1. 耐热钢棒的化学成分

表 2-92 耐热钢棒的化学成分

类型	序号	牌号	化学成分（%）					
			C	Si	Mn	P	S	Ni
奥氏体型	1	5Cr21Mn9Ni4N	0.48~0.58	≤0.35	8.00~10.00	≤0.040	≤0.030	3.25~4.50
	2	2Cr21Ni12N	0.15~0.28	0.75~1.25	1.00~1.60	≤0.035	≤0.030	10.50~12.50
	3	2Cr23Ni13	≤0.20	≤1.00	≤2.00	≤0.035	≤0.030	12.00~15.00
	4	2Cr25Ni20	≤0.25	≤1.50	≤2.00	≤0.035	≤0.030	19.00~22.00
	5	1Cr16Ni35	≤0.15	≤1.50	≤2.00	≤0.035	≤0.030	33.00~37.00
	6	0Cr15Ni25Ti2MoAlVB	≤0.08	≤1.00	≤2.00	≤0.035	≤0.030	24.00~27.00
	7	0Cr18Ni9	≤0.07	≤1.00	≤2.00	≤0.035	≤0.030	8.00~11.00
	8	0Cr23Ni13	≤0.08	≤1.00	≤2.00	≤0.035	≤0.030	12.00~15.00
	9	0Cr25Ni20	≤0.08	≤1.50	≤2.00	≤0.035	≤0.030	19.00~22.00
	10	0Cr17Ni12Mo2	≤0.08	≤1.00	≤2.00	≤0.035	≤0.030	10.00~14.00
	11	4Cr14Ni14W2Mo	0.40~0.50	≤0.80	≤0.70	≤0.035	≤0.030	13.00~15.00
	12	3Cr18Mn12Si2N	0.22~0.30	1.40~2.20	10.50~12.50	≤0.060	≤0.030	—
	13	2Cr20Mn9Ni2Si2N	0.17~0.26	1.80~2.70	8.50~11.00	≤0.060	≤0.030	2.00~3.00
	14	0Cr19Ni13Mo3	≤0.08	≤1.00	≤2.00	≤0.035	≤0.030	11.00~15.00
	15	1Cr18Ni9Ti	≤0.12	≤1.00	≤2.00	≤0.035	≤0.030	8.00~11.00
奥氏体型	16	0Cr18Ni10Ti	≤0.08	≤1.00	≤2.00	≤0.035	≤0.030	9.00~12.00
	17	0Cr18Ni11Nb	≤0.08	≤1.00	≤2.00	≤0.035	≤0.030	9.00~13.00
	18	0Cr18Ni13Si4	≤0.08	3.00~5.00	≤2.00	≤0.035	≤0.030	11.50~15.00
	19	1Cr20Ni14Si2	≤0.20	1.50~2.50	≤1.50	≤0.035	≤0.030	12.00~15.00
	20	1Cr25Ni20Si2	≤0.20	1.50~2.50	≤1.50	≤0.035	≤0.030	18.00~21.00
铁素体型	21	2Cr25N	≤0.20	≤1.00	≤1.50	≤0.040	≤0.030	—
	22	0Cr13Al	≤0.08	≤1.00	≤1.00	≤0.040	≤0.030	—
	23	00Cr12	≤0.030	≤1.00	≤1.00	≤0.040	≤0.030	—
	24	1Cr17	≤0.12	≤0.75	≤1.00	≤0.040	≤0.030	—

续表

类型	序号	牌号	化学成分（%）				
			Cr	Mo	V	N	其他
奥氏体型	1	5Cr21Mn9Ni4N	20.00 ~ 22.00	—		0.35 ~ 0.50	
	2	2Cr21Ni12N	20.00 ~ 22.00	—	—	0.15 ~ 0.30	—
	3	2Cr23Ni13	22.00 ~ 24.00	—	—	—	—
	4	2Cr25Ni20	24.00 ~ 26.00	—	—	—	—
	5	1Cr16Ni35	14.00 ~ 17.00	—	—	—	—
	6	0Cr15Ni25Ti2MoAlVB	13.50 ~ 16.00	1.00 ~ 1.50	0.10 ~ 0.50	—	Ti 1.90 ~ 2.35; Al < 0.35 B 0.001 ~ 0.010
	7	0Cr18Ni9	17.00 ~ 19.00	—	—	—	—
	8	0Cr23Ni13	22.00 ~ 24.00	—	—	—	—
	9	0Cr25Ni20	24.00 ~ 26.00	—	—	—	—
	10	0Cr17Ni12Mo2	16.00 ~ 18.00	2.00 ~ 3.00	—	—	—
	11	4Cr14Ni14W2Mo	13.00 ~ 15.00	0.25 ~ 0.40	—	—	W 2.00 ~ 2.75
	12	3Cr18Mn12Si2N	17.00 ~ 19.00	—	—	0.22 ~ 0.33	—
	13	2Cr20Mn9Ni2Si2N	18.00 ~ 21.00	—	—	0.20 ~ 0.30	—
	14	0Cr19Ni13Mo3	18.00 ~ 20.00	3.00 ~ 4.00	—	—	—
	15	1Cr18Ni9Ti	17.00 ~ 19.00	—	—	—	Ti 5 ×（C% − 0.02）~ 0.80
奥氏体型	16	0Cr18Ni10Ti	17.00 ~ 19.00	—	—	—	Ti ≥ 5 × C
	17	0Cr18Ni11Nb	17.00 ~ 19.00	—	—	—	Nb ≥ 10 × C
	18	0Cr18Ni13Si4	15.00 ~ 20.00	—	—	—	①
	19	1Cr20Ni14Si2	19.00 ~ 22.00	—	—	—	—
	20	1Cr25Ni20Si2	24.00 ~ 27.00	—	—	—	—
铁素体型	21	2Cr25N	23.00 ~ 27.00	—	—	≤0.25	②
	22	0Cr13Al	11.50 ~ 14.50	—	—	—	Al 0.10 ~ 0.30
	23	00Cr12	11.00 ~ 13.00	—	—	—	—
	24	1Cr17	16.00 ~ 18.00	—	—	—	—

续表

类型	序号	牌号	化学成分（%）					
			C	Si	Mn	P	S	Ni
马氏体型	25	1Cr5Mo	≤0.15	≤0.50	≤0.60	≤0.035	≤0.030	≤0.60
	26	4Cr9Si2	0.35~0.50	2.00~3.00	≤0.70	≤0.035	≤0.030	≤0.60
	27	4Cr10Si2Mo	0.35~0.45	1.90~2.60	≤0.70	≤0.035	≤0.030	≤0.60
	28	8Cr20Si2Ni	0.75~0.85	1.75~2.25	0.20~0.60	≤0.030	≤0.030	1.15~1.65
	29	1Cr11MoV	0.11~0.18	≤0.50	≤0.60	≤0.035	≤0.030	≤0.60
	30	1Cr12Mo	0.10~0.15	≤0.50	0.30~0.50	≤0.035	≤0.030	0.30~0.60
马氏体型	31	2Cr12MoVNbN	0.15~0.20	≤0.50	0.50~1.00	≤0.035	≤0.030	③
	32	1Cr12WMoV	0.12~0.18	≤0.50	0.50~0.90	≤0.035	≤0.030	0.40~0.80
	33	2Cr12NiMoWV	0.20~0.25	≤0.50	0.50~1.00	≤0.035	≤0.030	0.50~1.00
	34	1Cr13	≤0.15	≤1.00	≤1.00	≤0.035	≤0.030	③
	35	1Cr13Mo	0.08~0.18	≤0.60	≤1.00	≤0.035	≤0.030	③
	36	2Cr13	0.16~0.25	≤1.00	≤1.00	≤0.035	≤0.030	③
	37	1Cr17Ni2	0.11~0.17	≤0.80	≤0.80	≤0.035	≤0.030	1.50~2.50
	38	1Cr11Ni2W2MoV	0.10~0.16	≤0.60	≤0.60	≤0.035	≤0.030	1.40~1.80
沉淀硬化型	39	0Cr17Ni4Cu4Nb	≤0.07	≤1.00	≤1.00	≤0.035	≤0.030	3.00~5.00
	40	0Cr17Ni7Al	≤0.09	≤1.00	≤1.00	≤0.035	≤0.030	6.50~7.75

续表

类型	序号	牌号	化学成分（%）				
			Cr	Mo	V	N	其他
马氏体型	25	1Cr5Mo	4.00～6.00	0.45～0.60	—	—	—
	26	4Cr9Si2	8.00～10.00	—	—	—	—
	27	4Cr10Si2Mo	9.00～10.50	0.70～0.90	—	—	—
	28	8Cr20Si2Ni	19.00～20.50	—	—	—	—
	29	1Cr11MoV	10.00～11.50	0.50～0.70	0.25～0.40	—	—
	30	1Cr12Mo	11.50～13.00	0.30～0.60			②
马氏体型	31	2Cr12MoVNbN	10.00～13.00	0.30～0.90	0.10～0.40	0.05～0.10	Nb 0.20～0.60
	32	1Cr12WMoV	11.00～13.00	0.50～0.70	0.18～0.30	—	W 0.70～1.10
	33	2Cr12NiMoWV	11.00～13.00	0.75～1.25	0.20～0.40	—	W 0.70～1.25
	34	1Cr13	11.50～13.50	—	—	—	—
	35	1Cr13Mo	11.50～14.00	—	—	—	②
	36	2Cr13	12.00～14.00	—	—	—	—
	37	1Cr17Ni2	16.00～18.00	—	—	—	—
	38	1Cr11Ni2W2MoV	10.50～12.00	0.35～0.50	0.18～0.30	—	W 1.50～2.00
沉淀硬化型	39	0Cr17Ni4Cu4Nb	15.50～17.50	—	—	—	Cu 3.00～5.00；Nb 0.15～0.45
	40	0Cr17Ni7Al	16.00～18.00	—	—	—	Cu≤0.50；Al 0.75～1.50

注：①必要时，可添加上表以外的合金元素。

②允许含有≤0.30% Cu。

③允许含有≤0.60% Ni。

2. 奥氏体型、铁素体型钢的热处理制度及其力学性能

表 2-93　奥氏体型、铁素体型钢的热处理制度及其力学性能

类型	序号	牌号	热处理（℃）	拉伸试验				冲击试验	硬度试验		
				$\sigma_{0.2}$ (MPa)	σ_b (MPa)	δ_5 (%)	ψ (%)	A_k (J)	HBS	HRB	HV
				≥							
奥氏体型	1	5Cr21Mn9Ni4N	固溶 1 100～1 200 快冷，时效 730～780 空冷	560	885	8	—		≥302		
	2	2Cr21Ni12N	固溶 1 050～1 150 快冷，时效 750～800 空冷	430	820	26	20		≤269		
	3	2Cr23Ni13	固溶 1 030～1 150 快冷	205	560	45	50		≤201		
	4	2Cr25Ni20	固溶 1 030～1 180 快冷	205	590	40	50		≤201		
	5	1Cr16Ni35	固溶 1 030～1 180 快冷	205	560	40	50		≤201		
	6	0Cr15Ni25Ti2MoAlVB	固溶 885～915 或 965～995 快冷 时效 700～760，16h 空冷或缓冷	590	900	15	18		≥248		
	7	0Cr18Ni9	固溶 1 010～1 150 快冷	205	520	40	60		≤187		
	8	0Cr23Ni13	固溶 1 030～1 150 快冷	205	520	40	60		≤187		
	9	0Cr25Ni20	固溶 1 030～1 180 快冷	205	520	40	50		≤187		
	10	0Cr17Ni12Mo2	固溶 1 010～1 150 快冷	205	520	40	60		≤187		
	11	4Cr14Ni14W2Mo	退火 820～850 快冷	315	705	20	35		≤248		
	12	3Cr18Mn12Si2N	固溶 1 100～1 150 快冷	390	685	35	45		≤248		
	13	2Cr20Mn9Ni2Si2N	固溶 1 100～1 150 快冷	390	635	35	45		≤248		
	14	0Cr19Ni13Mo3	固溶 1 010～1 150 快冷	205	540	40	60		≤187		
	15	1Cr18Ni9Ti	固溶 920～1 150 快冷	205	520	40	50		≤187		
	16	0Cr18Ni10Ti	固溶 920～1 150 快冷	205	520	40	50		≤187		
	17	0Cr18Ni11Nb	固溶 980～1 150 快冷	205	520	40	50		≤187		
	18	0Cr18Ni13Si4	固溶 1 010～1 150 快冷	205	520	40	60		≤207		
	19	1Cr20Ni14Si2	固溶 1 080～1 130 快冷	295	590	35	50		≤187		
	20	1Cr25Ni20Si2	固溶 1 080～1 130 快冷	295	590	35	50		≤187		

续表

类型	序号	牌号	热处理（℃）	拉伸试验				冲击试验	硬度试验
				$\sigma_{0.2}$（MPa）	σ_b（MPa）	δ_5（%）	ψ（%）	A_k（J）	HBS HRB HV
				≥					
铁素体型	21	2Cr25N	退火 780～880 快冷	275	510	20	40		≤201
	22	0Cr13Al	退火 780～830 空冷或缓冷	177	410	20	60		≥183
	23	00Cr12	退火 700～820 空冷或缓冷	196	365	22	60		≥183
	24	1Cr17	退火 780～850 空冷或缓冷	205	450	22	50		≥183

注：①对于 1Cr18Ni9Ti、0Cr18Ni10Ti 和 0Cr18Ni11Nb 根据需方要求可进行稳定化处理，此时的热处理温度为 850～930℃。

②1Cr18Ni9Ti 与 0Cr18Ni10Ti 牌号，其力学性能指标一致，需方可根据耐腐蚀性的差别进行选用。

3. 马氏体型钢的热处理制度及其力学性能

表 2－94　马氏体型钢的热处理制度及其力学性能

类型	序号	牌号	热处理			退火后的硬度 HBS
			退火（℃）	淬火（℃）	回火（℃）	
马氏体型	25	1Cr5Mo	—	900～950 油冷	600～700 空冷	≤200
	26	4Cr9Si2	—	1 020～1 040 油冷	700～780 油冷	≤269
	27	4Cr10Si2Mo	—	1 010～1 040 油冷	120～160 空冷	≤269
	28	8Cr20Si2Ni	800～900 缓冷或约 720 空冷	1 030～1 080 油冷	100～800 快冷	≤321
	29	1Cr11MoV	—	1 050～1 100 空冷	720～740 空冷	≤200
	30	1Cr12Mo	800～900 缓冷或约 750 快冷	950～1 000 油冷	700～750 快冷	≤255
	31	2Cr12MoVNbN	850～950 缓冷	1 100～1 170 油冷或空冷	600 以上空冷	≤269
	32	1Cr12WMoV	—	1 000～1 050 油冷	680～700 空冷	
	33	2Cr12NiMoWV	830～900 缓冷	1 020～1 070 油冷或空冷	600 以上空冷	≤269
	34	1Cr13	800～900 缓冷或约 750 快冷	950～1 000 油冷	700～750 快冷	≤200
	35	1Cr13Mo	830～900 缓冷或约 750 快冷	970～1 020 油冷	650～750 快冷	≤200
	36	2Cr13	800～900 缓冷或约 750 快冷	920～980 油冷	600～750 快冷	≤223
	37	1Cr17Ni12	—	950～1 050 油冷	275～350 空冷	≤285
	38	1Cr11Ni2W2MoV	—	1 组 1 000～1 020 正火 1 000～1 020 油冷或空冷 2 组 1 000～1 020 正火 1 000～1 020 油冷或空冷	660～710 油冷或空冷 540～600 油冷或空冷	≤269

续表

类型	序号	牌号	经济回火的力学性能							
			拉伸试验				冲击试验	硬度试验		
			$\sigma_{0.2}$ (MPa)	σ_b (MPa)	δ_5 (%)	ψ (%)	A_k (J)	HBS	HRB	HV
			≥							
马氏体型	25	1Cr5Mo	390	590	18	—	—	—		
	26	4Cr9Si2	590	885	19	50	—	—		
	27	4Cr10Si2Mo	685	885	10	35	—	—		
	28	8Cr20Si2Ni	685	885	10	15	8	≥262		
	29	1Cr11MoV	490	685	16	55	47	—		
	30	1Cr12Mo	550	685	18	60	78	217 ~ 248		
	31	2Cr12MoVNbN	685	835	15	30	—	≤321		
	32	1Cr12WMoV	585	735	15	45	47	—		
	33	2Cr12NiMoWV	735	885	10	25	—	≤341		
	34	1Cr13	345	540	25	55	78	≥159		
	35	1Cr13Mo	490	685	20	60	78	≥192		
	36	2Cr13	440	635	20	50	63	≥192		
	37	1Cr17Ni12	—	1 080	10	—	39	—		
	38	1Cr11Ni2W2MoV	735	885	15	55	71	269 ~ 321		

4. 沉淀硬化型钢的热处理制度及其力学性能

表 2-95 沉淀硬化型钢的热处理制度及其力学性能

类型	序号	牌号	热处理		拉伸试验				冲击试验	硬度试验		
			种类	条件	$\sigma_{0.2}$（MPa）	σ_b（MPa）	δ_5（%）	ψ（%）	A_k（J）	HBS	HRC	HV
沉淀硬化型	39	0Cr17Ni14Cu4Nb	固溶	1 020～1 060℃快冷	—	—	—	—	—	≤363	≤38	
			480℃时效	经固溶处理后，470～490℃空冷	≥1 180	≥1310	≥10	≥40	—	≥375	≥40	
			550℃时效	经固溶处理后，540～560℃空冷	≥1 000	≥1 060	≥12	≥45	—	≥331	≥35	
			580℃时效	经固溶处理后，570～590℃空冷	≥865	≥1 000	≥13	≥45	—	≥302	≥31	
			620℃时效	经固溶处理后，610～630℃空冷	≥725	≥930	≥16	≥50	—	≥277	≥28	
	40	0Cr17Ni7Al	固溶	1 000～1 100℃快冷	≥380	≥1 030	≥20	—	—	≤299	—	
			565℃时效	经固溶处理后，760℃±15℃保持90min，在1h冷却到15℃以下，保持30min，再加热到565℃±10℃保持70min，空冷	≥960	≥1140	≥5	≥25	—	≥363	—	
			510℃时效	经固溶处理后，955℃±10℃保持10min，空冷到室温，在24h内冷却到－73℃±6℃保持8h，再加热到510℃±10℃，保持60min后空冷	≥1 030	≥1 230	≥4	≥10	—	≥388	—	

2.2.18 不锈钢和耐热钢冷轧钢带

不锈钢和耐热钢冷轧钢带（GB/T 4239—1991）的化学成分、热处理制度及力学性能列于表 2－96～表 2－98。

表 2－96 不锈钢和耐热钢冷轧钢带的化学成分

（1）奥氏体型钢的化学成分

序号	牌号	化学成分（%）									
		C	Si	Mn	P	S	Ni	Cr	Mo	N	其他
1	1Cr17Mn6Ni5N	≤0.15	≤1.00	5.50～7.50	≤0.060	≤0.030	3.50～5.50	16.00～18.00	—	≤0.25	—
2	1Cr18Mn8Ni5N	≤0.15	≤1.00	7.50～10.00	≤0.060	≤0.030	4.00～6.00	17.00～19.00	—	≤0.25	—
3	2Cr13Mn9Ni4	0.15～0.25	≤1.00	8.00～10.00	≤0.060	≤0.030	3.70～5.00	12.00～14.00	—	—	—
4	1Cr17Ni7	≤0.15	≤1.00	≤2.00	≤0.035	≤0.030	6.00～8.00	16.00～18.00	—	—	—
5	1Cr17Ni8	0.08～0.12	≤1.00	≤2.00	≤0.035	≤0.030	7.00～9.00	16.00～18.00	—	—	—
6	1Cr18Ni9	≤0.15	≤1.00	≤2.00	≤0.035	≤0.030	8.00～10.00	17.00～19.00	—	—	—
7	1Cr18Ni9Si3	≤0.15	2.00～3.00	≤2.00	≤0.035	≤0.030	8.00～10.00	17.00～19.00	—	—	—
8	0Cr18Ni9	≤0.07	≤1.00	≤2.00	≤0.035	≤0.030	8.00～11.00	17.00～19.00	—	—	—
9	00Cr19Ni10	≤0.030	≤1.00	≤2.00	≤0.035	≤0.030	8.00～12.00	18.00～20.00	—	—	—
10	0Cr19Ni9N	≤0.08	≤1.00	≤2.50	≤0.035	≤0.030	7.00～10.50	18.00～20.00	—	0.10～0.25	—
11	0Cr19Ni10NbN	≤0.08	≤1.00	≤2.50	≤0.035	≤0.030	7.50～10.50	18.00～20.00	—	0.15～0.30	Nb≤0.15
12	00Cr18Ni10N	≤0.030	≤1.00	≤2.00	≤0.035	≤0.030	8.50～11.50	17.00～19.00	—	0.12～0.22	—
13	1Cr18Ni12	≤0.12	≤1.00	≤2.00	≤0.035	≤0.030	10.50～13.00	17.00～19.00	—	—	—
14	0Cr23Ni13	≤0.08	≤1.00	≤2.00	≤0.035	≤0.030	12.00～15.00	22.00～24.00	—	—	—
15	0Cr25Ni20	≤0.08	≤1.50	≤2.00	≤0.035	≤0.030	19.00～22.00	24.00～26.00	—	—	—
16	0Cr17Ni12Mo2	≤0.08	≤1.00	≤2.00	≤0.035	≤0.030	10.00～14.00	16.00～18.00	2.00～3.00	—	—
17	00Cr17Ni14Mo2	≤0.030	≤1.00	≤2.00	≤0.035	≤0.030	12.00～15.00	16.00～18.00	2.00～3.00	—	—

续表

(1) 奥氏体型钢的化学成分

序号	牌号	化学成分(%)									
		C	Si	Mn	P	S	Ni	Cr	Mo	N	其他
18	0Cr17Ni12Mo2N	≤0.08	≤1.00	≤2.00	≤0.035	≤0.030	10.00~14.00	16.00~18.00	2.00~3.00	0.10~0.22	—
19	00Cr17Ni13Mo2N	≤0.030	≤1.00	≤2.00	≤0.035	≤0.030	10.50~14.50	16.50~18.50	2.00~3.00	0.12~0.22	—
20	0Cr18Ni12Mo2Cu2	≤0.08	≤1.00	≤2.00	≤0.035	≤0.030	10.00~14.00	17.00~19.00	1.20~2.75	—	Cu1.00~2.50
21	00Cr18Ni14Mo2Cu2	≤0.030	≤1.00	≤2.00	≤0.035	≤0.030	12.00~16.00	17.00~19.00	1.20~2.75	—	Cu1.00~2.50
22	0Cr19Ni13Mo3	≤0.08	≤1.00	≤2.00	≤0.035	≤0.030	11.00~15.00	18.00~20.00	3.00~4.00	—	—
23	00Cr19Ni13Mo3	≤0.030	≤1.00	≤2.00	≤0.035	≤0.030	11.00~15.00	18.00~20.00	3.00~4.00	—	—
24	0Cr18Ni16Mo5	≤0.040	≤1.00	≤2.50	≤0.035	≤0.030	15.00~17.00	16.00~19.00	4.00~6.00	—	—
25	1Cr18Ni9Ti	≤0.12	≤1.00	≤2.00	≤0.035	≤0.030	8.00~11.00	17.00~19.00	—	—	5(C%-0.02%)~0.80%
26	0Cr18Ni10Ti	≤0.08	≤1.00	≤2.00	≤0.035	≤0.030	9.00~12.00	17.00~19.00	—	—	Ti≥5×C%
27	0Cr18Ni11Nb	≤0.08	≤1.00	≤2.00	≤0.035	≤0.030	9.00~13.00	17.00~19.00	—	—	Nb≥10×C%
28	0Cr18Ni13Si4①	≤0.08	3.00~5.00	≤2.00	≤0.035	≤0.030	11.50~15.00	15.00~20.00	—	—	—

(2)奥氏体-铁素体型钢的化学成分

序号	牌号	化学成分(%)								
		C	Si	Mn	P	S	Ni	Cr	Mo	N
29	0Cr26Ni5Mo2	≤0.08	≤1.00	≤1.50	≤0.035	≤0.030	3.00~6.00	23.00~28.00	1.00~3.00	—
30	00Cr24Ni6Mo3N	≤0.03	≤1.00	≤1.50	≤0.040	≤0.030	4.50~7.50	22.00~26.00	2.50~4.00	0.08~0.30

注：①0Cr18Ni13Si4，必要时可添加表中以外的合金元素。

续表

(3)铁素体型钢化学成分

序号	牌号	化学成分(%)								
		C	Si	Mn	P	S	Cr	Mo	N	其他
31	0Cr13Al	≤0.08	≤1.00	≤1.00	≤0.035	≤0.030	11.50~14.50	—	—	Al0.10~0.30
32	00Cr12	≤0.030	≤1.00	≤1.00	≤0.035	≤0.030	11.00~13.50	—	—	—
33	1Cr15	≤0.12	≤1.00	≤1.00	≤0.035	≤0.030	14.00~16.00	—	—	—
34	1Cr17	≤0.12	≤0.75	≤1.00	≤0.035	≤0.030	16.00~18.00	—	—	—
35	00Cr17	≤0.030	≤0.75	≤1.00	≤0.035	≤0.030	16.00~19.00	—	—	Ti或Nb0.10~1.00
36	1Cr17Mo	≤0.12	≤1.00	≤1.00	≤0.035	≤0.030	16.00~18.00	0.75~1.25	—	—
37	00Cr17Mo	≤0.025	≤1.00	≤1.00	≤0.035	≤0.030	16.00~19.00	0.75~1.25	≤0.025	Ti、Nb、Zr单独或总和为8(C% +N%)~0.80%
38	00Cr18Mo2	≤0.025	≤1.00	≤1.00	≤0.035	≤0.030	17.00~20.00	1.75~2.50	≤0.025	
39	00Cr30Mo2	≤0.010	≤0.40	≤0.40	≤0.030	≤0.020	28.50~32.00	1.50~2.50	≤0.015	—
40	00Cr27Mo	≤0.010	≤0.40	≤0.40	≤0.030	≤0.020	25.00~27.50	0.75~1.50	≤0.015	—

注:①除00Cr30Mo2,00Cr27Mo钢外,其他钢允许含有小于、等于0.60%镍。

②00Cr30Mo2,00Cr27Mo允许含有小于、等于0.50%镍,小于、等于0.20%铜,而Ni+Cu应≤0.50%。

(4)马氏体型钢的化学成分

序号	牌号	化学成分(%)					
		C	Si	Mn	P	S	Cr
41	1Cr12	≤0.15	≤0.50	≤1.00	≤0.035	≤0.030	11.50~13.00
42	0Cr13	≤0.08	≤1.00	≤1.00	≤0.035	≤0.030	11.50~13.50
43	1Cr13	≤0.15	≤1.00	≤1.00	≤0.035	≤0.030	11.50~13.50

续表

序号	牌　号	化　学　成　分　（%）					
		C	Si	Mn	P	S	Cr
44	2Cr13	0.16～0.25	≤1.00	≤1.00	≤0.035	≤0.030	12.00～14.00
45	3Cr13	0.26～0.40	≤1.00	≤1.00	≤0.035	≤0.030	12.00～14.00
46	3Cr16	0.25～0.40	≤1.00	≤1.00	≤0.035	≤0.030	15.00～17.00
47	7Cr17	0.60～0.75	≤1.00	≤1.00	≤0.035	≤0.030	16.00～18.00

注:①表中所列牌号允许含有小于、等于0.60%镍。

②7Cr17 可添加小于、等于0.75%钼。

(5)沉淀硬化型钢的化学成分

序号	牌　号	化　学　成　分(%)							
		C	Si	Mn	P	S	Ni	Cr	Al
48	0Cr17Ni7Al	≤0.09	≤1.00	≤1.00	≤0.035	≤0.030	6.50～7.75	16.00～18.00	0.75～1.00

表 2-97　不锈钢和耐热钢冷轧钢带的热处理制度

（1）奥氏体型钢带的热处理制度

序号	牌　号	固溶处理（℃）	序号	牌　号	固溶处理（℃）
1	1Cr17Mn6Ni5N	1 010～1 120 快冷	15	0Cr25Ni20	1 030～1 180 快冷
2	1Cr18Mn8Ni5N	1 010～1 120 快冷	16	0Cr17Ni12Mo2	1 010～1 150 快冷
3	2Cr13Mn9Ni4	1 000～1 150 快冷	17	00Cr17Ni14Mo2	1 010～1 150 快冷
4	1Cr17Ni7	1 010～1 150 快冷	18	0Cr17Ni12Mo2N	1 010～1 150 快冷
5	1Cr17Ni8	1 010～1 150 快冷	19	00Cr17Ni13Mo2N	1 010～1 150 快冷
6	1Cr18Ni9	1 010～1 150 快冷	20	0Cr18Ni12Mo2Cu2	1 010～1 150 快冷
7	1Cr18Ni9Si3	1 010～1 150 快冷	21	00Cr18Ni14Mo2Cu2	1 010～1 150 快冷
8	0Cr18Ni9	1 010～1 150 快冷	22	0Cr19Ni13Mo2	1 010～1 150 快冷
9	00Cr19Ni10	1 010～1 150 快冷	23	00Cr19Ni13Mo3	1 010～1 150 快冷
10	0Cr19Ni9N	1 010～1 150 快冷	24	0Cr18Ni16Mo5	1 030～1 180 快冷
11	0Cr19Ni10NbN	1 010～1 150 快冷	25	1Cr18Ni9Ti	1 000～1 100 快冷
12	00Cr18Ni10N	1 010～1 150 快冷	26	0Cr18Ni11Ti	920～1 150 快冷
13	1Cr18Ni12	1 010～1 150 快冷	27	0Cr18Ni11Nb	980～1 150 快冷
14	0Cr23Ni13	1 030～1 150 快冷	28	0Cr18Ni13Si4	1 010～1 150 快冷

注：对 0Cr18Ni11Ti、0Cr18Ni11Nb 需方可规定进行稳定化处理，此时热处理温度为 850～930℃。

（2）奥氏体-铁素体型钢带的热处理制度

序　号	牌　号	固溶处理（℃）
29	0Cr26Ni5Mo2	950～1 100 快冷
30	00Cr24Ni6Mo3N	950～1 100 快冷

（3）铁素体型钢带的热处理制度

序号	牌　号	退火处理（℃）	序号	牌　号	退火处理（℃）
31	0Cr13Al	780～830 快冷或缓冷	36	1Cr17Mo	780～850 快冷或缓冷
32	00Cr12	700～820 快冷或缓冷	37	00Cr17Mo	800～1 050 快冷
33	1Cr15	780～850 快冷或缓冷	38	00Cr18Mo2	800～1 050 快冷
34	1Cr17	780～850 快冷或缓冷	39	00Cr30Mo2	900～1 050 快冷
35	00Cr17	780～950 快冷或缓冷	40	00Cr27Mo	900～1 050 快冷

续表

(4) 马氏体型钢带的热处理制度				
序　号	牌　号	热　处　理　(℃)		
		退　火	淬　火	回　火
41	1Cr12	约750快冷或 800~900缓冷	—	—
42	0Cr13	800~900缓冷	—	—
43	1Cr13	800~900缓冷	—	—
44	2Cr13	约750空冷或 800~900缓冷	—	—
45	3Cr13	800~900缓冷	980~1 040快冷	150~400空冷
46	3Cr16	800~900缓冷	—	—
47	7Cr17	800~900缓冷	1 010~1 070快冷	150~400空冷

注：①当需方要求时可采用淬火、回火处理。

②可用淬火、回火代替退火，以满足力学性能的要求。

(5) 沉淀硬化型钢带的热处理制度			
序　号	牌　号	热　处　理　制　度	
		种　类	条　件
48	0Cr17Ni7Al	固溶处理	1 000~1 100℃快冷
		565℃时效	固溶处理后，于760℃ ±15℃保持90min，在1h内冷却到15℃以下，保持30min，再加热到565℃ ±10℃保持90min后空冷
		510℃时效	固溶处理后，于955℃ ±10℃保持10min，空冷到室温，在24h内冷却到 -73℃ ±6℃保持8h，再加热到510℃ ±10℃保持60min后空冷

表2-98　不锈钢和耐热钢冷轧钢带的力学性能

(1) 经固溶处理的奥氏体型钢带的力学性能						
序号	牌号	拉力试验			硬度试验	
		屈服强度 $\sigma_{0.2}$ (MPa) ≥	抗拉强度 σ_b (MPa) ≥	伸长率 δ_5 (%) ≥	HRB ≤	HV ≤
1	1Cr17Mn6Ni5N	245	635	40	100	253
2	1Cr18Mn8Ni5N	245	590	40	95	218
3	2Cr13Mn9Ni4	—	590	40	—	—
4	1Cr17Ni7	205	520	40	90	200

续表

序号	牌　号	拉力试验			硬度试验	
		屈服强度 $\sigma_{0.2}$（MPa）≥	抗拉强度 σ_b（MPa）≥	伸长率 δ_5（%）≥	HRB ≤	HV ≤
5	1Cr17Ni8	205	570	45	90	200
6	1Cr18Ni9	205	520	40	90	200
7	1Cr18Ni9Si3	205	520	40	95	218
8	0Cr18Ni9	205	520	40	90	200
9	00Cr19Ni10	175	480	40	90	200
10	0Cr19Ni9N	275	550	35	95	220
11	0Cr19Ni10NbN	345	685	35	100	260
12	00Cr18Ni10N	245	550	40	95	220
13	1Cr18Ni12	175	480	40	90	200
14	0Cr23Ni13	205	520	40	90	200
15	0Cr25Ni20	205	520	40	90	200
16	0Cr17Ni12Mo2	205	520	40	90	200
17	00Cr17Ni14Mo2	175	480	40	90	200
18	0Cr17Ni12Mo2N	275	550	35	95	220
19	00Cr17Ni13Mo2N	245	550	40	95	220
20	0Cr18Ni12Mo2Cu2	205	520	40	90	200
21	00Cr18Ni14Mo2Cu2	175	480	40	90	200
22	0Cr19Ni13Mo3	205	520	40	90	200
23	00Cr19Ni13Mo3	175	480	40	90	200
24	0Cr18Ni16Mo5	175	480	40	90	200
25	1Cr18Ni9Ti	205	540	40	90	200
26	0Cr18Ni10Ti	205	520	40	90	200
27	0Cr18Ni11Nb	205	520	40	90	200
28	0Cr18Ni13Si4	205	520	40	95	218

（2）不同冷作硬化状态钢带的力学性能

序号	牌　号	状态符号	拉　力　试　验				
			屈服强度 $\sigma_{0.2}$（MPa）≥	抗拉强度 σ_b（MPa）≥	伸长率 δ_5（%）≥		
					厚度 <0.4	厚度 ≥0.4～0.8	厚度 >0.8
3	2Cr13Mn9Ni4	BY		785	20		
		Y		980	15		
		TY		1 130	8		

续表

序号	牌　号	状态符号	拉　力　试　验				
			屈服强度 $\sigma_{0.2}$（MPa）≥	抗拉强度 σ_b（MPa）≥	伸长率 δ_5（%）≥		
					厚度 <0.4	厚度 ≥0.4～0.8	厚度 >0.8
4	1Cr17Ni7	DY	510	865	25	25	25
		BY	755	1 030	9	10	10
		Y	930	1 205	3	5	7
		TY	960	1 275	3	4	5
6	1Cr18Ni9	BY		785	20		
		Y		980	10		
		TY		1 130	5		
25	1Cr18Ni9Ti	BY		735	20		
		Y		885	7		

（3）经固溶处理的奥氏体－铁素体型钢带的力学性能

序号	牌　号	拉力试验			硬度试验	
		屈服强度 $\sigma_{0.2}$（MPa）≥	抗拉强度 σ_b（MPa）≥	伸长率 δ_5（%）≥	HRC ≤	HV ≤
29	0Cr26Ni5Mo2	390	590	18	29	292
30	00Cr24Ni6Mo3N	450	620	18	32	320

（4）退火状态的铁素体型钢带的力学性能

序号	牌　号	拉力试验			硬度试验		弯曲试验 180° d—弯心直径 a—钢带厚度
		屈服强度 $\sigma_{0.2}$（MPa）≥	抗拉强度 σ_b（MPa）≥	伸长率 δ_5（%）≥	HRB ≤	HV ≤	
31	0Cr13Al	175	410	20	88	200	$d = a$
32	00Cr12	195	365	22	88	200	$d = 2a$
33	1Cr15	205	450	22	88	200	
34	1Cr17	205	450	22	88	200	
35	00Cr17	175	365	22	88	200	
36	1Cr17Mo	205	450	22	88	200	
37	00Cr17Mo	245	410	20	96	230	
38	00Cr18Mo2	245	410	20	96	230	
39	00Cr30Mo2	295	450	22	95	220	
40	00Cr27Mo2	245	410	22	90	200	

续表

(5) 退火状态马氏体型钢带的力学性能

序号	牌　号	拉力试验 屈服强度 $\sigma_{0.2}$ (MPa) ≥	拉力试验 抗拉强度 σ_b (MPa) ≥	拉力试验 伸长率 δ_5 (%) ≥	硬度试验 HRB ≤	硬度试验 HV ≤	弯曲试验 180° d—弯心直径 a—钢带厚度
41	1Cr12	205	440	20	93	210	$d=2a$
42	0Cr13	205	410	20	88	200	
43	1Cr13	205	440	20	93	210	
44	2Cr13	225	520	18	97	234	—
45	3Cr13	225	540	18	99	247	—
46	3Cr16	225	520	18	100	253	—
47	7Cr17	245	590	15	HRC25	269	—

(6) 淬火回火状态马氏体型钢的硬度

序　号	牌　号	HRC≥
45	3Cr13	40
47	7Cr17	40

(7) 沉淀硬化型钢的力学性能

序号	牌　号	热处理种类	拉力试验 屈服强度 $\sigma_{0.2}$ (MPa)	拉力试验 抗拉强度 σ_b (MPa)	拉力试验 伸长率 δ_5 (%)	硬度试验 HRC	硬度试验 HRB	硬度试验 HV
48	0Cr17Ni7Al	固溶	≤380	≤1 030	≥20	—	≤92	≤200
		565℃时效	≥960	≥1 140	厚度≤3.0mm >3 厚度>3.0mm ≥5	≥35	—	≥345
		510℃时效	≥1 030	≥1 225	厚度≤3.0mm 不规定 厚度>3.0mm ≥4	≥40	—	≥392

2.2.19 不锈钢热轧钢带

不锈钢热轧钢带（YB/T 5090—1993）的化学成分、热处理制度及力学性能列于表 2－99～表 2－101。

表 2－99 不锈钢热轧钢带的化学成分

(1)奥氏体型钢带的化学成分

序号	牌号	化学成分（%）									
		C	Si	Mn	P	S	Ni	Cr	Mo	N	其他
1	1Cr17Mn6Ni5N	≤0.15	≤1.00	5.50～7.50	≤0.060	≤0.030	3.50～5.50	16.00～18.00			
2	1Cr18Mn8Ni5N	≤0.15	≤1.00	7.50～10.00	≤0.060	≤0.030	4.00～6.00	17.00～19.00			
3	1Cr17Ni7	≤0.15	≤1.00	≤2.00	≤0.035	≤0.030	6.00～8.00	16.00～18.00			
4	1Cr17Ni8	0.08～0.12	≤1.00	≤2.00	≤0.035	≤0.030	7.00～9.00	16.00～19.00			
5	1Cr18Ni9	≤0.15	≤1.00	≤2.00	≤0.035	≤0.030	8.00～10.00	17.00～19.00			
6	1Cr18Ni9Si3	≤0.15	2.00～3.00	≤2.00	≤0.035	≤0.030	8.00～10.00	17.00～19.00			
7	0Cr19Ni9	≤0.08	≤1.00	≤2.00	≤0.035	≤0.030	8.00～10.00	18.00～20.00			
8	00Cr19Ni11	≤0.03	≤1.00	≤2.00	≤0.035	≤0.030	9.00～13.00	18.00～20.00			
9	0Cr19Ni9N	≤0.08	≤1.00	≤2.50	≤0.035	≤0.030	7.00～10.50	18.00～20.00		0.10～0.25	
10	0Cr19Ni10NbN	≤0.08	≤1.00	≤2.50	≤0.035	≤0.030	7.50～10.50	18.00～20.00		0.15～0.30	Nb≤0.15
11	00Cr18Ni10N	≤0.030	≤1.00	≤2.00	≤0.035	≤0.030	8.50～14.50	17.00～19.00		0.12～0.22	
12	1Cr18Ni12	≤0.12	≤1.00	≤2.00	≤0.035	≤0.030	10.50～13.00	17.00～19.00			
13	0Cr23Ni13	≤0.08	≤1.00	≤2.00	≤0.035	≤0.030	12.00～15.00	22.00～24.00			
14	0Cr25Ni20	≤0.08	≤1.50	≤2.00	≤0.035	≤0.030	19.00～22.00	24.00～26.00			
15	0Cr17Ni12Mo2	≤0.08	≤1.00	≤2.00	≤0.035	≤0.030	10.00～14.00	16.00～18.00	2.00～3.00		
16	00Cr17NiMo2N	≤0.030	≤1.00	≤2.00	≤0.035	≤0.030	12.00～15.00	16.00～18.00	2.00～3.00		
17	0Cr17Ni12Mo2N	≤0.08	≤1.00	≤2.00	≤0.035	≤0.030	10.00～14.00	16.00～18.00	2.00～3.00	0.10～0.22	
18	00Cr17Ni12Mo2Ti	≤0.030	≤1.00	≤2.00	≤0.035	≤0.030	10.50～14.00	16.50～18.50	2.00～3.00	0.12～0.22	
19	1Cr18Ni12Mo2Ti	≤0.12	≤1.00	≤2.00	≤0.035	≤0.030	11.00～14.00	16.00～19.00	1.80～2.50		Ti5(C%－0.20%)～0.80
20	0Cr18Ni12Mo2Ti	≤0.08	≤1.00	≤2.00	≤0.035	≤0.030	11.00～14.00	16.00～19.00	1.80～2.50		Ti5×C%～0.70

续表

(1)奥氏体型钢带的化学成分

序号	牌号	化学成分(%)									
		C	Si	Mn	P	S	Ni	Cr	Mo	N	其他
21	1Cr18Ni12Mo3Ti	≤0.12	≤1.00	≤2.00	≤0.035	≤0.030	11.00~14.00	16.00~19.00	2.50~3.50		Ti5(C% - 0.02%)~0.80
22	0Cr18Ni12Mo3Ti	≤0.08	≤1.00	≤2.00	≤0.035	≤0.030	11.00~14.00	16.00~19.00	2.50~3.50		Ti5×C%~0.70
23	0Cr18Ni12Mo2Cu2	≤0.08	≤1.00	≤2.00	≤0.035	≤0.030	10.00~14.00	17.00~19.00	1.20~2.75		Cu1.00~2.50
24	00Cr18Ni12Mo2Cu2	≤0.030	≤1.00	≤2.00	≤0.035	≤0.030	12.00~16.00	17.00~19.00	1.20~2.75		Cu1.00~2.50
25	0Cr19Ni13Mo3	≤0.08	≤1.00	≤2.00	≤0.035	≤0.030	11.00~15.00	18.00~20.00	3.00~4.00		
26	00Cr19Ni13Mo3	≤0.030	≤1.00	≤2.00	≤0.035	≤0.030	11.00~15.00	18.00~20.00	3.00~4.00		
27	0Cr18Ni16Mo5	≤0.040	≤1.00	≤2.50	≤0.035	≤0.030	15.00~17.00	16.00~19.00	4.00~6.00		
28	1Cr18Ni9Ti	≤0.12	≤1.00	≤2.00	≤0.035	≤0.030	8.00~11.00	17.00~19.00			Ti5(C% - 0.02%)~0.80
29	0Cr18Ni11Ti	≤0.08	≤1.00	≤2.00	≤0.035	≤0.030	9.00~13.00	17.00~19.00			Ti≥5×C%
30	0Cr18Ni11Nb	≤0.08	≤1.00	≤2.00	≤0.035	≤0.030	9.00~13.00	17.00~19.00			Nb≥10×C%
31	0Cr18Ni13Si4i注	≤0.08	3.00~5.00	≤3.00	≤0.035	≤0.030	11.50~15.00	15.00~20.00			

注:必要时,0Cr18Ni13Si4 可添加上表规定以外的合金元素。

(2)奥氏体-铁素体型钢带的化学成分

序号	牌号	化学成分(%)								
		C	Si	Mn	P	S	Ni	Cr	Mo	N
32	0Cr26Ni15Mo2注	≤0.08	≤1.00	≤1.50	≤0.035	≤0.030	3.00~6.00	23.00~28.00	1.00~3.00	—
33	00Cr18Ni5Mo3Si2	≤0.03	1.30~2.00	1.00~2.00	≤0.030	≤0.030	4.50~5.50	18.00~19.50	2.50~3.00	≤0.10

注:必要时,0Cr26Ni5Mo2 可添加上表规定以外的合金元素。

(3)铁素体型钢带的化学成分

序号	牌号	化学成分(%)							
		C	Si	Mn	P	S	Cr	Mo	其他
34	0Cr13Al	≤0.08	≤1.00	≤1.00	≤0.035	≤0.030	11.50~14.50	—	Al 0.10~0.30
35	00Cr12	≤0.03	≤1.00	≤1.00	≤0.035	≤0.030	11.00~13.50	—	—

续表

(3)铁素体型钢带的化学成分

序号	牌号	化学成分(%)							
		C	Si	Mn	P	S	Cr	Mo	其他
36	1Cr15	≤0.12	≤1.00	≤1.00	≤0.035	≤0.030	14.00~16.00	—	—
37	1Cr17	≤0.12	≤0.75	≤1.00	≤0.035	≤0.030	16.00~18.00	—	—
38	00Cr17	≤0.030	≤0.75	≤1.00	≤0.035	≤0.030	16.00~19.00	—	Ti 或 Nb 0.10~1.00
39	1Cr17Mo	≤0.12	≤1.00	≤1.00	≤0.035	≤0.030	16.00~18.00	0.75~1.25	—
40	00Cr17Mo	≤0.025	≤1.00	≤1.00	≤0.035	≤0.030	16.00~19.00	0.75~1.25	Ti、Nb、Zr 单独或总和为 8(C%+N%)~0.80% N≤0.025
41	00Cr18Mo2	≤0.025	≤1.00	≤1.00	≤0.035	≤0.030	17.00~20.00	1.75~2.50	
42	00Cr30Mo2	≤0.010	≤0.40	≤1.00	≤0.035	≤0.030	28.50~32.00	1.50~2.50	N≤0.015
43	00Cr27Mo	≤0.010	≤0.40	≤1.00	≤0.035	≤0.030	25.00~27.50	0.75~1.50	N≤0.015

注:①除 00Cr30Mo2、00Cr27Mo 钢外,其他钢允许 Ni≤0.60%。
②00Cr30Mo2、00Cr27Mo 允许 Ni≤0.50%,Cu≤0.20%,而 Ni+Cu≤0.5%。
③必要时,00Cr30Mo2、00Cr27Mo 可添加上表规定以外的合金元素。

(4)马氏体型钢带的化学成分

序号	牌号	化学成分(%)					
		C	Si	Mn	P	S	Cr
44	1Cr12	≤0.15	≤0.50	≤1.00	≤0.035	≤0.030	11.50~13.00
45	1Cr13	≤0.15	≤1.00	≤1.00	≤0.035	≤0.030	11.50~13.50
46	0Cr13	≤0.08	≤1.00	≤1.00	≤0.035	≤0.030	11.50~13.50
47	2Cr13	0.16~0.25	≤1.00	≤1.00	≤0.035	≤0.030	12.00~14.00
48	3Cr13	0.26~0.40	≤1.00	≤1.00	≤0.035	≤0.030	12.00~14.00
49	3Cr16	0.25~0.40	≤1.00	≤1.00	≤0.035	≤0.030	15.00~17.00
50	7Cr17	0.60~0.75	≤1.00	≤1.00	≤0.035	≤0.030	16.00~18.00

注:①上列牌号允许含有小于、等于 0.60% 镍。
②7Cr17 可添加小于、等于 0.75% 钼。

(5)沉淀硬化型钢带的化学成分

序号	牌号	化学成分(%)							
		C	Si	Mn	P	S	Ni	Cr	Al
51	0Cr17Ni7Al	≤0.09	≤1.00	≤1.00	≤0.035	≤0.030	6.50~7.75	16.00~18.00	0.75~1.50

表2-100 不锈钢热轧钢带的热处理制度

(1) 奥氏体型钢带的热处理制度

序号	牌 号	固溶处理（℃）	序号	牌 号	固溶处理（℃）
1	1Cr17Mn6Ni5N	1 010～1 120 快冷	17	0Cr17Ni12Mo2N	1 010～1 150 快冷
2	1Cr18Mn8Ni5N		18	00Cr17Ni13Mo2N	1 010～1 150 快冷
3	1Cr17Ni7	1 010～1 150 快冷	19	1Cr18Ni12Mo2Ti	1 050～1 100 快冷
4	1Cr17Ni8	1 010～1 150 快冷	20	0Cr18Ni12Mo2Ti	1 050～1 100 快冷
5	1Cr18Ni9	1 010～1 150 快冷	21	1Cr18Ni12Mo3Ti	1 050～1 100 快冷
6	1Cr18Ni9Si3	1 010～1 150 快冷	22	0Cr18Ni12Mo3Ti	1 050～1 100 快冷
7	0Cr19Ni9	1 010～1 150 快冷	23	0Cr18Ni12Mo2Cu2	1 010～1 150 快冷
8	00Cr19Ni11	1 010～1 150 快冷	24	00Cr18Ni4Mo2Cu2	1 010～1 150 快冷
9	0Cr19Ni9N	1 010～1 150 快冷	25	0Cr19Ni13Mo3	1 010～1 150 快冷
10	0Cr19Ni10NbN	1 010～1 150 快冷	26	00Cr19Ni13Mo3	1 010～1 150 快冷
11	00Cr18Ni10N	1 010～1 150 快冷	27	0Cr18Ni16Mo5	1 030～1 180 快冷
12	1Cr18Ni12	1 010～1 150 快冷	28	1Cr18Ni9Ti	1 000～1 080 快冷
13	0Cr23Ni13	1 030～1 150 快冷	29	0Cr18Ni11Ti	920～1 150 快冷
14	0Cr25Ni20	1 030～1 180 快冷	30	0Cr18Ni11Nb	980～1 150 快冷
15	0Cr17Ni12Mo2	1 010～1 150 快冷	31	0Cr18Ni3Si4	1 010～1 150 快冷
16	00Cr17Ni14Mo2	1 010～1 150 快冷			

注：0Cr18Ni11Ti、0Cr18Ni11Nb，需方指定进行稳定化处理时，热处理的温度为850～930℃。

(2) 奥氏体-铁素体型钢带的热处理制度

序号	牌 号	固溶处理（℃）
32	0Cr26Ni5Mo2	950～1 100 快冷
33	00Cr18Ni5Mo3Si2	950～1 050 水冷

(3) 铁素体型钢带的热处理制度

序号	牌 号	退火处理（℃）	序号	牌 号	退火处理（℃）
34	0Cr13Al	780～830 快冷或缓冷	39	1Cr17Mo	780～850快冷或缓冷
35	00Cr12	700～820 快冷或缓冷	40	00Cr17Mo	800～1 050 快冷
36	1Cr15	780～850 快冷或缓冷	41	00Cr18Mo2	800～1 050 快冷
37	1Cr17	780～850 快冷或缓冷	42	00Cr30Mo2	900～1 050 快冷
38	00Cr17	780～950 快冷或缓冷	43	00Cr27Mo2	900～1 050 快冷

续表

(4) 马氏体型钢带的热处理制度

序号	牌　号	热　处　理		
		退火（℃）	淬火（℃）	回火（℃）
44	1Cr12	约750 快冷或800～900 缓冷	—	—
45	1Cr13	约750 快冷或800～900 缓冷	—	—
46	0Cr13	约750 快冷或800～900 缓冷	—	—
47	2Cr13	约750 空冷或800～900 缓冷	—	—
48	3Cr13	约750 空冷或800～900 缓冷	980～1 040 快冷	150～400 空冷
49	3Cr16	约750 空冷或800～900 缓冷	—	—
50	7Cr17	约750 空冷或800～900 缓冷	1 010～1 070 快冷	150～400 空冷

(5) 沉淀硬化型钢带的热处理制度

序号	牌　号	热　处　理	
		种类	条　件
51	0Cr17Ni7Al	固溶	1 000～1 100℃快冷
		565℃时效	固溶处理后，于760℃ ±15℃保持90min，在1h内冷却到15℃以下，保持30min。再加热到565℃ ±10℃保持90min后空冷
		510℃时效	固溶处理后，于955℃ ±10℃保持10min，空冷到室温，在24h内冷却到 -73℃ ±6℃保持8h，再加热到510℃ ±10℃保持60min后空冷

表2-101　不锈钢热轧钢带的力学性能

(1) 经固溶处理的奥氏体型钢的力学性能

序号	牌　号	拉力试验			硬度试验		
		屈服强度 $\sigma_{0.2}$ (MPa) ≥	抗拉强度 σ_b (MPa) ≥	伸长率 δ_5 (%) ≥	HBS ≤	HRB ≤	HV ≤
1	1Cr17Mn6Ni5N	245	635	40	241	100	253
2	1Cr18Mn8Ni5N	245	590	40	207	95	218
3	1Cr17Ni7	205	520	40	187	90	200
4	1Cr17Ni8	205	570	45	187	90	200
5	1Cr18Ni9	205	520	40	187	90	200

续表

序号	牌　号	拉力试验			硬度试验		
		屈服强度 $\sigma_{0.2}$ (MPa) ≥	抗拉强度 σ_b (MPa) ≥	伸长率 δ_5 (%) ≥	HBS ≤	HRB ≤	HV ≤
6	1Cr18Ni9Si3	205	520	40	207	95	218
7	0Cr19Ni9	205	520	40	187	90	200
8	00Cr19Ni11	175	480	40	187	90	200
9	0Cr19Ni9N	275	550	35	217	95	220
10	0Cr19Ni10NbN	345	685	35	250	100	260
11	00Cr18Ni10N	245	550	40	217	95	220
12	1Cr18Ni12	175	480	40	187	90	200
13	0Cr23Ni12	205	520	40	187	90	200
14	0Cr25Ni20	205	520	40	187	90	200
15	0Cr17Ni12Mo2	205	520	40	187	90	200
16	00Cr17Ni14Mo2	175	480	40	187	90	200
17	0Cr17Ni12Mo2N	275	549	35	217	95	220
18	00Cr17Ni13Mo2N	245	549	40	217	95	220
19	1Cr18Ni12Mo2Ti	206	529	37	187	90	200
20	0Cr18Ni12Mo2Ti	206	529	37	187	90	200
21	1Cr18Ni12Mo3Ti	206	529	35	187	90	200
22	0Cr18Ni12Mo3Ti	206	529	35	187	90	200
23	0Cr18Ni12Mo2Cu2	206	520	40	187	90	200
24	00Cr18Ni14Mo2Cu2	177	481	40	187	90	200
25	0Cr19Ni13Mo3	206	520	40	187	90	200
26	00Cr19Ni13Mo3	177	481	40	187	90	200
27	0Cr18Ni16Mo5	177	481	40	187	90	200

续表

序号	牌号	拉力试验			硬度试验		
		屈服强度 $\sigma_{0.2}$ (MPa) ≥	抗拉强度 σ_b (MPa) ≥	伸长率 δ_5 (%) ≥	HBS ≤	HRB ≤	HV ≤
28	1Cr18Ni9Ti	206	539	40	187	90	200
29	0Cr18Ni11Ti	206	520	40	187	90	200
30	0Cr18Ni11Nb	206	520	40	187	90	200
31	0Cr18Ni13Si4	206	520	40	207	95	218

（2）经固溶处理的奥氏体－铁素体型钢的力学性能

32	0Cr26Ni5Mo2	390	590	18	227	29	292
33	00Cr18Ni5Mo3Si2	390	590	20		30	300

（3）退火状态的铁素体型钢带的力学性能

序号	牌号	拉力试验			硬度试验			弯曲试验
		屈服强度 $\sigma_{0.2}$ (MPa) ≥	抗拉强度 σ_b (MPa) ≥	伸长率 δ_5 (%) ≥	HBS ≤	HRB ≤	HV ≤	180° d—弯心直径 d—钢带厚度
34	0Cr13Al	175	410	20	183	88	200	$a<8mm, d=a$ $a\geqslant 8mm, d=2a$
35	00Cr12	195	365	22	183	88	200	$d=2a$
36	1Cr15	205	450	22	183	88	200	$d=2a$
37	1Cr17	205	450	22	183	88	200	$d=2a$
38	00Cr17	175	365	22	183	88	200	$d=2a$
39	1Cr17Mo	205	450	22	183	83	200	$d=2a$
40	00Cr17Mo	245	410	20	217	96	230	$d=2a$
41	00Cr18Mo2	245	410	20	217	96	230	$d=2a$
42	00Cr30Mo2	295	450	22	209	95	220	$d=2a$
43	00Cr27Mo2	245	410	22	190	90	200	$d=2a$

续表

(4) 退火状态的马氏体型钢带的力学性能

序号	牌号	拉力试验			硬度试验			弯曲试验
		屈服强度 $\sigma_{0.2}$ (MPa) ≥	抗拉强度 σ_b (MPa) ≥	伸长率 δ_5 (%) ≥	HBS ≤	HRB ≤	HV ≤	180° d—弯心直径 a—钢带厚度
44	1Cr12	205	440	20	200	93	210	$d=2a$
45	1Cr13	205	440	20	200	93	210	$d=2a$
46	0Cr13	205	410	20	183	88	200	$d=2a$
47	2Cr13	225	520	18	223	97	234	—
48	3Cr13	225	540	18	235	99	247	—
49	3Cr16	225	520	18	241	100	253	—
50	7Cr17	245	590	15	255	HRC25	269	—

(5) 淬火回火状态的马氏体型钢的硬度

序号	牌号	HRC≥
49	3Cr16	40
50	7Cr17	40

(6) 沉淀硬化型钢的力学性能

序号	牌号	热处理	拉力试验			硬度试验		
			屈服强度 $\sigma_{0.2}$ (MPa)	抗拉强度 σ_b (MPa)	伸长率 δ_5 (%)	HBS	HRB	HV
51	0Cr17Ni7Al	固溶	380	1 030	≤20	—	≤92	≤200
		565℃时效	960	1 135	厚度≤3.0mm，≥3；厚度>3.0mm，≥5	≥35	—	≤345
		510℃时效	1 030	1 225	厚度≤3.0mm，不规定；厚度>3.0mm，≥4	≥40	—	≤392

2.2.20 结构用不锈钢无缝钢管

结构用不锈钢无缝钢管（GB/T 14975—2002）的牌号和化学成分、推荐热处理制度及钢管力学性能列于表2－102、表2－103。

表2－102 结构用不锈钢无缝钢管的牌号和化学成分

组织类型	序号	牌号	化学成分(%)									
			C	Si	Mn	P	S	Ni	Cr	Mo	Ti	其他
奥氏体型	1	0Cr18Ni9	≤0.07	≤1.00	≤2.00	≤0.035	≤0.030	8.00～11.00	17.00～19.00			
	2	1Cr18Ni9	≤0.15	≤1.00	≤2.00	≤0.035	≤0.030	8.00～10.00	17.00～19.00			
	3	00Cr19Ni10	≤0.030	≤1.00	≤2.00	≤0.035	≤0.030	8.00～12.00	18.00～20.00			
	4	0Cr18Ni10Ti	≤0.08	≤1.00	≤2.00	≤0.035	≤0.030	9.00～12.00	17.00～19.00		≥5C%	
	5	0Cr18Ni11Nb	≤0.08	≤1.00	≤2.00	≤0.035	≤0.030	9.00～13.00	17.00～19.00			Nb≥10C%
	6	0Cr17Ni12Mo2	≤0.08	≤1.00	≤2.00	≤0.035	≤0.030	10.00～14.00	16.00～18.50	2.00～3.00		
	7	00Cr17Ni14Mo2	≤0.030	≤1.00	≤2.00	≤0.035	≤0.030	12.00～15.00	16.00～18.00	2.00～3.00		
	8	0Cr18Ni12Mo2Ti	≤0.08	≤1.00	≤2.00	≤0.035	≤0.030	11.00～14.00	16.00～19.00	1.80～2.50	5C%～0.70	
	9	1Cr18Ni12Mo2Ti	≤0.12	≤1.00	≤2.00	≤0.035	≤0.030	11.00～14.00	16.00～19.00	1.80～2.50	5(C%－0.02)～0.80	
	10	0Cr18Ni12Mo3Ti	≤0.08	≤1.00	≤2.00	≤0.035	≤0.030	11.00～14.00	16.00～19.00	2.50～3.50	5C%～0.70	
	11	1Cr18Ni12Mo3Ti	≤0.12	≤1.00	≤2.00	≤0.035	≤0.030	11.00～14.00	16.00～19.00	2.50～3.50	5(C%－0.02)～0.80	
	12	1Cr18Ni9Ti①	≤0.12	≤1.00	≤2.00	≤0.035	≤0.030	8.00～11.00	17.00～19.00		5(C%－0.02)～0.80	

续表

组织类型	序号	牌号	化学成分(%)									
			C	Si	Mn	P	S	Ni	Cr	Mo	Ti	其他
奥氏体型	13	0Cr19Ni13Mo3	≤0.08	≤1.00	≤2.00	≤0.035	≤0.030	11.00~15.00	18.00~20.00	3.00~4.00		
	14	00Cr19Ni13Mo3	≤0.030	≤1.00	≤2.00	≤0.035	≤0.030	11.00~15.00	18.00~20.00	3.00~4.00		
	15	00Cr18Ni10N	≤0.030	≤1.00	≤2.00	≤0.035	≤0.030	8.50~11.50	17.00~19.00			N:0.12~0.22
	16	0Cr19Ni9N	≤0.08	≤1.00	≤2.00	≤0.035	≤0.030	7.00~10.50	18.00~20.00			N:0.10~0.25
	17	00Cr17Ni13Mo2N	≤0.030	≤1.00	≤2.00	≤0.035	≤0.030	10.50~14.50	16.00~18.50	2.0~3.0		N:0.12~0.22
	18	0Cr17Ni12Mo2N	≤0.08	≤1.00	≤2.00	≤0.035	≤0.030	10.00~14.00	16.00~18.00	2.0~3.0		N:0.10~0.22
铁素体型	19	1Cr17	≤0.12	≤0.75	≤1.00	≤0.035	≤0.030	②	16.00~18.00			
马氏体型	20	0Cr13	≤0.08	≤1.00	≤1.00	≤0.035	≤0.030	②	11.50~13.50			
	21	1Cr13	≤0.15	≤1.00	≤1.00	≤0.035	≤0.030	②	11.50~13.50			
	22	2Cr13	0.16~0.25	≤1.00	≤1.00	≤0.035	≤0.030	②	12.00~14.00			
奥-铁双相型	23	00Cr18Ni5Mo3Si2	≤0.030	1.30~2.00	1.00~2.00	≤0.035	≤0.030	4.50~5.50	18.00~19.00	2.50~3.00		

注：①1Cr18Ni9Ti 不推荐使用。

②残余元素 Ni≤0.60。

表 2－103　推荐热处理制度及钢管力学性能

组织类型	序号	牌　号	推荐热处理制度	力学性能			密度（kg/dm^3）
				σ_b（MPa）	$\sigma_{p0.2}$（MPa）	δ_5（%）	
				不小于			
奥氏体	1	0Cr18Ni9	1 010～1 150℃，急冷	520	205	35	7.93
	2	1Cr18Ni9	1 010～1 150℃，急冷	520	205	35	7.90
	3	00Cr19Ni10	1 010～1 150℃，急冷	480	175	35	7.93
	4	0Cr18Ni10Ti	920～1 150℃，急冷	520	205	35	7.95
	5	0Cr18Ni11Nb	980～1 150℃，急冷	520	205	35	7.98
	6	0Cr17Ni12Mo2	1 010～1 150℃，急冷	520	205	35	7.98
	7	00Cr17Ni14Mo2	1 010～1 150℃，急冷	480	175	35	7.98
	8	0Cr18Ni12Mo2Ti	1 000～1 100℃，急冷	530	205	35	8.00
	9	1Cr18Ni12Mo2Ti	1 000～1 100℃，急冷	530	205	35	8.00
	10	0Cr18Ni12Mo3Ti	1 000～1 100℃，急冷	530	205	35	8.10
	11	1Cr18Ni12Mo3Ti	1 000～1 100℃，急冷	530	205	35	8.10
	12	1Cr18Ni9Ti	1 000～1 100℃，急冷	520	205	35	7.90
	13	0Cr19Ni13Mo3	1 010～1 150℃，急冷	520	205	35	7.98
	14	00Cr19Ni13Mo3	1 010～1 150℃，急冷	480	175	35	7.98
	15	00Cr18Ni10N	1 010～1 150℃，急冷	550	245	40	7.90
	16	0Cr19Ni9N	1 010～1 150℃，急冷	550	275	35	7.90
	17	00Cr17Ni13Mo2N	1 010～1 150℃，急冷	550	245	40	8.00
	18	0Cr17Ni12Mo2N	1 010～1 150℃，急冷	550	275	35	7.80
铁素体型	19	1Cr17	780～850℃，空冷或缓冷	410	245	20	7.70
马氏体型	20	0Cr13	800～900℃，缓冷或750℃，快冷	370	180	22	7.70
	21	1Cr13	800～900℃，缓冷	410	205	20	7.70
	22	2Cr13	800～900℃，缓冷	470	215	19	7.70
奥－铁双相型	23	00Cr18Ni5Mo3Si2	920～1 150℃，急冷	590	390	20	7.98

注：热挤压管的抗拉强度允许降低 20MPa。

2.2.21　流体输送用不锈钢无缝钢管

流体输送用不锈钢无缝钢管（GB/T 14976—2002）的牌号和化学成分列于表 2－104；推荐热处理制度及钢管力学性能列于表 2－105。

表 2－104 流体输送用不锈钢无缝钢管的牌号和化学成分

组织类型	序号	牌号	化学成分(%)									
			C	Si	Mn	P	S	Ni	Cr	Mo	Ti	其他
奥氏体型	1	0Cr18Ni9	≤0.07	≤1.00	≤2.00	≤0.035	≤0.030	8.00～11.00	17.00～19.00			
	2	1Cr18Ni9	≤0.15	≤1.00	≤2.00	≤0.035	≤0.030	8.00～10.00	17.00～19.00			
	3	00Cr19Ni10	≤0.030	≤1.00	≤2.00	≤0.035	≤0.030	8.00～12.00	18.00～20.00			
	4	0Cr18Ni10Ti	≤0.08	≤1.00	≤2.00	≤0.035	≤0.030	9.00～12.00	17.00～19.00		≥5C%	
	5	0Cr18Ni11Nb	≤0.08	≤1.00	≤2.00	≤0.035	≤0.030	9.00～13.00	17.00～19.00			Nb≥10C%
	6	0Cr17Ni12Mo2	≤0.08	≤1.00	≤2.00	≤0.035	≤0.030	10.00～14.00	16.00～18.50	2.00～3.00		
	7	00Cr17Ni14Mo2	≤0.030	≤1.00	≤2.00	≤0.035	≤0.030	12.00～15.00	16.00～18.00	2.00～3.00		
	8	0Cr18Ni12Mo2Ti	≤0.08	≤1.00	≤2.00	≤0.035	≤0.030	11.00～14.00	16.00～19.00	1.80～2.50	5C%～0.70	
	9	1Cr18Ni12Mo2Ti	≤0.12	≤1.00	≤2.00	≤0.035	≤0.030	11.00～14.00	16.00～19.00	1.80～2.50	5(C%－0.02)～0.80	
	10	0Cr18Ni12Mo3Ti	≤0.08	≤1.00	≤2.00	≤0.035	≤0.030	11.00～14.00	16.00～19.00	2.50～3.50	5C%～0.70	
	11	1Cr18Ni12Mo3Ti	≤0.12	≤1.00	≤2.00	≤0.035	≤0.030	11.00～14.00	16.00～19.00	2.50～3.50	5(C%－0.02)～0.80	
	12	1Cr18Ni9Ti①	≤0.12	≤1.00	≤2.00	≤0.035	≤0.030	8.00～11.00	17.00～19.00		5(C%－0.02)～0.80	
	13	0Cr19Ni13Mo3	≤0.08	≤1.00	≤2.00	≤0.035	≤0.030	11.00～15.00	18.00～20.00	3.00～4.00		
	14	00Cr19Ni13Mo3	≤0.030	≤1.00	≤2.00	≤0.035	≤0.030	11.00～15.00	18.00～20.00	3.00～4.00		

续表

组织类型	序号	牌号	化学成分(%)									
			C	Si	Mn	P	S	Ni	Cr	Mo	Ti	其他
奥氏体型	15	00Cr18Ni10N	≤0.030	≤1.00	≤2.00	≤0.035	≤0.030	8.50~11.50	17.00~19.00			N:0.12~0.22
	16	0Cr19Ni9N	≤0.08	≤1.00	≤2.00	≤0.035	≤0.030	7.00~10.50	18.00~20.00			N:0.10~0.25
	17	0Cr19Ni10NbN	≤0.08	≤1.00	≤2.00	≤0.035	≤0.030	7.50~10.50	18.00~20.00			Nb≤0.15 N:0.15~0.30
	18	0Cr23Ni13	≤0.08	≤1.00	≤2.00	≤0.035	≤0.030	12.00~15.00	22.00~24.00			
	19	0Cr25Ni20	≤0.08	≤1.00	≤2.00	≤0.035	≤0.030	19.00~22.00	24.00~26.00			
	20	00Cr17Ni13Mo2N	≤0.030	≤1.00	≤2.00	≤0.035	≤0.030	10.50~14.50	16.00~18.50	2.0~3.0		0.12~0.22
	21	0Cr17Ni12Mo2N	≤0.08	≤1.00	≤2.00	≤0.035	≤0.030	10.00~14.00	16.00~18.00	2.0~3.0		0.10~0.22
	22	0Cr18Ni12Mo2Cu2	≤0.08	≤1.00	≤2.00	≤0.035	≤0.030	10.00~14.50	17.00~19.00	1.20~2.75		Cu:1.00~2.50
	23	00Cr18Ni14Mo2Cu2	≤0.030	≤1.00	≤2.00	≤0.035	≤0.030	12.00~16.00	17.00~19.00	1.20~2.75		Cu:1.00~2.50
铁素体型	24	1Cr17	≤0.12	≤0.75	≤1.00	≤0.035	≤0.030	②	16.00~18.00			
马氏体型	25	0Cr13	≤0.08	≤1.00	≤1.00	≤0.035	≤0.030	②	11.50~13.50			
奥-铁双相型	26	0Cr26Ni5Mo2	≤0.08	≤1.00	≤1.50	≤0.035	≤0.030	3.00~6.00	23.00~28.00	1.00~3.00		
	27	00Cr18Ni5Mo3Si2	≤0.030	1.30~2.00	1.00~2.00	≤0.035	≤0.030	4.50~5.50	18.00~19.50	2.50~3.00		

注：①1Cr18Ni9Ti 不作为推荐性牌号。

②残余元素 ω（Ni）≤0.60。

表 2－105　推荐热处理制度及钢管力学性能

组织类型	序号	牌号	推荐热处理制度	力学性能			密度 (kg/dm^3)
				σ_b (MPa)	$\sigma_{p0.2}$ (MPa)	δ_5 (%)	
				≥			
奥氏体型	1	0Cr18Ni9	1 010～1 150℃,急冷	520	205	35	7.93
	2	1Cr18Ni9	1 010～1 150℃,急冷	520	205	35	7.90
	3	00Cr19Ni10	1 010～1 150℃,急冷	480	175	35	7.93
	4	0Cr18Ni10Ti	920～1 150℃,急冷	520	205	35	7.95
	5	0Cr18Ni11Nb	980～1 150℃,急冷	520	205	35	7.98
	6	0Cr17Ni12Mo2	1 010～1 150℃,急冷	520	205	35	7.98
	7	00Cr17Ni14Mo2	1 010～1 150℃,急冷	480	175	35	7.98
	8	0Cr18Ni12Mo2Ti	1 000～1 100℃,急冷	530	205	35	8.00
	9	1Cr18Ni12Mo2Ti	1 000～1 100℃,急冷	530	205	35	8.00
	10	0Cr18Ni12Mo3Ti	1 000～1 100℃,急冷	530	205	35	8.10
	11	1Cr18Ni12Mo3Ti	1 000～1 100℃,急冷	530	205	35	8.10
	12	1Cr18Ni9Ti	1 000～1 100℃,急冷	520	205	35	7.90
	13	0Cr19Ni13Mo3	1 010～1 150℃,急冷	520	205	35	7.98
	14	00Cr19Ni13Mo3	1 010～1 150℃,急冷	480	175	35	7.98
	15	00Cr18Ni10N	1 010～1 150℃,急冷	550	245	40	7.90
	16	0Cr19Ni9N	1 010～1 150℃,急冷	550	275	35	7.90
	17	0Cr19Ni10NbN	1 010～1 150℃,急冷	685	345	35	7.98
	18	0Cr23Ni13	1 030～1 150℃,急冷	520	205	40	7.98
	19	0Cr25Ni20	1 030～1 180℃,急冷	520	205	40	7.98
	20	00Cr17Ni13Mo2N	1 010～1 150℃,急冷	550	245	40	8.00
	21	0Cr17Ni12Mo2N	1 010～1 150℃,急冷	550	275	35	7.80
	22	0Cr18Ni12Mo2Cu2	1 010～1 150℃,急冷	520	205	35	7.98
	23	00Cr18Ni14Mo2Cu2	1 010～1 150℃,急冷	480	180	35	7.98
铁素体型	24	1Cr17	780～850℃,空冷或缓冷	410	245	20	7.70
马氏体型	25	0Cr13	800～900℃,缓冷或750℃,快冷	370	180	22	7.70
奥－铁双相型	26	0Cr26Ni5Mo2	≥950℃,急冷	590	390	18	7.80
	27	00Cr18Ni5Mo3Si2	920～1 150℃,急冷	590	390	20	7.98

注：热挤压管的抗拉强度允许降低 20MPa。

2.2.22 高电阻电热合金

高电阻电热合金（GB/T 1234—1995）的化学成分列于表 2－106，其物理性能室温电阻率列于表 2－107 和表 2－108。

表 2－106 高电阻电热合金的化学成分

合金牌号	化学成分（%）									
	C	P	S	Mn	Si	Cr	Ni	Al	Fe	其他
	≤									
Cr20Ni80	0.08	0.02	0.015	0.60	0.75～1.60	20.0～23.0	余	≤0.50	≤1.0	—
Cr30Ni70	0.08	0.02	0.015	0.60	0.75～1.60	28.0～31.0	余	≤0.50	≤1.0	—
Cr15Ni60	0.08	0.02	0.015	0.60	0.75～1.60	15.0～18.0	55.0～61.0	≤0.50	余	—
Cr20Ni35	0.08	0.02	0.015	1.00	1.00～3.00	18.0～21.0	34.0～37.0	—	余	—
Cr20Ni30	0.08	0.02	0.015	1.00	1.00～2.00	18.0～21.0	30.0～34.0	—	余	—
1Cr13Al4	0.12	0.025	0.025	0.70	≤1.00	12.0～15.0	≤0.60	4.0～6.0	余	—
0Cr25Al5	0.06	0.025	0.025	0.70	≤0.60	23.0～26.0	≤0.60	4.0～6.5	余	—
0Cr23Al5	0.06	0.025	0.025	0.70	≤0.60	20.5～23.5	≤0.60	4.2～5.3	余	—
0Cr21Al6	0.06	0.025	0.025	0.70	≤1.00	19.0～22.0	≤0.60	5.0～7.0	余	—
1Cr20Al3	0.10	0.025	0.025	0.70	≤1.00	18.0～21.0	≤0.60	3.0～4.2	余	—
0Cr21Al6Nb	0.05	0.025	0.025	0.70	≤0.60	21.0～23.0	≤0.60	5.0～7.0	余	Nb 加入量 0.5
0Cr27Al7Mo2	0.05	0.025	0.025	0.20	≤0.40	26.5～27.8	≤0.60	6.0～7.0	余	Mo 加入量 1.8～2.2

注：①在保证合金性能符合上表要求的条件下，可以对合金成分范围进行适当调整。

②为了改善合金性能，允许在合金中添加适量的其他元素。

表 2－107　高电阻电热合金软态丝材的室温电阻率

合金牌号	直径(mm)	电阻率(μΩ/m)(20℃)
Cr20Ni80	<0.50 0.50～3.00 >3.00	1.09±0.05 1.13±0.05 1.14±0.05
Cr30Ni70	<0.50 ≥0.50	1.18±0.05 1.20±0.05
Cr15Ni60	<0.50 ≥0.50	1.12±0.05 1.15±0.05
Cr20Ni35 Cr20Ni30	<0.50 ≥0.50	1.04±0.05 1.06±0.05
1Cr13Al4 0Cr25Al5 0Cr23Al5 0Cr21Al6 1Cr20Al3 0Cr21Al6Nb	0.03～8.00	1.25±0.08 1.42±0.07 1.35±0.06 1.42±0.07 1.23±0.06 1.45±0.07
0Cr27Al7Mo2	0.30～8.00	1.53±0.07

注：考核每米电阻值的丝材，其室温电阻率不考核。

表 2－108　高电阻电热合金软态带材的室温电阻率

合金牌号	合金带厚度(mm)	电阻率(μΩ/m)(20℃)
Cr20Ni80	≤0.80 >0.80～3.00 >3.00	1.09±0.05 1.13±0.05 1.14±0.05
Cr30Ni70	≤0.80 >0.80～3.00 >3.00	1.18±0.05 1.19±0.05 1.20±0.05
Cr15Ni60	≤0.80 >0.80～3.00 >3.00	1.11±0.05 1.14±0.05 1.15±0.05
Cr20Ni35 Cr20Ni30	≤0.80 ≥0.80	1.04±0.05 1.06±0.05

续表

合金牌号	合金带厚度/(mm)	电阻率/(μΩ/m)(20℃)
1Cr13Al4	0.05~3.50	1.25±0.08
0Cr25Al5		1.42±0.07
0Cr23Al5		1.35±0.07
0Cr21Al6		1.42±0.07
1Cr20Al3		1.23±0.07
0Cr21Al6Nb		1.45±0.07
0Cr27Al7Mo2		1.53±0.07

2.2.23 冷镦钢丝

冷镦钢丝（GB/T 5953—1999）按交货状态可分为：

（1）冷拉 WCD。

（2）退火 TA。

（3）退火酸洗 SA。

（4）退火磨光 SP。

冷镦钢丝按化学成分可分为碳素钢丝和合金钢丝两种。

碳素钢丝化学成分列于表 2-109；合金结构钢丝的化学成分列于表 2-110；碳素钢丝力学性能列于表 2-111；合金结构钢丝的力学性能列于表 2-112。

表 2-109 碳素钢丝的化学成分

牌号	化学成分（%）						
	C	Mn	Si	Cr	Cu	S	P
		≤					
ML10	0.07~0.14	0.60	0.20	0.20	0.20	0.035	0.035
ML15	0.12~0.19						
ML18	0.15~0.20						
ML20	0.17~0.24						
ML25	0.22~0.30						
ML30	0.27~0.35						
ML35	0.32~0.40						
ML40	0.37~0.45						
ML45	0.42~0.50						

注：碳素钢丝按冷拉状态交货。

表 2－110　合金钢丝的化学成分

牌号	化学成分（%）								
	C	Mn	Si	Cr	Ni	Mo	Cu	S	P
							≤		
ML20MnA	0.18～0.26	1.30～1.60	0.17～0.37	≤0.20	≤0.30	—	0.20	0.030	0.035
ML30CrMnSiA	0.28～0.35	0.80～1.10	0.90～1.20	0.80～1.10	≤0.40	—			0.030
ML16CrSiNi	0.13～0.21	0.40～0.60	0.60～0.90	0.80～1.10	0.60～0.90	—		0.035	0.035
ML20CrMoA	0.17～0.24	0.40～0.70	0.17～0.37	0.80～1.10	≤0.40	0.15～0.25		0.030	0.030
ML30CrMoA	0.25～0.33	0.40～0.70	0.17～0.37	0.80～1.10	≤0.40	0.15～0.25			
ML35CrMoA	0.32～0.40	0.40～0.70	0.17～0.37	0.80～1.10	≤0.40	0.15～0.25			
ML42CrMoA	0.38～0.45	0.50～0.80	0.17～0.37	0.90～1.20	≤0.40	0.15～0.25			
ML38CrA	0.34～0.42	0.50～0.80	0.17～0.37	0.80～1.10	≤0.40	—			
ML40CrNiMoA	0.36～0.44	0.50～0.80	0.17～0.37	0.60～0.90	1.25～1.75	0.15～0.25			

注：①合金钢丝按冷拉、退火、退火酸洗及退火磨光四种状态交货。

②钢丝的交货状态应在合同中注明，未注明时按冷拉状态交货。

表 2－111　碳素钢丝力学性能

牌号	σ_b（MPa）		ψ（%）≥
ML10	420～620		50
ML15、ML18、ML20	440～635		45
ML25、ML30	Ⅰ	590～735	35
	Ⅱ	490～685	40
ML35、ML40、ML45	590～735		35

注：①直径不大于 2.00mm 的碳素钢丝不做断面收缩率检验。

②当要求供应Ⅱ组力学性能的 ML25 和 ML30 钢丝时，应在合同中注明，未注明时按Ⅰ组供应。

表 2－112　合金结构钢丝力学性能

牌号	冷拉状态		退火状态	
	σ_b（MPa）	δ（%）≥	σ_b（MPa）	δ（%）≥
ML16CrSiNi ML20CrMoA ML30CrMoA	440～635	10	390～590	15
ML20MnA	490～685	10	440～635	15
ML30CrMnSiA ML38CrA	490～735	8	440～685	12
ML40CrNiMoA ML35CrMoA ML42CrMoA	540～785	6	490～735	10

注：①检测伸长率的标距为钢丝直径的 10 倍，不足 50mm 时按 50mm 计。

②合金钢丝退火酸洗状态、退火磨光状态交货时，其力学性能指标由供需双方协议规定。

2.2.24　熔化焊用钢丝

熔化焊用钢丝（GB/T 14957—1994）的化学成分列于表 2－113。

表 2－113　熔化焊用钢丝的化学成分

钢种	序号	牌号	化学成分（%）										
			C	Mn	Si	Cr	Ni	Mo	V	Cu	其他	S≤	P≤
碳素结构钢	1	H08A	≤0.10	0.30～0.55	≤0.03	≤0.20	≤0.30			≤0.20		0.030	0.030
	2	H08E	≤0.10	0.30～0.55	≤0.03	≤0.20	≤0.30			≤0.20		0.020	0.020
	3	H08C	≤0.10	0.30～0.55	≤0.03	≤0.10	≤0.10			≤0.20		0.015	0.015
	4	H08MnA	≤0.10	0.80～1.10	≤0.07	≤0.20	≤0.30			≤0.20		0.030	0.030
	5	H15A	0.11～0.18	0.35～0.65	≤0.03	≤0.20	≤0.30			≤0.20		0.030	0.030
	6	H15Mn	0.11～0.18	0.80～1.10	≤0.03	≤0.20	≤0.30			≤0.20		0.035	0.035
合金结构钢	7	H10Mn2	≤0.12	1.50～1.90	≤0.07	≤0.20	≤0.30			≤0.20		0.035	0.035
	8	H08Mn2Si	≤0.11	1.70～2.10	0.65～0.95	≤0.20	≤0.30			≤0.20		0.035	0.035
	9	H08Mn2SiA	≤0.11	1.80～2.10	0.65～0.95	≤0.20	≤0.30			≤0.20		0.03	0.03
	10	H10MnSi	≤0.14	0.80～1.10	0.60～0.90	≤0.20	≤0.30			≤0.20		0.035	0.035
	11	H10MnSiMo	≤0.14	0.90～1.20	0.70～1.10	≤0.20	≤0.30	0.15～0.25		≤0.20		0.035	0.035
	12	H10MnSiMoTiA	0.08～0.12	1.00～1.30	0.40～0.70	≤0.20	≤0.30	0.20～0.40		≤0.20	Ti0.05～0.15	0.025	0.030
	13	H08MnMoA	≤0.10	1.20～1.60	≤0.25	≤0.20	≤0.30	0.30～0.50		≤0.20	Ti0.15（加入量）	0.030	0.030
	14	H08Mn2MoA	0.06～0.11	1.60～1.90	≤0.25	≤0.20	≤0.30	0.50～0.70		≤0.20	Ti0.15（加入量）	0.030	0.030
	15	H10Mn2MoA	0.08～0.13	1.70～2.00	≤0.40	≤0.20	≤0.30	0.60～0.80		≤0.20	Ti0.15（加入量）	0.030	0.030
	16	H08Mn2MoVA	0.06～0.11	1.60～1.90	≤0.25	≤0.20	≤0.30	0.50～0.70	0.062～0.12	≤0.20	Ti0.15（加入量）	0.030	0.030
	17	H10Mn2MoVA	0.08～0.13	1.70～2.00	≤0.40	≤0.20	≤0.30	0.60～0.80	0.062～0.12	≤0.20	Ti0.15（加入量）	0.030	0.030
	18	H08CrMoA	≤0.10	0.40～0.70	0.15～0.35	0.80～1.10	≤0.30	0.40～0.60		≤0.20		0.030	0.030
	19	H13CrMoA	0.11～0.16	0.40～0.70	0.15～0.35	0.80～1.10	≤0.30	0.40～0.60		≤0.20		0.030	0.030
	20	H18CrMoA	0.15～0.22	0.40～0.70	0.15～0.35	0.80～1.10	≤0.30	0.15～0.25		≤0.20		0.025	0.030
	21	H18CrMoVA	≤0.10	0.40～0.70	0.15～0.35	1.00～1.30	≤0.30	0.50～0.70	0.15～0.35	≤0.20		0.025	0.030
	22	H18CrNi2MoA	0.05～0.10	0.50～0.85	0.10～0.30	0.70～1.00	1.40～1.80	0.20～0.40		≤0.20		0.025	0.030
	23	H30CrMoSiA	0.025～0.35	0.8～1.10	0.90～1.20	0.80～1.10	≤0.30			≤0.20		0.025	0.025
	24	H10MoCrA	≤0.12	0.40～0.70	0.15～0.35	0.45～0.65	≤0.30	0.40～0.60		≤0.20		0.030	0.030

2.2.25 气体保护焊用钢丝

气体保护焊用钢丝（GB/T 14958—1994）的牌号和化学成分列于表2－114；气体保护焊用钢丝熔敷金属力学性能列于表2－115。

表2－114 气体保护焊用钢丝的牌号和化学成分

序号	牌号	化学成分（%）				
		C	Mn	Si	P	S
1	H08MnSi	≤0.11	1.20～1.50	0.40～0.70	≤0.035	≤0.035
2	H08Mn2Si	≤0.11	1.70～2.10	0.65～0.95	≤0.035	≤0.035
3	H08Mn2SiA	≤0.11	1.80～2.10	0.65～0.95	≤0.030	≤0.030
4	H11MnSi	0.07～0.15	1.00～1.50	0.65～0.95	≤0.025	≤0.035
5	H11Mn2SiA	0.07～0.15	1.40～1.85	0.85～1.15	≤0.025	≤0.025
序号	牌号	化学成分（%）				
		Cr	Ni	Cu	Mo	V
1	H08MnSi	≤0.20	≤0.30	≤0.20		
2	H08Mn2Si	≤0.20	≤0.30	≤0.20		
3	H08MnSiA	≤0.20	≤0.30	≤0.20		
4	H11MnSi		≤0.15		≤0.15	≤0.05
5	H11Mn2SiA		≤0.15		≤0.15	≤0.15

表2－115 气体保护焊用钢丝熔敷金属力学性能

牌号	抗拉强度 σ_b（MPa）	条件屈服应力 $\sigma_{0.2}$（MPa）	伸长率 δ_5（%）	室温冲击功 A_{KV}（J）
H08MnSi	420～520	≥320	≥22	≥27
H08Mn2Si	≥500	≥420	≥22	≥27
H08Mn2SiA	≥500	≥420	≥22	≥27
H11MnSi	≥500	≥420	≥22	—
H11Mn2SiA	≥500	≥420	≥22	≥27

2.2.26 低碳钢热轧圆盘条

低碳钢热轧圆盘条（GB/T 701—1997）的化学成分和力学性能分别列于表 2－116～表 2－118。

表 2－116 低碳钢热轧圆盘条的牌号和化学成分

牌号	化学成分（%）					脱氧方法
	C	Mn	Si	S	P	
			≤			
Q195	0.06～0.12	0.25～0.50	0.30	0.050	0.045	F.b.Z
Q195C	≤0.10	0.30～0.60		0.040	0.040	
Q215A	0.09～0.15	0.25～0.55	0.30	0.050	0.045	F.b.Z
Q215B				0.045		
Q215C	0.10～0.15	0.30～0.60		0.040	0.040	
Q235A	0.14～0.22	0.30～0.65	0.30	0.050	0.045	F.b.Z
Q235B	0.12～0.20	0.30～0.70		0.045		
Q235C	0.13～0.18	0.30～0.60		0.040	0.040	

注：①沸腾钢硅的含量不大于 0.07%，半镇静钢硅的含量不大于 0.17%。镇静钢硅的含量下限值为 0.12%。允许用铝代硅脱氧。

②钢中铬、镍、铜、砷的残余含量应符合 GB 700 的有关规定。

③经供需双方协议，各牌号的 Mn 含量可不大于 1.00%。

④经供需双方协议，并在合同中注明，可供应其他牌号的盘条。

⑤盘条的化学成分允许偏差应符合 GB 222—84 中表 1 的规定。

表 2－117 建筑用低碳钢热轧圆盘条的力学性能和工艺性能

牌号	力学性能			冷弯试验 180° d = 弯心直径 a = 试样直径
	屈服点 σ_s（MPa）	抗拉强度 σ_b（MPa）	伸长率 δ_{10}（%）	
	≥			
Q 215	215	375	27	$d=0$
Q 235	235	410	23	$d=0.5a$

表 2－118 拉丝用低碳钢热轧圆盘条的力学和工艺性能

牌号	力学性能		冷弯试验 180° d = 弯心直径 a = 试样直径
	抗拉强度 σ_b（MPa） ≥	伸长率 δ_{10}（%） ≥	
Q 195	390	30	$d=0$
Q 215	420	28	$d=0$
Q 235	490	23	$d=0.5a$

2.2.27 焊接用不锈钢丝

焊接用不锈钢丝（YB/T 5092—1996）的化学成分（熔炼分析）列于表2－119。

表2－119 焊接用不锈钢丝的化学成分（熔炼分析）

类别	牌号	化学成分（%）									
		C	Si	Mn	P	S	Cr	Ni	Mo	Cu	其他
奥氏体型	H1Cr19Ni9	≤0.14	≤0.60	1.00～2.00	≤0.030	≤0.030	18.00～20.00	8.00～10.00			
	H0Cr19Ni12Mo2	≤0.08	≤0.60	1.00～2.50	≤0.030	≤0.030	18.00～20.00	11.00～14.00	2.00～3.00		
	H00Cr19Ni12Mo2	≤0.03	≤0.60	1.00～2.50	≤0.030	≤0.020	18.00～20.00	11.00～14.00	2.00～3.00		
	H00Cr19Ni12Mo2Cu2	≤0.03	≤0.60	1.00～2.50	≤0.030	≤0.020	18.00～20.00	11.00～14.00	2.00～3.00	1.00～2.50	
	H0Cr19Ni14Mo3	≤0.08	≤0.60	1.00～2.50	≤0.030	≤0.030	18.50～20.50	13.00～15.00	3.00～4.00		
	H0Cr21Ni10	≤0.08	≤0.60	1.00～2.50	≤0.030	≤0.030	19.50～22.00	9.00～11.00			
	H00Cr21Ni10	≤0.03	≤0.60	1.00～2.50	≤0.030	≤0.020	19.50～22.00	9.00～11.00			
	H0Cr20Ni10Ti	≤0.08	≤0.60	1.00～2.50	≤0.030	≤0.030	18.50～20.50	9.00～10.50			Ti9×C%～1.00
	H0Cr20Ni10Nb	≤0.08	≤0.60	1.00～2.50	≤0.030	≤0.030	19.00～21.50	9.00～11.00			Nb10×C%～1.00
	H00Cr20Ni25Mo4Cu	≤0.03	≤0.60	1.00～2.50	≤0.030	≤0.020	19.00～21.00	24.00～26.00	4.00～5.00	1.00～2.00	
	H1Cr21Ni10Mn6	≤0.10	≤0.60	5.00～7.00	≤0.030	≤0.020	20.00～22.00	9.00～11.00			
	H1Cr24Ni13	≤0.12	≤0.60	1.00～2.50	≤0.030	≤0.030	23.00～25.00	12.00～14.00			
	H1Cr24Ni13Mo2	≤0.12	≤0.60	1.00～2.50	≤0.030	≤0.030	23.00～25.00	12.00～14.00	2.00～3.00		
	H00Cr25Ni22Mn4Mo2N	≤0.03	≤0.50	3.50～5.50	≤0.030	≤0.020	24.00～26.00	21.50～23.00	2.00～2.80		N0.10～0.15
	H1Cr26Ni21	≤0.15	≤0.60	1.00～2.50	≤0.030	≤0.030	25.00～28.00	20.00～22.00			
	H0Cr26Ni21	≤0.08	≤0.60	1.00～2.50	≤0.030	≤0.030	25.00～28.00	20.00～22.00			
铁素体型	H0Cr14	≤0.06	≤0.70	≤0.60	≤0.030	≤0.030	13.00～15.00	≤0.60			
	H1Cr17	≤0.10	≤0.50	≤0.60	≤0.030	≤0.030	15.50～17.00	≤0.60			
马氏体型	H1Cr13	≤0.12	≤0.50	≤0.60	≤0.030	≤0.030	11.50～13.50	≤0.60			
	H2Cr13	0.13～0.21	≤0.60	≤0.60	≤0.030	≤0.030	12.00～14.00	≤0.60			
	H0Cr17Ni4Cu4Nb	≤0.05	≤0.75	0.25～0.75	≤0.030	≤0.030	15.50～17.50	4.00～5.00	≤0.75	3.00～4.00	Nb0.15～0.45

2.2.28 加工铜及铜合金

加工铜及铜合金（GB/T 5231—2001）的化学成分和产品形状列于表 2－120～表 2－123。

表 2－120 加工铜化学成分和产品形状

组别	序号	牌号 名称	牌号 代号	化学成分①(%) Cu+Ag	P	Ag	Bi②	Sb②	As②	Fe	Ni	Pb	Sn	S	Zn	O	产品形状
纯铜	1	一号铜	T1	99.95	0.001	—	0.001	0.002	0.002	0.005	0.002	0.003	0.002	0.005	0.005	0.02	板、带、箔、管
纯铜	2	二号铜	T2③	99.90	—	—	0.001	0.002	0.002	0.005	—	0.005	—	0.005	—	—	板、带、箔、管、棒、线、型
纯铜	3	三号铜	T3	99.70	—	—	0.002	—	—	—	—	0.01	—	—	—	—	板、带、箔、管、棒、线
无氧铜	4	零号无氧铜	TU0④ [C10100]	Cu 99.99	0.0003	0.0025	0.0001	0.0004	0.0005	0.0010	0.0010	0.0005	0.0002	0.0015	0.0001	0.0005	板、带、箔、管、棒、线
				Se:0.000 3 Te:0.000 2 Mn:0.000 05 Cd:0.000 1													
无氧铜	5	一号无氧铜	TU1	99.97	0.02	—	0.001	0.002	0.002	0.004	0.002	0.003	0.002	0.004	0.003	0.002	板、带、箔、管、棒、线
无氧铜	6	二号无氧铜	TU2	99.95	0.02	—	0.001	0.002	0.002	0.004	0.002	0.004	0.002	0.004	0.003	0.003	板、带、管、棒、线
磷脱氧铜	7	一号脱氧铜	TP1 [C12000]	99.90	0.004～0.012	—	—	—	—	—	—	—	—	—	—	—	板、带、管
磷脱氧铜	8	二号脱氧铜	TP2 [C12200]	99.9	0.015～0.040	—	—	—	—	—	—	—	—	—	—	—	板、带、管
银铜	9	0.1 银铜	TAg0.1	Cu 99.5	—	0.06～0.12	0.002	0.005	0.01	0.05	0.2	0.01	0.05	0.01	—	0.1	板、管、线

注：①经双方协商，可限制表中未规定的元素或要求加严限制表中规定的元素。

②砷、铋、锑可不分析，但供方必须保证不大于界限值。

③经双方协商，可供应 P 小于或等于 0.001% 的导电用 T2 铜。

④TU0［C10100］铜量为差减法所得。

表 2－121　加工黄铜化学成分和产品形状

组别	序号	牌号		化学成分(%)									产品形状
		名称	代号	Cu	Fe①	Pb	Al	Mn	Sn	Ni④	Zn	杂质总和	
普通黄铜	1	96黄铜	H96	95.0～97.0	0.10	0.03	—	—	—	0.5	余量	0.2	板、带、管、棒、线
	2	90黄铜	H90	88.0～91.0	0.10	0.03	—	—	—	0.5	余量	0.2	板、带、棒、线、管、箔
	3	85黄铜	H85	84.0～86.0	0.10	0.03	—	—	—	0.5	余量	0.3	管
	4	80黄铜	H80②	79.0～81.0	0.10	0.03	—	—	—	0.5	余量	0.3	板、带、管、棒、线
	5	70黄铜	H70②	68.5～71.5	0.10	0.03	—	—	—	0.5	余量	0.3	板、带、管、棒、线
	6	68黄铜	H68	67.0～70.0	0.10	0.03	—	—	—	0.5	余量	0.3	板、带、箔、管、棒、线
	7	65黄铜	H65	63.5～68.0	0.10	0.03	—	—	—	0.5	余量	0.3	板、带、线、管、箔
	8	63黄铜	H63	62.0～65.0	0.15	0.08	—	—	—	0.5	余量	0.5	板、带、管、棒、线
	9	62黄铜	H62	60.5～63.5	0.15	0.08	—	—	—	0.5	余量	0.5	板、带、管、棒、线、型、箔
	10	59黄铜	H59	57.0～60.0	0.3	0.5	—	—	—	0.5	余量	1.0	板、带、线、管
镍黄铜	11	65-5镍黄铜	HNi65-5	64.0～67.0	0.15	0.03	—	—	—	5.0～6.5	余量	0.3	板、棒
	12	56-3镍黄铜	HNi65-3	54.0～58.0	0.15～0.5	0.2	0.3～0.5	—	—	2.0～3.0	余量	0.6	棒
铁黄铜	13	59-1-1铁黄铜	HFe59-1-1	57.0～60.0	0.6～1.2	0.20	0.1～0.5	0.5～0.8	0.3～0.7	0.5	余量	0.3	板、棒、管
	14	58-1-1铁黄铜	HFe58-1-1	56.0～58.0	0.7～1.3	0.7～1.3	—	—	—	0.5	余量	0.5	棒

续表

组别	序号	牌号		化学成分(%)											产品形状
		名称	代号	Cu	Fe①	Pb	Al	Mn	Ni④	Si	Co	As	Zn	杂质总和	
铅黄铜	15	89-2 铅黄铜	HPb89-2 [C31400]	87.5～90.5⑤	0.10	1.3～2.5	—	—	0.7	—	—	—	余量	—	棒
	16	66-0.5 铅黄铜	HPb66-0.5 [C33000]	65.0～68.0⑤	0.07	0.25～0.7	—	—	—	—	—	—	余量	—	管
	17	63-3 铅黄铜	HPb63-3	62.0～65.0	0.10	2.4～3.0	—	—	0.5	—	—	—	余量	0.75	板、带、棒、线
	18	63-0.1 铅黄铜	HPb63-0.1	61.5～63.5	0.15	0.05～0.3	—	—	0.5	—	—	—	余量	0.5	管、棒
	19	62-0.8 铅黄铜	HPb62-0.8	60.0～63.0	0.2	0.5～1.2	—	—	0.5	—	—	—	余量	0.75	线
	20	62-3 铅黄铜	HPb62-3 [C36000]	60.0～63.0⑥	0.35	2.5～3.7	—	—	—	—	—	—	余量	—	棒
	21	62-2 铅黄铜	HPb62-2 [C35300]	60.0～63.0⑥	0.15	1.5～2.5	—	—	—	—	—	—	余量	—	板、带、棒
	22	61-1 铅黄铜	HPb61-1 [C37100]	58.0～62.0⑤	0.15	0.6～1.2	—	—	—	—	—	—	余量	—	板、带、棒、线
	23	60-2 铅黄铜	HPb60-2 [C37700]	58.0～61.0⑥	0.30	1.5～2.5	—	—	—	—	—	—	余量	—	板、带
	24	59-3 铅黄铜	HPb59-3	57.5～59.5	0.50	2.0～3.0	—	—	0.5	—	—	—	余量	1.2	板、带、管、棒、线
	25	59-1 铅黄铜	HPb59-1	57.0～60.0	0.5	0.8～1.9	—	—	1.0	—	—	—	余量	1.0	板、带、管、棒、线

续表

组别	序号	牌号		化学成分(%)											产品形状
		名称	代号	Cu	Fe①	Pb	Al	Mn	Ni	Si	Co	As	Zn	杂质总和	
铝黄铜	26	77-2 铝黄铜	HAl77-2 [C68700]	76.0 79.0⑥	0.06	0.07	1.8~2.5	—	—	—	—	0.02~0.06	余量	—	管
铝黄铜	27	67-2.5 铝黄铜	HAl67-2.5	66.0~68.0	0.6	0.5	2.0~3.0	—	0.5	—	—	—	余量	1.5	板、棒
铝黄铜	28	66-6-3-2 铝黄铜	HAl66-6-3-2	64.0~68.0	2.0~4.0	0.5	6.0~7.0	1.5~2.5	0.5	—	—	—	余量	1.5	板、棒
铝黄铜	29	61-4-3-1 铝黄铜	HAl61-4-3-1	59.0~62.0	0.3~1.3	—	3.5~4.5	—	2.5~4.0	0.5~1.5	0.5~1.0	—	余量	0.7	管
铝黄铜	30	60-1-1 铝黄铜	HAl60-1-1	58.0~61.0	0.70~1.50	0.40	0.70~1.50	0.1~0.6	0.5	—	—	—	余量	0.7	板、棒
铝黄铜	31	59-3-2 铝黄铜	HAl59-3-2	57.0~60.0	0.50	0.10	2.5~3.5	—	2.0~3.0	—	—	—	余量	0.9	板、管、棒
组别	序号	牌号		化学成分(%)											产品形状
		名称	代号	Cu	Fe①	Pb	Al	Mn	Sn	As	Si	Ni④	Zn	杂质总和	
锰黄铜	32	62-3-3-0.7 锰黄铜	HMn62-3-3-0.7	60.0~63.0	0.1	0.05	2.4~3.4	2.7~3.7	0.1	—	0.5~1.5	0.5	余量	1.2	管
锰黄铜	33	58-2 锰黄铜	HMn58-2③	57.0~60.0	1.0	0.1	—	1.0~2.0	—	—	—	0.5	余量	1.2	板、带、棒、线、管
锰黄铜	34	57-3-1 锰黄铜	HMn57-3-1③	55.0~58.5	1.0	0.2	0.5~1.5	2.5~3.5	—	—	—	0.5	余量	1.3	板、棒
锰黄铜	33	55-3-1 锰黄铜	HMn55-3-1③	53.0~58.0	0.5~1.5	0.5	—	3.0~4.0	—	—	—	0.5	余量	1.5	板、棒

续表

组别	序号	牌号		化学成分(%)											产品形状
		名称	代号	Cu	Fe①	Pb	Al	Mn	Sn	As	Si	Ni④	Zn	杂质总和	
锡黄铜	36	90-1 锡黄铜	HSn90-1	88.0～91.0	0.10	0.03	—	—	0.25～0.75	—	—	0.5	余量	0.2	板、带
锡黄铜	37	70-1 锡黄铜	HSn70-1	69.0～71.0	0.10	0.05	—	—	0.8～1.3	0.03～0.06	—	0.5	余量	0.3	管
锡黄铜	38	62-1 锡黄铜	HSn62-1	61.0～63.0	0.10	0.10	—	—	0.7～1.1	—	—	0.5	余量	0.3	板、带、棒、线、管
锡黄铜	39	60-1 锡黄铜	HSn60-1	59.0～61.0	0.10	0.30	—	—	1.0～1.5	—	—	0.5	余量	1.0	线、管
加砷黄铜	40	85A 加砷黄铜	H85A	84.0～86.0	0.10	0.03	—	—	—	0.02～0.08	—	0.5	余量	0.3	管
加砷黄铜	41	70A 加砷黄铜	H70A [C26130]	68.5～71.5⑦	0.05	0.05	—	—	—	0.02～0.08	—	—	余量	—	管
加砷黄铜	42	68A 加砷黄铜	H68A	67.0～70.0	0.10	0.03	—	—	—	0.03～0.06	—	0.5	余量	0.3	管
硅黄铜	43	80-3 硅黄铜	HSi80-3	79.0～81.0	0.6	0.1	—	—	—	—	2.5～4.0	0.5	余量	1.5	棒

注：①抗磁用黄铜的铁的质量分数不大于0.030%。

②特殊用途的H70、H80的杂质最大值为：Fe0.07%、Sb0.002%、P0.005%、As0.005%、S0.002%、杂质总和为0.20%。

③供异型铸造和热锻用的HMn57-3-1和HMn58-2的磷的质量分数不大于0.03%。供特殊使用的HMn55-3-1的铝的质量分数不大于0.1%。

④无对应外国牌号的黄铜（镍为主成分者除外）的镍含量计入铜中。

⑤Cu+所列出元素总和≥99.6%。

⑥Cu+所列出元素总和≥99.5%。

⑦Cu+所列出元素总和≥99.7%。

表 2－122　加工青铜化学成分和产品形状

组别	序号	牌号		化学成分(%)												产品形状
		名称	代号	Sn	Al	Si	Mn	Zn	Ni	Fe	Pb	P	As①	Cu	杂质总和	
锡青铜②⑤	1	1.5－0.2锡青铜	QSn1.5－0.2［C50500］	1.0～1.7	—	—	—	0.30	0.2	0.10	0.05	0.03～0.35	—	余量⑥	—	管
	2	4－0.3锡青铜	QSn4－0.3［C51100］	3.5～4.9	—	—	—	0.30	0.2	0.10	0.05	0.03～0.35	—	余量⑥	—	管
	3	4－3锡青铜	QSn4－3	3.5～4.5	0.002	—	—	2.7～3.3	0.2	0.05	0.02	0.03	—	余量	0.2	板、带、箔、棒、线
	4	4－4－2.5锡青铜	QSn4－4－2.5	3.0～5.0	0.02	—	—	3.0～5.0	0.2	0.05	1.5～3.5	0.03	—	余量	0.2	板、带
	5	4－4－4锡青铜	QSn4－4－4	3.0～5.0	0.02	—	—	3.0～5.0	0.2	0.05	3.5～4.5	0.03	—	余量	0.2	板、带
	6	6.5－0.1锡青铜	QSn6.5－0.1	6.0～7.0	0.02	—	—	0.3	0.2	0.05	0.02	0.10～0.25	—	余量	0.1	板、带、箔、棒、线、管
	7	6.5－0.4锡青铜	QSn6.5－0.4	6.0～7.0	0.02	—	—	0.3	0.2	0.02	0.02	0.26～0.40	—	余量	0.1	板、带、箔、棒、线、管
	8	7－0.2锡青铜	QSn7－0.2	6.0～8.0	0.01	—	—	0.3	0.2	0.05	0.02	0.10～0.25		余量	0.15	板、带、箔、棒、线
	9	8－0.3锡青铜	QSn8－0.3［C52100］	7.0～9.0	—	—	—	0.20	0.2	0.10	0.05	0.03～0.35	—	余量⑥	—	板、带
铝青铜⑤	10	5铝青铜	QAl5	0.1	4.0～6.0	0.1	0.5	0.5	0.5	0.5	0.03	0.01	—	余量	1.6	板、带
	11	7铝青铜	QAl7［C61000］	—	6.0～8.5	0.10	—	0.20	0.5	0.5	0.02	—	—	余量⑥	—	板、带
	12	9－2铝青铜	QAl9－2	0.1	8.0～10.0	0.1	1.5～2.5	1.0	0.5	0.5	0.03	0.01	—	余量	1.7	板、带、箔、棒、线
	13	9－4铝青铜	QAl9－4	0.1	8.0～10.0	0.1	0.5	1.0	0.5	2.0～4.0	0.01	0.01	—	余量	1.7	管、棒
	14	9－5－1－1铝青铜	QAl9－5－1－1	0.1	8.0～10.0	0.1	0.5～1.5	0.3	4.0～6.0	0.5～1.5	0.01	0.01	0.01	余量	0.6	棒
	15	10－3－1.5铝青铜	QAl10－3－1.5③	0.1	8.5～10.0	0.1	1.0～2.0	0.5	0.5	2.0～4.0	0.03	0.01	—	余量	0.75	管、棒

续表

组别	序号	牌号		化学成分(%)																		产品形状
		名称	代号	Sn	Al	Be	Si	Mn	Zn	Ni	Fe	Pb	P	Ti	Mg	As①	Sb①	Co	Ag	Cu	杂质总和	
铝青铜	16	10-4-4铝青铜	QAl 10-4-4④	0.1	9.5~11.0	—	0.1	0.3	0.5	3.5~5.5	3.5~5.5	0.02	0.01	—	—	—	—	—	—	余量	1.0	管、棒
	17	10-5-5铝青铜	QAl 10-5-5	0.20	8.0~11.0	—	0.25	0.5~2.5	0.5	4.0~6.0	4.0~6.0	0.05	—	—	0.10	—	—	—	—	余量	1.2	棒
	18	11-6-6铝青铜	QAl 11-6-6	0.2	10.0~11.5	—	0.2	0.5	0.6	5.0~6.5	5.0~6.5	0.05	0.1	—	—	—	—	—	—	余量	1.5	棒
铍青铜	19	2铍青铜	QBe2	—	0.15	1.80~2.1	0.15	—	—	0.2~0.5	0.15	0.005	—	—	—	—	—	—	—	余量	0.5	板、带、棒
	20	1.9铍青铜	QBe1.9	—	0.15	1.85~2.1	0.15	—	—	0.2~0.4	0.15	0.005	—	0.10~0.25	—	—	—	—	—	余量	0.5	板、带
	21	1.9-0.1铍青铜	QBe1.9-0.1	—	0.15	1.85~2.1	0.15	—	—	0.2~0.4	0.15	0.005	—	0.10~0.25	0.07~0.13	—	—	—	—	余量	0.5	带
	22	1.7铍青铜	QBe1.7	—	0.15	1.6~1.85	0.15	—	—	0.2~0.4	0.15	0.005	—	0.10~0.25	—	—	—	—	—	余量	0.5	板、带
	23	0.6-2.5铍青铜	QBe0.6-2.5 [C17500]	—	0.20	0.40~0.7	0.20	—	—	—	0.10	—	—	—	—	—	—	2.4~2.7	—	余量⑥	—	板、带
	24	0.4-1.8铍青铜	QBe0.4-1.8 [C17510]	—	0.20	0.20~0.6	0.20	—	—	1.4~2.2	0.10	—	—	—	—	—	—	0.30	—	余量⑥	—	带
	25	0.3-1.5铍青铜	QBe0.3-1.5	—	0.20	0.25~0.50	0.20	—	—	—	0.10	—	—	—	—	—	—	1.40~1.70	0.90~1.10	余量	—	板、带
硅青铜	26	3-1硅青铜	QSi3-1②	0.25	—	—	2.7~3.5	1.0~1.5	0.5	0.2	0.3	0.03	—	—	—	—	—	—	—	余量	1.1	板、带、箔、棒、线、管
	27	1-3硅青铜	QSi1-3	0.1	0.02	—	0.6~1.1	0.1~0.4	0.2	2.4~3.4	0.1	0.15	—	—	—	—	—	—	—	余量	0.5	棒
	28	3.5-3-1.5硅青铜	QSi 3.5-3-1.5	0.25	—	—	3.0~4.0	0.5~0.9	2.5~3.5	0.2	1.2~1.8	0.03	0.03	—	—	0.002	0.002	—	—	余量	1.1	管

续表

组别	序号	牌号 名称	牌号 代号	化学成分(%) Mn	Zr	Cr	Cd	Mg	Al	Si	Fe	Pb	P	Zn	Sn	Sb①	Ni	Bi①	As①	S	Cu	杂质总和	产品形状
锰青铜	29	1.5 锰青铜	QMn1.5	1.20～1.80	—	0.1	—	—	0.07	0.1	0.1	0.01	—	—	0.05	0.005	0.1	0.002	—	0.01	余量	0.3	板、带
	30	2 锰青铜	QMn2	1.5～2.5	—	—	—	—	0.07	0.1	0.1	0.01	—	—	0.05	0.05	—	0.002	0.01	—	余量	0.5	板、带
	31	5 锰青铜	QMn5	4.5～5.5	—	—	—	—	—	0.1	0.35	0.03	0.01	0.4	0.1	0.002	—	—	—	—	余量	0.9	板、带
锆青铜	32	0.2 锆青铜	QZr0.2	—	0.15～0.30	—	—	—	—	—	0.05	0.01	—	—	0.05	0.005	0.2	0.002	—	0.01	余量	0.5	棒
	33	0.4 锆青铜	QZr0.4	—	0.30～0.50	—	—	—	—	—	0.05	0.01	—	—	0.05	0.005	0.2	0.002	—	0.01	余量	0.5	棒
铬青铜	34	0.5 铬青铜	QCr0.5	—	—	0.4～1.1	—	—	—	—	0.1	—	—	—	—	—	0.05	—	—	—	余量	0.5	板、棒、线、管
	35	0.5-0.2-0.1 铬青铜	QCr0.5-0.2-0.1	—	—	0.4～1.0	—	0.1～0.25	0.1～0.25	—	—	—	—	—	—	—	—	—	—	—	余量	0.5	板、棒、线
	36	0.6-0.4-0.05 铬青铜	QCr0.6-0.4-0.05	—	0.3～0.6	0.4～0.8	—	0.04～0.08	—	0.05	0.05	—	0.01	—	—	—	—	—	—	—	余量	0.5	棒
	37	1 铬青铜	QCr1 [C18200]	—	—	0.6～1.2	—	—	—	0.10	0.10	0.05	—	—	—	—	—	—	—	—	余量⑥	—	棒、线、管
镉青铜	38	1 镉青铜	QCd1 [C16200]	—	—	—	0.7～1.2	—	—	—	0.02	—	—	—	—	—	—	—	—	—	余量⑥	—	板、带、棒、线

续表

组别	序号	牌号		化学成分(%)													产品形状
		名称	代号	Mg	Fe	Pb	P	Zn	Sn	Sb①	Ni	Bi①	Te	S	Cu	杂质总和	
镁青铜	39	0.8镁青铜	QMg0.8	0.70～0.85	0.005	0.005	—	0.005	0.002	0.005	0.006	0.002	—	0.005	余量	0.3	线
铁青铜	40	2.5铁青铜	QFe2.5 [C19400]	—	2.1～2.6	0.03	0.015～0.15	0.05～0.20	—	—	—	—	—	—	97.0	—	带
碲青铜	41	0.5碲青铜	QTe0.5 [C14500]	—	—	—	0.004～0.012	—	—	—	—	—	0.40～0.7	—	99.90⑦	—	棒

注：①砷、铋和锑可不分析，但供方必须保证不大于界限值。

②抗磁用锡青铜的铁的质量分数不大于0.020%，QSi3－1的铁的质量分数不大于0.030%。

③非耐磨材料用QAl10－3－1.5，其锌的质量分数可达1%，但杂质总和应不大于1.25%。

④经双方协商，焊接或特殊要求的QAl10－4－4，其锌的质量分数不大于0.2%。

⑤铝青铜和锡青铜的杂质镍计入铜含量中。

⑥Cu＋所列出元素总和≥99.5%。

⑦包括Te＋Sn。

表 2 – 123　加工白铜化学成分及产品形状

组别	序号	牌号		化学成分(%)														产品形状
		名称	代号	Ni + Co	Fe	Mn	Zn	Pb	Al	Si	P	S	C	Mg	Sn	Cu	杂质总和	
普通白铜	1	0.6 白铜	B0.6	0.57 ~ 0.63	0.005	—	—	0.005	—	0.002	0.002	0.005	0.002	—	—	余量	0.1	线
	2	5 白铜	B5	4.4 ~ 5.0	0.20	—	—	0.01	—	—	0.01	0.01	0.03	—	—	余量	0.5	管、棒
	3	19 白铜	B19②	18.0 ~ 20.0	0.5	0.5	0.3	0.005	—	0.15	0.01	0.01	0.05	0.05	—	余量	1.8	板、带
	4	25 白铜	B25	24.0 ~ 26.0	0.5	0.5	0.3	0.005	—	0.15	0.01	0.01	0.05	0.05	0.03	余量	1.8	板
	5	30 白铜	B30	29.0 ~ 33.0	0.9	1.2	—	0.05	—	0.15	0.006	0.01	0.05	—	—	余量	—	板、管、线
铁白铜	6	5 – 1.5 – 0.5 铁白铜	BFe5 – 1.5 – 0.5 [C70400]	4.8 ~ 6.2	1.3 ~ 1.7	0.30 ~ 0.8	1.0	0.05	—	—	—	—	—	—	—	余量④	—	管
	7	10 – 1 – 1 铁白铜	BFe10 – 1 – 1	9.0 ~ 11.0	1.0 ~ 1.5	0.5 ~ 1.0	0.3	0.02	—	0.15	0.006	0.01	0.05	—	0.03	余量	0.7	板、管
	8	30 – 1 – 1 铁白铜	BFe30 – 1 – 1	29.0 ~ 32.0	0.5 ~ 1.0	0.5 ~ 1.2	0.3	0.02	—	0.15	0.006	0.01	0.05	—	0.03	余量	0.7	板、管
锰白铜	9	3 – 12 锰白铜	BMn3 – 12③	2.0 ~ 3.5	0.20 ~ 0.50	11.5 ~ 13.5	—	0.02	0.2	0.1 ~ 0.3	0.005	0.02	0.05	0.03	—	余量	0.5	板、带、线
	10	40 – 1.5 锰白铜	BMn40 – 1.5③	39.0 ~ 41.0	0.50	1.0 ~ 2.0	—	0.005	—	0.10	0.005	0.02	0.10	0.05	—	余量	0.9	板、带、箔、棒、线、管
	11	43 – 0.5 锰白铜	BMn43 – 0.5③	42.0 ~ 44.0	0.15	0.1 ~ 1.0	—	0.002	—	0.10	0.002	0.01	0.10	0.05	—	余量	0.6	线

续表

组别	序号	牌号		化学成分(%)															杂质总和	产品形状
		名称	代号	Ni+Co	Fe	Mn	Zn	Pb	Al	Si	P	S	C	Mg	Bi①	As①	Sb①	Cu		
锌白铜	12	18-18锌白铜	BZn18-18 [C75200]	16.5~19.5	0.25	0.50	余量	0.05	—	—	—	—	—	—	—	—	—	63.5~66.5④	—	板、带
	13	18-26锌白铜	BZn18-26 [C77000]	16.5~19.5	0.25	0.50	余量	0.05	—	—	—	—	—	—	—	—	—	53.5~56.5④	—	板、带
	14	15-20锌白铜	BZn15-20	13.5~16.5	0.5	0.3	余量	0.02	—	0.15	0.005	0.01	0.03	0.05	0.002	0.01	0.002	62.0~65.0	0.9	板、带、箔、管、棒、线
	15	15-21-1.8加铅锌白铜	BZn15-21-1.8	14.0~16.0	0.3	0.5	余量	1.5~2.0	—	0.15	—	—	—	—	—	—	—	60.0~63.0	0.9	棒
	16	15-24-1.5加铅锌白铜	BZn15-24-1.5	12.5~15.5	0.25	0.05~0.5	余量	1.4~1.7	—	—	0.02	0.005	—	—	—	—	—	58.0~60.0	0.75	棒
铝白铜	17	13-3铝白铜	BAl13-3	12.0~15.0	1.0	0.50	—	0.003	2.3~3.0	—	0.01	—	—	—	—	—	—	余量	1.9	棒
	18	6-1.5铝白铜	BAl6-1.5	5.5~6.5	0.50	0.20	—	0.003	1.2~1.8	—	—	—	—	—	—	—	—	余量	1.1	板

注：①铋、锑和砷可不分析，但供方必须保证不大于界限值。

②特殊用途的 B19 白铜带，可供应硅的质量分数不大于 0.05% 的材料。

③BMn3-12 合金、作热电偶用的 BMn40-1.5 和 BMn43-0.5 合金，为保证电气性能，对规定有最大值和最小值的成分，允许略微超出本表的规定。

④Cu+所列出元素总和≥99.5%。

2.2.29 铸造铜合金

铸造铜合金的牌号按 GB/T 8063—1994《铸造有色金属及其合金牌号的表示方法》的规定执行。

铸造方法代号有以下几种：

S——砂型铸造；

J——金属型铸造；

La——连续铸造；

Li——离心铸造。

部分铸造铜合金的主要特性：

（1）ZCuSn3Zn8Pb6Ni1，其耐磨性较好，易加工，铸造性能好，气密性较好，耐腐蚀，可在流动海水下工作。

（2）ZCuPb10Sn10，其润滑性能、耐磨性能和耐蚀性能好，适合用作双金属铸造材料。

（3）ZCuAl8Mn13Fe3，具有很高的强度和硬度，良好的耐磨性能和铸造性能，合金致密性高，耐蚀性好，作为耐磨件工作温度不大于400℃，可以焊接，不易钎焊。

（4）ZCuZn38，具有优良的铸造性能和较高的力学性能，切削加工性能好，可以焊接，耐蚀性较好，有应力腐蚀开裂倾向。

（5）ZCuZn25A16Fe3Mn3，有很高的力学性能，铸造性能良好，耐蚀性较好，有应力腐蚀开裂倾向，可以焊接。

（6）ZCuZn38Mn2Pb2，有较高的力学性能和耐蚀性，耐磨性较好，切削性能良好。

（7）ZCuZn33Pb2，结构材料，给水温度为90℃时抗氧化性能好，电导率约为10～14MS/m。

（8）ZCuZn16Si4，具有较高的力学性能和良好的耐蚀性，铸造性能好，流动性高，铸件组织致密，气密性好。

1. 铸造铜合金

铸造铜合金（GB/T 1176—1987）的化学成分和杂质含量分别列于表2－124、表2－125；其力学性能列于表2－126。

表 2 – 124　铸造铜合金的化学成分

序号	合金牌号	合金名称	化学成分(%)									
			Sn	Zn	Pb	P	Ni	Al	Fe	Mn	Si	Cu
1	ZCuSn3Zn8Pb6Ni1	3 – 8 – 6 – 1锡青铜	2.0 ~ 4.0	6.0 ~ 9.0	4.0 ~ 7.0		0.5 ~ 1.5					其余
2	ZCuSn3Zn11Pb4	3 – 11 – 4锡青铜	2.0 ~ 4.0	9.0 ~ 13.0	3.0 ~ 6.0							其余
3	ZCuSn5Pb5Zn5	5 – 5 – 5锡青铜	4.0 ~ 6.0	4.0 ~ 6.0	4.0 ~ 6.0							其余
4	ZCuSn10Pb1	10 – 1锡青铜	9.0 ~ 11.5			0.5 ~ 1.0						其余
5	ZCuSn10Pb5	10 – 5锡青铜	9.0 ~ 11.0		4.0 ~ 6.0							其余
6	ZCuSn10Zn2	10 – 2锡青铜	9.0 ~ 11.0	1.0 ~ 3.0								其余
7	ZCuPb10Sn10	10 – 10铅青铜	9.0 ~ 11.0		8.0 ~ 11.0							其余
8	ZCuPb15Sn8	15 – 8铅青铜	7.0 ~ 9.0		13.0 ~ 17.0							其余
9	ZCuPb17Sn4Zn4	17 – 4 – 4铅青铜	3.5 ~ 5.0	2.0 ~ 6.0	14.0 ~ 20.0							其余
10	ZCuPb20Sn5	20 – 5铅青铜	4.0 ~ 6.0		18.0 ~ 23.0							其余

续表

序号	合金牌号	合金名称	化学成分(%)									
			Sn	Zn	Pb	P	Ni	Al	Fe	Mn	Si	Cu
11	ZCuPb30	30铅青铜			27.0～33.0							其余
12	ZCuAl8Mn13Fe3	8－13－3铝青铜						7.0～9.0	2.0～4.0	12.0～14.5		其余
13	ZCuAl8Mn13Fe3Ni2	8－13－3－2铝青铜					1.8～2.5	7.0～8.5	2.5～4.0	11.5～14.0		其余
14	ZCuAl9Mn2	9－2铝青铜						8.0～10.0		1.5～2.5		其余
15	ZCuAl9Fe4Ni4Mn2	9－4－4－2铝青铜					4.0～5.0	8.5～10.0	4.0～5.0	0.8～2.5		其余
16	ZCuAl10Fe3	10－3铝青铜						8.5～11.0	2.0～4.0			其余
17	ZCuAl10Fe3Mn2	10－3－2铝青铜						9.0～11.0	2.0～4.0	1.0～2.0		其余
18	ZCuZn38	38黄铜		其余								60.0～63.0
19	ZCuZn25Al6Fe3Mn3	25－6－3－3铝黄铜		其余				4.5～7.0	2.0～4.0	1.5～4.0		60.0～66.0
20	ZCuZn26Al4Fe3Mn3	26－4－3－3铝黄铜		其余				2.5～5.0	1.5～4.0	1.5～4.0		60.0～66.0
21	ZCuZn31Al2	31－2铝黄铜		其余				2.0～3.0				66.0～68.0

续表

序号	合金牌号	合金名称	化学成分(%)									
			Sn	Zn	Pb	P	Ni	Al	Fe	Mn	Si	Cu
22	ZCuZn35Al2Mn2Fe1	35－2－2－1铝黄铜		其余				0.5～2.5	0.5～2.0	0.1～3.0		57.0～65.0
23	ZCuZn38Mn2Pb2	38－2－2锰黄铜		其余	1.5～2.5					1.5～2.5		57.0～60.0
24	ZCuZn40Mn2	40－2锰黄铜		其余						1.0～2.0		57.0～60.0
25	ZCuZn40Mn3Fe1	40－3－1锰黄铜		其余					0.5～1.5	3.0～4.0		53.0～58.0
26	ZCuZn33Pb2	33－2铅黄铜		其余	1.0～3.0							63.0～67.0
27	ZCuZn40Pb2	40－2铅黄铜		其余	0.5～2.5			0.2～0.8				58.0～63.0
28	ZCuZn16Si4	16－4硅黄铜		其余							2.5～4.5	79.0～81.0

注：①ZCuAl10Fe3 合金用于金属型铸造，铁含量允许为0.1%～4.0%。该合金用于焊接件，铅含量不得超过0.02%。

②ZCuZn40Mn3Fe1 合金用于船舶螺旋桨，铜含量为55.0%～59.0%。

③经需方认可，ZCuSn5Pb5Zn5、ZCuSn10Zn2、ZCuPb10Sn10、ZCuPb15Sn8 和 ZCuPb20Sn5 合金用于离心铸造和连续铸造，磷含量允许增加到1.5%，并不计入杂质总和。

表 2－125　铸造铜合金的杂质含量

序号	合金牌号	杂质限量(%)≤													
		Fe	Al	Sb	Si	P	S	As	C	Bi	Ni	Sn	Zn	Pb	Mn	总和
1	ZCuSn3Zn8Pb6Ni1	0.4	0.02	0.3	0.02	0.05										1.0
2	ZCuSn3Zn11Pb4	0.5	0.02	0.3	0.02	0.05										1.0
3	ZCuSn5Pb5Zn5	0.3	0.01	0.25	0.01	0.05	0.10				2.5*					1.0
4	ZCuSn10Pb1	0.1	0.01	0.05	0.02		0.05				0.10		0.05	0.25	0.05	0.75
5	ZCuSn10Pb5	0.3	0.02	0.3		0.05							1.0*			1.0
6	ZCuSn10Zn2	0.25	0.01	0.3	0.01	0.05	0.10				2.0*			1.5*	0.2	1.5
7	ZCuPb10Sn10	0.25	0.01	0.5	0.01	0.05	0.10				2.0*		2.0*		0.2	1.0
8	ZCuPb15Sn8	0.25	0.01	0.5	0.01	0.10	0.10				2.0*		2.0*		0.2	1.0
9	ZCuPb17Sn4Zn4	0.4	0.05	0.3	0.02	0.05										0.75
10	ZCuPb20Sn5	0.25	0.01	0.75	0.01	0.10	0.10				2.5*		2.0*		0.2	1.0
11	ZCuPb30	0.5	0.01	0.2	0.02	0.08		0.10		0.005		1.0*			0.3	1.0
12	ZCuAl8Mn13Fe3				0.15				0.10				0.3*	0.02		1.0
13	ZCuAl8Mn13Fe3Ni2				0.15				0.10				0.3*	0.02		1.0
14	ZCuAl9Mn2			0.05	0.20	0.10		0.05				0.2	1.5*	0.1		1.0
15	ZCuAl9Fe4Ni4Mn2				0.15				0.10					0.02		1.0

续表

序号	合金牌号	杂质限量(%)≤														
		Fe	Al	Sb	Si	P	S	As	C	Bi	Ni	Sn	Zn	Pb	Mn	总和
16	ZCuAl10Fe3				0.20						3.0*	0.3	0.4	0.2	1.0*	1.0
17	ZCuAl10Fe3Mn2			0.05	0.10	0.01		0.01				0.1	0.5*	0.3		0.75
18	ZCuZn38	0.8	0.5	0.1		0.01				0.002		1.0*				1.5
19	ZCuZn25Al6Fe3Mn3				0.10						3.0*	0.2		0.2		2.0
20	ZCuZn26Al4Fe3Mn3				0.10						3.0*	0.2		0.2		2.0
21	ZCuZn31Al2	0.8										1.0*		1.0*	0.5	1.5
22	ZCuZn35Al2Mn2Fe1				0.10						3.0*	1.0*	Sb + P + As 0.40	0.5		2.0
23	ZCuZn38Mn2Pb2	0.8	1.0*	0.1								2.0*				2.0
24	ZCuZn40Mn2	0.8	1.0*	0.1								1.0				2.0
25	ZCuZn40Mn3Fe1		1.0*	0.1								0.5		0.5		1.5
26	ZCuZn33Pb2	0.8	0.1		0.05	0.05					1.0*	1.5*			0.2	1.5
27	ZCuZn40Pb2	0.8			0.05						1.0*	1.0*			0.5	1.5
28	ZCuZn16Si4	0.6	0.1	0.1								0.3		0.5	0.5	2.0

注：①有“*”符号的元素不计入杂质总和。

②未列出的杂质元素，计入杂质总和。

表 2-126　铸造铜合金的力学性能

序号	合金牌号	铸造方法	力学性能≥			
			抗拉强度（MPa）	屈服强度（MPa）	伸长率（%）	布氏硬度 HBS
1	ZCuSn3Zn8Pb6Ni1	S	175		8	590
		J	215		10	685
2	ZCuSn3Zn11Pb4	S	175		8	590
		J	215		10	590
3	ZCuSn5Pb5Zn5	S、J	200	90	13	（590）
		Li、La	250	（100）	13	（635）
4	ZCuSn10Pb1	S	220	130	3	（785）
		J	310	170	2	（885）
		Li	330	（170）	4	（885）
		La	360	（170）	6	（885）
5	ZCuSn10Pb5	S	195		10	685
		J	245		10	685
6	ZCuSn10Zn2	S	240	120	12	（685）
		J	245	（140）	6	（785）
		Li、La	270	（140）	7	（785）
7	ZCuPb10Sn10	S	180	80	7	（635）
		J	220	140	5	（685）
		Li、La	220	（110）	6	（685）
8	ZCuPb15Sn8	S	170	80	5	（590）
		J	200	（100）	6	（635）
		Li、La	220	（100）	8	（635）
9	ZCuPb17Sn4Zn4	S	150		5	540
		J	175		7	590
10	ZCuPb20Sn5	S	150	60	5	（440）
		J	150	（70）	6	（540）
		La	180	（80）	7	（540）
11	ZCuPb30	J	—	—	—	245
12	ZCuAl8Mn13Fe3	S	600	（270）	15	1 570
		J	650	（280）	10	1 665
13	ZCuAl8Mn13Fe3Ni2	S	645	280	20	1 570
		J	670	（310）	18	1 665
14	ZCuAl9Mn2	S	390		20	835
		J	440		20	930

续表

序号	合金牌号	铸造方法	力学性能≥			
			抗拉强度（MPa）	屈服强度（MPa）	伸长率（%）	布氏硬度HBS
15	ZCuAl9Fe4Ni4Mn2	S	630	250	16	1 570
16	ZCuAl10Fe3	S	490	180	13	(980)
		J	540	200	15	(1 080)
		Li、La	540	200	15	(1 080)
17	ZCuAl10Fe3Mn2	S	490		15	1 080
		J	540		20	1 175
18	ZCuZn38	S	295		30	590
		J	295		30	685
19	ZCuZn25Al6Fe3Mn3	S	725	380	10	(1 570)
		J	740	400	7	(1 665)
		Li、La	740	400	7	(1 665)
20	ZCuZn26Al4Fe3Mn3	S	600	300	18	(1 175)
		J	600	300	18	(1 275)
		Li、La	600	300	18	(1 275)
21	ZCuZn31Al2	S	295		12	785
		J	390		15	885
22	ZCuZn35Al2Mn2Fe2	S	450	170	20	980
		J	475	200	18	(1 080)
		Li、La	475	200	18	(1 080)
23	ZCuZn38Mn2Pb2	S	245		10	685
		J	345		18	785
24	ZCuZn40Mn2	S	345		20	785
		J	390		25	885
25	ZCuZn40Mn3Fe1	S	440		18	980
		J	490		15	1 080
26	ZCuZn33Pb2	S	180	(70)	12	(490)
27	ZCuZn40Pb2	S	220		15	(785)
		J	280	(120)	20	(885)
28	ZCuZn16Si4	S	345		15	885
		J	390		20	980

注：①表中带括号的数据为参考值。

②布氏硬度试验，力的单位为N。

2. 铸造黄铜锭

铸造黄铜锭（GB/T 8737—1988）的化学成分列于表 2－127。

表 2－127　铸造黄铜锭的化学成分

序号	牌号	化学成分（%）						
		主要成分						
		Cu	Al	Fe	Mn	Si	Pb	Zn
1	ZHD68	67～70	—	—	—	—	—	余量
2	ZHD62	60～63	—	—	—	—	—	余量
3	ZHAlD67－5－2－2	67～70	5～6	2～3	2～3	—	—	余量
4	ZHAlD63－6－3－3	60～66	4.5～7	2～4	1.5～4	—	—	余量
5	ZHAlD62－4－3－3	60～66	2.5～5	1.5～4	1.5～4	—	—	余量
6	ZHAlD67－2.5	66～68	2～3	—	—	—	—	余量
7	ZHAlD61－2－2－1	57～65	0.5～2.5	0.5～2	0.1～3	—	—	余量
8	ZHMnD58－2－2	57～60	—	—	1.5～2.5	—	1.5～2.5	余量
9	ZHMnD58－2	57～60	—	—	1～2	—	—	余量
10	ZHMnD57－3－1	53～58	—	0.5～1.5	3～4	—	—	余量
11	ZHPbD65－2	63～66	—	—	—	—	1～2.8	余量
12	ZHPbD59－1	57～61	—	—	—	—	0.8～1.9	余量
13	ZHPbD60－2	58～62	0.2～0.8	—	—	—	0.5～2.5	余量
14	ZHSiD80－3	79～81	—	—	—	2.5～4.5	—	余量
15	ZHSiD80－3－3	79～81	—	—	—	2.5～4.5	2～4	余量

续表

序号	牌号	化学成分（%）							
		杂质含量≤							
		Fe	Pb	Sb	Mn	Sn	Al	P	Si
1	ZHD68	0.1	0.03	0.01	—	1	0.1	0.01	—
2	ZHD62	0.2	0.08	0.01	—	1	0.3	0.01	—
3	ZHAlD67－5－2－2	—	0.5	0.01	—	0.5	—	0.01	—
4	ZHAlD63－6－3－3	—	0.2	—	—	0.2	—	—	0.1
5	ZHAlD62－4－3－3	—	0.2	—	—	0.2	—	—	0.1
6	ZHAlD67－2.5	0.6	0.5	0.05	0.5	0.5	—	—	—
7	ZHAlD61－2－2－1	—	0.5	Sb＋P＋AS 0.4	—	1	—	—	0.1
8	ZHMnD58－2－2	0.6	—	0.05	—	0.5	1	0.01	—
9	ZHMnD58－2	0.6	0.1	0.05	—	0.5	0.5	0.01	—
10	ZHMnD57－3－1	—	0.3	0.05	—	0.5	0.5	0.01	—
11	ZHPbD65－2	0.7	—	—	0.2	1.5	0.1	0.02	0.03
12	ZHPbD59－1	0.6	—	0.05	—	—	0.2	0.01	—
13	ZHPbD60－2	0.7	—	—	0.5	1	—	—	0.05
14	ZHSiD80－3	0.4	0.1	0.05	0.5	0.2	0.1	0.02	—
15	ZHSiD80－3－3	0.4	—	0.05	0.5	0.2	0.2	0.02	—

注：抗磁化的黄铜，铁含量不超过0.05%。

3. 铸造青铜锭

铸造青铜锭（GB/T 8739—1988）的化学成分列于表2-128。

表2-128　铸造青铜锭的化学成分

序号	牌号	化学成分（%）								
		主要成分								
		Sn	Zn	Pb	P	Ni	Al	Fe	Mn	Cu
1	ZQSnD3-8-6-1	2~4	6.3~9.3	4~6.7	—	0.5~1.5	—	—	—	余量
2	ZQSnD3-11-4	2~4	9.5~13.5	3~5.8	—	—	—	—	—	余量
3	ZQSnD5-5-5	4~6	4.5~6	4~5.7	—	—	—	—	—	余量
4	ZQSnD6-6-3	5~7	5.3~7.3	2~3.8	—	—	—	—	—	余量
5	ZQSnD10-1	9.2~11.5	—	—	0.6~1	—	—	—	—	余量
6	ZQSnD10-2	9.2~11.2	1~3	—	—	—	—	—	—	余量
7	ZQSnD10-5	9.2~11	—	4~5.8	—	—	—	—	—	余量
8	ZQPbD10-10	9.2~11	—	8.5~10.5	—	—	—	—	—	余量
9	ZQPbD15-8	7.2~9	—	13.5~16.5	—	—	—	—	—	余量
10	ZQPbD17-4-4	3.5~5	2~6	14.5~19.5	—	—	—	—	—	余量
11	ZQPbD20-5	4~6	—	19~23	—	—	—	—	—	余量
12	ZQPbD30	—	—	28~33	—	—	—	—	—	余量
13	ZQAlD9-2	—	—	—	—	—	8.2~10	—	1.5~2.5	余量
14	ZQAlD9-4-4-2	—	—	—	—	4~5	8.7~10	4~5	0.8~2.5	余量
15	ZQAlD10-2	—	—	—	—	—	9.2~11	—	1.5~2.5	余量
16	ZQAlD9-4	—	—	—	—	—	8.7~10.7	2~4	—	余量
17	ZQAlD10-3-2	—	—	—	—	—	9.2~11	2~4	1~2	余量
18	ZQMnD12-8-3	—	—	—	—	—	7.2~9	2~4	12~14.5	余量
19	ZQMnD12-8-3-2	—	—	—	—	1.8~2.5	7.2~8.5	2.5~4	11.5~14	余量

续表

序号	牌号	化学成分（%）										
		杂质≤										
		Sn	Zn	Pb	P	Ni	Al	Fe	Mn	Sb	Si	S
1	ZQSnD3－8－6－1	—	—	—	0.05	—	0.02	0.3	—	0.3	0.02	—
2	ZQSnD3－11－4	—	—	—	0.05	—	0.02	0.4	—	0.3	0.02	—
3	ZQSnD5－5－5	—	—	—	0.03	—	0.01	0.25	—	0.25	0.01	0.1
4	ZQSnD6－6－3	—	—	—	—	—	0.05	0.3	—	0.2	0.05	—
5	ZQSnD10－1	—	0.05	0.25	—	0.1	0.01	0.08	0.05	0.05	0.02	0.05
6	ZQSnD10－2	—	—	1.3	0.03	—	0.01	0.2	0.2	0.3	0.01	0.1
7	ZQSnD10－5	—	1	—	0.05	—	0.01	0.2	—	0.2	0.01	—
8	ZQPbD10－10	—	2	—	0.05	—	0.01	0.15	0.2	0.5	0.01	0.1
9	ZQPbD15－8	—	2	—	0.05	—	0.01	0.15	0.2	0.5	0.01	0.1
10	ZQPbD17－4－4	—	—	—	0.05	—	0.02	0.3	—	0.3	0.02	0.05
11	ZQPbD20－5	—	2	—	0.05	—	0.01	0.15	0.2	0.75	0.01	0.1
12	ZQPbD30	—	0.1	—	0.08	—	0.01	0.2	—	0.2	0.01	0.05
13	ZQAlD9－2	0.2	0.5	0.1	0.1	—	—	0.5	—	0.05	0.2	—
14	ZQAlD9－4－4－2	—	—	0.02	—	—	—	—	—	—	0.15	—
15	ZQAlD10－2	0.2	1	0.1	0.1	—	—	0.5	—	—	0.2	—
16	ZQAlD9－4	0.2	0.4	0.1	—	—	—	—	1	—	0.1	—
17	ZQAlD10－3－2	0.1	0.5	0.1	0.01	0.5	—	—	—	0.05	0.1	—
18	ZQMnD12－8－3	—	0.3	0.02	—	—	—	—	—	—	0.15	—
19	ZQMnD12－8－3－2	0.1	0.1	0.02	0.01	—	—	—	—	—	0.15	—

注：抗磁化的青铜，铁含量不超过0.05%。

2.2.30 铝及铝合金

1. 变形铝及铝合金

变形铝及铝合金（GB/T 3190—1996）的化学成分列于表 2 - 129。

表 2 - 129 变形铝及铝合金的化学成分

序号	牌号	化学成分（%）														备注(旧牌号)
		Si	Fe	Cu	Mn	Mg	Cr	Ni	Zn		Ti	Zr	其他		Al	
													单个	合计		
1	1A99	0.003	0.003	0.005	—	—	—	—	—	—	—	—	0.002	—	99.99	LG5
2	1A97	0.015	0.015	0.005	—	—	—	—	—	—	—	—	0.005	—	99.97	LG4
3	1A95	0.030	0.030	0.010	—	—	—	—	—	—	—	—	0.005	—	99.95	—
4	1A93	0.040	0.040	0.010	—	—	—	—	—	—	—	—	0.007	—	99.93	LG3
5	1A90	0.060	0.060	0.010	—	—	—	—	—	—	—	—	0.01	—	99.90	LG2
6	1A85	0.08	0.10	0.01	—	—	—	—	—	—	—	—	0.01	—	99.85	LG1
7	1A80	0.15	0.15	0.03	0.02	0.02	—	—	0.03	Ca:0.03;V:0.05	0.03	—	0.02	—	99.80	—
8	1A80A	0.15	0.15	0.03	0.02	0.02	—	—	0.06	Ca:0.03	0.02	—	0.02	—	99.80	—
9	1070	0.20	0.25	0.04	0.03	0.03	—	—	0.04	V:0.05	0.03	—	0.03	—	99.70	—
10	1070A	0.20	0.25	0.03	0.03	0.03	—	—	0.07	—	0.03	—	0.03	—	99.70	—
11	1370	0.10	0.25	0.02	0.01	0.02	0.01	—	0.04	Ca:0.03;V+Ti:0.02 B:0.02	—	—	0.02	0.10	99.70	—
12	1060	0.25	0.35	0.05	0.03	0.03	—	—	0.05	V:0.05	0.03	—	0.03	—	99.60	—
13	1050	0.25	0.40	0.05	0.05	0.05	—	—	0.05	V:0.05	0.03	—	0.03	—	99.50	—
14	1050A	0.25	0.40	0.05	0.05	0.05	—	—	0.07	—	0.05	—	0.03	—	99.50	—
15	1A50	0.30	0.30	0.01	0.05	0.05	—	—	0.03	Fe+Si:0.45	—	—	0.03	—	99.50	LB2

续表

序号	牌号	化学成分（%）											其他			备注（旧牌号）
		Si	Fe	Cu	Mn	Mg	Cr	Ni	Zn		Ti	Zr	单个	合计	Al	
16	1350	0.10	0.40	0.05	0.01	—	0.01	—	0.05	Ca:0.03；V + Ti:0.02 B:0.05	—	—	0.03	0.10	99.50	—
17	1145	Si + Fe:0.55		0.05	0.05	0.05	—	—	0.05	V:0.05	0.03	—	0.03	—	99.45	—
18	1035	0.35	0.6	0.10	0.05	0.05	—	—	0.10	V:0.05	0.03	—	0.03	—	99.35	—
19	1A30	0.10 ~ 0.20	0.15 ~ 0.30	0.05	0.01	0.01	—	0.01	0.02	—	0.02	—	0.03	—	99.30	L4 - 1
20	1100	Si + Fe:0.95		0.05 ~ 0.20	0.05	—	—	—	0.10	①	—	—	0.05	0.15	99.00	—
21	1200	Si + Fe:1.00		0.05	0.05	—	—	—	0.10	—	0.05	—	0.05	0.15	99.00	—
22	1235	Si + Fe:0.65		0.05	0.05	0.05	—	—	0.10	V:0.05	0.06	—	0.03	—	99.35	—
23	2A01	0.50	0.50	2.2 ~ 3.0	0.20	0.20 ~ 0.50	—	—	0.10	—	0.15	—	0.05	0.10	余量	LY1
24	2A02	0.30	0.30	2.6 ~ 3.2	0.45 ~ 0.7	2.0 ~ 2.4	—	—	0.10	—	0.15	—	0.05	0.10	余量	LY2
25	2A04	0.30	0.30	3.2 ~ 3.7	0.50 ~ 0.8	2.1 ~ 2.6	—	—	0.10	Be:0.001 ~ 0.01②	0.05 ~ 0.40	—	0.05	0.10	余量	LY4
26	2A06	0.50	0.50	3.8 ~ 4.3	0.50 ~ 1.0	1.7 ~ 2.3	—	—	0.10	Be:0.001 ~ 0.005②	0.03 ~ 0.15	—	0.05	0.10	余量	LY6
27	2A10	0.25	0.20	3.9 ~ 4.5	0.30 ~ 0.50	0.15 ~ 0.30	—	—	0.10	—	0.15	—	0.05	0.10	余量	LY10
28	2A11	0.7	0.7	3.8 ~ 4.8	0.40 ~ 0.8	0.40 ~ 0.8	—	0.10	0.30	Fe + Ni:0.7	0.15	—	0.05	0.10	余量	LY11
29	2B11	0.50	0.50	3.8 ~ 4.5	0.40 ~ 0.8	0.40 ~ 0.8	—	—	0.10	—	0.15	—	0.05	0.10	余量	LY8
30	2A12	0.50	0.50	3.8 ~ 4.9	0.30 ~ 0.9	1.2 ~ 1.8	—	0.10	0.30	Fe + Ni:0.50	0.15	—	0.05	0.10	余量	LY12

续表

序号	牌号	化学成分（%）														备注（旧牌号）
		Si	Fe	Cu	Mn	Mg	Cr	Ni	Zn		Ti	Zr	其他 单个	其他 合计	Al	
31	2B12	0.50	0.50	3.8～4.5	0.30～0.7	1.2～1.6	—	—	0.10	—	0.15	—	0.05	0.10	余量	LY9
32	2A13	0.7	0.6	4.0～5.0	—	0.30～0.50	—	—	0.6	—	0.15	—	0.05	0.10	余量	LY13
33	2A14	0.6～1.2	0.7	3.9～4.8	0.40～1.0	0.40～0.8	—	0.10	0.30	—	0.15	—	0.05	0.10	余量	LD10
34	2A16	0.30	0.30	6.0～7.0	0.40～0.8	0.05	—	—	0.10	—	0.10～0.20	0.20	0.05	0.10	余量	LY16
35	2B16	0.25	0.30	5.8～6.8	0.20～0.40	0.05	—	—	—	V:0.05～0.15	0.08～0.20	0.10～0.25	0.05	0.10	余量	—
36	2A17	0.30	0.30	6.0～7.0	0.40～0.8	0.25～0.45	—	—	0.10	—	0.10～0.20	—	0.05	0.10	余量	LY17
37	2A20	0.20	0.30	5.8～6.8	—	0.02	—	—	0.10	V:0.05～0.15 B:0.001～0.01	0.07～0.16	0.10～0.25	0.05	0.15	余量	LY20
38	2A21	0.20	0.20～0.6	3.0～4.0	0.05	0.8～1.2	—	1.8～2.3	0.20	—	0.05	—	0.05	0.15	余量	—
39	2A25	0.06	0.06	3.6～4.2	0.50～0.7	1.0～1.5	—	0.06	—	—	—	—	0.05	0.10	余量	—
40	2A49	0.25	0.8～1.2	3.2～3.8	0.30～0.6	1.8～2.2	—	0.8～1.2	—	—	0.08～0.12	—	0.05	0.15	余量	—
41	2A50	0.7～1.2	0.7	1.8～2.6	0.40～0.8	0.40～0.8	—	0.10	0.30	Fe+Ni:0.7	0.15	—	0.05	0.10	余量	LD5
42	2B50	0.7～1.2	0.7	1.8～2.6	0.40～0.8	0.40～0.8	0.01～0.20	0.10	0.30	Fe+Ni:0.7	0.02～0.10	—	0.05	0.10	余量	LD6
43	2A70	0.35	0.9～1.5	1.9～2.5	0.20	1.4～1.8	—	0.9～1.5	0.30	—	0.02～0.10	—	0.05	0.10	余量	LD7
44	2B70	0.25	0.9～1.4	1.8～2.7	0.20	1.2～1.8	—	0.8～1.4	0.15	Pb:0.05;Sn:0.05 Ti+Zr:0.20	0.10	—	0.05	0.15	余量	—
45	2A80	0.50～1.2	1.0～1.6	1.9～2.5	0.20	1.4～1.8	—	0.9～1.5	0.30	—	0.15	—	0.05	0.10	余量	LD8

续表

序号	牌号	化学成分（%）											其他			备注（旧牌号）
		Si	Fe	Cu	Mn	Mg	Cr	Ni	Zn		Ti	Zr	单个	合计	Al	
46	2A90	0.50~1.0	0.50~1.0	3.5~4.5	0.20	0.40~0.8	—	1.8~2.3	0.30	—	0.15	—	0.05	0.10	余量	LD9
47	2004	0.20	0.20	5.5~6.5	0.10	0.50	—	—	0.10	—	0.05	0.30~0.50	0.05	0.15	余量	—
48	2011	0.40	0.7	5.0~6.0	—	—	—	—	0.30	Bi:0.20~0.6 Pb:0.20~0.6	—	—	0.05	0.15	余量	—
49	2014	0.50~1.2	0.7	3.9~5.0	0.40~1.2	0.20~0.8	0.10	—	0.25	③	0.15	—	0.05	0.15	余量	—
50	2014A	0.50~0.9	0.50	3.9~5.0	0.40~1.2	0.20~0.8	0.10	0.10	0.25	Ti+Zr:0.20	0.15	—	0.05	0.15	余量	—
51	2214	0.50~1.2	0.30	3.9~5.0	0.40~1.2	0.20~0.8	0.10	—	0.25	③	0.15	—	0.05	0.15	余量	—
52	2017	0.20~0.8	0.7	3.5~4.5	0.40~1.0	0.40~0.8	0.10	—	0.25	③	0.15	—	0.05	0.15	余量	—
53	2017A	0.20~0.8	0.7	3.5~4.5	0.40~1.0	0.40~1.0	0.10	—	0.25	Ti+Zr:0.25	—	—	0.05	0.15	余量	—
54	2117	0.8	0.7	2.2~3.0	0.20	0.20~0.50	0.10	—	0.25	—	—	—	0.05	0.15	余量	—
55	2218	0.9	1.0	3.5~4.5	0.20	1.2~1.8	0.10	1.7~2.3	0.25	—	—	—	0.05	0.15	余量	—
56	2618	0.10~0.25	0.9~1.3	1.9~2.7	—	1.3~1.8	—	0.9~1.2	0.10	—	0.04~0.10	—	0.05	0.15	余量	—
57	2219	0.20	0.30	5.8~6.8	0.20~0.40	0.02	—	—	0.10	V:0.05~0.15	0.20~0.10	0.10~0.25	0.05	0.15	余量	LY19
58	2024	0.50	0.50	3.8~4.9	0.30~0.9	1.2~1.8	0.10	—	0.25	③	0.15	—	0.05	0.15	余量	—
59	2124	0.20	0.30	3.8~4.9	0.30~0.9	1.2~1.8	0.10	—	0.25	③	0.15	—	0.05	0.15	余量	—
60	3A21	0.6	0.7	0.20	1.0~1.6	0.05	—	—	0.10④	—	0.15	—	0.05	0.10	余量	LF21

续表

序号	牌号	化学成分（%）											其他			备注（旧牌号）
		Si	Fe	Cu	Mn	Mg	Cr	Ni	Zn		Ti	Zr	单个	合计	Al	
61	3003	0.6	0.7	0.05~0.20	1.0~1.5	—	—	—	0.10	—	—	—	0.05	0.15	余量	—
62	3103	0.50	0.7	0.10	0.9~1.5	0.30	0.10	—	0.20	Ti+Zr:0.10	—	—	0.05	0.15	余量	—
63	3004	0.30	0.7	0.25	1.0~1.5	0.8~1.3	—	—	0.25	—	—	—	0.05	0.15	余量	—
64	3005	0.6	0.7	0.30	1.0~1.5	0.20~0.6	0.10	—	0.25	—	0.10	—	0.05	0.15	余量	—
65	3105	0.6	0.7	0.30	0.30~0.8	0.20~0.8	0.20	—	0.40	—	0.10	—	0.05	0.15	余量	—
66	4A01	4.5~6.0	0.6	0.20	—	—	—	—	Zn+Sn:0.10	—	0.15	—	0.05	0.15	余量	LT1
67	4A11	11.5~13.5	1.0	0.50~1.3	0.20	0.8~1.3	0.10	0.50~1.3	0.25	—	0.15	—	0.05	0.15	余量	LD11
68	4A13	6.8~8.2	0.50	Cu+Zn:0.15	0.50	0.05	—	—	—	Ca:0.10	0.15	—	0.05	0.15	余量	LT13
69	4A17	11.0~12.5	0.50	Cu+Zn:0.15	0.50	0.05	—	—	—	Ca:0.10	0.15	—	0.05	0.15	余量	LT17
70	4004	9.0~10.5	0.8	0.25	0.10	1.0~2.0	—	—	0.20	—	—	—	0.05	0.15	余量	—
71	4032	11.0~13.5	1.0	0.50~1.3	—	0.8~1.3	0.10	0.50~1.3	0.25	—	—	—	0.05	0.15	余量	—
72	4043	4.5~6.0	0.8	0.30	0.05	0.05	—	—	0.10	①	0.20	—	0.05	0.15	余量	—
73	4043A	4.5~6.0	0.6	0.30	0.15	0.20	—	—	0.10	①	0.15	—	0.05	0.15	余量	—
74	4047	11.0~13.0	0.8	0.30	0.15	0.10	—	—	0.20	①	—	—	0.05	0.15	余量	—

续表

序号	牌号	化学成分（%）														备注（旧牌号）
		Si	Fe	Cu	Mn	Mg	Cr	Ni	Zn		Ti	Zr	其他		Al	
													单个	合计		
75	4047A	11.0~13.0	0.6	0.30	0.15	0.10	—	—	0.20	①	0.15	—	0.05	0.15	余量	—
76	5A01	Si+Fe:0.40		0.10	0.30~0.7	6.0~7.0	0.10~0.20	—	0.25	—	0.15	0.10~0.20	0.05	0.15	余量	LF15
77	5A02	0.40	0.40	0.10	或Cr 0.15~0.40	2.0~2.8	—	—	—	Si+Fe:0.6	0.15	—	0.05	0.15	余量	LF2
78	5A03	0.50~0.8	0.50	0.10	0.30~0.6	3.2~3.8	—	—	0.20	—	0.15	—	0.05	0.10	余量	LF3
79	5A05	0.50	0.50	0.10	0.30~0.6	4.8~5.5	—	—	0.20	—	—	—	0.05	0.10	余量	LF5
80	5B05	0.40	0.40	0.20	0.20~0.6	4.7~5.7	—	—	—	Si+Fe:0.6	0.15	—	0.05	0.10	余量	LF10
81	5A06	0.40	0.40	0.10	0.50~0.8	5.8~6.8	—	—	0.20	Be:0.000 1~0.005②	0.02~0.10	—	0.05	0.10	余量	LF6
82	5B06	0.40	0.40	0.10	0.50~0.8	5.8~6.8	—	—	0.20	Be:0.000 1~0.005②	0.10~0.30	—	0.05	0.10	余量	LF14
83	5A12	0.30	0.30	0.05	0.40~0.8	8.3~9.6	—	0.10	0.20	Be:0.005 Sb:0.004~0.05	0.05~0.15	—	0.05	0.10	余量	LF12
84	5A13	0.30	0.30	0.05	0.40~0.8	9.2~10.5	—	0.10	0.20	Be:0.005 Sb:0.004~0.05	0.05~0.15	—	0.05	0.10	余量	LF13
85	5A30	Si+Fe:0.40		0.10	0.50~1.0	4.7~5.5	—	—	0.25	Cr:0.05~0.20	0.03~0.15	—	0.05	0.10	余量	LF16
86	5A33	0.35	0.35	0.10	0.10	6.0~7.5	—	—	0.50~1.5	Be:0.000 5~0.005②	0.05~0.15	0.10~0.30	0.05	0.10	余量	LF33
87	5A41	0.40	0.40	0.10	0.30~0.6	6.0~7.0	—	—	0.20	—	0.02~0.10	—	0.05	0.10	余量	LT41
88	5A43	0.40	0.40	0.10	0.15~0.40	0.6~1.4	—	—	—	—	0.15	—	0.05	0.15	余量	LF43

续表

序号	牌号	化学成分（%）											其他		Al	备注（旧牌号）
		Si	Fe	Cu	Mn	Mg	Cr	Ni	Zn		Ti	Zr	单个	合计		
89	5A66	0.005	0.01	0.005	—	1.5~2.0	—	—	—	—	—	—	0.005	0.01	余量	LT66
90	5005	0.30	0.7	0.20	0.20	0.50~1.1	0.10	—	0.25	—	—	—	0.05	0.15	余量	—
91	5019	0.40	0.50	0.10	0.10~0.6	4.5~5.6	0.20	—	0.20	Mn+Cr:0.10~0.6	0.20	—	0.05	0.15	余量	—
92	5050	0.40	0.7	0.20	0.10	1.1~1.8	0.10	—	0.25	—	—	—	0.05	0.15	余量	—
93	5251	0.40	0.50	0.15	0.10~0.50	1.7~2.4	0.15	—	0.15	—	0.15	—	0.05	0.15	余量	—
94	5052	0.25	0.40	0.10	0.10	2.2~2.8	0.15~0.35	—	0.10	—	—	—	0.05	0.15	余量	—
95	5154	0.25	0.40	0.10	0.10	3.1~3.9	0.15~0.35	—	0.20	①	0.20	—	0.05	0.15	余量	—
96	5154A	0.50	0.50	0.10	0.50	3.1~3.9	0.25	—	0.20	① Mn+Cr:0.10~0.50	0.20	—	0.05	0.15	余量	—
97	5454	0.25	0.40	0.10	0.50~1.0	2.4~3.0	0.05~0.20	—	0.25	—	0.20	—	0.05	0.15	余量	—
98	5554	0.25	0.40	0.10	0.50~1.0	2.4~3.0	0.05~0.20	—	0.25	①	0.05~0.20	—	0.05	0.15	余量	—
99	5754	0.40	0.40	0.10	0.50	2.6~3.6	0.30	—	0.20	Mn+Cr:0.10~0.6	0.15	—	0.05	0.15	余量	—
100	5056	0.30	0.40	0.10	0.05~0.20	4.5~5.6	0.05~0.20	—	0.10	—	—	—	0.05	0.15	余量	LF5-1
101	5356	0.25	0.40	0.10	0.05~0.20	4.5~5.5	0.05~0.20	—	0.10	①	0.06~0.20	—	0.05	0.15	余量	—
102	5456	0.25	0.40	0.10	0.50~1.0	4.7~5.5	0.05~0.20	—	0.25	—	0.20	—	0.05	0.15	余量	—
103	5082	0.20	0.35	0.15	0.15	4.0~5.0	0.15	—	0.25	—	0.10	—	0.05	0.15	余量	—

续表

序号	牌号	化学成分（%）											其他		Al	备注（旧牌号）
		Si	Fe	Cu	Mn	Mg	Cr	Ni	Zn		Ti	Zr	单个	合计		
104	5182	0.20	0.35	0.15	0.20~0.50	4.0~5.0	0.10	—	0.25	—	0.10	—	0.05	0.15	余量	—
105	5083	0.40	0.40	0.10	0.40~1.0	4.0~4.9	0.05~0.25	—	0.25	—	0.15	—	0.05	0.15	余量	LF4
106	5183	0.40	0.40	0.10	0.50~1.0	4.3~5.2	0.05~0.25	—	0.25	①	0.15	—	0.05	0.15	余量	—
107	5086	0.40	0.50	0.10	0.20~0.7	3.5~4.5	0.05~0.25	—	0.25	—	0.15	—	0.05	0.15	余量	—
108	6A02	0.50~1.2	0.50	0.20~0.6	或Cr 0.15~0.35	0.45~0.9	—	—	0.20	—	0.15	—	0.05	0.10	余量	LD2
109	6B02	0.7~1.1	0.40	0.10~0.40	0.10~0.30	0.40~0.8	—	—	0.15	—	0.01~0.04	—	0.05	0.10	余量	LD2-1
110	6A51	0.50~0.7	0.50	0.15~0.35	—	0.45~0.6	—	—	0.25	Sn:0.15~0.35	0.01~0.04	—	0.05	0.15	余量	—
111	6101	0.30~0.7	0.50	0.10	0.03	0.35~0.8	0.03	—	0.10	B:0.06	—	—	0.03	0.10	余量	—
112	6101A	0.30~0.7	0.40	0.05	—	0.40~0.9	—	—	—	—	—	—	0.03	0.10	余量	—
113	6005	0.6~0.9	0.35	0.10	0.10	0.40~0.6	0.10	—	0.10	—	0.10	—	0.05	0.15	余量	—
114	6005A	0.50~0.9	0.35	0.30	0.50	0.40~0.7	0.30	—	0.20	Mn+Cr:0.12~0.50	0.10	—	0.05	0.15	余量	—
115	6351	0.7~1.3	0.50	0.10	0.40~0.8	0.40~0.8	—	—	0.20	—	0.20	—	0.05	0.15	余量	—
116	6060	0.30~0.6	0.10~0.30	0.10	0.10	0.35~0.6	0.05	—	0.15	—	0.10	—	0.05	0.15	余量	—
117	6061	0.40~0.8	0.7	0.15~0.40	0.15	0.8~1.2	0.04~0.35	—	0.25	—	0.15	—	0.05	0.15	余量	LD30
118	6063	0.20~0.6	0.35	0.10	0.10	0.45~0.9	0.10	—	0.10	—	0.10	—	0.05	0.15	余量	LD31

续表

序号	牌号	化学成分（%）														备注（旧牌号）
		Si	Fe	Cu	Mn	Mg	Cr	Ni	Zn		Ti	Zr	其他		Al	
													单个	合计		
119	6063A	0.30～0.6	0.15～0.35	0.10	0.15	0.6～0.9	0.05	—	0.15	—	0.10	—	0.05	0.15	余量	—
120	6070	1.0～1.7	0.50	0.15～0.40	0.40～1.0	0.50～1.2	0.10	—	0.25	—	0.15	—	0.05	0.15	余量	LD2-2
121	6081	0.8～1.2	0.45	0.10	0.15	0.6～1.0	0.10	—	0.20	—	0.10	—	0.05	0.15	余量	—
122	6082	0.7～1.3	0.50	0.10	0.40～1.0	0.6～1.2	0.25	—	0.20	—	0.10	—	0.05	0.15	余量	—
123	7A01	0.30	0.30	0.01	—	—	—	—	0.9～1.3	Si+Fe:0.45	—	—	0.03	—	余量	LB1
124	7A03	0.20	0.20	1.8～2.4	0.10	1.2～1.6	0.05	—	6.0～6.7	—	0.02～0.08	—	0.05	0.10	余量	LC3
125	7A04	0.50	0.50	1.4～2.0	0.20～0.6	1.8～2.8	0.10～0.25	—	5.0～7.0	—	0.10	—	0.05	0.10	余量	LC4
126	7A05	0.25	0.25	0.20	0.15～0.40	1.1～1.7	0.05～0.15	—	4.4～5.0	—	0.02～0.06	0.10～0.25	0.05	0.15	余量	—
127	7A09	0.50	0.50	1.2～2.0	0.15	2.0～3.0	0.16～0.30	—	5.1～6.1	—	0.10	—	0.05	0.10	余量	LC9
128	7A10	0.30	0.30	0.50～1.0	0.20～0.35	3.0～4.0	0.10～0.20	—	3.2～4.2	—	0.10	—	0.05	0.10	余量	LC10
129	7A15	0.50	0.50	0.50～1.0	0.10～0.40	2.4～3.0	0.10～0.30	—	4.4～5.4	Be:0.005～0.01	0.05～0.15	—	0.05	0.15	余量	LC15
130	7A19	0.30	0.40	0.08～0.30	0.30～0.50	1.3～1.9	0.10～0.20	—	4.5～5.3	Be:0.0001～0.004②	—	0.08～0.20	0.05	0.15	余量	LC19
131	7A31	0.30	0.6	0.10～0.40	0.20～0.40	2.5～3.3	0.10～0.20	—	3.6～4.5	Be:0.0001～0.001②	0.02～0.10	0.08～0.25	0.05	0.15	余量	—
132	7A33	0.25	0.30	0.25～0.55	0.05	2.2～2.7	0.10～0.20	—	4.6～5.4	—	0.05	—	0.05	0.10	余量	—
133	7A52	0.25	0.30	0.05～0.20	0.20～0.50	2.0～2.8	0.15～0.25	—	4.0～4.8	—	0.05～0.18	0.05～0.15	0.05	0.15	余量	LC52
134	7003	0.30	0.35	0.20	0.30	0.50～1.0	0.20	—	5.0～6.5	—	0.20	0.05～0.25	0.05	0.15	余量	LC12

续表

序号	牌号	化学成分（%）											其他			备注（旧牌号）
		Si	Fe	Cu	Mn	Mg	Cr	Ni	Zn		Ti	Zr	单个	合计	Al	
135	7005	0.35	0.40	0.10	0.20～0.7	1.0～1.8	0.06～0.20	—	4.0～5.0	—	0.01～0.06	0.08～0.20	0.05	0.15	余量	—
136	7020	0.35	0.40	0.20	0.05～0.50	1.0～1.4	0.10～0.35	—	4.0～5.0	Zr+Ti:0.08～0.25	—	0.08～0.20	0.05	0.15	余量	—
137	7022	0.50	0.50	0.50～1.0	0.10～0.40	2.6～3.7	0.10～0.30	—	4.3～5.2	Zr+Ti:0.20	—	—	0.05	0.15	余量	—
138	7050	0.12	0.15	2.0～2.6	0.10	1.9～2.6	0.04	—	5.7～6.7	—	0.06	0.08～0.15	0.05	0.15	余量	—
139	7075	0.40	0.50	1.2～2.0	0.30	2.1～2.9	0.18～0.28	—	5.1～6.1	⑤	0.20	—	0.05	0.15	余量	—
140	7475	0.10	0.12	1.2～1.9	0.06	1.9～2.6	0.18～0.25	—	5.2～6.2	—	0.06	—	0.05	0.15	余量	—
141	8A06	0.55	0.50	0.10	0.10	0.10	—	—	0.10	Fe+Si:1.0	—	—	0.05	0.15	余量	L6
142	8011	0.50～0.9	0.6～1.0	0.10	0.20	0.05	0.05	—	0.10	—	0.08	—	0.05	0.15	余量	—
143	8090	0.20	0.30	1.0～1.6	0.10	0.6～1.3	0.10	—	0.25	Li:2.2～2.7	0.10	0.04～0.16	0.05	0.15	余量	—

注：①用于电焊条和堆焊时，铍含量不大于0.000 8%。

②铍含量均按规定量加入，可不作分析。

③仅在供需双方商定时，对挤压和锻造产品限定 Ti+Zr 含量不大于0.20%。

④作铆钉线材的3A21合金的锌含量应不大于0.03%。

⑤仅在供需双方商定时，对挤压和锻造产品限定 Ti+Zr 含量不大于0.25%。

2. 铸造铝合金

铸造铝合金（GB/T 1173—1995）的化学成分列于表 2－130；铸造铝合金杂质允许含量列于表 2－131；铸造铝合金的力学性能列于表 2－132。

表 2－130　铸造铝合金化学成分

序号	合金牌号	合金代号	主要元素（%）							
			Si	Cu	Mg	Zn	Mn	Ti	其他	Al
1	ZAlSi7Mg	ZL101	6.5～7.5		0.25～0.45					余量
2	ZAlSi7MgA	ZL101A	6.5～7.5		0.25～0.45			0.08～0.20		余量
3	ZAlSi12	ZL102	10.0～13.0							余量
4	ZAlSi9Mg	ZL104	8.0～10.5		0.17～0.35		0.2～0.5			余量
5	ZAlSi5Cu1Mg	ZL105	4.5～5.5	1.0～1.5	0.4～0.6					余量
6	ZAlSi5Cu1MgA	ZL105A	4.5～5.5	1.0～1.5	0.4～0.55					余量
7	ZAlSi8Cu1Mg	ZL106	7.5～8.5	1.0～1.5	0.3～0.5		0.3～0.5	0.10～0.25		余量
8	ZAlSi7Cu4	ZL107	6.5～7.5	3.5～4.5						余量
9	ZAlSi12Cu2Mg1	ZL108	11.0～13.0	1.0～2.0	0.4～1.0		0.3～0.9			余量
10	ZAlSi12Cu1Mg1Ni1	ZL109	11.0～13.0	0.5～1.5	0.8～1.3				Ni0.8～1.5	余量
11	ZAlSi5Cu6Mg	ZL110	4.0～6.0	5.0～8.0	0.2～0.5					余量
12	ZAlSi9Cu2Mg	ZL111	8.0～10.10	1.3～1.8	0.4～0.6		0.10～0.35	0.10～0.35		余量
13	ZAlSi7Mg1A	ZL114A	6.5～7.5		0.45～0.6			0.10～0.20	Be0.04～0.07①	余量
14	ZAlSi5Zn1Mg	ZL115	4.8～6.2		0.4～0.65	1.2～1.8			Sb0.1～0.25	余量
15	ZAlSi8MgBe	ZL116	6.5～8.5		0.35～0.55			0.10～0.30	Be0.15～0.40	余量
16	ZAlCu5Mn	ZL201		4.5～5.3			0.6～1.0	0.15～0.35		余量
17	ZAlCu5MnA	ZL201A		4.8～5.3			0.6～1.0	0.15～0.35		余量
18	ZAlCu4	ZL203		4.0～5.0						余量
19	ZAlCu5MnCdA	ZL204A		4.6～5.3			0.6～0.9	0.15～0.35	Cd0.15～0.25	余量

续表

序号	合金牌号	合金代号	主要元素(%)							
			Si	Cu	Mg	Zn	Mn	Ti	其他	Al
20	ZAlCu5MnCdVA	ZL205A		4.6~5.3			0.3~0.5	0.15~0.35	Cd0.15~0.25 V0.05~0.3 Zr0.05~0.2 B0.005~0.06	余量 余量 余量 余量
21	ZAlRE5Cu3Si2	ZL207	1.6~2.0	3.0~3.4	0.15~0.25		0.9~1.2		Ni0.2~0.3 Zr0.15~0.25 RE4.4~5.0②	余量 余量 余量
22	ZAlMg10	ZL301			9.5~11.0					余量
23	ZAlMg5Si1	ZL303	0.8~1.3		4.5~5.5		0.1~0.4			余量
24	ZAlMg8Zn1	ZL305			7.5~9.0	1.0~1.5		0.1~0.2	Be0.03~0.1	余量
25	ZAlZn11Si7	ZL401	6.0~8.0		0.1~0.3	9.0~13.0				余量
26	ZAlZn6Mg	ZL402			0.5~0.65	5.0~6.5		0.15~0.25	Cr0.4~0.6	余量

注：①在保证合金力学性能前提下，可以不加铍（Be）。

②混合稀土中含各种稀土总量不小于98%，其中含铈（Ce）约45%。

表 2-131　铸造铝合金杂质允许含量

序号	合金牌号	合金代号	杂质含量(%) ≤															
			Fe		Si	Cu	Mg	Zn	Mn	Ti	Zr	Ti+Zr	Be	Ni	Sn	Pb	杂质总和	
			S	J													S	J
1	ZAlSi7Mg	ZL101	0.5	0.9		0.2		0.3	0.35			0.25	0.1		0.01	0.05	1.1	1.5
2	ZAlSi7MgA	ZL101A	0.2	0.2		0.1		0.1	0.10		0.20				0.01	0.03	0.7	0.7
3	ZAlSi12	ZL102	0.7	1.0		0.30	0.10	0.1	0.5	0.20							2.0	2.2
4	ZAlSi9Mg	ZL104	0.6	0.9		0.1		0.25			0.15				0.01	0.05	1.1	1.4
5	ZAlSi5Cu1Mg	ZL105	0.6	1.0				0.3	0.5			0.15	0.1		0.01	0.05	1.1	1.4
6	ZAlSi5Cu1MgA	ZL105A	0.2	0.2				0.1	0.1						0.01	0.05	0.5	0.5

续表

序号	合金牌号	合金代号	杂质含量(%) ≤															
			Fe		Si	Cu	Mg	Zn	Mn	Ti	Zr	Ti + Zr	Be	Ni	Sn	Pb	杂质总和	
			S	J													S	J
7	ZAlSi8Cu1Mg	ZL106	0.6	0.8				0.2							0.01	0.05	0.9	1.0
8	ZAlSi7Cu4	ZL107	0.5	0.6			0.1	0.3	0.5						0.01	0.05	1.0	1.2
9	ZAlSi12Cu2Mg1	ZL108		0.7				0.2		0.20				0.3	0.01	0.05		1.2
10	ZAlSi12Cu1Mg1Ni1	ZL109		0.7				0.2	0.2	0.20					0.01	0.05		1.2
11	ZAlSi5Cu6Mg	ZL110		0.8				0.6	0.5						0.01	0.05		2.7
12	ZAlSi9Cu2Mg	ZL111	0.4	0.4				0.1							0.01	0.05	1.0	1.0
13	ZAlSi7Mg1A	ZL114A	0.2	0.2			0.1		0.1	0.1		0.20			0.01	0.03	0.75	0.75
14	ZAlSi5Zn1Mg	ZL115	0.3	0.3		0.1			0.1						0.01	0.05	0.8	1.0
15	ZAlSi8MgBe	ZL116	0.60	0.60		0.3		0.3	0.1		0.20	B0.10			0.01	0.05	1.0	1.0
16	ZAlCu5Mn	ZL201	0.25	0.3	0.3		0.05	0.2			0.2			0.1			1.0	1.0
17	ZAlCu5MnA	ZL201A	0.15		0.1		0.05	0.1			0.15			0.05			0.4	
18	ZAlCu4	ZL203	0.8	0.8	1.2		0.05	0.25	0.1	0.20	0.1				0.01	0.05	2.1	2.1
19	ZAlCu5MnCdA	ZL204A	0.15	0.15	0.06		0.05	0.1			0.15			0.05			0.4	
20	ZAlCu5MnCdVA	ZL205A	0.15	0.15	0.06		0.05								0.01		0.3	0.3
21	ZAlRE5Cu3Si2	ZL207	0.6	0.6				0.2									0.8	0.8
22	ZAlMg10	ZL301	0.3	0.3	0.30	0.10		0.15	0.15	0.15	0.20		0.07	0.05	0.01	0.05	1.0	1.0
23	ZAlMg5Si1	ZL303	0.5	0.5		0.1		0.2		0.2							0.7	0.7
24	ZAlMg8Zn1	ZL305	0.3		0.2	0.1			0.1								0.9	
25	ZAlZn11Si7	ZL401	0.7	1.2		0.6			0.5								1.8	2.0
26	ZAlZn6Mg	ZL402	0.5	0.8	0.3	0.25			0.1						0.01		1.35	1.65

注：熔模、壳型铸造的主要元素及杂质含量按表2－130、表2－131 中砂型指标检验。

表 2－132　铸造铝合金力学性能

序号	合金牌号	合金代号	铸造方法	合金状态	力学性能≥		
					抗拉强度 σ_b (MPa)	伸长率 δ_5 (%)	布氏硬度 HBS
1	ZAlSi7Mg	ZL101	S、R、J、K	F	155	2	50
			S、R、J、K	T2	135	2	45
			JB	T4	185	4	50
			S、R、K	T4	175	4	50
			J、JB	T5	205	2	60
			S、R、K	T5	195	2	60
			SB、RB、KB	T5	195	2	60
			SB、RB、KB	T6	225	1	70
			SB、RB、KB	T7	195	2	60
			SB、RB、KB	T8	155	3	55
2	ZAlSi7MgA	ZL101A	S、R、K	T4	195	5	60
			J、JB	T4	225	5	60
			S、R、K	T5	235	4	70
			SB、RB、KB	T5	235	4	70
			JB、J	T5	265	4	70
			SB、RB、KB	T6	275	2	80
			JB、J	T6	295	3	80
3	ZAlSi12	ZL102	SB、JB、RB、KB	F	145	4	50
			J	F	155	2	50
			SB、JB、RB、KB	T2	135	4	50
			J	T2	145	3	50
4	ZAlSi9Mg	ZL104	S、J、R、K	F	145	2	50
			J	T1	195	1.5	65
			SB、RB、KB	T6	225	2	70
			J、JB	T6	235	2	70
5	ZAlSi5Cu1Mg	ZL105	S、J、R、K	T1	155	0.5	65
			S、R、K	T5	195	1	70
			J	T5	235	0.5	70
			S、R、K	T6	225	0.5	70
			S、J、R、K	T7	175	1	65
6	ZAlSi5Cu1MgA	ZL105A	SB、R、K	T5	275	1	80
			J、JB	T5	295	2	80

续表

序号	合金牌号	合金代号	铸造方法	合金状态	力学性能≥		
					抗拉强度 σ_b (MPa)	伸长率 δ_5 (%)	布氏硬度 HBS
7	ZAlSi8Cu1Mg	ZL106	SB JB SB JB SB JB SB J	F T1 T5 T5 T6 T6 T7 T7	175 195 235 255 245 265 225 245	1 1.5 2 2 1 2 2 2	70 70 60 70 80 70 60 60
8	ZAlSi7Cu4	ZL107	SB SB J J	F T6 F T6	165 245 195 275	2 2 2 2.5	65 90 70 100
9	ZAlSi12Cu2Mg1	ZL108	J J	T1 T6	195 255	— —	85 90
10	ZAlSi12Cu1Mg1Ni1	ZL109	J J	T1 T6	195 245	0.5 —	90 100
11	ZAlSi5Cu6Mg	ZL110	S J S J	F F T1 T1	125 155 145 165	— — — —	80 80 80 90
12	ZAlSi9Cu2Mg	ZL111	J SB J、JB	F T6 T6	205 255 315	1.5 1.5 2	80 90 100
13	ZAlSi7Mg1A	ZL114A	SB J、JB	T5 T5	290 310	2 3	85 90
14	ZAlSi5Zn1Mg	ZL115	S J S J	T4 T4 T5 T5	225 275 275 315	4 6 3.5 5	70 80 90 100
15	ZAlSi8MgBe	ZL116	S J S J	T4 T4 T5 T5	255 275 295 335	4 6 2 4	70 80 85 90

续表

序号	合金牌号	合金代号	铸造方法	合金状态	力学性能≥		
					抗拉强度 σ_b (MPa)	伸长率 δ_5 (%)	布氏硬度 HBS
16	ZAlCu5Mn	ZL201	S、J、R、K S、J、R、K S	T4 T5 T7	295 335 315	8 4 2	70 90 80
17	ZAlCu5MnA	ZL201A	S、J、R、K	T5	390	8	100
18	ZAlCu4	ZL203	S、R、K J S、R、K J	T4 T4 T5 T5	195 205 215 225	6 6 3 3	60 60 70 70
19	ZAlCu5MnCdA	ZL204A	S	T5	440	4	100
20	ZAlCu5MnCdVA	ZL205A	S S S	T5 T6 T7	440 470 460	7 3 2	100 120 110
21	ZAlRE5Cu3Si2	ZL207	S J	T1 T1	165 175	— —	75 75
22	ZAlMg10	ZL301	S、J、R	T4	280	10	60
23	ZAlMg5Si1	ZL303	S、J、R、K	F	145	1	55
24	ZAlMg8Zn1	ZL305	S	T4	290	8	90
25	ZAlZn11Si7	ZL401	S、R、K J	T1 T1	195 245	2 1.5	80 90
26	ZAlZn6Mg	ZL402	J S	T1 T1	235 215	4 4	70 65

3. 压铸铝合金

压铸铝合金（GB/T 15115—1994）的化学成分和力学性能分别列于表2－133和表2－134。

表 2-133　压铸铝合金的化学成分

序号	合金牌号	合金代号	化学成分（%，余量为 Al）			化学成分（%）≤					
			Si	Cu	Mg	Mn	Fe	Ni	Zn	Pb	Sn
1	YZAlSi12	YL102	10.0~13.0	≤0.6	≤0.05	≤0.6	1.2	—	0.3	—	—
2	YZAlSi10Mg	YL104	8.0~10.5	≤0.3	0.17~0.30	0.2~0.5	1.0	—	0.3	0.05	0.01
3	YZAlSi12Cu2	YL108	11.0~13.0	1.0~2.0	0.4~1.0	0.3~0.9	1.0	0.05	1.0	0.05	0.01
4	YZAlSi9Cu4	YL112	7.5~9.5	3.0~4.0	≤0.3	≤0.5	1.2	0.5	1.2	0.1	0.1
5	YZAlSi11Cu3	YL113	9.6~12.0	1.5~3.5	≤0.3	≤0.5	1.2	0.5	1.0	0.1	0.1
6	YZAlSi17Cu5Mg	YL117	16.0~18.0	4.0~5.0	0.45~0.65	≤0.5	1.2	0.1	1.2	钛≤0.1	
7	YZAlMg5Si1	YL302	0.8~1.3	≤0.1	4.5~5.5	0.1~0.4	1.2	—	0.2	钛≤0.2	

表 2-134　压铸铝合金的力学性能

序号	合金牌号	合金代号	力学性能≥		
			抗拉强度（MPa）	伸长率 δ_5（%）	布氏硬度 HBS
1	YZAlSi12	YL102	220	2	60
2	YZAlSi10Mg	YL104	220	2	70
3	YZAlSi12Cu2	YL108	240	1	90
4	YZAlSi9Cu4	YL112	240	1	85
5	YZAlSi11Cu3	YL113	230	1	80
6	YZAlSi17Cu5Mg	YL117	220	<1	
7	YZAlMg5Si1	YL302	220	2	70

2.2.31　锌及锌合金

1. 锌和锌合金加工产品的化学成分及硬度

锌和锌合金加工产品的化学成分及硬度列于表 2-135。

表 2-135　锌和锌合金加工产品的化学成分及硬度

名称	代号	化学成分（%，余量为 Zn）				杯突试验（mm）	标准号
		Pb	Cd	Fe	杂质≤		
锌阳极板	Zn1	锌≥99.99		—	0.01	—	GB/T 2058—1989
	Zn2	锌≥99.95		—	0.05	—	
嵌线锌板	Zn5	锌≥98.7		—	1.30	—	—

续表

名称	代号	化学成分（%，余量为 Zn）				杯突试验（mm）	标准号
		Pb	Cd	Fe	杂质≤		
照相制版用微晶锌板	XI2	—	Mg 0.05～0.15	Al 0.02～0.10	0.013	HB＞50	YS/T 225—1994
胶印锌板	XJ*	0.3～0.5	0.09～0.14	0.008～0.02	0.05	HB≥50	GB/T 3496—1983
电池锌板	XD1	0.30～0.50	0.20～0.35	0.011	0.02	4.5～9	GB/T 1978—1998
	XD2	0.35～0.80	0.03～0.06	0.008～0.015	0.025	≥5	
1.5 锌铜合金带	ZnCu1.5	—	—	Cu 1.2～1.7	0.3	—	—

注：*胶印锌版 XJ 的机械性能：抗拉强度≥157MPa，伸长率（δ_{10}）≥15%，反复弯曲≥7 次。

2. 锌锭

锌锭（GB/T 470—1997）的化学成分列于表 2－136。

表 2－136　锌锭的化学成分

牌号	化学成分（%）				
	Zn≥	杂质含量≤			
		Pb	Cd	Fe	Cu
Zn99.995	99.995	0.003	0.002	0.001	0.001
Zn99.99	99.99	0.005	0.003	0.003	0.002
Zn99.95	99.95	0.020	0.02	0.010	0.002
Zn99.5	99.5	0.3	0.07	0.04	0.002
Zn98.7	98.7	1.0	0.20	0.05	0.005

注：Zn 99.99% 的锌锭用于生产压铸合金，最高铅含量应为 0.003%。

牌号	化学成分（%）				
	杂质含量≤				
	Sn	Al	As	Sb	总和
Zn99.995	0.001	—	—	—	0.005 0
Zn99.99	0.001	—	—	—	0.010
Zn99.95	0.001	—	—	—	0.050
Zn99.5	0.002	0.010	0.005	0.01	0.50
Zn98.7	0.002	0.010	0.01	0.02	1.30

3. 热镀用锌合金锭

热镀用锌合金锭（YS/T 310—1995）的化学成分列于表 2－137。

表 2－137　热镀用锌合金锭的化学成分

牌号	代号	主要成分（%）				杂质含量（%）≤						其他杂质元素		杂质总和
		Zn	Al	Pb	La＋Ce	Fe	Cd	Sn	Cu	Pb	Si	单个	总和	
RZnAl0. 36	R36	余量	0. 34～0. 38	0. 06～0. 09	—	0. 006	0. 01	0. 01	0. 01	—	—	—	—	0. 04
RZnAl0. 42	R42	余量	0. 40～0. 44											
RZnAl5RE	RE5	余量	4. 7～6. 2	—	0. 03～0. 10	0. 075	0. 005	0. 002	—	0. 005	0. 015	0. 02	0. 04	—

4. 铸造锌合金

铸造锌合金（GB/T 1175—1997）的化学成分列于表 2－138；其力学性能列于表 2－139。

表 2－138　铸造锌合金化学成分

序号	合金牌号	合金代号	合金元素（%）				杂质含量（%）≤					杂质总和
			Al	Cu	Mg	Zn	Fe	Pb	Cd	Sn	其他	
1	ZZnAl4Cu1Mg	ZA4－1	3. 5～4. 5	0. 75～1. 25	0. 03～0. 08	其余	0. 1	0. 015	0. 005	0. 003		0. 2
2	ZZnAl4Cu3Mg	ZA4－3	3. 5～4. 3	2. 5～3. 2	0. 03～0. 06	其余	0. 075	Pb＋Cd 0. 009		0. 002		—
3	ZZnAl6Cu1	ZA6－1	5. 6～6. 0	1. 2～1. 6	—	其余	0. 075	Pb＋Cd 0. 009		0. 002	Mg0. 005	—
4	ZZnAl8Cu1Mg	ZA8－1	8. 0～8. 8	0. 8～1. 3	0. 015～0. 030	其余	0. 075	0. 006	0. 006	0. 003	Mn0. 01 Cr0. 01 Ni0. 01	—
5	ZZnAl9Cu2Mg	ZA9－2	8. 0～10. 0	1. 0～2. 0	0. 03～0. 06	其余	0. 2	0. 03	0. 02	0. 01	Si0. 1	0. 35
6	ZZnAl11Cu1Mg	ZA11－1	10. 5～11. 5	0. 5～1. 2	0. 015～0. 030	其余	0. 075	0. 006	0. 006	0. 003	Mn0. 01 Cr0. 01 Ni0. 01	—
7	ZZnAl11Cu5Mg	ZA11－5	10. 0～12. 0	4. 0～5. 5	0. 03～0. 06	其余	0. 2	0. 03	0. 02	0. 01	Si0. 05	0. 35
8	ZZnAl27Cu2Mg	ZA27－2	25. 0～28. 0	2. 0～2. 5	0. 010～0. 020	其余	0. 075	0. 006	0. 006	0. 003	Mn0. 01 Cr0. 01 Ni0. 01	—

表 2－139 铸造锌合金的力学性能

序号	合金牌号	合金代号	铸造方法及状态	抗拉强度 σ_b (MPa)	伸长率 δ_5 (%)	布氏硬度 HBS
1	ZZnAl4Cu1Mg	ZA4－1	JF	175	0.5	80
2	ZZnAl4Cu3Mg	ZA4－3	SF JF	220 240	0.5 1	90 100
3	ZZnAl6Cu1	ZA6－1	SF JF	180 220	1 1.5	80 80
4	ZZnAl8Cu1Mg	ZA8－1	SF JF	250 225	1 1	80 85
5	ZZnAl9Cu2Mg	ZA9－2	SF JF	275 315	0.7 1.5	90 105
6	ZZnAl11Cu1Mg	ZA11－1	SF JF	280 310	1 1	90 90
7	ZZnAl11Cu5Mg	ZA11－5	SF JF	275 295	0.5 1.0	80 100
8	ZZnAl27Cu2Mg	ZA27－2	SF ST3 JF	400 310 420	3 8 1	110 90 110

注：表中铸造方法及状态框中的 S、J、F 和 T3 为工艺代号，其含义是：

S—砂型铸造；

J—金属型铸造；

F—铸态；

T3—均匀化处理，其工艺为 320℃、3h、炉冷。

5. 压铸锌合金

压铸锌合金（GB/T 13818—1992）的化学成分和力学性能分别列于表 2－140 和表 2－141。

表 2－140 压铸锌合金的化学成分

序号	合金牌号	合金代号	化学成分（%）							
			主要成分				杂质含量≤			
			Al	Cu	Mg	Zn	Fe	Pb	Sn	Cd
1	ZZnAl4Y	YX040	3.5～4.3	—	0.02～0.06	其余	0.1	0.005	0.003	0.004

续表

序号	合金牌号	合金代号	化学成分（%）							
			主要成分				杂质含量≤			
			Al	Cu	Mg	Zn	Fe	Pb	Sn	Cd
2	ZZnAl4Cu1Y	YX041	3.5～4.3	0.75～1.25	0.03～0.08	其余	0.1	0.005	0.003	0.004
3	ZZnAl4Cu3Y	YX043	3.5～4.3	2.5～3.0	0.02～0.06	其余	0.1	0.005	0.003	0.004

注：表中合金代号 YX 后面两位数字表示合金中化学元素铝的名义百分含量，第三个数字表示合金中化学元素铜的名义百分含量。

表 2－141　压铸锌合金的力学性能

序号	合金牌号	合金代号	力学性能≥			
			抗拉强度 σ_b（MPa）	伸长率 δ（%）$L_0=50$	布氏硬度 HBS	冲击韧性 a_k（J）
1	ZZnAl4Y	YX040	250	1	80	35
2	ZZnAl4Cu1Y	YX041	270	2	90	39
3	ZZnAl4Cu3Y	YX043	320	2	95	42

注：表中合金代号 YX 后面两位数字表示合金中化学元素铝的名义百分含量，第三个数字表示合金中化学元素铜的名义百分含量。

2.2.32　铅锡及铅锑合金、轴承合金

1. 铅锭

铅锭（GB/T 469—1995）的化学成分列于表 2－142。

表 2－142　铅锭的化学成分

牌号	化学成分（%）									
	Pb ≥	杂质≤								
		Ag	Cu	Bi	As	Sb	Sn	Zn	Fe	总和
Pb99.994	99.994	0.000 5	0.001	0.003	0.000 5	0.001	0.001	0.000 5	0.000 5	0.006
Pb99.99	99.99	0.001	0.001 5	0.005	0.001	0.001	0.001	0.001	0.001	0.01
Pb99.96	99.96	0.001 5	0.002	0.03	0.002	0.005	0.002	0.001	0.002	0.04
Pb99.90	99.90	0.002	0.01	0.03	0.01	0.05	0.005	0.002	0.002	0.10

2. 铅锑合金的化学成分及硬度

铅锑合金的化学成分及硬度列于表 2－143。

表 2－143 铅锑合金的化学成分及硬度

牌号	主要成分（%）		杂质（%） ≤						合金板硬度 HV≥
	Pb	Sb	As	Bi	Sn	Zn	Fe	总和	
PbSb0.5	余量	0.3～0.8	0.005	0.06	0.008	0.005	0.005	0.15	—
PbSb2	余量	1.5～2.5	0.010	0.06	0.008	0.005	0.005	0.2	6.6
PbSb4	余量	3.5～4.5	0.010	0.06	0.008	0.005	0.005	0.2	7.2
PbSb6	余量	5.5～6.5	0.015	0.08	0.01	0.01	0.01	0.3	8.1
PbSb8	余量	7.5～8.5	0.015	0.08	0.01	0.01	0.01	0.3	9.5

3. 锡锭

锡锭（GB/T 728—1998）按化学成分分为三个牌号：Sn99.90、Sn99.95 和 Sn99.99。

锡锭的化学成分列于表 2－144。

表 2－144 锡锭的化学成分

牌号			Sn99.90	Sn99.95	Sn99.99
化学成分（%）	Sn ≥		99.90	99.95	99.99
	杂质 ≤	As	0.008	0.003	0.000 5
		Fe	0.007	0.004	0.002 5
		Cu	0.008	0.004	0.000 5
		Pb	0.040	0.010	0.003 5
		Bi	0.015	0.006	0.002 5
		Sb	0.020	0.014	0.002
		Cd	0.000 8	0.000 5	0.000 3
		Zn	0.001	0.000 8	0.000 5
		Al	0.001	0.000 8	0.000 5
		总和	0.10	0.050	0.010

注：①锡含量为 100% 减去所测表中杂质含量之和的余量。

②锡锭表面应洁净，无明显毛刺和外来夹杂物。

③锡锭单重为 25kg±1.5kg，如有特殊要求，由供需双方协商解决。

4. 铸造轴承合金

铸造轴承合金（GB/T 1174—1992）的化学成分及力学性能列于表 2－145、表 2－146。

表 2－145　铸造轴承合金的化学成分

种类	合金牌号	化学成分（%）												
		Sn	Pb	Cu	Zn	Al	Sb	Ni	Mn	Si	Fe	Bi	As		其他元素总和
锡基	ZSnSb12Pb10Cu4	其余	9.0～11.0	2.5～5.0	0.01	0.01	11.0～13.0	—	—	—	0.1	0.08	0.1		0.55
锡基	ZSnSb12Cu6Cd1	其余	0.15	4.5～6.8	0.05	0.05	10.0～13.0	0.3～0.6			0.1	—	0.4～0.7	Cd1.1～1.6 Fe+Al+Zn ≤0.15	—
锡基	ZSnSb11Cu6	其余	0.35	5.5～6.5	0.01	0.01	10.0～12.0	—	—	—	0.1	0.03	0.1		0.55
锡基	ZSnSb8Cu4	其余	0.35	3.0～4.0	0.005	0.005	7.0～8.0	—	—	—	0.1	0.03	0.1		0.55
锡基	ZSnSb4Cu4	其余	0.35	4.0～5.0	0.01	0.01	4.0～5.0	—	—	—	—	0.08	0.1		0.50
铅基	ZPbSb16Sn16Cu2	15.0～17.0	其余	1.5～2.0	0.15		15.0～17.0	—	—	—	0.1	0.1	0.3		0.6
铅基	ZPbSb15Sn5Cu3－Cd2	5.0～6.0	其余	2.5～3.0	0.15		14.0～16.0	—	—	—	0.1	0.1	0.6～1.0	Cd1.75～2.25	0.4
铅基	ZPbSb15Sn10	9.0～11.0	其余	0.7*	0.005	0.005	14.0～16.0	—	—	—	0.1	0.1	0.6	Cd0.05	0.45
铅基	ZPbSb15Sn5	4.0～5.5	其余	0.5～1.0	0.15	0.01	14.0～15.5	—	—	—	0.1	0.1	0.2		0.75
铅基	ZPbSb10Sn6	5.0～7.0	其余	0.7*	0.005	0.005	9.0～11.0	—	—	—	0.1	0.1	0.25	Cd0.05	0.7

续表

种类	合金牌号	化学成分（%）													其他元素总和
		Sn	Pb	Cu	Zn	Al	Sb	Ni	Mn	Si	Fe	Bi	As		
铜基	ZCuSn5Pb5Zn5	4.0~6.0	4.0~6.0	其余	4.0~6.0	0.01	0.25	2.5*	—	0.01	0.30	—	—	P0.05 S0.10	0.7
	ZCuSn10P1	9.0~11.5	0.25		0.05	0.01	0.05	0.10	0.05	0.02	0.10	0.005	—	P0.5~1.0 S0.05	0.7
	ZCuPb10Sn10	9.0~11.0	8.0~11.0		2.0*	0.01	0.5	2.0*	0.2	0.01	0.25	0.005	—	P0.05 S0.10	1.0
	ZCuPb15Sn8	7.0~9.0	13.0~17.0		2.0*	0.01	0.5	2.0*	0.2	0.01	0.25	—	—	P0.10 S0.10	1.0
	ZCuPb20Sn5	4.0~6.0	18.0~23.0		2.0*	0.01	0.75	2.5*	0.2	0.01	0.25	—	—	P0.10 S0.10	1.0
	ZCuPb30	1.0	27.0~33.0			0.01	0.2		0.3	0.02	0.5	0.005	0.10	P0.08	1.0
	ZCuAl10Fe3	0.3	0.2		0.4	8.5~11.0	—	3.0*	1.0*	0.20	2.0~4.0	—	—		1.0
铝基	ZAlSn6Cu1Ni1	5.5~7.0		0.7~1.3		其余	—	0.7~1.3	0.1	0.7	0.7	—	—	Ti0.2 Fe+Si+Mn ≤1.0	1.5

注：①凡表格中所列两个数值，系指该合金主要元素含量范围，表格中所列单一数值，系指允许的其他元素最高含量。

②表中有“*”号的数值，不计人其他元素总和。

表 2 – 146　铸造轴承合金力学性能

种类	合金牌号	铸造方法	力学性能≥		
			抗拉强度 σ_b（MPa）	伸长率 δ_5（%）	布氏硬度 HBS
锡基	ZSnSb12Pb10Cu4	J	—	—	29
	ZSnSb12Cu6Cd1	J	—	—	34
	ZSnSb11Cu6	J	—	—	27
	ZSnSb8Cu4	J	—	—	24
	ZSnSb4Cu4	J	—	—	20
铅基	ZPbSb16Sn16Cu2	J	—	—	30
	ZPbSb15Sn5Cu3Cd2	J	—	—	32
	ZPbSb15Sn10	J	—	—	24
	ZPbSb15Sn5	J	—	—	20
	ZPbSb10Sn6	J	—	—	18
铜基	ZCuSn5Pb5Zn5	S、J	200	13	(60)
		Li	250	13	(65)
	ZCuSn10P1	S	200	3	(80)
		J	310	2	(90)
		Li	330	4	(90)
	ZCuPb10Sn10	S	180	7	65
		J	220	5	70
		Li	220	6	70
	ZCuPb15Sn8	S	170	5	(60)
		J	200	6	(65)
		Li	220	8	(65)
	ZCuPb20Sn5	S	150	5	(45)
		J	150	6	(55)
	ZCuPb30	J	—	—	(25)
	ZCuAl10Fe3	S	490	13	(100)
		J、Li	540	15	(110)
铝基	ZAlSn6Cu1Ni1	S	110	10	(35)
		J	130	15	(40)

注：硬度值中加括号者为参考数值。

2.3　金属材料的尺寸及质量

2.3.1　型钢

1. 热轧圆钢和方钢

表 2－147　热轧圆钢和方钢（GB/T 702—1986）

d（a）(mm)	圆钢（d）	方钢（a）	d（a）(mm)	圆钢（d）	方钢（a）
	理论线质量	(kg/m)		理论线质量	(kg/m)
5.5	0.186	0.237	(33)	6.71	8.55
6	0.222	0.283	34	7.13	9.07
6.5	0.260	0.332	(35)	7.55	9.62
7	0.302	0.385	36	7.99	10.17
8	0.395	0.502	38	8.90	11.24
9	0.499	0.636	40	9.87	12.56
10	0.617	0.785	42	10.87	13.85
(11)	0.746	0.950	45	12.48	15.90
12	0.888	1.13	48	14.21	18.09
13	1.04	1.33	50	15.42	19.63
14	1.21	1.54	53	17.32	22.05
15	1.39	1.77	(55)	18.6	23.7
16	1.58	2.01	56	19.33	24.61
17	1.78	2.27	(58)	20.74	26.4
18	2.00	2.54	60	22.19	28.26
19	2.23	2.82	63	24.47	31.16
20	2.47	3.14	(65)	26.05	33.17
21	2.72	3.46	(68)	28.51	36.3
22	2.98	3.80	70	30.21	38.47
(23)	3.26	4.15	75	34.68	44.16
24	3.55	4.52	80	39.46	50.24
25	3.85	4.91	85	44.55	56.72
26	4.17	5.30	90	49.94	63.59
(27)	4.49	5.72	95	55.64	70.85
28	4.83	6.15	100	61.65	78.50
29	5.18	6.60	105	67.97	86.5
30	5.55	7.06	110	74.60	95.0
(31)	5.92	7.54	115	81.50	104
32	6.31	8.04	120	88.78	113

续表

d (a) (mm)	圆钢 理论线质量	方钢 (kg/m)	d (a) (mm)	圆钢 理论线质量	方钢 (kg/m)
125	96.33	123	180	199.76	254
130	104.20	133	190	222.57	283
140	120.84	154	200	246.62	314
150	138.72	177	220	298.40	—
160	157.83	201	250	385.34	—
170	178.18	227			

注：①表中的理论线质量按密度为7.85g/cm^3 计算。

②方钢边长为5.5～200mm。

③普通钢钢材长度，当 d 或 a 小于25mm，为4～10m；d 或 a 大于25mm，为3～9m；优质钢材的全部规格其长度为2～6m；工具钢材 d 或 a 大于75mm时，长度为1～6m。

④表中括号内尺寸为不推荐使用。

标记示例：

用40Cr钢轧成的直径为50mm，允许偏差为2组的圆钢，其标记为：

圆钢$\frac{50-2-\text{GB/T 702—1986}}{\text{40Cr}-\text{GB/T 3077—1988}}$

用45钢轧成的边长为75mm，允许偏差为3组的方钢，其标记为：

方钢$\frac{75-3-\text{GB/T 702—1986}}{45-\text{GB/T 699—1988}}$

2. 热轧六角钢和八角钢

表 2-148 热轧六角钢和八角钢（GB/T 705—1989）

对边距离 S（mm）	六角钢	八角钢	对边距离 S（mm）	六角钢	八角钢
	理论线质量	（kg/m）		理论线质量	（kg/m）
8	0.435	—	28	5.33	5.10
9	0.551	—	30	6.12	5.85
10	0.680	—	32	6.96	6.66
11	0.823	—	34	7.86	7.51
12	0.979	—	36	8.81	8.42
13	1.15	—	38	9.82	9.39
14	1.33	—	40	10.88	10.40
15	1.53	—	42	11.99	—
16	1.74	1.66	45	13.77	—
17	1.96	—	48	15.66	—
18	2.20	2.16	50	17.00	—
19	2.45	—	53	19.10	—
20	2.72	2.60	56	21.32	—
21	3.00	—	58	22.87	—
22	3.29	3.15	60	24.50	—
23	3.60	—	63	26.98	—
24	3.92	—	65	28.72	—
25	4.25	4.06	68	31.43	—
26	4.60	—	70	33.30	—
27	4.96	—			

注：①六角钢、八角钢通常长度：普通钢：3～8m；优质钢：2～6m。

②表中的理论线质量按密度 7.85g/cm³ 计算。

标记示例：

用 20 钢轧成的 22mm 六角钢的标记为：

$$六角钢\frac{22 - GB/T\ 705—1989}{20 - GB/T\ 699—1988}$$

用 T8 钢轧成的 25mm 八角钢的标记为：

$$八角钢\frac{25 - GB/T\ 705—1989}{T8 - GB/T\ 1298—1986}$$

3. 热轧扁钢

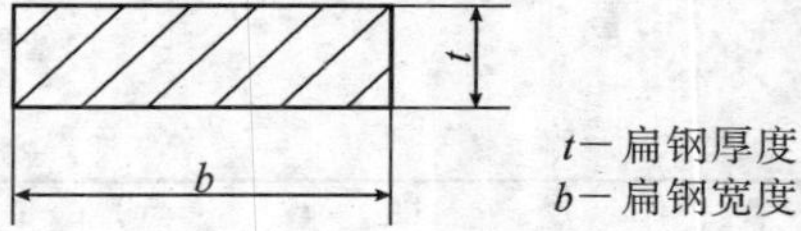

t— 扁钢厚度
b— 扁钢宽度

表 2－149　热轧扁钢的规格及质量（GB/T 704—1988）

宽度 *b* (mm)	厚度 *t* (mm) 理论线质量 (kg/m)												
	3	4	5	6	7	8	9	10	11	12	14	16	18
10	0.24	0.31	0.39	0.47	0.55	0.63							
12	0.28	0.38	0.47	0.57	0.66	0.75							
14	0.33	0.44	0.55	0.66	0.77	0.88							
16	0.38	0.50	0.63	0.75	0.88	1.00	1.15	1.26					
18	0.42	0.57	0.71	0.85	0.99	1.13	1.27	1.41					
20	0.47	0.63	0.78	0.94	1.10	1.26	1.41	1.57	1.73	1.88			
22	0.52	0.69	0.86	1.04	1.21	1.38	1.55	1.73	1.90	2.07			
25	0.59	0.78	0.98	1.18	1.37	1.57	1.77	1.96	2.16	2.36	2.75	3.14	
28	0.66	0.88	1.10	1.32	1.54	1.76	1.98	2.20	2.42	2.64	3.08	3.53	
30	0.71	0.94	1.18	1.41	1.65	1.88	2.12	2.36	2.59	2.83	3.30	3.77	4.24
32	0.75	1.00	1.26	1.51	1.76	2.01	2.26	2.55	2.76	3.01	3.52	4.02	4.52
35	0.82	1.10	1.37	1.65	1.92	2.20	2.47	2.75	3.02	3.30	3.85	4.40	4.95
40	0.94	1.26	1.57	1.88	2.20	2.51	2.83	3.14	3.45	3.77	4.40	5.02	5.65
45	1.06	1.41	1.77	2.12	2.47	2.83	3.18	3.53	3.89	4.24	4.95	5.65	6.36
50	1.18	1.57	1.96	2.36	2.75	3.14	3.53	3.93	4.32	4.71	5.50	6.28	7.07
55		1.73	2.16	2.59	3.02	3.45	3.89	4.32	4.75	5.18	6.04	6.91	7.77
60		1.88	2.36	2.83	3.30	3.77	4.24	4.71	5.18	5.65	6.59	7.54	8.48
65		2.04	2.55	3.06	3.57	4.08	4.59	5.10	5.61	6.12	7.14	8.16	9.18
70		2.20	2.75	3.30	3.85	4.40	4.95	5.50	6.04	6.59	7.69	8.79	9.89
75		2.36	2.94	3.53	4.12	4.71	5.30	5.89	6.48	7.07	8.24	9.42	10.60
80		2.51	3.14	3.77	4.40	5.02	5.65	6.28	6.91	7.54	8.79	10.05	11.30
85			3.34	4.00	4.67	5.34	6.01	6.67	7.34	8.01	9.34	10.68	12.01
90			3.53	4.24	4.95	5.65	6.36	7.07	7.77	8.48	9.89	11.30	12.72
95			3.73	4.47	5.22	5.97	6.71	7.46	8.20	8.95	10.44	11.93	13.42
100			3.92	4.71	5.50	6.28	7.07	7.85	8.64	9.42	10.99	12.56	14.13
105			4.12	4.95	5.77	6.59	7.42	8.24	9.07	9.89	11.54	13.19	14.84
110			4.32	5.18	6.04	6.91	7.77	8.64	9.50	10.36	12.09	13.82	15.54
120			4.71	5.65	6.59	7.54	8.48	9.42	10.36	11.30	13.19	15.07	16.96
125				5.89	6.87	7.85	8.83	9.81	10.79	11.78	13.74	15.70	17.66
130				6.12	7.14	8.16	9.18	10.20	11.23	12.25	14.29	16.33	18.37
140					7.69	8.79	9.89	10.99	12.09	13.19	15.39	17.58	19.78
150					8.24	9.42	10.60	11.78	12.95	14.13	16.48	18.84	21.20

续表

宽度 b (mm)	厚度 t (mm)											
	20	22	25	28	30	32	36	40	45	50	56	60
	理论线质量 (kg/m)											
10												
12												
14												
16												
18												
20												
22												
25												
28												
30	4.71											
32	5.02											
35	5.50	6.04	6.87	7.69								
40	6.28	6.91	7.85	8.79								
45	7.07	7.77	8.83	9.89	10.60	11.30	12.72					
50	7.85	8.64	9.81	10.99	11.78	12.56	14.13					
55	8.64	9.50	10.79	12.09	12.95	13.82	15.54					
60	9.42	10.36	11.78	13.19	14.13	15.07	16.96	18.84	21.20			
65	10.20	11.23	12.76	14.29	15.31	16.33	18.37	20.41	22.96			
70	10.99	12.09	13.74	15.39	16.49	17.58	19.78	21.98	24.73			
75	11.78	12.95	14.72	16.18	17.66	18.34	21.20	23.56	26.49			
80	12.56	13.82	15.70	17.58	18.84	20.10	22.61	25.12	28.26	31.40	35.17	
85	13.34	14.68	16.68	18.68	20.02	21.35	24.02	26.69	30.03	33.36	37.37	40.04
90	14.13	15.54	17.66	19.78	21.20	22.61	25.43	28.26	31.79	35.32	39.56	42.39
95	14.92	16.41	18.64	20.88	22.37	23.86	26.85	29.83	33.56	37.29	41.76	44.74
100	15.70	17.27	19.62	21.98	23.55	25.12	28.26	31.40	35.32	39.25	43.96	47.10
105	16.48	18.13	20.61	23.08	24.73	26.38	29.67	32.97	37.09	41.21	46.16	49.46
110	17.27	19.00	21.59	24.18	25.90	27.63	31.09	34.54	38.86	43.18	48.36	51.31
120	18.84	20.72	23.55	26.38	28.26	30.14	33.91	37.68	42.39	47.10	52.75	56.52
125	19.62	21.58	24.53	27.48	29.44	31.40	35.32	39.25	44.16	49.06	54.95	58.88
130	20.41	22.45	25.51	28.57	30.62	32.66	36.74	40.82	45.92	51.02	57.15	61.23
140	21.98	24.18	27.48	30.77	32.97	35.17	39.56	43.96	49.49	54.95	61.54	65.94
150	23.55	25.90	29.44	32.97	35.32	37.68	42.39	47.10	52.99	58.88	65.94	70.65

注：①理论线质量按钢的密度 7.85g/cm^3 计算。

②扁钢按理论线质量分组：

第一组，理论线质量≤19kg/m，长度 3～9m；第二组，理论线质量 > 19kg/m，长度 3～7m。

标记示例：

用 45 号钢轧制的 10×30mm 的扁钢，

标记为：扁钢 $\frac{10\times 30 - \text{GB/T 704—1988}}{45 - \text{GB/T 699—1988}}$

4. 热轧等边角钢

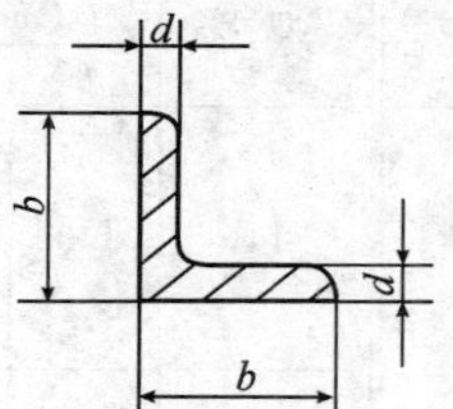

表 2－150　热轧等边角钢（GB/T 9787—1988）

型号	尺寸（mm）		理论线质量（kg/m）	型号	尺寸（mm）		理论线质量（kg/m）
	b	d			b	d	
2	20	3 4	0. 889 1. 145	6. 3	63	4 5 6 8 10	3. 907 4. 822 5. 721 7. 469 9. 151
2. 5	25	3 4	1. 124 1. 459				
3	30	3 4	1. 373 1. 786				
3. 6	36	3 4 5	1. 656 2. 163 2. 654	7	70	4 5 6 7 8	4. 372 5. 397 6. 406 7. 398 8. 373
4	40	3 4 5	1. 852 2. 422 2. 976				
4. 5	45	3 4 5 6	2. 088 2. 736 3. 369 3. 985	7. 5	75	5 6 7 8 10	5. 818 6. 905 7. 976 9. 030 11. 089
5	50	3 4 5 6	2. 332 3. 059 3. 770 4. 465	8	80	5 6 7 8 10	6. 211 7. 376 8. 525 9. 658 11. 874
5. 6	56	3 4 5 8	2. 624 3. 446 4. 251 6. 568				

续表

型号	尺寸（mm）		理论线质量（kg/m）	型号	尺寸（mm）		理论线质量（kg/m）
	b	d			b	d	
9	90	6 7 8 10 12	8.350 9.656 10.946 13.476 15.940	14	140	10 12 14 16	21.488 25.522 29.490 33.393
10	100	6 7 8 10 12 14 16	9.366 10.830 12.276 15.120 17.898 20.611 23.257	16	160	10 12 14 16	24.729 29.391 33.987 38.518
11	110	7 8 10 12 14	11.928 13.532 16.690 19.782 22.809	18	180	12 14 16 18	33.159 38.383 43.542 48.634
12.5	125	8 10 12 14	15.504 19.133 22.696 26.193	20	200	14 16 18 20 24	42.894 48.680 54.401 60.056 71.168

注：等边角钢计算理论线质量时，钢的密度为7.85g/cm^3。

标记示例：

普通碳素钢甲类3号镇静钢，尺寸为160mm×160mm×16mm的热轧等边角钢标记为：

$$\text{热轧等边角钢}\frac{160\times160\times16-\text{GB/T 9787—1988}}{\text{A3}-\text{GB/T 700—1979}}$$

等边角钢通常长度：

型号2～9时，为4～12m；

型号10～14时，为4～19m；

型号16～20时，为6～19m。

5. 热轧不等边角钢

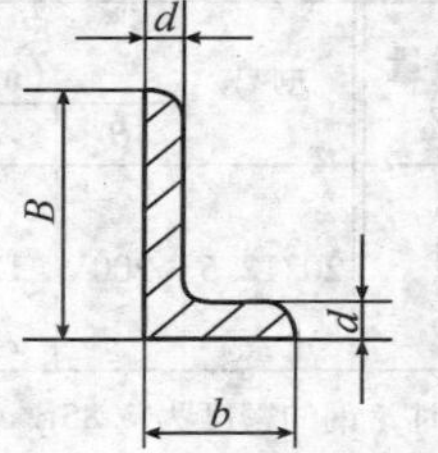

B—长边宽
b—短边宽
d—边厚

表 2-151　热轧不等边角钢（GB/T 9788—1988）

型号	尺寸（mm）			理论线质量（kg/m）	型号	尺寸（mm）			理论线质量（kg/m）
	B	b	d			B	b	d	
2. 5/1. 6	25	16	3 4	0. 912 1. 176	9/5. 6	90	56	5 6 7 8	5. 661 6. 717 7. 756 8. 779
3. 2/2	32	20	3 4	1. 171 1. 522					
4/2. 5	40	25	3 4	1. 484 1. 936	10/6. 3	100	63	6 7 8 10	7. 550 8. 722 9. 878 12. 142
4. 5/2. 8	45	28	3 4	1. 687 2. 203					
5/3. 2	50	32	3 4	1. 908 2. 494	10/8	100	80	6 7 8 10	8. 350 9. 656 10. 946 13. 476
5. 6/3. 6	56	36	3 4 5	2. 153 2. 818 3. 466					
6. 3/4	63	40	4 5 6 7	3. 185 3. 920 4. 638 5. 339	11/7	110	70	6 7 8 10	8. 350 9. 656 10. 946 13. 476
7/4. 5	70	45	4 5 6 7	3. 570 4. 403 5. 218 6. 011	12. 5/8	125	80	7 8 10 12	11. 066 12. 551 15. 474 18. 330
(7. 5/5)	75	50	5 6 8 10	4. 808 5. 699 7. 431 9. 098	14/9	140	90	8 10 12 14	14. 160 17. 475 20. 724 23. 908
8/5	80	50	5 6 7 8	5. 005 5. 935 6. 848 7. 745	16/10	160	100	10 12 14 16	19. 872 23. 592 27. 247 30. 835

续表

型号	尺寸（mm）			理论线质量（kg/m）	型号	尺寸（mm）			理论线质量（kg/m）
	B	*b*	*d*			*B*	*b*	*d*	
18/11	180	110	10 12 14 16	22.273 26.464 30.589 34.649	20/12.5	200	125	12 14 16 18	29.761 34.436 39.045 43.588

注：①不等边角钢计算理论线质量时，钢的密度为 7.85g/cm³。

②不等边角钢的通常长度：

型号为 2.5/1.6～9/5.6 时，为 4～12m；

型号为 10/6.3～14/9 时，为 4～19m；

型号为 16/10～20/12.5 时，为 6～19m。

标记示例：

普通碳素钢甲类 3 号镇静钢，尺寸为 160mm×100mm×10mm 热轧不等边角钢的标记为：

$$\text{热轧不等边角钢}\frac{160\times100\times10-\text{GB/T 9788—1988}}{\text{A3}-\text{GB/T 700—1979}}$$

6. 热轧工字钢

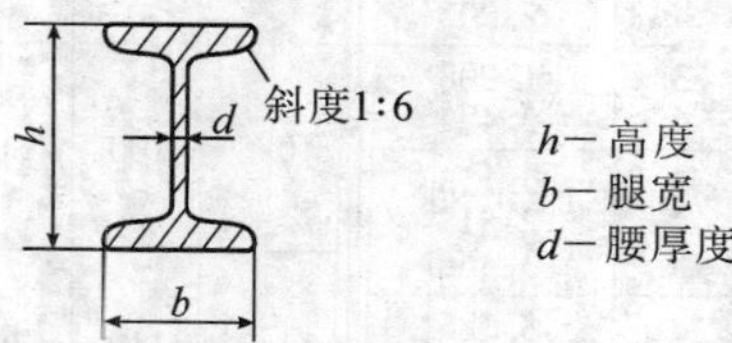

表 2－152　热轧工字钢（GB/T 706—1988）

型号	尺寸（mm）			理论线质量（kg/m）	型号	尺寸（mm）			理论线质量（kg/m）
	h	*b*	*d*			*h*	*b*	*d*	
10	100	68	4.5	11.261	24b	240	118	10.0	41.245
12.6	126	74	5	14.223	25a	250	116	8.0	38.105
14	140	80	5.5	16.890	25b	250	118	10.0	42.030
16	160	88	6.0	20.513	28a	280	122	8.5	43.492
18	180	94	6.5	24.143	28b	280	124	10.5	47.888
20a	200	100	7.0	27.929	32a	320	130	9.5	52.717
20b	200	102	9.0	31.069	32b	320	132	11.5	57.741
22a	220	110	7.5	33.070	32c	320	134	13.5	62.765
22b	220	112	9.5	36.524	36a	360	136	10.0	60.037
24a	240	116	8.0	37.477	36b	360	138	12.0	65.689

续表

型号	尺寸（mm）			理论线质量（kg/m）	型号	尺寸（mm）			理论线质量（kg/m）
	h	*b*	*d*			*h*	*b*	*d*	
36c	360	140	14.0	71.341	55a	550	166	12.5	105.355
40a	400	142	10.5	67.598	55b	550	168	14.5	113.970
40b	400	144	12.5	73.878	55c	550	170	16.5	122.605
40c	400	146	14.5	80.158	56a	560	166	12.5	106.316
45a	450	150	11.5	80.420	56b	560	168	14.5	115.108
45b	450	152	13.5	87.485	56c	560	170	16.5	123.900
45c	450	154	15.5	94.550	63a	630	176	13.0	121.407
50a	500	158	12.0	93.654	63b	630	178	15.0	131.298
50b	500	160	14.0	101.504	63c	630	180	17.0	141.189
50c	500	162	16.0	109.354					

注：①工具钢计算理论线质量时，钢的密度为 7.85g/cm^3。

②工字钢的通常长度：

型号为 10～18 时，为 5～19m；20～63 时，为 6～19m。

标记示例：

普通碳素钢甲类 3 号镇静钢，尺寸为 400mm×144mm×12.5mm 的热轧工字钢标记为：

$$\text{热轧工字钢}\frac{400\times144\times12.5-\text{GB/T 706—1988}}{\text{A3}-\text{GB/T 700—1988}}$$

7. 热轧槽钢

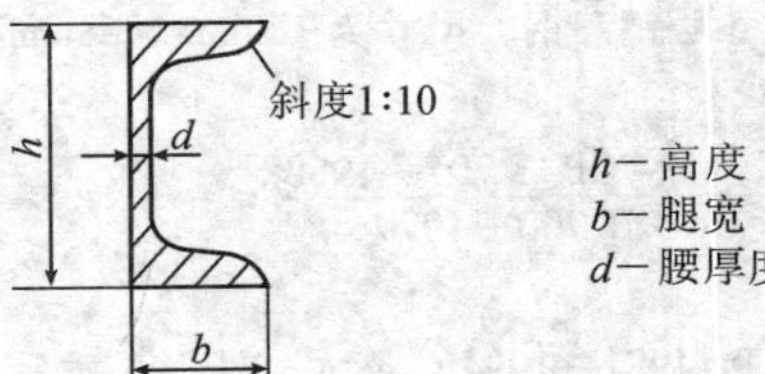

表 2－153　热轧槽钢（GB/T 707—1988）

型号	尺寸（mm）			理论线质量（kg/m）	型号	尺寸（mm）			理论线质量（kg/m）
	h	*b*	*d*			*h*	*b*	*d*	
5	56	37	4.5	5.438	12.6	126	53	5.5	12.318
6.3	63	40	4.8	6.634	14a	140	58	6.0	14.535
(6.5)	65	40	4.8	6.709	14b	140	60	8.0	16.733
8	80	43	5.0	8.045	16a	160	63	6.5	17.240
10	100	48	5.3	10.007	16	160	65	8.5	19.752
(12)	120	53	5.5	12.059	18a	180	68	7.0	20.174

续表

型号	尺寸（mm）			理论线质量（kg/m）	型号	尺寸（mm）			理论线质量（kg/m）
	h	*b*	*d*			*h*	*b*	*d*	
18	180	70	9.0	23.000	28b	280	84	9.5	35.823
20a	200	73	7.0	22.637	28c	280	86	11.5	40.219
20	200	75	9.0	25.777	(30a)	300	85	7.5	34.463
22a	220	77	7.0	24.999	(30b)	300	87	9.5	39.173
22	220	79	9.0	28.453	(30c)	300	89	11.5	43.883
(24a)	240	78	7.0	26.860	32a	320	88	8.0	38.083
(24b)	240	80	9.0	30.628	32b	320	90	10.0	43.107
(24c)	240	82	11.0	34.396	32c	320	92	12.0	48.131
25a	250	78	7.0	27.410	36a	360	96	9.0	47.814
25b	250	80	9.0	31.335	36b	360	98	11.0	53.466
25c	250	82	11.0	35.260	36c	360	100	13.0	59.118
(27a)	270	82	7.5	30.838	40a	400	100	10.5	58.928
(27b)	270	84	9.5	35.077	40b	400	102	12.5	65.208
(27c)	270	86	11.5	39.316	40c	400	104	14.5	71.488
28a	280	82	7.5	31.427					

注：①槽钢的通常长度：

型号 5 ~ 8 时为 5 ~ 12m；大于 8 而小于、等于 18 时为 5 ~ 19m；大于 18 小于、等于 40 时为 6 ~ 19m。

②括号中的型号为经供需双方协议，可以供应的槽钢。

③槽钢计算理论线质量时，钢的密度为 7.85g/cm^3。

标记示例：

普通碳素钢甲类 3 号镇静钢，尺寸为 180mm × 68mm × 7mm 的热轧槽钢标记为：

$$\text{热轧槽钢}\frac{180\times68\times7-\text{GB/T 707—1988}}{\text{A3}-\text{GB/T 700—1979}}$$

8. 热轧盘条

热轧盘条（GB/T 14981—1994）尺寸、外形、质量及允许偏差，适用于直径为 5.5 ~ 30mm 各类钢的圆盘条。

盘条的横截面积、盘条直径允许偏差和不圆度列于表 2 – 154；盘条质量组别列于表 2 – 155；盘条的检验部位距盘卷端部最小距离列于表 2 – 156。

标记示例：

用 45 号钢轧成的直径为 5.5mm，C 级精度，盘重大于或等于 2 000kg/盘的热轧盘条，其标记为：

$$\text{热轧盘条}\frac{5.5-\text{C}-\text{V}-\text{GB/T 14981—1994}}{45-\text{GB/T 4354—1994}}$$

表 2－154　热轧盘条直径允许偏差和不圆度表

直径（mm）	允许偏差（mm）			不圆度（mm）			横截面积（mm^2）	理论线质量（kg/m）
	A 级精度	B 级精度	C 级精度	A 级精度	B 级精度	C 级精度		
5.5	±0.40	±0.30	±0.15	≤0.50	≤0.40	≤0.24	23.8	0.187
6.0							28.3	0.222
6.5							33.2	0.260
7.0							38.5	0.302
7.5							44.2	0.347
8.0							50.3	0.395
8.5							56.7	0.445
9.0							63.6	0.499
9.5							70.9	0.556
10.0							78.5	0.617
10.5	±0.45	±0.35	±0.20	≤0.60	≤0.48	≤0.32	86.6	0.690
11.0							95.0	0.746
11.5							104	0.815
12.0							113	0.888
12.5							123	0.963
13.0							133	1.04
13.5							143	1.12
14.0							154	1.21
14.5							165	1.30
15.0	±0.50	±0.40	±0.25	≤0.70	≤0.56	≤0.40	177	1.39
15.5							189	1.48
16.0							201	1.58
17.0							227	1.78
18.0							254	2.00
19.0							284	2.23
20.0							314	2.47
21.0							346	2.72
22.0							380	2.98
23.0							415	3.26
24.0							452	3.55
25.0							491	3.85
26.0	±0.60	±0.45	±0.30	≤0.80	≤0.64	≤0.48	531	4.17
27.0							573	4.49
28.0							616	4.83
29.0							661	5.18
30.0							707	5.55

注：①精度级别应在合同中注明，未注明者按 A 级精度执行。

②经供需双方协议，并在合同中注明，直径允许偏差不大于 ±0.50mm，其不圆度不大于 0.80mm，亦可交货。

③根据需方要求，经供需双方协议可供应其他尺寸的盘条。

④盘条以热轧状态交货。

表 2－155　盘条质量组别表

组别	质量（kg/盘）
Ⅰ	60～<500
Ⅱ	500～<1 000
Ⅲ	1 000～<1 500
Ⅳ	1 500～<2 000
Ⅴ	≥2 000

注：①盘条质量组别按表中的规定，允许每批有5%的盘数（不足2盘的允许有2盘）由2根组成，每盘质量为60～500kg的每根质量不得小于20kg；其余组别质量的盘条，每根盘条质量不得小于100kg。

②经供需双方协议，亦可供应其他盘重的盘条。

表 2－156　盘条检验部位距盘卷端部最小距离

直　径(mm)	距盘卷端部最小距离(mm)
≥5.5～≤6.5	5 000
>6.5～≤12.5	4 000
>12.5～≤18	3 000
>18～≤22	2 000
>22～≤25	1 500
>25～≤30	1 000

9. 标准件用碳素钢热轧圆钢

标准件用碳素钢热轧圆钢(GB/T 715—1989)的理论线质量列于表2－157。

表 2－157　标准件用碳素钢热轧圆钢

直径 *d* (mm)	理论线质量 (kg/m)	直径 *d* (mm)	理论线质量 (kg/m)	直径 *d* (mm)	理论线质量 (kg/m)
5.5	0.187	8.0	0.395	12	0.888
6.0	0.222	9.0	0.499	13	1.040
6.5	0.260	10	0.617	14	1.210
7.0	0.302	11	0.746	15	1.390

续表

直径 d (mm)	理论线质量 (kg/m)	直径 d (mm)	理论线质量 (kg/m)	直径 d (mm)	理论线质量 (kg/m)
16	1.580	24	3.550	32	6.310
17	1.780	25	3.850	33	6.710
18	2.000	26	4.170	34	7.130
19	2.230	27	4.490	35	7.550
20	2.470	28	4.830	36	7.990
21	2.720	29	5.180	38	8.900
22	2.980	30	5.550	40	9.860
23	3.260	31	5.920		

注:表中的理论线质量是按密度为7.85g/cm³ 计算的。

标记示例:

用 BL_2 钢轧制的∅25mm 标准件用碳素钢热轧圆钢的标记为:

$$圆钢\frac{25 - GB/T\ 715—1989}{BL_2 - GB/T\ 715—1989}$$

10. 锻制圆钢和方钢

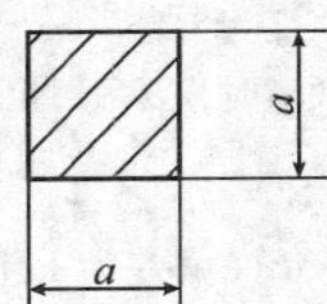

d— 圆钢直径
a— 方钢边长

表 2 - 158 锻制圆钢和方钢(GB/T 908—1987)

圆钢直径 d 方钢边长 a (mm)	理论线质量(kg/m)		圆钢直径 d 方钢边长 a (mm)	理论线质量(kg/m)	
	圆钢	方钢		圆钢	方钢
50	15.4	19.6	70	30.2	38.5
55	18.6	23.7	75	34.7	44.2
60	22.2	28.3	80	39.5	50.2
65	26.0	33.2	85	44.5	56.7

续表

圆钢直径 *d* 方钢边长 *a* (mm)	理论线质量(kg/m)		圆钢直径 *d* 方钢边长 *a* (mm)	理论线质量(kg/m)	
	圆钢	方钢		圆钢	方钢
90	49.9	63.6	150	139	177
95	55.6	70.8	160	158	201
100	61.7	78.5	170	178	227
105	68.0	86.5	180	200	254
110	74.6	95.0	190	223	283
115	81.5	104	200	247	314
120	88.8	113	210	272	346
125	96.3	123	220	298	380
130	104	133	230	326	415
135	112	143	240	355	452
140	121	154	250	385	491
145	130	165	—	—	—

注：①表中的理论线质量，按密度为7.85g/cm^{3}计算。

②对高合金钢计算理论线质量时，要采用相应牌号的密度。

标记示例：

用45钢锻成直径为150mm允许偏差为1组的圆钢，其标记为：

$$圆钢\frac{150-1-\text{GB/T 908—1987}}{45-\text{GB/T 699—1965}}$$

用40Cr钢锻成边长为200mm允许偏差为2组的方钢，其标记为：

$$方钢\frac{200-2-\text{GB/T 908—1987}}{\text{40Cr}-\text{GB/T 3077—1982}}$$

11. 冷拉圆钢、方钢、六角钢

表 2-159 钢材的尺寸、截面面积及理论线质量(GB/T 905—1994)

尺寸(mm)	圆钢		方钢		六角钢	
	截面面积(mm^2)	理论线质量(kg/m)	截面面积(mm^2)	理论线质量(kg/m)	截面面积(mm^2)	理论线质量(kg/m)
3.0	7.069	0.0555	9.000	0.0706	7.794	0.0612
3.2	8.042	0.0631	10.24	0.0804	8.868	0.0696
3.5	9.621	0.0755	12.25	0.0962	10.61	0.0833
4.0	12.57	0.0986	16.00	0.126	13.86	0.109
4.5	15.90	0.125	20.25	0.159	17.54	0.138
5.0	19.63	0.154	25.00	0.196	21.65	0.170
5.5	23.76	0.187	30.25	0.237	26.20	0.206
6.0	28.27	0.222	36.00	0.283	31.18	0.245
6.3	31.17	0.245	39.69	0.312	34.37	0.270
7.0	38.48	0.302	49.00	0.385	42.44	0.333
7.5	44.18	0.347	56.25	0.442	—	—
8.0	50.27	0.395	64.00	0.502	55.43	0.435
8.5	56.75	0.445	72.25	0.567	—	—
9.0	63.62	0.499	81.00	0.636	10.15	0.551
9.5	70.88	0.556	90.25	0.708	—	—
10.0	78.54	0.617	100.0	0.785	86.60	0.680
10.5	86.59	0.680	110.2	0.865	—	—
11.0	95.03	0.746	121.0	0.950	104.8	0.823
11.5	103.9	0.815	132.2	1.04	—	—
12.0	113.1	0.888	144.0	1.13	124.7	0.979
13.0	132.7	1.04	169.0	1.33	146.4	1.15
14.0	153.9	1.21	196.0	1.54	169.7	1.33
15.0	176.7	1.39	225.0	1.77	194.9	1.53
16.0	201.1	1.58	256.0	2.01	221.7	1.74
17.0	222.0	1.78	289.0	2.27	250.3	1.96
18.0	254.5	2.00	324.0	2.54	280.6	2.20
19.0	283.5	2.23	361.0	2.83	312.6	2.45
20.0	314.2	2.47	400.0	3.14	346.4	2.72
21.0	346.4	2.72	441.0	3.46	381.9	3.00
22.0	380.1	2.98	484.0	3.80	419.2	3.29

续表

尺寸(mm)	圆钢		方钢		六角钢	
	截面面积(mm^2)	理论线质量(kg/m)	截面面积(mm^2)	理论线质量(kg/m)	截面面积(mm^2)	理论线质量(kg/m)
24.0	452.4	3.55	576.0	4.52	498.8	3.92
25.0	490.9	3.85	625.0	4.91	541.3	4.25
26.0	530.9	4.17	676.0	5.31	585.4	4.60
28.0	615.8	4.83	784.0	6.15	679.0	5.33
30.0	706.9	5.55	900.0	7.06	779.4	6.12
32.0	804.2	6.31	1 024	8.04	886.8	6.96
34.0	907.9	7.13	1 156	9.07	1 001	7.86
35.0	962.1	7.55	1 225	9.62	—	—
36.0	—	—	—	—	1 122	8.81
38.0	1 134	8.90	1 444	11.3	1 251	9.82
40.0	1 257	9.86	1 600	12.6	1 386	10.9
42.0	1 385	10.9	1 764	13.8	1 528	12.0
45.0	1 590	12.5	2 025	15.9	1 754	13.8
48.0	1 810	14.2	2 304	18.1	1 995	15.7
50.0	1 968	15.4	2 500	19.6	2 165	17.0
52.0	2 206	17.3	2 809	22.0	2 433	19.1
55.0	—	—	—	—	2 620	20.5
56.0	2 463	19.3	3 136	24.6	—	—
60.0	2 827	22.2	3 600	28.3	3 118	24.5
63.0	3 117	24.5	3 969	31.2	—	—
65.0	—	—	—	—	3 654	28.7
67.0	3 526	27.7	4 489	35.2	—	—
70.0	3 848	30.2	4 900	38.5	4 244	33.3
75.0	4 418	34.7	5 625	44.2	4 871	38.2
80.0	5 027	39.5	6 400	50.2	5 543	43.5

注：①表内尺寸一栏，对圆钢表示直径，对方钢表示边长，对六角钢表示对边距离。

②表中理论线质量按密度为7.85kg/dm^3 计算。对高合金钢计算理论线质量时应采用相应牌号的密度。

标记示例：

用40Cr 钢制造，尺寸允许偏差为 11 级，直径、边长、对边距离为20mm 的冷拉钢材各标记如下：

$$冷拉圆钢\frac{11-20-GB/T\ 905—1994}{40Cr-GB/T\ 3078—1994}$$

$$冷拉方钢\frac{11-20-GB/T\ 905—1994}{40Cr-GB/T\ 3078—1994}$$

$$冷拉六角钢\frac{11-20-GB/T\ 905—1994}{40Cr-GB/T\ 3078—1994}$$

12. 钢筋混凝土用热轧光圆钢筋

表 2－160　钢筋混凝土用热轧光圆钢筋（GB/T 13013—1991）

公称直径 d(mm)	公称质量(kg/m)	公称截面面积(mm^2)
8	0.395	50.27
10	0.617	78.54
12	0.888	113.1
14	1.21	153.9
16	1.58	201.1
18	2.00	254.5
20	2.47	314.2

注：①表中公称质量按密度 7.85g/cm^3 计算。

②钢筋按直条交货时，其通常长度为 3.5～12m，其中长度为3.5m至小于6m之间的钢筋，不得超过每批质量的3%。

③钢筋按定尺或倍尺长度交货时，应在合同中注明。其长度允许偏差不得大于＋50mm。

④钢筋每米弯曲度应不大于4mm，总弯曲度不大于钢筋总长度的0.4%。

⑤钢筋可按公称质量或实际质量交货。

2.3.2 钢板

1. 钢板每平方米理论质量

表 2－161 钢板每平方米理论质量表

厚度（mm）	理论质量（kg）	厚度（mm）	理论质量（kg）	厚度（mm）	理论质量（kg）	厚度（mm）	理论质量（kg）
0.2	1.570	1.6	12.56	11	86.35	30	235.5
0.25	1.963	1.8	14.13	12	94.20	32	251.2
0.3	2.355	2.0	15.70	13	102.1	34	266.9
0.35	2.748	2.2	17.27	14	109.9	36	282.6
0.4	3.140	2.5	19.63	15	117.8	38	298.3
0.45	3.533	2.8	21.98	16	125.6	40	314.0
0.5	3.925	3.0	23.55	17	133.5	42	329.7
0.55	4.318	3.2	25.12	18	141.3	44	345.4
0.6	4.710	3.5	27.48	19	149.2	46	361.1
0.7	5.495	3.8	29.83	20	157.0	48	376.8
0.75	5.888	4.0	31.40	21	164.9	50	392.5
0.8	6.280	4.5	35.33	22	172.7	52	408.2
0.9	7.065	5.0	39.25	23	180.6	54	423.9
1.0	7.850	5.5	43.18	24	188.4	56	439.6
1.1	8.635	6.0	47.10	25	196.3	58	455.3
1.2	9.420	7.0	54.95	26	204.1	60	471.0
1.25	9.813	8.0	62.80	27	212.0	—	—
1.4	10.99	9.0	70.65	28	219.8	—	—
1.5	11.78	10	78.50	29	227.7	—	—

2. 冷轧钢板和钢带

冷轧钢板和钢带（GB/T 708—1988）的适用范围：适用于宽度大于或等于600mm，厚度为0.2～5mm的冷轧钢板和厚度不大于3mm的冷轧钢带。不适用于直接轧制宽度小于600mm的窄钢带。

定义：钢板是平板状，矩形的，可直接轧制或用大于600mm的宽钢带剪切而成；钢带是指成卷交货，宽度不小于600mm的宽钢带。

其分类和代号列于表2－162；尺寸规格列于表2－163。

表2－162　冷轧钢板和钢带的分类、代号

分类	代号
按边缘状态分	切边:Q
	不切边:BQ
按轧制精度分	较高精度:A
	普通精度:B

表2－163　冷轧钢板和钢带的尺寸规格

公称厚度(mm)	按下列钢板宽度的最小和最大长度(mm)									
	600	650	700	710	750	800	850	900	950	1 000
0.20 0.25	1 200	1 300	1 400	1 400	1 500	1 500	1 500	1 500	1 500	1 500
0.30 0.35 0.40 0.45	2 500	2 500	2 500	2 500	2 500	2 500	2 500	3 000	3 000	3 000
0.56 0.60 0.65	1 200 2 500	1 300 2 500	1 400 2 500	1 400 2 500	1 500 2 500	1 500 2 500	1 500 2 500	1 500 3 000	1 500 3 000	1 500 3 000
0.70 0.75	1 200 2 500	1 300 2 500	1 400 2 500	1 400 2 500	1 500 2 500	1 500 2 500	1 500 3 000	1 500 3 000	1 500 3 000	1 500 3 000
0.80 0.90 1.00	1 200 3 000	1 300 3 000	1 400 3 000	1 400 3 000	1 500 3 000	1 500 3 000	1 500 3 000	1 500 3 500	1 500 3 500	1 500 3 500
1.1 1.2 1.3	1 200 3 000	1 300 3 000	1 400 3 000	1 400 3 000	1 500 3 000	1 500 3 000	1 500 3 000	1 500 3 500	1 500 3 500	1 500 3 500

续表

<table>
<tr><th rowspan="2">公称厚度（mm）</th><th colspan="10">按下列钢板宽度的最小和最大长度（mm）</th></tr>
<tr><th>600</th><th>650</th><th>700</th><th>710</th><th>750</th><th>800</th><th>850</th><th>900</th><th>950</th><th>1 000</th></tr>
<tr><td>1.4
1.5
1.6
1.7
1.8
2.0</td><td>1 200
3 000</td><td>1 300
3 000</td><td>1 400
3 000</td><td>1 400
3 000</td><td>1 500
3 000</td><td>1 500
3 000</td><td>1 500
3 000</td><td>1 500
3 000</td><td>1 500
3 000</td><td>1 500
4 000</td></tr>
<tr><td>2.2
2.5</td><td>1 200
3 000</td><td>1 300
3 000</td><td>1 400
3 000</td><td>1 400
3 000</td><td>1 500
3 000</td><td>1 500
3 000</td><td>1 500
3 000</td><td>1 500
3 000</td><td>1 500
3 000</td><td>1 500
4 000</td></tr>
<tr><td>2.8
3.0
3.2</td><td>1 200
3 000</td><td>1 300
3 000</td><td>1 400
3 000</td><td>1 400
3 000</td><td>1 500
3 000</td><td>1 500
3 000</td><td>1 500
3 000</td><td>1 500
3 000</td><td>1 500
3 000</td><td>1 500
4 000</td></tr>
<tr><th rowspan="2">公称厚度（mm）</th><th colspan="10">按下列钢板宽度的最小和最大长度（mm）</th></tr>
<tr><th>1 100</th><th>1 250</th><th>1 400</th><th>1 420</th><th>1 500</th><th>1 600</th><th>1 700</th><th>1 800</th><th>1 900</th><th>2 000</th></tr>
<tr><td>0.20
0.25
0.30
0.35
0.40
0.45</td><td>1 500
3 000</td><td>—</td><td>—</td><td>—</td><td>—</td><td>—</td><td>—</td><td>—</td><td>—</td><td>—</td></tr>
<tr><td>0.56
0.60
0.65</td><td>1 500
3 000</td><td>1 500
3 500</td><td>—</td><td>—</td><td>—</td><td>—</td><td>—</td><td>—</td><td>—</td><td>—</td></tr>
<tr><td>0.70
0.75</td><td>1 500
3 000</td><td>1 500
3 500</td><td>2 000
4 000</td><td>2 000
4 000</td><td>—</td><td>—</td><td>—</td><td>—</td><td>—</td><td>—</td></tr>
<tr><td>0.80
0.90
1.00</td><td>1 500
3 500</td><td>1 500
4 000</td><td>2 000
4 000</td><td>2 000
4 000</td><td>2 000
4 000</td><td>—</td><td>—</td><td>—</td><td>—</td><td>—</td></tr>
<tr><td>1.1
1.2
1.3</td><td>1 500
3 500</td><td>1 500
4 000</td><td>2 000
4 000</td><td>2 000
4 000</td><td>2 000
4 000</td><td>2 000
4 000</td><td>2 000
4 200</td><td>2 000
4 200</td><td>—</td><td>—</td></tr>
</table>

续表

公称厚度(mm)	按下列钢板宽度的最小和最大长度(mm)									
	1 100	1 250	1 400	1 420	1 500	1 600	1 700	1 800	1 900	2 000
1.4 1.5 1.6 1.7 1.8 2.0	1 500 4 000	1 500 6 000	2 000 6 000	2 000 6 000	2 000 6 000	2 000 6 000	2 000 6 000	2 500 6 000	—	—
2.2 2.5	1 500 4 000	2 000 6 000	2 000 6 000	2 000 6 000	2 000 6 000	2 000 6 000	2 500 6 000	2 500 6 000	2 500 6 000	2 500 6 000
2.8 3.0 3.2	1 500 4 000	2 000 6 000	2 000 6 000	2 000 6 000	2 000 6 000	2 000 2 750	2 500 2 750	2 500 2 700	2 500 2 700	2 500 2 700
公称厚度(mm)	按下列钢板宽度的最小和最大长度(mm)									
	600	650	700	710	750	800	850	900	950	1 000
3.5 3.8 3.9	—	—	—	—	—	—	—	—	—	—
4.0 4.2 4.5	—	—	—	—	—	—	—	—	—	—
4.8 5.0	—	—	—	—	—	—	—	—	—	—
公称厚度(mm)	按下列钢板宽度的最小和最大长度(mm)									
	1 100	1 250	1 400	1 420	1 500	1 600	1 700	1 800	1 900	2 000
3.5 3.8 3.9	—	2 000 4 500	2 000 4 500	2 000 4 500	2 000 4 750	2 000 2 750	2 500 2 750	2 500 2 700	2 500 2 700	2 500 2 700
4.0 4.2 4.5	—	2 000 4 500	2 000 4 500	2 000 4 500	2 000 4 500	1 500 2 500	1 500 2 500	1 500 2 500	1 500 2 500	1 500 2 500
4.8 5.0	—	2 000 4 500	2 000 4 500	2 000 4 500	2 000 4 500	1 500 2 300	1 500 2 300	1 500 2 300	1 500 2 300	1 500 2 300

注：①钢板和钢带的厚度、宽度及钢板的长度应符合表中规定；钢板和钢带的宽度也可为10mm倍数的任何倍尺。钢板长度为50mm倍数的任何倍尺。

②根据需方要求，经供需方协商，可以供应其他尺寸的钢板和钢带。

③钢板和钢带按实际质量或理论质量交货。理论质量计算钢的密度，碳素钢为7.85g/cm^3，其他钢种按相应标准的规定。

标记方法：

牌号20，尺寸1.0mm×1 000mm×1 500mm，表面质量组别Ⅱ，拉延级别S级的标记为：

$$钢板\frac{1.0\times1\,000\times1\,500-GB/T\ 708—1988}{20-Ⅱ-S-GB/T\ 710—1988}$$

3. 热轧钢板和钢带

热轧钢板和钢带（GB/T 709—1988）的适用范围：适用于宽度大于或等于600mm，厚度为0.35~200mm的热轧钢板和厚度为1.2~25mm的钢带。也适用于宽钢带纵剪的窄钢带。

定义：钢板是平板状，矩形的，可直接轧制或由宽钢带剪切而成；钢带是指成卷交货，宽度大于或等于600mm的宽钢带。

热轧钢板和钢带的分类、代号列于表2－164；钢板的尺寸规格列于表2－165；钢带的尺寸规格列于表2－166；钢板和钢带厚度偏差分别列于表2－167和表2－168；热轧切边钢板宽度允许偏差列于表2－169；热轧钢带宽度允许偏差列于表2－170；纵剪钢带的宽度允许偏差列于表2－171；钢板的长度允许偏差列于表2－172；钢板不平度列于表2－173；钢带卷的一侧塔形高度列于表2－174。

表2－164　热轧钢板和钢带的分类、代号

分类	代号
按边缘状态分	切边:Q
	不切边:BQ
按轧制精度分	较高精度:A
	普通精度:B

表 2－165　热轧钢板的尺寸规格

钢板公称厚度（mm）	按下列钢板宽度的最小和最大长度（mm）																
	600	650	700	710	750	800	850	900	950	1 000	1 100	1 250	1 400	1 420	1 500	1 600	1 700
0. 50,0. 55,0. 60	1 200	1 400	1 420	1 420	1 500	1 500	1 700	1 800	1 900	2 000	—	—	—	—	—	—	—
0. 65,0. 70,0. 75	2 000	2 000	1 420	1 420	1 500	1 500	1 700	1 800	1 900	2 000	—	—	—	—	—	—	—
0. 80,0. 90	2 000	2 000	1 420	1 420	1 500	1 500	1 700	1 800	1 900	2 000	—	—	—	—	—	—	—
1. 0	2 000	2 000	1 420	1 420	1 500	1 600	1 700	1 800	1 900	2 000	—	—	—	—	—	—	—
1. 2,1. 3,1. 4	2 000	2 000	2 000	2 000	2 000	2 000	2 000	2 000	2 000	2 000	2 000	2 500 3 000	—	—	—	—	—
1. 5,1. 6,1. 8	2 000	2 000	2 000	2 000 6 000	2 000 6 000	2 000 6 000	2 000 6 000	2 000 6 000	2 000 6 000	2 000 6 000	2 000 6 000	2 000 6 000	2 000 6 000	2 000 6 000	2 000 6 000	—	—
2. 0,2. 2	2 000	2 000	2 000 6 000	2 000 6 000	2 000 6 000	2 000 6 000	2 000 6 000	2 000 6 000	2 000 6 000	2 000 6 000	2 000 6 000	2 000 6 000	2 000 6 000	2 000 6 000	2 000 6 000	2 000 6 000	2 000 6 000
2. 5,2. 8	2 000	2 000	2 000 6 000	2 000 6 000	2 000 6 000	2 000 6 000	2 000 6 000	2 000 6 000	2 000 6 000	2 000 6 000	2 000 6 000	2 000 6 000	2 000 6 000	2 000 6 000	2 000 6 000	2 000 6 000	2 000 6 000
3. 0，3. 2，3. 5，3. 8,3. 9	2 000	2 000	2 000 6 000	2 000 6 000	2 000 6 000	2 000 6 000	2 000 6 000	2 000 6 000	2 000 6 000	2 000 6 000	2 000 6 000	2 000 6 000	2 000 6 000	2 000 6 000	2 000 6 000	2 000 6 000	2 000 6 000
4. 0,4. 5,5	—	—	2 000 6 000	2 000 6 000	2 000 6 000	2 000 6 000	2 000 6 000	2 000 6 000	2 000 6 000	2 000 6 000	2 000 6 000	2 000 6 000	2 000 6 000	2 000 6 000	2 000 6 000	2 000 6 000	2 000 6 000
6,7	—	—	2 000 6 000	2 000 6 000	2 000 6 000	2 000 6 000	2 000 6 000	2 000 6 000	2 000 6 000	2 000 6 000	2 000 6 000	2 000 6 000	2 000 6 000	2 000 6 000	2 000 6 000	2 000 6 000	2 000 6 000

续表

钢板公称厚度（mm）	按下列钢板宽度的最小和最大长度(mm)																
	1 800	1 900	2 000	2 100	2 200	2 300	2 400	2 500	2 600	2 700	2 800	2 900	3 000	3 200	3 400	3 600	3 800
0. 50,0. 55,0. 60	—	—	—	—	—	—	—	—	—	—	—	—	—	—	—	—	—
0. 65,0. 70,0. 75	—	—	—	—	—	—	—	—	—	—	—	—	—	—	—	—	—
0. 80,0. 90	—	—	—	—	—	—	—	—	—	—	—	—	—	—	—	—	—
1. 0	—	—	—	—	—	—	—	—	—	—	—	—	—	—	—	—	—
1. 2,1. 3,1. 4	—	—	—	—	—	—	—	—	—	—	—	—	—	—	—	—	—
1. 5,1. 6,1. 8	—	—	—	—	—	—	—	—	—	—	—	—	—	—	—	—	—
2. 0,2. 2	—	—	—	—	—	—	—	—	—	—	—	—	—	—	—	—	—
2. 5,2. 8	2 000 6 000	—	—	—	—	—	—	—	—	—	—	—	—	—	—	—	—
3. 0， 3. 2， 3. 5，3. 8,3. 9	2 000 6 000	—	—	—	—	—	—	—	—	—	—	—	—	—	—	—	—
4. 0,4. 5,5	2 000 6 000	—	—	—	—	—	—	—	—	—	—	—	—	—	—	—	—
6,7	2 000 6 000	2 000 6 000	2 000 6 000	—	—	—	—	—	—	—	—	—	—	—	—	—	—

续表

钢板公称厚度(mm)	按下列钢板宽度的最小和最大长度(mm)																
	600	650	700	710	750	800	850	900	950	1 000	1 100	1 250	1 400	1 420	1 500	1 600	1 700
8,9,10	—	—	2 000 6 000	2 000 6 000	2 000 6 000	2 000 6 000	2 000 6 000	2 000 6 000	2 000 6 000	2 000 6 000	2 000 6 000	2 000 6 000	2 000 6 000	2 000 6 000	2 000 12 000	3 000 12 000	3 000 12 000
11,12	—	—	—	—	—	—	—	—	—	2 000 6 000	2 000 6 000	2 000 6 000	2 000 6 000	2 000 6 000	2 000 12 000	3 000 12 000	3 000 12 000
13,14,15,16,17,18,19,20,21,22,25	—	—	—	—	—	—	—	—	—	2 500 6 500	2 500 6 500	2 500 12 000	2 500 12 000	2 500 12 000	3 000 12 000	3 000 11 000	3 500 11 000
26,28,30,32,34,36,38,40	—	—	—	—	—	—	—	—	—	—	—	2 500 12 000	2 500 12 000	2 500 12 000	3 000 12 000	3 000 12 000	3 500 12 000
42,45,48,50,52,55,60,65,70,75,80,85,90,95,100,105,110, 120, 125,130, 140, 150,160, 165, 170,180, 185, 190,195,200	—	—	—	—	—	—	—	—	—	—	—	2 500 9 000	2 500 9 000	3 000 9 000	3 000 9 000	3 000 9 000	3 500 9 000

续表

钢板公称厚度（mm）	按下列钢板宽度的最小和最大长度(mm)																
	1 800	1 900	2 000	2 100	2 200	2 300	2 400	2 500	2 600	2 700	2 800	2 900	3 000	3 200	3 400	3 600	3 800
8,9,10	3 000 12 000	3 000 12 000	3 000 12 000	3 000 12 000	3 000 12 000	3 000 12 000	4 000 12 000	4 000 12 000	—	—	—	—	—	—	—	—	—
11,12	3 000 12 000	3 000 12 000	3 000 10 000	3 000 10 000	3 000 10 000	3 000 9 000	4 000 9 000	4 000 9 000	—	—	—	—	—	—	—	—	—
13,14,15,16,17,18,19,20,21,22,25	4 000 10 000	4 000 10 000	4 000 10 000	4 500 10 000	4 500 9 000	4 500 9 000	4 000 9 000	4 000 9 000	3 500 9 000	3 500 8 200	3 500 8 200	—	—	—	—	—	—
26,28,30,32,34,36,38,40	3 500 12 000	4 000 12 000	4 000 12 000	4 000 12 000	4 500 12 000	4 500 12 000	4 000 11 000	4 000 11 000	3 500 10 000	3 500 10 000	3 500 10 000	3 500 10 000	3 000 9 500	3 200 9 500	3 400 9 500	3 600 9 500	—
42,45,48,50,52,55,60,65,70,75,80,85,90,95,100,105,110,120,125,130,140,150,160,165,170,180,185,190,195,200	3 500 9 000	3 500 9 000	3 500 9 000	3 500 9 000	3 500 9 000	3 500 9 000	3 500 9 000	3 500 9 000	3 000 9 000	3 000 9 000	3 000 9 000	3 000 9 000	3 000 9 000	3 200 9 000	3 400 8 500	3 600 8 000	3 800 7 000

注:①钢板宽度也可为50mm或10mm倍数的任何尺寸;钢板长度也可为100mm或50mm倍数的任何尺寸。但厚度小于等于4mm钢板的最小长度不得小于是1.2m,厚度大于4mm钢板的最小长度不得小于2m。

②根据需方要求,厚度小于30mm的钢板,厚度间隔可为0.5mm。

③根据需方要求,经供需双方协议,可以供应其他尺寸的钢板。

④钢板按理论或实际质量交货。理论质量计算时,碳钢的密度为7.85g/cm^3,其他钢种按相应标准规定。

表 2－166　热轧钢带的尺寸规格

钢带公称厚度(mm)	1.2,1.4,1.5,1.8,2.0,2.5,2.8,3.0,3.2,3.5,3.8,4.0,4.5,5.0,5.5,6.0,6.5,7.0,8.0,10.0,11.0,13.0,14.0,15.0,16.0,18.0,19.0,20.0,22.0,25.0
钢带公称宽度(mm)	600,650,700,800,850,900,950,1 000,1 050,1 100,1 150,1 200,1 250,1 300,1 350,1 400,1 450, 1 500,1 550,1 600,1 700,1 800,1 900

表 2－167　热轧钢板厚度偏差表

公称厚度（钢板或钢带）(mm)	负偏差(mm)	下列宽度的厚度允许正偏差(mm)													
		>1 000~1 200	>1 200~1 500	>1 500~1 700	>1 700~1 800	>1 800~2 000	>2 000~2 300	>2 300~2 500	>2 500~2 600	>2 600~2 800	>2 800~3 000	>3 000~3 200	>3 200~3 400	>3 400~3 600	>3 600~3 800
>13~25	0.8	0.2	0.2	0.3	0.4	0.6	0.8	0.8	1.0	1.1	1.2	—	—	—	—
>25~30	0.9	0.2	0.2	0.3	0.4	0.6	0.8	0.9	1.0	1.1	1.2	—	—	—	—
>30~34	1.0	0.2	0.3	0.3	0.4	0.6	0.8	0.9	1.0	1.2	1.3	—	—	—	—
>34~40	1.1	0.3	0.4	0.5	0.6	0.7	0.9	1.0	1.1	1.3	1.4	—	—	—	—
>40~50	1.2	0.4	0.5	0.6	0.7	0.8	1.0	1.1	1.2	1.4	1.5	—	—	—	—
>50~60	1.3	0.6	0.7	0.8	0.9	1.0	1.1	1.1	1.2	1.3	1.5	—	—	—	—
>60~80	1.8	—	—	1.0	1.0	1.0	1.0	1.1	1.2	1.3	1.3	1.3	1.3	1.4	1.4
>80~100	2.0	—	—	1.2	1.2	1.2	1.2	1.3	1.3	1.3	1.4	1.4	1.4	1.4	1.4
>100~150	2.2	—	—	1.3	1.3	1.3	1.4	1.5	1.5	1.6	1.6	1.6	1.6	1.6	1.6
>150~200	2.6	—	—	1.5	1.5	1.5	1.6	1.7	1.7	1.7	1.8	1.8	1.8	1.8	1.8

注：根据需方要求，可以供应等于允许公差带的限制负偏差的钢板。

表 2－168　热轧钢带厚度偏差表

公称厚度（钢板和钢带）(mm)	在下列宽度时的厚度允许偏差(mm)					
	600～750		>750～1 000		>1 000～1 500	
	较高轧制精度	普通轧制精度	较高轧制精度	普通轧制精度	较高轧制精度	普通轧制精度
>0.35～0.50	±0.05	±0.07	±0.05	±0.07	—	—
>0.50～0.60	±0.06	±0.08	±0.06	±0.08	—	—
>0.60～0.75	±0.07	±0.09	±0.07	±0.09	—	—
>0.75～0.90	±0.08	±0.10	±0.08	±0.10	—	—
>0.90～1.10	±0.09	±0.11	±0.09	±0.12	—	—
>1.10～1.20	±0.10	±0.12	±0.11	±0.13	±0.11	±0.15
>1.20～1.30	±0.11	±0.13	±0.12	±0.14	±0.12	±0.15
>1.30～1.40	±0.11	±0.14	±0.12	±0.15	±0.12	±0.18
>1.40～1.60	±0.12	±0.15	±0.13	±0.15	±0.13	±0.18
>1.60～1.80	±0.13	±0.15	±0.14	±0.17	±0.14	±0.18
>1.80～2.00	±0.14	±0.16	±0.15	±0.17	±0.16	±0.18
>2.00～2.20	±0.15	±0.17	±0.16	±0.18	±0.17	±0.19
>2.20～2.50	±0.16	±0.18	±0.17	±0.19	±0.18	±0.20
>2.50～3.00	±0.17	±0.19	±0.18	±0.20	±0.19	±0.21
>3.00～3.50	±0.18	±0.20	±0.19	±0.21	±0.20	±0.22
>3.50～4.00	±0.21	±0.23	±0.22	±0.26	±0.24	±0.28
>4.00～5.50	+0.10 −0.30	+0.20 −0.40	+0.15 −0.30	+0.30 −0.40	+0.10 −0.40	+0.30 −0.50
>5.50～7.50	+0.10 −0.40	+0.20 −0.50	+0.10 −0.50	+0.20 −0.60	+0.10 −0.50	+0.25 −0.60
>7.50～10.00	+0.10 −0.70	+0.20 −0.80	+0.10 −0.70	+0.20 −0.80	+0.20 −0.70	+0.30 −0.80
>10.00～13.00	+0.10 −0.70	+0.20 −0.80	+0.10 −0.70	+0.20 −0.80	+0.20 −0.70	+0.30 −0.80

续表

公称厚度（钢板和钢带）（mm）	在下列宽度时的厚度允许偏差（mm）							
	1 500 ~ 2 000		>2 000 ~ 2 300		>2 300 ~ 2 700		>2 700 ~ 3 000	
	较高轧制精度	普通轧制精度	较高轧制精度	普通轧制精度	较高轧制精度	普通轧制精度	较高轧制精度	普通轧制精度
>0.35 ~ 0.50	—	—	—	—	—	—	—	—
>0.50 ~ 0.60	—	—	—	—	—	—	—	—
>0.60 ~ 0.75	—	—	—	—	—	—	—	—
>0.75 ~ 0.90	—	—	—	—	—	—	—	—
>0.90 ~ 1.10	—	—	—	—	—	—	—	—
>1.10 ~ 1.20	—	—	—	—	—	—	—	—
>1.20 ~ 1.30	—	—	—	—	—	—	—	—
>1.30 ~ 1.40	—	—	—	—	—	—	—	—
>1.40 ~ 1.60	—	—	—	—	—	—	—	—
>1.60 ~ 1.80	—	—	—	—	—	—	—	—
>1.80 ~ 2.00	±0.17	±0.20	—	—	—	—	—	—
>2.00 ~ 2.20	±0.18	±0.20	—	—	—	—	—	—
>2.20 ~ 2.50	±0.19	±0.21	—	—	—	—	—	—
>2.50 ~ 3.00	±0.20	±0.22	±0.23	±0.25	—	—	—	—
>3.00 ~ 3.50	±0.22	±0.24	±0.26	±0.29	—	—	—	—
>3.50 ~ 4.00	±0.26	±0.28	±0.30	±0.33	—	—	—	—
>4.00 ~ 5.50	+0.20 -0.40	+0.40 -0.50	+0.25 -0.40	+0.45 -0.50	—	—	—	—
>5.50 ~ 7.50	+0.20 -0.50	+0.40 -0.60	+0.25 -0.60	+0.45 -0.60	—	—	—	—
>7.50 ~ 10.00	+0.20 -0.70	+0.35 -0.80	+0.25 -0.70	+0.45 -0.80	—	+0.60 -0.80	—	—
>10.00 ~ 13.00	+0.30 -0.70	+0.40 -0.80	+0.35 -0.70	+0.50 -0.80	—	+0.70 -0.80	—	+1.00 -0.80

表 2－169　热轧切边钢板宽度允许偏差表

公称厚度(mm)	宽度(mm)	宽度允许偏差(mm)
≤4	≤800 >800	+6 +10
>4～16	≤1 500 >1 500	+10 +15
>16～60	所有宽度	+30
>60	所有宽度	+35

表 2－170　热轧钢带宽度允许偏差

分类	钢带宽度(mm)	允许偏差(mm)≤
切边钢带	600～1 000	+5
	>1 000	+10
不切边钢带	≤1 000	+20
	>1 000	+30

表 2－171　纵剪热轧钢带宽度允许偏差

公称宽度(mm)	允许偏差(mm)			
	厚度(mm)			
	≤4.0	>4.0～6.0	>6.0～8.0	>8.0
≤160	±0.5	±0.8	±1.0	±1.2
>160～250	±0.5	±1.0	±1.2	±1.4
>250～600	±1.0	±1.0	±1.2	±1.4

表 2－172　热轧钢板长度允许偏差

公称厚度(mm)	钢板长度(mm)	长度允许偏差(mm)
≤4	≤1 500	+10
	>1 500	+15
>4～16	≤2 000 >2 000～6 000 >6 000	+10 +25 +30
>16～60	≤2 000 >2 000～6 000 >6 000	+15 +30 +40
>60	所有长度	+50

注：剪切后平整的热轧钢板，其长度偏差允许增加20mm。

表 2－173　热轧钢板不平度偏差

公称厚度(mm)	测量单位长度(mm)	不平度(mm)
≤1.5	1 000	15
>1.5～4		12
>4～10		10
>10～25		8
>25		7

注：①表中规定的不平度只适用于屈服点下限不超过 460MPa（47kgf/mm²）的钢板，屈服点超过的以及进行调质的钢板，其不平度的最大值为表中规定的1.5 倍。

②切边钢板应剪切成直角，切斜和镰刀弯不得使钢板长度和宽度小于公称尺寸，并须保证订货公称尺寸的最小矩形。

表 2－174　热轧钢带卷的一侧塔形高度偏差

宽　度(mm)	切　边(mm)	不切边 厚　度(mm)	
		<2.5	≥2.5
≤1 000	20	60	50
>1 000	30	80	70

注：厚度大于或等于 2.5mm 的轧制边钢带，卷的塔形高、宽之比小于或等于 1 时，宽度不大于 1 000mm 的，塔形为 60mm；宽度大于 1 000mm 的塔形为 80mm。

标记示例：用 16Mn 钢轧制的 10mm×1 800mm×12 000mm 的钢板标记为：

$$\text{钢板}\frac{10\times1\ 800\times12\ 000-\text{GB/T 709—1988}}{\text{16Mn}-\text{GB/T 912—1988}}$$

4. 锅炉用钢板

锅炉用钢板（GB 713—1997）适用于制造各种锅炉及其附件用厚度 6～150mm 的钢板。钢板的厚度允许偏差列于表 2－175；钢板计算质量的厚度附加值列于表 2－176；钢板的牌号和化学成分（熔炼成分）列于表 2－177；钢板的力学性能和工艺性能列于表 2－178；钢的拉伸试验规定残余伸长应力（$\sigma_{r0.2}$）的最小值列于表 2－179。

表 2－175　钢板厚度允许偏差

公称厚度（mm）	负偏差（mm）	宽度（mm）															
		600 ~750	>750 ~1 000	>1 000 ~1 200	>1 200 ~1 500	>1 500 ~1 700	>1 700 ~1 800	>1 800 ~2 000	>2 000 ~2 300	>2 300 ~2 500	>2 500 ~2 600	>2 600 ~2 800	>2 800 ~3 000	>3 000 ~3 200	>3 200 ~3 400	>3 400 ~3 600	>3 600 ~3 800
		正偏差（mm）															
6 ~7.5	0.25	0.45	0.55	0.60	0.60	0.75	0.75	0.75	0.80								
>7.5 ~10	0.25	0.75	0.75	0.85	0.85	0.90	0.90	0.90	1.00	1.15	1.15	1.15					
>10 ~13	0.25	0.75	0.75	0.85	0.85	0.95	0.95	0.95	1.05	1.25	1.25	1.25	1.55				
>13 ~25	0.25			0.75	0.75	0.85	0.95	1.15	1.35	1.35	1.55	1.65	1.75				
>25 ~30	0.25			0.85	0.85	0.95	1.05	1.25	1.45	1.55	1.65	1.75	1.85				
>30 ~34	0.25			0.95	1.05	1.05	1.15	1.35	1.55	1.65	1.75	1.95	2.05				
>34 ~40	0.25			1.15	1.25	1.35	1.45	1.55	1.75	1.85	1.95	2.15	2.25				
>40 ~50	0.25			1.35	1.45	1.55	1.65	1.75	1.95	2.05	2.15	2.35	2.45				
>50 ~60	0.25			1.65	1.75	1.85	1.95	2.05	2.15	2.15	2.25	2.35	2.55				
>60 ~80	0.25					2.55	2.55	2.55	2.55	2.65	2.75	2.85	2.85	2.85	2.85	2.95	2.95
>80 ~100	0.25					2.95	2.95	2.95	2.95	3.05	3.05	3.05	3.15	3.15	3.15	3.15	3.15
>100 ~150	0.25					3.25	3.25	3.25	3.35	3.45	3.45	3.55	3.55	3.55	3.55	3.55	3.55

注：①钢板的尺寸、外形及允许偏差，除厚度允许偏差之外均应符合 GB 709 的规定。

②钢板的厚度允许偏差应符合表中的规定。

③根据需方要求，经供需双方协商可供应最大厚度 210mm 的钢板。

表2-176 钢板计算质量的厚度附加值

公称厚度（mm）	宽度（mm）															
	600 ~750	>750 ~1 000	>1 000 ~1 200	>1 200 ~1 500	>1 500 ~1 700	>1 700 ~1 800	>1 800 ~2 000	>2 000 ~2 300	>2 300 ~2 500	>2 500 ~2 600	>2 600 ~2 800	>2 800 ~3 000	>3 000 ~3 200	>3 200 ~3 400	>3 400 ~3 600	>3 600 ~3 800
	计算质量的厚度附加值（mm）															
6~7.5	0.10	0.15	0.18	0.18	0.25	0.25	0.25	0.28								
>7.5~10	0.25	0.25	0.30	0.30	0.33	0.33	0.33	0.38	0.45	0.45	0.45					
>10~13	0.25	0.25	0.30	0.30	0.35	0.35	0.35	0.40	0.50	0.50	0.50	0.65				
>13~25			0.25	0.25	0.30	0.35	0.45	0.55	0.55	0.65	0.70	0.75				
>25~30			0.30	0.30	0.35	0.40	0.50	0.60	0.65	0.70	0.75	0.80				
>30~34			0.35	0.40	0.40	0.45	0.55	0.65	0.70	0.75	0.85	0.90				
>34~40			0.45	0.50	0.55	0.60	0.65	0.75	0.80	0.85	0.95	1.00				
>40~50			0.55	0.60	0.65	0.70	0.75	0.85	0.90	0.95	1.05	1.10				
>50~60			0.70	0.75	0.80	0.85	0.90	0.95	0.95	1.00	1.05	1.15				
>60~80					1.15	1.15	1.15	1.15	1.20	1.25	1.30	1.30	1.30	1.30	1.35	1.35
>80~100					1.35	1.35	1.35	1.35	1.40	1.40	1.40	1.45	1.45	1.45	1.45	1.45
>100~150					1.50	1.50	1.50	1.55	1.60	1.60	1.65	1.65	1.65	1.65	1.65	1.65

注：钢板可按实际质量或理论质量交货。按理论质量交货时，以钢板的公称厚度加上表中的附加值作为计算质量的理论厚度。

表 2－177　钢板的牌号和化学成分（熔炼成分）

牌　号	化　学　成　分(%)										
	C	Si	Mn	V	Nb	Mo	Cr	Ni	P	S	Als
									≤		
20g	≤0.20	0.15～0.30	0.50～0.90						0.035	0.035	
22Mng	≤0.30	0.15～0.40	0.90～1.50						0.025	0.025	
15CrMog	0.12～0.18	0.15～0.40	0.40～0.70			0.45～0.60	0.80～1.20		0.030	0.030	
16Mng	≤0.20	0.20～0.55	1.20～1.60						0.035	0.030	
19Mng	0.15～0.22	0.30～0.60	1.00～1.60						0.030	0.025	≥0.020
13MnNiCrMoNbg	≤0.15	0.10～0.50	1.00～1.60		0.005～0.020	0.20～0.40	0.20～0.40	0.60～1.00	0.025	0.025	
12Cr1MoVg	0.08～0.15	0.17～0.37	0.40～0.70	0.15～0.30		0.25～0.35	0.90～1.20		0.030	0.030	

注：①20g 钢板在满足性能要求的情况下，锰含量的下限可为 0.40%；对厚度大于 25mm 的钢板碳含量最大可到 0.22%。

②为改善钢板的性能，钢中允许添加微量合金元素，元素含量填写在质量保证书中。16Mng 的锰含量最大允许到 1.70%。

③分析钢中残余元素时，Cr、Ni、Cu 含量各不大于 0.30%，Mo 不大于 0.10%，V 不大于 0.010%，Cr、Ni、Cu、Mo、V 总含量不大于 0.70%。供方如能保证可不进行分析。

④成品钢板的化学成分允许偏差应符合 GB 222 的规定。

⑤钢由平炉、氧气转炉或电炉冶炼。15CrMog、12Cr1MoVg 以及厚度大于 60mm 的其他牌号钢板，钢均应采用炉外精炼方法冶炼。

⑥钢板以热轧、控轧、正火及正火加回火状态交货。

表 2-178 钢板的力学与工艺性能

牌号	钢板厚度 (mm)	抗拉强度 σ_b (MPa)	屈服点 σ_s (MPa)	伸长率 δ_5 (%)	常温冲击功 (横向) A_{kv} (J)	时效冲击功 (横向) a_{ku} (J/cm)	弯曲 180° d = 弯心直径 a = 钢板厚度
			≥				
20g	6 ~ ≤16	400 ~ 500	245	26	27	29	$d=1.5a$
	>16 ~ ≤25	400 ~ 520	235	25			$d=1.5a$
	>25 ~ ≤36	400 ~ 520	225	24			$d=1.5a$
	>36 ~ ≤60	400 ~ 520	225	23			$d=2a$
	>60 ~ ≤100	390 ~ 510	205	22			$d=2.5a$
	>100 ~ ≤150	380 ~ 500	185	22			$d=2.5a$
22Mng	>25	515 ~ 655	275	19	27		$d=4a$
15CrMog	≤60	450 ~ 590	295	19	31		$d=3a$
	>60 ~ ≤100		275	18			
16Mng	6 ~ ≤16	510 ~ 655	345	21	27	29	$d=2a$
	>16 ~ ≤25	490 ~ 635	325	19			$d=3a$
	>25 ~ ≤36	470 ~ 620	305	19			$d=3a$
	>36 ~ ≤60	470 ~ 620	285	19			$d=3a$
	>60 ~ ≤100	440 ~ 590	265	18			$d=3a$
	>100 ~ ≤150	440 ~ 590	245	18			$d=3a$
19Mng	6 ~ ≤16	510 ~ 650	355	20	31		$d=3a$
	>16 ~ ≤40	510 ~ 650	345				
	>40 ~ ≤60	510 ~ 650	335				
	>60 ~ ≤100	490 ~ 630	315				
	>100 ~ ≤150	480 ~ 630	295				

续表

牌　号	钢板厚度 (mm)	抗拉强度 σ_b (MPa)	屈服点 σ_s (MPa)	伸长率 δ_5 (%)	常温冲击功 (横向) A_{kv} (J)	时效冲击功 (横向) a_{ku} (J/cm)	弯曲 180° d = 弯心直径 a = 钢板厚度
			≥				
13MnNiCrMoNbg	≤100 >100 ~ ≤120 >120 ~ ≤150	570 ~ 740	390 380 375	18	31		$d = 3a$
12Cr1MoVg	6 ~ ≤16 >16 ~ ≤100	≥440 ≥430	245 235	19	31		$d = 3a$

注：①22Mng 采用定标距 L_0 = 50mm，d_0 = 12.5mm。

②22Mng、19Mng、13MnNiCrMoNbg 为上屈服点。

③19Mng、13MnNiCrMoNbg 冲击功的试验温度为 0℃。

④根据需方要求，经供需双方协商，厚度大于 80mm 的钢板可采用厚度方向的拉伸试验，试验结果填写在质量保证书中。

⑤对于厚度小于 12mm 钢板的夏比（V 形）缺口冲击试验应采用辅助试样。厚度 6 ~ <8mm，试样尺寸：5mm × 10mm × 55mm，试验结果应不小于表中规定值的 50%；厚度 8 ~ <12mm，试样尺寸：7.5mm × 10mm × 55mm，试验结果应不小于表中规定值的 75%。

⑥钢板的力学性能和工艺性能应符合表中的规定。当 22Mng、15CrMog、13MnNiCrMoNbg、12Cr1MoVg 钢板不经热处理交货时，试样必须按正火加回火处理，性能应符合表中的规定。

表 2－179　钢的拉伸试验规定残余伸长应力（$\sigma_{r0.2}$）的最小值

牌　号	钢板厚度（mm）	试验温度（℃）					
		200	250	300	350	400	450
		高温规定残余伸长应力（$\sigma_{r0.2}$，MPa）≥					
20g	21～25	185	165	150	135	130	125
	＞25～36	175	160	145	130	125	120
	＞36～60	165	150	135	125	120	115
	＞60～100	160	145	130	120	115	105
	＞100～150	150	135	120	110	105	95
22Mng	＞20	235	225	220	215		
15CrMog	＞20～60	240	225	210	200	190	180
	＞60～100	220	210	195	185	175	165
16Mng	＞20～25	255	235	215	200	190	180
	＞25～35	240	220	200	190	180	170
	＞35～50	225	210	190	180	170	165
	＞50～100	210	200	180	170	160	155
	＞100～150	195	180	165	155	145	135
19Mng	＞20～60	265	245	225	205	175	155
	＞60～100	250	230	210	190	165	145
	＞100～150	235	215	195	175	155	135
13MnNiCrMoNbg	＞30～100	355	350	345	335	305	—
	＞100～150	350	345	335	325	300	—
12Cr1MoVg	供需双方协商						

注：根据需方要求，经供需双方协商，对厚度大于 20mm 的钢板可进行高温拉伸试验，试验温度在合同中注明，高温规定残余伸长应力（$\sigma_{r0.2}$）的最小值应符合表中的规定。

5. 汽车大梁用热轧钢板

汽车大梁用热轧钢板(GB/T 3273—1989)厚度允许偏差列于表2－180。

表2－180　汽车大梁用热轧钢板厚度允许偏差

厚度(mm) \ 宽度(mm)	≤1 250	>1 250～1 600	>1 600
2.5～3.5	+0.15 －0.25	+0.15 －0.25	+0.20 －0.30
>3.5～4.5	+0.20 －0.30	+0.20 －0.35	+0.20 －0.40
>4.5～6.0	+0.25 －0.40	+0.30 －0.45	+0.30 －0.50
>6.0～7.5	+0.30 －0.50	+0.35 －0.50	+0.35 －0.55
>7.5～9.5	+0.30 －0.55	+0.35 －0.55	+0.35 －0.60
>9.5～12.0	+0.40 －0.60	+0.40 －0.60	+0.45 －0.65

钢板的尺寸范围:厚度:2.5～12.0

宽度:210～1 800

长度:2 000～10 000

注:①本标准适用于制造汽车大梁用厚度为2.5～12mm的低合金钢热轧钢板。

②供应钢板的尺寸(包括定尺、倍尺),根据需方要求、经供需方协议,可供上表中尺寸范围的钢板。

6. 花纹钢板

花纹钢板(GB/T 3277—1991)的规格及理论质量列于表2－181。

菱形

扁豆形

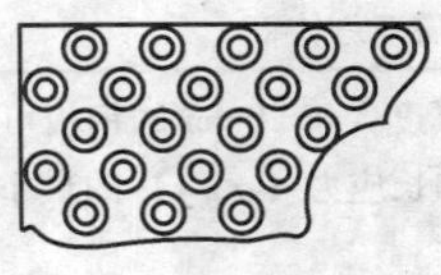

圆豆形

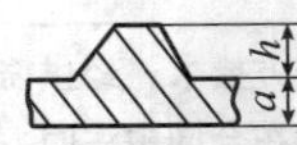

a.基本厚度

h.花纹纹高

表 2－181　花纹钢板的规格及理论质量

基本厚度(mm)		2.5	3.0	3.5	4.0	4.5	5.0	5.5	6.0	7.0	8.0
理论质量(kg/m^2)	菱形	21.6	25.6	29.5	33.4	37.3	42.3	46.2	50.1	59.0	66.8
	扁豆形	21.3	24.4	28.4	32.4	36.4	40.5	44.3	48.4	52.6	56.4
	圆豆形	21.1	24.3	28.3	32.3	36.2	40.2	44.1	48.1	52.4	56.2
花纹高度		不小于基本厚度的 0.2 倍									
宽度(mm)		600～1 800，按 50mm 进级									
长度(mm)		2 000～12 000，按 100mm 进级									
表面质量		分普通级精度和较高级精度									
钢　号		按 GB 700(碳素结构钢)、GB 712(船体用结构钢)、GB 4171(高耐候性结构钢)中的规定									

标记示例：

用 Q235－A 钢制成的，尺寸为 4mm×1 000mm×4 000mm，圆豆形花纹钢板，其标记为：

圆豆形花纹钢板 Q235－A－4×1 000×4 000－GB/T 3277—1991

7. 冷轧电镀锡薄钢板

冷轧电镀锡薄钢板(GB/T 2520—2000)的分类和表示方法列于表 2－182；钢板的尺寸形状允许偏差列于表 2－183；一次冷轧镀锡板、二次冷轧镀锡板的力学性能列于表 2－184 和表 2－185；钢板镀锡量代号和公称镀锡量列于表 2－186；钢板镀锡量的允许偏差列于表 2－187；差厚镀层镀锡板标记系统列于表 2－188。

表 2－182　冷轧电镀锡板的分类和表示方法

分类方法	类　别	表示方法
按成品形状	镀锡板	P
	镀锡板卷	C
按钢级	一次冷轧镀锡板	TH50＋SE TH52＋SE TH55＋SE TH57＋SE TH61＋SE TH65＋SE
	二次冷轧镀锡板	T550＋SE T580＋SE T620＋SE T660＋SE T690＋SE

续表

分类方法	类　别	表示方法
按钢基	MR	MR
	L	L
	D	D
按退火方式	箱式退火	BA
	连续退火	CA
按表面外观	光亮表面	B
	石纹表面	St
	银光表面	S
	无光表面	M
按镀锡量	等厚镀层镀锡板	1. 0/1. 0　1. 5/1. 5　2. 0/2. 0　2. 8/2. 8　4. 0/4. 0　5. 0/5. 0　5. 6/5. 6　8. 4/8. 4　11. 2/11. 2
	差厚镀层镀锡板	D5. 6/2. 8　D8. 4/2. 8　D8. 4/5. 6　D11. 2/2. 8　D11. 2/5. 6　D11. 2/8. 4
按钝化种类	阴极电化学钝化	CE
	化学钝化	CP
	低铬钝化	LCr
按表面质量	Ⅰ级镀锡板	Ⅰ
	Ⅱ级镀锡板	Ⅱ

注：如有必要，镀锡板和板卷也可分别表示为 Tinplate sheet，Tinplate coil。

标记示例：

按本标准生产的一次冷轧镀锡板，钢级 TH61 + SE，MR 类，箱式退火，石纹表面，等厚镀层 2. 8g/m^2，厚度 0. 22mm，宽度 800mm，长度 900mm，则可表示为：

P – GB/T 2520 – TH61 + SE – 2. 8/2. 8 – 0. 22 × 800 × 900 – MR – BA – St

按本标准生产的二次冷轧镀锡板卷，钢级 T620 + SE，MR 类，连续退火，镀锡量一面为 8. 4g/m^2，另一面为 5. 6g/m^2，厚度 0. 18mm，宽度 750mm，则可表示为：

C – GB/T 2520 – T620 + SE – D8. 4/5. 6 – 0. 18 × 750 – MR – CA

表 2－183　钢板的尺寸、形状允许偏差

序号	名称 偏差种类	钢　板	板　卷
1	厚度偏差	(1)一个货批内单张试验钢板的厚度偏差不超出公称厚度的±8.5% (2)两万张以上的货批的平均厚度不超出公称厚度的±2.5% (3)两万张以内的货批的平均厚度不超出公称厚度的±4% (4)同板差:从一张钢板取两片试样,它们的厚度不超出这张钢板平均厚度的4% (5)薄边:边部厚度的减薄量不超过这张钢板厚度的8%	(1)从板卷剪切出来的单张钢板,如果其厚度超出公称厚度的±8.5%则应剔除 (2)15 000m 以上的钢带的平均厚度不超出公称厚度的±2.5% (3)15 000m 及 15 000m 以内的钢带的平均厚度不超出公称厚度±4% (4)同板差:从板卷剪切出来的单张钢板上取两片试样,它们的厚度不超出这张钢板平均厚度的4% (5)薄边:边部厚度不超出这张钢板平均厚度的8%
2	长度偏差	－0/＋3mm	对于任意一个板卷,生产厂标示的长度和实际测量长度之差不超出±3%。100 个板卷实测长度和标示长度的累积差不超过 0.1%
3	宽度偏差	－0/＋3mm	－0/＋3mm
4	形状偏差	(1)边线镰刀弯(见附图 1)1 000mm 内不超过 0.15% (2)切斜(见附图 2)不超出 0.15% (3)不平度:钢板1 000mm 不平度不大于 3mm	在6 000mm 弦长上测得的边线镰刀弯不超过 6mm(附图 3),或者在1 000mm 弦长上测得的镰刀弯不超过 1mm
5	板卷直径		内径:(420^{+10}_{-15})mm、(450^{+10}_{-15})mm、(508^{+10}_{-15})mm 外径:板卷外径(或板卷质量)的最小值由买卖双方协定

续表

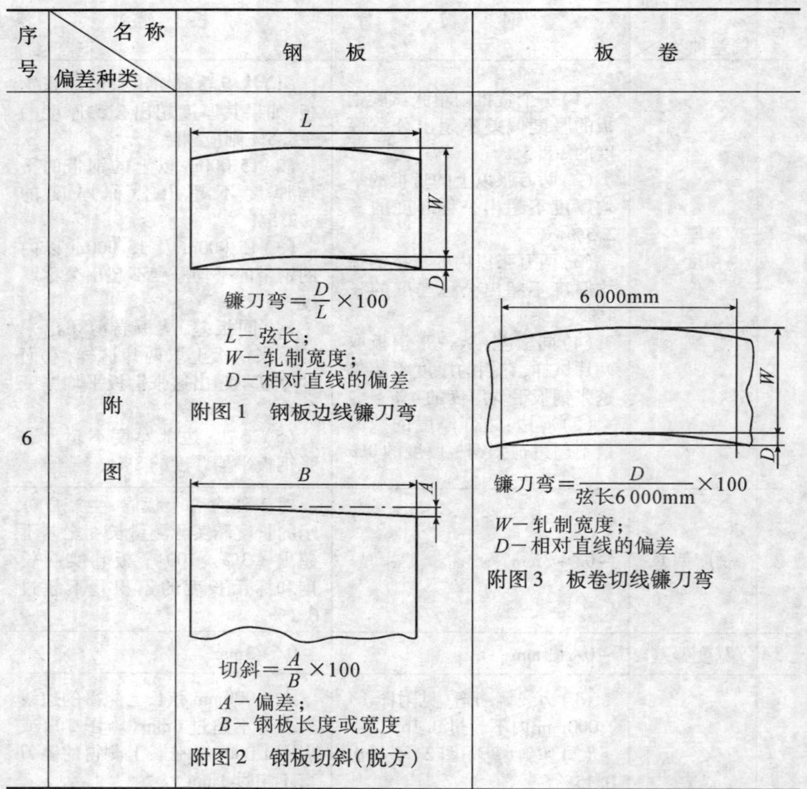

序号	名称 偏差种类	钢板	板卷
6	附图	L W D 镰刀弯$=\frac{D}{L}\times100$ L－弦长； W－轧制宽度； D－相对直线的偏差 附图 1　钢板边线镰刀弯 B A 切斜$=\frac{A}{B}\times100$ A－偏差； B－钢板长度或宽度 附图 2　钢板切斜(脱方)	6 000mm W D 镰刀弯$=\frac{D}{\text{弦长}6\,000\text{mm}}\times100$ W－轧制宽度； D－相对直线的偏差 附图 3　板卷切线镰刀弯

表 2－184　一次冷轧镀锡板的力学性能

钢　级	不同厚度钢板硬度值(HR30Tm)					
	厚度≤0.21mm		0.21mm＜厚度≤0.28mm		厚度＞0.28mm	
	公称值	平均值范围	公称值	平均值范围	公称值	平均值范围
TH50＋SE	53_{max}	≤53	52_{max}	≤52	51_{max}	≤51
TH52＋SE	53	±4	52	±4	51	±4
TH55＋SE	56	±4	55	±4	54	±4
TH57＋SE	58	±4	57	±4	56	±4
TH61＋SE	62	±4	61	±4	60	±4
TH65＋SE	65	±4	65	±4	64	±4

注：①HR30Tm 表示允许试样背面有印痕。

②除非协议另有规定，一次冷轧镀锡板的力学性能按表中的规定交货。

③一次冷轧电镀锡板的表面外观类别由需方选定。

表 2－185　二次冷轧镀锡板的力学性能

钢　　级	$\sigma_{p0.2}$平均值(MPa)	
	公称值	平均值范围
T550＋SE	550	480～620
T580＋SE	580	510～650
T620＋SE	620	550～690
T660＋SE	660	590～730
T690＋SE	690	620～760

注：①日常检验可用回弹试验代替。

②除非协议另有规定，二次冷轧电镀锡板按石纹表面加工。

表 2－186 镀锡量代号和公称镀锡量

镀锡量代号	公称镀锡量 单面（g/m²）	镀锡量代号	公称镀锡量 单面（g/m²）
1.0/1.0	1.0/1.0	11.2/11.2	11.2/11.2
1.5/1.5	1.5/1.5	D5.6/2.8	5.6/2.8
2.0/2.0	2.0/2.0	D8.4/2.8	8.4/2.8
2.8/2.8	2.8/2.8	D8.4/5.6	8.4/5.6
4.0/4.0	4.0/4.0	D11.2/2.8	11.2/2.8
5.0/5.0	5.0/5.0	D11.2/5.6	11.2/5.6
5.6/5.6	5.6/5.6	D11.2/8.4	11.2/8.4
8.4/8.4	8.4/8.4		

注：根据供需双方协议；也可供应其他类别的镀锡量。

表 2－187 镀锡量的允许偏差

镀锡量（m）的范围（单面）（g/m²）	试样平均镀锡量对镀锡量的允许偏差（单面）（g/m²）
$1.0 \leqslant m < 1.5$	－0.25
$1.5 \leqslant m < 2.8$	－0.30
$2.8 \leqslant m < 4.1$	－0.35
$4.1 \leqslant m < 7.6$	－0.50
$7.6 \leqslant m < 10.1$	－0.65
$m \geqslant 10.1$	－0.90

差厚镀层镀锡板的标记方法由供需双方协议规定。如订货时未作规定，则在厚镀锡层面用暗色平行实直线标记，线距 75mm。

根据需方的指定，可以在薄镀锡层一面用暗色平行虚直线标记，线距也是 75mm。

标记示例：

D2.8/5.6：标记面为薄镀层（2.8）面。对于钢板，标记面为上表面；对于板卷，标记面为外表面

D5.6/2.8：标记面为厚镀层（5.6）面。对于钢板，标记面为上表面；对于板卷，标记面为外表面

2.8/5.6D：标记面为厚镀层（5.6）面。对于钢板，标记面为下表面；对于板卷，标记面为内表面

5.6/2.8D：标记面为薄镀层（2.8）面。对于钢板，标记面为下表面；对于板卷，标记面为内表面

也可以选用表2－188中给出的标记系统，代替上述标记方法。

表2－188　差厚镀层镀锡板标记系统

镀锡量代号	线　距(mm)	线宽(mm)
D5.6/2.8	12.5	<1
D8.4/2.8	25	<1
D8.4/5.6	25和12.5交替	<1
D8.4/11.2	25和37.5交替	<1
D11.2/2.8	37.5	<1
D11.2/5.6	37.5和12.5交替	<1

称重法：

$$厚度（mm）\frac{质量（g）}{面积（mm^2）\times 0.00785（g/mm^3）}$$

其中，钢板的称量精确到2g；

钢板长宽测量精确到0.5mm；

钢板厚度的计算精确到0.001mm；

对所有钢板的厚度进行平均得到货批的平均厚度。

8. 单张热镀锌薄钢板

单张热镀锌薄钢板（YB/T 5131—1993）的外形和质量列于表2－189；钢板的工艺性能列于表2－190～表2－192。

表 2-189　钢板的外形和质量

项目	规定及要求
外形	(1)供冷成型用钢板： ①镀锌钢板每米不平度： A 组≤10mm B 组≤20mm ②钢板的边部允许有高度不超过 3mm、宽度(自板边算起)不超过 30mm 的波形，并且波峰距离不小于 100mm (2)供一般用途用钢板： ①镀锌钢板每米不平度： A 组≤15mm B 组≤25mm ②钢板的边部允许有高度不超过 3mm、宽度(自板边算起)不超过 50mm 的波形，并且波峰距离不小于 100mm
质量	(1)镀锌钢板可按理论质量或实际质量交货。按理论质量交货时，以公称厚度、长度和宽度计算，密度为 $7.85g/cm^3$，锌层质量按 $275g/m^2$ 计算 (2)钢板上的镀锌层质量不小于 $275g/m^2$。镀锌层质量是指钢板两面含锌的总量，以每平方米钢板上含锌克数表示(g/m^2)

注：①钢板的牌号根据用途在 1～3 号钢范围内选择，其化学成分应符合 GB/T 700《普通碳素结构钢技术条件》的规定。当需方另有需求，经供需双方协议可提供牌号及化学成分。

②镀锌钢板经涂油或钝化处理交货。经钝化处理的镀锌钢板允许有轻微的钝化色。

标记示例：

尺寸为 0.50mm×900mm×1 800mm、供一般用途用钢板（Y 类）、表面质量为 A 组、牌号为 B2 的单张热镀锌薄钢板标记为：

$$\text{热镀锌薄钢板}\frac{0.50\times900\times1\ 800-\text{Y}-\text{A}-\text{YB/T 5131—1993}}{\text{B2}-\text{GB/T 700—1988}}$$

表 2-190　镀锌钢板(供一般用途用)反复弯曲试验次数

镀锌钢板厚度(mm)	反复弯曲次数≥
0.35~0.45	8
>0.45~0.70	7
>0.70~0.80	6
>0.80~1.00	5
>1.00~1.25	4
>1.25~1.50	3

注：供一般用途用镀锌钢板应做反复弯曲试验，试验是将试样垂直地夹在钳口半径3mm的虎钳中向两边弯曲90°角至折断时，能经受的反复弯曲次数，应符合表中的规定。

表 2-191　钢板镀锌强度(锌层脱落)试验

类别	镀锌板厚度(mm)	弯曲试验 (d=弯心直径;a=试样厚度)
供冷成型用	0.35~0.80	$d=0$(180°角)
	>0.80~1.20	$d=a$(180°角)
	>1.20~1.50	弯曲90°角
供一般用途用	0.35~0.80	$d=a$(180°角)
	>0.80~1.50	弯曲90°角

注：试样弯曲到180°角（90°角）时，不应有露出钢板表面的镀锌层脱落（在距试样边部5mm内允许有锌层脱落）。镀锌层强度的弯曲试验应符合表中的规定。

表 2-192　供冷成型用镀锌钢板杯突值

镀锌钢板厚度(mm)	深冲级别		
	Z	S	P
	杯突深度(mm)≥		
0.35	7.2	6.2	5.9
0.40~0.45	7.5	6.5	6.2
0.50~0.55	8.0	6.9	6.6

续表

镀锌钢板厚度(mm)	深冲级别		
	Z	S	P
	杯突深度(mm)≥		
0.60~0.65	8.5	7.2	6.9
0.70~0.75	8.9	7.5	7.2
0.80	9.3	7.8	7.5
0.90	9.6	8.2	7.9
1.00	9.9	8.6	8.3
1.10	9.9	8.6	8.3
1.20	10.2	8.8	8.5
1.30	10.4	9.0	8.7
1.40	10.4	9.0	8.7
1.50	11.0	9.2	8.9

2.3.3 钢带

1. 优质碳素结构钢冷轧钢带

优质碳素结构钢冷轧钢带(GB/T 3522—1983)的分类和代号列于表2-193;钢带的规格尺寸偏差列于表2-194。

表2-193 优质碳素结构钢冷轧钢带的分类与代号

分类	代号	
按制造精度分	普通精度钢带	P
	宽度精度较高的钢带	K
	厚度精度较高的钢带	H
	厚度精度高的钢带	J
	宽度和宽度精度较高的钢带	KH

续表

<table>
<tr><th>分类</th><th colspan="2">代号</th></tr>
<tr><td rowspan="2">按表面质量分</td><td>Ⅰ组</td><td>Ⅰ</td></tr>
<tr><td>Ⅱ组</td><td>Ⅱ</td></tr>
<tr><td rowspan="2">按边缘状态分</td><td>切边</td><td>Q</td></tr>
<tr><td>不切边</td><td>BQ</td></tr>
<tr><td rowspan="2">按材料状态分</td><td>冷硬</td><td>Y</td></tr>
<tr><td>退火</td><td>T</td></tr>
</table>

表 2-194　优质碳素结构钢冷轧钢带规格尺寸偏差

<table>
<tr><th colspan="4">厚　　度(mm)</th><th colspan="5">宽　　度(mm)</th></tr>
<tr><th rowspan="3">尺　寸</th><th colspan="3">允许偏差</th><th colspan="3">切边钢带</th><th colspan="2">不切边钢带</th></tr>
<tr><th rowspan="2">普通精度
P</th><th rowspan="2">较高精度
H</th><th rowspan="2">高精度
J</th><th rowspan="2">尺寸</th><th colspan="2">允许偏差</th><th rowspan="2">尺寸</th><th rowspan="2">允许偏差</th></tr>
<tr><th>普通精度
P</th><th>较高精度
K</th></tr>
<tr><td>0.10~0.15</td><td>-0.02</td><td>-0.015</td><td>-0.010</td><td rowspan="2">4~120</td><td rowspan="4">-0.3</td><td rowspan="4">-0.2</td><td rowspan="6">≤50</td><td rowspan="6">+2
-1</td></tr>
<tr><td>>0.15~0.25</td><td>-0.03</td><td>-0.020</td><td>-0.015</td></tr>
<tr><td>>0.25~0.40</td><td>-0.04</td><td>-0.030</td><td>-0.020</td><td rowspan="2">6~200</td></tr>
<tr><td>>0.40~0.50</td><td>-0.05</td><td>-0.040</td><td>-0.025</td></tr>
<tr><td>>0.50~0.70</td><td>-0.05</td><td>-0.040</td><td>-0.025</td><td rowspan="3">10~200</td><td rowspan="3">-0.4</td><td rowspan="3">-0.3</td></tr>
<tr><td>>0.70~0.95</td><td>-0.07</td><td>-0.050</td><td>-0.030</td></tr>
<tr><td>>0.95~1.00</td><td>-0.09</td><td>-0.060</td><td>-0.040</td><td rowspan="6">>50</td><td rowspan="6">+3
-2</td></tr>
<tr><td>>1.00~1.35</td><td>-0.09</td><td>-0.060</td><td>-0.040</td><td rowspan="5">18~200</td><td rowspan="5">-0.6</td><td rowspan="5">-0.4</td></tr>
<tr><td>>1.35~1.75</td><td>-0.11</td><td>-0.080</td><td>-0.050</td></tr>
<tr><td>>1.75~2.30</td><td>-0.13</td><td>-0.100</td><td>-0.060</td></tr>
<tr><td>>2.30~3.00</td><td>-0.16</td><td>-0.120</td><td>-0.080</td></tr>
<tr><td>>3.00~4.00</td><td>-0.20</td><td>-0.160</td><td>-0.100</td></tr>
</table>

标记示例：

用 15 号钢轧制的、普通精度、I 级、切边、冷硬。厚 1mm 及宽 50mm 钢带，其标记为：

钢带 15-P-I-Q-Y-1×50-GB/T 3522—1983

2. 低碳钢冷轧钢带

低碳钢冷轧钢带（YB/T 5059—1993）列于表 2－195。

表 2－195　低碳钢冷轧钢带

（1）钢带的分类与代号

①按表面质量分		③按软硬程度分	
Ⅰ组钢带	Ⅰ	特软钢带	TR
Ⅱ组钢带	Ⅱ	软钢带	R
Ⅲ组钢带	Ⅲ	半软钢带	BR
②按制造精度分		低硬钢带	DY
普通精度的钢带	P	冷硬钢带	Y
厚度较高精度钢带	H	④按边缘状态分	
厚度高精度钢带	J	切边钢带	Q
宽度较高精度钢带	K	不切边钢带	BQ
宽度和厚度较高精度钢带	KH	⑤按表面加工状况分	
		磨光钢带	M
		不磨光钢带	BM

（2）钢带厚度允许偏差

钢带厚度（mm）	允许偏差（mm）		
	普通精度	较高精度	高精度
0.05 0.06 0.08	－0.015	－0.01	
0.10 0.12 0.15	－0.02	－0.015	－0.010
0.18 0.20 0.22 0.25	－0.03	－0.02	－0.015
0.28 0.30 0.35 0.40	－0.04	－0.03	－0.020
0.45 0.50 0.55 0.60 0.65 0.70	－0.05	－0.04	－0.025
0.75 0.80 0.85 0.90 0.95	－0.07	－0.05	－0.030
1.00 1.05 1.10 1.15 1.20 1.25 1.30 1.35	－0.09	－0.06	－0.040
1.40 1.45 1.50 1.55 1.60 1.65 1.70 1.75	－0.11	－0.08	－0.050
1.80 1.85 1.90 1.95 2.00 2.10 2.20 2.30	－0.13	－0.10	－0.060
2.40 2.50 2.60 2.70 2.80 2.90 3.00	－0.16	－0.12	－0.080
3.10 3.20 3.30 3.40 3.50 3.60	－0.20	－0.16	－0.100

续表

(3)钢带宽度允许偏差

钢带宽度(mm)	宽度允许偏差(mm)						
	不切边钢带(各种厚度)	0.05~0.50		0.55~1.00		>1.00	
		普通精度	较高精度	普通精度	较高精度	普通精度	较高精度
4,5,6,7,8,9,10,11,12,13,14,15,16,17,18,19,20,22,24,26,28,30,32,34,36,38,40,43,46,50	+2.0 −1.5	−0.30	−0.15	−0.40	−0.25	−0.50	−0.30
53,56,60,63,66,70,73,76,80,83,86,90,93,96,100	+2.5 −2.0						
105,110,115,120,125,130,135,140,145,150,155,160,165,170,175,180,185,190,195	+4.0 −2.5	−0.5	−0.25	−0.60	−0.35	−0.70	−0.50
200,205,210,215,220,225,230,235,240,245,250,260,270,280,290,300	+6.0 −4.5						

(4)钢带不平度偏差 (mm)

钢带厚度	钢带不平度≤				镰刀弯,每米≤	
	钢　带　宽　度					
	≤50	>50~100	>100~150	>150	≤50	>50
≤0.50	4	5	6	7	3	2
>0.50	3	4	5	6		

(5)钢带力学性能

钢带软硬级别		抗拉强度 σ_b(MPa)	伸长率 δ(%)≥
特软	TR	275~390	30
软	R	325~440	20
半软	BR	375~490	10
低硬	DY	410~540	4
冷硬	Y	490~785	不测定

注：①经供需双方协议，可生产中间厚度和中间宽度的钢带，其允许偏差均按相邻较大尺寸钢带的规定。

②厚度小于0.20mm的钢带只生产特软（TR）和硬（Y）钢带。

③不切边钢带不检查镰刀弯。若需方要求不切边钢带的镰刀弯，可按供需双方协议的指标进行检查。

④钢带应成卷交货，其长度不应短于6m。但允许交付长度不短于3m的短钢带，其数量不得超过一批交货总质量的10%。

⑤厚度大于0.2mm的钢卷带应卷成内径为200～600mm的钢带卷。厚度不大于0.2mm的钢带则卷成内径不小于150mm的钢带卷。

⑥经双方协议钢带可直条成捆交货，其长度应为2～3m。但允许交付长度在1m至小于2m的短尺钢带，其数量不得超过一批交货总质量的10%。

⑦钢带采用08、10、08A1钢轧制。根据供需双方协议，也可供应05F、08F、10F钢轧制的钢带。

标记示例：

用10号钢制造、Ⅱ组、不磨光、软、普通精度、切边、厚度为0.8mm、宽度为70mm的低碳钢冷轧钢带的标记为：

钢带10－Ⅱ－BM－R－P－Q－0.8×70－YB/T 5059—1993

3. *碳素结构钢冷轧钢带*

碳素结构钢冷轧钢带（GB/T 716—1991）列于表2－196。

表2－196　碳素结构钢冷轧钢带

<table>
<tr><td colspan="3">厚度(mm)</td><td colspan="3">0.10～1.50</td><td colspan="3">>1.50～2.00</td><td colspan="3">>2.00～3.00</td></tr>
<tr><td colspan="3">宽度(mm)</td><td colspan="9">10～250</td></tr>
<tr><td colspan="3">长度(mm)≥</td><td colspan="3">11 000</td><td colspan="3">7 000</td><td colspan="3">5 000</td></tr>
<tr><td rowspan="2">钢带分类</td><td colspan="4">制造精度</td><td colspan="2">表面精度</td><td colspan="2">边缘状态</td><td colspan="3">力学性能</td></tr>
<tr><td>普通精度</td><td>宽度较高精度</td><td>厚度较高精度</td><td>宽度、厚度较高精度</td><td>普通精度</td><td>较高精度</td><td>切边</td><td>不切边</td><td>软</td><td>半软</td><td>硬</td></tr>
<tr><td>代号</td><td>P</td><td>K</td><td>H</td><td>KH</td><td>I</td><td>Ⅱ</td><td>Q</td><td>BQ</td><td>R</td><td>BR</td><td>Y</td></tr>
<tr><td colspan="3">类　　别</td><td colspan="3">软钢带</td><td colspan="3">半软钢带</td><td colspan="3">硬钢带</td></tr>
<tr><td colspan="3">抗拉强度 σ_b(MPa)</td><td colspan="3">275～440</td><td colspan="3">370～490</td><td colspan="3">490～785</td></tr>
<tr><td colspan="3">伸长率 δ(%)≥</td><td colspan="3">23</td><td colspan="3">10</td><td colspan="3">—</td></tr>
<tr><td colspan="3">维氏硬度HV</td><td colspan="3">≤130</td><td colspan="3">105～145</td><td colspan="3">140～230</td></tr>
</table>

注：①钢带采用GB 700中的碳素结构钢制造，其化学成分应符合该标准中的规定。

②厚度系列：≤1.50mm，其中间规格按0.05mm进级；>1.50mm，其中间规格按0.10mm进级。宽度系列：≤150mm，其中间规格按5mm进级；>150mm，其中间规格按10mm进级。

③钢带应成卷交货，卷重不大于2t。

标记示例：

用 Q235－A·F 钢轧制的普通精度尺寸，较高精度表面、切边、半软态、厚度为 0.5mm、宽度为 120mm 的钢带标记为：

冷轧钢带 Q235－A·F－P－Ⅱ－Q－BR－0.5×120GB/T 716—1991

4. 碳素结构钢和低合金结构钢热轧钢带

表 2－197　碳素结构钢和低合金结构钢热轧钢带（GB/T 3524—1992）

分类：
- 按钢带外形分：条状钢带　TD；卷状钢带　JD
- 按钢带边缘分：切边钢带　Q；不切边钢带　BQ

钢带厚度（mm）	钢带宽度（mm）
2.00～6.00	50～600

钢带厚度（mm）	允许偏差（mm）
≤3.00	±0.20
>3.00～5.00	±0.24
>5.00	±0.27

钢带宽度（mm）	允许偏差（mm）	
	不切边	切边
≤200	+2.0 −1.0	±1.0
>200～300	+2.5 −1.0	
>300	+3.0 −2.0	

钢带宽度（mm）	三点差≤（mm）
≤100	0.1
>100～150	0.12
>150～200	0.14
>200～400	0.15
>400	0.17

续表

钢带长度：

(1)条状钢带：厚度为2.00~4.00mm的钢带，其长度不应小于6m，允许交付长度不小于4m的短尺钢带；厚度大于4.00~6.00mm的钢带，其长度不应小于4m，允许交付长度不小于3m的短尺钢带。

(2)卷状钢带：由连轧机轧制的成卷钢带，长度不小于50m，允许交付长度30~50m的钢带，其质量不得大于该批交货总重的3%。

(3)其他轧机轧制的钢带长度由供需双方协商规定。

注：①供作冷轧坯料的钢带，轧制方向的厚度应均匀。在同一直线上任意测定三点厚度、其最大差值（同条差）应不大于0.17mm。
②供冷轧用钢带应在合同中注明。

标记示例：

用Q235－A・F钢轧制，厚度3mm、宽度150mm、不切边、卷状热轧钢带，其标记为：

热轧钢带 Q235－A・F－3×150－BQ－JD－GB/T 3524—1992

5. 不锈钢和耐热钢冷轧钢带

不锈钢和耐热钢冷轧钢带(GB/T 4239—1991)的种类符号和钢带的标准厚度列于表2－198；类别和牌号列于表2－199；厚度允许偏差列于表2－200和表2－201；钢带宽度普通精度(P)允许偏差列于表2－202；切边钢带宽度高级精度(K)允许偏差列于表2－203。

表2－198　钢带种类、符号和钢带的标准厚度

术语	符号	术语	符号
软钢带	R	切边钢带	Q
低冷作硬化钢带	DY	不切边钢带	BQ
半冷作硬化钢带	BY	宽度普通精度钢带	P
冷作硬化钢带	Y	宽度高级精度钢带	K
特殊冷作硬化钢带	TY		
钢带的标准厚度(mm)	0.30　0.40　0.50　0.60　0.70　0.80　0.90　1.00　1.20　1.50　2.00　2.50　3.00　3.50		

表 2－199　钢带按组织特征分类和牌号

序号	分　类	牌　号	序号	分　类	牌　号
1	奥氏体型	1Cr17Mn6Ni5N	27	奥氏体型	0Cr18Ni11Nb
2		1Cr18Mn8Ni5N	28		0Cr18Ni13Si4
3		2Cr13Mn9Ni4	29	奥氏体－铁素体型	0Cr26Ni5Mo2
4		1Cr17Ni7			
5		1Cr17Ni8	30		00Cr24Ni6Mo3N
6		1Cr18Ni9	31	铁素体型	0Cr13Al
7		1Cr18Ni9Si3			
8		0Cr18Ni9	32		00Cr12
9		00Cr19N10	33		1Cr15
10		0Cr19Ni9N	34		1Cr17
11		0Cr19Ni10NbN	35		00Cr17
12		00Cr18Ni10N	36		1Cr17Mo
13		1Cr18Ni12	37		00Cr17Mo
14		0Cr23Ni13	38		00Cr18Mo2
15		0Cr25Ni20	39		00Cr30Mo2
16		0Cr17Ni12Mo2	40		00Cr27Mo
17		00Cr17Ni14Mo2	41	马氏体型	1Cr12
18		0Cr17Ni12Mo2N			
19		00Cr17Ni13Mo2N	42		0Cr13
20		0Cr18Ni12Mo2Cu2	43		1Cr13
21		00Cr18Ni14Mo2Cu2	44		2Cr13
22		0Cr19Ni13Mo3	45		3Cr13
23		00Cr19Ni13Mo3	46		3Cr16
24		0Cr18Ni16Mo5	47		7Cr17
25		(1Cr18Ni9Ti)			
26		0Cr18Ni10Ti	48	沉淀硬化型	0Cr17Ni7Al

注：①括号内牌号不推荐使用。

②经双方协议，可供应表中以外的其他牌号。

表 2-200　不锈钢和耐热钢冷轧钢带厚度允许偏差

宽度(mm) 厚度(mm)	厚度允许偏差(mm)			
	20~150	>150~250	>250~400	>400~600
0.05~0.10	±0.010	±0.010	±0.010	—
>0.10~0.15	±0.010	±0.010	±0.010	—
>0.15~0.25	+0.010 -0.020	+0.010 -0.020	+0.010 -0.020	±0.020
>0.25~0.45	±0.020	±0.020	±0.020	+0.020 -0.030
>0.45~0.65	+0.020 -0.030	+0.020 -0.030	+0.020 -0.030	±0.030
>0.65~0.90	±0.030	±0.030	+0.03 -0.04	±0.040
>0.90~1.20	+0.030 -0.040	±0.040	±0.040	+0.040 -0.050
>1.20~1.50	+0.040 -0.050	±0.050	±0.050	+0.050 -0.060
>1.50~1.80	±0.060	+0.060 -0.070	+0.060 -0.070	±0.070
>1.80~2.00	±0.060	±0.070	+0.070 -0.080	±0.080
>2.00~2.30	±0.070	±0.080	+0.08 -0.09	±0.090
>2.30~2.50	±0.070	±0.080	+0.08 -0.09	±0.090
>2.50~3.10	±0.080	±0.090	+0.09 -0.10	±0.100
>3.10~<4.00	±0.090	±0.100	+0.10 -0.11	±0.110

注：①当在合同中注明，钢带允许偏差值可以限制在正值或负值的一边，但此时的公差值应与表中规定的公差值相等。

②酸洗状态交货的钢带厚度允许偏差可以超出表中的负偏差，超出值规定如下：

a. 厚度<0.9mm 为 0.01mm；

b. 厚度≥0.9mm 为 0.02mm。

表2－201　不锈钢和耐热钢冷轧钢带厚度允许偏差

厚度(mm) \ 宽度(mm) \ 精度	厚度允许偏差(mm)		
	较高精度(A)		一般精度(B)
	>600～1 000	>1 000～1 250	>600～1 250
0.05～0.10	—	—	—
>0.10～0.15	—	—	—
>0.15～0.25	—	—	—
>0.25～0.45	±0.040	±0.040	±0.040
>0.45～0.65	±0.040	±0.040	±0.050
>0.65～0.90	±0.050	±0.050	±0.060
>0.90～1.20	±0.050	±0.060	±0.080
>1.20～1.50	±0.060	±0.070	±0.110
>1.50～1.80	±0.070	±0.080	±0.120
>1.80～2.00	±0.090	±0.100	±0.130
>2.00～2.30	±0.100	±0.110	±0.140
>2.30～2.50	±0.100	±0.110	±0.140
>2.50～3.10	±0.110	±0.120	±0.160
>3.10～<4.00	±0.120	±0.130	±0.180

注：①钢带应在合同中注明精度等级，如未注明时按B级精度规定。

②当在合同上注明，钢带允许偏差值可以限制在正值或负值的一边。但是，此时的公差值应与表中规定的公差值相等。

③宽度大于1 250mm的钢带厚度允许偏差值按GB 708标准中A级精度的规定。

④酸洗状态交货的钢带厚度允许偏差可以超出表中的负偏差，超出值规定如下：

a. 厚度<0.9mm为0.01mm；

b. 厚度≥0.9mm为0.02mm。

表 2－202　不锈钢和耐热钢冷轧钢带宽度普通精度(P)允许偏差

边缘状态 \ 宽度(mm)	宽度允许偏差(mm)						
	20～50	>50～150	>150～250	>250～400	>400～600	>600～1 000	>1 000～1 250
切边钢带	+1.0 0	+2.0 0	+3.0 0	+4.0 0	+5 0	+5 0	+5 0
不切边钢带	+2 −1	+3 −2	+6 −2	+7 −3	+20 0	+25 0	+30 0

注：如在合同中注明，钢带的宽度允许偏差普通精度（P）也可按高级精度（K）的规定，根据需方要求并在合同中注明，钢带宽度允许偏差值可以限制在正值或负值的一边，但是，此时的公差值应与表中规定的公差值相等。

表 2-203　不锈钢和耐热钢冷轧切边钢带宽度高级精度(K)允许偏差

厚度(mm) \ 宽度(mm)	宽度允许偏差(mm)				
	20~150	>150~250	>250~400	>400~600	>600~1 000
0.05~0.50	±0.15	±0.20	±0.25	±0.30	±0.50
>0.50~1.00	±0.20	±0.25	±0.25	±0.30	±0.50
>1.00~1.50	±0.20	±0.30	±0.30	±0.40	±0.60
>1.50~2.50	±0.25	±0.35	±0.35	±0.50	±0.70
>2.50~4.00	±0.30	±0.40	±0.40	±0.50	±0.80

注：①宽度大于 1 250mm 的钢带宽度允许偏差值按 GB 708 标准中的规定。

②切边钢带的镰刀弯规定如下：

a. 宽度 20~50mm 者，每米不大于 3mm；

b. 宽度大于 50mm 者，每米不大于 2mm。

标记示例：

用 1Cr18Ni9 钢生产、厚度为 0.5mm、宽度为 100mm、低冷作硬化、冷轧表面、切边、宽度为较高精度的钢带，其标记为：

钢带 1Cr18Ni9-0.5×100-DY-N 0.1-Q-K-GB/T 4239—1991

6. 不锈钢热轧钢带

不锈钢热轧钢带(YB/T 5090—1993)列于表 2-204。

表 2-204　不锈钢热轧钢带

(1)钢带的标准厚度(mm)

2.0　2.5　3.0　3.5　4.0　4.5　5.0　6.0　7.0　8.0

(2)钢带厚度允许偏差(mm)

厚度 \ 宽度	厚度允许偏差		
	<1 000	≥1 000~<1 250	≥1 250~<1 600
≥2.00~<2.50	±0.25	±0.30	—
≥2.50~<3.00	±0.30	±0.35	±0.40
≥3.00~<4.00	±0.35	±0.40	±0.45
≥4.00~<5.00	±0.40	±0.45	±0.50
≥5.00~<6.00	±0.50	±0.55	±0.60
≥6.00~<8.00	±0.60	±0.65	±0.70

续表

(3)钢带厚度允许偏差(高级)(mm)

厚度＼宽度	厚度允许偏差			
	<250	≥250～<400	≥400～<630	≥630～<800
≥2.00～<2.50	±0.16	±0.17	±0.18	±0.20
≥2.50～<3.00	±0.18	±0.19	±0.20	±0.23
≥3.00～<4.00	±0.20	±0.21	±0.23	±0.26
≥4.00～<5.00	±0.22	±0.24	±0.26	±0.29
≥5.00～<6.00	±0.25	±0.27	±0.29	±0.32

(4)钢带宽度允许偏差(mm)

边缘状态	厚度＼宽度	宽度允许偏差						
		<100	≥100～<160	≥160～<250	≥250～<400	≥400～<630	≥630～<1 000	≥1 000
不切边	—	±1	±2	±2	±5	+20 0	+25 0	+30 0
切边	<6.00	+5 0	+5 0	+5 0	+5 0	+10 0	+10 0	+10 0
	≥6.00	+10 0	+10 0	+10 0	+10 0	+10 0	+10 0	+15 0

(5)钢带宽度允许偏差(高级)(mm)

厚度＼宽度	宽度允许偏差		
	<160	≥160～<250	≥250～<630
<3.00	±0.3	±0.4	±0.5
≥3.00～<6.00	±0.5	±0.5	±0.5

(6)钢带的镰刀弯最大允许值(mm)

宽　　度	镰刀弯最大允许值
<40	任意2 000长度　10
≥40～<630	任意2 000长度　8
≥630	任意2 000长度　5

注:镰刀弯如图示。

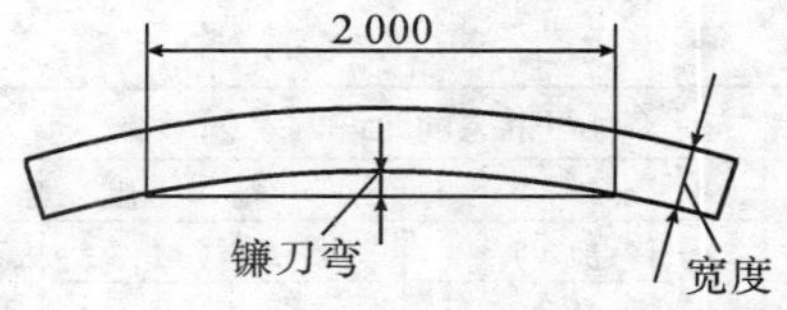

7. 热处理弹簧钢带

热处理弹簧钢带(YB/T 5063—1993)列于表2－205;其钢带的尺寸规格列于表2－206。

表2－205　热处理弹簧钢带

(1)钢的分类与代号

①按强度分		③按边缘状态分	
Ⅰ级强度钢带	Ⅰ	切边钢带	Q
Ⅱ级强度钢带	Ⅱ	磨边钢带	M
Ⅲ级强度钢带	Ⅲ	压扁钢丝制成的钢带	Y
②按制造精度分		④按表面颜色分	
普通精度的钢带	P	抛光钢带	Po
较高级精度的钢带	J	光亮钢带	Gn
高级精度的钢带	G	经色调处理的钢带	S
		灰暗色钢带	A

(2)钢带厚度允许偏差(mm)

钢带厚度	精　度		
	普通(P)	较高(J)	高级(G)
0.08～0.05	－0.02	－0.015	－0.010
>0.15～0.25	－0.03	－0.02	－0.015
>0.25～0.40	－0.04	－0.03	－0.02
>0.40～0.70	－0.05	－0.04	－0.03
>0.70～0.90	－0.07	－0.05	－0.04
>0.90～1.10	－0.09	－0.06	－0.05
>1.10～1.50	－0.11	－0.08	－0.06

续表

(3)钢带宽度允许偏差(mm)

钢带厚度	精　度		
	普通(P)	较高(J)	高级(G)
0.08～0.50	-0.3	-0.2	-0.1
>0.50～1.00	-0.4	-0.3	-0.2
>1.00～1.50	-0.5	-0.4	-0.3

(4)压扁钢丝制的钢带,其宽度允许偏差(mm)

钢带厚度	精　度		
	普通(P)	较高(J)	高级(G)
≤2.0	-0.20	-0.15	-0.10
>2.0～3.5	-0.30	-0.25	-0.20
>3.5～5.0	-0.40	-0.3	-0.25
>5.0	-0.50	-0.4	-0.30

(5)钢带的力学性能

强度级别	抗拉强度 σ_b(MPa)	维氏硬度 HV
Ⅰ	1 275～1 570	375～485
Ⅱ	1 580～1 865	486～600
Ⅲ	>1 865	>600

(6)钢带的工艺性能

钢带厚度(mm)	钳口半径(mm)	反复弯曲次数,不小于					
		Ⅰ级		Ⅱ级		Ⅲ级	
		65Mn T7A T8A	T9A、T10A 60Si2MnA 70Si2CrA	65Mn T7A T8A	T9A、T10A 60Si2MnA 70Si2CrA	65Mn T7A T8A	T9A、T10A 60Si2MnA 70Si2CrA
0.08	1	29	26	25	20	20	16
0.10	1	26	24	22	18	18	14
0.11	1	23	20	20	16	16	13
0.12	1	20	17	17	14	15	12
0.14	1	17	15	13	11	9	7
0.15	2	31	22	22	18	18	15
0.16	2	28	21	21	16	17	14
0.18	2	25	19	19	15	15	12
0.20	2	23	18	17	14	13	10
0.22	2	20	17	15	12	11	9
0.23	2	18	16	13	11	9	7

续表

钢带厚度(mm)	钳口半径(mm)	反复弯曲次数,不小于					
		Ⅰ级		Ⅱ级		Ⅲ级	
		65Mn T7A T8A	T9A、T10A 60Si2MnA 70Si2CrA	65Mn T7A T8A	T9A、T10A 60Si2MnA 70Si2CrA	65Mn T7A T8A	T9A、T10A 60Si2MnA 70Si2CrA
0.25	2	17	15	12	10	7	6
0.26	2	14	13	10	9	6	3
0.28	4	37	30	26	21	21	17
0.30	4	35	29	26	20	19	16
0.32	4	33	27	24	19	18	15
0.35	4	31	26	22	18	16	13
0.36	4	30	25	21	17	15	12
0.40	4	26	24	19	15	12	10
0.45	4	22	20	15	13	8	6
0.50	6	31	25	22	18	19	15
0.55	6	29	23	20	16	16	12
0.60	6	25	21	17	14	11	7
0.65	6	21	18	13	10	7	5
0.70	6	20	17	12	9	5	3
0.80	8	17	14	11	9	3	2
0.90	8	14	12	7	4	—	—
1.00	8	12	10	2	1	—	—

(7)钢带的外形

①磨边钢带及压扁钢丝制成的钢带其边缘应圆滑无棱角,不允许存在毛刺和切割不齐

②钢带应平直

③钢带的镰刀弯每米不得大于 2mm

④如需方有特殊要求,经双方协议应做槽形检查,槽形值应不大于钢带宽度的 0.5%

⑤Ⅲ级强度钢带的厚度不大于 0.8mm

⑥Ⅱ级强度钢带的厚度不大于 1.0mm

⑦钢带长度应不小于 4m。允许交付长度不短于 2m 的钢带,但其数量不得超过交货总重量的 20%

标记示例:

用 T8A 钢制造的Ⅰ级强度、高级精度、切边、抛光、厚度为 0.55mm、宽度为 100mm 的钢带,其标记为:

钢带 T8A－Ⅰ－G－Q－Po－0.55×100－YB/T 5063—1993

表 2－206 热处理弹簧钢带的尺寸规格

钢带厚度(mm)	钢带宽度(mm)																																							
	1.5	1.6	1.8	2	2.2	2.5	2.8	3	3.6	4	4.5	5	5.5	6	7	8	9	10	11	12	14	15	16	18	20	22	25	28	30	32	36	40	45	50	55	60	70	80	90	100
0.08								×	×	×	×	×	×	×	×	×	×	×	×	×	×	×	×	×	×															
0.10								×	×	×	×	×	×	×	×	×	×	×	×	×	×	×	×	×	×	×	×	×	×	×	×	×								
0.11								×	×	×	×	×	×	×	×	×	×	×	×	×	×	×	×	×	×	×	×	×	×	×	×	×								
0.12								×	×	×	×	×	×	×	×	×	×	×	×	×	×	×	×	×	×	×	×	×	×	×	×	×								
0.14								×	×	×	×	×	×	×	×	×	×	×	×	×	×	×	×	×	×	×	×	×	×	×	×	×								
0.15								×	×	×	×	×	×	×	×	×	×	×	×	×	×	×	×	×	×	×	×	×	×	×	×	×								
0.16								×	×	×	×	×	×	×	×	×	×	×	×	×	×	×	×	×	×	×	×	×	×	×	×	×								
0.18								×	×	×	×	×	×	×	×	×	×	×	×	×	×	×	×	×	×	×	×	×	×	×	×	×								
0.20	×	×	×	×	×	×	×	×	×	×	×	×	×	×	×	×	×	×	×	×	×	×	×	×	×	×	×	×	×	×	×	×	×	×	×	×	×	×	×	×
0.22	×	×	×	×	×	×	×	×	×	×	×	×	×	×	×	×	×	×	×	×	×	×	×	×	×	×	×	×	×	×	×	×	×	×	×	×	×	×	×	×
0.23	×	×	×	×	×	×	×	×	×	×	×	×	×	×	×	×	×	×	×	×	×	×	×	×	×	×	×	×	×	×	×	×	×	×	×	×	×	×	×	×
0.25	×	×	×	×	×	×	×	×	×	×	×	×	×	×	×	×	×	×	×	×	×	×	×	×	×	×	×	×	×	×	×	×	×	×	×	×	×	×	×	×
0.26	×	×	×	×	×	×	×	×	×	×	×	×	×	×	×	×	×	×	×	×	×	×	×	×	×	×	×	×	×	×	×	×	×	×	×	×	×	×	×	×
0.30	×	×	×	×	×	×	×	×	×	×	×	×	×	×	×	×	×	×	×	×	×	×	×	×	×	×	×	×	×	×	×	×	×	×	×	×	×	×	×	×
0.32	×	×	×	×	×	×	×	×	×	×	×	×	×	×	×	×	×	×	×	×	×	×	×	×	×	×	×	×	×	×	×	×	×	×	×	×	×	×	×	×
0.36	×	×	×	×	×	×	×	×	×	×	×	×	×	×	×	×	×	×	×	×	×	×	×	×	×	×	×	×	×	×	×	×	×	×	×	×	×	×	×	×
0.40	×	×	×	×	×	×	×	×	×	×	×	×	×	×	×	×	×	×	×	×	×	×	×	×	×	×	×	×	×	×	×	×	×	×	×	×	×	×	×	×
0.45	×	×	×	×	×	×	×	×	×	×	×	×	×	×	×	×	×	×	×	×	×	×	×	×	×	×	×	×	×	×	×	×	×	×	×	×	×	×	×	×
0.50	×	×	×	×	×	×	×	×	×	×	×	×	×	×	×	×	×	×	×	×	×	×	×	×	×	×	×	×	×	×	×	×	×	×	×	×	×	×	×	×
0.55				×	×	×	×	×	×	×	×	×	×	×	×	×	×	×	×	×	×	×	×	×	×	×	×	×	×	×	×	×	×	×	×	×	×	×	×	×
0.60						×	×	×	×	×	×	×	×	×	×	×	×	×	×	×	×	×	×	×	×	×	×	×	×	×	×	×	×	×	×	×	×	×	×	×
0.65						×	×	×	×	×	×	×	×	×	×	×	×	×	×	×	×	×	×	×	×	×	×	×	×	×	×	×	×	×	×	×	×	×	×	×
0.70						×	×	×	×	×	×	×	×	×	×	×	×	×	×	×	×	×	×	×	×	×	×	×	×	×	×	×	×	×	×	×	×	×	×	×
0.80						×	×	×	×	×	×	×	×	×	×	×	×	×	×	×	×	×	×	×	×	×	×	×	×	×	×	×	×	×	×	×	×	×	×	×
0.90						×	×	×	×	×	×	×	×	×	×	×	×	×	×	×	×	×	×	×	×	×	×	×	×	×	×	×	×	×	×	×	×	×	×	×
1.00						×	×	×	×	×	×	×	×	×	×	×	×	×	×	×	×	×	×	×	×	×	×	×	×	×	×	×	×	×	×	×	×	×	×	×
1.10						×	×	×	×	×	×	×	×	×	×	×	×	×	×	×	×	×	×	×	×	×	×	×	×	×	×	×	×	×	×	×	×	×	×	×
1.20						×	×	×	×	×	×	×	×	×	×	×	×	×	×	×	×	×	×	×	×	×	×	×	×	×	×	×	×	×	×	×	×	×	×	×
1.40						×	×	×	×	×	×	×	×	×	×	×	×	×	×	×	×	×	×	×	×	×	×	×	×	×	×	×	×	×	×	×	×	×	×	×
1.50						×	×	×	×	×	×	×	×	×	×	×	×	×	×	×	×	×	×	×	×	×	×	×	×	×	×	×	×	×	×	×	×	×	×	×

注：①厚度为0.1～0.18mm，宽度大于40mm的钢带按供需双方协议生产。表中×表示有此规格。

②根据需方要求，经双方协议亦可供应表中以外的规格。

8. 包装用钢带

包装用钢带（YB/T 025—1992）的分类与代号列于表2－207；钢带的厚度和宽度尺寸列于表2－208；钢带厚度允许偏差列于表2－209；钢带的镰刀弯列于表2－210；钢带的长度和质量列于表2－211。

表2－207　钢带的分类与代号

分　类	名　　称	代　号
按制造精度分	厚度为普通精度的钢带 厚度为较高精度的钢带 镰刀弯为普通精度的钢带 镰刀弯为较高精度的钢带	P H PL HL
按力学性能分	Ⅰ组钢带 Ⅱ组钢带 Ⅲ组钢带 Ⅳ组钢带 Ⅴ组钢带 Ⅵ组钢带 Ⅶ组钢带 Ⅷ组钢带 Ⅸ组钢带	Ⅰ Ⅱ Ⅲ Ⅳ Ⅴ Ⅵ Ⅶ Ⅷ Ⅸ
按表面状态分	发蓝钢带 涂层钢带 镀锌钢带	F T D

表2－208　钢带的厚度和宽度尺寸

公称厚度（mm）	公称宽度（mm）								
	8	10	13	16	19	25	32	40	51
0.25	×	×	×						
0.30	×	×	×						
0.36	×	×	×	×					
0.40		×	×	×	×				
0.45		×	×	×	×				
0.50		×	×	×	×				
0.56			×	×	×				
0.60				×	×	×			
0.70					×	×			
0.80					×	×	×		

续表

公称厚度(mm)	公称宽度(mm)								
	8	10	13	16	19	25	32	40	51
0. 90					×	×	×		
1. 00					×	×	×	×	×
1. 12					×	×	×	×	×
1. 20					×	×	×	×	×
1. 26							×	×	×
1. 50							×	×	×
1. 65								×	×

注：①钢带的厚度和宽度尺寸应符合表中的规定。“×”表示有此种规格。

②经供需双方协议、可供应表中所列以外的其他尺寸规格钢带。其尺寸偏差按相邻大尺寸规定。

表 2－209　钢带厚度允许偏差

公称厚度(mm)	允许偏差(mm)	
	普通精度 P	较高精度 H
≤0. 40	±0. 020	±0. 015
>0. 40～0. 70	±0. 025	±0. 020
>0. 70～1. 30	±0. 035	±0. 025
>1. 30～1. 65	±0. 040	±0. 035

注：①钢带厚度不包括涂层、镀锌层厚度。

②根据需方要求，可按上述公差值供应厚度为负偏差的钢带。

③钢带宽度的允许偏差应符合下列的规定。

宽度不大于 32mm 的钢带，宽度允许偏差为 ±0. 10mm。

宽度大于 32mm 的钢带，宽度允许偏差为 ±0. 13mm。

④根据需方要求，可按上述公差值供应宽度为负偏差的钢带。

表 2－210　包装用钢带的镰刀弯值

公称宽度(mm)	普通精度 PL	较高精度 HL
	(mm/m)≤	
<25	3.0	1.7
25～40	2.0	1.5
>40	2.0	1.25

注：①钢带的镰刀弯应符合表中的规定。

②经供需双方协议，可供应对镰刀弯要求更严格的钢带。

③钢带的不平度应不大于 2mm/m。

表 2－211　包装用钢带的长度和质量

钢带厚度(mm)	规定长度(m)
≤0.40	≥300
>0.40～0.70	≥250
>0.70～1.00	≥200
>1.00～1.30	≥100
>1.30	≥70

注：①短钢带每卷内允许有 2～4 个接头，接头间长度不小于 20m。短钢带应单独交货。

②长度小于 20m 的短尺钢带，经供需双方协议可以交货。

③钢带按实际质量交货。每件质量为 50kg±5kg。

9. 高电阻电热合金

高电阻电热合金(GB/T 1234—1995)的宽度范围及允许偏差列于表 2－212;带材最小长度列于表 2－213;冷轧带材每米长度的侧弯列于表 2－214;镍铬铁和铁铬铝高电阻电热合金丝的尺寸、合金直径允许偏差及每轴(盘)冷拉丝材的质量列于表 2－215。

表 2－212　高电阻电热合金的宽度范围及允许偏差

类别	宽度范围（mm）	允许偏差（mm）	
		切边	不切边
冷轧带材	5.0～10.0 >10.0～20.0 >20.0～30.0	±0.2	－0.6 －0.8 －1.0
	>30.0～50.0 >50.0～90.0	±0.3	－1.2 ±1.0
	>90.0～120.0 >120.0～250.0	±0.5	±1.5 ±1.8
热轧带材	15.0～60.0 >60.0～250.0	— —	±1.5 ±2.5

表 2－213　高电阻电热合金带材最小长度

类　别	合金带厚度（mm）	单支最小长度（m）
冷轧带材	0.05～0.10	10
	>0.10～0.30	20
	>0.30～1.00	15
	>1.00～2.00	10
	>2.00～3.50	5
热轧带材	2.5～5.0	10
	>5.0～7.0	3

注：①热轧棒材每根长度由供需双方协议确定。

②带材最小长度应符合表中的规定，当焊接部位符合本标准技术要求时，允许同一炉号数支带坯焊接在一起，根据供需双方协议，可供定尺或倍尺带材。

表 2－214　冷轧带材每米长度的侧弯

宽　度（mm）	每米侧弯（mm）≤	
	切　边	不　切　边
<20	7.0	14.0
20～50	4.0	8.0
>50	3.0	5.0

注：热轧带材每米长度的侧弯不大于15mm。

表 2-215　镍铬铁和铁铬铝高电阻电热合金丝

(1)合金的尺寸

合金牌号	直径(mm)
Cr20Ni80、Cr30Ni70、Cr15Ni60、Cr20Ni35、Cr20Ni30、1Cr13Al4、0Cr25Al5、0Cr23Al5、0Cr21Al6、1Cr20Al3、0Cr21Al6Nb、0Cr27Al7Mo2	0.3~8.00

(2)合金直径允许偏差　(mm)

类　别	直径范围	允许偏差
冷拉丝材	0.03~0.05	±0.005
	>0.05~0.100	±0.007
	>0.100~0.300	±0.010
	>0.300~0.500	±0.015
	>0.50~1.00	±0.02
	>1.00~3.00	±0.03
	>3.00~6.00	±0.04
	>6.00~8.00	±0.05

(3)冷拉丝材质量

直　径	每轴(盘)质量(kg)≥	
	标准质量	较轻质量
0.03~0.05	0.02	0.010
>0.05~0.07	0.03	0.015
>0.07~0.10	0.05	0.030
>0.10~0.30	0.30	0.100
>0.30~0.50	0.50	0.200
>0.50~0.80	1.00	0.500
>0.80~1.20	2.00	—
>1.20~2.00	4.00	—
>2.00~3.50	6.00	—
>3.50~5.00	8.00	—
>5.00	10.00	—

注：①当焊接部位符合本标准要求时，允许同一炉号数支坯料焊接在一起。较轻质量的交货量不得超过该批质量的10%。

②热轧盘条每盘质量不得小于10kg。

2.3.4 钢管

1. 无缝钢管

无缝钢管（GB/T 17395—1998）包括普通钢管、精密钢管和不锈钢管。其尺寸规格和理论线质量分别列于表2－216、表2－217、表2－218。

表2－216 普通钢管的尺寸规格和理论线质量

外径（mm）			壁厚（mm）															
系列1	系列2	系列3	0.25	0.30	0.40	0.50	0.60	0.80	1.0	1.2	1.4	1.5	1.6	1.8	2.0	2.2（2.3）	2.5（2.6）	2.8
			单位长度理论线质量（kg/m）															
	6		0.035	0.042	0.055	0.068	0.080	0.103	0.123	0.142	0.159	0.166	0.174	0.186	0.197			
	7		0.042	0.050	0.065	0.080	0.095	0.122	0.148	0.172	0.193	0.203	0.213	0.231	0.247	0.260	0.277	
	8		0.048	0.057	0.075	0.092	0.110	0.142	0.173	0.201	0.228	0.240	0.253	0.275	0.296	0.315	0.339	
	9		0.054	0.064	0.085	0.105	0.124	0.162	0.197	0.231	0.262	0.277	0.292	0.320	0.345	0.369	0.401	0.428
10（10.2）			0.060	0.072	0.095	0.117	0.139	0.182	0.222	0.261	0.297	0.314	0.332	0.364	0.395	0.423	0.462	0.497
	11		0.066	0.079	0.105	0.129	0.154	0.201	0.247	0.290	0.331	0.351	0.371	0.408	0.444	0.477	0.524	0.566
	12		0.072	0.087	0.115	0.142	0.169	0.221	0.271	0.320	0.366	0.388	0.410	0.453	0.493	0.532	0.586	0.635
	13（12.7）		0.079	0.094	0.124	0.154	0.184	0.241	0.296	0.349	0.400	0.425	0.450	0.497	0.543	0.586	0.647	0.704
13.5			0.082	0.098	0.129	0.160	0.191	0.251	0.308	0.364	0.418	0.444	0.470	0.519	0.567	0.613	0.678	0.739
		14	0.085	0.101	0.134	0.166	0.198	0.260	0.321	0.379	0.435	0.462	0.490	0.542	0.592	0.640	0.709	0.773
	16		0.097	0.116	0.154	0.191	0.228	0.300	0.370	0.438	0.504	0.536	0.568	0.630	0.691	0.749	0.832	0.91
17（17.2）			0.103	0.124	0.164	0.203	0.243	0.320	0.395	0.468	0.539	0.573	0.608	0.675	0.740	0.803	0.894	0.98
		18	0.109	0.131	0.174	0.216	0.258	0.340	0.419	0.497	0.573	0.610	0.647	0.719	0.789	0.857	0.956	1.05
	19		0.115	0.138	0.183	0.228	0.272	0.359	0.444	0.527	0.608	0.647	0.687	0.763	0.838	0.911	1.02	1.12
	20		0.122	0.146	0.193	0.240	0.287	0.379	0.469	0.556	0.642	0.684	0.726	0.808	0.888	0.966	1.08	1.19
21（21.3）					0.203	0.253	0.302	0.399	0.493	0.586	0.677	0.721	0.765	0.852	0.937	1.02	1.14	1.26
		22			0.212	0.265	0.317	0.418	0.518	0.616	0.711	0.758	0.805	0.897	0.986	1.07	1.20	1.33
	25				0.242	0.302	0.361	0.477	0.592	0.704	0.815	0.869	0.923	1.03	1.13	1.24	1.39	1.53
		25.4			0.247	0.307	0.367	0.485	0.602	0.716	0.829	0.884	0.939	1.05	1.15	1.26	1.41	1.56
27（26.9）					0.262	0.327	0.391	0.517	0.641	0.763	0.884	0.943	1.00	1.13	1.23	1.34	1.51	1.67
	28				0.272	0.339	0.406	0.537	0.666	0.793	0.918	0.98	1.04	1.16	1.28	1.40	1.57	1.74

续表

外径(mm)			壁　厚(mm)															
系列1	系列2	系列3	(2.9) 3.0	3.2	3.5 (3.6)	4.0	4.5	5.0	(5.4) 5.5	6.0	(6.3) 6.5	7.0 (7.1)	7.5	8.0	8.5	(8.8) 9.0	9.5	10
			单位长度理论线质量(kg/m)															
	6																	
	7																	
	8																	
	9																	
10 (10.2)			0.518	0.537	0.561													
	11		0.592	0.615	0.647													
	12		0.666	0.694	0.734	0.789												
	13 (12.7)		0.740	0.774	0.820	0.888												
13.5			0.777	0.813	0.863	0.937												
		14	0.814	0.852	0.906	0.986												
	16		0.962	1.01	1.08	1.18	1.28	1.36										
17 (17.2)			1.04	1.09	1.17	1.28	1.39	1.48										
		18	1.11	1.17	1.25	1.38	1.50	1.60										
	19			1.18	1.25	1.34	1.48	1.61	1.73	1.83	1.92							
	20		1.26	1.33	1.42	1.58	1.72	1.85	1.97	2.07								
21 (21.3)			1.33	1.41	1.51	1.68	1.83	1.97	2.10	2.22								
		22	1.41	1.48	1.60	1.78	1.94	2.10	2.24	2.37								
	25		1.63	1.72	1.86	2.07	2.28	2.47	2.64	2.81	2.97	3.11						
		25.4	1.66	1.75	1.89	2.11	2.32	2.52	2.70	2.87	3.03	3.18						
27 (26.9)			1.78	1.88	2.03	2.27	2.50	2.71	2.92	3.11	3.29	3.45						
	28		1.85	1.96	2.11	2.37	2.61	2.84	3.05	3.26	3.45	3.63						

续表

外径(mm)			壁厚(mm)															
系列1	系列2	系列3	0.25	0.30	0.40	0.50	0.60	0.80	1.0	1.2	1.4	1.5	1.6	1.8	2.0	2.2 (2.3)	2.5 (2.6)	2.8
			单位长度理论线质量(kg/m)															
		30			0.292	0.364	0.435	0.576	0.715	0.852	0.987	1.05	1.12	1.25	1.38	1.51	1.70	1.88
	32 (31.8)				0.311	0.388	0.465	0.616	0.765	0.911	1.056	1.13	1.20	1.34	1.48	1.62	1.82	2.02
34 (33.7)					0.331	0.413	0.494	0.655	0.814	0.971	1.125	1.20	1.28	1.43	1.58	1.72	1.94	2.15
		35			0.341	0.425	0.509	0.675	0.838	1.000	1.160	1.24	1.32	1.47	1.63	1.78	2.00	2.22
	38				0.370	0.462	0.553	0.734	0.912	1.089	1.26	1.35	1.44	1.61	1.78	1.94	2.19	2.43
	40				0.390	0.487	0.583	0.774	0.962	1.148	1.33	1.42	1.52	1.69	1.87	2.05	2.31	2.57
42 (42.4)									1.01	1.21	1.40	1.50	1.60	1.79	1.97	2.16	2.44	2.71
		45 (44.5)							1.09	1.30	1.51	1.61	1.71	1.92	2.12	2.32	2.62	2.91
48 (48.3)									1.16	1.39	1.61	1.72	1.83	2.05	2.27	2.48	2.81	3.12
	51								1.23	1.47	1.71	1.83	1.95	2.18	2.42	2.65	2.99	3.33
		54							1.31	1.56	1.82	1.94	2.07	2.32	2.56	2.81	3.18	3.54
	57								1.38	1.65	1.92	2.05	2.19	2.45	2.71	2.97	3.36	3.74
60 (60.3)									1.46	1.74	2.02	2.16	2.31	2.58	2.86	3.14	3.55	3.95
	63 (63.5)								1.53	1.83	2.13	2.27	2.42	2.72	3.01	3.30	3.73	4.16
	65								1.58	1.89	2.20	2.35	2.50	2.81	3.11	3.41	3.85	4.29
	68								1.65	1.98	2.30	2.46	2.62	2.94	3.26	3.57	4.04	4.50
	70								1.70	2.04	2.37	2.53	2.70	3.03	3.35	3.68	4.16	4.64
		73							1.78	2.12	2.47	2.64	2.82	3.16	3.50	3.84	4.35	4.85
76 (76.1)									1.85	2.21	2.58	2.76	2.94	3.29	3.65	4.00	4.53	5.05
	77										2.61	2.79	2.98	3.34	3.70	4.06	4.59	5.12
	80										2.71	2.90	3.09	3.47	3.85	4.22	4.78	5.33

续表

外径(mm)			壁厚(mm)															
系列1	系列2	系列3	(2.9) 3.0	3.2	3.5 (3.6)	4.0	4.5	5.0	(5.4) 5.5	6.0	(6.3) 6.5	7.0 (7.1)	7.5	8.0	8.5	(8.8) 9.0	9.5	10
			单位长度理论线质量(kg/m)															
		30	2.00	2.12	2.29	2.56	2.83	3.08	3.32	3.55	3.77	3.97	4.16	4.34				
	32 (31.8)		2.15	2.27	2.46	2.76	3.05	3.33	3.59	3.85	4.09	4.32	4.53	4.74				
34 (33.7)			2.29	2.43	2.63	2.96	3.27	3.58	3.87	4.14	4.41	4.66	4.90	5.13				
		35	2.37	2.51	2.72	3.06	3.38	3.70	4.00	4.29	4.57	4.83	5.09	5.33	5.56	5.77		
	38		2.59	2.75	2.98	3.35	3.72	4.07	4.41	4.74	5.05	5.35	5.64	5.92	6.18	6.44	6.68	6.91
	40		2.74	2.90	3.15	3.55	3.94	4.32	4.68	5.03	5.37	5.70	6.01	6.31	6.60	6.88	7.15	7.40
42 (42.4)			2.89	3.06	3.32	3.75	4.16	4.56	4.95	5.33	5.69	6.04	6.38	6.71	7.02	7.32	7.61	7.89
		45 (44.5)	3.11	3.30	3.58	4.04	4.49	4.93	5.36	5.77	6.17	6.56	6.94	7.30	7.65	7.99	8.32	8.63
48 (48.3)			3.33	3.54	3.84	4.34	4.83	5.30	5.76	6.21	6.65	7.08	7.49	7.89	8.28	8.66	9.02	9.37
	51		3.55	3.77	4.10	4.64	5.16	5.67	6.17	6.66	7.13	7.60	8.05	8.48	8.91	9.32	9.72	10.11
		54	3.77	4.01	4.36	4.93	5.49	6.04	6.58	7.10	7.61	8.11	8.60	9.08	9.54	9.99	10.43	10.85
	57		4.00	4.25	4.62	5.23	5.83	6.41	6.99	7.55	8.10	8.63	9.16	9.67	10.17	10.65	11.13	11.59
60 (60.3)			4.22	4.48	4.88	5.52	6.16	6.78	7.39	7.99	8.58	9.15	9.71	10.26	10.80	11.32	11.83	12.33
	63 (63.5)		4.44	4.72	5.14	5.82	6.49	7.15	7.80	8.43	9.06	9.67	10.26	10.85	11.42	11.98	12.53	13.07
	65		4.59	4.88	5.31	6.02	6.71	7.40	8.07	8.73	9.38	10.01	10.63	11.25	11.84	12.43	13.00	13.56
	68		4.81	5.11	5.57	6.31	7.05	7.77	8.48	9.17	9.86	10.53	11.19	11.84	12.47	13.10	13.71	14.30
	70		4.96	5.27	5.74	6.51	7.27	8.01	8.75	9.47	10.18	10.88	11.56	12.23	12.89	13.54	14.17	14.80
		73	5.18	5.51	6.00	6.81	7.60	8.38	9.16	9.91	10.66	11.39	12.11	12.82	13.52	14.20	14.88	15.54
76 (76.1)			5.40	5.75	6.26	7.10	7.93	8.75	9.56	10.36	11.14	11.91	12.67	13.42	14.15	14.87	15.58	16.28
	77		5.47	5.82	6.34	7.20	8.05	8.88	9.70	10.50	11.30	12.08	12.85	13.61	14.36	15.09	15.81	16.52
	80		5.70	6.06	6.60	7.50	8.38	9.25	10.10	10.95	11.78	12.60	13.41	14.20	14.99	15.76	16.52	17.26

续表

外径(mm)			壁　厚(mm)															
系列1	系列2	系列3	11	12 (12.5)	13	14 (14.2)	15	16	17 (17.5)	18	19	20	22 (22.2)	24	25	26	28	30
			单位长度理论线质量(kg/m)															
	6																	
	7																	
	8																	
	9																	
10 (10.2)																		
	11																	
	12																	
	13 (12.7)																	
13.5																		
		14																
	16																	
17 (17.2)																		
		18																
	19																	
	20																	
21 (21.3)																		
		22																
	25																	
		25.4																
27 (26.9)																		
	28																	

续表

外径(mm)			壁　　厚(mm)											
系列1	系列2	系列3	32	34	36	38	40	42	45	48	50	55	60	65
			单位长度理论线质量(kg/m)											
	6													
	7													
	8													
	9													
10(10.2)														
	11													
	12													
	13(12.7)													
13.5														
		14												
	16													
17(17.2)														
		18												
	19													
	20													
21(21.3)														
		22												
	25													
		25.4												
27(26.9)														
	28													

续表

外径(mm)			壁　厚(mm)															
系列1	系列2	系列3	11	12 (12.5)	13	14 (14.2)	15	16	17 (17.5)	18	19	20	22 (22.2)	24	25	26	28	30
			单位长度理论线质量(kg/m)															
		30																
	32 (31.8)																	
34 (33.7)																		
		35																
	38																	
	40																	
42 (42.4)																		
		45 (44.5)	9.22	9.77														
48 (48.3)			10.04	10.65														
	51		10.85	11.54														
		54	11.67	12.43	13.14	13.81												
	57		12.48	13.32	14.11	14.85												
60 (60.3)			13.29	14.21	15.07	15.88	16.64	17.36										
	63 (63.5)		14.11	15.09	16.03	16.92	17.76	18.55										
	65		14.65	15.68	16.67	17.61	18.50	19.33										
	68		15.46	16.57	17.63	18.64	19.61	20.52										
	70		16.01	17.16	18.27	19.33	20.35	21.31	22.22									
		73	16.82	18.05	19.24	20.37	21.46	22.49	23.48	24.41	25.30							
76 (76.1)			17.63	18.94	20.20	21.41	22.56	23.67	24.73	25.75	26.71	27.62						
	77		17.90	19.23	20.52	21.75	22.93	24.07	25.15	26.19	27.18	28.11						
	80		18.72	20.12	21.48	22.79	24.04	25.25	26.41	27.52	28.58	29.59						

续表

外径(mm)			壁厚(mm)											
系列1	系列2	系列3	32	34	36	38	40	42	45	48	50	55	60	65
			单位长度理论线质量(kg/m)											
		30												
	32(31.8)													
34(33.7)														
		35												
	38													
	40													
42(42.4)														
		45(44.5)												
48(48.3)														
	51													
		54												
	57													
60(60.3)														
	63(63.5)													
	65													
	68													
	70													
		73												
76(76.1)														
	77													
	80													

续表

外径(mm)			壁　厚(mm)															
系列1	系列2	系列3	0.25	0.30	0.40	0.50	0.60	0.80	1.0	1.2	1.4	1.5	1.6	1.8	2.0	2.2 (2.3)	2.5 (2.6)	2.8
			单位长度理论线质量(kg/m)															
		83 (82.5)									2.82	3.02	3.21	3.60	4.00	4.38	4.96	5.54
	85										2.89	3.09	3.29	3.69	4.09	4.49	5.09	5.68
89 (88.9)											3.02	3.24	3.45	3.87	4.29	4.71	5.33	5.95
	95										3.23	3.46	3.69	4.14	4.59	5.03	5.70	6.37
	102 (101.6)										3.47	3.72	3.96	4.45	4.93	5.41	6.13	6.85
		108									3.68	3.94	4.20	4.71	5.23	5.74	6.50	7.26
114 (114.3)												4.16	4.44	4.98	5.52	6.07	6.87	7.68
	121											4.42	4.71	5.29	5.87	6.45	7.31	8.16
	127													5.56	6.17	6.77	7.68	8.58
	133																8.05	8.98
140 (139.7)																		
		142 (141.3)																
	146																	
		152 (152.4)																
		159																
168 (168.3)																		
		180 (177.8)																
		194 (193.7)																
	203																	

续表

外径(mm)			壁厚(mm)															
系列1	系列2	系列3	0.25	0.30	0.40	0.50	0.60	0.80	1.0	1.2	1.4	1.5	1.6	1.8	2.0	2.2 (2.3)	2.5 (2.6)	2.8
			单位长度理论线质量(kg/m)															
219 (219.1)																		
		245 (244.5)																
外径(mm)			壁厚(mm)															
系列1	系列2	系列3	(2.9) 3.0	3.2	3.5 (3.6)	4.0	4.5	5.0	(5.4) 5.5	6.0	(6.3) 6.5	7.0 (7.1)	7.5	8.0	8.5	(8.8) 9.0	9.5	10
			单位长度理论线质量(kg/m)															
		83 (82.5)	5.92	6.30	6.86	7.79	8.71	9.62	10.51	11.39	12.26	13.12	13.96	14.80	15.62	16.42	17.22	18.00
	85		6.07	6.46	7.04	7.99	8.93	9.86	10.78	11.69	12.58	13.46	14.33	15.19	16.04	16.87	17.69	18.49
89 (88.9)			6.36	6.77	7.38	8.38	9.38	10.36	11.33	12.28	13.22	14.16	15.07	15.98	16.87	17.76	18.63	19.48
	95		6.81	7.24	7.90	8.98	10.04	11.10	12.14	13.17	14.19	15.19	16.18	17.16	18.13	19.09	20.03	20.96
	102 (101.6)		7.32	7.80	8.50	9.67	10.82	11.96	13.09	14.21	15.31	16.40	17.48	18.55	19.60	20.64	21.67	22.69
		108	7.77	8.27	9.02	10.26	11.49	12.70	13.90	15.09	16.27	17.44	18.59	19.73	20.86	21.97	23.08	24.17
114 (114.3)			8.21	8.74	9.54	10.85	12.15	13.44	14.72	15.98	17.23	18.47	19.70	20.91	22.11	23.30	24.48	25.65
	121		8.73	9.30	10.14	11.54	12.93	14.30	15.67	17.02	18.35	19.68	20.99	22.29	23.58	24.86	26.12	27.37
	127		9.19	9.77	10.66	12.13	13.59	15.04	16.48	17.90	19.31	20.71	22.10	23.48	24.84	26.19	27.53	28.85
	133		9.62	10.24	11.18	12.73	14.26	15.78	17.29	18.79	20.28	21.75	23.21	24.66	26.10	27.52	28.93	30.33
140 (139.7)			10.14	10.80	11.78	13.42	15.04	16.65	18.24	19.83	21.40	22.96	24.51	26.04	27.56	29.08	30.57	32.06
		142 (141.3)	10.28	10.95	11.95	13.61	15.26	16.89	18.51	20.12	21.72	23.30	24.88	26.44	27.98	29.52	31.04	32.55
	146		10.58	11.27	12.30	14.01	15.70	17.39	19.06	20.72	22.36	23.99	25.62	27.22	28.82	30.41	31.98	33.54

续表

外径(mm)			壁厚(mm)															
系列1	系列2	系列3	(2.9) 3.0	3.2	3.5 (3.6)	4.0	4.5	5.0	(5.4) 5.5	6.0	(6.3) 6.5	7.0 (7.1)	7.5	8.0	8.5	(8.8) 9.0	9.5	10
			单位长度理论线质量(kg/m)															
		152 (152.4)	11.02	11.74	12.82	14.60	16.37	18.13	19.87	21.60	23.32	25.03	26.73	28.41	30.08	31.74	33.39	35.02
		159			13.42	15.29	17.14	18.99	20.82	22.64	24.44	26.24	28.02	29.79	31.55	33.29	35.02	36.75
168 (168.3)					14.20	16.18	18.14	20.10	22.04	23.97	25.89	27.79	29.68	31.56	33.44	35.29	37.13	38.97
		180 (177.8)			15.23	17.36	19.48	21.58	23.67	25.74	27.81	29.86	31.90	33.93	35.95	37.95	39.94	41.92
		194 (193.7)			16.44	18.74	21.03	23.30	25.60	27.82	30.05	32.28	34.49	36.69	38.88	41.06	43.22	45.38
	203				17.22	19.63	22.03	24.41	26.79	29.15	31.50	33.83	36.16	38.47	40.77	43.06	45.33	47.59
219 (219.1)										31.52	34.06	36.60	39.12	41.63	44.12	46.61	49.08	51.54
	245 (244.5)									35.36	38.23	41.08	43.93	46.76	49.57	52.38	55.17	57.95

外径(mm)			壁厚(mm)															
系列1	系列2	系列3	11	12 (12.5)	13	14 (14.2)	15	16	17 (17.5)	18	19	20	22 (22.2)	24	25	26	28	30
			单位长度理论线质量(kg/m)															
		83 (82.5)	19.53	21.01	22.44	23.82	25.15	26.44	27.67	28.85	29.99	31.07	33.10					
	85		20.07	21.60	23.08	24.51	25.89	27.23	28.51	29.74	30.92	32.06	34.18					
89 (88.9)			21.16	22.79	24.36	25.89	27.37	28.80	30.18	31.52	32.80	34.03	36.35	38.47				
	95		22.79	24.56	26.29	27.96	29.59	31.17	32.70	34.18	35.61	36.99	39.60	42.02				
	102 (101.6)		24.69	26.63	28.53	30.38	32.18	33.93	35.63	37.29	38.89	40.44	43.40	46.16	47.47	48.73	51.10	
		108	26.31	28.41	30.46	32.45	34.40	36.30	38.15	39.95	41.70	43.40	46.66	49.71	51.17	52.58	55.24	57.71

续表

外径(mm)			壁厚(mm)															
系列1	系列2	系列3	11	12 (12.5)	13	14 (14.2)	15	16	17 (17.5)	18	19	20	22 (22.2)	24	25	26	28	30
			单位长度理论线质量(kg/m)															
114 (114.3)			27.94	30.19	32.38	34.52	36.62	38.67	40.66	42.61	44.51	46.36	49.91	53.27	54.87	56.42	59.38	62.15
	121		29.84	32.26	34.62	36.94	39.21	41.43	43.60	45.72	47.79	49.81	53.71	57.41	59.18	60.91	64.21	67.83
	127		31.47	34.03	36.55	39.01	41.43	43.80	46.12	48.38	50.60	52.77	56.96	60.96	62.88	64.76	68.36	71.76
	133		33.10	35.81	38.47	41.08	43.65	46.16	48.63	51.05	53.41	55.73	60.22	64.51	66.58	68.60	72.50	76.20
140 (139.7)			34.99	37.88	40.71	43.50	46.24	48.93	51.56	54.15	56.69	59.18	64.02	68.65	70.90	73.09	77.33	81.38
		142 (141.3)	35.54	38.47	41.36	44.19	46.98	49.72	52.41	55.04	57.63	60.17	65.11	69.84	72.13	74.38	78.72	82.86
	146		36.62	39.66	42.64	45.57	48.46	51.29	54.08	56.82	59.50	62.14	67.27	72.20	74.60	76.94	81.48	85.82
		152 (152.4)	38.25	41.43	44.56	47.64	50.68	53.66	56.59	59.48	62.32	65.10	70.53	75.76	78.30	80.79	85.62	90.26
		159	40.15	43.50	46.80	50.06	53.27	56.42	59.53	62.59	65.60	68.55	74.33	79.90	82.61	85.27	90.45	95.43
168 (168.3)			42.59	46.17	49.69	53.17	56.59	59.97	63.30	66.58	69.81	72.99	79.21	85.22	88.16	91.04	96.67	102.09
		180 (177.8)	45.84	49.72	53.54	57.31	61.03	64.71	68.33	71.91	75.43	78.91	85.72	92.33	95.56	98.74	104.95	110.97
		194 (193.7)	49.64	53.86	58.02	62.14	66.21	70.23	74.20	78.12	81.99	85.82	93.31	100.61	104.19	107.71	114.62	121.33
	203		52.08	56.52	60.91	65.25	69.54	73.78	77.97	82.12	86.21	90.26	98.20	105.94	109.74	113.49	120.83	127.99
219 (219.1)			56.42	61.26	66.04	70.77	75.46	80.10	84.68	89.22	93.71	98.15	106.88	115.41	119.60	123.74	131.88	139.82
		245 (244.5)	63.48	68.95	74.37	79.75	83.08	90.35	95.58	100.76	105.89	110.97	120.98	130.80	135.63	140.41	149.83	159.06

续表

外径(mm)			壁厚(mm)											
系列1	系列2	系列3	32	34	36	38	40	42	45	48	50	55	60	65
			单位长度理论线质量(kg/m)											
		83(82.5)												
	85													
89(88.9)														
	95													
	102(101.6)													
		108												
114(139.7)														
	121		70.24											
	127		74.97											
	133		79.70	83.01	86.12									
140(139.7)			85.22	88.88	92.33									
		142(141.3)	86.81	90.56	94.11									
	146		89.96	93.91	97.66	101.21	104.56							
		152(152.4)	94.69	98.94	102.98	106.83	110.48							
		159	100.22	104.81	109.20	113.39	117.39	121.19	126.51					
168(168.3)			107.32	112.35	117.19	121.82	126.26	130.50	136.50					
		180(177.8)	116.79	122.41	127.84	133.07	138.10	142.93	149.81	156.26	160.30			
		194(193.7)	127.84	134.15	140.27	146.19	151.91	157.43	165.35	172.83	177.56			
	203		134.94	141.70	148.26	154.62	160.78	166.75	175.33	183.47	188.65	200.74		
219(219.1)			147.57	155.11	162.46	169.61	176.57	183.33	193.10	202.41	208.38	222.45		
		245(244.5)	168.08	176.91	185.54	193.98	202.22	210.25	221.94	233.18	240.44	257.71	273.74	288.54

续表

外径(mm)			壁厚(mm)															
系列1	系列2	系列3	0.25	0.30	0.40	0.50	0.60	0.80	1.0	1.2	1.4	1.5	1.6	1.8	2.0	2.2 (2.3)	2.5 (2.6)	2.8
			单位长度理论线质量(kg/m)															
273																		
	299																	
325 (323.9)																		
	340 (339.7)																	
	351																	
356 (355.6)																		
	377																	
	402																	
406 (406.4)																		
	426																	
	450																	
457																		
	480																	
	500																	
508																		
	530																	
		560 (559)																
610																		
	630																	
		660																

续表

外径(mm)			壁厚(mm)															
系列1	系列2	系列3	(2.9) 3.0	3.2	3.5 (3.6)	4.0	4.5	5.0	(5.4) 5.5	6.0	(6.3) 6.5	7.0 (7.1)	7.5	8.0	8.5	(8.8) 9.0	9.5	10
			单位长度理论线质量(kg/m)															
273											42.72	45.92	49.10	52.28	55.44	58.59	61.73	64.86
	299												53.91	57.41	60.89	64.36	67.82	71.27
325 (323.9)													58.72	62.54	66.34	70.13	73.02	77.68
	340 (339.7)													65.50	69.49	73.47	77.43	81.38
	351													67.67	71.79	75.90	80.01	84.10
356 (355.6)																77.02	81.18	85.33
	377															81.67	86.10	90.51
	402															87.22	91.85	96.67
406 (406.4)																88.12	92.89	97.66
	426															92.55	97.57	102.59
	450															97.88	103.20	108.50
457																99.44	104.84	110.24
	480															104.53	110.22	115.90
	500															108.97	114.91	120.83
508																110.75	116.79	122.81
	530															115.63	121.94	128.23
		560 (559)														122.29	128.97	135.63
610																133.39	140.69	147.97
	630															137.82	145.36	152.89
		660														144.49	152.40	160.30

续表

外径(mm)			壁厚(mm)															
系列1	系列2	系列3	11	12 (12.5)	13	14 (14.2)	15	16	17 (17.5)	18	19	20	22 (22.2)	24	25	26	28	30
			单位长度理论线质量(kg/m)															
273			71.07	77.24	83.35	89.42	95.43	101.40	107.32	113.19	119.01	124.78	136.17	147.37	152.89	158.37	169.17	179.77
	299		78.13	84.93	91.69	98.39	105.05	111.68	118.22	124.73	131.19	137.60	150.28	162.76	168.92	175.04	187.12	199.01
325 (323.9)			85.18	92.63	100.02	107.37	114.67	121.92	129.12	136.27	143.37	150.43	164.38	178.14	184.95	191.71	205.07	218.24
	340 (339.7)		89.25	97.07	104.84	112.56	120.22	127.85	135.42	142.94	150.41	157.83	172.53	187.03	194.21	201.34	215.44	229.35
	351		92.23	100.32	108.36	116.35	124.29	132.18	140.02	147.81	155.56	163.25	178.49	193.53	200.98	208.38	223.04	237.48
356 (355.6)			93.59	101.80	109.97	118.08	126.14	134.16	142.12	150.04	157.91	165.72	181.21	196.50	204.07	211.60	226.49	241.19
	377		99.28	108.02	116.69	125.32	133.90	142.44	150.92	159.35	167.74	176.07	192.59	208.92	217.01	225.05	240.98	256.71
	402		106.06	115.41	124.71	133.95	143.15	152.30	161.40	170.45	179.45	188.40	206.16	233.72	232.42	241.08	258.24	275.21
406 (406.4)			107.15	116.60	126.00	135.34	144.64	153.89	163.09	172.24	181.34	190.39	208.34	226.10	234.90	243.66	261.02	278.18
	426		112.58	122.52	132.40	142.24	152.03	161.77	171.46	181.10	190.70	200.24	219.18	237.92	247.22	256.46	274.81	292.96
	450		119.08	130.61	140.09	150.52	160.91	171.24	181.52	191.76	201.94	212.08	232.20	252.12	262.01	271.85	291.38	310.72
457			120.99	131.69	142.35	152.95	163.51	174.01	184.47	194.88	205.23	215.54	236.01	256.28	266.34	276.36	296.23	315.91
	480		127.22	139.49	149.71	160.88	172.00	183.08	194.10	205.07	216.00	226.37	248.47	269.88	280.51	291.09	312.10	332.91
	500		132.65	145.41	156.12	167.79	179.40	190.97	202.48	213.95	225.37	236.74	259.32	281.72	292.84	303.91	325.91	347.91
508			134.82	146.79	158.70	170.56	182.37	194.13	205.85	217.51	229.13	240.70	263.68	286.47	297.79	309.06	331.45	353.65
	530		140.78	153.29	165.74	178.14	190.50	202.80	215.06	227.27	239.42	251.53	275.60	299.47	311.33	323.14	346.62	369.90
		560 (559)	148.92	163.16	175.36	188.50	201.60	214.64	227.64	240.58	253.48	266.33	291.88	317.23	329.85	342.40	367.36	392.12
610			162.49	176.97	191.40	205.78	220.10	234.38	248.61	262.79	276.92	291.01	319.02	346.84	360.67	374.46	401.88	429.11
	630		167.91	183.88	197.80	212.67	227.49	242.26	256.98	271.65	286.28	300.85	329.85	358.66	373.00	387.28	415.69	443.91
		660	176.06	191.77	207.43	223.04	238.60	254.11	269.57	284.99	300.35	315.67	346.15	376.43	391.50	406.52	436.41	466.10

续表

外径(mm)			壁厚(mm)											
系列1	系列2	系列3	32	34	36	38	40	42	45	48	50	55	60	65
			单位长度理论线质量(kg/m)											
273			190.18	204.58	214.84	224.90	234.76	244.43	258.56	272.45	281.12	295.69	315.17	333.42
	299		210.70	222.19	233.58	244.58	255.48	266.18	281.86	297.10	307.02	330.96	353.62	375.08
325 (323.9)			231.21	243.99	256.56	268.94	281.12	293.11	310.72	327.88	339.08	366.22	392.09	416.75
	340 (339.7)		243.06	256.58	269.90	283.01	295.94	308.66	327.38	345.66	357.59	386.57	414.31	440.82
	351		251.73	265.79	279.64	293.31	306.77	320.04	339.57	358.66	371.13	401.49	430.56	458.43
356 (355.6)			255.69	269.99	284.10	298.01	311.72	325.23	345.14	364.60	377.32	408.27	437.99	466.47
	377		272.25	287.58	302.73	317.67	332.42	346.97	368.42	389.43	403.19	436.76	469.03	500.10
	402		291.97	308.55	324.92	341.10	357.08	372.86	396.16	419.02	434.02	470.66	506.02	540.18
406 (406.4)			295.15	311.92	328.49	344.87	361.04	377.02	400.63	423.78	438.97	476.09	511.97	546.62
	426		310.91	328.67	346.23	363.59	380.75	397.72	422.80	447.43	463.61	503.22	541.53	578.65
	450		329.85	348.79	367.53	386.08	404.42	422.57	449.43	475.84	493.20	535.77	577.04	617.12
457			335.40	354.68	373.77	392.66	411.35	429.85	457.22	484.15	501.86	545.27	587.44	628.38
	480		353.53	373.94	394.17	414.19	436.02	453.64	482.72	511.35	530.19	576.46	621.43	665.20
	500		369.31	390.71	411.92	432.93	453.74	474.36	504.91	535.02	554.85	603.59	651.02	697.26
508			375.64	397.44	419.05	440.45	461.66	482.67	513.82	544.53	564.75	614.44	662.90	710.13
	530		392.98	415.87	438.55	461.04	483.34	505.43	538.20	570.53	591.84	644.28	695.41	745.35
		560 (599)	416.68	441.05	465.21	489.19	512.96	536.53	571.53	606.08	628.87	684.97	739.84	793.48
610			456.14	482.97	509.60	536.04	562.28	588.32	627.02	665.27	690.52	752.79	813.83	873.63
	630		471.92	499.74	527.36	554.79	582.01	609.04	649.21	688.94	715.18	779.92	843.42	905.69
		660	495.60	524.90	554.00	582.90	611.60	640.11	682.51	724.46	752.18	820.61	887.81	953.78

注：①括号内尺寸表示相应的英制规格。

②通常应采用公称尺寸，不推荐采用英制尺寸。

③外径和壁厚为公称尺寸，密度为7.85kg/dm^3。

表 2－217　精密钢管的尺寸规格和理论线质量

外径(mm)		壁厚(mm)																												
系列	系列	0.5	(0.8)	1.0	(1.2)	1.5	(1.8)	2.0	(2.2)	2.5	(2.8)	3.0	(3.5)	4	(4.5)	5	(5.5)	6	(7)	8	(9)	10	(11)	12.5	(14)	16	(18)	20	(22)	25
2	3	单位长度理论线质量(kg/m)																												
4		0.043	0.063	0.074	0.083																									
5		0.056	0.083	0.099	0.112																									
6		0.068	0.103	0.123	0.142	0.166	0.186	0.197																						
8		0.092	0.142	0.173	0.201	0.240	0.275	0.296	0.315	0.339																				
10		0.117	0.182	0.222	0.260	0.314	0.364	0.395	0.423	0.462																				
12		0.142	0.221	0.271	0.320	0.388	0.453	0.493	0.532	0.586	0.635	0.666																		
12.7		0.150	0.235	0.289	0.340	0.414	0.484	0.528	0.570	0.629	0.684	0.718																		
	14	0.166	0.260	0.321	0.379	0.462	0.542	0.592	0.640	0.709	0.773	0.814	0.906																	
16		0.191	0.300	0.370	0.438	0.536	0.630	0.691	0.749	0.832	0.911	0.962	1.08	1.18																
	18	0.216	0.339	0.419	0.497	0.610	0.719	0.789	0.857	0.956	1.05	1.11	1.25	1.38	1.50															
20		0.240	0.379	0.469	0.556	0.684	0.808	0.888	0.966	1.08	1.19	1.26	1.42	1.58	1.72	1.85														
	22	0.265	0.418	0.518	0.616	0.758	0.897	0.986	1.07	1.20	1.33	1.41	1.60	1.70	1.94	2.10														
25		0.302	0.477	0.592	0.704	0.869	1.03	1.13	1.24	1.39	1.53	1.63	1.86	2.07	2.28	2.47	2.64	2.81												
	28	0.339	0.537	0.666	0.793	0.980	1.16	1.28	1.40	1.57	1.74	1.85	2.11	2.37	2.61	2.84	3.05	3.26	3.63	3.95										
	30	0.364	0.576	0.715	0.852	1.05	1.25	1.38	1.51	1.70	1.88	2.00	2.29	2.56	2.83	3.08	3.32	3.55	3.97	4.34										
32		0.388	0.616	0.765	0.911	1.13	1.34	1.48	1.62	1.82	2.02	2.15	2.46	2.76	3.05	3.33	3.59	3.85	4.32	4.74										
	35	0.425	0.675	0.838	1.00	1.24	1.47	1.63	1.78	2.00	2.22	2.37	2.72	3.06	3.38	3.70	4.00	4.29	4.83	5.33										
38		0.462	0.734	0.912	1.09	1.35	1.61	1.78	1.94	2.19	2.43	2.59	2.98	3.35	3.72	4.07	4.41	4.74	5.35	5.92	6.44	6.91								
40		0.487	0.773	0.962	1.15	1.42	1.70	1.87	2.05	2.31	2.57	2.74	3.15	3.55	3.94	4.32	4.68	5.03	5.70	6.31	6.88	7.40								
42			0.813	1.01	1.21	1.50	1.78	1.97	2.16	2.44	2.71	2.89	3.32	3.75	4.16	4.56	4.95	5.33	6.04	6.71	7.32	7.89								
	45		0.872	1.09	1.30	1.61	1.92	2.12	2.32	2.62	2.91	3.11	3.58	4.04	4.49	4.93	5.36	5.77	6.56	7.30	7.99	8.63	9.22	10						
48				1.16	1.39	1.72	2.05	2.27	2.48	2.81	3.12	3.33	3.84	4.34	4.83	5.30	5.76	6.21	7.08	7.89	8.66	9.37	10.0	10.9						
50			0.971	1.21	1.44	1.79	2.14	2.37	2.59	2.93	3.26	3.48	4.01	4.54	5.05	5.55	6.04	6.51	7.42	8.29	9.10	9.86	10.6	11.6						

续表

外径(mm)		壁厚(mm)																												
系列	系列	0.5	(0.8)	1.0	(1.2)	1.5	(1.8)	2.0	(2.2)	2.5	(2.8)	3.0	(3.5)	4	(4.5)	5	(5.5)	6	(7)	8	(9)	10	(11)	12.5	(14)	16	(18)	20	(22)	25
2	3	单位长度理论线质量(kg/m)																												
	55		1.07	1.33	1.59	1.98	2.36	2.61	2.86	3.24	3.60	3.85	4.45	5.03	5.60	6.17	6.71	7.25	8.29	9.27	10.2	11.1	11.9	13.1	14.2					
60			1.17	1.46	1.74	2.16	2.58	2.86	3.14	3.55	3.95	4.22	4.88	5.52	6.16	6.78	7.39	7.99	9.15	10.3	11.3	12.3	13.3	14.6	15.9	17.4				
63			1.23	1.53	1.83	2.27	2.72	3.01	3.30	3.73	4.16	4.44	5.13	5.82	6.49	7.15	7.80	8.43	9.67	10.9	12.0	13.1	14.1	15.6	16.9	18.6				
70			1.36	1.70	2.04	2.53	3.03	3.35	3.68	4.16	4.64	4.96	5.74	6.51	7.27	8.01	8.75	9.47	10.9	12.2	13.5	14.8	16.0	17.7	19.3	21.3				
76			1.48	1.85	2.21	2.76	3.29	3.65	4.00	4.53	5.05	5.40	6.26	7.10	7.93	8.75	9.56	10.4	11.9	13.4	14.9	16.3	17.6	19.6	21.4	23.7				
80			1.56	1.95	2.33	2.90	3.47	3.85	4.22	4.78	5.33	5.70	6.60	7.50	8.38	9.25	10.1	10.9	12.6	14.2	15.8	17.3	18.7	20.8	22.8	25.3	27.5			
	90				2.63	3.27	3.92	4.34	4.76	5.39	6.02	6.44	7.47	8.48	9.49	10.5	11.5	12.4	14.3	16.2	18.0	19.7	21.4	23.9	26.2	29.2	32.0	34.5	36.9	
100					2.92	3.64	4.36	4.83	5.31	6.01	6.71	7.18	8.33	9.47	10.6	11.7	12.8	13.9	16.1	18.2	20.2	22.2	24.1	27.0	29.7	31.1	36.4	39.5	42.3	46.2
	110				3.22	4.01	4.80	5.33	5.85	6.63	7.40	7.92	9.19	10.5	11.7	12.9	14.2	15.4	17.8	20.1	22.4	24.7	26.9	30.1	33.1	37.1	40.8	44.4	47.7	52.4
120							5.25	5.82	6.39	7.24	8.09	8.66	10.1	11.4	12.8	14.2	15.5	16.9	19.5	22.1	24.6	27.1	29.6	33.1	36.6	41.0	45.3	49.3	53.2	58.6
130							5.69	6.31	6.93	7.86	8.78	9.40	10.9	12.4	13.9	15.4	16.9	18.3	21.2	24.1	26.9	29.6	32.3	36.2	40.0	45.0	49.7	54.3	58.6	64.7
	140						6.13	6.81	7.48	8.48	9.47	10.1	11.8	13.4	15.0	16.6	18.2	19.8	23.0	26.0	29.1	32.1	35.0	39.3	43.5	48.9	54.2	59.2	64.0	70.9
150							6.58	7.30	8.02	9.09	10.2	10.9	12.6	14.4	16.1	17.9	19.6	21.3	24.7	28.0	31.3	34.5	37.7	42.4	46.9	52.9	58.6	64.1	69.4	77.1
160							7.02	7.79	8.56	9.71	10.9	11.6	13.5	15.4	17.3	19.1	21.0	22.8	26.4	30.0	33.5	37.0	40.4	45.5	50.4	56.8	63.0	69.1	74.9	83.2
170													14.4	16.4	18.4	20.3	22.3	24.3	28.1	32.0	35.7	39.5	43.1	48.6	53.9	60.8	67.5	74.0	80.3	89.4
	180															21.6	23.7	25.7	29.9	33.9	38.0	41.9	45.8	51.6	57.3	64.7	71.9	78.9	85.7	95.6
190																	25.0	27.2	31.6	35.9	40.2	44.4	48.6	54.7	60.8	68.7	76.3	83.8	91.1	102
200																		28.7	33.3	37.9	42.4	46.9	51.3	57.8	64.2	72.6	80.8	88.8	96.6	108
	220																		36.8	41.8	46.8	51.8	56.7	64.0	71.1	80.5	89.7	98.6	107	120
	240																		40.2	45.8	51.3	56.7	62.1	70.1	78.0	88.4	98.6	109	118	133
	260																		43.7	49.7	55.7	61.7	67.5	76.3	84.9	96.3	107	118	129	145

注：①括号内尺寸不推荐使用。

②钢的密度 7.85kg/dm^3。

表 2－218　不锈钢管的尺寸规格

外径(mm)			壁　厚(mm)																
系列1	系列2	系列3	1.0	1.2	1.4	1.5	1.6	2.0	2.2 (2.3)	2.5 (2.6)	2.8 (2.9)	3.0	3.2	3.5 (3.6)	4.0	4.5	5.0	5.5 (5.6)	6.0
	6		○	○															
	7		○	○															
	8		○	○															
	9		○	○															
10 (10.2)			○	○	○	○	○	○											
	12		○	○	○	○	○	○											
	12.7		○	○	○	○	○	○	○	○	○	○	○						
13 (13.5)			○	○	○	○	○	○	○	○	○	○	○						
		14	○	○	○	○	○	○	○	○	○	○	○	○					
	16		○	○	○	○	○	○	○	○	○	○	○	○	○				
17 (17.2)			○	○	○	○	○	○	○	○	○	○	○	○	○				
		18	○	○	○	○	○	○	○	○	○	○	○	○	○	○			
	19		○	○	○	○	○	○	○	○	○	○	○	○	○	○			
	20		○	○	○	○	○	○	○	○	○	○	○	○	○	○			
21 (21.3)			○	○	○	○	○	○	○	○	○	○	○	○	○	○	○		
		22	○	○	○	○	○	○	○	○	○	○	○	○	○	○	○		
	24		○	○	○	○	○	○	○	○	○	○	○	○	○	○	○		
	25		○	○	○	○	○	○	○	○	○	○	○	○	○	○	○	○	○
		25.4	○	○	○	○	○	○	○	○	○	○	○	○	○	○	○	○	○
27 (26.9)			○	○	○	○	○	○	○	○	○	○	○	○	○	○	○	○	○
		30	○	○	○	○	○	○	○	○	○	○	○	○	○	○	○	○	○
	32 (31.8)		○	○	○	○	○	○	○	○	○	○	○	○	○	○	○	○	○

续表

外径(mm)			壁厚(mm)																				
系列1	系列2	系列3	6.5 (6.3)	7.0 (7.1)	7.5	8.0	8.5	9.0 (8.8)	9.5	10	11	12 (12.5)	14 (14.2)	15	16	17 (17.5)	18	20	22 (22.2)	24	25	26	28
	6																						
	7																						
	8																						
	9																						
10 (10.2)																							
	12																						
	12.7																						
13 (13.5)																							
		14																					
	16																						
17 (17.2)																							
		18																					
	19																						
	20																						
21 (21.3)																							
		22																					
	24																						
	25																						
		25.4																					
27 (26.9)																							
		30	○																				
	32 (31.8)		○																				

续表

外径(mm)			壁厚(mm)																
系列1	系列2	系列3	1.0	1.2	1.4	1.5	1.6	2.0	2.2(2.3)	2.5(2.6)	2.8(2.9)	3.0	3.2	3.5(3.6)	4.0	4.5	5.0	5.5(5.6)	6.0
34(33.7)			○	○	○	○	○	○	○	○	○	○	○	○	○	○	○	○	○
		35	○	○	○	○	○	○	○	○	○	○	○	○	○	○	○	○	○
	38		○	○	○	○	○	○	○	○	○	○	○	○	○	○	○	○	○
	40		○	○	○	○	○	○	○	○	○	○	○	○	○	○	○	○	○
42(42.4)			○	○	○	○	○	○	○	○	○	○	○	○	○	○	○	○	○
		45(44.5)	○	○	○	○	○	○	○	○	○	○	○	○	○	○	○	○	○
48(48.3)			○	○	○	○	○	○	○	○	○	○	○	○	○	○	○	○	○
	51		○	○	○	○	○	○	○	○	○	○	○	○	○	○	○	○	○
		54					○	○	○	○	○	○	○	○	○	○	○	○	○
	57						○	○	○	○	○	○	○	○	○	○	○	○	○
60(60.3)							○	○	○	○	○	○	○	○	○	○	○	○	○
	64(63.5)						○	○	○	○	○	○	○	○	○	○	○	○	○
	68						○	○	○	○	○	○	○	○	○	○	○	○	○
	70						○	○	○	○	○	○	○	○	○	○	○	○	○
	73						○	○	○	○	○	○	○	○	○	○	○	○	○
76(76.1)							○	○	○	○	○	○	○	○	○	○	○	○	○
		83(82.5)					○	○	○	○	○	○	○	○	○	○	○	○	○
89(88.9)							○	○	○	○	○	○	○	○	○	○	○	○	○
	95						○	○	○	○	○	○	○	○	○	○	○	○	○
	102(101.6)						○	○	○	○	○	○	○	○	○	○	○	○	○
	108						○	○	○	○	○	○	○	○	○	○	○	○	○
114(114.3)							○	○	○	○	○	○	○	○	○	○	○	○	○

续表

外径(mm)			壁 厚(mm)																				
系列1	系列2	系列3	6.5 (6.3)	7.0 (7.1)	7.5	8.0	8.5	9.0 (8.8)	9.5	10	11	12 (12.5)	14 (14.2)	15	16	17 (17.5)	18	20	22 (22.2)	24	25	26	28
34(33.7)			○																				
		35	○																				
	38		○																				
	40		○																				
42(42.4)			○	○	○																		
		45(44.5)	○	○	○	○	○																
48(48.3)			○	○	○	○	○																
	51		○	○	○	○	○	○															
		54	○	○	○	○	○	○	○	○													
	57		○	○	○	○	○	○	○	○													
60(60.3)			○	○	○	○	○	○	○	○													
	64(63.5)		○	○	○	○	○	○	○	○													
	68		○	○	○	○	○	○	○	○	○	○											
	70		○	○	○	○	○	○	○	○	○	○											
	73		○	○	○	○	○	○	○	○	○	○											
76(76.1)			○	○	○	○	○	○	○	○	○	○											
		83(82.5)	○	○	○	○	○	○	○	○	○	○	○										
89(88.9)			○	○	○	○	○	○	○	○	○	○	○										
	95		○	○	○	○	○	○	○	○	○	○	○										
	102(101.6)		○	○	○	○	○	○	○	○	○	○	○										
	108		○	○	○	○	○	○	○	○	○	○	○										
114(114.3)			○	○	○	○	○	○	○	○	○	○	○										

续表

外径(mm)			壁厚(mm)																
系列1	系列2	系列3	1.0	1.2	1.4	1.5	1.6	2.0	2.2 (2.3)	2.5 (2.6)	2.8 (2.9)	3.0	3.2	3.5 (3.6)	4.0	4.5	5.0	5.5 (5.6)	6.0
	127						○	○	○	○	○	○	○	○	○	○	○	○	○
	133						○	○	○	○	○	○	○	○	○	○	○	○	○
140(139.7)							○	○	○	○	○	○	○	○	○	○	○	○	○
	146						○	○	○	○	○	○	○	○	○	○	○	○	○
	152						○	○	○	○	○	○	○	○	○	○	○	○	○
	159						○	○	○	○	○	○	○	○	○	○	○	○	○
168(168.3)							○	○	○	○	○	○	○	○	○	○	○	○	○
	180							○	○	○	○	○	○	○	○	○	○	○	○
	194							○	○	○	○	○	○	○	○	○	○	○	
219(219.1)								○	○	○	○	○	○	○	○	○	○	○	
	245							○	○	○	○	○	○	○	○	○	○	○	
273								○	○	○	○	○	○	○	○	○	○	○	
325(323.9)										○	○	○	○	○	○	○	○	○	
	351									○	○	○	○	○	○	○	○	○	
356(355.6)										○	○	○	○	○	○	○	○	○	
	377									○	○	○	○	○	○	○	○	○	
406(406.4)										○	○	○	○	○	○	○	○	○	○
	426												○	○	○	○	○	○	○

续表

外径(mm)			壁　厚(mm)																				
系列1	系列2	系列3	6.5 (6.3)	7.0 (7.1)	7.5	8.0	8.5	9.0 (8.8)	9.5	10	11	12 (12.5)	14 (14.2)	15	16	17 (17.5)	18	20	22 (22.2)	24	25	26	28
	127		○	○	○	○	○	○	○	○	○	○	○										
	133		○	○	○	○	○	○	○	○	○	○	○										
140(139.7)			○	○	○	○	○	○	○	○	○	○	○	○	○								
	146		○	○	○	○	○	○	○	○	○	○	○	○	○								
	152		○	○	○	○	○	○	○	○	○	○	○	○	○								
	159		○	○	○	○	○	○	○	○	○	○	○	○	○								
168(168.3)			○	○	○	○	○	○	○	○	○	○	○	○	○	○	○						
	180		○	○	○	○	○	○	○	○	○	○	○	○	○	○	○						
	194		○	○	○	○	○	○	○	○	○	○	○	○	○	○	○						
219(219.1)			○	○	○	○	○	○	○	○	○	○	○	○	○	○	○	○	○	○	○	○	○
	245		○	○	○	○	○	○	○	○	○	○	○	○	○	○	○	○	○	○	○	○	○
273			○	○	○	○	○	○	○	○	○	○	○	○	○	○	○	○	○	○	○	○	○
325(323.9)			○	○	○	○	○	○	○	○	○	○	○	○	○	○	○	○	○	○	○	○	○
	351		○	○	○	○	○	○	○	○	○	○	○	○	○	○	○	○	○	○	○	○	○
356(355.6)			○	○	○	○	○	○	○	○	○	○	○	○	○	○	○	○	○	○	○	○	○
	377		○	○	○	○	○	○	○	○	○	○	○	○	○	○	○	○	○	○	○	○	○
406(406.4)			○	○	○	○	○	○	○	○	○	○	○	○	○	○	○	○	○	○	○	○	○
	426		○	○	○	○	○	○	○	○	○	○	○	○	○	○	○	○					

注：①括号内尺寸表示相应的英制规格。

②表中○表示有此规格。

2. 结构用无缝钢管

结构用无缝钢管(GB/T 8162—1999)分热轧(挤压、扩)和冷拔(轧)两种。它适用于一般结构、机械结构用无缝钢管。钢管外径和壁厚的允许偏差及钢管的规格质量等要求分别列于表2－219、表2－220。

表2－219　钢管外径和壁厚的允许偏差

钢管种类	钢管尺寸(mm)		允许偏差	
			普通级	高　级
热轧(挤压、扩)管	外径 *D*	<50	±0.50mm	±0.40mm
		≥50	±1%	±0.75%
	壁厚 *S*	<4	±12.5% (最小值为±0.40mm)	±10% (最小值为±0.30mm)
		≥4～20	+15% －12.5%	±10%
		>20	±12.5%	±10%
冷拔(轧)管	外径 *D*	6～10	±0.20mm	±0.10mm
		>10～30	±0.40mm	±0.20mm
		>30～50	±0.45mm	±0.25mm
		>50	±1%	±0.5%
	壁厚 *S*	≤1	±0.15mm	±0.12mm
		>1～3	+15% －10%	±10%
		>3	+12.5% －10%	±10%

注：①对外径不小于351mm的热扩管，壁厚允许偏差为±18%。

②根据需方要求，经供需双方协商，并在合同中注明，可生产表中规定以外尺寸允许偏差的钢管。

表 2－220　结构用无缝钢管的尺寸、规格

项　目	规定及要求
外径和壁厚	应符合 GB/T 17395 的规定
长度	热轧（挤压、扩）钢管为 3～12m 冷拔（轧）钢管为 2～10.5m
定尺和倍尺长度	(1)钢管的定尺和倍尺长度应在通常长度范围内，长度允许偏差如下： 长度≤6 000mm…………… $^{+10}_{0}$mm 长度＞6 000mm…………… $^{+15}_{0}$mm (2)钢管的倍尺总长度应在通常长度范围内，全长允许偏差为 $^{+20}_{0}$mm (3)每个倍尺长度应留出切口余量： 外径≤159mm………………………5～10mm 外径＞159mm………………………10～15mm (4)钢管的范围长度应在通常长度范围内
弯曲度	壁厚≤15mm 时不得大于 1.5mm/m 壁厚＞15～30mm 时不得大于 2.0mm/m 壁厚＞30mm 或外径≥351mm 时不得大于 3.0mm/m
交货质量	(1)钢管的交货质量按 GB/T 17395 的规定（钢的密度按 7.85kg/dm^3 计算） (2)交货钢管的实际质量与理论质量的允许偏差为 单根钢管：±10% 每批最少为 10t 的钢管：±7.5%
管端	钢管的两端端面应与钢管轴线垂直，切口毛刺应清除

标记示例：

用 10 号钢制造的外径为 73mm，壁厚为 3.5mm 的钢管：

①热轧钢管，长度为 3 000mm 倍尺的标记为：

10－73×3.5×3 000 倍－GB/T 8162—1999

②冷拔（轧）钢管，外径为高级精度，壁厚为普通级精度，长度为

5 000mm 的标记为：

冷 10－73 高×3.5×5 000－GB/T 8162—1999

3. 输送流体用无缝钢管

输送流体用无缝钢管（GB/T 8163—1999）分热轧（挤压、扩）和冷拔（轧）两种。它适用于输送流体用的一般无缝钢管。钢管的外径和壁厚允许偏差列于表 2－221；钢管的尺寸、规格及质量列于表 2－222。

表 2－221　钢管的外径和壁厚允许偏差

<table>
<tr><th rowspan="2">钢管种类</th><th rowspan="2" colspan="2">钢管尺寸
（mm）</th><th colspan="2">允许偏差（mm）</th></tr>
<tr><th>普通级</th><th>高　级</th></tr>
<tr><td rowspan="2">热轧（挤压、扩）管</td><td>外径 D</td><td>全部</td><td>±1%（最小 ±0.50）</td><td>—</td></tr>
<tr><td>壁厚 S</td><td>全部</td><td>+15%
−12.5%（最小 +0.45
−0.40）</td><td>—</td></tr>
<tr><td rowspan="7">冷拔（轧）管</td><td rowspan="4">外径 D</td><td>6～10</td><td>±0.20</td><td>±0.15</td></tr>
<tr><td>>10～30</td><td>±0.40</td><td>±0.20</td></tr>
<tr><td>>30～50</td><td>±0.45</td><td>±0.30</td></tr>
<tr><td>>50</td><td>±1%</td><td>±0.8%</td></tr>
<tr><td rowspan="3">壁厚 S</td><td>≤1</td><td>±0.15</td><td>±0.12</td></tr>
<tr><td>>1～3</td><td>+15%
−10%</td><td>+12.5%
−10%</td></tr>
<tr><td>>3</td><td>+12.5%
−10%</td><td>±10%</td></tr>
</table>

注：①对外径不小于 351mm 的热扩管，壁厚允许偏差为 ±18%。

②当需方事先未在合同中注明钢管尺寸允许偏差时，钢管外径和壁厚按普通级供货。

③根据需方要求，经供需双方协商，并在合同中注明，可生产表中规定以外尺寸允许偏差的钢管。

表 2-222　钢管的尺寸、规格及质量

名　称	内　容
外径和壁厚	应符合 GB/T 17395 的规定
长　度	钢管通常长度: 热(挤压、扩)管为 3 ~ 12m 冷拔(轧)管为 3 ~ 10.5m
定尺和倍尺长度	(1)钢管的定尺长度应在通常长度范围内,长度允许偏差为: 长度≤6m 时为 $^{+10}_{0}$mm 长度>6m 时为 $^{+14}_{0}$mm (2)钢管的倍尺总长度应在通常长度范围内,全长允许偏差为 $^{+20}_{0}$mm (3)每个倍尺长度应按下列规定留出切口余量: 外径≤159mm 时为 5 ~ 10mm 外径>159mm 时为 10 ~ 15mm
范围长度	钢管的范围长度应在通常长度范围内
项　目	规定及要求
弯曲度	壁厚≤15mm 时为 1.5mm/m 壁厚>15mm 时为 2.0mm/m 外径≥351mm 时为 3.0mm/m
交货质量	(1)钢管的交货质量按 GB/T 17395 的规定(钢的密度按7.85 kg/dm^3 计算) (2)交货钢管的实际质量与理论质量的允许偏差为: 单根钢管: ±10% 每批最少为 10t 的钢管: ±7.5%
管端	钢管的两端端面应与钢管轴线垂直,切口毛刺应清除

标记示例:

用 10 号钢制造的外径为 73mm，壁厚为 3.5mm 的钢管:

(1) 热轧钢管、长度为 3 000m 倍尺的标记为:

10 - 73 × 3.5 × 3 000 倍 - GB/T 8163—1999

(2) 冷拔 (轧) 钢管，直径为高级精度，壁厚为普通级精度，长度为 5 000mm 的标记为:

冷 10 - 73 高 × 3.5 × 5 000 - GB/T 8163—1999

4. 低压流体输送用焊接钢管

低压流体输送用焊接钢管（GB/T 3091—2001）适用于水、污水、煤气、空气、取暖蒸汽等低压流体输送及其他用途。公称外径小于 168.3mm 的钢管的尺寸规格及理论线质量列于表 2－223；公称外径大于 168.3mm 的钢管尺寸规格及理论线质量列于表 2－224；钢管外径、壁厚的允许偏差列于表2－225；钢管的长度、弯曲度、管端及质量等要求列于表 2－226；镀锌钢管的质量系数列于表 2－227。

表 2－223　公称外径 <168.3mm 的钢管尺寸规格及理论线质量

公称口径（mm）	公称外径（mm）	普通钢管		加厚钢管	
		公称壁厚（mm）	理论线质量（kg/m）	公称壁厚（mm）	理论线质量（kg/m）
6	10.2	2.0	0.40	2.5	0.47
8	13.5	2.5	0.68	2.8	0.74
10	17.2	2.5	0.91	2.8	0.99
15	21.3	2.8	1.28	3.5	1.54
20	26.9	2.8	1.66	3.5	2.02
25	33.7	3.2	2.41	4.0	2.93
32	42.4	3.5	3.36	4.0	3.79
40	48.3	3.5	3.87	4.5	4.86
50	60.3	3.8	5.29	4.5	6.19
65	76.1	4.0	7.11	4.5	7.95
80	88.9	4.0	8.38	5.0	10.35
100	114.3	4.0	10.88	5.0	13.48
125	139.7	4.0	13.39	5.5	18.20
150	168.3	4.5	18.18	6.0	24.02

注：①公称口径系近似内径的名义尺寸，不表示公称外径减去两个公称壁厚所得的内径。

②根据需方要求，经供需双方协议，并在合同中注明，可供表中规定以外尺寸的钢管。

表 2 – 224　公称外径 > 168.3mm 的钢管尺寸规格及理论线质量

公称外径(mm)	公称壁厚(mm)														
	4.0	4.5	5.0	5.5	6.0	6.5	7.0	8.0	9.0	10.0	11.0	12.5	14.0	15.0	16.0
	理论线质量(kg/m)														
177.8	17.14	19.23	21.31	23.37	25.42										
193.7	18.71	21.00	23.27	25.53	27.77										
219.1	21.22	23.82	26.40	28.97	31.53	34.08	36.61	41.65	46.63	51.57					
244.5	23.72	26.63	29.53	32.42	35.29	38.15	41.00	46.66	52.27	57.83					
273.0			33.05	36.28	39.51	42.72	45.92	52.28	58.60	64.86					
323.9			39.32	43.19	47.04	50.88	54.71	62.32	69.89	77.41	84.88	95.99			
355.6				47.49	51.73	55.96	60.18	68.58	76.93	85.23	93.48	105.77			
406.4				54.38	59.25	64.10	68.95	78.60	88.20	97.76	107.26	121.43			
457.2				61.27	66.76	72.25	77.72	88.62	99.48	110.29	121.04	137.09			
508				68.16	74.28	80.39	86.49	98.65	110.75	122.81	134.82	152.75			
559				75.08	81.83	88.57	95.29	108.71	122.07	135.39	148.66	168.47	188.17	201.24	214.26
610				81.99	89.37	96.74	104.10	118.77	133.39	147.97	162.49	184.19	205.78	220.10	234.38

续表

公称外径(mm)	公称壁厚(mm)															
	6.0	6.5	7.0	8.0	9.0	10.0	11.0	13.0	14.0	15.0	16.0	18.0	19.0	20.0	22.0	25.0
	理论线质量(kg/m)															
660	96.77	104.76	112.73	128.63	144.49	160.30	176.06	207.43	223.04	238.60	254.11	284.99	300.35	315.67	346.15	391.50
711	104.32	112.93	121.53	138.70	155.81	172.88	189.89	223.78	240.65	257.47	274.24	307.63	324.25	340.82	373.82	422.94
762	111.86	121.11	130.34	148.76	167.13	185.45	203.73	240.13	258.26	276.33	294.36	330.27	348.15	365.98	401.49	454.39
813	119.41	129.28	139.14	158.82	178.45	198.03	217.56	256.48	275.86	295.20	314.48	352.91	372.04	391.13	429.16	485.83
864	125.96	137.46	147.94	168.88	189.77	210.61	231.40	272.83	293.47	314.06	334.61	375.55	395.94	416.29	456.83	517.27
914	134.36	145.47	156.58	178.75	200.87	222.94	244.96	288.86	310.73	332.56	354.34	397.74	419.37	440.95	483.96	548.10
1 016	149.45	161.82	174.18	198.87	223.51	248.09	272.63	321.56	345.95	370.29	394.58	443.02	467.16	491.26	539.30	610.99
1 067	157.00	170.00	182.99	208.93	234.83	260.67	286.47	337.91	363.56	389.16	414.71	465.66	491.06	516.41	566.97	642.43
1 118	164.54	178.17	191.79	218.99	246.15	273.25	300.30	354.26	381.17	408.02	434.83	488.30	514.96	541.57	594.64	673.88
1 168	171.94	186.19	200.42	228.86	257.24	285.58	313.87	370.29	398.43	426.52	454.56	510.49	538.39	566.23	621.77	704.70
1 219	179.49	194.36	209.23	238.92	268.56	298.16	327.70	386.64	416.04	445.39	474.68	533.13	562.28	591.38	649.44	736.15
1 321	194.58	210.71	226.84	259.04	291.20	323.31	355.37	419.34	451.26	483.12	514.93	578.41	610.08	641.69	704.78	799.03
1 422	209.52	226.90	244.27	278.97	313.62	348.22	382.77	451.72	486.13	520.48	554.79	623.25	657.40	691.51	759.57	861.30
1 524	224.62	243.25	261.88	299.09	336.26	373.38	410.44	484.43	521.34	558.21	595.03	668.52	705.20	741.82	814.91	924.19
1 626	239.71	259.61	279.49	319.22	358.90	398.53	438.11	517.13	556.56	595.95	635.28	713.80	752.99	792.13	870.26	987.08

注：根据需方要求，经供需双方协议，并在合同中注明，可供应表中以外尺寸的钢管。

表 2－225　钢管外径、壁厚的允许偏差

公称口径 D(mm)	管体外径允许偏差	管端外径允许偏差(mm)(距管端 100mm 范围内)	壁厚允许偏差
$D \leqslant 48.3$	±0.5mm	—	±12.5%
$48.3 < D \leqslant 168.3$	±1.0%	—	
$168.3 < D \leqslant 508$	±0.75%	+2.4 −0.8	
$D > 508$	±1.0%	+3.0 −0.8	

表 2－226　钢管的长度、弯曲度、管端及质量

项目	规定及要求
长　度	(1)通常长度 ①电阻焊(ERW)钢管的通常长度为 4 000～12 000mm ②埋弧焊(SAW)钢管的通常长度为 3 000～12 000mm (2)定尺长度 钢管的定尺长度应在通常长度范围内,其允许偏差为 $^{+20}_{0}$mm (3)倍尺长度 钢管的倍尺长度应在通常长度范围内,其允许偏差为 $^{+20}_{0}$mm,每个倍尺应留出 5～10mm 的切口余量
弯曲度	(1)公称外径不大于 168.3mm 的钢管,应为使用性平直,或经供需双方协议规定弯曲度指标。 (2)公称外径大于 168.3mm 的钢管,弯曲度应不大于钢管全长的 0.2%
管端	钢管的两端面应与钢管的轴线垂直,且不应有切口毛刺 外径大于 168.3mm 的钢管,其切口斜度应不大于 5mm,见附图 1 根据需方要求,经供需双方协议,并在合同中注明,壁厚大于 4mm 的钢管管端可加工坡口,坡口角为 $30^{\circ}{}^{+5^{\circ}}_{0}$,管端余留的厚度为 1.6mm ±0.8mm,见附图 2 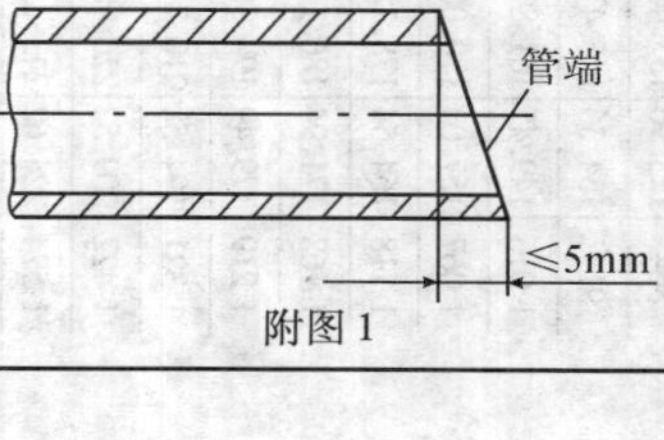 管端 ≤5mm 附图 1 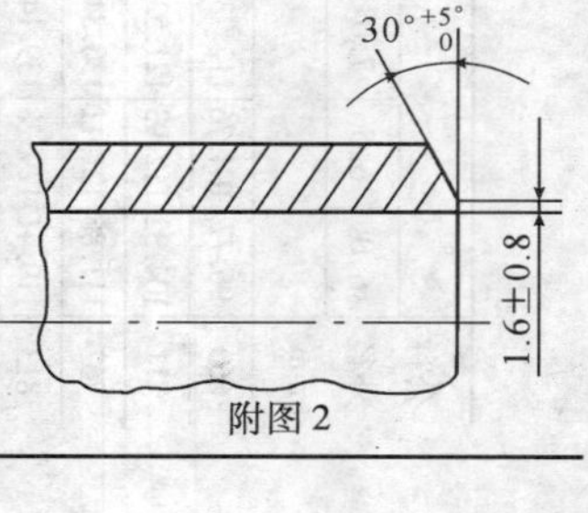 $30^{\circ}{}^{+5^{\circ}}_{0}$ 1.6±0.8 附图 2

续表

项目	规定及要求
质量	（1）未镀锌钢管按实际质量交货，也可按理论线质量交货。未镀锌钢管每米理论线质量（钢的密度为7.85kg/dm^3）按下列公式计算，修约到最邻近的0.01kg/m $W=0.0246615(D-S)S$ 式中：W—— 钢管的每米理论线质量，单位为kg/m D—— 钢管的公称外径，单位为mm S—— 钢管的公称壁厚，单位为mm （2）镀锌钢管以实际质量交货，也可按理论线质量交货。镀锌钢管的每米理论线质量（钢的密度为7.85kg/dm^3）按下列公式计算，修约到最邻近的0.01kg/m $W=c[0.0246615(D-S)S]$ 式中：W—— 镀锌钢管的每米理论线质量，单位为kg/m c—— 镀锌钢管比黑管增加的质量系数，见表2－227 D—— 钢管的公称外径，单位为mm S—— 钢管的公称壁厚，单位为mm

表2－227　镀锌钢管的质量系数

公称壁厚S(mm)	2.0	2.5	2.8	3.2	3.5	3.8	4.0	4.5
系数c	1.064	1.051	1.045	1.040	1.036	1.034	1.032	1.028
公称壁厚S(mm)	5.0	5.5	6.0	6.5	7.0	8.0	9.0	10.0
系数c	1.025	1.023	1.021	1.020	1.018	1.016	1.014	1.013

标记示例：

用Q235B沸腾钢制造的公称外径为323.9mm，公称壁厚为7.0mm，长度为12 000mm的电阻焊钢管，其标记为：

Q235B·F　323.9×7.0×12 000 ERW GB/T 3091—2001

用Q345B钢制造的公称外径为1 016mm，公称壁厚为9.0mm，长度为12 000mm的埋弧焊钢管，其标记为：

Q345B　1 016×9.0×12 000 SAW GB/T 3091—2001

用Q345B钢制造的公称外径为88.9mm，公称壁厚为4.0mm，长度为12 000mm的镀锌电阻焊钢管，其标记为：

Q345B·Zn 88.9×4.0×12 000 ERW GB/T 3091—2001

5. 低压流体输送用焊接钢管

低压流体输送用焊接钢管（GB/T 3092—1993）钢管的直径和壁厚允许偏差理论线质量列于表2－228；钢管分类、长度、弯曲度等列于表2－229。

表2－228　钢管直径、壁厚允许偏差及理论线质量

公称口径		外径		普通钢管			加厚钢管		
(mm)	(in)	公称尺寸(mm)	允许偏差	壁厚 公称尺寸(mm)	壁厚 允许偏差(%)	理论线质量(kg/m)	壁厚 公称尺寸 mm	壁厚 允许偏差(%)	理论线质量(kg/m)
6	1/8	10.0	±0.50mm	2.00	+12 −15	0.39	2.50	+12 −15	0.46
8	1/4	13.5		2.25		0.62	2.75		0.73
10	3/8	17.0		2.25		0.82	2.75		0.97
15	1/2	21.3		2.75		1.26	3.25		1.45
20	3/4	26.8		2.75		1.63	3.50		2.01
25	1	33.5		3.25		2.42	4.00		2.91
32	1¼	42.3		3.25		3.13	4.00		3.78
40	1½	48.0		3.50		3.84	4.25		4.58
50	2	60.0	±1%	3.50		4.88	4.50		6.16
65	2½	75.5		3.75		6.64	4.50		7.88
80	3	88.5		4.00		8.34	4.75		9.81
100	4	114.0		4.00		10.85	5.00		13.44
125	5	140.0		4.00		13.42	5.50		18.24
150	6	165.0		4.50		17.81	5.50		21.63

注：①表中的公称口径系近似内径的名义尺寸，不表示公称外径减去两个公称壁厚所得的内径。

②钢管长度经供需双方协议可供超出表中规定长度的钢管。允许交货长度不短于2m的钢管和用一个管接头将两根长度均不短于1m的钢管连接起来的接管。接管的长度应在通常长度范围内。

③短尺钢管的总质量不应大于每批质量的5%。

表 2-229　钢管分类、长度、弯曲度

项　目	规定及要求
分　类	(1)按壁厚分: 普通钢管 加厚钢管 (2)按管端形式分: 不带螺纹钢管(光管) 带螺纹钢管
长度	(1)通常长度: 4~10m (2)定尺长度: 钢管的定尺长度应在通常长度范围内,其允许偏差为$^{+20}_{0}$mm (3)倍尺长度: 钢管的倍尺长度应在通常长度范围内,其允许偏差为$^{+20}_{0}$mm。每个倍尺间应留出5~10mm的切口余量
弯曲度	钢管应为使用性直度,或由供需双方协议规定弯曲度指标
管　端	钢管的两端截面应与中心线垂直,内外毛刺高度均不应大于0.5mm
质　量	钢管每米的理论线质量(钢的密度为7.85kg/dm^3)按下式计算: $W = 0.02466(D-S)S$ 式中:W——理论线质量/(kg/m); D——钢管公称外径/mm; S——钢管公称壁厚/mm

标记示例:

公称口径为20mm的钢管如下:

无螺纹炉焊钢管:

炉钢管光-20-GB/T 3092—1993

带锥形螺纹的电焊钢管:

电钢管锥-20-GB/T 3092—1993

加厚无螺纹炉焊钢管:

炉厚钢管光 - 20 - GB/T 3092—1993

6m 定尺长度无螺纹电焊钢管：

电钢管光 - 20 × 6000 - GB/T 3092—1993

2m 倍尺长度、加厚、带锥形螺纹电焊钢管：

电厚钢管锥 - 20 × 2000 倍 - GB/T 3092—1993

6. 低中压锅炉用无缝钢管

低中压锅炉用无缝钢管（GB 3087—1999）适用于制造各种低中压锅炉用的优质碳素结构钢热轧（挤压、扩）和冷拔（轧）无缝钢管。其外径和壁厚允许偏差列于表 2 - 230；钢管的长度、弯曲度等列于表 2 - 231。

表 2 - 230　钢管外径和壁厚允许偏差

钢管种类	钢管尺寸（mm）		允许偏差	
			普通级	高　级
热轧（挤压、扩）管	外径 D	≤159	±1.0%（最小 ±0.50mm）	±0.75%（最小 ±0.40mm）
		>159	±1.0%	±0.90%
	壁厚 S	≤20	+15.0% −12.5%（最小 +0.45mm −0.35mm）	±10%（最小 ±0.30mm）
		>20	±12.5%	±10%
		D≥351 热扩钢管	±15%	
冷拔（轧）管	外径 D	10～30	±0.40mm	±0.20mm
		>30～50	±0.45mm	±0.25mm
		>50	±1.0%	±0.75%
	壁厚 S	1.5～3.0	+15% −10%	±10%
		>3.0	+12.5% −10%	±10%

表2-231　钢管的长度、弯曲度及交货质量

项目	规定及要求
尺寸规格	钢管的外径、壁厚及理论质量应符合 GB/T 17395 的规定
长度	(1)通常长度: 热轧(挤压、扩)钢管为 4~12m 冷拔(轧)钢管为 4~10.5m (2)定尺长度和倍尺长度 定尺长度和倍尺长度应在通常长度范围内,全长允许偏差为 $^{+20}_{0}$mm 每个倍尺长度应留出规定的切口余量: 外径≤159mm 为 5~10mm 外径>159mm 为 10~15mm (3)范围长度:应在通常长度范围之内
弯曲度	壁厚≤15mm 为 1.5mm/m 壁厚>15mm 为 2.0mm/m 外径≥351mm 的热扩管为 3.0mm/m 集箱管总弯曲度不得大于 12mm
管端	钢管的两端端面应与钢管轴线垂直,切口毛刺应清除
不圆度和壁厚不均	根据需方要求,经供需双方协商,并在合同中注明,同一截面钢管的不圆度和壁厚不均分别不超过外径和壁厚公差的 80%
交货质量	应符合 GB/T 17395 的规定,钢的密度按 7.85kg/dm^3 计算

标记示例:

用牌号为 10 号钢制造的外径 76mm、壁厚 3.5mm 的钢管:

①热轧钢管,外径和壁厚为普通级精度,长度为 3 000mm 倍尺的标记为:

10-76×3.5×3 000 倍-GB 3087—1999

②冷拔(轧)钢管,外径为高级精度,壁厚为普通级精度,长度为 5 000mm 的标记为:

冷 10-76 高×3.5×5 000-GB 3087—1999

7. 结构用不锈钢无缝钢管

结构用不锈钢无缝钢管（GB/T 14975—2002）列于表 2－232；钢管的外径、壁厚允许偏差列于表 2－233；钢管定尺长度和倍尺长度全长允许偏差列于表 2－234；钢的密度列于表 2－235。

表 2－232　结构用不锈钢无缝钢管

项目	规定及要求
分类、代号	钢管按产品加工方式分为两类,类别和代号为: 热轧(挤、扩)钢管　WH 冷拔(轧)钢管　WC 钢管按尺寸精度分为两级: 普通级　PA 高级　PC
外径和壁厚	钢管的外径和壁厚应符合 GB/T 17395—1998 中规定 根据需方要求,经供需双方协商,并在合同中注明,可供应 GB/T 17395—1998 规定以外的其他尺寸的钢管,尺寸偏差执行相邻较大规格的规定
长度	(1)钢管一般以通常长度交货,通常长度应符合以下规定: 热轧(挤、扩)钢管……2 000～12 000mm 冷拔(轧)钢管……… 1 000～10 500mm (2)定尺长度和倍尺长度应在通常长度范围内,全长允许偏差分为三级(见表 2－234)。每个倍尺长度应按下列规定留出切口余量: 外径≤159mm……………5～10mm 外径＞159mm……………10～15mm (3)范围长度应在通常长度范围内
弯曲度	(1)全长弯曲度:钢管全长弯曲度应不大于总长的 0.15% (2)每米弯曲度:钢管的每米弯曲度不得大于如下规定: 壁厚≤15mm……1.5mm/m 壁厚＞15mm……2.0mm/m 热扩管………… 3.0mm/m

续表

项目	规定及要求
端头外形	钢管的两端面应与钢管轴线垂直,并清除毛刺
不圆度和壁厚不均	根据需方要求,经供需双方协商,并在合同中注明,钢管的不圆度和壁厚不均应分别不超过外径和壁厚公差的80%
交货质量	钢管按实际质量交货 根据需方要求,并在合同中注明,钢管也可按理论线质量交货。钢管的理论线质量按下式计算: $W=\frac{\pi}{1\ 000}\rho S(D-S)$ 式中:W——钢管理论线质量,单位为kg/m π——3.141 6 ρ——钢的密度,单位为kg/dm^3,钢的密度见表2-235 S——钢管的公称壁厚,单位为mm D——钢管的公称外径,单位为mm 钢管按理论线质量交货时,供需双方协商质量允许偏差,并在合同中注明

表2-233 钢管的外径、壁厚允许偏差

热轧(挤、扩)钢管				冷拔(轧)钢管			
尺寸(mm)		允许偏差(mm)		尺寸(mm)		允许偏差	
		普通级	高级			普通级	高级
公称外径 D	68~159 >159~426	±1.25%D ±1.5%D	±1.0%D	公称外径 D	10~30 >30~50 >50	±0.30 ±0.40 ±0.9%D	±0.20 ±0.30 ±0.8%D
公称壁厚 S	<15	+15%S -12.5%S	±12.5%S	公称壁厚 S	≤3	±14%S	+12.5%S -10%S
	≥15	+20%S -15%S			>3	+12.5%S -10%S	±10%S

注:①钢管外径和壁厚的允许偏差应符合表中的规定,当需方要求高级偏差时,应在合同中注明。

②根据需方要求,经供需双方协议,在合同中注明,供机械加工用的钢管可规定机械加工余量。

表 2-234　钢管定尺长度和倍尺长度全长允许偏差

全长允许偏差等级	全长允许偏差(mm)
L1	0~20
L2	0~10
L3	0~5
注:如合同未注明全长允许偏差等级,钢管全长允许偏差按 L1 执行	

注：特殊用途的钢管，如公称外径与公称壁厚之比大于或等于 10 的不锈耐酸钢极薄壁钢管、直径≤30mm 小直径钢管等的长度偏差，可由供需双方另行协议规定。

表 2-235　钢的密度表

组织类型	序号	牌号	密度(kg/dm^3)
奥氏体型	1	0Cr18Ni9	7.93
	2	1Cr18Ni9	7.90
	3	00Cr19Ni10	7.93
	4	0Cr18Ni10Ti	7.95
	5	0Cr18Ni11Nb	7.98
	6	0Cr17Ni12Mo2	7.98
	7	00Cr17Ni14Mo2	7.98
	8	0Cr18Ni12Mo2Ti	8.00
	9	1Cr18Ni12Mo2Ti	8.00
	10	0Cr18Ni12Mo3Ti	8.10
	11	1Cr18Ni12Mo3Ti	8.10
	12	1Cr18Ni9Ti	7.90
	13	0Cr19Ni13Mo3	7.98
	14	00Cr19Ni13Mo3	7.98
	15	00Cr18Ni10N	7.90
	16	0Cr19Ni9N	7.90
	17	00Cr17Ni13Mo2N	8.00
	18	0Cr17Ni12Mo2N	7.8
铁素体型	19	1Cr17	7.7
马氏体型	20	0Cr13	7.7
	21	1Cr13	7.7
	22	2Cr13	7.7
奥氏体-铁素体型	23	00Cr18Ni15Mo3Si2	7.98

标记示例：

用00Cr17Ni14Mo2 钢制造的外径为 25mm，壁厚为 2mm，定尺长度为 6 000mm，尺寸精度为普通级的冷拔（轧）钢管，其标记为：

WC 00Cr17Ni14Mo2 -25 ×2 ×6 000 - GB/T 14975—2002

用00Cr17Ni14Mo2 钢制造的外径为 25mm，壁厚为 2mm，定尺长度为 6 000mm，尺寸精度为高级的冷拔（轧）钢管，其标记为：

WC 00Cr17Ni14Mo2 -25（PC）×2 ×6 000 - GB/T 14975—2002

8. 流体输送用不锈钢无缝钢管

流体输送用不锈钢无缝钢管（GB/T 14976—2002）列于表 2-236；钢管的外径和壁厚的允许偏差列于表 2-237；定尺长度和倍尺长度全长允许偏差列于表 2-238。

表 2-236 流体输送用不锈钢无缝钢管

项目	规定及要求
分类、代号	(1)钢管按产品加工方式分为两类,类别和代号为: 热轧(挤、扩) WH 冷拔(轧) WC (2)钢管按尺寸精度分为两级: 普通级 PA 高级 PC
外径和壁厚	钢管的外径和壁厚应符合 GB/T 17395—1998 中规定 根据需方要求,经供需双方协商,并在合同中注明,可供应 GB/T 17395—1998 规定以外的其他尺寸的钢管,尺寸偏差执行相邻较大规格的规定
长度	(1)通常长度: 钢管一般以通常长度交货,通常长度应符合以下规定: 热轧(挤、扩)钢管……2 000 ~ 12 000mm 冷拔(轧)钢管……… 1 000 ~ 10 500mm (2)定尺长度和倍尺长度: 定尺长度和倍尺长度应在通常长度范围内,全长允许偏差分为三级(见表 2-238)。每个倍尺长度应按下列规定留出切口余量: 外径≤159mm………5 ~ 10mm 外径 >159mm………10 ~ 15mm (3)范围长度: 范围长度应在通常长度范围内

续表

项目	规定及要求
弯曲度	(1)全长弯曲度 钢管全长弯曲度应不大于钢管总长的0.15% (2)每米弯曲度 钢管的每米弯曲度不得大于如下规定： 壁厚≤15mm……1.5mm/m 壁厚>15mm……2.0mm/m 热扩管………… 3.0mm/m
端头外形	钢管的两端面应与钢管轴线垂直，并清除毛刺
不圆度和壁厚不均	根据需方要求，经供需双方协商，并在合同中注明，钢管的不圆度和壁厚不均应分别不超过外径和壁厚公差的80%
交货质量	钢管按实际质量交货 根据需方要求，并在合同中注明，钢管也可按理论线质量交货。钢管的理论线质量按下式计算： $W=\frac{\pi}{1\,000}\rho S(D-S)$ 式中：W——钢管理论线质量，单位为kg/m π——3.141 6 ρ——钢的密度，单位为kg/dm^3 S——钢管的公称壁厚，单位为mm D——钢管的公称外径，单位为mm 钢管按理论线质量交货时，供需双方协商质量允许偏差，并在合同中注明
订货内容	订购钢管的合同或订单应按需要包括下列内容，以便对所需的钢管作适当说明： (1)标准编号 (2)产品名称 (3)钢的牌号 (4)尺寸规格 (5)质量或数量 (6)交货状态 (7)选择性要求 (8)其他特殊要求

表 2－237　钢管的外径和壁厚的允许偏差

<table>
<tr><th colspan="4">热轧(挤、扩)钢管</th><th colspan="4">冷拔(轧)钢管</th></tr>
<tr><th colspan="2" rowspan="2">尺寸(mm)</th><th colspan="2">允许偏差(mm)</th><th colspan="2" rowspan="2">尺寸(mm)</th><th colspan="2">允许偏差</th></tr>
<tr><th>普通级</th><th>高级</th><th>普通级</th><th>高级</th></tr>
<tr><td rowspan="4">公称外径
D</td><td rowspan="2">68～159</td><td rowspan="2">±1.25%D</td><td rowspan="4">±1.0%D</td><td rowspan="4">公称外径
D</td><td>6～10</td><td rowspan="2">±0.30</td><td>±0.15</td></tr>
<tr><td>>10～30</td><td>±0.20</td></tr>
<tr><td rowspan="2">>159～426</td><td rowspan="2">±1.5%D</td><td>>30～50</td><td>±0.40</td><td>±0.30</td></tr>
<tr><td>>50</td><td>±0.9%D</td><td>±0.8%D</td></tr>
<tr><td rowspan="2">公称壁厚
S</td><td><15</td><td>+15%S
－12.5%S</td><td rowspan="2">±12.5%S</td><td rowspan="2">公称壁厚
S</td><td>≤3</td><td>±14%S</td><td>+12.5%S
－10%S</td></tr>
<tr><td>≥15</td><td>+20%S
－15%S</td><td>>3</td><td>+12.5%S
－10%S</td><td>±10%S</td></tr>
</table>

注：钢管外径和壁厚的允许偏差应符合表中的规定，钢管以普通级偏差供货，当需方要求高级偏差时，应在合同中注明。

表 2－238　钢管定尺长度和倍尺长度全长允许偏差

全长允许偏差等级	全长允许偏差(mm)
L1	0～20
L2	0～10
L3	0～5

注：①如合同未注明全长允许偏差等级，钢管全长允许偏差按 L1 执行。

②特殊用途的钢管，如公称外径与公称壁厚之比大于或等于 10 的不锈耐酸钢极薄壁钢管、直径≤30mm 的小直径钢管等的长度偏差，可由供需双方另行协议规定。

标记示例：

用 00Cr17Ni14Mo2 钢制造的外径为 25mm，壁厚为 2mm，定尺长度为 6 000mm，尺寸精度为普通级的冷拔（轧）无缝钢管，其标记为：

WC 00Cr17Ni14Mo2－25×2×6 000－GB/T 14976—2002

用00Cr17Ni14Mo2钢制造的外径为25mm，壁厚为2mm，定尺长度为6 000mm，尺寸精度为高级的冷拔（轧）无缝钢管，其标记为：

WC 00Cr17Ni14Mo2 – 25（PC）×2×6 000 – GB/T 14976—2002

9. 压燃式发动机高压油管用钢管（单壁冷拉无缝钢管）

单壁冷拉无缝钢管（JB/T 8120.1—2000）的内径与外径公差列于表2 – 239；内径和外径尺寸规格列于表2 – 240。

表2 – 239　单壁冷拉无缝钢管内径和外径公差

名　称	数　值
内径 d	$d \leqslant 4$mm：±0.05mm(2类管) ±0.025mm(1类管) $d > 4$mm：±0.10mm(2类管)
外径 D	1.2类管： $D < 8$mm：±0.06mm $D \geqslant 8$mm：±0.10mm
同轴度	管子外径相对内径的同轴度应与管壁厚度成正比，如下图所示： 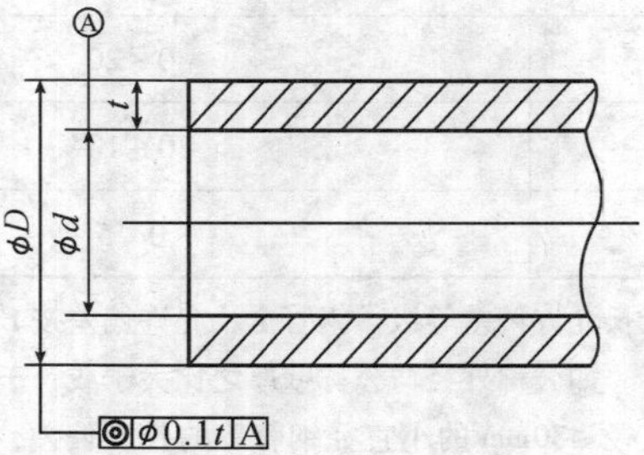 A　t　ϕD　ϕd ◎ $\phi 0.1t$ A

注：钢管长度与长度公差须由供需双方商定。

表 2-240　单壁冷拉无缝钢管的内径和外径

内径 d(mm)		外径 D(mm)										
		4		5								
	优选值		4.5		6	8	10	12	15	19	24	30
1												
1.12												
	1.25											
	1.4											
1.5												
	1.6											
1.7												
	1.8											
1.9												
	2											
2.12												
	2.24											
2.36												
	2.5											
2.65												
	2.8											
3												
	3.15											
3.35												
	3.55											
3.75												
	4							选用粗黑线内的				
4.25								尺寸组合				
	4.5											
4.75												
	5											
5.3												
	5.6											
6												
	6.3											
6.7												
	7.1											
7.5												
	8											
8.5												
	9											
9.5												
	10											
10.6												
	11.2											
11.8												
	12.5											

注：①管子直径尺寸按外径对内径之比在 2 ~4 倍范围内确定。

②表中 d 根据 ISO 3。

10. 压燃式发动机高压油管用钢管（复合式钢管）

高压油管用复合式钢管（JB/T 8120.2—2000）推荐的内径和外径列于表2－241；其允许偏差列于表2－242。

表2－241　高压油管用复合式钢管推荐的内径和外径

内径 d(mm)		外径 D(mm)	
优选值		4.5	6
1.12			
1.25			
1.4			
	1.5		
1.6			
	1.7		
1.8			
	1.9	选用粗黑线内的尺寸组合	
2			
	2.12		
2.24			
	2.36		
2.5			
	2.65		
2.8			
	3		

注：①管子直径尺寸按外径对内径之比在2～4倍范围内确定。

②表中 d 根据 ISO 3。

表 2－242　钢管的允许偏差

项目	数值
内径 d	2 类管为：±0.05mm 1 类管为：±0.025mm
外径 D	1、2 类管均为：±0.06mm
同轴度	管子外径相对内径的同轴度应与管壁厚度成正比，如下图所示： 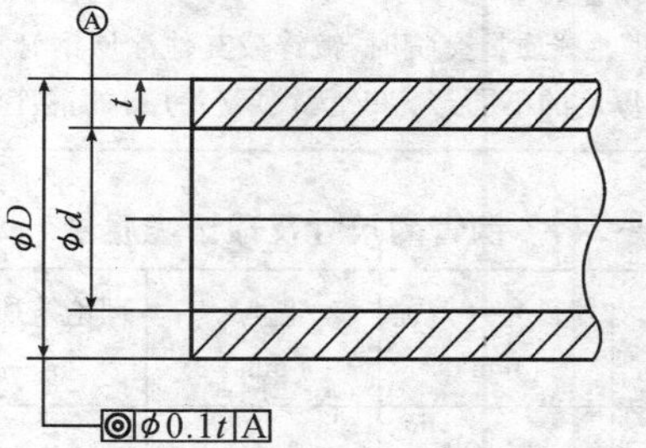

注：长度与长度公差须由供需双方商定。

11. 普通碳素钢电线套管

普通碳素钢电线套管（GB/T 3640—1988）列于表 2－243；钢管的尺寸及质量列于表 2－244；钢管的螺纹尺寸列于表 2－245；钢管接头的螺纹尺寸列于表 2－246。

表 2－243　普通碳素钢电线套管

项目	质量要求
长　度	(1)通常长度： 3～9m (2)定尺和倍尺长度： 最大长度≤8m 其全长允许偏差为：$^{+15}_{0}$mm 按倍尺交货的钢管，每个单倍尺应留 5～10mm 的刀口余量
弯曲度	弯曲度≤3mm/m
管端	钢管两端应切直，剪切斜度不大于 2°，并应清除毛刺

续表

项目	质量要求
质量	(1)钢管按实际质量交货 (2)经供需双方协议,也可按理论线质量交货。交货时,每批钢管的质量允许偏差为理论线质量的 $^{+10\%}_{-8\%}$,单根钢管的质量允许偏差为理论线质量的 ±7.5% (3)按理论线质量交货时,镀锌或其他涂层钢管根据镀层(涂层)种类及其厚度的不同,允许比无镀层(涂层)的钢管重1% ~6%

表2-244 钢管的尺寸及理论线质量

公称尺寸(mm)	外径(mm)	外径允许偏差(mm)	壁厚(mm)	理论线质量(不计算接头)(kg/m)
13	12.70	±0.20	1.60	0.438
16	15.88	±0.20	1.60	0.581
19	19.05	±0.25	1.80	0.766
25	25.40	±0.25	1.80	1.048
32	31.75	±0.25	1.80	1.329
38	38.10	±0.25	1.80	1.611
51	50.80	±0.30	2.00	2.407
64	63.50	±0.30	2.50	3.760
76	76.20	±0.30	3.20	5.761

注:①经供需双方协议可制造上表规定之外尺寸钢管。

②交货时,每支钢管应附带一个管接头;在计算钢管理论线质量时,应另外加管接头质量。

③钢管的螺纹尺寸应符合表2-245规定;钢管接头的螺纹尺寸应符合表2-246的规定。

表 2－245　钢管的螺纹尺寸

钢管尺寸（mm）	每25.4 mm 的牙数 n	螺距 P（mm）	螺纹直径（mm）						螺纹有效长度（mm）	
			外径 d		平均直径 d_2		内径 d_1		最大	最小
			最大	最小	最大	最小	最大	最小		
13	18	1.411	12.700	12.430	11.796	11.571	10.893	10.534	16	12
16	18	1.411	15.875	15.606	14.971	14.746	14.068	13.709	16	12
19	16	1.588	19.050	18.764	18.033	17.795	17.016	16.635	20	16
25	16	1.588	25.400	25.114	24.383	24.145	23.366	22.985	20	16
32	16	1.588	31.750	31.464	30.733	30.495	29.716	29.335	22	18
38	14	1.814	38.100	37.795	36.938	36.683	35.777	35.370	26	22
51	14	1.814	50.800	50.495	49.638	49.383	48.477	48.070	28	24
64	11	2.309	63.500	63.155	62.021	61.734	60.543	60.083	36	32
76	11	2.309	76.200	75.855	74.721	74.434	73.243	72.783	36	32

表 2－246　钢管接头的螺纹尺寸

钢接头尺寸（mm）	每25.4mm的牙数 n	螺距 P（mm）	螺纹直径（mm）					
			外径 D		平均直径 D_2		内径 D_1	
			最大	最小	最大	最小	最大	最小
13	18	1.411	13.159	12.800	12.255	11.896	11.352	10.993
16	18	1.411	16.334	15.975	15.430	15.071	14.527	14.168
19	16	1.588	19.531	19.150	18.514	18.133	17.497	17.116
25	16	1.588	25.881	25.500	24.864	24.483	23.847	23.466
32	16	1.588	32.231	31.850	31.214	30.833	30.197	29.816
38	14	1.814	38.607	38.200	37.445	37.038	36.284	35.877
51	14	1.814	51.307	50.900	50.145	49.738	48.984	48.577
64	11	2.309	64.060	63.600	62.581	62.121	61.103	60.643
76	11	2.309	76.760	76.300	75.281	74.821	73.803	73.343

标记示例：

用 B2 钢制成的公称尺寸为 25mm 的电线套管的标记为：

电线套管 B2－25－GB/T 3640—1988

12. 冷拔异型钢管

冷拔异型钢管（GB/T 3094—2000）的分类、代号、偏差等项列于表2－247；分类中的方形钢管、矩形钢管、椭圆形钢管、平椭圆形钢管、内六角形钢管和直角梯形钢管分别列于表2－248～表2－253。

（1）冷拔异型钢管

表2－247 冷拔异型钢管

（1）钢管的分类与代号

分类	代号	分类	代号
方形钢管	D—1	平椭圆形钢管	D—4
矩形钢管	D—2	内外六角形钢管	D—5
椭圆形钢管	D—3	直角梯形钢管	D—6

（2）钢管尺寸允许偏差

尺寸（mm）		允许偏差（mm）	
		普通级	高级
边长	≤30	±0.30	±0.20
	＞30～50	±0.40	±0.30
	＞50～75	±0.80%	±0.70%
	＞75	±1.00%	±0.80%
壁厚	≤1	±0.18	±0.12
	＞1～3	+15% −10%	+12.5% −10.0%
	＞3	+12.5% −10.0%	±10.0%

（3）钢管的边凹凸度偏差

边长尺寸（mm）	边凹凸度（mm）≤	
	普通级	高级
≤30	0.20	0.10
＞30～50	0.30	0.15
＞50～75	0.80%	0.50%
＞75	0.90%	0.60%

续表

(4)钢管端面的外圆角半径(R)			
壁厚 S(mm)	S≤6	6<S≤10	S>10
外圆角半径 R(mm)	≤2.0S	≤2.5S	≤3.0S

(5)钢管的长度

钢管的通常长度为 1 500 ~ 9 000mm

定尺和倍尺长度应在通常长度范围内。定尺长度允许偏差为 $^{+15}_{0}$mm，倍尺全长允许偏差为 $^{+10}_{0}$mm，每个倍尺应留 5 ~ 10mm 的切口余量

(6)钢管的弯曲度		
精度等级	弯曲度(mm/m)	总弯曲度(%)
普通级	≤4.0	≤0.4
高级	≤2.0	≤0.2

(7)方形钢管、矩形钢管和直角梯形钢管的扭转值	
钢管边长(mm)	允许扭转值(mm/m)
≤30	≤1.5
>30 ~ 50	≤2.0
>50 ~ 75	≤2.5
>75	≤3.0

(8)端头外形

钢管的两端面应与钢管轴线重直，并清除毛刺

(9)钢管的质量

钢管按实际质量交货。合同中注明，亦可按理论线质量交货(钢的密度为 7.85kg/dm³)

注：①经供需双方协商，合同注明，也可生产规定以外的其他尺寸、长度、弯曲度和扭转值的钢管。

②钢管等级应在合同中注明，未注明则按普通级供货。

标记示例：

20 钢，长边为 50mm、短边为 40mm、壁厚为 3mm，壁厚精度等级为高级的矩形钢管，其标记为：

20 钢　D　50 × 40 × 3 高 - GB/T 3094—2000

(2)方形钢管

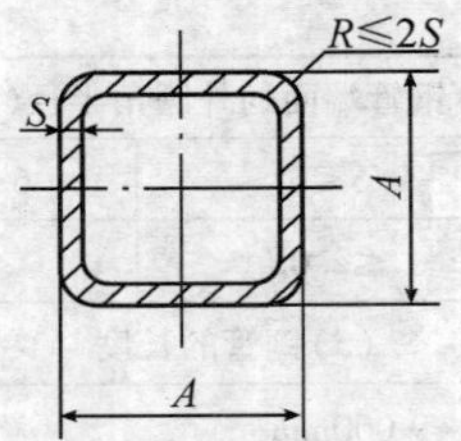

表 2-248　方形钢管

基本尺寸 A (mm)	基本尺寸 S (mm)	截面面积 F (cm^2)	理论线质量 G (kg/m)	基本尺寸 A (mm)	基本尺寸 S (mm)	截面面积 F (cm^2)	理论线质量 G (kg/m)
12	0.8	0.348	0.273	32	2.5	2.84	2.23
	1.0	0.423	0.332		3	3.33	2.61
14	1.0	0.503	0.394		3.5	3.78	2.97
	1.5	0.712	0.559		4	4.21	3.30
16	1.0	0.583	0.458	35	2.5	3.14	2.47
	1.5	0.832	0.653		3	3.69	2.89
18	1.0	0.663	0.521		3.5	4.20	3.30
	1.5	0.952	0.747		4	4.69	3.68
	2.0	1.21	0.952		5	5.58	4.38
20	1.0	0.743	0.583	36	2.5	3.24	2.55
	1.5	1.07	0.841		3	3.81	2.99
	2.0	1.37	1.08		3.5	4.34	3.41
	2.5	1.64	1.29		4	4.85	3.81
22	1	0.823	0.646		5	5.75	4.53
	1.5	1.19	0.936	40	2.5	3.64	2.86
	2	1.53	1.20		3	4.29	3.37
	2.5	1.84	1.45		3.5	4.90	3.85
25	2.5	2.14	1.68		4	5.49	4.31
	3	2.49	1.95		5	6.58	5.16
30	2.5	2.64	2.08		6	7.55	5.93
	3	3.01	2.42	42	2.5	3.84	3.02
	3.5	3.50	2.75		3	4.53	3.55
	4	3.89	3.05		3.5	5.18	4.07

续表

基本尺寸 A (mm)	基本尺寸 S (mm)	截面面积 F (cm²)	理论线质量 G (kg/m)
42	4	5.81	4.56
	5	6.98	5.48
	6	8.03	6.30
45	3.5	5.60	4.4
	4	6.23	4.94
	5	7.58	5.95
	6	8.75	6.87
	7	9.81	7.80
	8	10.8	8.44
50	4	7.00	5.56
	5	8.58	6.73
	6	9.95	7.81
	7	11.21	8.80
	8	12.35	9.70
55	4	7.89	6.19
	5	9.58	7.52
	6	11.15	8.75
	7	12.51	9.90
	8	13.95	10.95
60	4	8.69	6.82
	5	10.58	8.30
	6	12.35	9.69
	7	14.01	11.00
	8	15.55	12.21
65	4	9.49	7.45
	5	11.58	9.07
	6	13.55	10.64
	7	15.41	12.10
	8	17.15	13.47
70	4	10.29	8.08
	5	12.58	9.87
	6	14.7	11.58
	7	16.81	13.19
	8	18.75	14.72
75	4	11.09	8.70
	5	13.58	10.66
	6	15.95	12.52
	7	18.21	14.29
	8	20.35	15.98
80	4	11.89	9.33
	5	14.58	11.44
	6	17.15	13.46
	7	19.61	15.39
	8	21.95	17.23
92	5	16.98	13.33
	6	20.03	15.72
	7	22.97	18.03
	8	25.79	22.25
100	5	18.58	14.58
	6	21.95	17.23
	7	25.21	19.79
	8	28.35	22.26
108	4.5	18.11	14.22
	5.0	19.96	15.67
	6.0	23.55	18.49
	7.0	27.02	21.21
	8.0	30.35	23.82
	10.0	36.62	28.75
	12.0	42.37	33.26
	12.5	43.73	34.33
	14.0	47.59	37.36
	16.5	53.38	41.90
	18.0	56.46	44.32
110	4.5	18.47	14.50
	5.0	20.36	15.98
	6.0	24.03	18.86

续表

基本尺寸		截面面积	理论线质量	基本尺寸		截面面积	理论线质量
A	S	F	G	A	S	F	G
(mm)		(cm^2)	(kg/m)	(mm)		(cm^2)	(kg/m)
110	7	28.01	21.99	125	6	27.63	21.69
	8	31.55	24.77		7	31.78	24.95
	9	34.98	27.46		8	35.79	28.10
	10.0	37.42	29.37		10	43.42	34.08
	12.0	43.33	34.01		12	50.53	39.67
	14.0	48.71	38.24		14	57.11	44.83
	16.0	53.57	42.05		16	63.17	49.59
	18.0	57.90	45.45	130	5	24.36	19.12
115	4.5	19.37	15.21		6	28.83	22.63
	5.0	21.36	16.77		7	33.18	26.05
	6.0	25.23	19.81		8	37.39	29.35
	7.0	28.98	22.75		10	45.42	35.65
	8.0	32.59	25.58	140	5	26.36	20.69
	10.0	39.42	30.94		6	31.23	24.52
	12.0	47.53	35.90		7	35.98	28.24
	14.0	51.51	40.44		8	40.59	31.86
	16.0	56.77	44.56		10.0	49.42	38.79
120	4.5	20.27	15.91		12.0	57.73	45.32
	5.0	22.36	17.55		14.0	65.51	51.43
	6.0	26.43	20.75		16.0	72.77	57.12
	7.0	30.38	23.85	150	6.0	33.63	26.40
	8.0	34.19	26.84		7.0	38.78	30.44
	10.0	41.42	32.51		8.0	43.79	34.38
	12.0	48.13	37.78		10.0	53.42	41.93
	14.0	54.31	42.63		12.0	62.53	49.09
	16.0	59.97	47.08		14.0	71.11	55.82
125	5	23.36	18.34		16.0	79.17	62.15

续表

基本尺寸		截面面积	理论线质量	基本尺寸		截面面积	理论线质量
A	S	F	G	A	S	F	G
(mm)		(cm^2)	(kg/m)	(mm)		(cm^2)	(kg/m)
160	6.0	36.03	28.28	200	8.0	59.79	46.94
	7.0	41.58	32.64		10.0	73.42	57.63
	8.0	46.99	36.89		12.0	86.53	67.93
	10.0	57.42	45.07		14.0	99.11	77.8
	12.0	67.33	52.85		16.0	111.17	87.27
	14.0	76.71	60.22		18.0	122.7	96.32
	16.0	85.57	67.17	250	10.0	93.42	73.33
	18.0	93.9	73.71		12.0	110.53	86.77
180	7.0	17.18	37.04		14.0	127.11	99.78
	8.0	53.39	41.91		16.0	143.17	112.39
	10.0	65.42	51.35		18.0	158.7	124.58
	12.0	76.93	60.39	280	10.0	105.42	82.75
	14.0	87.91	69.01		12.0	124.93	98.07
	16.0	98.37	77.22		14.0	143.91	112.97
	18.0	108.3	85.02		16.0	162.37	127.46
					18.0	180.3	141.54

(3)矩形钢管

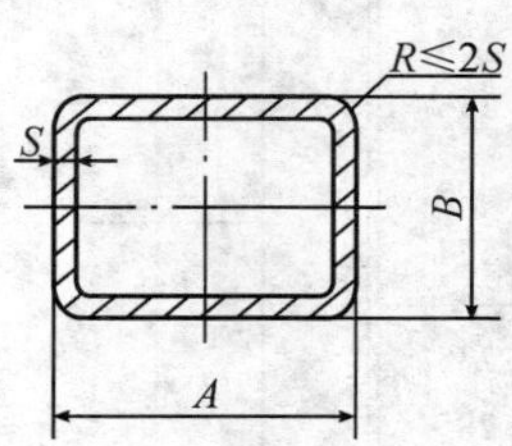

表 2－249 矩形钢管

基本尺寸			截面面积	理论线质量
A	B	S	F	G
(mm)			(cm^2)	(kg/m)
10	5	0. 8	0. 203	0. 160
		1	0. 243	0. 191
12	5	0. 8	0. 235	0. 185
		1	0. 283	0. 222
	6	0. 8	0. 251	0. 197
		1	0. 303	0. 238
14	6	0. 8	0. 283	0. 223
		1	0. 343	0. 269
		1. 5	0. 471	0. 370
	7	0. 8	0. 299	0. 235
		1	0. 363	0. 285
		1. 5	0. 501	0. 394
	10	0. 8	0. 347	0. 273
		1	0. 423	0. 332
		1. 5	0. 591	0. 464
		2	0. 731	0. 574
15	6	0. 8	0. 299	0. 235
		1	0. 363	0. 285
		1. 5	0. 501	0. 394
		2	0. 611	0. 480
16	8	0. 8	0. 347	0. 273
		1	0. 423	0. 332
		1. 5	0. 591	0. 464
		2	0. 731	0. 574
	12	0. 8	0. 411	0. 323
		1	0. 503	0. 395
		1. 5	0. 711	0. 559
		2	0. 891	0. 700
18	9	0. 8	0. 395	0. 310
		1	0. 483	0. 379
		1. 5	0. 681	0. 535
		2	0. 851	0. 668
	10	0. 8	0. 411	0. 323
		1	0. 503	0. 395
		1. 5	0. 711	0. 559
		2	0. 891	0. 700
	14	0. 8	0. 475	0. 373
		1	0. 583	0. 458
		1. 5	0. 831	0. 653
		2	1. 051	0. 825

续表

基本尺寸			截面面积	理论线质量
A	B	S	F	G
(mm)			(cm²)	(kg/m)
20	8	0.8	0.411	0.323
		1	0.503	0.395
		1.5	0.711	0.559
		2	0.891	0.700
	10	0.8	0.443	0.348
		1	0.543	0.426
		1.5	0.771	0.606
		2	0.971	0.763
	12	0.8	0.475	0.373
		1	0.583	0.458
		1.5	0.831	0.653
		2	1.05	0.825
		2.5	1.24	0.976
22	9	0.8	0.459	0.361
		1	0.563	0.442
		1.5	0.801	0.629
		2	1.011	0.794
		2.5	1.19	0.936
	14	0.8	0.539	0.423
		1	0.663	0.520
		1.5	0.951	0.746
		2	1.21	0.951
		2.5	1.44	1.13
24	12	0.8	0.539	0.423
		1	0.663	0.520
		1.5	0.951	0.747
		2	1.21	0.951
		2.5	1.44	1.13

基本尺寸			截面面积	理论线质量
A	B	S	F	G
(mm)			(cm²)	(kg/m)
25	10	0.8	0.523	0.411
		1	0.643	0.505
		1.5	0.921	0.723
		2	1.17	0.920
		2.5	1.39	1.09
	15	1	0.743	0.583
		1.5	1.07	0.841
		2	1.37	1.08
		2.5	1.64	1.29
28	11	1	0.723	0.567
		1.5	1.04	0.818
		2	1.33	1.05
		2.5	1.59	1.25
	14	1	0.783	0.615
		1.5	1.13	0.888
		2	1.45	1.14
		2.5	1.74	1.37
	16	1	0.823	0.646
		1.5	1.19	0.935
		2	1.53	1.20
		2.5	1.84	1.45
	22	1	0.943	0.740
		1.5	1.37	1.08
		2	1.77	1.39
		2.5	2.14	1.68
		3	2.49	1.95
		3.5	2.80	2.20

续表

基本尺寸			截面面积	理论线质量
A	B	S	F	G
(mm)			(cm²)	(kg/m)
30	12	1.5	1.13	0.888
		2	1.45	1.14
		2.5	1.74	1.37
		3	2.01	1.57
32	13	1.5	1.22	0.959
		2	1.57	1.23
		2.5	1.90	1.49
		3	2.19	1.72
	16	1.5	1.31	1.03
		2	1.69	1.33
		2.5	2.04	1.60
		3	2.37	1.86
	25	1.5	1.58	1.24
		2	2.05	1.61
		2.5	2.49	1.96
		3	2.91	2.28
35	14	1.5	1.34	1.05
		2	1.73	1.36
		2.5	2.09	1.64
		3	2.43	1.90
		3.5	2.73	2.14
36	18	1.5	1.49	1.17
		2	1.93	1.52
		2.5	2.34	1.84
		3	2.73	2.14
		3.5	3.08	2.42
	28	2	2.33	1.83
37	15	2	1.85	1.45
		2.5	2.24	1.76
		3	2.61	2.05
		3.5	2.94	2.31
		4	3.25	2.55
40	16	2	2.01	1.58
		2.5	2.44	1.92
		3	2.85	2.23
		3.5	3.22	2.53
		4	3.57	2.80
	20	2	2.17	1.70
		2.5	2.64	2.07
		3	3.09	2.42
		3.5	3.50	2.75
		4	3.86	3.05
	25	2	2.37	1.86
		2.5	2.89	2.27
		3	3.39	2.66
		3.5	3.85	3.02
		4	4.29	3.36
42	30	2	2.65	2.08
45	30	2	2.77	2.18
		2.5	3.39	2.66
		3	3.99	3.13
		3.5	4.55	3.57
		4	5.09	3.99
48	30	2	2.89	2.27
		2.5	3.54	2.78
50	32	2	3.05	2.40
		2.5	3.74	2.94
		3	4.41	3.46

续表

基本尺寸			截面面积	理论线质量	基本尺寸			截面面积	理论线质量
A	*B*	*S*	*F*	*G*	*A*	*B*	*S*	*F*	*G*
(mm)			(cm^2)	(kg/m)	(mm)			(cm^2)	(kg/m)
55	38	2	3.49	2.74	110	75	5	17.07	13.40
		2.5	4.29	3.37			6	20.14	15.81
		3	5.07	3.98			7	23.10	18.13
		3.5	5.81	4.56			8	25.94	20.36
		4	6.53	5.12	120	40	4.0	12.54	9.84
60	40	3.5	6.30	4.95			5.0	15.67	12.30
		4	7.09	5.56			6.0	18.81	14.77
		5	8.57	6.73			8.0	25.07	19.68
70	50	4	8.69	6.82		60	4.5	15.90	12.48
		5	10.57	8.30			6.0	21.21	16.65
		6	12.34	9.69			8.0	28.27	22.19
		7	14.00	10.99			10.0	35.34	27.74
80	60	4	10.29	8.07		80	4.5	17.70	13.89
		5	12.57	9.87			6	21.94	17.22
		6	14.74	11.57			7	25.20	19.78
		7	16.80	13.19			8	28.34	22.25
90	60	4	11.09	8.70			9	31.37	24.63
		5	13.57	10.65			10.0	39.34	30.88
		6	15.94	12.52	130	85	6	23.74	18.64
		7	18.20	14.29			7	27.30	21.43
100	70	5	15.57	12.22			8	30.74	24.13
		6	18.34	14.40			9	34.07	26.75
		7	21.00	16.48	140	40	4.5	15.90	12.48
		8	23.54	18.48			6.0	21.21	16.65
110	50	4.0	12.54	9.84			8.0	28.27	22.19
		5.0	15.67	12.30		60	4.5	17.70	13.89
		6.0	18.81	14.77			6.0	23.61	18.53
		8.0	25.07	19.68			8.0	31.47	24.70
	70	5.0	17.67	13.87			10.0	39.34	30.88
		6.0	21.21	16.65			12.0	47.21	37.06
		8.0	28.27	22.19					

续表

基本尺寸 A	基本尺寸 B	基本尺寸 S	截面面积 F	理论线质量 G
(mm)			(cm^2)	(kg/m)
140	80	7	28.00	21.98
		8	31.54	24.76
		9	34.97	27.45
		10	38.29	30.05
	90	6.0	27.21	21.36
		8.0	36.27	28.47
		10.0	45.34	35.59
		12.0	54.41	42.71
		14.0	63.48	49.83
	120	7.0	35.94	28.21
		8.0	41.07	32.24
		10.0	51.34	40.30
		12.0	61.61	48.36
		14.0	71.88	56.43
150	75	7	28.70	22.53
		8	32.34	25.39
		9	35.87	28.16
		10	39.29	30.84
160	60	4.5	19.50	15.31
		5.0	21.67	17.01
		6.0	26.01	20.42
		8.0	34.67	27.22
	65	8	32.34	25.39
		9	35.87	28.16
		10	39.29	30.84
		11	42.59	33.43
	80	4.5	21.30	16.72
		6.0	28.41	22.30
		8.0	37.87	29.73
		10.0	47.34	37.16
		12.0	56.81	44.60
160	100	6.5	33.37	26.20
		8.0	41.07	32.24
		10.0	51.34	40.30
		12.0	61.61	48.36
		14.0	71.88	56.43
	120	6.0	33.21	26.07
		8.0	44.27	34.75
		10.0	55.34	43.44
		12.0	66.41	52.13
		14.0	77.48	60.82
		16.0	88.55	69.51
	150	6.0	36.81	28.90
		8.0	49.07	38.52
		10.0	61.34	48.15
		12.0	73.61	57.78
		14.0	85.88	67.42
		16.0	98.15	77.05
180	80	6.5	33.37	26.20
		8.0	41.07	32.24
		10.0	51.34	40.30
		12.0	61.61	48.36
		14.0	71.88	56.43
		16.0	82.15	64.49
	100	6.0	33.21	26.07
		8.0	44.27	34.75
		10.0	55.34	43.44
		12.0	66.41	52.13
		14.0	77.48	60.82
		16.0	88.55	69.51
		18.0	99.62	78.20

续表

基本尺寸			截面面积	理论线质量	基本尺寸			截面面积	理论线质量
A	B	S	F	G	A	B	S	F	G
(mm)			(cm^2)	(kg/m)	(mm)			(cm^2)	(kg/m)
200	50	6.5	32.07	25.17	220	200	12.0	100.01	78.51
		7.0	34.54	27.11			14.0	116.68	91.59
		8.0	39.47	30.98			16.0	133.35	104.68
	80	6.0	33.21	26.07			18.0	150.02	117.77
		7.0	38.74	30.41	250	150	6.5	51.57	40.48
		8.0	44.27	34.75			8.0	63.47	49.82
		9.0	49.81	39.10			10.0	79.34	62.28
	100	6.0	35.61	27.95			12.0	95.21	74.74
		7.0	47.47	37.26			14.0	111.08	87.20
		8.0	59.34	46.58			16.0	12.695	99.66
		12.0	71.21	55.90		200	8.0	71.47	56.10
		14.0	83.08	65.22			10.0	89.34	70.13
		16.0	94.95	74.54			12.0	107.21	84.16
		18.0	106.82	83.85			14.0	125.08	98.19
	120	6.0	38.01	29.84			16.0	142.95	112.22
		8.0	50.67	39.78	300	200	8.0	79.47	62.38
		10.0	63.34	49.72			10.0	99.34	77.98
		12.0	76.01	59.67			12.0	119.21	93.58
		14.0	88.68	69.61			14.0	139.08	109.18
		16.0	101.35	79.56			16.0	158.95	124.78
		18.0	114.02	89.51	400	200	8.0	95.47	74.94
220	200	6.0	50.01	39.26			10.0	119.34	93.68
		8.0	66.67	52.34			12.0	143.21	112.42
		10.0	83.34	65.42			14.0	167.08	131.16

（4）椭圆形钢管

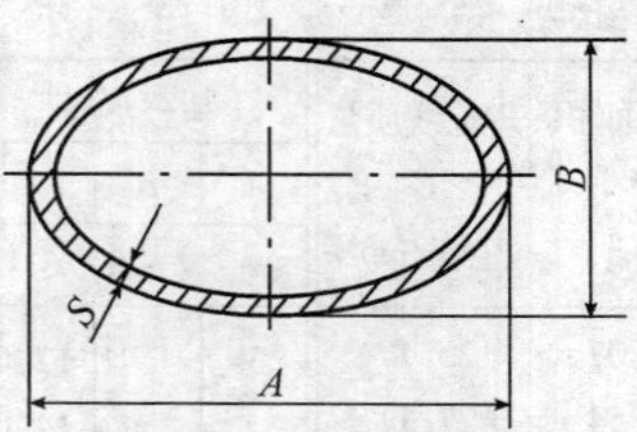

表 2－250　椭圆形钢管

基本尺寸 A	基本尺寸 B	基本尺寸 S	截面面积 F	理论线质量 G
(mm)			(cm^2)	(kg/m)
6	3	0.5	0.062 8	0.049 3
8	4	0.5	0.086 4	0.067 8
		0.8	0.131	0.103
		1	0.157	0.123
		1.2	0.181	0.142
10	5	0.5	0.110	0.086 4
		0.8	0.168	0.132
		1	0.204	0.160
		1.2	0.238	0.186
	7	0.5	0.126	0.098 7
		0.8	0.194	0.152
		1	0.236	0.185
		1.2	0.275	0.216
12	4	0.5	0.118	0.092 5
		0.8	0.181	0.142
		1	0.220	0.173
		1.2	0.256	0.201
	6	0.5	0.134	0.105
		0.8	0.206	0.162
		1	0.251	0.197
		1.2	0.294	0.231
14	7	0.5	0.157	0.123
		0.8	0.244	0.191
		1	0.298	0.234
		1.2	0.351	0.275
15	5	0.5	0.149	0.117
		0.8	0.231	0.182
		1	0.283	0.222
		1.2	0.332	0.261
16	8	0.5	0.181	0.142
		0.8	0.282	0.221
		1	0.346	0.271
		1.2	0.407	0.320
18	8	0.5	0.196	0.154
		0.8	0.306	0.240
		1	0.377	0.296
		1.2	0.445	0.349
	9	0.5	0.204	0.160
		0.8	0.319	0.250
		1	0.393	0.308
		1.2	0.463	0.364

续表

基本尺寸 A (mm)	基本尺寸 B (mm)	基本尺寸 S (mm)	截面面积 F (cm^2)	理论线质量 G (kg/m)
20	10	0.5	0.228	0.179
		0.8	0.357	0.280
		1	0.440	0.345
		1.2	0.520	0.408
	12	0.8	0.382	0.300
		1	0.471	0.370
		1.2	0.558	0.438
		1.5	0.683	0.536
24	8	0.8	0.382	0.300
		1	0.471	0.370
		1.2	0.558	0.438
		1.5	0.683	0.536
	12	0.8	0.432	0.339
		1	0.534	0.419
		1.2	0.633	0.497
		1.5	0.778	0.610
26	13	0.8	0.470	0.369
		1	0.581	0.456
		1.2	0.690	0.541
		1.5	0.848	0.666
30	10	0.8	0.482	0.379
		1	0.597	0.469
		1.2	0.708	0.556
		1.5	0.871	0.684
	15	0.8	0.545	0.428
		1	0.675	0.530
		1.2	0.803	0.630
		1.5	0.990	0.777
30	18	0.8	0.583	0.458
		1	0.723	0.567
		1.2	0.859	0.675
		1.5	1.06	0.832
34	17	0.8	0.621	0.487
		1	0.769	0.604
		1.2	0.916	0.719
		1.5	1.13	0.888
		2	1.48	1.16
36	12	0.8	0.583	0.458
		1	0.723	0.567
		1.2	0.859	0.675
		1.5	1.06	0.832
	18	0.8	0.659	0.518
		1	0.817	0.641
		1.2	0.972	0.763
		1.5	1.20	0.944
		2	1.57	1.23
38	26	1	0.974	0.765
		1.2	1.16	0.911
		1.5	1.44	1.13
		2	1.89	1.48
40	20	1	0.911	0.715
		1.2	1.09	0.852
		1.5	1.34	1.05
		2	1.76	1.38
43	32	1	1.15	0.900
		1.2	1.37	1.08
		1.5	1.70	1.33
		2	2.23	1.75

续表

基本尺寸			截面面积	理论线质量	基本尺寸			截面面积	理论线质量
A	B	S	F	G	A	B	S	F	G
(mm)			(cm^2)	(kg/m)	(mm)			(cm^2)	(kg/m)
44	22	1	1.01	0.789	54	28	1	1.26	0.987
		1.2	1.20	0.941			1.2	1.50	1.18
		1.5	1.48	1.17			1.5	1.86	1.46
		2	1.95	1.53			2	2.45	1.92
45	15	1	0.911	0.715		23	1	1.19	0.937
		1.2	1.09	0.852			1.2	1.42	1.12
		1.5	1.34	1.05			1.5	1.77	1.39
		2	1.76	1.38			2	2.32	1.82
	23	1	1.04	0.814	55	35	1	1.38	1.09
		1.2	1.24	0.970			1.2	1.65	1.30
		1.5	1.53	1.20			1.5	2.05	1.61
		2	2.01	1.58			2	2.70	2.12
	28	1	1.12	0.875			2.5	3.34	2.62
		1.2	1.33	1.05	56	28	1	1.29	1.01
		1.5	1.65	1.29			1.2	1.54	1.21
		2	2.17	1.70			1.5	1.91	1.50
50	25	1	1.15	0.900			2	2.51	1.97
		1.2	1.37	1.08			2.5	3.10	2.44
		1.5	1.70	1.33	60	20	1	1.23	0.962
		2	2.23	1.75			1.2	1.46	1.15
	39	1	1.37	1.07			1.5	1.81	1.42
		1.2	1.63	1.28			2	2.39	1.88
		1.5	2.03	1.59			2.5	2.95	2.31
		2	2.67	2.10		30	1	1.38	1.09
51	17	1	1.04	0.814			1.2	1.65	1.30
		1.2	1.24	0.970			1.5	2.05	1.61
		1.5	1.53	1.20			2	2.70	2.12
		2	2.01	1.58			2.5	3.34	2.62
					64	32	1	1.48	1.16
							1.2	1.77	1.39
							1.5	2.19	1.72
							2	2.89	2.27
							2.5	3.57	2.81

续表

基本尺寸			截面面积	理论线质量
A	B	S	F	G
(mm)			(cm²)	(kg/m)
65	35	1	1.54	1.21
		1.2	1.84	1.44
		1.5	2.29	1.80
		2	3.02	2.37
		2.5	3.73	2.93
66	22	1	1.35	1.06
		1.2	1.61	1.27
		1.5	2.00	1.57
		2	2.64	2.07
		2.5	3.26	2.56
70	35	1.5	2.40	1.89
		2	3.17	2.49
		2.5	3.93	3.08
72	24	1.5	2.19	1.72
		2	2.89	2.27
		2.5	3.57	2.81
76	38	1.5	2.62	2.05
		2	3.46	2.71
		2.5	4.28	3.36
80	40	1.5	2.76	2.16
		2	3.64	2.86
		2.5	4.52	3.55
81	27	1.5	2.47	1.94
		2	3.27	2.57
		2.5	4.05	3.18
84	42	1.5	2.90	2.28
		2	3.83	3.01
		2.5	4.75	3.73
	56	1.5	3.23	2.53
		2	4.27	3.35
		2.5	5.30	4.16
90	30	1.5	2.16	2.76
		2	3.64	2.86
		2.5	4.52	3.55

(5)平椭圆形钢管

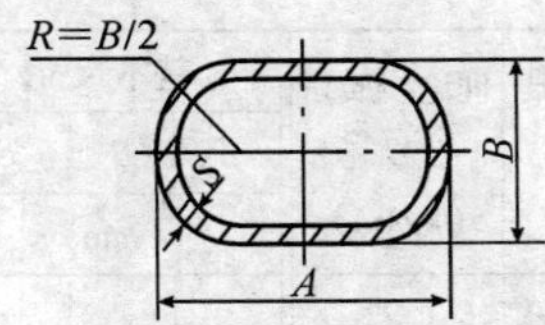

表 2－251　平椭圆形钢管

基本尺寸			截面面积	理论线质量
A	B	S	F	G
(mm)			(cm^2)	(kg/m)
6	3	0. 8	0. 103	0. 081 1
8	4	0. 8	0. 144	0. 113
		1	0. 174	0. 137
9	3	0. 8	0. 151	0. 119
10	5	0. 8	0. 186	0. 146
		1	0. 226	0. 177
12	4	0. 8	0. 208	0. 164
		1	0. 254	0. 200
	6	0. 8	0. 227	0. 178
		1	0. 277	0. 218
14	7	0. 8	0. 268	0. 210
		1	0. 329	0. 258
		1. 5	0. 469	0. 368
15	5	0. 8	0. 266	0. 209
		1	0. 326	0. 256
		1. 5	0. 465	0. 365
16	8	0. 8	0. 309	0. 243
		1	0. 380	0. 298
		1. 5	0. 546	0. 429
17	8. 5	0. 8	0. 330	0. 259
		1	0. 406	0. 318
		1. 5	0. 585	0. 459
		1. 8	0. 685	0. 538
		2	0. 748	0. 588
18	6	0. 8	0. 323	0. 253
		1	0. 397	0. 312
		1. 5	0. 572	0. 449
		1. 8	0. 670	0. 526
		2	0. 731	0. 574
	9	1	0. 431	0. 339
		1. 5	0. 623	0. 489
		1. 8	0. 731	0. 574
		2	0. 800	0. 628
20	10	1	0. 483	0. 379
		1. 5	0. 701	0. 550
		1. 8	0. 824	0. 647
		2	0. 903	0. 709
21	7	1	0. 469	0. 368
		1. 5	0. 679	0. 533
		1. 8	0. 798	0. 627
		2	0. 874	0. 686

续表

基本尺寸			截面面积	理论线质量
A	*B*	*S*	*F*	*G*
(mm)			(cm^2)	(kg/m)
24	8	1	0.540	0.424
		1.5	0.786	0.617
		1.8	0.927	0.727
		2	1.02	0.798
	12	1	0.586	0.460
		1.5	0.855	0.671
		1.8	1.01	0.792
		2	1.11	0.870
25	18.5	1	0.680	0.535
		1.5	0.996	0.782
		1.8	1.18	0.926
		2	1.30	1.02
26	13	1	0.637	0.500
		1.5	0.932	0.732
		1.8	1.10	0.864
		2	1.21	0.951
27	8.5	1	0.606	0.475
		1.5	0.885	0.695
		1.8	1.05	0.820
		2	1.15	0.901
	13.5	1	0.663	0.520
		1.5	0.971	0.762
		1.8	1.15	0.901
		2	1.26	0.992
30	10	1	0.683	0.536
		1.5	1.00	0.786
		2	1.30	1.02
	15	1	0.740	0.581
		1.5	1.09	0.853
		2	1.42	1.11
34	17	1	0.843	0.662
		1.5	1.24	0.973
		2	1.62	1.27
36	12	1	0.826	0.648
		1.5	1.22	0.954
		2	1.59	1.25
39	13	1	0.897	0.704
		1.5	1.32	1.04
		2	1.73	1.36
40	20	1	0.997	0.783
		1.5	1.47	1.16
		2	1.93	1.52
45	15	1	1.04	0.816
		1.5	1.54	1.21
		2	2.02	1.58
50	25	1	1.25	0.924
		1.5	1.86	1.46
		2	2.45	1.92

续表

基本尺寸			截面面积	理论线质量	基本尺寸			截面面积	理论线质量
A	B	S	F	G	A	B	S	F	G
(mm)			(cm^2)	(kg/m)	(mm)			(cm^2)	(kg/m)
51	17	1	1. 18	0. 929	70	25	1	1. 77	1. 39
		1. 5	1. 75	1. 37			1. 5	2. 63	2. 06
		2	2. 30	1. 81			2	3. 47	2. 73
60	20	1	1. 40	1. 10	72	24	1. 5	2. 50	1. 96
		1. 5	2. 07	1. 63			2	3. 30	2. 59
		2	2. 73	2. 14			2. 5	4. 09	3. 21
	30	1	1. 51	1. 19	80	40	1. 5	3. 01	2. 37
		1. 5	2. 24	1. 76			2	3. 99	3. 13
		2	2. 96	2. 32			2. 5	4. 95	3. 88
64	32	1	1. 61	1. 27	81	27	1. 5	2. 82	2. 22
		1. 5	2. 40	1. 88			2	3. 73	2. 93
		2	3. 17	2. 49			2. 5	4. 62	3. 63
66	22	1	1. 54	1. 21	90	30	1. 5	3. 14	2. 47
		1. 5	2. 29	1. 80			2	4. 16	3. 27
		2	3. 02	2. 37			2. 5	5. 16	4. 05
69	17	1	1. 54	1. 21					
		1. 5	2. 29	1. 80					
		2	3. 02	2. 37					

(6)内外六角形钢管

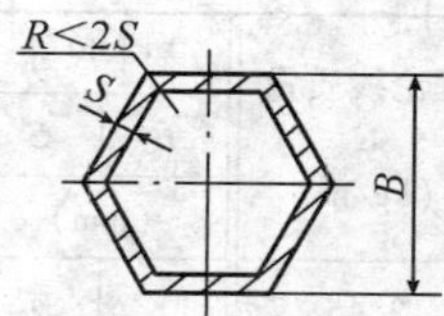

表 2-252　内外六角形钢管

基本尺寸 B	基本尺寸 S	截面面积 F	理论线质量 G	基本尺寸 B	基本尺寸 S	截面面积 F	理论线质量 G
(mm)		(cm²)	(kg/m)	(mm)		(cm²)	(kg/m)
8	1.5	0.320	0.251	27	2	1.70	1.33
	2	0.383	0.301		2.5	2.07	1.63
10	1.5	0.424	0.333		3	2.42	1.90
	2	0.522	0.410		3.5	2.75	2.16
12	1.5	0.527	0.414		4	3.06	2.40
	2	0.661	0.519	30	2	1.91	1.50
14	1.5	0.631	0.496		2.5	2.33	1.83
	2	0.799	0.627		3	2.73	2.15
17	1.5	0.787	0.618		3.5	3.11	2.44
	2	1.01	0.791		4	3.47	2.73
	2.5	1.201	0.946	32	2	2.05	1.61
	3	1.38	1.09		2.5	2.50	1.97
19	1.5	0.891	0.700		3	2.94	2.31
	2	1.15	0.899		3.5	3.36	2.63
	2.5	1.38	1.08		4	3.75	2.94
	3	1.59	1.25	36	2	2.32	1.82
22	1.5	1.05	0.822		2.5	2.85	2.24
	2	1.35	1.06		3	3.36	2.64
	2.5	1.64	1.29		3.5	3.84	3.02
	3	1.90	1.49		4	4.31	3.38
24	2	1.49	1.17	41	3	3.88	3.04
	2.5	1.81	1.42		3.5	4.45	3.49
	3	2.11	1.66		4	5.00	3.92
	4	2.64	2.07		4.5	5.53	4.34
					5	6.03	4.74

续表

基本尺寸		截面面积	理论线质量	基本尺寸		截面面积	理论线质量
B	*S*	*F*	*G*	*B*	*S*	*F*	*G*
(mm)		(cm²)	(kg/m)	(mm)		(cm²)	(kg/m)
46	3	4.40	3.45	85	4	11.09	8.71
	3.5	5.05	3.97		4.5	12.39	9.72
	4	5.69	4.47		5	13.65	10.72
	4.5	6.31	4.95		5.5	14.90	11.70
	5	6.90	5.42		6	16.13	12.66
55	3	5.33	4.19	95	4	12.48	9.80
	3.5	6.15	4.82		4.5	13.94	10.95
	4	6.94	5.45		5	15.39	12.08
	4.5	7.71	6.05		5.5	16.81	13.19
	5	8.46	6.64		6	18.21	14.29
65	3	6.37	5.00	105	4	13.87	10.88
	3.5	7.36	5.78		4.5	15.50	12.17
	4	8.32	6.53		5	17.12	13.44
	4.5	9.27	7.28		5.5	18.71	14.69
	5	10.19	8.00		6	20.29	15.92
75	4	9.71	7.62				
	4.5	10.83	8.50				
	5	11.92	9.36				
	5.5	13.00	10.20				
	6	14.05	11.03				

(7)直角梯形钢管

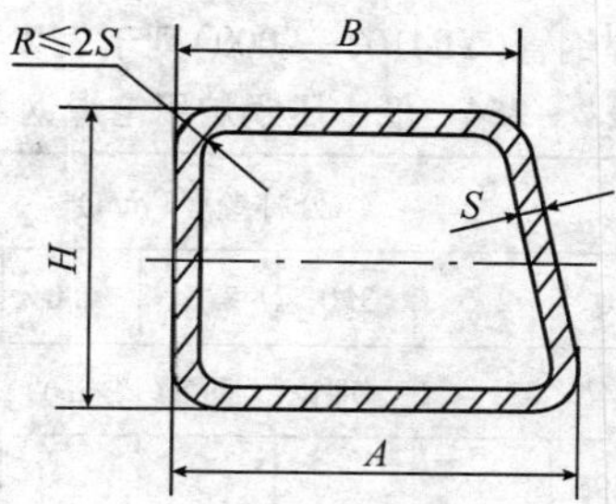

表 2－253　直角梯形钢管

基本尺寸				截面面积 F	理论线质量 G
A	B	H	S	(cm²)	(kg/m)
(mm)					
25	10	30	2	1.68	1.32
30	25	20	2	1.68	1.32
		30	1.5	1.59	1.25
32	25	20	2	1.72	1.35
35	20	35	1.8	2.07	1.62
	30	25	2	2.09	1.64
	25	30	2	2.18	1.71
45	40	60	1.5	2.95	2.31
	32	50	1.8	3.01	2.36
50	40	35	1.5	2.27	1.78
		30	1.5	2.12	1.66
		30	1.7	2.39	1.87
	35	60	2.2	4.25	3.34
	45	30	1.2	1.77	1.39
			1.4	2.05	1.61
			1.7	2.47	1.94
			1.8	2.61	2.05
			2	2.89	2.27
		40	1.8	2.97	2.33
53	48	47	1.7	3.16	2.48
55	50	40	1.8	3.15	2.48
60	55	50	1.5	3.10	2.43

13. 低中压锅炉用电焊钢管

低中压锅炉用电焊钢管(YB4102—2000)列于表2－254。

表2－254　低中压锅炉用电焊钢管

公称外径(mm)	公称壁厚(mm)								
	1.5	2.0	2.5	3.0	3.5	4.0	4.5	5.0	6.0
	理论线质量(kg/m)								
10	0.314	0.395	0.462						
12	0.388	0.493	0.586						
14		0.592	0.709	0.814					
16		0.691	0.832	0.962					
17		0.740	0.894	1.04					
18		0.789	0.956	1.11					
19		0.838	1.02	1.18					
20		0.888	1.08	1.26					
22		0.986	1.20	1.41	1.60	1.78			
25		1.13	1.39	1.63	1.86	2.07			
30		1.38	1.70	2.00	2.29	2.56			
32			1.82	2.15	2.46	2.76			
35			2.00	2.37	2.72	3.06			
38			2.19	2.59	2.98	3.35			
40			2.31	2.74	3.15	3.55			
42			2.44	2.89	3.32	3.75	4.16	4.56	

续表

公称外径(mm)	公称壁厚(mm)								
	1.5	2.0	2.5	3.0	3.5	4.0	4.5	5.0	6.0
	理论线质量(kg/m)								
45			2.62	3.11	3.58	4.04	4.49	4.93	
48			2.81	3.33	3.84	4.34	4.83	5.30	
51			2.99	3.55	4.10	4.64	5.16	5.67	
57				4.00	4.62	5.23	5.83	6.41	
60				4.22	4.88	5.52	6.16	6.78	
63.5				4.44	5.14	5.82	6.49	7.15	
70				4.96	5.74	6.51	7.27	8.01	9.47
76					6.26	7.10	7.93	8.75	10.36
83					6.86	7.79	8.71	9.62	11.39
89						8.38	9.38	10.36	12.38
102						9.67	10.82	11.96	14.21
108						10.26	11.49	12.70	15.09
114						10.85	12.12	13.44	15.98

14. 客运汽车用冷弯型钢

客运汽车用冷弯槽形型钢（GB/T 6727—1986）基本尺寸与主要参数列于表 2－255；方形空心型钢基本尺寸与主要参数列于表 2－256；矩形空心型钢基本尺寸与主要参数列于表 2－257；冷弯型钢弯曲角的内圆弧半径列于表 2－258；冷弯型钢长度偏差列于表 2－259。

表 2－255　槽形型钢基本尺寸与主要参数

代号	尺寸及允许偏差(mm)					理论线质量(kg/m)	截面面积(cm^2)	重心(cm)	惯性矩(cm^4)		回转半径(cm)		截面模数(cm^3)		
	H	允许偏差	A	允许偏差	t			X_0	I_x	I_y	r_x	r_y	W_x	W_{ymax}	W_{ymin}
KQC205×70×5.5	205	±1.5	70	±20	5.5	13.965	17.790	1.671	1 043.035	77.079	7.656	2.081	101.759	46.110	14.465

注：表中 H 为槽的高度；A 为槽腿宽；t 为壁厚。

表 2－256　方形空心型钢基本尺寸与主要参数

代号	尺寸及允许偏差(mm)			理论线质量(kg/m)	截面面积(cm^2)	惯性矩(cm^4)	回转半径(cm)	截面模数(cm^3)	扭转常数	
	A	允许偏差	t			$I_x=I_y$	$r_x=r_y$	$W_x=W_y$	I_t(cm^4)	W_t(cm^3)
KQF 30×30×1.5	30	±0.5	1.5	1.296	1.652	2.195	1.152	1.463	3.555	2.423
KQF 30×30×1.75			1.75	1.490	1.898	2.470	1.140	1.646	4.048	2.772
KQF 30×30×2.0			2.0	1.677	2.136	2.721	1.128	1.814	4.511	3.105
KQF 40×40×1.5	40	±0.7	1.5	1.767	2.252	5.489	1.561	2.744	8.728	4.433
KQF 40×40×1.75			1.75	2.039	2.598	6.237	1.549	3.118	10.009	5.100
KQF 40×40×2.0			2.0	2.305	2.936	6.939	1.537	3.469	11.238	5.745
KQF 50×50×1.5	50	±0.9	1.5	2.238	2.852	11.065	1.969	4.426	17.395	7.043
KQF 50×50×1.75			1.75	2.589	3.298	12.641	1.957	5.056	20.025	8.127
KQF 50×50×2.0			2.0	2.933	3.736	14.146	1.945	5.658	22.575	9.185

注：表中 A 为边长；t 为壁厚。

表 2－257　矩形空心型钢基本尺寸与主要参数

代号	尺寸及允许偏差(mm)				理论线质量(mm)	截面面积(cm^2)	惯性矩(cm^4)		回转半径(cm)		截面模数(cm^3)		扭转常数	
	B	A	允许偏差	t			I_x	I_y	r_x	r_y	W_x	W_y	I_t(cm^4)	W_t(cm^3)
KQJ 50×30×1.5	50	30	±0.9	1.5	1.767	2.252	3.415	7.535	1.231	1.829	2.276	3.014	7.587	4.133
KQJ 50×30×1.75				1.75	2.039	2.598	3.868	8.566	1.220	1.815	2.579	3.426	8.682	4.750
KQJ 50×30×2.0				2.0	2.305	2.936	4.291	9.535	1.208	1.801	2.861	3.814	9.727	5.345
KQJ 50×40×1.5	50	40	±0.9	1.5	2.003	2.552	6.602	9.300	1.608	1.908	3.301	3.720	12.238	5.588
KQJ 50×40×1.75				1.75	2.314	2.948	7.518	10.603	1.596	1.896	3.759	4.241	14.059	6.438
KQJ 50×40×2.0				2.0	2.619	3.336	8.384	11.840	1.585	1.883	4.192	4.736	15.817	7.265
KQJ 55×25×1.5	55	25	±1.0	1.5	1.767	2.252	2.460	8.453	1.045	1.937	1.968	3.074	6.273	3.758
KQJ 55×25×1.75				1.75	2.039	2.598	2.779	9.606	1.034	1.922	2.223	3.493	7.156	4.312
KQJ 55×25×2.0				2.0	2.305	2.936	3.073	10.689	1.023	1.907	2.459	3.886	7.992	4.845
KQJ 55×40×1.5	55	40	±1.0	1.5	2.121	2.702	7.158	11.674	1.627	2.078	3.579	4.245	14.071	6.166
KQJ 55×40×1.75				1.75	2.452	3.123	8.158	13.329	1.616	2.065	4.079	4.847	16.175	7.108
KQJ 55×40×2.0				2.0	2.776	3.536	9.107	14.904	1.604	2.052	4.553	5.419	18.208	8.025
KQJ 55×50×1.75	55	50	±1.0	1.75	2.726	3.473	13.660	15.811	1.983	2.133	5.464	5.749	23.173	8.971
KQJ 55×50×2.0				2.0	3.090	3.936	15.298	17.714	1.971	2.121	6.119	6.441	26.142	10.145
KQJ 80×40×2.0	80	40	±1.2	2.0	3.561	4.536	12.720	37.355	1.674	2.869	6.360	9.338	30.820	11.825

续表

代号	尺寸及允许偏差(mm)				理论线质量(mm)	截面面积(cm^2)	惯性矩(cm^4)		回转半径(cm)		截面模数(cm^3)		扭转常数	
	B	A	允许偏差	t			I_x	I_y	r_x	r_y	W_x	W_y	I_t(cm^4)	W_t(cm^3)
KQJ 80×40×2.5				2.5	4.387	5.589	15.255	45.103	1.652	2.840	7.627	11.275	37.467	14.470
KQJ 90×55×2.0	90	55	±1.2	2.0	4.346	5.536	28.956	61.748	2.286	3.339	10.529	13.721	62.650	18.625
KQJ 90×55×2.5				2.5	5.368	6.839	35.062	75.046	2.264	3.312	12.750	16.676	76.734	22.908
KQJ 90×50×2.0	95	50	±1.2	2.0	4.346	5.536	24.520	66.082	2.104	3.454	9.808	13.912	57.383	17.825
KQJ 90×50×2.5				2.5	5.368	6.839	29.645	80.302	2.081	3.426	11.858	16.905	70.181	21.908
KQJ 120×50×2.5	120	50	±1.4	2.5	6.349	8.089	36.702	143.965	2.130	4.218	14.680	23.994	95.857	27.845
KQJ 160×60×3	160	60	±1.6	3	9.897	12.608	83.910	389.849	2.579	5.560	27.970	48.731	227.775	53.589
KQJ 160×60×4.5	160	60	±1.6	4.5	14.497	18.468	116.640	552.054	2.513	5.467	38.880	69.006	323.707	77.320
KQJ 180×65×4.5	180	65	±1.8		16.263	20.718	156.451	784.096	2.747	6.151	48.138	87.121	437.506	95.207

注：①表中理论线质量按密度为7.85g/cm^3 计算。

②根据需方要求，经供需双方协议可供表2－255～表2－257中所列尺寸以外的冷弯型钢。

③冷弯型钢以实际线质量交货，也可按理论线质量交货。

④表中 B 为长边；A 为短边；t 为壁厚。

表 2－258 弯曲角的内圆弧半径

选用钢种	内圆弧半径(mm)	
	$t<4$	$4<t<8$
普通碳素结构钢	$\leqslant 1.5t$	$\leqslant 2.0t$
低合金结构钢	$\leqslant 2.0t$	$\leqslant 2.5t$

注：表中 t 为壁厚。

表 2－259 长度偏差

定尺精度	长度(mm)	允许偏差(mm)
普通定尺	4 000～9 000	$^{+100}_{0}$
精确定尺	4 000～6 000	$^{+5}_{0}$
	>6 000～9 000	$^{+10}_{0}$

注：①冷弯型钢通常长度为 4～9m。允许供应长度不小于 2m 的短尺冷弯型钢，但其质量不得大于该批交货质量的 5%。

②冷弯型钢按定尺或倍尺交货时，应在合同中注明，其长度偏差应符合表 2－259 的规定。

标记示例：

用低合金结构钢 16Mn 钢制成高度为 205mm，腿长为 70mm，壁厚为 5.5mm 的客运汽车用冷弯型钢其标记为：

$$客运汽车用冷弯型钢\frac{KQC\ 205\times70\times5.5-GB/T\ 6727—1986}{16Mn-GB/T\ 1591—1979}$$

用普通碳素结构钢乙类 2 号钢制成高度为 40mm，宽度为 50mm，壁厚为 1.75mm 客运汽车用冷弯型钢其标记为：

$$客运汽车用冷弯型钢\frac{KQJ\ 50\times40\times1.75-GB/T\ 6727—1986}{B_2-GB/T\ 700—1979}$$

15. 结构用冷弯空心型钢

结构用冷弯空心型钢（GB/T 6728—2002）列于表 2－260；圆形冷弯空心型钢截面尺寸、允许偏差、截面面积、理论质量及截面特性列于表 2－261；方形冷弯空心型钢截面尺寸、允许偏差、截面面积、理论质量及截面特性列于表2－262；矩形冷弯空心型钢截面尺寸、允许偏差、截面面积、理论质量及截面特性列于表2－263；冷弯型钢的弯角外圆弧半径 R 或（C_1、C_2）值列于表2－264；冷弯空心型钢长度允许偏差列于表2－265；其他尺寸和厚度的结构用冷弯圆形空心型钢的公称断面特性计算公式列于表2－266；其他尺寸和厚度的结构用冷弯方、矩形空心型钢的公称断面特性计算公式列于表2－267。

表2－260　结构用冷弯空心型钢

项目	规定与要求
分类、代号	型钢按外形形状分为圆形、方形、矩形和其他异型冷弯空心型钢。其代号为： 圆形冷弯空心型钢，简称为圆管。代号：Y 方形冷弯空心型钢，简称为方管。代号：F 矩形冷弯空心型钢，简称为矩管。代号：J 异形冷弯空心型钢，简称为异形管。代号：YI
截面要求	（1）圆形冷弯空心型钢的截面图见附图1，截面尺寸、截面面积、理论线质量及截面特性应符合表2－261的规定 （2）方形冷弯空心型钢的截面图见附图2，截面尺寸、截面面积、理论线质量及截面特性应符合表2－262的规定 （3）矩形冷弯空心型钢的截面图见附图3，截面尺寸、截面面积、理论线质量及截面特性应符合表2－263的规定 （4）异型冷弯空心型钢（异形管）的截面尺寸、允许偏差参照方矩形冷弯空心型钢的允许偏差执行。外形由供需双方协商确定。
壁厚的允许偏差	当壁厚不大于10mm时不得超过公称壁厚的±10%；当壁厚大于10mm时为壁厚的±8%（弯角及焊缝区域壁厚除外）
弯曲角度	冷弯型钢弯曲角度的偏差不得大于±1.5°
凸凹度	冷弯型钢截面的平面部分凸凹度不超过该边长的0.6%，但最小值为0.4mm

续表

项目	规定与要求
长度及允许偏差	(1)通常交货长度:4~12m (2)按定尺或倍尺长度交货时,应在合同中注明。其长度允许偏差见表2-265 冷弯型钢允许交付不小于2 000mm的短尺和非定尺产品,也可以接口管形式交货,但需方在使用时应将接口管切除。短尺和非定尺产品的重量应不超过总交货量的5%,对于理论重量大于20kg/m的冷弯型钢应不超过总交货量的10%
弯曲度	冷弯型钢弯曲度每米不得不大于2mm,总弯曲度不得大于总长度的0.2%
锯切斜度	边长(外径)≤100mm时,锯切斜度≤2mm;100mm<边长(外径)≤300mm时,为≤4mm;300mm<边长(外径)≤500mm时,为≤6mm
质量	冷弯型钢以实际质量交货。 冷弯型钢的实际质量与理论质量的允许偏差为:$^{+10}_{-6}$%

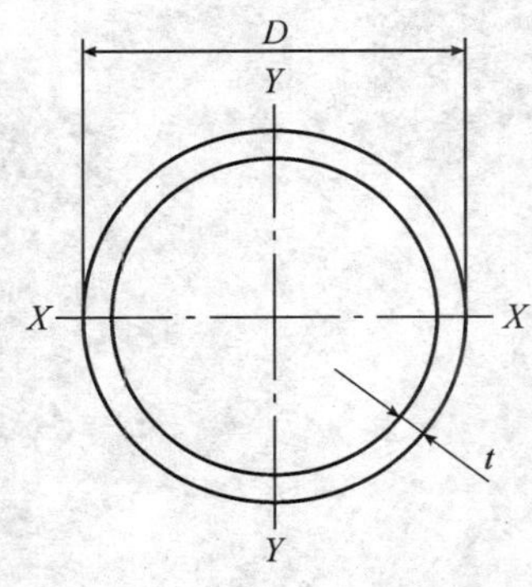

D—外径;t—壁厚

附图1　圆形冷弯空心型钢

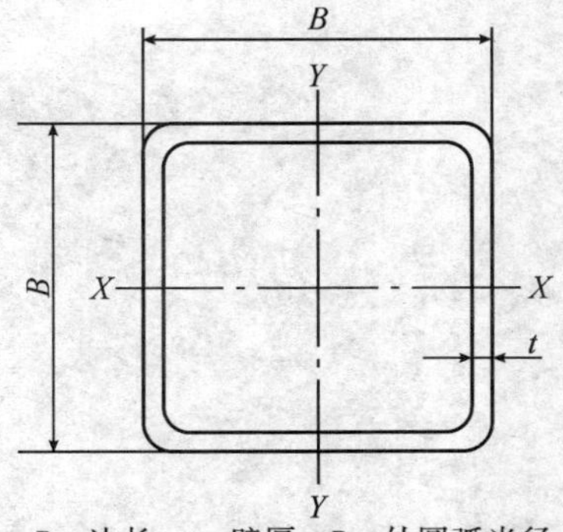

B—边长;t—壁厚;R—外圆弧半径

附图2　方形冷弯空心型钢

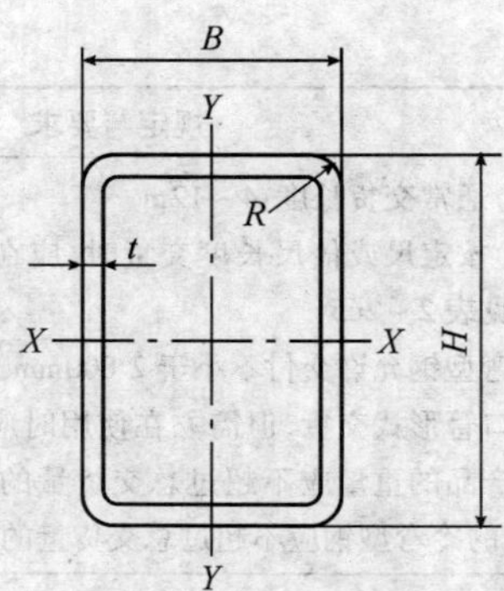

H—长边；B—短边；
t—壁厚；R—外圆半径弧

附图3　矩形冷弯空心型钢

标记示例：

用普通碳素结构钢Q235钢制造的，尺寸为150mm×100mm×6mm冷弯矩形管的标记为：

$$冷弯空心型钢（矩形管）\frac{J150\times100\times6 - GB/T\ 6728—2002}{Q235 - GB/T\ 700—1988}$$

表 2－261　圆形冷弯空心型钢截面尺寸、允许偏差、截面面积、理论线质量及截面特性

外径 D (mm)	允许偏差 (mm)	壁厚 t (mm)	理论线质量 M(kg/m)	截面面积 $A(cm^2)$	惯性矩 $I(cm^4)$	惯性半径 R(cm)	弹性模数 $Z(cm^3)$	塑性模数 $S(cm^3)$	扭转常数 $J(cm^4)$	扭转常数 $C(cm^3)$	单位长度表面积 $A_s(m^2)$
21.3 (21.3)	±0.5	1.2	0.59	0.76	0.38	0.712	0.36	0.49	0.77	0.72	0.067
		1.5	0.73	0.93	0.46	0.702	0.43	0.59	0.92	0.86	0.067
		1.75	0.84	1.07	0.52	0.694	0.49	0.67	1.04	0.97	0.067
		2.0	0.95	1.21	0.57	0.686	0.54	0.75	1.14	1.07	0.067
		2.5	1.16	1.48	0.66	0.671	0.62	0.89	1.33	1.25	0.067
		3.0	1.35	1.72	0.74	0.655	0.70	1.01	1.48	1.39	0.067
26.8 (26.9)	±0.5	1.2	0.76	0.97	0.79	0.906	0.59	0.79	1.58	1.18	0.084
		1.5	0.94	1.19	0.96	0.896	0.71	0.96	1.91	1.43	0.084
		1.75	1.08	1.38	1.09	0.888	0.81	1.1	2.17	1.62	0.084
		2.0	1.22	1.56	1.21	0.879	0.90	1.23	2.41	1.80	0.084
		2.5	1.50	1.91	1.42	0.864	1.06	1.48	2.85	2.12	0.084
		3.0	1.76	2.24	1.61	0.848	1.20	1.71	3.23	2.41	0.084
33.5 (33.7)	±0.5	1.5	1.18	1.51	1.93	1.132	1.15	1.54	3.87	2.31	0.105
		2.0	1.55	1.98	2.46	1.116	1.47	1.99	4.93	2.94	0.105
		2.5	1.91	2.43	2.94	1.099	1.76	2.41	5.89	3.51	0.105
		3.0	2.26	2.87	3.37	1.084	2.01	2.80	6.75	4.03	0.105
		3.5	2.59	3.29	3.76	1.068	2.24	3.16	7.52	4.49	0.105
		4.0	2.91	3.71	4.11	1.053	2.45	3.50	8.21	4.90	0.105

续表

外径 D (mm)	允许偏差 (mm)	壁厚 t (mm)	理论线质量 M(kg/m)	截面面积 $A(cm^2)$	惯性矩 $I(cm^4)$	惯性半径 R(cm)	弹性模数 $Z(cm^3)$	塑性模数 $S(cm^3)$	扭转常数		单位长度表面积 $A_s(m^2)$
									$J(cm^4)$	$C(cm^3)$	
42.3 (42.4)	±0.5	1.5	1.51	1.92	4.01	1.443	1.89	2.50	8.01	3.79	0.133
		2.0	1.99	2.53	5.15	1.427	2.44	3.25	10.31	4.87	0.133
		2.5	2.45	3.13	6.21	1.410	2.94	3.97	12.43	5.88	0.133
		3.0	2.91	3.70	7.19	1.394	3.40	4.64	14.39	6.80	0.133
		4.0	3.78	4.81	8.92	1.361	4.22	5.89	17.84	8.44	0.133
48 (48.3)	±0.5	1.5	1.72	2.19	5.93	1.645	2.47	3.24	11.86	4.94	0.151
		2.0	2.27	2.89	7.66	1.628	3.19	4.23	15.32	6.38	0.151
		2.5	2.81	3.57	9.28	1.611	3.86	5.18	18.55	7.73	0.151
		3.0	3.33	4.24	10.78	1.594	4.49	6.08	21.57	8.98	0.151
		4.0	4.34	5.53	13.49	1.562	5.62	7.77	26.98	11.24	0.151
		5.0	5.30	6.75	15.82	1.530	6.59	9.29	31.65	13.18	0.151
60 (60.3)	±0.6	2.0	2.86	3.64	15.34	2.052	5.11	6.73	30.68	10.23	0.188
		2.5	3.55	4.52	18.70	2.035	6.23	8.27	37.40	12.47	0.188
		3.0	4.22	5.37	21.88	2.018	7.29	9.76	43.76	14.58	0.188
		4.0	5.52	7.04	27.73	1.985	9.24	12.56	55.45	18.48	0.188
		5.0	6.78	8.64	32.94	1.953	10.98	15.17	65.88	21.96	0.188
75.5 (76.1)	±0.76	2.5	4.50	5.73	38.24	2.582	10.13	13.33	76.47	20.26	0.237
		3.0	5.36	6.83	44.97	2.565	11.91	15.78	89.94	23.82	0.237
		4.0	7.05	8.98	57.59	2.531	15.26	20.47	115.19	30.51	0.237
		5.0	8.69	11.07	69.15	2.499	18.32	24.89	138.29	36.63	0.237

续表

外径 D (mm)	允许偏差 (mm)	壁厚 t (mm)	理论线质量 M(kg/m)	截面面积 A(cm^2)	惯性矩 I(cm^4)	惯性半径 R(cm)	弹性模数 Z(cm^3)	塑性模数 S(cm^3)	扭转常数		单位长度表面积 A_s(m^2)
									J(cm^4)	C(cm^3)	
88.5 (88.9)	±0.90	3.0	6.33	8.06	73.73	3.025	16.66	21.94	147.45	33.32	0.278
		4.0	8.34	10.62	94.99	2.991	21.46	28.58	189.97	42.93	0.278
		5.0	10.30	13.12	114.72	2.957	25.93	34.90	229.44	51.85	0.278
		6.0	12.21	15.55	133.00	2.925	30.06	40.91	266.01	60.11	0.278
114 (114.3)	±1.15	4.0	10.85	13.82	209.35	3.892	36.73	48.42	418.70	73.46	0.358
		5.0	13.44	17.12	254.81	3.858	44.70	59.45	509.61	89.41	0.358
		6.0	15.98	20.36	297.73	3.824	52.23	70.06	595.46	104.47	0.358
140 (139.7)	±1.40	4.0	13.42	17.09	395.47	4.810	56.50	74.01	790.94	112.99	0.440
		5.0	16.65	21.21	483.76	4.776	69.11	91.17	967.52	138.22	0.440
		6.0	19.83	25.26	568.03	4.742	85.15	107.81	1 136.13	162.30	0.440
165 (168.3)	±1.65	4	15.88	20.23	655.94	5.69	79.51	103.71	1 311.89	159.02	0.518
		5	19.73	25.13	805.04	5.66	97.58	128.04	1 610.07	195.16	0.518
		6	23.53	29.97	948.47	5.63	114.97	151.76	1 896.93	229.93	0.518
		8	30.97	39.46	1 218.92	5.56	147.75	197.36	2 437.84	295.50	0.518
219.1 (219.1)	±2.20	5	26.4	33.60	1 928	7.57	176	229	3 856	352	0.688
		6	31.53	40.17	2 282	7.54	208	273	4 564	417	0.688
		8	41.6	53.10	2 960	7.47	270	357	5 919	540	0.688
		10	51.6	65.70	3 598	7.40	328	438	7 197	657	0.688

续表

外径 D (mm)	允许偏差 (mm)	壁厚 t (mm)	理论线质量 M(kg/m)	截面面积 A(cm^2)	惯性矩 I(cm^4)	惯性半径 R(cm)	弹性模数 Z(cm^3)	塑性模数 S(cm^3)	扭转常数		单位长度表面积 A_s(m^2)
									J(cm^4)	C(cm^3)	
273 (273)	±2.75	5	33.0	42.1	3 781	9.48	277	359	7 562	554	0.858
		6	39.5	50.3	4 487	9.44	329	428	8 974	657	0.858
		8	52.3	66.6	5 852	9.37	429	562	11 700	857	0.858
		10	64.9	82.6	7 154	9.31	524	692	14 310	1 048	0.858
325 (323.9)	±3.25	5	39.5	50.3	6 436	11.32	396	512	12 871	792	1.20
		6	47.2	60.1	7 651	11.28	471	611	15 303	942	1.20
		8	62.5	79.7	10 014	11.21	616	804	20 028	1 232	1.20
		10	77.7	99.0	12 287	11.14	756	993	24 573	1 512	1.20
		12	92.6	118.0	14 472	11.07	891	1 176	28 943	1 781	1.20
355.6 (355.6)	±3.55	6	51.7	65.9	10 071	12.4	566	733	20 141	1 133	1.12
		8	68.6	87.4	13 200	12.3	742	967	26 400	1 485	1.12
		10	85.2	109.0	16 220	12.2	912	1 195	32 450	1 825	1.12
		12	101.7	130.0	19 140	12.2	1 076	1 417	38 279	2 153	1.12
406.4 (406.4)	±4.10	8	78.6	100	19 870	14.1	978	1 270	39 750	1 956	1.28
		10	97.8	125	24 480	14.0	1 205	1 572	48 950	2 409	1.28
		12	116.7	149	28 937	14.0	1 424	1 867	57 874	2 848	1.28

续表

外径 D (mm)	允许偏差 (mm)	壁厚 t (mm)	理论线质量 M(kg/m)	截面面积 $A(cm^2)$	惯性矩 $I(cm^4)$	惯性半径 R(cm)	弹性模数 $Z(cm^3)$	塑性模数 $S(cm^3)$	扭转常数 $J(cm^4)$	扭转常数 $C(cm^3)$	单位长度表面积 $A_s(m^2)$
457 (457)	±4.6	8	88.6	113	28 450	15.9	1 245	1 613	56 890	2 490	1.44
		10	110.0	140	35 090	15.8	1 536	1 998	70 180	3 071	1.44
		12	131.7	168	41 556	15.7	1 819	2 377	83 113	3 637	1.44
508 (508)	±5.10	8	98.6	126	39 280	17.7	1 546	2 000	78 560	3 093	1.60
		10	123.0	156	48 520	17.6	1 910	2 480	97 040	3 621	1.60
		12	146.8	187	57 536	17.5	2 265	2 953	115 072	4 530	1.60
610	±6.10	8	118.8	151	68 552	21.3	2 248	2 899	137 103	4 495	1.92
		10	148.0	189	84 847	21.2	2 781	3 600	169 694	5 564	1.92
		12.5	184.2	235	104 755	21.1	3 435	4 463	209 510	6 869	1.92
		16	234.4	299	131 782	21.0	4 321	5 647	263 563	8 641	1.92

注：①括号内为 ISO 4019 所列规格。

②根据需方要求可提供表中所列尺寸以外的冷弯型钢，其尺寸允许偏差按表中相邻小尺寸的偏差规定执行。

表 2－262　方形冷弯空心型钢截面尺寸、允许偏差、截面面积、理论线质量及截面特性

边长 B (mm)	允许偏差 (mm)	壁厚 t (mm)	理论线质量 M(kg/m)	截面面积 A(cm^2)	惯性矩 $I_x=I_y$ (cm^4)	惯性半径 $r_x=r_y$ (cm)	截面模数 $W_x=W_y$ (cm^3)	扭转常数	
								I_t(cm^4)	C_t(cm^3)
20	±0.50	1.2	0.679	0.865	0.498	0.759	0.498	0.823	0.75
		1.5	0.826	1.052	0.583	0.744	0.583	0.985	0.88
		1.75	0.941	1.199	0.642	0.732	0.642	1.106	0.98
		2.0	1.050	1.340	0.692	0.720	0.692	1.215	1.06
20	±0.50	1.2	0.867	1.105	1.025	0.963	0.820	1.655	1.24
		1.5	1.061	1.352	1.216	0.948	0.973	1.998	1.47
		1.75	1.215	1.548	1.357	0.936	1.086	2.261	1.65
		2.0	1.363	1.736	1.482	0.923	1.186	2.502	1.80
30	±0.50	1.5	1.296	1.652	2.195	1.152	1.463	3.555	2.21
		1.75	1.490	1.898	2.470	1.140	1.646	4.048	2.49
		2.0	1.677	2.136	2.721	1.128	1.814	4.511	2.75
		2.5	2.032	2.589	3.154	1.103	2.102	5.347	3.20
		3.0	2.361	3.008	3.500	1.078	2.333	6.060	3.58
40	±0.50	1.5	1.767	2.525	5.489	1.561	2.744	8.728	4.13
		1.75	2.039	2.598	6.237	1.549	3.118	10.009	4.69
		2.0	2.305	2.936	6.939	1.537	3.469	11.238	5.23
		2.5	2.817	3.589	8.213	1.512	4.106	13.539	6.21
		3.0	3.303	4.208	9.320	1.488	4.660	15.628	7.07
		4.0	4.198	5.347	11.064	1.438	5.532	19.152	8.48

续表

边长 B (mm)	允许偏差 (mm)	壁厚 t (mm)	理论线质量 M(kg/m)	截面面积 A(cm^2)	惯性矩 $I_x=I_y$ (cm^4)	惯性半径 $r_x=r_y$ (cm)	截面模数 $W_x=W_y$ (cm^3)	扭转常数	
								I_t(cm^4)	C_t(cm^3)
50	±0.50	1.5	2.238	2.852	11.065	1.969	4.426	17.395	6.65
		1.75	2.589	3.298	12.641	1.957	5.056	20.025	7.60
		2.0	2.933	3.736	14.146	1.945	5.658	22.578	8.51
		2.5	3.602	4.589	16.941	1.921	6.776	27.436	10.22
		3.0	4.245	5.408	19.463	1.897	7.785	31.972	11.77
		4.0	5.454	6.947	23.725	1.847	9.490	40.047	14.43
60	±0.60	2.0	3.560	4.540	25.120	2.350	8.380	39.810	12.60
		2.5	4.387	5.589	30.340	2.329	10.113	48.539	15.22
		3.0	5.187	6.608	35.130	2.305	11.710	56.892	17.65
		4.0	6.710	8.547	43.539	2.256	14.513	72.188	21.97
		5.0	8.129	10.356	50.468	2.207	16.822	85.560	25.61
70	±0.65	2.5	5.170	6.590	49.400	2.740	14.100	78.500	21.20
		3.0	6.129	7.808	57.522	2.714	16.434	92.188	24.74
		4.0	7.966	10.147	72.108	2.665	20.602	117.975	31.11
		5.0	9.699	12.356	84.602	2.616	24.172	141.183	36.65
80	±0.70	2.5	5.957	7.589	75.147	3.147	18.787	118.52	28.22
		3.0	7.071	9.008	87.838	3.122	21.959	139.660	33.02
		4.0	9.222	11.747	111.031	3.074	27.757	179.808	41.84
		5.0	11.269	14.356	131.414	3.025	32.853	216.628	49.68

续表

边长 B (mm)	允许偏差 (mm)	壁厚 t (mm)	理论线质量 M(kg/m)	截面面积 A(cm^2)	惯性矩 $I_x=I_y$ (cm^4)	惯性半径 $r_x=r_y$ (cm)	截面模数 $W_x=W_y$ (cm^3)	扭转常数	
								I_t(cm^4)	C_t(cm^3)
90	±0.75	3.0	8.013	10.208	127.277	3.531	28.283	201.108	42.51
		4.0	10.478	13.347	161.907	3.482	35.979	260.088	54.17
		5.0	12.839	16.356	192.903	3.434	42.867	314.896	64.71
		6.0	15.097	19.232	220.420	3.385	48.982	365.452	74.16
100	±0.80	4.0	11.734	11.947	226.337	3.891	45.267	361.213	68.10
		5.0	14.409	18.356	271.071	3.842	54.214	438.986	81.72
		6.0	16.981	21.632	311.415	3.794	62.283	511.558	94.12
110	±0.90	4.0	12.99	16.548	305.94	4.300	55.625	486.47	83.63
		5.0	15.98	20.356	367.95	4.252	66.900	593.60	100.74
		6.0	18.866	24.033	424.57	4.203	77.194	694.85	116.47
120	±0.90	4.0	14.246	18.147	402.260	4.708	67.043	635.603	100.75
		5.0	17.549	22.356	485.441	4.659	80.906	776.632	121.75
		6.0	20.749	26.432	562.094	4.611	93.683	910.281	141.22
		8.0	26.840	34.191	696.639	4.513	116.106	1 155.010	174.58
130	±1.00	4.0	15.502	19.748	516.97	5.117	79.534	814.72	119.48
		5.0	19.120	24.356	625.68	5.068	96.258	998.22	144.77
		6.0	22.634	28.833	726.64	5.020	111.79	1 173.6	168.36
		8.0	28.921	36.842	882.86	4.895	135.82	1 502.1	209.54

续表

边长 B (mm)	允许偏差 (mm)	壁厚 t (mm)	理论线质量 M(kg/m)	截面面积 $A(cm^2)$	惯性矩 $I_x=I_y$ (cm^4)	惯性半径 $r_x=r_y$ (cm)	截面模数 $W_x=W_y$ (cm^3)	扭转常数	
								$I_t(cm^4)$	$C_t(cm^3)$
140	±1.10	4.0	16.758	21.347	651.598	5.524	53.085	1 022.176	139.8
		5.0	20.689	26.356	790.523	5.476	112.931	1 253.565	169.78
		6.0	24.517	31.232	920.359	5.428	131.479	1 475.020	197.9
		8.0	31.864	40.591	1 153.735	5.331	164.819	1 887.605	247.69
150	±1.20	4.0	18.014	22.948	807.82	5.933	107.71	1 264.8	161.73
		5.0	22.26	28.356	982.12	5.885	130.95	1 554.1	196.79
		6.0	26.402	33.633	1 145.9	5.837	152.79	1 832.7	229.84
		8.0	33.945	43.242	1 411.8	5.714	188.25	2 364.1	289.03
160	±1.20	4.0	19.270	24.547	987.152	6.341	123.394	1 540.134	185.25
		5.0	23.829	30.356	1 202.317	6.293	150.289	1 893.787	225.79
		6.0	28.285	36.032	1 405.408	6.245	175.676	2 234.573	264.18
		8.0	36.888	46.991	1 776.496	6.148	222.062	2 876.940	333.56
170	±1.30	4.0	20.526	26.148	1 191.3	6.750	140.15	1 855.8	210.37
		5.0	25.400	32.356	1 453.3	6.702	170.97	2 285.3	256.80
		6.0	30.170	38.433	1 701.6	6.654	200.18	2 701.0	300.91
		8.0	38.969	49.642	2 118.2	6.532	249.2	3 503.1	381.28
180	±1.40	4.0	21.800	27.70	1 422	7.16	158	2 210	237
		5.0	27.000	34.40	1 737	7.11	193	2 724	290
		6.0	32.100	40.80	2 037	7.06	226	3 223	340
		8.0	41.500	52.80	2 546	6.94	283	4 189	432

续表

边长 B (mm)	允许偏差 (mm)	壁厚 t (mm)	理论线质量 M(kg/m)	截面面积 $A(cm^2)$	惯性矩 $I_x=I_y$ (cm^4)	惯性半径 $r_x=r_y$ (cm)	截面模数 $W_x=W_y$ (cm^3)	扭转常数	
								$I_t(cm^4)$	$C_t(cm^3)$
190	±1.50	4.0	23.00	29.30	1 680	7.57	176	2 607	265
		5.0	28.50	36.40	2 055	7.52	216	3 216	325
		6.0	33.90	43.20	2 413	7.47	254	3 807	381
		8.0	44.00	56.00	3 208	7.35	319	4 958	486
200	±1.60	4.0	24.30	30.90	1 968	7.97	197	3 049	295
		5.0	30.10	38.40	2 410	7.93	241	3 763	362
		6.0	35.80	45.60	2 833	7.88	283	4 459	426
		8.0	46.50	59.20	3 566	7.76	357	5 815	544
		10	57.00	72.60	4 251	7.65	425	7 072	651
220	±1.80	5.0	33.2	42.4	3 238	8.74	294	5 038	442
		6.0	39.6	50.4	3 813	8.70	347	5 976	521
		8.0	51.5	65.6	4 828	8.58	439	7 815	668
		10	63.2	80.6	5 782	8.47	526	9 533	804
		12	73.5	93.7	6 487	8.32	590	11 149	922
250	±2.00	5.0	38.0	48.4	4 805	9.97	384	7 443	577
		6.0	45.2	57.6	5 672	9.92	454	8 843	681
		8.0	59.1	75.2	7 229	9.80	578	11 598	878
		10	72.7	92.6	8 707	9.70	697	14 197	1 062
		12	84.8	108	9 859	9.55	789	16 691	1 226

续表

边长 B (mm)	允许偏差 (mm)	壁厚 t (mm)	理论线质量 M(kg/m)	截面面积 A(cm^2)	惯性矩 $I_x=I_y$ (cm^4)	惯性半径 $r_x=r_y$ (cm)	截面模数 $W_x=W_y$ (cm^3)	扭转常数	
								I_t(cm^4)	C_t(cm^3)
280	±2.20	5.0	42.7	54.4	6 810	11.2	486	10 513	730
		6.0	50.9	64.8	8 054	11.1	575	12 504	863
		8.0	66.6	84.8	10 317	11.0	737	16 436	1 117
		10	82.1	104.6	12 479	10.9	891	20 173	1 356
		12	96.1	122.5	14 232	10.8	1 017	23 804	1 574
300	±2.40	6.0	54.7	69.6	9 964	12.0	664	15 434	997
		8.0	71.6	91.2	12 801	11.8	853	20 312	1 293
		10	88.4	113	15 519	11.7	1 035	24 966	1 572
		12	104	132	17 767	11.6	1 184	29 514	1 829
350	±2.80	6.0	64.1	81.6	16 008	14.0	915	24 683	1 372
		8.0	84.2	107	20 618	13.9	1 182	32 557	1 787
		10	104	133	25 189	13.8	1 439	40 127	2 182
		12	123	156	29 054	13.6	1 660	47 598	2 552
400	±3.20	8.0	96.7	123	31 269	15.9	1 564	48 934	2 362
		10	120	153	38 216	15.8	1 911	60 431	2 892
		12	141	180	44 319	15.7	2 216	71 843	3 395
		14	163	208	50 414	15.6	2 521	82 735	3 877

续表

边长 B (mm)	允许偏差 (mm)	壁厚 t (mm)	理论线质量 M(kg/m)	截面面积 A(cm^2)	惯性矩 $I_x=I_y$ (cm^4)	惯性半径 $r_x=r_y$ (cm)	截面模数 $W_x=W_y$ (cm^3)	扭转常数	
								I_t(cm^4)	C_t(cm^3)
450	±3.60	8.0	109	139	44 966	18.0	1 999	70 043	3 016
		10	135	173	55 100	17.9	2 449	86 629	3 702
		12	160	204	64 164	17.7	2 851	103 150	4 357
		14	185	236	73 210	17.6	3 254	119 000	4 989
500	±4.00	8.0	122	155	62 172	20.0	2 487	96 483	3 750
		10	151	193	76 341	19.9	3 054	119 470	4 612
		12	179	228	89 187	19.8	3 568	142 420	5 440
		14	207	264	102 010	19.7	4 080	164 530	6 241
		16	235	299	114 260	19.6	4 570	186 140	7 013

注：①表中理论线质量按密度7.85g/cm^3 计算。

②根据需方要求可提供表中所列尺寸以外的冷弯型钢，其尺寸允许偏差按表中相邻小尺寸的偏差执行。

表 2－263　矩形冷弯空心型钢截面尺寸、允许偏差、截面面积、理论线质量及截面特性

边长 (mm)		允许偏差 (mm)	壁厚 t (mm)	理论线质量 M(kg/m)	截面面积 $A(cm^2)$	惯性矩 (cm^4)		惯性半径 (cm)		截面模数 (cm^3)		扭转常数	
H	B					I_x	I_y	r_x	r_y	W_x	W_y	$I_t(cm^4)$	$C_t(cm^3)$
30	20	±0.50	1.5	1.06	1.35	1.59	0.84	1.08	0.788	1.06	0.84	1.83	1.40
			1.75	1.22	1.55	1.77	0.93	1.07	0.777	1.18	0.93	2.07	1.56
			2.0	1.36	1.74	1.94	1.02	1.06	0.765	1.29	1.02	2.29	1.71
			2.5	1.64	2.09	2.21	1.15	1.03	0.742	1.47	1.15	2.68	1.95
40	20	±0.50	1.5	1.30	1.65	3.27	1.10	1.41	0.815	1.63	1.10	2.74	1.91
			1.75	1.49	1.90	3.68	1.23	1.39	0.804	1.84	1.23	3.11	2.14
			2.0	1.68	2.14	4.05	1.34	1.38	0.793	2.02	1.34	3.45	2.36
			2.5	2.03	2.59	4.69	1.54	1.35	0.770	2.35	1.54	4.06	2.72
			3.0	2.36	3.01	5.21	1.68	1.32	0.748	2.60	1.68	4.57	3.00
40	25	±0.50	1.5	1.41	1.80	3.82	1.84	1.46	1.010	1.91	1.47	4.06	2.46
			1.75	1.63	2.07	4.32	2.07	1.44	0.999	2.16	1.66	4.63	2.78
			2.0	1.83	2.34	4.77	2.28	1.43	0.988	2.39	1.82	5.17	3.07
			2.5	2.23	2.84	5.57	2.64	1.40	0.965	2.79	2.11	6.15	3.59
			3.0	2.60	3.31	6.24	2.94	1.37	0.942	3.12	2.35	7.00	4.01

续表

边长 (mm)		允许偏差 (mm)	壁厚 t (mm)	理论线质量 M(kg/m)	截面面积 A(cm^2)	惯性矩 (cm^4)		惯性半径 (cm)		截面模数 (cm^3)		扭转常数	
H	B					I_x	I_y	r_x	r_y	W_x	W_y	I_t(cm^4)	C_t(cm^3)
40	30	±0.50	1.5	1.53	1.95	4.38	2.81	1.50	1.199	2.19	1.87	5.52	3.02
			1.75	1.77	2.25	4.96	3.17	1.48	1.187	2.48	2.11	6.31	3.42
			2.0	1.99	2.54	5.49	3.51	1.47	1.176	2.75	2.34	7.07	3.79
			2.5	2.42	3.09	6.45	4.10	1.45	1.153	3.23	2.74	8.47	4.46
			3.0	2.83	3.61	7.27	4.60	1.42	1.129	3.63	3.07	9.72	5.03
50	25	±0.50	1.5	1.65	2.10	6.65	2.25	1.78	1.04	2.66	1.80	5.52	3.41
			1.75	1.90	2.42	7.55	2.54	1.76	1.024	3.02	2.03	6.32	3.54
			2.0	2.15	2.74	8.38	2.81	1.75	1.013	3.35	2.25	7.06	3.92
			2.5	2.62	2.34	9.89	3.28	1.72	0.991	3.95	2.62	8.43	4.60
			3.0	3.07	3.91	11.17	3.67	1.69	0.969	4.47	2.93	9.64	5.18
50	30	±0.50	1.5	1.767	2.252	7.535	3.415	1.829	1.231	3.014	2.276	7.587	3.83
			1.75	2.039	2.598	8.566	3.868	1.815	1.220	3.426	2.579	8.682	4.35
			2.0	2.305	2.936	9.535	4.291	1.801	1.208	3.814	2.861	9.727	4.84
			2.5	2.817	3.589	11.296	5.050	1.774	1.186	4.518	3.366	11.666	5.72
			3.0	3.303	4.206	12.827	5.696	1.745	1.163	5.130	3.797	13.401	6.49
			4.0	4.198	5.347	15.239	6.682	1.688	1.117	6.095	4.455	16.244	7.77

续表

边长(mm)		允许偏差(mm)	壁厚 t (mm)	理论线质量 M(kg/m)	截面面积 A(cm^2)	惯性矩(cm^4)		惯性半径(cm)		截面模数(cm^3)		扭转常数	
H	B					I_x	I_y	r_x	r_y	W_x	W_y	I_t(cm^4)	C_t(cm^3)
50	40	±0.50	1.5	2.003	2.552	9.300	6.602	1.908	1.608	3.720	3.301	12.238	5.24
			1.75	2.314	2.948	10.603	7.518	1.896	1.596	4.241	3.759	14.059	5.97
			2.0	2.619	3.336	11.840	8.348	1.883	1.585	4.736	4.192	15.817	6.673
			2.5	3.210	4.089	14.121	9.976	1.858	1.562	5.648	4.988	19.222	7.965
			3.0	3.775	4.808	16.149	11.382	1.833	1.539	6.460	5.691	22.336	9.123
			4.0	4.826	6.148	19.493	13.677	1.781	1.492	7.797	6.839	27.82	11.06
55	25	±0.50	1.5	1.767	2.252	8.453	2.460	1.937	1.045	3.074	1.968	6.273	3.458
			1.75	2.039	2.598	9.606	2.779	1.922	1.034	3.493	2.223	7.156	3.916
			2.0	2.305	2.936	10.689	3.073	1.907	1.023	3.886	2.459	7.992	4.342
55	40	±0.50	1.5	2.121	2.702	11.674	7.158	2.078	1.627	4.245	3.579	14.017	5.794
			1.75	2.452	3.123	13.329	8.158	2.065	1.616	4.847	4.079	16.175	6.614
			2.0	2.776	3.536	14.904	9.107	2.052	1.604	5.419	4.553	18.208	7.394
55	50	±0.60	1.75	2.726	3.473	15.811	13.660	2.133	1.983	5.749	5.464	23.173	8.145
			2.0	3.090	3.936	17.714	15.298	2.121	1.971	6.441	6.119	26.142	9.433

续表

边长(mm)		允许偏差(mm)	壁厚 t(mm)	理论线质量 M(kg/m)	截面面积 A(cm^2)	惯性矩(cm^4)		惯性半径(cm)		截面模数(cm^3)		扭转常数	
H	B					I_x	I_y	r_x	r_y	W_x	W_y	I_t(cm^4)	C_t(cm^3)
60	30	±0.60	2.0	2.620	3.337	15.046	5.078	2.123	1.234	5.015	3.385	12.57	5.881
			2.5	3.209	4.089	17.933	5.998	2.094	1.211	5.977	3.998	15.054	6.981
			3.0	3.774	4.808	20.496	6.794	2.064	1.188	6.832	4.529	17.335	7.950
			4.0	4.826	6.147	24.691	8.045	2.004	1.143	8.230	5.363	21.141	9.523
60	40	±0.60	2.0	2.934	3.737	18.412	9.831	2.220	1.622	6.137	4.915	20.702	8.116
			2.5	3.602	4.589	22.069	11.734	2.192	1.595	7.356	5.867	25.045	9.722
			3.0	4.245	5.408	25.374	13.436	2.166	1.576	8.458	6.718	29.121	11.175
			4.0	5.451	6.947	30.974	16.269	2.111	1.530	10.324	8.134	36.298	13.653
70	50	±0.60	2.0	3.562	4.537	31.475	18.758	2.634	2.033	8.993	7.503	37.454	12.196
			3.0	5.187	6.608	44.046	26.099	2.581	1.987	12.584	10.439	53.426	17.06
			4.0	6.710	8.547	54.663	32.210	2.528	1.941	15.618	12.884	67.613	21.189
			5.0	8.129	10.356	63.435	37.179	2.171	1.894	18.121	14.871	79.908	24.642
80	40	±0.70	2.0	3.561	4.536	37.355	12.720	2.869	1.674	9.339	6.361	30.881	11.004
			2.5	4.387	5.589	45.103	15.255	2.840	1.652	11.275	7.627	37.467	13.283
			3.0	5.187	6.608	52.246	17.552	2.811	1.629	13.061	8.776	43.680	15.283
			4.0	6.710	8.547	64.780	21.474	2.752	1.585	16.195	10.737	54.787	18.844
			5.0	8.129	10.356	75.080	24.567	2.692	1.540	18.770	12.283	64.110	21.744

续表

边长 (mm)		允许偏差 (mm)	壁厚 t (mm)	理论线质量 M(kg/m)	截面面积 A(cm^2)	惯性矩 (cm^4)		惯性半径 (cm)		截面模数 (cm^3)		扭转常数	
H	B					I_x	I_y	r_x	r_y	W_x	W_y	I_t(cm^4)	C_t(cm^3)
80	60	±0.70	3.0	6.129	7.808	70.042	44.886	2.995	2.397	17.510	14.962	88.111	24.143
			4.0	7.966	10.147	87.945	56.105	2.943	2.351	21.976	18.701	112.583	30.332
			5.0	9.699	12.356	103.247	65.634	2.890	2.304	25.811	21.878	134.503	35.673
90	40	±0.75	3.0	5.658	7.208	70.487	19.610	3.127	1.649	15.663	9.805	51.193	17.339
			4.0	7.338	9.347	87.894	24.077	3.066	1.604	19.532	12.038	64.320	21.441
			5.0	8.914	11.356	102.487	27.651	3.004	1.560	22.774	13.825	75.426	24.819
90	50	±0.75	2.0	4.190	5.337	57.878	23.368	3.293	2.093	12.862	9.347	53.366	15.882
			2.5	5.172	6.589	70.263	28.236	3.266	2.070	15.614	11.294	65.299	19.235
			3.0	6.129	7.808	81.845	32.735	3.237	2.047	18.187	13.094	76.433	22.316
			4.0	7.966	10.147	102.696	40.695	3.181	2.002	22.821	16.278	97.162	27.961
			5.0	9.699	12.356	120.570	47.345	3.123	1.957	26.793	18.938	115.436	36.774
90	55	±0.75	2.0	4.346	5.536	61.75	28.957	3.340	2.287	13.733	10.53	62.724	17.601
			2.5	5.368	6.839	75.049	33.065	3.313	2.264	16.678	12.751	76.877	21.357
90	60	±0.75	3.0	6.600	8.408	93.203	49.764	3.329	2.432	20.711	16.588	104.552	27.391
			4:0	8.594	10.947	117.499	62.387	3.276	2.387	26.111	20.795	133.852	34.501
			5.0	10.484	13.356	138.653	73.218	3.222	2.311	30.811	24.406	160.273	40.712

续表

边长(mm)		允许偏差(mm)	壁厚 t (mm)	理论线质量 M(kg/m)	截面面积 A(cm^2)	惯性矩(cm^4)		惯性半径(cm)		截面模数(cm^3)		扭转常数	
H	B					I_x	I_y	r_x	r_y	W_x	W_y	I_t(cm^4)	C_t(cm^3)
95	50	±0.75	2.0	4.347	5.537	66.084	24.521	3.455	2.104	13.912	9.808	57.458	16.804
			2.5	5.369	6.839	80.306	29.647	3.247	2.082	16.906	11.895	70.324	20.364
100	50	±0.80	3.0	6.690	8.408	106.451	36.053	3.558	2.070	21.290	14.421	88.311	25.012
			4.0	8.594	10.947	134.124	44.938	3.500	2.026	26.824	17.975	112.409	31.35
			5.0	10.484	13.356	158.155	52.429	3.441	1.981	31.631	20.971	133.758	36.804
120	50	±0.90	2.5	6.350	8.089	143.97	36.704	4.219	2.130	23.995	14.682	96.026	26.006
			3.0	7.543	9.608	168.58	42.693	4.189	2.108	28.097	17.077	112.87	30.317
120	60	±0.90	3.0	8.013	10.208	189.113	64.398	4.304	2.511	31.581	21.466	156.029	37.138
			4.0	10.478	13.347	240.724	81.235	4.246	2.466	40.120	27.078	200.407	47.048
			5.0	12.839	16.356	286.941	95.968	4.188	2.422	47.823	31.989	240.869	55.846
			6.0	15.097	19.232	327.950	108.716	4.129	2.377	54.658	36.238	277.361	63.597
120	80	±0.90	3.0	8.955	11.408	230.189	123.430	4.491	3.289	38.364	30.857	255.128	50.799
			4.0	11.734	11.947	294.569	157.281	4.439	3.243	49.094	39.320	330.438	64.927
			5.0	14.409	18.356	353.108	187.747	4.385	3.198	58.850	46.936	400.735	77.772
			6.0	16.981	21.632	105.998	214.977	4.332	3.152	67.666	53.744	165.940	83.399

续表

边长 (mm)		允许偏差 (mm)	壁厚 t (mm)	理论线质量 M(kg/m)	截面面积 A(cm^2)	惯性矩 (cm^4)		惯性半径 (cm)		截面模数 (cm^3)		扭转常数	
H	B					I_x	I_y	r_x	r_y	W_x	W_y	I_t(cm^4)	C_t(cm^3)
140	80	±1.00	4.0	12.990	16.547	429.582	180.407	5.095	3.301	61.368	45.101	410.713	76.478
			5.0	15.979	20.356	517.023	215.914	5.039	3.256	73.860	53.978	498.815	91.834
			6.0	18.865	24.032	569.935	247.905	4.983	3.211	85.276	61.976	580.919	105.83
150	100	±1.20	4.0	14.874	18.947	594.585	318.551	5.601	4.110	79.278	63.710	660.613	104.94
			5.0	18.334	23.356	719.164	383.988	5.549	4.054	95.888	79.797	806.733	126.81
			6.0	21.691	27.632	834.615	444.135	5.495	4.009	111.282	88.827	915.022	147.07
			8.0	28.096	35.791	1 039.101	519.308	5.388	3.917	138.546	109.861	1 147.710	181.85
160	60	±1.20	3	9.898	12.608	389.86	83.915	5.561	2.580	48.732	27.972	228.15	50.14
			4.5	14.498	18.469	552.08	116.66	5.468	2.513	69.01	38.886	324.96	70.085
160	80	±1.20	4.0	14.216	18.117	597.691	203.532	5.738	3.348	71.711	50.883	493.129	88.031
			5.0	17.519	22.356	721.650	214.089	5.681	3.304	90.206	61.020	599.175	105.9
			6.0	20.749	26.433	835.936	286.832	5.623	3.259	104.192	76.208	698.881	122.27
			8.0	26.810	33.644	1 036.485	343.599	5.505	3.170	129.560	85.899	876.599	149.54
180	65	±1.20	3.0	11.075	14.108	550.35	111.78	6.246	2.815	61.15	34.393	306.75	61.849
			4.5	16.264	20.719	784.13	156.47	6.152	2.748	87.125	48.144	438.91	86.993

续表

边长(mm)		允许偏差(mm)	壁厚 t (mm)	理论线质量 M(kg/m)	截面面积 A(cm²)	惯性矩(cm⁴)		惯性半径(cm)		截面模数(cm³)		扭转常数	
H	B					I_x	I_y	r_x	r_y	W_x	W_y	I_t(cm⁴)	C_t(cm³)
180	100	±1.30	4.0	16.758	21.317	926.020	373.879	6.586	4.184	102.891	74.755	852.708	127.06
			5.0	20.689	26.356	1 124.156	451.738	6.530	4.140	124.906	90.347	1 012.589	153.88
			6.0	24.517	31.232	1 309.527	523.767	6.475	4.095	145.503	104.753	1 222.933	178.88
			8.0	31.861	40.391	1 643.149	651.132	6.362	4.002	182.572	130.226	1 554.606	222.49
200			4.0	18.014	22.941	1 199.680	410.261	7.230	4.230	119.968	82.152	984.151	141.81
			5.0	22.259	28.356	1 459.270	496.905	7.173	4.186	145.920	99.381	1 203.878	171.94
			6.0	26.101	33.632	1 703.224	576.855	7.116	4.141	170.322	115.371	1 412.986	200.1
			8.0	34.376	43.791	2 145.993	719.014	7.000	4.052	214.599	143.802	1 798.551	249.6
200	120	±1.40	4.0	19.3	24.5	1 353	618	7.43	5.02	135	103	1 345	172
			5.0	23.8	30.4	1 649	750	7.37	4.97	165	125	1 652	210
			6.0	28.3	36.0	1 929	874	7.32	4.93	193	146	1 947	245
			8.0	36.5	46.4	2 386	1 079	7.17	4.82	239	180	2 507	308
200	150	±1.50	4.0	21.2	26.9	1 584	1 021	7.67	6.16	158	136	1 942	219
			5.0	26.2	33.4	1 935	1 245	7.62	6.11	193	166	2 391	267
			6.0	31.1	39.6	2 268	1 457	7.56	6.06	227	194	2 826	312
			8.0	40.2	51.2	2 892	1 815	7.43	5.95	283	242	3 664	396

续表

边长(mm)		允许偏差(mm)	壁厚 t (mm)	理论线质量 M(kg/m)	截面面积 A(cm^2)	惯性矩(cm^4)		惯性半径(cm)		截面模数(cm^3)		扭转常数	
H	B					I_x	I_y	r_x	r_y	W_x	W_y	I_t(cm^4)	C_t(cm^3)
220	140	±1.50	4.0	21.8	27.7	1 892	948	8.26	5.84	172	135	1 987	224
			5.0	27.0	34.4	2 313	1 155	8.21	5.80	210	165	2 447	274
			6.0	32.1	40.8	2 714	1 352	8.15	5.75	247	193	2 891	321
			8.0	41.5	52.8	3 389	1 685	8.01	5.65	308	241	3 746	407
250	150	±1.60	4.0	24.3	30.9	2 697	1 234	9.34	6.32	216	165	2 665	275
			5.0	30.1	38.4	3 304	1 508	9.28	6.27	264	201	3 285	337
			6.0	35.8	45.6	3 886	1 768	9.23	6.23	311	236	3 886	396
			8.0	46.5	59.2	4 886	2 219	9.08	6.12	391	296	5 050	504
260	180	±1.80	5.0	33.2	42.4	4 121	2 350	9.86	7.45	317	261	4 695	426
			6.0	39.6	50.4	4 856	2 763	9.81	7.40	374	307	5 566	501
			8.0	51.5	65.6	6 145	3 493	9.68	7.29	473	388	7 267	642
			10	63.2	80.6	7 363	4 174	9.56	7.20	566	646	8 850	772
300	200	±2.00	5.0	38.0	48.4	6 241	3 361	11.4	8.34	416	336	6 836	552
			6.0	45.2	57.6	7 370	3 962	11.3	8.29	491	396	8 115	651
			8.0	59.1	75.2	9 389	5 042	11.2	8.19	626	504	10 627	838
			10	72.7	92.6	11 313	6 058	11.1	8.09	754	606	12 987	1 012

续表

边长(mm)		允许偏差(mm)	壁厚 t (mm)	理论线质量 M(kg/m)	截面面积 A(cm^2)	惯性矩(cm^4)		惯性半径(cm)		截面模数(cm^3)		扭转常数	
H	B					I_x	I_y	r_x	r_y	W_x	W_y	I_t(cm^4)	C_t(cm^3)
350	250	±2.20	5.0	45.8	58.4	10 520	6 306	13.4	10.4	601	504	12 234	817
			6.0	54.7	69.6	12 457	7 458	13.4	10.3	712	594	14 554	967
			8.0	71.6	91.2	16 001	9 573	13.2	10.2	914	766	19 136	1 253
			10	88.4	113	19 407	11 588	13.1	10.1	1 109	927	23 500	1 522
400	200	±2.40	5.0	45.8	58.4	12 490	4 311	14.6	8.60	624	431	10 519	742
			6.0	54.7	69.6	14 789	5 092	14.5	8.55	739	509	12 069	877
			8.0	71.6	91.2	18 974	6 517	14.4	8.45	949	652	15 820	1 133
			10	88.4	113	23 003	7 864	14.3	8.36	1 150	786	19 368	1 373
			12	104	132	26 248	8 977	14.1	8.24	1 312	898	22 782	1 591
400	250	±2.60	5.0	49.7	63.4	14 440	7 056	15.1	10.6	722	565	14 773	937
			6.0	59.4	75.6	17 118	8 352	15.0	10.5	856	668	17 580	1 110
			8.0	77.9	99.2	22 048	10 744	14.9	10.4	1 102	860	23 127	1 440
			10	96.2	122	26 806	13 029	14.8	10.3	1 340	1 042	28 423	1 753
			12	113	144	30 766	14 926	14.6	10.2	1 538	1 197	33 597	2 042
450	250	±2.80	6.0	64.1	81.6	22 724	9 245	16.7	10.6	1 010	740	20 687	1 253
			8.0	84.2	107	29 336	11 916	16.5	10.5	1 304	953	27 222	1 628
			10	104	133	35 737	14 470	16.4	10.4	1 588	1 158	33 473	1 983
			12	123	156	41 137	16 663	16.2	10.3	1 828	1 333	39 591	2 314

续表

边长（mm）		允许偏差（mm）	壁厚 t（mm）	理论线质量 M(kg/m)	截面面积 A(cm^2)	惯性矩（cm^4）		惯性半径（cm）		截面模数（cm^3）		扭转常数	
H	B					I_x	I_y	r_x	r_y	W_x	W_y	I_t(cm^4)	C_t(cm^3)
500	300	±3.20	6.0	73.5	93.6	33 012	15 151	18.8	12.7	1 321	1 010	32 420	1 688
			8.0	96.7	123	42 805	19 624	18.6	12.6	1 712	1 308	42 767	2 202
			10	120	153	52 328	23 933	18.5	12.5	2 093	1 596	52 736	2 693
			12	141	180	60 604	27 726	18.3	12.4	2 424	1 848	62 581	3 156
550	350	±3.60	8.0	109	139	59 783	30 040	20.7	14.7	2 174	1 717	63 051	2 856
			10	135	173	73 276	36 752	20.6	14.6	2 665	2 100	77 901	3 503
			12	160	204	85 249	42 769	20.4	14.5	3 100	2 444	92 646	4 118
			14	185	236	97 269	48 731	20.3	14.4	3 537	2 784	106 760	4 710
600	400	±4.00	8.0	122	155	80 670	43 564	22.8	16.8	2 689	2 178	88 672	3 591
			10	151	193	99 081	53 429	22.7	16.7	3 303	2 672	109 720	4 413
			12	179	228	115 670	62 391	22.5	16.5	3 856	3 120	130 680	5 201
			14	207	264	132 310	71 282	22.4	16.4	4 410	3 564	150 850	5 962
			16	235	299	148 210	79 760	22.3	16.3	4 940	3 988	170 510	6 694

注：①表中理论线质量按密度 7.85g/cm^3 计算。

②根据需方要求可提供表中所列尺寸以外的冷弯型钢，其尺寸允许偏差按表中相邻小尺寸的偏差规定执行。

表 2－264　冷弯型钢的弯角外圆弧半径 R 或(C_1、C_2)值

厚度 t(mm)	R 或(C_1、C_2)	
	碳素钢($\sigma_s \leqslant 320$ MPa)	低合金钢($\sigma_s > 320$ MPa)
$t \leqslant 3$	1.0～2.5t	1.5～2.5t
$3 < t \leqslant 6$	1.5～2.5t	2.0～3.0t
$6 < t \leqslant 10$	2.0～3.0t	2.0～3.5t
$t > 10$	2.0～3.5t	2.5～4.0t

注：①σ_s 值指标准中规定的最低值。

②方型或矩形冷弯空心型钢的外角剖面见附图 4。

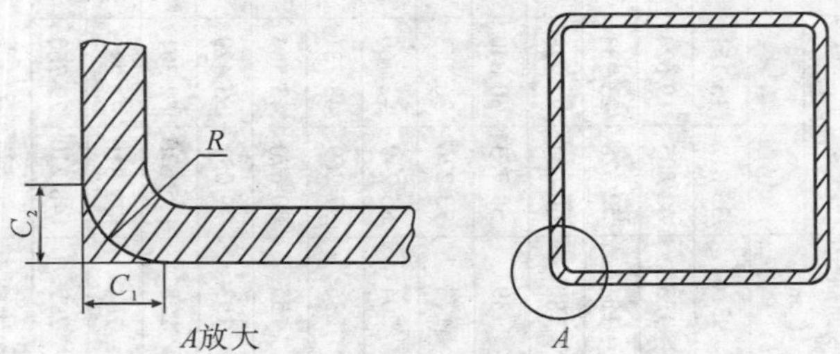

附图 4　方形或矩形冷弯空心型钢的外角剖面

表 2－265　冷弯空心型钢长度允许偏差

定尺精度级别	长度范围(mm)	允许偏差(mm)
普通级别	4 000～12 000	+70 0
精确级别	4 000～6 000	+5 0
	>6 000～12 000	+10 0

表 2－266　其他尺寸和厚度的结构用冷弯圆形空心型钢的公称断面特性计算公式

项目	符号	单位	计算公式
公称外圆直径	D	mm	—
公称厚度	t	mm	—
公称内圆直径	d	mm	$d=D-2t$
每米长度的表面积	A_s	m^2/m	$A_s=\pi D/10^3$
截面面积	A	cm^2	$A=\pi(D^2-d^2)/(4\times10^2)$
单位长度的线质量	M	kg/m	$M=0.785\times A$
惯性矩	I	cm^4	$I=\pi(D^4-d^4)/(64\times10^4)$
回转半径	R	cm	$R=(I/A)^{1/2}$
弹性模数	Z	cm^3	$Z=(2I\times10)/D$
塑性模数	S	cm^3	$S=(D^3-d^3)/(6\times10^3)$
扭转惯量	J	cm^4	$J=2I$
扭转模数	C	cm^3	$C=2Z$

表 2－267　其他尺寸和厚度的结构用冷弯方、矩形空心型钢的公称断面特性计算公式

项目	符号	单位	计算公式
短侧面公称长度	B	mm	—
长侧面公称长度	H	mm	—
公称厚度	t	mm	—
公称外角半径	R	mm	当 $t\leqslant6$mm　$R=2.0t$ 当 $6<t\leqslant10$mm　$R=2.5t$ 当 $t>10$mm　$R=3.0t$
公称内角半径	r	mm	$r=R-t$
单位长度的线质量	M	kg/m	$M=0.785A$

续表

<table>
<tr><th colspan="2">项目</th><th>符号</th><th>单位</th><th colspan="2">计算公式</th></tr>
<tr><td colspan="2">截面面积</td><td>A</td><td>cm^2</td><td colspan="2">$A=[2t(B+H-2t)-(4-\pi)(R^2-r^2)]/10^2$</td></tr>
<tr><td colspan="2">每米长度的表面积</td><td>A_s</td><td>m^2/m</td><td colspan="2">$A_s=2(H+B-4R+\pi R)$</td></tr>
<tr><td rowspan="2">面积的二次惯性矩</td><td>长轴（主轴）</td><td>I_x</td><td>cm^4</td><td>$I_x=1/10^4[BH^3/12-(B-2t)(H-2t)^3/12-4(I_z+A_zh_z^2)+4(I_g+A_gh_g^2)]$</td><td rowspan="2">式中：
$I_z=[1/3-\pi/16-1/3(12-3\pi)]R^4$
$A_z=(1-\pi/4)R^2$
$h_z=H/2-[(10-3\pi)/(12-3\pi)]R$
（求 I_y 时用"B"代替"H"）
$I_g=[1/3-\pi/16-1/3(12-3\pi)]r^4$
$A_g=(1-\pi/4)r^2$
$h_g=(H-2t)/2-[(10-3\pi)/(12-3\pi)]r$
求 I_y 时用"B"代替"H"</td></tr>
<tr><td>短轴（次轴）</td><td>I_y</td><td>cm^4</td><td>$I_y=1/10^4[HB^3/12-(H-2t)(B-2t)^3/12-4(I_z+A_zh_z^2)+4(I_g+A_gh_g^2)]$</td></tr>
<tr><td colspan="2" rowspan="2">回转半径</td><td>r_x</td><td>cm</td><td colspan="2">$r_x=(I_x/A)^{1/2}$</td></tr>
<tr><td>r_y</td><td>cm</td><td colspan="2">$r_y=(I_x/A)^{1/2}$</td></tr>
<tr><td colspan="2" rowspan="2">弹性截面模数</td><td>W_x</td><td>cm^3</td><td colspan="2">$W_x=(2I_z/H)10$</td></tr>
<tr><td>W_y</td><td>cm^3</td><td colspan="2">$W_y=(2I_y/B)10$</td></tr>
<tr><td colspan="2">扭转惯量</td><td>I_t</td><td>cm^4</td><td colspan="2">$I_t=1/10^4(t^3\times h/3+2KA_h)$</td></tr>
<tr><td colspan="2">扭转模数</td><td>C_t</td><td>cm^3</td><td colspan="2">$C_t=10[I_t/(t+K/t)]$
式中：$h=2[(B-t)+(H-t)]-2R_c(4-\pi)$
其中　$R_c=(R+r)/2$
$A_h=(B-t)(H-t)-R^2c(4-\pi)$
$K=2A_ht/h$</td></tr>
</table>

2.3.5　钢丝

1. 钢丝的分类

钢丝的分类（GB/T 341—1989）列于表 2－268。

表 2-268　钢丝分类表

序号	分类方法	分类名称	说明	序号	分类方法	分类名称	说明
1	按尺寸分	(1)特细钢丝	直径或截面尺寸不大于 0.10mm 的钢丝	2	按化学成分分	(1)低碳钢丝	含碳量[w(C)]不大于 0.25%的碳素钢丝
		(2)细钢丝	直径或截面尺寸大于 0.10~0.50 mm 的钢丝			(2)中碳钢丝	含碳量[w(C)]不大于 0.25%~0.60%的碳素钢丝
		(3)较细钢丝	直径或截面尺寸大于 0.50~1.50 mm 的钢丝			(3)高碳钢丝	含碳量[w(C)]大于 0.60%的碳素钢丝
		(4)中等钢丝	直径或截面尺寸大于 1.5~3.0mm 的钢丝			(4)低合金钢丝	含合金元素成分总含量不大于5%
		(5)较粗钢丝	直径或截面尺寸大于 3.0~6.0mm 的钢丝			(5)中合金钢丝	含合金元素成分总含量大于5.0%~10.0%
		(6)粗钢丝	直径或截面尺寸大于 6.0~8.0mm 的钢丝			(6)高合金钢丝	含合金元素成分总含量大于10.0%
		(7)特粗钢丝	直径或截面尺寸大于 0.8mm 的钢丝				

续表

序号	分类方法	分类名称	说明
2	按化学成分分	(7)特殊性能合金丝	
3	按最终热处理方法分	(1)退火钢丝	
		(2)正火钢丝	
		(3)淬火并回火(调质)钢丝	
		(4)索氏体化(派登脱)处理钢丝	
		(5)固溶处理钢丝	
		注:钢丝在加工过程中进行的中间热处理不作为分类的依据	
4	按表面加工状态分	(1)按加工方法分 ①冷拉钢丝 ②冷轧钢丝 ③热拉钢丝 ④直条钢丝 ⑤银亮钢丝 a. 抛光钢丝 b. 磨光钢丝	
		(2)按表面状态分 ①光面钢丝 ②光亮热处理钢丝 ④黑皮钢丝 ⑤镀层钢丝(镀锌、镀锡、镀铜、镀铝和其他镀层)	
		注:加工过程中为了润滑而在钢丝表面涂有磷酸盐、铜和其他涂层的钢丝均不属镀层钢丝	
5	按抗拉强度分	(1)低强度钢丝	抗拉强度不大于500MPa的钢丝
		(2)较低强度钢丝	抗拉强度大于500～800MPa的钢丝
		(3)普通强度钢丝	抗拉强度大于800～1000MPa的钢丝
		(4)较高强度钢丝	抗拉强度大于1 000～2 000MPa的钢丝

续表

序号	分类方法	分类名称	说明
5	按抗拉强度分	(5)高强度钢丝	抗拉强度大于 2 000 ~3 000MPa 的钢丝
		(6)超高强度钢丝	
6	按用途分	(1)一般用途钢丝 (2)焊接钢丝 (3)捆扎包装钢丝 (4)制钉钢丝 (5)制网钢丝 (6)制绳钢丝 (7)链条钢丝 (8)印刷工业钢丝 (9)冷顶锻或冷冲压钢丝 (10)钢芯铝绞线钢丝 (11)铠装电缆钢丝 (12)架空通讯钢丝 (13)针布钢丝 (14)制针钢丝 (15)弹簧钢丝	

序号	分类方法	分类名称	说明
6	按用途分	(16)琴弦钢丝 (17)轮胎钢丝 (18)胶管钢丝 (19)不同结构钢丝 (20)辐条钢丝 (21)钟表业钢丝 (22)易切削钢丝 (23)滚动轴承钢丝 (24)工具钢丝 (25)预应力钢丝 (26)医疗器械钢丝 (27)精密元件 (28)电阻、电热丝 (29)不锈耐蚀丝 (30)其他用途丝	

2. 冷拉圆钢丝、方钢丝、六角钢丝

冷拉圆钢丝、方钢丝、六角钢丝（GB/T 342—1997）的尺寸规格和理论质量列于表2－269；钢丝尺寸的允许偏差列于表2－270和表2－271；钢丝尺寸允许偏差级别适用范围列于表2－272。

表2－269　冷拉圆钢丝、方钢丝、六角钢丝的尺寸规格和理论质量

公称尺寸（mm）	圆形		方形		六角形	
	截面面积（mm^2）	理论线质量（kg/1000m）	截面面积（mm^2）	理论线质量（kg/1000m）	截面面积（mm^2）	理论线质量（kg/1000m）
0.050	0.002 0	0.016				
0.055	0.002 4	0.019				
0.063	0.003 1	0.024				
0.070	0.003 8	0.030				
0.080	0.005 0	0.039				
0.090	0.006 4	0.050				
0.10	0.007 9	0.062				
0.11	0.009 5	0.075				
0.12	0.011 3	0.089				
0.14	0.015 4	0.121				
0.16	0.020 1	0.158				
0.18	0.025 4	0.199				
0.20	0.031 4	0.246				
0.22	0.038 0	0.298				
0.25	0.049 1	0.385				
0.28	0.061 6	0.484				
0.30*	0.070 7	0.555				
0.32	0.080 4	0.631				
0.35	0.096	0.754				

续表

公称尺寸（mm）	圆形		方形		六角形	
	截面面积（mm^2）	理论线质量（kg/1000m）	截面面积（mm^2）	理论线质量（kg/1000m）	截面面积（mm^2）	理论线质量（kg/1000m）
0.40	0.126	0.989				
0.45	0.159	1.248				
0.50	0.196	1.539	0.250	1.962		
0.55	0.238	1.868	0.302	2.371		
0.60 *	0.283	2.22	0.360	2.826		
0.63	0.312	2.447	0.397	3.116		
0.70	0.385	3.021	0.490	3.846		
0.80	0.503	3.948	0.640	5.024		
0.90	0.636	4.993	0.810	6.358		
1.00	0.785	6.162	1.000	7.850		
1.10	0.950	7.458	1.210	9.498		
1.20	1.131	8.878	1.440	11.30		
1.40	1.539	12.08	1.960	15.39		
1.60	2.011	15.79	2.560	20.10	2.217	17.40
1.80	2.245	19.98	3.240	25.43	2.806	22.03
2.00	3.142	24.66	4.000	31.40	3.464	27.20
2.20	3.801	29.84	4.840	37.99	4.192	32.91
2.50	4.909	38.54	6.250	49.06	5.413	42.49
2.80	6.158	48.34	7.840	61.54	6.790	53.30
3.00 *	7.069	55.49	9.000	70.65	7.795	61.19
3.20	8.042	63.13	10.24	80.38	8.869	69.62
3.50	9.621	75.52	12.25	96.16	10.61	83.29
4.00	12.57	98.67	16.00	125.6	13.86	108.8

续表

公称尺寸（mm）	圆形		方形		六角形	
	截面面积（mm^2）	理论线质量（kg/1000m）	截面面积（mm^2）	理论线质量（kg/1000m）	截面面积（mm^2）	理论线质量（kg/1000m）
4. 50	15. 90	124. 8	20. 25	159. 0	17. 54	137. 7
5. 00	19. 64	154. 2	25. 00	196. 2	21. 65	170. 0
5. 50	23. 76	186. 5	30. 25	237. 5	26. 20	205. 7
6. 00 *	28. 27	221. 9	36. 00	282. 6	31. 18	244. 8
6. 30	31. 17	244. 7	39. 69	311. 6	34. 38	269. 9
7. 00	38. 48	302. 1	49. 00	384. 6	42. 44	333. 2
8. 00	50. 27	394. 6	64. 00	502. 4	55. 43	435. 1
9. 00	63. 62	499. 4	81. 00	635. 8	70. 15	550. 7
10. 0	78. 54	616. 5	100. 00	785. 0	86. 61	679. 9
11. 0	95. 03	746. 0				
12. 0	113. 1	887. 8				
14. 0	153. 9	1 208. 1				
16. 0	201. 1	1 578. 6				

注：①表中的理论线质量是按密度为7. 85g/cm^3 计算的，对特殊合金钢丝，在计算理论线质量时应采用相应牌号的密度。

②表内尺寸一栏，对于圆钢丝表示直径；对于方钢丝表示边长；对于六角钢丝表示对边距离，以下各表相同。

③表中的钢丝直径系列采用R20优先数系，其中“*”符号系列补充的R40优先数系中的优先数系。

④直条钢丝的通常长度为2 000 ~4 000mm，允许供应长度不小于1 500mm的短尺钢丝，但其质量不得超过该批质量的15%。

⑤对直条钢丝的通常长度有特殊要求时，应在相应技术条件中规定，或经供需双方协议在合同中注明。

表 2－270　钢丝尺寸允许偏差

钢丝尺寸(mm)	允许偏差级别					
	8	9	10	11	12	13
	允许偏差(mm)					
0.05～0.10	±0.002	±0.005	±0.006	±0.010	±0.015	±0.020
>0.10～0.30	±0.003	±0.006	±0.009	±0.014	±0.022	±0.029
>0.30～0.60	±0.004	±0.009	±0.013	±0.018	±0.030	±0.038
>0.60～1.00	±0.005	±0.011	±0.018	±0.023	±0.035	±0.045
>1.00～3.00	±0.007	±0.015	±0.022	±0.030	±0.050	±0.060
>3.00～6.00	±0.009	±0.020	±0.028	±0.040	±0.062	±0.080
>6.00～10.0	±0.011	±0.025	±0.035	±0.050	±0.075	±0.100
>10.0～16.0	±0.013	±0.030	±0.045	±0.060	±0.090	±0.120

注：①钢丝尺寸的偏差应符合表中的规定，其具体要求应在相应的技术条件或合同中注明。

②中间尺寸钢丝的尺寸允许偏差按相邻较大规格钢丝的规定。

表 2－271　钢丝尺寸允许偏差

钢丝尺寸(mm)	允许偏差级别					
	8	9	10	11	12	13
	允许偏差(mm)					
0.05～0.10	0 －0.004	0 －0.010	0 －0.012	0 －0.020	0 －0.030	0 －0.040
>0.10～0.30	0 －0.006	0 －0.012	0 －0.018	0 －0.028	0 －0.044	0 －0.058
>0.30～0.60	0 －0.008	0 －0.018	0 －0.026	0 －0.036	0 －0.060	0 －0.076
>0.60～1.00	0 －0.010	0 －0.022	0 －0.036	0 －0.046	0 －0.070	0 －0.090
>1.00～3.00	0 －0.014	0 －0.030	0 －0.044	0 －0.060	0 －0.100	0 －0.120
>3.00～6.00	0 －0.018	0 －0.040	0 －0.056	0 －0.080	0 －0.124	0 －0.160
>6.00～10.0	0 －0.022	0 －0.050	0 －0.070	0 －0.100	0 －0.150	0 －0.200
>10.0～16.0	0 －0.026	0 －0.060	0 －0.090	0 －0.120	0 －0.180	0 －0.240

注：①钢丝尺寸的偏差应符合表中的规定，其具体要求应在相应的技术条件或合同中注明。

②中间尺寸钢丝的尺寸允许偏差按相邻较大规格钢丝的规定。

表 2-272　钢丝尺寸允许偏差级别适用范围

钢丝截面形状	圆形	方形	六角形
适用级别	8~12	10~13	10~13

标记示例：

用 45 钢制造，尺寸允许偏差为 11 级，直径、边长、边对距离为 5mm 的软状态冷拉优质碳素结构钢圆、方、六角钢丝，其标记为：

$$圆钢丝：\frac{11-5-GB/T\ 342—1997}{45-R-GB\ 3206—1982}$$

$$方钢丝：\frac{11-5-GB/T\ 342—1997}{45-R-GB\ 3206—1982}$$

$$六角钢丝：\frac{11-5-GB/T\ 342—1997}{45-R-GB\ 3206—1982}$$

3. 一般用途低碳钢丝

一般用途低碳钢丝（GB/T 343—1994）列于表 2-273；英制与公制尺寸对照列于表 2-274。

表 2-273　一般用途低碳钢丝

(1)钢丝的种类和代号

按交货状态分		按用途分	
类　别	代号	类　别	代号
冷拉钢丝	WCD	普通用	Ⅰ
退火钢丝	TA	制钉用	Ⅱ
镀锌钢丝	SZ	建筑用	Ⅲ

(2)冷拉普通用钢丝、制钉用钢丝、建筑用钢丝、退火钢丝的直径及允许偏差(mm)

钢丝直径	允许偏差	钢丝直径	允许偏差
≤0.30	±0.01	>1.60~3.00	±0.04
>0.30~1.00	±0.02	>3.00~6.00	±0.05
>1.00~1.60	±0.03	>6.00	±0.06

(3)镀锌钢丝的直径及允许偏差(mm)

钢丝直径	允许偏差	钢丝直径	允许偏差
≤0.30	±0.02	>1.60~3.00	±0.06
>0.30~1.00	±0.04	>3.00~6.00	±0.07
>1.00~1.60	±0.05	>6.00	±0.08

(4)钢丝捆的内径尺寸规定(mm)

钢丝直径	≤1.00	>1.00~3.00	>3.00~6.00	>6.00
钢丝捆内径	100~300	250~560	400~700	双方协议

(5)每捆钢丝的质量、根数及单根最低质量

钢丝直径(mm)	标准捆			非标准捆最低质量(kg)
	捆重(kg)	每捆根数不多于	单根最低质量(kg)	
≤0.30	5	6	0.2	0.5
>0.30~0.50	10	5	0.5	1
>0.50~1.00	25	4	1	2
>1.0~1.20	25	3	2	2.5
>1.20~3.00	50	3	3	3.5
>3.00~4.50	50	3	4	6
>4.50~6.00	50	2	4	8

续表

<table>
<tr><td colspan="10">(6)冷拉普通用钢丝建筑用钢丝、退火钢丝、镀锌钢丝的力学性能</td></tr>
<tr><td rowspan="2">公称直径（mm）</td><td colspan="5">抗拉强度（MPa）</td><td colspan="2">180°弯曲试验次</td><td colspan="2">伸长率（%）（标距100mm）</td></tr>
<tr><td>冷拉普通钢丝</td><td>制钉用钢丝</td><td>建筑用钢丝</td><td>退火钢丝</td><td>镀锌钢丝</td><td>冷拉普通钢丝</td><td>建筑用钢丝</td><td>建筑用钢丝</td><td>镀锌钢丝</td></tr>
<tr><td>≤0.30</td><td>≤980</td><td>—</td><td>—</td><td rowspan="9">295～540</td><td rowspan="9">295～540</td><td rowspan="2">见注</td><td>—</td><td>—</td><td rowspan="2">≥10</td></tr>
<tr><td>>0.30～0.80</td><td>≤980</td><td>—</td><td>—</td><td>—</td><td>—</td></tr>
<tr><td>>0.80～1.20</td><td>≤980</td><td>880～1 320</td><td>—</td><td rowspan="3">≥6</td><td>—</td><td>—</td><td rowspan="7">≥12</td></tr>
<tr><td>>1.20～1.80</td><td>≤1060</td><td>785～1 220</td><td>—</td><td>—</td><td>—</td></tr>
<tr><td>>1.80～2.50</td><td>≤1010</td><td>735～1 170</td><td>—</td><td>—</td><td>—</td></tr>
<tr><td>>2.50～3.50</td><td>≤960</td><td>685～1 120</td><td>≥550</td><td rowspan="3">≥4</td><td rowspan="3">≥4</td><td rowspan="3">≥2</td></tr>
<tr><td>>3.50～5.00</td><td>≤890</td><td>590～1 030</td><td>≥550</td></tr>
<tr><td>>5.00～6.00</td><td>≤790</td><td>540～930</td><td>≥550</td></tr>
<tr><td>>6.00</td><td>≤690</td><td>—</td><td>—</td><td>—</td><td>—</td><td>—</td></tr>
</table>

注：①标准捆钢丝每捆质量允许有不超过规定质量1%的正偏差和0.4%的负偏差，但每批交货质量不允许负偏差。

②根据需方要求，标准捆也可由一根钢丝组成。镀锌钢丝成品接头处应用局部电镀的方法或用银漆覆涂。镀锌钢丝及其他各类钢丝电接处应对正锉平，接头数量不得超过表中规定的每捆根数。

③非标准捆的钢丝应由一根钢丝组成，质量由双方协议确定或由供方确定，但最低质量应符合表中规定。

④钢丝也可按英制线规号或其他线规号交货，其直径允许偏差应符合表中规定。

标记示例：

直径为2.00mm的冷拉钢丝，其标记为：

低碳钢丝 WCD－2.00－GB/T 343—1994

直径为4.00mm的退火钢丝，其标记为：

低碳钢丝 TA－4.00－GB/T 343—1994

直径为3.00mm的F级镀锌钢丝的标记为：

低碳钢丝 SZ－F－3.00－GB/T 343—1994

表 2-274 常用线规号英制尺寸与公制尺寸对照表

线规号	SWG①		BWG②		AWG③	
	inch	mm	inch	mm	inch	mm
3	0. 252	6. 401	0. 259	6. 58	0. 229 4	5. 83
4	0. 232	5. 893	0. 238	6. 05	0. 204 3	5. 19
5	0. 212	5. 385	0. 220	5. 59	0. 181 9	4. 62
6	0. 192	4. 877	0. 203	5. 16	0. 162 0	4. 11
7	0. 176	4. 470	0. 180	4. 57	0. 144 3	3. 67
8	0. 160	4. 064	0. 165	4. 19	0. 128 5	3. 26
9	0. 144	3. 658	0. 148	3. 76	0. 114 4	2. 91
10	0. 128	3. 251	0. 134	3. 40	0. 101 9	2. 59
11	0. 116	2. 946	0. 120	3. 05	0. 090 74	2. 30
12	0. 104	2. 642	0. 109	2. 77	0. 080 81	2. 05
13	0. 092	2. 337	0. 095	2. 41	0. 071 96	1. 83
14	0. 080	2. 032	0. 083	2. 11	0. 064 08	1. 63
15	0. 072	1. 829	0. 072	1. 83	0. 057 07	1. 45
16	0. 064	1. 626	0. 065	1. 65	0. 050 82	1. 29
17	0. 056	1. 422	0. 058	1. 47	0. 045 26	1. 15
18	0. 048	1. 219	0. 049	1. 24	0. 040 30	1. 02
19	0. 040	1. 016	0. 042	1. 07	0. 035 89	0. 91
20	0. 036	0. 914	0. 035	0. 89	0. 031 96	0. 812
21	0. 032	0. 813	0. 032	0. 81	0. 028 46	0. 723
22	0. 028	0. 711	0. 028	0. 71	0. 025 35	0. 644
23	0. 024	0. 610	0. 025	0. 64	0. 022 57	0. 573
24	0. 022	0. 559	0. 022	0. 56	0. 020 10	0. 511
25	0. 020	0. 508	0. 020	0. 51	0. 017 90	0. 455
26	0. 018	0. 457	0. 018	0. 46	0. 015 94	0. 405
27	0. 016 4	0. 416 6	0. 016	0. 41	0. 014 20	0. 361
28	0. 014 8	0. 375 9	0. 014	0. 36	0. 012 64	0. 321
29	0. 013 6	0. 345 4	0. 013	0. 33	0. 011 26	0. 286
30	0. 012 4	0. 315 0	0. 012	0. 30	0. 010 03	0. 255
31	0. 011 6	0. 294 6	0. 010	0. 25	0. 008 928	0. 227
32	0. 010 8	0. 274 3	0. 009	0. 23	0. 007 950	0. 202
33	0. 010 0	0. 254 0	0. 008	0. 20	0. 007 080	0. 180

续表

线规号	SWG①		BWG②		AWG③	
	inch	mm	inch	mm	inch	mm
34	0.009 2	0.233 7	0.007	0.18	0.006 304	0.160
35	0.008 4	0.213 4	0.005	0.13	0.005 615	0.143
36	0.007 6	0.193 0	0.004	0.10	0.005 000	0.127

注：①SWG 为英国线规代号。

②BWG 为伯明翰线规代号。

③AWG 为美国线规代号。

4. 重要用途低碳钢丝

重要用途低碳钢丝（YB/T 5032—1993）列于表 2－275。

表 2－275 重要用途低碳钢丝

（1）钢丝按交货时的表面情况分类、代号

类别	名 称	代 号
Ⅰ	镀锌钢丝	Zd
Ⅱ	光面钢丝	Zg

（2）钢丝的直径及允许偏差

公称直径（mm）	允许偏差（mm）		公称直径（mm）	允许偏差（mm）	
	光面钢丝	镀锌钢丝		光面钢丝	镀锌钢丝
0.3 0.4 0.5 0.6	±0.02	+0.04 −0.02	1.8 2.0 2.3 2.6 3.0	±0.06	+0.08 −0.06
0.8 1.0 1.2 1.4 1.6	±0.04	+0.06 −0.02	3.5 4.0 4.5 5.0 6.0	±0.07	+0.09 −0.07

续表

(3) 钢丝的盘重	
公称直径(mm)	盘重(kg)≥
6.0~4.0	20
3.5~1.8	10
1.6~1.2	5
1.0~0.8	1
0.6~0.5	0.5
0.4~0.3	0.3

注:相同钢号、炉号、直径、交货状态的钢丝盘可以捆扎成捆,每捆不超过3盘钢丝组成。

(4) 钢丝的力学性能

公称直径(mm)	抗拉强度(MPa)≥		扭转次数 次/360° ≥	弯曲次数 次/180° ≥
	光面	镀锌		
0.3	400	370	30	打结拉力试验抗拉强度: 光面:≥225MPa 镀锌:≥185MPa
0.4			30	
0.5			30	
0.6			30	
0.8			30	
1.0			25	22
1.2			25	18
1.4			20	14
1.6			20	12
1.8			18	12
2.0			18	10
2.3			15	10
2.6			15	8
3.0			12	10
3.5			12	10
4.0			10	8
4.5			10	8
5.0			8	6
6.0			—	—

标记示例:

直径为1.0mm的镀锌钢丝,其标记为:

Zd1.0 – YB/T 5032—1993

直径为 1.0mm 的光面钢丝，其标记为：

Zg1.0 - YB/T 5032—1993

5. 铠装电缆用镀锌低碳钢丝

铠装电缆用镀锌低碳钢丝（GB/T 3082—1984）列于表 2 - 276。

表 2 - 276 铠装电缆用镀锌低碳钢丝

（1）分类与代号

按锌层质量分	Ⅰ组
	Ⅱ组
按锌层表面状态分	未经钝化处理
	钝化处理，代号为 DH

（2）尺寸及允许偏差

公称直径（mm）	允许偏差（mm）
1.6	±0.05
2.0 2.5	±0.08
3.15 4.0	±0.10
5.0 6.0	±0.13

（3）椭圆度

钢丝的椭圆度不得大于直径公差

（4）质量

钢丝直径（mm）	盘重（kg）≥
1.6 2.0	30
2.5 3.15	45
4.0	50
5.0 6.0	60

（5）力学性能

公称直径（mm）	抗拉强度（MPa）	伸长率		扭转试验	
		（%）≥	标距（mm）	次数 ≥	标距（mm）
1.6	343 ~ 490	10	160	37	150
2.0			200	30	
2.5			250	24	
3.15			250	19	
4.0			250	15	
5.0			250	12	
6.0			250	10	

续表

(6) 镀层										
公称直径(mm)	Ⅰ 组					Ⅱ 组				
	锌层质量(g/m²)≥	浸入硫酸铜溶液次数≥		缠绕试验		锌层质量(g/m²)≥	浸入硫酸铜溶液次数≥		缠绕试验	
		60s	30s	芯棒直径为钢丝直径的倍数	缠绕圈数≥		60s	30s	芯棒直径为钢丝直径的倍数	缠绕圈数≥
1.6	150	2	—	4	6	220	2	1	4	6
2.0	190	2	—	4		240	3	–	4	
2.5	210	2	—	4		260	3	–	4	
3.15	240	3	—	4		275	3	1	4	
4.0	270	3	—	5		290	3	1	5	
5.0	270	3	—	5		290	3	1	5	
6.0	270	3	—	5		290	3	1	5	

注：①经供需双方商议，可生产中间尺寸的钢丝，其允许偏差按相邻较大直径的规定值。

②经供需双方商议，可生产其他尺寸的钢丝，其技术要求由供需双方商定。

③每盘钢丝由一根组成，其质量应符合表中的规定。

④允许供应盘重不小于表中规定质量一半的钢丝盘，但不得超过每批供货质量的5%。

⑤中间尺寸钢丝的盘重，按相邻较小直径的规定值。

标记示例：

直径为4mm未经钝化处理的Ⅰ组铠装电缆用镀锌低碳钢线，其标记为：

铠装钢丝4－Ⅰ－GB/T 3082—1984

直径为4mm钝化处理的Ⅱ组铠装电缆用镀锌低碳钢线，其标记为：

铠装钢丝4－DH－Ⅱ－GB/T 3082—1984

6. 棉花打包用镀锌钢丝

棉花打包用镀锌钢丝（YB/T 5033—2001）列于表2－277。

表 2-277 棉花打包用镀锌钢丝

(1) 分类与代号

按镀锌方式分	热镀锌棉包丝　HZ
	电镀锌棉包丝　EZ
按抗拉强度分	A 级（低强度）
	B 级（高强数）

(2) 公称直径及允许偏差

公称直径 *d*（mm）	允许偏差（mm）
2.50	±0.05
2.80	
3.00	±0.06
3.20	
3.40	
3.80	±0.07
4.00	
4.50	

(3) 外形

①打包钢丝的不圆度不得超过公称直径公差之半

②钢丝捆不得有紊乱的线圈或成“8”字形

(4) 捆径、捆重

公称直径（mm）	标准捆			非标准捆	每捆钢丝交货质量允许偏差（%）
	每捆质量（kg）	每捆根数 ≤	单根质量（kg） ≥	最低质量（kg）	
2.50	50	2	5	25	+1 -0.4
2.80					
3.00					
3.20			10	50	
3.40					
3.80					
4.00					
4.50					

续表

(5) 力学性能

钢丝公称直径（mm）	A级			B级		
	抗拉强度（MPa）	断后伸长率（L_0=100mm）（%）	反复弯曲次（180°）	抗拉强度（MPa）	断后伸长率（L_0=250mm）（%）	反复弯曲次（180°）
2.50	400～500	≥15	≥14	≥1 400	≥4.0	≥8
2.80				—	—	—
3.20	—	—	—	≥1 400	≥4.0	≥8
3.40						
3.80						
4.00	400～500	≥15	≥14			
4.50				—	—	—

(6) 钢丝的镀锌层质量

钢丝公称直径(mm)	锌层质量（g/m²）		缠绕试验		硫酸铜试验浸置次数		
	热镀锌	电镀锌	芯棒直径为钢丝公称直径的倍数	缠绕圈数	热镀锌		电镀锌
					60s	30s	30s
2.50	≥55	≥25	7*d*	≥6	—	1	1
2.80	≥65	≥25			—	1	
3.00	≥70	≥25			1	—	
3.20	≥80	≥25			1	—	
3.40	≥80	≥30			1	—	
3.80	≥85	≥30			1	1	
4.00	≥85	≥30			1	1	
4.50	≥95	≥40			1	1	

注：①锌层应进行牢固性缠绕试验。缠绕试验后，附在钢丝表面的锌层不得开裂或起层到用裸手能够擦掉的程度。

②若需方要求用硫酸铜试验检验钢丝镀层的均匀性，应在合同中注明。

③每批钢丝交货总质量不允许有负偏差。

④非标准捆的钢丝应由一根钢丝组成。

⑤打包钢丝捆的内径为450～700mm。

⑥按非标准捆交货时应在合同中注明，未注明者由供方确定。

⑦经供需双方协议，可供应其他规格的打包钢丝。

标记示例：

公称直径为2.80mm，抗拉强度为A级的电镀锌打包钢丝，其标记为：

棉花打包用镀锌钢丝 EZ－A－2.80－YB/T 5033—2001

公称直径为3.20mm，抗拉强度为B级的热镀锌打包钢丝，其标记为：棉花打包用镀锌钢丝 HZ－B－3.20－YB/T 5033—2001

7. 通讯线用镀锌低碳钢丝

钢丝尺寸及允许偏差于列表2－278；钢丝的捆重列于表2－279；钢丝的机械性能列于表2－280；钢丝的锌层质量、均匀性（硫酸铜试验）和牢固性（缠绕试验）列于表2－281，以上根据GB/T 346—1986制定。

表2－278 钢丝尺寸及允许偏差

公称直径（mm）	尺寸允许偏差（mm）
1.2	+0.06 －0.04
1.5 2.0 2.5 3.0	+0.08 －0.04
4.0 5.0 6.0	+0.10 －0.06

注：①根据供需双方协议，也可供应中间尺寸的钢丝。其尺寸允许偏差按相邻较大直径的规定值。

②钢丝的椭圆度不得大于直径的公差。

表2－279 钢丝的捆重及捆丝允许偏差

钢丝直径（mm）	50kg标准捆			非标准捆	
	每捆钢丝根数 ≤		配捆单根钢丝质量（kg）≥	单根钢丝质量（kg）≥	
	正常的	配捆的		正常的	最低质量
1.2	1	4	2	10	3
1.5	1	3	3	10	5
2.0	1	3	5	20	8
2.5	1	2	5	20	10
3.0	1	2	10	25	12
4.0	1	2	10	40	15
5.0	1	2	15	50	20
6.0	1	2	15	50	20

注：①钢丝的捆重应符合表中的规定。

②按50kg标准捆交货时，配捆钢丝质量，不得超过每批质量的10%。

③按非标准捆交货时，单根钢丝最低质量不得超过每批供货质量的5%。

表 2－280　钢丝的机械性能

<table>
<tr><th>公称直径（mm）</th><th>抗拉强度（MPa）</th><th>伸长率（%）L_0＝200mm
≥</th></tr>
<tr><td>1.2</td><td rowspan="3">360～550</td><td rowspan="8">12</td></tr>
<tr><td>1.5</td></tr>
<tr><td>2.0</td></tr>
<tr><td>2.5</td><td rowspan="2">360～500</td></tr>
<tr><td>3.0</td></tr>
<tr><td>4.0</td><td rowspan="3">360～500</td></tr>
<tr><td>5.0</td></tr>
<tr><td>6.0</td></tr>
</table>

表 2－281　钢丝的锌层质量、均匀性（硫酸铜试验）和牢固性（缠绕试验）

<table>
<tr><th rowspan="3">钢丝直径（mm）</th><th colspan="3">Ⅰ　组</th><th colspan="3">Ⅱ　组</th><th colspan="2">缠绕试验</th></tr>
<tr><th rowspan="2">锌层质量（g/m²）≥</th><th colspan="2">浸入硫酸铜溶液次数≥</th><th rowspan="2">锌层质量（g/m²）≥</th><th colspan="2">浸入硫酸铜溶液次数≥</th><th rowspan="2">芯轴直径为钢丝直径的倍数</th><th rowspan="2">缠绕圈数</th></tr>
<tr><th>60s</th><th>30s</th><th>60s</th><th>30s</th></tr>
<tr><td>1.2</td><td>120</td><td>2</td><td>—</td><td>—</td><td>—</td><td>—</td><td rowspan="5">4</td><td rowspan="8">6</td></tr>
<tr><td>1.5</td><td>150</td><td>2</td><td>—</td><td>230</td><td>2</td><td>1</td></tr>
<tr><td>2.0</td><td>190</td><td>2</td><td>—</td><td>240</td><td>3</td><td>—</td></tr>
<tr><td>2.5</td><td>210</td><td>2</td><td>—</td><td>260</td><td>3</td><td>—</td></tr>
<tr><td>3.0</td><td>230</td><td>3</td><td>—</td><td>275</td><td>3</td><td>1</td></tr>
<tr><td>4.0</td><td>245</td><td>3</td><td>—</td><td>290</td><td>3</td><td>1</td><td rowspan="3">5</td></tr>
<tr><td>5.0</td><td>245</td><td>3</td><td>—</td><td>290</td><td>3</td><td>1</td></tr>
<tr><td>6.0</td><td>245</td><td>3</td><td>—</td><td>290</td><td>3</td><td>1</td></tr>
</table>

注：①中间尺寸的钢丝按相邻较小钢丝直径的规定值。

②钢丝缠绕试验后，锌层不得有用裸手指能擦掉的开裂和起皮。

标记示例：

直径 2.5mm，普通钢经钝化处理的Ⅰ类通讯线用镀锌低碳钢丝标记为：

通讯线钢丝 2.5－DH－Ⅰ－GB/T 346—1984

直径 3mm，含铜钢未经钝化处理的Ⅱ类通讯线用镀锌低碳钢丝标记为：

通讯线钢丝 3－（Cu）－Ⅱ－GB/T 346—1984

8. 熔化焊用钢丝

熔化焊用钢丝（GB/T 14957—1994）列于表2－282。

表2－282 熔化焊用钢丝

公称直径（mm）	允许偏差（mm）		捆(盘)的内径（mm）≥	每捆（盘）的质量（kg）≥			
				碳素结构钢		合金结构钢	
	普通精度	较高精度		一般	最小	一般	最小
1.6 2.0 2.5 3.0	－0.10	－0.06	350	30	15	10	5
3.2 4.0 5.0 6.0	－0.12	－0.08	400	40	20	15	8

注：每批供货时最小质量的钢丝捆（盘），不得超过每批总质量的10%。

标注示例：

H08MnA 直径为4.0mm 的钢丝，其标记为：

H08MnA－4.0－GB/T 14957—1994

H10Mn2 直径为5.0mm 的钢丝，其标记为：

H10Mn2－5.0－GB/T 14957—1994

9. 气体保护焊用钢丝

气体保护焊用钢丝（GB/T 14958—1994）列于表2－283。

表2－283 气体保护焊用钢丝

（1）分类及代号

分　类	类　别	代　号	分　类	类　别	代　号
按表面状态分	镀铜	DT	按交货状态分	捆（盘）状	KZ
	未镀铜			缠轴	CZ

（2）尺寸及其允许偏差（mm）

公称直径	允许偏差	
	普通精度	较高精度
0.6	+0.01 －0.05	+0.01 －0.03

续表

公称直径	允许偏差	
	普通精度	较高精度
0.8 1.0 1.2 1.6	+0.01 -0.09	+0.01 -0.04
2.0 2.2	+0.01 -0.09	+0.01 -0.06

（3）捆（盘）状钢丝内径和每捆（盘）钢丝质量

公称直径（mm）	钢丝捆（盘）内径（mm）≥	每捆（盘）钢丝质量（kg）≥
0.6 0.8	250	4
1.0 1.2	300	10
1.6 2.0 2.2	300	15

注：①每轴钢丝质量一般为15～20kg。

②根据供需双方协议，也可供应其他单轴质量的钢丝。

③钢丝的不圆度应不大于直径公差之半。

标记示例：

H08Mn2SiA 直径1.2mm，捆（盘）状未镀铜气体保护焊用钢丝，其标记为：

H08Mn2SiA－1.2－KZ－GB/T 14958—1994 Ⅰ

H08Mn2Si 直径1.6mm 缠轴镀铜气体保护焊用钢丝，其标记为：

H08Mn2Si－1.6－CZ－DT－GB/T 14958—1994 Ⅰ

10. 焊接用不锈钢丝

焊接用不锈钢丝（YB/T 5092—1996）列于表2－284。

表 2-284　焊接用不锈钢丝

(1) 钢丝的分类及牌号

类　别	牌　号	
奥氏体型	H1Cr19Ni9 H0Cr19Ni12Mo2 H00Cr19Ni12Mo2 H00Cr19Ni12Mo2Cu2 H0Cr19Ni14Mo3 H0Cr21Ni10 H00Cr21Ni10 H0Cr20Ni10Ti H0Cr20Ni10Nb	H00Cr20Ni25Mo4Cu H1Cr21Ni10Mn6 H1Cr24Ni13 H1Cr24Ni13Mo2 H00Cr25Ni22Mn4Mo2N H1Cr26Ni21 H0Cr26Ni21
铁素体型	H0Cr14　　　H1Cr17	
马氏体型	H1Cr13　　H2Cr13　　H0Cr17Ni4Cu4Nb	

(2) 钢丝的外形、尺寸和质量

钢丝的直径应符合 GB/T 342 的规定
钢丝的直径允许偏差应符合 GB/T 342 的规定
钢丝的不圆度不得超过直径公差之半
每盘钢丝应规整，不得散乱或呈“∞”字形
钢丝的质量应符合 GB/T 342 的规定

标记示例：

用 H1Cr19Ni9 生产的直径为 3.0mm，直径允许偏差为 12 级的冷拉状态（L）交货的焊接用不锈钢丝标记为：

$$\text{焊接用不锈钢丝}\frac{\text{h12}-3.0-\text{GB/T 342}}{\text{H1Cr19Ni9}-\text{L}-\text{YB/T 5092}}$$

11. *碳素弹簧钢丝*

碳素弹簧钢丝（GB/T 4357—1989）列于表 2-285。

表 2-285　碳素弹簧钢丝

(1) 钢丝分级、用途、直径范围及允许偏差

级　别	用　途	钢丝直径范围（mm）	直径允许偏差
B	用于低应力弹簧	0.08～13.00	符合 h11 级
C	用于中等应力弹簧	0.08～13.00	
D	用于高应力弹簧	0.08～6.00	

续表

(2) 每盘钢丝质量(应由一根钢丝组成)

钢丝直径(mm)	≤0.10	>0.10~0.20	>0.20~0.30	>0.30~0.80	>0.80~1.20	>1.20~1.80	>1.80~3.00	>3.00~5.00	>5.00~8.00	>8.00~13.00
最小盘重(kg)	0.1	0.2	0.4	0.5	1.0	2.0	5.0	8.0	10.0	20.0

(3) 钢丝的力学性能

直径(mm)	抗拉强度(MPa)			直径(mm)	抗拉强度(MPa)		
	B级	C级	D级		B级	C级	D级
0.08	2 400~2 800	2 740~3 140	2 840~3 240	1.20	1 620~1 960	1 910~2 250	2 250~2 550
0.09	2 350~2 750	2 690~3 090	2 840~2 240	1.40	1 620~1 910	1 860~2 210	2 150~2 450
0.10	2 300~2 700	2 650~3 040	2 790~3 190	1.60	1 570~1 860	1 810~2 160	2 110~2 400
0.12	2 250~2 650	2 600~2 990	2 740~3 140	1.80	1 520~1 810	1 760~2 110	2 010~2 300
0.14	2 200~2 600	2 550~2 940	2 740~3 140	2.00	1 470~1 760	1 710~2 010	1 910~2 200
0.16	2 150~2 550	2 500~2 890	2 690~3 090	2.20	1 420~1 710	1 660~1 960	1 810~2 110
0.18	2 150~2 550	2 450~2 840	2 690~3 090	2.50	1 420~1 710	1 660~1 960	1 760~2 060
0.20	2 150~2 550	2 400~2 790	2 690~3 090	2.80	1 370~1 670	1 620~1 910	1 710~2 010
0.22	2 110~2 500	2 350~2 750	2 690~3 090	3.00	1 370~1 670	1 570~1 860	1 710~1 960
0.25	2 060~2 450	2 300~2 700	2 640~3 040	3.20	1 320~1 620	1 570~1 810	1 660~1 910
0.28	2 010~2 400	2 300~2 700	2 640~3 040	3.50	1 320~1 620	1 570~1 810	1 660~1 910
0.30	2 010~2 400	2 300~2 700	2 640~3 040	4.00	1 320~1 620	1 520~1 760	1 620~1 860
0.32	1 960~2 350	2 250~2 650	2 600~2 990	4.50	1 320~1 570	1 520~1 760	1 620~1 860
0.35	1 960~2 350	2 250~2 650	2 600~2 990	5.00	1 320~1 570	1 470~1 710	1 570~1 810
0.40	1 910~2 300	2 250~2 650	2 600~2 990	5.50	1 270~1 520	1 470~1 710	1 570~1 810
0.45	1 860~2 260	2 200~2 600	2 550~2 940	6.00	1 220~1 470	1 420~1 660	1 520~1 760
0.50	1 860~2 260	2 200~2 600	2 550~2 940	6.30	1 220~1 470	1 420~1 610	—
0.55	1 810~2 210	2 150~2 550	2 500~2 890	7.00	1 170~1 420	1 370~1 570	—
0.60	1 760~2 160	2 110~2 550	2 450~2 840	8.00	1 170~1 420	1 370~1 570	—
0.63	1 760~2 160	2 110~2 500	2 450~2 840	9.00	1 130~1 320	1 320~1 520	—
0.70	1 710~2 110	2 060~2 450	2 450~2 840	10.00	1 130~1 320	1 320~1 520	—
0.80	1 710~2 060	2 010~2 400	2 400~2 840	11.00	1 080~1 270	1 270~1 470	—
0.90	1 710~2 060	2 010~2 350	2 350~2 750	12.00	1 080~1 270	1 270~1 470	—
1.00	1 660~2 010	1 960~2 300	2 300~2 690	13.00	1 030~1 220	1 220~1 420	—

标记示例：

按抗拉强度级别订货，力学性能为 D 级、直径为 1.00mm、直径允许偏差为 h11 级的碳素弹簧钢丝，其标记为：

$$\text{碳素弹簧钢丝}\quad \frac{1.00-\text{h11}-\text{GB/T 342—1997}}{\text{D}-\text{GB/T 4357—1989}}$$

按钢种和抗拉强度级别订货，用 T9A 制造的力学性能为 D 级，直径为 1.00mm，直径允许偏差为 h11 级的碳素弹簧钢丝，其标记为：

$$\text{碳素弹簧钢丝}\quad \frac{1.00-\text{h11}-\text{GB/T 342—1997}}{\text{T9A}-\text{D}-\text{GB/T 4357—1989}}$$

12. 重要用途碳素弹簧钢丝

重要用途碳素弹簧钢丝（GB/T 4358—1995）列于表 2－286。

表 2－286　重要用途碳素弹簧钢丝

（1）分类和代号

按用途钢丝分为三组：E 组、F 组、G 组

（2）钢丝的直径范围

E 组：0.08～6.00mm

F 组：0.08～6.00mm

G 组：1.00～6.00mm

（3）钢丝的外形

钢丝的不圆度应不大于直径公差之半

钢丝盘应规整，打开钢丝盘时不得散乱、扭转或呈“8”字形

（4）钢丝的质量

钢丝直径（mm）	最小盘重（kg）	钢丝直径（mm）	最小盘重（kg）
≤0.10	0.1	>0.8～1.80	2.0
>0.10～0.20	0.2	>1.80～3.00	5.0
>0.20～0.30	0.4	>3.00～6.00	8.0
>0.30～0.80	0.5		

(5) 钢丝的力学性能

直径（mm）	抗拉强度（MPa）			直径（mm）	抗拉强度（MPa）		
	E级	F级	G级		E级	F级	G级
0.08	2 330～2 710	2 710～3 060	—	0.70	2 120～2 500	2 500～2 850	—
0.09	2 320～2 700	2 700～3 050	—	0.80	2 110～2 490	2 490～2 840	—
0.10	2 310～2 690	2 690～3 040	—	0.90	2 060～2 390	2 390～2 690	—
0.12	2 300～2 680	2 680～3 030	—	1.00	2 020～2 350	2 350～2 650	1 850～2 110
0.14	2 290～2 670	2 670～3 020	—	1.20	1 920～2 270	2 270～2 570	1 820～2 080
0.16	2 280～2 660	2 660～3 010	—	1.40	1 870～2 200	2 200～2 500	1 780～2 040
0.18	2 270～2 650	2 650～3 000	—	1.60	1 830～2 140	2 160～2 480	1 750～2 010
0.20	2 260～2 640	2 640～2 990	—	1.80	1 800～2 130	2 060～2 360	1 700～1 960
0.22	2 240～2 620	2 620～2 970	—	2.00	1 760～2 090	1 970～2 230	1 670～1 910
0.25	2 220～2 600	2 600～2 950	—	2.20	1 720～2 000	1 870～2 130	1 620～1 860
0.28	2 220～2 600	2 600～2 950	—	2.50	1 680～1 960	1 770～2 030	1 620～1 860
0.30	2 210～2 600	2 600～2 950	—	2.80	1 630～1 910	1 720～1 980	1 570～1 810
0.32	2 210～2 590	2 590～2 940	—	3.00	1 610～1 890	1 690～1 950	1 570～1 810
0.35	2 210～2 590	2 590～2 940	—	3.20	1 560～1 840	1 670～1 930	1 570～1 810
0.40	2 200～2 580	2 580～2 930	—	3.50	1 520～1 750	1 620～1 840	1 470～1 710
0.45	2 190～2 570	2 570～2 920	—	4.00	1 480～1 710	1 570～1 790	1 470～1 710
0.50	2 180～2 560	2 560～2 910	—	4.50	1 410～1 640	1 500～1 720	1 470～1 710
0.55	2 170～2 550	2 550～2 900	—	5.00	1 380～1 610	1 480～1 700	1 420～1 660
0.60	2 160～2 540	2 540～2 890	—	5.50	1 330～1 560	1 440～1 660	1 400～1 640
0.63	2 140～2 520	2 520～2 870	—	6.00	1 320～1 550	1 420～1 660	1 350～1 590

注：①钢丝的直径公差应符合 GB 342 规定。根据需方要求可供应中间尺寸的钢丝。

②钢丝直径的允许偏差 E 组应符合 GB 343 中 h10 级的规定；F 组、G 组应符号 h11 级的规定。经供需双方协议，E 组可按 h11 级，F 组、G 组可按 h10 级供货。

③每盘钢丝应由一根钢丝组成，不允许有焊接头存在。

④钢丝扭转变形应均匀，表面不得有裂纹和分层，断口应垂直于轴线。

标记示例：

钢丝力学性能为E组，直径为1.60mm，直径允许偏差为h10级的重要用途碳素弹簧钢丝，其标记为：

$$重要用途碳素弹簧钢丝\frac{1.60-h10-GB/T\ 342—1982}{E-GB/T\ 4358—1995}$$

当需方要求注明牌号时，其标记中可加注牌号。例如上例中需方要求注明70钢时，其标记为：

$$重要用途碳素弹簧钢丝\frac{1.60-h10-GB/T\ 342—1982}{70-E-GB/T\ 4358—1995}$$

13. 冷镦钢丝

冷镦钢丝（GB/T 5953—1999）列于表2－287。

表2－287　冷镦钢丝质量

公称直径（mm）	最小盘重（kg）
1.00～2.00	4
>2.00～3.00	10
>3.00～9.00	15
>9.00	30

注：①每盘钢丝应由一根钢丝组成。

②钢丝的直径为1.00～16.00mm。

③钢丝应以盘状交货。直径不小于8.00mm的钢丝，经需方要求，并在合同中注明，可以按直条交货，其长度应为2 000～6 000mm，直条钢丝的每米弯曲度不得大于4mm。

标记示例：

ML15冷拉钢丝，直径为3.00mm，精度为10级，其标记为：

$$冷镦用碳素钢丝\frac{3.00-10-GB/T\ 342—1997}{ML15-WCD-GB/T\ 5953—1999}$$

ML30CrMnSiA冷拉钢丝，直径3.00mm，精度为10级，其标记为：

$$冷镦用合金钢丝\frac{3.00-10-GB/T\ 342—1997}{ML30CrMnSiA-WCD-GB/T\ 5953—1999}$$

2.3.6 输送带用钢丝绳

输送带用钢丝绳（GB/T 12753—2002）列于表2－288～表2－298。

表2－288 钢丝绳的分类

（1）按其结构分

结构种类	结构		直径范围（mm）
	钢丝绳	绳股	
标准式	6×7＋IWS	6＋1	2.0～5.4
	6×19＋IWS	12＋6＋1	4.0～12.0
	6×19W＋IWS	6/6＋6＋1	5.0～12.0
开放式	K6×7＋IWS	6＋1	2.5～5.9
	K6×19＋IWS	12＋6＋1	4.5～12.0
	K6×19W＋IWS	6/6＋6＋1	5.0～12.0

（2）按公称抗拉强度分

钢丝绳按公称抗拉强度分为Ⅰ级、Ⅱ级、Ⅲ级和Ⅳ级四种

（3）按钢丝锌层质量级分

钢丝直径 d（mm）	锌层质量（g/m^2） ≥	
	A级	B级
0.20～0.90	60×d	30×d

（4）按捻法分

钢丝绳按捻法分为右交互捻（ZS）和左交互捻（SZ）二种。交货时一般应按左、右互捻各半，也可根据用户需求订货

注：供应A级锌层钢丝绳时，须经供需双方协议并在合同中注明。

表2－289 钢丝绳直径范围

钢丝直径（mm）	不圆度（mm） ≤
0.20～0.50	0.01
＞0.50～0.90	0.02

表 2－290　钢丝绳的长度

钢丝绳的长度（m）	长度允许偏差（m）
≤1 000	+10
>1 000～2 000	+15
>2 000	+20

注：钢丝绳的长度及允许偏差应符合表中的规定。在每 50 盘交货的钢丝绳中允许有 1 盘钢丝绳用胶布连接成定尺长度。每个工字轮上只允许一个接头，其单根钢丝绳的最小长度要大于 70m。在缠绕该钢丝绳的工字轮上应注明标记。

表 2－291　钢丝绳结构：6×7＋IWS

钢丝绳直径		钢丝绳最小破断拉力（kN）Ⅰ级 ≥	钢丝绳近似线质量（kg/100m）
公称直径 *D*（mm）	允许偏差（%）		
2.00	+5 −2	3.7	1.7
2.60		6.1	2.7
2.80		7.0	3.1
3.00		7.5	3.4
3.20		9.4	4.2
3.50		11.2	5.0
3.80		12.8	6.0
4.00		13.6	6.4
4.20		15.0	7.1
4.50		17.9	8.4
4.80		20.1	9.4
5.10		22.1	10.5
5.40		25.3	12.1

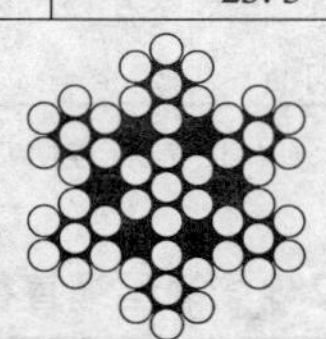

注：①钢丝绳的截面形状如表中图所示。
②钢丝绳公称直径 *D* 及允许偏差应符合表中的规定。
③表中所列的每 100m 长度的理论质量仅供参考，计算钢丝绳理论线质量时钢的密度为 7.85kg/cm^3。

表 2 -292　钢丝绳结构：6 ×19 + IWS

钢丝绳直径		钢丝绳最小破断拉力（kN）Ⅰ级 ≥	钢丝绳近似线质量（kg/100m）
公称直径 *D*（mm）	允许偏差（%）		
4.0	+5 −2	13.4	6.2
4.3		16.0	7.4
4.5		17.9	8.3
4.8		20.4	9.5
5.4		24.3	11.3
5.7		27.1	12.6
6.1		31.6	14.8
6.4		33.5	16.3
7.2		41.7	20.3
7.5		45.3	22.0
7.8		49.4	24.0
8.1		53.3	25.9
9.2		67.7	33.3
10.3	+4 −2	81.8	41.8
11.0		94.2	48.2
12.0		110	56.3

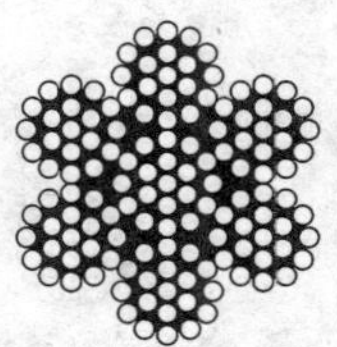

注：①钢丝绳的截面形状如表中图所示。

②钢丝绳公称直径 *D* 及允许偏差应符合表中规定。

③表中理论线质量仅供参考，计算钢丝绳理论线质量时钢的密度为 7.85kg/cm^3。

表 2－293 钢丝绳结构：6×19W＋IWS

钢丝绳直径		钢丝绳最小破断拉力（kN）≥		钢丝绳近似线质量（kg/100m）
公称直径 D(mm)	允许偏差(%)	Ⅱ级	Ⅲ级	
5.0	+5 −2	24.4	25.5	10.6
5.6		30.0	31.4	13.7
6.0		34.3	36.0	15.9
6.6		40.5	42.5	18.9
7.0		45.6	47.8	21.2
7.6		53.6	56.2	25.3
8.3		61.4	64.4	29.6
8.7		68.0	71.4	33.2
9.1		72.7	76.3	35.5
10.0	+4 −2	88.3	92.8	43.2
10.5		96.0	101	47.0
11.0		104	110	51.5
12.0		121	128	59.9

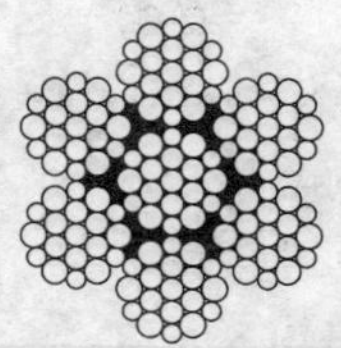

注：①钢丝绳的截面形状如表中图所示。

②钢丝绳公称直径 D 及允许偏差应符合表中规定。

③表中线质量仅供参考，计算钢丝绳理论线质量时钢的密度为 7.85kg/cm³。

表 2-294　钢丝绳结构：K6×7+IWS

钢丝绳直径		钢丝绳最小破断拉力（kN）≥			钢丝绳近似线质量（kg/100m）
公称直径 *D*(mm)	允许偏差(%)	Ⅱ级	Ⅲ级	Ⅳ级	
2.50	+5 -2	5.3	5.5	5.8	2.4
2.70		6.4	6.7	7.0	2.9
2.90		7.5	7.7	8.0	3.4
3.10		8.8	9.5	10.0	3.8
3.30		10.3	10.8	11.4	4.4
3.50		11.4	12.0	12.8	4.9
3.70		12.7	13.2	14.2	5.5
3.90		14.0	14.8	15.8	6.3
4.10		15.3	16.2	17.4	6.8
4.30		16.8	17.8	19.0	7.5
4.50		18.2	19.3	20.7	8.1
4.70		19.6	20.8	22.5	8.7
4.90		21.5	22.7	24.1	9.5
5.10		23.4	24.2	25.7	10.4
5.30		25.2	26.1	27.5	11.1
5.50		27.5	28.5	29.7	12.1
5.70		28.5	29.6	30.8	13.0
5.90		30.0	31.7	32.5	14.1

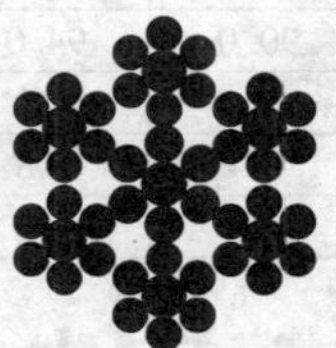

注：①钢丝绳的截面形状如表中图所示。

②钢丝绳公称直径 *D* 及允许偏差应符合表中规定。

③表中近似线质量仅供参考，计算钢丝绳理论线质量时钢的密度为 7.85kg/cm^3。

表 2－295　钢丝绳结构：K6×19＋IWS

钢丝绳直径		钢丝绳最小破断拉力（kN）≥			钢丝绳近似线质量（kg/100m）
公称直径 D(mm)	允许偏差(%)	Ⅱ级	Ⅲ级	Ⅳ级	
4.5	+5 −2	18.2	18.6	19.3	7.8
4.8		20.0	20.7	21.2	8.7
5.0		22.5	23.2	23.9	9.8
5.4		25.2	26.1	27.0	11.2
5.8		29.6	31.0	31.6	13.2
6.0		31.0	32.3	33.3	13.9
6.2		33.1	34.4	35.7	14.8
6.4		34.5	36.2	37.4	15.7
6.8		39.3	41.0	42.7	18.0
7.2		43.0	45.0	47.1	19.9
7.6		48.8	51.0	53.0	22.5
8.0		53.2	55.3	57.2	24.4
8.3		55.0	57.6	61.0	26.1
8.8		63.2	66.2	68.3	29.4
9.0		65.0	68.0	71.0	30.8
9.2		67.8	71.1	73.9	32.1
9.6		73.6	77.2	79.7	34.8
10.0	+4 −2	78.7	82.3	86.3	37.8
10.4		84.8	88.6	92.5	40.5
10.8		90.0	94.0	97.7	43.1
11.2		98.3	101	104	46.4
11.6		104	108	112	50.8
12.0		110	114	118	53.4

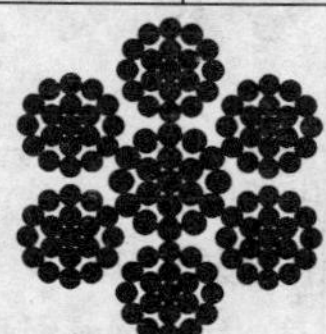

注：①钢丝绳的截面形状如表中图所示。

②钢丝绳公称直径 D 及允许偏差应符合表中规定。

③表中近似线质量仅供参考，计算钢丝绳理论线质量时钢的密度为 7.85kg/cm³。

表 2 - 296　钢丝绳结构：K6 × 19W + IWS

钢丝绳直径		钢丝绳最小破断拉力（kN）≥			钢丝绳近似线质量（kg/100m）
公称直径 *D*(mm)	允许偏差（%）	Ⅱ级	Ⅲ级	Ⅳ级	
5.0	+5 -2	23.0	23.7	24.5	10.3
5.6		30.0	30.8	31.5	13.3
6.0		33.2	34.3	34.8	14.9
6.6		39.6	41.2	41.8	17.7
7.0		44.7	46.5	47.0	19.9
7.2		47.2	49.1	49.5	20.8
7.6		52.8	55.0	55.5	23.6
8.0		57.2	59.3	60.0	26.7
8.3		60.0	62.3	63.0	28.4
8.7		66.3	69.0	70.0	31.0
9.1		73.0	76.3	77.0	33.7
10.0		84.0	87.5	88.3	38.9
10.5	+4 -2	91.5	95.2	96.5	42.9
11.0		101	104	106	47.1
11.5		105	109	112	51.5
12.0		114	118	120	56.1

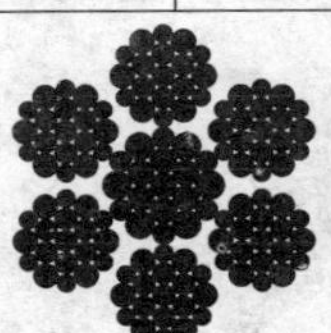

注：①钢丝绳的截面形状如表中图所示。

②钢丝绳公称直径 *D* 及允许偏差应符合表中规定。

③表中近似线质量仅供参考，计算钢丝绳理论线质量时，钢的密度为 7.85kg/cm³。

表 2－297　钢丝绳中钢丝的公称抗拉强度级

钢丝直径 d（mm）	钢丝公称抗拉强度（MPa）			
	Ⅰ级	Ⅱ级	Ⅲ级	Ⅳ级
0.20～0.40	2 160	2 260	2 360	2 460
>0.40～0.60	2 060	2 160	2 260	2 360
>0.60～0.90	1 960	2 060	2 160	2 260

注：①钢丝的公称抗拉强度分为 1 960 MPa、2 060 MPa、2 160 MPa、2 260MPa、2 360MPa和2 460MPa 六种。

②钢丝绳应用表中规定的公称抗拉强度级的钢丝捻制。钢丝的实测抗拉强度不得低于公称抗拉强度的95%。

③钢丝用盘条应符合 YB/T 170.2 的规定，牌号由制造厂选择。但其硫、磷质量分数各不得大于0.030%。

表 2－298　钢丝的最小扭转次数

钢丝直径 d（mm）	钢丝的最小扭转次数			
	Ⅰ级	Ⅱ级	Ⅲ级	Ⅳ级
0.50～0.60	30	29	28	27
≥0.60～0.70	29	28	27	26
≥0.70～0.80	28	27	26	25
≥0.80～0.90	27	26	25	24

注：直径大于等于0.50mm 的钢丝应做扭转试验，钢丝的最小扭转次数应符合表中的规定。

标记示例：

结构为 K6×19＋IWS、直径7.6mm、公称抗拉强度为Ⅲ级、右交互捻、钢丝锌层质量为 B 级的钢丝绳的标记为：

K6×19＋IWS－7.6－Ⅲ－ZS－B－GB/T 12753—2002

2.3.7 有色金属板材、带材及箔材

1. 铜及黄铜板（带、箔）理论面质量

表 2－299 铜及黄铜板（带、箔）理论面质量

厚 度 (mm)	理论面质量 (kg/m²)		厚 度 (mm)	理论面质量 (kg/m²)	
	铜 板	黄铜板		铜 板	黄铜板
0.005	0.045	0.043	0.65	5.79	5.53
0.008	0.071	0.068	0.70	6.23	5.95
0.010	0.089	0.085	0.72	—	6.12
0.012	0.107	0.102	0.75	6.68	6.38
0.015	0.134	0.128	0.80	7.12	6.80
0.02	0.178	0.170	0.85	7.57	7.23
0.03	0.267	0.255	0.90	8.01	7.65
0.04	0.356	0.340	0.93	—	7.91
0.05	0.445	0.425	1.00	8.90	8.50
0.06	0.534	0.510	1.10	9.79	9.35
0.07	0.623	0.595	1.13	—	9.61
0.08	0.712	0.680	1.20	10.68	10.20
0.09	0.801	0.765	1.22	—	10.37
0.10	0.890	0.850	1.30	11.57	11.05
0.12	1.07	1.02	1.35	12.02	11.48
0.15	1.34	1.28	1.40	12.46	11.90
0.18	1.60	1.53	1.45	—	12.33
0.20	1.78	1.70	1.50	13.35	12.75
0.22	1.96	1.87	1.60	14.24	13.60
0.25	2.23	2.13	1.65	14.69	14.03
0.30	2.67	2.55	1.80	16.02	15.30
0.32	—	2.72	2.00	17.80	17.00
0.34	—	2.89	2.20	19.58	18.70
0.35	3.12	2.98	2.25	20.03	19.13
0.40	3.56	3.40	2.50	22.25	21.25
0.45	4.01	3.83	2.75	24.48	23.38
0.50	4.45	4.25	2.80	24.92	23.80
0.52	—	4.42	3.00	26.70	25.50
0.55	4.90	4.68	3.50	31.15	29.75
0.57	—	4.85	4.00	35.60	34.00
0.60	5.34	5.10	4.5	40.05	38.25

续表

厚度 (mm)	理论面质量 (kg/m^2)		厚度 (mm)	理论面质量 (kg/m^2)	
	铜板	黄铜板		铜板	黄铜板
5.0	44.50	42.50	26.0	231.4	221.0
5.5	48.95	46.75	27.0	240.3	229.8
6.0	53.40	51.00	28.0	249.2	238.0
6.5	57.85	55.25	29.0	258.1	246.5
7.0	62.30	59.50	30.0	267.0	255.0
7.5	66.75	63.75	32.0	284.8	272.0
8.0	71.20	68.00	34.0	302.6	289.0
9.0	80.10	76.50	35.0	311.5	297.5
10.0	89.00	85.00	36.0	320.4	306.0
11.0	97.90	93.50	38.0	338.2	323.0
12.0	106.8	102.0	40.0	356.0	340.0
13.0	115.7	110.5	42.0	373.8	357.0
14.0	124.6	119.0	44.0	391.6	374.0
15.0	133.5	127.5	45.0	400.5	382.5
16.0	142.4	136.0	46.0	409.3	391.0
17.0	151.3	144.5	48.0	427.2	408.0
18.0	160.2	153.0	50.0	445.0	425.0
19.0	169.1	161.5	52.0	462.8	442.0
20.0	178.0	170.0	54.0	480.6	459.0
21.0	186.9	178.5	55.0	489.5	467.5
22.0	195.8	187.0	56.0	498.4	476.0
23.0	204.7	195.5	58.0	516.2	493.0
24.0	213.6	204.0	60.0	534.0	510.0
25.0	222.5	212.5			

注：①计算理论面质量的密度：铜板为8.9g/cm^3；黄铜板为8.5g/cm^3。其他密度牌号黄铜板的理论面质量须将本表中的黄铜板理论面质量乘上相应的换算系数。

②各种牌号黄铜的密度（g/cm^3）见下表；密度非8.5的牌号理论面质量，须将表中的理论面质量乘上相应的理论面质量换算系数：

黄铜牌号	密度	理论面质量换算系数
H80、H68、H62、H59、HPb63-3、HPb59-1、HSn62-1、HSn60-1、HAl67-2.5、HAl66-6-3-2、HAl60-1-1、HMn58-2、HMn57-3-1、HMn55-3-1、HFe59-1-1、HSi80-3、HNi65-5	8.5	1
HSn70-1	8.54	1.004 7
HAl77-2	8.6	1.011 8
HPb74-3	8.7	1.023 5
H96、H90	8.8	1.035 3

2. 一般用途加工铜及铜合金板带材

一般用途加工铜及铜合金板带材(GB/T 17793—1999)列于表2－300、表2－311。

表2－300　板材的牌号和规格

牌号	厚度(mm)	宽度(mm)	长度(mm)	允许偏差表的编号			
				厚度	宽度	长度	不平度
T2、T3、TP1、TP2、TU1、TU2	4～60	≤3 000	≤6 000	表2－302	表2－307	表2－309	表2－310
	0.2～12	≤3 000	≤6 000	表2－303			
H59、H62、H65、H68、H70、H80、H90、H96、HPb59－1、HSn62－1、HMn58－2	4～60	≤3 000	≤6 000	表2－302			
	0.2～10	≤3 000		表2－303			
HMn57－3－1、HMn55－3－1、HAl60－1－1、HAl67－2.5、HAl66－6－3－2、HNi65－5	4～40	≤1 000	≤2 000	表2－302			
QAl5、QAl7、QAl9－2、QAl9－4	0.4～12	≤1 000	≤2 000	表2－304			
QSn6.5－0.1、QSn6.5－0.4、QSn4－3、QSn4－0.3、QSn7－0.2	9～50	≤600	≤2 000	表2－302			
	0.2～12			表2－304			
BAl6－1.5、BAl13－3	0.5～12	≤600	≤1 500	表2－304			
BZn15－20	0.5～10	≤600	≤1 500	表2－304			
B5、B19、BFe10－1－1、BFe30－1－1	7～60	≤2 000	≤4 000	表2－302			
	0.5～10	≤600	≤1 500	表2－304			

表 2－301　带材牌号和规格

牌号	厚度（mm）	宽度（mm）	允许偏差表的编号		
			厚度	宽度	侧边弯曲度
T2、T3、TP1、TP2、TU1、TU2	0.05～3.00	≤1 000	表 2－305	表 2－308	表 2－311
H59、H62、H65、H68、H70、H80、H90、H96、HPb59－1、HSn62－1、HMn58－2	0.05～3.00	≤600			
QAl5、QAl7、QAl9－2、QAl9－4	0.05～1.20	≤300	表 2－306		
QSn6.5－0.1、QSn6.5－0.4、QSn7－0.2、QSn4－3、QSn4－0.3	0.05～3.00	≤600			
QCd－1	0.05～1.20	≤300			
QMn1.5、QMn5	0.10～1.20	≤300			
QSi3－1	0.05～1.20	≤300			
QSn4－4－2.5、QSn4－4－4	0.8～1.20	≤200			
BZn15－20	0.05～1.20	≤300			
B5、B19、BFe10－1－1、BFe30－1－1、BMn3－12、BMn40－1.5	0.05～1.20	≤300			

表 2-302　热轧板的厚度允许偏差

厚度(mm)	宽　度(mm)					
	≤500	>500～1 000	>1 000～1 500	>1 500～2 000	>2 000～2 500	>2 500～3 000
	厚度允许偏差±(mm)					
4.0～6.0	0.20	0.22	0.28	0.40	—	—
>6.0～8.0	0.23	0.25	0.35	0.45	—	—
>8.0～12.0	0.30	0.35	0.45	0.60	1.00	1.30
>12.0～16.0	0.35	0.45	0.55	0.70	1.10	1.40
>16.0～20.0	0.40	0.50	0.70	0.80	1.20	1.50
>20.0～25.0	0.45	0.55	0.80	1.00	1.30	1.80
>25.0～30.0	0.55	0.65	1.00	1.10	1.60	2.00
>30.0～40.0	0.70	0.85	1.25	1.30	2.00	2.70
>40.0～50.0	0.90	1.10	1.50	1.60	2.50	3.50
>50.0～60.0	—	1.30	2.00	2.20	3.00	4.30

注:需方只要求单向偏差时,其值为表中数值的2倍。

表 2-303　纯铜、黄铜冷轧板材厚度允许偏差

厚度(mm)	宽　度(mm)																	
	≤400		>400~700		>700~1 000		>1 000~1 250		>1 250~1 500		>1 500~1 750		>1 750~2 000		>2 000~2 500		>2 500~3 000	
	厚度允许偏差±(mm)																	
	普通级	较高级	普通级	较高级	普通级	较高级	普通级	较高级	普通级	较高级	普通级	较高级	普通级	较高级	普通级	较高级	普通级	较高级
0.2~0.3	0.025	0.020	0.030	0.025	—	—	—	—	—	—	—	—	—	—	—	—	—	—
>0.3~0.4	0.030	0.025	0.040	0.030	0.060	0.050	—	—	—	—	—	—	—	—	—	—	—	—
>0.4~0.5	0.035	0.030	0.050	0.040	0.070	0.060	—	—	—	—	—	—	—	—	—	—	—	—
>0.5~0.8	0.040	0.035	0.060	0.050	0.090	0.080	0.100	0.080	—	—	—	—	—	—	—	—	—	—
>0.8~1.2	0.050	0.040	0.080	0.060	0.100	0.090	0.120	0.100	0.150	0.120	—	—	—	—	—	—	—	—
>1.2~2.0	0.060	0.050	0.100	0.080	0.120	0.100	0.150	0.120	0.180	0.150	0.280	0.250	0.350	0.300	—	—	—	—
>2.0~3.2	0.080	0.060	0.120	0.100	0.150	0.120	0.180	0.150	0.220	0.200	0.330	0.300	0.400	0.350	0.500	0.400	—	—
>3.2~5.0	0.100	0.080	0.150	0.120	0.180	0.150	0.220	0.200	0.280	0.250	0.400	0.350	0.450	0.400	0.600	0.500	0.700	0.600
>5.0~8.0	0.130	0.110	0.180	0.160	0.230	0.200	0.260	0.230	0.340	0.300	0.450	0.400	0.550	0.450	0.800	0.700	1.000	0.800
>8.0~12.0	0.180	0.150	0.250	0.200	0.280	0.250	0.330	0.300	0.400	0.350	0.600	0.500	0.700	0.600	1.000	0.800	1.300	1.000

注:需方只要求单向偏差时,其值为表中数值的2倍。

表 2－304　青铜、白铜冷轧板材厚度允许偏差

厚度(mm)	宽　度(mm)								
	≤400			>400～700			>700～1 000		
	厚度允许偏差 ±(mm)								
	普通级	较高级	高级	普通级	较高级	高级	普通级	较高级	高级
0.2～0.3	0.030	0.025	0.015	—	—	—	—	—	—
>0.3～0.4	0.035	0.030	0.020	—	—	—	—	—	—
>0.4～0.5	0.040	0.035	0.025	0.060	0.050	0.045	—	—	—
>0.5～0.8	0.050	0.040	0.030	0.070	0.060	0.050	—	—	—
>0.8～1.2	0.060	0.050	0.040	0.080	0.070	0.060	0.150	0.120	0.080
>1.2～2.0	0.090	0.070	0.050	0.110	0.090	0.080	0.200	0.150	0.100
>2.0～3.2	0.110	0.090	0.060	0.140	0.120	0.100	0.250	0.200	0.150
>3.2～5.0	0.130	0.110	0.080	0.180	0.150	0.120	0.300	0.250	0.200
>5.0～8.0	0.150	0.130	0.100	0.200	0.180	0.150	0.350	0.300	0.250
>8.0～12.0	0.180	0.150	0.120	0.220	0.200	0.180	0.450	0.400	0.300

注:需方只要求单向偏差时,其值为表中数值的 2 倍。

表 2－305　纯铜、黄铜带材的厚度允许偏差

厚度(mm)	宽　度(mm)							
	≤200		>200～300		>300～600		>600～1 000	
	厚度允许偏差±(mm)							
	普通级	较高级	普通级	较高级	普通级	较高级	普通级	较高级
0.05～0.1	0.007	0.005	0.010	0.007	—	—	—	—
>0.1～0.2	0.012	0.007	0.015	0.010	0.020	0.015	—	—
>0.2～0.3	0.015	0.010	0.020	0.015	0.025	0.020	—	—
>0.3～0.4	0.020	0.015	0.025	0.020	0.030	0.025	—	—
>0.4～0.5	0.025	0.020	0.030	0.025	0.035	0.030	0.050	0.040
>0.5～0.8	0.030	0.025	0.040	0.035	0.045	0.040	0.070	0.060
>0.8～1.0	0.040	0.030	0.045	0.040	0.050	0.045	0.080	0.070
>1.0～1.2	0.045	0.035	0.050	0.045	0.060	0.050	0.100	0.080
>1.2～2.0	0.050	0.045	0.060	0.050	0.080	0.070	0.120	0.100
>2.0～3.0	0.060	0.050	0.070	0.060	0.100	0.080	0.140	0.120

注:需方只要求单向偏差时,其值为表中数值的2倍。

表 2－306　青铜、白铜带材的厚度允许偏差

厚度(mm)	宽　度(mm)					
	≤200		>200～300		>300～600	
	普通级	较高级	普通级	较高级	普通级	较高级
	厚度允许偏差±(mm)					
0.05～0.1	0.005	—	0.010	—	—	—
>0.1～0.2	0.010	0.005	0.015	0.007	0.020	0.010
>0.2～0.3	0.015	0.008	0.020	0.010	0.035	0.015
>0.3～0.4	0.020	0.010	0.025	0.015	0.040	0.025
>0.4～0.5	0.025	0.015	0.035	0.020	0.050	0.035
>0.5～0.8	0.030	0.020	0.045	0.025	0.060	0.040
>0.8～1.0	0.040	0.025	0.050	0.030	0.070	0.050
>1.0～1.2	0.050	0.030	0.060	0.035	0.080	0.060
>1.2～2.0	0.065	0.045	0.070	0.050	0.090	0.070
>2.0～3.0	0.080	0.060	0.085	0.060	0.100	0.090

注:需方只要求单向偏差时,其值为表中数值的2倍。

表 2－307　板材宽度允许偏差

厚度（mm）	宽　度（mm）			宽　度（mm）		
	≤1 000	>1 000~2 000	>2 000~3 000	≤1 000	>1 000~2 000	>2 000~3 000
	剪切允许偏差 ±（mm）			锯切允许偏差 ±（mm）		
0.2~0.8	1.5	2.5		—	—	—
>0.8~3.0	2.5	5		—	5	—
>3.0~12.0	5	7.5		—	0.6%	—
>12.0~25.0	7.5	10		—	0.7%	—
>25.0~60.0	—	—	—	2	3	5

注：①需方只要求单向偏差时，其值为表中数值的 2 倍。
②厚度 >15mm 时的热轧板，可不切边交货。

表 2－308　带材宽度允许偏差

厚度（mm）	宽　度（mm）			
	≤200	>200~300	>300~600	>600~1 000
	宽度允许偏差 ±（mm）			
≤0.5	0.2	0.3	0.5	0.8
>0.5~2.0	0.3	0.4	0.6	0.8
>2.0~3.0	0.5	0.5	0.6	0.8

注：需方只要求单向偏差时，其值应为表中数值的 2 倍。

表 2－309　板材的长度允许偏差

厚　度（mm）	冷轧板长度（mm）				热轧板
	≤2 000	>2 000~3 000	>3 500~5 000	>5 000~6 000	
≤0.8	+10 0	+10 0	—	—	+25 0
>0.8~3.0	+10 0	+15 0	—	—	+25 0
>3.0~12.0	+15 0	+15 0	+20 0	+25 0	+25 0
>12.0~60.0	—				+30 0

注：①厚度 >15mm 时的热轧板，可不切头交货。
②板材的长度分定尺、倍尺和不定尺三种，定尺或倍尺应在不定尺范围内，其允许偏差应符合表中规定。
③按倍尺供应的板材，应留有截断时的切口量，每一切口量为 +5mm。
④带材和板材的边部应切平，无裂边和卷边。板材切斜不应使宽度和长度超出其允许偏差。

表 2－310　板材的不平度

厚度（mm）	不平度（mm/m）　≤
≤1.5	20
>1.5～5.0	15
>5.0	10

表 2－311　带材的侧边弯曲度

宽度（mm）	侧边弯曲度（mm/m）　≤
≤50	5
>50～100	4
>100～1 000	3

3. 铜及铜合金板材

铜及铜合金板材（GB/T 2040—2002）适用于供一般用途的加工铜及铜合金。

板材的尺寸及尺寸偏差应符合 GB/T 17793 中相应牌号的规定。

铜及铜合金板材列于表 2－312～表 2－317。

表 2－312　铜及铜合金板材

<table>
<tr><th rowspan="2">牌号</th><th rowspan="2">状态</th><th colspan="3">规　格（mm）</th></tr>
<tr><th>厚度</th><th>宽度</th><th>长度</th></tr>
<tr><td>T_2
T_3
TP_1</td><td>R</td><td>4～60</td><td rowspan="5">≤3 000</td><td rowspan="5">≤6 000</td></tr>
<tr><td>TU1
TU2
TP_2</td><td>M、Y_4
Y_2
Y</td><td>0.2～12</td></tr>
<tr><td>H96、H80</td><td>M、Y</td><td rowspan="3">0.2～10</td></tr>
<tr><td>H90</td><td>M、Y_2、Y</td></tr>
<tr><td>H70、H65</td><td>M、Y_4
Y_2、Y、T</td></tr>
</table>

续表

牌号	状态	规格（mm）		
		厚度	宽度	长度
H68	R	4~60	≤3 000	≤6 000
	M、Y_4 Y_2、Y、T	0.2~10		
H62	R	4~60		
	M、Y_2 Y、T	0.2~10		
H59	R	4~60		
	M、Y	0.2~10		
HPb59-1	R	4~60		
	M、Y_2、Y	0.2~10		
HMn58-2	M、Y_2、Y			
HSn62-1	R	4~60		
	M、Y_2、Y	0.2~10		
HMn55-3-1、HMn57-3-1 HAl60-1-1、HAl67-2.5 HAl66-6-3-2、HNi65-5	R	4~40	≤1 000	≤2 000
QSn6.5-0.1	R	9~50	≤600	≤2 000
	M、Y_4、Y_2、Y、T	0.2~12		
QSn6.5-0.4、QSn4-3 QSn4-0.3、QSn7-0.2	M、Y、T			
BAl6-1.5、BAl13-3	Y、CS	0.5~12	≤600	≤1 500
BZn15-20	M、Y_2、Y、T	0.5~10		
B5、B19 BFe10-1-1、BFe30-1-1	R	7~60	≤2 000	≤4 000
	M、Y	0.5~10	≤600	≤1 500
QAl5	M、Y	0.4~12	≤1 000	≤2 000
QAl7	Y_2、Y			
QAl9-2	M、Y			
QAl9-4	Y			

注：经供需双方协商，可以供应其他规格的板材。

标记示例：

用H62制造的、供应状态为Y_2、厚度为0.8mm、宽度为600mm、长度为1500mm的定尺板材，其标记为：

板　H62　Y_2　0.8×600×1 500　GB/T 2040—2002

表2－313　铝青铜板的尺寸及质量

厚度（mm）	理论面质量　（kg/m^2）			
	QAl 5（密度8.2g/cm^3）	QAl 7（密度7.8g/cm^3）	QAl 9－2（密度7.6g/cm^3）	QAl 9－4（密度7.5g/cm^3）
0.4	3.28	3.12	3.04	3.00
0.45	3.69	3.51	3.42	3.37
0.5	4.10	3.90	3.80	3.70
0.6	4.92	4.68	4.56	4.50
0.7	5.74	5.46	5.23	5.25
0.8	6.56	6.24	6.08	6.00
0.9	7.38	7.02	6.84	6.75
1.0	8.20	7.80	7.60	7.50
1.2	9.84	9.36	9.12	9.00
1.5	12.30	11.70	11.40	11.25
1.8	15.06	14.04	13.68	13.50
2.0	16.40	15.60	15.20	15.00
2.5	20.50	19.50	19.00	18.75
3.0	24.60	23.40	22.80	22.50
3.5	28.70	27.30	26.60	26.25
4.0	32.80	31.20	30.40	30.00
4.5	36.90	35.10	34.20	33.75
5.0	41.00	39.00	38.00	37.00
5.5	45.10	42.90	41.80	41.25
6.0	49.20	46.80	45.60	45.00
6.5	53.30	50.70	49.40	48.75
7.0	57.40	54.60	53.20	52.50
7.5	61.50	58.50	57.00	56.25
8.0	65.00	62.40	60.80	60.00
8.5	69.70	66.30	64.60	63.75
9.0	73.80	70.20	68.40	67.50
10	82.00	78.00	76.00	75.00
11	90.20	85.80	83.60	82.50
12	98.40	93.60	91.20	90.00

表 2-314 锡青铜板的尺寸及质量

(1) 热轧锡青铜板的尺寸及质量

厚度（mm）	理论面质量（kg/m^2）	厚度（mm）	理论面质量（kg/m^2）
9	79.2	25	220.0
10	88.0	26	228.2
11	96.8	28	246.4
12	105.6	30	264.0
13	114.4	32	218.6
14	123.2	34	299.2
15	132.0	35	308.0
16	140.8	36	316.8
17	149.6	38	334.4
18	158.4	40	352.0
19	167.2	42	369.6
20	176.0	44	387.2
21	184.8	45	396.0
22	193.6	46	404.8
23	202.4	48	422.4
24	211.2	50	440.0

(2) 冷轧锡青铜板的尺寸及质量

厚度（mm）	理论面质量（kg/m^2）	厚度（mm）	理论面质量（kg/m^2）
0.2	1.76	3.5	30.80
0.3	2.64	4.0	35.20
0.4	3.52	4.5	39.50
0.5	4.40	5.0	44.00
0.6	5.28	5.5	48.40
0.7	6.16	6.0	52.80
0.8	7.04	6.5	57.20
0.9	7.92	7.0	61.60
1.0	8.80	7.5	66.00
1.2	10.56	8.0	70.40
1.5	13.20	8.5	74.80
1.8	15.84	9.0	79.20
2.0	17.60	10.0	88.20
2.5	22.60	11.0	98.80
3.0	26.40	12.0	105.60

注：表中理论面质量按密度 $8.8g/cm^3$ 计算。

表 2-315 普通白铜板的尺寸及质量

(1) 热轧普通白铜板的尺寸及质量

厚度（mm）	理论面质量（kg/m^2）	厚度（mm）	理论面质量（kg/m^2）
7	62.30	26	231.4
8	71.20	28	249.2
9	80.10	30	267.0
10	89.0	32	289.8
11	97.9	34	302.6
12	106.8	35	311.5
13	115.7	36	320.4
14	124.6	38	338.2
15	133.5	40	356.0
16	142.4	42	373.8
17	151.3	44	391.6
18	160.2	46	409.4
19	169.1	48	427.2
20	178.0	50	445.0
21	186.9	52	462.8
22	195.8	54	480.6
23	204.7	56	498.4
24	213.6	58	516.2
25	222.5	60	534.0

(2) 冷轧普通白铜板的尺寸及质量

厚度（mm）	理论面质量（kg/m^2）	厚度（mm）	理论面质量（kg/m^2）
0.5	4.45	4.0	35.60
0.6	5.34	4.5	40.05
0.7	6.23	5.0	44.50
0.8	7.12	5.5	48.95
0.9	8.01	6.0	53.40
1.0	8.90	6.5	57.85
1.2	10.68	7.0	62.30
1.5	13.35	7.5	66.75
1.8	16.02	8.0	71.20
2.0	17.80	8.5	75.65
2.5	22.25	9.0	80.10
3.0	26.70	10.0	89.00
3.5	31.50		

注：表中理论面质量按密度 8.9g/cm^3 计算。

表 2 – 316　铝白铜板的尺寸及质量

厚度（mm）	理论面质量（kg/m^2）	
	BAl 6 – 1.5（密度 8.7g/cm^3）	BAl 13 – 3（密度 8.5g/cm^3）
0.5	4.35	4.25
0.6	5.22	5.10
0.7	6.09	5.95
0.8	6.96	6.80
0.9	7.83	7.65
1.0	8.70	8.50
1.2	10.44	10.20
1.5	13.05	12.75
1.8	15.60	15.30
2.0	17.40	17.00
2.5	21.75	21.25
3.0	26.10	25.50
3.5	30.45	29.75
4.0	34.80	34.00
4.0	39.15	38.25
5.0	43.50	42.50
5.5	47.85	46.75
6.0	52.20	51.00
6.5	56.55	55.25
7.0	60.90	59.50
7.5	65.25	63.75
8.0	69.60	68.00
8.5	73.95	72.25
9.0	78.30	76.50
10.0	87.00	85.00
12.0	104.40	102.00

表 2－317　锌白铜板的尺寸及质量

厚度（mm）	理论面质量（kg/m²） BZn15－20 （密度 8.6g/cm³）	厚度（mm）	理论面质量（kg/m²） BZn15－20 （密度 8.6g/cm³）
0.5	4.30	4.0	34.40
0.6	4.73	4.5	38.70
0.7	6.02	5.0	43.00
0.8	6.80	5.5	47.30
0.9	7.74	6.0	51.60
1.0	8.60	6.5	55.90
1.2	10.32	7.0	60.20
1.5	12.90	7.5	64.50
1.8	15.48	8.0	68.80
2.0	17.20	8.5	73.10
2.5	21.50	9.0	77.40
3.0	25.80	10.0	86.00
3.5	30.10		

4. 锡锌铅青铜板

锡锌铅青铜板（GB/T 2049—1980）的规格及质量列于表 2－318。

表 2－318　锡锌铅青铜板的尺寸及质量

厚度（mm）	宽度（mm）	长度（mm）	理论面质量（kg/m²） QSn 4－4－2.5 （密度 8.75g/cm³）	理论面质量（kg/m²） QSn 4－4－4 （密度 8.9g/cm³）
0.8	200～600	800～2 000	7.00	7.12
0.9			7.88	8.01
1.0			8.75	8.90
1.2			10.50	10.68
1.5			13.13	13.35
1.8			15.75	16.02
2.0			17.50	17.80
2.5			21.88	22.25
3.0			26.25	26.70
3.5			30.63	31.15
4.0			35.00	35.60
4.5			39.38	40.05
5.0			43.75	44.50

5. 锰青铜板

锰青铜板（GB/T 2046—1980）的尺寸规格及质量列于表2－319。

表2－319　锰青铜板的尺寸及质量

厚度（mm）	宽度（mm）	长度（mm）	理论面质量（kg/m²）	
			QMn 1.5（密度8.8g/cm³）	QMn 5（密度8.6g/cm³）
0.5	100～600	600～1 000	4.40	4.30
0.55			4.84	4.73
0.6			5.28	5.16
0.7			6.16	6.02
0.8	100～600	800～1 500	7.04	6.88
0.9			7.92	7.74
1.0			8.80	8.60
1.2			10.56	10.32
1.5			13.20	12.90
1.8			15.84	15.48
2.0			17.60	17.20
2.5			22.00	21.50
3.0			26.40	25.80
3.5			30.80	30.10
4.0			35.20	34.40
4.5			39.60	38.70
5.0			44.00	43.00

注：①板材长度不得小于宽度。

②经供需双方协商，可供应其他规格的板材。

6. 铬青铜板

铬青铜板（GB/T 2045—1980）适用于制造集电环及缝焊机盘形电极。铬青铜板的尺寸及其允许偏差列于表2－320；化学成分列于表2－321。

表 2-320　铬青铜的尺寸、允许偏差及理论面质量

厚度（mm）	宽度（mm）100～300	宽度（mm）>300～600	宽度（mm）100～300	宽度（mm）>300～600	长度（mm）≥	理论面质量（kg/m^2）（密度 $8.9g/cm^3$）
	厚度偏差		宽度偏差			
0.5	-0.07	—	-4.0	-10	300	4.45
0.6						5.34
0.7						6.23
0.8	-0.09	-0.12				7.12
0.9						8.01
1.0						8.90
1.2	-0.10	-0.16				10.68
1.5						13.35
1.8	-0.12	-0.18	-5.0			16.02
2.0						17.80
2.5						22.25
3.0	-0.15	-0.20				26.70
3.5						31.50
4.0						35.60
4.5	-0.20	-0.25	-6.0			40.50
5.0						44.50
5.5						48.95
6.0						53.40
6.5	-0.25	-0.30				57.85
7.0						62.30
7.5						66.75
8.0						71.02
8.5	-0.30	-0.35				75.65
9.0						80.10
10.0						89.00
11.0	-0.40	-0.45				97.90
12.0						106.80
13.0						115.70
14.0						124.60
15.0						133.50

注：①经双方协议，可供应其他规格和允许偏差的板材。

②板材长度应不小于宽度。

③板材的供应状态：硬（Y）。

表 2－321　铬青铜板的化学成分

<table>
<tr><th rowspan="2">牌　号</th><th colspan="4">化学成分(％)</th></tr>
<tr><th>Cr</th><th>Al</th><th>Mg</th><th>杂质总和</th></tr>
<tr><td>QCr 0.5－0.2－0.1</td><td>0.4～1.0</td><td>0.1～0.25</td><td>0.1～0.25</td><td>≤0.5</td></tr>
</table>

7. 硅青铜板

硅青铜板(GB/T 2047—1980)适用于制造弹簧及其他制品。

硅青铜板的尺寸及其允许偏差列于表 2－322;板材力学性能列于表 2－323。

表 2－322　硅青铜板的尺寸、允许偏差及理论面质量

<table>
<tr><th rowspan="3">厚度(mm)</th><th colspan="8">宽度(mm)</th><th rowspan="3">理论面质量
(kg/m²)
(密度 8.4g/cm³)</th></tr>
<tr><th>100～300</th><th>301～600</th><th>601～1 000</th><th>100～300</th><th>301～600</th><th>601～1 000</th><th>100～1 000</th><th>100～1 000</th></tr>
<tr><th colspan="3">厚度允许偏差</th><th colspan="3">宽度允许偏差</th><th>长度</th><th>长度偏差</th></tr>
<tr><td>0.50</td><td>－0.06</td><td>－0.07</td><td></td><td rowspan="6">－4.0</td><td rowspan="8">－10</td><td rowspan="8">－15</td><td rowspan="8">≥500</td><td rowspan="8">定尺板材
－15
倍尺板材
+15</td><td>4.20</td></tr>
<tr><td>0.60</td><td rowspan="2">－0.07</td><td rowspan="2">－0.08</td><td rowspan="5">－0.15</td><td>5.40</td></tr>
<tr><td>0.70</td><td>5.88</td></tr>
<tr><td>0.80</td><td rowspan="3">－0.08</td><td rowspan="3">－0.10</td><td>6.72</td></tr>
<tr><td>0.90</td><td>7.56</td></tr>
<tr><td>1.0</td><td>8.40</td></tr>
<tr><td>1.2</td><td rowspan="2">－0.10</td><td rowspan="2">－0.15</td><td rowspan="2">－0.17</td><td rowspan="2"></td><td>10.08</td></tr>
<tr><td>1.5</td><td>12.60</td></tr>
</table>

续表

<table>
<tr><th rowspan="3">厚度(mm)</th><th colspan="8">宽度(mm)</th><th rowspan="2">理论面质量
(kg/m²)</th></tr>
<tr><th>100 ~ 300</th><th>301 ~ 600</th><th>601 ~ 1 000</th><th>100 ~ 300</th><th>301 ~ 600</th><th>601 ~ 1 000</th><th>100 ~ 1 000</th><th>100 ~ 1 000</th></tr>
<tr><th colspan="3">厚度允许偏差</th><th colspan="3">宽度允许偏差</th><th>长度</th><th>长度偏差</th><th>(密度 8. 4g/cm³)</th></tr>
<tr><td>1. 8</td><td rowspan="2">-0. 11</td><td rowspan="2">-0. 07</td><td rowspan="2">-0. 20</td><td rowspan="6">-5. 0</td><td rowspan="13">-10</td><td rowspan="13">-15</td><td rowspan="13">≥500</td><td rowspan="13">定尺板材
-15
倍尺板材
+15</td><td>15. 12</td></tr>
<tr><td>2. 0</td><td>16. 80</td></tr>
<tr><td>2. 5</td><td>-0. 12</td><td>-0. 20</td><td>-0. 24</td><td>21. 00</td></tr>
<tr><td>3. 0</td><td rowspan="3">-0. 15</td><td rowspan="3">-0. 22</td><td rowspan="3">-0. 30</td><td>25. 20</td></tr>
<tr><td>3. 5</td><td>29. 40</td></tr>
<tr><td>4. 0</td><td rowspan="7">-6. 0</td><td>33. 60</td></tr>
<tr><td>4. 5</td><td rowspan="2">-0. 20</td><td rowspan="2">-0. 28</td><td rowspan="2">-0. 36</td><td>37. 80</td></tr>
<tr><td>5. 0</td><td>42. 00</td></tr>
<tr><td>5. 5</td><td rowspan="4">-0. 25</td><td rowspan="4">-0. 35</td><td rowspan="4">-0. 43</td><td>46. 20</td></tr>
<tr><td>6. 0</td><td>50. 40</td></tr>
<tr><td>7. 0</td><td>58. 80</td></tr>
<tr><td>8. 0</td><td>67. 20</td></tr>
<tr><td>9. 0</td><td rowspan="2">-0. 30</td><td rowspan="2">-0. 04</td><td rowspan="2">-0. 50</td><td>75. 60</td></tr>
<tr><td>10. 0</td><td>84. 00</td></tr>
</table>

注：①经双方协议可供应其他规格和允许偏差的板材。
②板材长度应不小于宽度。

表 2－323　硅青铜板的力学性能

材料状态	抗拉强度 σ_b	伸长率 δ_{10}（%）　≥
软（M）	≥345	40
硬（Y）	590～735	3
特硬（T）	≥685	1

注：①板材的供应状态：软（M）；硬（Y）；特硬（T）。

②供应状态须在合同中注明，否则按硬状态供应。

8. 锰白铜板

锰白铜板（GB/T 2052—1980）的规格尺寸及质量列于表 2－324。

表 2－324　锰白铜板的尺寸及质量

厚度（mm）	宽度（mm）	长度（mm）	理论面质量（kg/m^2）	
			BMn3－12（密度 8.4g/cm^3）	BMn40－1.5（密度 8.9g/cm^3）
0.5	100～300	800～1 500	4.20	4.45
0.6			5.04	5.34
0.7			5.88	6.23
0.8	100～600	800～1 500	6.80	7.12
0.9			7.56	8.01
1.0			8.40	8.90
1.2			10.08	10.68
1.5			12.60	13.35
1.8			15.12	16.02
2.0			16.80	17.80
2.5			21.00	22.25
3.0			25.20	26.70
3.5			29.40	31.15
4.0			33.60	35.60
4.5			37.80	40.05
5.0			42.00	44.50
5.5			46.20	48.95
6.0			50.40	53.40
6.5			54.60	57.85
7.0			58.80	62.30
7.5			63.00	66.75
8.0			67.20	71.20
8.5			71.40	75.65
9.0			75.60	80.10
10.0			84.00	89.00

注：板材长度不得小于宽度。

9. 铜及铜合金带材

铜及铜合金带材(GB/T 2059—2000)适用于一般用途的加工铜及铜合金带材。带材的尺寸及尺寸偏差应符合 GB/T 17793—1999 中相应的规定。铜及铜合金带材列于表 2-325 ~ 表 2-328。

表 2-325　带材的牌号、状态和规格

牌　号	状　态	厚度(mm)	宽度(mm)
T2、T3、TU1、TU2 TP1、TP2	软(M)、1/4 硬(Y_4) 半硬(Y_2)、硬(Y)	0.05 ~ <0.5	≤600
		0.5 ~ 3.0	≤1 000
H96、H80、H59	软(M)、硬(Y)	0.05 ~ <0.5	≤600
		0.5 ~ 3.0	≤1 000
H90	软(M)、半硬(Y_2)、硬(Y)	0.05 ~ <0.5	≤600
		0.5 ~ 3.0	≤1 000
H70、H68、H65	软(M)、1/4 硬(Y_4)、半硬(Y_2) 硬(Y)、特硬(T)	0.05 ~ <0.5	≤600
		0.5 ~ 3.0	≤1 000
H62	软(M)、半硬(Y_2) 硬(Y)、特硬(T)	0.05 ~ <0.5	≤600
		0.5 ~ 3.0	≤1 000
HPb59-1、HMn58-2	软(M)、半硬(Y_2)、硬(Y)	0.05 ~ 0.20	≤300
		>0.20 ~ 2.0	≤550
HSn62-1	硬(Y)	0.05 ~ 0.20	≤300
		>0.20 ~ 2.0	≤550

续表

牌　号	状　态	厚度(mm)	宽度(mm)
QAl5	软(M)、硬(Y)	0.05~1.20	≤300
QAl7	半硬(Y_2)、硬(Y)		
QAl9-2	软(M)、硬(Y)、特硬(T)		
QAl9-4	硬(Y)		
QSn6.5-0.1	软(M)、1/4硬(Y_4)、半硬(Y_2)	0.05~0.15	≤300
	硬(Y)、特硬(T)	>0.15~2.0	≤600
QSn7-0.2、QSn6.5-0.4 QSn4-3、QSn4-0.3	软(M)、硬(Y)、特硬(T)	0.05~0.15	≤300
		>0.15~2.0	≤600
QCd-1	硬(Y)	0.05~1.20	≤300
QMn1.5	软(M)	0.10~1.20	
QMn5	软(M)、硬(Y)		
QSi3-1	软(M)、硬(Y)、特硬(T)	0.05~1.20	≤300
QSn4-4-2.5	软(M)、1/3硬(Y_3)	0.80~<1.00	≤200
QSn4-4-4	半硬(Y_2)、硬(Y)	1.00~1.20	
BZn15-20	软(M)、半硬(Y_2)、硬(Y)、特硬(T)	0.05~1.20	≤300
B5、B19、BFe10-1-1、BFe30-1-1 BMn40-1.5、BMn3-12	软(M)、硬(Y)		

注:经供需双方协商,也可供应其他规格的带材。

标记示例：

用 H62 制造的、半硬（Y_2）状态、厚度为 0.8mm、宽度为 200mm 的带材标记为：

带 H62Y_2　0.8×200　GB/T 2059—2000

表 2－326　铝青铜带的尺寸及质量

厚度（mm）	理论面质量（kg/m²）			
	QAl 5（密度 8.2g/cm³）	QAl 7（密度 7.8g/cm³）	QAl 9－2（密度 7.6g/cm³）	QAl 9－4（密度 7.5g/cm³）
0.05	0.41	0.39	0.38	0.37
0.06	0.49	0.47	0.45	0.45
0.07	0.57	0.54	0.53	0.52
0.08	0.66	0.62	0.61	0.60
0.09	0.74	0.70	0.68	0.67
0.10	0.82	0.78	0.76	0.75
0.12	0.98	0.93	0.91	0.90
0.15	1.23	1.17	1.14	1.12
0.18	1.47	1.40	1.37	1.35
0.20	1.64	1.56	1.52	1.50
0.22	1.80	1.76	1.67	1.65
0.25	2.05	1.95	1.90	1.87
0.30	2.46	2.34	2.28	2.25
0.35	2.81	2.73	2.66	2.62
0.40	3.28	3.12	3.04	3.00
0.45	3.69	3.51	3.42	3.37
0.50	4.10	3.90	3.80	3.70
0.55	4.51	4.29	4.18	4.12
0.60	4.92	4.68	4.56	4.50
0.65	5.33	5.07	4.94	4.87
0.70	5.74	5.46	5.32	5.25
0.75	6.15	5.85	5.70	5.62
0.80	6.56	6.24	6.08	6.00
0.85	6.97	6.63	6.46	6.37
0.90	7.38	7.02	6.84	6.75
0.95	7.79	7.41	7.13	7.13
1.00	8.20	7.80	7.60	7.50
1.10	9.02	9.58	8.36	8.25
1.20	9.84	9.36	9.12	9.00

表 2－327　锡青铜带的尺寸及质量

厚度（mm）	理论面质量（kg/m²）	厚度（mm）	理论面质量（kg/m²）
0.05	0.44	0.60	5.28
0.06	0.53	0.65	5.72
0.07	0.61	0.70	6.16
0.08	0.70	0.75	6.60
0.09	0.79	0.80	7.04
0.10	0.88	0.85	7.48
0.12	1.06	0.90	7.92
0.15	1.32	0.95	8.36
0.18	1.54	1.00	8.80
0.20	1.76	1.10	9.68
0.22	1.91	1.20	10.56
0.25	2.20	1.30	11.44
0.30	2.64	1.40	12.32
0.33	2.90	1.50	13.20
0.35	3.08	1.60	14.08
0.40	3.52	1.70	14.96
0.45	3.96	1.80	15.84
0.50	4.40	1.90	16.72
0.55	4.84	2.00	17.60

注：理论面质量按密度 8.8g/cm³ 计算。

表 2－328　锌白铜带的尺寸及质量

厚度（mm）	理论面质量（kg/m²）	厚度（mm）	理论面质量（kg/m²）
0.05	0.43	0.45	3.87
0.06	0.52	0.50	4.30
0.07	0.60	0.55	4.73
0.08	0.69	0.60	5.16
0.09	0.77	0.65	5.59
0.10	0.86	0.70	6.02
0.12	1.03	0.75	6.45
0.15	1.29	0.80	6.88
0.18	1.55	0.85	7.31
0.20	1.72	0.90	7.74
0.22	1.89	0.95	8.17
0.25	2.15	1.00	8.60
0.30	2.58	1.10	9.46
0.35	3.01	1.20	10.32
0.40	3.44		

注：理论面质量按密度 8.6g/cm³ 计算。

10. 铝白铜带

铝白铜带（GB/T 2069—1980）的尺寸及质量列于表 2 - 329。

表 2 - 329　铝白铜带的尺寸及质量

厚度（mm）	宽度（mm）	长度（mm）	理论面质量　（kg/m^2）	
			BAl 6 - 1.5（密度 8.7g/cm^3）	BAl 13 - 3（密度 8.5g/cm^3）
0.05	30 ~ 300	≥3 000	0.43	0.42
0.06			0.52	0.51
0.07			0.61	0.60
0.08			0.70	0.68
0.09			0.78	0.77
0.10			0.87	0.85
0.12			1.04	1.02
0.15			1.30	1.28
0.18			1.58	1.53
0.20			1.74	1.70
0.22			1.91	1.87
0.25			2.18	2.13
0.30			2.61	2.55
0.35			3.05	2.98
0.40			3.48	3.40
0.45			3.92	3.83
0.50			4.35	4.25
0.55			4.79	4.68
0.60		≥2 000	5.22	5.10
0.65			5.66	5.53
0.70			6.09	5.95
0.75			6.53	6.37
0.80			6.96	6.80
0.85			7.40	7.22
0.90			7.83	7.65
0.95			8.27	8.08
1.00			8.70	8.50
1.10			9.57	9.35
1.20			10.44	10.20

11. 专用铅黄铜带

专用铅黄铜带（GB/T 11089—1989）列于表2-330。

表2-330　专用铅黄铜带

牌号	状态	厚度（mm）	宽度（mm）	长度（mm）≥
HPb59-1	特硬（T）	0.32~0.34	20~200	7 000
		0.45~0.93		5 000
		1.13~1.3		3 000
		1.4~1.5		2 000

厚度（mm）	抗拉强度 δ_b（MPa）≥	伸长率 δ_{10}（%）≥
0.32~0.45	588	3
0.52~0.75	637	
0.90~1.50	588	

标记示例：

用HPb59-1制造的、特硬状态、厚度为0.9mm、宽度为95mm的带，其标记为：

带 HPb59-1 T 0.90×95　GB/T 11089—1989

12. 铜、镍及铜合金箔

铜、镍及铜合金箔列于表2-331。

表2-331　铜、镍及铜合金箔

厚度（mm）	宽度（mm）	状态	牌号	密度（g/cm³）	理论面质量换算系数
纯铜箔（GB/T 5187—1985）					
0.008，0.01，0.012，0.015，0.02	40~120	硬	T1，T2，T3	8.9	—
0.03，0.04，0.05	40~150	硬、软			
黄铜箔（GB/T 5188—1985）					
0.01，0.012	40~100	硬	H62，H68	8.5	—
0.015，0.02	40~120				
0.03，0.04，0.05	40~150	硬、软			
青铜箔（GB/T 5189—1985）					
0.005，0.008	40~80	硬	QSn6.5-0.1 QSi3-1	8.8 8.4	0.989 0.944
0.01，0.012，0.015，0.02	40~100				
0.03，0.04，0.05	40~200				

续表

厚度（mm）	宽度（mm）	状态	牌号	密度（g/cm³）	理论面质量换算系数
镍箔及白铜箔（GB/T 5190—1985）					
0.005	40~80	硬	N2，N4，N6	8.85	0.994
0.008，0.01，0.012，0.015，0.02，0.03	40~100		BZn15-20	8.6	0.966
0.04，0.05	40~200	软	BMn40-1.5	8.9	1.000

注：铜及黄铜箔的理论面质量，可参见 2.3.7 的 1 款。青铜、镍及白铜箔的理论面质量，可按铜箔（密度 8.9g/cm³）的理论面质量，再乘上本表中各牌号的理论面质量换算系数即得。箔材长度≥5m。

13. 铝及铝合金板、带的理论面质量

铝及铝合金板、带的理论面质量列于表 2-332。

表 2-332　铝及铝合金板、带的理论面质量

厚度（mm）	板 理论面质量（kg/m²）	带 理论面质量（kg/m²）	厚度（mm）	板 理论面质量（kg/m²）	带 理论面质量（kg/m²）	厚度（mm）	板 理论面质量（kg/m²）	厚度（mm）	带 理论面质量（kg/m²）
0.20	—	0.542	1.1	—	2.981	5.0	14.25	40	114.0
0.25	—	0.678	1.2	3.420	3.252	6.0	17.10	50	142.5
0.30	0.855	0.813	1.3	—	3.523	7.0	19.95	60	171.0
0.35	—	0.949	1.4	—	3.794	8.0	22.80	70	199.5
0.40	1.140	1.084	1.5	4.275	4.065	9.0	25.65	80	228.0
0.45	—	1.220	1.8	5.130	4.878	10	28.50	90	256.5
0.50	1.425	1.355	2.0	5.700	5.420	12	34.20	100	285.0
0.55	—	1.491	2.3	6.555	6.233	14	39.90	110	313.5
0.60	1.710	1.626	2.4	—	6.504	15	42.75	120	342.0
0.65	—	1.762	2.5	7.125	6.775	16	45.60	130	370.5
0.70	1.995	1.897	2.8	7.980	7.588	18	51.30	140	399.0
0.75	—	2.033	3.0	8.550	8.130	20	57.00	150	427.5
0.80	2.280	2.168	3.5	9.975	9.485	22	62.70		
0.90	2.565	2.439	4.0	11.40	10.84	25	71.25		
1.0	2.850	2.710	4.5	—	12.20	30	85.50		
						35	99.75		

注：①铝板理论面质量按 7A04（LC4）、7A09（LC9）等牌号的密度 2.85kg/m³ 计算。密度非 2.85kg/m³ 牌号的理论面质量，应乘上相应的理论面质量换算系数。各种牌号的换算系数如下附表：

附　表

牌　号	密度（g/cm³）	换算系数
纯铝、LT62	2.71	0.951
5A02（LF2） 5A43（LF43） 5A66（LT66）	2.68	0.940
5A03（LF3） 5083（LF4）	2.67	0.937
5A05（LF5） LF11	2.65	0.930
5A06（LF6） 5A41（LT41）	2.64	0.926
3A21（LF21）	2.73	0.958
2A06（LY6）	2.76	0.968
2A11（LY11） 2A14（LD10）	2.8	0.982
2A12（LY12）	2.78	0.975
2A16（LY16）	2.84	0.996
LQ1、LQ2	2.736	0.960

②铝带理论面质量按纯铝的密度 2.71kg/m³ 计算。其他密度牌号的理论面质量，应乘以相应的理论面质量换算系数：5A02（LF2）—0.989（密度 2.68kg/m³），3A21（LF21）—1.007（密度 2.73kg/m³）。说明：以下密度单位相同，不再重复。

14. 铝及铝合金轧制板材

铝及铝合金轧制板材（GB/T 3880—1997）列于表 2－333～表 2－335；其新旧牌号对照和新旧状态对照分别列于表 2－336 和表 2－337。

表2-333　铝及铝合金轧制板材的牌号、状态及厚度范围

牌　号	供应状态	厚度（mm）
1A97、1A93、1A90、1A85	F、H112	>4.5~150.0
1070、1070A、1060、1050、1050A、1100、1145、1200、3003、3004	O	>0.2~10.0
	H12、H22、H14、H24、H16、H26、H18	>0.2~4.5
	F、H112	>4.5~150.0
3A21、8A06	O	>0.2~10.0
	H14、H24、H18	>0.2~4.5
	F、H112	>4.5~150.0
5052	O	>0.5~10.0
	H12、H22、H32、H14、H24、H34、H16、H26、H36、H18、H38	>0.5~4.5
	F、H112	>4.5~150.0
5A02	O	>0.5~10.0
	H14、H24、H34、H18	>0.5~4.5
	F、H112	>4.5~150.0
5005	O	>0.5~10.0
	H12、H32、H14、H34、H16、H36、H18、H38	>0.5~4.5
	F、H112	>4.5~150.0
5A03	O、H14、H24、H34	>0.5~4.5
	F、H112	>4.5~150.0
5083、5A05、5A06、5086	O	>0.5~4.5
	F、H112	>4.5~150.0
6A02、2A14、2014	O、T4、T6	>0.5~10.0
	F、H112	>4.5~150.0
2A11、2A12、2017、2024	O、T4、T3	>0.5~10.0
	F、H112	>4.5~150.0
7A09、7A04、7075	O、T6	>0.5~10.0
	F、H112	>4.5~150.0

注：①产品的新旧牌号对照见表2-336，新旧状态对照见表2-337。

②需要表中以外的其他牌号、状态和规格时，供需双方另行协商，并在合同中注明。

③板材的化学成分应符合GB/T 3190的规定。

表 2-334　板材厚度对应的宽度及长度规格

厚　度（mm）	宽　度（mm）	长　度（mm）
>0.2~0.8	1 000~1 500	1 000~10 000
>0.8~1.2	1 000~2 000	
>1.2~4.5	1 000~2 400	
>4.5~8.0	1 000~1 800	
>8.0~150.0	1 000~2 400	

注：①1070、1070A、1060、1050、1050A、1100、1145、1200、3003、3004、3A21、8A06 可供应宽度小于 400mm 的板材，但尺寸偏差按 400mm 宽度的板材检查，当供应宽度为大于 400mm 至 1 000mm 时，其尺寸偏差按 1 000mm 宽度的板材检查；可供应长度小于 1 000mm 的板材，其尺寸偏差按长度为 1 000mm 的板材检查。

②厚度小于等于 0.7mm 经盐浴炉生产的退火板材，只能供应宽度小于或等于 1 200mm，长度小于或等于 4 000mm 板材。

③需要表中以外的其他规格时，供需双方另行协商，并在合同中注明。

④板材厚度、宽度、长度、不平度等外形尺寸允许偏差应符合 GB/T 3194 中普通级板材的规定。

表 2-335　板材包覆材料牌号及轧制后的包覆层厚度

包铝分类	基体合金牌号	包覆材料牌号	板材状态	板材厚度（mm）	每面包覆厚度占板材总厚度的百分比（%）≥
正常包铝	2A11、2017、2A12、2024	1A50	O、T3、T4	0.5~1.6	4
				>1.6~10.0	2
	7A04、7A09、7075	7A01	O、T6	0.5~1.6	4
				>1.6~10.0	2
工艺包铝	2A11、2014、2A12、2024、2A14、2017 5A06	1A50	O、T3 T4、T6	0.5~4.5	≤1.5
			F、H112	>4.5~150.0	
	7A04、7A09、7075	7A01	O、T6	0.5~4.5	≤1.5
			F、H112	>4.5~150.0	

注：2A11、2A12、2017、2024、7A04、7A09、7075 合金厚度≤10.0mm 的非 H112、非 F 状态板材一般采用正常包铝，若要求工艺包铝时，必须在合同中注明。

标记示例：

（1）定尺板材：用 2A12 合金制造的、T4 状态、厚度为 2.0mm、宽度为 1 200mm、长度为 4 000mm 的定尺板材，标记为：

板　2A12-T4　2.0×1200×4000　GB/T 3880—1997

（2）不定尺板材：用3A21 合金制造的、H24 状态、厚度为1.5mm 的不定尺板材，标记为：

板　3A21 - H24　1.5　GB/T 3880—1997

注：对尺寸偏差有一项或一项以上指标要求为高精级时，在标记示例中“板”字后添加“高精”二字，并在合同中注明具体项目。

表2-336　新旧牌号对照表

新牌号	旧牌号	新牌号	旧牌号
1A97	代 LG4	2A14	原 LD10
1A93	代 LG3	3A21	原 LF21
1A90	代 LG2	5A02	原 LF2
1A85	代 LG1	5A03	原 LF3
1070A	代 L1	5A05	原 LF5
1060	代 L2	5A06	原 LF6
1050A	代 L3	5083	原 LF4
1100	代 L5-1	6A02	原 LD2
1200	代 L5	7A01	原 LB1
1A50	代 LB2	7A04	原 LC4
2A11	原 LY11	7A09	原 LC9
2A12	原 LY12	8A06	原 L6

表2-337　原状态代号相应的新代号

旧代号	新代号	旧代号	新代号
M	O	CZ	T3、T4
Y	HX8	MCZ	T42
Y1	HX6	CS	T6
Y2	HX4	MCS	T62
Y4	HX2	R	F、H112

注：原以 R 状态交货的，提供 CZ、CS 试样性能的产品，其状态可分别对应新代号 T42、T62。

15. 铝及铝合金花纹板

铝及铝合金花纹板适用于建筑、车辆、船舶、飞机等防滑用的单面花纹板。

铝及铝合金花纹板（GB/T 3618—1989）有 7 种类型，见附图 1 ~ 附图 7，其代号、牌号、状态及规格列于表 2-338。

1 号花纹板方格形（附图 1）；2 号花纹板扁豆形（附图 2）；3 号花纹板五条形（附图 3）；4 号花纹板三条形（附图 4）；5 号花纹板指针形（附图 5）；6 号花纹板菱形（附图 6）；7 号花纹板四条形（附图 7）。

表 2－338　花纹板的代号、牌号、状态及规格

代号	牌号	状态	底板厚度 t	筋高	图示
			（mm）		
1 号	2A12（LY12）	CZ	1.0，1.2，1.5，1.8，2.0，2.5，3.0	1.0	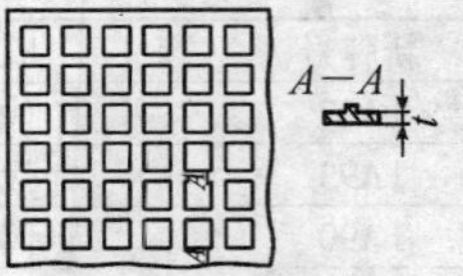 附图 1　1 号花纹板
2 号	2A11（LY11）	Y_1	2.0，2.5，3.0，3.5，4.0	1.0	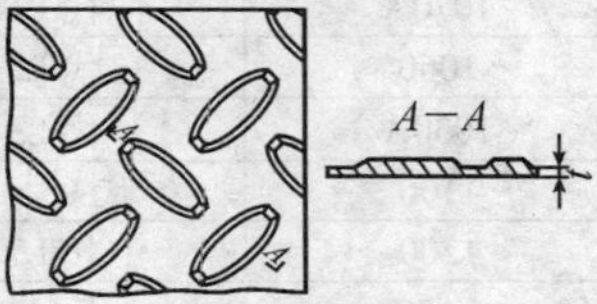 附图 2　2 号花纹板
	5A02（LF2）	Y_1，Y_2			
3 号	1070A（L1），1060（L2），1050A（L3），（L4），1200（L5），8A06（L6）	Y	1.5，2.0，2.5，3.0，3.5，4.0，4.5	1.0	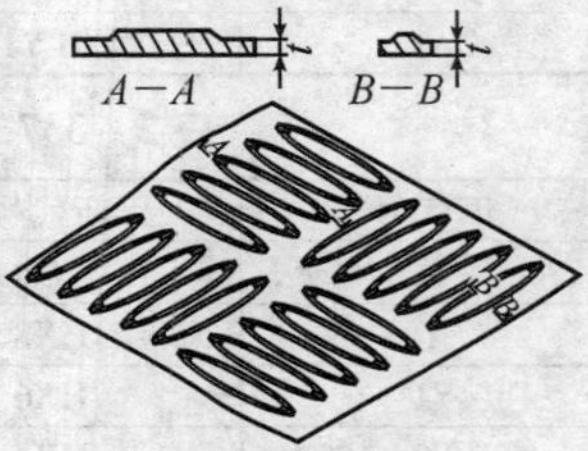 附图 3　3 号花纹板
	5A02（LF2），5A43 LF43	M，Y_2			
4 号	2A11（LY11），5A02（LF2）	Y_1	2.0，2.5，3.0，3.5，4.0	1.2	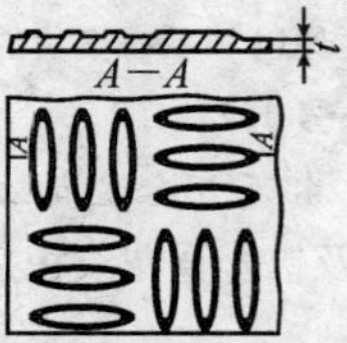 附图 4　4 号花纹板

续表

代号	牌号	状态	底板厚度 t	筋高	图示
			(mm)		
5号	1070A(L1),1060(L2),1050A(L3),(L4),1200(L5),8A06(L6)	Y	1.5，2.0，2.5，3.0，3.5，4.0	1.0	附图5　5号花纹板
	5A02(LF2),5A43(LF43)	M, Y_2			
6号	2A11(LY11)	Y_1	3.0，4.0，5.0，6.0	0.9	附图6　6号花纹板
7号	6061(LD30)	M	2.0，2.5，3.0，3.5，4.0	1.2	附图7　7号花纹板
	5A02(LF2)	M，Y_1			

注：①Y_1 状态为板材完全再结晶退火后，经20%～40%的冷变形所产生的状态。

②要求其他合金、状态时应由供需双方协商。

③1～7号花纹板宽度为1 000～1 600mm，长度为2 000～10 000mm。

④硬合金花纹板，双面均带有LB2合金包覆层，其花纹面及无纹面底板处的包覆层平均厚度应不小于底板公称厚度的4%。

⑤每批允许有张数不超过交货数量10%的短尺板材。短尺板材的长、宽尺寸应不小于公称尺寸的90%。不允许短尺时，应在合同中注明。

标记示例：

例1　用LY12合金制造的，淬火自然时效状态的1号花纹板，底板公称厚度1.5mm，宽1 000mm，长2 000mm，标记为：

1 号花纹板　LY12CZ　1.5×1 000×2 000　GB/T 3618—1989

例 2　用 LF2 合金制造的，半硬状态的 3 号花纹板，底板公称厚度 4.0mm，宽1 200mm，长 3 000mm，标记为：

3 号花纹板　LF2 Y_2　4.0×1 200×3 000　GB/T 3618—1989

花纹板的尺寸、外形允许偏差及理论面质量等列于表 2－339～表 2－345。

表 2－339　花纹板的尺寸及其允许偏差

底板厚度 t(mm)	厚度允许偏差(mm)	宽度允许偏差(mm)	长度允许偏差(mm)
1.0	－0.17	±5	±5
1.2	－0.20		
1.5	－0.23		
1.8	－0.26		
2.0	－0.28		
2.5	－0.32		
3.0	－0.36		
3.5	－0.40		
4.0	－0.45		
4.5	－0.47	—	
5.0	－0.50		
6.0	－0.55		

注：①要求厚度偏差为正值时，需经双方协商并在合同中注明。

②非标准厚度的板材，经双方协商并在合同中注明，可供货，其允许偏差按相邻小规格检验。

③厚度 4.5～6.0mm 的板材，不切边供货。经双方协商，并在合同中注明，可锯边供货。

表 2－340　花纹板筋高允许偏差

花纹板代号	筋高允许偏差（mm）
1 号，2 号，3 号，4 号，5 号，6 号	±0.4
7 号	±0.5

注：花纹板筋高允许偏差由供方工艺保证，但应符合表中的规定。

表 2-341　花纹板的不平度

状态	不平度（mm）　≤	
	长度方向	宽度方向
Y，Y_1，Y_2，M	15	20
CZ	20	25

表 2-342　切边花纹板对角线偏差

公称长度（mm）	两对角线长度差（mm）　≤
<4 000	10
>4 000～6 000	11
>6000	12

表 2-343　花纹板每平方米的理论面质量

底板厚度（mm）	各种花纹板每平方米的理论面质量（kg/m^2）		
	2 号	4 号	6 号
2.0	6.90	5.06	—
2.5	8.30	7.46	—
3.0	9.70	8.86	9.1
3.5	11.10	10.26	—
4.0	12.50	11.66	11.95
4.5	—	—	—
5.0	—	—	15.35
6.0	—	—	18.20

注：表中 2 号、4 号、6 号花纹板的材料密度为 2.8g/cm^3［相当于 2A11（LY11）时］。

表 2－344　1 号、3 号、5 号、7 号花纹板理论面质量

底板厚度（mm）	1 号	3 号	5 号	7 号
	2A12(LY12)	1070A(L1)～8A06(L6)	5A06(LF6),5A43(LF43)	6061(LD30)
1.0	3.45	—	—	—
1.2	4.01	—	—	—
1.5	4.84	4.67	4.62	—
1.8	5.68	—	—	—
2.0	6.23	6.02	5.96	6.00
2.5	7.62	7.38	7.30	7.35
3.0	9.01	8.73	8.64	8.10
3.5	—	10.09	9.98	10.05
4.0	—	11.44	11.32	11.40
4.5	—	12.80	—	—

注：表中数值为花纹板每平方米面积的理论面质量（即 kg/m^2）。

表 2－345　花纹板密度换算系数

合　金	密度（g/cm^3）	换算系数
2A11（LY11）	2.8	1.000
2A12（LY12）	2.78	0.993
5A02（LF2），5A43（LF43）	2.68	0.957
6061（LD30）	2.70	0.964
1070A（L1）～8A06（L6）	2.71	0.968

注：当 1 号、2 号、3 号、4 号、5 号、6 号、7 号花纹板纹形不变，只改变合金时，其密度换算系数应符合表中数值。

16. 铝及铝合金冷轧带材

铝及铝合金冷轧带材（GB/T 8544—1997）列于表2－346～表2－350。

表2－346　冷轧带材牌号、状态和规格

牌　号	状　态	规格（mm）	
		厚　度	宽　度
1070、1050 1100、1200	O	>0.2～6.0	60～2300
	H12、H22	>0.2～4.5	
	H14、H24	>0.2～4.0	
	H16、H26	>0.2～3.5	
	H18	>0.2～3.0	
2017、2024	O	0.4～4.0	60～1 500
3003、3004	O、H12、H22、H14、H24 H16、H26、H18、H19	>0.2～3.0	60～2 000
3105	O、H14、H16、H12、H18	>0.2～3.0	60～2 000
5005 5052	O	>0.2～6.0	60～2 000
	H12、H22、H32	>0.2～4.0	
	H14、H24、H34、H16 H26、H36、H18、H19	>0.2～3.0	
50	O	>0.2～3.0	60～1 500
	H18、H38、H19、H39	>0.2～0.5	
50	O、H22、H32	0.5～3.0	
60	O	0.4～6.0	60～1 500

注：①需要其他牌号、状态、规格时，由供需双方协商决定。

②带材的化学成分应符合 GB/T 3190 相应合金牌号的规定。

③用来制作食品器皿的带材应在合同中注明“食用”字样，Pb、Cd、As 每种元素的含量不得超过0.01%。

表 2－347　推荐带卷外形尺寸

宽度（mm）	内径（mm）		外径（mm）
	有套筒	无套筒	
60～2 300	150 205 350 505 610 650 750	150 205 350 505 610 650 750	供需双方协商

注：①其他内径规格由供需双方协商解决。

②套筒材质、规格应在合同中注明。

表 2－348　1070、1060、1050、1100、1200、3003、3105、5005 带材厚度允许偏差

厚度（mm）	宽度（mm）				
	≤450	>450～900	>900～1 400	>1 400～1 800	>1 800～2 300
	允许偏差（mm）				
>0.20～0.25	±0.03	±0.04	±0.05	—	—
>0.25～0.45	±0.04	±0.04	±0.05	—	—
>0.45～0.70	±0.04	±0.05	±0.06	±0.08	—
>0.70～0.90	±0.05	±0.05	±0.06	±0.09	±0.13
>0.90～1.10	±0.05	±0.06	±0.08	±0.10	±0.13
>1.10～1.70	±0.06	±0.08	±0.10	±0.13	±0.15
>1.70～1.90	±0.06	±0.08	±0.10	±0.15	±0.20
>1.90～2.40	±0.08	±0.08	±0.10	±0.15	±0.20
>2.40～2.70	±0.09	±0.10	±0.13	±0.18	±0.23
>2.70～3.60	±0.11	±0.11	±0.13	±0.18	±0.23
>3.60～4.50	±0.15	±0.15	±0.20	±0.23	±0.28
>4.50～5.00	±0.18	±0.18	±0.23	±0.28	±0.33
>5.00～6.00	±0.23	±0.23	±0.28	±0.33	±0.38

注：①当厚度允许偏差只取正值或负值时，其允许值是表中数值的 2 倍。

②规定厚度及宽度以外的尺寸及允许偏差由供需双方协商决定。

表 2－349　2017、2024、3004、5052、5082、5083、6061 带材厚度允许偏差

厚度（mm）	宽度（mm）				
	≤450	>450～900	>900～1 400	>1 400～1 800	>1 800～2 300
	允许偏差（mm）				
>0. 20～0. 25	±0. 03	±0. 04	±0. 06	—	—
>0. 25～0. 45	±0. 04	±0. 04	±0. 09	—	—
>0. 45～0. 70	±0. 04	±0. 05	±0. 09	±0. 10	—
>0. 70～0. 90	±0. 05	±0. 05	±0. 10	±0. 13	±0. 15
>0. 90～1. 10	±0. 05	±0. 06	±0. 10	±0. 13	±0. 15
>1. 10～1. 70	±0. 06	±0. 08	±0. 13	±0. 15	±0. 18
>1. 70～1. 90	±0. 08	±0. 08	±0. 13	±0. 15	±0. 18
>1. 90～2. 40	±0. 09	±0. 09	±0. 13	±0. 15	±0. 18
>2. 40～2. 70	±0. 10	±0. 10	±0. 13	±0. 18	±0. 20
>2. 70～3. 20	±0. 11	±0. 11	±0. 13	±0. 18	±0. 20
>3. 20～3. 60	±0. 11	±0. 11	±0. 13	±0. 30	±0. 33
>3. 60～4. 50	±0. 15	±0. 15	±0. 20	±0. 36	±0. 38
>4. 50～5. 00	±0. 18	±0. 18	±0. 25	±0. 41	±0. 43
>5. 00～6. 00	±0. 23	±0. 23	±0. 28	±0. 46	±0. 46

注：①当厚度允许偏差只取正值或负值时，其允许值是表中数值的 2 倍。

②规定厚度及宽度以外的尺寸及允许偏差由供需双方协商决定。

表 2－350　切边带材宽度允许偏差

宽度(mm)	厚度(mm)	
	≤3. 2	>3. 2～6. 0
	宽度允许偏差(mm)	
≤300	±0. 5	—
>300～600	±1. 0	±1. 0
>600～1 200	±1. 5	±2. 0
>1 200	±2. 0	±2. 5

注：①当宽度允许偏差只为正值或负值时，其允许值为表中数值的 2 倍。

②不切边供货时，应在合同中注明，宽度允许偏差由供需双方协商。

标记示例：

用 1070 合金制作的、H14 状态、厚度为 1.0mm、宽度为 1 200mm 的带材标记为：

带　1070—H14　1.0×1 200　GB/T 8544—1997

17. 铝及铝合金箔

铝及铝合金箔（GB/T 3198—2003）列于表 2－351～表 2－359。

表 2－351　合金箔牌号、状态和规格尺寸

<table>
<tr><th colspan="2" rowspan="2">牌号</th><th rowspan="2">状态</th><th colspan="2">规格尺寸（mm）</th></tr>
<tr><th>厚度</th><th>宽度</th></tr>
<tr><td rowspan="2">1×××系列牌号</td><td>1100、1200</td><td>O、H22、H14、H24
H16、H26、H18、H19</td><td rowspan="2">0.006～0.200</td><td rowspan="3">40.0～2 000.0</td></tr>
<tr><td>其他</td><td>O、H18</td></tr>
<tr><td colspan="2">2A11、2A12、2024</td><td>O、H18</td><td>0.030～0.200</td></tr>
<tr><td colspan="2" rowspan="4">3003</td><td>O</td><td>0.030～0.200</td><td rowspan="5">50.0～1 000.0</td></tr>
<tr><td>H14、H24</td><td>0.050～0.200</td></tr>
<tr><td>H16、H26</td><td>0.100～0.200</td></tr>
<tr><td>H18</td><td>0.020～0.200</td></tr>
<tr><td colspan="2">4A13</td><td>O、H18</td><td>0.030～0.200</td></tr>
<tr><td colspan="2" rowspan="3">5A02</td><td>O</td><td>0.030～0.200</td><td rowspan="8">50.0～1 000.0</td></tr>
<tr><td>H16、H26</td><td>0.100～0.200</td></tr>
<tr><td>H18</td><td>0.020～0.200</td></tr>
<tr><td colspan="2" rowspan="4">5052</td><td>O</td><td>0.030～0.200</td></tr>
<tr><td>H14、H24</td><td>0.050～0.200</td></tr>
<tr><td>H16、H26</td><td>0.100～0.200</td></tr>
<tr><td>H18</td><td>0.050～0.200</td></tr>
<tr><td colspan="2">5082、5083</td><td>O、H18、H38</td><td>0.100～0.200</td></tr>
<tr><td colspan="2">8011、8011A、8079</td><td>O、H22、H14、H24、
H16、H26、H18、H19</td><td rowspan="2">0.006～0.200</td><td rowspan="2">40.0～2 000.0</td></tr>
<tr><td colspan="2">8006</td><td>O、H18</td></tr>
</table>

注：①经过供需双方协商，可供应其他牌号、状态、规格的铝箔。

②新旧牌号、状态对照表见表 2－358 和表 2－359。

表 2-352 铝箔材典型卷径

管芯内径（mm）	铝箔卷外径（mm）
75.0、76.2、150.0、200.0、220.0、300.0、405.0	100~1 500

注：①内外径要求其他规格时，由供需双方协商。

②要求定尺交货时，定尺长度由供需双方协商，并在合同中注明。

表 2-353 8006、8011A、8079 合金的化学成分

合金牌号	化学成分（质量分数）（%） ≤										
	Al	Si	Fe	Cu	Mn	Mg	Cr	Zn	Ti	其他	
										单个	合计
8006	余量	0.04	1.2~2.0	0.03	0.3~1.0	0.10	—	0.10	—	0.05	0.15
8011A	余量	0.40~0.8	0.50~1.0	0.10	0.10	0.10	0.10	0.10	0.05	0.05	0.15
8079	余量	0.05~0.30	0.7~1.3	0.05	—	—	—	0.10	—	0.05	0.15

注：①其他合金的化学成分应符合 GB/T 3190 的规定。

②食品、医药包装用铝箔的有害元素应符合下述规定：ω（Pb）≤0.01%，ω（Cd）≤0.01%，ω（As）≤0.01%（供方工艺保证）。食品、医药包装用铝箔应在合同中注明。

表 2-354 铝箔的局部厚度偏差

厚度（mm）	厚度允许偏差（mm）	
	高精级	普通级
0.006~0.010	名义厚度的±8%	名义厚度的±10%
>0.010~0.100	名义厚度的±6%	名义厚度的±8%
>0.100~0.200	名义厚度的±5%	名义厚度的±7%

注：测量置信度为90%。

表 2-355 铝箔的平均厚度偏差

卷批量（t）	平均厚度允许偏差（mm）	
	单张轧制铝箔	双张轧制铝箔
≤3	名义厚度的±6%	名义厚度的±8%
>3~10	名义厚度的±5%	名义厚度的±6%
>10	名义厚度的±4%	名义厚度的±4%

表 2-356 铝箔的宽度允许偏差

宽 度（mm）	宽度允许偏差（mm）
≤1 000.0	±1.0
>1000.0	±1.5

注：①如合同规定为单项偏差时，允许偏差为表中数值的 2 倍。

②电缆用铝箔长度偏差为 $^{+50}_{0}$mm，其他铝箔要求定尺交货时长度允许偏差由供需双方协商，并在合同中注明。

表 2-357 铝箔用管芯的尺寸偏差

管芯内径（mm）	内径允许偏差（mm）	长度允许偏差（mm）
≤2 00.0	+1.0 -0.5	+5.0 0
>200.0	+2.0 0	

注：①管芯材质由供需双方协商决定。

②管芯应保证使用时不变形。

表 2-358 新旧状态对照表

新状态代号	旧状态代号
O	M
H22	Y4
H14、H24	Y2
H26	Y1
H18	Y

表 2-359 新旧牌号对照表

新牌号	旧牌号
1070A	代 L1
1060	代 L2
1050A	代 L3
1035	代 L4
1145	—
1235	—
2A11	LY11
2A12	LY12
3A21	LF21
4A13	LT13
5A02	LF2
5083	LF4

标记示例：

产品标记按产品名称、牌号、状态、规格和标准编号的顺序表示。标记示例如下：

用1235制造的、供应状态为O、厚度为0.007mm、宽度为460.0mm的铝箔。标记为：

铝箔 1235－O 0.007×460 GB/T 3198—2003

用1235制造的、供应状态为O、厚度为0.200mm、宽度为400.0mm、长度为2 100m的铝箔。标记为：

铝箔 1235－O 0.200×400×2 100 GB/T 3198—2003

18. 镍及镍合金带

镍及镍合金带（GB/T 2072—1993）列于表2－360。

表2－360 镍及镍合金带

（1）合金带的牌号、状态和规格

牌号	状态	厚度	宽度	长度
		（mm）		
N6、NMg0.1 NSi0.19 NCu40－2－1 NCu28－2.5－1.5	软（M） 半硬（Y_2） 硬（Y）	0.05～0.55	20～300	≥5 000
		>0.55～1.2		≥3 000

（2）合金带的外形尺寸及允许偏差（mm）

厚度	厚度允许偏差		宽度	
			20～150	>150～300
	普通级	较高级	宽度允许偏差	
0.05～0.09	±0.005	—	－0.6	－1.0
>0.09～0.12	±0.010	±0.007		
>0.12～0.30	±0.015	±0.010		
>0.30～0.45	±0.020	±0.015		
>0.45～0.55	±0.025	±0.020		
>0.55～0.85	±0.030	±0.025		
>0.85～0.95	±0.035	±0.030		
>0.95～1.20	±0.040	±0.035	－1.00	－1.50

续表

(3) 合金带的力学性能			
牌号	状态	抗拉强度 δ_b（MPa）	伸长率 δ_{10}（%）
		≥	
N6、NSi 0.19 NMg 0.1	软（M）	392	30
	半硬（Y_2）	—	—
	硬（Y）	539	2
NCu 28 - 2.5 - 1.5	软（M）	441	25
	半硬（Y_2）	568	6.5
	硬（Y）	—	—

注：①需方要求厚度偏差仅为"+"或"-"时，其值为表中偏差数值的2倍。

②厚度允许偏差级别须在合同中注明，否则按普通级供应。

③厚度为0.55~1.20mm的带材，许可交付质量不大于批重的15%，长度不小于1m的短带。

④带材应平直，但允许有轻微的波浪。带材的侧边弯曲度每米不大于3mm。

⑤带材的化学成分应符合GB/T 5235的规定。

标记示例：

用NCu28 - 2.5 - 1.5 制造的、半硬状态、厚度为0.8mm、宽度为300mm的普通级带材，其标记为：

带　NCu28 - 2.5 - 1.5　Y_2　0.8×300　GB/T 2072—1993

用NCu40 - 2 - 1 制造的、软状态、厚度为0.50mm、宽度为200mm的较高级带材，其标记为：

带　NCu40 - 2 - 1　M　较高级0.5×200　GB/T 2072—1993

19. 铅及铅锑合金板

铅及铅锑合金板（GB/T 1470—1988）列于表2-361。

表 2－361　铅及铅锑合金板

厚度（mm）	宽度（mm）铅板	宽度（mm）铅锑合金板	理论面质量（kg/m²）	厚度（mm）	宽度（mm）铅板	宽度（mm）铅锑合金板	理论面质量（kg/m²）
0.5	500～2 000	500～1 500	5.67	8.0	500～2 500	500～2 000	90.72
1.0	500～2 000	500～1 500	11.34	9.0	500～2 500	500～2 000	102.06
1.5	500～2 000	500～1 500	17.01	10.0	500～2 500	500～2 000	113.40
2.0	500～2 000	500～1 500	22.68	12.0	500～2 500	500～2 000	136.08
2.5	500～2 500	500～1 500	28.35	14.0	500～2 500	500～2 000	158.76
3.0	500～2 500	500～1 500	34.02	15.0	500～2 500	500～2 000	170.10
3.5	500～2 500	500～2 000	39.69	16.0	500～2 500	500～2 000	181.44
4.0	500～2 500	500～2 000	45.36	18.0	500～2 500	500～2 000	204.12
4.5	500～2 500	500～2 000	51.03	20.0	500～2 500	500～2 000	226.80
5.0	500～2 500	500～2 000	56.70	22.0	500～2 500	500～2 000	249.48
6.0	500～2 500	500～2 000	68.04	25.0	500～2 500	500～2 000	283.50
7.0	500～2 500	500～2 000	79.38				

注：板材的理论面质量按纯铅的密度 11.34kg/m³ 计算。铅锑合金板的理论面质量乘以下列的理论面质量换算系数：PbSb0.5（密度 11.32kg/m³）—0.998 2，PbSb2（密度 11.25kg/m³）—0.992 1，PbSb4（密度 11.15kg/m³）—0.983 2，PbSb6（密度 11.06kg/m³）—0.975 3，PbSb8（密度 10.97kg/m³）—0.967 4。

20. 锌及锌合金板、带

锌及锌合金板、带列于表 2－362。

表 2－362　锌及锌合金板、带

名称	厚度（mm）	宽度（mm）	长度（mm）	牌号及密度（g/cm³）	理论面质量（kg/m²）
锌阳极板（GB/T 2058—1989）	5	150～500	850～1 000	Zn1、Zn2（密度 7.15）	35.8
	6	150～500	750～900		42.9
	8	150～500	500～900		57.2
	10	150～500	400～600		71.5
	12	150～400	400～600		85.8
电池锌板（GB/T 1978—1988）	0.25	100～510	750～1 200	XD1、XD2（密度 7.15）	1.79
	0.28				2.00
	0.30				2.15
	0.35				2.50
	0.40				2.86
	0.45				3.22
	0.50				3.58
	0.60				4.29
照相制版用微晶锌板（YS/T 225—1994）	0.8	381～510	600～1 200	XI2（密度 7.15）	5.72
	1.0		550～1 200		7.15
	1.2		550～1 200		8.58
	1.5		600～1 200		10.73
	1.6		600～1 200		11.44

续表

名称	厚度（mm）	宽度（mm）	长度（mm）	牌号及密度（g/cm³）	理论面质量（kg/m²）
胶印锌板（GB/T 3496—1983）	0.55	640 762 765 1 144	680 915 975 1 219	XJ （密度 7.2）	3.96
嵌线锌板	0.38 0.45	315	610	Zn5 （密度 7.15）	2.72 3.22
锌铜合金带	0.25 0.27 0.3 0.35 0.44 0.8	36～110	≥3 000	ZnCu1.5 （密度 7.2）	1.80 1.94 2.16 2.52 3.17 5.76
	1.0	76～110			7.20

21. 锡、铅及其合金箔和锌箔

锡、铅及其合金箔和锌箔（GB/T 5191—1985）列于表 2－363。

表 2－363　锡、铅及其合金箔和锌箔

名称	厚度（mm）	理论面质量（g/m³）		
		锡箔（密度 7.3g/cm³）	铅箔（密度 11.37g/cm³）	锌箔（密度 7.15g/cm³）
锡、铅及合金箔和锌箔	0.010	73.0	113.7	71.5
	0.012	—	—	85.8
	0.015	109.5	170.6	107.3
	0.020	146.0	227.4	143.0
	0.030	219.0	341.1	214.5
	0.040	292.0	454.8	286.0
	0.050	365.0	568.5	357.5

2.3.8 有色金属棒材

1. 纯铜棒理论线质量

表 2－364 纯铜棒理论线质量

d (a) (mm)	圆(d)	方(a)	六角(a)	d (a) (mm)	圆(d)	方(a)	六角(a)
	理论线质量（kg/m）				理论线质量（kg/m）		
5	0.17	0.22	0.19	30	6.29	8.01	6.94
5.5	0.21	0.27	0.23	32	7.16	9.11	7.89
6	0.25	0.32	0.28	34	8.08	10.29	8.91
6.5	0.30	0.38	0.33	35	8.56	10.90	9.44
7	0.34	0.44	0.38	36	9.06	11.53	9.99
7.5	0.39	0.50	0.43	38	10.10	12.85	11.13
8	0.45	0.57	0.49	40	11.18	14.24	12.33
8.5	0.51	0.64	0.56	42	12.33	15.70	13.60
9	0.57	0.72	0.62	45	14.15	18.02	15.61
9.5	0.63	0.80	0.70	46	14.79	18.83	16.30
10	0.70	0.89	0.77	48	16.11	20.51	17.76
11	0.85	1.08	0.93	50	17.48	22.25	19.27
12	1.01	1.28	1.11	52	18.90	24.07	20.84
13	1.18	1.50	1.30	54	20.38	25.95	22.48
14	1.37	1.74	1.51	55	21.14	26.92	23.32
15	1.57	2.00	1.73	56	21.92	27.91	24.17
16	1.79	2.28	1.97	58	23.51	29.94	25.93
17	2.02	2.57	2.23	60	25.16	32.04	27.75
18	2.26	2.88	2.50	65	29.53	37.60	32.56
19	2.52	3.21	2.78	70	34.25	43.61	37.77
20	2.80	3.56	3.08	75	39.32	50.06	43.36
21	3.08	3.92	3.40	80	44.74	56.96	49.33
22	3.38	4.31	3.73	85	50.50	64.30	55.69
23	3.70	4.71	4.08	90	56.62	72.09	64.43
24	4.03	5.13	4.44	95	63.08	80.32	69.56
25	4.37	5.56	4.82	100	69.90	89.00	77.08
26	4.73	6.02	5.21	105	77.07	98.12	84.98
27	5.10	6.49	5.62	110	84.58	107.69	93.26
28	5.48	6.98	6.04	115	92.44	117.70	101.93
29	5.88	7.48	6.48	120	100.66	128.16	110.99

注：理论线质量按牌号 T1、T2、T3、T4、TU1、TUP 的密度 8.9kg/m^3 计算。

2. 黄铜棒理论线质量

表 2－365　黄铜棒理论线质量

d (a) (mm)	圆	方	六角	d (a) (mm)	圆	方	六角
	理论线质量（kg/m）				理论线质量（kg/m）		
5	0.17	0.21	0.18	35	8.18	10.41	9.02
5.5	0.20	0.26	0.22	36	8.65	11.02	9.54
6	0.24	0.31	0.27	38	9.64	12.27	10.63
6.5	0.28	0.36	0.31	40	10.68	13.60	11.78
7	0.33	0.42	0.36	42	11.78	14.99	12.99
7.5	0.38	0.48	0.41	44	12.92	16.46	14.25
8	0.43	0.54	0.47	45	13.52	17.21	14.91
8.5	0.48	0.61	0.53	46	14.13	17.99	15.57
9	0.54	0.69	0.60	48	15.33	19.58	16.96
9.5	0.60	0.77	0.66	50	16.69	21.25	18.40
10	0.67	0.85	0.74	52	18.05	22.98	19.90
11	0.81	1.03	0.89	54	19.47	24.79	21.47
12	0.96	1.22	1.06	55	20.19	25.71	22.27
13	1.13	1.44	1.24	56	20.94	26.66	23.08
14	1.31	1.67	1.44	58	22.46	28.59	24.79
15	1.50	1.91	1.66	60	24.03	30.60	26.50
16	1.71	2.18	1.88	65	28.21	35.91	31.10
17	1.93	2.46	2.13	70	32.71	41.65	36.07
18	2.16	2.75	2.39	75	37.55	47.81	41.40
19	2.41	3.07	2.66	80	42.73	54.40	47.11
20	2.67	3.40	2.94	85	48.23	61.41	53.18
21	2.94	3.75	3.25	90	54.07	68.85	59.63
22	3.23	4.11	3.56	95	60.25	76.71	66.43
23	3.53	4.50	3.89	100	66.76	85.00	73.61
24	3.85	4.90	4.24	105	73.60	86.71	81.16
25	4.17	5.31	4.60	110	80.78	102.85	89.07
26	4.51	5.75	4.98	115	88.29	112.41	97.35
27	4.87	6.20	5.36	120	96.13	122.40	106.00
28	5.23	6.66	6.79	130	112.82	143.65	124.40
29	5.61	7.15	6.19	140	130.85	166.60	144.28
30	6.01	7.65	6.63	150	150.21	191.25	165.63
32	6.84	8.70	7.54	160	170.90	217.60	188.45
34	7.72	9.83	8.51				

注：理论线质量按密度 8.5kg/m³ 计算。其他密度材料的理论线质量，须乘上相应的理论线质量换算系数。

3. 铜及铜合金拉制棒

表 2－366　铜棒材的合金牌号、状态和规格（GB/T 4423—1992）

牌　　号	状态	直径（mm）
T2、T3、TP2、H96、TU1、TU2	硬（Y） 软（M）	5～80
H80、H65	硬（Y） 软（M）	5～40
H68	半硬（Y_2） 软（M）	5～80 13～35
H62、HPb59－1	半硬（Y_2）	5～80
H63、HPb63－0.1	半硬（Y_2）	5～40
HPb63－3	硬（Y） 半硬（Y_2）	5～30 5～60
HFe59－1－1、HFe58－1－1、HSn62－1、HMn58－2	硬（Y）	5～60
QSn6.5－0.1、QSn6.5－0.4、QSn4－3、QSn4－0.3、QSi3－1、QAl9－2、QAl9－4、QAl10－3－1.5	硬（Y）	5～40
QSn7－0.2	硬（Y） 特硬（T）	5～40
QCd1	硬（Y） 软（M）	5～60
QCr0.5	硬（Y） 软（M）	5～40
BZn15－20	硬（Y） 软（M）	5～40
BZn15－24－1.5	特硬（T） 硬（Y） 软（M）	5～18
BFe30－1－1	硬（Y） 软（M）	16～50
BMn40－1.5	硬（Y）	7～40

注：①方棒、六角棒直径系指内切圆直径或两平行面之间的距离。

②棒材不定尺长度规定如下：

直径 5～18mm，供应长度 1.2～5m。

直径大于 18～50mm，供应长度 1～5m。

直径大于 50～80mm，供应长度 0.5～5m。

标记示例：

圆棒直径以“∅”表示；方棒内切圆直径以“*a*”表示；六角棒内切圆直径以“S”表示。例如：

用 H62 合金制造的半硬状态、普通级、直径为 30mm 的圆棒，标记为：

棒　H62　Y_2　∅30　GB/T 4423—1992

用 HPb59－1 合金制造的半硬状态、较高级、内切圆直径为 30mm 的六角棒，标记为：

棒　HPb59－1　Y_2　较高 S30　GB/T 4423—1992

用 T2 制造的软状态、高级、内切圆直径为 30mm 的方棒，标记为：

棒　T2　M　高 *a*30　GB/T 4423—1992

4. 铜及铜合金矩形棒

铜及铜合金矩形棒（GB/T 13809—1992）其牌号、尺寸及性能见表 2－367、表 2－368。

表 2－367　铜及铜合金矩形棒

牌　　号	制造方法	状　　态	规格（$a \times b$）（mm）
T2	拉制	软（M）、硬（Y）	3～75×4～80
	挤制	热挤（R）	2～80×30～120
H62	拉制	半硬（Y_2）	3～75×4～80
	挤制	热挤（R）	5～40×8～50
HPb59－1	拉制	半硬（Y_2）	3～75×4～80
	挤制	热挤（R）	5～40×8～50
HPb63－3	拉制	半硬（Y_2）	3～75×4～80

棒材宽度、厚度比（*b/a*）

a　（mm）	*b/a*　≤
≤10	2.0
＞10～20	3.0
＞20	3.5

注：表中 *a* 为棒材厚度；*b* 为棒材宽度。

标记示例：

用 HPb59－1 合金制造的、半硬状态、较高级、厚度为 25mm、宽度为 40mm 的矩形棒，其标记为：

矩形棒 HPb59－1 Y_2　较高 25×40　GB/T 13809—1992

用 H62 合金制造的、热挤状态、普通级、厚度为 35mm、宽度为 50mm 的矩形棒，其标记为：

矩形棒 H62　R　35×50　GB/T 13809—1992

表 2 - 368　棒材尺寸偏差及力学性能

（1）拉制棒宽度或厚度尺寸允许偏差（mm）

宽度或厚度		3	>3~6	>6~10	>10~18	>18~30	>30~50	>50~80
允许偏差	较高级	±0.05	±0.07	±0.08	±0.10	±0.15	±0.20	±0.25
	普通级	±0.07	±0.09	±0.11	±0.14	±0.17	±0.31	±0.37

（2）挤制棒材宽度或厚度允许偏差

宽度或厚度		≤6	>6~10	>10~18	>18~30	>30~50	>50~80	>80~120
允许偏差	较高级	±1.2%，但最小值为 ±0.30						
	普通级	±0.60	±0.75	±0.90	±1.05	±1.25	±1.50	±1.75

（3）力学性能（棒材的纵向室温拉伸试验）

牌　号	状　态	抗拉强度 σ_b (MPa)	伸长率（%） δ_{10}	伸长率（%） δ_5
		≥		
T2	软（M）	196	30	36
	硬（Y）	245	6	9
	热挤（R）	186	30	40
H62	半硬（Y_2）	335	15	17
		335	20	23
	热挤（R）	295	30	35
HPb59 - 1	半硬（Y_2）	390	10	12
		375	15	18
	热挤（R）	340	15	17
HPb63 - 3	半硬（Y_2）	380	12	14
		365	16	19

5. 铜及铜合金挤制棒

铜及铜合金挤制棒（GB/T 13808—1992）列于表2－369～表2－373。

表2－369　铜及铜合金挤制棒

牌　号	状态	直径（mm）	
		圆棒	方、六角棒
T2、T3	R	30～120	30～120
TU1、TU2、TP2、H80、H68、H59	R	16～120	16～120
H96、H62、HPb59－1、HSn62－1、HSn70－1、HMn58－2、HFe59－1－1、HFe58－1－1、HAl60－1－1、HAl77－2	R	10～160	10～120
HMn55－3－1、HMn57－3－1 HAl66－6－3－2、HAl67－2.5	R	16～160	16－120
QAl9－2、QAl9－4、QAl10－3－1.5、QAl10－4－4、QAl11－6－6、HSi80－3、HNi56－3	R	10～160	—
QSi1－3	R	20～100	—
QCd1	R	20～120	—
QSi3－1	R	20～160	—
QSi3.5－3－1.5、BFe30－1－1、BAl13－3、BMn40－1.5	R	40～120	—
QSn7－0.2、QSn4－3	R	40～120	40～120
QSn6.5－0.1、QSn6.4－0.4	R	30～120	30～120
QCr 0.5	R	18～160	—
QZn15－20	R	25～120	—

注：①方、六角棒直径系指内切圆直径或两平行面之间的距离。
②挤制铜及铜合金棒不定尺长规定为：
直径10～50mm，长度为1～5m；直径＞20～75mm，长度为0.5～5m；直径＞25mm，长度为0.5～4m。

表2－370　普通黄铜、铅黄铜挤制棒

直径（mm）	优选尺寸（mm）	允许偏差（mm）	
		较高级	普通级
10	10	±0.29	±0.45
＞10～18	11、12、13、14、15、16、17、18	±0.35	±0.55
＞18～30	19、20、21、22、23、24、25、26、27、28、29、30	±0.42	±0.65
＞30～50	32、34、35、36、38、40、42、44、45、46、48、50	±0.50	±0.80
＞50～80	52、54、55、56、58、60、65、70、75、80	±0.60	±0.95
＞80～120	85、90、95、100、105、110、115、120	±0.70	±1.10
＞120～160	130、140、150、160	±0.80	±1.25

表 2-371　纯铜、复杂黄铜、锡黄铜挤制棒

直径（mm）	优选尺寸（mm）	允许偏差（mm）	
		较高级	普通级
10	10	±0.29	±0.45
>10~18	11、12、13、14、15、16、17、18	±0.35	±0.55
>18~30	19、20、21、22、23、24、25、26、27、28、29、30	±0.42	±0.65
>30~50	32、34、35、36、38、40、42、44、45、46、48、50	±0.50	±0.80
>50~80	52、54、55、56、58、60、65、70、75、80	±0.60	±0.95
>80~120	80、90、95、100、105、110、115、120	±1.10	±1.75
>120~160	130、140、150、160	±1.50	±2.00

表 2-372　铝青铜、硅青铜、铬青铜挤制棒

直径（mm）	优选尺寸（mm）	允许偏差（mm）	
		较高级	普通级
10	10	±0.45	±0.50
>10~18	11、12、13、14、15、16、17、18	±0.55	±0.65
>18~30	19、20、21、22、23、24、25、26、27、28、29、30	±0.65	±0.75
>30~50	32、34、35、36、38、40、42、44、45、46、48、50	±0.80	±1.10
>50~80	52、54、55、56、58、60、65、70、75、80	±0.95	±1.25
>80~120	85、90、95、100、105、110、115、120	±1.10	±1.60
>120~160	130、140、150、160	±1.25	±2.00
>160~180	170、180	±2.00	±3.00

表 2-373　白铜挤制棒

直径（mm）	优选尺寸（mm）	允许偏差（mm）	
		较高级	普通级
25~30	25、26、27、28、29、30	±0.75	±1.05
>30~50	32、34、35、36、38、40、42、44、45、46、48、50	±1.00	±1.25
>50~80	52、54、55、56、58、60、65、70、75、80	±1.25	±1.50
>80~120	85、90、95、100、105、110、115、120	±1.75	±2.00

注：①经双方协议，可供其他允许偏差的棒材。

②棒材直径允许偏差等级应在合同中注明，否则按普通级精度供货。

6. 铝及铝合金棒理论线质量

表 2 – 374 铝及铝合金棒理论线质量

直径（mm）	理论线质量（kg/m）	直径（mm）	理论线质量（kg/m）	直径（mm）	理论线质量（kg/m）	直径（mm）	理论线质量（kg/m）
圆形棒							
5	0.055 0	24	1.267	63	8.728	220	106.4
5.5	0.066 5	25	1.374	65	9.291	230	116.3
6	0.079 2	26	1.487	70	10.78	240	126.7
6.5	0.092 9	27	1.603	75	12.37	250	137.4
7	0.107 8	28	1.724	80	14.07	260	148.7
7.5	0.123 7	30	1.979	85	15.89	270	160.3
8	0.140 7	32	2.252	90	17.81	280	172.4
8.5	0.158 9	34	2.542	95	19.85	290	184.9
9	0.178 1	35	2.694	100	21.99	300	197.9
9.5	0.198 5	36	2.850	105	24.25	320	225.2
10	0.219 9	38	3.176	110	26.61	330	239.5
10.5	0.242 5	40	3.519	115	29.08	340	254.2
11	0.266 1	41	3.697	120	31.67	350	269.4
11.5	0.290 8	42	3.879	125	34.36	360	285.0
12	0.316 7	45	4.453	130	37.16	370	301.1
13	0.371 6	46	4.653	135	40.08	380	317.6
14	0.431 0	48	5.067	140	43.10	390	334.5
15	0.494 8	50	5.498	145	46.24	400	351.9
16	0.563 0	51	5.720	150	49.48	450	445.3
17	0.635 5	52	5.946	160	56.30	480	506.7
18	0.712 5	55	6.652	170	63.55	500	549.8
19	0.799 9	58	7.398	180	71.25	520	594.6
20	0.879 6	59	7.655	190	79.39	550	665.2
21	0.969 8	60	7.917	200	87.96	600	791.7
22	1.064	62	8.453	210	96.98	630	872.8

续表

内切圆直径（mm）	理论线质量（kg/m）	内切圆直径（mm）	理论线质量（kg/m）	内切圆直径（mm）	理论线质量（kg/m）	内切圆直径（mm）	理论线质量（kg/m）
方形棒							
5	0.070	16	0.717	40	4.480	95	25.27
5.5	0.085	17	0.809	41	4.707	100	28.00
6	0.101	18	0.907	42	4.939	105	30.87
6.5	0.118	19	1.011	45	5.670	110	33.88
7	0.137	20	1.120	46	5.925	115	37.03
7.5	0.158	21	1.235	48	6.451	120	40.32
8	0.179	22	1.355	50	7.000	125	43.75
8.5	0.202	24	1.613	51	7.283	130	47.32
9	0.227	25	1.750	52	7.571	135	51.03
9.5	0.253	26	1.893	55	8.470	140	54.88
10	0.280	27	2.041	58	9.419	145	58.87
10.5	0.309	28	2.195	60	10.08	150	63.00
11	0.339	30	2.520	65	11.83	160	71.68
11.5	0.370	32	2.867	70	13.72	170	80.92
12	0.403	34	3.237	75	15.75	180	90.72
13	0.473	35	3.430	80	17.92	190	101.1
14	0.549	36	3.629	85	20.23	200	112.0
15	0.630	38	4.043	90	22.68		
六角形棒							
5	0.061	16	0.621	40	3.880	95	21.88
5.5	0.073	17	0.701	41	4.076	100	24.25
6	0.087	18	0.786	42	4.277	105	26.73
6.5	0.103	19	0.875	45	4.910	110	29.34
7	0.119	20	0.970	46	5.131	115	32.07
7.5	0.136	21	1.070	48	5.587	120	34.92
8	0.155	22	1.174	50	6.062	125	37.89
8.5	0.175	24	1.397	51	6.307	130	40.98
9	0.196	25	1.516	52	6.557	135	44.19
9.5	0.219	26	1.639	55	7.335	140	47.53
10	0.242	27	1.768	58	8.157	145	50.98
10.5	0.267	28	1.901	60	8.730	150	54.56
11	0.293	30	2.182	65	10.25	160	62.07
11.5	0.321	32	2.483	70	11.88	170	70.08
12	0.349	34	2.803	75	13.64	180	78.56
13	0.410	35	2.970	80	15.52	190	87.54
14	0.475	36	3.143	85	17.52	200	96.99
15	0.546	38	3.502	90	19.64		

注：理论线质量按 2B11（LY8）、2A11（LY11）、2A70（LD7）、2A14（LD10）等牌号铝合金的密度 2.8 计算。密度非 2.8 牌号的理论线质量，应乘上相应的理论线质量换算系数。不同密度牌号的换算系数如下附表：

附 表

牌号	密度（g/cm³）	换算系数
纯铝	2. 71	0. 968
5A02（LF2）	2. 68	0. 957
5A03（LF3）	2. 67	0. 954
5083（LF4）	2. 67	0. 954
5A05（LF5）	2. 65	0. 946
（LF11）	2. 65	0. 946
5A06（LF6）	2. 64	0. 943
5A12（LF12）	2. 63	0. 939
3A21（LF21）	2. 73	0. 975
2A01（LY1）	2. 76	0. 985
2A06（LY6）	2. 76	0. 985
2A02（LY2）	2. 75	0. 982
2A50（LD5）	2. 75	0. 982
2A12（LY12）	2. 78	0. 993
2A16（LY16）	2. 84	1. 014
6A02（LD2）	2. 70	0. 964
6061（LD30）	2. 70	0. 964
2A80（LD8）	2. 77	0. 989
7A04（LC4）	2. 85	1. 018
7A09（LC9）	2. 85	1. 018

7. 铝及铝合金挤压棒材

铝及铝合金挤压棒材（GB/T 3191—1998）列于表 2－375～表 2－379。

表 2－375　铝及铝合金挤压棒材牌号和规格

牌号	供应状态	规格(mm)			
		圆棒直径		方棒、六角棒内切圆直径	
		普通棒材	高强度棒材	普通棒材	高强度棒材
1070A，1060，1050A，1035，1200，8A06，5A02，5A03，5A05，5A06，5A12，3A21，5052,5083,3003	H112 F O	5～600	—	5～200	—
2A70，2A80，2A90，4A11，2A02,2A06,2A16	H112,F	5～600	—	5～200	—
	T6	5～150	—	5～120	—
7A04，7A09，6A02，2A50，2A14	H112,F	5～600	20～160	5～200	20～100
	T6	5～150	20～120	5～120	20～100
2A11,2A12	H12,F	5～600	20～160	5～200	20～100
	T4	5～150	20～120	5～120	20～100
2A13	H112,F	5～600	—	5～200	—
	T4	5～150	—	5～120	—
6063	T5,T6	5～25	—	5～25	—
	F	5～600	—	5～200	—
6061	H112,F	5～600	—	5～200	—
	T6 T4	5～150	—	5～120	—

表 2－376　铝及铝合金挤压棒材直径及其偏差

直径（mm）	直径允许偏差（mm）			
	A 级	B 级	C 级	D 级
5～6	－0.30	－0.48	—	—
>6～10	－0.36	－0.58	—	—

续表

直径（mm）	直径允许偏差（mm）			
	A 级	B 级	C 级	D 级
>10～18	−0.43	−0.70	−1.10	−1.30
>18～28	−0.52	−0.84	−1.30	−1.50
>28～50	−0.62	−1.00	−1.60	−2.00
>50～80	−0.74	−1.20	−1.90	−2.50
>80～120	—	−1.40	−2.20	−3.20
>120～180	—	—	−2.50	−3.80
>180～250	—	—	−2.90	−4.50
>250～300	—	—	−3.30	−5.50
>300～400	—	—	—	−7.20
>400～500	—	—	—	−8.00
>500～600	—	—	—	−9.00

注：①棒材的直径（方棒、六角棒指内切圆直径）及其允许偏差应符合表中的规定。

②定尺或倍尺交货棒材的长度允许偏差，定尺或倍尺交货的棒材，定尺长度由供需双方协商，其长度允许偏差为 +20mm。倍尺供应的应每个锯口留 5mm 的锯切余量。合同中不注明定尺者按乱尺交货，直径小于或等于 50mm 时交货长度为 1 000～6 000mm，直径大于 50mm 时交货长度为500～6 000mm。

表 2－377　铝及铝合金挤压棒材弯曲度

直径（mm）	弯曲度（mm）　≤			
	普通级		高精级	
	1m 长度上	全长 Lm 上	1m 长度上	全长 Lm 上
>10～100	3.0	3.0×L,但最大为 15	2.0	2.0×L,但最大为 10
>100～120	6.0	6.0×L,但最大为 25	5.0	5.0×L,但最大为 20
>120～130	10.0	10.0×L,但最大为 40	7.0	7.0×L,但最大为 30
>130～200	14.0	14.0×L,但最大为 50	10.0	10.0×L,但最大为 40

注：①棒材的弯曲度，对于直径不大于 10mm 的棒材，允许有用手轻压即可消除的弯曲，其他规格棒材应符合表中的规定。

②表中弯曲度数值是将棒材置于平台上，靠自重平衡后仍存在的弯曲。

③不足 1m 的棒材按 1m 计算弯曲度。

表 2-378　铝及铝合金挤压方棒、六角棒的拧扭度

方棒、六角棒内切圆直径（mm）	拧扭度（mm）　≤			
	普通级		高精级	
	1m 长度上	全长 Lm 上	1m 长度上	全长 Lm 上
≤14	60°	60°×L	40°	40°×L
>14~30	45°	45°×L	30°	30°×L
>30~50	30°	30°×L	20°	20°×L
>15~120	25°	25°×L	—	—

注：不足 1m 的棒材，拧扭度按 1m 计算。

表 2-379　铝及铝合金挤压方棒、六角棒的最大圆角半径

内切圆直径（mm）	最大圆角半径（mm）
<25	2.0
≥25~50	3.0
>50	5.0

标记示例：

用 2A12 合金制造的、T4 状态、直径为 30mm 的 B 级圆棒标记为：

棒　2A12—T4　B 级∅30　GB/T 3191—1998

用 2A12 合金制造的、H112 状态、内切圆直径为 30mm 的 A 级高强度方棒标记为：

棒　2A12—H112　高强 A 级方 30　GB/T 3191—1998

用 3A21 合金制造的、O 状态、直径为 30mm、定尺长度为 2 000mm 的 D 级圆棒标记为：

棒　3A21—O　∅30×2 000　GB/T 3191—1998

2.3.9　有色金属管材

1. 挤制铜管的理论线质量

挤制铜管外径 30~300mm 的壁厚及理论线质量列于表 2-380。

表 2－380　挤制铜管的规格及理论线质量

外径	壁厚	理论线质量	外径	壁厚	理论线质量	外径	壁厚	理论线质量
(mm)		(kg/m)	(mm)		(kg/m)	(mm)		(kg/m)
30	2. 5	1. 922	38	6	5. 366	(46)	3	3. 607
	3	2. 265		7. 5	6. 393		3. 5	4. 159
	3. 5	2. 593		9	7. 294		4	4. 697
	4	2. 908		10	7. 825		5	5. 729
	4. 5	3. 208	40	3	3. 104		6	6. 707
	5	3. 493		4	4. 026		7. 5	8. 069
	6	4. 024		5	4. 891		9	9. 306
32	2. 5	2. 062		6	5. 701		10	10. 061
	3	2. 433		7. 5	6. 812	(48)	3	3. 775
	3. 5	2. 789		9	7. 797		3. 5	4. 355
	4	3. 132		10	8. 384		4	4. 921
	4. 5	3. 460	42	3	3. 271		5	6. 011
	5	3. 773		4	4. 250		6	7. 046
	6	4. 360		5	5. 170		7. 5	8. 493
34	3	2. 600		6	6. 036		9	9. 814
	3. 5	2. 985		7. 5	7. 231		10	10. 625
	4	3. 355		9	8. 300	50	3	3. 942
	4. 5	3. 712		10	8. 943		3. 5	4. 550
	5	4. 052	44	3	3. 439		4	5. 145
	6	4. 695		4	4. 474		5	6. 288
35	3	2. 684		5	5. 449		6	7. 717
	3. 5	3. 083		6	6. 372		7. 5	8. 908
	4	3. 467		7. 5	7. 650		10	11. 178
	4. 5	3. 838		9	8. 803		12. 5	13. 100
	5	4. 194		10	9. 502		15	14. 672
	6	4. 865	45	3	3. 523		17. 5	15. 902
36	3	2. 768		3. 5	4. 061	(52)	3	4. 110
	3. 5	3. 180		4	4. 585		3. 5	4. 746
	4	3. 579		5	5. 592		4	5. 368
	4. 5	3. 963		6	6. 543		5	6. 571
	5	4. 332		7. 5	7. 864		6	7. 717
	6	5. 030		9	9. 059			
38	3	2. 936		10	9. 786			
	4	3. 803						
	5	4. 611						

续表

外径	壁厚	理论线质量
（mm）		（kg/m）
（52）	7.5	9.332
	10	11.743
	12.5	13.805
	15	15.518
	17.5	16.881
（54）	3	4.278
	3.5	4.942
	4	5.592
	5	6.850
	6	8.052
	7.5	9.751
	10	12.302
	12.5	14.504
	15	16.357
	17.5	17.859
55	3	4.362
	3.5	5.040
	4	5.704
	5	6.987
	6	8.220
	7.5	9.956
	10	12.576
	12.5	14.846
	15	16.768
	17.5	18.349
（56）	4	5.816
	4.5	6.480
	5	7.130
	7.5	10.170
	10	12.862
	12.5	15.203
	15	17.195
	17.5	18.838
（58）	4	6.039
	4.5	6.731
	5	7.409
	7.5	10.590
	10	13.421
	12.5	15.902
	15	18.034
	17.5	19.817
60	4	6.263
	4.5	6.983
	5	7.685
	7.5	11.004
	10	13.973
	12.5	16.593
	15	18.864
	17.5	21.080
（62）	4	6.487
	5	7.969
	7.5	11.429
	9	13.337
	10	14.539
	12.5	17.300
	15	19.712
	17.5	21.774
	20	23.486
（64）	4	6.710
	5	8.248
	7.5	11.848
	9	13.840
	10	15.098
	12.5	17.999
	15	20.551
	17.5	22.752
	20	24.605
65	4	6.822
	5	8.384
	7.5	12.052
	9	14.092
	10	15.370
	12.5	18.340
	15	20.960
	17.5	23.242
	20	25.164
68	4	7.158
	5	8.807
	7.5	12.687
	9	14.847
	10	16.217
	12.5	19.397
	15	22.228
	17.5	24.710
	20	26.842
70	4	7.381
	5	9.082
	7.5	13.100
	9	15.350
	10	16.768
	12.5	20.086
	15	23.055
	17.5	25.688
	20	27.960
（72）	4	7.605
	5	9.367
	7.5	13.526
	9	15.853
	10	17.335
	12.5	20.795
	15	23.906
	17.5	26.667
	20	29.078
	22.5	31.140
	25	32.853

续表

外径	壁厚	理论线质量	外径	壁厚	理论线质量	外径	壁厚	理论线质量
(mm)		(kg/m)	(mm)		(kg/m)	(mm)		(kg/m)
74	4	7.829	80	4	8.500	95	7.5	18.340
	5	9.646		5	10.485		10	23.754
	7.5	13.945		7.5	15.196		12.5	28.819
	9	16.357		9	17.857		15	33.535
	10	17.894		10	19.562		17.5	37.902
	12.5	21.494		12.5	23.579		20	41.919
	15	24.745		15	27.247		22.5	45.587
	17.5	27.645		17.5	30.566		25	48.906
	20	30.197		20	33.552		27.5	51.875
	22.5	32.399		22.5	36.173		30	54.495
	25	34.251		25	38.445			
75	4	7.941	85	7.5	16.244	100	7.5	19.388
	5	9.786		10	20.960		10	25.151
	7.5	14.148		12.5	25.326		12.5	30.566
	9	16.600		15	29.343		15	35.631
	10	18.165		17.5	33.011		17.5	40.347
	12.5	21.833		20	36.330		20	44.714
	15	25.151		22.5	39.299		22.5	48.731
	17.5	28.121		25	41.940		25	52.399
	20	30.756		27.5	44.212		27.5	57.717
	22.5	33.028		30	46.134		30	58.687
	25	34.950						
(78)	4	8.276	90	7.5	17.292	105	10	26.549
	5	10.205		10	22.357		12.5	32.313
	7.5	14.784		12.5	27.073		15	37.727
	9	17.363		15	31.439		17.5	42.792
	10	19.013		17.5	35.456		20	47.508
	12.5	22.892		20	39.124		22.5	51.875
	15	26.422		22.5	42.443		25	55.892
	17.5	29.603		25	45.435		27.5	59.560
	20	32.434		27.5	48.057		30	62.879
	22.5	34.915		30	50.328			
	25	37.047						

续表

外径 (mm)	壁厚 (mm)	理论线质量 (kg/m)
110	10	27.946
	12.5	34.059
	15	39.823
	17.5	45.238
	20	50.303
	22.5	55.019
	25	59.385
	27.5	63.402
	30	67.070
115	10	29.343
	12.5	35.806
	15	41.919
	17.5	47.683
	20	53.097
	22.5	58.163
	25	62.879
	27.5	67.245
	30	71.262
	32.5	74.968
	35	78.288
	37.5	81.259
120	10	30.741
	12.5	37.552
	15	44.015
	17.5	50.128
	20	55.892
	22.5	61.307
	25	66.372
	27.5	71.088
	30	75.454
	32.5	79.511
	35	83.181
	37.5	86.501

外径 (mm)	壁厚 (mm)	理论线质量 (kg/m)
125	10	32.138
	12.5	39.299
	15	46.111
	17.5	52.573
	20	58.687
	22.5	64.450
	25	69.865
	27.5	74.930
	30	79.646
	32.5	84.055
	35	88.074
130	10	33.535
	12.5	41.046
	15	48.207
	17.5	55.019
	20	61.481
	22.5	67.594
	25	73.358
	27.5	78.773
	30	83.838
	32.5	88.598
	35	92.967
135	10	34.933
	12.5	47.792
	15	50.303
	17.5	57.464
	20	64.276
	22.5	70.738
	25	76.852
	27.5	82.615
	30	88.030
	32.5	93.142
	35	97.860
	37.5	102.229

外径 (mm)	壁厚 (mm)	理论线质量 (kg/m)
140	10	36.330
	12.5	44.539
	15	52.399
	17.5	59.909
	20	67.070
	22.5	73.882
	25	80.345
	27.5	86.458
	30	92.222
	32.5	97.685
	35	102.753
	37.5	107.471
145	10	37.727
	12.5	46.286
	15	54.495
	17.5	62.355
	20	69.865
	22.5	77.026
	25	83.838
	27.5	90.301
	30	96.414
	32.5	102.229
	35	107.646
150	10	39.124
	12.5	48.032
	15	56.591
	17.5	64.800
	20	72.660
	22.5	80.170
	25	87.331
	27.5	94.143
	30	100.606
	32.5	106.772
	35	112.539

续表

外径 (mm)	壁厚 (mm)	理论线质量 (kg/m)
155	10	40.522
	12.5	49.799
	15	58.687
	17.5	67.245
	20	75.454
	22.5	83.314
	25	90.825
	27.5	97.986
	30	104.798
	32.5	111.316
	35	117.432
	37.5	123.199
	40	128.616
	42.5	133.684
160	10	41.919
	12.5	51.525
	15	60.783
	17.5	69.690
	20	78.249
	22.5	86.458
	25	94.318
	27.5	101.828
	30	108.989
	32.5	115.859
	35	122.325
	37.5	128.441
	40	134.208
	42.5	139.625

外径 (mm)	壁厚 (mm)	理论线质量 (kg/m)
165	10	43.316
	12.5	53.272
	15	62.879
	17.5	72.136
	20	81.043
	22.5	89.602
	25	97.811
	27.5	105.671
	30	113.181
	32.5	120.403
	35	127.218
	37.5	133.684
	40	139.800
	42.5	145.567
170	10	44.714
	12.5	55.019
	15	64.974
	17.5	74.581
	20	83.838
	22.5	92.746
	25	101.304
	27.5	109.513
	30	117.373
	32.5	124.946
	35	132.111
	37.5	138.926
	40	145.392
	42.5	151.508

外径 (mm)	壁厚 (mm)	理论线质量 (kg/m)
175	10	46.111
	12.5	56.765
	15	67.070
	17.5	77.026
	20	86.633
	22.5	95.890
	25	104.798
	27.5	113.356
	30	121.565
	32.5	129.490
	35	137.004
	37.5	144.169
	40	150.984
	42.5	157.450
	45	163.566
180	10	47.508
	12.5	58.512
	15	69.166
	17.5	79.471
	20	89.427
	22.5	99.034
	25	108.291
	27.5	117.199
	30	125.757
	32.5	134.033
	35	141.897
	37.5	149.411
	40	156.576
	42.5	163.391
	45	169.857

续表

外径	壁厚	理论线质量	外径	壁厚	理论线质量	外径	壁厚	理论线质量
(mm)		(kg/m)	(mm)		(kg/m)	(mm)		(kg/m)
185	10	48.906	195	10	51.700	(205)	10	54.522
	12.5	60.259		12.5	63.752		12.5	67.279
	15	71.262		15	75.454		15	79.686
	17.5	81.917		17.5	86.807		17.5	91.744
	20	92.222		20	97.811		20	103.452
	22.5	102.178		22.5	108.465		22.5	114.811
	25	111.784		25	118.771		25	125.820
	27.5	121.041		27.5	128.726		27.5	136.480
	30	129.949		30	138.333		30	146.790
	32.5	138.577		32.5	147.664		32.5	156.751
	35	146.790		35	156.576		35	166.362
	37.5	154.654		37.5	165.139		37.5	175.624
	40	162.168		40	173.352		40	184.536
	42.5	169.333		42.5	181.216		42.5	193.099
	45	176.148		45	188.730			
190	10	50.303	200	10	53.097	210	10	55.892
	12.5	62.005		12.5	65.498		12.5	68.992
	15	73.358		15	77.550		15	81.742
	17.5	84.362		17.5	89.253		17.5	94.143
	20	95.016		20	100.606		20	106.195
	22.5	105.321		22.5	111.609		22.5	117.897
	25	115.277		25	122.264		25	129.250
	27.5	124.884		27.5	132.569		27.5	140.254
	30	134.141		30	142.525		30	150.908
	32.5	143.120		32.5	152.207		32.5	161.294
	35	151.683		35	161.469		35	171.255
	37.5	159.896		37.5	170.381		37.5	180.866
	40	167.760		40	178.944		40	190.128
	42.5	175.274		42.5	187.157		42.5	199.040
	45	182.439		45	195.021			

续表

外径	壁厚	理论线质量	外径	壁厚	理论线质量	外径	壁厚	理论线质量
(mm)		(kg/m)	(mm)		(kg/m)	(mm)		(kg/m)
(215)	10	57.318	(225)	10	60.114	(235)	10	62.91
	12.5	70.774		12.5	74.269		12.5	77.764
	15	83.88		15	88.074		15	92.268
	17.5	96.637		20	114.636		20	120.228
	20	109.044		25	139.800		25	146.79
	22.5	121.102		27.5	151.858		27.5	159.468
	25	132.810		30	163.566		30	171.954
	27.5	144.169		32.5	174.925		32.5	184.012
	30	155.178		35	185.934		35	195.720
	32.5	165.838		37.5	196.594		37.5	207.079
	35	176.148		40	206.904		40	218.088
	37.5	186.109		42.5	216.865		42.5	228.748
	40	195.720		45	226.476		45	239.058
	42.5	204.982		50	244.650		50	258.630
220	10	58.687	230	10	61.481	240	10	64.276
	12.5	72.485		12.5	75.978		12.5	79.471
	15	85.934		15	90.126		15	94.318
	17.5	99.034		20	117.373		20	122.962
	20	111.784		25	143.223		25	150.210
	22.5	124.185		27.5	155.702		27.5	163.391
	25	136.237		30	167.676		30	176.060
	27.5	147.939		32.5	179.468		32.5	188.555
	30	159.292		35	190.827		35	200.613
	32.5	170.381		37.5	201.836		37.5	212.321
	35	181.041		40	212.496		40	223.680
	37.5	191.351		42.5	222.806		42.5	234.689
	40	201.312		45	232.767		45	245.349
	42.5	210.923		50	251.640		50	265.620

续表

外径	壁厚	理论线质量
(mm)		(kg/m)
(245)	10	65.706
	12.5	81.259
	15	96.462
	20	125.820
	25	153.780
	27.5	167.236
	30	180.342
	32.5	193.099
	35	205.506
	37.5	217.564
	40	229.272
	42.5	240.631
	45	251.640
	50	272.610
250	10	67.070
	12.5	82.965
	15	98.510
	20	128.552
	25	157.196
	27.5	171.080
	30	184.444
	32.5	197.642
	35	210.399
	37.5	222.806
	40	234.864
	42.5	246.572
	45	257.931
	50	279.600

外径	壁厚	理论线质量
(mm)		(kg/m)
(255)	10	68.502
	12.5	84.754
	15	100.656
	20	131.412
	25	160.770
	30	188.730
260	10	69.865
	12.5	86.458
	15	102.702
	20	134.141
	25	164.183
	30	192.827
(265)	10	71.298
	12.5	88.249
	15	104.850
	20	137.004
	25	167.760
	30	197.118
270	10	72.660
	12.5	89.951
	15	106.893
	20	139.730
	25	171.169
	30	201.211

外径	壁厚	理论线质量
(mm)		(kg/m)
(275)	10	74.094
	12.5	91.744
	15	109.044
	20	142.596
	25	174.750
	30	205.506
280	10	75.454
	12.5	93.444
	15	111.085
	20	145.319
	25	178.156
	30	209.595
290	20	150.908
	25	185.142
	30	217.979
300	20	156.498
	25	192.129
	30	226.363

注：①管材牌号有 T2、T3、TP2、TU1、TU2，理论线质量按密度 $8.9kg/m^3$ 计算，供参考。

②表中带括号的尺寸为不推荐采用的规格。

2. 拉制铜管的理论线质量

拉制铜管的外径从∅3mm 到∅360mm 不等，表 2－381 列出了不同外径拉制铜管的壁厚及理论线质量。

表 2－381　拉制铜管规格及理论线质量

外径 (mm)	壁厚 (mm)	理论线质量 (kg/m)	外径 (mm)	壁厚 (mm)	理论线质量 (kg/m)	外径 (mm)	壁厚 (mm)	理论线质量 (kg/m)
3	0. 5	0. 035	8	2. 0	0. 335	12	0. 5	0. 161
	0. 75	0. 047		2. 5	0. 384		0. 75	0. 236
	1. 0	0. 056		3. 0	0. 419		1. 0	0. 307
	1. 5	0. 063		3. 5	0. 440		1. 5	0. 440
4	0. 5	0. 049	9	0. 5	0. 119		2. 0	0. 559
	0. 75	0. 068		0. 75	0. 173		2. 5	0. 664
	1. 0	0. 084		1. 0	0. 224		3. 0	0. 755
	1. 5	0. 105		1. 5	0. 314		3. 5	0. 831
5	0. 5	0. 063		2. 0	0. 391	13	0. 5	0. 175
	0. 75	0. 089		2. 5	0. 454		0. 75	0. 257
	1. 0	0. 112		3. 0	0. 503		1. 0	0. 335
	1. 5	0. 147		3. 5	0. 538		1. 5	0. 482
6	0. 5	0. 077	10	0. 5	0. 133		2. 0	0. 615
	0. 75	0. 110		0. 75	0. 194		2. 5	0. 734
	1. 0	0. 140		1. 0	0. 252		3. 0	0. 838
	1. 5	0. 189		1. 5	0. 356		3. 5	0. 929
7	0. 5	0. 091		2. 0	0. 447	14	0. 5	0. 189
	0. 75	0. 131		2. 5	0. 524		0. 75	0. 278
	1. 0	0. 168		3. 0	0. 587		1. 0	0. 363
	1. 5	0. 231		3. 5	0. 636		1. 5	0. 524
8	0. 5	0. 105	11	0. 5	0. 147		2. 0	0. 671
	0. 75	0. 152		0. 75	0. 215		2. 5	0. 803
	1. 0	0. 196		1. 0	0. 280		3. 0	0. 922
	1. 5	0. 272		1. 5	0. 398		3. 5	1. 027
				2. 0	0. 503	15	0. 5	0. 203
				2. 5	0. 594		0. 75	0. 299
				3. 0	0. 671		1. 0	0. 391
				3. 5	0. 734		1. 5	0. 566

续表

外径	壁厚	理论线质量
(mm)		(kg/m)
15	2. 0	0. 727
	2. 5	0. 873
	3. 0	1. 006
	3. 5	1. 125
16	0. 5	0. 217
	1. 0	0. 419
	1. 5	0. 608
	2. 0	0. 782
	2. 5	0. 943
	3. 0	1. 090
	3. 5	1. 223
	4. 0	1. 341
	4. 5	1. 446
17	0. 5	0. 231
	1. 0	0. 447
	1. 5	0. 650
	2. 0	0. 838
	2. 5	1. 013
	3. 0	1. 174
	3. 5	1. 320
	4. 0	1. 453
	4. 5	1. 572
18	0. 5	0. 231
	1. 0	0. 475
	1. 5	0. 692
	2. 0	0. 894
	2. 5	1. 083
	3. 0	1. 258
	3. 5	1. 418
	4. 0	1. 565
	4. 5	1. 698
19	0. 5	0. 259
	1. 0	0. 503
	1. 5	0. 734
	2. 0	0. 950
	2. 5	1. 153
	3. 0	1. 341
	3. 5	1. 516
	4. 0	1. 677
	4. 5	1. 823
20	0. 5	0. 273
	1. 0	0. 531
	1. 5	0. 776
	2. 0	1. 006
	2. 5	1. 223
	3. 0	1. 425
	3. 5	1. 615
	4. 0	1. 789
	4. 5	1. 950
21	1. 0	0. 559
	1. 5	0. 817
	2. 0	1. 062
	2. 5	1. 293
	3. 0	1. 509
	3. 5	1. 713
	4. 0	1. 900
	4. 5	2. 075
	5. 0	2. 236
22	1. 0	0. 587
	1. 5	0. 859
	2. 0	1. 118
22	2. 5	1. 362
	3. 0	1. 593
	3. 5	1. 810
	4. 0	2. 012
	4. 5	2. 201
	5. 0	2. 375
23	1. 0	0. 615
	1. 5	0. 901
	2. 0	1. 174
	2. 5	1. 433
	3. 0	1. 678
	3. 5	1. 909
	4. 0	2. 124
	4. 5	2. 328
	5. 0	2. 515
24	1. 0	0. 643
	1. 5	0. 943
	2. 0	1. 230
	2. 5	1. 502
	3. 0	1. 761
	3. 5	2. 005
	4. 0	2. 236
	4. 5	2. 452
	5. 0	2. 655
25	1. 0	0. 671
	1. 5	0. 985
	2. 0	1. 286
	2. 5	1. 572

续表

外径	壁厚	理论线质量
(mm)		(kg/m)
25	3.0	1.844
	3.5	2.103
	4.0	2.347
	4.5	2.578
	5.0	2.795
26	1.0	0.699
	1.5	1.027
	2.0	1.341
	2.5	1.642
	3.0	1.928
	3.5	2.201
	4.0	2.459
	4.5	2.704
	5.0	2.934
27	1.0	0.727
	1.5	1.069
	2.0	1.397
	2.5	1.712
	3.0	2.012
	3.5	2.299
	4.0	2.571
	4.5	2.830
	5.0	3.074
28	1.0	0.755
	1.5	1.111
	2.0	1.453
	2.5	1.782
	3.0	2.096
28	3.5	2.398
	4.0	2.683
	4.5	2.955
	5.0	3.214
(29)	1.0	0.782
	1.5	1.153
	2.0	1.509
	2.5	1.851
	3.0	2.180
	3.5	2.494
	4.0	2.795
	4.5	3.081
	5.0	3.354
30	1.0	0.810
	1.5	1.195
	2.0	1.565
	2.5	1.921
	3.0	2.264
	3.5	2.592
	4.0	2.906
	4.5	3.207
	5.0	3.493
31	1.0	0.838
	1.5	1.237
	2.0	1.621
	2.5	1.991
	3.0	2.347
	3.5	2.690
31	4.0	3.018
	4.5	3.333
	5.0	3.633
32	1.0	0.866
	1.5	1.279
	2.0	1.677
	2.5	2.062
	3.0	2.431
	3.5	2.789
	4.0	3.130
	4.5	3.458
	5.0	3.773
33	1.0	0.894
	1.5	1.320
	2.0	1.733
	2.5	2.131
	3.0	2.515
	3.5	2.885
	4.0	3.242
	4.5	3.584
	5.0	3.912
34	1.0	0.922
	1.5	1.362
	2.0	1.789
	2.5	2.201
	3.0	2.599
	3.5	2.985
	4.0	3.354

续表

外径 (mm)	壁厚 (mm)	理论线质量 (kg/m)
34	4.5	3.710
	5.0	4.052
35	1.0	0.950
	1.5	1.404
	2.0	1.844
	2.5	2.271
	3.0	2.683
	3.5	3.081
	4.0	3.465
	4.5	3.836
	5.0	4.192
36	1.0	0.978
	1.5	1.446
	2.0	1.900
	2.5	2.340
	3.0	2.767
	3.5	3.179
	4.0	3.577
	4.5	3.961
	5.0	4.332
37	1.0	1.006
	1.5	1.488
	2.0	1.956
	2.5	2.410
	3.0	2.850
	3.5	3.277
	4.0	3.689
	4.5	4.087
37	5.0	4.471
38	1.0	1.034
	1.5	1.530
	2.0	2.012
	2.5	2.480
	3.0	2.934
	3.5	3.374
	4.0	3.801
	4.5	4.213
	5.0	4.611
(39)	1.0	1.062
	1.5	1.572
	2.0	2.068
	2.5	2.550
	3.0	3.018
	3.5	3.472
	4.0	3.912
	4.5	4.339
	5.0	4.751
40	1.0	1.090
	1.5	1.614
	2.0	2.124
	2.5	2.620
	3.0	3.102
	3.5	3.570
	4.0	4.024
	4.5	4.464
	5.0	4.891
(41)	1.0	1.118
	1.5	1.656
	2.0	2.180
	2.5	2.690
	3.0	3.186
	3.5	3.668
	4.0	4.136
	4.5	4.590
	5.0	5.030
	6.0	5.869
42	1.0	1.146
	1.5	1.699
	2.0	2.236
	2.5	2.761
	3.0	3.270
	3.5	3.766
	4.0	4.248
	4.5	4.716
	5.0	5.170
	6.0	6.036
(43)	1.0	1.174
	1.5	1.740
	2.0	2.292
	2.5	2.830
	3.0	3.354
	3.5	3.864
	4.0	4.360
	4.5	4.842
	5.0	5.310

续表

外径 (mm)	壁厚 (mm)	理论线质量 (kg/m)	外径 (mm)	壁厚 (mm)	理论线质量 (kg/m)	外径 (mm)	壁厚 (mm)	理论线质量 (kg/m)
(43)	6.0	6.204	(46)	4.5	5.219	(49)	3.5	4.450
(44)	1.0	1.202	(46)	5.0	5.729	(49)	4.0	5.030
(44)	1.5	1.782	(46)	6.0	6.707	(49)	4.5	5.596
(44)	2.0	2.347	(47)	1.0	1.286	(49)	5.0	6.148
(44)	2.5	2.899	(47)	1.5	1.907	(49)	6.0	7.210
(44)	3.0	3.437	(47)	2.0	2.515	50	1.0	1.369
(44)	3.5	3.961	(47)	2.5	3.109	50	1.5	2.033
(44)	4.0	4.471	(47)	3.0	3.689	50	2.0	2.683
(44)	4.5	4.967	(47)	3.5	4.255	50	2.5	3.319
(44)	5.0	5.449	(47)	4.0	4.807	50	3.0	3.940
(44)	6.0	6.372	(47)	4.5	5.345	50	3.5	4.550
45	1.0	1.230	(47)	5.0	5.869	50	4.0	5.142
45	1.5	1.823	(47)	6.0	6.875	50	4.5	5.722
45	2.0	2.403	48	1.0	1.313	50	5.0	6.288
45	2.5	2.969	48	1.5	1.949	50	6.0	7.378
45	3.0	3.521	48	2.0	2.571	(52)	1.0	1.425
45	3.5	4.059	48	2.5	3.179	(52)	1.5	2.117
45	4.0	4.583	48	3.0	3.773	(52)	2.0	2.795
45	4.5	5.093	48	3.5	4.353	(52)	2.5	3.458
45	5.0	5.589	48	4.0	4.918	(52)	3.0	4.108
45	6.0	6.539	48	4.5	5.470	(52)	3.5	4.744
(46)	1.0	1.258	48	5.0	6.008	(52)	4.0	5.366
(46)	1.5	1.865	48	6.0	7.042	(52)	4.5	5.973
(46)	2.0	2.459	(49)	1.0	1.341	(52)	5.0	6.567
(46)	2.5	3.039	(49)	1.5	1.991	(52)	6.0	7.713
(46)	3.0	3.605	(49)	2.0	2.627	54	1.0	1.481
(46)	3.5	4.157	(49)	2.5	3.249	54	1.5	2.201
(46)	4.0	4.695	(49)	3.0	3.857	54	2.0	2.906

续表

外径	壁厚	理论线质量
(mm)		(kg/m)
54	2.5	3.598
	3.0	4.276
	3.5	4.939
	4.0	5.589
	4.5	6.225
	5.0	6.847
	6.0	8.048
55	1.0	1.509
	1.5	2.243
	2.0	2.962
	2.5	3.668
	3.0	4.360
	3.5	5.037
	4.0	5.701
	4.5	6.351
	5.0	6.987
	6.0	8.216
(56)	1.0	1.537
	1.5	2.285
	2.0	3.018
	2.5	3.738
	3.0	4.443
	3.5	5.135
	4.0	5.813
	4.5	6.476
	5.0	7.126
	6.0	8.384
58	1.0	1.593
58	1.5	2.368
	2.0	3.130
	2.5	3.878
	3.0	4.611
	3.5	5.331
	4.0	6.036
	4.5	6.728
	5.0	7.406
	6.0	8.719
60	1.0	1.649
	1.5	2.452
	2.0	3.242
	2.5	4.017
	3.0	4.779
	3.5	5.526
	4.0	6.260
	4.5	6.980
	5.0	7.685
	6.0	9.055
(62)	2.0	3.354
	2.5	4.157
	3.0	4.946
	3.5	5.722
	4.0	6.483
	4.5	7.231
	5.0	7.965
	6.0	9.390
	7.0	10.759
(62)	8.0	12.073
	(9.0)	13.330
	10.0	14.532
(64)	2.0	3.465
	2.5	4.297
	3.0	5.114
	3.5	5.918
	4.0	6.707
	4.5	7.483
	5.0	8.244
	6.0	9.725
	7.0	11.150
	8.0	12.520
	(9.0)	13.833
	10.0	15.091
65	2.0	3.521
	2.5	4.367
	3.0	5.198
	3.5	6.015
	4.0	6.819
	4.5	7.608
	5.0	8.384
	6.0	9.893
	7.0	11.346
	8.0	12.743
	(9.0)	14.085
	10.0	15.370

续表

外径	壁厚	理论线质量
(mm)		(kg/m)
(66)	2.0	3.577
	2.5	4.436
	3.0	5.282
	3.5	6.113
	4.0	6.931
	4.5	7.734
	5.0	8.524
	6.0	10.061
	7.0	11.542
	8.0	12.967
	(9.0)	14.336
	10.0	15.650
68	2.0	3.689
	2.5	4.576
	3.0	5.449
	3.5	6.312
	4.0	7.154
	4.5	7.986
	5.0	8.803
	6.0	10.396
	7.0	11.939
	8.0	13.414
	(9.0)	14.839
	10.0	16.209
70	2.0	3.801
	2.5	4.716
70	3.0	5.617
	3.5	6.504
	4.0	7.378
	4.5	8.237
	5.0	9.082
	6.0	10.737
	7.0	12.324
	8.0	13.861
	(9.0)	15.342
	10.0	16.768
(72)	2.0	3.912
	2.5	4.856
	3.0	5.785
	3.5	6.700
	4.0	7.601
	4.5	8.489
	5.0	9.362
	6.0	11.067
	7.0	12.715
	8.0	14.308
	(9.0)	15.845
	10.0	17.327
(74)	2.0	4.024
	2.5	4.995
	3.0	5.952
(74)	3.5	6.896
	4.0	7.825
	4.5	8.740
	5.0	9.641
	6.0	11.402
	7.0	13.107
	8.0	14.755
	(9.0)	16.348
	10.0	17.885
75	2.0	4.080
	2.5	5.065
	3.0	6.036
	3.5	6.993
	4.0	7.937
	4.5	8.866
	5.0	9.781
	6.0	11.570
	7.0	13.302
	8.0	14.979
	(9.0)	16.600
	10.0	18.165
76	2.0	4.136
	2.5	5.135
	3.0	6.120
	3.5	7.091

续表

外径	壁厚	理论线质量
(mm)		(kg/m)
76	4.0	8.048
	4.5	8.992
	5.0	9.921
	6.0	11.737
	7.0	13.498
	8.0	15.203
	(9.0)	16.851
	10.0	18.444
(78)	2.0	4.248
	2.5	5.275
	3.0	6.288
	3.5	7.287
	4.0	8.272
	4.5	9.243
	5.0	10.200
	6.0	12.073
	7.0	13.889
	8.0	15.650
	(9.0)	17.354
	10.0	19.003
80	2.0	4.360
	2.5	5.415
	3.0	6.456
	3.5	7.483
	4.0	8.496
80	4.5	9.495
	5.0	10.480
	6.0	12.408
	7.0	14.280
	8.0	16.097
	(9.0)	17.857
	10.0	19.562
(82)	2.0	4.471
	2.5	5.554
	3.0	6.623
	3.5	7.678
	4.0	8.719
	4.5	9.746
	5.0	10.759
	6.0	12.743
	7.0	14.672
	8.0	16.544
	(9.0)	18.361
	10.0	20.121
(84)	2.0	4.583
	2.5	5.694
	3.0	6.791
	3.5	7.874
	4.0	8.943
	4.5	9.998
	5.0	11.039
	6.0	13.079
84	7.0	15.063
	8.0	16.991
	(9.0)	18.864
	10.0	20.680
85	2.0	4.639
	2.5	5.764
	3.0	6.875
	3.5	7.972
	4.0	9.055
	4.5	10.123
	5.0	11.178
	6.0	13.246
	7.0	15.259
	8.0	17.215
	(9.0)	19.115
	10.0	20.960
86	2.0	4.695
	2.5	5.834
	3.0	6.959
	3.5	8.069
	4.0	9.166
	4.5	10.249
	5.0	11.318
	6.0	13.414
	7.0	15.454
	8.0	17.438
	(9.0)	19.367

续表

外径	壁厚	理论线质量
(mm)		(kg/m)
86	10.0	21.239
(88)	2.0	4.807
	2.5	5.973
	3.0	7.126
	3.5	8.265
	4.0	9.390
	4.5	10.501
	5.0	11.598
	6.0	13.749
	7.0	15.845
	8.0	17.885
	(9.0)	19.870
	10.0	21.798
90	2.0	4.918
	2.5	6.113
	3.0	7.294
	3.5	8.461
	4.0	9.613
	4.5	10.752
	5.0	11.877
	6.0	14.085
	7.0	16.237
	8.0	18.333
	(9.0)	20.373
	10.0	22.357
(92)	2.0	5.030
	2.5	6.253
	3.0	7.462
	3.5	8.656
	4.0	9.837
	4.5	11.004
	5.0	12.157
	6.0	14.420
	7.0	16.628
	8.0	18.780
	(9.0)	20.876
	10.0	22.916
(94)	2.0	5.142
	2.5	6.393
	3.0	7.629
	3.5	8.852
	4.0	10.061
	4.5	11.255
	5.0	12.436
	6.0	14.755
	7.0	17.019
	8.0	19.227
	(9.0)	21.379
	10.0	23.475
96	2.0	5.254
	2.5	6.532
	3.0	7.797
96	3.5	9.048
	4.0	10.284
	4.5	11.507
	5.0	12.722
	6.0	15.091
	7.0	17.410
	8.0	19.674
	(9.0)	21.882
	10.0	24.034
(98)	2.0	5.366
	2.5	6.672
	3.0	7.965
	3.5	9.243
	4.0	10.508
	4.5	11.758
	5.0	12.995
	6.0	15.426
	7.0	17.802
	8.0	20.121
	(9.0)	22.385
	10.0	24.592
100	2.0	5.477
	2.5	6.812
	3.0	8.132
	3.5	9.439
	4.0	10.731
	4.5	12.010

续表

外径	壁厚	理论线质量
(mm)		(kg/m)
100	5.0	13.274
	6.0	15.762
	7.0	18.193
	8.0	20.568
	(9.0)	22.888
	10.0	25.151
105	2.0	5.757
	2.5	7.161
	3.0	8.551
	3.5	9.928
	4.0	11.290
	4.5	12.639
	5.0	13.973
	6.0	16.600
	7.0	19.171
	8.0	21.686
	(9.0)	24.145
	10.0	26.549
110	2.0	6.036
	2.5	7.510
	3.0	8.971
	3.5	10.417
	4.0	11.849
	4.5	13.267
	5.0	14.679
	6.0	17.438
	7.0	20.149
	8.0	22.804
110	(9.0)	25.403
	10.0	27.960
115	2.0	6.316
	2.5	7.860
	3.0	9.390
	3.5	10.906
	4.0	12.408
	4.5	13.896
	5.0	15.370
	6.0	18.277
	7.0	21.127
	8.0	23.922
	(9.0)	26.660
	10.0	29.343
120	2.0	6.595
	2.5	8.209
	3.0	9.809
	3.5	11.395
	4.0	12.967
	4.5	14.525
	5.0	16.077
	6.0	19.115
	7.0	22.105
	8.0	25.040
	(9.0)	27.918
	10.0	30.756
125	2.0	6.875
	2.5	8.558
	3.0	10.228
	3.5	11.884
	4.0	13.526
	4.5	15.154
	5.0	16.768
	6.0	19.953
	7.0	23.083
	8.0	26.157
	(9.0)	29.176
	10.0	32.138
130	2.0	7.154
	2.5	8.912
	3.0	10.647
	3.5	12.373
	4.0	14.085
	4.5	15.783
	5.0	17.466
	6.0	20.792
	7.0	24.062
	8.0	27.275
	(9.0)	30.433
	10.0	33.552

续表

外径	壁厚	理论线质量
(mm)		(kg/m)
135	2.0	7.434
	2.5	9.257
	3.0	11.067
	3.5	12.862
	4.0	14.644
	4.5	16.411
	5.0	18.174
	6.0	21.630
	7.0	25.040
	8.0	28.393
	(9.0)	31.691
	10.0	34.933
140	2.0	7.713
	2.5	9.606
	3.0	11.486
	3.5	13.351
	4.0	15.203
	4.5	17.040
	5.0	18.864
	6.0	22.469
	7.0	26.018
	8.0	29.511
	(9.0)	32.948
	10.0	36.330

外径	壁厚	理论线质量
(mm)		(kg/m)
145	2.0	7.993
	2.5	9.961
	3.0	11.905
	3.5	13.840
	4.0	15.762
	4.5	17.669
	5.0	19.562
	6.0	23.307
	7.0	26.996
	8.0	30.629
	(9.0)	34.206
	10.0	37.746
150	2.0	8.272
	2.5	10.305
	3.0	12.324
	3.5	14.329
	4.0	16.320
	4.5	18.298
	5.0	20.271
	6.0	24.145
	7.0	27.974
	8.0	31.747
	(9.0)	35.463
	10.0	39.124
155	3.0	12.743
	3.5	14.818
	4.0	16.879
	4.5	18.926

外径	壁厚	理论线质量
(mm)		(kg/m)
155	5.0	20.960
	6.0	24.984
	7.0	28.952
	8.0	32.864
	(9.0)	36.721
	10.0	40.522
160	3.0	13.163
	3.5	15.307
	4.0	17.438
	4.5	19.555
	5.0	21.669
	6.0	25.822
	7.0	29.930
	8.0	33.982
	(9.0)	37.979
	10.0	41.919
165	3.0	13.582
	3.5	15.796
	4.0	17.997
	4.5	20.184
	5.0	22.357
	6.0	26.660
	7.0	30.908
	8.0	35.100
	(9.0)	39.236
	10.0	43.316

续表

外径	壁厚	理论线质量
（mm）		（kg/m）
170	3.0	14.001
	3.5	16.286
	4.0	18.556
	4.5	20.813
	5.0	23.067
	6.0	27.499
	7.0	31.886
	8.0	36.218
	(9.0)	40.494
	10.0	44.736
175	3.0	14.420
	3.5	16.775
	4.0	19.115
	4.5	21.442
	5.0	23.754
	6.0	28.337
	7.0	32.864
	8.0	37.336
	(9.0)	41.751
	10.0	46.111
180	3.0	14.839
	3.5	17.264
	4.0	19.674
	4.5	22.070
	5.0	24.453
	6.0	29.176
	7.0	33.843
	8.0	38.454

外径	壁厚	理论线质量
（mm）		（kg/m）
180	(9.0)	43.009
	10.0	47.532
185	3.0	15.259
	3.5	17.753
	4.0	20.233
	4.5	22.699
	5.0	25.164
	6.0	30.014
	7.0	34.821
	8.0	39.572
	(9.0)	44.266
	10.0	48.906
190	3.0	15.678
	3.5	18.242
	4.0	20.792
	4.5	23.328
	5.0	25.850
	6.0	30.852
	7.0	35.799
	8.0	40.689
	(9.0)	45.524
	10.0	50.303
195	3.0	16.097
	3.5	18.731
	4.0	21.351
	4.5	23.957
	5.0	26.549

外径	壁厚	理论线质量
（mm）		（kg/m）
195	6.0	31.691
	7.0	36.777
	8.0	41.807
	(9.0)	46.782
	10.0	51.700
200	3.0	16.516
	3.5	19.220
	4.0	21.910
	4.5	24.585
	5.0	27.247
	6.0	32.529
	7.0	37.755
	8.0	42.925
	(9.0)	48.039
	10.0	53.097
210	3.0	17.354
	3.5	20.198
	4.0	23.028
	4.5	25.843
	5.0	28.659
	6.0	34.206
	7.0	39.711
220	3.0	18.193
	3.5	21.176
	4.0	24.145
	4.5	27.101
	5.0	30.042
	6.0	35.883
	7.0	41.667

续表

外径	壁厚	理论线质量
(mm)		(kg/m)
230	3.0	19.031
	3.5	22.154
	4.0	25.263
	4.5	28.358
	5.0	31.439
	6.0	37.559
	7.0	43.624
240	3.0	19.870
	3.5	23.132
	4.0	26.381
	4.5	29.616
	5.0	32.837
	6.0	39.236
	7.0	45.580
250	3.0	20.708
	3.5	24.110
	4.0	27.499
	4.5	30.873
	5.0	34.234
	6.0	40.913
	7.0	47.536
260	3.5	25.089
	4.0	28.617
260	4.5	32.131
	5.0	35.649
270	3.5	26.067
	4.0	29.735
	4.5	33.388
	5.0	37.028
280	3.5	27.045
	4.0	30.852
	4.5	34.646
	5.0	38.426
290	3.5	28.023
	4.0	31.970
	4.5	35.904
	5.0	39.823
300	3.5	29.001
	4.0	33.088
	4.5	37.161
	5.0	41.220
310	3.5	29.979
	4.0	34.206
	4.5	38.419
310	5.0	42.639
320	3.5	30.957
	4.0	35.324
	4.5	39.676
	5.0	44.015
330	3.5	31.935
	4.0	36.442
	4.5	40.934
	5.0	45.412
340	3.5	32.913
	4.0	37.559
	4.5	42.191
	5.0	46.810
350	3.5	33.892
	4.0	38.677
	4.5	43.449
	5.0	48.207
360	3.5	34.870
	4.0	39.795
	4.5	44.707
	5.0	49.629

注：①管材牌号有 T2、T3、TP1、TP2、TU1 和 TU2。理论线质量按密度 8.9kg/m^3 计算，供参考。

②表中带括号的尺寸为不推荐采用的规格。

3. 挤制黄铜管的理论线质量

表 2－382　挤制黄铜管的规格及理论线质量

外径	壁厚	理论线质量
(mm)		(kg/m)
21	1.5	0.781
	2.0	1.014
	2.5	1.234
	3.0	1.442
	4.0	1.816
22	1.5	0.821
	2.0	1.068
	2.5	1.301
	3.0	1.522
	4.0	1.922
23	1.5	0.861
	2.0	1.121
	2.5	1.368
	3.0	1.601
	3.5	1.823
	4.0	2.029
24	1.5	0.901
	2.0	1.174
	2.5	1.435
	3.0	1.681
	3.5	1.916
	4.0	2.136
25	1.5	0.941
	2.0	1.228
	2.5	1.501
	3.0	1.762
	3.5	2.008
	4.0	2.242
26	1.5	0.981
	2.0	1.281
	2.5	1.568
	3.0	1.842
	3.5	2.102
	4.0	2.349
27	2.5	1.635
	3.0	1.922
	3.5	2.195
	4.0	2.455
	4.5	2.762
	5.0	2.936
	6.0	3.364
28	2.5	1.701
	3.0	2.002
	3.5	2.289
	4.0	2.562
	4.5	2.822
	5.0	3.069
	6.0	3.524
29	2.5	1.768
	3.0	2.082
	3.5	2.382
	4.0	2.669
	4.5	2.943
	5.0	3.203
30	2.5	1.835
	3.0	2.162
	3.5	2.475
	4.0	2.776
	4.5	3.063
	5.0	3.336
	6.0	3.843
32	2.5	1.968
	3.0	2.322
	3.5	2.662
	4.0	2.989
	4.5	3.303
	5.0	3.603
	6.0	4.164
34	3.0	2.482
	3.5	2.849
	4.0	3.203
	4.5	3.543
	5.0	3.870
	6.0	4.484
35	3.0	2.562
	3.5	2.943
	4.0	3.316
	4.5	3.663

续表

外径	壁厚	理论线质量
(mm)		(kg/m)
35	5. 0	4. 004
	6. 0	4. 644
36	3. 0	2. 642
	3. 5	3. 036
	4. 0	3. 416
	4. 5	3. 783
	5. 0	4. 137
	6. 0	4. 804
38	3. 0	2. 804
	4. 0	3. 631
	5. 0	4. 404
	6. 0	5. 127
	7. 5	6. 108
	9. 0	6. 969
	10	7. 476
40	3. 0	2. 964
	4. 0	3. 845
	5. 0	4. 671
	6. 0	5. 448
	7. 5	6. 508
	9. 0	7. 449
	10	8. 010
42	3. 0	3. 124
	4. 0	3. 792
	5. 0	4. 938
42	6. 0	5. 768
	7. 5	6. 909
	9. 0	7. 930
	10	8. 544
44	3. 0	3. 285
	4. 0	4. 270
	5. 0	5. 205
	6. 0	6. 088
	7. 5	7. 309
	9. 0	8. 410
	10	9. 078
45	3. 0	3. 365
	3. 5	3. 877
	4. 0	4. 377
	5. 0	5. 338
	6. 0	6. 249
	7. 5	7. 510
	9. 0	8. 648
	10. 0	9. 345
(46)	3. 0	3. 443
	3. 5	3. 970
	4. 0	4. 484
(46)	5. 0	5. 471
	6. 0	6. 406
	6. 5	6. 853
	7. 5	7. 707
	9. 0	8. 888
	10. 0	9. 612
(48)	3. 0	3. 603
	3. 5	4. 157
	4. 0	4. 697
	5. 0	5. 738
	6. 0	6. 726
	6. 5	7. 206
	7. 5	8. 107
	9. 0	9. 368
	10. 0	10. 146
50	3. 0	3. 763
	3. 5	4. 344
	4. 0	4. 911
	5. 0	6. 005
	6. 0	7. 046
	7. 5	8. 507
	10. 0	10. 681
	12. 5	12. 511
	15. 0	14. 012
	17. 5	15. 186

续表

外径 (mm)	壁厚 (mm)	理论线质量 (kg/m)
(52)	3.0	3.923
	3.5	4.531
	4.0	5.124
	5.0	6.272
	6.0	7.366
	7.5	8.908
	10.0	11.215
	12.5	13.178
	15.0	14.813
	17.5	16.120
(54)	3.0	4.084
	3.5	4.717
	4.0	5.338
	5.0	6.539
	6.0	7.687
	7.5	9.308
	10.0	11.750
	12.5	13.845
	15.0	15.614
	17.5	17.055
55	3.0	4.164
	3.5	4.811
	4.0	5.445
	5.0	6.673
	6.0	7.847
	7.5	9.508
	10.0	12.017
	12.5	14.179
	15.0	16.014
	17.5	17.522

外径 (mm)	壁厚 (mm)	理论线质量 (kg/m)
(56)	4.0	5.552
	4.5	6.185
	5.0	6.806
	7.5	9.708
	10.0	12.277
	12.5	14.513
	15.0	16.414
	17.5	17.989
(58)	4.0	5.765
	4.5	6.426
	5.0	7.073
	7.5	10.109
	10.0	12.811
	12.5	15.180
	15.0	17.215
	17.5	18.924
60	4.0	5.979
	4.5	6.666
	5.0	7.340
	7.5	10.509
	10.0	13.345
	12.5	15.847
	15.0	18.016
	17.5	19.858

外径 (mm)	壁厚 (mm)	理论线质量 (kg/m)
(62)	4.0	6.192
	5.0	7.607
	7.5	10.910
	9.0	12.738
	10.0	13.879
	12.5	16.514
	15.0	18.816
	17.5	20.793
	20.0	22.428
(64)	4.0	6.406
	5.0	7.874
	7.5	11.310
	9.0	13.218
	10.0	14.413
	12.5	17.182
	15.0	19.617
	17.5	21.727
	20.0	23.496
65	4.0	6.569
	5.0	8.011
	7.5	11.516
	9.0	13.459
	10.0	14.687
	12.5	17.524
	15.0	20.028
	17.5	22.194
	20.0	24.03

续表

外径 (mm)	壁厚 (mm)	理论线质量 (kg/m)
68	4.0	6.833
	5.0	8.407
	7.5	12.111
	9.0	14.172
	10.0	15.480
	12.5	18.516
	15.0	21.219
	17.5	23.596
	20.0	25.632
70	4.0	7.046
	5.0	8.674
	7.5	12.511
	9.0	14.653
	10.0	16.014
	12.5	19.183
	15.0	22.019
	17.5	24.531
	20.0	26.700
(72)	4.0	7.260
	5.0	8.941
	7.5	12.911
	9.0	15.141
	10.0	16.548
	12.5	19.851
	15.0	22.820
	17.5	25.456
	20.0	27.772
	22.5	29.737
	25.0	31.373
74	4.0	7.473
	5.0	9.208
	7.5	13.312
	9.0	15.622
	10.0	17.082
	12.5	20.518
	15.0	23.621
	17.5	26.390
	20.0	28.840
	22.5	30.939
	25.0	32.707
75	4.0	7.580
	5.0	9.342
	7.5	13.512
	9.0	15.854
	10.0	17.349
	12.5	20.852
	15.0	24.033
	17.5	26.870
	20.0	29.374
	22.5	31.539
	25.0	33.375
(78)	4.0	7.904
	5.0	9.747
	7.5	14.112
	9.0	16.583
	10.0	18.149
	12.5	21.852
	15.0	25.222
	17.5	28.258
	20.0	30.960
	22.5	33.342
	25.0	35.378
80	4.0	8.118
	5.0	10.014
	7.5	14.513
	9.0	17.064
	10.0	18.683
	12.5	22.520
	15.0	26.023
	17.5	29.192
	20.0	32.028
	22.5	34.543
	25.0	36.713
85	7.5	15.521
	10.0	20.028
	12.5	24.200
	15.0	28.039
	17.5	31.544
	20.0	34.715
	22.5	37.552
	25.0	40.055
	27.5	42.219
	30.0	44.055
90	7.5	16.514
	10.0	21.352
	12.5	25.856
	15.0	30.026
	17.5	33.863
	20.0	37.366
	22.5	40.535
	25.0	43.371
	27.5	45.891
	30.0	48.060

续表

外径	壁厚	理论线质量
(mm)		(kg/m)
95	7.5	17.515
	10.0	22.687
	12.5	27.524
	15.0	32.028
	17.5	36.198
	20.0	40.035
	22.5	43.538
	25.0	46.708
	27.5	49.543
	30.0	52.046
100	7.5	18.516
	10.0	24.021
	12.5	29.192
	15.0	34.030
	17.5	38.534
	20.0	42.704
	22.5	46.541
	25.0	50.044
	27.5	53.213
	30.0	56.049
105	10.0	25.356
	12.5	30.860
	15.0	36.032
	17.5	40.869
	20.0	45.373
	22.5	49.543
	25.0	53.380
	27.5	56.883
	30.0	60.053

外径	壁厚	理论线质量
(mm)		(kg/m)
110	10.0	26.690
	12.5	32.528
	15.0	38.033
	17.5	43.204
	20.0	48.042
	22.5	52.546
	25.0	56.716
	27.5	60.553
	30.0	64.056
115	10.0	28.025
	12.5	34.197
	15.0	40.035
	17.5	45.540
	20.0	50.711
	22.5	55.549
	25.0	60.053
	27.5	64.223
	30.0	68.060
	32.5	71.589
	35.0	74.760
	37.5	77.597
120	10.0	29.359
	12.5	35.865
	15.0	42.037
	17.5	47.875
	20.0	53.380
	22.5	58.551
	25.0	63.389
	27.5	67.893
	30.0	72.063
	32.5	75.928
	35.0	79.433
	37.5	82.603

外径	壁厚	理论线质量
(mm)		(kg/m)
125	10.0	30.694
	12.5	37.533
	15.0	44.039
	17.5	50.211
	20.0	56.049
	22.5	61.554
	25.0	66.725
	27.5	71.563
	30.0	76.067
	32.5	80.267
	35.0	84.105
130	10.0	32.028
	12.5	39.201
	15.0	46.040
	17.5	52.546
	20.0	58.718
	22.5	64.556
	25.0	70.061
	27.5	75.232
	30.0	80.070
	32.5	84.606
	35.0	88.778
135	10.0	33.363
	12.5	40.869
	15.0	48.042
	17.5	54.881
	20.0	61.387
	22.5	67.559
	25.0	73.398
	27.5	78.902
	30.0	84.074
	32.5	88.944
	35.0	93.450
	37.5	97.622

续表

外径	壁厚	理论线质量	外径	壁厚	理论线质量	外径	壁厚	理论线质量
(mm)		(kg/m)	(mm)		(kg/m)	(mm)		(kg/m)
140	10.0	34.697	150	25.0	83.406	165	10.0	41.370
	12.5	42.537		27.5	89.912		12.5	50.878
	14.0	47.081		30.0	96.084		15.0	60.053
	15.0	50.044		32.5	101.961		17.5	68.894
	17.5	57.217		35.0	107.468		20.0	77.401
	20.0	64.056	155	10.0	38.701		22.5	85.575
	22.5	70.562		12.5	47.541		25.0	93.415
	25.0	76.734		15.0	56.049		27.5	100.922
	27.5	82.572		17.5	64.223		30.0	108.095
	30.0	88.077		20.0	72.063		32.5	114.977
	32.5	93.283		22.5	79.570		35.0	121.485
	35.0	98.123		25.0	86.743		37.5	127.659
145	10.0	36.032		27.5	93.582		40.0	133.500
	12.5	44.205		30.0	100.088		42.5	139.007
	15.0	52.046		32.5	106.299	170	10.0	42.704
	17.5	59.552		35.0	112.140		12.5	52.546
	20.0	66.725		37.5	117.603		15.0	62.054
	22.5	73.564		40.0	122.820		17.5	71.229
	25.0	80.070		42.5	127.659		20.0	80.070
	27.5	86.242	160	10.0	40.035		22.5	88.577
	30.0	92.081		12.5	49.210		25.0	96.751
	32.5	97.622		15.0	58.051		27.5	104.591
	35.0	102.795		17.5	66.558		30.0	112.098
150	10.0	37.366		20.0	74.732		32.5	119.316
	12.5	45.873		22.5	82.572		35.0	126.158
	15.0	54.047		25.0	90.079		37.5	132.666
	17.5	61.887		27.5	97.252		40.0	138.840
	20.0	69.394		30.0	104.091		42.5	144.681
	22.5	76.567		32.5	110.638			
				35.0	116.813			
				37.5	122.607			
				40.0	128.160			
				42.5	133.333			

续表

外径	壁厚	理论线质量	外径	壁厚	理论线质量	外径	壁厚	理论线质量
(mm)		(kg/m)	(mm)		(kg/m)	(mm)		(kg/m)
	10.0	44.055		10.0	46.725		10.0	49.395
	12.5	54.214		12.5	57.550		12.5	60.887
	15.0	64.056		15.0	68.060		15.0	72.063
	17.5	73.564		17.5	78.235		17.5	82.906
	20.0	82.739		20.0	88.077		20.0	93.415
	22.5	91.580		22.5	97.585		22.5	103.591
	25.0	100.088		25.0	106.760		25.0	113.433
175	27.5	108.261	185	27.5	115.601	195	27.5	122.941
	30.0	116.102		30.0	124.109		30.0	132.116
	32.5	123.654		32.5	132.282		32.5	140.957
	35.0	130.830		35.0	140.123		35.0	149.464
	37.5	137.672		37.5	147.629		37.5	157.638
	40.0	144.180		40.0	154.881		40.0	165.552
	42.5	150.354		42.5	161.641		42.5	172.985
	45.0	156.195		45.0	168.210		45.0	180.225
	10.0	45.390		10.0	48.060		10.0	50.730
	12.5	58.882		12.5	59.218		12.5	62.555
	15.0	66.058		15.0	70.061		15.0	74.065
	17.5	75.900		17.5	80.570		17.5	85.241
	20.0	85.408		20.0	90.746		20.0	96.084
	22.5	94.583		22.5	100.588		22.5	106.593
	25.0	103.424		25.0	110.096		25.0	116.769
180	27.5	111.931	190	27.5	119.271	200	27.5	126.611
	30.0	120.105		30.0	128.112		30.0	136.119
	32.5	127.993		32.5	136.619		32.5	145.294
	35.0	135.503		35.0	144.793		35.0	154.135
	37.5	142.678		37.5	152.633		37.5	162.642
	40.0	149.520		40.0	160.221		40.0	170.903
	42.5	156.028		42.5	167.313		42.5	178.656
	45.0	162.203		45.0	174.218		45.0	186.233

续表

外径	壁厚	理论线质量	外径	壁厚	理论线质量	外径	壁厚	理论线质量
(mm)		(kg/m)	(mm)		(kg/m)	(mm)		(kg/m)
(205)	10.0	52.065	(215)	10.0	54.735	(225)	10.0	57.405
	12.5	64.223		12.5	67.559		12.5	70.922
	15.0	76.067		15.0	80.070		15.0	84.074
	17.5	87.577		17.5	92.247		20.0	109.429
	20.0	98.753		20.0	104.091		25.0	133.450
	22.5	109.596		22.5	115.601		27.5	145.014
	25.0	120.105		25.0	126.778		30.0	156.137
	27.5	130.281		27.5	137.620		32.5	167.042
	30.0	140.123		30.0	148.130		35.0	177.489
	32.5	149.631		32.5	158.305		37.5	187.734
	35.0	158.806		35.0	168.147		40.0	197.606
	37.5	167.647		37.5	177.655		42.5	207.092
	40.0	176.243		40.0	186.925		45.0	216.270
	42.5	184.328		42.5	195.671		47.5	225.114
							50.0	233.625
210	10.0	53.400	220	10.0	56.070	230	10.0	58.740
	12.5	65.891		12.5	69.227		12.5	72.591
	15.0	78.068		15.0	82.072		15.0	86.075
	17.5	89.912		17.5	94.583		20.0	112.098
	20.0	101.422		20.0	106.760		25.0	136.786
	22.5	112.598		22.5	118.604		27.5	148.686
	25.0	123.441		25.0	130.114		30.0	160.140
	27.5	133.950		27.5	141.290		32.5	171.381
	30.0	144.126		30.0	152.133		35.0	182.159
	32.5	153.968		32.5	162.642		37.5	192.741
	35.0	163.476		35.0	172.818		40.0	202.947
	37.5	172.651		37.5	182.660		42.5	212.766
	40.0	181.584		40.0	192.265		45.0	222.278
	42.5	190.000		42.5	201.343		47.5	231.456
							50.0	240.300

续表

外径	壁厚	理论线质量
(mm)		(kg/m)
(235)	10.0	60.075
	12.5	74.259
	15.0	88.077
	20.0	114.767
	25.0	140.123
	27.5	152.357
	30.0	164.144
	32.5	175.719
	35.0	186.830
	37.5	197.747
	40.0	208.228
	42.5	218.439
	45.0	228.285
	47.5	237.780
	50.0	246.975
240	10.0	61.410
	12.5	75.928
	15.0	90.079
	20.0	117.436
	25.0	143.459
	27.5	156.028
	30.0	168.147
	32.5	180.058
	35.0	191.501
	37.5	202.753
	40.0	213.628
	42.5	224.113
	45.0	234.293
	47.5	244.138
	50.0	253.650
(245)	10.0	62.745
	12.5	77.597
	15.0	92.081

外径	壁厚	理论线质量
(mm)		(kg/m)
(245)	20.0	120.105
	25.0	146.795
	27.5	159.699
	30.0	172.151
	32.5	184.397
	35.0	196.172
	37.5	207.759
	40.0	218.969
	42.5	229.787
	45.0	240.300
	47.5	250.479
	50.0	260.325
250	10.0	64.080
	12.5	79.266
	15.0	94.082
	20.0	122.774
	25.0	150.131
	27.5	163.371
	30.0	176.154
	32.5	188.736
	35.0	200.842
	37.5	212.766
	40.0	224.310
	42.5	235.461
	45.0	246.308
	47.5	256.821
	50.0	267.000
(255)	10.0	65.415
	12.5	80.934
	15.0	96.084
	20.0	125.443
	25.0	153.468
	30.0	180.158

外径	壁厚	理论线质量
(mm)		(kg/m)
260	10.0	66.750
	12.5	82.603
	15.0	98.086
	20.0	128.112
	25.0	156.804
	30.0	184.161
(265)	10.0	68.085
	12.5	84.272
	15.0	100.088
	20.0	130.781
	25.0	160.140
	30.0	188.165
270	10.0	69.42
	12.5	85.941
	15.0	102.089
	20.0	133.450
	25.0	163.476
	30.0	192.168
(275)	10.0	70.755
	12.5	87.609
	15.0	104.091
	20.0	136.119
	25.0	166.813
	30.0	196.172
280	10.0	72.090
	12.5	89.278
	15.0	106.093
	20.0	138.788
	25.0	170.149
	30.0	200.175

注：管材牌号有 H96、H62、HPb59－1、HFe59－1－1。理论线质量（供参考）按密度 8.5kg/m^3 计算，其中 H96（密度 8.8kg/m^3）的理论线质量须按表中理论线质量乘以换算系数1.035 3。

4. 拉制黄铜管的理论线质量

表 2－383　拉制黄铜管的规格及理论线质量

外径 (mm)	壁厚 (mm)	理论线质量 (kg/m)
3	0.5	0.033 4
	0.75	0.045 0
	1.0	0.053 4
	(1.25)	0.058 4
	1.5	0.060 1
4	0.5	0.046 7
	0.75	0.065 1
	1.0	0.080 1
	(1.25)	0.091 8
	1.5	0.100 1
5	0.5	0.060 1
	0.75	0.085 1
	1.0	0.107
	(1.25)	0.125
	1.5	0.140
6	0.5	0.073 4
	0.75	0.105
	1.0	0.133
	(1.25)	0.159
	1.5	0.180
7	0.5	0.086 7
	0.75	0.125
	1.0	0.160
	(1.25)	0.192
	1.5	0.220
8	0.5	0.100
	0.75	0.145
	1.0	0.187
	(1.25)	0.225
	1.5	0.260
	2.0	0.320
	2.5	0.367
	3.0	0.400
	3.5	0.420
9	0.5	0.113
	0.75	0.165
	1.0	0.214
	(1.25)	0.258
	1.5	0.300
	2.0	0.374
	2.5	0.439
	3.0	0.480
	3.5	0.514
10	0.5	0.127
	0.75	0.185
	1.0	0.240
	(1.25)	0.292
	1.5	0.340
	2.0	0.427
	2.5	0.500
	3.0	0.560
	3.5	0.607
11	0.5	0.140
	0.75	0.205
	1.0	0.267
	(1.25)	0.325
	1.5	0.380
	2.0	0.480
	2.5	0.567
	3.0	0.641
	3.5	0.701
12	0.5	0.153
	0.75	0.225
	1.0	0.294
	(1.25)	0.359
	1.5	0.420
	2.0	0.534
	2.5	0.634
	3.0	0.721
	3.5	0.794
13	0.5	0.167
	0.75	0.245
	1.0	0.320
	(1.25)	0.392
	1.5	0.460
	2.0	0.587
	2.5	0.701
	3.0	0.801
	3.5	0.888

续表

外径	壁厚	理论线质量	外径	壁厚	理论线质量	外径	壁厚	理论线质量
(mm)		(kg/m)	(mm)		(kg/m)	(mm)		(kg/m)
14	0.5	0.180	17	0.5	0.220	20	0.5	0.260
	0.75	0.265		0.75	0.325		1.0	0.507
	1.0	0.347		1.0	0.427		(1.25)	0.626
	(1.25)	0.426		(1.25)	0.526		1.5	0.741
	1.5	0.500		1.5	0.621		2.0	0.961
	2.0	0.641		2.0	0.801		2.5	1.168
	2.5	0.767		2.5	0.968		3.0	1.361
	3.0	0.881		3.0	1.121		3.5	1.541
	3.5	0.981		3.5	1.261		4.0	1.708
				4.0	1.388		4.5	1.862
				4.5	1.501			
15	0.5	0.194	18	0.5	0.234	21	1.0	0.534
	0.75	0.285		0.75	0.345		(1.25)	0.659
	1.0	0.374		1.0	0.454		1.5	0.781
	(1.25)	0.459		(1.25)	0.559		2.0	1.014
	1.5	0.540		1.5	0.661		2.5	1.234
	2.0	0.694		2.0	0.854		3.0	1.441
	2.5	0.834		2.5	1.034		3.5	1.635
	3.0	0.961		3.0	1.201		4.0	1.815
	3.5	1.074		3.5	1.355		4.5	1.982
				4.0	1.495		5.0	2.135
				4.5	1.621			
16	0.5	0.207	19	0.5	0.247	22	1.0	0.560
	0.75	0.305		0.75	0.365		(1.25)	0.693
	1.0	0.400		1.0	0.480		1.5	0.821
	(1.25)	0.492		(1.25)	0.592		2.0	1.068
	1.5	0.581		1.5	0.701		2.5	1.301
	2.0	0.747		2.0	0.907		3.0	1.521
	2.5	0.901		2.5	1.101		3.5	1.728
	3.0	1.041		3.0	1.281		4.0	1.922
	3.5	1.168		3.5	1.448		4.5	2.102
	4.0	1.282		4.0	1.601		5.0	2.269
	4.5	1.382		4.5	1.742			

续表

外径	壁厚	理论线质量	外径	壁厚	理论线质量	外径	壁厚	理论线质量
(mm)		(kg/m)	(mm)		(kg/m)	(mm)		(kg/m)
23	1.0	0.587	26	1.0	0.667	(29)	1.0	0.747
	(1.25)	0.726		(1.25)	0.826		(1.25)	0.926
	1.5	0.861		1.5	0.981		1.5	1.101
	2.0	1.121		2.0	1.281		2.0	1.441
	2.5	1.368		2.5	1.568		2.5	1.768
	3.0	1.601		3.0	1.842		3.0	2.082
	3.5	1.822		3.5	2.102		3.5	2.382
	4.0	2.028		4.0	2.349		4.0	2.669
	4.5	2.222		4.5	2.583		4.5	2.994
	5.0	2.402		5.0	2.802		5.0	3.203
24	1.0	0.614	27	1.0	0.694	30	1.0	0.774
	(1.25)	0.759		(1.25)	0.859		(1.25)	0.960
	1.5	0.901		1.5	1.021		1.5	1.141
	2.0	1.174		2.0	1.335		2.0	1.495
	2.5	1.435		2.5	1.635		2.5	1.835
	3.0	1.681		3.0	1.922		3.0	2.162
	3.5	1.915		3.5	2.195		3.5	2.475
	4.0	2.135		4.0	2.455		4.0	2.776
	4.5	2.343		4.5	2.703		4.5	3.064
	5.0	2.536		5.0	2.936		5.0	3.336
25	1.0	0.641	28	1.0	0.721	31	1.0	0.801
	(1.25)	0.793		(1.25)	0.893		(1.25)	0.993
	1.5	0.941		1.5	1.061		1.5	1.181
	2.0	1.228		2.0	1.388		2.0	1.548
	2.5	1.501		2.5	1.701		2.5	1.902
	3.0	1.762		3.0	2.002		3.0	2.242
	3.5	2.008		3.5	2.289		4.0	2.883
	4.0	2.242		4.0	2.562		4.5	3.183
	4.5	2.463		4.5	2.824		5.0	3.470
	5.0	2.669		5.0	3.069			

续表

外径	壁厚	理论线质量	外径	壁厚	理论线质量	外径	壁厚	理论线质量
(mm)		(kg/m)	(mm)		(kg/m)	(mm)		(kg/m)
32	1.0	0.827	35	1.0	0.907	38	1.0	0.988
	(1.25)	1.026		(1.25)	1.126		(1.25)	1.227
	1.5	1.221		1.5	1.341		1.5	1.461
	2.0	1.601		2.0	1.762		2.0	1.922
	2.5	1.968		2.5	2.169		2.5	2.369
	3.0	2.322		3.0	2.562		3.0	2.802
	4.0	2.989		4.0	3.310		4.0	3.630
	4.5	3.303		4.5	3.663		4.5	4.024
	5.0	3.603		5.0	4.004		5.0	4.404
33	1.0	0.854	36	1.0	0.934	(39)	1.0	1.014
	(1.25)	1.060		(1.25)	1.160		(1.25)	1.260
	1.5	1.261		1.5	1.381		1.5	1.501
	2.0	1.655		2.0	1.815		2.0	1.975
	2.5	2.035		2.5	2.235		2.5	2.435
	3.0	2.402		3.0	2.642		3.0	2.883
	4.0	3.096		4.0	3.416		4.0	3.737
	4.5	3.423		4.5	3.783		4.5	4.144
	5.0	3.737		5.0	4.137		5.0	4.537
34	1.0	0.881	37	1.0	0.961	40	1.0	1.041
	(1.25)	1.093		(1.25)	1.193		(1.25)	1.293
	1.5	1.301		1.5	1.421		1.5	1.541
	2.0	1.708		2.0	1.868		2.0	2.028
	2.5	2.102		2.5	2.302		2.5	2.502
	3.0	2.482		3.0	2.722		3.0	2.963
	4.0	3.203		4.0	3.523		4.0	3.843
	4.5	3.543		4.5	3.903		4.5	4.264
	5.0	3.870		5.0	4.270		5.0	4.671

续表

外径	壁厚	理论线质量	外径	壁厚	理论线质量	外径	壁厚	理论线质量
(mm)		(kg/m)	(mm)		(kg/m)	(mm)		(kg/m)
(41)	1.0	1.068	(44)	1.0	1.148	(47)	1.0	1.228
	1.5	1.582		1.5	1.702		1.5	1.822
	2.0	2.083		2.0	2.242		2.0	2.403
	2.5	2.570		2.5	2.769		2.5	2.970
	3.0	3.044		3.0	3.283		3.0	3.524
	3.5	3.504		3.5	3.783		3.5	4.065
	4.0	3.952		4.0	4.270		4.0	4.592
	4.5	4.385		5.0	5.205		4.5	5.106
	5.0	4.806		6.0	6.085		5.0	5.607
	6.0	5.607					6.0	6.568
42	1.0	1.094	45	1.0	1.175	48	1.0	1.254
	1.5	1.622		1.5	1.741		1.5	1.862
	2.0	2.135		2.0	2.295		2.0	2.455
	2.5	2.636		2.5	2.837		2.5	3.036
	3.0	3.123		3.0	3.363		3.0	3.603
	3.5	3.596		3.5	3.876		3.5	4.157
	4.0	4.057		4.0	4.377		4.0	4.697
	4.5	4.506		4.5	4.866		4.5	5.227
	5.0	4.938		5.0	5.340		5.0	5.738
	6.0	5.765		6.0	6.245		6.0	6.726
(43)	1.0	1.121	(46)	1.0	1.201	(49)	1.0	1.282
	1.5	1.662		1.5	1.782		1.5	1.902
	2.0	2.189		2.0	2.349		2.0	2.510
	2.5	2.703		2.5	2.903		2.5	3.104
	3.0	3.204		3.0	3.443		3.0	3.685
	3.5	3.691		3.5	3.970		3.5	4.252
	4.0	4.165		4.0	4.484		4.0	4.806
	4.5	4.626		4.5	4.986		4.5	5.367
	5.0	5.073		5.0	5.471		5.0	5.874
	6.0	5.927		6.0	6.406		6.0	6.889

续表

外径	壁厚	理论线质量
(mm)		(kg/m)
50	1.0	1.308
	1.5	1.942
	2.0	2.562
	2.5	3.169
	3.0	3.763
	3.5	4.344
	4.0	4.911
	4.5	5.467
	5.0	6.005
	6.0	7.046
(52)	1.0	1.361
	1.5	2.023
	2.0	2.669
	2.5	3.303
	3.0	3.923
	3.5	4.531
	4.0	5.124
	4.5	5.705
	5.0	6.272
	6.0	7.366
54	1.0	1.415
	1.5	2.103
	2.0	2.776
	2.5	3.436
	3.0	4.084
	3.5	4.717
	4.0	5.338
	4.5	5.945
	5.0	6.539
	6.0	7.687

外径	壁厚	理论线质量
(mm)		(kg/m)
55	1.0	1.442
	1.5	2.143
	2.0	2.829
	2.5	3.504
	3.0	4.163
	3.5	4.813
	4.0	5.444
	4.5	6.068
	5.0	6.672
	6.0	7.850
(56)	1.0	1.468
	1.5	2.183
	2.0	2.833
	2.5	3.570
	3.0	4.244
	3.5	4.904
	4.0	5.552
	4.5	6.185
	5.0	6.806
	6.0	8.007
(58)	1.0	1.521
	1.5	2.263
	2.0	2.989
	2.5	3.703
	3.0	4.404
	3.5	5.091
	4.0	5.765
	4.5	6.426
	5.0	7.073
	6.0	8.327

外径	壁厚	理论线质量
(mm)		(kg/m)
60	1.0	1.575
	1.5	2.343
	2.0	3.096
	2.5	3.837
	3.0	4.564
	3.5	5.278
	4.0	5.979
	4.5	6.666
	5.0	7.340
	6.0	8.648
(62)	2.0	3.203
	2.5	3.972
	3.0	4.724
	3.5	5.465
	4.0	6.192
	4.5	6.909
	5.0	7.610
	6.0	8.971
	7.0	10.276
	8.0	11.534
	(9.0)	12.736
	10.0	13.884
(64)	2.0	3.310
	2.5	4.105
	3.0	4.884
	3.5	5.652
	4.0	6.406
	4.5	7.149
	5.0	7.877
	6.0	9.292
	7.0	10.649
	8.0	11.962
	(9.0)	13.217
	10.0	14.418

续表

外径	壁厚	理论线质量
(mm)		(kg/m)
65	2.0	3.363
	2.5	4.172
	3.0	4.966
	3.5	5.745
	4.0	6.512
	4.5	7.266
	5.0	8.007
	6.0	9.448
	7.0	10.836
	8.0	12.171
	(9.0)	13.457
	10.0	14.680
(66)	2.0	3.416
	2.5	4.239
	3.0	5.044
	3.5	5.838
	4.0	6.619
	4.5	7.389
	5.0	8.144
	6.0	9.612
	7.0	11.023
	8.0	12.389
	(9.0)	13.697
	10.0	14.952
68	2.0	3.523
	2.5	4.372
	3.0	5.205
	3.5	6.025
	4.0	6.833
	4.5	7.630
68	5.0	8.411
	6.0	9.932
	7.0	11.397
	8.0	12.816
	(9.0)	14.178
	10.0	15.486
70	2.0	3.630
	2.5	4.504
	3.0	5.365
	3.5	6.212
	4.0	7.046
	4.5	7.870
	5.0	8.678
	6.0	10.253
	7.0	11.770
	8.0	13.342
	(9.0)	14.658
	10.0	16.020
(72)	2.0	3.737
	2.5	4.637
	3.0	5.525
	3.5	6.401
	4.0	7.260
	4.5	8.110
	5.0	8.945
	6.0	10.573
	7.0	12.144
	8.0	13.670
	(9.0)	15.139
	10.0	16.548
(74)	2.0	3.843
	2.5	4.771
	3.0	5.685
	3.5	6.588
	4.0	7.473
	4.5	8.350
	5.0	9.212
	6.0	10.894
	7.0	12.518
	8.0	14.098
	(9.0)	15.620
	10.0	17.082
75	2.0	3.898
	2.5	4.670
	3.0	5.527
	3.5	6.682
	4.0	7.413
	4.5	8.471
	5.0	9.345
	6.0	11.054
	7.0	12.709
	8.0	14.311
	(9.0)	15.860
	10.0	17.355
76	2.0	3.950
	2.5	4.904
	3.0	5.845
	3.5	6.775
	4.0	7.687
	4.5	8.591
	5.0	9.479

续表

外径	壁厚	理论线质量
(mm)		(kg/m)
76	6.0	11.214
	7.0	12.891
	8.0	14.525
	(9.0)	16.100
	10.0	17.615
(78)	2.0	4.057
	2.5	5.038
	3.0	6.005
	3.5	6.962
	4.0	7.900
	4.5	8.831
	5.0	9.746
	6.0	11.534
	7.0	13.265
	8.0	14.952
	(9.0)	16.581
	10.0	18.149
80	2.0	4.164
	2.5	5.171
	3.0	6.165
	3.5	7.149
	4.0	8.114
	4.5	9.071
	5.0	10.013
	6.0	11.855
	7.0	13.639
	8.0	15.379
	(9.0)	17.061
	10.0	18.683

外径	壁厚	理论线质量
(mm)		(kg/m)
(82)	2.0	4.270
	2.5	5.305
	3.0	6.326
	3.5	7.336
	4.0	8.327
	4.5	9.312
	5.0	10.280
	6.0	12.175
	7.0	14.012
	8.0	15.804
	(9.0)	17.542
	10.0	19.217
(84)	2.0	4.377
	2.5	5.438
	3.0	6.486
	3.5	7.523
	4.0	8.541
	4.5	9.552
	5.0	10.547
	6.0	12.496
	7.0	14.386
	8.0	16.234
	(9.0)	18.023
	10.0	19.751
85	2.0	4.432
	2.5	5.507
	3.0	6.568
	3.5	7.616
	4.0	8.651
	4.5	9.672
	5.0	10.680
	6.0	12.656
	7.0	14.578
	8.0	16.447
	(9.0)	18.263
	10.0	20.025

外径	壁厚	理论线质量
(mm)		(kg/m)
86	2.0	4.484
	2.5	5.572
	3.0	6.646
	3.5	7.710
	4.0	8.754
	4.5	9.792
	5.0	10.814
	6.0	12.816
	7.0	14.760
	8.0	16.661
	(9.0)	18.503
	10.0	20.284
(88)	2.0	4.591
	2.5	5.705
	3.0	6.806
	3.5	7.897
	4.0	8.968
	4.5	10.033
	5.0	11.081
	6.0	13.136
	7.0	15.133
	8.0	17.088
	(9.0)	18.984
	10.0	20.818
90	2.0	4.697
	2.5	5.838
	3.0	6.966
	3.5	8.083
	4.0	9.181
	4.5	10.273
	5.0	11.348
	6.0	13.457
	7.0	15.507
	8.0	17.510
	(9.0)	19.464
	10.0	21.352

续表

外径	壁厚	理论线质量	外径	壁厚	理论线质量	外径	壁厚	理论线质量
(mm)		(kg/m)	(mm)		(kg/m)	(mm)		(kg/m)
(92)	2.0	4.804	98	2.0	5.124	110	2.0	5.765
	2.5	5.974		2.5	6.375		2.5	7.173
	3.0	7.126		3.0	7.607		3.0	8.567
	3.5	8.267		3.5	8.828		3.5	9.949
	4.0	9.395		4.0	10.035		4.0	11.317
	4.5	10.513		4.5	11.234		4.5	12.676
	5.0	11.615		5.0	12.416		5.0	14.012
	6.0	13.777		6.0	14.738		6.0	16.655
	7.0	15.887		7.0	17.008		7.0	19.243
	8.0	17.936		8.0	19.217		8.0	21.787
	(9.0)	19.945		(9.0)	21.387		(9.0)	24.270
	10.0	21.894		10.0	23.496		10.0	26.690
(94)	2.0	4.911	100	2.0	5.231	115	2.0	6.034
	2.5	6.108		2.5	6.508		2.5	7.509
	3.0	7.286		3.0	7.767		3.0	8.971
	3.5	8.454		3.5	9.015		3.5	10.420
	4.0	9.608		4.0	10.249		4.0	11.855
	4.5	10.753		4.5	11.474		4.5	13.277
	5.0	11.882		5.0	12.683		5.0	14.685
	6.0	14.098		6.0	15.059		6.0	17.462
	7.0	16.260		7.0	17.382		7.0	20.185
	8.0	18.363		8.0	19.644		8.0	22.855
	(9.0)	20.426		(9.0)	21.867		(9.0)	25.472
	10.0	22.428		10.0	24.030		10.0	28.035
96	2.0	5.018	105	2.0	5.500	120	2.0	6.299
	2.5	6.241		2.5	6.842		2.5	7.840
	3.0	7.447		3.0	8.170		3.0	9.368
	3.5	8.641		3.5	9.485		3.5	10.883
	4.0	9.822		4.0	10.787		4.0	12.384
	4.5	10.994		4.5	12.075		4.5	13.877
	5.0	12.149		5.0	13.350		5.0	15.347
	6.0	14.418		6.0	15.860		6.0	18.256
	7.0	16.634		7.0	18.316		7.0	21.112
	8.0	18.790		8.0	20.719		8.0	23.923
	(9.0)	20.906		(9.0)	23.069		(9.0)	26.673
	10.0	22.962		10.0	25.365		10.0	29.359

续表

外径	壁厚	理论线质量	外径	壁厚	理论线质量	外径	壁厚	理论线质量
(mm)		(kg/m)	(mm)		(kg/m)	(mm)		(kg/m)
125	2.0	6.568	140	2.0	7.366	155	3.0	12.175
	2.5	8.177		2.5	9.175		3.5	14.158
	3.0	9.772		3.0	10.970		4.0	16.127
	3.5	11.354		3.5	12.751		4.5	18.083
	4.0	12.923		4.0	14.525		5.0	20.025
	4.5	14.478		4.5	16.280		6.0	23.870
	5.0	16.020		5.0	18.016		7.0	27.661
	6.0	19.064		6.0	21.459		8.0	31.399
	7.0	22.054		7.0	24.848		(9.0)	35.084
	8.0	24.991		8.0	28.195		10.0	38.715
	(9.0)	27.875		(9.0)	31.479			
	10.0	30.705		10.0	34.697			
130	2.0	6.833	145	2.0	7.636	160	3.0	12.571
	2.5	8.507		2.5	9.512		3.5	14.619
	3.0	10.169		3.0	11.374		4.0	16.655
	3.5	11.817		3.5	13.223		4.5	18.676
	4.0	13.452		4.0	15.059		5.0	20.685
	4.5	15.079		4.5	16.881		6.0	24.671
	5.0	16.681		5.0	18.690		7.0	28.596
	6.0	19.857		6.0	22.268		8.0	32.467
	7.0	22.980		7.0	25.792		(9.0)	36.285
	8.0	26.059		8.0	29.263		10.0	40.050
	(9.0)	29.076		(9.0)	32.681			
	10.0	32.028		10.0	36.045			
135	2.0	7.102	150	2.0	7.900	165	3.0	12.971
	2.5	8.844		2.5	9.842		3.5	15.087
	3.0	10.572		3.0	11.770		4.0	17.188
	3.5	12.289		3.5	13.685		5.0	21.352
	4.0	13.564		4.0	15.593		6.0	25.472
	4.5	15.680		4.5	17.482		7.0	29.530
	5.0	17.355		5.0	19.350		8.0	33.535
	6.0	20.666		6.0	23.060		(9.0)	37.487
	7.0	23.923		7.0	26.717		10.0	41.370
	8.0	27.127		8.0	30.331			
	(9.0)	30.278		(9.0)	33.882			
	10.0	33.375		10.0	37.366			

续表

外径 (mm)	壁厚 (mm)	理论线质量 (kg/m)
170	3.0	13.372
	3.5	15.554
	4.0	17.722
	5.0	22.019
	6.0	26.273
	7.0	30.465
	8.0	34.603
	(9.0)	38.688
	10.0	42.704
175	3.0	13.772
	3.5	16.021
	4.0	18.256
	5.0	22.687
	6.0	27.074
	7.0	31.399
	8.0	35.671
	(9.0)	39.890
	10.0	44.039
180	3.0	14.172
	3.5	16.488
	4.0	18.790
	5.0	23.354
180	6.0	27.875
	7.0	32.334
	8.0	36.739
	(9.0)	41.091
	10.0	45.373
185	3.0	14.573
	3.5	16.955
	4.0	19.324
	4.5	21.687
	5.0	24.021
	6.0	28.676
	7.0	33.256
	8.0	37.807
	(9.0)	42.293
	10.0	46.708
190	3.0	14.973
	3.5	17.422
	4.0	19.857
	4.5	22.288
	5.0	24.688
	6.0	29.477
	7.0	34.190
190	8.0	38.875
	(9.0)	43.494
	10.0	48.042
195	3.0	15.373
	3.5	17.889
	4.0	20.391
	4.5	22.889
	5.0	25.356
	6.0	30.278
	7.0	35.124
	8.0	39.943
	(9.0)	46.696
	10.0	49.377
200	3.0	15.774
	3.5	18.356
	4.0	20.925
	4.5	23.489
	5.0	26.023
	6.0	31.079
	7.0	36.058
	8.0	41.011
	(9.0)	45.897
	10.0	50.711

注：①表中括号表示不推荐采用规格。

②表中理论线质量供参考。

5. 一般用途加工铜及铜合金无缝圆形管材

一般用途加工铜及铜合金无缝圆形管材（GB/T 16866—1997）列于表 2-384～表 2-395。

表 2-384　一般用途挤制铜及铜合金管的规格

公称外径（mm）	公称壁厚(mm)												
	1.5	2.0	2.5	3.0	3.5	4.0	4.5	5.0	6.0	7.5	9.0	10.0	12.5
20,21,22	○	○	○	○		○							
23,24,25,26	○	○	○	○	○	○							
27,28,29			○	○	○	○	○	○	○				
30,32			○	○	○	○	○	○	○				
34,35,36				○	○	○	○	○	○				
38,40,42,44				○		○		○	○	○	○	○	
45,(46),(48)				○	○	○		○	○	○	○	○	
50,(52),(54),55				○	○	○		○	○	○		○	○
(56),(58),60						○	○	○		○		○	○
(62),(64),65,68,70						○		○		○	○	○	○
(72),74,75,(78),80						○		○		○	○	○	○
85,90										○		○	○
95,100										○		○	○
105,110												○	○
115,120												○	○
125,130												○	○
135,140												○	○
145,150												○	○
155,160												○	○
165,170												○	○
175,180												○	○
185,190,195,200												○	○
(205),210,(215),220												○	○
(225),230,(235),240,(245),250												○	○
(255),260,(265),270,(275),280												○	○
290,300													

续表

公称外径（mm）	公称壁厚(mm)													
	15.0	17.5	20.0	22.5	25.0	27.5	30.0	32.5	35.0	37.5	40.0	42.5	45.0	50.0
20,21,22														
23,24,25,26														
27,28,29														
30,32														
34,35,36														
38,40,42,44														
45,(46),(48)														
50,(52),(54),55	○	○												
(56),(58),60	○	○												
(62),(64),65,68,70	○	○	○											
(72),74,75,(78),80	○	○	○	○	○									
85,90	○	○	○	○	○	○	○							
95,100	○	○	○	○	○	○	○							
105,110	○	○	○	○	○	○	○							
115,120	○	○	○	○	○	○	○	○	○	○				
125,130	○	○	○	○	○	○	○	○	○					
135,140	○	○	○	○	○	○	○	○	○	○				
145,150	○	○	○	○	○	○	○	○	○					
155,160	○	○	○	○	○	○	○	○	○	○	○	○		
165,170	○	○	○	○	○	○	○	○	○	○	○	○		
175,180	○	○	○	○	○	○	○	○	○	○	○	○	○	
185,190,195,200	○	○	○	○	○	○	○	○	○	○	○	○	○	
(205),210,(215),220	○	○	○	○	○	○	○	○	○	○	○	○		
(225),230,(235),240,(245),250	○		○		○	○	○	○	○	○	○	○	○	○
(255),260,(265),270,(275),280	○		○		○		○							
290,300			○		○		○							

注：①"○" 表示可供规格，（　）表示不推荐采用的规格。需要其他规格的产品应由供需双方商定。

②挤制管材外形尺寸范围：纯铜管，外径 30～300mm，壁厚 5～30mm；黄铜管，外径 21～280mm，壁厚 1.5～42.5mm；铝青铜管，外径 20～250mm，壁厚 3～50mm。

表 2－385　一般用途拉制铜及铜合金管

公称外径(mm)	公称壁厚(mm)																
	0.5	0.75	1.0	(1.25)	1.5	2.0	2.5	3.0	3.5	4.0	4.5	5.0	6.0	7.0	8.0	(9.0)	10.0
3,4,5,6,7	○	○	○	○	○												
8,9,10,11,12,13,14,15,	○	○	○	○	○	○	○	○	○								
16,17,18,19,20	○	○	○	○	○	○	○	○	○	○	○						
21,22,23,24,25,26,27,28,(29),30			○	○	○	○	○	○	○	○	○	○					
31,32,33,34,35,36,37,38,(39),40			○	○	○	○	○	○	○	○	○	○					
(41),42,(43),(44),45,(46),(47),48,(49),50			○		○	○	○	○	○	○	○	○	○				
(52),54,55,(56),58,60			○		○	○	○	○	○	○	○	○	○				
(62),(64),65,(66),68,70						○	○	○	○	○	○	○	○	○	○	○	○
(72),(74),75,76,(78),80						○	○	○	○	○	○	○	○	○	○	○	○
(82),(84),85,86,(88),90,(92),(94),96,(98),100						○	○	○	○	○	○	○	○	○	○	○	○
105,110,115,120,125,130,135,140,145,150						○	○	○	○	○	○	○	○	○	○	○	○
155,160,165,170,175,180,185,190,195,200								○	○	○	○	○	○	○	○	○	○
210,220,230,240,250								○	○	○	○	○	○	○			
260,270,280,290,300,310,320,330,340,350,360									○	○	○	○					

注:①"○"表示可供应规格,其中壁厚为 1.25mm 仅供拉制锌白铜管。(　)表示不推荐采用的规格。

②挤制管材外形尺寸范围:纯铜管,外径 30～360mm,壁厚 0.5～10.0mm(1.25mm 除外);黄铜管,外径 3～200mm,壁厚 0.5～10.0mm(1.25mm 除外);锌白铜管,外径 4～40mm,壁厚 0.5～4.0mm。

表 2－386　黄铜薄壁管规格

公称外径(mm)	公称壁厚(mm)											
	0.15	0.20	0.25	0.30	0.35	0.40	0.45	0.50	0.60	0.70	0.80	0.90
3,3.2	○	○	○	○	○	○	○	○	○			
3.5	○	○	○	○	○	○	○	○	○	○		
4,5,6,7,8,9,10,11.5	○	○	○	○	○	○	○	○	○	○	○	○
12,12.6		○	○	○	○	○	○	○	○	○	○	○
14,15.6,16,16.5				○	○	○	○	○	○	○	○	○
18,18.5					○	○	○	○	○	○	○	○
20							○	○	○	○	○	○
22								○	○	○	○	○
24,25.2,26,27.5									○	○	○	○
28										○	○	○
30											○	○

注:“○”表示可供应规格,需要其他规格的产品应由供需双方商定。

表 2－387　挤制铜及铜合金管外径允许偏差

公称外径(mm)	外径允许偏差±(mm)		
	纯铜管	黄铜管	铝青铜管
20～22	—	0.22	0.3
23～26	—	0.25	0.3
27～29	—	0.30	0.3
30～32	0.35	0.35	0.35
34～36	0.35	0.40	0.4
38～44	0.40	0.45	0.4
45～48	0.45	0.50	0.5
50～55	0.50	0.55	0.5
56～60	0.60	0.62	0.6
62～70	0.70	0.72	0.7
72～80	0.80	0.82	0.8
85～90	0.90	0.92	0.9
95～100	1.0	1.1	1.0
105～120	1.2	1.3	1.2
125～130	1.3	1.5	1.3
135～140	1.4	1.6	1.4
145～150	1.5	1.7	1.5
155～160	1.6	1.9	1.6
165～170	1.7	2.0	1.7
175～180	1.8	2.1	1.9
185～190	1.9	2.2	1.9
195～200	2.0	2.2	2.0
205～220	2.2	2.3	2.2
225～250	2.5	2.5	2.5
255～280	2.8	2.8	—
290～300	3.0	—	—

注：当要求外径偏差全为正(＋)或全为负(－)时，其允许偏差值应为表中对应数值的2倍。

表 2－388　公称外径 1.5～12.5mm 挤制铜及铜合金管壁厚允许偏差

材料名称	公称外径(mm)	公称壁厚(mm)												
		1.5	2.0	2.5	3.0	3.5	4.0	4.5	5.0	6.0	7.5	9.0	10.0	12.5
		壁厚允许偏差±(mm)												
纯铜管	3～300	—	—	—	—	—	—	—	0.5	0.6	0.75	0.9	1.0	1.2
黄铜管	21～280	0.25	0.30	0.40	0.45	0.5	0.5	0.6	0.6	0.7	0.75	0.9	1.0	1.3
铝青铜管	20～250	—	—	—	0.4	—	0.5	—	0.5	—	0.75	—	1.0	1.2

表 2－389　公称外径 15～50mm 的挤制铜及铜合金管壁厚允许偏差

材料名称	公称外径(mm)	公称壁厚(mm)													
		15.0	17.5	20.0	22.5	25.0	27.5	30.0	32.5	35.0	37.5	40.0	42.5	45.0	50.0
		壁厚允许偏差±(mm)													
纯铜管	3～300	1.4	1.6	1.8	1.8	2.0	2.2	2.4	—	—	—	—	—	—	—
黄铜管	21～280	1.5	1.8	2.0	2.3	2.5	2.8	3.0	3.3	3.5	3.8	4.0	4.3	—	—
铝青铜管	20～250	1.4	1.6	1.8	1.8	2.0	2.2	2.4	2.5	2.8	3.0	3.2	3.4	3.6	4.0

注：当要求壁厚偏差全为正(＋)或全为负(－)时，其允许偏差值为表中对应数值的 2 倍。

表 2-390　拉制铜及铜合金管壁厚(普通级)允许偏差

外径(mm)	壁厚(mm)																
	0.5	0.75	1.0	1.25	1.5	2.0	2.5	3.0	3.5	4.0	4.5	5.0	6.0	7.0	8.0	9.0	10.0
	壁厚允许偏差±(mm)																
3~15	0.07	0.10	0.13	0.13	0.15	0.15	0.20	0.25	0.25	—	—	—	—	—	—	—	—
>15~25	0.08	0.10	0.15	0.15	0.18	0.18	0.25	0.25	0.30	0.30	0.40	0.40	—	—	—	—	—
>25~50	—	—	0.15	0.15	0.18	0.18	0.25	0.25	0.30	0.30	0.40	0.40	0.45	—	—	—	—
>50~100	—	—	0.18	0.18	0.22	0.22	0.25	0.25	0.30	0.30	0.40	0.40	0.45	0.55	8%	8%	8%
>100~175	—	—	—	—	—	0.25	0.30	0.30	0.35	0.35	0.42	0.42	0.45	0.60	9%	9%	9%
>175~250	—	—	—	—	—	—	0.35	0.35	0.40	0.40	0.45	0.50	0.55	0.65	10%	10%	10%
>250~360	供需双方协商																

注:当要求壁厚允许偏差全为正(+)或全为负(-)时,其允许偏差值应为表中对应数值的2倍。

表 2-391　拉制铜及铜合金管壁厚(高精级)允许偏差

外径(mm)	壁厚(mm)									
	0.5	0.75	1.0	1.25	1.5	2.0	2.5	3.0	3.5	4.0
	壁厚允许偏差±(mm)									
3~15	0.05	0.06	0.08	0.08	0.09	0.09	0.10	0.10	0.13	—
>15~25	0.05	0.06	0.09	0.09	0.10	0.10	0.13	0.13	0.15	0.15
>25~50	—	—	0.09	0.09	0.10	0.10	0.13	0.13	0.18	0.18
>50~100	—	—	0.13	0.13	0.15	0.15	0.18	0.18	0.20	0.20

注:当要求壁厚允许偏差全为正(+)或全为负(-)时,其允许偏差值应为表中对应数值的2倍。

表 2－392　黄铜薄壁管外径及壁厚允许偏差

公称外径(mm)	3.2～5	>5～9	>9～12.6	>12.6～15.6	>15.6～18.5	>18.5～20	>20～30
外径允许偏差±(mm)	0.020	0.025	0.030	0.040	0.045	0.050	0.070
公称壁厚(mm)	>0.15～0.25	>0.25～0.35	>0.35～0.45	>0.45～0.60	>0.60～0.80	0.90	—
壁厚允许偏差±(mm)	0.02	0.03	0.04	0.05	0.06	0.07	—

注:①外径小于、等于100mm的拉制铜管和外径小于、等于50mm的拉制黄铜管,供应长度为1 000～7 000mm;黄铜薄壁管的供应长度为1 000～4 000mm;其他管材供应长度为500～6 000mm。

②外径小于和等于30mm,壁厚在3mm以下的拉制铜管,可供应其长度不短于6 000mm的圆盘管。

③定尺或倍尺长度(在供货合同中议定)应在不定尺范围内,其长度允许偏差为±15mm。倍尺长度应加入锯切分段时的锯切量,每一锯切量为5mm。

④管材(挤制黄铜管除外)不圆度和壁厚不均,不应超出外径和壁厚的允许偏差。但属下列情况之一者,其短轴尺寸不应小于公称外径的95%。

a. 挤制管和拉制软管的外径与壁厚之比不小于15者。

b. 拉制硬管和半硬管的外径与壁厚之比不小于25者。

⑤成盘供应的拉制铜管,其短轴尺寸不应小于公称外径的90%。

⑥挤制黄铜管材的不圆度和壁厚不均,不应超出外径和壁厚的允许偏差。外径与壁厚之比不小于15者,其短轴尺寸不应小于公称外径的90%。

表2-393　拉制铜及铜合金管弯曲度

公称外径(mm)	每米弯曲度≤　(mm)	
	高精级	普通级
≤80	3	5
>80~150	5	8
>150	7	12

注:成盘供应和直条供应的拉制软管,其弯曲度不作规定。直条供应的拉制硬管和半硬管的弯曲度应符合表中的规定。总弯曲度不应超过每米弯曲度与总长度(m)的乘积。

表2-394　挤制铜及铜合金管弯曲度

公称外径(mm)	每米弯曲度≤　(mm)
≤40	5
>40~80	8
>80~150	10
>150	15

注:挤制铜及铜合金管弯曲度应符合表中的规定。总弯曲度不应超过每米弯曲度与总长度(m)的乘积。

表2-395　铜及铜合金管切面的切斜

公称外径(mm)	端面切斜≤　(mm)
≤20	2
>20~50	3
>50~100	4
>100~170	5
>170	10

注:管材端部应锯切平整(检查断口的端面可保留),允许有轻微的毛刺。切口在不使管材长度超出允许偏差的条件下,许可有不超出表中规定的切斜。

6. 铜及铜合金挤制管

铜及铜合金挤制管(GB/T 1528—1997)列于表2-396、表2-397;挤制铝青铜管的尺寸及理论线质量列于表2-398。

表2-396　铜及铜合金挤制管牌号和规格

牌　号	状态	规格(mm)	
		外径	壁厚
T2、T3、TP2、TU1、TU2	挤制(R)	30~300	5~30
H96、H62、HPb59-1、HFe59-1-1		21~280	1.5~42.5
QAl9-2、QAl9-4、QAl10-3-1.5、QAl10-4-4		20~250	3~50

注:管材的尺寸及其允许偏差应符合GB/T 16866的规定。

表2-397　铜及铜合金挤制管的力学性能

牌　号	状态	壁厚(mm)	抗拉强度 δ_b(MPa)	伸长率(%)		布氏硬度 HBS
				δ_{10}	δ_5	
			≥			
T2、T3、TP2	R	5~30	186	35	42	—
H96		1.5~42.5				
H62			295	38	43	
HPb59-1			390	20	24	
HFe59-1-1			430	38	31	
QAl9-2		3~50	470	15	—	
QAl9-4			490		17	110-190
QAl10-3-1.5		<20	590	12	14	140-200
		≥20	540	13	15	135-200
QAl10-4-4		3~50	635	5	6	170-230

注:①仲裁时,伸长率指标以δ_{10}为准。

②布氏硬度试验应在合同中注明,方予以进行。

③TU1、TU2管材无力学性能要求。

④外径大于200mm的QAl9-2、QAl9-4、QAl10-3-1.5和QAl10-4-4管材一般不做拉伸试验,但必须保证。

标记示例:

用T2制造的、挤制状态,外径为80mm、壁厚为9.0mm的圆管标记为:

管 T2R ∅80×9.0　GB/T 1528—1997

表 2-398 挤制铝青铜管的尺寸及理论线质量

外径 (mm)	壁厚 (mm)	理论线质量 (kg/m)	外径 (mm)	壁厚 (mm)	理论线质量 (kg/m)	外径 (mm)	壁厚 (mm)	理论线质量 (kg/m)
20	1.5	0.652	25	1.5	0.828	29	2.5	1.557
	2	0.846		2	1.081		3	1.833
	2.5	1.028		2.5	1.322		3.5	2.097
	3	1.201		3	1.551		4	2.350
	4	1.508		3.5	1.768		4.5	2.591
21	1.5	0.687		4	1.974		5	2.820
	2	0.893	26	1.5	0.864		6	3.243
	2.5	1.087		2	1.128	30	2.5	1.616
	3	1.272		2.5	1.381		3	1.904
	4	1.602		3	1.622		3.5	2.180
22	1.5	0.723		3.5	1.851		4	2.449
	2	0.940		4	2.072		4.5	2.697
	2.5	1.146	27	2.5	1.439		5	2.944
	3	1.342		3	1.692		6	3.384
	4	1.969		3.5	1.933	32	2.5	1.733
23	1.5	0.758		4	2.162		3	2.045
	2	0.987		4.5	2.379		3.5	2.344
	2.5	1.204		5	2.585		4	2.632
	3	1.410		6	2.961		4.5	2.908
	3.5	1.604	28	2.5	1.498		5	3.179
	4	1.786		3	1.763		6	3.666
24	1.5	0.793		3.5	2.015	34	3	2.186
	2	1.034		4	2.261		3.5	2.509
	2.5	1.263		4.5	2.485		4	2.820
	3	1.481		5	2.708		4.5	3.120
	3.5	1.686		6	3.102		5	3.415
	4	1.884					6	3.948

续表

外径	壁厚	理论线质量
(mm)		(kg/m)
35	3	2.258
	3.5	2.591
	4	2.914
	4.5	3.223
	5	3.533
	6	4.089
36	3	2.327
	3.5	2.673
	4	3.008
	4.5	3.331
	5	3.650
	6	4.230
38	3	2.468
	4	3.196
	5	3.886
	6	4.512
	7.5	5.376
	9	6.134
	10	6.580
40	3	2.609
	4	3.384
	5	4.121
	6	4.794
	7.5	5.728
	9	6.557
	10	7.050
42	3	2.750
	4	3.572
	5	4.357
	6	5.076
	7.5	6.094
	9	6.980
	10	7.540
44	3	2.891
	4	3.760
	5	4.592
	6	5.358
	7.5	6.447
	9	7.403
	10	8.011
45	3	2.961
	3.5	3.413
	4	3.854
	5	4.710
	6	5.499
	7.5	6.623
	9	7.614
	10	8.274
(46)	3	3.032
	3.5	3.496
	4	3.948
	5	4.828
	6	5.640
	7.5	6.800
	9	7.826
	10	8.482
(48)	3	3.173
	3.5	3.660
	4	4.136
	5	5.063
	6	5.922
	7.5	7.153
	9	8.249
	10	8.954
50	3	3.314
	3.5	3.825
	4	4.324
	5	5.299
	6	6.204
	7.5	7.507
	10	9.425
(52)	3	3.455
	3.5	3.989
	4	4.512
	5	5.523
	6	6.486
	7.5	7.843
	10	9.870
(54)	3	3.596
	3.5	4.154
	4	4.700
	5	5.758
	6	6.768
	7.5	8.196
	10	10.340
55	3	3.666
	3.5	4.236
	4	4.794
	5	5.875
	6	6.909
	7.5	8.390
	10	10.598

续表

外径	壁厚	理论线质量
(mm)		(kg/m)
(56)	4	4.888
	4.5	5.446
	5	7.191
	7.5	8.548
	10	10.810
(58)	4	5.076
	4.5	5.658
	5	6.228
	7.5	8.901
	10	11.280
60	4	5.264
	4.5	5.869
	5	6.463
	7.5	9.273
	10	11.775
(62)	4	5.452
	5	6.698
	7.5	9.606
	9	11.210
	10	12.220
	12.5	14.541
	15	16.568
	17.5	18.301
	20	19.940
(64)	4	5.640
	5	6.933
	7.5	9.958
	9	11.633
	10	12.690
	12.5	15.128
	15	17.273
	17.5	19.123
	20	20.680
65	4	5.734
	5	7.050
	7.5	10.156
	9	11.844
	10	12.953
	12.5	15.455
	15	17.663
	17.5	19.576
	20	21.195
68	4	6.029
	5	7.418
	7.5	10.686
	9	12.505
	10	13.659
	12.5	16.338
	15	18.722
	17.5	20.812
	20	22.608
70	4	6.217
	5	7.654
	7.5	11.039
	9	12.929
	10	14.130
	12.5	16.927
	15	19.429
	17.5	21.637
	20	23.550
(72)	4	6.406
	5	7.889
	7.5	11.392
	9	13.353
(72)	10	14.601
	12.5	17.515
	15	20.135
	17.5	22.461
	20	24.492
	22.5	26.229
	25	27.671
74	4	6.594
	5	8.125
	7.5	11.746
	9	13.777
	10	15.072
	12.5	18.104
	15	20.842
	17.5	23.285
	20	25.434
	22.5	27.289
	25	28.849
75	4	6.688
	5	8.243
	7.5	11.922
	9	13.989
	10	15.308
	12.5	18.398
	15	21.195
	17.5	23.697
	20	25.905
	22.5	27.818
	25	29.438

续表

外径 (mm)	壁厚 (mm)	理论线质量 (kg/m)
(78)	4	6. 971
	5	8. 596
	7. 5	12. 452
	9	14. 625
	10	16. 014
	12. 5	19. 282
	15	22. 255
	17. 5	24. 934
	20	27. 318
	22. 5	29. 408
	25	31. 204
80	4	7. 159
	5	8. 831
	7. 5	12. 805
	9	15. 048
	10	16. 485
	12. 5	19. 870
	15	22. 961
	17. 5	25. 758
	20	28. 260
	22. 5	30. 468
	25	32. 381
85	7. 5	13. 688
	10	17. 663
	12. 5	21. 342
	15	24. 728
	17. 5	27. 818
	20	30. 615
	22. 5	33. 117
	25	35. 325
	27. 5	37. 238
	30	38. 858
90	7. 5	14. 572
	10	18. 840
	12. 5	22. 814
	15	26. 494
	17. 5	29. 879
	20	32. 970
	22. 5	35. 767
	25	38. 269
	27. 5	40. 477
	30	42. 390
95	7. 5	15. 455
	10	20. 018
	12. 5	24. 286
	15	28. 260
	17. 5	31. 940
	20	35. 325
	22. 5	38. 416
	25	41. 213
	27. 5	43. 715
	30	45. 923
100	7. 5	16. 338
	10	21. 195
	12. 5	25. 758
	15	30. 026
	17. 5	34. 000
	20	37. 680
	22. 5	41. 065
	25	44. 156
	27. 5	46. 953
	30	49. 455
105	10	22. 373
	12. 5	27. 230
	15	31. 793
	17. 5	36. 061
	20	40. 035
	22. 5	43. 715
	25	47. 100
	27. 5	50. 191
	30	52. 988
110	10	23. 550
	12. 5	28. 702
	15	33. 559
	17. 5	38. 122
	20	42. 390
	22. 5	46. 364
	25	50. 044
	27. 5	53. 429
	30	56. 520
115	10	24. 728
	12. 5	30. 173
	15	35. 325
	17. 5	40. 182
	20	44. 745
	22. 5	49. 013
	25	52. 988
	27. 5	56. 667
	30	60. 053
	32. 5	63. 143
	35	65. 940
	37. 5	68. 442

续表

外径	壁厚	理论线质量
(mm)		(kg/m)
120	10	25.905
	12.5	31.645
	15	37.091
	17.5	42.243
	20	47.100
	22.5	51.663
	25	55.931
	27.5	59.905
	30	63.585
	32.5	66.970
	35	70.061
	37.5	72.858
125	10	27.083
	12.5	33.117
	15	38.858
	17.5	44.303
	20	49.455
	22.5	54.312
	25	58.875
	27.5	63.143
	30	67.118
	32.5	70.797
	35	74.183
130	10	28.260
	12.5	34.589
	15	40.624
	17.5	46.364
	20	51.810
	22.5	56.962
	25	61.819
	27.5	66.382
	30	70.650
	32.5	74.624
	35	78.304
135	10	29.438
	12.5	36.061
	15	42.390
	17.5	48.425
	20	54.165
	22.5	59.611
	25	64.763
	27.5	69.620
	30	74.183
	32.5	78.451
	35	82.425
	37.5	86.105
140	10	30.615
	12.5	37.533
	15	44.156
	17.5	50.485
	20	56.520
	22.5	62.260
	25	67.706
	27.5	72.858
	30	77.715
	32.5	82.278
	35	86.546
	37.5	90.520
145	10	31.793
	12.5	39.005
	15	45.923
	17.5	52.546
	20	58.875
	22.5	64.910
	25	70.650
	27.5	76.096
	30	81.248
	32.5	86.105
	35	90.668
150	10	32.970
	12.5	40.477
	15	47.689
	17.5	54.607
	20	61.230
	22.5	67.559
	25	73.594
	27.5	79.334
	30	84.780
	32.5	89.932
	35	94.789
155	10	34.148
	12.5	41.948
	15	49.455
	17.5	56.667
	20	63.585
	22.5	70.208
	25	76.538
	27.5	82.572
	30	88.313
	32.5	93.758
	35	98.910
	37.5	103.767
	40	108.330
	42.5	112.598

续表

外径	壁厚	理论线质量
(mm)		(kg/m)
160	10	35.325
	12.5	43.509
	15	51.221
	17.5	58.728
	20	65.940
	22.5	72.858
	25	79.481
	27.5	85.810
	30	91.845
	32.5	97.585
	35	103.031
	37.5	108.183
	40	113.040
	42.5	117.603
165	10	36.503
	12.5	44.892
	15	52.988
	17.5	60.788
	20	68.295
	22.5	75.507
	25	82.425
	27.5	89.048
	30	95.378
	32.5	101.412
	35	107.153
	37.5	112.598
	40	117.750
	42.5	122.607
170	10	37.680
	12.5	46.364
	15	54.754
	17.5	62.849
	20	70.650
	22.5	78.157
	25	85.369
	27.5	92.287
	30	98.910
	32.5	105.239
	35	111.274
	37.5	117.014
	40	122.460
	42.5	127.612
175	10	38.858
	12.5	47.836
	15	56.520
	17.5	64.910
	20	73.005
	22.5	80.806
	25	88.313
	27.5	95.525
	30	102.443
	32.5	109.066
	35	115.395
	37.5	121.430
	40	127.170
	42.5	132.616
	45	137.768
180	10	40.035
	12.5	49.308
	15	58.286
	17.5	66.970
	20	75.360
	22.5	83.455
	25	91.256
	27.5	98.763
	30	105.975
	32.5	112.893
	35	119.516
	37.5	125.845
	40	131.880
	42.5	137.690
	45	143.139
185	10	41.213
	12.5	50.780
	15	60.053
	17.5	69.031
	20	77.715
	22.5	86.105
	25	94.200
	27.5	102.001
	30	109.508
	32.5	116.720
	35	123.638
	37.5	130.261
	40	136.590
	42.5	142.625
	45	148.365

续表

外径	壁厚	理论线质量
(mm)		(kg/m)
190	10	42.390
	12.5	52.252
	15	61.819
	17.5	71.092
	20	80.070
	22.5	88.754
	25	97.144
	27.5	105.239
	30	113.040
	32.5	120.547
	35	127.759
	37.5	134.677
	40	141.300
	42.5	147.704
	45	153.742
195	10	43.568
	12.5	53.723
	15	63.585
	17.5	73.152
	20	82.425
	22.5	91.403
	25	100.088
	27.5	108.477
	30	116.573
	32.5	124.373
	35	131.880
	37.5	139.092
	40	146.010
	42.5	152.633
	45	158.963

外径	壁厚	理论线质量
(mm)		(kg/m)
200	10	44.745
	12.5	55.195
	15	65.351
	17.5	75.213
	20	84.780
	22.5	94.053
	25	103.031
	27.5	111.715
	30	120.105
	32.5	128.200
	35	136.001
	37.5	143.508
	40	150.720
	42.5	157.638
	45	164.261
(205)	10	45.923
	12.5	56.667
	15	67.118
	17.5	77.273
	20	87.135
	22.5	96.702
	25	105.975
	27.5	114.953
	30	123.638
	32.5	132.027
	35	140.123
	37.5	147.923
	40	155.430
	42.5	162.642

外径	壁厚	理论线质量
(mm)		(kg/m)
210	10	47.100
	12.5	58.139
	15	68.884
	17.5	79.334
	20	89.490
	22.5	99.352
	25	108.919
	27.5	118.192
	30	127.170
	32.5	133.802
	35	144.244
	37.5	152.416
	40	160.140
	42.5	167.647
(215)	10	48.278
	12.5	59.611
	15	70.650
	17.5	81.395
	20	91.845
	22.5	102.001
	25	111.863
	27.5	121.430
	30	130.703
	32.5	139.681
	35	148.365
	37.5	156.755
	40	164.850
	42.5	172.651

续表

外径 (mm)	壁厚 (mm)	理论线质量 (kg/m)
220	10	49. 455
	12. 5	61. 083
	15	72. 416
	17. 5	83. 455
	20	94. 200
	22. 5	104. 650
	25	114. 806
	27. 5	124. 668
	30	134. 235
	32. 5	143. 580
	35	152. 486
	37. 5	161. 252
	40	169. 560
	42. 5	177. 745
225	10	50. 633
	12. 5	62. 555
	15	74. 183
	20	96. 555
	25	117. 750
	27. 5	127. 906
	30	137. 768
	32. 5	147. 335
	35	156. 608
	37. 5	165. 586
	40	174. 270
	42. 5	182. 660
230	10	51. 810
	12. 5	64. 027
	15	75. 949
	20	98. 910
	25	120. 694
	27. 5	131. 144
	30	141. 300
	32. 5	151. 238
	35	160. 729
	37. 5	170. 088
	40	178. 980
	42. 5	187. 759
(235)	10	52. 988
	12. 5	65. 498
	15	77. 715
	20	98. 910
	25	123. 638
	27. 5	134. 382
	30	144. 833
	32. 5	154. 988
	35	164. 850
	37. 5	174. 417
	40	183. 690
	42. 5	192. 668
240	10	54. 165
	12. 5	66. 970
	15	79. 481
	20	103. 620
	25	126. 581
	27. 5	137. 620
	30	148. 365
	32. 5	158. 896
	35	168. 971
	37. 5	178. 923
	40	188. 400
	42. 5	197. 673
	45	206. 651
	50	223. 725
(245)	10	55. 343
	12. 5	68. 442
	15	81. 248
	20	105. 975
	25	129. 525
	27. 5	140. 858
	30	151. 898
	32. 5	162. 642
	35	173. 093
	37. 5	183. 248
	40	193. 110
	42. 5	202. 677
	45	211. 950
	50	229. 613
250	10	56. 520
	12. 5	69. 914
	15	83. 014
	20	108. 330
	25	132. 469
	27. 5	144. 097
	30	155. 430
	32. 5	166. 553
	35	177. 214
	37. 5	187. 759
	40	197. 820
	42. 5	207. 682
	45	217. 249
	50	235. 500

注:①表中带括号的尺寸为不推荐采用的规格。

②管材理论线质量(供参考)按 QAl9 - 4、QAl10 - 3 - 1. 5 和 QAl10 - 4 - 4 的密度 7. 5 计算;QAl9 - 2(密度 7. 6)的理论线质量应乘以换算系数 - 1. 013 3。

③表中理论线质量供参考。

7. 铜及铜合金拉制管

铜及铜合金拉制管(GB/T 1527—1997)列于表2－399,表2－400列出了黄铜薄壁管的尺寸和质量。

表2－399 铜及铜合金拉制管牌号和规格

牌号	状态	规格(mm)	
		外径	壁厚
T2、T3、TU1、TU2、TP1、TP2	硬(Y)	3～600	0.5～10
	半硬(Y_2)	3～100	0.5～10
	软(M)	3～360	0.5～10
H96	硬(Y)	3～200	0.15～10
	软(M)	3～200	0.15～10
H68	硬(Y)	3.2～30	0.15～0.90
	半硬(Y_2)	3～60	0.15～10
	软(M)	3～60	0.15～10
H62	硬(Y)	3.2～30	0.15～0.90
	半硬(Y_2)	3～200	0.15～10
	软(M)	3～200	0.15～10
HSn70－1、HSn62－1	半硬(Y_2)	3～60	0.5～10
	软(M)	3～60	0.5～10
BZn15－20	硬(Y)	4～40	0.5～4.0
	半硬(Y_2)	4～40	0.5～4.0
	软(M)	4～40	0.5～4.0

注:①黄铜薄壁管须在合同中注明,否则按一般黄铜管供应。

②管材的尺寸及其允许偏差应符合GB/T 16866的规定。

标记示例:

用H62制造的、硬状态,外径为20mm、壁厚为0.5mm的圆管标记为:

管 H62 Y ∅20×0.5 GB/T 1527—1997

表 2-400　黄铜薄壁管的尺寸和线质量

外径 (mm)	壁厚 (mm)	理论线质量 (kg/m)
3	0. 15	0. 011
	0. 20	0. 015
	0. 25	0. 018
	0. 30	0. 022
	0. 35	0. 025
	0. 40	0. 028
	0. 45	0. 031
	0. 50	0. 033
	0. 60	0. 038
3. 2	0. 15	0. 012
	0. 20	0. 016
	0. 25	0. 020
	0. 30	0. 023
	0. 35	0. 027
	0. 40	0. 030
	0. 45	0. 033
	0. 50	0. 036
	0. 60	0. 042
3. 5	0. 15	0. 013
	0. 20	0. 018
	0. 25	0. 022
	0. 30	0. 026
	0. 35	0. 029
	0. 40	0. 033
	0. 45	0. 037
	0. 50	0. 040
	0. 60	0. 046
	0. 70	0. 052
4	0. 15	0. 015
	0. 20	0. 020
	0. 25	0. 025
	0. 30	0. 030
	0. 35	0. 034
	0. 40	0. 038
	0. 45	0. 043
	0. 50	0. 047
	0. 60	0. 054
	0. 70	0. 062
	0. 80	0. 068
	0. 90	0. 074
5	0. 15	0. 019
	0. 20	0. 026
	0. 25	0. 032
	0. 30	0. 038
	0. 35	0. 043
	0. 40	0. 049
	0. 45	0. 055
	0. 50	0. 060
	0. 60	0. 070
	0. 70	0. 080
	0. 80	0. 090
	0. 90	0. 098
6	0. 15	0. 023
	0. 20	0. 031
	0. 25	0. 038
	0. 30	0. 046
	0. 35	0. 053
	0. 40	0. 060
	0. 45	0. 067
	0. 50	0. 073
	0. 60	0. 086
6	0. 70	0. 099
	0. 80	0. 111
	0. 90	0. 123
7	0. 15	0. 027
	0. 20	0. 036
	0. 25	0. 045
	0. 30	0. 054
	0. 35	0. 062
	0. 40	0. 070
	0. 45	0. 079
	0. 50	0. 087
	0. 60	0. 102
	0. 70	0. 118
	0. 80	0. 132
	0. 90	0. 147
8	0. 15	0. 031
	0. 20	0. 042
	0. 25	0. 052
	0. 30	0. 062
	0. 35	0. 071
	0. 40	0. 081
	0. 45	0. 091
	0. 50	0. 100
	0. 60	0. 119
	0. 70	0. 136
	0. 80	0. 154
	0. 90	0. 171
9	0. 15	0. 035
	0. 20	0. 047
	0. 25	0. 058
	0. 30	0. 070
	0. 35	0. 081

续表

外径	壁厚	理论重量
(mm)		(kg/m)
9	0.40	0.092
	0.45	0.103
	0.50	0.113
	0.60	0.135
	0.70	0.155
	0.80	0.175
	0.90	0.195
10	0.15	0.039
	0.20	0.052
	0.25	0.065
	0.30	0.078
	0.35	0.090
	0.40	0.102
	0.45	0.115
	0.50	0.127
	0.60	0.151
	0.70	0.174
	0.80	0.196
	0.90	0.219
11.5	0.15	0.045
	0.20	0.060
	0.25	0.075
	0.30	0.090
	0.35	0.104
	0.40	0.119
	0.45	0.133
	0.50	0.147
	0.60	0.175
	0.70	0.202
	0.80	0.228
	0.90	0.255
12	0.20	0.063
12	0.25	0.078
	0.30	0.094
	0.35	0.109
	0.40	0.124
	0.45	0.139
	0.50	0.153
	0.60	0.183
	0.70	0.211
	0.80	0.239
	0.90	0.267
12.6	0.20	0.066
	0.25	0.082
	0.30	0.098
	0.35	0.114
	0.40	0.129
	0.45	0.146
	0.50	0.161
	0.60	0.192
	0.70	0.222
	0.80	0.252
	0.90	0.281
14	0.30	0.110
	0.35	0.128
	0.40	0.145
	0.45	0.163
	0.50	0.180
	0.60	0.215
	0.70	0.248
	0.80	0.282
	0.90	0.315
15.6	0.30	0.123
	0.35	0.142
15.6	0.40	0.162
	0.45	0.182
	0.50	0.202
	0.60	0.240
	0.70	0.278
	0.80	0.316
	0.90	0.353
16	0.30	0.126
	0.35	0.146
	0.40	0.167
	0.45	0.187
	0.50	0.207
	0.60	0.247
	0.70	0.286
	0.80	0.325
	0.90	0.363
16.5	0.30	0.130
	0.35	0.151
	0.40	0.172
	0.45	0.193
	0.50	0.214
	0.60	0.255
	0.70	0.295
	0.80	0.335
	0.90	0.375
18	0.35	0.165
	0.40	0.188
	0.45	0.211
	0.50	0.234
	0.60	0.279
	0.70	0.323
	0.80	0.367

续表

外径	壁厚	理论重量 (kg/m)	外径	壁厚	理论重量 (kg/m)	外径	壁厚	理论重量 (kg/m)
(mm)			(mm)			(mm)		
18	0.90	0.411	20	0.90	0.459	26	0.60	0.407
18.5	0.35	0.170	22	0.50	0.287		0.70	0.473
	0.40	0.193		0.60	0.343		0.80	0.538
	0.45	0.217		0.70	0.398		0.90	0.603
	0.50	0.240		0.80	0.453	27.5	0.60	0.431
	0.60	0.287		0.90	0.507		0.70	0.501
	0.70	0.333	24	0.60	0.375		0.80	0.570
	0.80	0.378		0.70	0.435		0.90	0.639
	0.90	0.423		0.80	0.495	28	0.70	0.510
20	0.45	0.235		0.90	0.555		0.80	0.581
	0.50	0.260	25.2	0.60	0.394		0.90	0.651
	0.60	0.311		0.70	0.458	30	0.80	0.623
	0.70	0.361		0.80	0.521		0.90	0.699
	0.80	0.410		0.90	0.584			

注：管材理论线质量（供参考）按密度8.5计算，其中H96（密度为8.8）的理论线质量需按表中理论线质量乘以换算系数1.035 3。管材长度：1～4m。

8. 铜及铜合金毛细管

铜及铜合金毛细管（GB/T 1531—1994）列于表2－401、表2－402。

表2－401 铜及铜合金毛细管

(1)类别和用途

类别	用途
高级	适用于家用电冰箱、电冰柜、高精度仪表等工业部门用的铜毛细管
较高级	适用于较高精度仪器、仪表和电子工业用铜及铜合金毛细管
普通级	用于一般精度仪器、仪表和电子工业用铜及铜合金毛细管

(2)牌号、状态和规格

牌号	供应状态	规格(mm) 外径×内径
T2、TP1、TP2、H68、H62	硬(Y)、半硬(Y_2)、软(M)	∅0.5×3.0～∅0.3×2.5
H96、QSn4－0.3 QSn6.5－1、BZn15－20	硬(Y)、软(M)	

(3)高级管材的外径和内径允许偏差(○表示有此产品)(mm)

外径		内径								
公称尺寸	允许偏差	0.55	0.60	0.65	0.70	0.75	0.80	0.85	0.90	1.0
		允许偏差								
		±0.02								
1.70	±0.03	—	○	○	○	—	—	—	—	—
1.80		○	○	○	○	○	—	—	—	—
1.85		—	○	○	○	○	—	—	—	—
1.90		—	○	○	○	○	○	—	—	—
2.00		—	○	○	○	○	○	—	—	—
2.05		—	—	—	—	—	—	○	○	—
2.20		—	—	—	—	—	—	—	—	○

(4)直条供应材长度及偏差

长度(m)	允许偏差(mm)
0.15~0.60	+2.0
>0.60~1.80	+3.5
>1.80~3.50	+7.0

(5)力学性能(室温纵向拉伸试验)

牌号	状态	抗拉强度 σ_b(MPa)	伸长率 δ_{10}(%)
T2、TP1、TP2	软(M)	≥205	≥35
	半硬(Y_2)	245~370	—
	硬(Y)	≥345	—
H96	软(M)	≥205	≥35
	硬(Y)	≥295	—
H62、H68	软(M)	≥295	≥35
	半硬(Y_2)	≥345	≥30
	硬(Y)	≥390	—
QSn4-0.3 QSn6.5-0.1 BZn15-20	软(M)	≥325	≥30
	硬(Y)	≥490	—

续表

(6)在规定压力下,管材气密性试验结果					
外径与内径之差(mm)(2倍壁厚)	气体压力(MPa)			持续时间(s)	试验结果
	高 级	较高级	普通级		
0.20~0.50	—	2.9	2.0	30~60	不变形 不漏气
>0.50~0.70	—	3.9	2.9		
>0.70~1.00	6.9	5.9	4.9		
>1.00~1.80	7.8	7.8	6.9		

注:①成卷供应管材。其长度应不小于3m,但长度在1~3m的短管,每批允许交付不超过整批质量的10%。毛细管长度由供需双方商定。

②直条供应管材,其长度为0.15~3.5m。

③软态管材不圆度不作规定,其他管材的不圆度应不超出外径允许偏差。

④根据用户需要,可供应其他状态和规格的管材。

⑤外径与内径之差小于0.3mm的毛细管,不做拉力试验。

标记示例:

用T2制造的、硬状态、高级、外径为2mm、内径为0.7mm的毛细管,其标记为:

管 T2 Y 高2×0.7 GB/T 1531—1994

用H62制造的、软状态、较高级、外径为1mm、内径为0.5mm的毛细管,其标记为:

管 H62 M 较高1×0.5 GB/T 1531—1994

用H68制造的、半硬状态、普通级、外径为1.5mm、内径0.8mm的毛细管,其标记为:

管 H68 Y_2 1.5×0.8 GB/T 1531—1994

表 2-402　普通级、较高级管材的外径、内径及允许偏差

外径(mm)		内　径(mm)											
公称尺寸	允许偏差	0.3		0.4		0.5		0.6		0.7		0.8	
		允许偏差											
		较高级	普通级	较高级	普通级	较高级	普通级	较高级	普通级	较高级	普通级	较高级	普通级
0.5	±0.03	±0.03	±0.05	—	—	—	—	—	—	—	—	—	—
0.6		—	—	±0.03	±0.05	—	—	—	—	—	—	—	—
0.7		—	—	—	—	±0.03	±0.05	—	—	—	—	—	—
0.8		—	—	±0.03	±0.05	—	—	±0.03	±0.05	—	—	—	—
1.0		—	—	±0.04	±0.06	±0.03	±0.05	±0.03	±0.05	—	—	±0.03	±0.05
1.2		—	—	±0.05	±0.08	±0.04	±0.06	±0.04	±0.06	±0.03	±0.05	±0.03	±0.05
1.4		—	—	±0.05	±0.08	±0.05	±0.08	±0.05	±0.08	±0.04	±0.06	±0.04	±0.06
1.5		—	—	—	—	±0.05	±0.08	±0.05	±0.08	±0.05	±0.08	±0.04	±0.06
1.6		—	—	±0.06	±0.10	—	—	±0.05	±0.08	±0.05	±0.08	±0.05	±0.08
1.7		—	—	—	—	±0.06	±0.10	—	—	±0.05	±0.08	±0.05	±0.08
1.8		—	—	±0.06	±0.10	—	—	±0.06	±0.10	—	—	±0.05	±0.08
2.0		—	—	±0.06	±0.10	—	—	±0.06	±0.10	—	—	±0.06	±0.10
2.2		—	—	±0.06	±0.10	—	—	±0.06	±0.10	—	—	±0.06	±0.10
2.4		—	—	—	—	—	—	±0.06	±0.10	—	—	±0.06	±0.10
2.5		—	—	—	—	—	—	—	—	±0.06	±0.10	—	—
2.6		—	—	—	—	—	—	—	—	—	—	±0.06	±0.10
2.8		—	—	—	—	—	—	—	—	—	—	—	—
3.0		—	—	—	—	—	—	—	—	—	—	—	—

续表

外径(mm)		内径(mm)											
公称尺寸	允许偏差	0.9		1.0		1.1		1.2		1.3		1.4	
		允许偏差											
		较高级	普通级	较高级	普通级	较高级	普通级	较高级	普通级	较高级	普通级	较高级	普通级
0.5	±0.03	—	—	—	—	—	—	—	—	—	—	—	—
0.6		—	—	—	—	—	—	—	—	—	—	—	—
0.7		—	—	—	—	—	—	—	—	—	—	—	—
0.8		—	—	—	—	—	—	—	—	—	—	—	—
1.0		—	—	—	—	—	—	—	—	—	—	—	—
1.2		—	—	±0.03	±0.05	—	—	—	—	—	—	—	—
1.4		±0.03	±0.05	±0.03	±0.05	—	—	±0.03	±0.05	—	—	—	—
1.5		±0.04	±0.06	±0.03	±0.05	±0.03	±0.05	—	—	±0.03	±0.05	—	—
1.6		±0.04	±0.06	±0.04	±0.06	±0.03	±0.05	±0.03	±0.05	—	—	±0.03	±0.05
1.7		±0.05	±0.08	±0.04	±0.06	±0.04	±0.06	±0.03	±0.05	±0.03	±0.05	—	—
1.8		±0.05	±0.08	±0.05	±0.08	±0.04	±0.06	±0.04	±0.06	±0.03	±0.05	±0.03	±0.05
2.0		—	—	±0.05	±0.08	±0.05	±0.08	±0.05	±0.08	±0.04	±0.06	±0.04	±0.06
2.2		—	—	±0.06	±0.10	—	—	±0.05	±0.08	±0.05	±0.08	±0.05	±0.08
2.4		—	—	±0.06	±0.10	—	—	±0.06	±0.10	—	—	±0.05	±0.08
2.5		±0.06	±0.10	—	—	±0.06	±0.10	—	—	±0.06	±0.10	—	—
2.6		—	—	±0.06	±0.10	—	—	±0.06	±0.10	—	—	±0.06	±0.10
2.8		—	—	±0.06	±0.10	—	—	±0.06	±0.10	—	—	±0.06	±0.10
3.0		—	—	—	—	—	—	±0.06	±0.10	—	—	±0.06	±0.10

续表

外径(mm)		内径(mm)									
公称尺寸	允许偏差	1.5		1.6		1.7		1.8		1.9	
		允许偏差									
		较高级	普通级	较高级	普通级	较高级	普通级	较高级	普通级	较高级	普通级
0.5	±0.03	—	—	—	—	—	—	—	—	—	—
0.6		—	—	—	—	—	—	—	—	—	—
0.7		—	—	—	—	—	—	—	—	—	—
0.8		—	—	—	—	—	—	—	—	—	—
1.0		—	—	—	—	—	—	—	—	—	—
1.2		—	—	—	—	—	—	—	—	—	—
1.4		—	—	—	—	—	—	—	—	—	—
1.5		—	—	—	—	—	—	—	—	—	—
1.6		—	—	—	—	—	—	—	—	—	—
1.7		±0.03	±0.05	—	—	—	—	—	—	—	—
1.8		—	—	±0.03	±0.05	—	—	—	—	—	—
2.0		±0.03	±0.05	±0.03	±0.05	—	—	±0.03	±0.05	—	—
2.2		±0.04	±0.06	±0.04	±0.06	±0.03	±0.05	±0.03	±0.05	—	—
2.4		±0.05	±0.08	±0.05	±0.08	±0.04	±0.06	±0.04	±0.06	±0.03	±0.05
2.5		±0.05	±0.08	±0.05	±0.08	±0.05	±0.08	±0.04	±0.06	±0.04	±0.06
2.6		—	—	±0.05	±0.08	±0.05	±0.08	±0.05	±0.08	±0.04	±0.06
2.8		—	—	±0.06	±0.10	—	—	±0.05	±0.08	±0.05	±0.08
3.0		—	—	±0.06	±0.10	—	—	±0.06	±0.10	—	—

续表

外径(mm)		内　径(mm)											
公称尺寸	允许偏差	2.0		2.1		2.2		2.3		2.4		2.5	
		允许偏差											
		较高级	普通级	较高级	普通级	较高级	普通级	较高级	普通级	较高级	普通级	较高级	普通级
0.5	±0.03	—	—	—	—	—	—	—	—	—	—	—	—
0.6		—	—	—	—	—	—	—	—	—	—	—	—
0.7		—	—	—	—	—	—	—	—	—	—	—	—
0.8		—	—	—	—	—	—	—	—	—	—	—	—
1.0		—	—	—	—	—	—	—	—	—	—	—	—
1.2		—	—	—	—	—	—	—	—	—	—	—	—
1.4		—	—	—	—	—	—	—	—	—	—	—	—
1.5		—	—	—	—	—	—	—	—	—	—	—	—
1.6		—	—	—	—	—	—	—	—	—	—	—	—
1.7		—	—	—	—	—	—	—	—	—	—	—	—
1.8		—	—	—	—	—	—	—	—	—	—	—	—
2.0		—	—	—	—	—	—	—	—	—	—	—	—
2.2		—	—	—	—	—	—	—	—	—	—	—	—
2.4		±0.03	±0.05	—	—	—	—	—	—	—	—	—	—
2.5		±0.03	±0.05	±0.03	±0.05	—	—	—	—	—	—	—	—
2.6		±0.04	±0.06	±0.03	±0.05	—	—	—	—	—	—	—	—
2.8		±0.05	±0.08	±0.04	±0.06	±0.04	±0.06	±0.03	±0.05	—	—	—	—
3.0		±0.05	±0.08	±0.05	±0.08	±0.05	±0.08	±0.04	±0.06	±0.04	±0.06	±0.03	±0.05

注:“—”表示无产品。

9. 热交换器用铜合金无缝管

热交换器用铜合金无缝管(GB/T 8890—1998)列于表2－403～表2－406。

表2－403 热交换器用铜合金无缝管牌号和规格

牌号	供应状态	规格(mm)	
		外径	厚度
BFe30－1－1 BFe10－1－1	软(M)	10～35	0.75～3.0
HAl77－2 HSn70－1 H68A H85A	半硬(Y_2)	10～45	0.75～3.5

注:经供需双方协商,可供应其他牌号、状态和规格的管材。

表2－404 管材的公称尺寸

外径(mm)	壁厚(mm)							
	0.75	1.0	1.25	1.5	2.0	2.5	3.0	3.5
10	○	○	—	—	—	—	—	—
11	○	○	—	—	—	—	—	—
12	○	○	—	—	—	—	—	—
14	○	○	○	○	○	○	—	—
15	○	○	○	○	○	○	○	—
16	○	○	○	○	○	○	○	○
18	○	○	○	○	○	○	○	○
19	○	○	○	○	○	○	○	○
20	○	○	○	○	○	○	○	○
21	○	○	○	○	○	○	○	○
22	○	○	○	○	○	○	○	○
23	○	○	○	○	○	○	○	○

续表

外径(mm)	壁　厚(mm)							
	0.75	1.0	1.25	1.5	2.0	2.5	3.0	3.5
24	○	○	○	○	○	○	○	○
25	○	○	○	○	○	○	○	○
26	—	○	○	○	○	○	○	○
28	—	○	○	○	○	○	○	○
30	—	○	○	○	○	○	○	○
32	—	○	○	○	○	○	○	○
35	—	○	○	○	○	○	○	○
38	—	—	—	○	○	○	○	○
40	—	—	—	○	○	○	○	○
42	—	—	—	○	○	○	○	○
45	—	—	—	○	○	○	○	○

注:①"○"表示有产品,"—"表示无产品。

②壁厚0.75mm的黄铜管最大外径为20mm。

③管材壁厚允许偏差为公称壁厚的±10%。

表2-405　管材的外径允许偏差

外径(mm)	允许偏差(mm)	
	普通级	较高级
10~12	-0.18	-0.14
>12~18	-0.22	-0.20
>18~25	-0.30	-0.24
>25~35	-0.36	-0.30
>35~45	-0.40	-0.36

注:管材的外径及其允许偏差应符合表中的规定。

表 2-406　管材的长度及允许偏差

长度(mm)	允许偏差(mm)	
	普通级	较高级
≤9 000	+15 0	+5 0
>9 000 ~ 18 000		+10 0

标记示例：

用 H68A 制造的、半硬状态、较高级、外径为 25mm、壁厚为 1.0mm、长度为 8 500mm 的管材标记为：

管　H68A　Y_2　较高　∅25 × 1.0 × 8 500　GB/T 8890—1998

用 BFe30-1-1 制造的、软状态、普通级、外径为 19mm、壁厚为 1.0mm、长度为 7 800mm 的管材标记为：

管　BFe30-1-1　M　∅19 × 1.0 × 7 800　GB/T 8890—1998

10. 铜及铜合金散热扁管

铜及铜合金散热扁管(GB/T 8891—2000)列于表 2-407 ~ 表 2-414。

表 2-407　散热扁管的牌号、状态和规格

牌号	供应状态	宽度 × 高度 × 壁厚(mm)	长度(mm)
T2、H96	硬(Y)	(16 ~ 25) × (1.9 ~ 6.0) × (0.2 ~ 0.7)	250 ~ 1 500
H85	半硬(Y_2)		
HSn70-1	软(M)		

注：经双方协商，可以供应其他牌号、规格的管材。

表 2-408　散热扁管的截面尺寸及外形尺寸

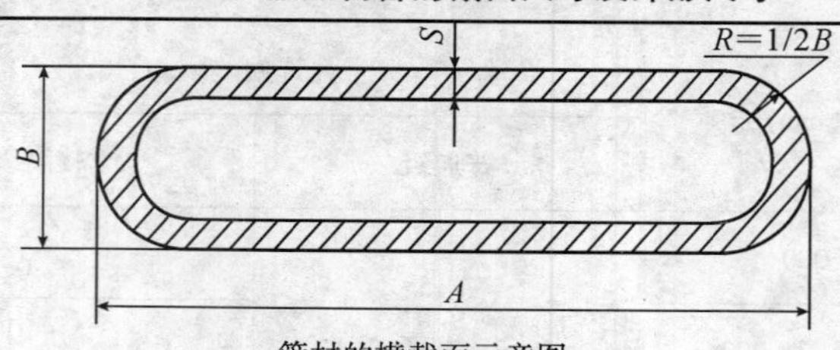

管材的横截面示意图

宽度(mm) A	高度(mm) B	壁厚 S(mm)						
		0.20	0.25	0.30	0.40	0.50	0.60	0.70
16	3.7	○	○	○	○	○	○	○
17	3.5	○	○	○	○	○	○	○
17	5.0	—	○	○	○	○	○	○
18	1.9	○	○	—	—	—	—	—
18.5	2.5	○	○	○	○	—	—	—
18.5	3.5	○	○	○	○	○	○	○
19	2.0	○	○	—	—	—	—	—
19	2.2	○	○	○	—	—	—	—
19	2.4	○	○	○	—	—	—	—
19	4.5	○	○	○	○	○	○	○
21	3.0	○	○	○	○	○	—	—
21	4.0	○	○	○	○	○	○	○
21	5.0	—	—	○	○	○	○	○
22	3.0	○	○	○	○	○	—	—
22	6.0	—	—	○	○	○	○	○
25	4.0	○	○	○	○	○	○	○
25	6.0	—	—	—	—	○	○	○

注:"○"表示有产品,"—"表示无产品。

表 2-409　管材的尺寸允许偏差

宽度 A 范围(mm)	允许偏差(mm)		宽度 B 范围(mm)	允许偏差(mm)		壁厚 S 范围(mm)	允许偏差(mm)	
	普通级	高精级		普通级	高精级		普通级	高精级
16~25	±0.15	±0.10	1.9~6.0	±0.15	±0.10	<0.20	±0.20	±0.01
						>0.20~0.30	±0.03	±0.02
						>0.03~0.50	±0.04	±0.03
						>0.50~0.70	±0.05	±0.04

注:经双方协商可供应其他规格和允许偏差的管材。

表 2-410　管材的长度及允许偏差

管材交货长度(mm)	允许偏差(mm)≤	
	普通级	高精级
≤400	+1.5	+1.0
>400~1 000	+2.0	+1.5
>1 000~1 500	+2.5	+2.0

表 2-411　管材的弯曲度

管材长度(mm)	允许偏差(mm)≤			
	正向(A)		侧向(B)	
	普通级	高精级	普通级	高精级
≤400	1.5	1.0	0.6	0.4
>400~600	3.0	2.0	1.4	1.0
>600~1 000	4.0	2.5	1.8	1.6
>1 000~1 500	5.0	3.5	2.4	2.0

表 2－412　管材的扭曲度

管材长度(mm)	扭曲度(mm)≤	
	普通级	高精级
≤400	0. 4	0. 3
>400～600	0. 6	0. 5
>600～1 000	1. 2	0. 8
>1 000～1 500	1. 8	1. 4

表 2－413　管材的力学性能

牌号	状态	抗拉强度 σ_b(MPa)　≥	伸长率 δ_{10}(%)　≥
T2、H96	Y	295	—
H85	Y_2		—
HSn70－1	M		35

表 2－414　铜及铜合金理论密度值

牌　号	密度(g/cm³)
T2	8. 94
H96	8. 85
H85	8. 75
HSn70－1	8. 53

管材的理论质量＝管材的横截面积×长度×密度

扁管横截面积 $=\pi[R^2-(R-S)^2]+2[(A-B)\times S]$

$$R=\frac{1}{2}B$$

标记示例：

用 H96 制造的宽度为 22mm、高度为 4mm、壁厚为 0. 25mm 的硬态高精级管材标记为：

扁管　H96　Y 高精 22×4×0. 25　GB/T　8891—2000

用 T2 制造的宽度为 18. 5mm、高度为 2. 5mm、壁厚为 0. 25mm 的硬态普通级管材标记为：

扁管　T2　Y　18. 5×2. 5×0. 25　GB/T 8891—2000

11. 压力表用锡青铜管

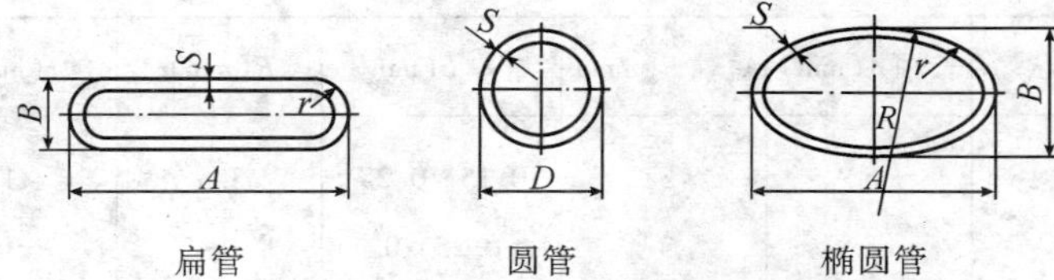

表 2－415 压力表用锡青铜管(GB/T 8892—1988)

牌号	供应状态	规格(mm)
QSn4－0.3 QSn6.5－0.1	硬(Y) 软(M)	圆管(4～25)×(0.15～1.8) 椭圆管(5～15)×(2.5～6)×(0.15～1) 扁管(7.5～20)×(5～7)×(0.15～1)

圆管外径 D(mm)	壁厚 S (mm)						
	0.15～0.3	>0.3～0.5	>0.5～0.8	>0.8～1	>1～1.3	>1.3～1.5	>1.5～1.8
4(4.2)					—	—	—
4.5						—	—
5(5.56)							
6(6.35)							
7(7.14)							
8							
9(9.52)							
10(10.5)							
11							
12(12.6)							
13							
14(14.34)							
15							
16(16.5)	—						
17	—	—					
18(19.5)	—	—	—				
20	—	—	—				
>20～25	—	—	—	—	—		

续表

形　状	长轴 A(mm)	短轴 B(mm)	壁厚 S(mm)	R(mm)	r(mm)
椭圆管	5	3	0.15～0.25	3.5	1
	8	3	>0.25～0.4	—	1
	10	2.5	>0.4～0.6	—	1
	15	5	>0.6～0.8	19.2	1.5
	15	6	>0.8～1	17	2
扁　管	7.5	5	0.15～0.25	—	2.5
	10	5.5	>0.25～0.4	—	2.75
	14	6	>0.4～0.6	—	3
	16	7	>0.6～0.8	—	3.5
	20	6	>0.8～1	—	3

注：表中空白表示有此规格产品；括号内的规格限制使用。

标记示例：

用 QSn4－0.3 制造的、外径为 20mm、壁厚为 1mm 的硬态普通精度圆形管标记为：

管　QSn4－0.3　Y　∅20×1　GB/T 8892—1988

12. 铝及铝合金管材

铝及铝合金管材（GB/T 4436—1995）有圆管、正方形管、矩形管、椭圆形管。有关规格、尺寸、性能列于表 2－416～表 2－420。

(1)挤压圆管

表 2－416　挤压圆管的规格（mm）

外径	壁厚											
	5. 0	6. 0	7. 0	7. 5	8. 0	9. 0	10. 0	12. 5	15. 0	17. 5	20. 0	22. 5
25		—	—	—	—	—	—	—	—	—	—	—
28			—	—	—	—	—	—	—	—	—	—
30						—	—	—	—	—	—	—
32						—	—	—	—	—	—	—
34								—	—	—	—	—
36								—	—	—	—	—
38								—	—	—	—	—
40									—	—	—	—
42									—	—	—	—
45										—	—	—
48										—	—	—
50										—	—	—
52										—	—	—
55										—	—	—
58										—	—	—
60											—	—
62											—	—
65												—
70												—
75												
80												

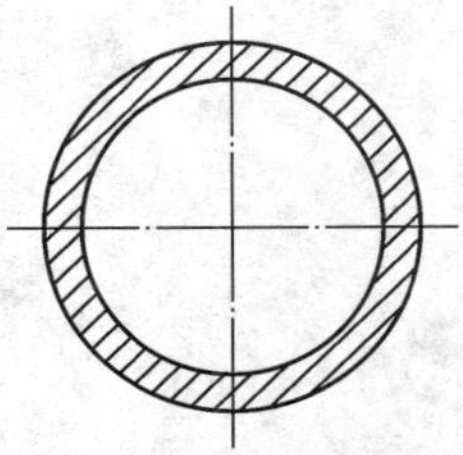

挤压圆管示意图

续表

外径	壁厚														
	5. 0	7. 5	10. 0	12. 5	15. 0	17. 5	20. 0	22. 5	25. 0	27. 5	30. 0	32. 5	35. 0	37. 5	40. 0
85										—	—	—	—	—	—
90										—	—	—	—	—	—
95											—	—	—	—	—
100												—	—	—	—
105													—	—	—
110													—	—	—
115													—	—	—
120	—												—	—	—
125	—												—	—	—
130	—												—	—	—
135	—	—											—	—	—
140	—	—											—	—	—
145	—	—											—	—	—
150	—	—												—	—
155	—	—												—	—
160	—	—													
165	—	—													
170	—	—													
175	—	—													
180	—	—													
185	—	—													
190	—	—													
195	—	—													
200	—	—													

(2)冷拉、轧圆管

表 2-417　冷拉、轧圆管的规格(mm)

外径	壁厚										
	0.5	0.75	1.0	1.5	2.0	2.5	3.0	3.5	4.0	4.5	5.0
6				—	—	—	—	—	—	—	—
8						—	—	—	—	—	—
10							—	—	—	—	—
12								—	—	—	—
14								—	—	—	—
15								—	—	—	—
16									—	—	—
18									—	—	—
20										—	—
22											
24											
25											
26	—										
28	—										
30	—										
32	—										
34	—										
35	—										
36	—										
38	—										
40	—										
42	—										

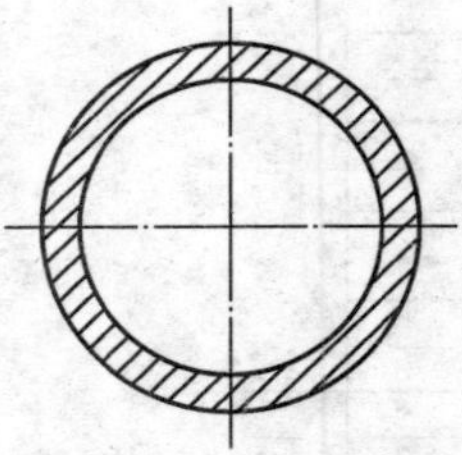

冷拉、轧圆管示意图

续表

外径	壁厚										
	0.5	0.75	1.0	1.5	2.0	2.5	3.0	3.5	4.0	4.5	5.0
45	—										
48	—										
50	—										
52	—										
55	—										
58	—										
60	—										
65	—	—	—								
70	—	—	—								
75	—	—	—								
80	—	—	—	—							
85	—	—	—	—							
90	—	—	—	—							
95	—	—	—	—							
100	—	—	—	—	—						
105	—	—	—	—	—						
110	—	—	—	—	—						
115	—	—	—	—	—	—					
120	—	—	—	—	—	—	—				

注:表中空白表示可供规格。

（3）冷拉正方形管

表 2－418　冷拉正方形管的规格（mm）

公称边长	壁厚						
a	1.0	1.5	2.0	2.5	3.0	4.5	5.0
10			—	—	—	—	—
12			—	—	—	—	—
14				—	—	—	—
16				—	—	—	—
18					—	—	—
20					—	—	—
22	—					—	—
25	—					—	—
28	—						—
32	—						—
36	—						—
40	—						—
42	—						
45	—						
50	—						
55	—	—					
60	—	—					
65	—	—					
70	—	—					

冷拉正方形管示意图

注:空白区表示可供规格,需要其他规格可双方协商。

(4)冷拉矩形管

表 2－419　冷拉矩形管的规格(mm)

公称边长 $a \times b$	壁厚						
	1.0	1.5	2.0	2.5	3.0	4.0	5.0
14×10				—	—	—	—
16×12				—	—	—	—
18×10				—	—	—	—
18×14					—	—	—
20×12					—	—	—
22×14					—	—	—
25×15						—	—
28×16						—	—
28×22							—
32×18							—
32×25							
36×20							
36×28							
40×25	—						
40×30	—						
45×30	—						
50×30	—						
55×40	—						
60×40	—	—					
70×50	—	—					

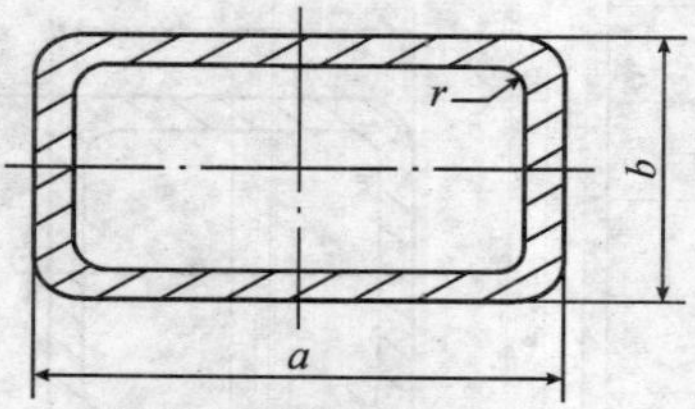

冷拉矩形管示意图

注:空白区表示可供规格,需要其他规格可双方协商。

(5)冷拉椭圆形管

表 2-420 冷拉椭圆形管的规格(mm)

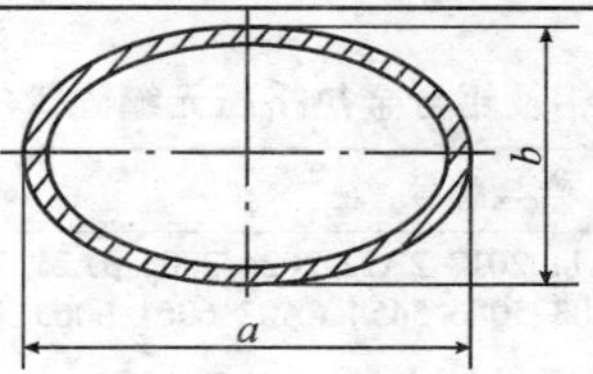

冷拉椭圆形管

长轴(*a*)	短轴(*b*)	壁厚
27.0	11.5	1.0
33.5	14.5	1.0
40.5	17.0	1.0
40.5	17.0	1.5
47.0	20.0	1.0
47.0	20.0	1.5
54.0	23.0	1.5
54.0	23.0	2.0
60.5	25.5	1.5
60.5	25.5	2.0
67.5	28.5	1.5
67.5	28.5	2.0
74.0	31.5	1.5
74.0	31.5	2.0
81.0	34.0	2.0
81.0	34.0	2.5
87.5	37.0	2.0
87.5	40.0	2.5
94.5	40.0	2.5
101.0	43.0	2.5
108.0	45.5	2.5
114.5	48.5	2.5

13. 铝及铝合金热挤压无缝圆管

铝及铝合金热挤压无缝圆管(GB/T 4437.1—2000)的牌号和状态列于表2-421。

表 2-421 铝及铝合金热挤压无缝圆管的牌号和状态

合金牌号	状态
1070A 1060 1100 1200 2A11 2017 2A12 2024 3003 3A21 5A02 5052 5A03 5A05 5A06 5083 5086 5454 6A02 6061 6063 7A09 7075 7A15 8A06	H112、F
1070A 1060 1050A 1035 1100 1200 2A11 2017 2A12 2024 5A06 5083 5454 5086 6A02	O
2A11 2017 2A12 6A02 6061 6063	T4
6A02 6061 6063 7A04 7A09 7075 7A15	T6

注:①管材的外形尺寸及允许偏差应符合 GB/T 4436 中普通级的规定,需要高精级时,应在合同中注明。

②经供需双方协商确定,可供应其他合金状态的管材。

③管材的化学成分应符合 GB/T 3190 之规定。

14. 铝及铝合金拉(轧)制管的理论线质量

表2-422列出了外径6~120mm的工业用铝及铝合金拉(轧)制圆管的壁厚及理论线质量。

表 2-422 工业用铝及铝合金拉(轧)制圆管

外径	壁厚	理论线质量	外径	壁厚	理论线质量	外径	壁厚	理论线质量
(mm)		(kg/m)	(mm)		(kg/m)	(mm)		(kg/m)
6	0.5*	0.024	10	0.5*	0.042	14	0.5*	0.059
	0.75*	0.035		0.75*	0.061		0.75*	0.087
	1.0	0.044		1.0	0.079		1.0	0.114
8	0.5*	0.033		1.5	0.112		1.5	0.165
	0.75*	0.048		2.0	0.141		2.0	0.211
	1.0	0.062		2.5*	0.165		2.5*	0.253
	1.5	0.086	12	0.5*	0.051		3.0*	0.290
	2.0*	0.106		0.75*	0.074	15*	0.5*	0.064
				1.0	0.097		0.75	0.094
				1.5	0.139		1.0	0.123
				2.0	0.176		1.5	0.178
				2.5*	0.209		2.0	0.229
				3.0*	0.238		2.5	0.275
							3.0	0.317

续表

外径 (mm)	壁厚 (mm)	理论线质量 (kg/m)
16	0.5*	0.068
	0.75*	0.101
	1.0	0.132
	1.5	0.191
	2.0	0.246
	2.5*	0.297
	3.0*	0.343
	3.5*	0.385
18	0.5*	0.077
	0.75*	0.114
	1.0	0.150
	1.5	0.218
	2.0	0.281
	2.5*	0.341
	3.0*	0.396
	3.5*	0.446
20	0.5*	0.086
	0.75*	0.127
	1.0	0.167
	1.5	0.244
	2.0	0.317
	2.5*	0.385
	3.0*	0.449
	3.5*	0.508
	4.0*	0.563
22	0.5*	0.095
	0.75*	0.140
	1.0	0.185
	1.5	0.270
	2.0	0.352
	2.5	0.429
	3.0*	0.501
	3.5*	0.570
	4.0*	0.633
	4.5*	0.693
	5.0*	0.748
24	0.5*	0.103
	0.75*	0.153
	1.0	0.202
	1.5	0.297
	2.0	0.387
	2.5	0.473
	3.0*	0.554
	3.5*	0.631
	4.0*	0.704
	4.5*	0.772
	5.0*	0.836
25	0.5*	0.108
	0.75*	0.160
	1.0	0.211
	1.5	0.310
	2.0	0.405
	2.5	0.495
	3.0*	0.581
	3.5*	0.662
	4.0*	0.739
	4.5*	0.812
	5.0	0.880
26	0.75*	0.167
	1.0	0.220
	1.5	0.323
	2.0	0.422
	2.5	0.517
	3.0*	0.607
	3.5*	0.693
	4.0*	0.774
	5.0*	0.924
28	0.75*	0.180
	1.0	0.238
	1.5	0.350
	2.0	0.457
	2.5	0.561
	3.0*	0.660
	3.5*	0.754
	4.0*	0.844
	5.0*	1.012
30	0.75*	0.193
	1.0	0.255
	1.5	0.376
	2.0	0.493
	2.5	0.605
	3.0*	0.713
	3.5*	0.816
	4.0	0.915
	5.0*	1.100
32	0.75*	0.206
	1.0	0.273
	1.5	0.402
	2.0	0.528
	2.5	0.649
	3.0*	0.765
	3.5*	0.877
	4.0*	0.985
	5.0*	1.188

续表

外径 (mm)	壁厚 (mm)	理论线质量 (kg/m)
34	0.75*	0.219
	1.0	0.290
	1.5	0.429
	2.0	0.563
	2.5	0.693
	3.0*	0.818
	3.5*	0.939
	4.0*	1.056
	5.0*	1.275
36	0.75*	0.233
	1.0*	0.308
	1.5	0.455
	2.0	0.598
	2.5	0.737
	3.0	0.871
	3.5*	1.001
	4.0*	1.126
	5.0*	1.363
38	0.75*	0.246
	1.0*	0.325
	1.5	0.482
	2.0	0.633
	2.5	0.780
	3.0	0.924
	3.5*	1.062
	4.0*	1.196
	5.0*	1.451
40	0.75*	0.259
	1.0*	0.343
	1.5	0.508
	2.0	0.669
	2.5	0.825
	3.0	0.976
	3.5*	1.124
	4.0*	1.267
	5.0*	1.539
42	0.75*	0.272
	1.0*	0.361
	1.5	0.534
	2.0	0.704
	2.5	0.869
	3.0	1.029
	3.5*	1.185
	4.0*	1.337
	5.0*	1.627
45	0.75*	0.292
	1.0*	0.387
	1.5	0.574
	2.0	0.756
	2.5	0.935
	3.0	1.108
	3.5*	1.278
	4.0*	1.442
	4.5*	1.603
	5.0*	1.759
48	0.75*	0.312
	1.0*	0.413
	1.5	0.614
	2.0	0.809
	2.5	1.000
	3.0	1.188
	3.5*	1.370
	4.0*	1.548
	4.5*	1.722
	5.0*	1.891
50	0.75*	0.325
	1.0*	0.431
	1.5	0.640
	2.0	0.844
	2.5	1.045
	3.0	1.240
	3.5*	1.432
	4.0*	1.619
	4.5*	1.801
	5.0*	1.979
52	0.75*	0.338
	1.0*	0.449
	1.5*	0.666
	2.0	0.880
	2.5	1.089
	3.0	1.293
	3.5	1.493
	4.0*	1.689
	4.5*	1.880
	5.0*	2.067

续表

外径 (mm)	壁厚 (mm)	理论线质量 (kg/m)
55	0.75*	0.358
	1.0*	0.475
	1.5*	0.706
	2.0	0.932
	2.5	1.155
	3.0	1.372
	3.5	1.586
	4.0*	1.794
	4.5*	1.999
	5.0*	2.199
58	0.75*	0.378
	1.0*	0.501
	1.5*	0.746
	2.0	0.985
	2.5	1.221
	3.0	1.451
	3.5	1.678
	4.0*	1.900
	4.5*	2.118
	5.0*	2.331
60	0.75*	0.391
	1.0*	0.519
	1.5*	0.772
	2.0	1.020
	2.5	1.265
	3.0	1.504
	3.5	1.739
	4.0*	1.970
	4.5*	2.197
	5.0*	2.419
65	1.5	0.838
	2.0	1.108
	2.5	1.374
	3.0	1.636
	3.5	1.893
	4.0*	2.146
	4.5*	2.395
	5.0*	2.639
70	1.5	0.904
	2.0	1.196
	2.5	1.484
	3.0	1.768
	3.5*	2.047
	4.0*	2.322
	4.5*	2.593
	5.0*	2.859
75	1.5	0.970
	2.0	1.284
	2.5	1.594
	3.0	1.900
	3.5	2.201
	4.0*	2.498
	4.5*	2.791
	5.0*	3.079
80	2.0*	1.372
	2.5	1.704
	3.0	2.032
	3.5	2.355
	4.0	2.674
	4.5*	2.989
	5.0*	3.299
85	2.0*	1.460
	2.5*	1.814
	3.0	2.164
	3.5	2.509
	4.0	2.850
	4.5*	3.187
	5.0*	3.519
90	2.0*	1.548
	2.5*	1.924
	3.0	2.296
	3.5	2.663
	4.0	3.026
	4.5*	3.384
	5.0*	3.738
95	2.0*	1.636
	2.5*	2.034
	3.0	2.428
	3.5	2.817
	4.0	3.202
	4.5*	3.582
	5.0*	3.958
100	2.5*	2.144
	3.0	2.560
	3.5	2.971
	4.0	3.378
	4.5*	3.780
	5.0	4.178
105	2.5*	2.254
	3.0	2.692
	3.5	3.125
	4.0	3.554
	4.5*	3.978
	5.0	4.398

续表

外径	壁厚	理论线质量	外径	壁厚	理论线质量	外径	壁厚	理论线质量
(mm)		(kg/m)	(mm)		(kg/m)	(mm)		(kg/m)
110	2.5	2.364	115	3.0	2.956	120	3.5	3.587
	3.0	2.824		3.5	3.433		4.0	4.082
	3.5	3.279		4.0	3.906		4.5*	4.572
	4.0	3.730		4.5*	4.374		5.0	5.058
	4.5*	4.176		5.0	4.838			
	5.0	4.618						

注:①管材牌号:L1(1070A)~L6(8A06)、LF2(5A02)、LF3(5A03)、LF5(5A05)、LF6(5A06)、LF11、LF21(3A21)、LY11(2A11)、LY12(2A12)、LD2(6A02)。理论线质量按牌号LY11(2A11)的密度2.8计算。其他牌号应再乘以下面的理论线质量换算系数:

L1(1070A)~L6(8A06)——0.968;

LF2(5A02)——0.957;

LF3(5A03)——0.957;

LF5(5A05)——0.946;

LF11——0.946;

LF6(5A06)——0.943;

LF21(3A21)——0.975;

LY12(2A12)——0.996;

LD2(6A02)—0.964。

②管材供应状态:M,Y_2,Y,CZ,CS(即O,HX4,HX8,T3,T4,T6)。

③管材长度:1~6m。

④带*符号规格,摘自GB/T 4436—1995《铝及铝合金管材》中冷拉、轧圆管规格,供参考。

2.3.10 有色金属线材

1. 纯铜线

表 2-423 纯铜线(GB/T 14953—1994)

(1)纯铜线的牌号、状态和规格

牌号	状态	直径(mm)
T2、T3	软(M)、硬(Y)	0.02~6.0
TU1、TU2	软(M)、硬(Y)	0.05~6.0

(2)线材的直径及允许偏差 (mm)

直径		0.02~0.10	>0.10~0.50	>0.50~1.0	>1.0~3.0	>3.0~6.0
允许偏差(±)	较高级	0.003	0.010	0.015	0.020	0.025
	普通级	0.005	0.015	0.020	0.030	0.040

(3)力学性能

牌号	状态	直径(mm)	抗拉强度 σ_b (MPa)	伸长率 δ(%) ($L_D=100$mm)
			≥	
T2、T3	软(M)	0.1~0.3	196	15
		>0.3~1.0	196	20
		>1.0~2.5	205	25
		>2.5~6.0	205	30
	硬(Y)	0.1~2.5	380	—
		>2.5~4.0	365	—
		>4.0~6.0	365	—

(4)质量

线材直径(mm)	每卷(轴)质量(kg)≥	
	标准卷	较轻卷
0.02~0.10	0.05	0.01
>0.10~0.50	0.5	0.3
>0.50~1.0	2.0	1.0
>1.0~3.0	4.0	2.0
>3.0~6.0	5.0	3.0

2. 黄铜线

表 2-424 黄铜线的线质量(GB/T 14954—1994)

直径(mm)	理论线质量(kg/km)	直径(mm)	理论线质量(kg/km)	直径(mm)	理论线质量(kg/km)	直径(mm)	理论线质量(kg/km)
圆形线							
0.05	0.017	0.25	0.417	0.80	4.273	2.40	38.453
0.06	0.024	0.26	0.451	0.85	4.823	2.50	41.724
0.07	0.033	0.28	0.523	0.90	5.407	2.60	45.129
0.08	0.043	0.32	0.684	0.95	6.025	2.80	52.339
0.09	0.054	0.34	0.772	1.00	6.676	3.00	60.083
0.10	0.067	0.36	0.865	1.05	7.360	3.20	68.361
0.11	0.081	0.38	0.964	1.10	8.078	3.40	77.173
0.12	0.096	0.40	1.068	1.15	8.829	3.60	86.520
0.13	0.113	0.42	1.178	1.20	9.613	3.80	96.400
0.14	0.131	0.45	1.352	1.30	11.282	4.00	106.814
0.15	0.150	0.48	1.538	1.40	13.085	4.20	117.763
0.16	0.171	0.50	1.669	1.50	15.021	4.50	135.187
0.17	0.193	0.53	1.875	1.60	17.090	4.80	153.813
0.18	0.216	0.56	2.094	1.70	19.293	5.00	166.898
0.19	0.241	0.60	2.403	1.80	21.633	5.30	187.526
0.20	0.267	0.63	2.650	1.90	24.100	5.60	209.356
0.21	0.294	0.67	2.997	2.00	26.704	6.00	240.332
0.22	0.323	0.70	3.271	2.10	29.441		
0.24	0.385	0.75	3.755	2.20	32.311		
方形线(直径,指内切圆直径)							
3.00	76.500	4.00	136.000	5.00	212.500	6.00	306.000
3.50	104.125	4.50	172.125	5.50	257.125		
六角形线(直径,指内切圆直径)							
3.00	66.249	4.00	117.776	5.00	184.025	6.00	264.996
3.50	90.172	4.50	149.060	5.50	222.670		

表 2-425　黄铜线的牌号、状态和规格

牌　号	状　态	直径(mm)	备　注
H65,H68	软(M)、半硬(Y_2)	0.05~6.0	制造各种零件
H62	¾硬(Y_1)、硬(Y)		作焊料、制造用零件及其他零件
HSn60-1,HSn62-1	软(M)、硬(Y)	0.5~6.0	制造抗蚀零件及焊条
HPb 63-3 HPb 59-1	软(M)、半硬(Y_2) 硬(Y)、特硬(T)		制造切削加工零件 钟用零件及制锁弹子

线卷(轴)质量

直径(mm)	每卷(轴)质量(kg)≥	
	标准卷	较轻卷
0.05~0.10	0.05	0.01
>0.10~0.5	0.5	0.3
>0.5~1.0	2.0	1.0
>1.0~3.0	4.0	2.0
>3.0~6.0	5.0	3.0

标记示例：

用 H68 合金制造的、硬状态、较高精度，直径为 3.0mm 的线材，其标记为：

线　H68　Y　较高 3.0　(GB/T 14954—1994)

用 HPb63-3 合金制造的、特硬状态、普通精度，直径为 1.0mm 的线材，其标记为：

线　HPb63-3　T1.0　(GB/T 14954—1994)

3. 青铜线

表 2-426　青铜线的线质量(GB/T 14955—1994)

直径(mm)	理论线质量(kg/km)		直径(mm)	理论线质量(kg/km)		直径(mm)	理论线质量(kg/km)	
	锡青铜 镉青铜	硅青铜		锡青铜 镉青铜	硅青铜		锡青铜 镉青铜	硅青铜
0.10	0.069	0.067	0.75	3.888	3.742	2.30	—	35.191
0.12	0.100	0.096	0.80	4.423	4.257	2.40	—	38.317
0.15	—	0.150	0.85	—	4.806	2.50	43.197	41.577
0.16	0.177	—	0.90	5.598	5.388	2.60	—	44.970
0.18	0.224	0.216	0.95	—	6.004	2.80	54.186	52.154
0.20	0.276	0.266	1.00	6.912	6.652	3.00	62.204	59.871
0.25	0.432	0.416	1.10	8.363	8.049	3.20	70.774	68.120
0.30	0.622	0.599	1.20	9.953	9.579	3.50	84.666	81.491
0.35	0.847	0.815	1.30	11.680	11.242	3.80	—	96.060
0.40	1.106	1.064	1.40	13.547	13.039	4.00	110.584	106.437
0.45	1.400	1.347	1.50	15.551	14.968	4.20	—	117.347
0.50	1.728	1.663	1.60	17.693	17.030	4.50	139.958	134.710
0.55	2.091	2.012	1.70	—	19.225	4.80	—	153.270
0.60	2.488	2.395	1.80	22.393	21.554	5.00	172.788	166.308
0.65	2.920	2.811	2.00	27.646	26.609	5.50	209.073	201.233
0.70	3.387	3.260	2.20	33.452	32.197	6.00	248.815	239.484

表 2-427　镉青铜、硅青铜和锡青铜圆线

牌　号	状　态	直径(mm)
QSi3-1, QSn4-3	硬(Y)	0.1~6.0
QCd1, QSn6.5-0.1, QSn6.5-0.4, QSn7-0.2	软(M)、硬(Y)	

直　径(mm)		0.1~0.3	>0.3~0.6	>0.6~1.0	>1.0~3.0	>3.0~6.0
允许偏差 ± (mm)	高级	0.007	0.008	0.010	0.015	0.020
	较高级	0.010	0.013	0.015	0.020	0.025
	普通级	0.015	0.020	0.025	0.030	0.040

牌　号	状　态	直径(mm)	抗拉强度 σ_b (MPa)	伸长率 δ(%) (L_D = 100mm)
QCd1	软(M)	0.1~6.0	≥275	≥20
	硬(Y)	0.1~0.5	590~880	—
		>0.5~4.0	490~735	
		>4.0~6.0	470~685	
QSn6.5-0.1 QSn6.5-0.4 QSn7-0.2	软(M)	0.1~1.0	≥350	≥35
		>1.0~6.0		≥45
QSi3-1、QSn4-3 QSn6.5~0.1 QSn6.5~0.4 QSn7-0.2	硬(Y)	0.1~1.0	880~1 130	—
		>1.0~2.0	860~1 060	
		>2.0~4.0	830~1 030	
		>4.0~6.0	780~980	

线材直径(mm)	每卷(轴)质量　(kg)≥	
	标准卷	较轻卷
0.1~0.5	0.5	0.3
>0.5~1.0	2.0	1.0
>1.0~3.0	4.0	2.0
>3.0~6.0	6.0	3.0

标记示例：

用 QCd1 合金制造的、软状态、较高精度、直径为 0.6mm 的线材，其标记为：

线　QCd1 M 较高 0. 6　GB/T 14955—1994

用 QSn6. 5 - 0. 1 合金制造的、硬状态、普通精度、直径为 3. 0mm 的线材，其标记为：

线　QSn6. 5 - 0. 1　Y　3. 0　GB/T 14955—1994

4. 白铜线

表 2 - 428　白铜线(GB /T 3125—1994)

(1)线材的牌号、状态和规格

<table>
<tr><th>牌　号</th><th>状　态</th><th>直径(mm)</th></tr>
<tr><td>BMn40 ~ 1. 5</td><td rowspan="4">软(M)、硬(Y)</td><td>0. 05 ~ 6. 0</td></tr>
<tr><td>BMn3 ~ 12</td><td rowspan="4">0. 1 ~ 6. 0</td></tr>
<tr><td>BFe30 - 1 - 1</td></tr>
<tr><td>B19</td></tr>
<tr><td>BZn15 - 20</td><td>软(M)、半硬(Y_2)、硬(Y)</td></tr>
</table>

(2)线材的直径及允许偏差(mm)

<table>
<tr><th colspan="2">直　径</th><th>0. 05 ~ 0. 1</th><th>>0. 1 ~ 0. 3</th><th>>0. 3 ~ 0. 6</th><th>>0. 6 ~ 1. 0</th><th>>1. 0 ~ 3. 0</th><th>>3. 0 ~ 6. 0</th></tr>
<tr><td rowspan="3">允许偏差
±</td><td>高　级</td><td>0. 003</td><td>0. 007</td><td>0. 008</td><td>0. 010</td><td>0. 015</td><td>0. 020</td></tr>
<tr><td>较高级</td><td>0. 004</td><td>0. 010</td><td>0. 013</td><td>0. 015</td><td>0. 020</td><td>0. 025</td></tr>
<tr><td>普通级</td><td>0. 005</td><td>0. 015</td><td>0. 020</td><td>0. 025</td><td>0. 030</td><td>0. 040</td></tr>
</table>

(3)线卷(轴)质量

<table>
<tr><th rowspan="3">线材直径(mm)</th><th colspan="2">每卷(轴)质量(kg)</th></tr>
<tr><th colspan="2">≥</th></tr>
<tr><th>标准卷</th><th>较轻卷</th></tr>
<tr><td>0. 05 ~ 0. 10</td><td>0. 05</td><td>0. 01</td></tr>
<tr><td>>0. 10 ~ 0. 50</td><td>0. 5</td><td>0. 3</td></tr>
<tr><td>>0. 50 ~ 1. 0</td><td>2. 0</td><td>1. 0</td></tr>
<tr><td>>1. 0 ~ 3. 0</td><td>4. 0</td><td>2. 0</td></tr>
<tr><td>>3. 0 ~ 6. 0</td><td>6. 0</td><td>3. 0</td></tr>
</table>

续表

(4)力学性能

牌　号	直径(mm)	抗拉强度 σ_b(MPa)			伸长率 δ(%)($L_o=100$mm)		
		软(M)	半硬(Y_2)	硬(Y)	软(M)	半硬(Y_2)	硬(Y)
BMn40－1.5	0.05～0.20	≥390	—	685～980	≥15	—	—
	>0.20～0.50			685～880	≥20		
	>0.50～6.0			635～835	≥25		
BMn3－12	0.1～1.0	≥440	—	≥785	≥12		
	>1.0～6.0	≥390		≥685	≥20		
BZn15－20	0.10～0.20	≥345		735～980	≥15		
	>0.20～0.50		490～735	735～930	≥20		
	>0.50～2.0		440～685	635～880	≥25		
	>2.0～6.0		440～635	540～785	≥30		
BFe30－1－1	0.10～0.50	≥345	—	685～980	≥20		
	>0.50～6.0			590～880	≥25		
B19	0.1～0.50	≥295		590～880	≥20		
	>0.50～6.0			490～785	≥25		

标记示例:

用 BMn40－1.5 合金制造的、硬状态、较高精度、直径为 1.5mm 的线材,其标记为:

线　BMn40－1.5　Y　较高　GB/T 3125—1994

5. 铍青铜线

表 2－429　铍青铜线(GB/T 3134—1982)

直径 (mm)	理论线质量 (kg/km)	直径 (mm)	理论线质量 (kg/km)	直径 (mm)	理论线质量 (kg/km)
0. 03	0. 005 80	0. 60	2. 318 5	2. 2	31. 171
0. 04	0. 010 30	0. 65	2. 721 0	2. 3	34. 069
0. 05	0. 016 10	0. 70	3. 155 7	2. 4	37. 096
0. 06	0. 023 19	0. 75	3. 622 7	2. 5	40. 252
0. 07	0. 031 56	0. 80	4. 121 8	2. 6	43. 536
0. 08	0. 041 22	0. 90	5. 216 6	2. 7	46. 950
0. 09	0. 052 17	1. 0	6. 440 3	2. 8	50. 492
0. 10	0. 064 40	1. 1	7. 792 7	2. 9	54. 163
0. 12	0. 092 74	1. 2	9. 274 0	3. 0	57. 963
0. 15	0. 144 9	1. 3	10. 884	3. 2	65. 948
0. 18	0. 208 7	1. 4	12. 623	3. 5	78. 893
0. 20	0. 257 6	1. 5	14. 491	3. 8	92. 998
0. 25	0. 402 5	1. 6	16. 487	4. 0	103. 04
0. 30	0. 579 6	1. 7	18. 612	4. 2	113. 61
0. 35	0. 788 9	1. 8	20. 867	4. 5	130. 42
0. 40	1. 030 4	1. 9	23. 249	5. 0	161. 01
0. 50	1. 610 1	2. 0	25. 761	5. 5	194. 82
0. 55	1. 943 2	2. 1	28. 402	6. 0	231. 85

牌　号	供应状态
QBe2	软(M)、半硬(Y_2)、硬(Y)
线材直径(mm)	每卷线质量(kg)≥
0. 03～0. 05	0. 000 5
>0. 05～0. 1	0. 002
>0. 1～0. 2	0. 01
>0. 2～0. 3	0. 025
>0. 3～0. 4	0. 05
>0. 4～0. 6	0. 1
>0. 6～0. 8	0. 15
>0. 8～2	0. 3
>2～4	1
>4～6	2

注:理论线质量按密度 8. 2 计算。

标记示例:

用 QBe2 制成的、直径为 1. 2mm 的硬线,其标记为:

线　QBe2　Y　1. 2　GB/T 3134—1982

6. 专用铜及铜合金线

表 2-430 专用铜及铜合金线(GB/T 14956—1994)

(1)合金线的牌号、状态和规格

牌号	状态	直径(mm)	备注
T2、T3	半硬(Y_2)	1.0~6.0	铆钉等用
H62	软(M)、半硬(Y_2)、$\frac{3}{4}$硬(Y_1)	1.0~6.0	铆钉、气门芯等用
H68	半硬(Y_2)	1.0~6.0	冷墩螺钉等紧固件用
HPb62-0.8	半硬(Y_2)	3.8~6.0	自行车条母等用
HPb59-1	半硬(Y_2)	2.0~6.0	圆珠笔芯、气门芯等用
	硬(Y)	2.0~3.0	
QSn6.5-0.1	软(M)	0.03~0.07	织网及编织等用

(2)合金线直径允许偏差(mm)

直径		0.03~0.035	>0.035~0.05	>0.05~0.07	1.0~3.0	>3.0~6.0
优选尺寸		0.03,0.035	0.04,0.045,0.05	0.06,0.07	—	—
允许偏差(±)	较高级	0.0015	0.002	0.003	0.01	0.015
	普通级	—	—	—	0.015	0.020

(3)合金线轴质量

直径(mm)	0.03~0.035	>0.035~0.045	>0.045~0.07
最小质量(g)	20	30	50

(4)其他铜及铜合金线卷(轴)质量

线材直径(mm)	每卷(轴)质量(kg)≥	
	标准卷	较轻卷
1.0~3.0	5.0	2.0
>3.0~6.0	8.0	3.0

续表

(5)合金线的力学(机械)性能				
牌　　号	状　　态	直径(mm)	抗拉强度 σ_b (MPa)	伸长率 δ(%) (L_o = 100mm)
T2、T3	半硬(Y_2)	1.0～6.0	≥235	≥15
H62	软(M)	1.0～6.0	≥370	≥18
	半硬(Y_2)	1.0～2.0	390～470	—
	¾硬(Y_1)	1.0～2.0	440～540	—
H68	半硬(Y_2)	1.0～3.0	390～570	≥8
		>3.0～6.0	370～540	≥10
HPb 62－0.8	半硬(Y_2)	3.8～6.0	390～540	≥15
HPb 59－1	半硬(Y_2)	2.0～3.0	390～590	≥10
		>3.0～6.0	410～510	—
	硬(Y)	2.0～3.0	490～665	≥5
牌　　号	状态	优选尺寸 (mm)	最大力 F_b $N \times 10^{-2}$	伸长率 δ(%) (L_o = 100mm)
			≥	
QSn6.5－0.1	软(M)	0.030	24.5	24
		0.035	34.5	26
		0.040	53.0	28
		0.045	63.5	29
		0.050	80.5	30
		0.060	118	32
		0.070	162	34

标记示例:

用 HPb 59－1 合金制造的、半硬状态、较高精度、直径为 2.25mm 的线材,其标记为:

线　HPb 59－1　Y_2　较高 2.25　GB/T 14956—1994

用 HPb 59－1 合金制造的、硬状态、普通精度、直径为 2.5mm 的线材,其标记为:

线　HPb 59－1　Y　2.5　GB/T 14956—1994

7. 导电用铝线

导电用铝线(GB/T 3195—1997)的牌号、规格、力学性能、有效电阻和线盘质量列于表 2－431～表 2－434。

表 2－431　导电用铝线的牌号和规格

牌号	化学成分	状态	直径(mm)
1A50	应符合 GB/T 3190 的规定	H19,O	0.80～5.00

注:如需其他牌号、规格的线材时,应由供需双方协商并在合同中注明。

表 2－432　导电用铝线的力学性能

<table>
<tr><th rowspan="3">状态</th><th rowspan="3">直径(mm)</th><th colspan="2">力学性能</th></tr>
<tr><th>抗拉强度 σ_b(MPa)</th><th>伸长率 δ(%)</th></tr>
<tr><th colspan="2">≥</th></tr>
<tr><td rowspan="7">H19</td><td>0.80～1.00</td><td>162</td><td>1.0</td></tr>
<tr><td>>1.00～1.50</td><td rowspan="3">157</td><td>1.2</td></tr>
<tr><td>>1.50～2.00</td><td>1.5</td></tr>
<tr><td>>2.00～3.00</td><td>1.5</td></tr>
<tr><td>>3.00～4.00</td><td rowspan="3">137</td><td>1.5</td></tr>
<tr><td>>4.00～4.50</td><td>2.0</td></tr>
<tr><td>>4.50～5.00</td><td>2.0</td></tr>
<tr><td rowspan="7">O</td><td>0.80～1.00</td><td rowspan="7">74</td><td>10</td></tr>
<tr><td>>1.00～1.50</td><td>12</td></tr>
<tr><td>>1.50～2.00</td><td>12</td></tr>
<tr><td>>2.00～3.00</td><td>15</td></tr>
<tr><td>>3.00～4.00</td><td>18</td></tr>
<tr><td>>4.00～4.50</td><td>18</td></tr>
<tr><td>>4.50～5.00</td><td>18</td></tr>
</table>

表 2－433　导电用铝线的有效电阻

普通级(Ω)	高精级(Ω)
≤0.029 5	≤0.028 2

注:线材在温度20℃、横截面积为1mm²、长度为1m时的有效电阻应符合表中的规定。

表 2－434　导电用铝线的线盘质量

直径(mm)	盘重(kg)	
	规定盘量	不足规定质量线盘的最小盘重
		≥
0.80～1.00	3	1
>1.00～1.50	6	1.5
>1.50～2.50	10	3
>2.50～4.00	15	5
>4.00～5.00	20	5

8. 铆钉用铝及铝合金线材

铆钉用铝及铝合金线材(GB/T 3196—2001)列于表2－435～表2－437。

表 2－435　铆钉用铝及铝合金线材的牌号和状态

合金牌号	状态	规格范围(mm)
1035	H18	1.6～3.0
	H14	>3.0～10.0
2A01、2A04、2B11、2B12、2A10、3A21、5A02、7A03	H14	≥1.6～10.0
5A06、5B05	H12	≥1.6～10.0

表 2－436 铆钉用铝及铝合金线材的力学性能

(1)热处理不强化铆钉线抗剪强度

合金牌号	状态	抗剪强度 τ(MPa)≥	合金牌号	状态	抗剪强度 τ(MPa)≥
1035	H14	60	5B05	H12	155
5A02	H14	115	3A21	H14	80
5A06	H12	165			

(2)热处理可强化的铆钉线抗剪强度

合金牌号	状　态	直径(mm)	抗剪强度 τ(MPa)≥
2A01	T4	所有	185
2A04	T4	≤6.0	275
		>6.0	265
2B11	T4	所有	235
2B12	T4	所有	265
2A10	T4	≤8.0	245
		>8.0	235
7A03	T6	所有	285

注:铆钉线按铆接试验的试样突出高度,经压力机或手锤镦粗后,使平头高度不超过线材直径的1/2,并不裂者为合格。

表 2－437　铆钉用铝及铝合金线材的理论线质量

直径（mm）	理论线质量（kg/km）	直径（mm）	理论线质量（kg/km）	直径（mm）	理论线质量（kg/km）	直径（mm）	理论线质量（kg/km）
1. 60	5. 449	3. 50	26. 07	5. 00	53. 21	7. 50	119. 7
2. 00	8. 514	3. 84	31. 39	5. 10	55. 36	7. 76	128. 2
2. 27	10. 97	3. 98	33. 72	5. 23	58. 22	7. 80	129. 5
2. 30	11. 26	4. 00	34. 05	5. 27	59. 11	8. 00	136. 2
2. 58	14. 17	4. 10	35. 78	5. 50	64. 39	8. 50	153. 8
2. 60	14. 39	4. 35	40. 28	5. 75	70. 37	8. 94	170. 1
2. 90	17. 90	4. 40	41. 21	5. 84	72. 59	9. 00	172. 4
3. 00	19. 16	4. 48	42. 72	6. 00	76. 62	9. 50	192. 1
3. 41	24. 75	4. 50	43. 10	6. 50	89. 93	9. 76	202. 7
3. 45	25. 33	4. 75	48. 02	7. 00	104. 3	9. 94	210. 3
3. 48	25. 78	4. 84	49. 86	7. 10	107. 3	10. 00	212. 8

注：①铆钉用线材每盘质量：直径≤4. 0mm，≥1. 5kg；直径＞4. 0mm，≥3kg。

②铆钉用线材牌号有：1035、5A02、5A06（直径≥3mm）、5B05、3A21、2A01、2A04、2B11、2B12、2A10 和 7A03。

9. 焊条用铝及铝合金线材

焊条用铝及铝合金线材（GB/T 3197—2001）列于表 2－438～表 2－439。

表 2－438　焊条用铝及铝合金线材的牌号和状态

牌号	状　态	直径（mm）
1070A、1060、1050A、1035、1200、8A06	H18、O	0. 80～10. 00
	H14、O	＞3. 00～10. 00
2A14、2A16、3A21、4A01、5A02、5A03	H18、O H14、O	＞0. 80～10. 00
	H12、O	＞7. 00～10. 00
5A05、5B05、5A06、5B06、5A33、5183	H18、O H14、O	0. 80～7. 00
	H12、O	＞7. 00～10. 00

表 2 - 439　焊条用铝及铝合金线材的理论线质量

直径（mm）	理论线质量（kg/km）	直径（mm）	理论线质量（kg/km）	直径（mm）	理论线质量（kg/km）	直径（mm）	理论线质量（kg/km）
0.8	1.362	2.5	13.30	5.0	53.21	9.0	172.4
1.0	2.128	3.0	19.16	5.5	64.39	10.0	212.8
1.2	3.065	3.5	26.07	6.0	76.62		
1.5	4.789	4.0	34.05	7.0	104.3		
2.0	8.514	4.5	43.10	8.0	136.2		

注：①焊条用线材每盘质量≤40kg。

②焊条用线材牌号有：1070A ~ 8A06、5A02、5A03、5A05、5A06、5B05、5B06、3A21、5A33、4A01、2A16 和 2A14。

10. 铅及铅锑合金线

铅及铅锑合金线（GB/T 1474—1988）的理论线质量列于表 2 - 440。

表 2 - 440　铅及铅锑合金线的理论线质量

公称直径（mm）	理论线质量（kg/km）	公称直径（mm）	理论线质量（kg/km）	公称直径（mm）	理论线质量（kg/km）	公称直径（mm）	理论线质量（kg/km）
0.5	2.227	1.0	8.906	2.0	35.63	4.0	142.5
0.6	3.206	1.2	12.83	2.5	55.67	5.0	222.7
0.8	5.700	1.5	20.04	3.0	80.16		

第三章　通用零件、配件及焊接材料

3.1　紧固件

3.1.1　普通螺纹

1. 普通螺纹的基本牙型

普通螺纹的基本牙型（GB/T 192—1981）见图 3－1。

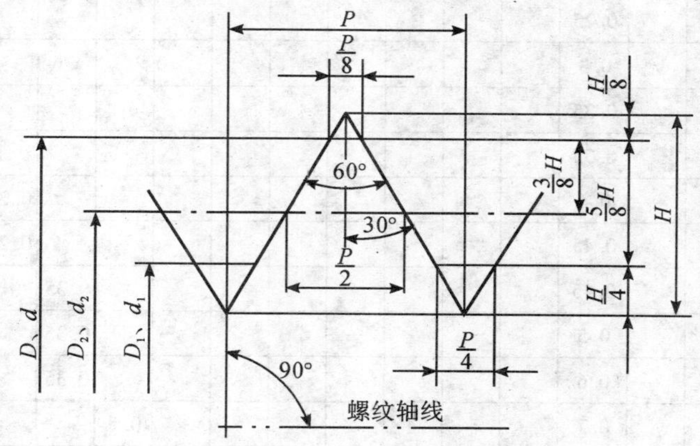

图 3－1　普通螺纹的基本牙型

D. 内螺纹大径　*d*. 外螺纹大径　D_2. 内螺纹中径　d_2. 外螺纹中径　D_1. 内螺纹小径　d_1. 外螺纹小径　*P*. 螺距　*H*. 原始三角形高度

2. 普通螺纹的直径与螺距系列

（1）螺纹代号（GB/T 193—1981）：粗牙普通螺纹用字母“M”及“公称直径”表示；细牙普通螺纹用字母“M”及“公称直径×螺距”表示。当螺纹为左旋时，在螺纹代号之后加“左”字。

例如：M24 表示公称直径为 24mm 的粗牙普通螺纹；M24 ×1.5 表示公称直径为 24mm，螺距为 1.5mm 的细牙普通螺纹；M24 ×1.5 左表示公称直径为 24mm，螺距为 1.5mm，方向为左旋的细牙普通螺纹。

（2）普通螺纹的直径与螺距系列：普通螺纹的直径与螺距系列见表 3 - 1。

表 3 - 1　普通螺纹的直径与螺距系列（mm）

公称直径 D、d			螺距 P											
第一系列	第二系列	第三系列	粗牙	细牙										
				4	3	2	1.5	1.25	1	0.75	0.5	0.35	0.25	0.2
1			0.25											0.2
	1.1		0.25											0.2
1.2			0.25											0.2
	1.4		0.3											0.2
1.6			0.35											0.2
	1.8		0.35											0.2
2			0.4										0.25	
	2.2		0.45										0.25	
2.5			0.45									0.35		
3			0.5									0.35		
	3.5		(0.6)									0.35		
4			0.7								0.5			
	4.5		(0.75)								0.5			
5			0.8								0.5			
		5.5									0.5			
6			1							0.75	0.5			
		7	1							0.75	0.5			
8			1.25						1	0.75	0.5			
		9	(1.25)						1	0.75	0.5			

续表

公称直径 D、d			螺距 P											
第一系列	第二系列	第三系列	粗牙	细牙										
				4	3	2	1.5	1.25	1	0.75	0.5	0.35	0.25	0.2
10			1.5					1.25	1	0.75	0.5			
		11	(1.5)						1	0.75	0.5			
12			1.75				1.5	1.25	1	0.75	0.5			
	14		2				1.5	1.25*	1	0.75	0.5			
		15					1.5		(1)					
16			2				1.5		1	0.75	0.5			
		17					1.5		(1)					
	18		2.5			2	1.5		1	0.75	0.5			
20			2.5			2	1.5		1	0.75	0.5			
	22		2.5			2	1.5		1	0.75	0.5			
24			3			2	1.5		1	0.75				
		25				2	1.5		(1)					
		26					1.5							
	27		3			2	1.5		1	0.75				
		28				2	1.5		1					
30			3.5		(3)	2	1.5		1	0.75				
		32				2	1.5							
	33		3.5		(3)	2	1.5		1	0.75				
		35**					1.5							
36			4		3	2	1.5		1					
		38					1.5							
	39		4		3	2	1.5		1					

续表

公称直径 D、d			螺距 P											
第一系列	第二系列	第三系列	粗牙	细牙										
				4	3	2	1.5	1.25	1	0.75	0.5	0.35	0.25	0.2
		40			(3)	(2)	1.5							
42			4.5	(4)	3	2	1.5		1					
	45		4.5	(4)	3	2	1.5		1					
48			5	(4)	3	2	1.5		1					
		50			(3)	(2)	1.5							
	52		5	(4)	3	2	1.5		1					
		55		(4)	(3)	2	1.5							
56			5.5	4	3	2	1.5		1					
		58		(4)	(3)	2	1.5							
	60		(5.5)	4	3	2	1.5		1					
		62		(4)	(3)	2	1.5							
64			6	4	3	2	1.5		1					
		65		(4)	(3)	2	1.5							
	68		6	4	3	2	1.5		1					

注：①螺纹公称直径应优先选用第一系列，其次是第二系列，第三系列尽可能不用。

②表中粗黑线右下方的螺距和括号内的螺距应尽可能不用。

③＊M14×1.25 仅用于火花塞。＊＊M35×1.5 仅用于滚动轴承锁紧螺母。

3. 普通螺纹的基本尺寸

普通螺纹的基本尺寸（GB/T 196—1981）见表 3－2。

表3－2　普通螺纹的基本尺寸（mm）

公称直径 D、d			螺距 P	中径 D_2或d_2	小径 D_1或d_1
第一系列	第二系列	第三系列			
1			**0. 25**	0. 838	0. 729
			0. 2	0. 870	0. 783
	1. 1		**0. 25**	0. 938	0. 829
			0. 2	0. 970	0. 883
1. 2			**0. 25**	1. 038	0. 929
			0. 2	1. 070	0. 983
	1. 4		**0. 3**	1. 205	1. 075
			0. 2	1. 270	1. 183
1. 6			**0. 35**	1. 373	1. 221
			0. 2	1. 470	1. 383
	1. 8		**0. 35**	1. 573	1. 421
			0. 2	1. 670	1. 583
2			**0. 4**	1. 740	1. 567
			0. 25	1. 838	1. 729
	2. 2		**0. 45**	1. 908	1. 713
			0. 25	2. 038	1. 929
2. 5			**0. 45**	2. 208	2. 013
			0. 35	2. 273	2. 121
3			**0. 5**	2. 675	2. 459
			0. 35	2. 773	2. 621
	3. 5		(**0. 6**)	3. 110	2. 850
			0. 35	3. 273	3. 121
4			**0. 7**	3. 545	3. 242
			0. 5	3. 675	3. 459
	4. 5		(**0. 75**)	4. 013	3. 688
			0. 5	4. 175	3. 959
5			**0. 8**	4. 480	4. 134
			0. 5	4. 675	4. 459
		5. 5	0. 5	5. 175	4. 959
6			**1**	5. 350	4. 917
			0. 75	5. 513	5. 188
			(0. 5)	5. 675	5. 459

续表

公称直径 D、d			螺距 P	中径 D_2或 d_2	小径 D_1或 d_1
第一系列	第二系列	第三系列			
		7	**1**	6.350	5.917
			0.75	6.513	6.188
			0.5	6.675	6.459
8			**1.25**	7.188	6.647
			1	7.350	6.917
			0.75	7.513	7.188
			(0.5)	7.675	7.459
		9	(**1.25**)	8.188	7.647
			1	8.350	7.917
			0.75	8.513	8.188
			0.5	8.675	8.459
10			**1.5**	9.026	8.376
			1.25	9.188	8.647
			1	9.350	8.917
			0.75	9.513	9.188
			(0.5)	9.675	9.459
		11	(**1.5**)	10.026	9.376
			1	10.350	9.917
			0.75	10.513	10.188
			0.5	10.675	10.459
12			**1.75**	10.863	10.106
			1.5	11.026	10.376
			1.25	11.188	10.647
			1	11.350	10.917
			(0.75)	11.513	11.188
			(0.5)	11.675	11.459
	14		**2**	12.701	11.835
			1.5	13.026	12.376
			(1.25)*	13.188	12.647
			1	13.350	12.917
			(0.75)	13.513	13.188
			(0.5)	13.675	13.459

续表

公称直径 D、d			螺距 P	中径 D_2或d_2	小径 D_1或d_1
第一系列	第二系列	第三系列			
		15	1.5	14.026	13.376
			(1)	14.350	13.917
16			**2**	14.701	13.835
			1.5	15.026	14.376
			1	15.350	14.917
			(0.75)	15.513	15.188
			(0.5)	15.675	15.459
		17	1.5	16.026	15.376
			(1)	16.350	15.917
	18		**2.5**	16.376	15.294
			2	16.701	15.835
			1.5	17.026	16.376
			1	17.350	16.917
			(0.75)	17.513	17.188
			(0.5)	17.675	17.459
20			**2.5**	18.376	17.294
			2	18.701	17.835
			1.5	19.026	18.376
			1	19.350	18.917
			(0.75)	19.513	19.188
			(0.5)	19.675	19.459
	22		**2.5**	20.376	19.294
			2	20.701	19.835
			1.5	21.026	20.376
			1	21.350	20.917
			(0.75)	21.513	21.188
			(0.5)	21.675	21.459
24			**3**	22.051	20.752
			2	22.701	21.835
			1.5	23.026	22.376
			1	23.350	22.917
			(0.75)	23.513	23.188

续表

公称直径 D、d			螺距 P	中径 D_2或d_2	小径 D_1或d_1
第一系列	第二系列	第三系列			
		25	2	23.701	22.835
			1.5	24.026	23.376
			(1)	24.350	23.917
		26	1.5	25.026	24.376
	27		**3**	25.051	23.752
			2	25.701	24.835
			1.5	26.026	25.376
			1	26.350	25.917
			(0.75)	26.513	26.188
		28	2	26.701	25.835
			1.5	27.026	26.376
			1	27.350	26.917
30			**3.5**	27.727	26.211
			(3)	28.051	26.752
			2	28.701	27.835
			1.5	29.026	28.376
			1	29.350	28.917
			(0.75)	29.513	29.188
		32	2	30.701	29.835
			1.5	31.026	30.376
	33		**3.5**	30.727	29.211
			(3)	31.051	29.752
			2	31.701	30.835
			1.5	32.026	31.376
			(1)	32.350	31.917
			(0.75)	32.513	32.188
		35**	1.5	34.026	33.376
36			**4**	33.402	31.670
			3	34.051	32.752
			2	34.701	33.835
			1.5	35.026	34.376
			(1)	35.350	34.917

续表

公称直径 D、d			螺距	中径	小径
第一系列	第二系列	第三系列	P	D_2或d_2	D_1或d_1
		38	1.5	37.026	36.376
	39		**4**	36.402	34.670
			3	37.051	35.752
			2	37.701	36.835
			1.5	38.026	37.376
			(1)	38.350	37.917
		40	(3)	38.051	36.752
			(2)	38.701	37.835
			1.5	39.026	38.376
42			**4.5**	39.077	37.129
			(4)	39.402	37.670
			3	40.051	38.752
			2	40.701	39.835
			1.5	41.026	40.376
			(1)	41.350	40.917
	45		**4.5**	42.077	40.129
			(4)	42.402	40.670
			3	43.051	41.752
			2	43.701	42.835
			1.5	44.026	43.376
			(1)	44.350	43.917
48			**5**	44.752	42.587
			(4)	45.402	43.670
			3	46.051	44.752
			2	46.701	45.835
			1.5	47.026	46.376
			(1)	47.350	46.917
		50	(3)	48.051	46.752
			(2)	48.701	47.835
			1.5	49.026	48.376

续表

公称直径 D、d			螺距 P	中径 D_2或d_2	小径 D_1或d_1
第一系列	第二系列	第三系列			
	52		**5**	48.752	46.587
			(4)	49.402	47.670
			3	50.051	48.752
			2	50.701	49.835
			1.5	51.026	50.376
			(1)	51.350	50.917
		55	(4)	52.402	50.670
			(3)	53.051	51.752
			2	53.701	52.835
			1.5	54.026	53.376
56			**5.5**	52.428	50.046
			4	53.402	51.670
			3	54.051	52.752
			2	54.701	53.835
			1.5	55.026	54.376
			(1)	55.350	54.917
		58	(4)	55.402	53.670
			(3)	56.051	54.752
			2	56.701	55.835
			1.5	57.026	56.376
	60		(**5.5**)	56.428	54.046
			4	57.402	55.670
			3	58.051	56.752
			2	58.701	57.835
			1.5	59.026	58.376
			(1)	59.350	58.917
		62	(4)	59.402	57.670
			(3)	60.051	58.752
			2	60.701	59.835
			1.5	61.026	60.376

续表

公称直径 D、d			螺距 P	中径 D_2或 d_2	小径 D_1或 d_1
第一系列	第二系列	第三系列			
64			**6**	60.103	57.505
			4	61.402	59.670
			3	62.051	60.752
			2	62.701	61.835
			1.5	63.026	62.376
			(1)	63.350	62.917
		65	(4)	62.402	60.670
			(3)	63.051	61.752
			2	63.701	62.835
			1.5	64.026	63.376
	68		**6**	64.103	61.505
			4	65.402	63.670
			3	66.051	64.752
			2	66.701	65.835
			1.5	67.026	66.376
			(1)	67.350	66.917

注：①螺纹公称直径应优先选用第一系列，其次第二系列，第三系列尽可能不用。

②括号内的螺距尽可能不用。

③用黑体字表示的螺距为粗牙。

④ * M14 ×1.25 仅用于火花塞。

⑤ * * M35 ×1.5 仅用于滚动轴承锁紧螺母。

4. 小螺纹的直径与螺距系列

小螺纹的牙型应符合 GB/T 15054.1 的要求；其公称直径范围为 0.3 ~ 1.4mm，见表 3 – 3。

表 3-3　小螺纹直径与螺距系列

公称直径（mm）		螺　距
第一系列	第二系列	P（mm）
0.3		0.08
	0.35	0.09
0.4		0.1
	0.45	0.1
0.5		0.125
	0.55	0.125
0.6		0.15
	0.7	0.175
0.8		0.2
	0.9	0.225
1		0.25
	1.1	0.25
1.2		0.25
	1.4	0.3

注：选择直径时，应优先选择表中第一系列的直径。

标记示例：

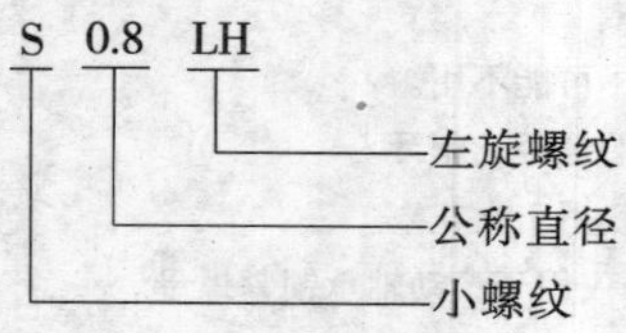

5. 小螺纹基本尺寸

小螺纹的基本尺寸（GB/T 15054.3—1994）列于表 3-4。

表 3-4 小螺纹的基本尺寸（mm）

公称直径		螺距 P	外、内螺纹中径 $d_2 = D_2$	外螺纹小径 d_3	内螺纹小径 D_1
第一系列	第二系列				
0.3		0.08	0.248 038	0.210 200	0.223 200
	0.35	0.09	0.291 543	0.249 600	0.263 600
0.4		0.1	0.335 048	0.288 000	0.304 000
	0.45	0.1	0.385 048	0.338 000	0.354 000
0.5		0.125	0.418 810	0.360 000	0.380 000
	0.55	0.125	0.468 810	0.410 000	0.430 000
0.6		0.15	0.502 572	0.432 000	0.456 000
	0.7	0.175	0.586 334	0.504 000	0.532 000
0.8		0.2	0.670 096	0.576 000	0.608 000
	0.9	0.225	0.753 858	0.648 000	0.684 000
1		0.25	0.837 620	0.720 000	0.760 000
	1.1	0.25	0.937 620	0.820 000	0.860 000
1.2		0.25	1.037 620	0.920 000	0.960 000
	1.4	0.3	1.205 144	1.064 000	1.112 000

3.1.2 紧固件标记方法

根据 GB/T 1237—2000 紧固件标记方法应依照以下两点：

1. 紧固件产品的完整标记

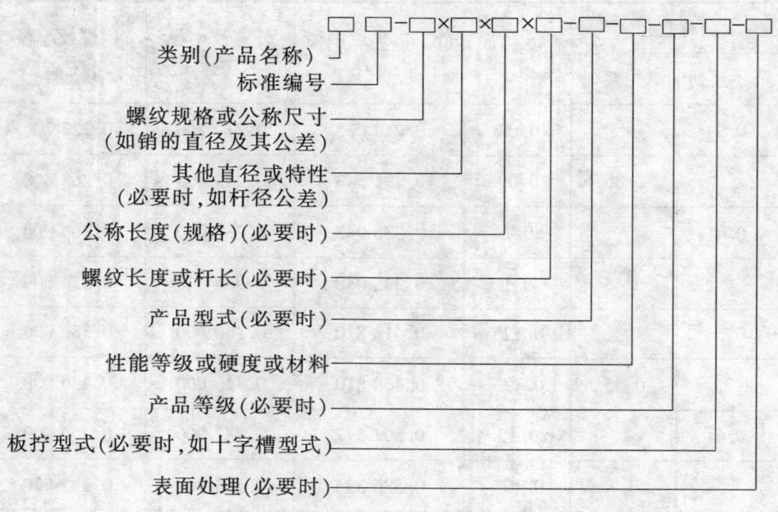

2. 标记的简化原则及标记示例

(1) 简化原则:

a. 类别（名称）、标准年代号及其前面的“－”，允许全部或部分省略。省略年代号的标准应以现行标准为准。

b. 标记中的“－”允许全部或部分省略；标记中“其他直径或特性”前面的“×”允许省略。但省略后不应导致对标记的误解，一般以空格代替。

c. 当产品标准中只规定一种产品型式、性能等级或硬度或材料、产品等级、扳拧型式及表面处理时，允许全部或部分省略。

d. 当产品标准中规定两种及其以上的产品型式、性能等级或硬度或材料、产品等级、扳拧型式及表面处理时，应规定可以省略其中的一种，并在产品标准的标记示例中给出省略后的简化标记。

(2) 标记示例：标记示例列于表 3－5。

表 3－5 紧固件的标记示例

序号	紧固件名称	完整标记	简化标记
1	螺栓	螺纹规格 d＝M12、公称长度 l＝80mm、性能等级为 10.9 级、表面氧化、产品等级为 A 级的六角头螺栓的标记： 螺栓 GB/T 5782—2000－M12×80－10.9－A－O	螺纹规格 d＝M12、公称长度 l＝80mm、性能等级为 8.8 级、表面氧化、产品等级为 A 级的六角头螺栓的标记： 螺栓 GB/T 5782 M12×80
2	螺钉	螺纹规格 d＝M6、公称长度 l＝6mm、长度 z＝4mm、性能等级为 33H 级、表面氧化的开槽盘头定位螺钉的标记： 螺钉 GB/T 828—1988－M6×6×4－33H－O	螺纹规格 d＝M6、公称长度 l＝6mm、长度 z＝4mm、性能等级为 14H 级、不经表面处理的开槽盘头定位螺钉的标记： 螺钉 GB/T 828 M6×6×4
3	螺母	螺纹规格 D＝M12、性能等级为 10 级、表面氧化、产品等级为 A 级的 1 型六角螺母的标记： 螺母 GB/T 6170—2000－M12－10－A－O	螺纹规格 D＝M12、性能等级为 8 级、不经表面处理、产品等级为 A 级的 1 型六角螺母的标记： 螺母 GB/T 6170 M12
4	垫圈	标准系列、规格 8mm、性能等级为 300HV、表面氧化、产品等级为 A 级的平垫圈的标记： 垫圈 GB/T 97.1—1985－8－300HV－A－O	标准系列、规格 8mm、性能等级为 140HV、不经表面处理、产品等级为 A 级的平垫圈的标记： 垫圈 GB/T 97.1 8
5	自攻螺钉	螺纹规格 ST3.5、公称长度 l＝16mm、Z 型槽、表面氧化的 F 型十字槽盘头自攻螺钉的标记： 自攻螺钉 GB/T 845—1985－ST3.5×16－F－Z－O	螺纹规格 ST3.5、公称长度 l＝16mm、H 型槽、镀锌钝化的 C 型十字槽盘头自攻螺钉的标记： 自攻螺钉 GB/T 845 ST3.5×16

续表

序号	紧固件名称	完整标记	简化标记
6	销	公称直径 $d=6$mm、公差为m6、公称长度 $l=30$mm、材料为C1组马氏体不锈钢、表面简单处理的圆柱销的标记： 销 GB/T 119.2—2000 - 6 m6×30 - C1 - 简单处理	公称直径 $d=6$mm、公差为m6、公称长度 $l=30$mm、材料为钢、普通淬火（A型）、表面氧化的圆柱销的标记： 销 GB/T 119.2 6×30
7	铆钉	公称直径 $d=5$mm、公称长度 $l=10$mm、性能等级为08级的开口型扁圆头抽芯铆钉的标记： 抽芯铆钉 GB/T 12618—1990 - 5×10 - 08	公称直径 $d=5$mm、公称长度 $l=10$mm、性能等级为10级的开口型扁圆头抽芯铆钉的标记： 抽芯铆钉 GB/T 12618 5×10
8	挡圈	公称直径 $d=30$mm、外径 $D=40$mm、材料为35钢、热处理硬度25～35HRC、表面氧化的轴肩挡圈的标记： 挡圈 GB/T 886—1986 - 30×40 - 35钢、热处理25～35HRC - O	公称直径 $d=30$mm、外径 $D=40$mm、材料为35钢、不经热处理及表面处理的轴肩挡圈的标记： 挡圈 GB/T 886 30×40

3.1.3 螺栓

1. 六角头螺栓C级

六角头螺栓C级（GB/T 5780—2000）的型式如图3－2所示，其规格尺寸列于表3－6、表3－7。

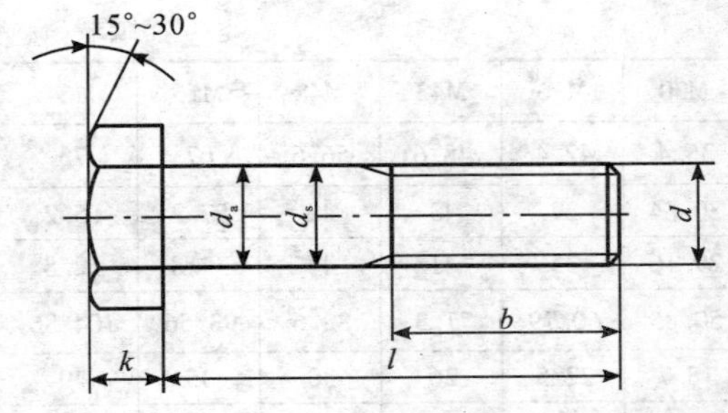

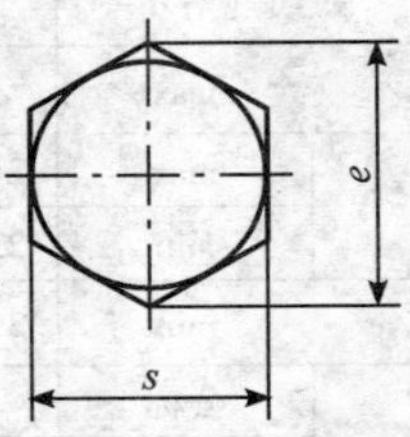

图 3-2　六角头螺栓 C 级示意图

表 3-6　六角头螺栓优选的螺纹规格（C 级）（mm）

螺纹规格 d		M5	M6	M8	M10	M12	M16	M20
螺距 P		0.8	1	1.25	1.5	1.75	2	2.5
$b_{参考}$	$l_{公称} \leqslant 125$	16	18	22	26	30	38	46
	$125 < l_{公称} \leqslant 200$	22	24	28	32	36	44	52
	$l_{公称} > 200$	35	37	41	45	49	57	65
d_a	max	6	7.2	10.2	12.2	14.7	18.7	24.4
d_s	max	5.48	6.48	8.58	10.58	12.7	16.7	20.84
	min	4.52	5.52	7.42	9.42	11.3	15.3	19.16
e	min	8.63	10.89	14.2	17.59	19.85	26.17	32.95
k	公称	3.5	4	5.3	6.4	7.5	10	12.5
	max	3.875	4.375	5.675	6.85	7.95	10.75	13.4
	min	3.125	3.625	4.925	5.95	7.05	9.25	11.6
s	公称 = max	8.00	10.00	13.00	16.00	18.00	24.00	30.00
	min	7.64	9.64	12.57	15.57	17.57	23.16	29.16
l		25~50	30~60	40~80	45~100	55~120	65~160	80~200
螺纹规格 d		M24	M30	M36	M42	M48	M56	M64
螺距 P		3	3.5	4	4.5	5	5.5	6
$b_{参考}$	$l_{公称} \leqslant 125$	54	66	—	—	—	—	—
	$125 < l_{公称} \leqslant 200$	60	72	84	96	108	—	—
	$l_{公称} > 200$	73	85	97	109	121	137	153

续表

螺纹规格 d		M24	M30	M36	M42	M48	M56	M64
d_a	max	28.4	35.4	42.4	48.6	56.6	67	75
d_s	max	24.84	30.84	37	43	49	57.2	65.2
	min	23.16	29.16	35	41	47	54.8	62.8
e	min	39.55	50.85	60.79	71.3	82.6	93.56	104.86
k	公称	15	18.7	22.5	26	30	35	40
	max	15.9	19.75	23.55	27.05	31.05	36.25	41.25
	min	14.1	17.65	21.45	24.95	28.95	33.75	38.75
s	公称 = max	36	46	55.0	65.0	75.0	85.0	95.0
	min	35	45	53.8	63.1	73.1	82.8	92.8
l		100 ~ 240	120 ~ 300	140 ~ 320	180 ~ 420	200 ~ 480	240 ~ 500	260 ~ 500

注：①长度系列尺寸为，10、12、16、20 ~ 50（5 进位）、（55）、60、（65）、70 ~ 150（10 进位）、180 ~ 500（20 进位）。括号内尺寸尽量不采用。

②螺栓尺寸代号和标注应符合 GB/T 5276 规定。

表 3 – 7　六角头螺栓非优选的螺纹规格（C 级）（mm）

螺纹规格 d		M14	M18	M22	M27	M33
螺距 P		2	2.5	2.5	3	3.5
$b_{参考}$	$l_{公称} \leqslant 125$	34	42	50	60	—
	$125 < l_{公称} \leqslant 200$	40	48	56	66	78
	$l_{公称} > 200$	53	61	69	79	91
d_a	max	16.7	21.2	26.4	32.4	38.4
d_s	max	14.7	18.7	22.84	27.84	34
	min	13.3	17.3	21.16	26.16	32
e	min	22.78	29.56	37.29	45.2	55.37
k	公称	8.8	11.5	14	17	21
	max	9.25	12.4	14.9	17.9	22.05
	min	8.35	10.6	13.1	16.1	19.95

续表

螺纹规格 d		M14	M18	M22	M27	M33
s	公称 = max	21.00	27.00	34	41	50
	min	20.16	26.16	33	40	49
l						

螺纹规格 d		M39	M45	M52	M60
螺距 P		4	4.5	5	5.5
$b_{参考}$	$l_{公称} \leqslant 125$	—	—	—	—
	$125 < l_{公称} \leqslant 200$	90	102	116	—
	$l_{公称} > 200$	103	115	129	145
d_a	max	45.4	52.6	62.6	71
d_s	max	40	46	53.2	61.2
	min	38	44	50.8	58.8
e	min	66.44	76.95	88.25	99.21
k	公称	25	28	33	38
	min	23.95	26.95	31.75	36.75
	max	26.05	29.05	34.25	39.25
s	公称 = max	60.0	70.0	80.0	90.0
	min	58.8	68.1	78.1	87.8
l					

注：①长度系列尺寸为：10、12、16、20 ~ 50（5 进位）、（55）、60、（65）、70 ~ 150（10 进位）、180 ~ 500（20 进位）。括号内尺寸尽量不采用。

②尺寸代号和标注应符合 GB/T 5276 规定。

标记示例：

螺纹规格 d = M12、公称长度 l = 80mm、性能等级为 4.8 级、不经表面处理、产品等级为 C 级的六角头螺栓，其标记为：

螺栓　GB/T 5780　M12 × 80

2. 六角头螺栓全螺纹 C 级

六角头螺栓 C 级全螺纹（GB/T 5781—2000）的型式如图 3 - 3 所示，其规格尺寸列于表 3 - 8 ~ 表 3 - 9。

表 3 – 8　六角头螺栓全螺纹 C 级优选的螺纹规格(mm)

螺纹规格 d		M5	M6	M8	M10	M12	M16	M20	M24	M30	M36	M42	M48	M56	M64
P		0.8	1	1.25	1.5	1.75	2	2.5	3	3.5	4	4.5	5	5.5	6
a	max	2.4	3	4.00	4.5	5.30	6	7.5	9	10.5	12	13.5	15	16.5	18
	min	0.8	1	1.25	1.5	1.75	2	2.5	3	3.5	4	4.5	5	5.5	6
e	min	8.63	10.89	14.2	17.59	19.85	26.17	32.95	39.55	50.85	60.79	71.3	82.6	93.56	104.86
k	公称	3.5	4	5.3	6.4	7.5	10	12.5	15	18.7	22.5	26	30	35	40
	max	3.875	4.375	5.675	6.85	7.95	10.75	13.4	15.9	19.75	23.55	27.05	31.05	36.25	41.25
	min	3.125	3.625	4.925	5.95	7.05	9.25	11.6	14.1	17.65	21.45	24.95	28.95	33.75	38.75
s	公称 = max	8.00	10.00	13.00	16.00	18.00	24.00	30.00	36	46	55.0	65.0	75.0	85.0	95.0
	min	7.64	9.64	12.57	15.57	17.57	23.16	29.16	35	45	53.8	63.1	73.1	82.8	92.8
l		10 ~ 50	12 ~ 60	16 ~ 80	20 ~ 100	25 ~ 120	30 ~ 160	40 ~ 200	50 ~ 240	60 ~ 300	70 ~ 360	80 ~ 420	100 ~ 480	110 ~ 500	120 ~ 500

注：①长度系列为 10、12、16、20 ~ 50（5 进位）、(55)、60、(65)、70 ~ 150（10 进位）、180 ~ 500（20 进位），括号内尺寸尽量不采用。

②尺寸代号及标注应符合 GB/T 5276 规定。

表 3-9　六角头螺栓全螺纹 C 级非优选的螺纹规格（mm）

螺纹规格 d		M14	M18	M22	M27	M33	M39	M45	M52	M60
螺距 P		2	2.5	2.5	3	3.5	4	4.5	5	5.5
a	max	6	7.5	7.5	9	10.5	12	13.5	15	16.5
	min	2	2.5	2.5	3	3.5	4	4.5	5	5.5
e	min	22.78	29.56	37.29	45.2	55.37	66.44	76.95	88.25	99.218
k	公称	8.8	11.5	14	17	21	25	28	33	38
	max	9.25	12.4	14.9	17.9	22.05	26.05	29.05	34.25	39.25
	min	8.35	10.6	13.1	16.1	19.95	23.95	26.95	31.75	36.75
s	公称 = max	21.00	27.00	34	41	50	60.0	70.0	80.0	90.0
	min	20.16	26.16	33	40	49	58.8	68.1	78.1	87.8
l		30～140	35～180	45～220	55～280	65～360	80～400	90～440	100～500	120～500

注：①长度系列为 10、12、16、20～50（5 进位）、(55)、60、(65)、70～150（10 进位）、180～500（20 进位），括号内尺寸尽量不采用。

②螺栓尺寸代号和标注应符合 GB/T 5276 规定。

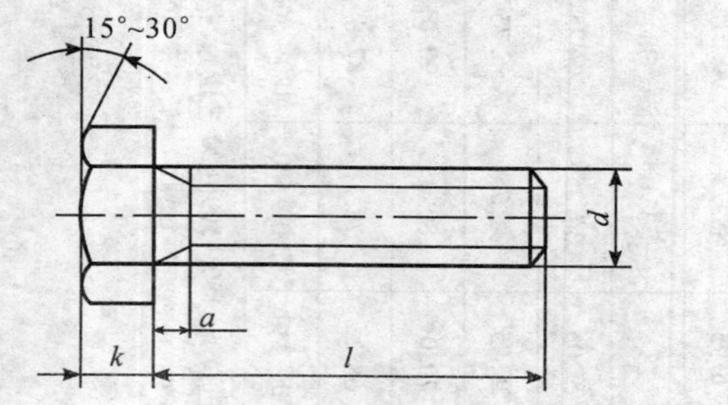

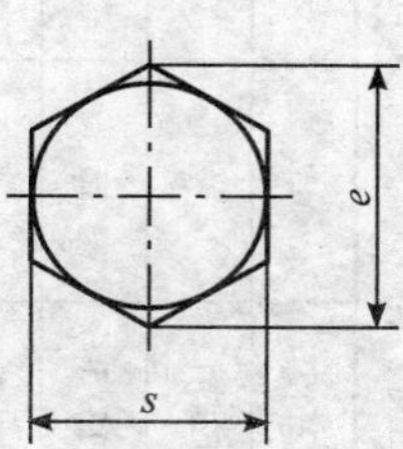

图 3－3　六角头螺栓全螺纹 C 级示意图

标记示例：

螺纹规格 d＝M12、公称长度 l＝80mm、性能等级为 4.8 级、不经表面处理、全螺纹、产品等级为 C 级的六角头螺栓，其标记为：

螺栓 GB/T 5781　M12×80

3. 六角头螺栓 A 级和 B 级

A 和 B 级六角头螺栓（GB/T 5782—2000）的型式如图 3－4 所示，其优选和非优选螺纹规格列于表 3－10 和表 3－11。

螺栓尺寸代号和标注应符合 GB/T 5276 规定。

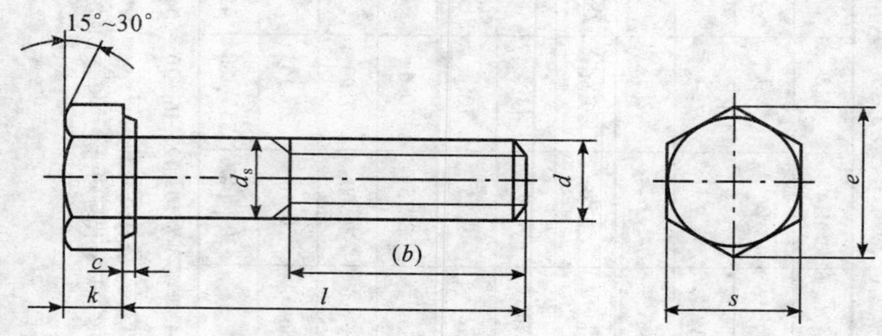

图 3－4　A 和 B 级六角头螺栓示意图

表 3－10　A 和 B 级六角头螺栓优选的螺纹规格（mm）

螺纹规格 d				M1.6	M2	M2.5	M3	M4	M5	M6	M8	M10
螺距 P				0.35	0.4	0.45	0.5	0.7	0.8	1	1.25	1.5
$b_{参考}$	$l_{公称} \leqslant 125$			9	10	11	12	14	16	18	22	26
	$125 < l_{公称} \leqslant 200$			15	16	17	18	20	22	24	28	32
	$l_{公称} > 200$			28	29	30	31	33	35	37	41	45
c			max	0.25	0.25	0.25	0.40	0.40	0.50	0.50	0.60	0.60
			min	0.10	0.10	0.10	0.15	0.15	0.15	0.15	0.15	0.15
d_s	公称 = max			1.60	2.00	2.50	3.00	4.00	5.00	6.00	8.00	10.00
	min	产品等级	A	1.46	1.86	2.36	2.86	3.82	4.82	5.82	7.78	9.78
			B	1.35	1.75	2.25	2.75	3.70	4.70	5.70	7.64	9.64
e	min	产品等级	A	3.41	4.32	5.45	6.01	7.66	8.79	11.05	14.38	17.77
			B	3.28	4.18	5.31	5.88	7.50	8.63	10.89	14.20	17.59
k	公称			1.1	1.4	1.7	2	2.8	3.5	4	5.3	6.4
	产品等级	A	max	1.225	1.525	1.825	2.125	2.925	3.65	4.15	5.45	6.58
			min	0.975	1.275	1.575	1.875	2.675	3.35	3.85	5.15	6.22
		B	max	1.3	1.6	1.9	2.2	3.0	3.26	4.24	5.54	6.69
			min	0.9	1.2	1.5	1.8	2.6	2.35	3.76	5.06	6.11

续表

螺纹规格 d				M1.6	M2	M2.5	M3	M4	M5	M6	M8	M10
s	公称 = max			3.20	4.00	5.00	5.50	7.00	8.00	10.00	13.00	16.00
	min	产品等级	A	3.02	3.82	4.82	5.32	6.78	7.78	9.78	12.73	15.73
			B	2.90	3.70	4.70	5.20	6.64	7.64	9.64	12.57	15.57
l			A	12 ~ 16	16 ~ 20	16 ~ 25	20 ~ 30	25 ~ 40	25 ~ 40	30 ~ 60	35 ~ 80	40 ~ 100
			B	—	—	—	—	—	—	—	—	160

螺纹规格 d				M12	M16	M20	M24	M30	M36	M42	M48	M56	M64
螺距 P				1.75	2	2.5	3	3.5	4	4.5	5	5.5	6
$b_{参考}$	$l_{公称} \leqslant 125$			30	38	46	54	66	—	—	—	—	—
	$125 < l_{公称} \leqslant 200$			36	44	52	60	72	84	96	108	—	—
	$l_{公称} > 200$			49	57	65	73	85	97	109	121	137	153
c			max	0.60	0.8	0.8	0.8	0.8	0.8	1.0	1.0	1.0	1.0
			min	0.15	0.2	0.2	0.2	0.2	0.2	0.3	0.3	0.3	0.3
d_s	公称 = max			12.00	16.00	20.00	24.00	30.00	36.00	42.00	48.00	56.00	64.00
	min	产品等级	A	11.73	15.73	19.67	23.67	—	—	—	—	—	—
			B	11.57	15.57	19.48	23.48	29.48	35.38	41.38	47.38	55.26	63.26

续表

螺纹规格 d				M12	M16	M20	M24	M30	M36	M42	M48	M56	M64
e	min	产品等级	A	20.03	26.75	33.53	39.98	—	—	—	—	—	—
			B	19.85	26.17	32.95	39.55	50.85	60.79	71.3	82.6	93.56	104.86
k	公称			7.5	10	12.5	15	18.7	22.5	26	30	35	40
	产品等级	A	max	7.68	10.18	12.715	15.215	—	—	—	—	—	—
			min	7.32	9.82	12.285	14.785	—	—	—	—	—	—
		B	max	7.79	10.29	12.85	15.35	19.12	22.92	26.42	30.42	35.5	40.5
			min	7.21	9.71	12.15	14.65	18.28	22.08	25.58	29.58	34.5	39.5
s	公称 = max			18.00	24.00	30.00	36.00	46	55.0	65.0	75.0	85.0	95.0
	min	产品等级	A	17.73	23.67	29.67	35.38	—	—	—	—	—	—
			B	17.57	23.16	29.16	35.00	45	53.8	63.1	73.1	82.8	92.8
l			A	45 ~ 120	55 ~ 140	65 ~ 150	80 ~ 150	90 ~ 150	110 ~ 150	—	—	—	—
			B	—	160	160 ~ 200	160 ~ 240	160 ~ 300	110 ~ 360	120 ~ 400	140 ~ 400	160 ~ 400	200 ~ 400

注：长度系列为 20 ~ 50（5 进位）、(55)、60、(65)、70 ~ 160（10 进位）、180 ~ 400（20 进位）。括号内规格尽量不采用。

表 3-11　A 和 B 级六角头螺栓非优选的螺纹规格（mm）

螺纹规格 d				M3.5	M14	M18	M22	M27
螺距 P				0.6	2	2.5	2.5	3
$b_{参考}$	$l_{公称} \leqslant 125$			13	34	42	50	60
	$125 < l_{公称} \leqslant 200$			19	40	48	56	66
	$l_{公称} > 200$			32	53	61	69	79
c	max			0.40	0.60	0.8	0.8	0.8
	min			0.15	0.15	0.2	0.2	0.2
d_s	公称 = max			3.50	14.00	18.00	22.00	27.00
	min	产品等级	A	3.32	13.73	17.73	21.67	—
			B	3.20	13.57	17.57	21.48	26.48
e	min	产品等级	A	6.58	23.36	30.14	37.72	—
			B	6.44	22.78	29.56	37.29	45.2
k	公称			2.4	8.8	11.5	14	17
	产品等级	A	max	2.525	8.98	11.715	14.215	—
			min	2.275	8.62	11.285	13.785	—
		B	max	2.6	9.09	11.85	14.35	17.35
			min	2.2	8.51	11.15	13.65	16.65
s	公称 = max			6.00	21.00	27.00	34.00	41
	min	产品等级	A	5.82	20.67	26.67	33.38	—
			B	5.70	20.16	26.16	33.00	40
l			A	20 ~ 35	50 ~ 140	60 ~ 150	70 ~ 150	90 ~ 150
			B	—	—	160 ~ 180	160 ~ 220	160 ~ 260
螺纹规格 d				M33	M39	M45	M52	M60
螺距 P				3.5	4	4.5	5	5.5
$b_{参考}$	$l_{公称} \leqslant 125$			—	—	—	—	—
	$125 < l_{公称} \leqslant 200$			78	90	102	116	—
	$l_{公称} > 200$			91	103	115	129	145
c	max			0.8	1.0	1.0	1.0	1.0
	min			0.2	0.3	0.3	0.3	0.3

续表

螺纹规格 d				M33	M39	M45	M52	M60
d_s	公称 = max			33.0	39.00	45.00	52.00	60.00
	min	产品等级	A	—	—	—	—	—
			B	32.38	38.38	44.38	51.26	59.26
e	min	产品等级	A	—	—	—	—	—
			B	55.37	66.44	76.95	88.25	99.21
k	公称			21	25	28	33	38
	产品等级	A	max	—	—	—	—	—
			min	—	—	—	—	—
		B	max	21.42	25.42	28.42	33.5	38.5
			min	20.58	24.58	27.58	32.5	37.5
s	公称 = max			50	60.0	70.0	80.0	90.0
	min	产品等级	A	—	—	—	—	—
			B	49	58.8	68.1	78.1	87.8
l			A	100 ~ 150	—	—	—	—
			B	160 ~ 320	130 ~ 380	130 ~ 400	150 ~ 400	180 ~ 400

注：长度系列为 20 ~ 50（5 进位）、（55）、60、（65）、70 ~ 160（10 进位）、180 ~ 400（20 进位），括号内规格尽量不采用。

标注示例：

螺纹规格 d = M12、公称长度 l = 80mm、性能等级为 8.8 级、表面氧化、产品等级为 A 级的六角头螺栓的标记为：

螺栓 GB/T 5782　M12 × 80

4. *方头螺栓 C 级*

方头螺栓 C 级（GB/T 8—1988）的型式如图 3 - 5 所示，其规格尺寸列于表 3 - 12。

表 3-12　方头螺栓 C 级规格尺寸（mm）

d	k（公称）	s（max）	l（公称）	d	k（公称）	s（max）	l（公称）
M10	7	16	40～100	M24	15	36	80～240
M12	8	18	45～120	（M27）	17	41	90～260
（M14）	9	21	50～140	M30	19	46	90～300
M16	10	24	55～160	M36	23	55	110～300
（M18）	12	27	60～180	M42	26	65	130～300
M20	13	30	65～200	M48	30	75	140～300
（M22）	14	34	70～220				

注：①l 系列（公称）：20，25，30，35，40，45，50，（55），60，（65），70，80，90，100，110，120，130，140，150，160，180，200，220，240，260，280，300。

②尽可能不采用括号内的规格。

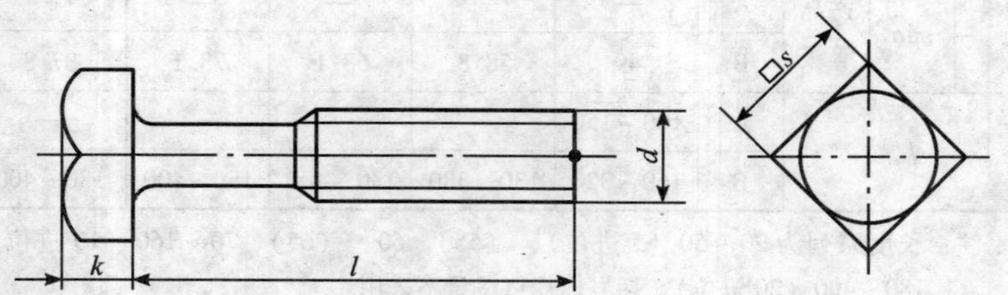

图 3-5　方头螺栓 C 级示意图

标记示例：

螺纹规格 d = M12、公称长度 l = 80mm、性能等级为 4.8 级、不经表面处理的方头螺栓，其标记为：

螺栓　GB/T　8　M12×80

5. 小方头螺栓 B 级

小方头螺栓 B 级（GB/T 35—1988）的型式如图 3-6 所示，其尺寸规格列于表 3-13。

表 3－13　小方头螺栓 B 级的规格尺寸（mm）

螺纹规格 *d*			M5	M6	M8	M10	M12	（M14）	M16	（M18）	M20	（M22）	M24	（M27）	M30	M36	M42	M48
b	*l*≤125		16	18	22	26	30	34	38	42	46	50	54	60	66	78	—	—
	125＜*l*≤200		—	—	28	32	36	40	44	48	52	56	60	66	72	84	96	108
	l＞200		—	—	—	—	—	—	57	61	65	69	73	79	85	97	109	121
e	min		9. 93	12. 53	16. 34	20. 24	22. 84	26. 21	30. 11	34. 01	37. 91	42. 9	45. 5	52	58. 5	69. 94	82. 03	95. 05
k	公称		3. 5	4	5	6	7	8	9	10	11	12	13	15	17	20	23	26
	min		3. 26	3. 76	4. 76	5. 76	6. 71	7. 71	8. 71	9. 71	10. 65	11. 65	12. 65	14. 65	16. 65	19. 58	22. 58	25. 58
	max		3. 74	4. 24	5. 24	6. 24	7. 29	8. 29	9. 29	10. 29	11. 35	12. 35	13. 35	15. 35	17. 35	20. 42	23. 42	26. 42
s	max		8	10	13	16	18	21	24	27	30	34	36	41	46	55	65	75
	min		7. 64	9. 64	12. 57	15. 57	17. 57	20. 16	23. 16	26. 13	29. 16	33	35	40	45	53. 5	63. 1	73. 1
X	min		2	2. 5	3. 2	3. 8	4. 2	5	5	6. 3	6. 3	6. 3	7. 5	7. 5	8. 8	10	11. 3	12. 5
l																		
公称	min	max																
20	18. 95	21. 05																
25	23. 95	26. 05																
30	28. 95	31. 05																
35	33. 75	36. 25																
40	38. 75	41. 25																
45	43. 75	46. 25																
50	48. 5	51. 25																

续表

螺纹规格 d			M5	M6	M8	M10	M12	（M14）	M16	（M18）	M20	（M22）	M24	（M27）	M30	M36	M42	M48
(55)	53.5	56.5																
60	58.5	61.5				通												
(65)	63.5	66.5																
70	68.5	71.5						用										
80	78.5	81.5																
90	88.25	91.75							规									
100	98.25	101.75																
110	108.25	111.75								格								
120	118.25	121.75																
130	128	132										范						
140	138	142																
150	148	152											围					
160	158	162																
180	178	182																
200	197.7	202.3																
220	217.7	222.3																
240	237.7	242.3																
260	257.4	262.6																
280	277.4	282.6																
300	297.4	302.6																

注：尽可能不采用括号内的规格。

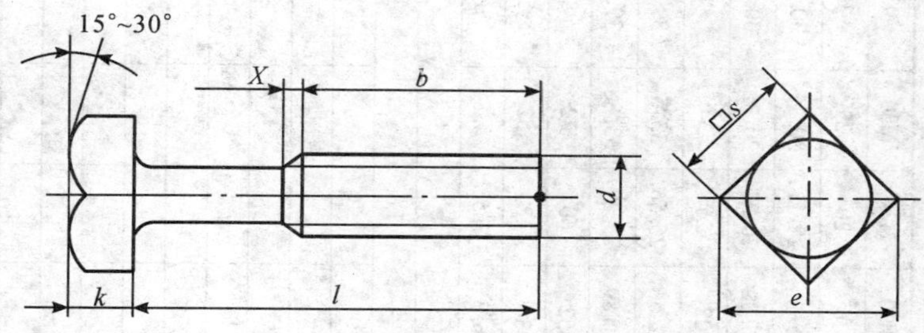

图 3-6 小方头螺栓 B 级

小方头螺栓 B 级的标记方法按 GB/T 1237 规定。

标记示例:

螺纹规格 d = M12、公称长度 l = 80mm、性能等级为 5.8 级、不经表面处理的小方头螺栓的标记为:

螺栓 GB/T 35 M12×80

6. 活节螺栓

活节螺栓（GB/T 798—1988）的型式如图 3-7 所示，其尺寸规格列于表 3-14。

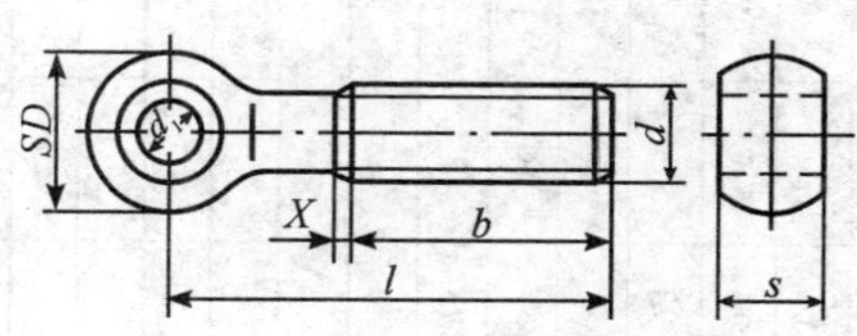

图 3-7 活节螺栓

表 3 – 14　活节螺栓的尺寸规格（mm）

螺纹规格 d			M4	M5	M6	M8	M10	M12	M16	M20	M24	M30	M36
d_1	公称		3	4	5	6	8	10	12	16	20	25	30
	min		3.07	4.08	5.08	6.08	8.095	10.095	12.095	16.11	20.11	20.11	30.12
	max		3.119	4.23	5.23	6.23	8.275	10.275	12.275	16.32	20.32	20.32	30.37
s	公称		5	6	8	10	12	14	18	22	26	34	40
	min		4.75	5.75	7.70	9.70	11.635	13.635	17.635	21.56	25.56	33.5	39.48
	max		4.93	5.93	7.92	9.92	11.905	13.905	17.905	21.89	25.89	33.88	39.87
b			14	16	18	22	26	30	38	52	60	72	84
D			8	10	12	14	18	20	28	34	42	52	64
X	max		1.75	2	2.5	3.2	3.8	4.2	5	6.3	7.5	8.8	10
l													
公称	min	max											
20	18.95	21.05											
25	23.95	26.05											
30	28.95	31.05											
35	33.75	36.25											
40	38.75	41.25											
45	43.75	46.25											
50	48.5	51.25											
(55)	53.5	56.5											
60	58.5	61.5						商					

续表

螺纹规格 d			M4	M5	M6	M8	M10	M12	M16	M20	M24	M30	M36
(65)	63.5	66.5											
70	68.5	71.5						品					
80	78.5	81.5											
90	88.25	91.75							规				
100	98.25	101.75											
110	108.25	111.75								格			
120	118.25	121.75											
130	128	132									范		
140	138	142											
150	148	152										围	
160	158	164											
180	176	184											
200	195.4	204.6											
220	215.4	224.6											
240	235.4	244.6											
260	254.8	265.2											
280	274.8	285.2											
300	294.8	305.2											

注：①括号内规格尽量不采用。

②螺纹末端按 GB/T 2 规定；无螺纹部分杆径约等于螺纹中径或螺纹大径。

螺栓的标记方法按 GB/T 1237 规定。

标记示例：

螺纹规格 d = M10、公称长度 l = 100mm、性能等级为 4.6 级、不经表面处理的活节螺栓标记为：

螺栓　GB/T　798　M10 × 100

7. 地脚螺栓

地脚螺栓（GB/T 799—1988）的型式如图 3－8 所示，其规格尺寸列于表 3－15。

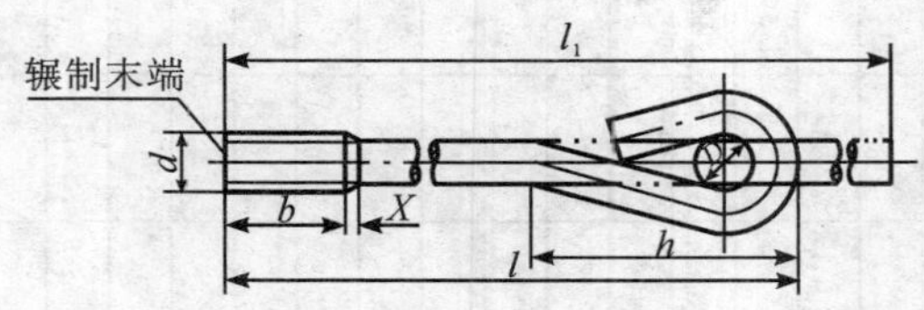

图 3－8　地脚螺栓

表 3－15　地脚螺栓的尺寸规格（mm）

螺纹规格 d			M6	M8	M10	M12	M16	M20	M24	M30	M36	M42	M48
b	max		27	31	36	40	50	58	68	80	94	106	118
	min		24	28	32	36	44	52	60	72	84	96	108
D			10	10	15	20	20	30	30	45	60	60	70
h			41	46	65	82	93	127	139	192	244	261	302
l_1			l + 37	1 + 37	l + 53	l + 72	l + 72	l + 110	l + 110	l + 165	l + 217	l + 217	l + 255
X max			2.5	3.2	3.8	4.2	5	6.3	7.5	8.8	10	11.3	12.5
l													
公称	min	max											
80	72	88											
120	112	128											

续表

螺纹规格 d			M6	M8	M10	M12	M16	M20	M24	M30	M36	M42	M48
160	152	168											
220	212	228				商							
300	292	308					品						
400	392	408						规					
500	488	512							格				
600	618	642								范			
800	788	812									围		
1 000	988	912											
1 250	1 238	1 262											
1 500	1 488	1 512											

注：螺纹末端按 GB/T 2 规定；无螺纹部分杆径约等于螺纹中径或螺纹大径。

螺栓标记方法按 GB/T 1237 规定。

标记示例：

螺纹规格 d = M20、公称长度 l = 400mm、性能等级为 3.6 级、不经表面处理的地脚螺栓的标记：

螺栓　GB/T 799　M20 × 400

8. T 形槽螺栓

T 形槽螺栓（GB/T 37—1988）的型式如图 3 - 9 所示，其尺寸规格列于表 3 - 16。

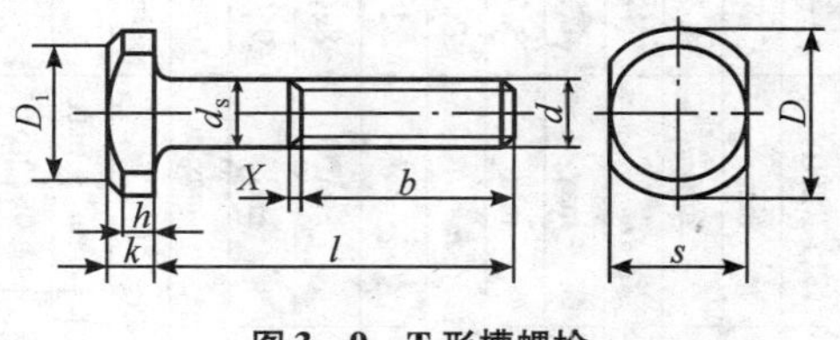

图 3 - 9　T 形槽螺栓

表 3－16　T 形槽螺栓的尺寸规格（mm）

螺纹规格 d			M5	M6	M8	M10	M12	M16	M20	M24	M30	M36	M42	M48
b	$l \leqslant 125$		16	18	22	26	30	38	46	54	66	78	—	—
	$125 < l \leqslant 200$		—	—	28	32	36	44	52	60	72	84	96	108
	$l > 200$		—	—	—	—	—	57	65	73	85	97	109	121
d_s	max		5	6	8	10	12	16	20	24	30	36	42	48
	min		4. 70	5. 70	7. 64	9. 64	11. 57	15. 57	19. 48	23. 48	29. 48	35. 38	41. 38	47. 38
D			12	16	20	25	30	38	46	58	25	85	95	105
k	max		4. 24	5. 24	6. 24	7. 29	9. 29	12. 35	14. 35	16. 35	20. 42	24. 42	28. 42	32. 50
	min		3. 76	5. 76	5. 76	6. 71	8. 71	11. 65	13. 65	15. 65	19. 58	23. 58	27. 58	31. 50
h			2. 8	3. 4	4. 1	4. 8	6. 5	9	10. 4	11. 8	14. 5	18. 5	22. 0	26. 0
s	公　称		9	12	14	18	22	28	34	44	57	67	76	86
	min		8. 64	11. 57	13. 57	17. 57	21. 16	27. 16	33. 00	43. 00	55. 80	65. 10	74. 10	83. 80
	max		9. 00	12. 00	14. 00	18. 00	22. 00	28. 00	34. 00	44. 00	57. 00	67. 00	76. 00	86. 00
X	max		2. 0	2. 5	3. 2	3. 8	4. 2	5	6. 3	7. 5	8. 8	10	11. 3	12. 5
l														
公称	min	max												
25	23. 95	26. 05												
30	28. 95	21. 05												
35	33. 75	36. 25												
40	38. 75	41. 25												
45	43. 75	46. 25												

续表

螺纹规格 d			M5	M6	M8	M10	M12	M16	M20	M24	M30	M36	M42	M48
50	48.75	61.25												
(55)	53.5	56.5												
60	58.5	61.5				通								
(65)	63.5	66.5					用							
70	68.5	71.5												
80	78.5	81.5												
90	88.85	91.75						规						
100	98.25	101.75							格					
110	108.25	111.75												
120	118.25	121.75												
130	128	132								范				
140	138	142									围			
150	148	152												
160	158	162												
180	178	182												
200	197.7	202.3												
220	217.7	222.3												
240	237.7	242.3												
260	257.4	262.6												
280	277.4	282.6												
300	297.4	302.6												

注：①尽可能不采用括号内的规格。

②图中 $D_1 \approx 0.95s$；末端按 GB/T 2 规定。

螺栓标记方法按 GB/T 1237 规定。

标记示例：

螺纹规格 d = M10，公称长度 l = 100mm、性能等级 8.8 级、表面氧化的 T 形槽螺栓标记为：

螺栓　GB/T 37　M10 × 100

3.1.4　螺钉

1. 开槽盘头螺钉

开槽盘头螺钉（GB/T 67—2000）的型式如图 3 – 10 所示，其尺寸规格列于表 3 – 17。

螺钉的尺寸代号和标注应符合 GB/T 5276 规定。

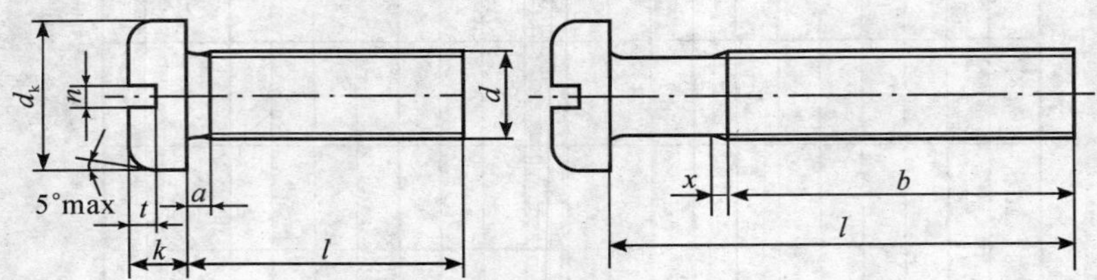

图 3 – 10　开槽盘头螺钉示意图

表 3 – 17　开槽盘头螺钉的规格尺寸（mm）

螺纹规格 d		M1.6	M2	M2.5	M3	(M3.5)	M4	M5	M6	M8	M10
螺距 P		0.35	0.4	0.45	0.5	0.6	0.7	0.8	1	1.25	1.5
a	max	0.7	0.8	0.9	1	1.2	1.4	1.6	2	2.5	3
b	min	25	25	25	25	38	38	38	38	38	38
d_k	公称 = max	3.2	4.0	5.0	5.6	7.00	8.00	9.50	12.00	16.00	20.00
	min	2.9	3.7	4.7	5.3	6.64	7.64	9.14	11.57	15.57	19.48
k	公称 = max	1.00	1.30	1.50	1.80	2.10	2.40	3.00	3.6	4.8	6.0
	min	0.86	1.16	1.36	1.66	1.96	2.26	2.86	3.3	4.5	5.7
n	公称	0.4	0.5	0.6	0.8	1	1.2	1.2	1.6	2	2.5
	max	0.60	0.70	0.80	1.00	1.20	1.51	1.51	1.91	2.31	2.81
	min	0.46	0.56	0.66	0.86	1.06	1.26	1.26	1.66	2.06	2.56
t	min	0.35	0.5	0.6	0.7	0.8	1	1.2	1.4	1.9	2.4

续表

螺纹规格 d			M1.6	M2	M2.5	M3	(M3.5)	M4	M5	M6	M8	M10
x		max	0.9	1	1.1	1.25	1.5	1.75	2	2.5	3.2	3.8
l			每 1 000 件钢螺钉的质量($\rho = 7.85 kg/dm^3$) ≈ kg									
公称	min	max										
2	1.8	2.2	0.075									
2.5	2.3	2.7	0.081	0.152								
3	2.8	3.2	0.087	0.161	0.281							
4	3.76	4.24	0.099	0.18	0.311	0.463						
5	4.76	5.24	0.11	0.198	0.341	0.507	0.825	1.16				
6	5.76	6.24	0.122	0.217	0.371	0.551	0.885	1.24	2.12			
8	7.71	8.29	0.145	0.254	0.431	0.639	1	1.39	2.37	4.02		
10	9.71	10.29	0.168	0.292	0.491	0.727	1.12	1.55	2.61	4.37	9.38	
12	11.65	12.35	0.192	0.329	0.551	0.816	1.24	1.7	2.86	4.72	10	18.2
(14)	13.65	14.35	0.215	0.366	0.611	0.904	1.36	1.86	3.11	5.1	10.6	19.2
16	15.65	16.35	0.238	0.404	0.671	0.992	1.48	2.01	3.36	5.45	11.2	20.2
20	19.58	20.42		0.478	0.792	1.17	1.72	2.32	3.85	6.14	12.6	22.2
25	24.58	25.42			0.942	1.39	2.02	2.71	4.47	7.01	14.1	24.7
30	29.58	30.42				1.61	2.32	3.1	5.09	7.9	15.7	27.2
35	34.5	35.5					2.62	3.48	5.71	8.78	17.3	29.7
40	39.5	40.5						3.87	6.32	9.66	18.9	32.2
45	44.5	45.5							6.94	10.5	20.5	34.7
50	49.5	50.5							7.56	11.4	22.1	37.2

续表

螺纹规格 d			M1.6	M2	M2.5	M3	(M3.5)	M4	M5	M6	M8	M10
(55)	54.05	55.95								12.3	23.7	39.7
60	59.05	60.95								13.2	25.3	42.2
(65)	64.05	65.95									26.9	44.7
70	69.05	70.95									28.5	47.2
(75)	74.05	75.95									30.1	49.7
80	79.05	80.95									31.7	52.2

注：①尽可能不采用括号内的规格。

②阶梯实线间为商品长度规格。

③公称长度在阶梯虚线以上的螺钉，制出全螺纹（$b = l - a$）。

标记示例：

标记方法按 GB/T 1237 规定。

螺纹规格 d = M5、公称长度 l = 20mm、性能等级为 4.8 级、不经表面处理 A 级开槽盘头螺钉的标记为：

螺钉　GB/T 67　M5 × 20

2. 开槽沉头螺钉

开槽沉头螺钉（GB/T 68—2000）的型式如图 3 - 11 所示，其尺寸规格列于表 3 - 18。

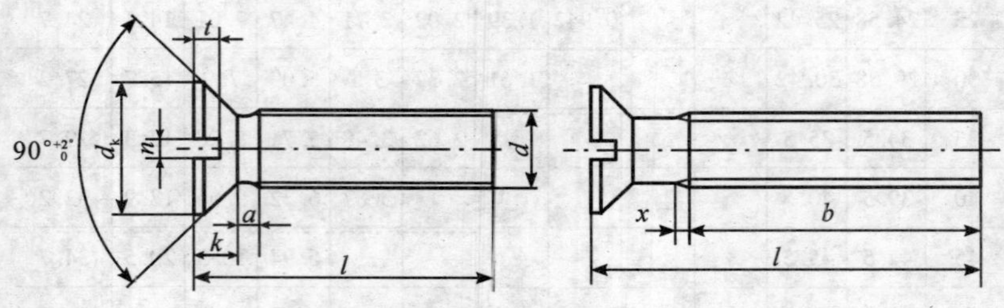

图 3 - 11　开槽沉头螺钉

表 3－18　开槽沉头螺钉的规格尺寸（mm）

螺纹规格 d			M1.6	M2	M2.5	M3	(M3.5)	M4	M5	M6	M8	M10
螺距 P			0.35	0.4	0.45	0.5	0.6	0.7	0.8	1	1.25	1.5
a		max	0.7	0.8	0.9	1	1.2	1.4	1.6	2	2.5	3
b		min	25	25	25	25	38	38	38	38	38	38
d_k	理论值	max	3.6	4.4	5.5	6.3	8.2	9.4	10.4	12.6	17.3	20
	实际值	公称=max	3.0	3.8	4.7	5.5	7.30	8.40	9.30	11.30	15.80	18.30
		min	2.7	3.5	4.4	5.2	6.94	8.04	8.94	10.87	15.37	17.78
k	公称 = max		1	1.2	1.5	1.65	2.35	2.7	2.7	3.3	4.65	5
n	公称		0.4	0.5	0.6	0.8	1	1.2	1.2	1.6	2	2.5
	max		0.60	0.70	0.80	1.00	1.20	1.51	1.51	1.91	2.31	2.81
	min		0.46	0.56	0.66	0.86	1.06	1.26	1.26	1.66	2.06	2.56
t	max		0.50	0.6	0.75	0.85	1.2	1.3	1.4	1.6	2.3	2.6
	min		0.32	0.4	0.50	0.60	0.9	1.0	1.1	1.2	1.8	2.0
x		max	0.9	1	1.1	1.25	1.5	1.75	2	2.5	3.2	3.8
l			每 1 000 件钢螺钉的质量($\rho = 7.85\text{kg/dm}^3$) ≈ kg									
公称	min	max										
2.5	2.3	2.7	0.053									
3	2.8	3.2	0.058	0.101								
4	3.76	4.24	0.069	0.119	0.206							
5	4.76	5.24	0.081	0.137	0.236	0.335						
6	5.76	6.24	0.093	0.152	0.266	0.379	0.633	0.903				
8	7.71	8.29	0.116	0.193	0.326	0.467	0.753	1.06	1.48	2.38		
10	9.71	10.29	0.139	0.231	0.386	0.555	0.873	1.22	1.72	2.73	5.68	
12	11.65	12.35	0.162	0.268	0.446	0.643	0.993	1.37	1.96	3.08	6.32	9.54

续表

螺纹规格 d			M1.6	M2	M2.5	M3	(M3.5)	M4	M5	M6	M8	M10
(14)	13.65	14.35	0.185	0.306	0.507	0.731	1.11	1.53	2.2	3.43	6.96	10.6
16	15.65	16.35	0.208	0.343	0.567	0.82	1.23	1.68	2.44	3.78	7.6	11.6
20	19.58	20.42		0.417	0.687	0.996	1.47	2	2.92	4.48	8.88	13.6
25	24.58	25.42			0.838	1.22	1.77	2.39	3.52	5.36	10.5	16.1
30	29.58	30.42				1.44	2.07	2.78	4.12	6.23	12.1	18.7
35	34.5	35.5					2.37	3.17	4.72	7.11	13.7	21.2
40	39.5	40.5						3.56	5.32	7.98	15.3	23.7
45	44.5	45.5							5.92	8.86	16.9	26.2
50	49.5	50.5							6.52	9.73	18.5	28.8
(55)	54.05	55.95								10.6	20.1	31.3
60	59.05	60.95								11.5	21.7	33.8
(65)	64.05	65.95									23.3	36.3
70	69.05	70.95									24.9	38.9
(75)	74.05	75.95									26.5	41.4
80	79.05	80.95									28.1	43.9

注：①尽可能不采用括号内的规格。

②阶梯实线间为商品长度规格。

③公称长度在阶梯虚线以上的螺钉，制出全螺纹（$b=l-a$）。

尺寸代号和标注应符合 GB/T 5276 规定；标记方法按 GB/T 1237 规定。

标记示例：

螺纹规格 $d=$M5、公称长度 $l=20$mm、性能等级为 4.8 级、不经表面处理的 A 级开槽沉头螺钉标记为：

螺钉　GB/T 68　M5×20

3. 十字槽盘头螺钉

十字槽盘头螺钉（GB/T 818—2000）的型式如图 3－12 所示。其规格尺寸列于表 3－19。

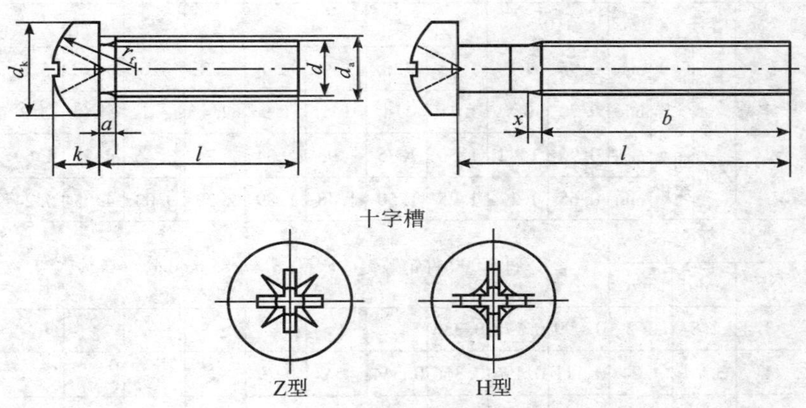

图 3－12　十字槽盘头螺钉示意图

表 3－19　十字槽盘头螺钉的规格尺寸（mm）

螺纹规格 d		M1.6	M2	M2.5	M3	(M3.5)	M4	M5	M6	M8	M10
螺距 P		0.35	0.4	0.45	0.5	0.6	0.7	0.8	1	1.25	1.5
a	max	0.7	0.8	0.9	1	1.2	1.4	1.6	2	2.5	3
b	min	25	25	25	25	38	38	38	38	38	38
d_a	max	2	2.6	3.1	3.6	4.1	4.7	5.7	6.8	9.2	11.2
d_k	公称＝max	3.2	4.0	5.0	5.6	7.00	8.00	9.50	12.00	16.00	20.00
	min	2.9	3.7	4.7	5.3	6.64	7.64	9.14	11.57	15.57	19.48
k	公称＝max	1.30	1.60	2.10	2.40	2.60	3.10	3.70	4.6	6.0	7.50
	min	1.16	1.46	1.96	2.26	2.46	2.92	3.52	4.3	5.7	7.14
r_f	≈	2.5	3.2	4	5	6	6.5	8	10	13	16

续表

螺纹规格 d			M1.6	M2	M2.5	M3	(M3.5)	M4	M5	M6	M8	M10
x		max	0.9	1	1.1	1.25	1.5	1.75	2	2.5	3.2	3.8
十字槽	槽号	No.	0		1		2			3	4	
十字槽	H型 插入深度	max	0.95	1.2	1.55	1.8	1.9	2.4	2.9	3.6	4.6	5.8
十字槽	H型 插入深度	min	0.70	0.9	1.15	1.4	1.4	1.9	2.4	3.1	4.0	5.2
十字槽	Z型 插入深度	max	0.90	1.42	1.50	1.75	1.93	2.34	2.74	3.46	4.50	5.69
十字槽	Z型 插入深度	min	0.65	1.17	1.25	1.50	1.48	1.89	2.29	3.03	4.05	5.24
l			每1 000件钢螺钉的质量(ρ=7.85kg/dm^3)≈kg									
公称	min	max										
3	2.8	3.2	0.099	0.178	0.336							
4	3.76	4.24	0.111	0.196	0.366	0.544						
5	4.76	5.24	0.123	0.215	0.396	0.588	0.891	1.3				
6	5.76	6.24	0.134	0.233	0.426	0.632	0.951	1.38	2.32			
8	7.71	8.29	0.157	0.27	0.486	0.72	1.07	1.53	2.57	4.37		
10	9.71	10.29	0.18	0.307	0.546	0.808	1.19	1.69	2.81	4.72	9.96	
12	11.65	12.35	0.203	0.344	0.606	0.896	1.31	1.84	3.06	5.07	10.6	19.8
(14)	13.65	14.35	0.226	0.381	0.666	0.984	1.43	2	3.31	5.42	11.2	20.8
16	15.65	16.35	0.245	0.418	0.726	1.07	1.55	2.15	3.56	5.78	11.9	21.8
20	19.58	20.42		0.492	0.846	1.25	1.79	2.46	4.05	6.48	13.2	23.8
25	24.58	25.42			0.996	1.47	2.09	2.85	4.67	7.36	14.8	26.3
30	29.58	30.42				1.69	2.39	3.23	5.29	8.24	16.4	28.8
35	34.5	35.5					2.68	3.62	5.91	9.12	18	31.3
40	39.5	40.5						4.01	6.52	10	19.6	33.9
45	44.5	45.5							7.14	10.9	21.2	36.4

续表

螺纹规格 d			M1.6	M2	M2.5	M3	(M3.5)	M4	M5	M6	M8	M10
50	49.5	50.5								11.8	22.8	38.9
(55)	54.05	55.95								12.6	24.4	41.4
60	59.05	60.95								13.5	26	43.9

注：①括号内的规格尽量不采用。

②表中阶梯实线间为商品长度规格。

③公称长度在阶梯虚线以上的螺钉，制出全螺纹（$b = l - a$）。

螺钉的尺寸代号和标注应符合 GB/T 5276 规定；标记方法按 GB/T 1237 规定。

标记示例：

螺纹规格 d = M5、公称长度 l = 20mm、性能等级为 4.8 级、H 型十字槽、不经表面处理的 A 级十字槽盘头螺钉，其标记为：

螺钉　GB/T 818　M5 ×20

4. 内六角圆柱头螺钉

内六角圆柱头螺钉（GB/T 70.1—2000）的型式如图 3 –13 所示。其规格尺寸列于表 3 –20。

螺钉尺寸代号和标注应符合 GB/T 5276 规定。

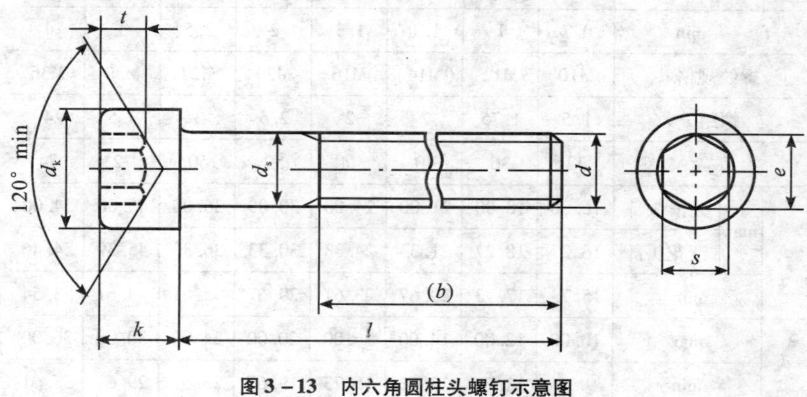

图 3 –13　内六角圆柱头螺钉示意图

表3-20　内六角圆柱头螺钉的规格尺寸（mm）

螺纹规格 d			M1.6	M2	M2.5	M3	M4	M5	M6	M8
螺距 P			0.35	0.4	0.45	0.5	0.7	0.8	1	1.25
$b_{参考}$			15	16	17	18	20	22	24	28
d_k	max	光滑头部	3.00	3.80	4.50	5.50	7.00	8.50	10.00	13.00
		滚花头部	3.14	3.98	4.68	5.68	7.22	8.72	10.22	13.27
	min		2.86	3.62	4.32	5.32	6.78	8.28	9.78	12.73
d_s	max		1.60	2.00	2.50	3.00	4.00	5.00	6.00	8.00
	min		1.46	1.86	2.36	2.86	3.82	4.82	5.82	7.78
e	min		1.73	1.73	2.3	2.87	3.44	4.58	5.72	6.86
k	max		1.60	2.00	2.50	3.00	4.00	5.00	6.00	8.00
	min		1.46	1.86	2.36	2.86	3.82	4.82	5.7	7.64
s	公称		1.5	1.5	2	2.5	3	4	5	6
	max	12.9 级	1.545	1.545	2.045	2.56	3.071	4.084	5.084	6.095
		其他等级	1.560	1.560	2.060	2.58	3.080	4.095	5.140	6.140
	min		1.520	1.520	2.020	2.52	3.020	4.020	5.020	6.020
t	min		0.7	1	1.1	1.3	2	2.5	3	4
螺纹规格 d			M10	M12	（M14）	M16	M20	M24	M30	M36
螺距 P			1.5	1.75	2	2	2.5	3	3.5	4
$b_{参考}$			32	36	40	44	52	60	72	84
d_k	max	光滑头部	16.00	18.00	21.00	24.00	30.00	36.00	45.00	54.00
		滚花头部	16.27	18.27	21.33	24.33	30.33	36.39	45.39	54.46
	min		15.73	17.73	20.67	23.67	29.67	35.61	44.61	53.54
d_s	max		10.00	12.00	14.00	16.00	20.00	24.00	30.00	36.00
	min		9.78	11.73	13.73	15.73	19.67	23.67	29.67	35.61

续表

螺纹规格 d			M10	M12	（M14）	M16	M20	M24	M30	M36
e	min		9. 15	11. 43	13. 72	16. 00	19. 44	21. 73	25. 15	30. 85
k	max		10. 00	12. 00	14. 00	16. 00	20. 00	24. 00	30. 00	36. 00
	min		9. 64	11. 57	13. 57	15. 57	19. 48	23. 48	29. 48	35. 38
s	公称		8	10	12	14	17	19	22	27
	max	12. 9 级	8. 115	10. 115	12. 142	14. 142	17. 23	19. 275	22. 275	27. 275
		其他等级	8. 175	10. 175	12. 212	14. 212				
	min		8. 025	10. 025	12. 032	14. 032	17. 05	19. 065	22. 065	27. 065
t	min		5	6	7	8	10	12	15. 5	19

螺纹规格 d			M42	M48	M56	M64
螺距 P			4. 5	5	55	6
$b_{参考}$			96	106	124	140
d_k	max	光滑头部	63. 00	72. 00	84. 00	96. 00
		滚花头部	63. 46	72. 46	84. 54	96. 54
	min		62. 54	71. 54	83. 46	95. 46
d_s	max		42. 00	48. 00	56. 00	64. 00
	min		41. 61	47. 61	55. 54	63. 54
e	min		36. 57	41. 13	46. 83	52. 53
k	max		42. 00	48. 00	56. 00	64. 00
	min		41. 38	47. 38	55. 26	63. 26
s	公称		32	36	41	46
	max（其他等级）		32. 33	36. 33	41. 33	46. 33
	min		32. 08	36. 08	41. 08	46. 08
t	min		24	28	34	38

注：①表中 $e_{min}=1.14S_{min}$。

②螺纹公差：12. 9 级为 5g6g，其他等级为 6g。

③长度系列为 2. 5、3、4、5、6、8、10、12、16、20 ~ 70（5 进位）、80 ~ 160（10 进位）、180 ~ 300（20 进位）。

④括号内尺寸尽量不采用。

标记方法按 GB/T 1237 规定。

标记示例：

螺纹规格 d = M5、公称长度 l = 20mm、性能等级为 8.8 级、表面氧化的 A 级内六角圆柱头螺钉标记为：

螺钉　GB/T 70.1　M5 × 20

5. 内六角平圆头螺钉

内六角平圆头螺钉（GB/T 70.2—2000）的型式如图 3 - 14 所示，其规格尺寸列于表 3 - 21。

螺钉尺寸代号和标注应符合 GB/T 5276 的规定；螺纹标记方法按 GB/T 1237 规定。

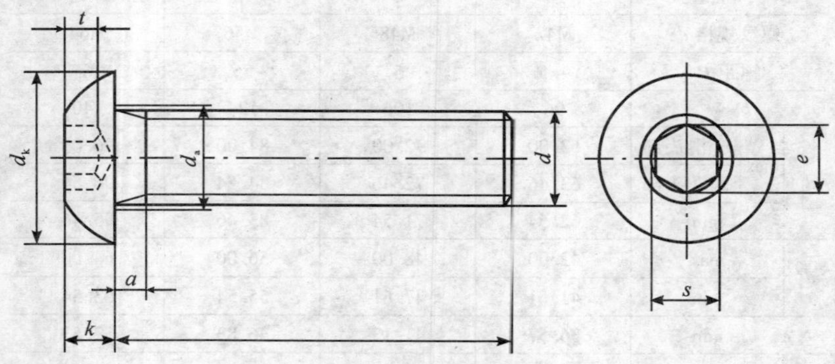

图 3 - 14　内六角平圆头螺钉示意图

表 3 - 21　内六角平圆头螺钉的规格尺寸（mm）

螺纹规格 d		M3	M4	M5	M6	M8	M10	M12	M16
螺距 P		0.5	0.7	0.8	1	1.25	1.5	1.75	2
a	max	1.0	1.4	1.6	2	2.50	3.0	3.50	4
	min	0.5	0.7	0.8	1	1.25	1.5	1.75	2
d_a	max	3.6	4.7	5.7	6.8	9.2	11.2	14.2	18.2
d_k	max	5.7	7.60	9.50	10.50	14.00	17.50	21.00	28.00
	min	5.4	7.24	9.14	10.07	13.57	17.07	20.48	27.48
e	min	2.3	2.87	3.44	4.58	5.72	6.86	9.15	11.43

续表

螺纹规格 d			M3	M4	M5	M6	M8	M10	M12	M16
k	max		1.65	2.20	2.75	3.3	4.4	5.5	6.60	8.80
	min		1.40	1.95	2.50	3.0	4.1	5.2	6.24	8.44
s	公称		2	2.5	3	4	5	6	8	10
	max	12.9 级	2.045	2.56	3.071	4.084	5.084	6.095	8.115	10.115
		其他等级	2.060	2.58	3.080	4.095	5.140	6.140	8.175	10.175
	min		2.020	2.52	3.020	4.020	5.020	6.020	8.025	10.025
t	min		1.04	1.3	1.56	2.08	2.6	3.12	4.16	5.2
l										
公称	min	max								
6	5.76	6.24								
8	7.71	8.29								
10	9.71	10.29								
12	11.65	12.35		商品						
16	15.65	16.35				长度				
20	19.58	20.42								
25	24.58	25.42						范围		
30	29.58	30.42								
35	34.5	35.5								
40	39.5	40.5								
45	44.5	45.5								
50	49.5	50.5								

标记示例：

螺纹规格 d = M12、公称长度 l = 40mm、性能等级为 12.9 级、表面氧化

的 A 级内六角平圆头螺钉，其标记为：螺钉 GB/T 70.2 M12×40

6. 内六角沉头螺钉

内六角沉头螺钉（GB/T 70.3—2000）的型式如图 3-15 所示。其规格尺寸列于表 3-22。螺钉尺寸代号和标注应符合 GB/T 5276 规定。

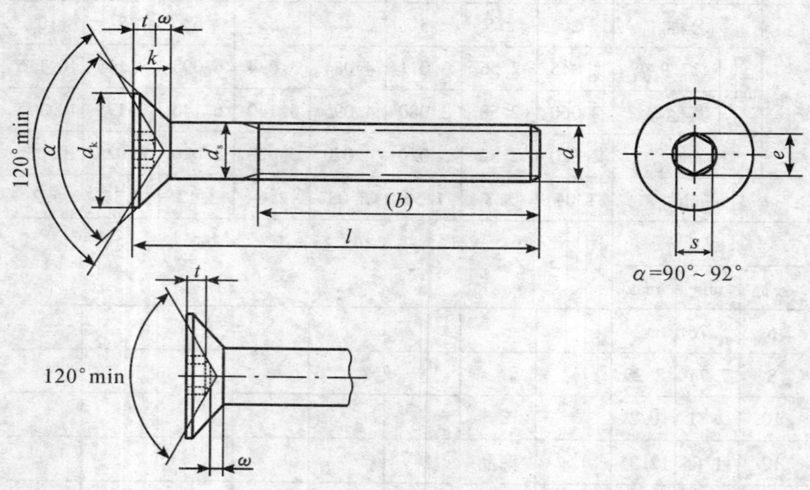

图 3-15 内六角沉头螺钉示意图

表 3-22 内六角沉头螺钉的规格尺寸（mm）

螺纹规格 d			M3	M4	M5	M6	M8	M10	M12	(M14)	M16	M20
螺距 P			0.5	0.7	0.8	1	1.25	1.5	1.75	2	2	2.5
$b_{参考}$			18	20	22	24	28	32	36	40	44	52
d		max	3.3	4.4	5.5	6.6	8.54	10.62	13.5	15.5	17.5	22
d_k	理论值	max	6.72	8.96	11.20	13.44	17.92	22.40	26.88	30.80	33.60	40.32
	实际值	min	5.54	7.53	9.43	11.34	15.24	19.22	23.12	26.52	29.01	36.05
d_s		max	3.00	4.00	5.00	6.00	8.00	10.00	12.00	14.00	16.00	20.00
		min	2.86	3.82	4.82	5.82	7.78	9.78	11.73	13.73	15.73	19.67

续表

螺纹规格 d			M3	M4	M5	M6	M8	M10	M12	(M14)	M16	M20
e		min	2.3	2.87	3.44	4.58	5.72	6.86	9.15	11.43	11.43	13.72
k		max	1.86	2.48	3.1	3.72	4.96	6.2	7.44	8.4	8.8	10.16
s	公称		2	2.5	3	4	5	6	8	10	10	12
	max	12.9 级	2.045	2.56	3.071	4.084	5.084	6.095	8.115	10.115	10.115	12.142
		其他等级	2.060	2.58	3.080	4.095	5.140	6.140	8.175	10.175	10.175	12.212
	min		2.020	2.52	3.020	4.020	5.020	6.020	8.025	10.025	10.025	12.032
t		min	1.1	1.5	1.9	2.2	3	3.6	4.3	4.5	4.8	5.6
ω		min	0.25	0.45	0.66	0.7	1.16	1.62	1.8	1.62	2.2	2.2
l			8 ~ 30	8 ~ 40	8 ~ 50	8 ~ 60	10 ~ 80	12 ~ 100	16 ~ 100	20 ~ 100	25 ~ 100	30 ~ 100

注：①括号内尺寸尽量不采用。

②表中 $e_{min} = 1.14s_{min}$。

③s 应用综合测量方法进行测量。

④表中 d_s 用于 12.9 级。

标记示例：

螺纹规格 d = M12、公称长度 l = 40mm、性能等级为 8.8 级、表面氧化的 A 级内六角沉头螺钉标记为：

螺钉　GB/T 70.3　M12 × 40

7. 内六角平端紧定螺钉

内六角平端紧定螺钉（GB/T 77—2000）的型式如图 3 – 16 所示。其尺寸规格列于表 3 – 23。

紧定螺钉的尺寸代号和标注应符合 GB/T 5276 规定。

表 3－23　内六角平端紧定螺钉的规格尺寸（mm）

螺纹规格 d			M1.6	M2	M2.5	M3	M4	M5	M6	M8	M10	M12	M16	M20	M24
螺距 P			0.35	0.4	0.45	0.5	0.7	0.8	1	1.25	1.5	1.75	2	2.5	3
d_p	max		0.80	1.00	1.50	2.00	2.50	3.5	4.0	5.5	7.00	8.50	12.00	15.00	18.00
	min		0.55	0.75	1.25	1.75	2.25	3.2	3.7	5.2	6.64	8.14	11.57	14.57	17.57
d_f			≈螺纹小径												
e	min		0.803	1.003	1.427	1.73	2.3	2.87	3.44	4.58	5.72	6.86	9.15	11.43	13.72
s	公称		0.7	0.9	1.3	1.5	2	2.5	3	4	5	6	8	10	12
	max		0.724	0.902	1.295	1.545	2.045	2.560	3.071	4.084	5.084	6.095	8.115	10.115	12.142
	min		0.711	0.889	1.270	1.520	2.020	2.520	3.020	4.020	5.020	6.020	8.025	10.025	12.032
t/min	⑦		0.7	0.8	1.2	1.2	1.5	2	2	3	4	4.8	6.4	8	10
	⑧		1.5	1.7	2	2	2.5	3	3.5	5	6	8	10	12	15
l			每 1 000 件钢螺钉的质量（ρ＝7.85kg/dm^3）≈kg												
公称	min	max													
2	1.8	2.2	0.021	0.029	0.05	0.059									
2.5	2.3	2.7	0.025	0.037	0.063	0.08	0.099								
3	2.8	3.2	0.029	0.044	0.075	0.1	0.4	0.2							
4	3.76	4.24	0.037	0.059	0.1	0.14	0.22	0.32	0.41						
5	4.76	5.24	0.046	0.074	0.125	0.18	0.3	0.44	0.585	0.945					
6	5.76	6.24	0.054	0.089	0.15	0.22	0.38	0.56	0.76	1.26	1.77				
8	7.71	8.29	0.07	0.119	0.199	0.3	0.54	0.8	1.11	1.89	2.78	4			

续表

螺纹规格 d			M1.6	M2	M2.5	M3	M4	M5	M6	M8	M10	M12	M16	M20	M24
10	9.71	10.29		0.148	0.249	0.38	0.7	1.04	1.46	2.52	3.78	5.4	8.5		
12	11.65	12.35			0.299	0.46	0.86	1.28	1.81	3.15	4.78	6.8	11.1	15.8	
16	15.65	16.35				0.62	1.18	1.76	2.51	4.41	6.78	9.6	16.3	24.1	30
20	19.58	20.42					1.49	2.24	3.21	5.67	8.76	12.4	21.5	32.3	42
25	24.58	25.42						2.84	4.09	7.25	11.2	15.9	28	42.6	57
30	29.58	30.42							4.97	8.82	13.7	19.4	34.6	52.9	72
35	34.5	35.5								10.4	16.2	22.9	41.1	63.2	87
40	39.5	40.5								12	18.7	26.4	47.7	73.5	102
45	44.5	45.5									21.2	29.9	54.2	83.8	117
50	49.5	50.5									23.7	33.4	60.7	94.1	132
55	54.4	55.6										36.8	67.3	104	147
60	59.4	60.6										40.3	73.7	115	162

注：①阶梯实线间为商品长度规格。

②除 M1.6、M2 和 M2.5 外，$e_{min}=1.14s_{min}$。

③s 应用综合测量方法进行检验。

④图中 45°角仅适用于螺纹小径以内的末端部分。

⑤图中，对切制内六角，当尺寸达到最大极限时，由于钻孔造成的过切不应超过内六角任何一面长度（t）的 20%。

⑥公称长度在表中虚线以上的短螺钉应制成 120°。

⑦用于公称长度在阶梯虚线以上的螺钉。

⑧用于公称长度在阶梯虚线以下的螺钉。

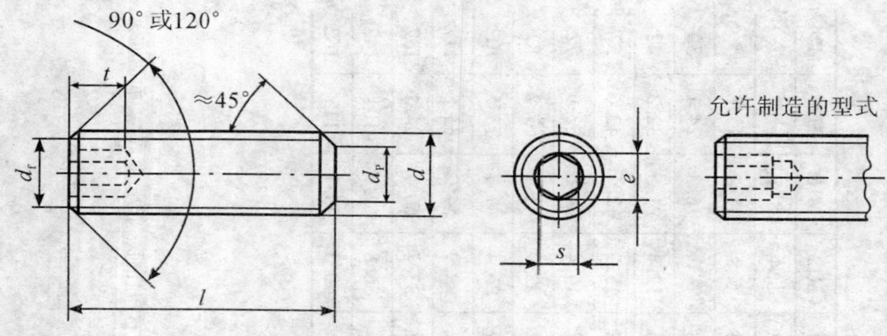

图 3－16 内六角平端紧定螺钉

螺钉的标记方法按 GB/T 1237 规定。

标记示例：

螺纹规格 d = M6、公称长度 l = 12mm、性能等级为 45H 级、表面氧化的 A 级内六角平端紧定螺钉的标记为：

螺钉 GB/T 77 M6 × 12

8. 内六角锥端紧定螺钉

内六角锥端紧定螺钉（GB/T 78—2000）的型式如图 3－17 所示，其尺寸规格列于表 3－24。

紧定螺钉的尺寸代号和标注应符合 GB/T 5276 规定。

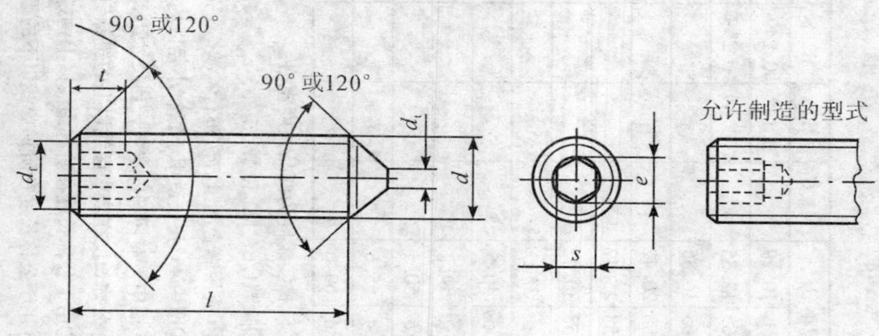

图 3－17 内六角锥端紧定螺钉

表 3-24　内六角锥端紧定螺钉的规格尺寸（mm）

螺纹规格 d			M1.6	M2	M2.5	M3	M4	M5	M6	M8	M10	M12	M16	M20	M24
螺距 P			0.35	0.4	0.45	0.5	0.7	0.8	1	1.25	1.5	1.75	2	2.5	3
d_t	max		0.4	0.5	0.65	0.75	1	1.25	1.5	2	2.5	3	4	5	6
d_f			≈螺纹小径												
e	min		0.803	1.003	1.427	1.73	2.3	2.87	3.44	4.58	5.72	6.86	9.15	11.43	13.72
s	公称		0.7	0.9	1.3	1.5	2	2.5	3	4	5	6	8	10	12
	max		0.724	0.902	1.295	1.545	2.045	2.560	3.071	4.084	5.084	6.095	8.115	10.115	12.142
	min		0.711	0.889	1.270	1.520	2.020	2.520	3.020	4.020	5.020	6.020	8.025	10.025	12.032
t min	④		0.7	0.8	1.2	1.2	1.5	2	2	3	4	4.8	6.4	8	10
	⑤		1.5	1.7	2	2	2.5	3	3.5	5	6	8	10	12	15
l			每 1 000 件钢螺钉的质量（$\rho=7.85\text{kg/dm}^3$）≈kg												
公称	min	max													
2	1.8	2.2	0.021	0.029											
2.5	2.3	2.7	0.025	0.037	0.063	0.07									
3	2.8	3.2	0.029	0.044	0.075	0.09	0.1								
4	3.76	4.24	0.037	0.059	0.1	0.13	0.18	0.25							
5	4.76	5.24	0.046	0.074	0.125	0.17	0.26	0.37	0.515						
6	5.76	6.24	0.054	0.089	0.15	0.21	0.34	0.49	0.69	1.09					
8	7.71	8.29	0.07	0.119	0.199	0.29	0.5	0.73	1.04	1.72	2.4				
10	9.71	10.29		0.148	0.249	0.37	0.66	0.97	1.39	2.35	3.41	4.7			

续表

螺纹规格 d			M1.6	M2	M2.5	M3	M4	M5	M6	M8	M10	M12	M16	M20	M24
12	11.65	12.35			0.299	0.45	0.82	1.21	1.74	2.98	4.42	6.1	9.7		
16	15.65	16.35				0.61	1.14	1.69	2.44	4.24	6.43	8.9	14.9	22.2	
20	19.58	20.42					1.46	2.17	3.14	5.5	8.44	11.7	20.1	30.4	39.7
25	24.58	25.42						2.77	4.02	7.08	10.9	15.3	26.6	40.7	54.2
30	29.58	30.42							4.89	8.65	13.5	18.8	33.1	51	68.7
35	34.5	35.5								10.2	16	22.3	39.6	61.3	83.2
40	39.5	40.5								11.8	18.5	25.8	46.1	71.6	97.7
45	44.5	45.5									21	29.3	52.6	81.9	112
50	49.5	50.5									23.5	32.8	59.1	92.2	127
55	54.4	55.6										36.3	65.6	103	141
60	59.4	60.6										39.8	72.2	113	156

注：①阶梯实线间为商品长度规格。

②表中 s 应用综合测量方法进行检验。

③表中除 M1.6、M2 和 M2.5 外，$e_{min}=1.14s_{min}$。

④用于公称长度在阶梯虚线以上的螺钉。

⑤用于公称长度在阶梯虚线以下的螺钉。

⑥图中左端，公称长度在表中虚线以上的短螺钉应制成 120°。

⑦图中右端，该角仅适用于螺纹小径以内的末端部分；120°用于公称长度在表中虚折线以上的螺钉，而 90°用于其余长度。

⑧图中对切制内六角，当尺寸达到最大极限时，由于钻孔造成的过切不应超过内六角任何一面长度（t）的 20%。

标记方法按 GB/T 1237 规定。

标记示例：

螺纹规格 d = M6、公称长度 l = 12mm、性能等级为 45H 级、表面氧化的 A 级内六角锥端紧定螺钉的标记为：

螺钉　GB/T 78　M6 × 12

9. 内六角圆柱端紧定螺钉

内六角圆柱端紧定螺钉（GB/T 79—2000）的型式如图 3－18 所示，其规格尺寸列于表 3－25。

紧定螺钉尺寸代号和标注符合 GB/T 5276 规定。

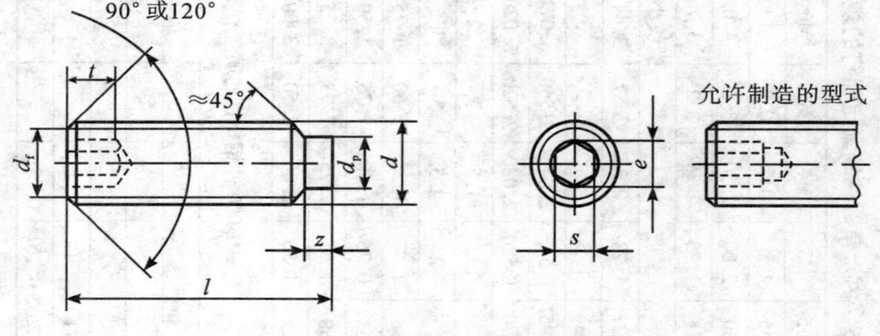

图 3－18　内六角圆柱端紧定螺钉

标记方法按 GB/T 1237 规定。

标记示例：

螺纹规格 d = M6、公称长度 l = 12mm、性能等级为 45H 级、表面氧化的 A 级内六角圆柱端紧定螺钉标记为：

螺钉　GB/T 79　M6 × 12

表 3－25　内六角圆柱端紧定螺钉的规格尺寸（mm）

螺纹规格 d			M1.6	M2	M2.5	M3	M4	M5	M6	M8	M10	M12	M16	M20	M24
螺距 P			0.35	0.4	0.45	0.5	0.7	0.8	1	1.25	1.5	1.75	2	2.5	3
d_p		max	0.80	1.00	1.50	2.00	2.50	3.5	4.0	5.5	7.00	8.50	12.00	15.00	18.00
		min	0.55	0.75	1.25	1.75	2.25	3.2	3.7	5.2	6.64	8.14	11.57	14.57	17.57
d_f			≈螺纹小径												
e		min	0.803	1.003	1.427	1.73	2.3	2.87	3.44	4.58	5.72	6.86	9.15	11.43	13.72
s		公称	0.7	0.9	1.3	1.5	2	2.5	3	4	5	6	8	10	12
		max	0.724	0.902	1.295	1.545	2.045	2.560	3.071	4.084	5.084	6.095	8.115	10.115	12.142
		min	0.711	0.889	1.270	1.520	2.020	2.520	3.020	4.020	5.020	6.020	8.025	10.025	12.032
t min		④	0.7	0.8	1.2	1.2	1.5	2	2	3	4	4.8	6.4	8	10
		⑤	1.5	1.7	2	2	2.5	3	3.5	5	6	8	10	12	15
z	短圆柱端④	max	0.65	0.75	0.88	1.00	1.25	1.50	1.75	2.25	2.75	3.25	4.3	5.3	6.3
		min	0.40	0.50	0.63	0.75	1.00	1.25	1.50	2.00	2.50	3.00	4.0	5.0	6.0
	长圆柱端⑤	max	1.05	1.25	1.50	1.75	2.25	2.75	3.25	4.3	5.3	6.3	8.36	10.36	12.43
		min	0.80	1.00	1.25	1.50	2.00	2.50	3.00	4.0	5.0	6.0	8.00	10.00	12.00
l			每 1 000 件钢螺钉的质量（ρ=7.85kg/dm³）≈kg												
公称	min	max													
2	1.8	2.2	0.024												
2.5	2.3	2.7	0.028	0.046											
3	2.8	3.2	0.029	0.053	0.085										
4	3.76	4.24	0.037	0.059	0.11	0.12									
5	4.76	5.24	0.046	0.074	0.125	0.161	0.239								

续表

螺纹规格 d			M1.6	M2	M2.5	M3	M4	M5	M6	M8	M10	M12	M16	M20	M24
6	5.76	6.24	0.054	0.089	0.15	0.186	0.319	0.528							
8	7.71	8.29	0.07	0.119	0.199	0.266	0.442	0.708	1.07	1.68					
10	9.71	10.29		0.148	0.249	0.346	0.602	0.948	1.29	2.31	3.6				
12	11.65	12.35			0.299	0.427	0.763	1.19	1.63	2.68	4.58	6.06			
16	15.65	16.35				0.586	1.08	1.67	2.31	3.94	6.05	8.94	15		
20	19.58	20.42					1.4	2.15	2.99	5.2	8.02	11	20.3	28.3	
25	24.58	25.42						2.75	3.84	6.78	10.5	14.6	25.1	38.6	55.4
30	29.58	30.42							4.69	8.35	13	18.2	31.7	45.5	69.9
35	34.5	35.5								9.93	15.5	21.8	38.3	55.8	78.4
40	39.5	40.5								11.5	18	25.4	44.9	66.1	92.9
45	44.5	45.5									20.5	29	51.5	76.4	107
50	49.5	50.5									23	32.6	58.1	86.7	122
55	54.4	55.6										36.2	64.7	97	136
60	59.4	60.6										39.8	71.3	107	151

注：①表中除 M1.6、M2 和 M2.5 外，$e_{min}=1.14s_{min}$。

②表中 s 应用综合测量方法进行检验。

③阶梯实线间为商品长度规格。

④用于公称长度在阶梯虚线以上的螺钉。

⑤用于公称长度在阶梯虚线以下的螺钉。

⑥图中左端公称长度在表中虚线以上的短螺钉应制成 120°。

⑦图中 45°角仅适用于螺纹小径以内的末端部分。

⑧图中对切制内六角，当尺寸达到最大极限时，由于钻孔造成的过切不应超过内六角任何一面长度（t）的 20%。

10. 开槽锥端紧定螺钉

开槽锥端紧定螺钉（GB/T 71—1985）的型式如图 3 - 19 所示，其规格尺寸列于表 3 - 26。

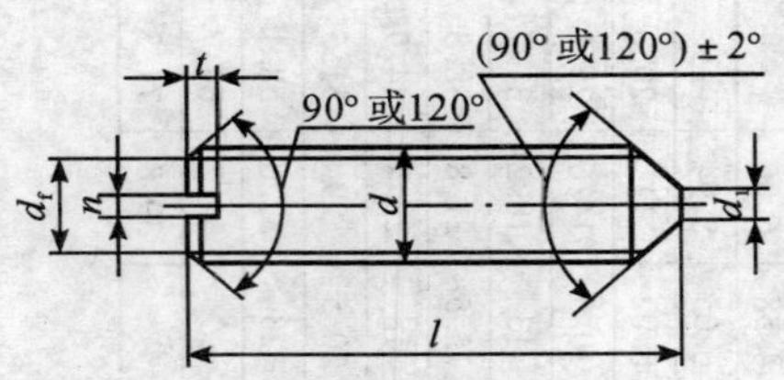

图 3 - 19　开槽锥端紧定螺钉

表 3 - 26　开槽锥端紧定螺钉的尺寸规格（mm）

螺纹规格 d			M1. 2	M1. 6	M2	M2. 5	M3	M4	M5	M6	M8	M10	M12
螺距 P			0. 25	0. 35	0. 4	0. 45	0. 5	0. 7	0. 8	1	1. 25	1. 5	1. 75
d_f			≈ 螺 纹 小 径										
d_t	min		—	—	—	—	—	—	—	—	—	—	—
	max		0. 12	0. 16	0. 2	0. 25	0. 3	0. 4	0. 5	1. 5	2	2. 5	3
n	公称		0. 2	0. 25	0. 25	0. 4	0. 4	0. 6	0. 8	1	1. 2	1. 6	2
	min		0. 26	0. 31	0. 31	0. 46	0. 46	0. 66	0. 86	1. 06	1. 26	1. 66	2. 06
	max		0. 4	0. 45	0. 45	0. 6	0. 6	0. 8	1	1. 2	1. 51	1. 91	2. 31
t	min		0. 4	0. 56	0. 64	0. 72	0. 8	1. 12	1. 28	1. 6	2	2. 4	2. 8
	max		0. 52	0. 74	0. 84	0. 95	1. 05	1. 42	1. 63	2	2. 5	3	3. 6
l													
公称	min	max											
2	1. 8	2. 2											
2. 5	2. 3	2. 7											
3	2. 8	3. 2											

续表

螺纹规格 d			M1.2	M1.6	M2	M2.5	M3	M4	M5	M6	M8	M10	M12
4	3.7	4.3											
5	4.7	5.3			商品								
6	5.7	6.3											
8	7.7	8.3											
10	9.7	10.3						规格					
12	11.6	12.4											
(14)	13.6	14.4											
16	15.6	16.4									范围		
20	19.6	20.4											
25	24.6	25.4											
30	29.6	30.4											
35	34.5	35.5											
40	39.5	40.5											
45	44.5	45.5											
50	49.5	50.5											
(55)	54.4	55.6											
60	59.4	60.6											

注：①尽可能不采用括号内的规格。

②公称长度在表中虚线以上的短螺钉制成 120°。

③公称长度在表中虚线以下的长螺钉制成 90°，虚线以上的短螺钉应制成 120°。90°或 120°仅适用螺纹小径以内的末端部分。

④ < M5 的螺钉不要求锥端有平面部分（d_t），可以倒圆。

标记示例：

螺纹规格 d = M5、公称长度 l = 12mm、性能等级为 14H 级、表面氧化的 A 级开槽锥端紧定螺钉标记为：

螺钉 GB 71 M5 ×20

11. 开槽平端紧定螺钉

开槽平端紧定螺钉（GB/T 73—1985）的型式如图 3 - 20 所示，其规格尺寸列于表 3－27。

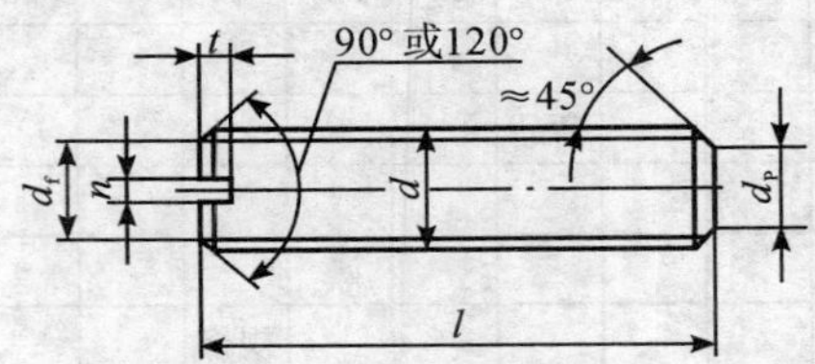

图 3－20　开槽平端紧定螺钉

表 3－27　开槽平端紧定螺钉的尺寸规格（mm）

螺纹规格 d			M1.2	M1.6	M2	M2.5	M3	M4	M5	M6	M8	M10	M12
螺距 P			0.25	0.35	0.4	0.45	0.5	0.7	0.8	1	1.25	1.5	1.75
d_f	max		螺纹小径										
d_p	min		0.35	0.55	0.75	1.25	1.75	2.25	3.2	3.7	5.2	6.64	8.14
	max		0.6	0.8	1	1.5	2	2.5	3.5	4	5.5	7	8.5
n	公称		0.2	0.25	0.25	0.4	0.4	0.6	0.8	1	1.2	1.6	2
	min		0.26	0.31	0.31	0.46	0.46	0.66	0.86	1.06	1.26	1.66	2.06
	max		0.4	0.45	0.45	0.6	0.6	0.8	1	1.2	1.51	1.91	2.8
t	min		0.4	0.56	0.64	0.72	0.8	1.12	1.28	1.6	2	2.4	2.8
	max		0.52	0.74	0.84	0.95	1.05	1.42	1.63	2	2.5	3	3.6
l													
公称	min	max											
2	1.8	2.2											
2.5	2.3	2.7											
3	2.8	3.2											
4	3.7	4.3											
5	4.7	5.3				商品							
6	5.7	6.3											
8	7.7	8.3											
10	9.7	10.3						规格					
12	11.6	12.4											
(14)	13.6	14.4											

续表

螺纹规格 d			M1.2	M1.6	M2	M2.5	M3	M4	M5	M6	M8	M10	M12
16	15.6	16.4								范围			
20	19.6	20.4											
25	24.6	25.4											
30	29.6	30.4											
35	34.5	35.5											
40	39.5	40.5											
45	44.5	45.5											
50	49.5	50.5											
(55)	54.4	55.6											
60	59.4	60.6											

注：①尽可能不采用括号内的规格。

②公称长度在表中虚线以上的短螺钉制成120°。

③图中45°仅适用于螺纹小径以内的末端部分。

标记示例：

螺纹规格 d = M5、公称长度 l = 12mm、性能等级为14H级、表面氧化的开槽平端紧定螺钉标记为：

螺钉　GB/T 73　M5×12

12. 开槽凹端紧定螺钉

开槽凹端紧定螺钉（GB/T 74—1985）的型式如图3－21所示，其规格尺寸列于表3－28。

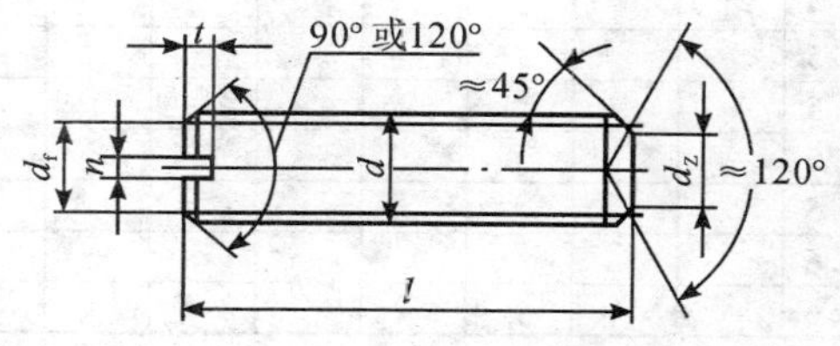

图3－21　开槽凹端紧定螺钉

表 3-28　开槽凹端紧定螺钉的尺寸规格（mm）

螺纹规格 d			M1.6	M2	M2.5	M3	M4	M5	M6	M8	M10	M12
螺距 P			0.35	0.4	0.45	0.5	0.7	0.8	1	1.25	1.5	1.75
d_f	≈		螺纹小径									
d_z	min		0.55	0.75	0.95	1.15	1.75	2.25	2.75	4.7	5.7	7.7
	max		0.8	1	1.2	1.4	2	2.5	3	5	6	8
n	公称		0.25	0.25	0.4	0.4	0.6	0.8	1	1.2	1.6	2
	min		0.31	0.31	0.46	0.46	0.66	0.86	1.06	1.26	1.66	2.06
	max		0.45	0.45	0.6	0.6	0.8	1	1.2	1.51	1.91	2.31
t	min		0.56	0.64	0.72	0.8	1.12	1.28	1.6	2	2.4	2.8
	max		0.74	0.84	0.95	1.05	1.42	1.63	2	2.5	3	3.6
l												
公称	min	max										
2	1.8	2.2										
2.5	2.3	2.7										
3	2.8	3.2										
4	3.7	4.3										
5	4.7	5.3			商品							
6	5.7	6.3										
8	7.7	8.3										
10	9.7	10.3					规格					
12	11.6	12.4										
(14)	13.6	14.4										
16	15.6	16.4							范围			
20	19.6	20.4										
25	24.6	25.4										
30	29.6	30.4										
35	34.5	35.5										
40	39.5	40.5										
45	44.5	45.5										
50	49.5	50.5										
(55)	54.4	55.6										
60	59.4	60.6										

注：①尽可能不采用括号内的规格。

②图中 45°仅适用于螺纹小径以内的末端部分。

③图中 90°或 120°：公称长度在表中虚线以上的短螺钉应制成 120°。

标记示例：

螺纹规格 d = M5、公称长度 l = 12mm、性能等级为 14H 级、表面氧化的开槽凹端紧定螺钉标记为：

螺钉　GB/T 74　M5 × 12

13. 开槽长柱端紧定螺钉

开槽长柱端紧定螺钉（GB/T 75—1985）的型式如图 3 - 22 所示，其尺寸规格列于表 3 - 29。

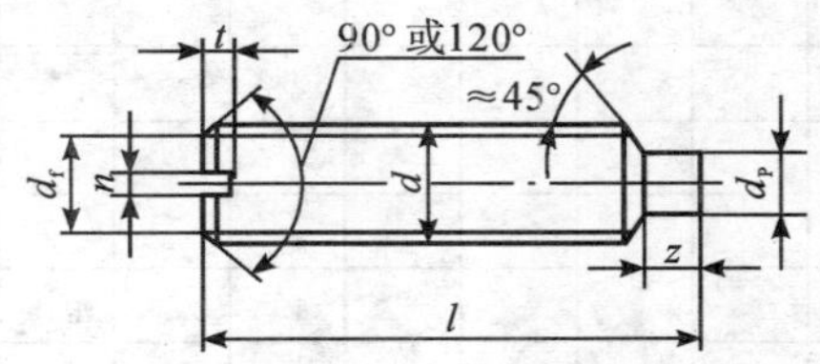

图 3 - 22　开槽长柱端紧定螺钉

表 3 - 29　开槽长柱端紧定螺钉的尺寸规格（mm）

螺纹规格 d			M1.6	M2	M2.5	M3	M4	M5	M6	M8	M10	M12
螺距 P			0.35	0.4	0.45	0.5	0.7	0.8	1	1.25	1.5	1.75
d_f ≈			螺纹小径									
d_p	min		0.55	0.75	1.25	1.75	2.25	3.2	3.7	5.2	6.64	8.14
	max		0.8	1	1.5	2	2.5	3.5	4	5.5	7	8.5
n	公称		0.25	0.25	0.4	0.4	0.6	0.8	1	1.2	1.6	2
	min		0.31	0.31	0.46	0.46	0.66	0.86	1.06	1.26	1.66	2.02
	max		0.45	0.45	0.6	0.6	0.8	1	1.2	1.51	1.91	2.31
t	min		0.56	0.64	0.72	0.8	1.12	1.28	1.6	2	2.4	2.8
	max		0.74	0.84	0.95	1.05	1.42	1.63	2	2.5	3	3.6
z	min		0.8	1	1.25	1.5	2	2.5	3	4	5	6
	max		1.05	1.25	1.5	1.75	2.25	2.75	3.25	4.3	5.3	6.3
l												
公称	min	max										
2	1.8	2.2										
2.5	2.3	2.7										
3	2.8	3.2										

续表

螺纹规格 d			M1.6	M2	M2.5	M3	M4	M5	M6	M8	M10	M12
4	3.7	4.3										
5	4.7	5.3										
6	5.7	6.3			商品							
8	7.7	8.3										
10	9.7	10.3										
12	11.6	12.4					规格					
(14)	13.6	14.4										
16	15.6	16.4										
20	19.6	20.4							范围			
25	24.6	25.4										
30	29.6	30.4										
35	34.5	35.5										
40	39.5	40.5										
45	44.5	45.5										
50	49.5	50.5										
55	54.4	55.6										
60	59.4	60.6										

注：①尽可能不采用括号内的规格。

②图中45°仅适用于螺纹小径以内的末端部分。

③图中120°：公称长度在表中虚线以上的短螺钉应制成120°。

标记示例：

螺纹规格 d = M5、公称长度 l = 12mm、性能等级为14H级、表面氧化的开槽长柱端紧定螺钉标记为：

螺钉　GB/T 75　M5 × 12

14. *方头长圆柱球面端紧定螺钉*

方头长圆柱球面端紧定螺钉（GB/T 83—1988）的型式如图 3－23 所示，其规格尺寸列于表 3－30。

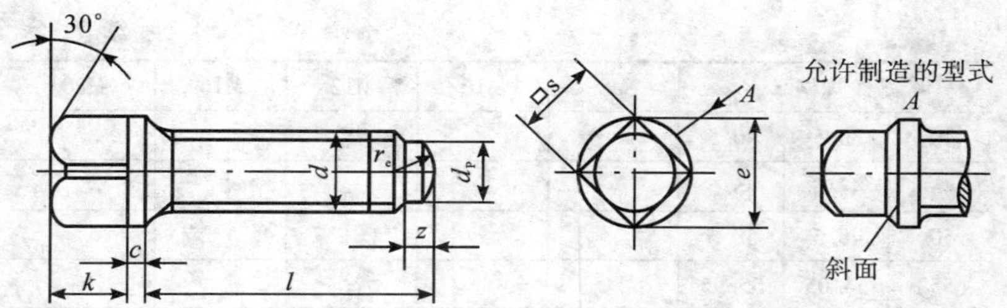

图 3－23　方头长圆柱球面端紧定螺钉

表 3－30　方头长圆柱球面端紧定螺钉的规格尺寸（mm）

螺纹规格 d		M8	M10	M12	M16	M20
d_p	max	5.5	7	8.5	12	15
	min	5.2	6.64	8.14	11.57	14.57
e	min	9.7	12.2	14.7	20.9	27.1
k	公称	9	11	13	18	23
	min	8.82	10.78	12.78	17.78	22.58
	max	9.18	11.22	13.22	18.22	23.42
c	≈	2	3	3	4	5
z	max	4.3	5.3	6.3	8.36	10.36
	min	4	5	6	8	10
r_e	≈	7.7	9.8	11.9	16.8	21
s	公称	8	10	12	17	22
	min	7.78	9.78	11.73	16.73	21.67
	max	8	10	12	17	22

l 公称	l min	l max	M8	M10	M12	M16	M20
16	15.65	16.35					
20	19.58	20.42					
25	24.58	25.42					
30	29.58	30.42		通			
35	34.5	35.5		用			

续表

螺纹规格 d			M8	M10	M12	M16	M20
40	39.5	40.5			规		
45	44.5	45.5				格	
50	49.5	50.5				范	
(55)	54.05	55.95					围
60	59.05	60.95					
70	69.05	70.95					
80	79.05	80.95					
90	88.9	91.10					
100	98.9	101.10					

注：尽可能不采用括号内的规格。

紧定螺钉的标记方法按 GB/T 1237 规定。

标记示例：

螺纹规格 d = M10、公称长度 l = 30mm、性能等级为 33H 级、表面氧化的方头长圆柱球面端紧定螺钉的标记为：

螺钉　GB/T 83　M10 × 30

15. *方头凹端紧定螺钉*

方头凹端紧定螺钉（GB/T 84—1988）的型式如图 3 – 24 所示，其尺寸规格列于表 3 – 31。

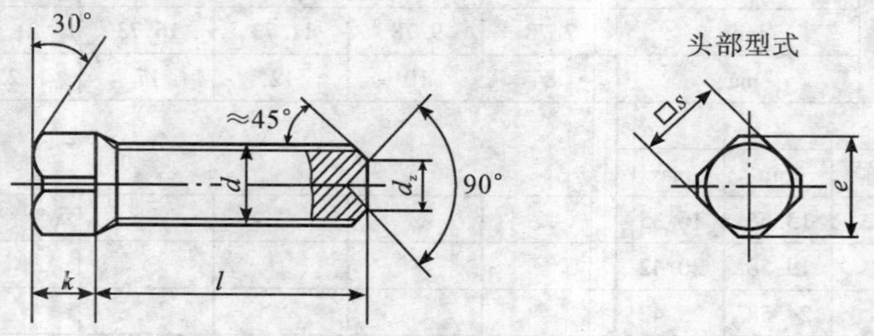

图 3 – 24　方头凹端紧定螺钉

表 3－31　方头凹端紧定螺钉的尺寸规格（mm）

螺纹规格 d		M5	M6	M8	M10	M12	M16	M20
d_z	max	2.5	3	5	6	7	10	13
	min	2.25	2.75	4.7	5.7	6.64	9.64	12.57
e	min	6	7.3	9.7	12.2	14.7	20.9	27.1
k	公称	5	6	7	8	10	14	18
	min	4.85	5.85	6.82	7.82	9.82	13.785	17.785
	max	5.15	6.15	7.18	8.18	10.18	14.215	18.215
s	公称	5	6	8	10	12	17	22
	min	4.82	5.82	7.78	9.78	11.73	16.73	21.67
	max	5	6	8	10	12	17	22

l 公称	l min	l max	M5	M6	M8	M10	M12	M16	M20
10	9.71	10.29							
12	11.65	12.35							
（14）	13.65	14.35							
16	15.65	16.35		通					
20	19.58	20.42							
25	24.58	25.42			用				
30	29.58	30.42							
35	34.50	35.50				规			
40	39.50	40.50							
45	44.50	45.50					格		
50	49.50	50.50							
（55）	54.05	55.95						范	
60	59.05	60.95							
70	69.05	70.95							围
80	79.05	80.95							
90	88.90	91.10							
100	98.90	101.10							

注：尽可能不采用括号内的规格。

方头凹端紧定螺钉的标记方法按 GB/T 1237 规定。

标记示例：

螺纹规格 d = M10、公称长度 l = 30mm、性能等级为 33H 级、表面氧化的方头凹端紧定螺钉的标记为：

螺钉 GB/T 84 M10 × 30

16. 方头长圆柱端紧定螺钉

方头长圆柱端紧定螺钉（GB/T 85—1988）的型式和尺寸见图 3 – 25 和表 3 – 32 所示。

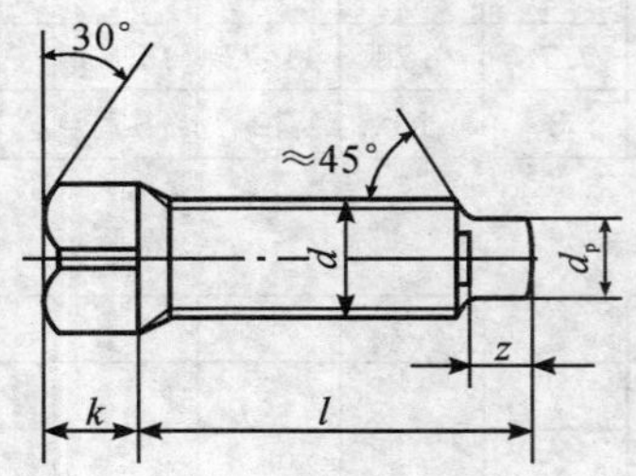

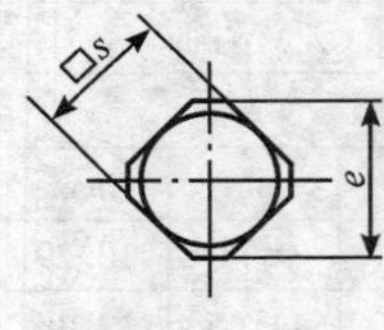

图 3 – 25　方头长圆柱端紧定螺钉

表 3 – 32　方头长圆柱端紧定螺钉的尺寸规格（mm）

螺纹规格 d		M5	M6	M8	M10	M12	M16	M20
d_p	max	3.5	4	5.5	7.0	8.5	12	15
	min	3.2	3.7	5.2	6.64	8.14	11.57	14.57
e	min	6	7.3	9.7	12.2	14.7	20.9	27.1
k	公称	5	6	7	8	10	14	18
	min	4.85	5.85	6.82	7.82	9.82	13.785	17.785
	max	5.15	6.15	7.18	8.18	10.18	14.215	18.215
z	max	2.75	3.25	4.3	5.3	6.3	8.36	10.36
	min	2.5	3.0	4.0	5.0	6.0	8.0	10
s	公称	5	6	8	10	12	17	22
	min	4.82	5.82	7.78	9.78	11.73	16.73	21.67
	max	5	6	8	10	12	17	22

续表

螺纹规格 d			M5	M6	M8	M10	M12	M16	M20
l									
公称	min	max							
12	11.65	12.35							
(14)	13.65	14.35							
16	15.65	16.35		通					
20	19.58	20.42							
25	24.58	25.42			用				
30	29.58	30.42							
35	34.50	35.50				规			
40	39.50	40.50							
45	44.50	45.50					格		
50	49.50	50.50							
(55)	54.05	55.95						范	
60	59.05	60.95							
70	69.05	70.95							围
80	79.05	80.95							
90	88.90	91.10							
100	98.90	101.10							

注：尽可能不采用括号内的规格。

标记方法按 GB/T 1237 规定。

标记示例：

螺纹规格 d = M10、公称长度 l = 30mm、性能等级为 33H 级、表面氧化的方头长圆柱端紧定螺钉标记为：

螺钉　GB/T 85　M10 × 30

17. 方头短圆柱锥端紧定螺钉

方头短圆柱锥端紧定螺钉（GB/T 86—1988）的型式如图 3 - 26 所示，其尺寸规格列于表 3 - 33。

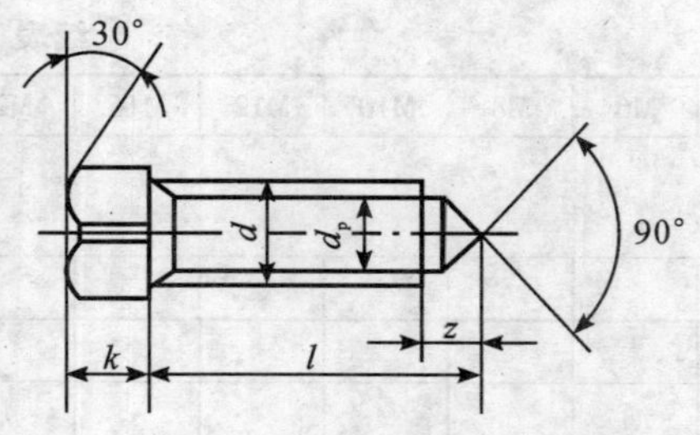

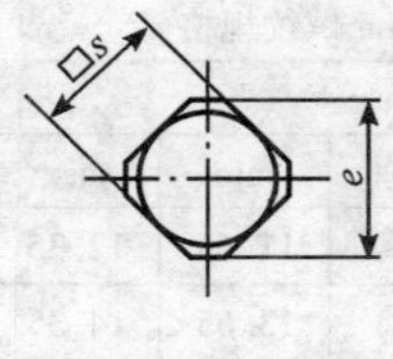

图 3－26　方头短圆柱锥端紧定螺钉

表 3－33　方头短圆柱锥端紧定螺钉的尺寸规格（mm）

螺纹规格 d			M5	M6	M8	M10	M12	M16	M20
d_p		max	3.5	4	5.5	7.0	8.5	12	15
		min	3.2	3.7	5.2	6.64	8.14	11.57	14.57
e		min	6	7.3	9.7	12.2	14.7	20.9	27.1
k		公称	5	6	7	8	10	14	18
		min	4.85	5.85	6.82	7.82	9.82	13.785	17.785
		max	5.15	6.15	7.18	8.18	10.18	14.215	18.215
z		max	3.8	4.3	5.3	6.3	7.36	9.36	11.43
		min	3.5	4	5	6	7	9	11
s		公称	5	6	8	10	12	17	22
		min	4.82	5.82	7.78	9.78	11.73	16.73	21.67
		max	5	6	8	10	12	17	22
l									
公称	min	max							
12	11.65	12.35							
(14)	13.65	14.35							
16	15.65	16.35		通					
20	19.58	20.42							
25	24.58	25.42			用				
30	29.58	30.42							

续表

螺纹规格 d			M5	M6	M8	M10	M12	M16	M20
35	34. 50	35. 50				规			
40	39. 50	40. 50							
45	44. 50	45. 50					格		
50	49. 50	50. 50							
(55)	54. 05	55. 95						范	
60	59. 05	60. 95							
70	69. 05	70. 95							围
80	79. 05	80. 95							
90	88. 90	91. 10							
100	98. 90	101. 10							

注：尽可能不采用括号内的规格。

标记方法按 GB/T 1237 规定。

标记示例：

螺纹规格 d = M10、公称长度 l = 30mm、性能等级为 33H、表面氧化的方头短圆柱锥端紧定螺钉标记为：

螺钉　GB/T 86　M10 × 30

18. *方头倒角端紧定螺钉*

方头倒角端紧定螺钉（GB/T 821—1988）的型式如图 3 – 27 所示，其尺寸规格列于表 3 – 34。

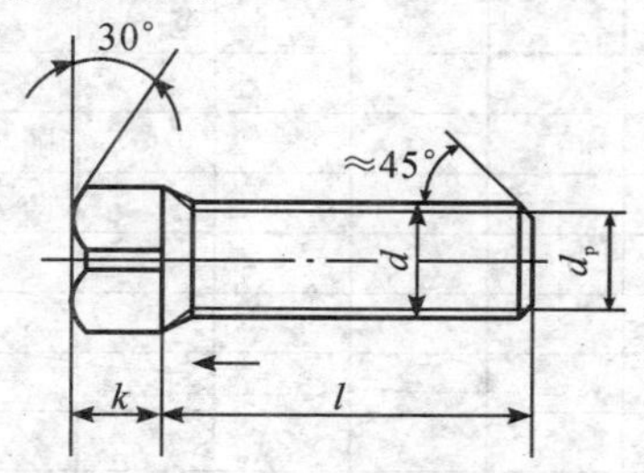

头部型式

图 3 – 27　方头倒角端紧定螺钉

表 3-34 方头倒角端紧定螺钉的尺寸规格（mm）

螺纹规格 d			M5	M6	M8	M10	M12	M16	M20
d_p	max		3.5	4	5.5	7	8.5	12	15
	min		3.2	3.7	5.2	6.64	8.14	11.57	14.57
e	min		6	7.3	9.7	12.2	14.7	20.9	27.1
k	公称		5	6	7	8	10	14	18
	min		4.85	5.85	6.82	7.82	9.82	13.785	17.785
	max		5.15	6.15	7.18	8.18	10.18	14.215	18.215
s	公称		5	6	8	10	12	17	22
	min		4.82	5.82	7.78	9.78	11.73	16.73	21.67
	max		5	6	8	10	12	17	22
l									
公称	min	max							
8	7.71	8.29							
10	9.71	10.29							
12	11.65	12.35		通					
(14)	13.65	14.35							
16	15.65	16.35			用				
20	19.58	20.42				规			
25	24.58	25.42							
30	29.58	30.42					格		
35	34.50	35.50							
40	39.50	40.50						范	
45	44.50	45.50							
50	49.50	50.50							围
(55)	54.05	55.95							
60	59.05	60.95							
70	69.05	70.95							
80	79.05	80.95							
90	88.90	91.10							
100	98.90	101.10							

注：尽可能不采用括号内的规格。

螺钉的标记方法按 GB/T 1237 规定。

标记示例：

螺纹规格 d = M10、公称长度 l = 30mm、性能等级为 33H、表面氧化的方头倒角紧定螺钉的标记为：

螺钉　GB/T 821　M10 × 30

3.1.5　螺母

1. 六角螺母（C 级）

六角螺母（C 级）（GB/T 41—2000）的型式如图 3 - 28 所示，其尺寸规格列于表 3 - 35 ~ 表 3 - 36。

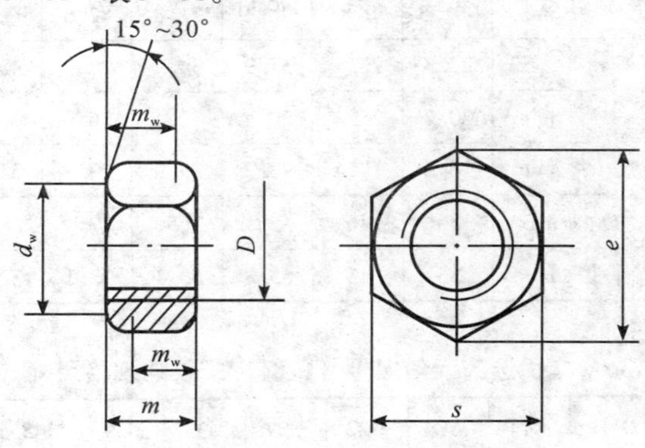

图 3 - 28　六角螺母（C 级）

表 3 - 35　六角螺母（C 级）优选的螺纹的规格尺寸（mm）

螺纹规格 D			M5	M6	M8	M10	M12	M16	M20
螺距 P			0.8	1	1.25	1.5	1.75	2	2.5
d_w		min	6.7	8.7	11.5	14.5	16.5	22	27.7
e		min	8.63	10.89	14.20	17.59	19.85	26.17	32.95
m		max	5.6	6.4	7.9	9.5	12.2	15.9	19
		min	4.4	4.9	6.4	8	10.4	14.1	16.9
m_w		min	3.5	3.7	5.1	6.4	8.3	11.3	13.5

续表

螺纹规格 *D*		M5	M6	M8	M10	M12	M16	M20
s	公称 = max	8	10	13	16	18	24	30
	min	7.64	9.64	12.57	15.57	17.57	23.16	29.16
螺纹规格 *D*		M24	M30	M36	M42	M48	M56	M64
螺距 *P*		3	3.5	4	4.5	5	5.5	6
d_w	min	33.3	42.8	51.1	60	69.5	78.7	88.2
e	min	39.55	50.85	60.79	71.3	82.6	93.56	104.86
m	max	22.3	26.4	31.9	34.9	38.9	45.9	52.4
	min	20.2	24.3	29.4	32.4	36.4	43.4	49.4
m_w	min	16.2	19.4	23.2	25.9	29.1	34.7	39.5
s	公称 = max	36	46	55	65	75	85	95
	min	35	45	53.8	63.1	73.1	82.8	92.8

表 3－36　非优选的六角螺母（C 级）螺纹的规格尺寸（mm）

螺纹规格 *D*		M14	M18	M22	M27	M33	M39	M45	M52	M60
螺距 *P*		2	2.5	2.5	3	3.5	4	4.5	5	5.5
d_w	min	19.2	24.9	31.4	38	46.6	55.9	64.7	74.2	83.4
e	min	22.78	29.56	37.29	45.2	55.37	66.44	76.95	88.25	99.21
m	max	13.9	16.9	20.2	24.7	29.5	34.3	36.9	42.9	48.9
	min	12.1	15.1	18.1	22.6	27.4	31.8	34.4	40.4	46.4
m_w	min	9.7	12.1	14.5	18.1	21.9	25.4	27.5	32.3	37.1
s	公称 = max	21	27	34	41	50	60	70	80	90
	min	20.16	26.16	33	40	49	58.8	68.1	78.1	87.8

标记示例：

螺纹规格 D = M12、性能等级为 5 级、不经表面处理、产品等级为 C 级的六角螺母标记为：

螺母　GB/T 41　M12

2. 1 型六角螺母

1 型六角螺母（GB/T 6170—2000）的型式如图 3－29 所示，其尺寸规格列于表 3－37～表 3－38。

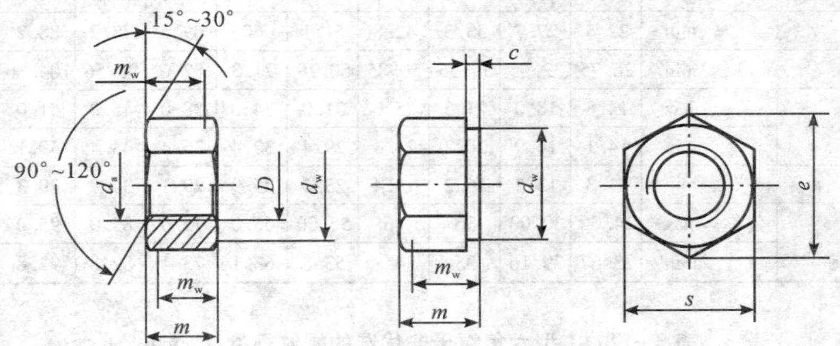

图 3－29　1 型六角螺母

表 3－37　1 型六角螺母的优选螺纹规格（mm）

螺纹规格 D		M1.6	M2	M2.5	M3	M4	M5	M6	M8	M10	M12
螺距 P		0.35	0.4	0.45	0.5	0.7	0.8	1	1.25	1.5	1.75
c	max	0.2	0.2	0.3	0.4	0.4	0.50	0.50	0.60	0.60	0.60
	min	0.1	0.1	0.1	0.15	0.15	0.15	0.15	0.15	0.15	0.15
d_a	max	1.84	2.3	2.9	3.45	4.6	5.75	6.75	8.75	10.8	13
	min	1.60	2.0	2.5	3.00	4.0	5.00	6.00	8.0	10.0	12
d_w	min	2.4	3.1	4.1	4.6	5.9	6.9	8.9	11.6	14.6	16.6
e	min	3.41	4.32	5.45	6.01	7.66	8.79	11.05	14.38	17.77	20.03
m	max	1.30	1.60	2.00	2.40	3.2	4.7	5.2	6.80	8.40	10.80
	min	1.05	1.35	1.75	2.15	2.9	4.4	4.9	6.44	8.04	10.37
m_w	min	0.8	1.1	1.4	1.7	2.3	3.5	3.9	5.2	6.4	8.3
s	公称 = max	3.20	4.00	5.00	5.50	7.0	8.00	10.00	13.00	16.00	18.00
	min	3.02	3.82	4.82	5.32	6.78	7.78	9.78	12.73	15.73	17.73

续表

螺纹规格 D		M16	M20	M24	M30	M36	M42	M48	M56	M64
螺距 P		2	2.5	3	3.5	4	4.5	5	5.5	6
c	max	0.8	0.8	0.8	0.8	0.8	1.0	1.0	1.0	1.0
	min	0.2	0.2	0.2	0.2	0.2	0.3	0.3	0.3	0.3
d_a	max	17.3	21.6	25.9	32.4	38.9	45.4	51.8	60.5	69.1
	min	16.0	20.0	24.0	30.0	36.0	42.0	48.0	56.0	64.0
d_w	min	22.5	27.7	33.3	42.8	51.1	60	69.5	78.7	88.2
e	min	26.75	32.95	39.55	50.85	60.79	71.3	82.6	93.56	104.86
m	max	14.8	18.0	21.5	25.6	31.0	34.0	38.0	45.0	51.0
	min	14.1	16.9	20.2	24.3	29.4	32.4	36.4	43.4	49.1
m_w	min	11.3	13.5	16.2	19.4	23.5	25.9	29.1	34.7	39.3
s	公称 = max	24.00	30.00	36	46	55.00	65.0	75.0	85.0	95.0
	min	23.67	29.16	35	45	53.8	63.1	73.1	82.8	92.8

表 3－38　1 型六角螺母非优选的螺纹规格（mm）

螺纹规格 D		M3.5	M14	M18	M22	M27	M33	M39	M45	M52	M60
螺距 P		0.6	2	2.5	2.5	3	3.5	4	4.5	5	5.5
c	max	0.40	0.60	0.8	0.8	0.8	0.8	1.0	1.0	1.0	1.0
	min	0.15	0.15	0.2	0.2	0.2	0.2	0.3	0.3	0.3	0.3
d_a	max	4.0	15.1	19.5	23.7	29.1	35.6	42.1	48.6	56.1	64.8
	min	3.5	14.0	18.0	22.0	27.0	33.0	39.0	45.0	52.0	60.0
d_w	min	5	19.6	24.9	31.4	38	46.6	55.9	64.7	74.2	83.4
e	min	6.58	23.36	29.56	37.29	45.2	55.37	66.44	76.95	88.25	99.21
m	max	2.80	12.8	15.8	19.4	23.8	28.7	33.4	36.0	42.0	48.0
	min	2.55	12.1	15.1	18.1	22.5	27.4	31.8	34.4	40.4	46.4
m_w	min	2	9.7	12.1	14.5	18	21.9	25.4	27.5	32.3	37.1
s	公称 = max	6.00	21.00	27.00	34	41	50	60.0	70.0	80.0	90.0
	min	5.82	20.67	26.16	33	40	49	58.8	68.1	78.1	87.8

螺母尺寸代号和标注符合 GB/T 5276。

螺母标记方法按 GB/T 1237 规定。

标记示例：

螺纹规格 D = M12、性能等级为 8 级、不经表面处理、产品等级为 A 级的 1 型六角螺母的标记为：

螺母 GB/T 6170 M12

3. 1 型六角螺母（细牙）

1 型六角螺母（细牙）（GB/T 6171—2000）的型式如图 3 - 30 所示，其规格尺寸列于表 3 - 39 ~ 表 3 - 40。

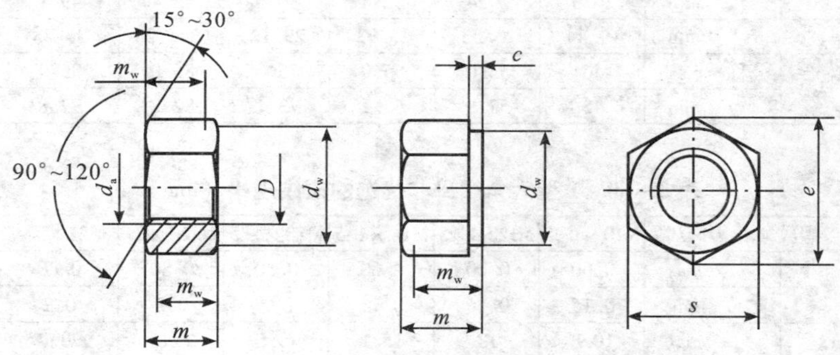

图 3 - 30 1 型六角螺母（细牙）

表 3 - 39 1 型六角螺母优选的螺纹规格（mm）

螺纹规格 $D \times P$		M8 × 1	M10 × 1	M12 × 1.5	M16 × 1.5	M20 × 1.5	M24 × 2
c	max	0.60	0.60	0.60	0.80	0.80	0.80
	min	0.15	0.15	0.15	0.2	0.2	0.2
d_a	max	8.75	10.8	13	17.3	21.6	25.9
	min	8.00	10.0	12	16.00	20.0	24.0
d_w	min	11.63	14.63	16.63	22.49	27.7	33.25
e	min	14.38	17.77	20.03	26.75	32.95	39.55
m	max	6.80	8.40	10.80	14.8	18.0	21.5
	min	6.44	8.04	10.37	14.1	16.9	20.2
m_w	min	5.15	6.43	8.3	11.28	13.52	16.16
s	公称 = max	13.00	16.00	18.00	24.00	30.00	36
	min	12.73	15.73	17.73	23.67	29.16	35

续表

螺纹规格 $D \times P$		M30×2	M36×3	M42×3	M48×3	M56×4	M64×4
c	max	0.8	0.8	1.0	1.0	1.0	1.0
	min	0.2	0.2	0.3	0.3	0.3	0.3
d_a	max	32.4	38.9	45.4	51.8	60.5	69.1
	min	30.0	36.0	42.0	48.0	56.0	64.0
d_w	min	42.75	51.11	59.95	69.45	78.66	88.16
e	min	50.85	60.79	71.3	82.6	93.56	104.86
m	max	25.6	31.0	34.0	38.0	45.0	51.0
	min	24.3	29.4	32.4	36.4	43.4	49.1
m_w	min	19.44	23.52	25.92	29.12	34.72	39.28
s	公称 = max	46	55.0	65.0	75.0	85.0	95.0
	min	45	53.8	63.1	73.1	82.8	92.8

表 3-40　1 型六角螺母非优选的螺纹规格（mm）

螺纹规格 $D \times P$		M10×1.25	M12×1.25	M14×1.5	M18×1.5	M20×2	M22×1.5
c	max	0.60	0.60	0.60	0.80	0.80	0.80
	min	0.15	0.15	0.15	0.2	0.2	0.2
d_a	max	10.8	13	15.1	19.5	21.6	23.7
	min	10.0	12	14.0	18.0	20.0	22.0
d_w	min	14.63	16.63	19.64	24.85	27.7	31.35
e	min	17.77	20.03	23.36	29.56	32.95	37.29
m	max	8.40	10.80	12.8	15.8	18.0	19.4
	min	8.04	10.37	12.1	15.1	16.9	18.1
m_w	min	6.43	8.3	9.68	12.08	13.52	14.48
s	公称 = max	16.00	18.00	21.00	27.00	30.00	34
	min	15.73	17.73	20.67	26.16	29.16	33
螺纹规格 $D \times P$		M27×2	M33×2	M39×3	M45×3	M52×4	M60×4
c	max	0.8	0.8	1.0	1.0	1.0	1.0
	min	0.2	0.2	0.3	0.3	0.3	0.3
d_a	max	29.1	35.6	42.1	48.6	56.2	64.8
	min	27.0	33.0	39.0	45.0	52.0	60.0
d_w	min	38	46.55	55.86	64.7	74.2	83.41

续表

螺纹规格 $D\times P$		M27×2	M33×3	M39×3	M45×3	M52×4	M60×4
e	min	45.2	55.37	66.44	76.95	88.25	99.21
m	max	23.8	28.7	33.4	36.0	42.0	48.0
	min	22.5	27.4	31.8	34.4	40.4	46.4
m_w	min	18	21.92	25.44	27.52	32.32	37.12
s	公称 = max	41	50	60.0	70.0	80.0	90.0
	min	40	49	58.8	68.1	78.1	87.8

螺母尺寸代号和标注符合 GB/T 5276。

螺母标记方法按 GB/T 1237 规定。

标记示例：

螺纹规格 D = M16×1.5、细牙螺纹、性能等级为 8 级、表面镀锌钝化、产品等级为 A 级的 1 型六角螺母标记为：

螺母　GB/T 6171　M16×1.5

4. 六角薄螺母

六角薄螺母（GB/T 6172.1—2000）的型式如图 3－31 所示，其尺寸规格列于表 3－41～表 3－42。

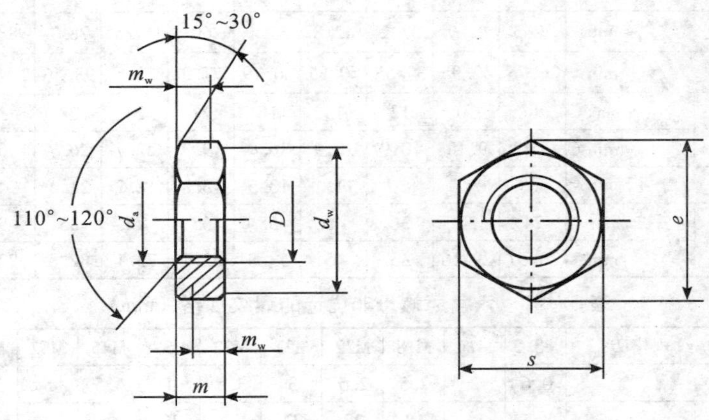

图 3－31　六角薄螺母

表 3-41　六角薄螺母优选的螺纹规格（mm）

螺纹规格 D		M1.6	M2	M2.5	M3	M4	M5	M6	M8	M10	M12
螺距 P		0.35	0.4	0.45	0.5	0.7	0.8	1	1.25	1.5	1.75
d_a	min	1.6	2	2.5	3	4	5	6	8	10	12
	max	1.84	2.3	2.9	3.45	4.6	5.75	6.75	8.75	10.8	13
d_w	min	2.4	3.1	4.1	4.6	5.9	6.9	8.9	11.6	14.6	16.6
e	min	3.41	4.32	5.45	6.01	7.66	8.79	11.05	14.38	17.77	20.03
m	max	1	1.2	1.6	1.8	2.2	2.7	3.2	4	5	6
	min	0.75	0.95	1.35	1.55	1.95	2.45	2.9	3.7	4.7	5.7
m_w	min	0.6	0.8	1.1	1.2	1.6	2	2.3	3	3.8	4.6
s	公称 = max	3.2	4	5	5.5	7	8	10	13	16	18
	min	3.02	3.82	4.82	5.32	6.78	7.78	9.78	12.73	15.73	17.73

螺纹规格 D		M16	M20	M24	M30	M36	M42	M48	M56	M64
螺距 P		2	2.5	3	3.5	4	4.5	5	5.5	6
d_a	min	16	20	24	30	36	42	48	56	64
	max	17.3	21.6	25.9	32.4	38.9	45.4	51.8	60.5	69.1
d_w	min	22.5	27.7	33.2	42.8	51.1	60	69.5	78.7	88.2
e	min	26.75	32.95	39.55	50.85	60.79	71.3	82.6	93.56	104.86
m	max	8	10	12	15	18	21	24	28	32
	min	7.42	9.10	10.9	13.9	16.9	19.7	22.7	26.7	30.4
m_w	min	5.9	7.3	8.7	11.1	13.5	15.8	18.2	21.4	24.3
s	公称 = max	24	30	36	46	55	65	75	85	95
	min	23.67	29.16	35	45	53.8	63.1	73.1	82.8	92.8

表 3-42　六角薄螺母非优选的螺纹规格（mm）

螺纹规格 D		M3.5	M14	M18	M22	M27	M33	M39	M45	M52	M60
P①		0.6	2	2.5	2.5	3	3.5	4	4.5	5	5.5
d_a	min	3.5	14	18	22	27	33	39	45	52	60
	max	4	15.1	19.5	23.7	29.1	35.6	42.1	48.6	56.2	64.8

续表

螺纹规格 D			M3.5	M14	M18	M22	M27	M33	M39	M45	M52	M60
d_w		min	5.1	19.6	24.9	31.4	38	46.6	55.9	64.7	74.2	83.4
e		min	6.58	23.35	29.56	37.29	45.2	55.37	66.44	76.95	88.25	99.21
m		max	2	7	9	11	13.5	16.5	19.5	22.5	26	30
		min	1.75	6.42	8.42	9.9	12.4	15.4	18.2	21.2	24.7	28.7
m_w		min	1.4	5.1	6.7	7.9	9.9	12.3	14.6	17	19.8	23
s	公称 = max		6	21	27	34	41	50	60	70	80	90
		min	5.82	20.67	26.16	33	40	49	58.8	68.1	78.1	87.8

六角薄螺母的尺寸代号和标注符合 GB/T 5276。

螺母标记方法按 GB/T 1237 规定。

标记示例：

螺纹规格 D = M12、性能等级为 04 级、不经表面处理、产品等级为 A 级的六角薄螺母标记为：

螺母　GB/T 6172.1　M12

5. 六角厚螺母

六角厚螺母（GB/T 56—1988）的型式如图 3－32，其尺寸规格列于表 3－43。

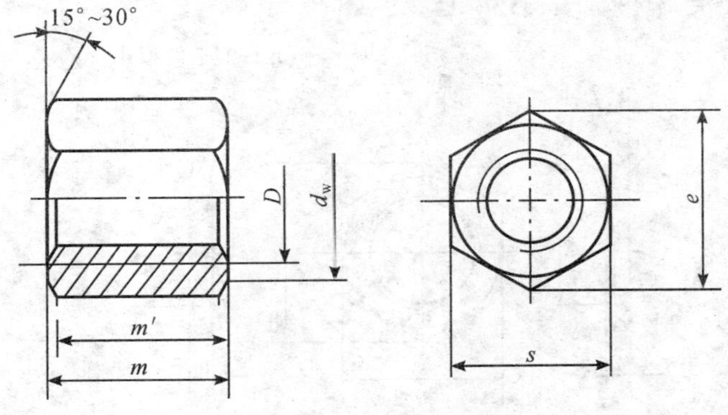

图 3－32　六角厚螺母

表 3-43　六角厚螺母尺寸规格（mm）

螺纹规格 D		M16	(M18)	M20	(M22)	M24	(M27)	M30	M36	M42	M48
d_a	max	17.3	19.5	21.6	23.7	25.9	29.1	32.4	38.9	45.4	51.8
	min	16	18	20	22	24	27	30	36	42	48
d_w	min	22.5	24.8	27.7	31.4	33.2	38	42.7	51.1	60.6	69.4
e	min	26.17	29.56	32.95	37.29	39.55	45.2	50.85	60.79	72.09	82.6
m	max	25	28	32	35	38	42	48	55	65	75
	min	24.16	27.16	30.4	33.4	36.4	40.4	46.4	53.1	63.1	73.1
m'	min	19.33	21.73	24.32	26.72	29.12	32.32	37.12	42.48	50.48	58.48
s	max	24	27	30	34	36	41	46	55	65	75
	min	23.16	26.16	29.16	33	35	40	45	53.8	63.8	73.1

注：表中括号内尺寸尽量不采用。

螺母标记方法按 GB/T 1237 规定。

标记示例：

螺纹规格 D = M20、机械性能为 5 级、不经表面处理的六角厚螺母的标记为：

螺母　GB/T 56　M20

6. 小六角特扁细牙螺母

小六角特扁细牙螺母（GB/T 808—1988）的型式如图 3-33，其尺寸规格列于表 3-44。

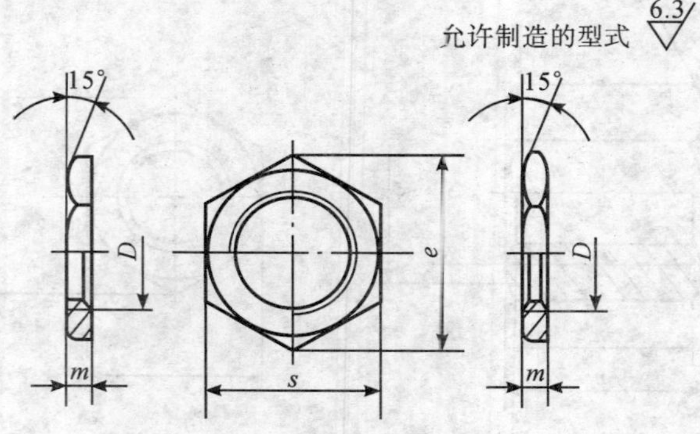

图 3-33　小六角特扁细牙螺母

表3-44　小六角特扁细牙螺母尺寸规格（mm）

螺纹规格 D×P		M4 ×0.5	M5 ×0.5	M6 ×0.75	M8 ×1	M8 ×0.75	M10 ×1	M10 ×0.75	M12 ×1.25	M12 ×1
e	min	7.66	8.79	11.05	13.25	13.25	15.51	15.51	18.90	18.90
m	max	1.7	1.7	2.4	3.0	2.4	3.0	2.4	3.74	3
	min	1.3	1.3	2.0	2.6	2.0	2.6	2.0	3.26	2.6
s	max	7	8	10	12	12	14	14	17	17
	min	6.78	7.78	9.78	11.73	11.73	13.73	13.73	16.73	16.73
螺纹规格 D×P		M14 ×1	M16 ×1.5	M16 ×1	M18 ×1.5	M18 ×1	M20 ×1	M22 ×1	M24 ×1.5	M24 ×1
e	min	21.10	24.49	24.49	26.75	26.75	30.14	33.53	35.72	35.72
m	max	3.2	4.24	3.2	4.24	3.44	3.74	3.74	4.24	3.74
	min	2.8	3.76	2.8	3.76	2.96	3.26	3.26	3.76	3.26
s	max	19	22	22	24	24	27	30	32	32
	min	18.67	21.67	21.67	23.16	23.16	26.16	29.16	31	31

注：P 为螺距。

标记方法按 GB/T 1237 规定。

标记示例：

螺纹规格 D = M10×1、材料为 Q215、不经表面处理的小六角特扁细牙螺母的标记：

螺母　GB/T 808　M10×1

7. 圆螺母

圆螺母（GB/T 812—1988）的型式见图 3-34 所示，其尺寸规格列于表 3-45。

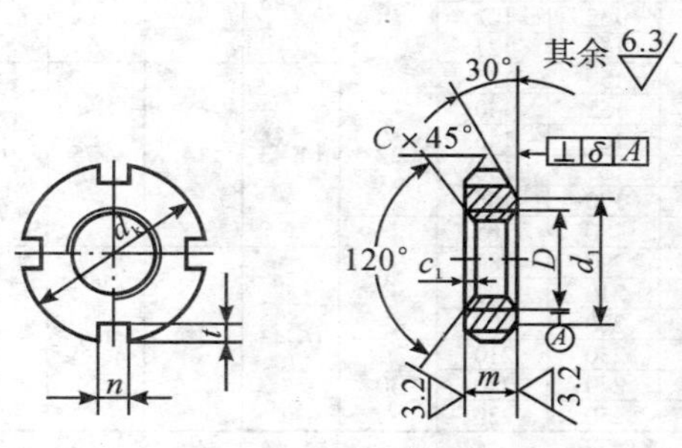

图 3-34　圆螺母

表 3-45　圆螺母的尺寸规格（mm）

螺纹规格 $D \times P$	d_K	d_1	m	n max	n min	t max	t min	C	c_1
M10×1	22	16	8	4.3	4	2.6	2	0.5	0.5
M12×1.25	25	19							
M14×1.5	28	20							
M16×1.5	30	22		5.3	5	3.1	2.5		
M18×1.5	32	24							
M20×1.5	35	27							
M22×1.5	38	30	10						
M24×1.5	42	34						1	
M25×1.5 *									
M27×1.5	45	37							
M30×1.5	48	40							
M33×1.5	52	43		6.3	6	3.6	3		
M35×1.5 *									
M36×1.5	55	46							
M39×1.5	58	49						1.5	
M40×1.5 *									
M42×1.5	62	53							
M45×1.5	68	59							
M48×1.5	72	61	12	8.36	8	4.25	3.5		
M50×1.5 *									
M52×1.5	78	67							
M55×2									
M56×2	85	74							1
M60×2	90	79							
M64×2	95	84							
M65×2 *									
M68×2	100	88		10.36	10	4.75	4		
M72×2	105	93	15						
M75×2 *									
M76×2	110	98							
M80×2	115	103							
M85×2	120	108							
M90×2	125	112	18	12.43	12	5.75	5		
M95×2	130	117							
M100×2	135	122							
M105×2	140	127							
M110×2	150	135		14.43	14	6.75	6		
M115×2	155	140	22						
M120×2	160	145							
M125×2	165	150							
M130×2	170	155							
M140×2	180	165	26						
M150×2	200	180		16.43	16	7.9	7		
M160×3	210	190						2	1.5
M170×3	220	200							
M180×3	230	210	30						
M190×3	240	220							
M200×3	250	230							

注：①表中 * 仅用于滚动轴承锁紧装置。

②图中 $D \leqslant$ M100×2，槽数 4，$D \geqslant$ M105×2，槽数 6。

标记方法按 GB/T 1237 规定。

标记示例：

螺纹规格 D = M16 ×1.5、材料为 45 钢、槽或全部热处理后硬度 35 ~ 45HRC、表面氧化的圆螺母的标记：

螺母　GB/T 812　M16 ×1.5

8. 端面带孔圆螺母

端面带孔圆螺母（GB/T 815—1988）的型式见图 3 -35 所示，其尺寸规格列于表 3 -46。

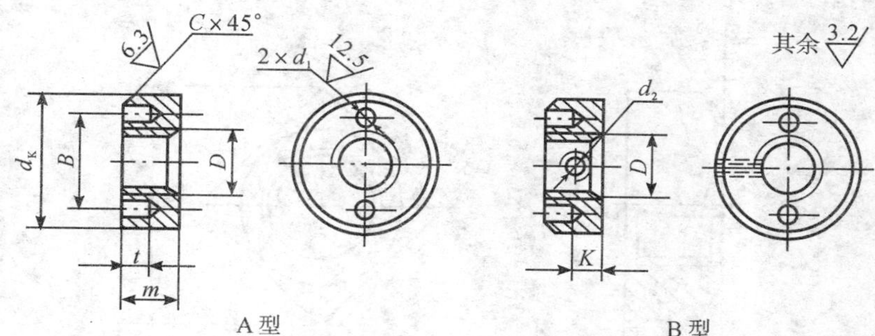

图 3 -35　端面带孔圆螺母

表 3 -46　端面带孔圆螺母的尺寸规格（mm）

螺纹规格 D		M2	M2.5	M3	M4	M5	M6	M8	M10
d_K	max	5.5	9	8	10	12	14	18	22
	min	5.32	6.78	7.78	9.78	11.73	13.73	17.73	21.67
m	max	2	2.2	2.5	3.5	4.2	5	6.5	8
	min	1.75	1.95	2.25	3.2	3.9	4.7	6.14	7.64
d_1		1	1.2	1.5		2	2.5	3	3.5
t		2	2.2	1.5	2	2.5	3	3.5	4
B		4	5	5.5	7	8	10	13	15
K		1	1.1	1.3	1.8	2.1	2.5	3.3	4
C		0.2		0.3	0.4		0.5		0.8
d_2		M1.2	M1.4		M2		M2.5	M3	

标记方法按 GB/T 1237 规定。

标记示例：

螺纹规格 D = M5、材料为 Q235、不经表面处理的 A 型端面带孔圆螺母的标记为：

螺母　GB/T 815　M5

9. 方螺母（C 级）

方螺母（C 级）（GB/T 39—1988）的型式如图 3－36 所示，其尺寸规格列于表 3－47。

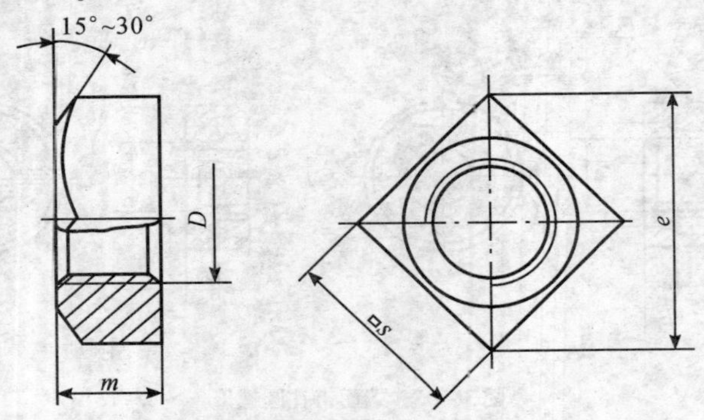

图 3－36　方螺母示意图

表 3－47　方螺母（C 级）的尺寸规格（mm）

D	m		s		e_{min}
	max	min	max	min	
M3	2.4	1.4	5.5	5.2	6.76
M4	3.2	2	7	6.64	8.63
M5	4	2.8	8	7.64	9.93
M6	5	3.8	10	9.64	12.53
M8	6.5	5	13	12.57	16.34
M10	8	6.5	16	15.57	20.24
M12	10	8.5	18	17.57	22.84

续表

D	m		s		e_{min}
	max	min	max	min	
(M14)	11	9.2	21	20.16	26.21
M16	13	11.2	24	23.16	30.11
(M18)	15	13.2	27	26.16	34.01
M20	16	14.2	30	29.16	37.91
(M22)	18	16.2	34	33	42.9
M24	19	16.9	36	35	45.5

注：尽可能不采用括号内的规格。

标记方法按 GB/T 1237 规定。

标记示例：

螺纹规格 D = M16、性能等级为 5 级、不经表面处理、C 级方螺母，其标记为：

螺母　GB/T 39　M16

10. 1 型全金属六角锁紧螺母

1 型全金属六角锁紧螺母（GB/T 6184—2000）的型式如图 3－37 所示，其尺寸规格列于表 3－48。

螺母尺寸代号和标注符合 GB/T 5276。

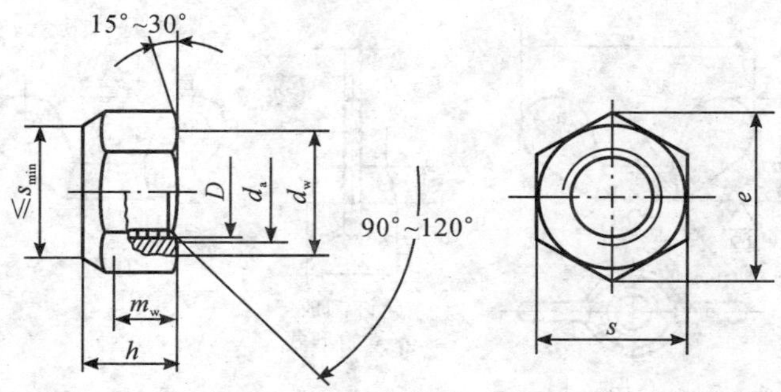

图 3－37　1 型全金属六角锁紧螺母

表 3－48　1 型全金属六角锁紧螺母规格尺寸（mm）

螺纹规格 D		M5	M6	M8	M10	M12	(M14)	M16	(M18)	M20	(M22)	M24	M30	M36
螺距 P		0.8	1	1.25	1.5	1.75	2	2	2.5	2.5	2.5	3	3.5	4
d_a	max	5.75	6.75	8.75	10.8	13	15.1	17.3	19.5	21.6	23.7	25.9	32.4	38.9
	min	5.00	6.00	8.00	10.0	12	14.0	16.0	18.0	20.0	22.0	24.0	30.0	36.0
d_w	min	6.88	8.88	11.63	14.63	16.63	19.64	22.49	24.9	27.7	31.4	33.25	42.75	51.11
e	min	8.79	11.05	14.38	17.77	20.03	23.36	26.75	29.56	32.95	37.29	39.55	50.85	60.79
h	max	5.3	5.9	7.10	9.00	11.60	13.2	15.2	17.00	19.0	21.0	23.0	26.9	32.5
	min	4.8	5.4	6.44	8.04	10.37	12.1	14.1	15.01	16.9	18.1	20.2	24.3	29.4
m_w	min	3.52	3.92	5.15	6.43	8.3	9.68	11.28	12.08	13.52	14.5	16.16	19.44	23.52
s	max	8.00	10.00	13.00	16.00	18.00	21.00	24.00	27.00	30.00	34	36	46	55.0
	min	7.78	9.78	12.73	15.73	17.73	20.67	23.67	26.1	29.16	33	35	45	53.8

注：括号内规格尽量不采用。

标记方法按 GB/T 1237 规定。

标记示例：

螺纹规格 D = M12、性能等级为 8 级、表面氧化、产品等级为 A 级的 1 型全金属六角锁紧螺母的标记：

螺母　GB/T 6184　M12

11. 蝶形螺母

蝶形螺母（GB/T 62—1988）的型式如图 3－38 所示，其尺寸规格列于表3－49。

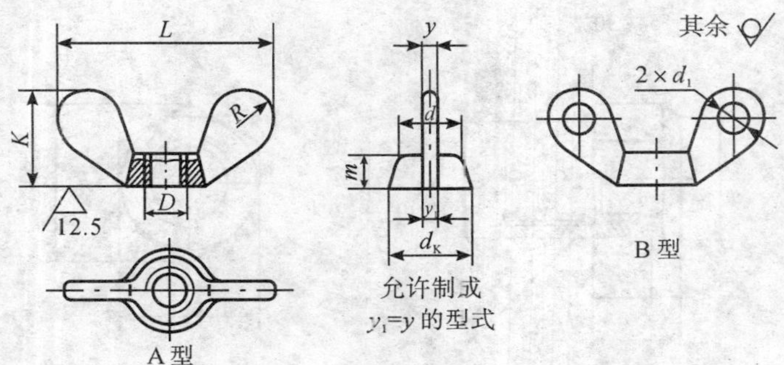

图 3－38　蝶形螺母

表 3-49　蝶形螺母尺寸规格

螺纹规格 $D\times P$	M3 ×0.5	M4 ×0.7	M5 ×0.8	M6 ×1	M8 ×1	M8 ×1.25	M10 ×1.25
d_K	7	8	10	12	15	15	18
d	6	7	8	10	13	13	15
L	20	24	28	32	40	40	48
K	8	10	12	14	18	18	22
m	3.5	4	5	6	8	8	10
螺纹规格 $D\times P$	M10 ×1.5	M12 ×1.5	M12 ×1.75	(M14 ×1.5)	(M14 ×2)	M16 ×1.5	M16 ×2
d_K	18	22	22	26	26	30	30
d	15	19	19	23	23	26	26
L	48	58	58	64	64	72	72
K	22	27	27	30	30	32	32
m	10	12	12	14	14	14	14

注：括号内尺寸尽量不采用。

标记示例：

螺纹规格 D = M10、材料 Q215、不经表面处理、A 型蝶形螺母的标记：

螺母　GB/T 62　M10

3.1.6. 垫圈

1. 小垫圈（A 级）

小垫圈（A 级）（GB/T 848—2002）的型式如图 3-39 所示，其规格尺寸列于表3-50、表 3-51。

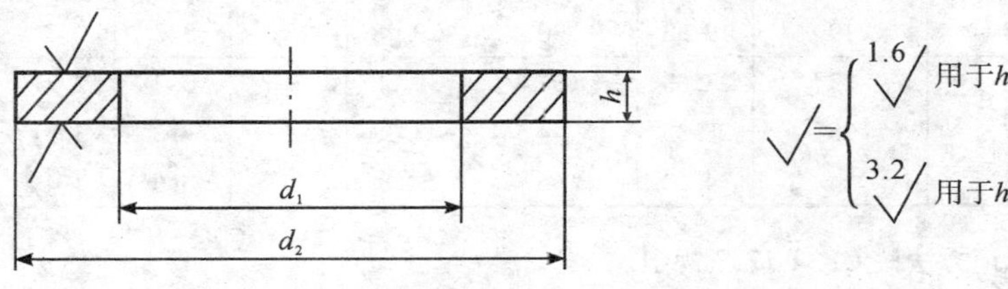

图 3-39　小垫圈（A 级）

表 3-50　小垫圈（A 级）优选尺寸（mm）

公称规格	内径 d_1		外径 d_2		厚度 h		
（螺纹大径 d）	公称(min)	max	公称(max)	min	公称	max	min
1.6	1.7	1.84	3.5	3.2	0.3	0.35	0.25
2	2.2	2.34	4.5	4.2	0.3	0.35	0.25
2.5	2.7	2.84	5	4.7	0.5	0.55	0.45
3	3.2	3.38	6	5.7	0.5	0.55	0.45
4	4.3	4.48	8	7.64	0.5	0.55	0.45
5	5.3	5.48	9	8.64	1	1.1	0.9
6	6.4	6.62	11	10.57	1.6	1.8	1.4
8	8.4	8.62	15	14.57	1.6	1.8	1.4
10	10.5	10.77	18	17.57	1.6	1.8	1.4
12	13	13.27	20	19.48	2	2.2	1.8
16	17	17.27	28	27.48	2.5	2.7	2.3
20	21	21.33	34	33.38	3	3.3	2.7
24	25	25.33	39	38.38	4	4.3	3.7
30	31	31.39	50	49.38	4	4.3	3.7
36	37	37.62	60	58.8	5	5.6	4.4

表 3-51　小垫圈（A 级）非优选尺寸（mm）

公称规格	内径 d_1		外径 d_2		厚度 h		
（螺纹大径 d）	公称(min)	max	公称(max)	min	公称	max	min
3.5	3.7	3.88	7	6.64	0.5	0.55	0.45
14	15	15.27	24	23.48	2.5	2.7	2.3
18	19	19.33	30	29.48	3	3.3	2.7
22	23	23.33	37	36.38	3	3.3	2.7
27	28	28.33	44	43.38	4	4.3	3.7
33	34	34.62	56	54.8	5	5.6	4.4

标记方法按 GB/T 1237 规定。

标记示例：

小系列、公称规格 8mm、由钢制造的硬度等级为 200HV 级、不经表面处理、产品等级为 A 级的平垫圈标记为：

GB/T 848　8

小系列、公称规格 8mm、由 A2 组不锈钢制造的硬度等级为 200HV 级、不经表面处理、产品等级为 A 级的平垫圈标记为：

GB/T 848　8　A2

2. 大垫圈（A 级）

大垫圈（A 级）（GB/T 96.1—2002）的型式如图 3－40 所示，其尺寸规格列于表3－52、表 3－53。

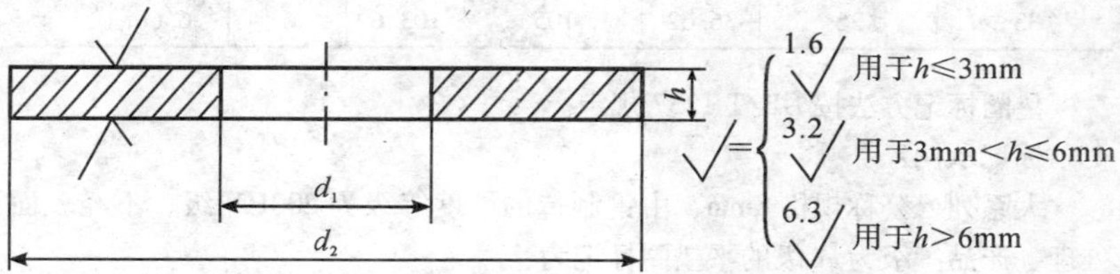

图 3－40　大垫圈（A 级）

表 3－52　大垫圈（A 级）优选尺寸规格（mm）

公称规格（螺纹大径 d）	内　径　d_1		外　径　d_2		厚　度　h		
	公称(min)	max	公称(max)	min	公称	max	min
3	3.2	3.38	9	8.64	0.8	0.9	0.7
4	4.3	4.48	12	11.57	1	1.1	0.9
5	5.3	5.48	15	14.57	1	1.1	0.9
6	6.4	6.62	18	17.57	1.6	1.8	1.4
8	8.4	8.62	24	23.48	2	2.2	1.8
10	10.5	10.77	30	29.48	2.5	2.7	2.3
12	13	13.27	37	36.38	3	3.3	2.7
16	17	17.27	50	49.38	3	3.3	2.7
20	21	21.33	60	59.26	4	4.3	3.7
24	25	25.52	72	70.8	5	5.6	4.4
30	33	33.62	92	90.6	6	6.6	5.4
36	39	39.62	110	108.6	8	9	7

表 3-53　大垫圈（A 级）非优选尺寸规格（mm）

公称规格（螺纹大径 d）	内　径　d_1		外　径　a_2		厚　度　h		
	公称(min)	max	公称(max)	min	公称	max	min
3.5	3.7	3.88	11	10.57	0.8	0.9	0.7
14	15	15.27	44	43.38	3	3.3	2.7
18	19	19.33	56	55.26	4	4.3	3.7
22	23	23.52	66	64.8	5	5.6	4.4
27	30	30.52	85	83.6	6	6.6	5.4
33	36	36.62	105	103.6	6	6.6	5.4

垫圈标记方法按 GB/T 1237 规定。

标记示例：

大系列、公称规格 8mm、由钢制造的硬度等级为 200HV 级、不经表面处理、产品等级为 A 级的平垫圈标记为：

垫圈　GB/T 96.1　8

大系列、公称规格 8mm、由 A2 组不锈钢制造的硬度等级为 200HV 级、不经表面处理、产品等级为 A 级的平垫圈标记为：

垫圈　GB/T 96.1　8　2A

3. 大垫圈（C 级）

大垫圈（C 级）（GB/T 96.2—2002）的型式如图 3-41 所示，其尺寸规格列于表3-54、表 3-55。

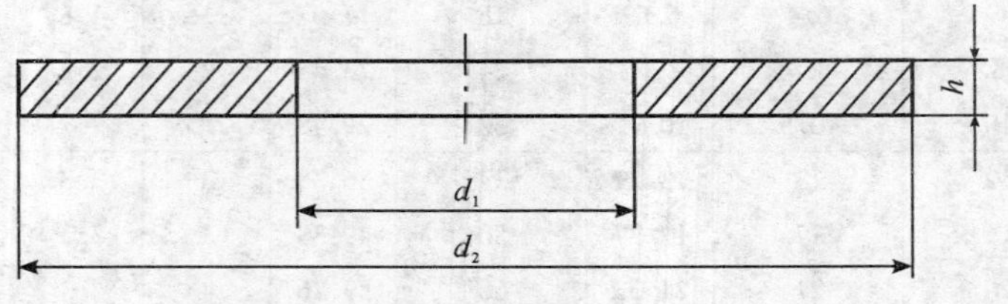

图 3-41　大垫圈（C 级）

表 3-54　大垫圈（C级）优选尺寸规格（mm）

公称规格（螺纹大径 d）	内　径　d_1		外　径　d_2		厚　度　h		
	公称(min)	max	公称(max)	min	公称	max	min
3	3.4	3.7	9	8.1	0.8	1.0	0.6
4	4.5	4.8	12	10.9	1	1.2	0.8
5	5.5	5.8	15	13.9	1	1.2	0.8
6	6.6	6.96	18	16.9	1.6	1.9	1.3
8	9	9.36	24	22.7	2	2.3	1.7
10	11	11.43	30	28.7	2.5	2.8	2.2
12	13.5	13.93	37	35.4	3	3.6	2.4
16	17.5	17.93	50	48.4	3	3.6	2.4
20	22	22.52	60	58.1	4	4.6	3.4
24	26	26.84	72	70.1	5	6	4
30	33	34	92	89.8	6	7	5
36	39	40	110	107.8	8	9.2	6.8

表 3-55　大垫圈（C级）非优选尺寸规格（mm）

公称规格（螺纹大径 d）	内　径　d_1		外　径　d_2		厚　度　h		
	公称(min)	max	公称(max)	min	公称	max	min
3.5	3.9	4.2	11	9.9	0.8	1.0	0.6
14	15.5	15.93	44	42.4	3	3.6	2.4
18	20	20.43	56	54.9	4	4.6	3.4
22	24	24.84	66	64.9	5	6	4
27	30	30.84	85	82.8	6	7	5
33	36	37	105	102.8	6	7	5

垫圈标记方法按 GB/T 1237 规定。

标记示例：

大系列、公称规格 8mm、由钢制造的硬度等级为 100HV 级、不经表面处理、产品等级为 C 级的平垫圈标记为：

垫圈　GB/T 96.2　8

4. 平垫圈（A级）

平垫圈（A级）（GB/T 97.1—2002）的型式如图3－42所示，其尺寸规格列于表3－56、表3－57。

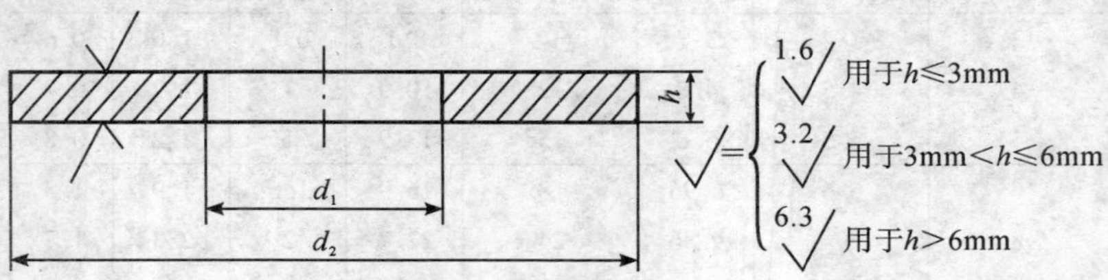

图3－42 平垫圈（A级）

表3－56 平垫圈（A级）优选尺寸规格（mm）

公称规格（螺纹大径 d）	内径 d_1		外径 d_2		厚度 h		
	公称(min)	max	公称(max)	min	公称	max	min
1.6	1.7	1.84	4	3.7	0.3	0.35	0.25
2	2.2	2.34	5	4.7	0.3	0.35	0.25
2.5	2.7	2.84	6	5.7	0.5	0.55	0.45
3	3.2	3.38	7	6.64	0.5	0.55	0.45
4	4.3	4.48	9	8.64	0.8	0.9	0.7
5	5.3	5.48	10	9.64	1	1.1	0.9
6	6.4	6.62	12	11.57	1.6	1.8	1.4
8	8.4	8.62	16	15.57	1.6	1.8	1.4
10	10.5	10.77	20	19.48	2	2.2	1.8
12	13	13.27	24	23.48	2.5	2.7	2.3
16	17	17.27	30	29.48	3	3.3	2.7
20	21	21.33	37	36.38	3	3.3	2.7
24	25	25.33	44	43.38	4	4.3	3.7
30	31	31.39	56	55.26	4	4.3	3.7
36	37	37.62	66	64.8	5	5.6	4.4
42	45	45.62	78	76.8	8	9	7
48	52	52.74	92	90.6	8	9	7
56	62	62.74	105	103.6	10	11	9
64	70	70.74	115	113.6	10	11	9

表 3-57　平垫圈（A 级）非优选尺寸规格（mm）

公称规格（螺纹大径 d）	内径 d_1		外径 d_2		厚度 h		
	公称(min)	max	公称(max)	min	公称	max	min
14	15	15.27	28	27.48	2.5	2.7	2.3
18	19	19.33	34	33.38	3	3.3	2.7
22	23	23.33	39	38.38	3	3.3	2.7
27	28	28.33	50	49.38	4	4.3	3.7
33	34	34.62	60	58.8	5	5.6	4.4
39	42	42.62	72	70.8	6	6.6	5.4
45	48	48.62	85	83.6	8	9	7
52	56	56.74	98	96.6	8	9	7
60	66	66.74	110	108.6	10	11	9

垫圈标记方法按 GB/T 1237 规定。

标记示例：

标准系列、公称规格 8mm、由钢制造的硬度等级为 200HV 级、不经表面处理、产品等级为 A 级的平垫圈标记为：

垫圈　GB/T 97.1　8

标准系列、公称规格 8mm、由 A2 组不锈钢制造的硬度等级为 200HV 级、不经表面处理的、产品等级为 A 级的平垫圈标记为：

垫圈　GB/T 97.1　8　A2

5. 平垫圈（倒角型 A 级）

平垫圈（倒角型 A 级）（GB/T 97.2—2002）的型式如图 3-43 所示，其尺寸规格列于表3-58、表 3-59。

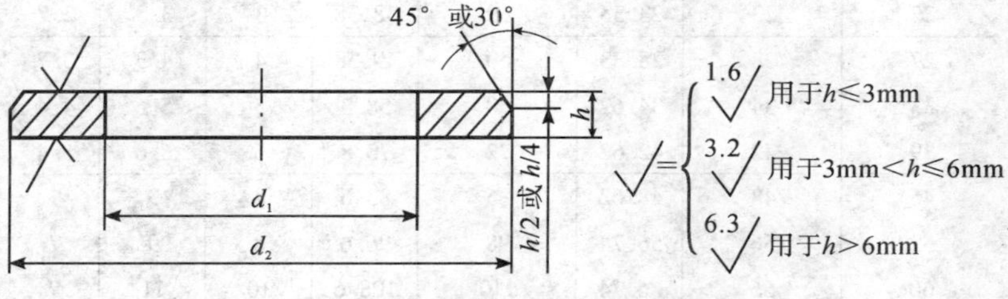

图 3-43　平垫圈（倒角型 A 级）

表 3-58　平垫圈（倒角型 A 级）优选尺寸规格（mm）

公称规格	内　径　d_1		外　径　d_2		厚　度　h		
（螺纹大径 d）	公称(min)	max	公称(max)	min	公称	max	min
5	5.3	5.48	10	9.64	1	1.1	0.9
6	6.4	6.62	12	11.57	1.6	1.8	1.4
8	8.4	8.62	16	15.57	1.6	1.8	1.4
10	10.5	10.77	20	19.48	2	2.2	1.8
12	13	13.27	24	23.48	2.5	2.7	2.3
16	17	17.27	30	29.48	3	3.3	2.7
20	21	21.33	37	36.38	3	3.3	2.7
24	25	25.33	44	43.38	4	4.3	3.7
30	31	31.39	56	55.26	4	4.3	3.7
36	37	37.62	66	64.8	5	5.6	4.4
42	45	45.62	78	76.8	8	9	7
48	52	52.74	92	90.6	8	9	7
56	62	62.74	105	103.6	10	11	9
64	70	70.74	115	113.6	10	11	9

表 3-59　平垫圈（倒角型 A 级）非优选尺寸规格（mm）

公称规格	内　径　d_1		外　径　d_2		厚　度　h		
（螺纹大径 d）	公称(min)	max	公称(max)	min	公称	max	min
14	15	15.27	28	27.48	2.5	2.7	2.3
18	19	19.33	34	33.38	3	3.3	2.7
22	23	23.33	39	38.38	3	3.3	2.7
27	28	28.33	50	49.38	4	4.3	3.7
33	34	34.62	60	58.8	5	5.6	4.4
39	42	42.62	72	70.8	6	6.6	5.4
45	48	48.62	85	83.6	8	9	7
52	56	56.74	98	96.6	8	9	7
60	66	66.74	110	108.6	10	11	9

标记方法按 GB/T 1237 规定。

标记示例：

标准系列、公称规格 8mm、由钢制造的硬度等级为 200HV 级、不经表面处理、产品等级为 A 级、倒角型平垫圈标记为：

垫圈　GB/T 97.2　8

标准系列、公称规格 8mm、由 A2 组不锈钢制造的硬度等级为 200HV 级、不经表面处理、产品等级为 A 级、倒角型平垫圈标记为：

垫圈　GB/T 97.2　8　A2

6. 平垫圈（C 级）

平垫圈（C 级）（GB/T 95—2002）的型式如图 3－44 所示，其尺寸规格列于表3－60、表 3－61。

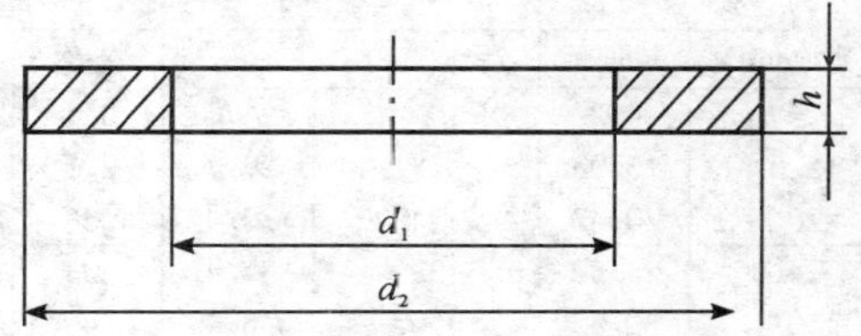

图 3－44　平垫圈（C 级）

表 3－60　平垫圈（C 级）优选尺寸规格（mm）

公称规格（螺纹大径 d）	内　径　d_1		外　径　d_2		厚　度　h		
	公称(min)	max	公称(max)	min	公称	max	min
1.6	1.8	2.05	4	3.25	0.3	0.4	0.2
2	2.4	2.65	5	4.25	0.3	0.4	0.2
2.5	2.9	3.15	6	5.25	0.5	0.6	0.4
3	3.4	3.7	7	6.1	0.5	0.6	0.4
4	4.5	4.8	9	8.1	0.8	1.0	0.6
5	5.5	5.8	10	9.1	1	1.2	0.8
6	6.6	6.96	12	10.9	1.6	1.9	1.3
8	9	9.36	16	14.9	1.6	1.9	1.3
10	11	11.43	20	18.7	2	2.3	1.7
12	13.5	13.93	24	22.7	2.5	2.8	2.2
16	17.5	17.93	30	28.7	3	3.6	2.4
20	22	22.52	37	35.4	3	3.6	2.4

续表

公称规格（螺纹大径 d）	内径 d_1		外径 d_2		厚度 h		
	公称(min)	max	公称(max)	min	公称	max	min
24	26	26.52	44	42.4	4	4.6	3.4
30	33	33.62	56	54.1	4	4.6	3.4
36	39	40	66	64.1	5	6	4
42	45	46	78	76.1	8	9.2	6.8
48	52	53.2	92	89.8	8	9.2	6.8
56	62	63.2	105	102.8	10	11.2	8.8
64	70	71.2	115	112.8	10	11.2	8.8

表 3-61　平垫圈（C 级）非优选尺寸规格（mm）

公称规格（螺纹大径 d）	内径 d_1		外径 d_2		厚度 h		
	公称(min)	max	公称(max)	min	公称	max	min
3.5	3.9	4.2	8	7.1	0.5	0.6	0.4
14	15.5	15.93	28	26.7	2.5	2.8	2.2
18	20	20.43	34	32.4	3	3.6	2.4
22	24	24.52	39	37.4	3	3.6	2.4
27	30	30.52	50	48.4	4	4.6	3.4
33	36	37	60	58.1	5	6	4
39	42	43	72	70.1	6	7	5
45	48	49	85	82.8	8	9.2	6.8
52	56	57.2	98	95.8	8	9.2	6.8
60	66	67.2	110	107.8	10	11.2	8.8

标记方法按 GB/T 1237 规定。

标记示例：

标准系列、公称规格 8mm、由钢制造的硬度等级为 100HV 级、不经表面处理、产品等级为 C 级的平垫圈标记为：

垫圈　GB/T 95　8

7. 圆螺母用止动垫圈

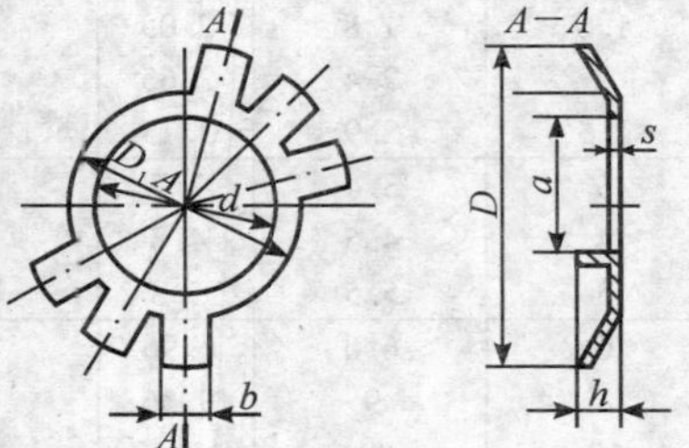

图 3-45　圆螺母用止动垫圈示意图

圆螺母用止动垫圈（GB/T 858—1988）的型式如图 3-45，其尺寸规格列于表3-62。

表 3－62　圆螺母用止动垫圈尺寸规格（mm）

规格（螺纹大径）	d	D（参考）	D_1	s	h	b	a	规格（螺纹大径）	d	D（参考）	D_1	s	h	b	a
10	10.5	25	16	1	3	3.8	8	64	65	100	84	1.5	6	7.7	61
12	12.5	28	19				9	65①	66						62
14	14.5	32	20				11	68	69	105	88			9.6	65
16	16.5	34	22			4.8	13	72	73	110	93		7		69
18	18.5	35	24		4		15	75①	76						71
20	20.5	38	27	1			17	76	77	115	98				72
22	22.5	42	30				19	80	81	120	103				76
24	24.5	45	34				21	85	86	125	108				81
25①	25.5	45	34				22	90	91	130	112	2		11.6	86
27	27.5	48	37		5		24	95	96	135	117				91
30	30.5	52	40				27	100	101	140	122				96
33	33.5	56	43	1.5		5.7	30	105	106	145	127				101
35①	35.5						32	110	111	156	135			13.5	106
36	36.5	60	46				33	115	116	160	140				111
39	39.5	62	49				36	120	121	166	145				116
40①	40.5						37	125	126	170	150				121
42	42.5	66	53				39	130	131	176	155				126
45	45.5	72	59				42	140	141	186	165				136
48	48.5	76	61			7.7	45	150	151	206	180	2.5		15.5	146
50①	50.5						47	160	161	216	190		8		156
52	52.5	82	67		6		49	170	171	226	200				166
55①	56						52	180	181	236	210				176
56	57	90	74				53	190	191	246	220				186
60	61	94	79				57	200	201	256	230				196

注：表中①仅用于滚动轴承锁紧装置。

标记示例：

规格 16mm、材料为 Q215、经退化、表面氧化的圆螺母用止动垫圈的标记：

垫圈　GB/T 858　16

8. 标准型弹簧垫圈

标准型弹簧垫圈（GB/T 93—1987）的型式如图 3－46，其尺寸规格列于表3－63。

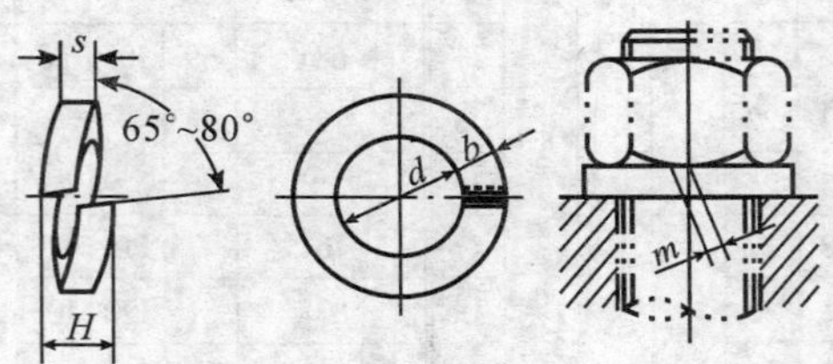

图 3－46　标准型弹簧垫圈

标记示例：

规格 16mm、材料为 65Mn、表面氧化的标准型弹簧垫圈的标记为：

垫圈　GB/T 93　16

表 3－63　标准型弹簧垫圈的尺寸规格（mm）

公称规格	*d*		*s*（*b*）			*H*		*m*
（螺纹大径）	min	max	公称	min	max	min	max	≤
2	2.1	2.35	0.5	0.42	0.58	1	1.25	0.25
2.5	2.6	2.85	0.65	0.57	0.73	1.3	1.63	0.33
3	3.1	3.4	0.8	0.7	0.9	1.6	2	0.4
4	4.1	4.4	1.1	1	1.2	2.2	2.75	0.55
5	5.1	5.4	1.3	1.2	1.4	2.6	3.25	0.65
6	6.1	6.68	1.6	1.5	1.7	3.2	4	0.8
8	8.1	8.68	2.1	2	2.2	4.2	5.25	1.05
10	10.2	10.9	2.6	2.45	2.75	5.2	6.5	1.3
12	12.2	12.9	3.1	2.95	3.25	6.2	7.75	1.55
(14)	14.2	14.9	3.6	3.4	3.8	7.2	9	1.8
16	16.2	16.9	4.1	3.9	4.3	8.2	10.25	2.05
(18)	18.2	19.04	4.5	4.3	4.7	9	11.25	2.25
20	20.2	21.04	5	4.8	5.2	10	12.5	2.5

续表

公称规格（螺纹大径）	d		s（b）			H		m
	min	max	公称	min	max	min	max	≤
（22）	22.5	23.34	5.5	5.3	5.7	11	13.75	2.75
24	24.5	25.5	6	5.8	6.2	12	15	3
（27）	27.5	28.5	6.8	6.5	7.1	13.6	17	3.4
30	30.5	31.5	7.5	7.2	7.8	15	18.75	3.75
（33）	33.5	34.7	8.5	8.2	8.8	17	21.25	4.25
36	36.5	37.7	9	8.7	9.3	18	22.5	4.5
（39）	39.5	40.7	10	9.7	10.3	20	25	5
42	42.5	43.7	10.5	10.2	10.8	21	26.25	5.25
（45）	45.5	46.7	11	10.7	11.3	22	27.5	5.5
48	48.5	49.7	12	11.7	12.3	24	30	6

注：①尽可能不采用括号内的规格。

②m 应大于零。

3.1.7 挡圈

1. 轴肩挡圈

轴肩挡圈（GB/T 886—1986）的型式如图 3 - 47 所示，按其用途基本尺寸和偏差列于表 3 - 64 ~ 表 3 - 66。

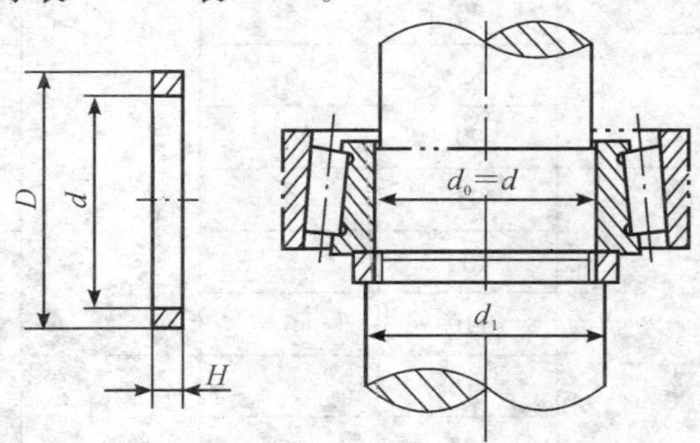

图 3 - 47 轴肩挡圈示意图

标记示例：

公称直径 $d=60$mm、外径 $D=70$mm、材料为35钢、不经热处理及表面处理的轴肩挡圈的标记为：

挡圈　GB/T 886　60×70

表3-64　轴肩挡圈的基本尺寸及偏差（mm）

轻系列径向轴承用					
公称直径 d		D	H		d_1
基本尺寸	极限偏差		基本尺寸	极限偏差	≥
30	${}^{+0.13}_{0}$	36	4	${}^{0}_{-0.30}$	32
35	${}^{+0.16}_{0}$	42	4		37
40		47	4		42
45		52	4		47
50		58	4		52
55	${}^{+0.19}_{0}$	65	5		58
60		70	5		63
65		75	5		68
70		80	5		73
75		85	5		78
80		90	6		83
85	${}^{+0.22}_{0}$	95	6		88
90		100	6		93
95		110	6		98
100		115	8	${}^{0}_{-0.36}$	103
105		120	8		109
110		125	8		114
120		135	8		124

表 3-65 轴肩挡圈的基本尺寸及偏差（mm）

<table>
<tr><th colspan="6">中系列径向轴承和轻系列径向推力轴承用</th></tr>
<tr><th colspan="2">公称直径 d</th><th rowspan="2">D</th><th colspan="2">H</th><th>d₁</th></tr>
<tr><th>基本尺寸</th><th>极限偏差</th><th>基本尺寸</th><th>极限偏差</th><th>≥</th></tr>
<tr><td>20</td><td rowspan="4">+0.13
0</td><td>27</td><td>4</td><td rowspan="14">0
-0.30</td><td>22</td></tr>
<tr><td>25</td><td>32</td><td>4</td><td>27</td></tr>
<tr><td>30</td><td>38</td><td>4</td><td>32</td></tr>
<tr><td>35</td><td>45</td><td>4</td><td>37</td></tr>
<tr><td>40</td><td rowspan="3">+0.16
0</td><td>50</td><td>4</td><td>42</td></tr>
<tr><td>45</td><td>55</td><td>4</td><td>47</td></tr>
<tr><td>50</td><td>60</td><td>4</td><td>52</td></tr>
<tr><td>55</td><td rowspan="6">+0.19
0</td><td>68</td><td>5</td><td>58</td></tr>
<tr><td>60</td><td>72</td><td>5</td><td>63</td></tr>
<tr><td>65</td><td>78</td><td>5</td><td>68</td></tr>
<tr><td>70</td><td>82</td><td>5</td><td>73</td></tr>
<tr><td>75</td><td>88</td><td>5</td><td>78</td></tr>
<tr><td>80</td><td>95</td><td>6</td><td>83</td></tr>
<tr><td>85</td><td rowspan="7">+0.22
0</td><td>100</td><td>6</td><td>88</td></tr>
<tr><td>90</td><td>105</td><td>6</td><td rowspan="5">0
-0.36</td><td>93</td></tr>
<tr><td>95</td><td>110</td><td>6</td><td>98</td></tr>
<tr><td>100</td><td>115</td><td>8</td><td>103</td></tr>
<tr><td>105</td><td>120</td><td>8</td><td>109</td></tr>
<tr><td>110</td><td>130</td><td>8</td><td>114</td></tr>
<tr><td>120</td><td>140</td><td>8</td><td></td><td>124</td></tr>
</table>

表 3-66 轴肩挡圈的基本尺寸及偏差（mm）

<table>
<tr><th colspan="6">重系列径向轴承和中系列径向推力轴承用</th></tr>
<tr><th colspan="2">公称直径 d</th><th rowspan="2">D</th><th colspan="2">H</th><th>d₁</th></tr>
<tr><th>基本尺寸</th><th>极限偏差</th><th>基本尺寸</th><th>极限偏差</th><th>≥</th></tr>
<tr><td>20</td><td rowspan="3">+0.13
0</td><td>30</td><td>5</td><td rowspan="7">0
-0.30</td><td>22</td></tr>
<tr><td>25</td><td>35</td><td>5</td><td>27</td></tr>
<tr><td>30</td><td>40</td><td>5</td><td>32</td></tr>
<tr><td>35</td><td rowspan="4">+0.17
0</td><td>47</td><td>5</td><td>37</td></tr>
<tr><td>40</td><td>52</td><td>5</td><td>42</td></tr>
<tr><td>45</td><td>58</td><td>5</td><td>47</td></tr>
<tr><td>50</td><td>65</td><td>5</td><td>52</td></tr>
</table>

续表

重系列径向轴承和中系列径向推力轴承用					
公称直径 d		D	H		d_1
基本尺寸	极限偏差		基本尺寸	极限偏差	≥
55	+0.19 0	70	6	0 -0.30	58
60		75	6		63
65		80	6		68
70		85	6		73
75		90	6		78
80		100	8		83
85	+0.22 0	105	8	0 -0.36	88
90		110	8		93
95		115	8		98
100		120	10		103
105		130	10		109
110		135	10		114
120		145	10		124

2. 孔用弹性挡圈

孔用弹性挡圈（GB/T 893.1—1986）如图 3-48 所示，其尺寸及沟槽尺寸列于表 3-67。

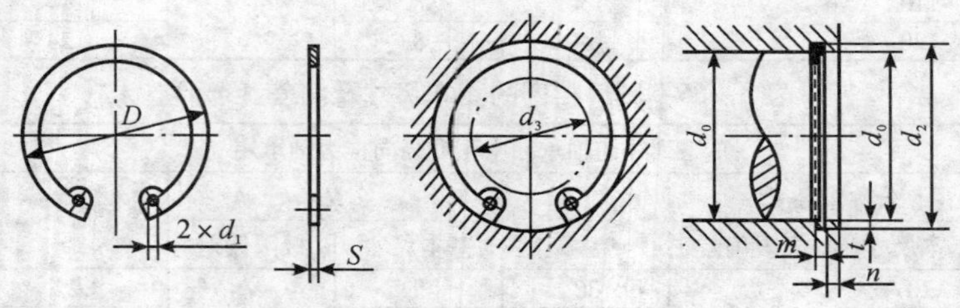

图 3-48　孔用弹性挡圈示意图

标记示例：

孔径 d_0 =50mm、材料为 65Mn、热处理硬度 44 ~ 51HRC、表面氧化的 A 型孔用弹性挡圈的标记为：

挡圈　GB/T 893.1　50

表 3－67　孔用弹性挡圈及沟槽基本尺寸及偏差（mm）

孔径 d_0	挡圈					沟槽（推荐）					轴 d_3 ≤
	D		S		d_1	d_2		m		n ≥	
	基本尺寸	极限偏差	基本尺寸	极限偏差		基本尺寸	极限偏差	基本尺寸	极限偏差		
8	8.7	+0.36 −0.10	0.6	+0.04 −0.07	1	8.4	+0.09 0	+0.7	+0.14 0	0.6	2
9	9.8					9.4					
10	10.8		0.8	+0.04 −0.10	1.5	10.4	+0.11 0	0.9			
11	11.8					11.4					3
12	13.0					12.5				0.9	4
13	14.1				1.7	13.6					
14	15.1		1	+0.05 −0.13		14.6		1.1			5
15	16.2					15.7				1.2	6
16	17.3					16.8					7
17	18.3	+0.42 −0.13				17.8					8
18	19.5					19	+0.13 0			1.5	9
19	20.5				2	20					10
20	21.5					21					
21	22.5					22					11
22	23.5					23					12
24	25.9	+0.42 −0.21	1.2			25.2	+0.21 0			1.8	13
25	26.9					26.2					14
26	27.9					27.2					15
28	30.1	+0.50 −0.25				29.4		1.3		2.1	17
30	32.1					31.4	+0.25 0				18
31	33.4				2.5	32.7				2.6	19
32	34.4					33.7					20
34	36.5		1.5	+0.06 −0.15		35.7		1.7			22
35	37.8					37				3	23
36	38.8					38					24
37	39.8					39					25
38	40.8					40					26
40	43.5	+0.90 −0.25				42.5				3.8	27

续表

孔径 d_0	挡圈 D 基本尺寸	挡圈 D 极限偏差	挡圈 S 基本尺寸	挡圈 S 极限偏差	挡圈 d_1	沟槽（推荐）d_2 基本尺寸	沟槽（推荐）d_2 极限偏差	沟槽（推荐）m 基本尺寸	沟槽（推荐）m 极限偏差	沟槽（推荐）n ≥	轴 d_3 ≤
42	45.5	+0.90 −0.39	1.5	+0.06 −0.15		44.5	+0.25 0	1.7	+0.14 0	3.8	29
45	48.5					47.5					31
47	50.5	+1.10 −0.46			3	49.5					32
48	51.5					50.5					33
50	54.2		2	+0.06 −0.18		53	+0.30 0	2.2		4.5	36
52	56.2					55					38
55	59.2					58					40
56	60.2					59					41
58	62.2					61					43
60	64.2					63					44
62	66.2					65					45
63	67.2					66					46
65	69.2		2.5	+0.07 −0.22	2	68		2.7			48
68	72.5					71					50
70	74.5					73					53
72	76.5					75					55
75	79.5					78					56
78	82.5	+1.30 −0.54				81	+0.35 0				60
80	85.5					83.5				5.3	63
82	87.5					85.5					65
85	90.5					88.5					68
88	93.5					91.5					70
90	95.5					93.5					72
92	97.5					95.5					73
95	100.5					98.5					75
98	103.5					101.5					78
100	105.5					103.5					80

续表

孔径 d_0	挡圈 D 基本尺寸	挡圈 D 极限偏差	挡圈 S 基本尺寸	挡圈 S 极限偏差	挡圈 d_1	沟槽（推荐）d_2 基本尺寸	沟槽（推荐）d_2 极限偏差	沟槽（推荐）m 基本尺寸	沟槽（推荐）m 极限偏差	沟槽（推荐）n ≥	轴 d_3 ≤
102	108	+1.30 −0.54	3	+0.07 −0.22	4	106	+0.54 0	3.2	+0.18 0	6	82
105	112					109					83
108	115					112					86
110	117					114					88
112	119					116					89
115	122	+1.50 −0.63				119					90
120	127					124	+0.63 0				95
125	132					129					100
130	137					134					105
135	142					139					110
140	147					144					115
145	152					149					118
150	158					155				7.5	121
155	164					160					125
160	169					165					130
165	174.5					170					136
170	179.5					175					140
175	184.5	+1.70 −0.72				180					142
180	189.5					185	+0.72 0				145
185	194.5					190					150
190	199.5					195					155
195	204.5					200					157
200	209.5					205					165

注：表中 d_3 为允许套入的最大轴径。

3. 轴用弹性挡圈

轴用弹性挡圈（GB/T 894.1—1986）的型式如图 3－49 所示，其尺寸及沟槽尺寸列于表 3－68。

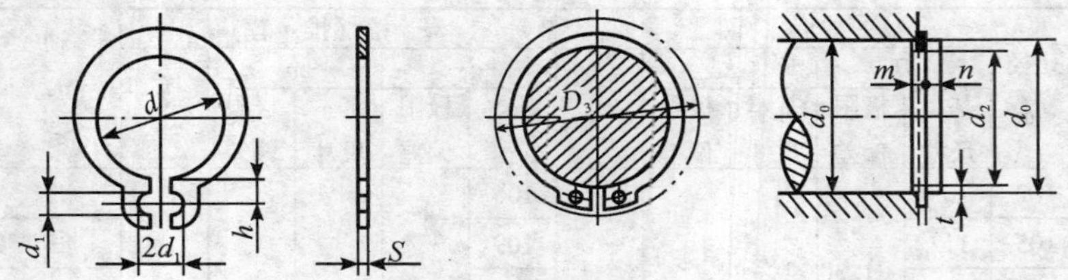

图 3－49　轴用弹性挡圈示意图

表 3－68　轴用弹性挡圈的尺寸参数（mm）

轴径	挡圈					沟槽（推荐）					孔
	d		S		d_1	d_2		m		n	D_3
d_0	基本尺寸	极限偏差	基本尺寸	极限偏差		基本尺寸	极限偏差	基本尺寸	极限偏差	≥	≥
3	2.7	+0.04 −0.15	0.4	+0.03 −0.16	1	2.8	0 −0.04	0.5	+0.14 0	0.3	7.2
4	3.7					3.8	0 −0.048				8.8
5	4.7		0.6	+0.04 −0.07		4.8		0.7			10.7
6	5.6				1.2	5.7				0.5	12.2
7	6.5	+0.06 −0.18				6.7	0 −0.058				13.8
8	7.4		0.8	+0.04 −0.10		7.6		0.9		0.6	15.2
9	8.4					8.6					16.4
10	9.3	+0.10 −0.36	1	+0.05 −0.13	1.5	9.6		1.1			17.6
11	10.2					10.5	0 −0.11 0 −0.11			0.8	18.6
12	11					11.5					19.6
13	11.9				1.7	12.4				0.9	20.8
14	12.9					13.4					22
15	13.8					14.3				1.1	23.2
16	14.7					15.2	0 −0.11			1.2	24.4
17	15.7					16.2					25.6
18	16.5					17				1.5	27
19	17.5				2	18					28
20	18.5	+0.13 −0.42				19	0 −0.13				29
21	19.5					20					31
22	20.5					21					32
24	22.2	+0.21 −0.42	1.2			22.9	0 −0.21	0 −0.21		1.7	34
25	23.2					23.9					35
26	24.2					24.9					36
28	25.9					26.6				2.1	38.4
29	26.9					27.6					39.8
30	27.9					28.6					42

续表

轴径 d_0	挡圈					沟槽（推荐）					孔 D_3 ≤
	d		s		d_1	d_2		m		n ≥	
	基本尺寸	极限偏差	基本尺寸	极限偏差		基本尺寸	极限偏差	基本尺寸	极限偏差		
32	29.5	+0.21 −0.42	1.2	+0.05 −0.13	2.5	30.3	0 −0.25	1.3	+0.14 0	2.6	44
34	31.5	+0.25 −0.50	1.5	+0.06 −0.15		32.3		1.7			46
35	32.2					33				3	48
36	33.2					34					49
37	34.2					35					50
38	35.2					36					51
40	36.5	+0.39 −0.90				37.5				3.8	53
42	38.5				3	39.5					56
45	41.5					42.5					59.4
48	44.5					45.5					62.8
50	45.8		2	+0.06 −0.18		47		2.2		4.5	64.8
52	47.8					49					67
55	50.8	+0.46 −1.10				52	0 −0.30				70.4
56	51.8					53					71.7
58	53.8					55					73.6
60	55.8					57					75.8
62	57.8					59					79
63	58.8					60					79.6
65	60.8		2.5	+0.07 −0.22		62		2.7			81.6
68	63.5					65					85
70	65.5					67					87.2
72	67.5					69					89.4
75	70.5					72					92.8
78	73.5					75					96.2
80	74.5					76.5				5.3	98.2
82	76.5					78.5					101
85	79.5					81.5	0 −0.35				104

续表

轴径 d_0	挡圈 d 基本尺寸	挡圈 d 极限偏差	挡圈 S 基本尺寸	挡圈 S 极限偏差	挡圈 d_1	沟槽（推荐） d_2 基本尺寸	沟槽（推荐） d_2 极限偏差	沟槽（推荐） m 基本尺寸	沟槽（推荐） m 极限偏差	沟槽（推荐） n ≥	孔 D_3 ≤
88	82.5	+0.54 -1.30	2.5	+0.07 -0.22	3	84.5	0 -0.35	2.7	+0.14 0	5.3	107.3
90	84.5					86.5					110
95	89.5					91.5					115
100	94.5					96.5					121
105	98		3			101	0 -0.54	3.2	+0.18 0	6	132
110	103				4	106					136
115	108					111					142
120	113					116					145
125	118					121	0 -0.63				151
130	123	+0.64 -1.50				126					158
135	128					131					162.8
140	133					136					168
145	138					141					174.4
150	142					145				7.5	180
155	146					150					186
160	151					155					190
165	155.5					160					195
170	160.5					165					200
175	165.5					170					206
180	170.5					175					212
185	175.5					180					218
190	180.5	+0.72 -1.70				185	0 -0.72				223
195	185.5					190					229
200	190.5					195					235

注：D_3 为允许套入的最小孔径。

4. 螺钉紧固轴端挡圈

螺钉紧固轴端挡圈（GB/T 891—1986）的型式如图 3-50 所示，其尺寸规格列于表 3－69。

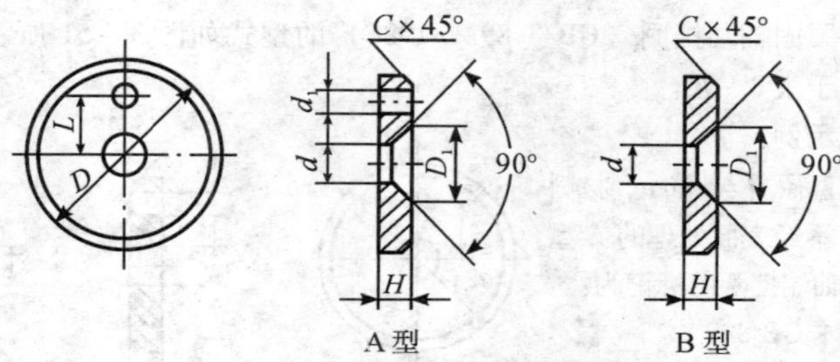

图 3－50　螺钉紧固轴端挡圈示意图

标记示例：

公称直径 D＝45mm、材料为 Q235、不经表面处理的 A 型螺钉紧固轴端挡圈的标记为：

挡圈　GB/T 891　45

按 B 型制造时，应加标记 B：

挡圈 GB/T 891　B45

表 3－69　螺钉紧固轴端挡圈尺寸（mm）

轴径 ≤	公称直径 D	H		L		d	d_1	D_1	C	螺　钉 GB/T 819（推荐）	圆柱销 GB/T 119（推荐）
		基本尺寸	极限偏差	基本尺寸	极限偏差						
14	20	4	0 －0.30	—	±0.11	5.5	2.1	11	0.5	M5×12	A2×10
16	22	4		—							
18	25	4		—							
20	28	4		7.5							
22	30	4		7.5							
25	32	5		10		6.6	3.2	13	1	M6×16	A3×12
28	35	5		10							
30	38	5		10							
32	40	5		12	±0.135						
35	45	5		12							
40	50	5		12							
45	55	6		16		9	4.2	17	1.5	M8×20	A4×14
50	60	6		16							
55	65	6		16							
60	70	6		20	±0.165						
65	75	6		20							
70	80	6		20							
75	90	8	0 －0.36	25		13	5.2	25	2	M12×25	A5×16
85	100	8		25							

注：当挡圈装在带螺纹孔的轴端时，紧固用螺钉允许加长。

5. 螺栓紧固轴端挡圈

螺栓紧固轴端挡圈（GB/T 892—1986）的型式如图 3－51 所示，其尺寸参数列于表 3－70。

标记示例：

公称直径 D＝45mm、材料为 Q235、不经表面处理的 A 型螺栓紧固轴端挡圈的标记为：

挡圈　GB 892　45

按 B 型制造时，应加标记 B：

挡圈　GB 892　B45

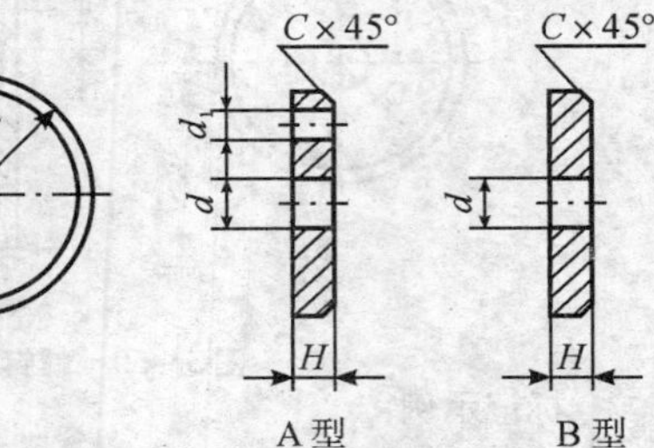

图 3－51　螺栓紧固轴端挡圈示意图

表 3－70　螺栓紧固轴端挡圈尺寸参数（mm）

轴径 ≤	公称直径 D	H 基本尺寸	H 极限偏差	L 基本尺寸	L 极限偏差	d	d_1	C	螺栓 GB/T 5783（推荐）	圆柱销 GB/T 119（推荐）	垫圈 GB/T 93（推荐）
14	20	4	0 －0.30	—	±0.11	5.5	2.1	0.5	M5×12	A2×10	5
16	22	4		—							
18	25	4		—							
20	28	4		7.5							
22	30	4		7.5							
25	32	5		10		6.6	3.2	1	M6×16	A3×12	6
28	35	5		10							
30	38	5		10							
32	40	5		12	±0.135						
35	45	5		12							
40	50	5		12							
45	55	6		16		9	4.2	1.5	M8×25	A4×14	8
50	60	6		16							
55	65	6		16							
60	70	6		20	±0.165						
65	75	6		20							
70	80	6		20							
75	90	8	0 －0.36	25		13	5.2	2	M12×30	A5×16	12
85	100	8		25							

注：当挡圈装在带螺纹孔的轴端时，紧固用螺栓允许加长。

6. 锥销锁紧挡圈

锥销锁紧挡圈（GB/T 883—1986）的型式如图 3－52 所示，其尺寸参数列于表 3－71。

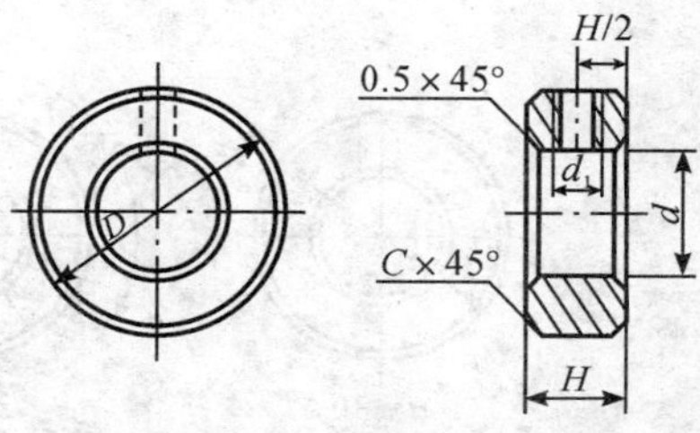

图 3－52　锥销锁紧挡圈示意图

标记示例：

公称直径 d = 20mm、材料为 Q235、不经表面处理的锥销锁紧挡圈的标记为：

挡圈　GB/T 883　20

表 3－71　锥销锁紧挡圈尺寸参数(mm)

公称直径 d		H		D	d_1	C	圆锥销 GB/T 117（推荐）	公称直径 d		H		D	d_1	C	圆锥销 GB/T 117（推荐）
基本尺寸	极限偏差	基本尺寸	极限偏差					基本尺寸	极限偏差	基本尺寸	极限偏差				
8	+0.036 0	10	0 −0.36	20	3	0.5	3×22	40	+0.062 0	16	0 −0.43	62	6	1	6×60
(9)		10		22	3	0.5	3×22	45		18		70	6	1	6×70
10		10		22	3	0.5	3×22	50		18		80	8	1	8×80
12	+0.043 0	10		25	3	0.5	3×25	55	+0.074 0	18		85	8	1	8×90
(13)		10		25	3	0.5	3×25	60		20		90	8	1	8×90
14		12	0 −0.43	28	4	0.5	4×28	65		20		95	10	1	10×100
(15)		12		30	4	0.5	4×32	70		20		100	10	1	10×100
16		12		30	4	0.5	4×32	75		22		110	10	1	10×110
(17)		12		32	4	0.5	4×32	80		22		115	10	1	10×120
18		12		32	4	0.5	4×32	85	+0.087 0	22	0 −0.52	120	10	1	10×120
								90		22		125	10	1	10×120
(19)	+0.052 0	12		35	4	0.5	4×35	95		25		130	10	1.5	10×130
20		12		35	4	0.5	4×35	100		25		135	10	1.5	10×140
22		12		38	5	1	5×40	105		25		140	10	1.5	10×140
25		14		42	5	1	5×45	110		30		150	12	1.5	12×150
28		14		45	5	1	5×45	115		30		155	12	1.5	12×150
30		14		48	6	1	6×50	120		30		160	12	1.5	12×160
32	+0.062 0	14		52	6	1	6×55	(125)	+0.10 0	30		165	12	1.5	12×160
35		16		56	6	1	6×55	130		30		170	12	1.5	12×180

注：①括号内尺寸尽量不采用。

②d_1 孔在加工时，只钻一面，装配时钻透并铰孔。

7. 螺钉锁紧挡圈

螺钉锁紧挡圈（GB/T 884—1986）的示意图为 3－53，其尺寸参数列于表 3－72。

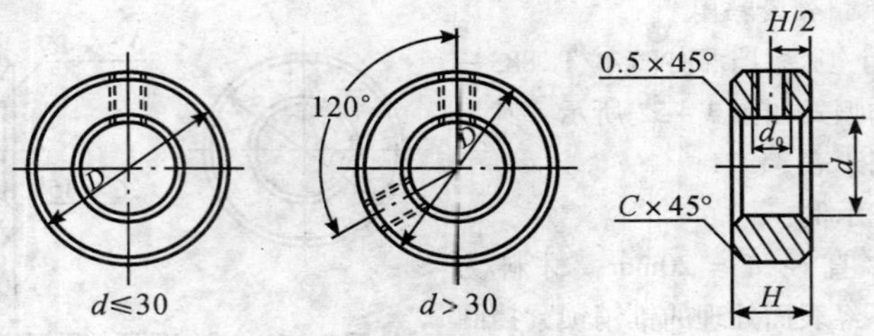

图 3-53　螺钉锁紧挡圈

标记示例：

公称直径 $d=20$mm、材料为 Q235、不经表面处理的螺钉锁紧挡圈的标记为：

挡圈　GB/T 884　20

表 3-72　螺钉锁紧挡圈尺寸参数(mm)

公称直径 d		H		D	d_0	C	螺钉 GB/T 71（推荐）	公称直径 d		H		D	d_0	C	螺钉 GB/T 71（推荐）
基本尺寸	极限偏差	基本尺寸	极限偏差					基本尺寸	极限偏差	基本尺寸	极限偏差				
8	+0.036 0	10	0 −0.36	20	M5	0.5	M5×8	70	+0.074 0	20	0 −0.52	100	M10	1	M10×20
(9)		10		22				75		22		110	M12		M12×25
10		10		22				80		22		115			
12	+0.043 0	10		25				85	+0.087 0	22		120			
(13)		10		25				90		22		125			
14		12	0 −0.43	28	M6	1	M6×10	95		25		130		1.5	
(15)		12		30				100		25		135			
16		12		30				105		25		140			
(17)		12		32				110		30		150			
18		12		32				115		30		155			
(19)	+0.052 0	12		35				120		30		160			
20		12		35				(125)	+0.1 0	30		165			
22		12		38				130		30		170			
25		14		42	M8		M8×12	(135)		30		175			
28		14		45				140		30		180			
30		14		48				(145)		30		190			M12×30
32	+0.062 0	14		52				150		30		200			
35		16		56	M10		M10×16	160		30		210			
40		16		62				170		30		220			
45		18		70				180		30		230			
50		18		80			M10×20	190	+0.115 0	30		240			
55	+0.074 0	18		85											
60		20	0 −0.52	90				200		30		250			
65		20		95											

3.1.8 销

1. 圆柱销（不淬硬钢和奥氏体不锈钢）

不淬硬钢和奥氏体不锈钢圆柱销（GB/T 119.1—2000）的型式如图3－54所示，其尺寸参数列于表3－73。

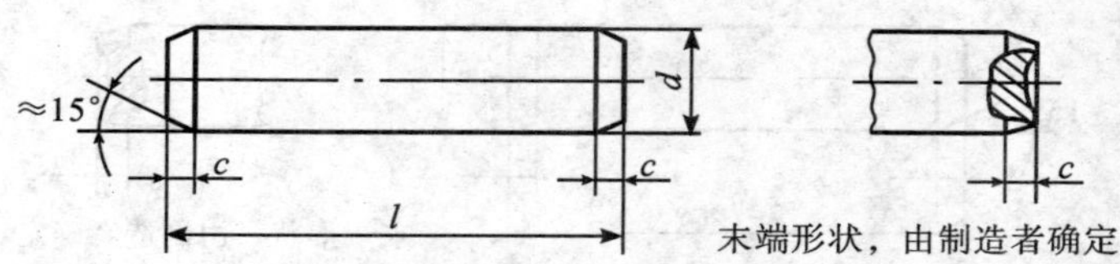

图3－54 圆柱销

表3－73 不淬硬钢和奥氏体不锈钢圆柱销尺寸参数（mm）

d m6/h8	0.6	0.8	1	1.2	1.5	2	2.5	3	4	5
c ≈	0.12	0.16	0.2	0.25	0.3	0.35	0.4	0.5	0.63	0.8
l	2～6	2～8	4～10	4～12	4～16	6～20	6～24	8～30	8～40	10～55
d m6/h8	6	8	10	12	16	20	25	30	40	50
c ≈	1.2	1.6	2	2.5	3	3.5	4	5	6.3	8
l	12～60	14～80	18～95	22～140	26～180	35～200	50～200	60～200	80～200	95～200

注：①其他公差由供需双方协议。

②公称长度系列为：2、3、4、5、6～32（2进位）、35～100（5进位）、120～200（20进位），大于200mm，按20mm进位。

③表中*l*长度为商品规格范围。

标记方法按GB/T 1237规定。

标记示例：

公称直径$d=6$mm、公差为m6、公称长度$l=30$mm、材料为钢、不经淬火、不经表面处理的圆柱销标记为：

销 GB/T 119.1 6 m6×30

公称直径$d=6$mm、公差为m6、公称长度$l=30$mm、材料为A1组奥氏体不锈钢、表面简单处理的圆柱销标记为：

销　GB/T 119.1　6　m6×30－A1

2. 圆柱销（淬硬钢和马氏体不锈钢）

淬硬钢和马氏体不锈钢圆柱销（GB/T 119.2—2000）的型式如图3－55所示，其尺寸参数列于表3－74。

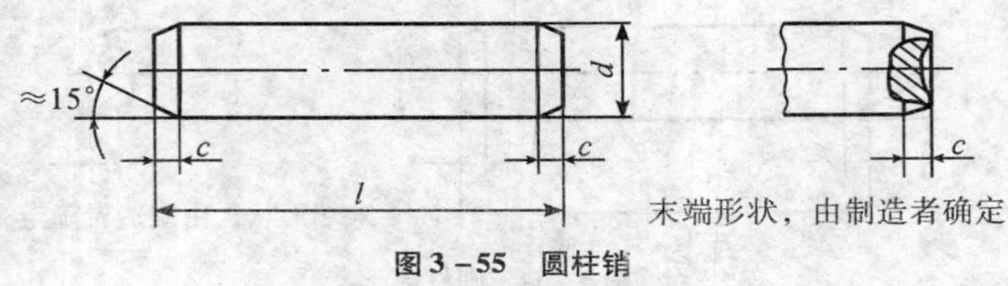

图3－55　圆柱销

表3－74　淬硬钢和马氏体不锈钢圆柱销尺寸参数（mm）

d　m6	1	1.5	2	2.5	3	4	5	6	8	10	12	16	20
c　≈	0.2	0.3	0.35	0.4	0.5	0.63	0.8	1.2	1.6	2	2.5	3	3.5
l	3～10	4～16	5～20	6～24	8～30	10～40	12～50	14～60	18～80	22～100	26～100	40～100	50～100

注：①其他公差由供需双方协议。

②公称长度系列为：3、4、5、6～32（2进位）、35～100（5进位）。

③表中 l 长度为商品规格范围。

④公称长度大于200mm，按20mm递增。

标记方法按GB/T 1237规定。

标记示例：

公称直径 $d=6$mm、公差为m6、公称长度 $l=30$mm、材料为钢、普通淬火（A型）、表面氧化处理的圆柱销标记为：

销　GB/T 119.2　6×30

公称直径 $d=6$mm、公差为m6、公称长度 $l=30$mm、材料为C1组马氏体不锈钢、表面简单处理的圆柱销标记为：

销　GB/T 119.2　6×30－C1

3. 内螺纹圆柱销（不淬硬钢和奥氏体不锈钢）

不淬硬钢和奥氏体不锈钢内螺纹圆柱销（GB/T 120.1—2000）的型式如图3－56所示，其尺寸参数列于表3－75。

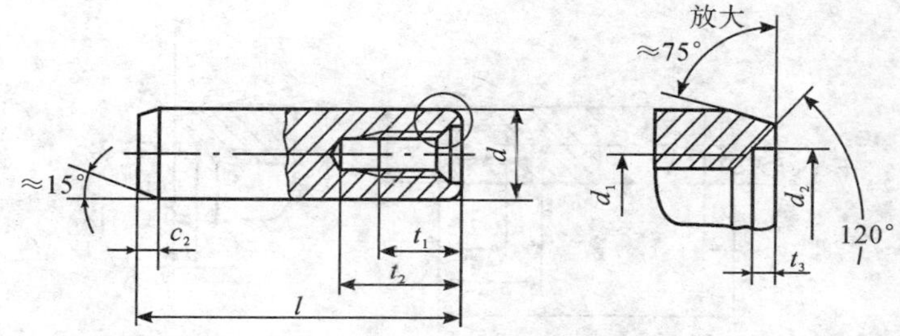

图 3-56　内螺纹圆柱销

表 3-75　不淬硬钢和奥氏体不锈钢内螺纹圆柱销尺寸参数（mm）

d　m6	6	8	10	12	16	20	25	30	40	50
c_2　≈	1.2	1.6	2	2.5	3	3.5	4	5	6.3	8
d_1	M4	M5	M6	M6	M8	M10	M16	M20	M20	M24
螺距 P	0.7	0.8	1	1	1.25	1.5	2	2.5	2.5	3
d_2	4.3	5.3	6.4	6.4	8.4	10.5	17	21	21	25
t_1	6	8	10	12	16	18	24	30	30	36
t_2　min	10	12	16	20	25	28	35	40	40	50
t_3	1	1.2	1.2	1.2	1.5	1.5	2	2	2.5	2.5
l	16~60	18~80	22~100	26~120	32~160	40~200	50~200	60~200	80~200	100~200

注：①其他公差由供需双方协议。
②表中 l 为商品规格范围。
③公称长度大于 200mm，按 20mm 递增。

标记方法按 GB/T 1237 规定。

标记示例：

公称直径 $d=6$mm、公差为 m6、公称长度 $l=30$mm、材料为钢、不经淬火、不经表面处理的内螺纹圆柱销的标记为：

销　GB/T 120.1　6×30

公称直径 $d=6$mm、公差为 m6、公称长度 $l=30$mm、材料为 A1 组奥氏体不锈钢、表面简单处理的内螺纹圆柱销的标记为：

销　GB/T 120.1　6×30-A1

4. 内螺纹圆柱销（淬硬钢和马氏体不锈钢）

淬硬钢和马氏体不锈钢内螺纹圆柱销（GB/T 120.2—2000）的型式如图 3-57 所示，其尺寸参数列于表 3-76。

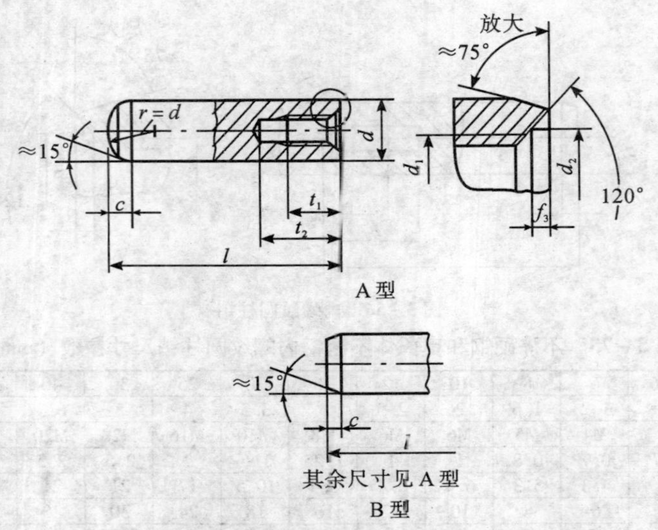

图 3－57　内螺纹圆柱销

表 3－76　淬硬钢和马氏体不锈钢内螺纹圆柱销尺寸参数（mm）

d　m6	6	8	10	12	16	20	25	30	40	50
c	2.1	2.6	3	3.8	4.6	6	6	7	8	10
d_1	M4	M5	M6	M6	M8	M10	M16	M20	M20	M24
螺距 P	0.7	0.8	1	1	1.25	1.5	2	2.5	2.5	3
d_2	4.3	5.3	6.4	6.4	8.4	10.5	17	21	21	25
t_1	6	8	10	12	16	18	24	30	30	36
t_2　min	10	12	16	20	25	28	35	40	40	50
t_3	1	1.2	1.2	1.2	1.5	1.5	2	2	2.5	2.5
l	16 ~ 60	18 ~ 80	22 ~ 100	26 ~ 120	32 ~ 160	40 ~ 200	50 ~ 200	60 ~ 200	80 ~ 200	100 ~ 200

注：①其他公差由供需双方协议。
②表中 l 为商品规格范围。
③图中 A 型——球面圆柱端，适用于普通淬火钢和马氏体不锈钢。
④图中 B 型——平端，适用于表面淬火钢。
⑤公称长度大于 200mm，按 20mm 递增。

标记方法按 GB/T 1237 规定。

标记示例：

公称直径 $d=6$mm、公差为 m6、公称长度 $l=30$mm、材料为钢、普通淬火（A 型）、表面氧化处理的内螺纹圆柱销的标记为：

销　GB/T 120.2　6×30－A

公称直径 $d=6$mm、公差为 m6、公称长度 $l=30$mm、材料为 C1 组马氏体不锈钢、表面简单处理的内螺纹圆柱销的标记为：

销　GB/T 120.2　6×30－C1

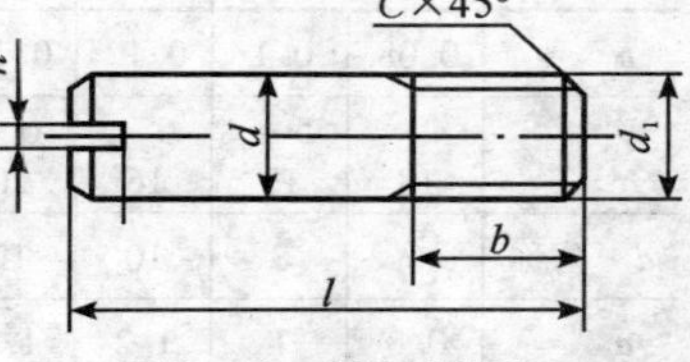

图 3－58　螺纹圆柱销

5. 螺纹圆柱销

螺纹圆柱销（GB/T 878—1986）的型式如图 3－58 所示，其尺寸参数列于表 3－77。

表 3－77　螺纹圆柱销尺寸参数（mm）

d　公称	4	6	8	10	12	16	20
d_1	M4	M6	M8	M10	M12	M16	M20
b　max	4.4	6.6	8.8	11	13.2	17.6	22
n 公称	0.6	1	1.2	1.6	2	2.5	3
C　≈	0.6	1	1.2	1.5	2		2.5
l	10～14	12～20	14～28	18～35	22～40	24～50	30～60

注：①表中 l 为商品规格范围。

②公称长度系列为：10、12、14、18～32（2 进位）、35～60（5 进位）。

标记方法按 GB/T 1237 规定。

标记示例：

公称直径 $d=10$mm、长度 $l=30$mm、材料为 35 钢、热处理硬度28～38HRC、表面氧化处理的螺纹圆柱销的标记为：

销　GB/T 878　10×30

6. 圆锥销

圆锥销（GB/T 117—2000）的型式如图 3－59 所示，其尺寸规格列于表 3－78。

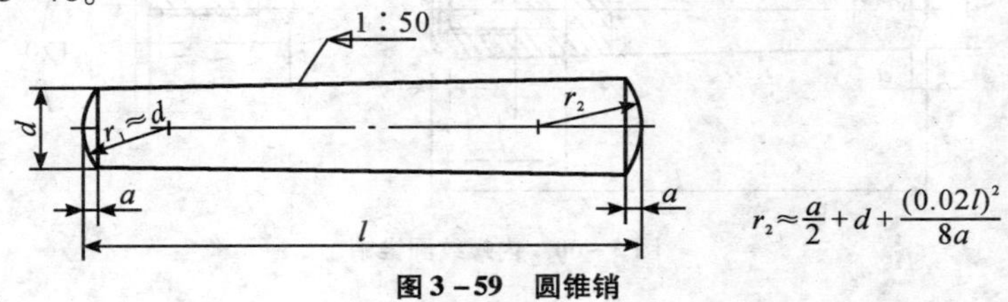

$$r_2 \approx \frac{a}{2} + d + \frac{(0.02l)^2}{8a}$$

图 3－59　圆锥销

表 3-78　圆锥销尺寸规格（mm）

d 公称 $h10$	0.6	0.8	1	1.2	1.5	2	2.5	3	4	5
a ≈	0.08	0.1	0.12	0.16	0.2	0.25	0.3	0.4	0.5	0.63
l	4 ~ 18	5 ~ 12	6 ~ 16	6 ~ 20	8 ~ 24	10 ~ 35	10 ~ 35	12 ~ 45	14 ~ 55	18 ~ 60
d 公称	6	8	10	12	16	20	25	30	40	50
a ≈	0.8	1	1.2	1.6	2	2.5	3	4	5	6.3
l	22 ~ 90	22 ~ 120	26 ~ 160	32 ~ 180	40 ~ 200	45 ~ 200	50 ~ 200	55 ~ 200	60 ~ 200	65 ~ 200

注：①其他公差由供需双方协议。

②表中 l 为商品规格范围。

③公称长度系列为：4、5、6 ~ 32（2 进位）、35 ~ 100（5 进位）、120 ~ 200（10 进位）。

④公称长度大于 200mm，按 20mm 递增。

标记方法按 GB/T 1237 规定。

标记示例：

公称直径 d = 6mm、公称长度 l = 30mm、材料为 35 钢、热处理硬度28 ~ 38HRC、表面氧化处理的 A 型圆锥销的标记为：

销　GB/T 117　6 × 30

7. 内螺纹圆锥销

内螺纹圆锥销（GB/T 118—2000）的型式如图 3-60 所示，其尺寸规格列于表 3-79。

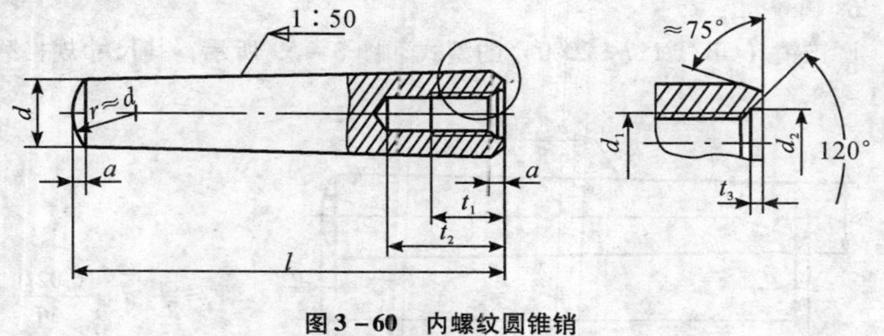

图 3-60　内螺纹圆锥销

表 3－79　内螺纹圆锥销的尺寸规格（mm）

d h11	6	8	10	12	16	20	25	30	40	50
a ≈	0.8	1	1.2	1.6	2	2.5	3	4	5	6.3
d_1	M4	M5	M6	M8	M10	M12	M16	M20	M20	M24
螺纹 P	0.7	0.8	1	1.25	1.5	1.75	2	2.5	2.5	3
d_2	4.3	5.3	6.4	8.4	10.5	13	17	21	21	25
t_1	6	8	10	12	16	18	24	30	30	36
t_2 min	10	12	16	20	25	28	35	40	40	50
t_3	1	1.2	1.2	1.2	1.5	1.5	2	2	2.5	2.5
l	16～60	18～80	22～100	26～120	32～160	40～200	50～200	60～200	80～200	100～200

注：①表中 l 为商品规格范围。
②其他公差由供需双方协议。
③公称长度系列为：16～32（2 进位）、35～100（5 进位）、120～200（10 进位）。
④公称长度大于 200mm，按 20mm 递增。

标记方法按 GB/T 1237 规定。

标记示例：

公称直径 $d=6$mm、公称长度 $l=30$mm、材料为 35 钢、热处理硬度28～38HRC、表面氧化处理的 A 型内螺纹圆锥销的标记为：

销　GB/T 118　6×30

8. 销轴

销轴（GB/T 882—1986）的型式如图 3－61 所示，其尺寸规格列于表3－80。

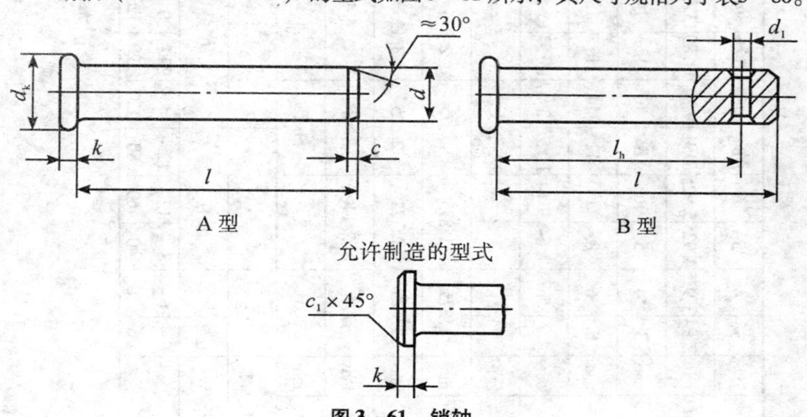

图 3－61　销轴

表 3－80　销轴的尺寸规格（mm）

d	公称	3	4	5	6	8	10	12	14	16	18	20	22	25	28	30	32	36	40	45	50	55	60
	min	2.94	3.925	4.925	5.925	7.91	9.91	11.89	13.89	15.89	17.89	19.87	21.87	24.87	27.87	29.87	31.84	35.84	39.84	44.84	49.84	54.81	59.81
	max	3	4	5	6	8	10	12	14	16	18	20	22	25	28	30	32	36	40	45	50	55	60
d_k	max	5	6	8	10	12	14	16	18	20	22	25	28	32	36	38	40	45	50	55	60	65	70
	min	4.7	5.7	7.64	9.64	11.57	13.57	15.57	16.57	19.48	21.48	24.48	27.48	31.38	35.38	37.38	39.38	44.38	49.38	54.26	59.26	64.26	69.26
k	公称	1.5		2		2.5		3		3.5		4		5			6			7		8	
	min	1.375		1.875		2.375		2.875		3.35		3.85		4.85			5.85			6.82		7.82	
	max	1.625		2.125		2.625		3.125		3.65		4.15		5.15			6.15			7.18		8.18	
d_1	max	1.74		2.14		3.38		4.18			5.18			6.52				8.22			10.22		
	min	1.6		2		3.2		4			5			6.3				8			10		
c	≈	0.5		1			1.5				3								5				
c_1	≈	0.2	0.3				0.5				1									1.5			
l		6～26	6～30	8～40	12～60	12～80	14～120	20～120	20～120	20～140	24～140	24～160	24～160	40～180	40～180	50～200	50～200	60～200	70～200	70～200	70～200	80～200	90～200

标记示例：

公称直径 d = 10mm、长度 l = 50mm、材料为 35 钢、热处理硬度 HRC28 ~ 38、表面氧化处理的 A 型销轴标记为：

销轴　GB/T 882　10 × 50

9. 开口销

开口销（GB/T 91—2000）的型式如图 3 - 62 所示，其尺寸规格列于表 3 - 81。

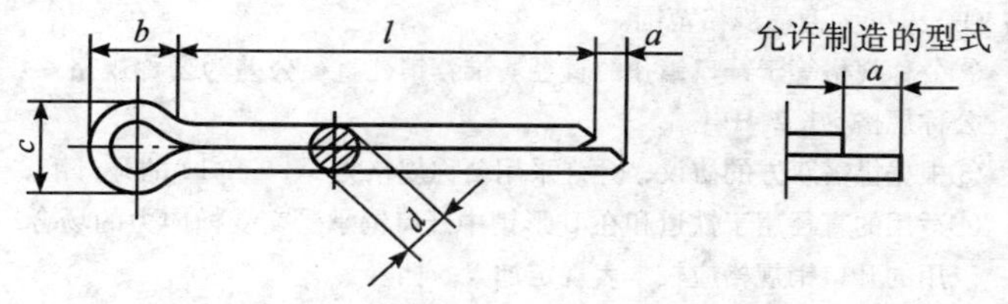

图 3 - 62　开口销

表 3 - 81　开口销的尺寸规格（mm）

公称规格			0.6	0.8	1	1.2	1.6	2	2.5	3.2
d		max	0.5	0.7	0.9	1.0	1.4	1.8	2.3	2.9
		min	0.4	0.6	0.8	0.9	1.3	1.7	2.1	2.7
a		min	0.8	0.8	0.8	1.25	1.25	1.25	1.25	1.6
		max	1.6	1.6	1.6	2.5	2.5	2.5	2.5	3.2
b　≈			2	2.4	3	3	3.2	4	5	6.4
c　min			0.9	1.2	1.6	1.7	2.4	3.2	4.0	5.1
适用的直径[2]	螺栓	>	—	2.5	3.5	4.5	5.5	7	9	11
		≤	2.5	3.5	4.5	5.5	7	9	11	14
	U 形销	>	—	2	3	4	5	6	8	9
		≤	2	3	4	5	6	8	9	12
l			4 ~ 12	5 ~ 16	6 ~ 20	8 ~ 25	8 ~ 32	10 ~ 40	12 ~ 50	14 ~ 63
公称规格			4	5	6.3	8	10	13	16	20
d		max	3.7	4.6	5.9	7.5	9.5	12.4	15.4	19.3
		min	3.5	4.4	5.7	7.3	9.3	12.1	15.1	19.0
a		min	2	2	2	2	3.15	3.15	3.15	3.15
		max	4	4	4	4	6.30	6.30	6.30	6.30
b　≈			8	10	12.6	16	20	26	32	40
c　min			6.5	8.0	10.3	13.1	16.6	21.7	27.0	33.8

续表

公称规格			4	5	6.3	8	10	13	16	20
适用的直径	螺栓	>	14	20	27	39	56	80	120	170
		≤	20	27	39	56	80	120	170	—
	U 形销	>	12	17	23	29	44	69	110	160
		≤	17	23	29	44	69	110	160	—
l			18 ~ 80	22 ~ 100	32 ~ 125	40 ~ 160	45 ~ 200	71 ~ 250	112 ~ 280	160 ~ 280

注：①表中 l 为商品规格范围。

②公称规格等于开口销孔的直径。推荐销孔直径公差为公称规格≤1.2：H13；公称规格＞1.2：H14。

③根据供需双方的协议，允许采用公称规格为 3、6 和 12 的开口销。

④适用的直径用于铁道和在 U 形销中开口销承受交变横向力的场合，推荐使用的开口销规格应较本表规定加大一档。

⑤公称长度系列为：4、5、6 ~ 22（2 进位）、25、28、32、36、40、45、50、56、63、71、80、90、100、112、125、140、160、180、200、224、250、280。

标记示例：

公称规格为 5mm、公称长度 $l=50$mm、材料为 Q215 或 Q235、不经表面处理的开口销标记为：

销　GB/T 91　5×50

3.1.9　铆钉

1. 半圆头铆钉

半圆头铆钉（GB/T 867—1986）的型式如图 3－63 所示，其尺寸规格列于表 3－82。

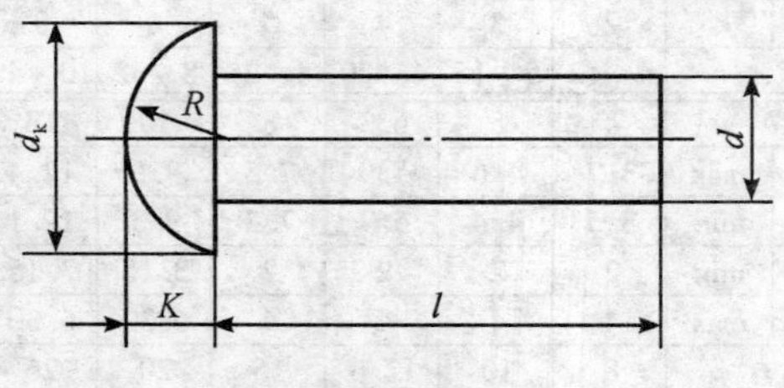

图 3－63　半圆头铆钉

表 3－82　半圆头铆钉尺寸规格（mm）

d	公称	0. 6	0. 8	1	(1. 2)	1. 4	(1. 6)	2	2. 5	3	(3. 5)	4	5	6	8	10	12	(14)	16
	max	0. 64	0. 84	1. 06	1. 26	1. 46	1. 66	2. 06	2. 56	3. 06	3. 58	4. 08	5. 08	6. 08	8. 1	10. 1	12. 12	14. 12	16. 12
	min	0. 56	0. 76	0. 94	1. 14	1. 34	1. 54	1. 94	2. 44	2. 94	3. 42	3. 92	4. 92	5. 92	7. 9	9. 9	11. 88	13. 88	15. 88
d_k	max	1. 3	1. 6	2	2. 3	2. 7	3. 2	3. 74	4. 84	5. 54	6. 59	7. 39	9. 09	11. 35	14. 35	17. 35	21. 42	24. 42	29. 42
	min	0. 9	1. 2	1. 6	1. 9	2. 3	2. 8	3. 26	1. 36	5. 06	6. 01	6. 81	8. 51	10. 65	13. 65	16. 65	20. 58	23. 58	28. 58
K	max	0. 5	0. 6	0. 7	0. 8	0. 9	1. 2	1. 4	1. 8	2	2. 3	2. 6	3. 2	3. 84	5. 04	6. 24	8. 29	9. 29	10. 29
	min	0. 3	0. 4	0. 5	0. 6	0. 7	0. 8	1	1. 4	1. 6	1. 9	2. 2	2. 8	3. 36	4. 56	5. 76	7. 71	8. 71	9. 71
R	≈	0. 58	0. 74	1	1. 2	1. 4	1. 6	1. 9	2. 5	2. 9	3. 4	3. 8	4. 7	6	8	9	11	12. 5	15. 5
d	公称	0. 6	0. 8	1	(1. 2)	1. 4	(1. 6)	2	2. 5	3	(3. 5)	4	5	6	8	10	12	(14)	16
l		1 ~ 6	1. 5 ~ 8	2 ~ 8	2. 5 ~ 8	3 ~ 12	3 ~ 12	3 ~ 16	5 ~ 20	5 ~ 24	7 ~ 26	7 ~ 50	7 ~ 55	8 ~ 60	16 ~ 65	16 ~ 85	20 ~ 90	22 ~ 100	26 ~ 110

注：①尽可能不采用括号内的规格。

②表中 l 为商品规格范围。

标记示例：

公称直径为 $d=8$mm、公称长度 $l=50$mm、材料为 BL2 钢、不经表面处理的半圆头铆钉的标记为：

铆钉　GB/T 867　8×50

2. 平头铆钉

平头铆钉（GB/T 109—1986）的型式如图 3－64 所示，其尺寸规格列于表 3－83。

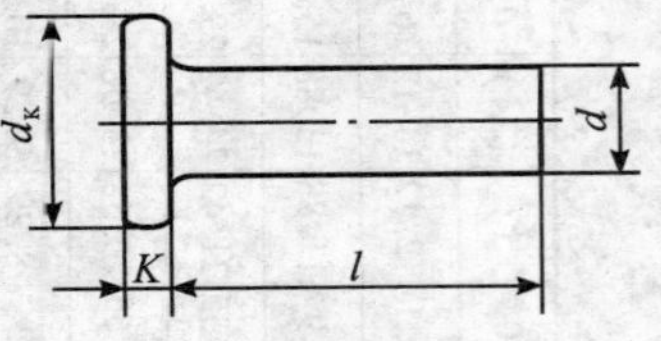

图 3－64　平头铆钉

表 3－83　平头铆钉的尺寸规格（mm）

d	公称	2	2.5	3	(3.5)	4	5	6	8	10
	max	2.06	2.56	3.06	3.58	4.08	5.08	6.08	8.1	10.1
	min	1.94	2.44	2.94	3.42	3.92	4.92	5.92	7.9	9.9
d_K	max	4.24	5.24	6.24	7.29	8.29	10.29	12.35	16.35	20.42
	min	3.76	4.76	5.76	6.71	7.71	9.71	11.65	15.65	19.58
K	max	1.2	1.4	1.6	1.8	2	2.2	2.6	3	3.44
	min	0.8	1	1.2	1.4	1.6	1.8	2.2	2.6	2.96
l		4～8	5～10	6～14	6～18	8～22	10～26	12～30	16～30	20～30

注：①尽可能不采用括号内的规格。

②l 为商品规格范围。

③公称长度系列为：4～20（1 进位）、22～30（2 进位）。

标记示例：

公称直径 $d=6$mm、公称长度 $l=15$mm、材料为 BL2 钢、不经表面处理的平头铆钉的标记为：

铆钉　GB/T 109　6×15

3. 沉头铆钉

沉头铆钉（GB/T 869—1986）的型式和尺寸见图 3－65 和表 3－84 所示。

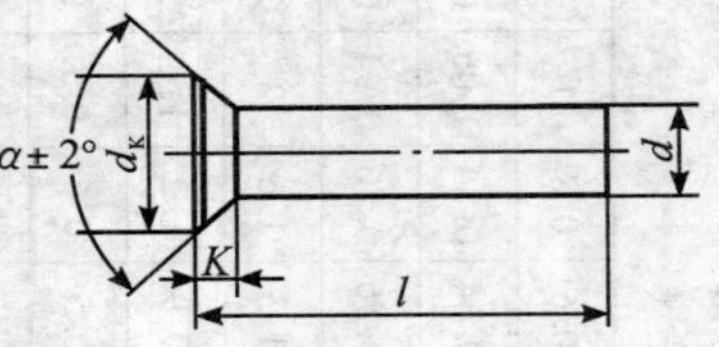

图 3－65　沉头铆钉

表 3-84　沉头铆钉的尺寸规格（mm）

	公称	1	(1.2)	1.4	(1.6)	2	2.5	3	(3.5)	4	5	6	8	10	12	(14)	16
d	max	1.06	1.26	1.46	1.66	2.06	2.56	3.06	3.58	4.08	5.08	6.08	8.1	10.1	12.12	14.12	16.12
	min	0.94	1.14	1.34	1.54	1.94	2.44	2.94	3.42	3.92	4.92	5.92	7.9	9.9	11.88	13.88	15.88
d_K	max	2.03	2.23	2.83	3.03	4.05	4.75	5.35	6.28	7.18	8.98	10.62	14.22	17.82	18.86	21.76	24.96
	min	1.77	1.97	2.57	2.77	3.75	4.45	5.05	5.92	6.82	8.62	10.18	13.78	17.38	18.34	21.24	24.44
α		90°														60°	
K	≈	0.5	0.5	0.7	0.7	1	1.1	1.2	1.4	1.6	2	2.4	3.2	4	6	7	8
l	商品规格范围	—	—	—	—	3.5 ~ 16	5 ~ 18	5 ~ 22	6 ~ 24	6 ~ 30	6 ~ 50		12 ~ 60	16 ~ 75	—	—	—
	通用规格范围	2 ~ 8	2.5 ~ 8	3 ~ 12		—	—	—	—	—	—	—	—	—	18 ~ 75	20 ~ 100	24 ~ 100

注：①尽可能不采用括号内的规格。

②公称长度系列为：2 ~ 4（0.5 进位）、5 ~ 20（1 进位）、22 ~ 52（2 进位）、55、58 ~ 62（2 进位）、65、68、70 ~ 100（5 进位）。

标记示例：

公称直径 $d=5$mm、公称长度 $l=30$mm、材料为 BL2 钢、不经表面处理的沉头铆钉的标记为：

铆钉　GB/T 869　5×30

4. 无头铆钉

无头铆钉（GB/T 1016—1986）的型式如图 3－66 所示，其尺寸规格列于表 3－85。

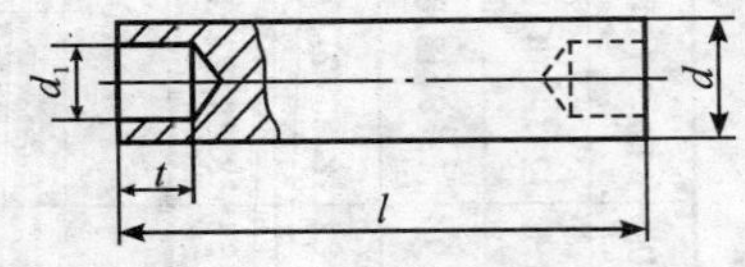

图 3－66　无头铆钉

表 3－85　无头铆钉的尺寸规格（mm）

d	公称	1.4	2	2.5	3	4	5	6	8	10
	max	1.4	2	2.5	3	4	5	6	8	10
	min	1.34	1.94	2.44	2.94	3.92	4.92	5.92	7.9	9.9
d_1	max	0.77	1.32	1.72	1.92	2.92	3.76	4.66	6.16	7.2
	min	0.65	1.14	1.54	1.74	2.74	3.52	4.42	5.92	6.9
t	max	1.74	1.74	2.24	2.74	3.24	4.29	5.29	6.29	7.35
	min	1.26	1.26	1.76	2.26	2.76	3.71	4.71	5.71	6.65
l 通用规格范围		6～14	6～20	8～30	8～38	10～50	14～60	16～60	18～60	22～60

注：公称长度系列为：6～32（2 进位）、35、38、40、42、45、48、50、52、55、58、60。

标记示例：

公称直径 $d=5$mm、公称长度 $l=30$mm、材料为 BL2 钢、不经表面处理的无头铆钉的标记为：

铆钉　GB/T 1016　5×30

3.2 传动件

3.2.1 滚动轴承

1. 滚动轴承代号及表示方法

根据 GB/T 272—1993 滚动轴承代号及表示方法如下：

轴承代号的构成：轴承代号由基本代号、前置代号和后置代号构成，其排列如下：

前置代号	基本代号	后置代号

（1）基本代号：基本代号表示轴承的基本类型、结构和尺寸，是轴承代号的基础。

滚动轴承（滚针轴承除外）基本代号：轴承外形尺寸符合 GB 273.1、GB 273.2、GB 273.3、GB 3882 任一标准规定的外形尺寸，其基本代号由轴承类型代号、尺寸系列代号、内径代号构成，排列按表 3－86。

表 3－86 滚动轴承基本代号

基本代号		
类型代号	尺寸系列代号	内径代号

注：类型代号用阿拉伯数字或大写拉丁字母表示，尺寸系列代号和内径代号用数字表示，例如：6204 6 表示类型代号，2 表示尺寸系列（02）代号，04 表示内径代号；N2210 N 表示类型代号，22 表示尺寸系列代号，10 表示内径代号。

①类型代号：轴承类型代号用数字或字母按表 3－87 表示。

表 3－87 轴承类型代号

代号	轴承类型	代号	轴承类型
0	双列角接触球轴承	5	推力球轴承
1	调心球轴承	6	深沟球轴承
2	调心滚子轴承和推力调心滚子轴承	7	角接触球轴承
3	圆锥滚子轴承	8	推力圆柱滚子轴承
4	双列深沟球轴承		

续表

代号	轴承类型	代号	轴承类型
N	圆柱滚子轴承 双列或多列用字母 NN 表示	QJ	四点接触球轴承
U	外球面球轴承		

注：在表中的代号后或前加字母数字表示该类轴承中的不同结构。

②尺寸系列代号：尺寸系列代号由轴承的宽（高）度系列代号和直径系列代号组合而成。

③常用的轴承类型、尺寸系列代号及由轴承类型代号、尺寸系列代号组成的组合代号见表 3－88。

表 3－88　轴承组合代号

轴承类型	简图	类型代号	尺寸系列代号	组合代号	标准号
双列角接触球轴承		(0) (0)	32 33	32 33	GB 296
调心球轴承		1 (1) 1 (1)	(0) 2 22 (0) 3 23	12 22 13 23	GB 281
调心滚子轴承		2 2 2 2 2 2 2 2	13 22 23 30 31 32 40 41	213 222 223 230 231 232 240 241	GB 288

续表

轴承类型	简图	类型代号	尺寸系列代号	组合代号	标准号
推力调心滚子轴承	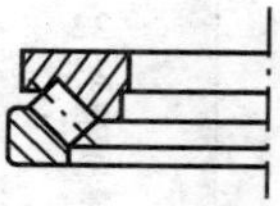	2 2 2	92 93 94	292 293 294	GB 5859
圆锥滚子轴承	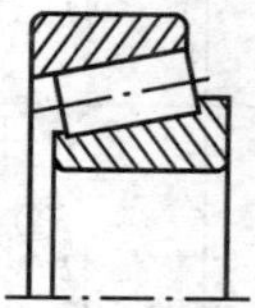	3 3 3 3 3 3 3 3 3 3	02 03 13 20 22 23 29 30 31 32	302 303 313 320 322 323 329 330 331 332	GB 297
双列深沟球轴承	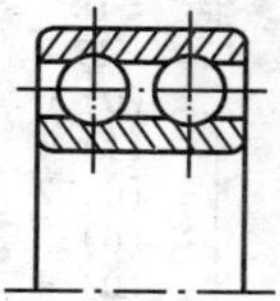	4 4	（2）2 （2）3	42 43	—
推力球轴承	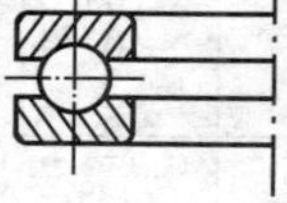	5 5 5 5	11 12 13 14	511 512 513 514	GB 301

续表

轴承类型		简图	类型代号	尺寸系列代号	组合代号	标准号
推力球轴承	双向推力球轴承		5 5 5	22 23 24	522 523 524	GB 301
	带球面座圈的推力球轴承		5 5 5	① 32 33 34	532 533 534	—
	带球面座圈的双向推力球轴承		5 5 5	② 42 43 44	542 543 544	
深沟球轴承			6 6 6 6 16 6 6 6 6	17 37 18 19 (0) 0 (1) 0 (0) 2 (0) 3 (0) 4	617 637 618 619 160 60 62 63 64	GB 276 GB 4221
角接触球轴承			7 7 7 7 7	19 (1) 0 (0) 2 (0) 3 (0) 4	719 70 72 73 74	GB 292
推力圆柱滚子轴承			8 8	11 12	811 812	GB 4663

续表

轴承类型		简图	类型代号	尺寸系列代号	组合代号	标准号
圆柱滚子轴承	外圈无挡边圆柱滚子轴承	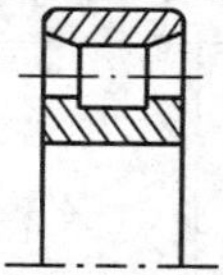	N N N N N N	10 (0) 2 22 (0) 3 23 (0) 4	N10 N2 N22 N3 N23 N4	GB 283
	内圈无挡边圆柱滚子轴承	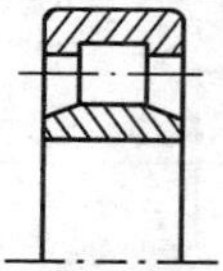	NU NU NU NU NU NU	10 (0) 2 22 (0) 3 23 (0) 4	NU10 NU2 NU22 NU3 NU23 NU4	
	内圈单挡边圆柱滚子轴承	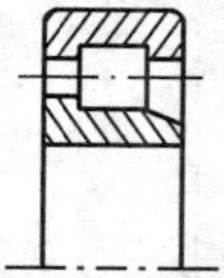	NJ NJ NJ NJ NJ	(0) 2 22 (0) 3 23 (0) 4	NJ2 NJ22 NJ3 NJ23 NJ4	
	内圈单挡边并带平挡圈圆柱滚子轴承	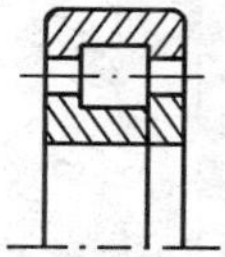	NUP NUP NUP NUP	(0) 2 22 (0) 3 23	NUP2 NUP22 NUP3 NUP23	
	外圈单挡边圆柱滚子轴承	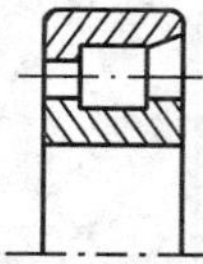	NF	(0) 2 (0) 3 23	NF 2 NF 3 NF 3	
	双列圆柱滚子轴承	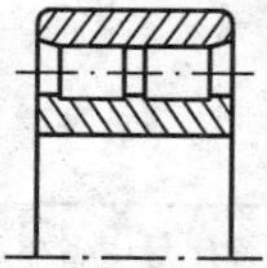	NN	30	NN30	GB 285
	内圈无挡边双列圆柱滚子轴承	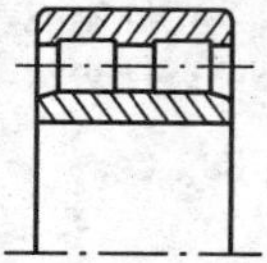	NNU	49	NNU49	

续表

轴承类型		简图	类型代号	尺寸系列代号	组合代号	标准号
外球面球轴承	带顶丝外球面球轴承	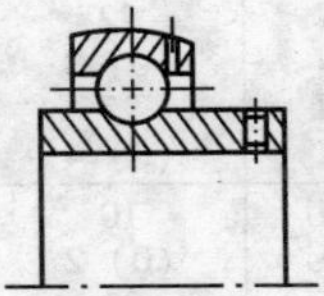	UC UC	2 3	UC2 UC3	GB 3882
	带偏心套外球面球轴承	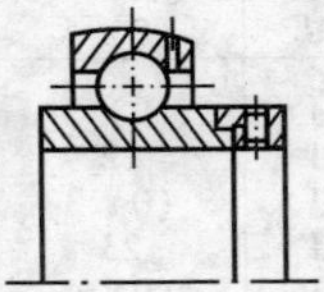	UEL UEL	2 3	UEL2 UEL3	
	圆锥孔外球面球轴承	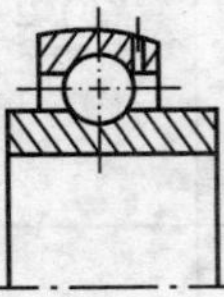	UK UK	2 3	UK2 UK3	
四点接触球轴承		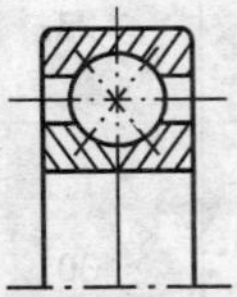	QJ	(0)2 (03)	QJ2 QJ3	GB 294

注：①表中用“（）”号括住的数字表示在组合代号中省略。

②尺寸系列实为12，13，14，分别用32，33，34表示。

③尺寸系列实为22，23，24，分别用42，43，44表示。

④表示轴承公称内径的内径代号见表3－89。

表 3－89　轴承公称内径的内径代号

<table>
<tr><th colspan="2">轴承公称内径（mm）</th><th>内径代号</th><th>示例</th></tr>
<tr><td colspan="2">0.6～10（非整数）</td><td>用公称内径毫米数直接表示，在其与尺寸系列代号之间用“/”分开</td><td>深沟球轴承 618/2.5
$d=2.5$mm</td></tr>
<tr><td colspan="2">1～9 整数</td><td>用公称内径毫米数直接表示，对深沟及角接触球轴承 7，8，9 直径系列，内径与尺寸系列代号之间用“/”分开</td><td>深沟球轴承 625
618/5
$d=5$mm</td></tr>
<tr><td rowspan="4">10～17</td><td>10</td><td>00</td><td rowspan="4">深沟球轴承　6200
$d=10$mm</td></tr>
<tr><td>12</td><td>01</td></tr>
<tr><td>15</td><td>02</td></tr>
<tr><td>17</td><td>03</td></tr>
<tr><td colspan="2">20～480
（22，28，32 除外）</td><td>公称内径除以 5 的商数，商数为个位数，需在商数左边加“0”，如 08</td><td>调心滚子轴承　23208
$d=40$mm</td></tr>
<tr><td colspan="2">≥500
以及 22，28，32</td><td>用公称内径毫米数直接表示，但在与尺寸系列之间用“/”分开</td><td>调心滚子轴承 230/500
$d=500$mm
深沟球轴承　62/22
$d=22$mm</td></tr>
</table>

例：调心滚子轴承 23224　2 表示类型代号，32 表示尺寸系列代号，24 表示内径代号，$d=120$mm。

（2）前置、后置代号：前置、后置代号是轴承在结构形状、尺寸、公差、技术要求等有改变时，在其基本代号左右添加的补充代号。其排列按表 3－90。

表 3－90　轴承前置、后置代号的排列

<table>
<tr><th colspan="10">轴　承　代　号</th></tr>
<tr><td rowspan="2">前置代号</td><td rowspan="3">基本代号</td><td colspan="8">后　置　代　号（组）</td></tr>
<tr><td>1</td><td>2</td><td>3</td><td>4</td><td>5</td><td>6</td><td>7</td><td>8</td></tr>
<tr><td>成套轴承分部件</td><td>内部结构</td><td>密封与防尘套圈变形</td><td>保持架及其材料</td><td>轴承材料</td><td>公差等级</td><td>游隙</td><td>配置</td><td>其他</td></tr>
</table>

①前置代号：前置代号用字母表示。代号及其含义按表 3－91。

表 3－91　前置代号

代　号	含　义	示　例
L	可分离轴承的可分离内圈或外圈	LNU 207
		LN 207
R	不带可分离内圈或外圈的轴承	RNU 207
	（滚针轴承仅适用于 NA 型）	RNA 6904
K	滚子和保持架组件	K 81107
WS	推力圆柱滚子轴承轴圈	WS 81107
GS	推力圆柱滚子轴承座圈	GS 81107

②后置代号:后置代号用字母（或加数字）表示。

后置代号的编制规则：

a. 后置代号置于基本代号的右边与基本代号空半个汉字距（代号中有符号"—"、"/"除外）。当改变项目多，具有多组后置代号，按表 3－90 所列从左至右的顺序排列。

b. 改变为 4 组（含 4 组）以后的内容，则在其代号前用"/"与前面代号隔开；例：6205—2Z/P6　22308/P63。

c. 改变内容为第 4 组后的两组，在前组与后组代号中的数字或文字表示含义可能混淆时，两代号间空半个汉字距。例：6208/P63 V1

2. 常用轴承现行代号与旧代号对照表

常用轴承新旧代号对照表 3－92。

表 3－92　常用轴承现行代号与旧代号对照表

轴承名称	现行代号	旧代号
双列角接触轴承	3200 3300	3056200 3056300
调心球轴承	1200 2200 1300 2300	1200 1500 1300 1600

续表

轴承名称	现行代号	旧代号
调心滚子轴承	21300C	53300
	22200C	53500
	22300C	53600
	23000C	3053100
	23100C	3053700
	23200C	3053200
	24000C	4053100
	24100C	4053700
推力调心滚子轴承	29200	9039200
	29300	9039300
	29400	9039400
圆锥滚子轴承	30200	7200
	30300	7300
	31300	27300
	32000	2007100
	32200	7500
	32300	7600
	32900	2007900
	33000	3007100
	33100	3007700
	33200	3007200
双列深沟球轴承	4200	810500
	4300	810600
推力球轴承	51100	8100
	51200	8200
	51300	8300
	51400	8400
双向推力球轴承	52200	38200
	52300	38300
	52400	38400
带球面座圈推力球轴承	53200	28200
	53300	28300
	53400	28400
带球面座圈双向推力球轴承	54200	58200
	54300	58300
	54400	58400

续表

轴承名称	现行代号	旧代号
深沟球轴承	61700	1000700
	63700	3000700
	61800	1000800
	61900	1000900
	16000	7000100
	6000	100
	6200	200
	6300	300
	6400	400
	71900	1036900
	7000	6100
	7200	3 { 6200
	7300	4— 6300
	7400	6 6400
推力圆柱滚子轴承	81100	9100
	81200	9200

3. 深沟球轴承

深沟球轴承（GB/T 276—1994）原名单列向心球轴承。这是应用最广泛的一种滚动轴承。其特点是摩擦阻力小，转速高，能用于承受径向负荷或径向和轴向同时作用的联合负荷的机件上，也可用于承受轴向负荷的机件上，例如小功率电动机、汽车及拖拉机变速箱、机床齿轮箱，一般机器、工具等。

深沟球轴承的型式见图 3－67，外形尺寸见表 3－93。

标记示例：

滚动轴承 6012　GB/T 276—1994

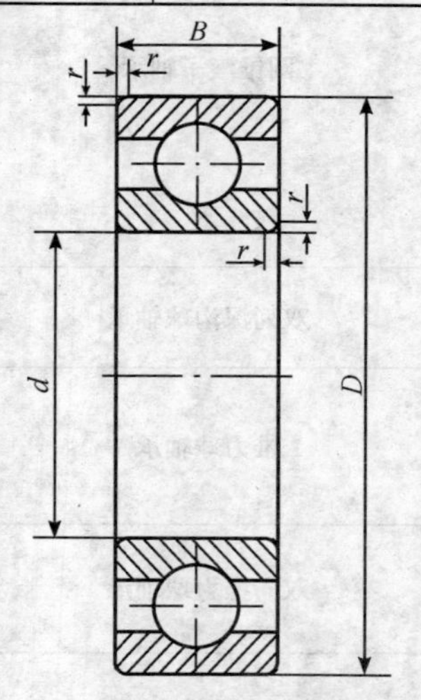

图 3－67　深沟球轴承 60000 型

表 3-93 深沟球轴承外形尺寸

10 系列				
轴承代号	外形尺寸（mm）			
（60000 型）	d	D	B	r_{smin}
604	4	12	4	0.2
605	5	14	5	0.2
606	6	17	6	0.3
607	7	19	6	0.3
608	8	22	7	0.3
609	9	24	7	0.3
6000	10	26	8	0.3
6001	12	28	8	0.3
6002	15	32	9	0.3
6003	17	35	10	0.3
6004	20	42	12	0.6
60/22	22	44	12	0.6
6005	25	47	12	0.6
60/28	28	52	12	0.6
6006	30	55	13	1
60/32	32	58	13	1
6007	35	62	14	1
6008	40	68	15	1
6009	45	75	16	1
6010	50	80	16	1
6011	55	90	18	1.1

注：r_{smin}是 r 的单向最小尺寸。

续表

轴承代号（60000 型）	外形尺寸（mm）			
	d	D	B	r_{smin}
6012	60	95	18	1. 1
6013	65	100	18	1. 1
6014	70	110	20	1. 1
6015	75	115	20	1. 1
6016	80	125	22	1. 1
6017	85	130	22	1. 1
6018	90	140	24	1. 5
6019	95	145	24	1. 5
6020	100	150	24	1. 5
6021	105	160	26	2
6022	110	170	28	2
6024	120	180	28	2
6026	130	200	33	2
6028	140	210	33	2
6030	150	225	35	2. 1

02 系列

轴承代号（60000 型）	外形尺寸（mm）			
	d	D	B	r_{smin}
623	3	10	4	0. 15
624	4	13	5	0. 2
625	5	16	5	0. 3
626	6	19	6	0. 3
627	7	22	7	0. 3
628	8	24	8	0. 3

续表

轴承代号（60000 型）	外形尺寸（mm）			
	d	*D*	*B*	r_{smin}
629	9	26	8	0.3
6200	10	30	9	0.6
6201	12	32	10	0.6
6202	15	35	11	0.6
6203	17	40	12	0.6
6204	20	47	14	1
62/22	22	50	14	1
6205	25	52	15	1
62/28	28	58	16	1
6206	30	62	16	1
62/32	32	65	17	1
6207	35	72	17	1.1
6208	40	80	18	1.1
6209	45	85	19	1.1
6210	50	90	20	1.1
6211	55	100	21	1.5
6212	60	110	22	1.5
6213	65	120	23	1.5
6214	70	125	24	1.5
6215	75	130	25	1.5
6216	80	140	26	2
6217	85	150	28	2
6218	90	160	30	2

续表

轴承代号（60000 型）	外形尺寸（mm）			
	d	*D*	*B*	r_{smin}
6219	95	170	32	2.1
6220	100	180	34	2.1
6221	105	190	36	2.1
6222	110	200	38	2.1
6224	120	215	40	2.1
6226	130	230	40	3
6228	140	250	42	3

03 系列

轴承代号（60000 型）	外形尺寸（mm）			
	d	*D*	*B*	r_{smin}
633	3	13	5	0.2
634	4	16	5	0.3
635	5	19	6	0.3
6300	10	35	11	0.6
6301	12	37	12	1
6302	15	42	13	1
6303	17	47	14	1
6304	20	52	15	1.1
63/22	22	56	16	1.1
6305	25	62	17	1.1
6306	30	72	19	1.1
63/32	32	75	20	1.1
6307	35	80	21	1.5
6308	40	90	23	1.5
6309	45	100	25	1.5
6310	50	110	27	2
6311	55	120	29	2

续表

03 系列				
轴承代号 （60000 型）	外形尺寸（mm）			
	d	D	B	r_{smin}
6312	60	130	31	2.1
6313	65	140	33	2.1
6314	70	150	35	2.1
6315	75	160	37	2.1
6316	80	170	39	2.1
6317	85	180	41	3
6318	90	190	43	3
6319	95	200	45	3
6320	100	215	47	3
6321	105	225	49	3

4. 调心球轴承

调心球轴承（GB/T 281—1994）原名为双列向心球面球轴承。其特点是能自动调心，适用于承受径向负荷的机件上，也可用于承受径向和不大轴向同时作用的联合负荷的机件上，例如长的传动轴，滚筒、砂轮机的主轴等。

调心球轴承的型式见图 3-68，外形尺寸见表 3-94。

标记示例：

滚动轴承　1208　GB/T 281—1994

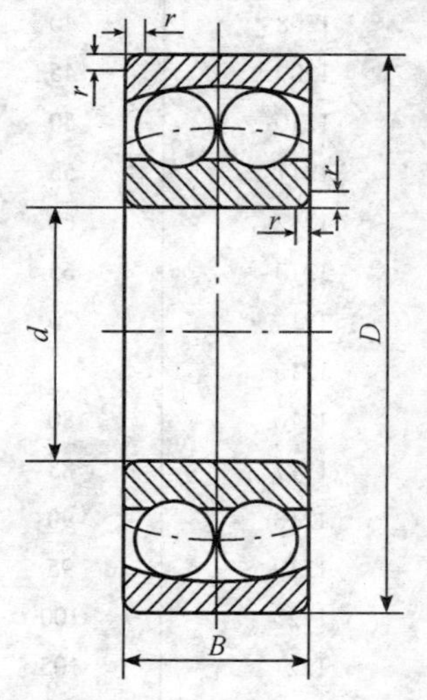

图 3-68　圆柱孔调心球轴承 10000 型

表 3－94 调心球轴承外形尺寸

02 系列				
轴承代号	外形尺寸（mm）			
（10000 型）	d	D	B	r_{smin}
126	6	19	6	0.3
127	7	22	7	0.3
129	9	26	8	0.3
1200	10	30	9	0.6
1201	12	32	10	0.6
1202	15	35	11	0.6
1203	17	40	12	0.6
1204	20	47	14	1
1205	25	52	15	1
1206	30	62	16	1
1207	35	72	17	1.1
1208	40	80	18	1.1
1209	45	85	19	1.1
1210	50	90	20	1.1
1211	55	100	21	1.5
1212	60	110	22	1.5
1213	65	120	23	1.5
1214	70	125	24	1.5
1215	75	130	25	1.5
1216	80	140	26	2
1217	85	150	28	2
1218	90	160	30	2
1219	95	170	32	2.1
1220	100	180	34	2.1
1221	105	190	36	2.1
1222	110	200	38	2.1

注：r_{smin}是 r 的单向最小尺寸。

续表

22 系列				
轴承代号（10000 型）	外形尺寸（mm）			
	d	D	B	r_{smin}
2200	10	30	14	0.6
2201	12	32	14	0.6
2202	15	35	14	0.6
2203	17	40	16	0.6
2204	20	47	18	1
2205	25	52	18	1
2206	30	62	20	1
2207	35	72	23	1.1
2208	40	80	23	1.1
2209	45	85	23	1.1
2210	50	90	23	1.1
2211	55	100	25	1.5
2212	60	110	28	1.5
2213	65	120	31	1.5
2214	70	125	31	1.5
2215	75	130	31	1.5
2216	80	140	33	2
2217	85	150	36	2
2218	90	160	40	2
2219	95	170	43	2.1
2220	100	180	46	2.1
2221	105	190	50	2.1
2222	110	200	53	2.1

续表

03 系列				
轴承代号（10000 型）	外形尺寸（mm）			
	d	*D*	*B*	r_{smin}
135	5	19	6	0.3
1300	10	35	11	0.6
1301	12	37	12	1
1302	15	42	13	1
1303	17	47	14	1
1304	20	52	15	1.1
1305	25	62	17	1.1
1306	30	72	19	1.1
1307	35	80	21	1.5
1308	40	90	23	1.5
1309	45	100	25	1.5
1310	50	110	27	2
1311	55	120	29	2
1312	60	130	31	2.1
1313	65	140	33	2.1
1314	70	150	35	2.1
1315	75	160	37	2.1
1316	80	170	39	2.1
1317	85	180	41	3
1318	90	190	43	3
1319	95	200	45	3
1320	100	215	47	3
1321	105	225	49	3
1322	110	240	50	3

续表

23 系列				
轴承代号 (10000 型)	外形尺寸 (mm)			
	d	D	B	r_{smin}
2300	10	35	17	0.6
2301	12	37	17	1
2302	15	42	17	1
2303	17	47	19	1
2304	20	52	21	1.1
2305	25	62	24	1.1
2306	30	72	27	1.1
2307	35	80	31	1.5
2308	40	90	33	1.5
2309	45	100	36	1.5
2310	50	110	40	2
2311	55	120	43	2
2312	60	130	46	2.1
2313	65	140	48	2.1
2314	70	150	51	2.1
2315	75	160	55	2.1
2316	80	170	58	2.1
2317	85	180	60	3
2318	90	190	64	3
2319	95	200	67	3
2320	100	215	73	3
2321	105	225	77	3
2322	110	240	80	3

5. 圆锥滚子轴承

圆锥滚子轴承（GB/T 297—1994）原名为单列圆锥滚子轴承。其特点是适用于径向（为主的）和轴向同时作用的联合负荷的机件上，例如载重汽车轮轴、机床主轴等。

圆锥滚子轴承的型式见图 3－69，外形尺寸见表 3－95。

标记示例：

滚动轴承 30205　GB/T 297—1994

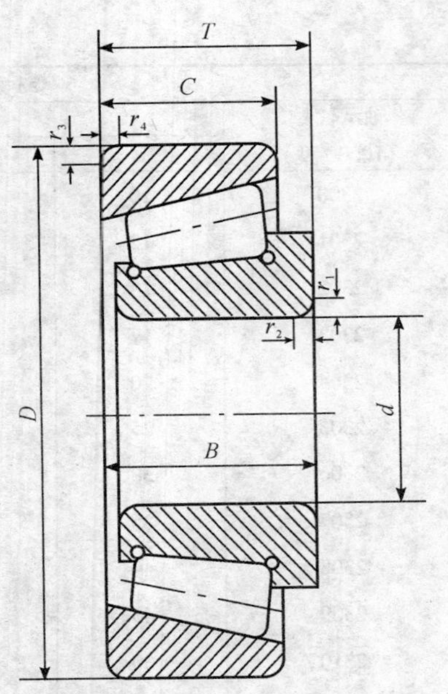

图 3－69　圆锥滚子轴承 30000 型

表 3－95　圆锥滚子轴承的外形尺寸

02 系列							
轴承代号	外形尺寸（mm）						
	d	D	T	B	C	r_{1smin} r_{2smin}	r_{3smin} r_{4smin}
30202	15	35	11.75	11	10	0.6	0.6
30203	17	40	13.25	12	11	1	1
30204	20	47	15.25	14	12	1	1
30205	25	52	16.25	15	13	1	1
30206	30	62	17.25	16	14	1	1
302/32	32	65	18.25	17	15	1	1

注：r_{1smin}是 r_1 的单向最小尺寸，r_{2smin}是 r_2 的单向最小尺寸，r_{3smin}是 r_3 的单向最小尺寸，r_{4smin}是 r_4 的单向最小尺寸。

续表

02 系列							
轴承代号	外形尺寸（mm）						
	d	D	T	B	C	r_{1smin} r_{2smin}	r_{3smin} r_{4smin}
30207	35	72	18. 25	17	15	1. 5	1. 5
30208	40	80	19. 75	18	16	1. 5	1. 5
30209	45	85	20. 75	19	16	1. 5	1. 5
30210	50	90	21. 75	20	17	1. 5	1. 5
30211	55	100	22. 75	21	18	2	1. 5
30212	60	110	23. 75	22	19	2	1. 5
30213	65	120	24. 75	23	20	2	1. 5
30214	70	125	26. 25	24	21	2	1. 5
30215	75	130	27. 25	25	22	2	1. 5
30216	80	140	28. 25	26	22	2. 5	2
30217	85	150	30. 5	28	24	2. 5	2
30218	90	160	32. 5	30	26	2. 5	2
30219	95	170	34. 5	32	27	3	2. 5
30220	100	180	37	34	29	3	2. 5
30221	105	190	39	36	30	3	2. 5
30222	110	200	41	38	32	3	2. 5
30224	120	215	43. 5	40	34	3	2. 5
30226	130	230	43. 75	40	34	4	3
30228	140	250	45. 75	42	36	4	3
30230	150	270	49	45	38	4	3

03 系列							
轴承代号	外形尺寸（mm）						
	d	D	T	B	C	r_{1smin} r_{2smin}	r_{3smin} r_{4smin}
30302	15	42	14. 25	13	11	1	1
30303	17	47	15. 25	14	12	1	1
30304	20	52	16. 25	15	13	1. 5	1. 5
30305	25	62	18. 25	17	15	1. 5	1. 5
30306	30	72	20. 75	19	16	1. 5	1. 5

续表

03 系列							
轴承代号	外形尺寸（mm）						
	d	D	T	B	C	r_{1smin} r_{2smin}	r_{3smin} r_{4smin}
30307	35	80	22.75	21	18	2	1.5
30308	40	90	25.25	23	20	2	1.5
30309	45	100	27.25	25	22	2	1.5
30310	50	110	29.25	27	23	2.5	2
30311	55	120	31.5	29	25	2.5	2
30312	60	130	33.5	31	26	3	2.5
30313	65	140	36	33	28	3	2.5
30314	70	150	38	35	30	3	2.5
30315	75	160	40	37	31	3	2.5
30316	80	170	42.5	39	33	3	2.5
30317	85	180	44.5	41	34	4	3
30318	90	190	46.5	43	36	4	3
30319	95	200	49.5	45	38	4	3
30320	100	215	51.5	47	39	4	3
30321	105	225	53.5	49	41	4	3
30322	110	240	54.5	50	42	4	3
30324	120	260	59.5	55	46	4	3
30326	130	280	63.75	58	49	5	4

6. 推力球轴承

推力球轴承（GB/T 301—1995）原名为平底推力球轴承。其特点是只适用于承受一面轴向负荷、转速较低的机件上，例如起重吊钩、千斤顶等。

推力球轴承的型式见图 3－70，外形尺寸见表 3－96。

标记示例：

滚动轴承　51210　GB/T301—1995

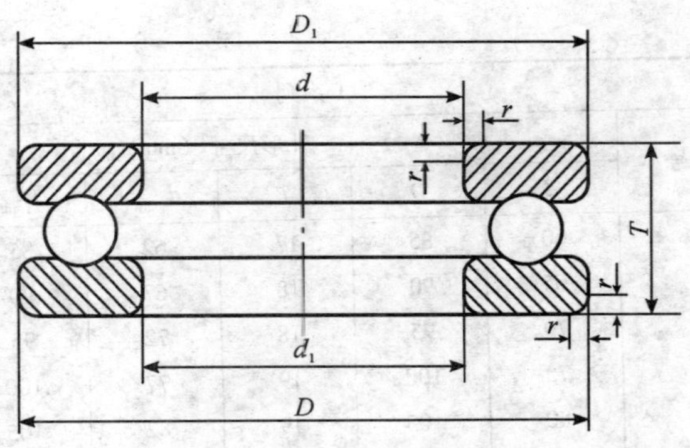

图 3－70 推力球轴承 51000 型

表 3－96 推力球轴承外形尺寸

11 系列						
轴承代号	外形尺寸（mm）					
	d	D	T	d_{1smin}	D_{1smax}	r_{smin}
51100	10	24	9	11	24	0.3
51101	12	26	9	13	26	0.3
51102	15	28	9	16	28	0.3
51103	17	30	9	18	30	0.3
51104	20	35	10	21	35	0.3
51105	25	42	11	26	42	0.6
51106	30	47	11	32	47	0.6
51107	35	52	12	37	52	0.6
51108	40	60	13	42	60	0.6
51109	45	65	14	47	65	0.6
51110	50	70	14	52	70	0.6
51111	55	78	16	57	78	0.6

注：d_{1smin}是座圈最小单一内径；D_{1smax}是轴圈最大单一外径；r_{smin}轴圈（单向轴承）、平底座圈或调心座垫圈的最小允许单向倒角尺寸。

续表

11 系列						
轴承代号	外形尺寸（mm）					
	d	D	T	d_{1smin}	D_{1smax}	r_{smin}
51112	60	85	17	62	85	1
51113	65	90	18	67	90	1
51114	70	95	18	72	95	1
51115	75	100	19	77	100	1
51116	80	105	19	82	105	1
51117	85	110	19	87	110	1
51118	90	120	22	92	120	1
51120	100	135	25	102	135	1
51122	110	145	25	112	145	1
51124	120	155	25	122	155	1
51126	130	170	30	132	170	1
51128	140	180	31	142	178	1
51130	150	190	31	152	188	1
51132	160	200	31	162	198	1
51134	170	215	34	172	213	1
51136	180	225	34	183	222	1. 1
51138	190	240	37	193	237	1. 1

12 系列						
轴承代号	外形尺寸（mm）					
	d	D	T	d_{1smin}	D_{1smax}	r_{smin}
51200	10	26	11	12	26	0. 6
51201	12	28	11	14	28	0. 6
51202	15	32	12	17	32	0. 6
51203	17	35	12	19	35	0. 6

续表

12 系列						
轴承代号	外形尺寸（mm）					
	d	D	T	d_{1smin}	D_{1smax}	r_{smin}
51204	20	40	14	22	40	0.6
51205	25	47	15	27	47	0.6
51206	30	52	16	32	52	0.6
51207	35	62	18	37	62	1
51208	40	68	19	42	68	1
51209	45	73	20	47	73	1
51210	50	78	22	52	78	1
51211	55	90	25	57	90	1
51212	60	95	26	62	95	1
51213	65	100	27	67	100	1
51214	70	105	27	72	105	1
51215	75	110	27	77	110	1
51216	80	115	28	82	115	1
51217	85	125	31	88	125	1
51218	90	135	35	93	135	1.1
51220	100	150	38	103	150	1.1
51222	110	160	38	113	160	1.1
51224	120	170	39	123	170	1.1
51226	130	190	45	133	187	1.5
51228	140	200	46	143	197	1.5
51230	150	215	50	153	212	1.5
51232	160	225	51	163	222	1.5
51234	170	240	55	173	237	1.5
51236	180	250	56	183	247	1.5
51238	190	270	62	194	267	2

7. 圆柱滚子轴承

圆柱滚子轴承（GB/T 283—1994）的型式如图 3－71 所示，其规格尺寸列于表 3－97～表 3－101。

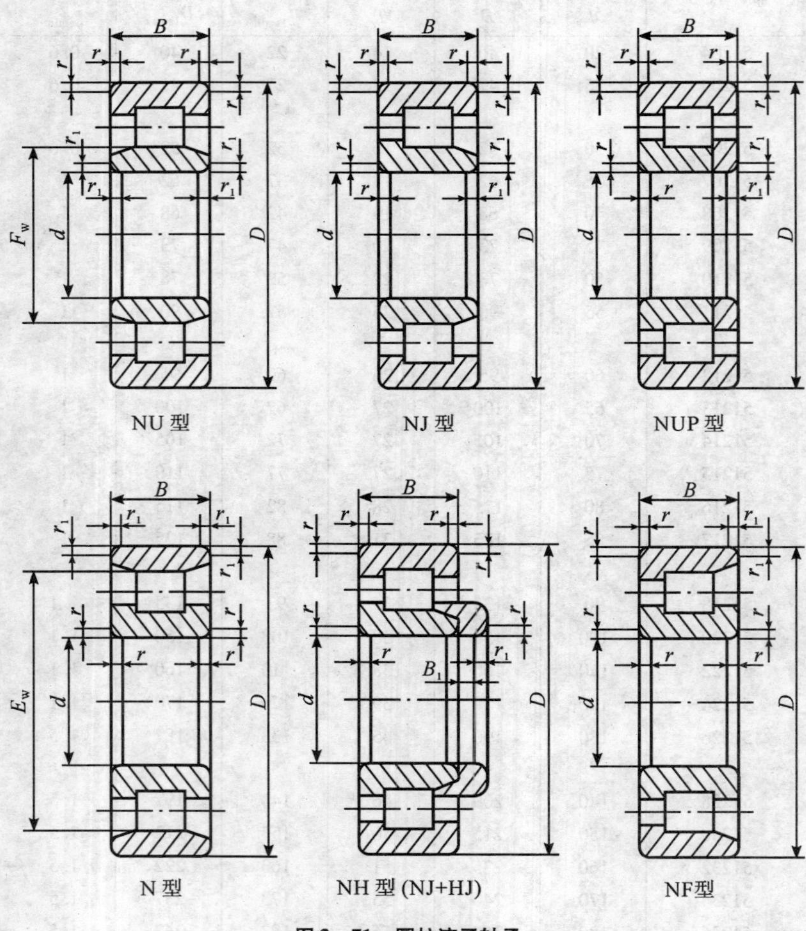

图 3－71　圆柱滚子轴承

表 3－97 圆柱滚子轴承（02 系列）规格尺寸

轴承代号					外形尺寸（mm）							斜挡圈代号
NU 型	NJ 型	NUP 型	N 型	NH 型	d	D	B	F_W	E_W	r_{smin}	r_{1smin}	
NU 202E	NJ 202E	—	N 202E	NH 202E	16	35	11	19.3	30.3	0.6	0.3	HJ 202E
NU 203E	NJ 203E	NUP 203E	N 203E	NH 203E	17	40	12	22.1	35.1	0.6	0.3	HJ 203E
NU 204E	NJ 204E	NUP 204E	N 204E	NH 204E	20	47	14	26.5	41.5	1	0.6	HJ 204E
NU 205E	NJ 205E	NUP 205E	N 205E	NH 205E	25	52	15	31.5	46.5	1	0.6	HJ 205E
NU 206E	NJ 206E	NUP 206E	N 206E	NH 206E	30	62	16	37.5	55.5	1	0.6	HJ 206E
NU 207E	NJ 207E	NUP 207E	N 207E	NH 207E	35	72	17	44	64	1.1	0.6	HJ 207E
NU 208E	NJ 208E	NUP 208E	N 208E	NH 208E	40	80	18	49.5	71.5	1.1	1.1	HJ 208E
NU 209E	NJ 209E	NUP 209E	N 209E	NH 209E	45	85	19	54.5	76.5	1.1	1.1	HJ 209E
NU 210E	NJ 210E	NUP 210E	N 210E	NH 210E	50	90	20	59.5	81.5	1.1	1.1	HJ 210E
NU 211E	NJ 211E	NUP 211E	N 211E	NH 211E	55	100	21	66	90	1.5	1.1	HJ 211E
NU 212E	NJ 212E	NUP 212E	N 212E	NH 212E	60	110	22	72	100	1.5	1.5	HJ 212E
NU 213E	NJ 213E	NUP 213E	N 213E	NH 213E	65	120	23	78.5	108.5	1.5	1.5	HJ 213E
NU 214E	NJ 214E	NUP 214E	N 214E	NH 214E	70	125	24	83.5	113.5	1.5	1.5	HJ 214E
NU 215E	NJ 215E	NUP 215E	N 215E	NH 215E	75	130	25	88.5	118.5	1.5	1.5	HJ 215E
NU 216E	NJ 216E	NUP 216E	N 216E	NH 216E	80	140	26	95.3	127.3	2	2	HJ 216E
NU 217E	NJ 217E	NUP 217E	N 217E	NH 217E	85	150	28	100.5	136.5	2	2	HJ 217E
NU 218E	NJ 218E	NUP 218E	N 218E	NH 218E	90	160	30	107	145	2	2	HJ 218E
NU 219E	NJ 219E	NUP 219E	N 219E	NH 219E	95	170	32	112.5	154.5	2.1	2.1	HJ 219E
NU 220E	NJ 220E	NUP 220E	N 220E	NH 220E	100	180	34	119	163	2.1	2.1	HJ 220E
NU 221E	NJ 221E	NUP 221E	N 221E	NH 221E	105	190	36	125	173	2.1	2.1	HJ 221E
NU 222E	NJ 222E	NUP 222E	N 222E	NH 222E	110	200	38	132.5	180.5	2.1	2.1	HJ 222E
NU 224E	NJ 224E	NUP 224E	N 224E	NH 224E	120	215	40	143.5	195.5	2.1	2.1	HJ 224E
NU 226E	NJ 226E	NUP 226E	N 226E	NH 226E	130	230	40	153.5	209.5	3	3	HJ 226E
NU 228E	NJ 228E	NUP 228E	N 228E	NH 228E	140	250	42	169	225	3	3	HJ 228E
NU 230E	NJ 230E	NUP 230E	N 230E	NH 230E	150	270	45	182	242	3	3	HJ 230E
NU 232E	NJ 232E	NUP 232E	N 232E	NH 232E	160	290	48	195	259	3	3	HJ 232E
NU 234E	NJ 234E	NUP 234E	N 234E	NH 234E	170	310	52	207	279	4	4	HJ 234E
NU 236E	NJ 236E	NUP 236E	N 236E	NH 236E	180	320	52	217	289	4	4	HJ 236E
NU 238E	NJ 238E	NUP 238E	N 238E	NH 238E	190	340	55	230	306	4	4	HJ 238E
NU 240E	NJ 240E	NUP 240E	N 240E	NH 240E	200	360	58	243	323	4	4	HJ 240E

表 3 – 98　圆柱滚子轴承（22 系列）规格尺寸

轴承代号				外形尺寸（mm）						斜挡圈代号
NU 型	NJ 型	NUP 型	NH 型	d	D	B	F_W	r_{smin}	r_{1smin}	
NU 2203E	NJ 2203E	NUP 2203E	NH 2203E	17	40	16	22. 1	0. 6	0. 3	HJ 2203E
NU 2204E	NJ 2204E	NUP 2204E	NH 2204E	20	47	18	26. 5	1	0. 6	HJ 2204E
NU 2205E	NJ 2205E	NUP 2205E	NH 2205E	25	52	18	31. 5	1	0. 6	HJ 2205E
NU 2206E	NJ 2206E	NUP 2206E	NH 2206E	30	62	20	37. 5	1	0. 6	HJ 2206E
NU 2207E	NJ 2207E	NUP 2207E	NH 2207E	35	72	23	44	1. 1	0. 6	HJ 2207E
NU 2208E	NJ 2208E	NUP 2208E	NH 2208E	40	80	23	49. 5	1. 1	1. 1	HJ 2208E
NU 2209E	NJ 2209E	NUP 2209E	NH 2209E	45	85	23	54. 5	1. 1	1. 1	HJ 2209E
NU 2210E	NJ 2210E	NUP 2210E	NH 2210E	50	90	23	59. 5	1. 1	1. 1	HJ 2210E
NU 2211E	NJ 2211E	NUP 2211E	NH 2211E	55	100	25	66	1. 5	1. 1	HJ 2211E
NU 2212E	NJ 2212E	NUP 2212E	NH 2212E	60	110	28	72	1. 5	1. 5	HJ 2212E
NU 2213E	NJ 2213E	NUP 2213E	NH 2213E	65	120	31	78. 5	1. 5	1. 5	HJ 2213E
NU 2214E	NJ 2214E	NUP 2214E	NH 2214E	70	125	31	83. 5	1. 5	1. 5	HJ 2214E
NU 2215E	NJ 2215E	NUP 2215E	NH 2215E	75	130	31	88. 5	1. 5	1. 5	HJ 2215E
NU 2216E	NJ 2216E	NUP 2216E	NH 2216E	80	140	33	95. 3	2	2	HJ 2216E
NU 2217E	NJ 2217E	NUP 2217E	NH 2217E	85	150	36	100. 5	2	2	HJ 2217E
NU 2218E	NJ 2218E	NUP 2218E	NH 2218E	90	160	40	107	2	2	HJ 2218E
NU 2219E	NJ 2219E	NUP 2219E	NH 2219E	95	170	43	112. 5	2. 1	2. 1	HJ 2219E
NU 2220E	NJ 2220E	NUP 2220E	NH 2220E	100	180	46	119	2. 1	2. 1	HJ 2220E
NU 2222E	NJ 2222E	NUP 2222E	NH 2222E	110	200	53	132. 5	2. 1	2. 1	HJ 2222E
NU 2224E	NJ 2224E	NUP 2224E	NH 2224E	120	215	58	143. 5	2. 1	2. 1	HJ 2224E
NU 2226E	NJ 2226E	NUP 2226E	NH 2226E	130	230	64	153. 5	3	3	HJ 2226E
NU 2228E	NJ 2228E	NUP 2228E	NH 2228E	140	250	68	169	3	3	HJ 2228E
NU 2230E	NJ 2230E	NUP 2230E	NH 2230E	150	270	73	182	3	3	HJ 2230E
NU 2232E	NJ 2232E	NUP 2232E	NH 2232E	160	290	80	193	3	3	HJ 2232E
NU 2234E	NJ 2234E	NUP 2234E	NH 2234E	170	310	86	205	4	4	HJ 2234E
NU 2236E	NJ 2236E	NUP 2236E	NH 2236E	180	320	86	215	4	4	HJ 2236E
NU 2238E	NJ 2238E	NUP 2238E	NH 2238E	190	340	92	228	4	4	HJ 2238E
NU 2240E	NJ 2240E	NUP 2240E	NH 2240E	200	360	98	241	4	4	HJ 2240E

表 3－99　圆柱滚子轴承（03 系列）规格尺寸

轴承代号					外形尺寸（mm）							斜挡圈代号
NU 型	NJ 型	NUP 型	N 型	NH 型	d	D	B	F_W	E_W	r_{smin}	r_{1smin}	
NU 303E	NJ 303E	NUP 303E	—	NH 303E	17	47	14	24. 2	40. 2	1. 1	0. 6	HJ 303E
NU 304E	NJ 304E	NUP 304E	N 304E	NH 304E	20	52	15	27. 2	45. 4	1. 1	0. 6	HJ 304E
NU 305E	NJ 305E	NUP 305E	N 305E	NH 305E	25	62	17	34	54	1. 1	1. 1	HJ 305E
NU 306E	NJ 306E	NUP 306E	N 306E	NH 306E	30	72	19	40. 5	62. 5	1. 1	1. 1	HJ 306E
NU 307E	NJ 307E	NUP 307E	N 307E	NH 307E	35	80	21	46. 2	70. 2	1. 5	1. 1	HJ 307E
NU 308E	NJ 308E	NUP 308E	N 308E	NH 308E	40	90	23	52	80	1. 5	1. 5	HJ 308E
NU 309E	NJ 309E	NUP 309E	N 309E	NH 309E	45	100	25	58. 5	88. 5	1. 5	1. 5	HJ 309E
NU 310E	NJ 310E	NUP 310E	N 310E	NH 310E	50	110	27	65	97	2	2	HJ 310E
NU 311E	NJ 311E	NUP 311E	N 311E	NH 311E	55	120	29	70. 5	106. 5	2	2	HJ 311E
NU 312E	NJ 312E	NUP 312E	N 312E	NH 312E	60	130	31	77	115	2. 1	2. 1	HJ 312E
NU 313E	NJ 313E	NUP 313E	N 313E	NH 313E	65	140	33	82. 5	124. 5	2. 1	1. 1	HJ 313E
NU 314E	NJ 314E	NUP 314E	N 314E	NH 314E	70	150	35	89	133	2. 1	2. 1	HJ 314E
NU 315E	NJ 315E	NUP 315E	N 315E	NH 315E	75	160	37	95	143	2. 1	2. 1	HJ 315E
NU 316E	NJ 316E	NUP 316E	N 316E	NH 316E	80	170	39	101	151	2. 1	2. 1	HJ 316E
NU 317E	NJ 317E	NUP 317E	N 317E	NH 317E	85	180	41	108	160	3	3	HJ 317E
NU 318E	NJ 318E	NUP 318E	N 318E	NH 318E	90	190	43	113. 5	169. 5	3	3	HJ 318E
NU 319E	NJ 319E	NUP 319E	N 319E	NH 319E	95	200	45	121. 5	177. 5	3	3	HJ 319E
NU 320E	NJ 320E	NUP 320E	N 320E	NH 320E	100	215	47	127. 5	191. 5	3	3	HJ 320E
NU 321E	NJ 321E	NUP 321E	N 321E	NH 321E	105	225	49	133	201	3	3	HJ 321E
NU 322E	NJ 322E	NUP 322E	N 322E	NH 322E	110	240	50	143	211	3	3	HJ 322E
NU 324E	NJ 324E	NUP 324E	N 324E	NH 324E	120	260	55	154	230	3	3	HJ 324E
NU 326E	NJ 326E	NUP 326E	N 326E	NH 326E	130	280	58	167	247	4	4	HJ 326E
NU 328E	NJ 328E	NUP 328E	N 328E	NH 328E	140	300	62	180	260	4	4	HJ 328E
NU 330E	NJ 330E	NUP 330E	N 330E	NH 330E	150	320	65	193	283	4	4	HJ 330E
NU 332E	NJ 332E	NUP 332E	N 332E	NH 332E	160	340	68	204	300	4	4	HJ 332E
			N334E		170	360	72	—	318	4	4	

表 3 – 100　圆柱滚子轴承（23 系列）规格尺寸

轴承代号				外形尺寸(mm)						斜挡圈代号
NU 型	NJ 型	NUP 型	NH 型	d	D	B	F_W	r_{smin}	r_{1smin}	
NU 2304E	NJ 2304E	NUP 2304E	NH 2304E	20	52	21	27.5	1.1	0.6	HJ 2304E
NU 2305E	NJ 2305E	NUP 2305E	NH 2305E	25	62	24	34	1.1	1.1	HJ 2305E
NU 2306E	NJ 2306E	NUP 2306E	NH 2306E	30	72	27	40.5	1.1	1.1	HJ 2306E
NU 2307E	NJ 2307E	NUP 2307E	NH 2307E	35	80	31	46.2	1.5	1.1	HJ 2307E
NU 2308E	NJ 2308E	NUP 2308E	NH 2308E	40	90	33	52	1.5	1.5	HJ 2308E
NU 2309E	NJ 2309E	NUP 2309E	NH 2309E	45	100	36	58.5	1.5	1.5	HJ 2309E
NU 2310E	NJ 2310E	NUP 2310E	NH 2310E	50	110	40	65	2	2	HJ 2310E
NU 2311E	NJ 2311E	NUP 2311E	NH 2311E	55	120	43	70.5	2	2	HJ 2311E
NU 2312E	NJ 2312E	NUP 2312E	NH 2312E	60	130	46	77	2.1	2.1	HJ 2312E
NU 2313E	NJ 2313E	NUP 2313E	NH 2313E	65	140	48	82.5	2.1	2.1	HJ 2313E
NU 2314E	NJ 2314E	NUP 2314E	NH 2314E	70	150	51	89	2.1	2.1	HJ 2314E
NU 2315E	NJ 2315E	NUP 2315E	NH 2315E	75	160	55	95	2.1	2.1	HJ 2315E
NU 2316E	NJ 2316E	NUP 2316E	NH 2316E	80	170	58	101	2.1	2.1	HJ 2316E
NU 2317E	NJ 2317E	NUP 2317E	NH 2317E	85	180	60	108	3	3	HJ 2317E
NU 2318E	NJ 2318E	NUP 2318E	NH 2318E	90	190	64	113.5	3	3	HJ 2318E
NU 2319E	NJ 2319E	NUP 2319E	NH 2319E	95	200	67	121.5	3	3	HJ 2319E
NU 2320E	NJ 2320E	NUP 2320E	NH 2320E	100	215	73	127.5	3	3	HJ 2320E
NU 2322E	NJ 2322E	NUP 2322E	NH 2322E	110	240	80	143	3	3	HJ 2322E
NU 2324E	NJ 2324E	NUP 2324E	NH 2324E	120	260	86	154	3	3	HJ 2324E
NU 2326E	NJ 2326E	NUP 2326E	NH 2326E	130	280	93	167	4	4	HJ 2326E
NU 2328E	NJ 2328E	NUP 2328E	NH 2328E	140	300	102	180	4	4	HJ 2328E
NU 2330E	NJ 2330E	NUP 2330E	NH 2330E	150	320	108	193	4	4	HJ 2330E
NU 2332E	NJ 2332E	NUP 2332E	NH 2332E	160	340	114	204	4	4	HJ 2332E

表 3-101　圆柱滚子轴承（10 系系）规格尺寸

轴承代号		外形尺寸（mm）						
NU 型	N 型	d	D	B	F_W	E_W	r_{smin}	r_{1smin}
NU 1005	N 1005	25	47	12	30.5	41.5	0.6	0.3
NU 1006	N 1006	30	55	13	36.5	48.5	1	0.6
NU 1007	N 1007	35	62	14	42	55	1	0.6
NU 1008	N 1008	40	68	15	47	61	1	0.6
NU 1009	N 1009	45	75	16	52.5	67.5	1	0.6
NU 1010	N 1010	50	80	16	57.5	72.5	1	0.6
NU 1011	N 1011	55	90	18	64.5	80.5	1.1	1
NU 1012	N 1012	60	95	18	69.5	85.5	1.1	1
NU 1013	N 1013	65	100	18	74.5	90.5	1.1	1
NU 1014	N 1014	70	110	20	80	100	1.1	1
NU 1015	N 1015	75	115	20	85	105	1.1	1
NU 1016	N 1016	80	125	22	91.5	113.5	1.1	1
NU 1017	N 1017	85	130	22	96.5	118.5	1.1	1
NU 1018	N 1018	90	140	24	103	127	1.5	1.1
NU 1019	N 1019	95	145	24	108	132	1.5	1.1
NU 1020	N 1020	100	150	24	113	137	1.5	1.1
NU 1021	N 1021	105	160	26	119.5	145.5	2	1.1
NU 1022	N 1022	110	170	28	125	155	2	1.1
NU 1024	N 1024	120	180	28	135	165	2	1.1
NU 1026	N 1026	130	200	33	148	182	2	1.1
NU 1028	N 1028	140	210	33	158	192	2	1.1
NU 1030	N 1030	150	225	35	169.5	205.5	2.1	1.5
NU 1032	N 1032	160	240	38	180	220	2.1	1.5
NU 1034	N 1034	170	260	42	193	237	2.1	2.1
NU 1036	N 1036	180	280	46	205	255	2.1	2.1
NU 1038	N 1038	190	290	46	215	265	2.1	2.1
NU 1040	N 1040	200	310	51	229	281	2.1	2.1
NU 1044	N 1044	220	340	56	250	310	3	3
NU 1048	N 1048	240	360	56	270	330	3	3
NU 1052	N 1052	260	400	65	296	364	4	4
NU 1056	N 1056	280	420	65	316	384	4	4
NU 1060	N 1060	300	460	74	340	420	4	4

续表

轴 承 代 号		外 形 尺 寸 (mm)						
NU 型	N 型	d	D	B	F_W	E_W	r_{smin}	r_{1smin}
NU 1064	N 1064	320	480	74	360	440	4	4
NU 1068		340	520	82	385	475	5	5
NU 1072		360	540	82	405	495	5	5
NU 1076		380	560	82	425	515	5	5
NU 1080		400	600	90	450	550	5	5
NU 1084		420	620	90	470	570	5	5
NU 1088		440	650	94	493	597	6	6
NU 1092		460	680	100	516	624	6	6
NU 1096		480	700	100	536	644	6	6
NU 10/500		500	720	100	556	664	6	6
NU 10/530		530	780	112	593	—	6	6
NU 10/560		560	820	115	626	754	6	6
NU 10/600		600	870	118	667	—	6	6

标记示例：

滚动轴承 NUP 208E GB/T 283—1994

8. 钢球

滚动轴承钢球（GB/T 308—2002）的公称直径及其硬度列于表3－102～表3－103。

表 3－102 钢球优先采用的公称直径

球公称直径 D_w (mm)	相应的英制尺寸（参考）(in)	球公称直径 D_w (mm)	相应的英制尺寸（参考）(in)	球公称直径 D_w (mm)	相应的英制尺寸（参考）(in)
0.3		3		7.541	19/64
0.397	1/64	3.175	1/8	7.938	5/16
0.4		3.5		8	
0.5		3.572	9/64	8.334	21/64
0.508	0.020	3.969	5/32	8.5	
0.6		4		8.73	11/32
0.635	0.025	4.366	11/64	9	

续表

球公称直径 D_w (mm)	相应的英制尺寸（参考）(in)	球公称直径 D_w (mm)	相应的英制尺寸（参考）(in)	球公称直径 D_w (mm)	相应的英制尺寸（参考）(in)
0.68		4.5		9.128	23/64
0.7		4.762	3/16	9.5	
0.794	1/32	5		9.525	3/8
0.8		5.159	13/64	9.922	25/64
1		5.5		10	
1.191	3/64	5.556	7/32	10.319	13/32
1.2		5.953	15/64	10.5	
1.5		6		11	
1.588	1/16	6.35	1/4	11.112	7/16
1.984	5/64	6.5		11.5	
2		6.747	17/64	11.509	29/64
2.381	3/32	7		11.906	15/32
2.5		7.144	9/32	12	
2.778	7/64	7.5		12.303	31/64
12.5		24.606	31/32	50	
12.7	1/2	25		50.8	2
13		25.4	1	53.975	2⅛
13.494	17/32	26		55	
14		26.194	1 1/32	57.15	2¼
14.288	9/16	26.988	1 1/16	60	
15		28		60.325	2⅜
15.081	19/32	28.575	1⅛	63.5	2½
15.875	5/8	30		65	
16		30.162	1 3/16	66.675	2⅝
16.669	21/32	31.75	1¼	69.85	2¾
17		32		70	

续表

球公称直径 D_w (mm)	相应的英制尺寸（参考）(in)	球公称直径 D_w (mm)	相应的英制尺寸（参考）(in)	球公称直径 D_w (mm)	相应的英制尺寸（参考）(in)
17.462	11/16	33		73.025	2⅞
18		33.338	1 5/16	75	
18.256	23/32	34		76.2	3
19		34.925	1⅜	79.375	3⅛
19.05	3/4	35		80	
19.844	25/32	36		82.55	3¼
20		36.512	1 7/16	85	
20.5		38		85.725	3⅜
20.638	13/16	38.1	1½	88.9	3½
21		39.688	1 9/16	90	
21.431	27/32	40		92.075	3⅝
22		41.275	1⅝	95	
22.225	7/8	42.862	1 11/16	95.25	3¾
22.5		44.45	1¾	98.425	3⅞
23		45		100	
23.019	29/32	46.038	1 13/16	101.6	4
23.812	15/16	47.625	1⅞	104.775	4⅛
24		49.212	1 15/16		

表 3－103　成品钢球的硬度

球公称直径 D_w（mm）		成品钢球硬度 HRC
超过	到	
—	30	61～66
30	50	59～64
50	—	58～64

标记示例：

标记为：8　G10　+4（－0.2）　GB/T 308—2002

表示符合 GB/T 308—2002 公称直径 8mm、公差等级 10 级、规值为 +4μm，分规值为 -0.2μm 的高碳铬轴承钢钢球。

标记为：12.7　G40　±0（±0）　GB/T 308—2002

表示符合 GB/T 308—2002 公称直径 12.7mm，公差等级 40 级，规值为 0，分规值为 0 的高碳铬轴承钢钢球。

标记为：45　G100　b　GB/T 308—2002

表示符合 GB/T 308—2002 公称直径 45mm，公差等级 100 级，不按批直径变动量、规值、分规值提供的高碳铬轴承钢钢球。

3.2.2　滚动轴承　附件

1. 紧定套

紧定套 GB/T 7919.2—1999）的型式如图 3-72 所示，紧定套的尺寸参数列于表 3-104 ~ 表 3-106，其代号表示方法如下：

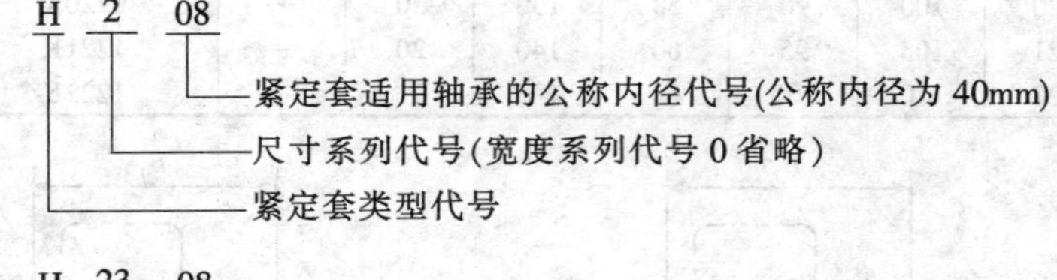

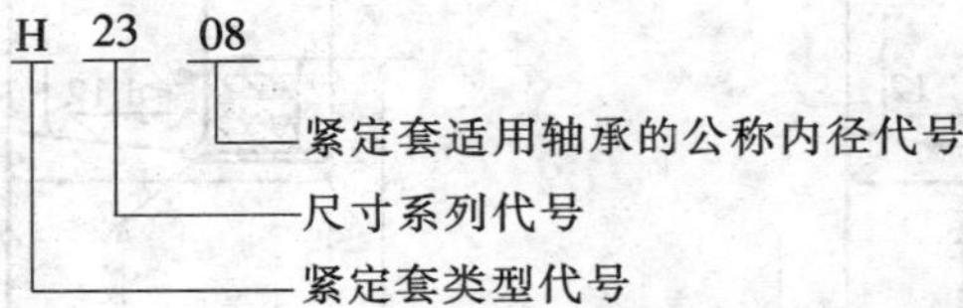

表 3-104　紧定套 H2 系列尺寸参数（mm）

紧定套型号	尺寸						适用轴承型号
	d	d_1	B_1	d_2	B_2	B_3	调心球轴承
H202	15	12	19	25	6	—	1202K
H203	17	14	20	28	6	—	1203K
H204	20	17	24	32	7	—	1204K
H205	25	20	26	38	8	—	1205K
H206	30	25	27	45	8	—	1206K
H207	35	30	29	52	9	—	1207K

续表

紧定套型号	尺寸						适用轴承型号
	d	d_1	B_1	d_2	B_2	B_3	调心球轴承
H208	40	35	31	58	10	—	1208K
H209	45	40	33	65	11	—	1209K
H210	50	45	35	70	12	—	1210K
H211	55	50	37	75	12	—	1211K
H212	60	55	38	80	13	—	1212K
H213	65	60	40	85	14	—	1213K
H214	70	60	41	92	14	—	1214K
H215	75	65	43	98	15	—	1215K
H216	80	70	46	105	17	—	1216K
H217	85	75	50	110	18	—	1217K
H218	90	80	52	120	18	—	1218K
H219	95	85	55	125	19	—	1219K
H220	100	90	58	130	20	—	1220K
H221	105	95	60	140	20	—	1221K
H222	110	100	63	145	21	—	1222K

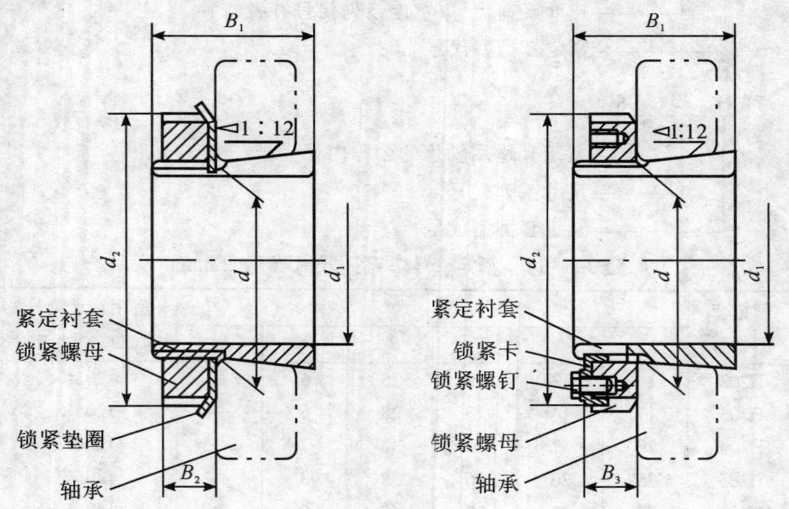

图 3-72　紧定套

表 3-105　紧定套 H3 系列尺寸参数（mm）

紧定套型号	尺寸						适用轴承型号			
	d	d_1	B_1	d_2	B_2	B_3	调心球轴承		调心滚子轴承	
H302	15	12	22	25	6	—	1302K	2202K	—	—
H303	17	14	24	28	6	—	1303K	2203K	—	—
H304	20	17	28	32	7	—	1304K	2204K	21304K	—
H305	25	20	29	38	8	—	1305K	2205K	21305K	—
H306	30	25	31	45	8	—	1306K	2206K	21306K	—
H307	35	30	35	52	9	—	1307K	2207K	21307K	—
H308	40	35	36	58	10	—	1308K	2208K	21308K	22208K
H309	45	40	39	65	11	—	1309K	2209K	21309K	22209K
H310	50	45	42	70	12	—	1310K	2210K	21310K	22210K
H311	55	50	45	75	12	—	1311K	2211K	21311K	22211K
H312	60	55	47	80	13	—	1312K	2212K	21312K	22212K
H313	65	60	50	85	14	—	1313K	2213K	21313K	22213K
H314	70	60	52	92	14	—	1314K	2214K	21314K	22214K
H315	75	65	55	98	15	—	1315K	2215K	21315K	22215K
H316	80	70	59	105	17	—	1316K	2216K	21316K	22216K
H317	85	75	63	110	18	—	1317K	2217K	21317K	22217K
H318	90	80	65	120	18	—	1318K	2218K	21318K	22218K
H319	95	85	68	125	19	—	1319K	2219K	21319K	22219K
H320	100	90	71	130	20	—	1320K	2220K	21320K	22220K
H321	105	95	74	140	20	—	—	—	—	—
H322	110	100	77	145	21	—	1322K	2222K	21322K	22222K

表 3-106　紧定套 H30 系列尺寸参数（mm）

紧定套型号	尺寸						适用轴承型号
	d	d_1	B_1	d_2	B_2	B_3	调心滚子轴承
H3024	120	110	72	145	22	—	23024K
H3026	130	115	80	155	23	—	23026K
H3028	140	125	82	165	24	—	23028K
H3030	150	135	87	180	26	—	23030K
H3032	160	140	93	190	28	—	23032K
H3034	170	150	101	200	29	—	23034K
H3036	180	160	109	210	30	—	23036K
H3038	190	170	112	220	31	—	23038K

续表

紧定套型号	尺寸						适用轴承型号
	d	d_1	B_1	d_2	B_2	B_3	调心滚子轴承
H3040	200	180	120	240	32	—	23040K
H3044	220	200	126	260	—	41	23044K
H3048	240	220	133	290	—	46	23048K
H3052	260	240	145	310	—	46	23052K
H3056	280	260	152	330	—	50	23056K
H3060	300	280	168	360	—	54	23060K
H3064	320	300	171	380	—	55	23064K
H3068	340	320	187	400	—	58	23068K
H3072	360	340	188	420	—	58	23072K
H3076	380	360	193	450	—	62	23076K
H3080	400	380	210	470	—	66	23080K
H3084	420	400	212	490	—	66	23084K
H3088	440	410	228	520	—	77	23088K
H3092	460	430	234	540	—	77	23092K
H3096	480	450	237	560	—	77	23096K
H30/500	500	470	247	580	—	85	230/500K
H30/530	530	500	265	630	—	90	230/530K
H30/560	560	530	282	650	—	97	230/560K
H30/600	600	560	289	700	—	97	230/600K
H30/630	630	600	301	730	—	97	230/630K
H30/670	670	630	324	780	—	102	230/670K
H30/710	710	670	342	830	—	112	230/710K
H30/750	750	710	356	870	—	112	230/750K
H30/800	800	750	366	920	—	112	230/800K
H30/850	850	800	380	980	—	115	230/850K
H30/900	900	850	400	1 030	—	125	230/900K
H30/950	950	900	420	1 080	—	125	230/950K
H30/1000	1 000	950	430	1 140	—	125	230/1000K
H30/1060	1 060	1 000	447	1 200	—	125	230/1060K

标记示例：

适用轴承内径 40mm，尺寸系列 23 的紧定套，标记为：

H　2308　JB/T　7919. 2—1999

用于紧定套的紧定衬套的型式结构见图 3－73 所示，其尺寸参数列于表 3－107～表 3－109。

紧定衬套代号表示方法如下：

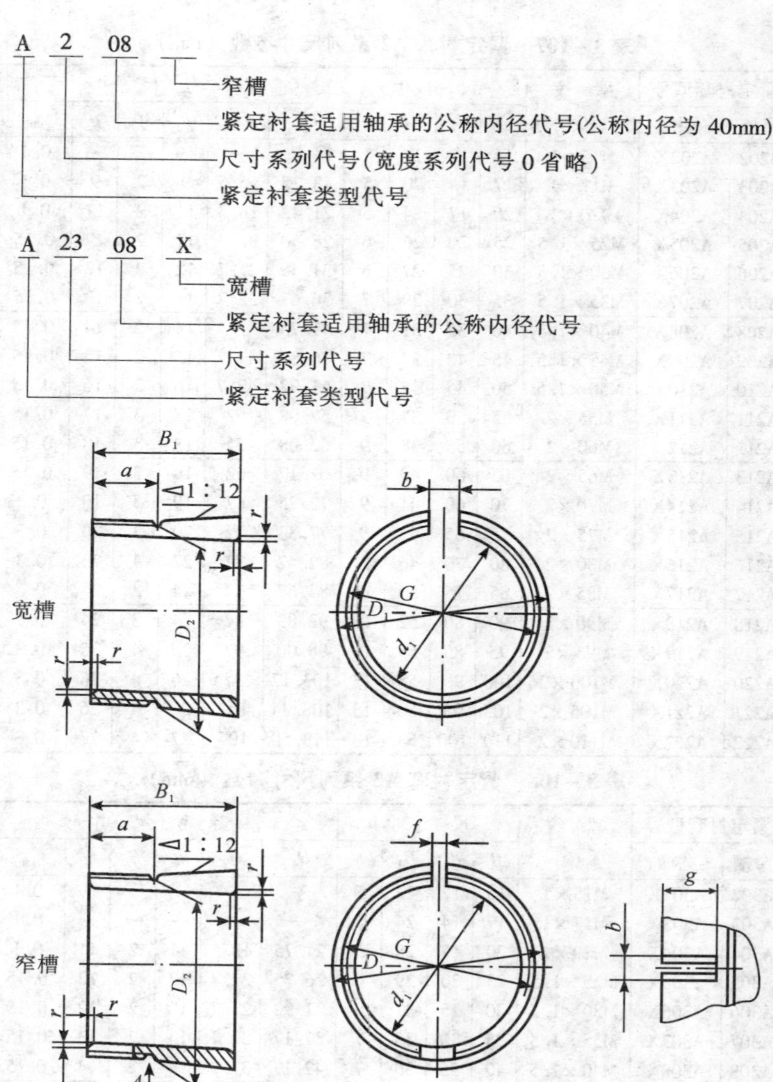
A 2 08
窄槽
紧定衬套适用轴承的公称内径代号(公称内径为 40mm)
尺寸系列代号(宽度系列代号 0 省略)
紧定衬套类型代号
A 23 08 X
宽槽
紧定衬套适用轴承的公称内径代号
尺寸系列代号
紧定衬套类型代号
B1
a
1 : 12
r
宽槽
D2
b
G
D1
d1
窄槽
f
g
A

图 3 –73　紧定衬套

表 3－107　紧定衬套 A2 系列尺寸参数（mm）

紧定衬套型号		螺　纹	尺　　寸				参　考　尺　寸					
窄槽	宽槽	G	d	d_1	B_1	b	D_1	D_2	a	f	g	r_{smin}
A202	A202X	M15×1	15	12	19	5	—	—	—	—	—	0.1
A203	A203X	M17×1	17	14	20	5	18.25	15.5	9	2	9	0.1
A204	A204X	M20×1	20	17	24	5	21.42	18.5	11	2	11	0.1
A205	A205X	M25×1.5	25	20	26	6	26.50	22.7	12	2	12	0.15
A206	A206X	M30×1.5	30	25	27	6	31.58	27.7	12	2	12	0.15
A207	A207X	M35×1.5	35	30	29	7	36.67	32.7	13	2	13	0.15
A208	A208X	M40×1.5	40	35	31	7	41.75	37.7	14	2	14	0.15
A209	A209X	M45×1.5	45	40	33	7	46.83	42.7	15	2	15	0.15
A210	A210X	M50×1.5	50	45	35	7	51.92	47.7	16	2	16	0.15
A211	A211X	M55×2	55	50	37	9	57.08	52	17	3	17	0.15
A212	A212X	M60×2	60	55	38	9	62.08	57	18	3	18	0.15
A213	A213X	M65×2	65	60	40	9	67.17	62	19	3	19	0.15
A214	A214X	M70×2	70	60	41	9	72.25	67	19	3	19	0.3
A215	A215X	M75×2	75	65	43	9	77.33	72	20	3	20	0.3
A216	A216X	M80×2	80	70	46	11	82.42	77	22	3	22	0.3
A217	A217X	M85×2	85	75	50	11	87.67	82	24	3	24	0.3
A218	A218X	M90×2	90	80	52	11	92.83	87	24	3	24	0.3
A219	A219X	M95×2	95	85	55	11	98.00	92	25	4	25	0.3
A220	A220X	M100×2	100	90	58	13	103.17	97	26	4	26	0.3
A221	A221X	M105×2	105	95	60	13	108.34	102	26	4	26	0.3
A222	A222X	M110×2	110	100	63	13	113.50	107	27	4	27	0.3

表 3－108　紧定衬套 A3 系列尺寸参数（mm）

紧定衬套型号		螺　纹	尺　　寸				参　考　尺　寸					
窄槽	宽槽	G	d	d_1	B_1	b	D_1	D_2	a	f	g	r_{smin}
A302	A302X	M15×1	15	12	22	5	—	—	—	—	—	0.1
A303	A303X	M17×1	17	14	24	5	—	—	—	—	—	0.1
A304	A304X	M20×1	20	17	28	5	21.75	18.5	11	2	11	0.1
A305	A305X	M25×1.5	25	20	29	6	26.75	22.7	12	2	12	0.15
A306	A306X	M30×1.5	30	25	31	6	31.92	27.7	12	2	12	0.15
A307	A307X	M35×1.5	35	30	35	7	37.17	32.7	13	2	13	0.15
A308	A308X	M40×1.5	40	35	36	7	42.17	37.7	14	2	14	0.15
A309	A309X	M45×1.5	45	40	39	7	47.33	42.7	15	2	15	0.15
A310	A310X	M50×1.5	50	45	42	7	52.50	47.7	16	2	16	0.15

续表

紧定衬套型号		螺 纹	尺 寸				参 考 尺 寸					
窄槽	宽槽	G	d	d_1	B_1	b	D_1	D_2	a	f	g	r_{smin}
A311	A311X	M55×2	55	50	45	9	57.75	52	17	3	17	0.15
A312	A312X	M60×2	60	55	47	9	62.83	57	18	3	18	0.15
A313	A313X	M65×2	65	60	50	9	68.00	62	19	3	19	0.15
A314	A314X	M70×2	70	60	52	9	73.17	67	19	3	19	0.3
A315	A315X	M75×2	75	65	55	9	78.33	72	20	3	20	0.3
A316	A316X	M80×2	80	70	59	11	83.50	77	22	3	22	0.3
A317	A317X	M85×2	85	75	63	11	88.75	82	24	3	24	0.3
A318	A318X	M90×2	90	80	65	11	93.92	87	24	3	24	0.3
A319	A319X	M95×2	95	85	68	11	99.08	92	25	4	25	0.3
A320	A320X	M100×2	100	90	71	13	104.25	97	26	4	26	0.3
A321	A321X	M105×2	105	95	74	13	109.50	102	26	4	26	0.3
A322	A322X	M110×2	110	100	77	13	114.67	107	27	4	27	0.3

表3-109 紧定衬套A30系列尺寸参数（mm）

紧定衬套型号		螺 纹	尺 寸				参 考 尺 寸					
窄槽	宽槽	G	d	d_1	B_1	b	D_1	D_2	a	f	g	r_{smin}
A3024	A3024X	M120×2	120	110	72	15	124.17	117	32	4	32	0.3
A3026	A3026X	M130×2	130	115	80	15	134.75	127	33	4	33	0.6
A3028	A3028X	M140×2	140	125	82	17	144.83	137	34	4	34	0.6
A3030	A3030X	M150×2	150	135	87	17	155.08	147	36	4	36	0.6
A3032	A3032X	M160×3	160	140	93	19	165.42	155.5	38	5	38	0.6
A3034	A3034X	M170×3	170	150	101	19	176.00	165.5	39	5	39	0.6
A3036	A3036X	M180×3	180	160	109	21	186.58	175.5	40	5	40	0.6
A3038	A3038X	M190×3	190	170	112	21	196.75	185.5	41	5	41	0.6
A3040	A3040X	M200×3	200	180	120	21	207.33	195.5	42	5	42	0.6
A3044	—	Tr220×4	220	200	126	20	228.00	215	45	5	18	1.1
A3048	—	Tr240×4	240	220	133	20	248.25	235	49	5	18	1.1
A3052	—	Tr260×4	260	240	145	20	269.33	255	49	6	18	1.1
A3056	—	Tr280×4	280	260	152	24	289.50	275	53	6	18	1.1
A3060	—	Tr300×4	300	280	168	24	310.50	295	57	6	18	1.1

续表

紧定衬套型号		螺　纹	尺　　寸				参　考　尺　寸					
窄槽	宽槽	G	d	d_1	B_1	b	D_1	D_2	a	f	g	r_{smin}
A3064	—	Tr320×5	320	300	171	24	330.75	314	57	6	25	1.5
A3068	—	Tr340×5	340	320	187	24	351.83	334	65	6	25	1.5
A3072	—	Tr360×5	360	340	188	28	371.82	354	65	6	25	1.5
A3076	—	Tr380×5	380	360	193	28	392.08	374	68	6	25	1.5
A3080	—	Tr400×5	400	380	210	28	413.17	394	72	6	25	1.5
A3084	—	Tr420×5	420	400	212	32	433.33	414	72	8	25	1.5
A3088	—	Tr440×5	440	410	228	32	454.00	434	80	8	25	1.5
A3092	—	Tr460×5	460	430	234	32	475.00	454	80	8	25	1.5
A3096	—	Tr480×5	480	450	237	36	494.75	474	80	8	25	1.5
A30/500	—	Tr500×5	500	470	247	36	514.92	494	88	8	25	1.5
A30/530	—	Tr530×6	530	500	265	40	—	—	—	—	—	—
A30/560	—	Tr560×6	560	530	282	40	—	—	—	—	—	—
A30/600	—	Tr600×6	600	560	289	40	—	—	—	—	—	—
A30/630	—	Tr630×6	630	600	301	45	—	—	—	—	—	—
A30/670	—	Tr670×6	670	630	324	45	—	—	—	—	—	—
A30/710	—	Tr710×7	710	670	342	50	—	—	—	—	—	—
A30/750	—	Tr750×7	750	710	356	55	—	—	—	—	—	—
A30/800	—	Tr800×7	800	750	366	55	—	—	—	—	—	—
A30/850	—	Tr850×7	850	800	380	60	—	—	—	—	—	—
A30/900	—	Tr900×7	900	850	400	60	—	—	—	—	—	—
A30/950	—	Tr950×8	950	900	420	60	—	—	—	—	—	—
A30/1000	—	Tr1000×8	1 000	950	430	60	—	—	—	—	—	—
A30/1060	—	Tr1060×8	1 060	1 000	447	60	—	—	—	—	—	—

标记示例：

适用轴承内径40mm，尺寸系列23的紧定衬套　标记为：

A　2308　JB/T　7919.2—1999

2. 锁紧螺母和锁紧装置

锁紧螺母和锁紧装置JB/T 7919.3—1999包括锁紧螺母、锁紧垫圈和锁紧卡，其型式如图3－74～图3－76，类型代号和尺寸参数列于表3－110～

表 3－116。

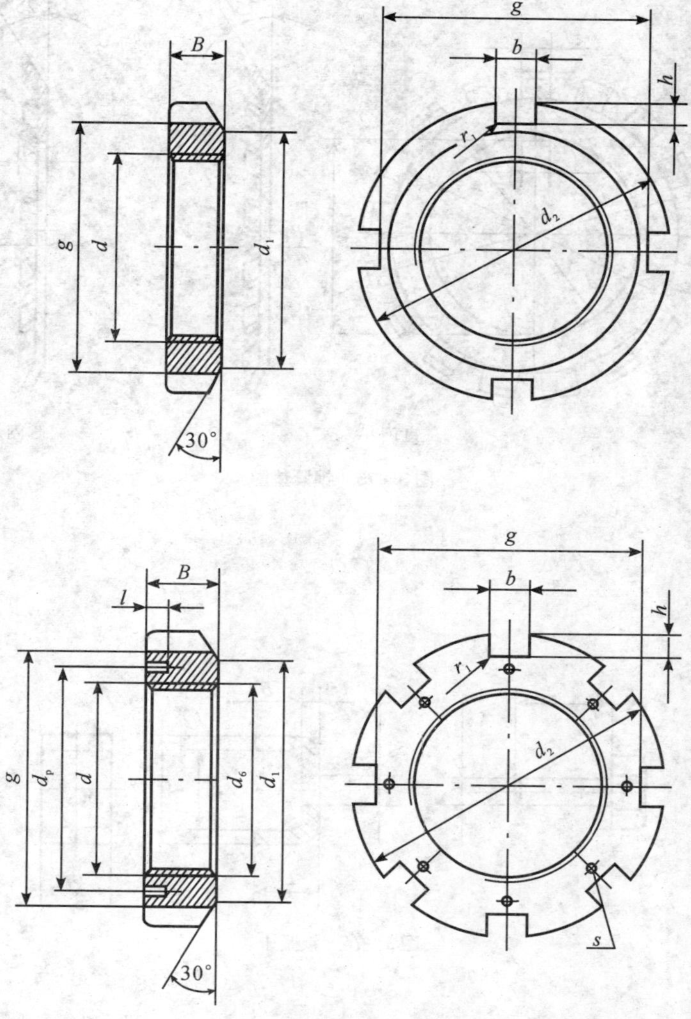

图 3－74　锁紧螺母

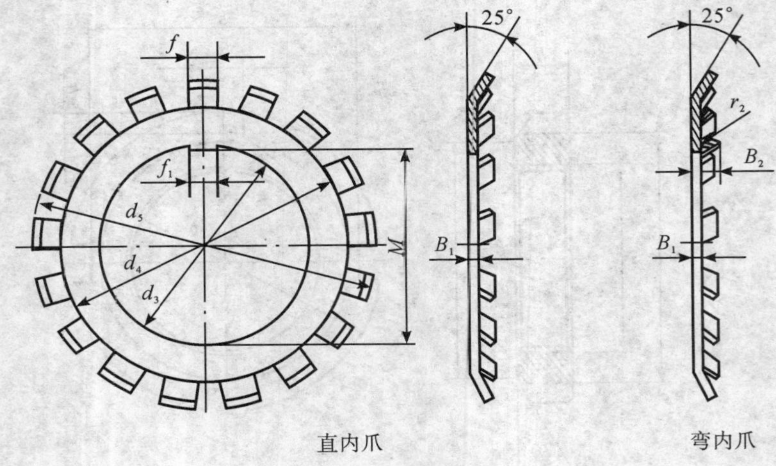

图 3－75　锁紧垫圈

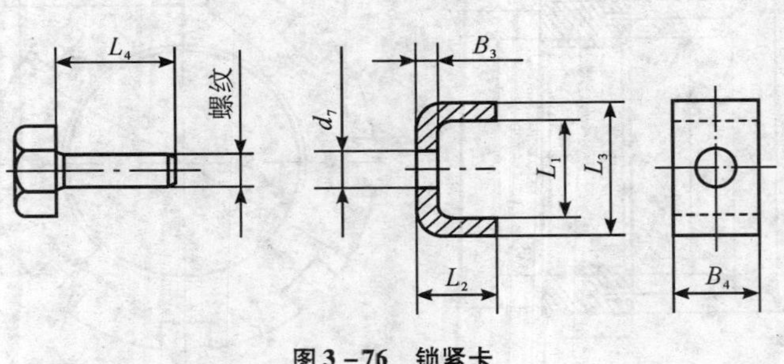

图 3－76　锁紧卡

表 3－110　锁紧装置类型代号表（mm）

类　　型	代　号	意义
螺母类型	KM	表示公制普通螺纹
	HH	表示公制梯形螺纹
锁紧垫圈类型	MB	表示直内爪
	MBA	表示内爪向内弯
	MBB	表示内爪向外弯
锁紧卡类型	MS	—

代号示例：

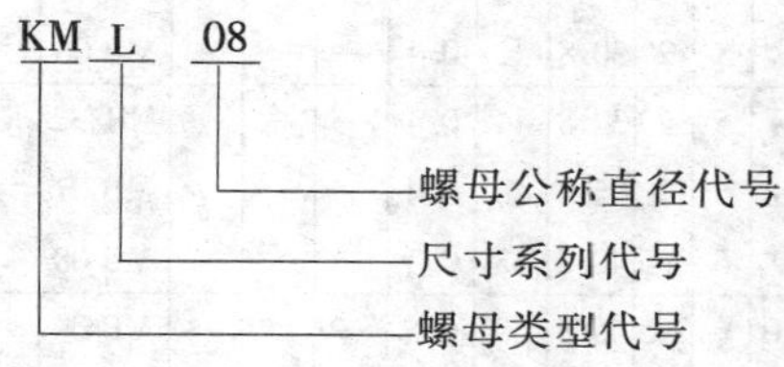

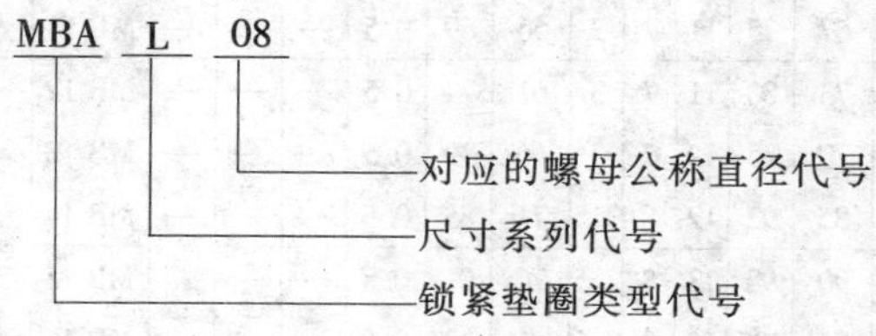

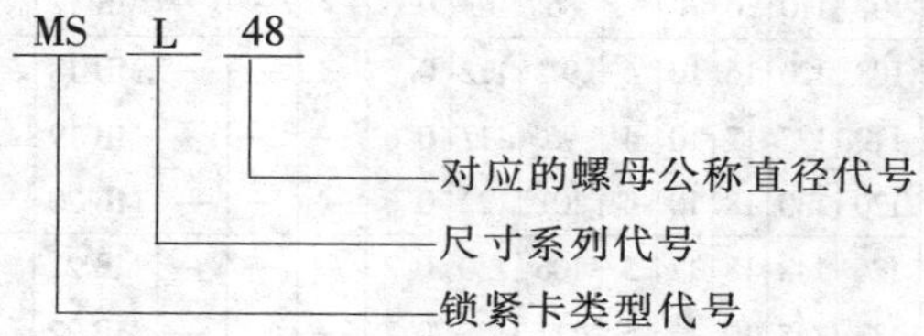

表 3-111 KM、HM 型锁紧螺母尺寸参数（mm）

锁紧螺母型号	螺纹	尺寸						参考尺寸						适用的锁紧垫圈型号	适用的锁紧卡型号
		d	d_1	d_2	B	b	h	d_6	g	r_{1max}	l	s	d_p		
KM 00	M10×0.75	10	13.5	18	4	3	2	10.5	14	0.4	—	—	—	MB 00	—
KM 01	M12×1	12	17	22	4	3	2	12.5	18	0.4	—	—	—	MB 01	—
KM 02	M15×1	15	21	25	5	4	2	15.5	21	0.4	—	—	—	MB 02	—
KM 03	M17×1	17	24	28	5	4	2	17.5	24	0.4	—	—	—	MB 03	—
KM 04	M20×1	20	26	32	6	4	2	20.5	28	0.4	—	—	—	MB 04	—
KM/22	M22×1	22	28	34	6	4	2	22.5	30	0.4	—	—	—	MB/22	—
KM 05	M25×1.5	25	32	38	7	5	2	25.8	34	0.4	—	—	—	MB 05	—
KM/28	M28×1.5	28	36	42	7	5	2	28.8	38	0.4	—	—	—	MB/28	—
KM 06	M30×1.5	30	38	45	7	5	2	30.8	41	0.4	—	—	—	MB 06	—
KM/32	M32×1.5	32	40	48	8	5	2	32.8	44	0.4	—	—	—	MB/32	—
KM 07	M35×1.5	35	44	52	8	5	2	35.8	48	0.4	—	—	—	MB 07	—
KM 08	M40×1.5	40	50	58	9	6	2.5	40.8	53	0.5	—	—	—	MB 08	—
KM 09	M45×1.5	45	56	65	10	6	2.5	45.8	60	0.5	—	—	—	MB 09	—
KM 10	M50×1.5	50	61	70	11	6	2.5	50.8	65	0.5	—	—	—	MB 10	—
KM 11	M55×2	55	67	75	11	7	3	56	69	0.5	—	—	—	MB 11	—
KM 12	M60×2	60	73	80	11	7	3	61	74	0.5	—	—	—	MB 12	—
KM 13	M65×2	65	79	85	12	7	3	66	79	0.5	—	—	—	MB 13	—
KM 14	M70×2	70	85	92	12	8	3.5	71	85	0.5	—	—	—	MB 14	—
KM 15	M75×2	75	90	98	13	8	3.5	76	91	0.5	—	—	—	MB 15	—
KM 16	M80×2	80	95	105	15	8	3.5	81	98	0.6	—	—	—	MB 16	—
KM 17	M85×2	85	102	110	16	8	3.5	86	103	0.6	—	—	—	MB 17	—
KM 18	M90×2	90	108	120	16	10	4	91	112	0.6	—	—	—	MB 18	—
KM 19	M95×2	95	113	125	17	10	4	96	117	0.6	—	—	—	MB 19	—
KM 20	M100×2	100	120	130	18	10	4	101	122	0.6	—	—	—	MB 20	—
KM 21	M105×2	105	126	140	18	12	5	106	130	0.7	—	—	—	MB 21	—
KM 22	M110×2	110	133	145	19	12	5	111	135	0.7	—	—	—	MB 22	—
KM 23	M115×2	115	137	150	19	12	5	116	140	0.7	—	—	—	MB 23	—

续表

锁紧螺母型号	螺纹	尺寸						参考尺寸						适用的锁紧垫圈型号	适用的锁紧卡型号
		d	d_1	d_2	B	b	h	d_6	g	r_{1max}	l	s	d_p		
KM 24	M120×2	120	138	155	20	12	5	121	145	0.7	—	—	—	MB 24	—
KM 25	M125×2	125	148	160	21	12	5	126	150	0.7	—	—	—	MB 25	—
KM 26	M130×2	130	149	165	21	12	5	131	155	0.7	—	—	—	MB 26	—
KM 27	M135×2	135	160	175	22	14	6	136	163	0.7	—	—	—	MB 27	—
KM 28	M140×2	140	160	180	22	14	6	141	168	0.7	—	—	—	MB 28	—
KM 29	M145×2	145	171	190	24	14	6	146	178	0.7	—	—	—	MB 29	—
KM 30	M150×2	150	171	195	24	14	6	151	183	0.7	—	—	—	MB 30	—
KM 31	M155×3	155	182	200	25	16	7	156.5	186	0.7	—	—	—	MB 31	—
KM 32	M160×3	160	182	210	25	16	7	161.5	196	0.7	—	—	—	MB 32	—
KM 33	M165×3	165	193	210	26	16	7	166.5	196	0.7	—	—	—	MB 33	—
KM 34	M170×3	170	193	220	26	16	7	171.5	206	0.7	—	—	—	MB 34	—
KM 36	M180×3	180	203	230	27	18	8	181.5	214	0.7	—	—	—	MB 36	—
KM 38	M190×3	190	214	240	28	18	8	191.5	224	0.7	—	—	—	MB 38	—
KM 40	M200×3	200	226	250	29	18	8	201.5	234	0.7	—	—	—	MB 40	—
HM 42	Tr210×4	210	238	270	30	20	10	212	250	0.8	—	—	—	MB 42	—
HM 44	Tr220×4	220	250	280	32	20	10	222	260	0.8	15	M8	238	MB 44	MS 44
HM 46	Tr230×4	230	260	290	34	20	10	—	—	—	—	—	—	—	—
HM 48	Tr240×4	240	270	300	34	20	10	242	280	0.8	15	M8	258	MB 48	MS 44
HM 50	Tr250×4	250	290	320	36	20	10	—	—	—	—	—	—	—	—
HM 52	Tr260×4	260	300	330	36	24	12	262	306	0.8	18	M10	281	MB 52	MS 52
HM 56	Tr280×4	280	320	350	36	24	12	282	326	0.8	18	M10	301	MB 56	MS 52
HM 58	Tr290×4	290	330	370	40	24	12	292	346	0.8	—	—	—	—	—
HM 60	Tr300×4	300	340	380	40	24	12	302	356	0.8	18	M10	326	—	MS 60
HM 62	Tr310×5	310	350	390	42	24	12	312.5	366	0.8	—	—	—	—	—
HM 64	Tr320×5	320	360	400	42	24	12	322.5	376	0.8	18	M10	345	—	MS 64
HM 66	Tr330×5	330	380	420	52	28	15	332.5	390	1	—	—	—	—	—

续表

锁紧螺母型号	螺纹	尺寸						参考尺寸						适用的锁紧垫圈型号	适用的锁紧卡型号
		d	d_1	d_2	B	b	h	d_6	g	r_{1max}	l	s	d_p		
HM 68	Tr340×5	340	400	440	55	28	15	342.5	410	1	21	M12	372	—	MS 68
HM 70	Tr350×5	350	410	450	55	28	15	352.5	420	1	—	—	—	—	—
HM 72	Tr360×5	360	420	460	58	28	15	362.5	430	1	21	M12	392	—	MS 68
HM 74	Tr370×5	370	430	470	58	28	15	372.5	440	1	—	—	—	—	—
HM 76	Tr380×5	380	440	490	60	32	18	382.5	454	1	21	M12	414	—	MS 76
HM 80	Tr400×5	400	460	520	62	32	18	402.5	484	1	27	M16	439	—	MS 80
HM 84	Tr420×5	420	490	540	70	32	18	422.5	504	1	27	M16	459	—	MS 80
HM 88	Tr440×5	440	510	560	70	36	20	442.5	520	1	27	M16	477	—	MS 88
HM 92	Tr460×5	460	540	580	75	36	20	462.5	540	1	27	M16	497	—	MS 88
HM 96	Tr480×5	480	560	620	75	36	20	482.5	580	1	27	M16	527	—	MS 96

表 3－112　KML、HML 型锁紧螺母尺寸参数（mm）

锁紧螺母型号	螺纹	尺寸						参考尺寸						适用的锁紧垫圈型号	适用的锁紧卡型号
		d	d_1	d_2	B	b	h	d_6	g	r_{1max}	l	s	d_p		
KML 24	M120×2	120	135	145	20	12	5	121	135	0.7	—	—	—	MBL 24	—
KML 26	M130×2	130	145	155	21	12	5	131	145	0.7	—	—	—	MBL 26	—
KML 28	M140×2	140	155	165	22	14	6	141	153	0.7	—	—	—	MBL 28	—
KML 30	M150×2	150	170	180	24	14	6	151	168	0.7	—	—	—	MBL 30	—
KML 32	M160×3	160	180	190	25	16	7	161.5	176	0.7	—	—	—	MBL 32	—
KML 34	M170×3	170	190	200	26	16	7	171.5	186	0.7	—	—	—	MBL 34	—
KML 36	M180×3	180	200	210	27	18	8	181.5	194	0.7	—	—	—	MBL 36	—
KML 38	M190×3	190	210	220	28	18	8	191.5	204	0.7	—	—	—	MBL 38	—
KML 40	M200×3	200	222	240	29	18	8	201.5	224	0.7	—	—	—	MBL 40	—
KML 41	Tr205×4	205	232	250	30	18	8	207	234	0.8	—	—	—	—	—
KML 43	Tr215×4	215	242	260	30	20	9	217	242	0.8	—	—	—	—	—

续表

锁紧螺母型号	螺　纹	尺　　寸						参考尺寸						适用的锁紧垫圈型号	适用的锁紧卡型号
		d	d_1	d_2	B	b	h	d_6	g	r_{1max}	l	s	d_p		
KML 44	Tr220×4	220	242	260	30	20	9	222	242	0.8	12	M6	229	—	MSL 44
KML 47	Tr235×4	235	262	280	34	20	9	237	262	0.8	—	—	—	—	—
KML 48	Tr240×4	240	270	290	34	20	9	242	270	0.8	15	M8	253	—	MSL 48
KML 52	Tr260×4	260	290	310	34	20	10	262	290	0.8	15	M8	273	—	MSL 48
HML 56	Tr280×4	280	310	330	38	24	10	282	310	0.8	15	M8	293	—	MSL 56
HML 60	Tr300×4	300	336	360	42	24	12	302	336	0.8	15	M8	316	—	MSL 60
HML 64	Tr320×5	320	356	380	42	24	12	322.5	356	0.8	15	M8	335	—	MSL 64
HML 68	Tr340×5	320	376	400	45	24	12	342.5	376	1	15	M8	355	—	MSL 64
HML 69	Tr345×5	345	384	410	45	28	13	347.5	384	1	—	—	—	—	—
HML 72	Tr360×5	360	394	420	45	28	13	362.5	394	1	15	M8	374	—	MSL 72
HML 73	Tr365×5	365	404	430	48	28	13	367.5	404	1	—	—	—	—	—
HML 76	Tr380×5	380	422	450	48	28	14	382.5	422	1	18	M10	398	—	MSL 76
HML 77	Tr385×5	385	422	450	48	28	14	387.5	422	1	—	—	—	—	—
HML 80	Tr400×5	400	442	470	52	28	14	402.5	442	1	18	M10	418	—	MSL 76
HML 82	Tr410×5	410	452	480	52	32	14	412.5	452	1	—	—	—	—	—
HML 84	Tr420×5	420	462	490	52	32	14	422.5	462	1	18	M10	438	—	MSL 84
HML 86	Tr430×5	430	472	500	52	32	14	432.5	472	1	—	—	—	—	—
HML 88	Tr440×5	440	490	520	60	32	15	442.5	490	1	21	M12	462	—	MSL 88
HML 90	Tr450×5	450	490	520	60	32	15	452.5	490	1	—	—	—	—	—
HML 92	Tr460×5	460	510	540	60	32	15	462.5	510	1	21	M12	482	—	MSL 88
HML 94	Tr470×5	470	510	540	60	32	15	472.5	510	1	—	—	—	—	—
HML 96	Tr480×5	480	530	560	60	36	15	482.5	530	1	21	M12	502	—	MSL 96
HML 98	Tr490×5	490	550	580	60	36	15	492.5	550	1	—	—	—	—	—

表 3-113　MB、MBA 型锁紧垫圈尺寸参数（mm）

锁紧垫圈型号		尺　寸								N_{min}	参考尺寸
MB 型	MBA 型	d_3	d_4	d_5	f_1	M	f	B_1	B_2		r_2
MB 00	MBA 00	10	13.5	21	3	8.5	3	1	—	9	—
MB 01	MBA 01	12	17	25	3	10.5	3	1	—	11	—
MB 02	MBA 02	15	21	28	4	13.5	4	1	2.5	11	1
MB 03	MBA 03	17	24	32	4	15.5	4	1	4	11	—
MB 04	MBA 04	20	26	36	4	18.5	4	1	4	11	—
MB 05	MBA 05	25	32	42	5	23.0	5	1.25	4	13	—
MB 06	MBA 06	30	38	49	5	27.5	5	1.25	4	13	—
MB 07	MBA 07	35	44	57	6	32.5	5	1.25	4	13	—
MB 08	MBA 08	40	50	62	6	37.5	6	1.25	5	13	—
MB 09	MBA 09	45	56	69	6	42.5	6	1.25	5	13	—
MB 10	MBA 10	50	61	74	6	47.5	6	1.25	5	13	—
MB 11	MBA 11	55	67	81	8	52.5	7	1.5	5	17	—
MB 12	MBA 12	60	73	86	8	57.5	7	1.5	6	17	1.2
MB 13	MBA 13	65	79	92	8	62.5	7	1.5	6	17	1.2
MB 14	MBA 14	70	85	98	8	66.5	8	1.5	6	17	1.2
MB 15	MBA 15	75	90	104	8	71.5	8	1.5	6	17	1.2
MB 16	MBA 16	80	95	112	10	76.5	8	1.8	6	17	1.2
MB 17	MBA 17	85	102	119	10	81.5	8	1.8	6	17	1.2
MB 18	MBA 18	90	108	126	10	86.5	10	1.8	8	17	1.2
MB 19	MBA 19	95	113	133	10	91.5	10	1.8	8	17	1.2
MB 20	MBA 20	100	120	142	12	96.5	10	1.8	8	17	1.2
MB 21	MBA 21	105	126	145	12	100.5	12	1.8	10	17	1.2
MB 22	MBA 22	110	133	154	12	105.5	12	1.8	10	17	1.2
MB 23	MBA 23	115	137	159	12	110.5	12	2	10	17	1.5
MB 24	MBA 24	120	138	164	14	115.0	12	2	10	17	1.5
MB 25	MBA 25	125	148	170	14	120.0	12	2	10	17	1.5
MB 26	MBA 26	130	149	175	14	125.0	12	2	10	17	1.5
MB 27	MBA 27	135	160	185	14	130.0	14	2	10	17	1.5
MB 28	MBA 28	140	160	192	16	135.0	14	2	10	17	1.5
MB 29	MBA 29	145	171	202	16	140.0	14	2	10	17	1.5

续表

锁紧垫圈型号		尺寸								N_{min}	参考尺寸
MB 型	MBA 型	d_3	d_4	d_5	f_1	M	f	B_1	B_2		r_2
MB 30	MBA 30	150	171	205	16	145.0	14	2	10	17	1.5
MB 31	MBA 31	155	182	212	16	147.5	16	2.5	12	19	1.5
MB 32	MBA 32	160	182	217	18	154.0	16	2.5	12	19	1.5
MB 33	MBA 33	165	193	222	18	157.5	16	2.5	12	19	1.5
MB 34	MBA 34	170	193	232	18	164.0	16	2.5	12	19	1.5
MB 36	MBA 36	180	203	242	20	174.0	18	2.5	12	19	1.5
MB 38	MBA 38	190	214	252	20	184.0	18	2.5	12	19	1.5
MB 40	MBA 40	200	226	262	20	194.0	18	2.5	12	19	1.5
MB 44	MBA 44	220	250	292	24	213	20	3	—	19	—
MB 48	MBA 48	240	270	312	24	233	20	3	—	19	—
MB 52	MBA 52	260	300	342	28	253	24	3	—	19	—
MB 56	MBA 56	280	320	362	28	273	24	3	—	19	—

表 3－114　MBL、MBAL 型锁紧垫圈尺寸参数（mm）

锁紧垫圈型号		尺寸								N_{min}	参考尺寸
MBL 型	MBAL 型	d_3	d_4	d_5	f_1	f	M	B_1	B_2		r_2
MBL 24	MBAL 24	120	135	151	14	12	115	2	6	19	1.5
MBL 26	MBAL 26	130	145	161	14	12	125	2	6	19	1.5
MBL 28	MBAL 28	140	155	171	16	14	135	2	8	19	1.5
MBL 30	MBAL 30	150	170	188	16	14	145	2	8	19	1.5
MBL 32	MBAL 32	160	180	199	18	16	154	2.5	8	19	1.5
MBL 34	MBAL 34	170	190	211	18	16	164	2.5	8	19	1.5
MBL 36	MBAL 36	180	200	221	20	18	174	2.5	8	19	1.5
MBL 38	MBAL 38	190	210	231	20	18	184	2.5	8	19	1.5
MBL 40	MBAL 40	200	222	248	120	18	194	2.5	8	19	1.5

表 3－115　MS 型锁紧卡尺寸参数（mm）

锁紧卡型号	尺寸						螺栓
	B_3	B_4	L_2	d_7	L_3	L_1	
MS 44	4	20	12	9	30. 5	22. 5	—
MS 52	4	24	12	12	33. 5	25. 5	—
MS 60	4	24	12	12	38. 5	30. 5	M 10×20
MS 64	5	24	15	12	41	31	M 10×20
MS 68	5	28	15	14	48	38	M 12×25
MS 76	5	32	15	14	50	40	M 12×25
MS 80	5	32	15	18	55	45	M 16×30
MS 88	5	36	15	18	53	43	M 16×30
MS 96	5	36	15	18	63	53	M 16×30
MS/500	5	40	15	18	55	45	M 16×30
MS/530	7	40	21	22	65	51	M 20×40
MS/560	7	45	21	22	68	54	M 20×40
MS/630	7	50	21	22	75	61	M 20×40
MS/670	7	50	21	22	80	66	M 20×40
MS/710	7	55	21	26	83	69	M 24×50
MS/750	7	60	21	26	84	70	M 24×50
MS/850	7	70	21	26	85	71	M 24×50
MS/900	7	70	21	26	90	76	M 24×50
MS/950	7	70	21	26	92	78	M 24×50
MS/1000	7	70	21	26	102	88	M 24×50

表 3－116　MSL 型锁紧卡尺寸参数（mm）

锁紧卡型号	尺寸						螺栓
	B_3	B_4	L_2	d_7	L_3	L_1	
MSL 44	4	20	12	7	21. 5	13. 5	M6×12
MSL 48	4	20	12	9	25. 5	17. 5	M8×16
MSL 56	4	24	12	9	25. 5	17. 5	M8×16
MSL 60	4	24	12	9	28. 5	20. 5	M8×16
MSL 64	5	24	15	9	31	21	M8×16

续表

锁紧卡型号	尺寸						螺栓
	B_3	B_4	L_2	d_7	L_3	L_1	
MSL 72	5	28	15	9	30	20	M8×16
MSL 76	5	28	15	12	34	24	M10×20
MSL 84	5	32	15	12	34	24	M10×20
MSL 88	5	32	15	14	38	28	M12×25
MSL 96	5	36	15	14	38	28	M12×25
MSL/530	7	40	21	18	48	34	M16×30
MSL/560	7	40	21	18	43	29	M16×30
MSL/630	7	45	21	18	48	34	M16×30
MSL/670	7	45	21	18	53	39	M16×30
MSL/710	7	50	21	18	53	39	M16×30
MSL/750	7	55	21	18	53	39	M16×30
MSL/850	7	60	21	22	58	44	M20×40
MSL/950	7	60	21	22	60	46	M20×40
MSL/1000	7	60	21	22	65	51	M20×40

标记示例：

公称直径为40mm的螺母，标记为：

KM 08　JB/T　7919.3—1999

对应的螺母公称直径为40mm的直内爪锁紧垫圈，标记为：

MB 08　JB/T　7919.3—1999

对应的螺母公称直径为240mm、30系列的锁紧卡，标记为：

MSL 48　JB/T　7919.3—1999

3. 滚动轴承座

滚动轴承座（GB/T 7813—1998）适用于部分深沟轴承、调心球轴承、调心滚子轴承以及装在紧定套上的调心球轴承和调心滚子轴承等。

SN 500、SN 600型（适用于带紧定套轴承）的结构型式见图3－77，其外形尺寸列于表3－117和表3－118。

SN 200、SN 300型滚动轴承座的结构型式见图3－78，其外形尺寸列于表3－119～表3－120。

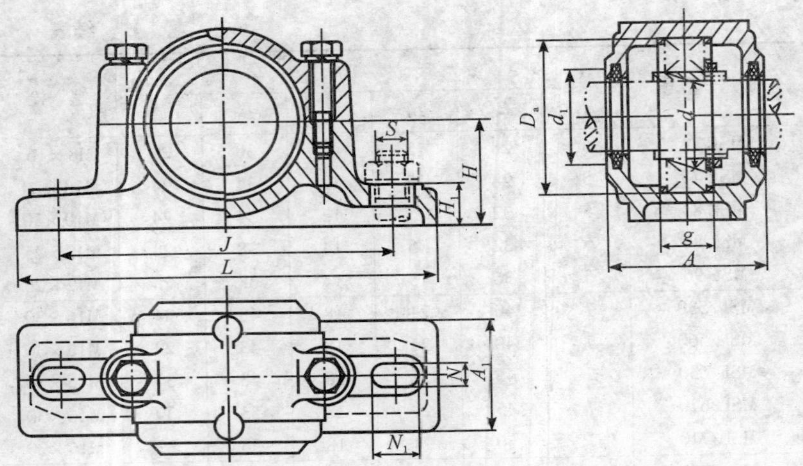

图 3－77　SN 500、SN 600 型滚动轴承座

表 3－117　SN 500 系列轴承座外形尺寸（mm）

型号	d_1	d	D_a	g	A max	A_1	H	H_1 max	L	J	S	N	N_1	适用轴承及附件 调心球轴承	调心滚子轴承	紧定套
SN 505	20	25	52	25	72	46	40	22	165	130	M12	15	20	1205K	—	H205
														2205K	—	H305
SN 506	25	30	62	30	82	52	50	22	185	150	M12	15	20	1206K	—	206
														2206K	—	H306
SN 507	30	35	72	33	85	52	50	22	185	150	M12	15	20	1207K	—	H207
														2207K	—	H307
SN 508	35	40	80	33	92	60	60	25	205	170	M12	15	20	1208K	—	H208
														2208K	22208CK	H308
SN 509	40	45	85	31	92	60	60	25	205	170	M12	15	20	1209K	—	H209
														2209K	22209CK	H309
SN 510	45	50	90	33	100	60	60	25	205	170	M12	15	20	1210K	—	H210
														2210K	22210CK	H310
SN 511	50	55	100	33	105	70	70	28	255	210	M16	18	23	1211K	—	H211
														2211K	22211CK	H311
SN 512	55	60	110	38	115	70	70	30	255	210	M16	18	23	1212K	—	H212
														2212K	22212CK	H312

续表

型号	d_1	d	D_a	g	A max	A_1	H	H_1 max	L	J	S	N	N_1	适用轴承及附件		
														调心球轴承	调心滚子轴承	紧定套
SN 513	60	65	120	43	120	80	80	30	275	230	M16	18	23	1213K	—	H213
														2213K	22213CK	H313
SN 515	65	75	130	41	125	80	80	30	280	230	M16	18	23	1215K	—	H215
														2215K	22215CK	H315
SN 516	70	80	140	43	135	90	95	32	315	260	M20	22	27	1216K	—	H216
														2216K	22216CK	H316
SN 517	75	85	150	46	140	90	95	32	320	260	M20	22	27	1217K	—	H217
														2217K	22217CK	H317
SN 518	80	90	160	62.4	145	100	100	35	345	290	M20	22	27	1218K	—	H218
														2218K	22218CK	H318
														—	23218CK	H2318
SN 520	90	100	180	70.3	165	110	112	40	380	320	M24	26	32	1220K	—	H220
														2220K	22220CK	H320
														—	23220CK	H2320
SN 522	100	110	200	80	177	120	125	45	410	350	M24	26	32	1222K	—	H222
														2222K	22222CK	H322
														—	23222CK	H2322
SN 524	110	120	215	86	187	120	140	45	410	350	M24	26	32	—	22224CK	H3124
															23224CK	H2324
SN 526	115	130	230	90	192	130	150	50	445	380	M24	28	35	—	22226CK	H3126
															23226CK	H2326
SN 528	125	140	250	98	207	150	150	50	500	420	M30	35	42	—	22228CK	H3128
															23228CK	H2328
SN 530	135	150	270	106	224	160	160	60	530	450	M30	35	42	—	22230CK	H3130
															23230CK	H2330
SN 532	140	160	290	114	237	160	170	60	550	470	M30	35	42	—	22232CK	H3132
															23232CK	H2332

注：SN 524 ~ SN 532 应装有吊环螺钉。

表 3-118　SN 600 系列轴承座外形尺寸（mm）

型 号	d_1	d	D_a	g	A max	A_1	H	H_1 max	L	J	S	N	N_1	适用轴承及附件		
														调心球轴承	调心滚子轴承	紧定套
SN 605	20	25	62	34	82	52	50	22	185	150	M12	15	20	1305K	—	H305
														2305K	—	H2305
SN 606	25	30	72	37	85	52	50	22	185	150	M12	15	20	1306K	—	H306
														2306K	—	H2306
SN 607	30	35	80	41	92	60	60	25	205	170	M12	15	20	1307K	—	H307
														2307K	—	H2307
SN 608	35	40	90	43	100	60	60	25	205	170	M12	15	20	1308K	—	H308
														2308K	22308CK	H2308
SN 609	40	45	100	46	105	70	70	28	255	210	M16	18	23	1309K	—	H309
														2309K	22309CK	H2309
SN 610	45	50	110	50	115	70	70	30	255	210	M16	18	23	1310K	—	H310
														2310K	22310CK	H2310
SN 611	50	55	120	53	120	80	80	30	275	230	M16	18	23	1311K	—	H311
														2311K	22311CK	H2311
SN 612	55	60	130	56	125	80	80	30	280	230	M16	18	23	1312K	—	H312
														2312K	22312CK	H2312
SN 613	60	65	140	58	135	90	95	32	315	260	M20	22	27	1313K	—	H313
														2313K	22313CK	H2313
SN 615	65	75	160	65	145	100	100	35	345	290	M20	22	27	1315K	—	H315
														2315K	22315CK	H2315
SN 616	70	80	170	68	150	100	112	35	345	290	M20	22	27	1316K	—	H316
														2316K	22316CK	H2316
SN 617	75	85	180	70	165	110	112	40	380	320	M24	26	32	1317K	—	H317
														2317K	22317CK	H2317
SN 618	80	90	190	74	165	110	112	40	400	320	M24	26	32	1318K	—	H318
														2318K	22318CK	H2318
SN 619	85	95	200	77	177	120	125	45	420	350	M24	26	32	1319K	—	H319
														2319K	22319CK	H2319
SN 620	90	100	215	83	187	120	140	45	420	350	M24	26	32	1320K	—	H320
														2320K	22320CK	H2320
SN 622	100	110	240	90	195	130	150	50	460	390	M24	28	35	1322K	—	H322
														2322K	22322CK	H2322
SN 624	110	120	260	96	210	160	160	60	540	450	M30	35	42	—	22324CK	H2324

续表

型号	d_1	d	D_a	g	A max	A_1	H	H_1 max	L	J	S	N	N_1	适用轴承及附件		
														调心球轴承	调心滚子轴承	紧定套
SN 626	115	130	280	103	225	160	170	60	560	470	M30	35	42	—	22326CK	H2326
SN 628	125	140	300	112	237	170	180	65	630	520	M30	35	42	—	22328CK	H2328
SN 630	135	150	320	118	245	180	190	65	680	560	M30	35	42	—	22330CK	H2330
SN 632	140	160	340	124	260	190	200	70	710	580	M36	42	50	—	22332CK	H2332

注：SN 624 ~ SN 632 应装有吊环螺钉。

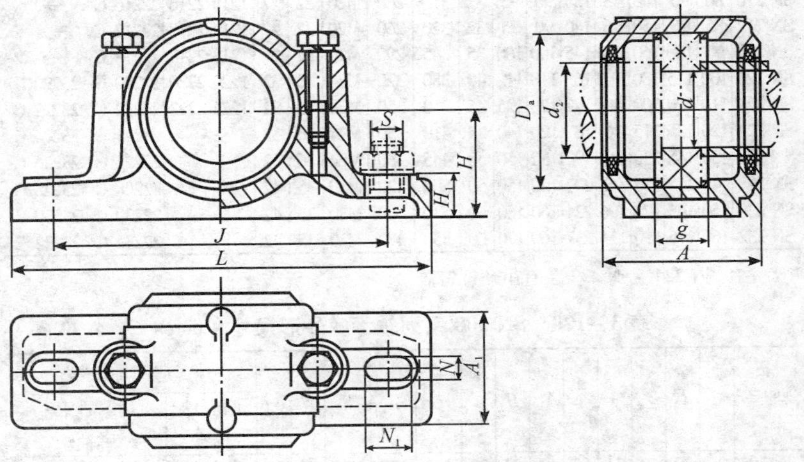

图 3 – 78　SN 200、SN 300 型滚动轴承座

表 3 – 119　SN 200 系列轴承座外形尺寸（mm）

型号	d	d_2	D_a	g	A max	A_1	H	H_1 max	L	J	S	N	N_1	适用轴承			
														调心球轴承		调心滚子轴承	
SN 205	25	30	52	25	72	46	40	22	165	130	M12	15	20	1205	2205	22205 C	—
SN 206	30	35	62	30	82	52	50	22	185	150	M12	15	20	1206	2206	22206 C	—
SN 207	35	45	72	33	85	52	50	22	185	150	M12	15	20	1207	2207	22207 C	—
SN 208	40	50	80	33	92	60	60	25	205	170	M12	15	20	1208	2208	22208 C	—
SN 209	45	55	85	31	92	60	60	25	205	170	M12	15	20	1209	2209	22209 C	—

续表

型号	d	d_2	D_a	g	A max	A_1	H	H_1 max	L	J	S	N	n_1	适用轴承			
														调心球轴承		调心滚子轴承	
SN 210	50	60	90	33	100	60	60	25	205	170	M12	15	20	1210	2210	22210 C	—
SN 211	55	65	100	33	105	70	70	28	255	210	M16	18	23	1211	2211	22211C	—
SN 212	60	70	110	38	115	70	70	30	255	210	M16	18	23	1212	2212	22212 C	—
SN 213	65	75	120	43	120	80	80	30	275	230	M16	18	23	1213	2213	22213 C	—
SN 214	70	80	125	44	120	80	80	30	275	230	M16	18	23	1214	2214	22214 C	—
SN 215	75	85	130	41	125	80	80	30	280	230	M16	18	23	1215	2215	22215 C	—
SN 216	80	90	140	43	135	90	95	32	315	260	M20	22	27	1216	2216	22216 C	—
SN 217	85	95	150	46	140	90	95	32	320	260	M20	22	27	1217	2217	22217 C	—
SN 218	90	100	160	62.4	145	100	100	35	345	290	M20	22	27	1218	2218	22218 C	—
SN 220	100	115	180	70.3	165	110	112	40	380	320	M24	26	32	1220	2220	22220 C	23220C
SN 222	110	120	200	80	177	120	125	45	410	350	M24	26	32	1222	2222	22222 C	23222 C
SN 224	120	135	215	86	187	120	140	45	410	350	M24	26	32	—		22224 C	23224 C
SN 226	130	145	230	90	192	130	150	50	445	380	M24	26	32	—		22226 C	23226 C
SN 228	140	155	250	98	207	150	150	50	500	420	M30	35	42	—		22228 C	23228 C
SN 230	150	165	270	106	224	160	160	60	530	450	M30	35	42	—		22230 C	23230 C
SN 232	160	175	290	114	237	160	170	60	550	470	M30	35	42	—		22232 C	23232 C

注：SN 224 ~ SN 232 装有吊环螺钉。

表 3-120 SN 300 系列轴承座外形尺寸（mm）

型号	d	d_2	D_a	g	A max	A_1	H	H_1 max	L	J	S	N	N_1	适用轴承			
														调心球轴承		调心滚子轴承	
SN 305	25	30	62	34	82	52	50	22	185	150	M12	15	20	1305	2305	—	
SN 306	30	35	72	37	85	52	50	22	185	150	M12	15	20	1306	2306	—	
SN 307	35	45	80	41	92	60	60	25	205	170	M12	15	20	1307	2307	—	
SN 308	40	50	90	43	100	60	60	25	205	170	M12	15	20	1308	2308	22308 C	21308 C
SN 309	45	55	100	46	105	70	70	28	255	210	M16	18	23	1309	2309	22209 C	21309 C
SN 310	50	60	110	50	115	70	70	30	255	210	M16	18	23	1310	2310	22310 C	21310 C
SN 311	55	65	120	53	120	80	80	30	275	230	M16	18	23	1311	2311	22311 C	21311 C
SN 312	60	70	130	56	125	80	80	30	280	230	M16	18	23	1312	2312	22312 C	21312 C
SN 313	65	75	140	58	135	90	95	32	315	260	M20	22	27	1313	2313	22313 C	21313 C
SN 314	70	80	150	61	140	90	95	32	320	260	M20	22	27	1314	2314	22314 C	21314 C
SN 315	75	85	160	65	145	100	100	35	345	290	M20	22	27	1315	2315	22315 C	21315 C
SN 316	80	90	170	68	150	100	112	35	345	290	M20	22	27	1316	2316	22316 C	21316 C
SN 317	85	95	180	70	165	110	112	40	380	320	M24	26	32	1317	2317	22317 C	21317 C

3.3 焊接材料

3.3.1 低合金钢焊条

低合金钢焊条（GB/T 5118—1995）型号举例：

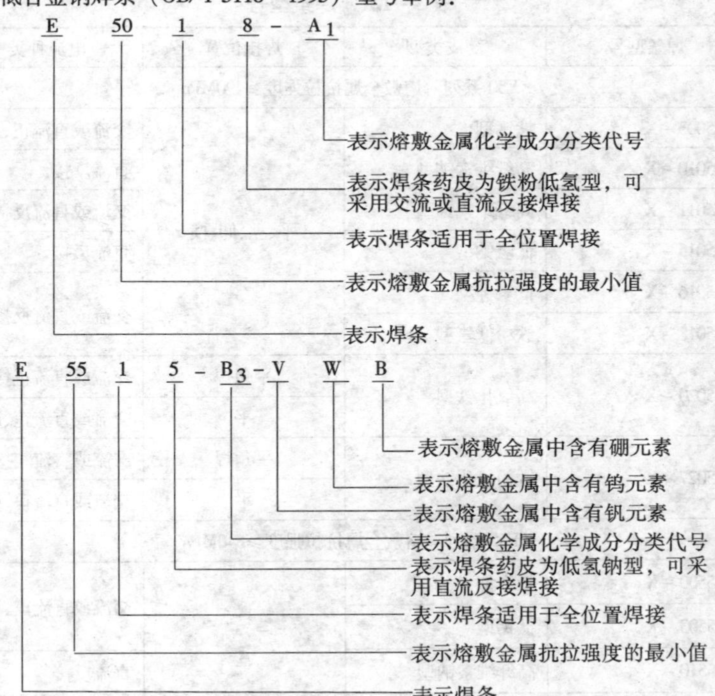

注：字母“E”表示焊条；前二位数字表示熔敷金属抗拉强度的最小值；第三位数字表示焊条的焊接位置，“0”及“1”表示焊条适用于全位置焊接（平焊、立焊、仰焊及横焊），“2”表示焊条适用于平焊及平角焊；第三位和第四位数字组合时表示焊接电流种类及药皮类型；后缀字母为熔敷金属的化学成分分类代号，并以“－”与前面数字分开，若还具有附加化学成分时，附加化学成分直接用元素符号表示，并以“－”与前面后缀字母分开。对于 E50XX－X、

E55XX－X、E60XX－X型低氢焊条的熔敷金属化学成分分类后缀字母或附加化学成分后面加字母“R”时，表示耐吸潮焊条。

焊条型号根据熔敷金属的力学性能、化学成分、药皮类型、焊接位置及焊接电流种类划分（见表3－121）。熔敷金属力学性能见表3－122，熔敷金属化学成分见表3－123，焊条尺寸见表3－124。

表3－121　焊条型号

焊条型号	药皮类型	焊接位置	电流种类
E50系列－熔敷金属抗拉强度≥490MPa			
E5003－X	钛钙型	平、立、仰、横	交流或直流正、反接
E5010－X	高纤维素钠型	平、立、仰、横	直流反接
E5011－X	高纤维素钾型	平、立、仰、横	交流或直流反接
E5015－X	低氢钠型	平、立、仰、横	直流反接
E5016－X	低氢钾型	平、立、仰、横	交流或直流反接
E5018－X	铁粉低氢型	平、立、仰、横	交流或直流反接
E5020－X	高氧化铁型	平角焊	交流或直流正接
		平	交流或直流正、反接
E5027－X	铁粉氧化铁型	平角焊	交流或直流正接
		平	交流或直流正、反接
E55系列－熔敷金属抗拉强度≥540MPa			
E5500－X	特殊型	平、立、仰、横	交流或直流正、反接
E5503－X	钛钙型	平、立、仰、横	交流或直流正、反接
E5510－X	高纤维素钠型	平、立、仰、横	直流反接
E5511－X	高纤维素钾型	平、立、仰、横	交流或直流反接
E5513－XX	高钛钾型	平、立、仰、横	交流或直流正、反接
E5515－X	低氢钠型	平、立、仰、横	直流反接
E5516－X	低氢钾型	平、立、仰、横	交流或直流反接
E5518－X	铁粉低氢型	平、立、仰、横	交流或直流反接

续表

焊条型号	药皮类型	焊接位置	电流种类
E60 系列－熔敷金属抗拉强度≥590MPa			
E6000－X	特殊型	平、立、仰、横	交流或直流正、反接
E6010－X	高纤维素钠型		直流反接
E6011－X	高纤维素钾型		交流或直流反接
E6013－X	高钛钾型		交流或直流正、反接
E6015－X	低氢钠型		直流反接
E6016－X	低氢钾型		交流或直流反接
E6018－X	铁粉低氢型		
E70 系列－熔敷金属抗拉强度≥690MPa			
E7010－X	高纤维素钠型	平、立、仰、横	直流反接
E7011－X	高纤维素钾型		交流或直流反接
E7013－X	高钛钾型		交流或直流正、反接
E7015－X	低氢钠型		直流反接
E7016－X	低氢钾型		交流或直流反接
E7018－X	铁粉低氢型		
E75 系列－熔敷金属抗拉强度≥740MPa			
E7515－X	低氢钠型	平、立、仰、横	直流反接
E7516－X	低氢钾型		交流或直流反接
E7518－X	铁粉低氢型		
E80 系列－熔敷金属抗拉强度≥780MPa			
E8015－X	低氢钠型	平、立、仰、横	直流反接
E8016－X	低氢钾型		交流或直流反接
E8018－X	铁粉低氢型		

续表

焊条型号	药皮类型	焊接位置	电流种类
E85 系列－熔敷金属抗拉强度≥830MPa			
E8515－X	低氢钠型	平、立、仰、横	直流反接
E8516－X	低氢钾型		交流或直流反接
E8518－X	铁粉低氢型		
E90 系列－熔敷金属抗拉强度≥880MPa			
E9015－X	低氢钠型	平、立、仰、横	直流反接
E9016－X	低氢钾型		交流或直流反接
E9018－X	铁粉低氢型		
E100 系列－熔敷金属抗拉强度≥980MPa			
E10015－X	低氢钠型	平、立、仰、横	直流反接
E10016－X	低氢钾型		交流或直流反接
E10018－X	铁粉低氢型		

注：后缀字母 X 代表熔敷金属化学成分分类代号如 A1、B1、B2 等。

表 3－122　熔敷金属力学性能

焊条型号	抗拉强度 σ_b (MPa)	屈服点或屈服强度 σ_s或$\sigma_{0.2}$ (MPa)	伸长率 δ_5 (%)
E5003－X	490(50)	390(40)	20
E5010－X			22
E5011－X			
E5015－X			
E5016－X			
E5018－X			
E5020－X			
E5027－X			

续表

焊条型号	抗拉强度 σ_b (MPa)	屈服点或屈服强度 σ_s或$\sigma_{0.2}$ (MPa)	伸长率 δ_5 (%)
E5500－X E5503－X			16
E5510－X E5511－X			17
E5513－X			16
E5515－X	540(55)	440(45)	17
E5516－X E5518－X	540(55)	440(45)	17
E5516－C3 E5518－C3		440～540(45～55)	22
E6000－X			14
E6010－X E6011－X			15
E6013－X	590(60)	490(50)	14
E6015－X E6016－X E6018－X			15
E6018－M			22
E7010－X E7011－X			15
E7013－X			13
E7015－X E7016－X E7018－X	690(70)	590(60)	15
E7018－M			18
E7515－X E7516－X E7518－X	740(75)	640(65)	13
E7518－M			18
E8015－X E8016－X E8018－X	780(80)	690(70)	13

续表

<table>
<tr><th>焊条型号</th><th>抗拉强度
σ_b
（MPa）</th><th>屈服点或屈服强度
σ_s或$\sigma_{0.2}$
（MPa）</th><th>伸长率
δ_5
（%）</th></tr>
<tr><td>E8515 – X
E8516 – X
E8518 – X</td><td rowspan="2">830(85)</td><td rowspan="2">740(75)</td><td>12</td></tr>
<tr><td>E8518 – M
E8518 – M1</td><td>15</td></tr>
<tr><td>E9015 – X
E9016 – X
E9018 – X</td><td>880(90)</td><td>780(80)</td><td rowspan="2">12</td></tr>
<tr><td>E10015 – X
E10016 – X
E10018 – X</td><td>980(100)</td><td>880(90)</td></tr>
</table>

注：①表中的单值均为最小值。

②E50XX – X 型焊后状态下的屈服强度不小于410MPa。

③E8518 – M1 型焊条的抗拉强度一般不小于830MPa。如果供需双方达成协议时，也可例外。

④带附加化学成分的焊条型号应符合相应不带附加化学成分的力学性能。

⑤对 E55XX – B3 – VWB 型焊条的屈服强度不小于340MPa。

表 3 – 123　熔敷金属化学成分

<table>
<tr><th rowspan="2">焊条型号</th><th colspan="13">化学成分　　（%）</th></tr>
<tr><th>C</th><th>Mn</th><th>P</th><th>S</th><th>Si</th><th>Ni</th><th>Cr</th><th>Mo</th><th>V</th><th>Nb</th><th>W</th><th>B</th><th>Cu</th></tr>
<tr><td colspan="14">碳　钼　钢　焊　条</td></tr>
<tr><td>E5010 – A1</td><td rowspan="8">0.12</td><td rowspan="3">0.60</td><td rowspan="8">0.035</td><td rowspan="8">0.035</td><td rowspan="3">0.40</td><td rowspan="8">—</td><td rowspan="8">—</td><td rowspan="8">0.40
~
0.65</td><td rowspan="8">—</td><td rowspan="8">—</td><td rowspan="8">—</td><td rowspan="8">—</td><td rowspan="8">—</td></tr>
<tr><td>E5011 – A1</td></tr>
<tr><td>E5013 – A1</td></tr>
<tr><td>E5015 – A1</td><td rowspan="3">0.90</td><td rowspan="2">0.60</td></tr>
<tr><td>E5016 – A1</td></tr>
<tr><td>E5018 – A1</td><td>0.80</td></tr>
<tr><td>E5020 – A1</td><td>0.60</td><td rowspan="2">0.40</td></tr>
<tr><td>E5027 – A1</td><td>1.00</td></tr>
</table>

续表

焊条型号	化学成分（%）											
	C	Mn	P	S	Si	Ni	Cr	Mo	V	Nb	W	B	Cu
铬钼钢焊条													
E5500－B1													
E5503－B1													
E5515－B1	0.05~0.12				0.60		0.40~0.65						
E5516－B1									—				
E5518－B1					0.80								
E5515－B2					0.60				—				
E5515－B2L	0.05				1.00			0.40~0.65		—			
E5516－B2	0.05~0.12	0.90			0.60						—		
E5518－B2					0.80							—	
E5518－B2L	0.05												
E5500－B2－V							0.80~1.50		0.10~0.35				
E5515－B2－V													
E5515－B2－VNb								0.70~1.00	0.15~0.40	0.10~0.25			
E5515－B2－VW	0.05~0.12	0.70~1.10	0.035	0.035	0.60	—			0.20~0.35		0.25~0.50		—
E5500－B3－VWB							1.50~2.50	0.30~0.80	0.20~0.60	—	0.20~0.60	0.001~0.003	
E5515－B3－VWB		1.00											
E5515－B3－VNb							2.40~3.00	0.70~1.00	0.25~0.50	0.35~0.65			
E6000－B3													
E6015－B3L	0.05				1.00								
E6015－B3					0.60		2.00~2.50	0.90~1.20					
E6016－B3	0.05~0.12	0.90							—		—	—	
E6018－B3					0.80					—			
E6018－B3L													
E5515－B4L	0.05				1.00		1.75~2.25	0.40~0.65					
E5516－B5	0.07~0.15	0.40~0.70			0.30~0.60		0.40~0.60	1.00~1.25	0.50				

续表

<table>
<tr><th rowspan="2">焊条型号</th><th colspan="13">化学成分 （%）</th></tr>
<tr><th>C</th><th>Mn</th><th>P</th><th>S</th><th>Si</th><th>Ni</th><th>Cr</th><th>Mo</th><th>V</th><th>Nb</th><th>W</th><th>B</th><th>Cu</th></tr>
<tr><td colspan="14">镍 钢 焊 条</td></tr>
<tr><td>E5515 - C1</td><td rowspan="3">0. 12</td><td rowspan="11">1. 25</td><td rowspan="11">0. 035</td><td rowspan="11">0. 035</td><td rowspan="2">0. 60</td><td rowspan="6">2. 00
~
2. 75</td><td rowspan="11">—</td><td rowspan="11">—</td><td rowspan="11">—</td><td rowspan="14">—</td><td rowspan="14">—</td><td rowspan="14">—</td><td rowspan="14">—</td></tr>
<tr><td>E5516 - C1</td></tr>
<tr><td>E5518 - C1</td><td>0. 80</td></tr>
<tr><td>E5015 - C1L</td><td rowspan="3">0. 05</td><td rowspan="3">0. 50</td></tr>
<tr><td>E5016 - C1L</td></tr>
<tr><td>E5018 - C1L</td></tr>
<tr><td>E5516 - C2</td><td rowspan="2">0. 12</td><td>0. 60</td><td rowspan="5">3. 00
~
3. 75</td></tr>
<tr><td>E5518 - C2</td><td>0. 80</td></tr>
<tr><td>E5015 - C2L</td><td rowspan="3">0. 05</td><td rowspan="3">0. 50</td></tr>
<tr><td>E5016 - C2L</td></tr>
<tr><td>E5018 - C2L</td></tr>
<tr><td>E5515 - C3</td><td rowspan="3">0. 12</td><td rowspan="3">0. 40
~
1. 25</td><td rowspan="3">0. 03</td><td rowspan="3">0. 03</td><td rowspan="3">0. 80</td><td rowspan="3">0. 80
~
1. 10</td><td rowspan="3">0. 15</td><td rowspan="3">0. 35</td><td rowspan="3">0. 05</td></tr>
<tr><td>E5516 - C3</td></tr>
<tr><td>E5518 - C3</td></tr>
<tr><td colspan="14">镍 钼 钢 焊 条</td></tr>
<tr><td>E5518 - NM</td><td>0. 10</td><td>0. 80
~
1. 25</td><td>0. 02</td><td>0. 03</td><td>0. 60</td><td>0. 80
~
1. 10</td><td>0. 05</td><td>0. 40
~
0. 65</td><td>0. 02</td><td>—</td><td>—</td><td>—</td><td>0. 10</td></tr>
<tr><td colspan="14">锰 钼 钢 焊 条</td></tr>
<tr><td>E6015 - D1</td><td rowspan="6">0. 12</td><td rowspan="3">1. 25
~
1. 75</td><td rowspan="9">0. 035</td><td rowspan="9">0. 035</td><td rowspan="2">0. 60</td><td rowspan="9">—</td><td rowspan="9">—</td><td rowspan="9">0. 25
~
0. 45</td><td rowspan="9">—</td><td rowspan="9">—</td><td rowspan="9">—</td><td rowspan="9">—</td><td rowspan="9">—</td></tr>
<tr><td>E6016 - D1</td></tr>
<tr><td>E6018 - D1</td><td>0. 80</td></tr>
<tr><td>E5515 - D3</td><td rowspan="3">1. 00
~
1. 75</td><td rowspan="2">0. 60</td></tr>
<tr><td>E5516 - D3</td></tr>
<tr><td>E5518 - D3</td><td>0. 80</td></tr>
<tr><td>E7015 - D2</td><td rowspan="3">0. 15</td><td rowspan="3">1. 65
~
2. 00</td><td rowspan="2">0. 60</td></tr>
<tr><td>E7016 - D2</td></tr>
<tr><td>E7018 - D2</td><td>0. 80</td></tr>
</table>

续表

焊条型号	化学成分　（%）												
	C	Mn	P	S	Si	Ni	Cr	Mo	V	Nb	W	B	Cu
所有其他低合金钢焊条													
EXX03 – G													
EXX10 – G													
EXX11 – G													
EXX13 – G													
EXX15 – G	—	≥1.00	—	—	≥0.80	≥0.50	≥0.30	≥0.20	≥0.10				
EXX16 – G													
EXX18 – G													
E5020 – G													
E6018 – M		0.60~1.25			0.80	1.40~1.80	0.15	0.35					—
E7018 – M		0.75~1.70	0.03	0.03		1.40~2.10	0.35	0.25~0.50		—	—	—	
E7518 – M	0.10	1.30~1.80			0.60	1.25~2.50	0.40		0.05				
E8518 – M		1.30~2.25				1.75~2.50	0.30~1.50	0.30~0.55					
E8518 – M1		0.80~1.60	0.015	0.012	0.65	3.00~3.80	0.65	0.20~0.30					
E5018 – W	0.12	0.40~0.70	0.025	0.025	0.40~0.70	0.20~0.40	0.15~0.30	—	0.08				0.30~0.60
E5518 – W		0.50~1.30	0.035	0.035	0.35~0.80	0.40~0.80	0.45~0.70		—				0.30~0.75

注：①焊条型号中的“XX”代表焊条的不同抗拉强度等级（50，55，60，70，75，80，85，90及100）。

②表中单值除特殊规定外，均为最大百分比。

③E5518 – NM型焊条铝不大于0.05%。

表 3-124　焊条尺寸（mm）

焊条直径		焊条长度	
基本尺寸	极限偏差	基本尺寸	极限偏差
2.0，2.5	±0.05	250~350	±2
3.2，4.0，5.0		350~450	
5.6，6.0，6.4，8.0		450~700	

3.3.2　碳钢焊条

碳钢焊条（GB/T 5117—1995）型号举例：

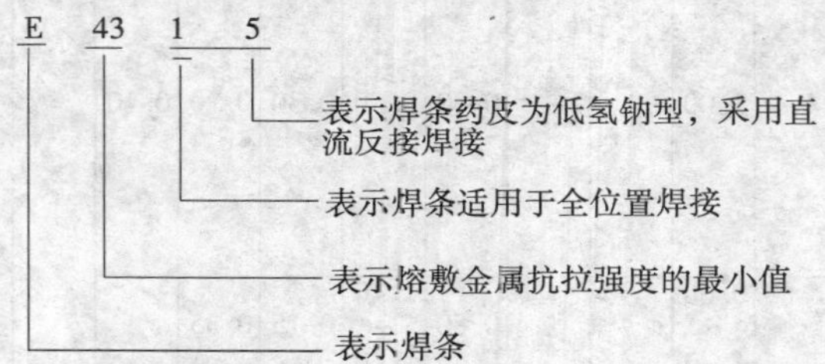

注：字母“E”表示焊条；前两位数字表示熔敷金属抗拉强度的最小值；第三位数字表示焊条的焊接位置，“0”及“1”表示焊条适用于全位置焊接（平、立、仰、横），“2”表示焊条适用于平焊及平角焊，“4”表示焊条适用于向下立焊；第三位和第四位数字组合时表示焊接电流种类及药皮类型。在第四位数字后附加“R”表示耐吸潮焊条；附加“M”表示耐吸潮和力学性能有特殊规定的焊条；附加“-1”表示冲击性能有特殊规定的焊条。

焊条型号根据熔敷金属的力学性能、药皮类型、焊接位置及焊接电流种类划分见表 3-125。焊条尺寸见表 3-126，熔敷金属化学成分见表 3-127，熔敷金属力学性能见表 3-128。

表 3-125　焊条型号

焊条型号	药皮类型	焊接位置	电流种类
E43 系列-熔敷金属抗拉强度≥420MPa			
E4300	特殊型	平，立，仰，横	交流或直流正、反接
E4301	钛铁矿型		
E4303	钛钙型		
E4310	高纤维素钠型		直流反接
E4311	高纤维素钾型		交流或直流反接

续表

焊条型号	药皮类型	焊接位置	电流种类
E43 系列－熔敷金属抗拉强度≥420MPa			
E4312	高钛钠型	平，立，仰，横	交流或直流正接
E4313	高钛钾型		交流或直流正、反接
E4315	低氢钠型		直流反接
E4316	低氢钾型		交流或直流反接
E4320	氧化铁型	平	交流或直流正、反接
		平角焊	交流或直流正接
E4322		平	交流或直流正接
E4323	铁粉钛钙型	平，平角焊	交流或直流正、反接
E4324	铁粉钛型		
E4327	铁粉氧化铁型	平	交流或直流正、反接
		平角焊	交流或直流正接
E4328	铁粉低氢型	平，平角焊	交流或直流反接
E50 系列－熔敷金属抗拉强度≥490MPa			
E5001	钛铁矿型	平，立，仰，横	交流或直流正、反接
E5003	钛钙型		
E5010	高纤维素钠型		直流反接
E5011	高纤维素钾型		交流或直流反接
E5014	铁粉钛型		交流或直流正、反接
E5015	低氢钠型		直流反接
E5016	低氢钾型		交流或直流反接
E5018	铁粉低氢钾型		
E5018M	铁粉低氢型		直流反接
E5023	铁粉钛钙型	平，平角焊	交流或直流正、反接

续表

焊条型号	药皮类型	焊接位置	电流种类
E50 系列 – 熔敷金属抗拉强度≥490MPa			
E5024	铁粉钛型	平，平角焊	交流或直流正、反接
E5027	铁粉氧化铁型		交流或直流正接
E5028	铁粉低氢型		交流或直流反接
E5048		平，仰，横，立向下	

注：①焊接位置栏中文字涵义：平——平焊，立——立焊，仰——仰焊，横——横焊，平角焊——水平角焊，立向下——向下立焊。

②焊接位置栏中立和仰系指适用于立焊和仰焊的直径不大于 4.0mm 的 E5014、EXX15、EXX16、E5018 和 E5018M 型焊条及直径不大于 5.0mm 的其他型号焊条。

③E4322 型焊条适宜单道焊。

表 3－126　焊条尺寸（mm）

焊条直径		焊条长度	
基本尺寸	极限偏差	基本尺寸	极限偏差
1.6	±0.05	200～250	±2.0
2.0		250～350	
2.5			
3.2		350～450	
4.0			
5.0			
5.6		450～700	
6.0			
6.4			
8.0			

表 3－127　熔敷金属化学成分（%）

<table>
<tr><th>焊条型号</th><th>C</th><th>Mn</th><th>Si</th><th>S</th><th>P</th><th>Ni</th><th>Cr</th><th>Mo</th><th>V</th><th>MnNiCrMoV 总量</th></tr>
<tr><td>E4300、E4301、E4303、E4310、E4311、E4312、E4313、E4320、E4322、E4323、E4324、E4327、E5001、E5003、E5010、E5011</td><td colspan="3">—</td><td rowspan="4">0. 035</td><td rowspan="4">0. 040</td><td colspan="5">—</td></tr>
<tr><td>E5015、E5016、E5018、E5027</td><td>—</td><td>1. 60</td><td>0. 75</td><td rowspan="3">0. 30</td><td rowspan="3">0. 20</td><td rowspan="3">0. 30</td><td rowspan="3">0. 08</td><td>1. 75</td></tr>
<tr><td>E4315、E4316、E4328、E5014、E5023、E5024</td><td>—</td><td>1. 25</td><td rowspan="2">0. 90</td><td>1. 50</td></tr>
<tr><td>E5028、E5048</td><td>—</td><td>1. 60</td><td>1. 75</td></tr>
<tr><td>E5018M</td><td>0. 12</td><td>0. 40 ~ 1. 60</td><td>0. 80</td><td>0. 020</td><td>0. 030</td><td>0. 25</td><td>0. 15</td><td>0. 35</td><td>0. 05</td><td>—</td></tr>
</table>

注：表中单值均为最大值。

表 3－128　熔敷金属力学性能

<table>
<tr><th>焊条型号</th><th colspan="2">抗拉强度 σ_b (MPa)</th><th colspan="2">屈服点 σ_s (MPa)</th><th>伸长率 δ_5 (%)</th></tr>
<tr><td colspan="6">E43 系列</td></tr>
<tr><td>E4300、E4301、E4303、E4310、E4311、E4315、E4316、E4320、E4323、E4327、E4328</td><td rowspan="3">420</td><td rowspan="3">(43)</td><td rowspan="2">330</td><td rowspan="2">(34)</td><td>22</td></tr>
<tr><td>E4312、E4313、E4324</td><td>17</td></tr>
<tr><td>E4322</td><td colspan="3">不要求</td></tr>
</table>

续表

<table>
<tr><th rowspan="2">焊条型号</th><th colspan="2">抗拉强度 σ_b</th><th colspan="2">屈服点 σ_s</th><th>伸长率 δ_5</th></tr>
<tr><th colspan="2">（MPa）</th><th colspan="2">（MPa）</th><th>（%）</th></tr>
<tr><td colspan="6">E50 系列</td></tr>
<tr><td>E5001、E5003、E5010、E5011</td><td rowspan="4">490</td><td rowspan="4">（50）</td><td rowspan="3">400</td><td rowspan="3">（41）</td><td>20</td></tr>
<tr><td>E5015、E5016、E5018、
E5027、E5028、E5048</td><td>22</td></tr>
<tr><td>E5014、E5023、E5024</td><td>17</td></tr>
<tr><td>E5018M</td><td>365 ~
500</td><td>（37 ~ 51）</td><td>24</td></tr>
</table>

注：①表中的单值均为最小值。

②E5024 - 1 型焊条的伸长率最低值为22%。

③E5018M 型焊条熔敷金属抗拉强度名义上是490MPa，直径为2.5mm 焊条的屈服点不大于530MPa。

3.3.3 铜及铜合金焊条

铜及铜合金焊条（GB/T 3670—1995）型号的表示方法为：字母“E”表示焊条，“E”后面的字母直接用元素符号表示型号分类，同一分类中有不同化学成分要求时，用字母或数字表示，并以短划“ - ”与前面的元素符号分开。例如：ECuAl - A_2　ECuAl - C。

铜及铜合金焊条类别、型号、性能及用途见表 3 - 129。焊条尺寸见表 3 - 130。

表 3 - 129　铜及铜合金焊条类别、型号、性能及用途

类别	型号	化学成分（%）	抗拉强度 σ_b（MPa）	伸长率 δ_5（%）	性能及用途
ECu 类（铜焊条）	ECu	Cu：>95.0 Si：0.5 Fe：f	170	20	ECu 焊条通常用脱氧铜焊芯（基本上为纯铜，加少量脱氧剂制成，可用于脱氧铜、无氧铜及韧性（电解）铜的焊接。该焊条用于这些材料的修补和堆焊以及碳钢和铸铁上堆焊。用脱氧铜可得到机械和冶金上无缺陷焊缝

续表

类别	型号	化学成分（%）	抗拉强度 σ_b（MPa）	伸长率 δ_5（%）	性能及用途
ECuSi 类（硅青铜）	ECuSi－A	Cu：>93.0 Si：1.0～2.0 Mn：3	250	22	ECuSi 焊条大约含 5% 硅加少量锰和锡。它们主要用于焊接铜－硅合金ECuSi焊条，偶而用于铜，异种金属和某些铁基金属的焊接，硅青铜焊接金属很少用作堆焊承截面，但常用于经受腐蚀的区域堆焊
	ECuSi－B	Cu：92.0 Si：2.5～4.0 Mn：3.0 Al：f P：0.30	270	20	
ECuSn 类（铜－镍）磷青铜	ECuSn－A	Cu：余量 Si：f Mn：f Fe：f Al：f Sn：5.0～7.0 Ni：f P：0.30 Pb：0.02 Zn：f	250	15	ECuSn 焊条用于连接类似成分的磷青铜。它们也用于连接黄铜，在某些场合下，用于黄铜与铸铁和碳钢的焊接 ECuSn 焊接金属具有低的流动性，对厚大工件需要至少205℃的预热和道间温度，无需焊后热处理，但对要求具有最大延展性，尤其焊缝金属需冷加工时，更要做焊后热处理 ECuSn－A 焊条主要用于连接类似成分的板材，如果焊缝金属对于特定的应用具有满意的导电性和耐腐蚀性，也可用于焊接铜 ECuSn－B 焊条具有较高的锡含量，因而焊缝金属比 ECuSn－A 焊缝金属具有更高的硬度及拉伸和屈服强度
	ECuSn－B	Cu：余量 Si：f Mn：f Fe：f Al：f Sn：7.0～9.0 Ni：f P：0.3 Pb：0.02 Zn：f	270	12	
ECuNi 类（铜－镍）	ECuNiA	Cu：余量 Si：0.5 Mn：2.5 Fe：2.5 Ti：0.5 Ni：9.0～11.0 P：0.020 Pb：0.02f Zn：f	270	20	ECuNi 类焊条用于锻造的或铸造的 70/30、80/20 和 90/10 铜镍合金的焊接，也用于焊接铜－镍包覆钢的包覆侧通常不需预热
	ECuNi－B	Cu：余量 Si：0.5 Mn：2.5 Fe：2.5 Ti：0.5 Ni：29.0～33.0 P：0.030 Pb：0.02f Zn：f	350	20	

续表

类别	型号	化学成分(%)	抗拉强度 σ_b(MPa)	伸长率 δ_5(%)	性能及用途
ECuAl类(铝青铜)	ECuAl－A_2	Cu:余量 Si:1.5 Mn:f Fe:0.5～5.0 Al:6.5～9.0 Sn:f Ni:f Pb:0.02 Zn:f	410	20	铜－铝焊条仅用在平焊位置对对接位置，推荐采用单面90℃V形坡口，而较大板厚的则推荐采用修正的U形或双V形坡口，预热和道间温度按下述：对铁基材料：95～150℃；对青铜：150～210℃；对黄铜：260～315℃ ECuAl－A_2焊条，用在连接类似成分的铝青铜、高强度铜－锌合金、硅青铜、锰青铜、某些镍基合金、多数黑色金属与合金及异种金属的连接，焊接金属也适合作耐磨和耐腐蚀表面的堆焊 ECuAl－B焊条的焊接金属比ECuAl－A_2焊接金属具有更高的拉伸强度、屈服强度、硬度，而相应延展性较低 ECuAl－B焊条用于修补铝青铜和其他铜合金铸件。ECuAl－B焊接金属也用于高强度耐磨和耐腐蚀承受面的堆焊 ECuAlNi焊条用于铸造和锻造的镍－铝青铜材料的连接或修补。这些焊接金属也可用于在盐和微水中需高耐腐蚀、耐浸蚀或气蚀的应用中
	ECuAl－B	Cu:余量 Si:1.5 Fe:2.5～5.0 Al:7.5～10.0 Pb:0.02 Mn:f Sn:f Ni:f Zn:f	450	10	
	ECuAl－C	Cu:余量 Si:1.0 Mn:2.0 Fe:1.5 Al:6.5～10.0 Ni:0.5 Pb:0.02f Zn:f	390	15	
	ECuAlNi	Cu:余量 Si:1.0 Mn:2.0 Fe:2.0～6.0 Al:7.0～10.0 Ni:2.0 Pb:0.02f Zn:f	490	13	

续表

类别	型号	化学成分（%）	抗拉强度 σ_b（MPa）	伸长率 δ_5（%）	性能及用途
ECuAl类（铝青铜）	ECuMnAlNi	Cu：余量 Si：1.0 Mn：11.0～13.0 Fe：2.0～6.0 Al：5.0～7.5 Ni：1.0～2.5 Pb：0.02 Sn：f Zn：f	520	15	ECuMnAlNi焊条用于铸造或锻造的锰－镍铝青铜材料的连接或修补。这些焊接金属具有优良的耐腐蚀、浸蚀和气蚀性能

注：①表中的化学成分、抗拉强度、伸长率均为熔敷金属的，化学成分所示单个值均为最大值，抗拉强度、伸长率单个值均为最小值。

②ECuNi－A和ECuNi－B类S应控制在0.015%以下。

③字母f表示微量元素。

④Cu元素中允许含Ag。

表3－130　焊条尺寸（mm）

焊条直径		焊条长度	
基本尺寸	极限偏差	基本尺寸	极限偏差
2.5	±0.05	300	±2.0
3.2		350	
4.0			
5.0			
6.0			

3.3.4　铝及铝合金焊条

铝及铝合金焊条（GB/T 3669—2001）型号根据焊芯的化学成分和焊接接头力学性能划分。其型号编制中字母“E”表示焊条，E后面的数字表示焊芯用的铝及铝合金牌号。

完整的焊条型号表示如下：

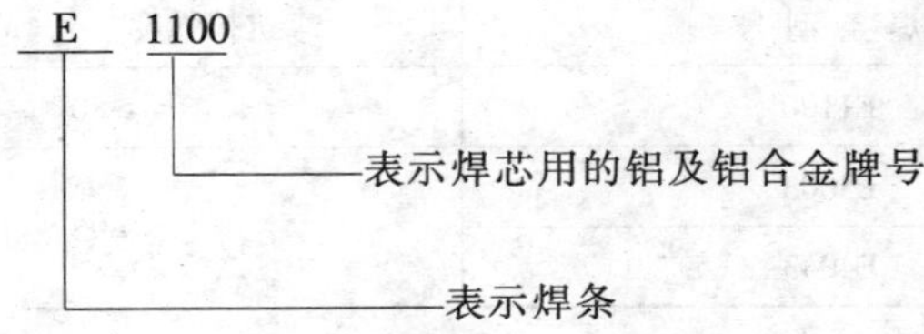

焊条的尺寸、焊条夹持长度、焊芯化学成分、焊条焊接接头抗拉强度及焊条新旧型号对照列于表 3－131 ~ 表 3－132。

表 3－131　铝及铝合金焊条的技术参数

(1) 焊条尺寸（mm）

<table>
<tr><th colspan="2">焊 条 直 径</th><th colspan="2">焊 条 长 度</th></tr>
<tr><th>基本尺寸</th><th>极限偏差</th><th>基本尺寸</th><th>极限偏差</th></tr>
<tr><td>2.5</td><td rowspan="3">±0.05</td><td rowspan="5">340 ~ 360</td><td rowspan="5">±2.0</td></tr>
<tr><td>3.2</td></tr>
<tr><td>4.0</td></tr>
<tr><td>5.0</td><td rowspan="2">±0.07</td></tr>
<tr><td>6.0</td></tr>
</table>

注：根据需方要求，允许通过协议供应其他尺寸的焊条。

(2) 夹持端长度（mm）

焊 条 直 径	夹 持 端 长 度
≤4.0	10 ~ 30
≥5.0	15 ~ 35

(3) 焊芯化学成分（%）

<table>
<tr><th rowspan="2">焊条型号</th><th rowspan="2">Si</th><th rowspan="2">Fe</th><th rowspan="2">Cu</th><th rowspan="2">Mn</th><th rowspan="2">Mg</th><th rowspan="2">Zn</th><th rowspan="2">Ti</th><th rowspan="2">Be</th><th colspan="2">其他</th><th rowspan="2">Al</th></tr>
<tr><th>单个</th><th>合计</th></tr>
<tr><td>E1100</td><td colspan="2">Si + Fe 0.95</td><td rowspan="2">0.05 ~ 0.20</td><td>0.05</td><td rowspan="2">—</td><td rowspan="3">0.10</td><td rowspan="2">—</td><td rowspan="3">0.000 8</td><td rowspan="3">0.05</td><td rowspan="3">0.15</td><td>≥99.00</td></tr>
<tr><td>E3003</td><td>0.6</td><td>0.7</td><td>1.0 ~ 1.5</td><td rowspan="2">余量</td></tr>
<tr><td>E4043</td><td>4.5 ~ 6.0</td><td>0.8</td><td>0.30</td><td>0.05</td><td>0.05</td><td>0.20</td></tr>
</table>

注:表中单值除规定外,其他均为最大值。

(4)焊接接头抗拉强度

<table>
<tr><th>焊 条 型 号</th><th>抗拉强度　σ_b(MPa)</th></tr>
<tr><td>E1100</td><td>≥80</td></tr>
<tr><td>E3003</td><td rowspan="2">≥95</td></tr>
<tr><td>E4043</td></tr>
</table>

表 3－132　铝及铝合金焊条新旧型号对照表

GB/T 3669—1983	GB/T 3669—2001
TAl	E1100
TAlMn	E3003
TAlSi	E4043

第四章　常用机床及附件

机床按其工作原理分为车床、钻床、镗床、磨床、齿轮加工机床、螺纹加工机床、铣床、刨插床、拉床、电加工机床、切断机床和其他机床等12门类。本章仅介绍最常用的车床、钻床、镗床、磨床、铣床等几种。

4.1　车　　床

4.1.1　卧式车床

卧式车床（GB/T 1582—1993）的型式如图4－1所示，其主要参数列于表4－1。

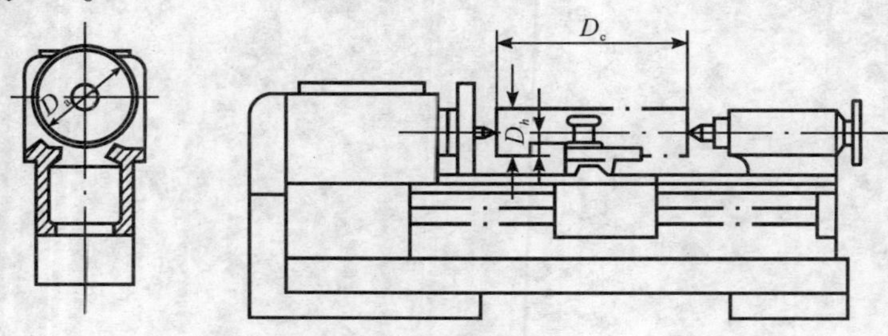

图4－1　卧式车床

4.1.2　单柱、双柱立式车床

立式车床（JB/T 3665.1—1999）分为单柱立式车床、双柱立式车床、单柱移动立式车床、工作台移动单柱立式车床和定梁单柱立式车床等几种型式。

1. 单柱立式车床

单柱立式车床的型式和尺寸参数见图4－2和表4－2。

表 4-1 卧式车床的参数（mm）

床身上最大回转直径 D_a		250	280	320	360	400	450	500	560	630	800	1 000	1 250
刀架上最大工件回转直径 D ≥		125	140	160	180	200	225	250	280	320	450	630	800
主轴通孔直径 ≥		25		36		50		54		70	80	100	
主轴端部代号（按 GB 5900.1～5900.3）		3 4	5	4 5	6	8	6 8	6 8	6	8	11	15	
主轴锥孔	莫氏圆锥号（按 GB 4133）	4.5		5.6		6 —	6 —	6 —	6	—			
	米制圆锥号（按 GB 1443）	—				80 —	80 —	80 —		80	100	120	
装刀基面至主轴轴线距离 h（按 GB 5268）		14	18	22		28				36	45	56	
最大工件长度 D_c	350												
	500												
	750												
	1 000												
	1 500												
	2 000												
	2 500												
	3 000												
	4 000												
	5 000												
	6 000												
	8 000												
	10 000												
	12 000												
	14 000												
	16 000												

注：D_a 为 1 000mm，1 250mm 时，D_c（单位 mm）推荐选用 1 500，3 000，5 000，8 000，10 000，14 000，16 000。

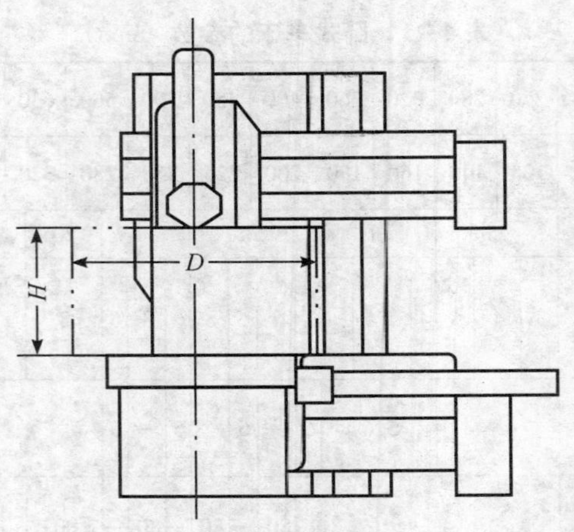

图 4－2 单柱立式车床

表 4－2 单柱立式车床的尺寸参数

最大车削直径 D(mm)	800	1 000	1 250	1 600	2 000	2 500	3 150
最大工件高度 H(mm)	630	800	1 000		1 250	1 600	2 500
最大工件质量（t）	1.2	2	3.2	5	8	12	25

2. 双柱立式车床

双柱立式车床的型式如图 4－3 所示，其主要尺寸参数列于表 4－3。

表 4－3 双柱立式车床的尺寸

最大车削直径 D(mm)	2 500	3 150	4 000	5 000	6 300	8 000
最大工件高度 H(mm)	1 600	2 000	2 500	3 150	4 000	
最大工件质量(t)	20	32	50	80	125	

3. 单柱移动立式车床

单柱移动立式车床的型式如图 4－4 所示，其主要尺寸参数列于表4－4。

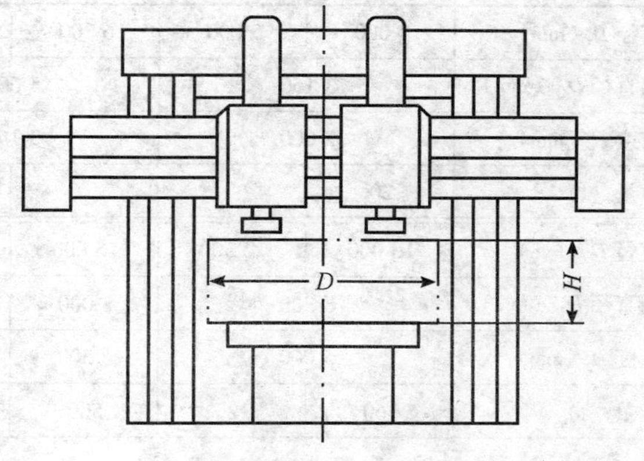

图 4－3　双柱立式车床

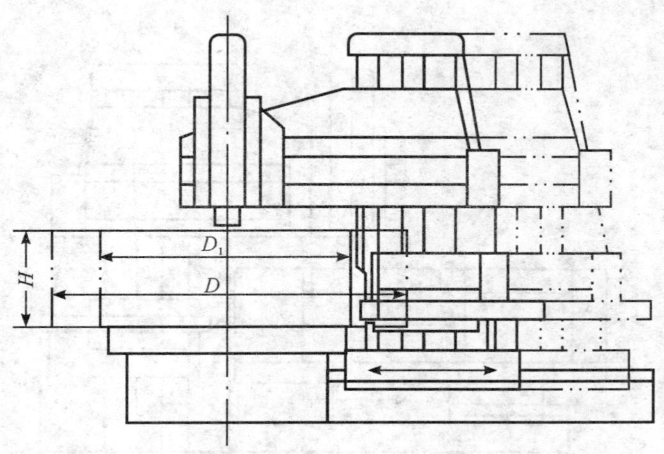

图 4－4　单柱移动立式车床

表 4－4　单柱移动立式车床的尺寸参数

<table>
<tr><td>最大车削直径 D（mm）</td><td>4 000</td><td>5 000</td><td>6 300</td><td>8 000</td></tr>
<tr><td>至中心车削直径 D_1（mm）</td><td colspan="2">3 150</td><td colspan="2">5 000</td></tr>
<tr><td>最大工件高度 H（mm）</td><td colspan="2">2 000</td><td colspan="2">3 150</td></tr>
<tr><td>最大工件质量（t）</td><td>20</td><td colspan="2">40</td><td>80</td></tr>
<tr><td>最大车削直径 D（mm）</td><td>10 000</td><td>12 500</td><td>16 000</td><td>20 000</td></tr>
<tr><td>至中心车削直径 D_1（mm）</td><td colspan="2">6 300</td><td>8 000</td><td>12 000</td></tr>
<tr><td>最大工件高度 H（mm）</td><td colspan="2">5 000</td><td>6 300</td><td>10 000</td></tr>
<tr><td>最大工件质量（t）</td><td>160</td><td>125</td><td>500</td><td>800</td></tr>
</table>

4. 工作台移动单柱立式车床

工作台移动单柱立式车床的型式如图 4－5 所示，其主要尺寸参数列于表 4－5。

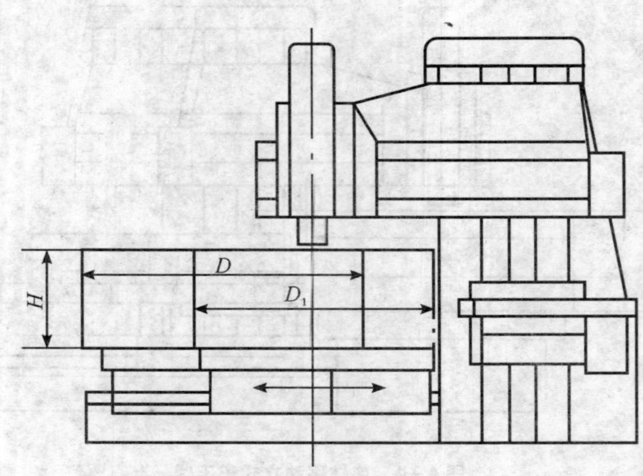

图 4－5　工作台移动单柱立式车床

表 4－5　工作台移动单柱立式车床的尺寸参数

最大车削直径 D（mm）	2 500	3 150	4 000	5 000	6 300	8 000
至中心最大车削直径 D_1（mm）	2 000		3 150		5 000	
最大工件高度 H（mm）	1 250		2 000		3 150	
最大工件质量（t）	10	20		40		80

5. 定梁单柱立式车床

定梁单柱立式车床的型式如图 4－6 所示，其主要尺寸参数列于表 4－6。

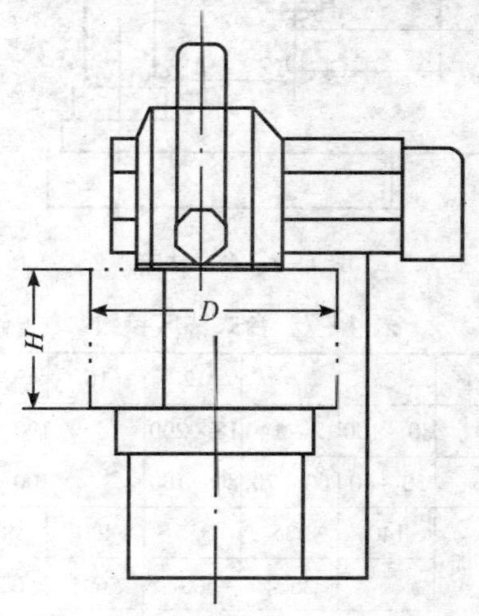

图 4－6　定梁单柱立式车床

表 4－6　定梁单柱立式车床的尺寸参数

最大车削直径 D（mm）	630	800
最大工件高度 H（mm）	500	630
最大工件质量（t）	0.8	1.2

4.2　钻　　床

4.2.1　台式钻床

台式钻床和轻型台式钻床（GB/T 2813—2003）的型式如图 4－7 所示，

其基本参数列于表4－7～表4－8。

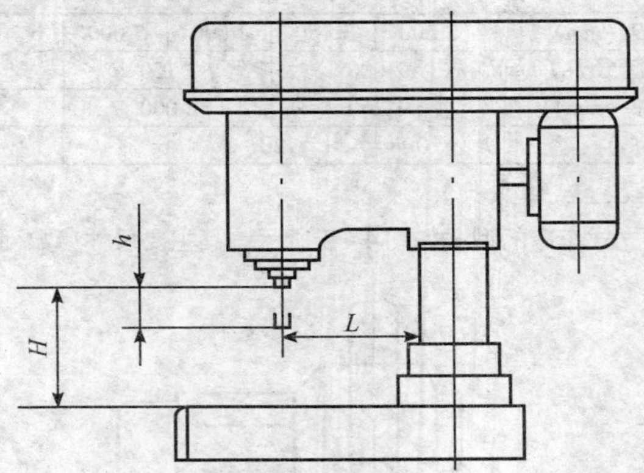

图4－7　台式钻床

表4－7　台式钻床参数

<table>
<tr><td colspan="2">最大钻孔直径 D（mm）</td><td>3</td><td>6</td><td>12</td><td>16</td><td>20</td><td>25</td><td>32</td></tr>
<tr><td colspan="2">跨距 L（mm）</td><td>80～100</td><td>12～140</td><td>18～200</td><td colspan="3">190～240</td><td>≥240</td></tr>
<tr><td colspan="2">主轴行程 h（mm）</td><td>30～40</td><td>60～70</td><td>80～100</td><td colspan="3">100～125</td><td>≥125</td></tr>
<tr><td colspan="2" rowspan="3">主轴端面至底座工作面的最大距离 H（mm）</td><td>140</td><td>225</td><td>355</td><td>400</td><td>450</td><td colspan="2">500</td></tr>
<tr><td></td><td>360[a]</td><td>500[a]</td><td>560[a]</td><td>630[a]</td><td colspan="2">710[a]</td></tr>
<tr><td colspan="3">—</td><td colspan="4">1 180[b]</td></tr>
<tr><td rowspan="3">主轴圆锥号</td><td>莫氏圆锥(按GB/T 6090)</td><td>—</td><td>B10</td><td>B16</td><td>B18</td><td colspan="3">—</td></tr>
<tr><td>贾格圆锥(按GB/T 6090)</td><td>0</td><td>1</td><td>33</td><td>6</td><td colspan="3">—</td></tr>
<tr><td>莫氏内圆锥(按GB/T 1443)</td><td colspan="2">—</td><td colspan="3">2</td><td colspan="2">3</td></tr>
</table>

注：①最大钻孔直径是指采用标准刃磨的高速钢麻花钻头，在中等抗拉强度的钢材上，用经济的切削规范加工时的最大钻孔能力。

②表中 a 适用于带工作台的台式钻床。

③表中 b 适用于落地式钻床。

表 4－8　轻型台式钻床参数

最大钻孔直径 D(mm)		6	13	16	20	25	32
跨距 L(mm)		120～140	160～180		180～200		≥200
主轴行程 h(mm)		50～60	75～85		85～110		≥110
主轴端面至底座工作面的最大距离 H(mm)		250	375		475		
		375[a]	530[a]		670[a]		
		—	1 180[b]				
主轴圆锥号	莫氏圆锥（按 GB/T 6090）	B10	B16	B18	—		
	贾格圆锥（按 GB/T 6090）	1	33	6	—		
	莫氏内圆锥（按 GB/T 1443）	—	2			3	

注:①最大钻孔直径是指采用标准刃磨的高速钢麻花钻头,在中等抗拉强度的钢材上,用经济的切削规范加工时的最大钻孔能力。

②表中 a 适用于带工作台的台式钻床。

③表中 b 适用于落地式钻床。

4.2.2 立式钻床

1. 圆柱立式钻床

圆柱立式钻床（GB/T 2814—2003）的型式如图 4－8 中 a 所示，其主要技术参数列于表 4－9。

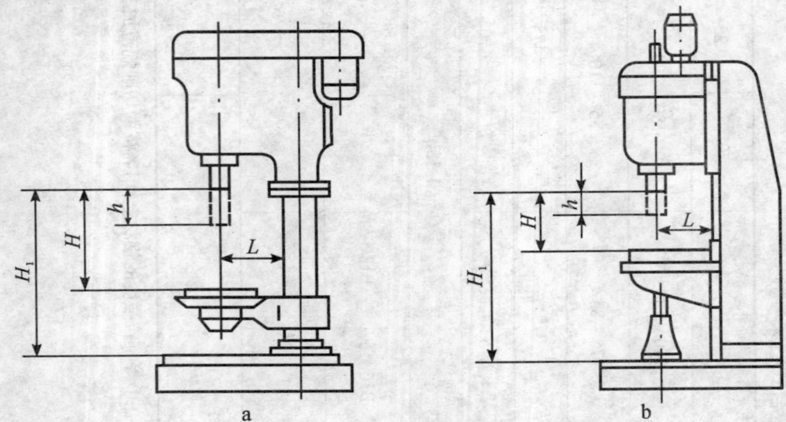

图 4－8 立式钻床

表 4－9 圆柱立式钻床参数

最大钻孔直径 D（mm）	16	20	25	32	40
跨距 L（mm）	265	300	315	355	375
主轴行程 h（mm）	160	180	200	220	250
主轴圆锥孔莫氏圆锥号（按 GB/T 1443）	2		3	4	
主轴端面至工作台面最大距离 H（mm）	500		530		560
主轴端面至底座工作面最大距离 H_1（mm）	950		1 000		1 050

注：①最大钻孔直径是指采用标准刃磨的高速钢麻花钻头，在中等抗拉强度的钢材上，用设计规定的切削规范加工时的最大钻孔能力。

②主轴箱进给的机床，主轴箱行程不作规定。

2. *方柱立式钻床*

方柱立式钻床的型式如图 4－8 中 b 所示，其主要技术参数列于表 4－10。

表 4－10　方柱立式钻床参数

最大钻孔直径 D（mm）	25	32		40	50		63	80
跨距 L（mm）	280		315	335		355	375	425
主轴行程 h（mm）	200		220	250		280	315	—
主轴圆锥孔莫氏圆锥号（按 GB/T 1443）	3	4			5			6
主轴端面至工作台面最大距离 H（mm）	670			700			800	850
主轴端面至底座工作面最大距离 H_1（mm）	1 000			1 100			1 250	1 320

注：①最大钻孔直径是指采用标准刃磨的高速钢麻花钻头，在中等抗拉强度的钢材上，用设计规定的切削规范加工时的最大钻孔能力。

②主轴箱进给的机床，主轴箱行程不作规定。

③底座无工作面的机床 H_1 值，不作考核。

4.2.3　摇臂钻床

摇臂钻床（GB/T 9461—2003）的型式见图 4－9，其主要参数列于表 4－11。

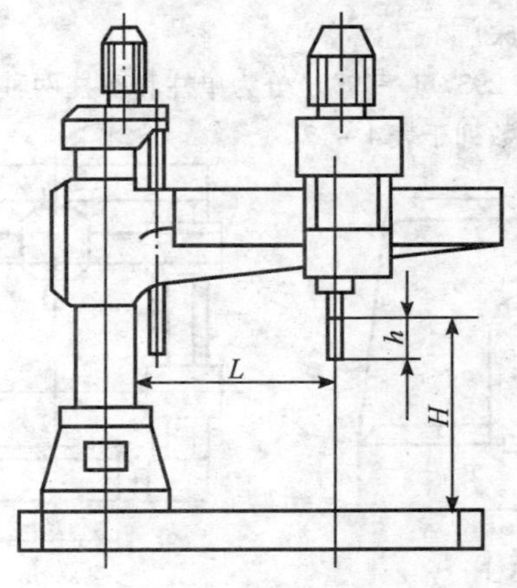

图 4－9　摇臂钻床

表 4－11　摇臂钻床的主要参数

<table>
<tr><td>最大钻孔直径 D(mm)</td><td>25</td><td>32</td><td>40</td><td>50</td><td colspan="2">63</td><td colspan="2">80</td><td>100</td><td>125</td></tr>
<tr><td rowspan="4">跨距 L(mm)</td><td colspan="2">800</td><td colspan="2">1 000</td><td rowspan="2">1 600</td><td rowspan="4">2 500</td><td rowspan="2">2 000</td><td rowspan="2">3 150</td><td rowspan="2">3 150</td><td rowspan="4">4 000</td></tr>
<tr><td colspan="2">1 000</td><td colspan="2">1 250</td></tr>
<tr><td rowspan="2">—</td><td rowspan="2">1 250</td><td colspan="2">1 600</td><td rowspan="2">2 000</td><td rowspan="2">2 500</td><td rowspan="2">4 000</td><td rowspan="2">4 000</td></tr>
<tr><td colspan="2">2 000</td></tr>
<tr><td rowspan="2">主轴圆锥号
(GB/T 1443)</td><td colspan="9">莫　氏</td><td>米制</td></tr>
<tr><td>3</td><td colspan="2">4</td><td colspan="3">5</td><td colspan="3">6</td><td>80</td></tr>
<tr><td>主轴行程 h(mm)</td><td colspan="2">250</td><td colspan="2">315</td><td colspan="2">400</td><td colspan="2">450</td><td>500</td><td>560</td></tr>
<tr><td>主轴端面至底座
工作面最大距离
H(mm)</td><td colspan="2">700～900</td><td colspan="2">1 000～1 320</td><td>1 400
～
1 600</td><td colspan="2">1 800
～
2 000</td><td colspan="3">2 300～2 500</td></tr>
</table>

注：最大钻孔直径是指采用标准刃磨的高速钢麻花钻头，在中等抗拉强度的钢材上，用经济的切削规范加工时的最大钻孔直径。

4.3　镗　　床

4.3.1　坐标镗床

坐标镗床(JB/T 2937.1—1999)分为单柱和双柱两种，其型式如图 4－10 所示，其主要尺寸参数列于表 4－12。

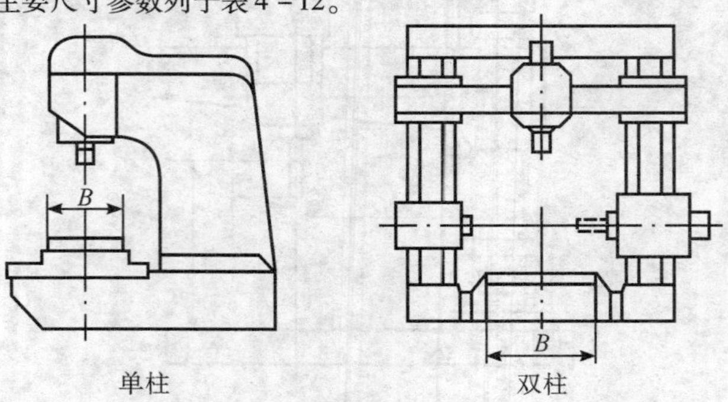

图 4－10　坐标镗床

表 4－12　坐标镗床的尺寸参数

型式	单柱				双柱					
工作台面宽度 B(mm)	200	320	450	630	450	630	800	1 000	1 400	2 000
工作台面长度 L(mm)	400	600	700	1 100	650	900	1 120	1 600	2 200	3 000
横向坐标最大行程(mm)	160	250	400	600	400	630	800	1 000	1 400	2 000
纵向坐标最大行程(mm)	250	400	600	1 000	550	800	1 000	1 400	2 000	3 000
垂直主轴端面至工作台面最大距离(mm)	—	—	—	—	500	700	800	950	1 100	1 300
垂直主轴端面至工作台面最小距离(mm)	50	100	150	300	—	—	—	—	—	—
水平主轴轴线至工作台面最大距离①(mm)	—	—	—	—	—	—	—	650	800	1 000
水平主轴端面至尾座端面最大距离①(mm)	—	—	—	—	—	—	—	1 120	1 600	2 240
主轴套筒最大行程(mm)	80	120	180	250	150	250			300	
主轴箱最大行程(mm)	150	200	250	300	—	—	—	—	—	—
横梁最大行程(mm)	—	—	—	—	350	450	550	650	800	1 000
主轴轴线至立柱距离(mm)	200	320	460	650	—	—	—	—	—	—
立柱间距离(mm)	—	—	—	—	600	900	1 100	1 400	2 000	2 500
主轴锥孔莫氏圆锥号②	2 号	2 号	3 号	—	3 号	—	—	—	—	—
主轴锥孔 3:20 圆锥号③	—	Z32	Z32 Z40	Z40 Z50	Z32 Z40	Z40 Z50	Z50	Z50	Z50	Z50

注：①仅适用于工作台面宽度等于或大于 1 000mm 带水平主轴箱的机床。

②主轴锥孔莫氏圆锥号按 GB/T 1443—1996 规定。

③主轴锥孔 3:20 圆锥号按 JB/T 3753—1999 规定。

4.3.2 立式精镗床

立式精镗床（JB/T 4289.3—1999）的型式如图 4－11 所示，其主要尺寸参数列于表 4－13。

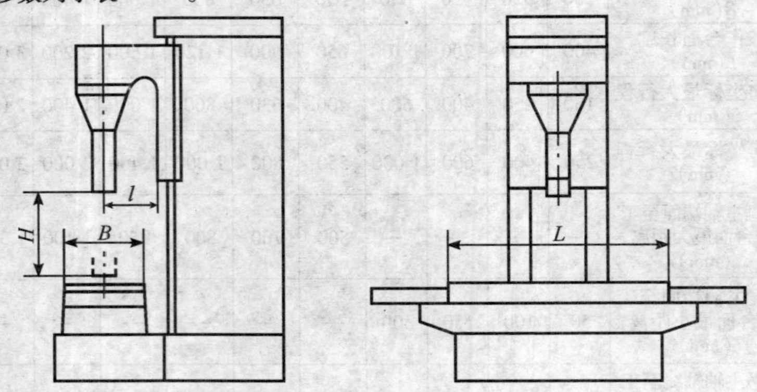

图 4－11 立式精镗床

表 4－13 立式精镗床的尺寸参数

最大镗孔直径（mm）	100	200	400
滑架最大行程 H（mm）	450	710，900	1 250，1 500
主轴轴线至滑架距离 l（mm）	225	315	450
工作台面宽度 B（mm）	315	500	630
工作台面长度 L（mm）	710	1 250	1 600

4.4 铣　床

4.4.1 平面铣床

平面铣床（JB/T 3313.1—1999）的型式如图 4－12 所示，其中 a 为立式平面铣床；b、c、d 和 e 为柱式平面铣床；f 和 g 为端面式铣床。平面铣床的参数列于表 4－14～表 4－16。

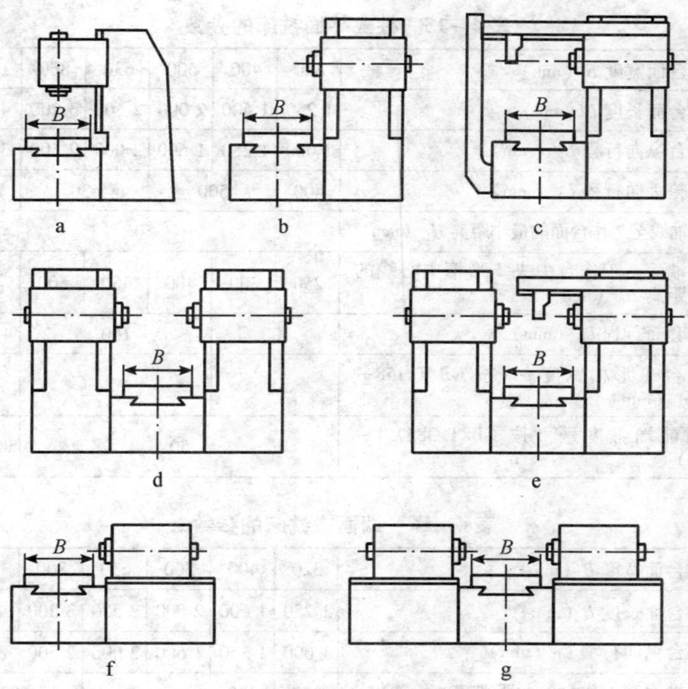

图 4-12　平面铣床

表 4-14　立式平面铣床的参数

工作台面宽度 B（mm）	320	400	500	630
工作台面长度 L（mm）	1 250	1 600	2 000	2 500
工作台纵向行程 L_1（mm）	1 000	1 250	1 600	2 000
主轴箱垂向行程 L_2（mm）	400	500	630	800
立式主轴端面到工作台面的最小距离 H_2（mm）	100			
主轴套筒行程 L_4（mm）	100		160	
工作台 T 形槽宽度 b（按 GB/T 158—1996）（mm）	18		22	
主轴前端锥度号（按 GB/T 3837.1—1983）	50			

表 4－15　柱式平面铣床的参数

工作台面宽度 B（mm）	320	400	500	630	800	1 000
工作台面长度 L（mm）	1 250	1 600	2 000	2 500	3 200	4 000
工作台纵向行程 L_1（mm）	1 000	1 250	1 600	2 000	2 500	3 200
主轴箱垂向行程 L_2（mm）	400	500		630		800
主轴轴线至工作台面的最小距离 H_1（mm）	50					
主轴端面至工作台中央 T 形槽中心线的最大距离 H_4（mm）	250	300	400	450	500	600
主轴套筒行程 L_4（mm）	100		160			200
工作台 T 形槽宽度 b（按 GB/T 158—1996）（mm）	18		22			28
主轴前端锥度号（按 GB/T 3837.1—1983）	50					50(60)

表 4－16　端面式铣床的参数

工作台面宽度 B（mm）	320	400	500	630	800	1 000
工作台面长度 L（mm）	1 250	1 600	2 000	2 500	3 200	4 000
工作台纵向行程 L_1（mm）	1 000	1 250	1 600	2 000	2 500	3 200
主轴轴线至工作台面的距离 H_3（mm）	250	320	400		500	
主轴端面到工作台中央 T 形槽中心线的最大距离 H_5（mm）	400	500	600	700	800	900
主轴箱横向行程 L_3（mm）	160	200		250	320	
主轴套筒行程 L_4（mm）	100		160			200
工作台 T 形槽宽度 b（按 GB/T 158—1996）（mm）	18		22			28
主轴前端锥度号（按 GB/T 3837.1—1983）	50					50(60)

注：①平面铣床的主参数为工作台面宽度（指工作台面等高部分的宽度）。

②H_2 以主轴套筒位于上极限位置计算。

③H_4 和 H_5 均以主轴套筒在退入位置计算。

④工作台面长度、工作台的纵向、横向、垂向行程允许以表列参数为基数，在 GB/T 321—1980 的 R40 系列的前后四项中选用。

4.4.2　平面铣床的系列型谱

平面铣床（JB/T 3313.2—1999）的系列构成如图 4－13 所示。

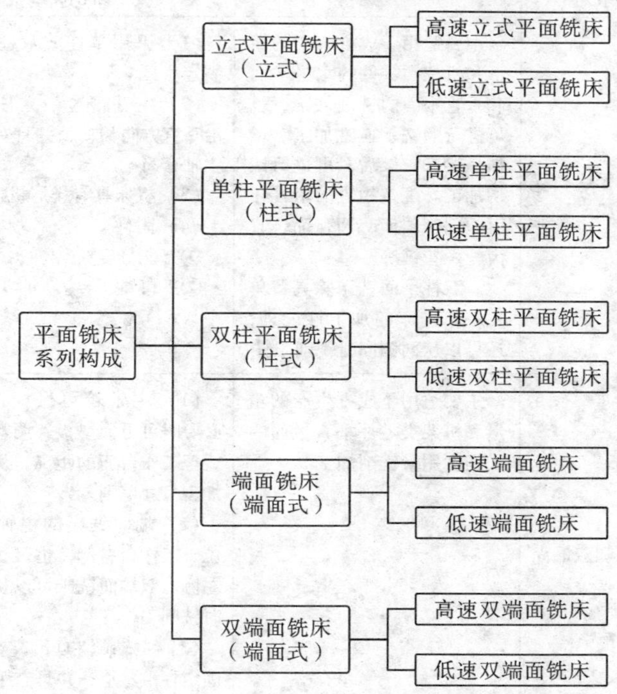

图 4－13　平面铣床系列构成框图

平面铣床的用途性能特征、品种及参数列于表 4－17～表 4－19。

表 4－17　平面铣床

基型系列	用途	性能特征
立式平面铣床	适用于机床、汽车、拖拉机、柴油机及轻纺等行业的成批生产，用于铣削各种零件的水平平面及沟槽等	配备相应附件后，还可以铣削斜面、圆弧面等

续表

基型系列	用途	性能特征
单柱平面铣床和双柱平面铣床	主要适用于成批生产的箱形和机架类零件的水平平面和垂直平面的铣削加工，也可进行顺铣、逆铣加工。增加悬梁和支架后，可进行滚切加工。配备相应的附件还可铣削倾斜面、圆弧面、直齿轮、花键等。 双柱平面铣床除具备单柱平面铣床的加工性能外，还可以从两侧同时铣削工件	(1) 采用单柱或双柱与床身固定 (2) 主轴箱置于立柱上，可沿垂直方向移动，并具有手动式主轴套筒 (3) 机床具有排屑机构 (4) 附件 ①万能分度头 ②平口钳
端面铣床和双端面铣床	主要适用于成批生产的箱形和机架类零件垂直平面的大切削用量铣削加工	(1) 主轴箱可做横向移动，必要时可更换垫板，调整主轴轴线至工作台面的距离，从而扩大加工尺寸范围 (2) 端面铣床的主轴箱一般位于工作台右侧，也可在工作台左侧。双端面铣床可以从两侧同时铣削工作 (3) 主轴箱和可调垫板直接固定在滑座上，并具有手动式主轴套筒 (4) 机床具有排屑机构
高速型	适用于航空、汽车、拖拉机、仪器、电器等行业，可铣削镁铝合金等有色金属材料	(1) 主轴最高转速不低于2 500r/min，最大进给量不低于3 000mm/min (2) 高速工作时应平稳 (3) 有可靠的切屑防护装置 (4) 有可靠的主轴启动与制动装置 (5) 有控制主轴温升及热变形的措施

续表

基型系列	用途	性能特征
低速型	适用于军工、汽轮机、汽车、拖拉机、航空等行业，可铣削耐热合金钢、钛合金钢、高强度合金钢等较难加工的材料	(1) 主轴最低转速不高于10r/min，最小进给量不大于8mm/min (2) 低速工作时，应运转平稳，抗震性好 (3) 顺铣机构应保证动载荷下工作可靠 (4) 进给系统有可靠的过载保护装置 (5) 各运动部件有可靠的锁紧机构

表 4-18　平面铣床品种表

<table>
<tr><th colspan="2">工作台面宽度 B（mm）</th><th>320</th><th>400</th><th>500</th><th>630</th><th>800</th><th>1 000</th></tr>
<tr><td rowspan="3">立　式</td><td>立式平面铣床</td><td>○</td><td>○</td><td>○</td><td>○</td><td>—</td><td>—</td></tr>
<tr><td>高速立式平面铣床</td><td>○</td><td>○</td><td>○</td><td>○</td><td>—</td><td>—</td></tr>
<tr><td>低速立式平面铣床</td><td>○</td><td>○</td><td>○</td><td>○</td><td>—</td><td>—</td></tr>
<tr><td rowspan="6">柱　式</td><td>单柱平面铣床</td><td>○</td><td>○</td><td>○</td><td>○</td><td>○</td><td>○</td></tr>
<tr><td>高速单柱平面铣床</td><td rowspan="2">○</td><td rowspan="2">○</td><td rowspan="2">○</td><td rowspan="2">○</td><td rowspan="2">○</td><td rowspan="2">○</td></tr>
<tr><td>低速单柱平面铣床</td></tr>
<tr><td>双柱平面铣床</td><td>○</td><td>○</td><td>○</td><td>○</td><td>○</td><td>○</td></tr>
<tr><td>高速双柱平面铣床</td><td rowspan="2">○</td><td rowspan="2">○</td><td rowspan="2">○</td><td rowspan="2">○</td><td rowspan="2">○</td><td rowspan="2">○</td></tr>
<tr><td>低速双柱平面铣床</td></tr>
<tr><td rowspan="6">端面式</td><td>端面铣床</td><td>○</td><td>○</td><td>○</td><td>○</td><td>○</td><td>○</td></tr>
<tr><td>高速端面铣床</td><td rowspan="2">○</td><td rowspan="2">○</td><td rowspan="2">○</td><td rowspan="2">○</td><td rowspan="2">○</td><td rowspan="2">○</td></tr>
<tr><td>低速端面铣床</td></tr>
<tr><td>双端面铣床</td><td>○</td><td>○</td><td>○</td><td>○</td><td>○</td><td>○</td></tr>
<tr><td>高速双端面铣床</td><td rowspan="2">○</td><td rowspan="2">○</td><td rowspan="2">○</td><td rowspan="2">○</td><td rowspan="2">○</td><td rowspan="2">○</td></tr>
<tr><td>低速双端面铣床</td></tr>
</table>

注：表中○表示可供应规格。

表 4－19　平面铣床参数表

<table>
<tr><td rowspan="2">工作台面宽度 B(mm)</td><td>立　式</td><td>320</td><td>400</td><td>500</td><td>630</td><td>—</td><td>—</td></tr>
<tr><td>柱　式
端面式</td><td>320</td><td>400</td><td>500</td><td>630</td><td>800</td><td>1 000</td></tr>
<tr><td rowspan="2">工作台面长度 L(mm)</td><td>立　式</td><td>1 250</td><td>1 600</td><td>2 000</td><td>2 500</td><td>—</td><td>—</td></tr>
<tr><td>柱　式
端面式</td><td>1 250</td><td>1 600</td><td>2 000</td><td>2 500</td><td>3 200</td><td>4 000</td></tr>
<tr><td rowspan="2">工作台纵向行程 L_1(mm)</td><td>立　式</td><td>1 000</td><td>1 250</td><td>1 600</td><td>2 000</td><td>—</td><td>—</td></tr>
<tr><td>柱　式
端面式</td><td>1 000</td><td>1 250</td><td>1 600</td><td>2 000</td><td>2 500</td><td>3 200</td></tr>
<tr><td rowspan="2">主轴箱垂向行程 L_2(mm)</td><td>立　式</td><td>400</td><td>500</td><td>630</td><td>800</td><td>—</td><td>—</td></tr>
<tr><td>柱　式</td><td>400</td><td colspan="2">500</td><td colspan="2">630</td><td>800</td></tr>
<tr><td colspan="2">柱式主轴轴线到工作台面的最小距离 H_1(mm)</td><td colspan="6">50</td></tr>
<tr><td colspan="2">立式主轴端面到工作台面的最小距离 H_2(mm)</td><td colspan="4">100</td><td colspan="2">—</td></tr>
<tr><td colspan="2">端面式主轴轴线到工作台面的距离 H_3(mm)</td><td>250</td><td>320</td><td colspan="2">400</td><td colspan="2">500</td></tr>
<tr><td colspan="2">柱式主轴端面到工作台中央 T 形槽中心线的最大距离 H_4(mm)</td><td>250</td><td>300</td><td>400</td><td>450</td><td>500</td><td>600</td></tr>
<tr><td colspan="2">端面式主轴端面到工作台中央 T 形槽中心线的最大距离 H_5(mm)</td><td>400</td><td>500</td><td>600</td><td>700</td><td>800</td><td>900</td></tr>
<tr><td colspan="2">端面式主轴箱横向行程 L_3(mm)</td><td>160</td><td colspan="2">200</td><td>250</td><td colspan="2">320</td></tr>
<tr><td colspan="2">主轴套筒行程 L_4(mm)</td><td colspan="2">100</td><td colspan="3">160</td><td>200</td></tr>
<tr><td colspan="2">主轴前端锥度号(按 GB/T 3837.1—1983)</td><td colspan="5">50</td><td>50(60)</td></tr>
<tr><td colspan="2">工作台 T 形槽宽度 b(按 GB/T 158—1996)(mm)</td><td colspan="2">18</td><td colspan="3">22</td><td>28</td></tr>
<tr><td colspan="2">主轴转速范围(n_{min} ~ n_{max})(r/min)</td><td colspan="6">25 ~ 1 000</td></tr>
<tr><td colspan="2">主轴转速级数</td><td colspan="6">6</td></tr>
<tr><td colspan="2">纵向进给范围(S_{min} ~ S_{max})(mm/min)</td><td colspan="6">25 ~ 1 250</td></tr>
<tr><td colspan="2">纵向快速进给量(mm/min)</td><td colspan="6">5 000</td></tr>
<tr><td colspan="2">主运动电机功率(kW)</td><td>5.5 ~ 15</td><td colspan="4">11 ~ 22</td><td>18.5 ~ 30</td></tr>
<tr><td colspan="2">进给运动电机功率(kW)</td><td>1.5 ~ 3</td><td colspan="5">2.2 ~ 5.5</td></tr>
<tr><td colspan="2">工作台单位面积最大承载质量(t/m²)</td><td colspan="6">2.5</td></tr>
</table>

注：工作台面长度，工作台纵向、横向、垂向行程，允许以表列参数为基础，在 GB/T 321—1980 的 R40 系列的前后四项选用。

4.4.3 升降台铣床

升降台铣床（JB/T 2800.1—1999）的型式如图 4－14 所示，其主要参数列于表 4－20。

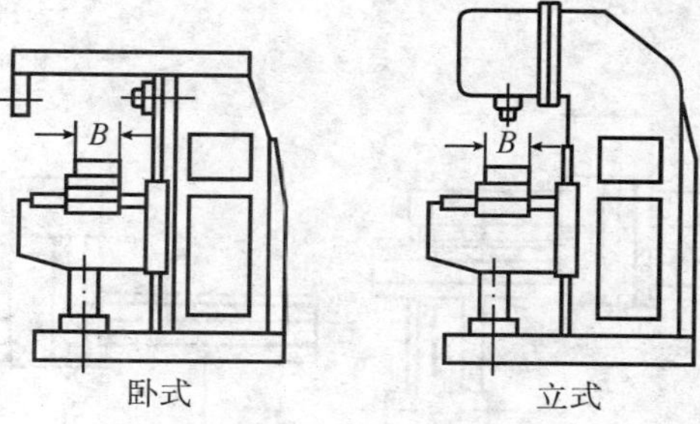

图 4－14 升降台铣床

表 4－20 升降台铣床的参数

<table>
<tr><td colspan="2">工作台面宽度 B(mm)</td><td>200</td><td>250</td><td>320</td><td>400</td><td colspan="2">500</td></tr>
<tr><td colspan="2">工作台面长度(mm)</td><td>900</td><td>1 100</td><td>1 320</td><td>1 700</td><td colspan="2">2 000</td></tr>
<tr><td rowspan="3">工作台行程(mm)</td><td>纵 向</td><td>500</td><td>630</td><td>800</td><td>1 000</td><td colspan="2">1 250</td></tr>
<tr><td>横 向</td><td>190</td><td>236</td><td>300</td><td>375</td><td colspan="2">450</td></tr>
<tr><td>垂 向</td><td>340</td><td>375</td><td>400</td><td>450</td><td colspan="2">475</td></tr>
<tr><td colspan="2">卧式铣床主轴轴线至工作台面的最小距离(mm)</td><td colspan="2">20</td><td colspan="4">30</td></tr>
<tr><td colspan="2">立式铣床主轴端面至工作台面的最小距离(mm)</td><td colspan="2">40</td><td colspan="2">60</td><td colspan="2">80</td></tr>
<tr><td colspan="2">工作台面 T 形槽宽度(按 GB/T 158—1996)(mm)</td><td colspan="2">14</td><td colspan="2">18</td><td>18</td><td>22</td></tr>
<tr><td colspan="2">7:24 主轴锥度号(按 GB/T 3837.1—1983)</td><td colspan="2">(30)、40</td><td colspan="4">(40)、50</td></tr>
</table>

注：①工作台面宽度 B 是指工作台面等高部分的宽度。

②工作台面的长度，工作台的纵向、横向、垂向行程，允许以表列参数为基数，在 GB/T 321—1980 的 R40 数系的前、后各四项中选取。

③括号内的锥度号尽量不选用。

4.4.4 龙门铣床

龙门铣床（JB/T 3027—1993）的型式如图 4－15 所示，其尺寸参数列于表4－21。

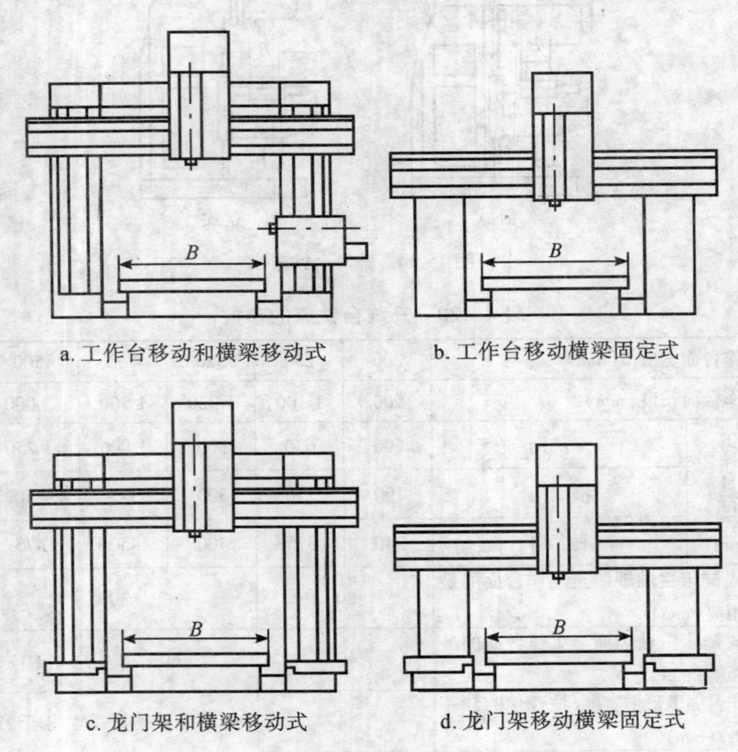

a. 工作台移动和横梁移动式　　b. 工作台移动横梁固定式

c. 龙门架和横梁移动式　　d. 龙门架移动横梁固定式

图 4－15　龙门铣床

表4-21　龙门铣床的参数

工作台面宽度 B(mm)	1 000	1 250	1 500 1 600*	1 750	2 000	2 250	2 500
工作台面长度(mm)	3 000	4 000	4 500	5 000	6 000	7 000	8 000
垂直主轴端面至工作台面的最大距离(mm)	1 000	1 250	1 500 1 600*	1 750	2 000	2 250	2 500
工作台面T形槽宽度(按GB 158)(mm)	28		28,36				
7:24主轴锥度号(按GB 3837.1)	50		50,60				

工作台面宽度 B(mm)	2 750	3 000	3 250 3 200*	3 500	4 000	4 500	5 000
工作台面长度(mm)	8 500	9 000	10 000	11 000	12 500	14 000	16 000
垂直主轴端面至工作台面的最大距离(mm)	2 750	3 000	3 250 3 200*	3 500	4 000	4 500	5 000
工作台面T形槽宽度(按GB 158)(mm)	28,36			36,42			
7:24主轴锥度号(按GB 3837.1)	50,60			60,70			

注：①表内所列工作台面长度数值，可以500mm的整倍数增减。

②表内所列垂直主轴端面至工作台面的最大距离数值，可以250mm的整倍数增减。

③带*号的规格尽量不选用。

4.4.5　万能工具铣床

万能工具铣床（JB/T 2873—1991）的型式和主要参数见图4-16和表4-22。

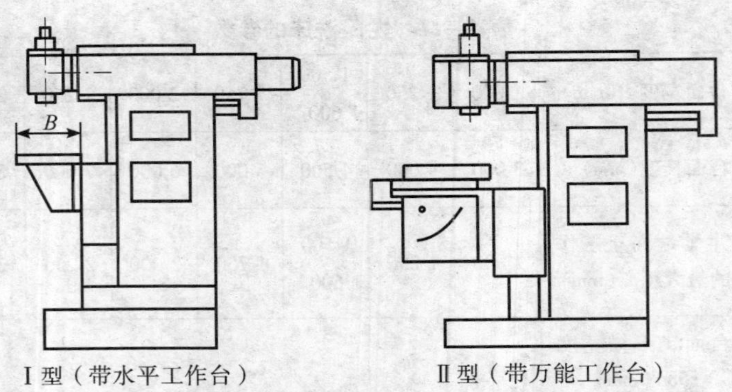

Ⅰ型（带水平工作台）　　Ⅱ型（带万能工作台）

图 4－16　万能工具铣床

表 4－22　万能工具铣床的参数

<table>
<tr><td>水平工作台面宽度 B（mm）</td><td>200</td><td>250</td><td>320</td><td>400</td><td>500</td><td>630</td></tr>
<tr><td>水平工作台面长度（mm）</td><td>650</td><td>700</td><td>750</td><td>800</td><td>900</td><td>1 000</td></tr>
<tr><td>机床纵向行程（mm）</td><td>320</td><td>350</td><td>400</td><td>500</td><td>600</td><td>700</td></tr>
<tr><td>机床水平主轴座横向行程（mm）</td><td>200</td><td>250</td><td>300</td><td>350</td><td>400</td><td>450</td></tr>
<tr><td>机床垂向行程（mm）</td><td>350</td><td colspan="3">400</td><td colspan="2">450</td></tr>
<tr><td>水平主轴轴线到水平工作台面的最小距离（mm）</td><td colspan="4">40</td><td colspan="2">100</td></tr>
<tr><td>工作台 T 形槽宽度（按 GB 158）（mm）</td><td>12</td><td colspan="3">14</td><td colspan="2">18</td></tr>
<tr><td>主轴锥孔号（按 GB 3837.1）</td><td>30</td><td colspan="5">40</td></tr>
</table>

注：①*B* 为水平工作台工作面等高部分的宽度。

②水平工作台面的长度，机床的纵向、横向、垂向行程，允许以表列数值为基数，在 GB 321 的 R40 数系的前、后各四项中选取。

4.5　磨　　床

磨床一般分为外圆磨床、内圆磨床、导轨磨床、花键轴磨床、平面磨床、万能工具磨床、中心孔磨床。

4.5.1 外圆磨床

外圆磨床（GB 4684—1994）分为工作台移动式外圆磨床和砂轮架移动式外圆磨床两种。

1. *工作台移动式外圆磨床*

工作台移动式外圆磨床的型式和主要参数见图 4－17 和表 4－23。

表 4－23 工作台移动式外圆磨床参数表

最大磨削直径 D（mm）			50	125	200	320	400	500	630	800
最大磨削长度 L（mm）			150	150						
			250	250	250					
			350	350	350					
				500	500	500				
				630	630	630				
					750	750				
					1 000	1 000	1 000			
						1 500	1 500	1 500		
						2 000	2 000	2 000	2 000	
						2 500	2 500	2 500	2 500	
						3 000	3 000	3 000	3 000	3 000
								4 000	4 000	4 000
								5 000	5 000	5 000
主轴锥孔	头架	莫氏圆锥号（按 GB 1443）	2，3	3，4	3,4,5	4，5		5，6		—
	尾架			2，3						
	头架	米制圆锥号（按 GB 1443）	—	—		—		—		80,100
	尾架									

2. *砂轮架移动式外圆磨床*

砂轮架移动式外圆磨床的型式和主要参数见图 4－18 和表 4－24。

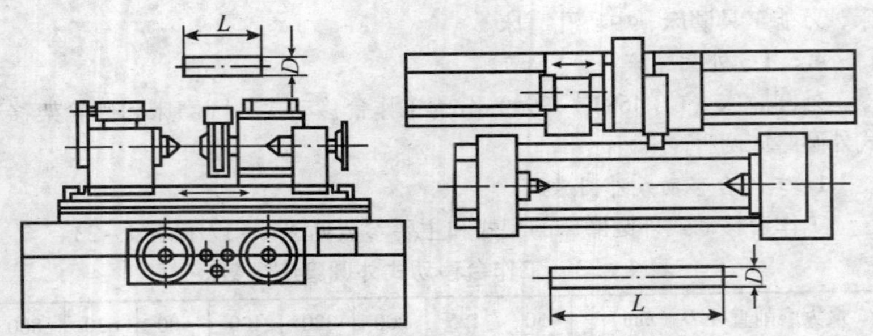

图 4－17　工作台移动式外圆磨床　　　　图 4－18　砂轮架移动式外圆磨床

表 4－24　砂轮架移动式外圆磨床参数

最大磨削直径 D			500	630	800	1 000	1 250	1 600	2 000
最大磨削长度 L			3 000	3 000					
			4 000	4 000	4 000	4 000			
			5 000	5 000	5 000	5 000	5 000	5 000	
			6 000	6 000	6 000	6 000	6 000	6 000	6 000
			8 000	8 000	8 000	8 000	8 000	8 000	8 000
					10 000	10 000	10 000	10 000	10 000
主轴锥孔	头架	莫氏圆锥号	5，6		—	由设计规定			
	尾架	（按 GB 1443）							
	头架	米制圆锥号	—		80,100				
	尾架	（按 GB 1443）							

4.5.2　内圆磨床

内圆磨床（GB/T 6471—2004）一般分为工件进给砂轮往复式、砂轮进给工件往复式、砂轮进给砂轮往复式三种，其型式如图 4－19 所示，其尺寸参数列于表 4－25。

表 4－25　内圆磨床的尺寸参数

最大磨削孔径（mm）	12	50	100	200	400	800
最大磨削深度（mm）	32	80	125	200	320	500
工件主轴端部代号	3	3，4	4，6	6，8	8，11	11

注：工件主轴端部代号按 GB 5900.1—1997《机床法兰式主轴端部与花盘互换性尺寸 A 型》。

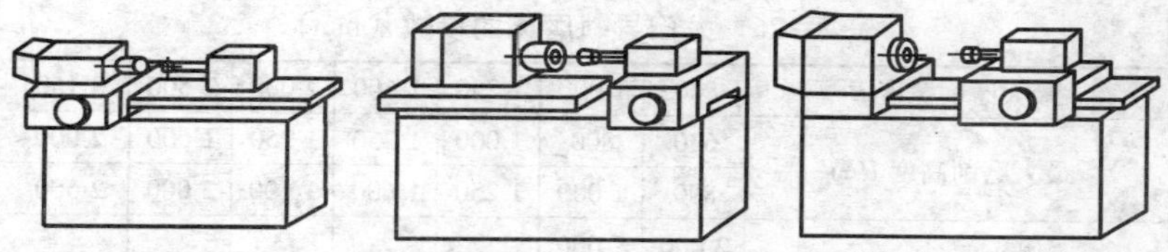

Ⅰ型工件进给砂轮往复式　Ⅱ型砂轮进给工件往复式　Ⅲ型砂轮进给砂轮往复式

图4－19　内圆磨床

4.5.3　导轨磨床

导轨磨床（GB/T 6474—1986）分为龙门导轨磨床、落地导轨磨床和悬臂式导轨磨床三种。

1. *龙门导轨磨床*

龙门导轨磨床分为龙门式和定梁龙门式两种，其型式和主要参数见图4－20和表4－26。

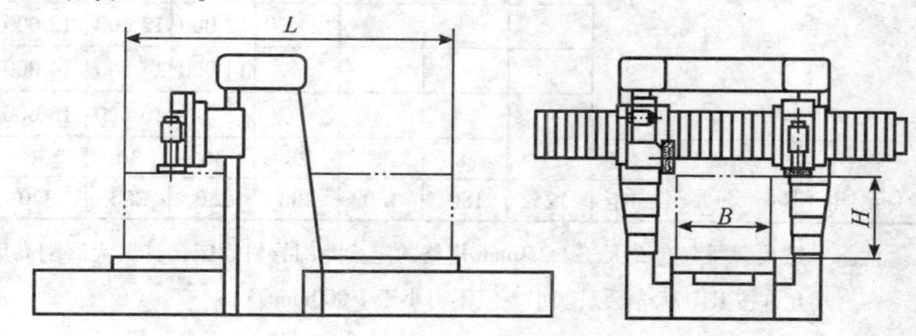

a. 龙门式导轨磨床

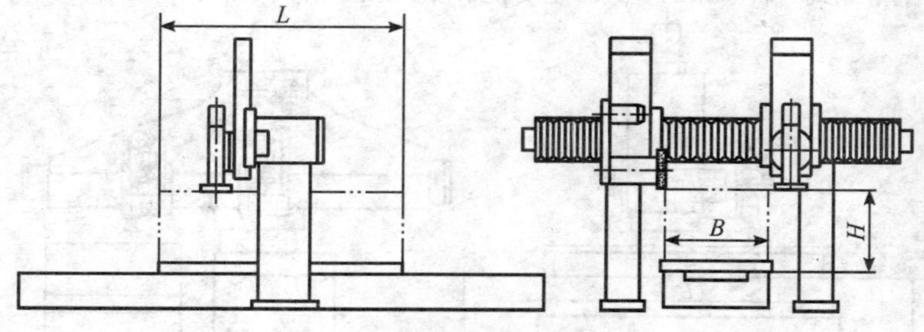

b. 定梁龙门式导轨磨床

图4－20　导轨磨床

表 4－26　龙门导轨磨床的参数（mm）

最大磨削宽度 B	800	1 000	1 250	1 600	2 000	2 500	3 150
最大磨削高度 H^*	630	800	1 000	1 250	1 250	1 600	2 000
	800	1 000	1 250	1 600	1 600	2 000	2 500
最大磨削长度 L	2 000	2 000					
	3 000	3 000	3 000				
	4 000	4 000	4 000	4 000			
		5 000	5 000	5 000	5 000		
		6 000	6 000	6 000	6 000	6 000	6 000
			7 000	7 000	7 000	7 000	7 000
			8 000	8 000	8 000	8 000	8 000
				10 000	10 000	10 000	10 000
				12 000	12 000	12 000	12 000
					14 000	14 000	14 000
						16 000	16 000
工作台面 T 形槽（按 GB　158—84）宽度	22	28	28	28	36	36	36
工作台面 T 形槽（按 GB　158—84）间距	125	180	180	200	250	250	320

注：＊最大磨削宽度 B 大于 1 250mm 规格的定梁龙门导轨磨床，其最大磨削高度 H 允许按 R10 优先数系减小，但不得小于 1 000mm。

2. 落地式导轨磨床

落地式导轨磨床的型式和主要技术参数见图 4－21 和表 4－27。

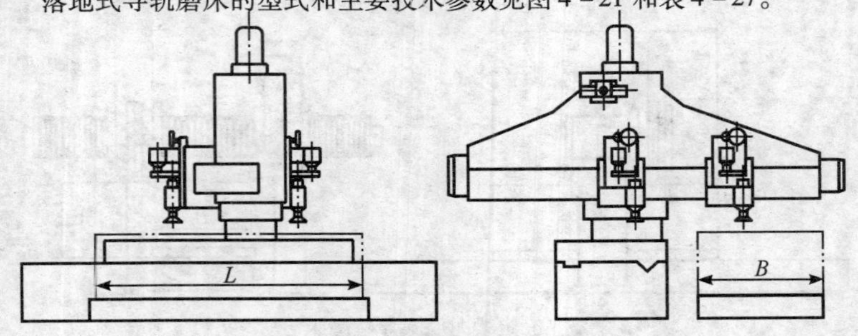

图 4－21　落地式导轨磨床

表 4－27　落地导轨磨床的参数（mm）

最大磨削宽度 *B*		800	1 000	1 250	1 600
最大磨削长度 *L*		3 000	3 000		
		4 000	4 000	4 000	
		5 000	5 000	5 000	
			6 000	6 000	6 000
			7 000	7 000	7 000
			8 000	8 000	8 000
			10 000	10 000	10 000
			12 000	12 000	12 000
					14 000
固定工作台面 T 形槽（按 GB 158—84）	宽度	22	28	28	28
	间距	125	180	200	250

3. 悬臂式导轨磨床

悬臂式导轨磨床的型式和主要参数见图 4－22 和表 4－28。

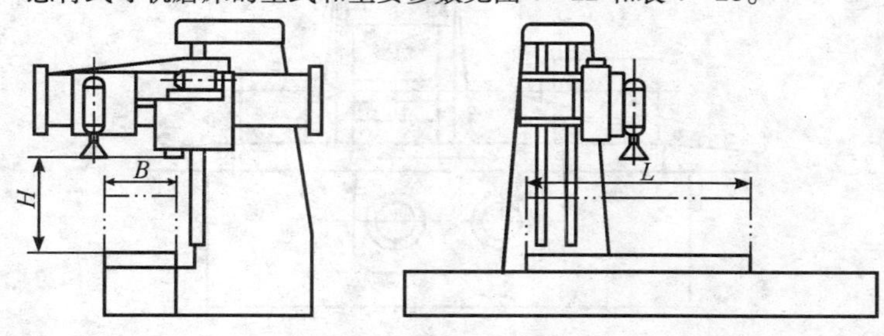

图 4－22　悬臂式导轨磨床

表 4－28　悬臂导轨磨床的参数（mm）

最大磨削宽度 *B*		630	800
最大磨削高度 *H*		630	800
最大磨削长度 *L*		1 500	
		2 000	2 000
		2 500	2 500
		3 000	3 000
			3 500
			4 000
工作台面 T 形槽（按 GB 158—84）	宽度	22	22
	间距	112	125

4.5.4　花键轴磨床

花键轴磨床（GB/T 10930—2004）的型式如图 4－23 所示，其参数列于表 4－29。

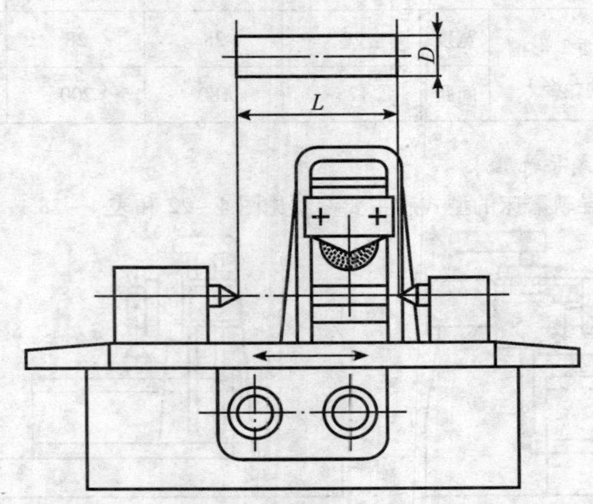

图 4－23　花键轴磨床

表 4-29　花键轴磨床参数

最大磨削直径 D（mm）		125				200		
最大工件安装长度 L（mm）		500	1 000	1 500	2 000	1 500	2 000	3 000
分度板直径（mm）		250				350		
分度数		4~24				4~64		
头架主轴锥度	莫氏圆锥度号	4，5，6				6，公制 80		
尾架套筒锥度	（GB/T 1443）	3，4				4，5		
工作台速度（m/min）	min	0.5				0.5		
	max≥	10				8		
最大工件安装直径（mm）		320				500		

4.5.5　平面磨床

平面磨床分为卧轴矩台平面磨床、立轴矩台平面磨床、卧轴圆台平面磨床和立轴圆台平面磨床四种型式。

1. 卧轴矩台平面磨床

卧轴矩台平面磨床（GB/T 6469—2004）的型式如图 4-24 所示，其主要尺寸参数列于表 4-30。

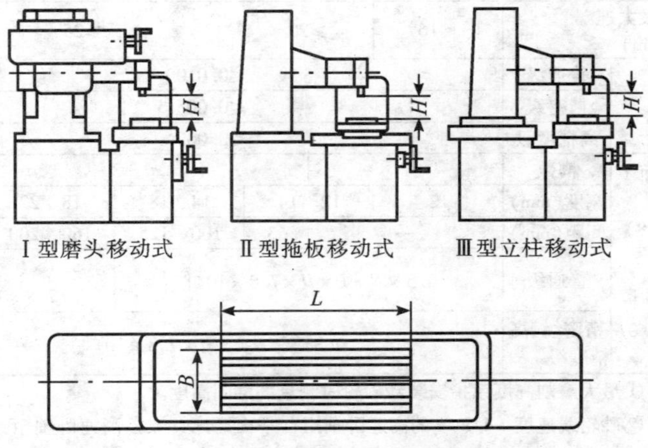

图 4-24　卧轴矩台平面磨床

表 4-30　卧轴矩台平面磨床尺寸参数

工作台面宽度 B(mm)		125	160	200	250	320	400	500	630	800
最大磨削高度 H(mm)		250		320	320	400	400	500	500	600
工作台面长度 L(mm)		400	400	400						
		500	500	500	500	500	500			
				630	630	630	630	630		
				800	800	800	800	800	800	
					1 000	1 000	1 000	1 000	1 000	
						1 250	1 250	1 250	1 250	1 250
						1 600	1 600	1 600	1 600	1 600
						2 000	2 000	2 000	2 000	2 000
						2 500	2 500	2 500	2 500	2 500
						3 000	3 000	3 000	3 000	3 000
							3 500	3 500	3 500	3 500
							4 000	4 000	4 000	4 000
								5 000	5 000	5 000
砂轮直径(mm)		200~300			300~450			350~600		
砂轮线速度(m/s)		≤35								
工作台最大速度(m/min)		≤16		≥20	≥25					
垂直最小进给值(mm)	普通级	≤0.010								
	精密级	≤0.005								
	高精度级	≤0.002								
工作台面T形槽(按GB/T 158)	槽数	1			3					
	宽度(mm)	12		12	14	14	18	18	22	22　28
	间距(mm)	—			63	100	125	160	200	250
加工工件最大质量(kg)	普通级	$0.5\times B\times L\times H\times 7.8\times 10^{-6}$						$0.33\times B\times L\times H\times 7.8\times 10^{-6}$		
	精密级、高精度级	$0.33\times B\times L\times H\times 7.8\times 10^{-6}$								

注：①最大磨削高度系指安装新砂轮时测量的磨削高度。

②砂轮线速度 >45m/s 的高速卧轴矩台平面磨床、数控高速卧轴矩台平面磨床的砂轮线速度按设计规定。

③强力卧轴矩台平面磨床、数控强力卧轴矩台平面磨床的工作台速度按设计规定。

④工作台面 T 形槽尺寸按固定 T 形槽要求考核。

2. 立轴矩台平面磨床

立轴矩台平面磨床（GB/T 7923—2004）的型式如图 4 - 25 所示，其主要尺寸参数列于表 4 - 31。

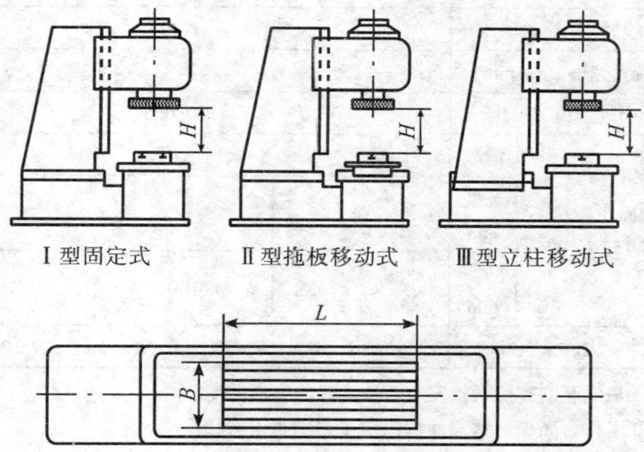

图 4 - 25　立轴矩台平面磨床

表 4 - 31　立轴矩台平面磨床尺寸参数

工作台面宽度 B（mm）	200	250	320	400	500	630
最大磨削高度 H（mm）	320		400		500	630
工作台面长度 L（mm）	630	630				
		1 000	1 000	1 000		
			1 250	1 250	1 250	
			1 600	1 600	1 600	1 600
			2 000	2 000	2 000	2 000
				2 500	2 500	2 500
				3 000	3 000	3 000
						4 000

续表

<table>
<tr><td colspan="2">工作台面宽度 B（mm）</td><td>200</td><td>250</td><td>320</td><td>400</td><td>500</td><td>630</td></tr>
<tr><td colspan="2">砂轮直径（mm）</td><td colspan="2">220～300</td><td>350～400</td><td colspan="2">450～550</td><td>650～750</td></tr>
<tr><td colspan="2">砂轮线速度（m/s）</td><td colspan="6">≤30</td></tr>
<tr><td colspan="2">工作台最大速度（m/min）</td><td colspan="2">≤15</td><td colspan="4">≥25</td></tr>
<tr><td colspan="2">垂直最小进给值（mm）</td><td colspan="6">≤0.005</td></tr>
<tr><td rowspan="3">工作台面 T 形槽
（按 GB/T 158—1996）</td><td>槽数</td><td>1</td><td colspan="5">3</td></tr>
<tr><td>宽度（mm）</td><td colspan="2">14</td><td colspan="2">18</td><td colspan="2">22</td></tr>
<tr><td>间距（mm）</td><td>—</td><td>63</td><td colspan="2">100</td><td colspan="2">160</td></tr>
<tr><td colspan="2">加工工件最大质量（kg）</td><td colspan="3">$0.5 \times B \times L \times H \times 7.8 \times 10^{-6}$</td><td colspan="3">$0.33 \times B \times L \times H \times 7.8 \times 10^{-6}$</td></tr>
</table>

注：①最大磨削高度系指安装新砂轮时的磨削高度。

②工作台面 T 形槽尺寸按固定 T 形槽要求考核。

3. 立轴圆台平面磨床

立轴圆台平面磨床（GB/T 10927—2004）的型式如图 4－26 所示，其主要尺寸参数列于表 4－32。

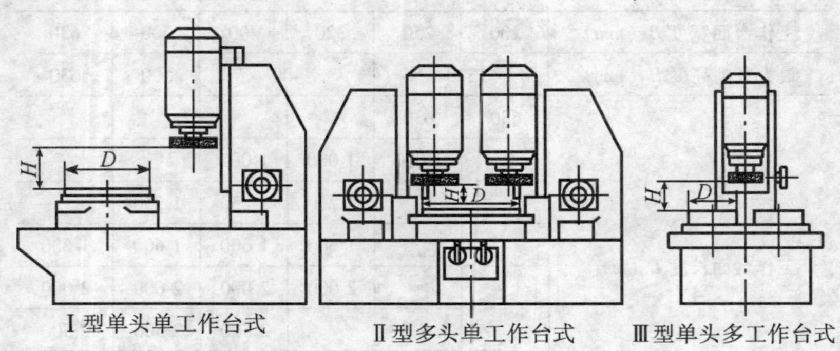

图 4－26　立轴圆台平面磨床

表 4-32　立轴圆台平面磨床尺寸参数

工作台面直径 D（mm）	500	630	800	1 000	1 250	1 600
最大磨削高度 H（mm）	200，250		250，320，400		320，400，500	
电磁工作台转速（r/min）	10～45		5～30		4～25	
最大砂轮直径（mm）	300	350	450	600	700	850
砂轮最大线速度（m/s）	30					
磨头电动机最小功率（kW）	11		22，30		40	55
磨头最小垂直进给量（mm）	0.005			0.01		
加工工件最大质量（kg）	$0.33 \times \pi \cdot D^2/4 \times H \times 7.8 \times 10^{-6}$					

注：①制造厂若发展大于表中所列最大工作台直径的机床，推荐按 1.12 公比开发设计。

②多头单工作台机床的电磁工作台转速应按用户需要确定。

4. 卧轴圆台平面磨床的参数

卧轴圆台平面磨床（JB/T 9908.1—1999）有三种型式：磨头移动式、工作台拖板移动式和立轴移动式，如图 4-27 所示。其主要尺寸参数列于表 4-33。

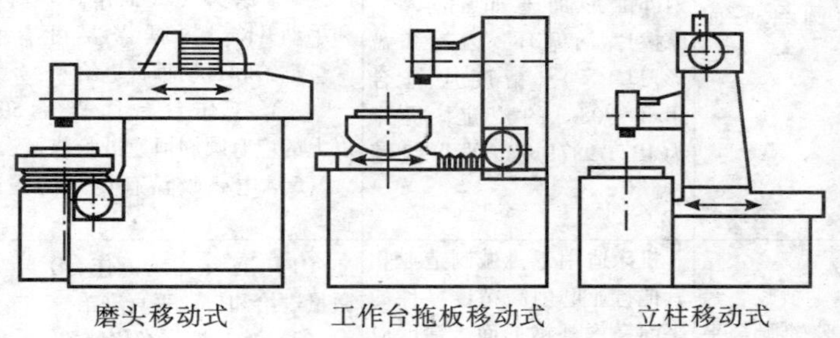

图 4-27　卧轴圆台平面磨床

表 4-33　卧轴圆台平面磨床的参数

工作台台面直径 D（mm）	320	400	500	630	800	1 000	1 250	1 600
最大磨削高度 H（mm）	125，160		200，250		320，400		500，630	

5. 卧轴圆台平面磨床的系列型谱

卧轴圆台平面磨床系列构成（JB/T 9908.2—1999）如图4－28所示。

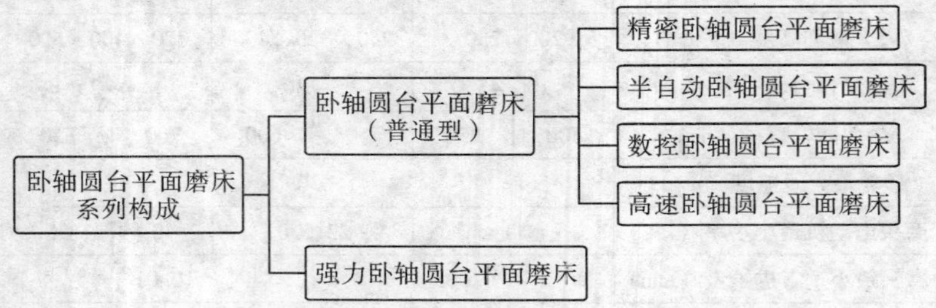

图4－28　卧轴圆台平面磨床系列构成

平面磨床的用途性能、品种及主要参数列于表4－34～表4－36。

表4－34　卧轴圆台平面磨床

机床类型	用　途	性能特征
卧轴圆台平面磨床	它适用于机械制造业的中批和小批量生产车间及其他行业的机修车间和工具车间，磨削各种零件的平面和内外锥形面（如轴承环、摩擦片、活塞环、齿轮和盘形刀具等）。精度应符合JB/T 9908.3的规定，机床为JB/T 9871规定的Ⅳ级精度	（1）工作台（或磨头）纵向移动为机动 （2）工作台的回转为机动，直径800mm以上的应有点动功能 （3）磨头（或工作台）有机动和手动升降，根据需要可有垂直微量进给和自动垂直进给 （4）工作台台面直径500mm以上的应有圆周恒速进给装置 （5）电磁吸盘有良好的退磁装置
精密卧轴圆台平面磨床	机床适用于机械制造业和其他行业磨削高精度零件的平面和内外锥形面。精度应符合JB/T 9910.1的规定，机床为JB/T 9871规定的Ⅲ级精度	（1）磨头（或工作台）有垂直微量进给和自动垂直进给 （2）冷却液有净化装置 （3）根据需要可有数显装置和磁力大小调节功能
半自动卧轴圆台平面磨床	机床适用于机械制造业的大批量生产，磨削各种零件的平面和内外锥形面	（1）有半自动磨削循环控制系统和良好的连锁装置 （2）有尺寸自动控制机构

续表

机床类型	用　途	性能特征
数控卧轴圆台平面磨床	机床适用于机械行业磨削各种回转成形表面（如大型凸凹透镜等）	具有轮廓控制功能
高速卧轴圆台平面磨床	机床适用于机械制造业的大批量生产，磨削各种零件的平面和内外锥形面	（1）砂轮线速度大于45m/s （2）冷却液有相适应的压力和流量，并有净化和吸雾装置 （3）砂轮和工件应有可靠的防护
强力卧轴圆台平面磨床	机床适用于机械制造业以深切入和其他方法磨削连续的或不连续的回转成形表面（如蜗轮发动机的叶片榫槽）	（1）工作台运转有缓进给装置 （2）有砂轮成形修整装置 （3）冷却液有相适应的压力和流量，并有净化装置和可靠的防护措施

表4-35　卧轴圆台平面磨床的品种

工作台台面直径（mm）		320	400	500	630	800	1 000	1 250	1 600
磨头移动式	卧轴圆台平面磨床	○	○	○	—	—	—	—	—
	精密卧轴圆台平面磨床	○	○	○	—	—	—	—	—
工作台拖板移动式	卧轴圆台平面磨床	○	○	○	○	○	○	○	○
	高速卧轴圆台平面磨床	—	—	○	○	—	—	—	—
	精密卧轴圆台平面磨床	—	—	○	○	○	○	—	—
	半自动卧轴圆台平面磨床	—	—	○	○	○	○	—	—
	数控卧轴圆台平面磨床	—	—	○	○	○	○	—	—
	强力卧轴圆台平面磨床	—	—	—	○	○	○	—	—
立柱移动式	卧轴圆台平面磨床	—	—	○	○	○	○	—	—
	半自动卧轴圆台平面磨床	—	—	○	○	○	○	—	—

注：表中○表示有此规格。

表 4－36　卧轴圆台平面磨床主要参数

工作台台面直径(mm)		320	400	500	630	800	1 000	1 250	1 600
最大磨削高度(mm)		125,160		200,250		320,400		500,630	
砂轮直径(mm)		250～350		350～450		400～500		500～600	
砂轮最大线速度①(m/s)		35							
工作台回转角度(°)		±10		−6～+3		−3～+2		−1.5～+1	
工作台转速(r/min)		60～160		20～70		10～45		5～30	
磨头(或工作台)纵向移动速度(m/min)		0.1～2.5				0.15～2			
磨头(或工作台)快速升降速度(mm/min)		150～400							
最小垂直进给量(mm)	普通级	0.002 5				0.005			
	精密级	0.001						—	
磨头电动机最小功率(kW)		4		5.5		11		15	
加工工件最大质量②(kg)	普通级	$0.33\times\frac{\pi D^2}{4}H\rho\times10^{-6}$							
	精密级	$0.2\times\frac{\pi D^2}{4}H\rho\times10^{-6}$							

注：①表示不包括高速卧轴圆台平面磨床。

②表示式中：D——工作台台面直径，mm；

H——最大磨削高度，mm；

ρ——钢的密度，7.8g/cm³。

4.5.6　万能工具磨床

万能工具磨床（JB/T 3875.1—1999）的型式如图 4－29 所示，其主要尺寸参数列于表 4－37。

表 4－37　万能工具磨床的参数（mm）

最大回转直径 D	125	160	200	250	320
最大工件长度 L	320	400	500	630	800

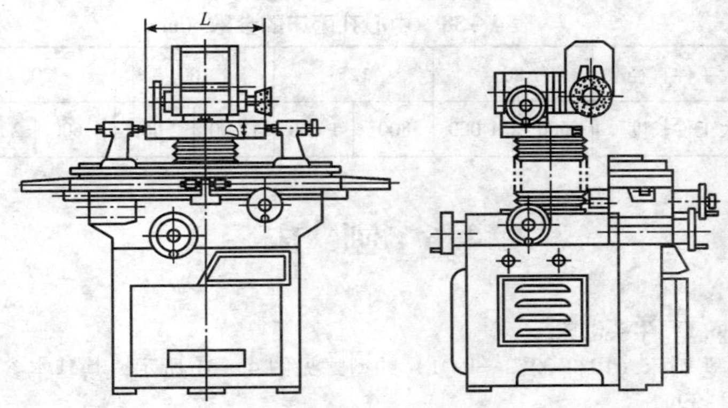

图 4-29　万能工具磨床

4.5.7　中心孔磨床

中心孔磨床（JB/T 9922.1—1999）的型式如图 4-30 所示，其主要尺寸参数列于表 4-38。

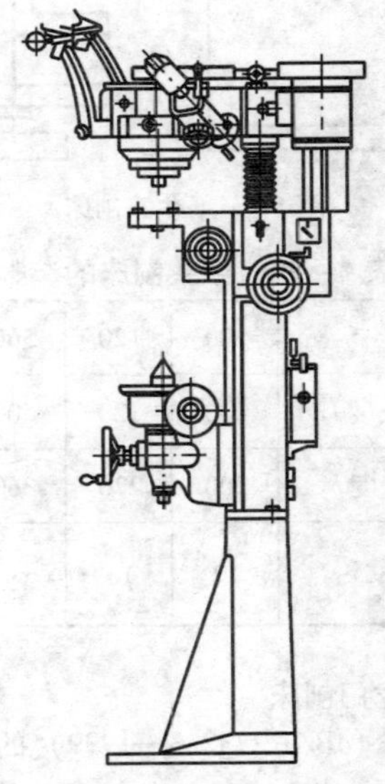

图 4-30　中心孔磨床

表 4-38　中心孔磨床的参数（mm）

最大工件直径	80		125		160		200	
最大工件长度	500	1 000	800	1 600	1 000	2 000	1 600	2 500

4.6 刨 床

4.6.1 牛头刨床

牛头刨床（JB/T 3362—1991）的型式见图 4-31 所示，其基本参数列于表 4-39。

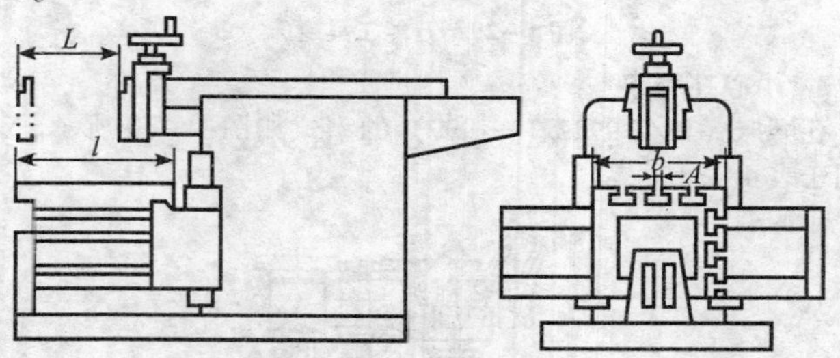

图 4-31　牛头刨床

表 4-39　牛头刨床的参数（mm）

最大刨削长度 L		200	320	500	630	800	1 000
工作台上平面	长度 l	200	320	500	630	800	1 000
	宽度 b	200	270	360	400	450	500
工作台上平面 T 形槽宽度 A（按 GB 158）		12	14	18			22

4.6.2 悬臂刨床和龙门刨床

悬臂刨床和龙门刨床（JB/T 2732.3—1999）的型式分别见图 4-32 中 a 和 b，其基本参数列于表 4-40。

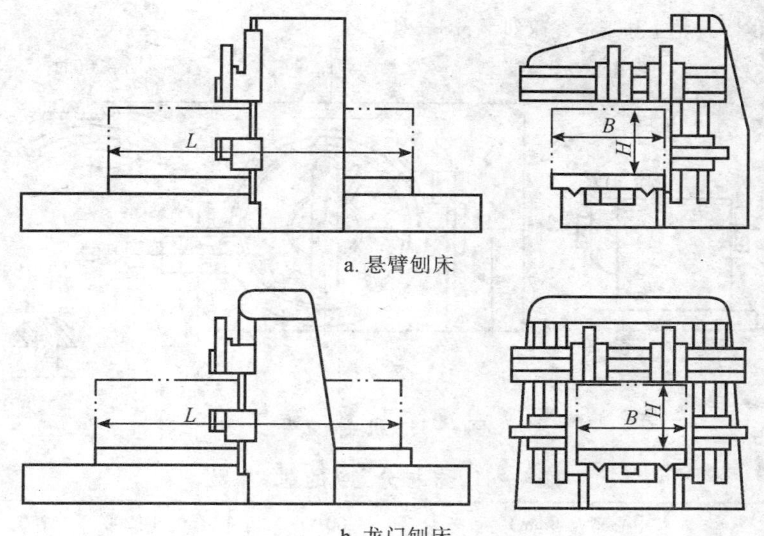

a. 悬臂刨床

b. 龙门刨床

图 4－32　悬臂刨床和龙门刨床

表 4－40　悬臂刨床和龙门刨床的参数（mm）

最大刨削宽度 B	悬臂刨床	—	1 000	1 250	1 600	2 000	2 500	3 150	—	—
	龙门刨床	800	1 000	1 250	1 600	2 000	2 500	3 150	4 000	5 000
最大刨削高度 H		630	800	1 000	1 250	1 600	2 000	2 500	3 150	4 000
最大刨削长度 l		2 000	3 000	4 000	5 000	6 000	8 000	10 000	12 000	16 000

注：最大刨削长度 L 允许增加：

B＝800～1 600mm 按 1 000mm 递增；

B＝2 000～5 000mm 按 2 000mm 递增。

4.7　分度头

4.7.1　机械分度头

机械分度头（GB/T 2554.2—1998）分为万能型和半万能型两种型式，

见图 4－33，其基本参数列于表 4－41。

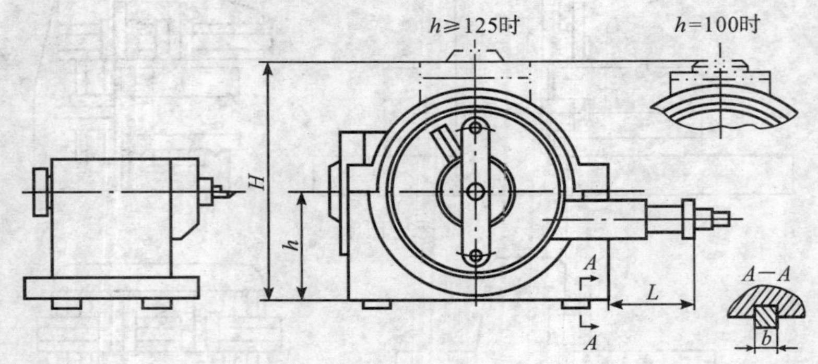

图 4－33　机械分度头

表 4－41　机械分度头的基本参数

中心高 h（mm）			100	125	160	200	250
主轴端部	法兰式	端部代号（GB/T 5900.1）	$A_0 2$	$A_2 3$		$A_1 5$	
		锥孔号（莫氏）（GB/T 1443）	3	4		5	
	7:24 圆锥	端部锥度号（GB/T 3837.1）	30	40		50	
定位键宽 b（mm）			14	18		22	
主轴直立时，支承面到底面高度 H（mm）			200	250	315	400	500
连接尺寸 L（mm）			93	103		—	
主轴下倾角度 min（°）			5				
主轴上倾角度 min（°）			95				
传动比			40:1				
手轮刻度环示值（′）			1				
手轮游标分划示值（″）			10				

注：①分度头的型号应符合 JB/T 2326 规定。

②半万能型比万能型分度头缺少差动分度挂轮连接部分。

4.7.2 等分分度头

等分分度头（JB/T 3853.1—1999）的型式如图 4－34 所示，其主要参数列于表 4－42。

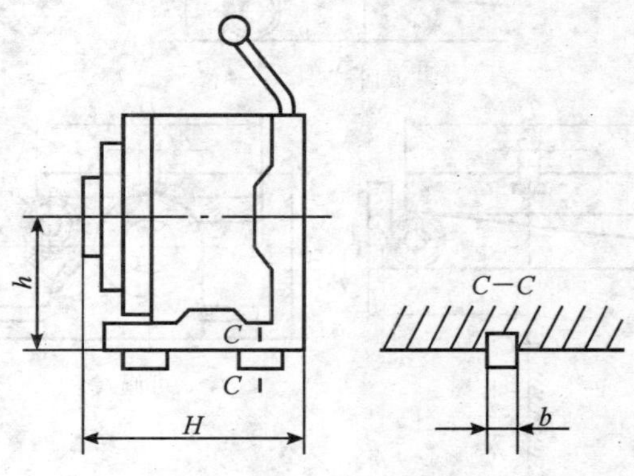

图 4－34 等分分度头

表 4－42 等分分度头的参数

中心高 h（mm）	80	100	125	160	200
主轴锥孔锥度（莫氏圆锥号）	3		4		5
主轴直立时轴肩支承面的最大高度 H（mm）①	95	125	150		170
定位键宽度 b（mm）	14		18		22

注：表中①只适用于立卧式。

4.8 回转工作台

回转工作台分为卧式、立卧式和可倾式三种（JB/T 4370—1996）。其型式如图 4－35 所示，主要参数列于表 4－43。

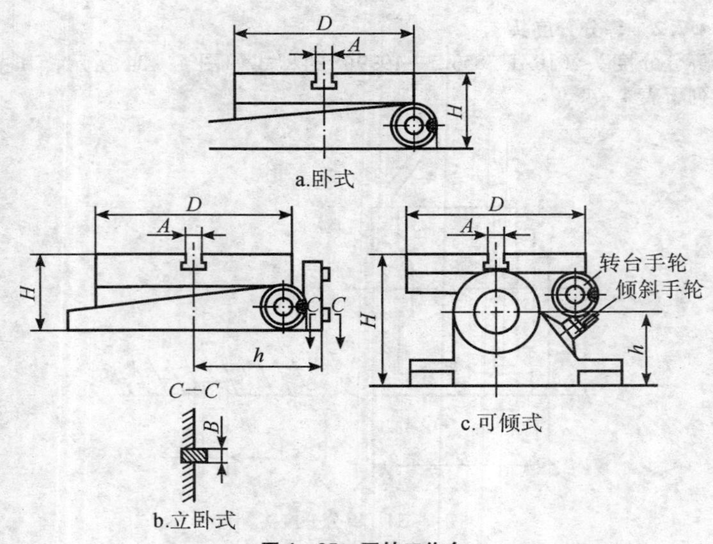

a.卧式　b.立卧式　c.可倾式

图 4－35　回转工作台

表 4－43　回转工作台的参数

D（mm）		200	250	315	400	500	630	800	1 000
H_{max}（mm）	Ⅰ型	100		140		160		250	
	Ⅱ型	100	125	140	170	210	250	300	350
	Ⅲ型	180	210	260	320	380	460	560	700
h_{max}（mm）	Ⅱ型	150	185	230	280	345	415	510	610
	Ⅲ型	130	160	200	250	300	360	450	550
中心孔莫氏圆锥（GB 1443）		3		4		5		6	
中心孔(直径×深度)(mm×mm)		30×6		40×10		50×12		75×14	
A（GB 158）（mm）		12		14		18		22	
B（GB/T 2206）（mm）		14（12）		18（14）		22（18）		28（22）	
转台手轮游标分划值（°）		0～90							
转台手轮刻度值（′）		1							
可倾角度（Ⅲ型）（″）		10							

注：括号内参数尽量不采用。

4.9 顶　　尖

4.9.1 固定顶尖

固定顶尖（GB/T 9204.1—1998）的型式见图 4-36 所示，其基本参数列于表 4-44。

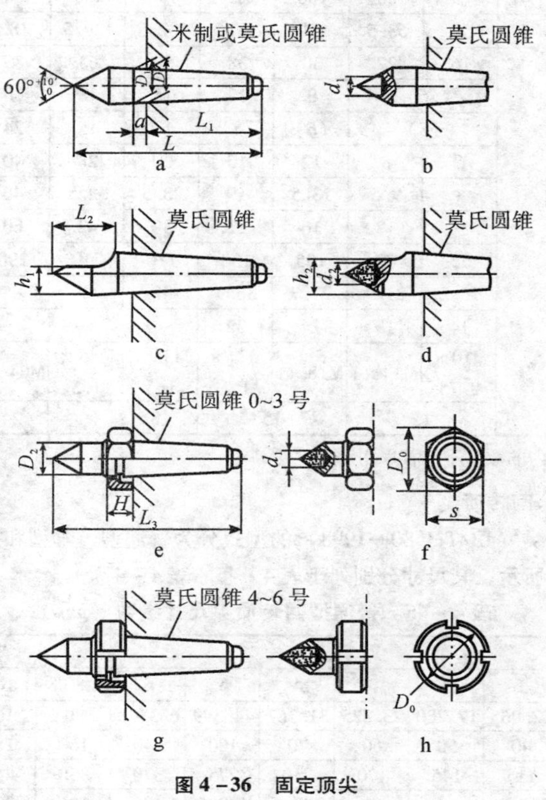

图 4-36　固定顶尖

表 4-44　固定顶尖的参数

参数	米制圆锥号		莫氏圆锥号							米制圆锥号	
	4	6	0	1	2	3	4	5	6	80	100
D(mm)	4	6	9.045	12.065	17.780	23.825	31.267	44.399	63.348	80	100
a(mm)	2	3		3.5	5		6.5		8		10
D_{1max}(mm)	4.1	6.2	9.2	12.2	18	24.1	31.6	44.7	63.8	80.4	100.5
L(mm)	33	47	70	80	100	125	160	200	280	315	360
L_{1max}(mm)	23	32	50	53.5	64	81	102.5	129.5	182	196	232
L_2(mm)	—		16	22	30	38	50	63	85	—	
d_1(mm)			(6)		8	12	15	18	30		
d_2(mm)			(5)		(6)	8	12	15	24		
h_1(mm)			6	8	12	15	20	28	40		
h_2(mm)			8	9.5	13.5	19	23.5	32.5	46		
D_2(mm)			9	12	16	22	30	42	60		
L_3(mm)			75	85	105	130	170	210	290		
D_0(mm)			16.2	21.9	27.7	36.9	48	62	85		
S(mm)			14	19	24	32	—				
d_0(mm)			M10×0.75	M14×1	M18×1	M24×1.5	M33×1.5	M45×1.5	M64×2		
H_{max}(mm)			12		15		18	21	24		

注：括号内的数字不推荐采用。

4.9.2　回转顶尖

回转顶尖（JB/T 3580—1998）的型式分为普通型、伞型和插入型三种，如图 4-37 所示，其尺寸分别列于表 4-45～表 4-47。

表 4-45　普通型回转顶尖尺寸参数（mm）

圆锥号	莫氏						米制		
	1	2	3	4	5	6	80	100	120
D	12.065	17.780	23.825	31.267	44.399	63.348	80	100	120
D_{1max}	40	50	60	70	100	140	160	180	200
L_{max}	115	145	170	210	275	370	390	440	500
l	53.5	64	81	102.5	129.5	182	196	232	268
a	3.5	5	5	6.5	6.5	8	8	10	12

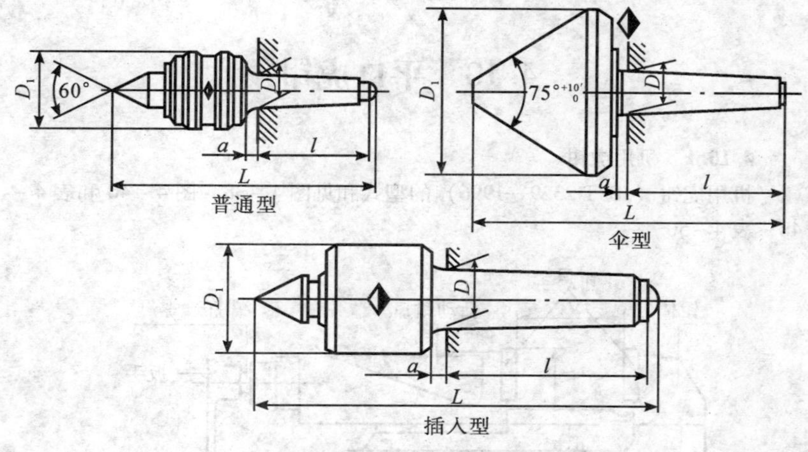

图 4-37　回转顶尖

表 4-46　伞型回转顶尖尺寸参数（mm）

莫氏圆锥号	2	3	4	5	6
D	17.780	23.825	31.267	44.399	63.348
D_{1max}	80	100	160	200	250
L_{max}	125	160	210	255	325
l	64	81	102.5	129.5	182
a	5	5	6.5	6.5	8

注：仅适用于中系列伞型回转顶尖。

表 4-47　插入型回转顶尖的尺寸参数（mm）

莫氏圆锥号	2	3	4	5	6
D	17.780	23.825	31.267	44.399	63.348
D_{1max}	50	60	70	90	110
L_{max}	140	170	200	260	330
l	64	81	102.5	129.5	182
a	5	5	6.5	6.5	8
α	60°，75°			60°，75°，90°	

注：仅适用于中系列插入型回转顶尖。

4.10 平口虎钳

4.10.1 机用虎钳

机用虎钳（JB/T 2329—1996）的型式和见图 4－38～图 4－40 和表 4－48～表 4－50。

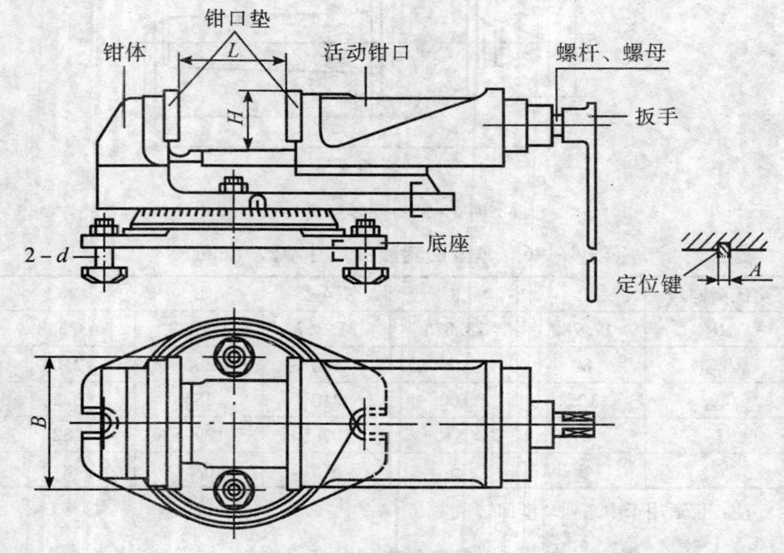

图 4－38　型式 I 机用虎钳

表 4－48　机用虎钳型式

型式	类型	图号
型式 I	固定型（无底座）	图 4－38
	回转型	
型式Ⅱ	回转型	图 4－39
型式Ⅲ	固定型（无底座）	图 4－40
	回转型	

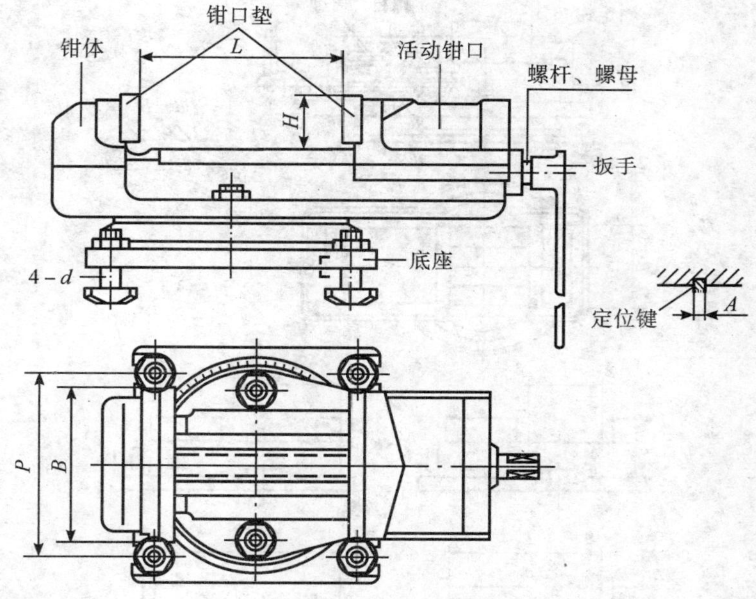

图 4-39　型式Ⅱ机用虎钳

表 4-49　机用虎钳的等级

等　级	0	1	2
型式Ⅰ	△	△	(△)
型式Ⅱ	—	(△)	△
型式Ⅲ	△	△	—

注：括号内的等级不推荐采用。

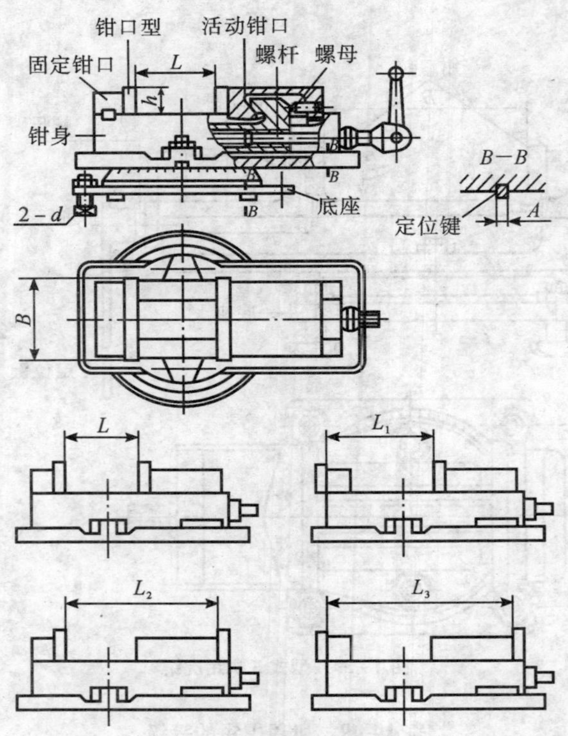

图 4－40　型式Ⅲ机用虎钳

注：①图 4－38～图 4－40 作为例图，不作为虎钳结构的规定。

②型式Ⅲ的 L_1、L_2、L_3 为钳口垫具有的另外三种安装位置。

表 4－50　机用虎钳的规格和基本尺寸参数（mm）

规　格		63	80	100	125	160	200	250	315	400
钳口宽度 B	型式Ⅰ	63	80	100	125	160	200	250	—	—
	型式Ⅱ	—	—	—	125	160	200	250	315	400
	型式Ⅲ	—	80	100	125	160	200	250	—	—
钳口高度 h_{min}	型式Ⅰ	20	25	32	40	50	63		—	—
	型式Ⅱ	—	—	—	40	50	63		80	
	型式Ⅲ	—	25	32	38	45	56	75	—	—

续表

规　格		63	80	100	125	160	200	250	315	400
钳口最大张开度 L_{max}	型式Ⅰ	50	63	80	100	125	160	200	—	—
	型式Ⅱ	—	—	—	140	180	220	280	360	450
	型式Ⅲ	—	75	100	110	140	190	245	—	—
定位键宽度 A（按 GB/T 2206）	型式Ⅰ	12		14		18		22	—	
	型式Ⅱ	—	—		14		18		22	
	型式Ⅲ	—	12	14		18		22	—	
螺栓直径 d	型式Ⅰ	M10		M12		M16		M20		
	型式Ⅱ	—	—		M12		M16		M20	
	型式Ⅲ	—	M10	M12		M16		M20	—	
螺栓间距 P	型式Ⅱ（4 - d）	—	—	—	—	160	200	250	320	

注：虎钳的型号和命名一般应符合 JB/T 2326 的规定。

4.10.2　可倾机用平口虎钳

可倾机用平口虎钳（JB/T 9936.1—1999）的型式见图 4 - 41，其主要参数见表 4 - 51。

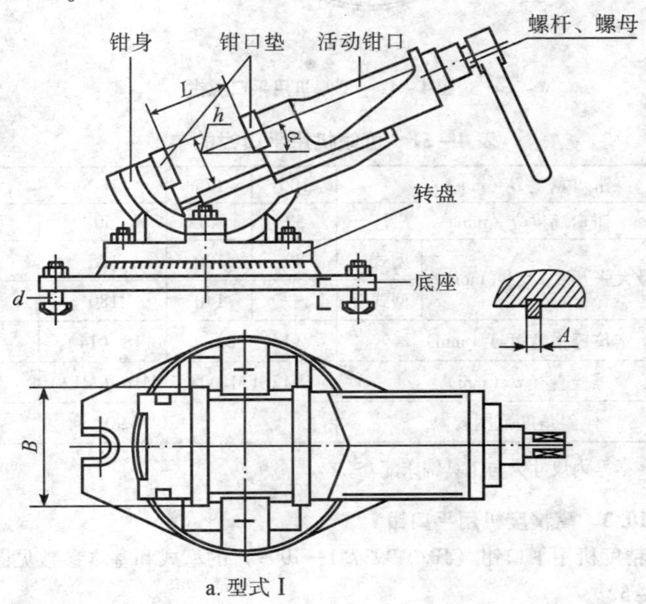

a. 型式Ⅰ

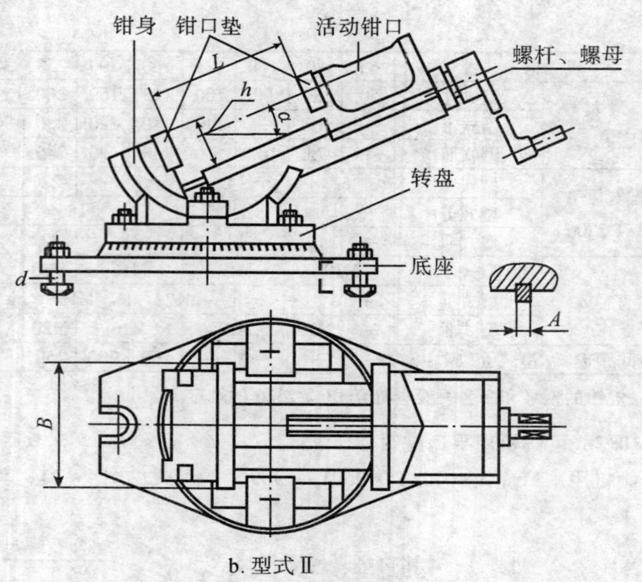

b. 型式Ⅱ

图 4－41　可倾机用平口虎钳

表 4－51　可倾机用平口钳的参数

钳口宽度 B（mm）		100	125	160	200
钳口高度 h（mm）		32	40	50	63
钳口最大张开度 L_{max}（mm）	型式Ⅰ	80	100	125	160
	型式Ⅱ	—	140	180	220
定位键槽宽度 A（mm）		14（12）		18（14）	18
螺栓直径 d（mm）		M12（M10）		M16（M12）	M16
倾斜角度范围 α		0°～90°			

注：括号内尺寸为与工具铣床配套。

4.10.3　高精度机用平口钳

高精度机用平口钳（JB/T 9937.1—1999）的型式和基本参数见图 4－42 和表 4－52。

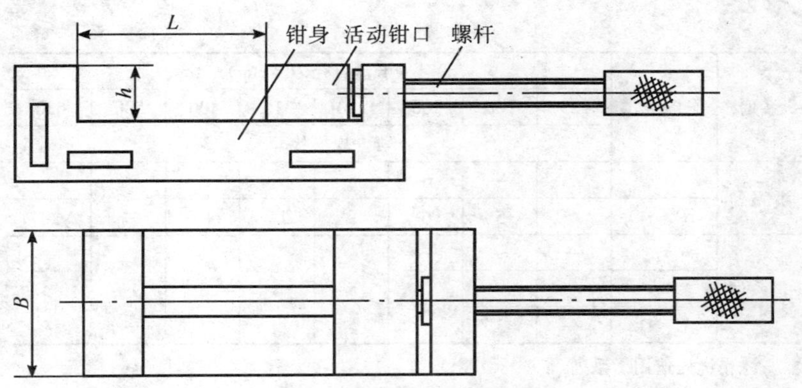

图 4－42　高精度机用平口钳

表 4－52　可倾机用平口钳的参数（mm）

<table>
<tr><td>钳口宽度 B</td><td colspan="2">40</td><td colspan="2">50</td><td colspan="2">63</td><td colspan="2">80</td><td colspan="2">100</td><td colspan="2">125</td><td colspan="2">160</td></tr>
<tr><td>钳口高度 h</td><td colspan="2">22</td><td colspan="2">25</td><td colspan="2">28</td><td colspan="2">32</td><td colspan="2">36</td><td colspan="2">40</td><td colspan="2">45</td></tr>
<tr><td>钳口最大张开度 L_{max}</td><td>32</td><td>40</td><td>50</td><td>63</td><td>80</td><td>100</td><td>125</td><td>160</td><td colspan="6">200</td></tr>
</table>

4.11　机床用手动自定心卡盘

机床用手动自定心卡盘（GB/T 4346.1—2002）按其与机床主轴端部的连接型式分为短圆柱卡盘和短圆锥卡盘两种，见图 4－43。短圆锥卡盘连接型式和机床主轴端部的规格代号与卡盘直径的配置关系列于表 4－53。

表 4－53　短圆锥卡盘连接型式和机床主轴端部的规格代号与卡盘直径的配置关系

<table>
<tr><td rowspan="3">系列</td><td rowspan="3">连接型式</td><td colspan="8">卡盘直径 D（mm）</td></tr>
<tr><td>125</td><td>160</td><td>200</td><td>250</td><td>315</td><td>400</td><td>500</td><td>630</td></tr>
<tr><td colspan="8">规格代号</td></tr>
<tr><td rowspan="3">Ⅰ系列</td><td>A_1</td><td>—</td><td>—</td><td>5</td><td>6</td><td>8</td><td>11</td><td>15</td><td rowspan="3">15</td></tr>
<tr><td>A_2</td><td>—</td><td>—</td><td>—</td><td>—</td><td>—</td><td>—</td><td>—</td></tr>
<tr><td>C、D</td><td>3</td><td>4</td><td>5</td><td>6</td><td>8</td><td>11</td><td>15</td></tr>
</table>

续表

<table>
<tr><th rowspan="3">系列</th><th rowspan="3">连接型式</th><th colspan="8">卡盘直径 D（mm）</th></tr>
<tr><th>125</th><th>160</th><th>200</th><th>250</th><th>315</th><th>400</th><th>500</th><th>630</th></tr>
<tr><th colspan="8">规格代号</th></tr>
<tr><td rowspan="2">Ⅱ系列</td><td>A_1</td><td>—</td><td>—</td><td>6</td><td>8</td><td>—</td><td>—</td><td rowspan="2">—</td><td>—</td></tr>
<tr><td>C、D</td><td>4</td><td>5</td><td>6</td><td>8</td><td>11</td><td>15</td><td>20</td></tr>
<tr><td rowspan="3">Ⅲ系列</td><td>A_1</td><td>—</td><td>—</td><td>—</td><td rowspan="3">5</td><td rowspan="3">6</td><td rowspan="3">8</td><td rowspan="3">11</td><td>—</td></tr>
<tr><td>A_2</td><td>—</td><td>—</td><td rowspan="2">4</td><td rowspan="2">11</td></tr>
<tr><td>C、D</td><td>—</td><td>3</td></tr>
</table>

注：优先选用Ⅰ系列。

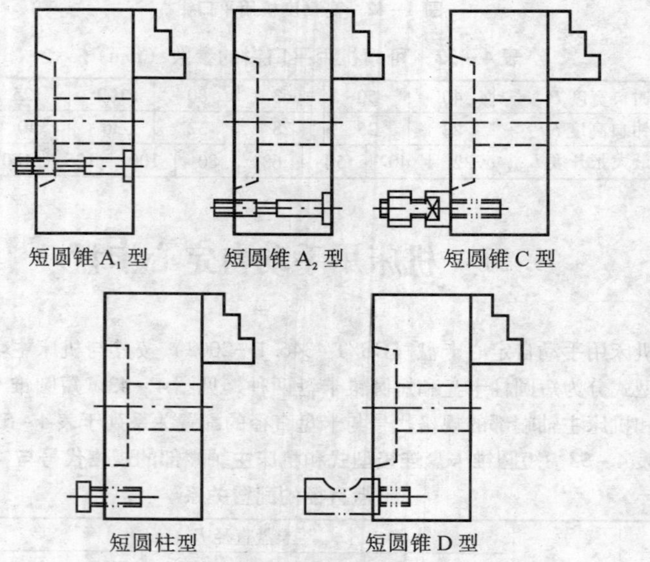

图 4－43　机床用手动自定心卡盘

4.11.1　短圆柱卡盘

短圆柱卡盘的型式见图 4－44 所示，其主要尺寸参数列于表 4－54。

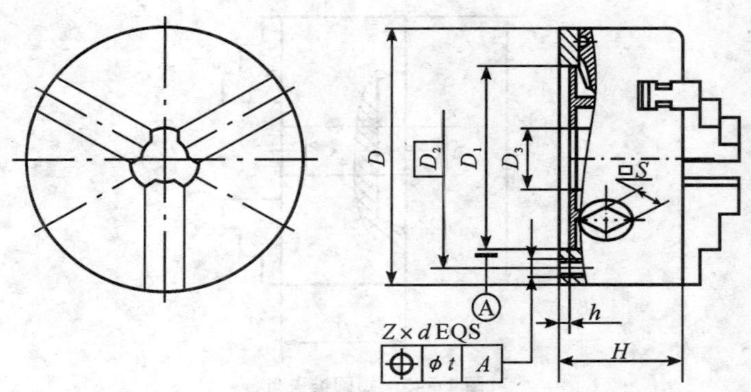

图 4 -44　短圆柱卡盘

表 4 -54　短圆柱卡盘主要尺寸参数（mm）

卡盘直径 D	80	100	125	160	200	250	315	400	500	630
D_1	55	72	95	130	165	206	260	340	440	545
D_2	66	84	108	142	180	226	285	368	465	586
$D_{3\min}$	16	22	30	40	60	80	100	130	200	240
$Z \times d$	3 × M6	3 × M8			3 × M10	3 × M12	3 × M16	6 × M16		
t	0.30					0.40				
$h_{\min}$	3			5					6	7
$H_{\max}$	50	55	60	65	75	80	90	100	115	135
S	8		10		12		14	17		19

注：D_1 公差：Ⅰ级卡盘为 H6，Ⅱ级卡盘为 H7。

4.11.2　短圆锥卡盘

短圆锥卡盘的型式如图 4 -45 所示，其主要尺寸参数列于表 4 -55 和表 4 -56。

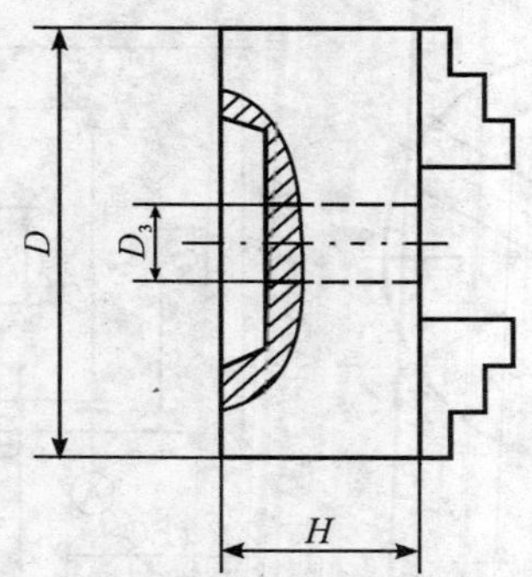

图 4－45　短圆锥卡盘

表 4－55　125～250mm 短圆锥卡盘参数（mm）

卡盘直径 D	连接型式	规格代号									
		3		4		5		6		8	
		D_{3min}	H_{max}	D_{3min}	H_{max}	D_{3min}	H_{max}	D_{3min}	H_{max}	D_{3min}	H_{max}
125	A_1										
	A_2										
	C	25	65	25	65						
	D	25	65	25	65						
160	A_1										
	A_2										
	C	40	80	40	75	40	75				
	D	40	80	40	75	40	75				
200	A_1					40	85	55	85		
	A_2			50	90						
	C			50	90	50	90	50	90		
	D			50	90	50	90	50	90		
250	A_1					40	95	55	95	75	95
	A_2										
	C					70	100	70	100	70	100
	D					70	100	70	100	70	100

注：①A_1 型、A_2 型、C 型、D 型短圆锥卡盘连接参数分别见 GB/T 5900.1～5900.3—1997 中图 2 和表 2。

②扳手方孔尺寸见表 4－54。

表 4－56　315～630mm 短圆锥卡盘参数（mm）

卡盘直径 D	连接型式	规格代号									
		6		8		11		15		20	
		D_{3min}	H_{max}	D_{3min}	H_{max}	D_{3min}	H_{max}	D_{3min}	H_{max}	D_{3min}	H_{max}
315	A_1	55	110	75	110						
	A_2	100	110								
	C	100	110	100	110	100	110				
	D	100	115	100	115	100	115				
400	A_1			75	125	125	125				
	A_2			125	125						
	C			125	125	125	125	125	140		
	D			125	125	125	125	125	155		
500	A_1					125	140	190	140		
	A_2					190	140				
	C					190	140	200	140		
	D					190	145	200	145		
630	A_1										
	A_2							240	160		
	C									250	270
	D									250	270

注：①A_1 型、A_2 型、C 型、D 型短圆锥卡盘连接参数分别见 GB/T 5900. 1～5900. 3—1997 中图 2 和表 2。

②扳手方孔尺寸见表 4－54。

4.11.3 卡爪

卡爪按其结构型式可分为整体爪和分离爪两种。本部分仅介绍分离爪。分离爪是由基爪和顶爪两部分组成，顶爪通常可调整为正爪或反爪使用。分离爪（GB/T 4346.1—2002）的型式如图 4－46 所示；分离爪（键、槽配合型）互换性尺寸列于表 4－57。

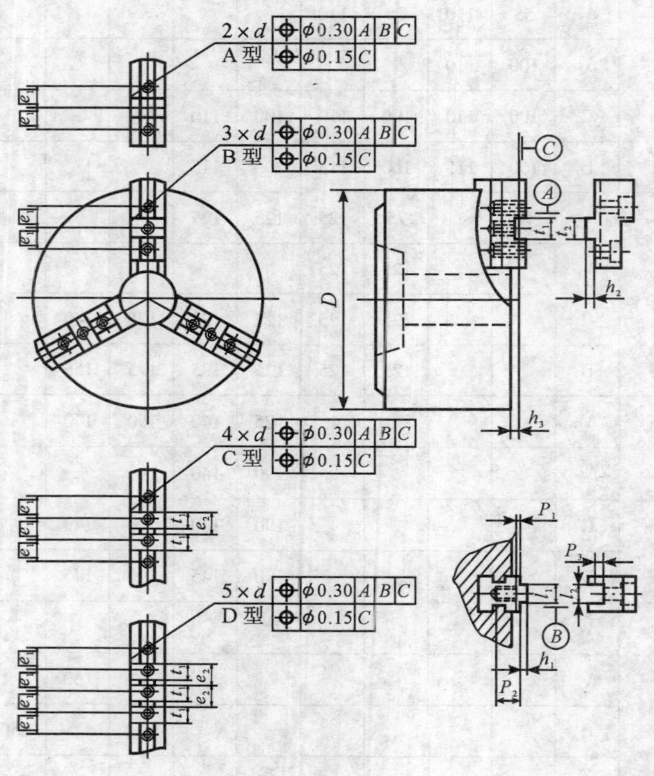

图 4－46 分离爪

表 4-57　分离爪（键、槽配合型）互换性尺寸参数（mm）

卡盘直径 D		100	125	160	200	250	315	400	500	630
型式		A	A	A	A	A	B	B	C	D
基爪	d	M6	M8	M10	M10	M12	M12	M16	M20	M20
	e_1	9.5	11.1	19	22.2	27	31.75	38.1	38.1	38.1
	e_2	—	—	—	—	—	—	—	38.1	38.1
	h_1	2.2	2.2	3	3	3	3	3	3	3
	$h_{3\min}$	4	4	5	5	5	5	8	8	8
	l_1（h9）	6.35	6.35	7.94	7.94	12.7	12.7	12.7	12.7	12.7
	P_1	3.2	3.2	4	4	4	4	7	7	7
	P_2	9	13	18	18	20	20	28	33	33
	t_1（h8）	7.94	7.94	12.675	12.675	19.025	19.025	19.025	19.025	19.025
顶爪	h_2	2.2	2.2	3	3	3	3	6	6	6
	l_2（E9）	6.35	6.35	7.94	7.94	12.7	12.7	12.7	12.7	12.7
	P_3	3.2	3.2	4	4	4	4	4	4	4
	t_2（js8）	7.94	7.94	12.675	12.675	19.025	19.025	19.025	19.025	19.025

注：①卡盘直径 D 允许有 ±5% 的变动。

②表中 e_1 在 ISO/DIS 3442—1 中为 e_1 ±0.15，在图 4-45 中用位置度公差给出。

③表中 t_2 公差在 ISO/DIS 3442—1 中为 h8。

4.11.4　卡盘夹持范围

机床用手动自定心卡盘的夹持型式见图 4-47 所示，其夹持范围列于表 4-58。

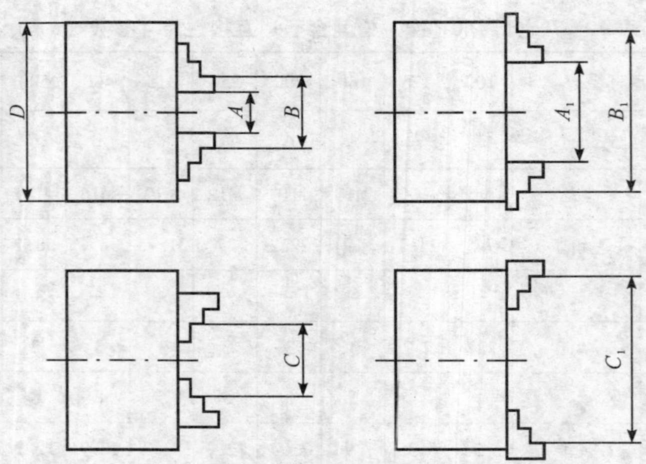

图 4－47　机床用手动自定心卡盘夹持型式

表 4－58　机床用手动自定心卡盘夹持范围（mm）

卡盘直径 D	正爪		反爪
	夹紧范围	撑紧范围	夹紧范围
	$A \sim A_1$	$B \sim B_1$	$C \sim C_1$
80	2～22	25～70	22～63
100	2～30	30～90	30～80
125	2.5～40	38～125	38～110
160	3～55	50～160	55～145
200	4～85	65～200	65～200
250	6～110	80～250	90～250
315	10～140	95～315	100～315
400	15～210	120～400	120～400
500	25～280	150～500	150～500
630	50～350	170～630	170～630

4.12 电磁吸盘

电磁吸盘（GB/T 14534—1993）分为矩形电磁吸盘和圆形电磁吸盘两种。

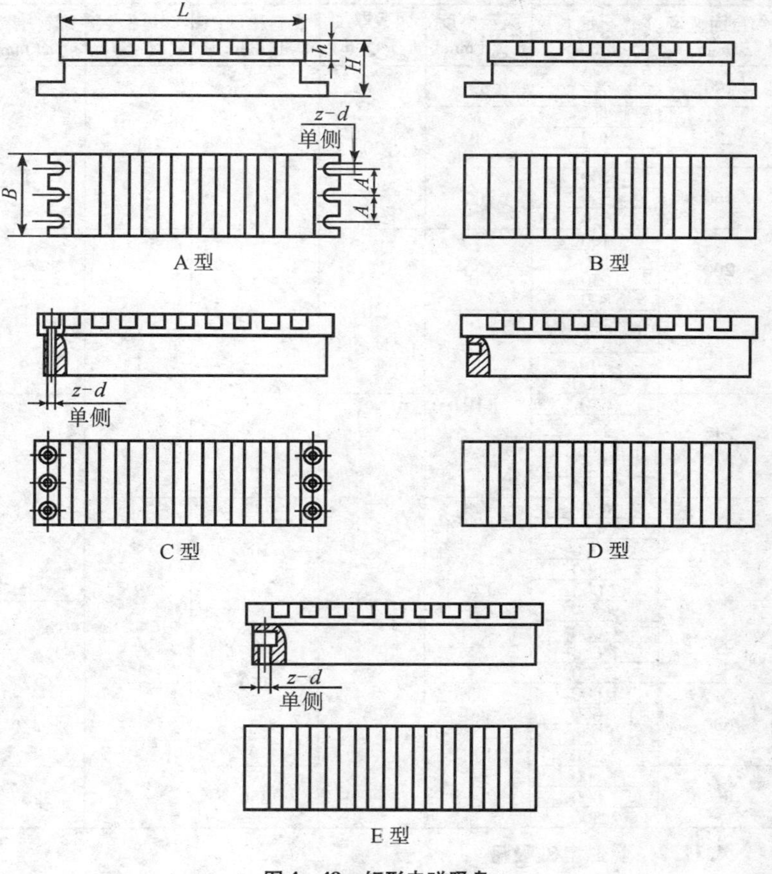

图 4-48　矩形电磁吸盘

4.12.1　矩形电磁吸盘

矩形电磁吸盘主要用于矩台平面磨床吸持工件之用，也可以用于铣床、刨床进行中等以下切削范围的工件加工；其型式和主要参数见图 4－48 和表 4－59。

表 4－59　矩形电磁吸盘的参数（mm）

<table>
<tr><th>作台面宽度 B(mm)</th><th>工作台面长度 L(mm)</th><th>吸盘高度 H_{max}(mm)</th><th>面板厚度 h_{min}(mm)</th><th>螺钉槽间距 A(mm)</th><th>螺钉槽数 Z(个)</th><th>螺钉槽宽度 d(mm)</th></tr>
<tr><td rowspan="2">100</td><td>250</td><td rowspan="2">80</td><td rowspan="8">20</td><td rowspan="8">—</td><td rowspan="8">1</td><td rowspan="8">12</td></tr>
<tr><td>315</td></tr>
<tr><td rowspan="3">125</td><td>315</td><td rowspan="3">90</td></tr>
<tr><td>400</td></tr>
<tr><td>500</td></tr>
<tr><td rowspan="3">160</td><td>400</td><td rowspan="3">100</td></tr>
<tr><td>500</td></tr>
<tr><td>630</td></tr>
<tr><td rowspan="4">200</td><td>400</td><td rowspan="4">100</td><td rowspan="8">20</td><td rowspan="13">—</td><td rowspan="13">1</td><td rowspan="8">14</td></tr>
<tr><td>500</td></tr>
<tr><td>630</td></tr>
<tr><td>800</td></tr>
<tr><td rowspan="4">250</td><td>500</td><td rowspan="9">110</td></tr>
<tr><td>630</td></tr>
<tr><td>800</td></tr>
<tr><td>1 000</td></tr>
<tr><td rowspan="5">315
(320)</td><td>630</td><td rowspan="10">25</td><td rowspan="10">18</td></tr>
<tr><td>800</td></tr>
<tr><td>1 000</td></tr>
<tr><td>1 600</td></tr>
<tr><td>2 000</td></tr>
<tr><td rowspan="5">400</td><td>630</td><td rowspan="9">120</td><td rowspan="5">100</td><td rowspan="9">2</td></tr>
<tr><td>800</td></tr>
<tr><td>1 000</td></tr>
<tr><td>1 600</td></tr>
<tr><td>2 000</td></tr>
<tr><td rowspan="4">500</td><td>630</td><td rowspan="11">28</td><td rowspan="8">160</td><td rowspan="8">22</td></tr>
<tr><td>1 000</td></tr>
<tr><td>1 600</td></tr>
<tr><td>2 000</td></tr>
<tr><td rowspan="4">630</td><td>1 000</td><td rowspan="7">125</td><td rowspan="7">3</td></tr>
<tr><td>1 600</td></tr>
<tr><td>2 000</td></tr>
<tr><td>2 500</td></tr>
<tr><td rowspan="3">800</td><td>1 600</td><td rowspan="3">250</td><td rowspan="3">26</td></tr>
<tr><td>2 000</td></tr>
<tr><td>2 500</td></tr>
</table>

4.12.2　圆形电磁吸盘

圆形电磁吸盘主要与立轴圆台平面磨床配套，用于吸持工件，进行各种平面的磨削加工。其型式和主要参数见图 4－49 和表 4－60。

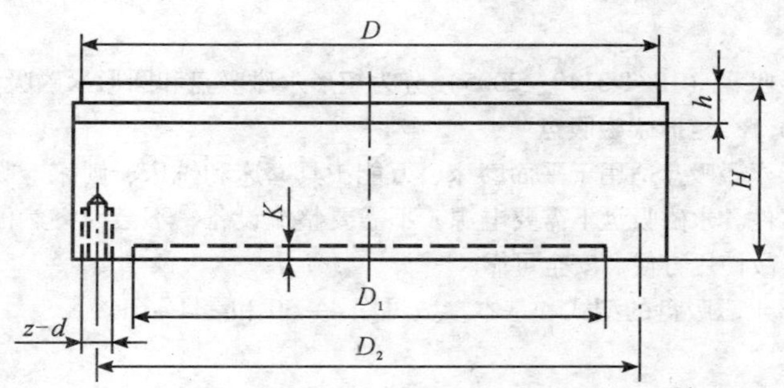

图 4 -49　圆形永磁吸盘

表 4 -60　圆形电磁吸盘（mm）

工作台面直径 D	吸盘高度 H_{max}	面板厚度 h_{min}	推荐值				
			D_1（H7）	D_2	K	Z	d
250	100	18	200	224	5	4	M10
315（320）	110		250	280			M12
400		20	315	355		8	
500	120		400	450	6		
630	130		500	560			
800	140	22	630	710	8		M16
1 000	160		800	900	10	16	
1 250	180		1 000	1 140			
1 600	200	24	1 250	1 480			

4.13 永磁吸盘

永磁吸盘（JB/T 3149—2005）分为矩形永磁吸盘和圆形永磁吸盘两种。

4.13.1 矩形永磁吸盘

矩形永磁吸盘适用于平面磨床、万能工具磨床和铣床、刨床上吸持磁性材料的工件。永磁吸盘不需要电源，不需要整流设备，不会因突然停电而引起事故，故使用方便、安全可靠。

矩形永磁吸盘的型式和基本参数见图 4-50 和表 4-61。

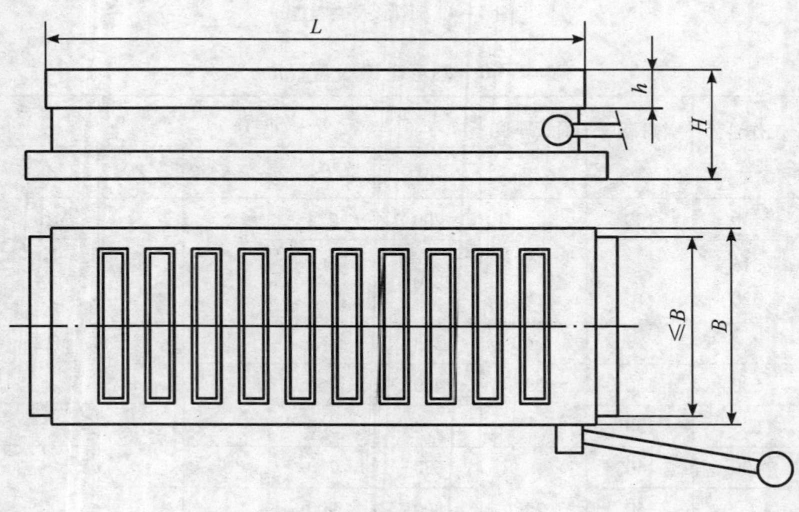

图 4-50 矩形永磁吸盘

表 4－61　矩形永磁吸盘的参数

<table>
<tr><th>工作台面宽度 B
（mm）</th><th>工作台面长度 L
（mm）</th><th>吸盘高度 H_{max}
（mm）</th><th>面板厚度 h_{min}
（mm）</th></tr>
<tr><td rowspan="3">100</td><td>200</td><td rowspan="3">65</td><td rowspan="3">12</td></tr>
<tr><td>250</td></tr>
<tr><td>315</td></tr>
<tr><td rowspan="3">125</td><td>250</td><td rowspan="3">70</td><td rowspan="5">16</td></tr>
<tr><td>315</td></tr>
<tr><td>400</td></tr>
<tr><td rowspan="4">160</td><td>250</td><td rowspan="4">75</td></tr>
<tr><td>315</td></tr>
<tr><td>400</td><td rowspan="2">18</td></tr>
<tr><td>500</td></tr>
<tr><td rowspan="4">200</td><td>315</td><td rowspan="4">80</td><td rowspan="4"></td></tr>
<tr><td>400</td></tr>
<tr><td>500</td></tr>
<tr><td>630</td></tr>
<tr><td rowspan="3">250</td><td>400</td><td rowspan="3">85</td><td rowspan="6">20</td></tr>
<tr><td>500</td></tr>
<tr><td>630</td></tr>
<tr><td rowspan="3">315</td><td>500</td><td rowspan="3">90</td></tr>
<tr><td>630</td></tr>
<tr><td>800</td></tr>
</table>

4.13.2　圆形永磁吸盘

圆形永磁吸盘是内、外圆磨床、工具磨床及车床的新型附件，用来加工各种环、板状及片状零件。圆形永磁吸盘的型式和基本参数见图 4－51 和表 4－62。

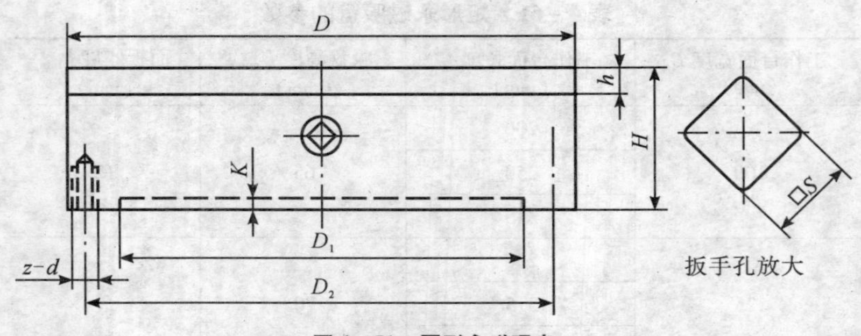

图 4－51　圆形永磁吸盘

表 4－62　圆形永磁吸盘的参数（mm）

工作台面直径 D	吸盘高度 H_{max}	面板厚度 h_{min}	连接安装尺寸（推　荐　值）					
			D_1（H7）	D_2	S（H12）	K	z	d
100	50	10	60	85	6	4	4	M8
125	60	12	80	110				
160	70		120	140	8	5		
200	80	16	160	180				M10
250	90	18	200	224	10			
315（320）	100		250	280				M12
400		20	315	355				
500	110		400	450		6	8	

4.14　无扳手三爪钻夹头

无扳手三爪钻夹头（JB/T 4371.1—2002）的连接型式分为锥孔和螺纹孔两种，具体见图 4－52。钻夹头的分类列于表 4－63；其参数列于表 4－64、表 4－65；连接型式列于表 4－66、表 4－67。

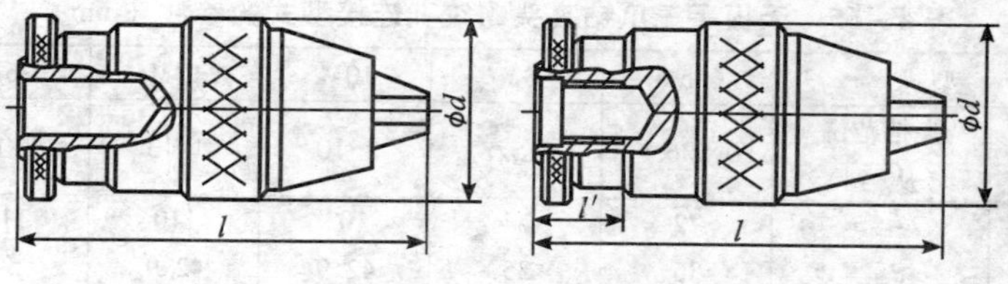

图 4-52 三爪钻夹头连接型式

表 4-63 无扳手三爪钻夹头的分类（按用途分）

型式代号	型　式	用　途
H	重型钻夹头	用于机床和重负荷加工
M	中型钻夹头	主要用于轻负荷加工和便携式工具
L	轻型钻夹头	用于轻负荷加工和家用钻具

表 4-64 无扳手三爪钻夹头锥孔连接型式的参数（mm）

	型式	3H	4H	5H	6.5H	8H	10H	13H	16H
H 型	夹持范围（从/到）	0.2/3	0.5/4	0.5/5	0.5/6.5	0.5/8	0.5/10	1/13	3/16
	l_{max}	50	62	63	72	80	103	110	115
	d_{max}	25	30	32	35	38	42.9	54	56
	型式	—	—	—	6.5M	8M	10M	13M	16M
M 型	夹持范围（从/到）	—	—	—	0.5/6.5	0.5/8	1/10	1/13	3/16
	l_{max}	—	—	—	72	80	103	110	115
	d_{max}	—	—	—	35	38	42.9	42.9	54

注：l_{max}为钻夹头夹爪闭合后尺寸。

表 4－65　无扳手三爪钻夹头螺纹孔连接型式的参数（mm）

	型式	6.5M	8M	10M	13M	16M
M 型	夹持范围（从/到）	0.5/6.5	0.5/8	1/10	1/13	3/16
	l_{max}	72	74	103	110	115
	d_{max}	35	35	42.9	42.9	54
	型式	—	8L	10L	13L	—
L 型	夹持范围（从/到）	—	1/8	1.5/10	1.5/13	—
	l_{max}	—	72	78	97	—
	d_{max}	—	35	36	42.9	—

注：l_{max}为钻夹头夹爪闭合后尺寸。

表 4－66　无扳手三爪钻夹头锥孔连接型式

型式		夹持直径 max（mm）	莫氏锥孔							贾格锥孔						
			B6	B10	B12	B16s *	B16	B18s *	B18	0	1	2s * *	2	33	6	(3)
H 型	3H	3	×	×						×	×					
	4H	4		×						×	×					
	5H	5		×	×						×					
	6.5H	6.5		×	×						×					
	8H	8		×	×							×				
	10H	10			×		×						×	×		
	13H	13					×						×	×	×	
	16H	16					×	×	×						×	
M 型	6.5	6.5		×	×						×					
	8M	8		×	×						×	×				
	10M	10			×	×	×					×	×	×		
	13M	13			×	×	×						×	×	×	
	16M	16					×	×							×	×

注：①锥孔的详细尺寸见 ISO 239:1999。

②＊为短莫氏锥度。

③＊＊为短贾格锥度。

④表中×表示有此产品。

表 4-67　无扳手三爪钻夹头螺纹孔连接型式

型式		夹持直径 max (mm)	英制螺纹			普通螺纹		
			3/8×24	1/2×20	5/8×16	M10×1	M12×1.25	M16×1.5
			螺纹深度 l'_{min}/mm					
			14.5	16	19	14	16	19
M型	6.5M	6.5	×			×		
	8M	8	×			×		
	10M	10	×	×		×	×	
	13M	13		×	×		×	×
	16M	16		×	×		×	×
L型	8L	8	×			×		
	10L	10	×	×		×	×	
	13L	13	×	×		×	×	

注：英制螺纹按 ISO 263：1973、ISO 725：1978 和 ISO 5864；1978；普通螺纹按 GB/T 196、GB/T 197。

第五章　工具和量具

5.1　土木工具

5.1.1　钢锹

钢锹（QB/T 2095—1995）按其用途和形状可分为五种，即农用锹（Ⅰ型和Ⅱ型）、尖锹、方锹、煤锹（Ⅰ型和Ⅱ型）和深翻锹。

锹的分类和型式见图5-1～图5-5；钢锹的基本尺寸、强度等级及承受能力列于表5-1～表5-3。

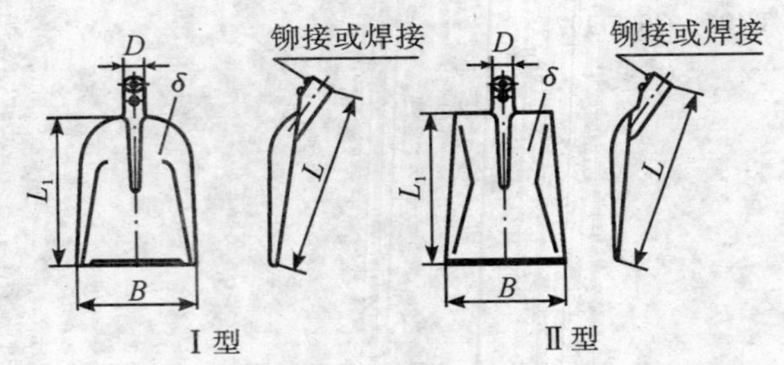

图5-1　农用锹

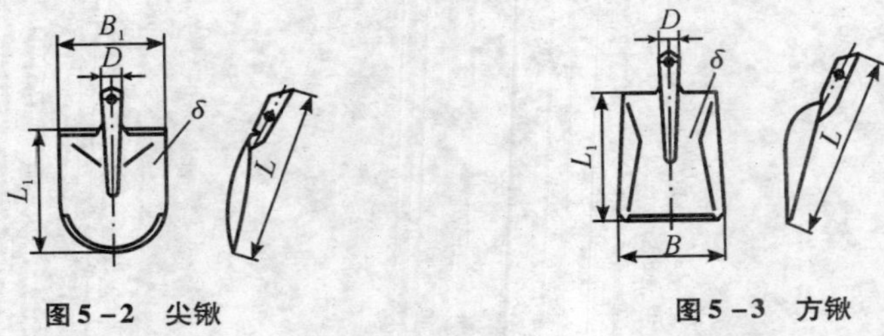

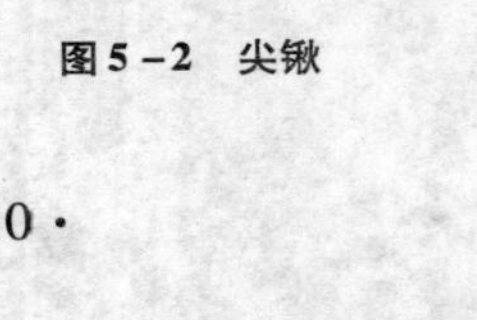

图5-2　尖锹

图5-3　方锹

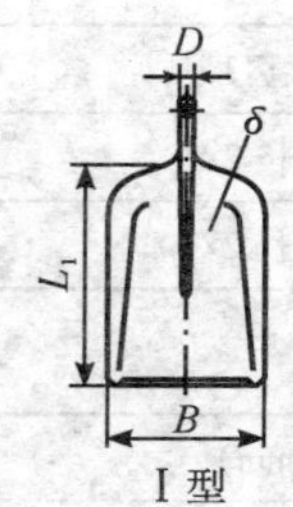

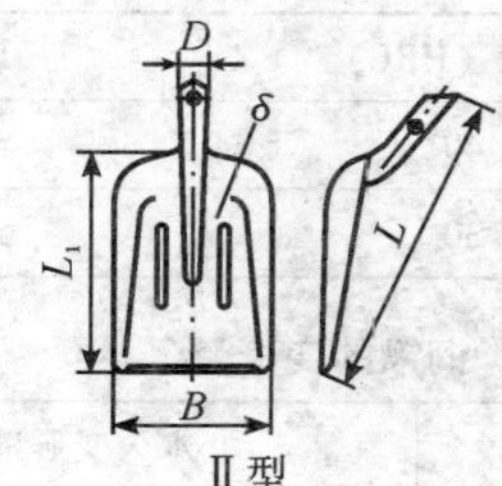

图 5－4　煤锹

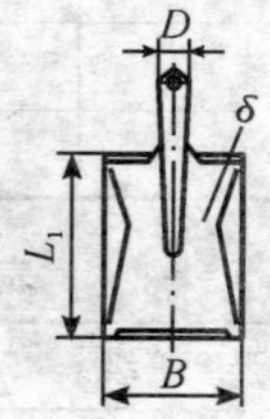

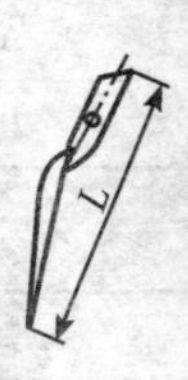

图 5－5　深翻锹

表 5－1　钢锹的规格代号和基本尺寸

分类	型式代号	规格代号	基本尺寸（mm）					
			全长 L	身长 L_1	前幅宽 B	后幅宽 B_1	锹裤外径 D	厚度 δ
农用锹	Ⅰ Ⅱ	—	345 ±10	290 ±5	230 ±5	—	42 ±1	1. 7 ±0. 15
尖锹	—	1 号	460 ±10	320 ±5	—	260 ±5	37 ±1	1. 6 ±0. 15
		2 号	425 ±10	295 ±5		235 ±5		
		3 号	380 ±10	265 ±5		220 ±5		
方锹	—	1 号	420 ±10	295 ±5	250 ±5	—	37 ±1	1. 6 ±0. 15
		2 号	380 ±10	280 ±5	230 ±5			
		3 号	340 ±10	235 ±5	190 ±5			
煤锹	Ⅰ Ⅱ	1 号	550 ±12	400 ±6	285 ±5	—	38 ±1	1. 6 ±0. 15
		2 号	510 ±12	380 ±6	275 ±5			
		3 号	490 ±12	360 ±6	250 ±5			
深翻锹	—	1 号	450 ±10	300 ±5	190 ±5	—	37 ±1	1. 7 ±0. 15
		2 号	400 ±10	265 ±5	170 ±5			
		3 号	350 ±10	225 ±5	150 ±5			

表 5-2　钢锹的强度等级

强度等级	硬度（HRC）	淬火区域
A	40	≥身长 2/3
B	30	≥身长 2/3

表 5-3　钢锹的变形量

强度等级	永久变形量（mm）
A	≤2
B	≤3

注：在 400N 静载荷作用下，钢锹允许全长永久变形量应符合表中规定。

标记示例：

产品的标记由产品分类、强度等级代号、型式代号、规格代号和标准编号组成。

强度等级为 B 级、规格为 1 号 Ⅱ 型的煤锹其标记为：

煤锹 B Ⅱ Ⅰ QB/T 2095

5.1.2　钢镐

钢镐（QB/T 2290—1997）按其形状可分为双尖（SJ）和尖扁（JB）两种，这两种又分别由 A 型和 B 型组成。

1. 双尖 A 型钢镐

双尖 A 型钢镐的型式和基本尺寸见图 5-6 和表 5-4。

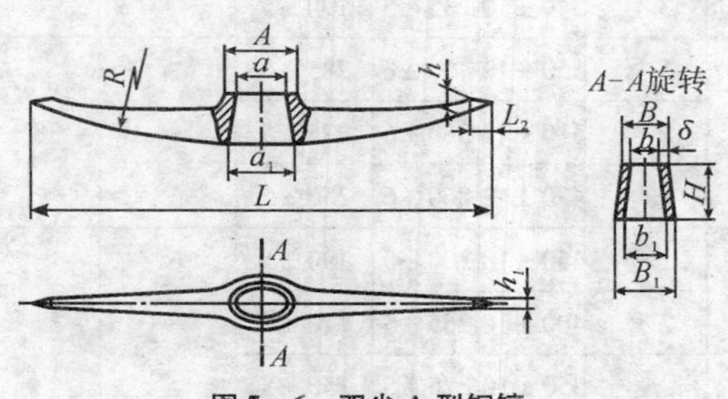

图 5-6　双尖 A 型钢镐

表 5-4　双尖 A 型钢镐的规格尺寸（mm）

规格质量 (kg)	总长 L	镐身圆弧 R_{max}	柄孔尺寸									尖部尺寸		
			A	a	a_1	B	b	b_1	B_1	H	δ	L_2	h	h_1
1.5	450	700	60	50	60	45	35	40	56	54	5	20	15	13
2	500	800	68	58	70	48	38	45	65	62	5	25	17	14
2.5	520	800	68	58	70	48	38	45	65	62	5	25	17	14
3	560	1 000	76	64	76	52	40	48	68	65	6	30	18	16
3.5	580	1 000	76	64	76	52	40	48	68	65	6	30	18	16
4	600	1 000	76	64	76	52	40	48	68	65	6	30	18	17

注：质量允差 ±5%。

2. 双尖 B 型钢镐

双尖 B 型钢镐的型式和基本尺寸见图 5-7 和表 5-5。

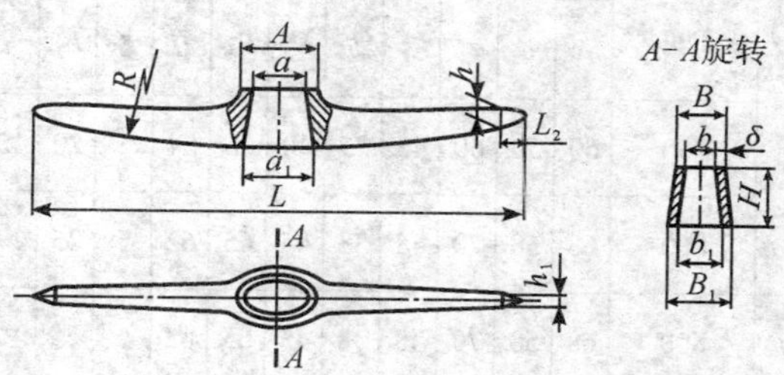

图 5-7　双尖 B 型钢镐

表 5-5　双尖 B 型钢镐的规格尺寸（mm）

规格质量 (kg)	总长 L	镐身圆弧 R_{max}	柄孔尺寸									尖部尺寸		
			A	a	a_1	B	b	b_1	B_1	H	δ	L_2	h	h_1
3	500	1 000	76	64	76	52	40	48	68	65	6	30	18	16
3.5	520	1 000	76	64	76	52	40	48	68	65	6	30	20	16
4	540	1 000	76	64	76	52	40	48	68	65	6	30	20	17

注：质量允差 ±5%。

3. 尖扁 A 型钢镐

尖扁 A 型钢镐的型式和基本尺寸见图 5－8 和表 5－6。

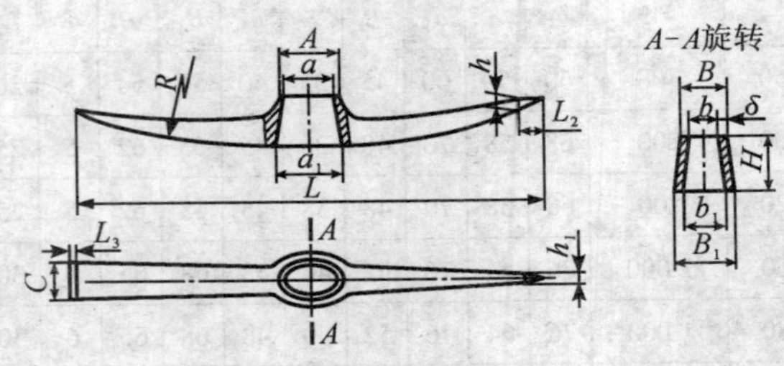

图 5－8 尖扁 A 型钢镐

表 5－6 尖扁 A 型钢镐的规格尺寸

规格质量（kg）	总长 L（mm）	镐身圆弧 R_{max}（mm）	柄孔尺寸（mm）									尖部尺寸（mm）			扁部尺寸（mm）	
			A	a	a_1	B	b	b_1	B_1	H	δ	L_2	h	h_1	C	L_3
1.5	450	700	60	50	60	45	35	40	56	54	5	20	15	13	30	4
2	500	800	68	58	70	48	38	45	65	62	5	25	17	14	35	5
2.5	520	800	68	58	70	48	38	45	65	62	5	25	17	14	38	5
3	560	1 000	76	64	76	52	40	48	68	65	6	30	18	15	40	6
3.5	600	1 000	76	64	76	52	40	48	68	65	6	30	19	16	42	6
4	620	1 000	76	64	76	52	40	48	68	65	6	30	20	17	44	7

注：质量允差 ±5%。

4. 尖扁 B 型钢镐

尖扁 B 型钢镐的型式和基本规格尺寸见图 5－9 和表 5－7。

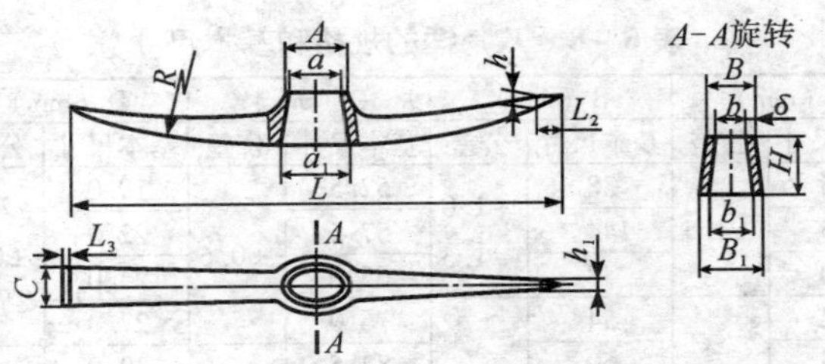

图 5-9　尖扁 B 型钢镐

表 5-7　尖扁 B 型钢镐的规格尺寸

规格质量（kg）	总长 L（mm）	镐身圆弧 R_{max}（mm）	柄孔尺寸（mm）									尖部尺寸（mm）			扁部尺寸（mm）		
			A	a	a_1	B	b	b_1	B_1	H	δ	L_2	h	h_1	C	h_2	L_3
1.5	420	670	60	50	60	45	35	40	56	54	5	30	18	15	45	14	35
2.5	520	800	68	58	70	48	38	45	65	62	5	25	17	14	38	16	28
3	550	1 000	76	64	76	52	40	48	68	65	6	30	21	17	40	17	40
3.5	570	1 000	76	64	76	52	40	48	68	65	6	30	22	18	42	17	40

注：质量允差 ±5%。

产品的标记由产品名称、型式代号、规格和标准编号组成。

标记示例：

双尖 A 型规格为 2kg 的钢镐，其标记为：

钢镐 SJ A 2 QB/T 2290—1997

5.1.3　八角锤

八角锤（QB/T 1290.1—1991）的型式和规格尺寸见图 5-10 和表 5-8。

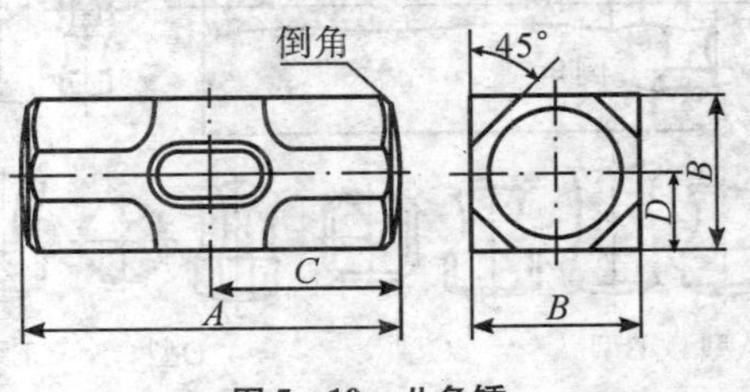

图 5-10　八角锤

表 5－8　八角锤的规格和基本尺寸

<table>
<tr><th rowspan="2">规格
(kg)</th><th colspan="2">A（mm）</th><th colspan="2">B（mm）</th><th colspan="2">C（mm）</th><th colspan="2">D（mm）</th><th rowspan="2">锤孔编号</th></tr>
<tr><th>基本尺寸</th><th>公差</th><th>基本尺寸</th><th>公差</th><th>基本尺寸</th><th>公差</th><th>基本尺寸</th><th>公差</th></tr>
<tr><td>0.9</td><td>105</td><td rowspan="3">±1.5</td><td>38</td><td rowspan="3">+1.0
－1.5</td><td>52.5</td><td rowspan="4">±0.6</td><td>19.0</td><td rowspan="4">±0.7</td><td rowspan="2">B—08</td></tr>
<tr><td>1.4</td><td>115</td><td>44</td><td>57.5</td><td>22.0</td></tr>
<tr><td>1.8</td><td>130</td><td>48</td><td>65.0</td><td>24.0</td><td rowspan="2">B—09</td></tr>
<tr><td>2.7</td><td>152</td><td rowspan="5">±3.0</td><td>54</td><td rowspan="10">+1.0
－1.5</td><td>76.0</td><td>27.0</td></tr>
<tr><td>3.6</td><td>165</td><td>60</td><td>82.5</td><td rowspan="9">±0.7</td><td>30.0</td><td rowspan="9">±1.0</td><td rowspan="2">B—10</td></tr>
<tr><td>4.5</td><td>180</td><td>64</td><td>90.0</td><td>32.0</td></tr>
<tr><td>5.4</td><td>190</td><td>68</td><td>95.0</td><td>34.0</td><td rowspan="4">B—11</td></tr>
<tr><td>6.3</td><td>198</td><td>72</td><td>99.0</td><td>36.0</td></tr>
<tr><td>7.2</td><td>208</td><td rowspan="5">±3.5</td><td>75</td><td>104.0</td><td>37.5</td></tr>
<tr><td>8.1</td><td>216</td><td>78</td><td>108.0</td><td>39.0</td></tr>
<tr><td>9.0</td><td>224</td><td>81</td><td>112.0</td><td>40.5</td><td rowspan="3">B—12</td></tr>
<tr><td>10.0</td><td>230</td><td>84</td><td>115.0</td><td>42.0</td></tr>
<tr><td>11.0</td><td>236</td><td>87</td><td>118.0</td><td>43.5</td></tr>
</table>

注：①特殊型式、规格的八角锤可不受本表的限制。

②锤孔的尺寸按 GB 13473 附录 A 的规定。

八角锤的标记由产品名称、规格和标准编号组成。

标记示例：

八角锤　1.4 QB 1290.1

5.1.4　羊角锤

羊角锤（QB/T 1290.8—1991）的型式和基本尺寸如图 5－11 和表 5－9 所示。

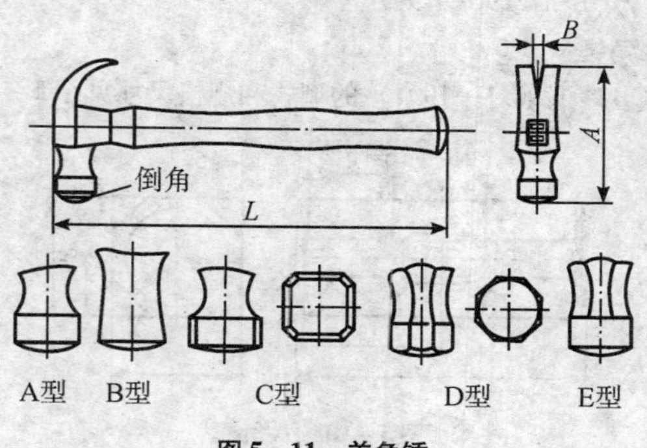

图 5－11　羊角锤

表 5-9 羊角锤的规格尺寸

<table>
<tr><th>规格（kg）</th><th>L_{max}（mm）</th><th>A_{max}（mm）</th><th>B_{max}（mm）</th><th>锤孔编号</th></tr>
<tr><td>0.25</td><td>305</td><td>105</td><td rowspan="2">7</td><td rowspan="2">C—01</td></tr>
<tr><td>0.35</td><td>320</td><td>120</td></tr>
<tr><td>0.45</td><td rowspan="3">340</td><td rowspan="2">130</td><td rowspan="3">8</td><td rowspan="3">C—02</td></tr>
<tr><td>0.50</td></tr>
<tr><td>0.55</td><td>135</td></tr>
<tr><td>0.65</td><td>350</td><td rowspan="2">140</td><td rowspan="2">9</td><td rowspan="2">C—03</td></tr>
<tr><td>0.75</td><td>350</td></tr>
</table>

注：①本表不包括特殊规格、型式的羊角锤。

②锤孔尺寸按 GB 13473 附录 A 的规定。

羊角锤的标记由产品名称、规格、型式代号和标准编号组成。

羊角锤 0.35 A QB/T 1290.8

5.1.5 木工锤

木工锤（QB/T 1290.9—1991）的型式和基本尺寸如图 5-12 和表 5-10 所示。

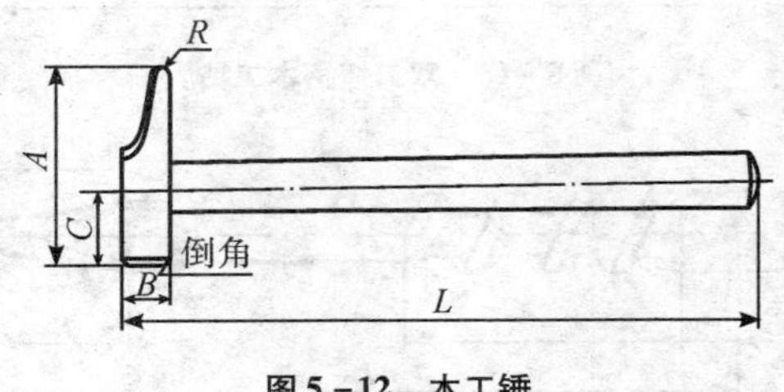

图 5-12 木工锤

<table>
<caption>表 5－10　木工锤的基本尺寸</caption>
<tr><th rowspan="2">规格（kg）</th><th colspan="2">L（mm）</th><th colspan="2">A（mm）</th><th colspan="2">B（mm）</th><th colspan="2">C（mm）</th><th rowspan="2">R_{max}（mm）</th><th rowspan="2">锤孔编号</th></tr>
<tr><th>基本尺寸</th><th>公差</th><th>基本尺寸</th><th>公差</th><th>基本尺寸</th><th>公差</th><th>基本尺寸</th><th>公差</th></tr>
<tr><td>0.20</td><td>280</td><td rowspan="2">±2.00</td><td>90</td><td rowspan="5">±1.00</td><td>20</td><td rowspan="5">±0.65</td><td>36</td><td rowspan="5">±0.80</td><td>6.0</td><td rowspan="2">B—04</td></tr>
<tr><td>0.25</td><td>285</td><td>97</td><td>22</td><td>40</td><td>6.5</td></tr>
<tr><td>0.33</td><td>295</td><td rowspan="3">±2.50</td><td>104</td><td>25</td><td>45</td><td rowspan="2">8.0</td><td rowspan="2">B—05</td></tr>
<tr><td>0.42</td><td>308</td><td>111</td><td>28</td><td>48</td></tr>
<tr><td>0.50</td><td>320</td><td>118</td><td>30</td><td>50</td><td>9.0</td><td>B—06</td></tr>
</table>

木工钳的标记由产品名称、规格和标准编号组成。

标记示例：

木工锤 0.2 QB/T 1290.9

5.1.6　木工钻

木工钻（QB/T 1736—1993）适用于钻削木质孔。

木工钻分为双刀短柄、单刀短柄、双刀长柄、单刀长柄、木柄电工用和铁柄电工用等五种型式，具体见图 5－13～图 5－18。木工钻的基本尺寸见表 5－11～表 5－13。

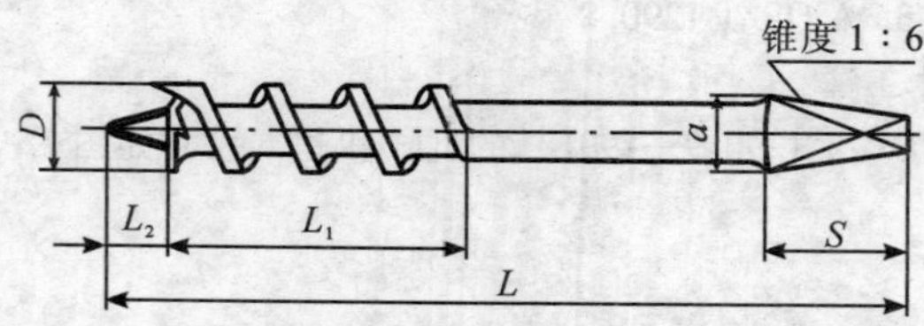

图 5－13　双刀短柄木工钻

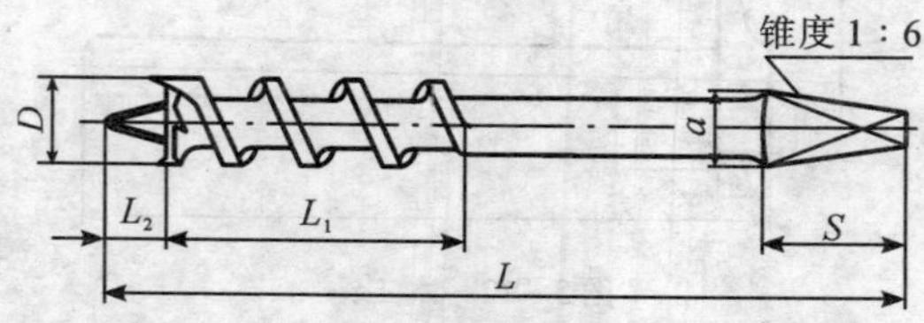

图 5－14　单刀短柄木工钻

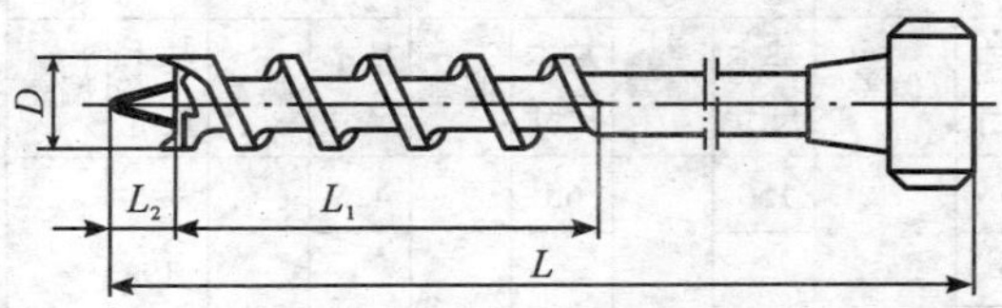

图 5－15　双刀长柄木工钻

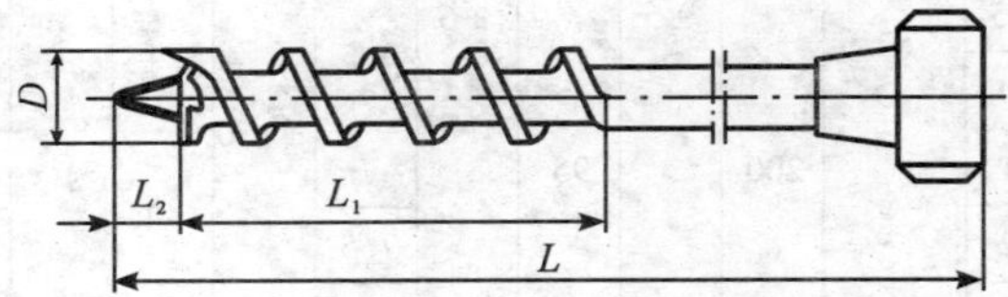

图 5－16　单刀长柄木工钻

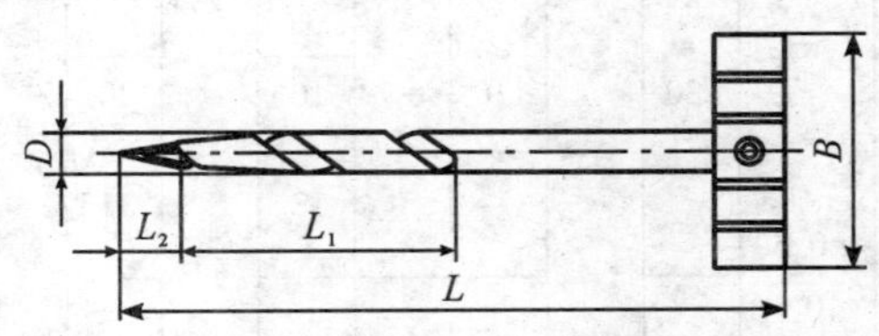

图 5－17　木柄电工用木工钻

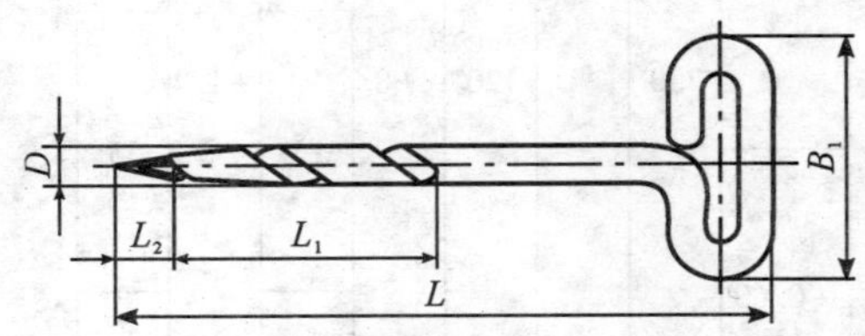

图 5－18　铁柄电工用木工钻

表 5－11　双刀短柄木工钻和单刀短柄木工钻的基本尺寸（mm）

<table>
<tr><th rowspan="2">项目
规格</th><th colspan="2">D</th><th colspan="2">L</th><th colspan="2">L_1</th><th colspan="2">L_2</th><th colspan="2">S</th><th colspan="2">a</th></tr>
<tr><th>基本尺寸</th><th>偏差</th><th>基本尺寸</th><th>偏差</th><th>基本尺寸</th><th>偏差</th><th>基本尺寸</th><th>偏差</th><th>基本尺寸</th><th>偏差</th><th>基本尺寸</th><th>偏差</th></tr>
<tr><td>5</td><td>5</td><td rowspan="9">+0. 40
0</td><td>150</td><td rowspan="9">±5</td><td>65</td><td rowspan="9">±6</td><td>4. 5</td><td rowspan="12">±1. 0</td><td rowspan="3">19</td><td rowspan="24">±1. 6</td><td rowspan="3">5. 5</td><td rowspan="6">±0. 60</td></tr>
<tr><td>6</td><td>6</td><td rowspan="3">170</td><td rowspan="3">75</td><td rowspan="2">5</td></tr>
<tr><td>6. 5</td><td>6. 5</td></tr>
<tr><td>8</td><td>8</td><td>6</td><td>21</td><td>6. 5</td></tr>
<tr><td>9. 5</td><td>9. 5</td><td rowspan="5">200</td><td rowspan="5">95</td><td rowspan="2">6. 5</td><td rowspan="2">24</td><td rowspan="2">7. 5</td></tr>
<tr><td>10</td><td>10</td></tr>
<tr><td>11</td><td>11</td><td>7</td><td rowspan="2">26</td><td>8</td><td rowspan="8">±0. 75</td></tr>
<tr><td>12</td><td>12</td><td>7. 5</td><td rowspan="2">9</td></tr>
<tr><td>13</td><td>13</td><td>8</td><td rowspan="3">28</td></tr>
<tr><td>14</td><td>14</td><td rowspan="10">+0. 50
0</td><td rowspan="6">230</td><td rowspan="15">±0. 6</td><td rowspan="6">110</td><td rowspan="6">±7</td><td rowspan="2">9</td><td rowspan="3">9. 5</td></tr>
<tr><td>(14. 5)</td><td>14. 5</td></tr>
<tr><td>16</td><td>16</td><td>10</td><td>30</td></tr>
<tr><td>19</td><td>19</td><td rowspan="2">13</td><td rowspan="12">±1. 4</td><td rowspan="2">31</td><td rowspan="2">10</td></tr>
<tr><td>20</td><td>20</td></tr>
<tr><td>22</td><td>22</td><td rowspan="3">14</td><td rowspan="3">33</td><td rowspan="3">10. 5</td><td rowspan="10">±0. 90</td></tr>
<tr><td>(22. 5)</td><td>22. 5</td><td rowspan="7">250</td><td rowspan="7">120</td><td rowspan="7">±8</td></tr>
<tr><td>24</td><td>24</td></tr>
<tr><td>25</td><td>25</td><td rowspan="4">15</td><td rowspan="4">35</td><td rowspan="4">11</td></tr>
<tr><td>(25. 5)</td><td>25. 5</td></tr>
<tr><td>28</td><td>28</td><td rowspan="5">+0. 60
0</td></tr>
<tr><td>(28. 5)</td><td>28. 5</td></tr>
<tr><td>30</td><td>30</td><td rowspan="2">16</td><td>36</td><td rowspan="3">11. 5</td></tr>
<tr><td>32</td><td>32</td><td rowspan="2">280</td><td rowspan="2">130</td><td rowspan="2">±9</td><td rowspan="2">37</td></tr>
<tr><td>38</td><td>38</td><td>18</td></tr>
</table>

表 5－12　双刀长柄木工钻和单刀长柄木工钻的基本尺寸（mm）

<table>
<tr><th rowspan="2">项目
规格</th><th colspan="2">D</th><th colspan="2">L</th><th colspan="2">L_1</th><th colspan="2">L_2</th></tr>
<tr><th>基本尺寸</th><th>偏差</th><th>基本尺寸</th><th>偏差</th><th>基本尺寸</th><th>偏差</th><th>基本尺寸</th><th>偏差</th></tr>
<tr><td>5</td><td>5</td><td rowspan="9">+0. 40
0</td><td>250</td><td rowspan="9">±8</td><td>120</td><td rowspan="9">±7</td><td>4. 5</td><td rowspan="24">±1</td></tr>
<tr><td>6</td><td>6</td><td rowspan="3">380</td><td rowspan="3">170</td><td rowspan="2">5</td></tr>
<tr><td>6. 5</td><td>6. 5</td></tr>
<tr><td>8</td><td>8</td><td>6</td></tr>
<tr><td>9. 5</td><td>9. 5</td><td rowspan="5">420</td><td rowspan="5">200</td><td rowspan="2">6. 5</td></tr>
<tr><td>10</td><td>10</td></tr>
<tr><td>11</td><td>11</td><td>7</td></tr>
<tr><td>12</td><td>12</td><td>7. 5</td></tr>
<tr><td>13</td><td>13</td><td>8</td></tr>
<tr><td>14</td><td>14</td><td rowspan="10">+0. 50
0</td><td rowspan="5">500</td><td rowspan="5">±9</td><td rowspan="5">250</td><td rowspan="5">±8</td><td rowspan="2">9</td></tr>
<tr><td>(14. 5)</td><td>14. 5</td></tr>
<tr><td>16</td><td>16</td><td>10</td></tr>
<tr><td>19</td><td>19</td><td rowspan="2">13</td></tr>
<tr><td>20</td><td>20</td></tr>
<tr><td>22</td><td>22</td><td rowspan="8">560</td><td rowspan="10">±10</td><td rowspan="8">300</td><td rowspan="8">±9</td><td rowspan="3">14</td></tr>
<tr><td>(22. 5)</td><td>22. 5</td></tr>
<tr><td>24</td><td>24</td></tr>
<tr><td>25</td><td>25</td><td rowspan="4">15</td></tr>
<tr><td>(25. 5)</td><td>25. 5</td></tr>
<tr><td>28</td><td>28</td><td rowspan="5">+0. 60
0</td></tr>
<tr><td>(28. 5)</td><td>28. 5</td></tr>
<tr><td>30</td><td>30</td><td rowspan="2">16</td></tr>
<tr><td>32</td><td>32</td><td rowspan="2">610</td><td rowspan="2">320</td><td rowspan="2">±10</td></tr>
<tr><td>38</td><td>38</td><td>18</td></tr>
</table>

表 5－13　电工钻的基本尺寸（mm）

项目 \ 规格	D		L		L_1		L_2		B		B_1	
	基本尺寸	偏差	基本尺寸	偏差	基本尺寸	偏差	基本尺寸	偏差	基本尺寸	偏差	基本尺寸	偏差
4	4	±0.300	120	±5	50	±4	10	±1	70	±3	70	±3
5	5				55							
6	6		130		60		11		80		80	
8	8						12		90		85	
10	10		150		70		13					
12	12						14		95		90	
（14）	14		170		75		15					

注：①表中括号内的规格和尺寸尽可能不采用。

②特殊规格由供需双方协商规定。

5.1.7　弓摇钻

弓摇钻（QB/T 2510—2001）适用于木工钻孔。弓摇钻的型式根据其换向机构可分为转式、推式和按式三种，分别示于图 5－19～图 5－21。弓摇钻的结构组成如图 5－22 所示。弓摇钻的型式代号、基本尺寸和技术要求列于表 5－14～表 5－17。

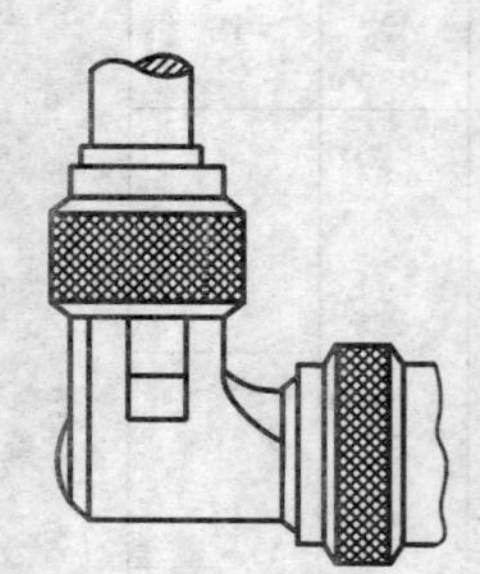

图 5－19　转式弓摇钻

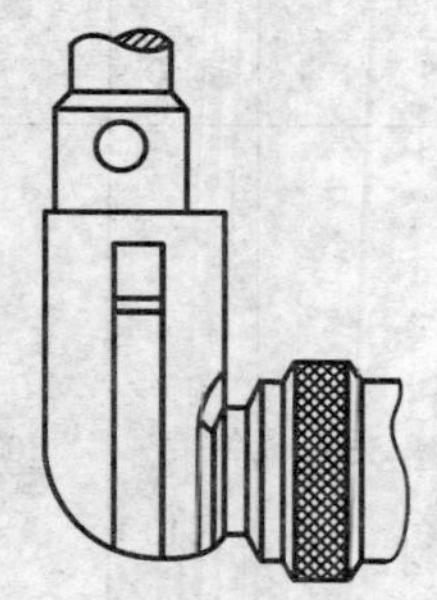

图 5－20　推式弓摇钻

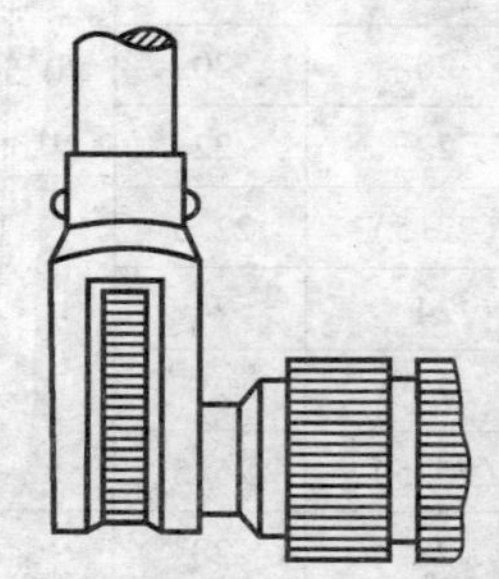

图 5－21　按式弓摇钻

表 5－14　弓摇钻的型式代号

型式	转式	推式	按式
代号	Z	T	A

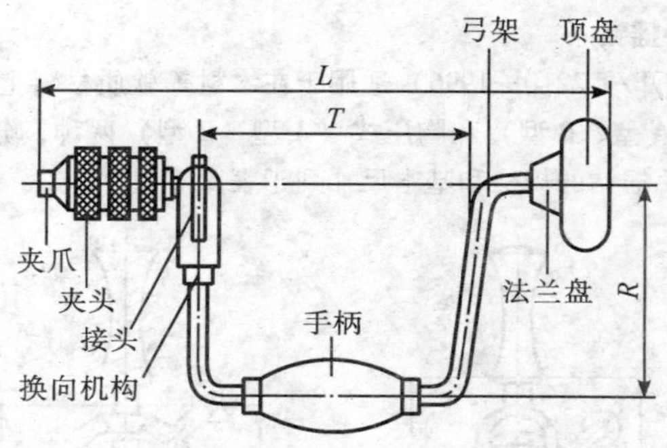

图 5－22　弓摇钻的结构组成

表 5－15　弓摇钻的基本规格尺寸（mm）

规格	最大夹持尺寸	L	T	R
250	22	320～360	150±3	125
300	28.5	340～380		150
350	38	360～400	160±3	175

注：弓摇钻的规格是根据其回转直径确定的。

表 5－16　弓摇钻零件热处理硬度

零件名称		热处理硬度	
		HRC	HRA
夹爪	二爪	41～50	—
	四爪	35～45	
棘爪　棘轮		41～50	71～76

表 5－17　弓摇钻的夹头中心与弓架靠顶盘一端的同轴度

规　　格	250	300	350
同轴度偏差	≤9	≤12	≤16

产品标记由产品名称、规格、型式代号和夹爪数及采用标准号组成。

标记示例：

弓摇钻　300　T4　QB/T 2510—2001

5.1.8 手摇钻

手摇钻（QB/T 2210—1996）适用于在木材等软质材料上钻孔。手摇钻分为手持式（A 型、B 型）和胸压式（A 型、B 型）两种，分别见图 5－23 和图 5－24。手摇钻的规格和基本尺寸列于表 5－18。

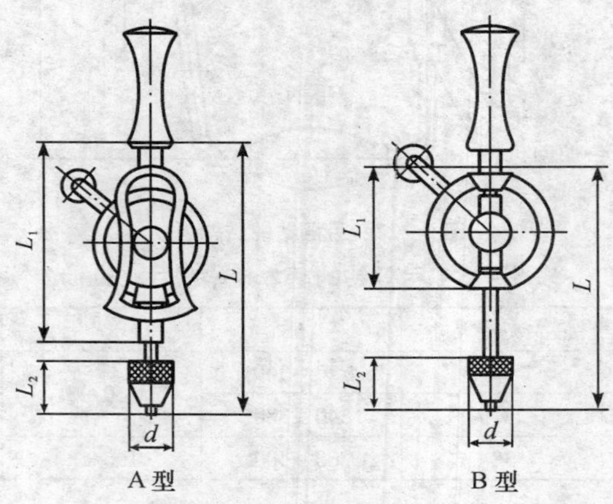

图 5－23　手持式手摇钻

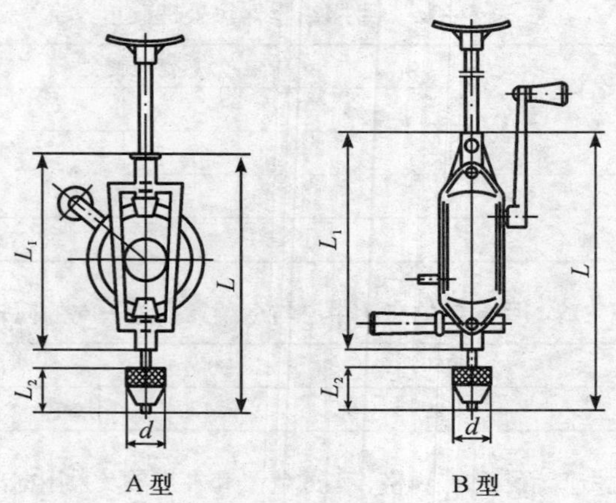

图 5－24　胸压式手摇钻

表 5－18　手摇钻的规格和基本尺寸（mm）

型式		规格	L_{max}	L_{1max}	L_{2max}	d_{max}	最大夹持直径
手持式	A 型	6	200	140	45	28	6
		9	250	170	55	34	9
	B 型	6	150	85	45	28	6
胸压式	A 型	9	250	170	55	34	9
		12	270	180	65	38	12
	B 型	9	250	170	55	34	9

手摇钻的标记由产品名称、型式代号、规格和标准编号组成。

标记示例：

6mm 的手持式 A 型手摇钻标记为：

手摇钻　S A 6　QB/T 2210

9mm 的胸压式 B 型手摇钻标记为：

手摇钻　X B 9　QB/T 2210

5.1.9　锯

1. 木工圆锯片

木工圆锯片（GB/T 13573—1992）适用于木工圆锯机上纵剖或横截木材之用。

木工圆锯片的型式和基本尺寸见图 5－25 和表 5－19。

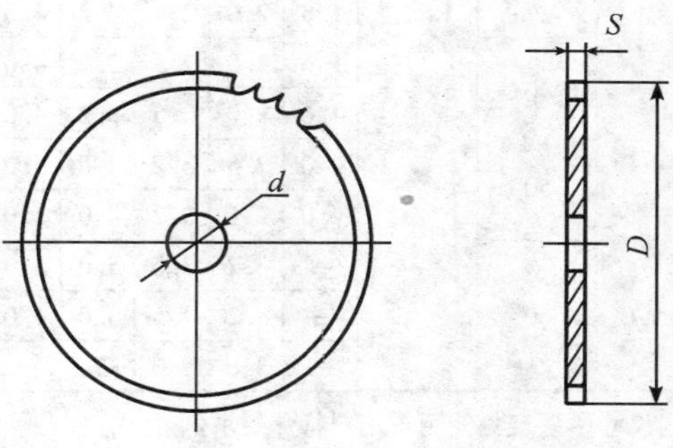

图 5－25　木工圆锯片

标记示例：

外径500mm，厚度2.0mm，孔径30mm，齿数72齿，齿形为直背齿的木工圆锯片标记为：

木工圆锯片 500×2.0×30－72N GB/T 13573—1992

表5－19 木工圆锯片的基本尺寸

外径 D（mm）		孔径 d（mm）		厚度 S（mm）						齿数（个）
基本尺寸	极限偏差	基本尺寸	极限偏差	1	2	3	4	5	极限偏差	
160	±1.5	20（30）	H11（H9）	0.8	1.0	1.2	1.6	—	±0.05	80或100
（180）		30或60		0.8	1.0	1.2	1.6	2.0		
200	±2.0			0.8	1.0	1.2	1.6	2.0		
（225）				0.8	1.0	1.2	1.6	2.0		
250				0.8	1.0	1.2	1.6	2.0		
（280）				0.8	1.0	1.2	1.6	2.0		
315				1.0	1.2	1.6	2.0	2.5	±0.07	
（355）				1.0	1.2	1.6	2.0	2.5		
400		30或85		1.0	1.2	1.6	2.0	2.5		
（450）	±3.0			1.2	1.6	2.0	2.5	3.2		
500				1.2	1.6	2.0	2.5	3.2	±0.10	
（560）				1.2	1.6	2.0	2.5	3.2		
630				1.6	2.0	2.5	3.2	4.0		
（710）		40或（50）		1.6	2.0	2.5	3.2	4.0		
800	±4.0			1.6	2.0	2.5	3.2	4.0		
（900）				2.0	2.5	3.2	4.0	5.0		
1 000				2.0	2.5	3.2	4.0	5.0		
1 250	±5.0	60		—	3.2	3.6	4.0	5.0	±0.30	
1 600				—	3.2	4.5	5.0	6.0		
2 000				—	3.6	5.0	7	—		

注：①括号内尺寸尽量避免使用，用户特殊要求例外。

②公差等级H9用于特殊情况。如用于司时在机床上安装多锯片，而且高速旋转的。

2. 木工锯条

木工锯条（QB/T 2094.1—1995）适用于锯切木材。

木工锯条的型式和基本规格尺寸见图 5－26 和表 5－20。

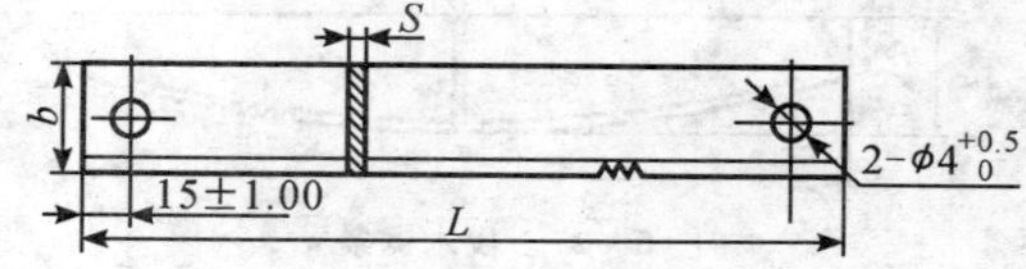

图 5－26　木工锯条

表 5－20　木工锯条的规格和基本尺寸

规格（mm）	长度 L（mm）		宽度 b（mm）		厚度 S（mm）	
	基本尺寸	允差	基本尺寸	允差	基本尺寸	允差
400	400	±2.00	22	±1.00	0.50	+0.02 −0.08
450	450		25			
500	500		25			
550	550		32			
600	600		32		0.60	
650	650		38			
700	700		38		0.70	
750	750		44			
800	800		38		0.70	
850	850		44			
900	900		44 50		0.80 090	
950	950					
1 000	1 000					
1 050	1 050					
1 100	1 100					
1 150	1 150					

注：根据用户需要，锯条的规格、基本尺寸可不受本表的限制。

产品标记由产品名称、规格、厚度、标准号组成。

标记示例：

长度为 750mm，厚度为 0.70mm 木工锯条的标记为：

木工锯条　750×0.70　QB/T 2094.1

3. 伐木锯条

伐木锯条(QB/T 2094.2—1995)的型式和基本尺寸见图 5－27 和表5－21。

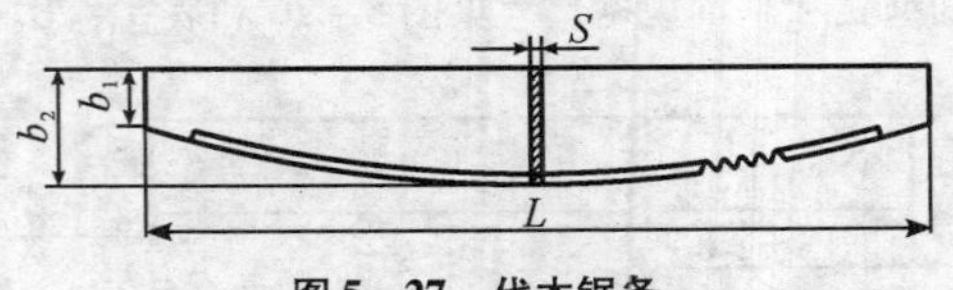

图 5－27　伐木锯条

表 5－21　伐木锯条的规格和基本尺寸（mm）

<table>
<tr><th rowspan="2">规格</th><th colspan="2">长度 L</th><th colspan="2">端面宽度 b_1</th><th colspan="2">宽度 b_2</th><th colspan="2">厚度 S</th></tr>
<tr><th>基本尺寸</th><th>允差</th><th>基本尺寸</th><th>允差</th><th>基本尺寸</th><th>允差</th><th>基本尺寸</th><th>允差</th></tr>
<tr><td>1 000</td><td>1 000</td><td rowspan="6">±3.00</td><td rowspan="6">70</td><td rowspan="6">±1.50</td><td>110</td><td rowspan="6">±2.00</td><td>1.00</td><td rowspan="6">±0.10</td></tr>
<tr><td>1 200</td><td>1 200</td><td>120</td><td rowspan="2">1.20</td></tr>
<tr><td>1 400</td><td>1 400</td><td>130</td></tr>
<tr><td>1 600</td><td>1 600</td><td>140</td><td rowspan="2">1.40</td></tr>
<tr><td>1 800</td><td>1 800</td><td>150</td></tr>
<tr><td>1 800</td><td>1 800</td><td>150</td><td>1.60</td></tr>
</table>

注：根据用户需要，锯条的规格和尺寸可不受本表限制。

产品标记由产品名称、规格、齿形代号、标准编号组成。

标记示例：

规格为 1 000mm，齿形代号为 DE 的伐木锯条标记为：

伐木锯条　1 000（DE 型）QB/T 2094.2

4. 手板锯

手板锯（QB/T 2094.3—1995）适用于锯切各种木材。

手板锯的型式和基本尺寸见图 5－28 和表 5－22 所示。

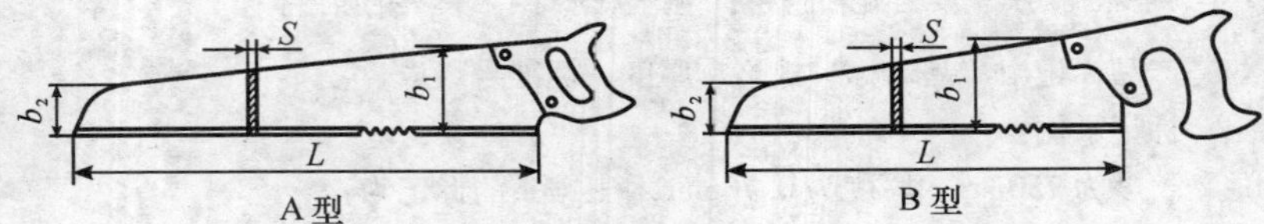

图 5－28　手板锯

表 5－22　手板锯的规格和基本尺寸（mm）

<table>
<tr><th rowspan="2">规格</th><th colspan="2">长度 L</th><th colspan="2">厚度 S</th><th colspan="2">大端宽 b_1</th><th colspan="2">小端宽 b_2</th></tr>
<tr><th>基本尺寸</th><th>允差</th><th>基本尺寸</th><th>允差</th><th>基本尺寸</th><th>允差</th><th>基本尺寸</th><th>允差</th></tr>
<tr><td>300</td><td>300</td><td rowspan="7">±2.00</td><td>0.80</td><td rowspan="7">+0.02
−0.08</td><td rowspan="2">90
100</td><td rowspan="7">±1.00</td><td rowspan="3">25</td><td rowspan="7">±1.00</td></tr>
<tr><td>350</td><td>350</td><td>0.85</td></tr>
<tr><td>400</td><td>400</td><td>0.90</td><td rowspan="3">100
110</td></tr>
<tr><td>450</td><td>450</td><td>0.85</td><td rowspan="2">30</td></tr>
<tr><td>500</td><td>500</td><td>0.90</td></tr>
<tr><td>550</td><td>550</td><td>0.95</td><td rowspan="2">125</td><td rowspan="2">35</td></tr>
<tr><td>600</td><td>600</td><td>1.00</td></tr>
</table>

注：根据用户需要，锯条的规格、基本尺寸可超出本表范围。

产品标记由产品名称、型式、规格、标准编号组成。

标记示例：

规格 500mm，型式 A 型的手板锯其标记为：

手板锯　500 A 型　QB/T 2094. 3

5. 木工绕锯条

木工绕锯条（QB/T 2094. 4—1995）适用于在木材上锯切曲线的工具。

木工绕锯条的型式可分为 A 型和 B 型两种。如图 5－29 所示；其规格和基本尺寸列于表 5－23。

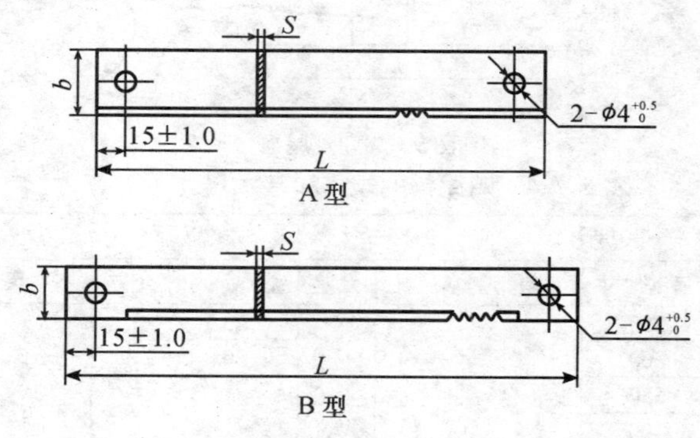

图 5－29　木工绕锯条

表 5-23　木工绕锯条的规格和基本尺寸（mm）

规格（mm）	长度 L		宽度 b		厚度 S	
	基本尺寸	允差	基本尺寸	允差	基本尺寸	允差
400	400					
450	450				0.50	
500	500					
550	550			+0.50		+0.02
600	600	±1.00	10			
650	650			−1.00	0.60	−0.08
700	700					
750	750				0.70	
800	800					

注：根据用户要求，锯条的规格和尺寸可不受本表的限制。

产品标记由产品名称、型号、规格、厚度、标准编号组成。

标记示例：

长度为600mm，厚度为0.6mm A 型木工绕锯条的标记为：

木工绕锯条　600×0.60（A 型）　QB/T 2094.4

6. 鸡尾锯

鸡尾锯（QB/T 2094.5—1995）适用于锯切木板材几何形状用。

鸡尾锯的型式和基本尺寸见图 5-30 和表 5-24。

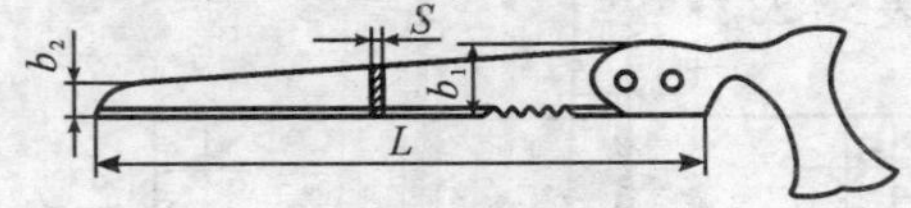

图 5-30　鸡尾锯

表 5-24　鸡尾锯的规格和基本尺寸（mm）

规格	长度 L		厚度 S		大端宽 b_1		小端宽 b_2	
	基本尺寸	允差	基本尺寸	允差	基本尺寸	允差	基本尺寸	允差
250	250				25		6	
300	300	±2.00	0.85	+0.02	30	±1.00		±1.00
350	350			−0.08	40			
400	400						9	

注：根据用户要求，可供应表之外规格和尺寸的锯条。

产品标记由产品名称、规格、标准编号组成。

标记示例：

300mm 规格的鸡尾锯，其标记为：

鸡尾锯　300　QB/T 2094.5

7. 夹背锯

夹背锯（QB/T 2094.6—1995）可分为 A 型（矩形）和 B 型（梯形）两种，如图 5－31 所示。夹背锯的规格和基本尺寸列于表 5－25。

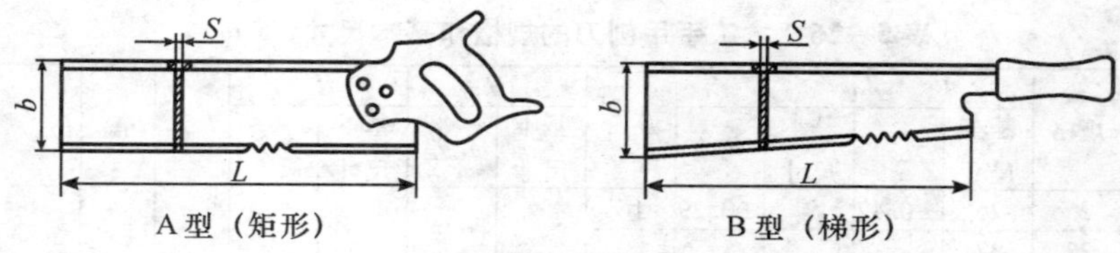

图 5－31　夹背锯

表 5－25　夹背锯的规格和基本尺寸（mm）

<table>
<tr><th rowspan="2">规　格</th><th rowspan="2" colspan="2">长度 L</th><th colspan="3">宽度 b</th><th rowspan="2" colspan="2">厚度 S</th></tr>
<tr><th>A 型</th><th colspan="2">B 型</th></tr>
<tr><td>250</td><td>250</td><td rowspan="3">±2.00</td><td rowspan="3">100</td><td>70</td><td rowspan="3">±1.00</td><td rowspan="3">0.80</td><td rowspan="3">+0.02
−0.08</td></tr>
<tr><td>300</td><td>300</td><td rowspan="2">80</td></tr>
<tr><td>350</td><td>350</td></tr>
</table>

注：根据用户的需要，锯条其规格、基本尺寸可不受本标准的限制。

产品标记由产品名称、规格、型号和标准编号组成。

标记示例：

300mm 规格的 A 型夹背锯，其标记为：

夹背锯　300　A 型　QB/T 2094.6

5.1.10　木工手用刨刀与盖铁

1. 木工手用刨刀

木工手用刨刀（QB/T 2082—1995）的型式见图 5－32 所示；其规格和基本尺寸列于表 5－26。

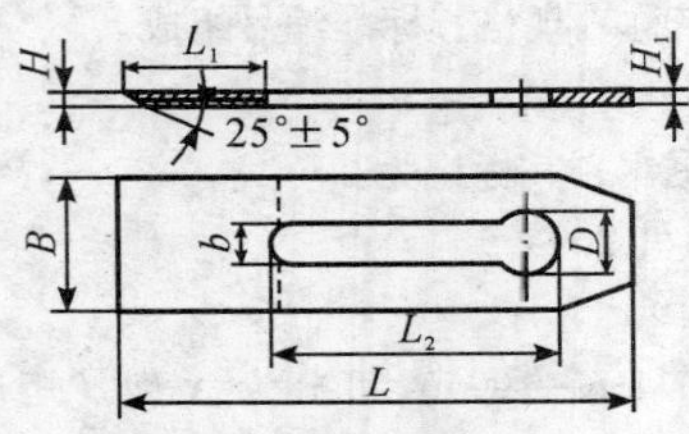

图 5-32　木工手用刨刀

表 5-26　木工手用刨刀的规格和基本尺寸（mm）

规格	B		b		D_{min}	H		H_1		L_{min}	L_{1min}	L_{2min}
	基本尺寸	允差	基本尺寸	允差		基本尺寸	允差	基本尺寸	允差			
25	25	±0.42	9	±0.29	16	3	±0.30	2.5	+0.30 0	175	56	90
32	32	±0.50	11	±0.35	19							
38	38											
44	44											
51	51	±0.60										
57	57											
64	64											

注：表中尺寸 L_{1min} 为采用复合材料制造时的刃钢体的最小长度。

2. 木工手用刨刀盖铁

木工手用刨刀盖铁（QB/T 2082—1995）的型式可分为 A 型和 B 型两种，见图 5-33 所示。其规格和基本尺寸列于表 5-27。

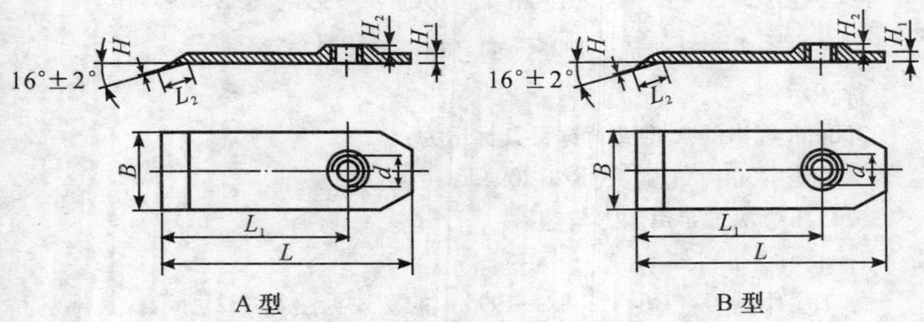

图 5-33　木工手用刨刀盖铁

表 5-27　木工手用刨刀盖铁的规格尺寸（mm）

<table>
<tr><th rowspan="2">规格</th><th colspan="2">B</th><th rowspan="2">d</th><th rowspan="2">L_{min}</th><th rowspan="2">L_{1min}</th><th rowspan="2">L_{2min}</th><th rowspan="2">H_{max}</th><th colspan="2">H_1</th><th colspan="2">H_2</th></tr>
<tr><th>基本尺寸</th><th>允差</th><th>基本尺寸</th><th>允差</th><th>基本尺寸</th><th>允差</th></tr>
<tr><td>25</td><td>25</td><td>-0.84</td><td>M8</td><td rowspan="7">96</td><td rowspan="7">68</td><td rowspan="7">8</td><td rowspan="7">1.2</td><td rowspan="7">3</td><td rowspan="7">±0.20</td><td rowspan="7">2</td><td rowspan="7">±0.50</td></tr>
<tr><td>32</td><td>32</td><td rowspan="3">-1.0</td><td rowspan="6">M10</td></tr>
<tr><td>38</td><td>38</td></tr>
<tr><td>44</td><td>44</td></tr>
<tr><td>51</td><td>51</td><td rowspan="3">-1.20</td></tr>
<tr><td>57</td><td>57</td></tr>
<tr><td>64</td><td>64</td></tr>
</table>

注：根据 QB/T 2082—1995。

5.1.11　手用木工凿

手用木工凿（QB/T 1201—1991）有六种型式，即无柄斜边平口凿、无柄平边平口凿、无柄半圆平口凿、有柄斜边平口凿、有柄平边平口凿和有柄半圆平口凿。

1. 无柄斜边平口凿

无柄斜边平口凿的型式如图 5-34 所示；其规格和基本尺寸列于表 5-28。

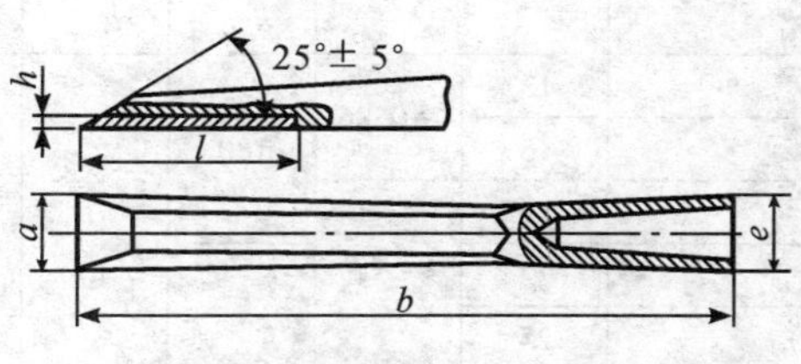

图 5-34　无柄斜边平口凿

表 5－28　无柄斜边平口凿的规格尺寸（mm）

规　格	a		b_{min}	l_{min}	h_{min}	e_{min}
4	4	±0.24	150	40	1.2	∅20
6（1/4″）	6					
8（5/16″）	8	±0.29				
10（3/8″）	10					
13（1/2″）	13	±0.35	160			∅22
16（5/8″）	16					
19（3/4″）	19	±0.42				∅24
22（7/8″）	22					
25（1″）	25					

注：表中尺寸 b 和 e 的允许偏差应符合 GB/T 1804 的 ±1/2 IT17 的规定。

2. 无柄平边平口凿

无柄平边平口凿的型式如图 5－35 所示；其规格和基本尺寸列于表 5－29。

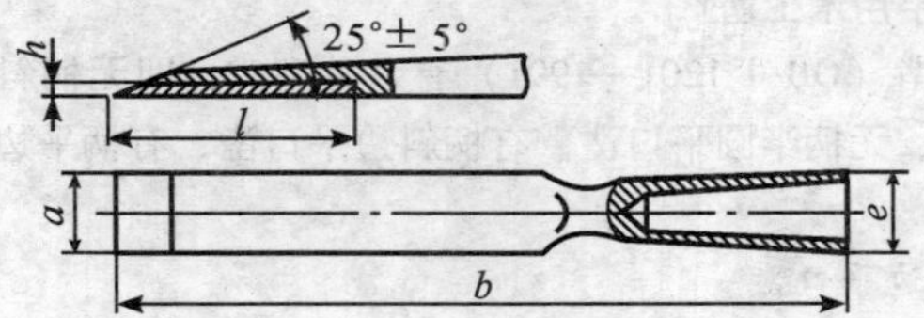

图 5－35　无柄平边平口凿

表 5－29　无柄平边平口凿的规格尺寸（mm）

规　格	a		b_{min}	l_{min}	h_{min}	e_{min}
13（1/2″）	13	±0.35	180	40	1.2	∅22
16（5/8″）	16					
19（3/4″）	19	±0.42				∅24
22（7/8″）	22		200			
25（1″）	25					
32（5/4″）	25	±0.50				
38（3/2″）	38					

注：表中尺寸 b 和 e 的允许偏差应符合 GB/T 1804 的 ±1/2 IT17 的规定。

3. 无柄半圆平口凿

无柄半圆平口凿的型式如图 5－36 所示；其规格和尺寸列于表 5－30。

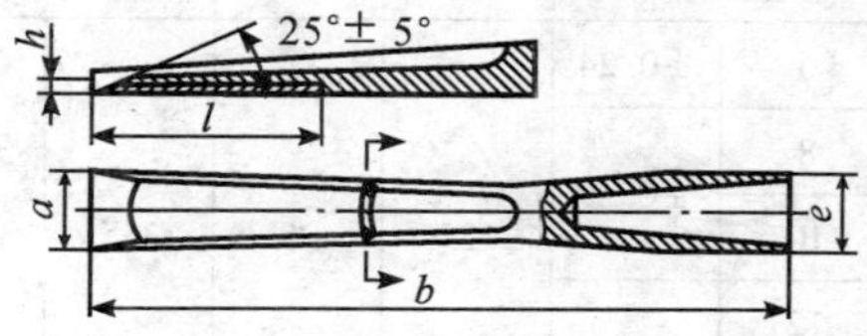

图 5－36　无柄半圆平口凿

表 5－30　无柄半圆平口凿的规格尺寸（mm）

规　　格	a		b_{min}	l_{min}	h_{min}	e_{min}
4	4	±0.24	150	40	1.2	∅20
6（1/4″）	6					
8（5/16″）	8	±0.29				
10（3/8″）	10					∅22
13（1/2″）	13	±0.35	160			
16（5/8″）	16					
19（3/4″）	19	0.42				∅24
22（7/8″）	22					
25（1″）	25					

注：表中尺寸 b 和 e 的允许偏差应符合 GB/T 1804 的 ±1/2 IT17 的规定。

4. 有柄斜边平口凿

有柄斜边平口凿的型式如图 5－37 所示；其凿的规格和基本尺寸列于表 5－31。

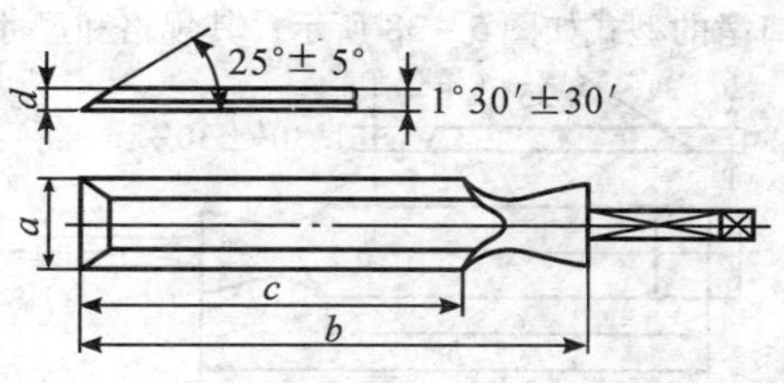

图 5－37　有柄斜边平口凿

表 5-31　有柄斜边平口凿的规格尺寸（mm）

<table>
<tr><th>规　格</th><th colspan="2">a</th><th>b_{min}</th><th>c_{min}</th><th>d_{min}</th><th>l_{min}</th><th>h_{min}</th></tr>
<tr><td>6（1/4″）</td><td>6</td><td>±0.24</td><td rowspan="5">125</td><td rowspan="5">95</td><td rowspan="5">3.5</td><td rowspan="13">40</td><td rowspan="13">1.2</td></tr>
<tr><td>8（5/16″）</td><td>8</td><td rowspan="2">±0.29</td></tr>
<tr><td>10（3/8″）</td><td>10</td></tr>
<tr><td>12—</td><td>12</td><td rowspan="4">±0.35</td></tr>
<tr><td>13（1/2″）</td><td>13</td></tr>
<tr><td>16（5/8″）</td><td>16</td><td rowspan="6">140</td><td rowspan="6">100</td><td rowspan="5">3.7</td></tr>
<tr><td>18—</td><td>18</td></tr>
<tr><td>19（3/4″）</td><td>19</td><td rowspan="4">±0.42</td></tr>
<tr><td>20—</td><td>20</td></tr>
<tr><td>22（7/8″）</td><td>22</td></tr>
<tr><td>25（1″）</td><td>25</td><td rowspan="3">4</td></tr>
<tr><td>32（5/4″）</td><td>32</td><td rowspan="2">±0.50</td><td rowspan="2">150</td><td rowspan="2">105</td></tr>
<tr><td>38（3/2″）</td><td>38</td></tr>
</table>

注：①表中尺寸 b、c 和 d 的允许偏差应符合 GB/T 1804 的 ±1/2 IT17 的规定。

②表中尺寸 l_{min} 为采用复合材料制造时的复合部分的最小长度，h_{min} 为采用的复合材料的最小厚度。

5. 有柄平边平口凿

有柄平边平口凿的型式如图 5-38 所示；其规格和尺寸列于表 5-32。

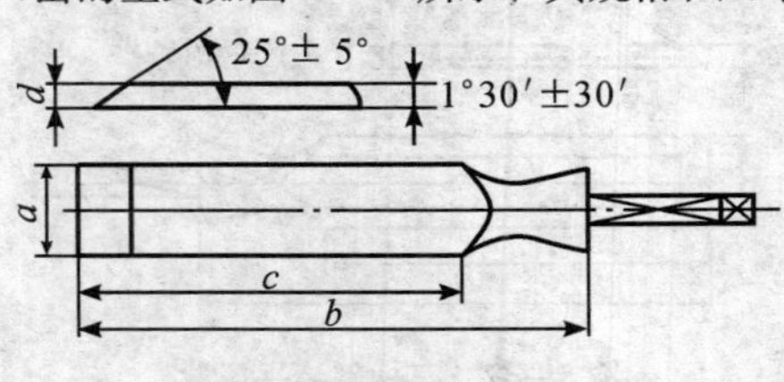

图 5-38　有柄平边平口凿

表 5－32　有柄平边平口凿的规格尺寸（mm）

<table>
<tr><th>规　格</th><th colspan="2">a</th><th>b_{min}</th><th>c_{min}</th><th>d_{min}</th><th>l_{min}</th><th>h_{min}</th></tr>
<tr><td>6（1/4″）</td><td>6</td><td>±0. 24</td><td rowspan="5">125</td><td rowspan="5">95</td><td rowspan="5">3. 5</td><td rowspan="13">40</td><td rowspan="13">1. 2</td></tr>
<tr><td>8（5/16″）</td><td>8</td><td rowspan="2">±0. 29</td></tr>
<tr><td>10（3/8″）</td><td>10</td></tr>
<tr><td>12—</td><td>12</td><td rowspan="4">±0. 35</td></tr>
<tr><td>13（1/2″）</td><td>13</td></tr>
<tr><td>16（5/8″）</td><td>16</td><td rowspan="6">140</td><td rowspan="6">100</td><td rowspan="5">3. 7</td></tr>
<tr><td>18—</td><td>18</td></tr>
<tr><td>19（3/4″）</td><td>19</td><td rowspan="4">±0. 42</td></tr>
<tr><td>20—</td><td>20</td></tr>
<tr><td>22（7/8″）</td><td>22</td></tr>
<tr><td>25（1″）</td><td>25</td><td rowspan="3">4</td></tr>
<tr><td>32（5/4″）</td><td>32</td><td rowspan="2">±0. 50</td><td rowspan="2">150</td><td rowspan="2">105</td></tr>
<tr><td>38（3/2″）</td><td>38</td></tr>
</table>

注：①表中尺寸 b、c 和 d 的允许偏差应符合 GB/T 1804 的 ±1/2 IT17 的规定。

②表中尺寸 l_{min} 为采用复合材料制造时的复合部分的最小长度，h_{min} 为采用的复合材料的最小厚度。

6. 有柄半圆平口凿

有柄半圆平口凿的型式如图 5－39 所示；其规格和基本尺寸列于表 5－33。

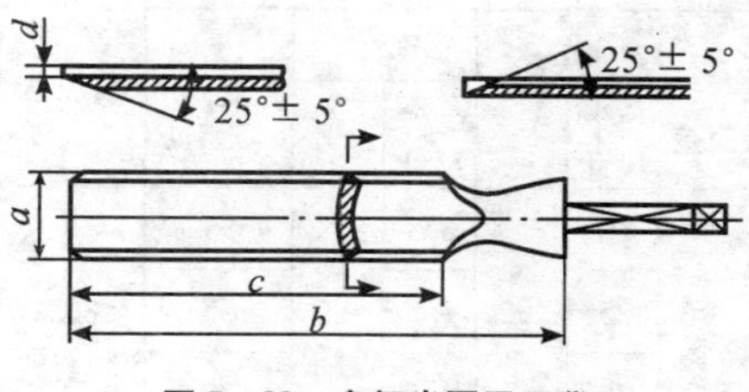

图 5－39　有柄半圆平口凿

<table>
<caption>表 5 - 33　有柄半圆平口凿的规格尺寸（mm）</caption>
<tr><th>规　　格</th><th colspan="2">a</th><th>b_{min}</th><th>c_{min}</th><th>d_{min}</th><th>l_{min}</th><th>h_{min}</th></tr>
<tr><td>10（3/8″）</td><td>10</td><td>±0. 29</td><td rowspan="2">125</td><td rowspan="2">95</td><td rowspan="2">3. 5</td><td rowspan="6">40</td><td rowspan="6">1. 2</td></tr>
<tr><td>13（1/2″）</td><td>13</td><td rowspan="2">±0. 35</td></tr>
<tr><td>16（5/8″）</td><td>16</td><td rowspan="4">140</td><td rowspan="4">100</td><td rowspan="4">3. 7</td></tr>
<tr><td>19（3/4″）</td><td>19</td><td rowspan="3">±0. 42</td></tr>
<tr><td>22（7/8″）</td><td>22</td></tr>
<tr><td>25（1″）</td><td>25</td></tr>
</table>

注：①表中尺寸 b、c 和 d 的允许偏差应符合 GB/T 1804 的 ±1/2IT17 的规定。

②表中尺寸 l_{min} 为采用复合材料制造时的复合部分的最小长度，h_{min} 为采用的复合材料的最小厚度。

5. 1. 12　木锉

木锉（QB/T 2569. 6—2002）有四种。

1. 扁木锉

扁木锉的型式见图 5 - 40 所示，其基本尺寸列于表 5 - 34。

图 5 - 40　扁木锉

<table>
<caption>表 5 - 34　扁木锉的基本尺寸（mm）</caption>
<tr><th rowspan="2">代号</th><th colspan="2">L</th><th colspan="2">b</th><th colspan="2">δ</th><th rowspan="2">L_1</th><th rowspan="2">b_1</th><th rowspan="2">δ_1</th><th rowspan="2">l</th></tr>
<tr><th>基本尺寸</th><th>公差</th><th>基本尺寸</th><th>公差</th><th>基本尺寸</th><th>公差</th></tr>
<tr><td>M - 01 - 200</td><td>200</td><td rowspan="3">±6</td><td>20</td><td rowspan="3">±2</td><td>6. 5</td><td rowspan="3">±2</td><td>55</td><td rowspan="3">≤80% b</td><td rowspan="3">≤80% δ</td><td rowspan="3">≤80% L</td></tr>
<tr><td>M - 01 - 250</td><td>250</td><td>25</td><td>7. 5</td><td>65</td></tr>
<tr><td>M - 01 - 300</td><td>300</td><td>30</td><td>8. 5</td><td>75</td></tr>
</table>

2. 圆木锉

圆木锉的型式见图 5－41 所示，其基本尺寸列于表 5－35。

图 5－41 圆木锉

表 5－35 圆木锉的基本尺寸（mm）

代号	L		L_1	d		d_1	l
	基本尺寸	公差		基本尺寸	公差		
M－03－150	150	±4	45	7.5	±2	≤80%d	（20%～50%）L
M－03－200	200	±6	55	9.5			
M－03－250	250		65	11.5			
M－03－300	300		75	13.5			

3. 半圆木锉

半圆木锉的型式见图 5－42 所示，其基本尺寸列于表 5－36。

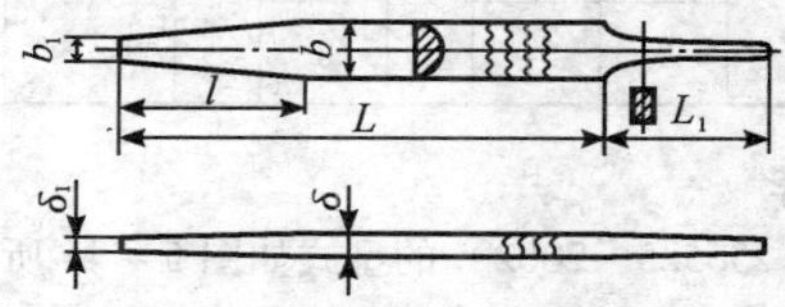

图 5－42 半圆木锉

表 5－36 半圆木锉的基本尺寸（mm）

代号	L		b		δ		L_1	b_1	δ_1	l
	基本尺寸	公差	基本尺寸	公差	基本尺寸	公差				
M－02－150	150	±4	16	±2	6	±2	45	≤80%b	≤80%δ	≤80%L
M－02－200	200	±6	21		7.5		55			
M－02－250	250		25		8.5		65			
M－02－300	300		30		10		75			

4. 家具半圆木锉

家具半圆木锉的型式见图 5－43 所示，其锉的基本尺寸列于表 5－37。

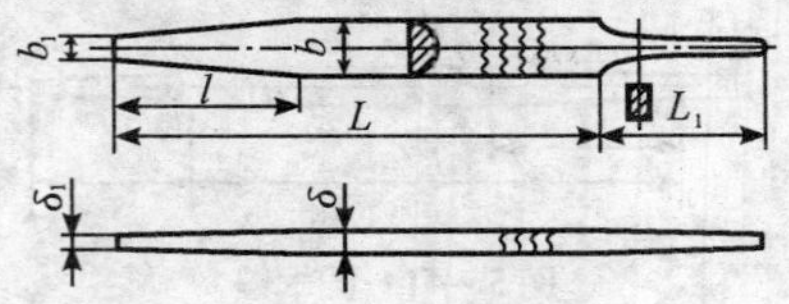

图 5－43　家具半圆木锉

表 5－37　家具半圆木锉的基本尺寸（mm）

<table>
<tr><th rowspan="2">代号</th><th colspan="2">L</th><th rowspan="2">L_1</th><th colspan="2">b</th><th colspan="2">δ</th><th rowspan="2">b_1</th><th rowspan="2">δ_1</th><th rowspan="2">l</th></tr>
<tr><th>基本尺寸</th><th>公差</th><th>基本尺寸</th><th>公差</th><th>基本尺寸</th><th>公差</th></tr>
<tr><td>M－04－150</td><td>150</td><td rowspan="4">±6</td><td>45</td><td>18</td><td rowspan="4">±2</td><td>4</td><td rowspan="4">±2</td><td rowspan="4">≤80%b</td><td rowspan="4"><80%δ</td><td rowspan="4">（25% ～ 50%）L</td></tr>
<tr><td>M－04－200</td><td>200</td><td>55</td><td>25</td><td>6</td></tr>
<tr><td>M－04－250</td><td>250</td><td>65</td><td>29</td><td>7</td></tr>
<tr><td>M－04－300</td><td>300</td><td>75</td><td>34</td><td>8</td></tr>
</table>

5.1.13　木工斧

木工斧（QB/T 2565.5—2002）的型式如图 5－44 所示，其基本尺寸列于表 5－38。

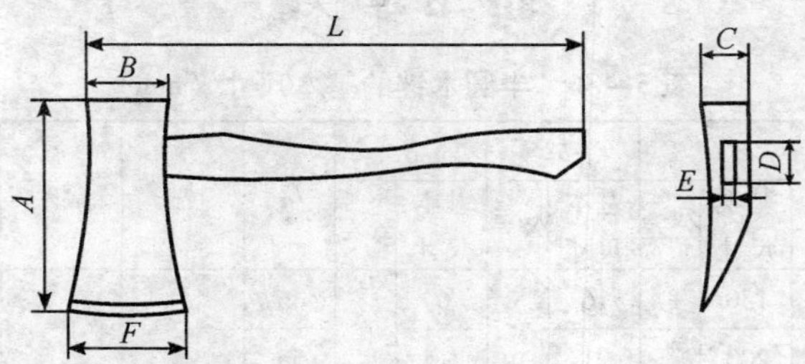

图 5－44　木工斧

表 5－38　木工斧的基本尺寸（mm）

规格（kg）	A	B	C	D		E		F
	（最小）			基本尺寸	公差	基本尺寸	公差	（最小）
1.0	120	34	26	32	0 －2.0	14	0 －1.0	78
1.25	135	36	28	32		14		78
1.5	160	48	35	32		14		78

标记示例：

规格为 1.25kg 的木工斧，其标记为：

木工斧　1.25　QB/T 2565.5—2002

5.2　常用手工具

5.2.1　夹扭钳

1. 尖嘴钳

尖嘴钳（QB/T 2440.1—1999）的型式见图 5－45 所示；尖嘴钳的规格尺寸及技术参数列于表 5－39。

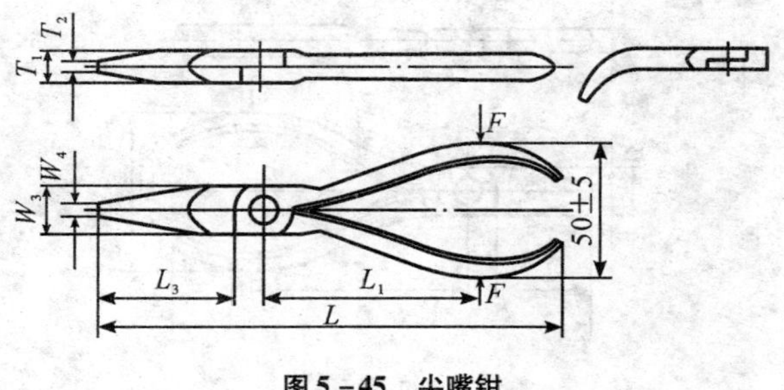

图 5－45　尖嘴钳

表 5－39　尖嘴钳的基本尺寸和技术参数

L_1	L_2	W_{3max}	W_{4max}	T_{1max}	T_{2max}	L_1	载荷 F (N)
(mm)							
125 ±6	32 ±2.5	15	2.5	8.0	2.0	56	560
140 ±7	40 ±3.2	16	2.5	8.0	2.0	63	630
160 ±8	50 ±4.0	18	3.2	9.0	2.5	71	710
180 ±9	63 ±5.0	20	4.0	10.0	3.2	80	800
200 ±10	80 ±6.3	22	5.0	11.0	4.0	90	900

注：在 F 作用下的永久变形量应不大于 1.0mm。

产品标记由产品名称、规格和标准编号组成。

标记示例：

125mm 的尖嘴钳其标记为：

尖嘴钳　125mm QB/T 2440.1—1999

2. *扁嘴钳*

扁嘴钳（QB/T 2440.2—1999）的型式如图 5－46 所示；扁嘴钳的基本尺寸和技术参数列于表 5－40。

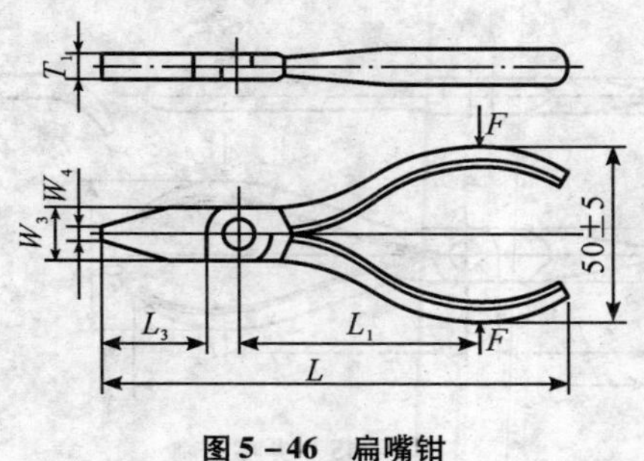

图 5－46　扁嘴钳

表 5-40　扁嘴钳的基本尺寸和技术参数

种类	L	L_3	W_{3max}	W_{4max}	T_{1max}	L_1	载荷 F	扭矩 T
	(mm)						(N)	(N·m)
短嘴	125 ±6	25^{0}_{-5}	16	3.2	8.0	63	630	5.0
	140 ±7	$25^{0}_{-6.3}$	18	4.0	9.0	71	710	5.5
	160 ±8	40^{0}_{-8}	20	5.0	10.0	80	800	6.5
长嘴	125 ±6	32 ±2.5	14.5	2.5	7.5	56	560	—
	140 ±7	40 ±3.2	16	3.2	8.0	63	640	—
	160 ±8	50 ±4.0	18	4.0	9.0	71	710	—
	180 ±9	63 ±5.0	20	5.0	10.0	80	800	—
	200 ±9	80 ±6.3	22	6.3	11.0	90	900	—

注：①在 F 作用下的永久变形量应不大于 1.0mm。

②在扭矩 T 作用下最大转角 ±15°。

标记示例：

140mm 的扁嘴钳其标记为：

扁嘴钳　140mm QB/T 2440.2—1999

3. 圆嘴钳

圆嘴钳（QB/T 2440.3—1999）的型式如图 5-47 所示；圆嘴钳的基本尺寸和技术参数列于表 5-41。

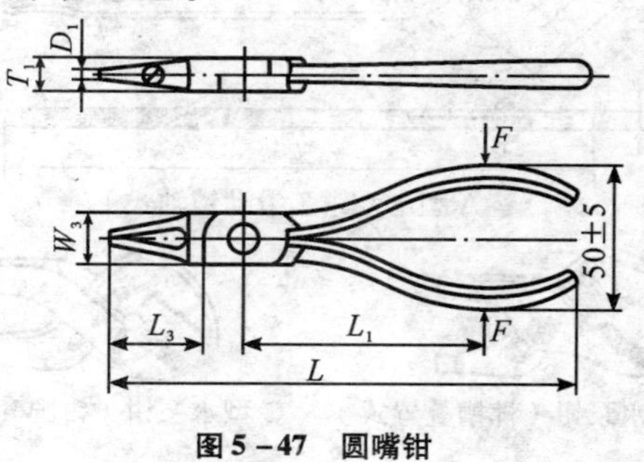

图 5-47　圆嘴钳

表 5-41　圆嘴钳的基本尺寸和技术参数

L	L_3	W_{3max}	W_{1max}	D_{1max}	L_1	载荷 F	扭矩 T
(mm)						(N)	(N·m)
125±6	25_{-5}^{0}	16	8.0	2.0	63	630	5.0
140±7	$32_{-6.3}^{0}$	18	9.0	2.5	71	710	0.5
160±8	40_{-8}^{0}	20	10.0	3.2	80	800	1.0
180±9	50_{-9}^{0}	22	11.0	4.0	90	900	1.25
200±10	63_{-10}^{0}	25	12.0	5.0	1 000	1 000	1.5

注：①在 F 作用下的永久变形量应不大于 1.0mm。

②在扭矩 T 作用下最大转角 $L=125$mm 时为 ±20°；其他规格为 ±25°。

产品标记应由产品名称、规格和标准编号组成。

标记示例：

125mm 的圆嘴钳其标记为：

圆嘴钳　125mm QB/T 2440.3—1999

4. 水泵钳

水泵钳（QB/T 2440.4—1999）分为 A 型（滑动销轴式）、B 型（榫槽叠置式）和 C 型（钳腮套入式）三种，如图 5-48 所示。水泵钳的基本尺寸和技术参数列于表 5-42。

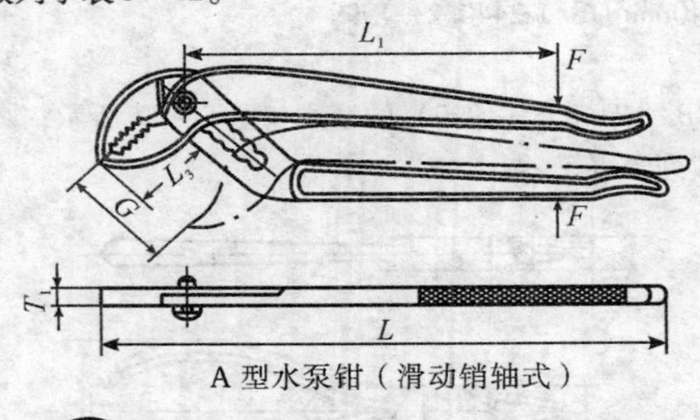

A 型水泵钳（滑动销轴式）

B 型水泵钳（榫槽叠置式）

C 型水泵钳（钳腮套入式）

图 5-48　水泵钳

表 5-42　水泵钳的基本尺寸和技术参数

L (mm)	L_{3min} (mm)	T_{1max} (mm)	G_{min} (mm)	最小调整挡数	L_1 (mm)	载荷 F (N)	最大永久变形量 S_{max} (mm)
100 ±5	7.5	8	12	3	71	400	1.0
120 ±6	12	8	12	3	78	500	1.1
140 ±7	12	8	12	3	90	560	1.2
160 ±8	18	10	26	3	100	630	1.4
180 ±9	20	10	22	4	115	735	1.7
200 ±10	20	10	22	4	120	800	1.8
225 ±11	22	11	25	4	145	900	2.0
250 ±12	25	11	28	4	160	1 000	2.2
300 ±15	35	12	35	4	200	1 250	2.8
350 ±20	40	13	45	6	224	1 250	3.2
400 ±20	50	14	80	8	250	1 250	3.6
500 ±20	70	16	125	10	315	1 250	4.0

注：用户对尺寸另有要求时，可协商决定。

产品标记应由产品名称、规格、型式代号和标准编号组成。

标记示例：

200mm 的滑动销轴式水泵钳，其标记为：

水泵钳　200mm A QB/T 2440.4—1999

5.2.2　剪切钳

剪切钳有两种：斜嘴钳和顶切钳。

1. 斜嘴钳

斜嘴钳（QB/T 2441.1—1999）的型式如图 5-49 所示；其基本尺寸和技术参数列于表 5-43。

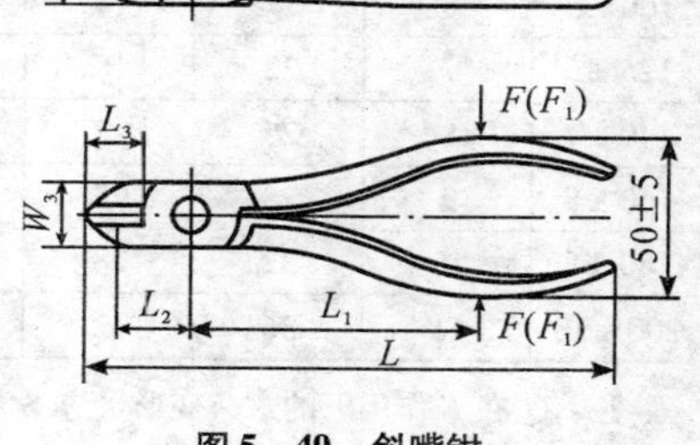

图 5-49　斜嘴钳

表 5－43 斜嘴钳的基本尺寸和技术参数

L (mm)	L_{3max} (mm)	W_{3max} (mm)	T_{1max} (mm)	L_1 (mm)	载荷 F (N)	L_2 (mm)	试验钢丝直径 D (mm)
125 ±6	18	22	10	80	800	12.5	1.0
140 ±7	20	25	11	90	900	14.0	1.6
160 ±8	22	28	12	100	1 000	16.0	1.6
180 ±9	25	32	14	112	1 120	18.0	1.6
200 ±10	28	36	16	125	1 250	20.0	1.6

注：①在 F 作用下的永久变形量应不大于 1.0mm。

②剪切试验最大剪切力为 450N。

标记示例：

200mm 的斜嘴钳其标记为：

斜嘴钳 200mm QB/T 2441.1—1999

2. 顶切钳

顶切钳（QB/T 2441.2—1999）的型式如图 5－50 所示，其基本尺寸和技术参数列于表 5－44。

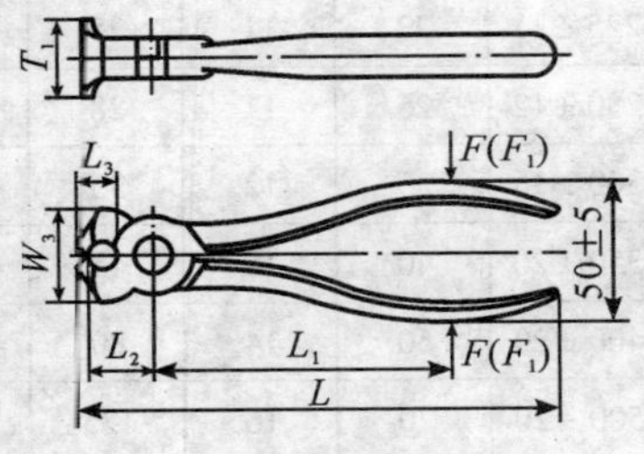

图 5－50 顶切钳

表 5－44 顶切钳基本尺寸和技术参数

L	L_{3max}	W_{3max}	T_{1max}	L_1	载荷 F	L_2	试验钢丝直径 D
(mm)					(N)	(mm)	(mm)
100 ±5	6	17	14	60	600	12	1.0
125 ±6	7	22	18	75	750	14	1.6
140 ±7	8	25	22	110	1 000	16	1.6
160 ±8	9	28	25	112	1 120	18	1.6
180 ±8	10	32	28	125	1 250	20	1.6
200 ±10	11	36	32	145	1 400	22	1.6

注：①在 F 作用下的永久变形量应不大于 1.0mm。

②剪切试验最大剪切力为 570N。

标记示例：

100mm 的顶切钳其标记为：

顶切钳　100mm QB/T 2441.2—1999

5.2.3　夹扭剪切两用钳

1. 钢丝钳

钢丝钳（QB/T 2442.1—1999）的型式如图 5－51 所示；其基本尺寸列于表 5－45。

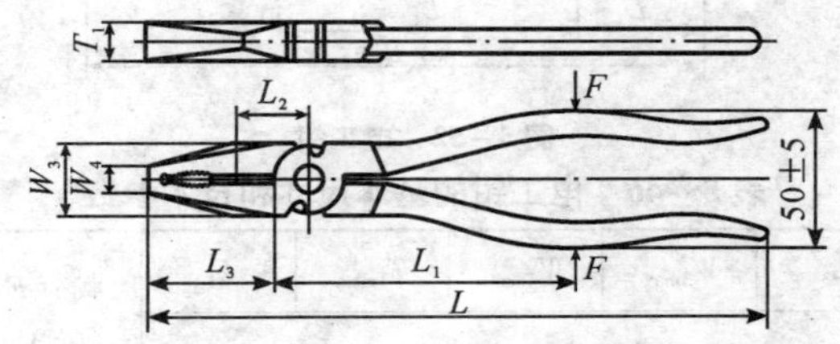

图 5－51　钢丝钳

表 5－45　钢丝钳的基本尺寸和技术参数

L	L_{3max}	W_{3max}	W_{4max}	T_{1max}	L_1	载荷 F (N)	L_2 (mm)
(mm)							
160±8	32±4	25	7	12	80	1 120	16
180±9	36±4	28	8	13	90	1 260	18
200±10	40±4	32	9	14	100	1 400	20

注：①在 F 作用下的永久变形量应不大于 1.2mm。

②在 20N·m 扭矩作用下最大转角为 ±15°。

③用 1.6mm 钢丝做剪切试验最大剪切力为 580N。

④用户对尺寸另有要求时，可协议决定。

标记示例：

160mm 的钢丝钳，其标记为：

钢丝钳　160mm　QB/T 2442.1—1999

2. 电工钳

电工钳（QB/T 2442.2—1999）的型式如图 5－52 所示；其基本尺寸列于表 5－46。

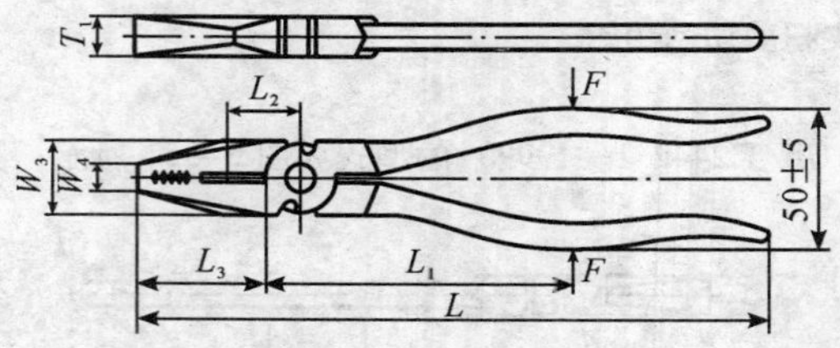

图 5－52　电工钳

表 5－46　电工钳的基本尺寸和技术参数

L	L_3	W_{3max}	W_{4max}	T_{1max}	L_1	载荷 F	L_2
（mm）						（N）	（mm）
160 ±8	28 ±4	25	7	12	80	1 120	16
180 ±9	32 ±4	28	8	13	90	1 260	18
200 ±10	36 ±4	32	9	14	100	1 400	20

注：①在 F 作用下的永久变形量应不大于 1.2mm。

②用 1.6mm 钢丝做剪切试验最大剪切力为 580N。

③用户对尺寸另有要求时，可协议决定。

标记示例：

180mm 的电工钳，其标记为：

电工钳　180mm QB/T 2442.2—1999

3. 鲤鱼钳

鲤鱼钳（QB/T 2349—1997）的型式如图 5－53 所示；其基本尺寸和强度要求列于表 5－47。

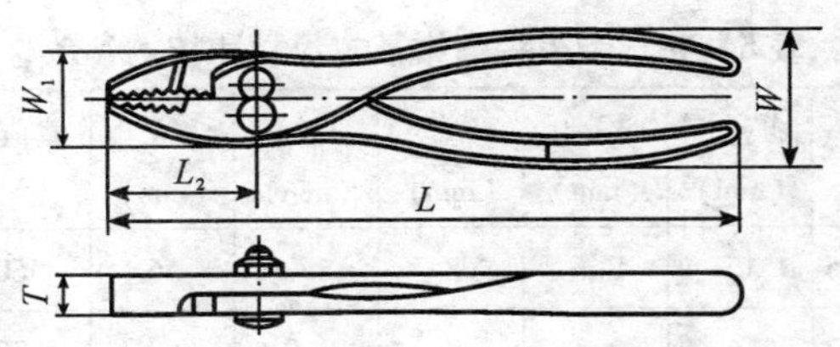

图 5－53　鲤鱼钳

表 5－47　鲤鱼钳的基本尺寸和技术参数

规格 L		L_{2max}	W_{1max}	W_{max}	T_{max}	L_1 加载距离	载荷 F	永久变形 S_{max}
(mm)							(N)	(mm)
125	±8	32	23	40	9	70	500	0.5
150		44	28	43	10	75	550	0.6
165		45	32	45	11	85	650	0.6
200	±10	50	34	47	12	100	790	0.8
250		62	39	58	13	125	980	1.0

标记示例：

125mm 的鲤鱼钳，其标记为：

鲤鱼钳　125mm QB/T 2349

4. 带刃尖嘴钳

带刃尖嘴钳（QB/T 2442.3—1999）的型式如图 5－54 所示，其基本尺寸及技术参数列于表 5－48。

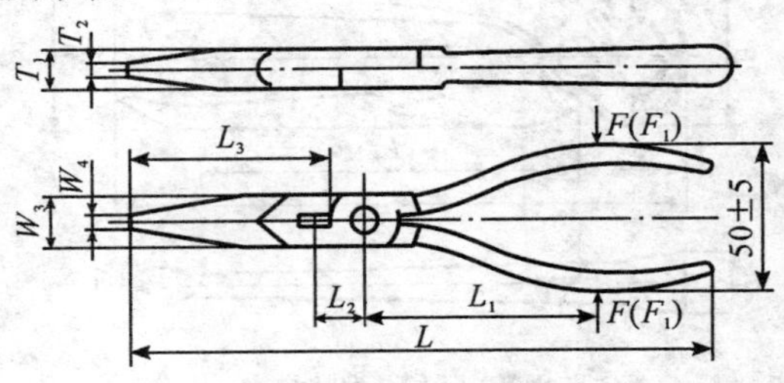

图 5－54　带刃尖嘴钳

表 5－48　带刃尖嘴钳基本尺寸和技术参数

L (mm)	L_3 (mm)	W_{3max} (mm)	W_{4max} (mm)	T_{1max} (mm)	T_{2max} (mm)	L_1 (mm)	载荷 F (N)	L_2 (mm)
125 ±6	32 ±2. 5	15	2. 5	8	2. 0	56	560	11. 5
140 ±7	40 ±3. 2	16	2. 5	8	2. 0	63	630	12. 5
160 ±8	50 ±4. 0	18	3. 2	9	2. 5	71	710	14. 0
180 ±9	63 ±5. 0	20	4. 0	10	3. 2	80	800	16. 0
200 ±10	80 ±6. 3	22	5. 0	11	4. 0	90	900	18. 0

注：①在 F 作用下的永久变形量 $L = 125$mm 时应不大于 0. 6mm；其他规格应不大于 1. 2mm。

②用 1. 6mm 钢丝做剪切试验最大剪切力为 580N。

③用户对尺寸另有要求时，可协议决定。

标记示例：

200mm 的带刃尖嘴钳，其标记为：

带刃尖嘴钳　200mm QB/T 2442. 3—1999

5. 2. 4　胡桃钳

胡桃钳（QB/T 1737—1993）按用途分为 A 型（鞋工用）和 B 型（木工用）两种，如图 5－55、图 5－56 所示；胡桃钳的工艺钳口见图 5－57。胡桃钳的基本尺寸和钳柄强度分别列于表 5－49 和表 5－50。

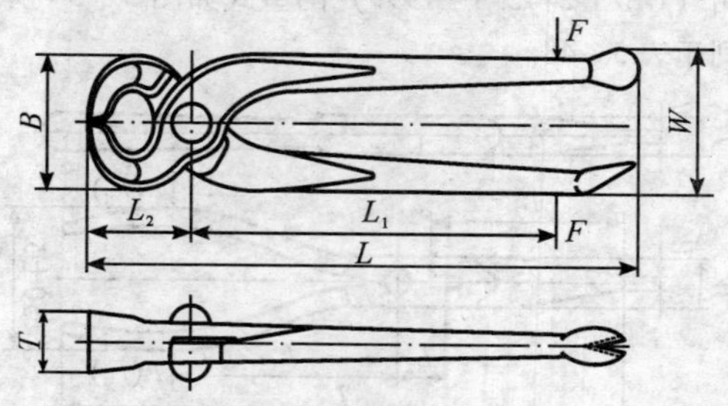

图 5－55　A 型胡桃钳

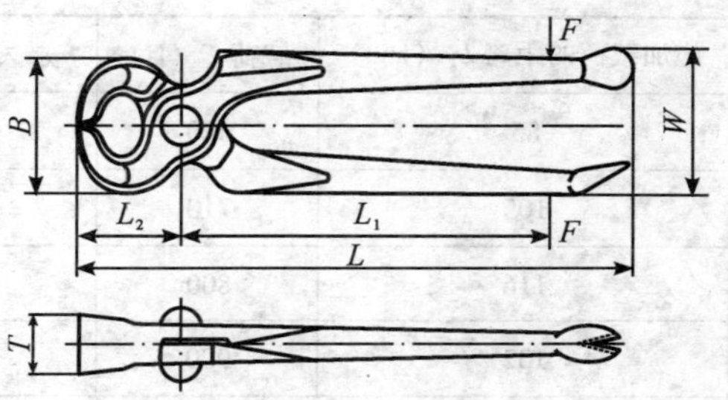

图 5－56　B 型胡桃钳

图 5－57　胡桃钳工艺钳口

表 5－49　胡桃钳的规格和基本尺寸（mm）

规格	L		W		L_2		B_{min}	T_{min}	G_{min}
	基本尺寸	偏差	基本尺寸	偏差	基本尺寸	偏差			
125	125	±5	42	±2	26	±2	40	16	16
150	150		45		30		43	18	18
175	175		48		34		45	20	20
200	200		51		38		48	21	22
225	225		53		40		50	23	24
250	250		53		42		52	24	26

表 5-50　胡桃钳的钳柄强度

规格	施加载荷的距离 L_1（mm）	载荷 F（N）	永久变形 S（mm）
125	85	620	1.0
150	105	710	1.2
175	116	800	1.4
200	132	900	1.6
225	150	1 000	1.8
250	170	1 120	2.0

产品的标记由产品名称、规格、型式代号和标准编号组成。

标记示例：

125mm 的 A 型胡桃钳标记为：

胡桃钳　125 A QB/T 1737

5.2.5　断线钳

断线钳（QB/T 2206—1996）型式以调整结构可分为单连臂式、双连臂式和无连臂式，其钳柄可为管柄或可锻铸铁柄。

断线钳的示意见图 5-58；其规格和基本尺寸列于表 5-51。

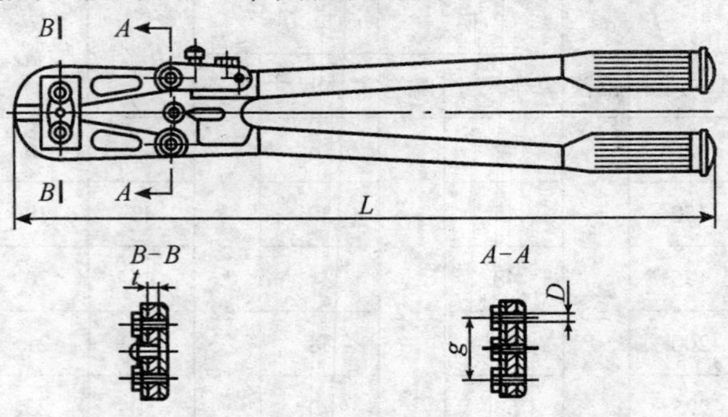

图 5-58　断线钳

表 5－51　断线钳的规格及基本尺寸（mm）

规格	*L*		*D*		*g*		*t*	
	基本尺寸	公差	基本尺寸	公差	基本尺寸	公差	基本尺寸	公差
300	305	+10 −5	6	H12	38	+1 −2	6	h12
350	365		7		40		7	
450	460		8		53		8	
600	620		10		62		9	
750	765	+15 −5	10		68	+1 −3	11	
900	910		12		74		13	
1 050	1 070		14		82		15	

5.2.6　剥线钳

剥线钳（QB/T 2207—1997）的型式分四种，即可调式端面剥线钳、自动剥线钳、多功能剥线钳和压接剥线钳。见图 5－59～图 5－62 所示。剥线钳的基本尺寸列于表 5－52。

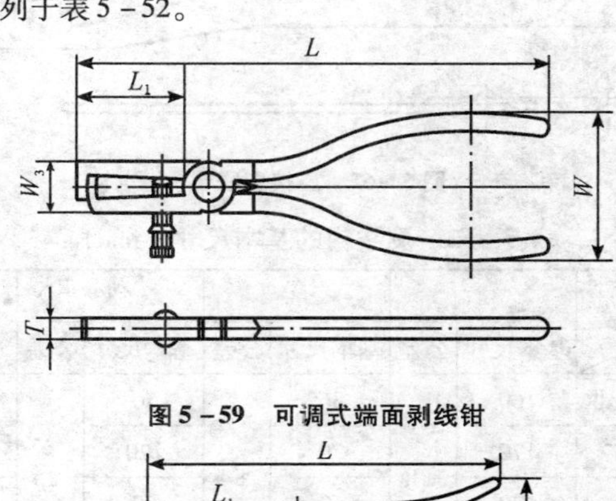

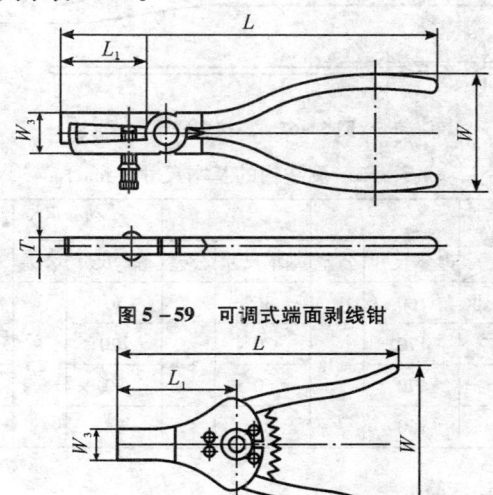

图 5－59　可调式端面剥线钳

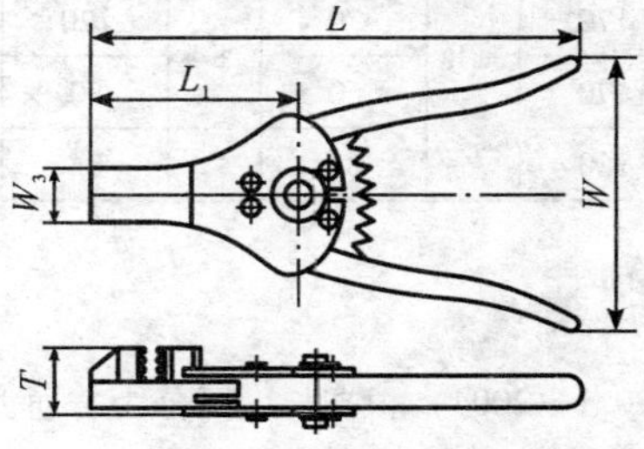

图 5－60　自动剥线钳

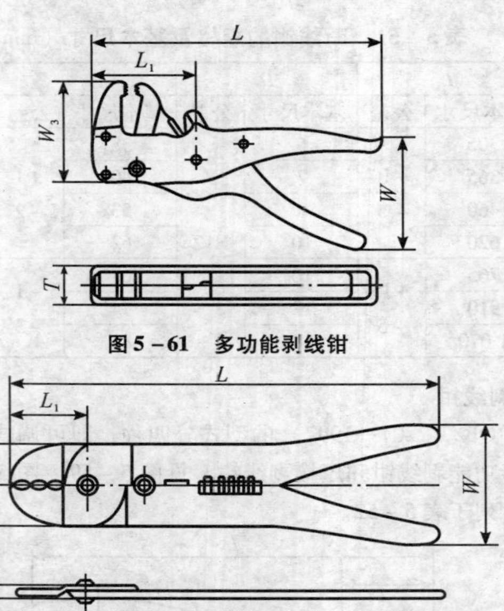

图 5－61　多功能剥线钳

图 5－62　压接剥线钳

表 5－52　剥线钳的基本尺寸（mm）

尺寸 类别	L		L_1		W		$W_{3\max}$	$T_{\max}$
	基本尺寸	公差	基本尺寸	公差	基本尺寸	公差		
可调式端面剥线钳	160	±8	36	±4	50	±5	20	10
自动剥线钳	170		70		120		22	60
多功能剥线钳	170		60		80		70	20
压接剥线钳	200		34		54		38	8

5.2.7　手动套筒扳手

1. 套筒

套筒（GB/T 3390.1—2004）根据长度可分为普通型（A 型）和加长型（B 型），套筒的形状如图 5－63～图 5－65 所示。

套筒按其传动方孔的对边尺寸分为 6.3mm、10mm、12.5mm、20mm 和

25mm 五个系列，其基本尺寸列于表 5－53～表 5－57。

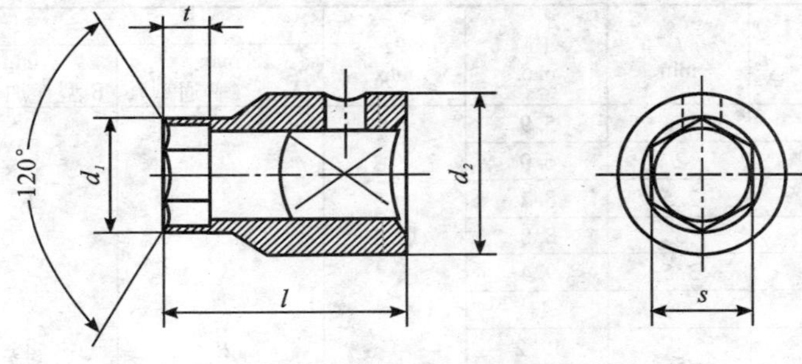

图 5－63　套筒外型 $d_1 < d_2$

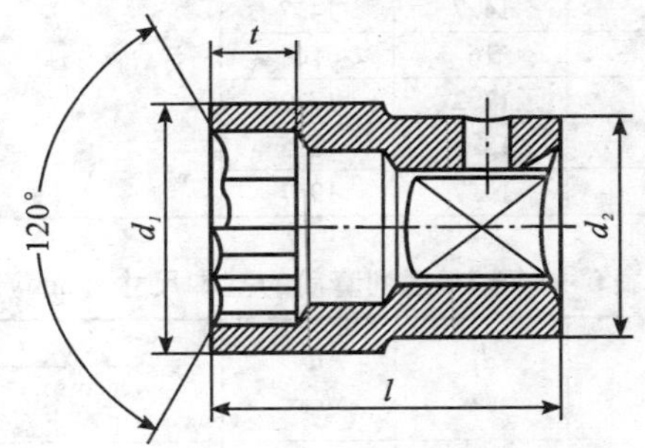

图 5－64　套筒外径 $d_1 = d_2$

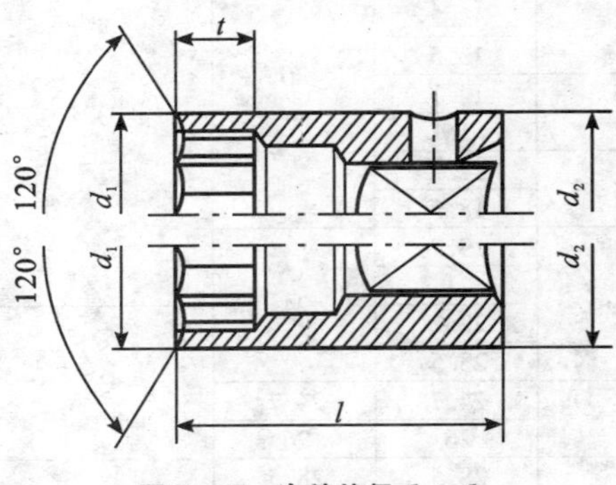

图 5－65　套筒外径 $d_1 > d_2$

表 5－53　6.3 系列套筒的基本尺寸（mm）

s	t min	d_1 max	d_2 max	l max A 型（普通型）	l min B 型（加长型）
3.2	1.6	5.9	12.5	25	45
4	2	6.9	12.5	25	45
5	2.5	8.2	12.5	25	45
5.5	3	8.8	12.5	25	45
6	3.5	9.4	12.5	25	45
7	4	11	12.5	25	45
8	5	12.2	12.5	25	45
9	5	13.5	13.5	25	45
10	6	14.7	14.7	25	45
11	7	16	16	25	45
12	8	17.2	17.2	25	45
13	8	18.5	18.5	25	45
14	10	19.7	19.7	25	45

表 5－54　10 系列套筒的基本尺寸（mm）

s	t min	d_1 max	d_2 max	l max A 型（普通型）	l min B 型（加长型）
6	3.5	9.6	20	32	45
7	4	11	20	32	45
8	5	12.2	20	32	45
9	5	13.5	20	32	45
10	6	14.7	20	32	45
11	7	16	20	32	45
12	8	17.2	20	32	45
13	8	18.5	20	32	45
14	10	19.7	24	32	45
15	10	21	24	32	45
16	10	22.2	24	35	60
17	10	23.5	24	35	60
18	12	24.7	24.7	35	60
19	12	26	26	35	60
21	14	28.5	28.5	38	60
22	14	29.7	29.7	38	60

表 5-55　12.5 系列套筒的基本尺寸（mm）

<table>
<tr><th rowspan="2">s</th><th rowspan="2">t
min</th><th rowspan="2">d_1
max</th><th rowspan="2">d_2
max</th><th colspan="2">l</th></tr>
<tr><th>max
A 型（普通型）</th><th>min
B 型（加长型）</th></tr>
<tr><td>8</td><td>5</td><td>13</td><td rowspan="8">24</td><td rowspan="10">40</td><td rowspan="18">75</td></tr>
<tr><td>9</td><td>5. 5</td><td>14. 4</td></tr>
<tr><td>10</td><td>6</td><td>15. 5</td></tr>
<tr><td>11</td><td>7</td><td>16. 7</td></tr>
<tr><td>12</td><td rowspan="2">8</td><td>18</td></tr>
<tr><td>13</td><td>19. 2</td></tr>
<tr><td>14</td><td rowspan="4">10</td><td>20. 5</td></tr>
<tr><td>15</td><td>21. 7</td></tr>
<tr><td>16</td><td>23</td><td rowspan="3">25. 5</td></tr>
<tr><td>17</td><td>24. 2</td></tr>
<tr><td>18</td><td rowspan="2">12</td><td>25. 5</td><td rowspan="2">42</td></tr>
<tr><td>19</td><td>26. 7</td><td>26. 7</td></tr>
<tr><td>21</td><td rowspan="2">14</td><td>29. 2</td><td>29. 2</td><td rowspan="2">44</td></tr>
<tr><td>22</td><td>30. 5</td><td>30. 5</td></tr>
<tr><td>24</td><td>16</td><td>33</td><td>33</td><td>46</td></tr>
<tr><td>27</td><td>18</td><td>36. 7</td><td>36. 7</td><td>48</td></tr>
<tr><td>30</td><td>20</td><td>40. 5</td><td>40. 5</td><td rowspan="2">50</td></tr>
<tr><td>32</td><td>22</td><td>43</td><td>43</td></tr>
</table>

表 5-56　20 系列套筒的规格尺寸（mm）

<table>
<tr><th rowspan="2">s</th><th rowspan="2">t
min</th><th rowspan="2">d_1
max</th><th rowspan="2">d_2
max</th><th colspan="2">l</th></tr>
<tr><th>max
A 型（普通型）</th><th>min
B 型（加长型）</th></tr>
<tr><td>19</td><td>12</td><td>30</td><td>38</td><td>50</td><td rowspan="10">85</td></tr>
<tr><td>21</td><td rowspan="2">14</td><td>32. 1</td><td rowspan="4">40</td><td rowspan="3">55</td></tr>
<tr><td>22</td><td>33. 3</td></tr>
<tr><td>24</td><td>16</td><td>35. 8</td></tr>
<tr><td>27</td><td>18</td><td>39. 6</td><td rowspan="3">60</td></tr>
<tr><td>30</td><td>20</td><td>43. 3</td><td>43. 3</td></tr>
<tr><td>32</td><td>22</td><td>45. 8</td><td>45. 8</td></tr>
<tr><td>34</td><td rowspan="2">24</td><td>48. 3</td><td>48. 3</td><td rowspan="2">65</td></tr>
<tr><td>36</td><td>50. 8</td><td>50. 8</td></tr>
<tr><td>41</td><td>27</td><td>57. 1</td><td>57. 1</td><td>70</td></tr>
<tr><td>46</td><td>30</td><td>63. 3</td><td>63. 3</td><td>75</td><td rowspan="3">100</td></tr>
<tr><td>50</td><td>33</td><td>68. 3</td><td>68. 3</td><td>80</td></tr>
<tr><td>55</td><td>36</td><td>74. 6</td><td>74. 6</td><td>85</td></tr>
</table>

表 5－57　25 系列套筒的基本尺寸（mm）

<table>
<tr><th>s</th><th>t
min</th><th>d_1
max</th><th>d_2
max</th><th>l
max
（普通型）</th></tr>
<tr><td>27</td><td>18</td><td>42.7</td><td rowspan="2">50</td><td rowspan="3">65</td></tr>
<tr><td>30</td><td>20</td><td>47</td></tr>
<tr><td>32</td><td>22</td><td>49.4</td><td rowspan="4">52</td></tr>
<tr><td>34</td><td>23</td><td>51.9</td><td rowspan="2">70</td></tr>
<tr><td>36</td><td>24</td><td>54.2</td></tr>
<tr><td>41</td><td>27</td><td>60.3</td><td>75</td></tr>
<tr><td>46</td><td>30</td><td>66.4</td><td rowspan="2">55</td><td>80</td></tr>
<tr><td>50</td><td>33</td><td>71.4</td><td>85</td></tr>
<tr><td>55</td><td>36</td><td>77.6</td><td>57</td><td>90</td></tr>
<tr><td>60</td><td>39</td><td>83.9</td><td>61</td><td>95</td></tr>
<tr><td>65</td><td>40</td><td>90.3</td><td>65</td><td>100</td></tr>
<tr><td>70</td><td rowspan="2">42</td><td>96.9</td><td>68</td><td>105</td></tr>
<tr><td>75</td><td>104.0</td><td>72</td><td>110</td></tr>
<tr><td>80</td><td>48</td><td>111.4</td><td>75</td><td>115</td></tr>
</table>

产品的标记由产品名称、对边尺寸、系列、型式代号、孔形代号、强度等级代号和标准编号组成。

标记示例：

例 1：对边尺寸 s 为 19mm 的 12.5 系列 A 型 a 级强度六角套筒应标记为：

套筒　19×12.5 AL a GB/T 3390.1

例 2：对边尺寸 s 为 17mm 的 10 系列 B 型 c 级强度十二角套筒应标记为：

套筒　17×10　B　c　GB/T 3390.1

2. 传动方榫和方孔

传动方榫分为 A 型和 B 型两种，分别见图 5－66 和图 5－67；传动方孔可分为 C 型和 D 型两种，见图 5－68、图 5－69。

传动方榫和方孔（GB/T 3390.2—2004）的对边尺寸按 GB/T 321 规定。R10 系列分为 6.3mm、10mm、12.5mm、20mm 和 25mm 五个系列，其代号分别为 6.3、10、12.5、20 和 25。传动方榫和方孔的基本尺寸列于表

5－58、表5－59。

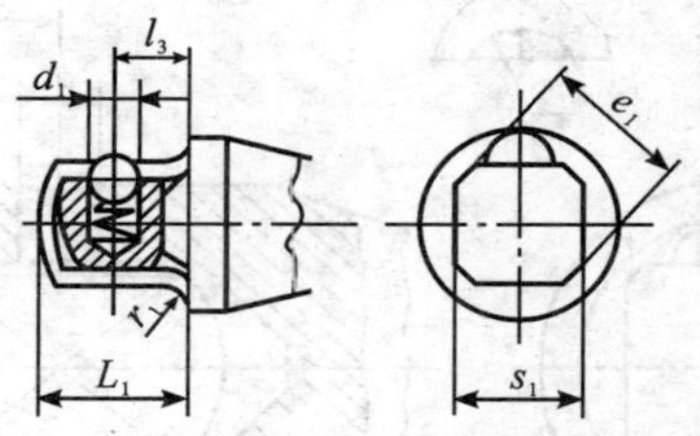

图5－66　A型传动方榫

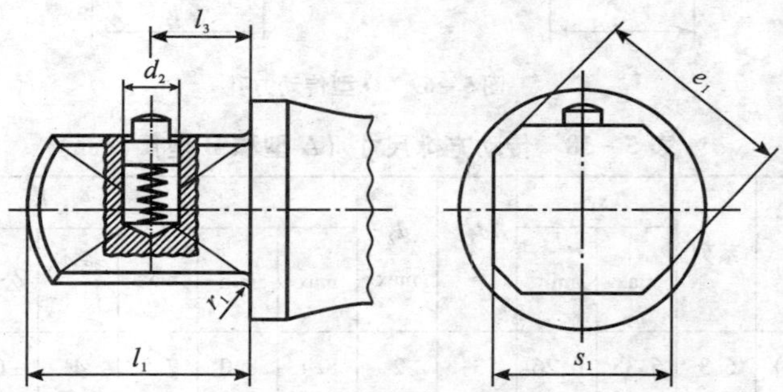

图5－67　B型传动方榫

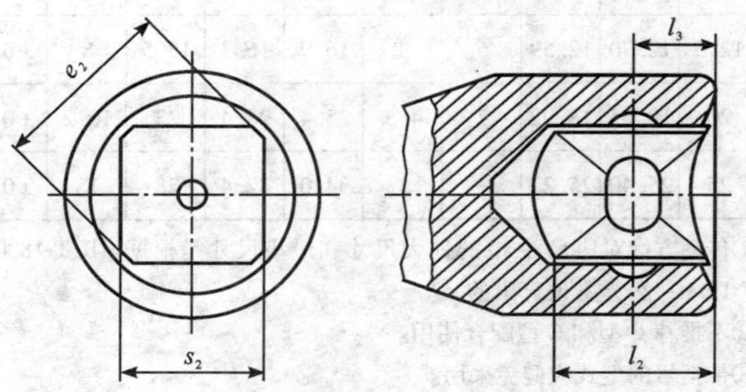

图5－68　C型传动方孔

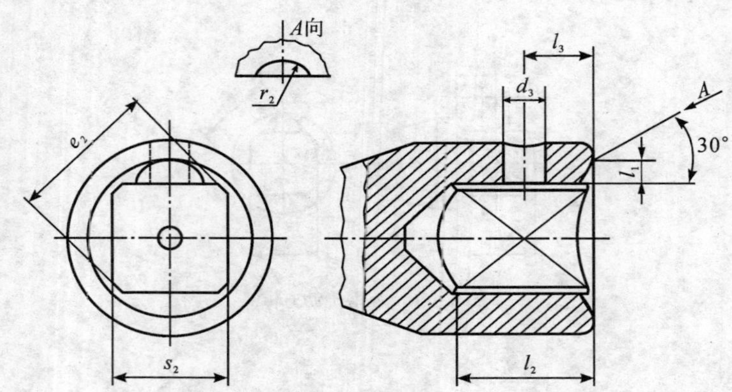

图 5－69　D 型传动方孔

表 5－58　传动方榫尺寸（A 型和 B 型）（mm）

型式	系列	s_1		d_1	d_2	e_1		l_1	l_3		r_1
		max	min	≈	max	max	min	max	基本尺寸	公差	max
A（B）	6.3	6.35	6.26	3	2	8.4	8.0	7.5	4	±0.2	0.5
A（B）	10	9.53	9.44	5	2.6	12.7	12.2	11	5.5	±0.2	0.6
A（B）	12.5	12.70	12.59	6	3	16.9	16.3	15.5	8	±0.3	0.8
B（A）	20	19.05	18.92	7	4.3	25.4	24.4	23	10.2	±0.3	1.2
B（A）	25	25.40	25.27	—	5	34.0	32.4	28	15	±0.3	1.6

注：①传动方榫对边尺寸 s_1 的最大尺寸和最小尺寸是根据 GB/T 1800.3 规定的 IT11 级公差数值算出的。

②不推荐 B 型和 C 型配合使用。

③带括号的型式应避免采用。

表 5-59　传动方孔尺寸（C 型和 D 型）（mm）

型式	系列	s_2		d_3	e_2	l_3	l_3		r_2	t_1
		max	min	min	min	min	基本尺寸	公差		
C、D	6.3	6.63	6.41	2.5	8.5	8	4	±0.2	—	—
C（D）	10	9.80	9.58	5	12.9	11.5	5.5	±0.2	—	—
C（D）	12.5	13.03	12.76	6	17.1	16	8	±0.3	4	3
C（D）	20	19.44	19.11	6	25.6	24	10.2	±0.3	4	3.5
D（C）	25	25.79	25.46	6.5	34.4	29	15	±0.3	6	4

注：①传动方孔对边尺寸 s_2 的最大尺寸和最大尺寸是根据 GB/T 1800.3 规定的 IT13 级公差数值算出的。

②不推荐 B 型和 C 型配合使用。

③带括号的型式应避免采用。

传动方榫和方孔的标记由名称、型式、系列代号和标准编号组成。

标记示例：

系列为 12.5 的 A 型传动方榫标记为：

传动方榫　A12.5　GB/T 3390.2

系列为 12.5 的 C 型传动方孔标记为：

传动方孔　C12.5　GB/T 3390.2

5.2.8　呆扳手、梅花扳手、两用扳手

呆扳手分为双头呆扳手（短型和长型）和单头呆扳手两种型式，如图 5-70和图 5-71 所示；梅花扳手也可分为双头梅花扳手（直颈、弯颈和矮颈、高颈）和单头梅花扳手两种型式，如图 5-72～图 5-77 所示；两用扳手的型式如图 5-78 所示。

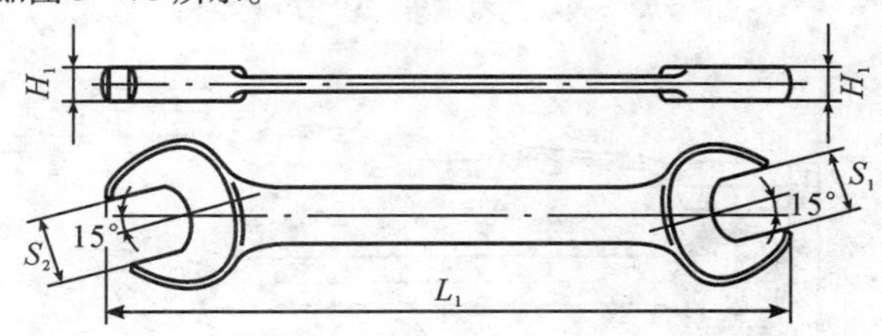

图 5-70　双头呆扳手

呆扳手、梅花扳手和两用扳手（GB/T 4388—1995）的基本尺寸列于表

5－60 和表 5－61。

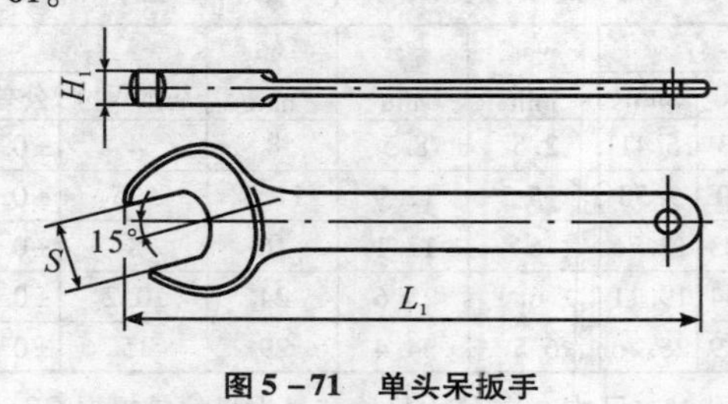

图 5－71　单头呆扳手

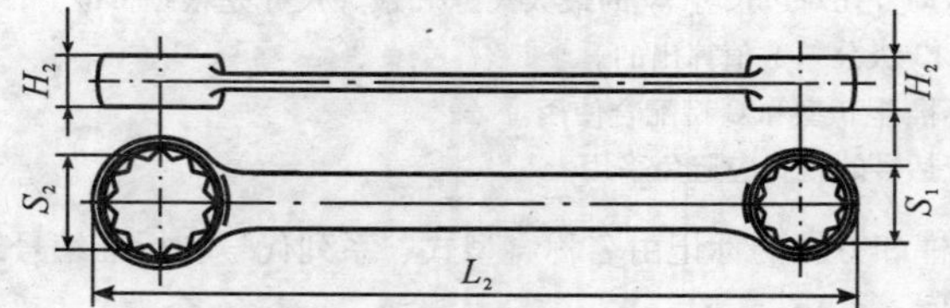

图 5－72　双头梅花扳手（Z 型直颈）

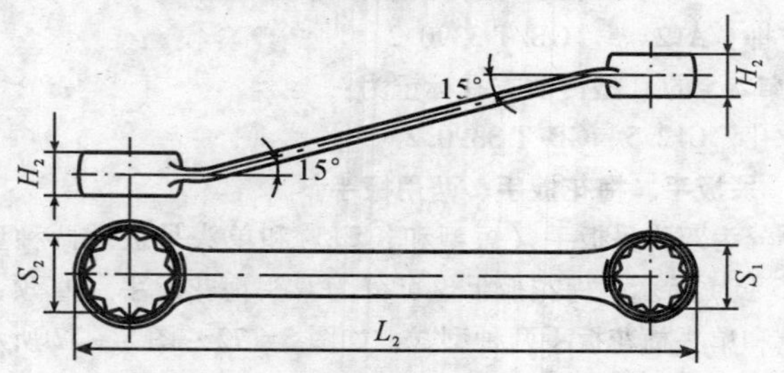

图 5－73　双头梅花扳手（W 型 15°弯颈）

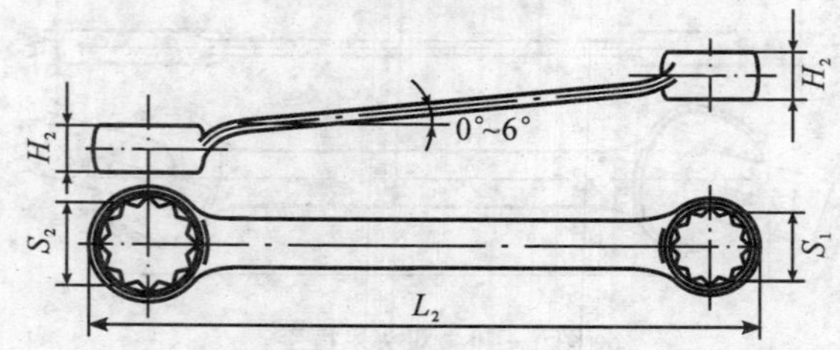

图 5－74　双头梅花扳手（A 型矮颈）

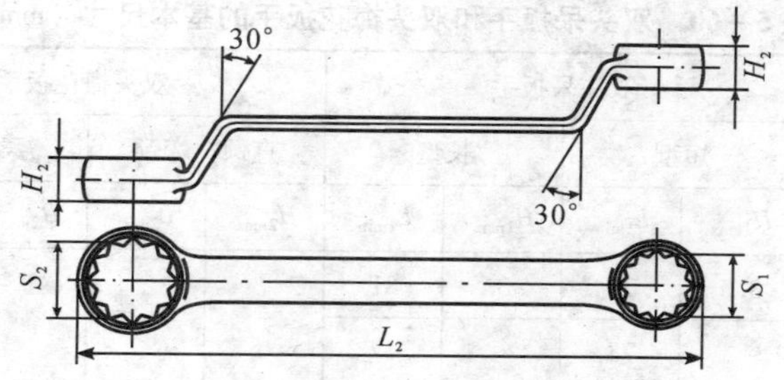

图 5－75　双头梅花扳手（G 型高颈）

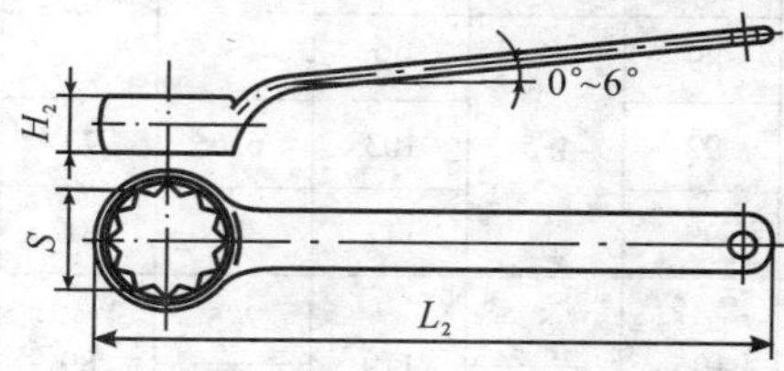

图 5－76　单头梅花扳手（A 型矮颈）

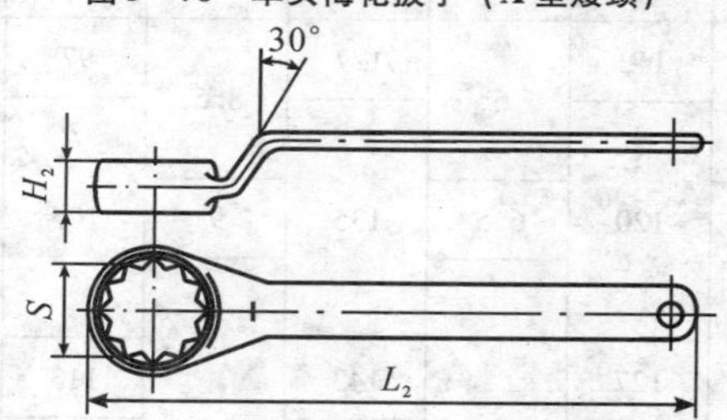

图 5－77　单头梅花扳手（G 型高颈）

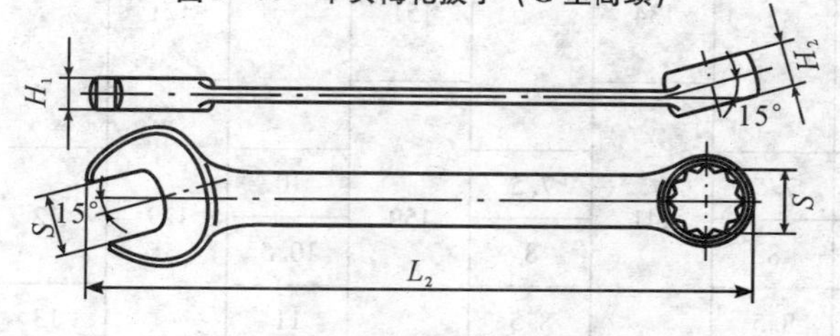

图 5－78　两用扳手

表 5－60　双头呆扳手和双头梅花扳手的基本尺寸（mm）

<table>
<tr><th rowspan="3">规格
$S_1 \times S_2$</th><th colspan="4">双头呆扳手</th><th colspan="4">双头梅花扳手</th></tr>
<tr><th colspan="2">短型</th><th colspan="2">长型</th><th colspan="2">直颈、弯颈</th><th colspan="2">矮颈、高颈</th></tr>
<tr><th>H_{1max}</th><th>L_{1min}</th><th>H_{1max}</th><th>L_{1min}</th><th>H_{2max}</th><th>L_{2min}</th><th>H_{2max}</th><th>L_{2min}</th></tr>
<tr><td>3.2×4</td><td>3.5</td><td>72</td><td>3</td><td>81</td><td rowspan="4">—</td><td rowspan="4">—</td><td rowspan="4">—</td><td rowspan="4">—</td></tr>
<tr><td>4×5</td><td rowspan="2">4</td><td>78</td><td rowspan="2">3.5</td><td>87</td></tr>
<tr><td>5×5.5</td><td>85</td><td>95</td></tr>
<tr><td>5.5×7</td><td rowspan="3">5</td><td>89</td><td rowspan="3">4.5</td><td>99</td></tr>
<tr><td>6×7</td><td>92</td><td>103</td><td>6.5</td><td>73</td><td>7</td><td>(134)</td></tr>
<tr><td>7×8</td><td>99</td><td>111</td><td>7</td><td>81</td><td>7.5</td><td>143</td></tr>
<tr><td>8×9</td><td rowspan="2">5.5</td><td rowspan="2">106</td><td>5</td><td rowspan="2">119</td><td>7.5</td><td rowspan="2">89</td><td>8.5</td><td rowspan="2">(152)</td></tr>
<tr><td>8×10</td><td>5.5</td><td>8</td><td>9</td></tr>
<tr><td>9×11</td><td rowspan="2">6</td><td>113</td><td rowspan="2">6</td><td>127</td><td rowspan="2">8.5</td><td>97</td><td rowspan="2">9.5</td><td>161</td></tr>
<tr><td>10×11</td><td rowspan="3">120</td><td rowspan="3">135</td><td rowspan="3">105</td><td rowspan="3">(170)</td></tr>
<tr><td>10×12</td><td>6.5</td><td>6.5</td><td>9</td><td>10</td></tr>
<tr><td>10×13</td><td rowspan="5">7</td><td rowspan="5">7</td><td rowspan="5">9.5</td><td rowspan="5">11</td></tr>
<tr><td>11×13</td><td>127</td><td>143</td><td>113</td><td>179</td></tr>
<tr><td>12×13</td><td rowspan="2">134</td><td rowspan="2">151</td><td rowspan="2">121</td><td rowspan="2">188</td></tr>
<tr><td>12×14</td></tr>
<tr><td>13×14</td><td rowspan="4">141</td><td rowspan="4">159</td><td rowspan="4">129</td><td rowspan="4">197</td></tr>
<tr><td>13×15</td><td>7.5</td><td>7.5</td><td>10</td><td rowspan="2">12</td></tr>
<tr><td>13×16</td><td>8</td><td>8</td><td>10.5</td></tr>
<tr><td>13×17</td><td>8.5</td><td>8.5</td><td>11</td><td>13</td></tr>
</table>

续表

<table>
<tr><th rowspan="3">规格
$S_1 \times S_2$</th><th colspan="4">双头呆扳手</th><th colspan="4">双头梅花扳手</th></tr>
<tr><th colspan="2">短型</th><th colspan="2">长型</th><th colspan="2">直颈、弯颈</th><th colspan="2">矮颈、高颈</th></tr>
<tr><th>$H_{1\max}$</th><th>$L_{1\min}$</th><th>$H_{1\max}$</th><th>$L_{1\min}$</th><th>$H_{2\max}$</th><th>$L_{2\min}$</th><th>$H_{2\max}$</th><th>$L_{2\min}$</th></tr>
<tr><td>14×15</td><td>7. 5</td><td rowspan="3">148</td><td>7. 5</td><td rowspan="3">167</td><td>10</td><td rowspan="3">137</td><td rowspan="2">12</td><td rowspan="3">206</td></tr>
<tr><td>14×16</td><td>8</td><td>8</td><td>10. 5</td></tr>
<tr><td>14×17</td><td>8. 5</td><td>8. 5</td><td>11</td><td>13</td></tr>
<tr><td>15×16</td><td>8</td><td rowspan="2">155</td><td>8</td><td rowspan="2">175</td><td>10. 5</td><td rowspan="2">145</td><td>12</td><td rowspan="2">215</td></tr>
<tr><td>15×18</td><td rowspan="2">8. 5</td><td rowspan="2">8. 5</td><td>11. 5</td><td rowspan="2">13</td></tr>
<tr><td>16×17</td><td>162</td><td>183</td><td>11</td><td>153</td><td>224</td></tr>
<tr><td>16×18</td><td>8. 5</td><td>162</td><td>8. 5</td><td>183</td><td rowspan="3">11. 5</td><td>153</td><td>13</td><td>224</td></tr>
<tr><td>17×19</td><td rowspan="2">9</td><td>169</td><td rowspan="2">9</td><td>191</td><td>166</td><td rowspan="3">14</td><td>233</td></tr>
<tr><td>18×19</td><td rowspan="2">176</td><td rowspan="2">199</td><td rowspan="2">174</td><td rowspan="2">242</td></tr>
<tr><td>18×21</td><td rowspan="4">10</td><td rowspan="4">10</td><td>12. 5</td></tr>
<tr><td>19×22</td><td>183</td><td>207</td><td rowspan="4">13</td><td>182</td><td rowspan="4">15</td><td>251</td></tr>
<tr><td>20×22</td><td>190</td><td>215</td><td>190</td><td>260</td></tr>
<tr><td>21×22</td><td rowspan="3">202</td><td rowspan="3">223</td><td rowspan="3">198</td><td rowspan="3">259</td></tr>
<tr><td>21×23</td><td>10. 5</td><td>10. 5</td></tr>
<tr><td>21×24</td><td rowspan="2">11</td><td rowspan="2">11</td><td rowspan="2">13. 5</td><td rowspan="2">16</td></tr>
<tr><td>22×24</td><td>209</td><td>231</td><td>206</td><td>278</td></tr>
<tr><td>24×27</td><td>12</td><td rowspan="2">223</td><td>12</td><td rowspan="2">247</td><td>14. 5</td><td rowspan="2">222</td><td>17</td><td rowspan="2">296</td></tr>
<tr><td>24×30</td><td>13</td><td>13</td><td>15. 5</td><td>18</td></tr>
</table>

续表

<table>
<tr><th rowspan="3">规格
$S_1 \times S_2$</th><th colspan="4">双头呆扳手</th><th colspan="4">双头梅花扳手</th></tr>
<tr><th colspan="2">短型</th><th colspan="2">长型</th><th colspan="2">直颈、弯颈</th><th colspan="2">矮颈、高颈</th></tr>
<tr><th>$H_{1\max}$</th><th>$L_{1\min}$</th><th>$H_{1\max}$</th><th>$L_{1\min}$</th><th>$H_{2\max}$</th><th>$L_{2\min}$</th><th>$H_{2\max}$</th><th>$L_{2\min}$</th></tr>
<tr><td>25×28</td><td>12</td><td>230</td><td>12</td><td>255</td><td>15</td><td>230</td><td>17.5</td><td>305</td></tr>
<tr><td>27×30</td><td>13</td><td rowspan="2">244</td><td>13</td><td rowspan="2">271</td><td>15.5</td><td rowspan="2">246</td><td>18</td><td rowspan="2">323</td></tr>
<tr><td>27×32</td><td rowspan="2">13.5</td><td rowspan="2">13.5</td><td rowspan="2">16</td><td rowspan="2">19</td></tr>
<tr><td>30×32</td><td rowspan="2">265</td><td rowspan="2">295</td><td rowspan="2">275</td><td rowspan="2">330</td></tr>
<tr><td>30×34</td><td rowspan="2">14</td><td rowspan="2">14</td><td rowspan="2">16.5</td><td rowspan="2">20</td></tr>
<tr><td>32×34</td><td rowspan="2">284</td><td rowspan="2">311</td><td rowspan="2">291</td><td rowspan="2">348</td></tr>
<tr><td>32×36</td><td rowspan="2">14.5</td><td rowspan="2">14.5</td><td rowspan="2">17</td><td rowspan="2">21</td></tr>
<tr><td>34×36</td><td>298</td><td>327</td><td>307</td><td>366</td></tr>
<tr><td>36×41</td><td>16</td><td>312</td><td>16</td><td>343</td><td>18.5</td><td>323</td><td>22</td><td>384</td></tr>
<tr><td>41×46</td><td>17.5</td><td>357</td><td>17.5</td><td>383</td><td>20</td><td>363</td><td>24</td><td>429</td></tr>
<tr><td>46×50</td><td>19</td><td>392</td><td>19</td><td>423</td><td>21</td><td>403</td><td>25</td><td>474</td></tr>
<tr><td>50×55</td><td>20.5</td><td>420</td><td>20.5</td><td>455</td><td>22</td><td>435</td><td>27</td><td>510</td></tr>
<tr><td>55×60</td><td>22</td><td>455</td><td>22</td><td>495</td><td>23.5</td><td>475</td><td>28.5</td><td>555</td></tr>
<tr><td>60×65</td><td>23</td><td>490</td><td rowspan="4">—</td><td rowspan="4">—</td><td rowspan="4">—</td><td rowspan="4">—</td><td rowspan="4">—</td><td rowspan="4">—</td></tr>
<tr><td>65×70</td><td>24</td><td>525</td></tr>
<tr><td>70×75</td><td>25.5</td><td>560</td></tr>
<tr><td>75×80</td><td>27</td><td>600</td></tr>
</table>

注：带括号的尺寸仅供设计时参考。

表 5－61　单头呆扳手、单头梅花扳手和两用扳手的规格本尺寸（mm）

<table>
<tr><th rowspan="2">规格
S</th><th colspan="2">单头呆扳手</th><th colspan="2">单头梅花扳手</th><th colspan="3">两用扳手</th></tr>
<tr><th>H_{1max}</th><th>L_{1min}</th><th>H_{2max}</th><th>L_{2min}</th><th>H_{1max}</th><th>H_{2max}</th><th>L_{min}</th></tr>
<tr><td>5.5</td><td rowspan="2">4.5</td><td>80</td><td rowspan="5">—</td><td rowspan="5">—</td><td rowspan="2">4.5</td><td rowspan="2">6.5</td><td>70</td></tr>
<tr><td>6</td><td>85</td><td>75</td></tr>
<tr><td>7</td><td rowspan="2">5</td><td>90</td><td rowspan="2">5</td><td>7</td><td>85</td></tr>
<tr><td>8</td><td>95</td><td>8</td><td>90</td></tr>
<tr><td>9</td><td>5.5</td><td>100</td><td>5.5</td><td>8.5</td><td>100</td></tr>
<tr><td>10</td><td>6</td><td>105</td><td>9</td><td>105</td><td>6</td><td>9</td><td>110</td></tr>
<tr><td>11</td><td>6.5</td><td>110</td><td>9.5</td><td>110</td><td>6.5</td><td>9.5</td><td>120</td></tr>
<tr><td>12</td><td rowspan="2">7</td><td>115</td><td>10.5</td><td>115</td><td rowspan="2">7</td><td>10</td><td>125</td></tr>
<tr><td>13</td><td>120</td><td>11</td><td>120</td><td>11</td><td>135</td></tr>
<tr><td>14</td><td>7.5</td><td>125</td><td>11.5</td><td>125</td><td>7.5</td><td>11.5</td><td>145</td></tr>
<tr><td>15</td><td rowspan="2">8</td><td>130</td><td>12</td><td>130</td><td rowspan="2">8</td><td>12</td><td>150</td></tr>
<tr><td>16</td><td>135</td><td>12.5</td><td>135</td><td>12.5</td><td>160</td></tr>
<tr><td>17</td><td>8.5</td><td>140</td><td>13</td><td>140</td><td>8.5</td><td>13</td><td>165</td></tr>
<tr><td>18</td><td rowspan="2">9</td><td>150</td><td>14</td><td>150</td><td rowspan="2">9</td><td>14</td><td>180</td></tr>
<tr><td>19</td><td>155</td><td>14.5</td><td>155</td><td>14.5</td><td>190</td></tr>
<tr><td>20</td><td>9.5</td><td>160</td><td>15</td><td>160</td><td>9.5</td><td>15</td><td>205</td></tr>
<tr><td>21</td><td>10</td><td>170</td><td>15.5</td><td>170</td><td>10</td><td>15.5</td><td>215</td></tr>
<tr><td>22</td><td rowspan="2">10.5</td><td>180</td><td>16</td><td>180</td><td rowspan="2">10.5</td><td>16</td><td>230</td></tr>
<tr><td>23</td><td>190</td><td>16.5</td><td>190</td><td>16.5</td><td>240</td></tr>
<tr><td>24</td><td>11</td><td>200</td><td>17.5</td><td>200</td><td>11</td><td>17.5</td><td>250</td></tr>
</table>

续表

规格 S	单头呆扳手		单头梅花扳手		两用扳手		
	H_{1max}	L_{1min}	H_{2max}	L_{2min}	H_{1max}	H_{2max}	L_{min}
25	11.5	205	18	205	11.5	18	260
26	12	215	18.5	215	12	18.5	265
27	12.5	225	19	225	12.5	19	275
28		235	19.5	235		19.5	280
29	13	245	20	245	13	20	290
30	13.5	255		255	13.5		300
31	14	265	20.5	265	14	20.5	305
32	14.5	275	21	275	14.5	21	315
34	15	285	22.5	285	15	22.5	330
36	15.5	300	23.5	300	15.5	23.5	345
41	17.5	330	26.5	330	17.5	26.5	385
46	19.5	350	28.5	350	19.5	28.5	425
50	21	370	32	370	21	32	455
55	22	390	33.5	390	—	—	—
60	24	420	36.5	420			
65	26	450	39.5	450			
70	28	480	42.5	480			
75	30	510	46	510			
80	32	540	49	540			

5.2.9 双头呆扳手、双头梅花扳手、两用扳手头部外形最大尺寸

双头呆扳手、双头梅花扳手和两用扳手头部外形最大尺寸（GB/T 4389—1995），其型式如图5－79；其尺寸见表5－62。

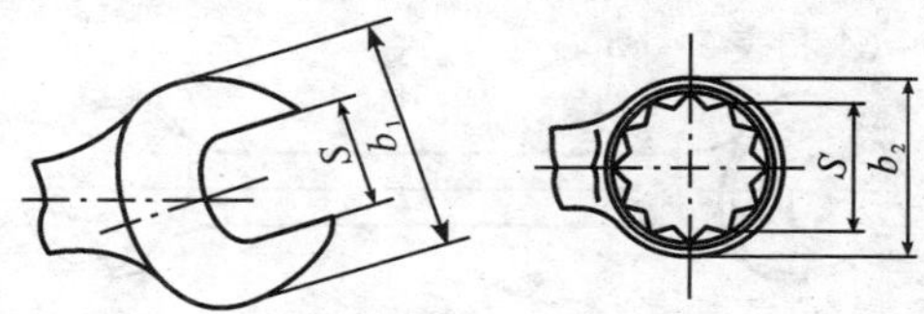

图5－79　双头呆扳手、双头梅花扳手和两用扳手头部外形尺寸

表5－62　双头呆扳手、双头梅花扳手和两用扳手头部外形最大尺寸（mm）

规格 S	b_{1max}	b_{2max}	规格 S	b_{1max}	b_{2max}
3.2	14	7	24	57	38
4	15	8	25	60	39.5
5	18	10	26	62	41
5.5	19	10.5	27	64	42.5
6	20	11	28	66	44
7	22	12.5	29	68	45.5
8	24	14	30	70	47
9	26	15.5	31	72	48.5
10	28	17	32	74	50
11	30	18.5	34	78	53
12	32	20	36	83	56
13	34	21.5	38	87	59
14	36	23	41	93	63.5
15	39	24.5	46	104	71
16	41	26	50	112	77
17	43	27.5	55	123	84.5
18	45	29	60	133	92
19	47	30.5	65	144	99.5
20	49	32	70	154	107
21	51	33.5	75	165	114.5
22	53	35	80	175	122
23	55	36.5			

注：表中 $b_{1max}=2.1S+7$；$b_{2max}=1.5S+2$。

5.2.10 双头扳手的对边尺寸组配

双头扳手的型式如图 5－80 所示。常用双头扳手对边尺寸组配（GB/T 4391—1995）列于表 5－63。作为辅助系列的扳手对边尺寸组配和其他对边尺寸组配见表 5－64 和表 5－65。

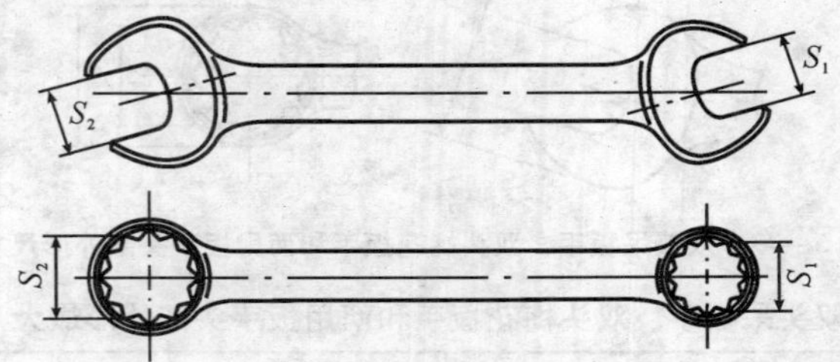

图 5－80 双头扳手的组配

表 5－63 双头扳手的对边尺寸组配（mm）

$S_1 \times S_2$		$S_1 \times S_2$	
系列 1	系列 2	系列 1	系列 2
3.2×4		24×27	
	4×5		27×30
5×5.5		(30×32) 30×34	
	5.5×7		(32×36) 34×36
7×8		36×41	
	8×10		41×46
10×11		46×50	
	11×13		50×55
	12×14	55×60	
13×16 (13×17)			
	16×18 (17×19)		
18×21 (19×22)			
	21×24 (22×24)		

注：带括号的对边尺寸组配在新旧紧固件过渡期间仍可采用。

表 5-64　辅助系列的扳手对边尺寸相配（mm）

$S_1 \times S_2$	$S_1 \times S_2$
9×11	21×23
10×12	25×28
14×15	38×41
16×17	60×65
18×19	70×75
20×22	75×80

表 5-65　其他对边尺寸相配（mm）

$S_1 \times S_2$	$S_1 \times S_2$
2.5×3.2	13×14
3.2×5.5	14×17
6×7	19×24
8×9	24×30
12×13	30×36

注；①此表对边尺寸组配为非推荐组配。

②可以根据用户需要组成适当系列组配。

5.2.11　活扳手

活扳手（GB/T 4440—1998）的型式如图 5-81 所示；其基本尺寸列于表 5-66。

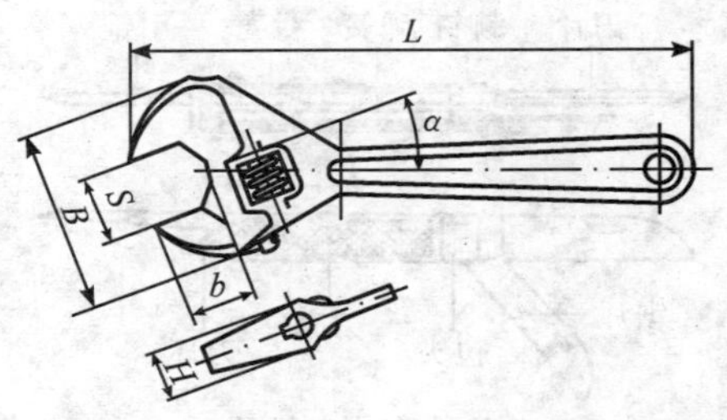

图 5-81　活扳手

表 5-66　活扳手的基本尺寸（mm）

全长 L		S_{min}	B_{max}	b_{min}	H_{max}
基本尺寸	偏差				
100	+15 0	13	35	12	9
150		19	47	17.5	11.5
200		24	60	22	14
250		28	74	26	16.5
300	+30 0	34	88	31	20
375		45	112	41	25
450	+45 0	55	134	50	30
600		60	158	55	36
650		65	166	59	38

标记示例：

150mm 的活扳手，其标记为：

活扳手　150 GB/T 4440

5.2.12　电工刀

电工刀（QB/T 2208—1996）分为单用电工刀（A 型）和多用电工刀（B 型）两种，其型式见图 5-82 所示。电工刀的规格尺寸列于表 5-67。

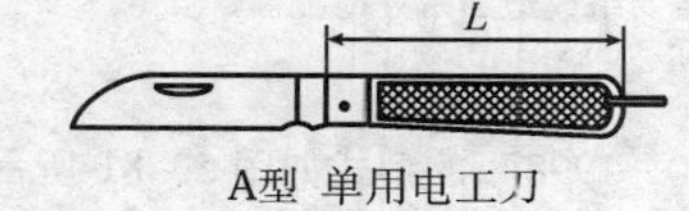

A型 单用电工刀

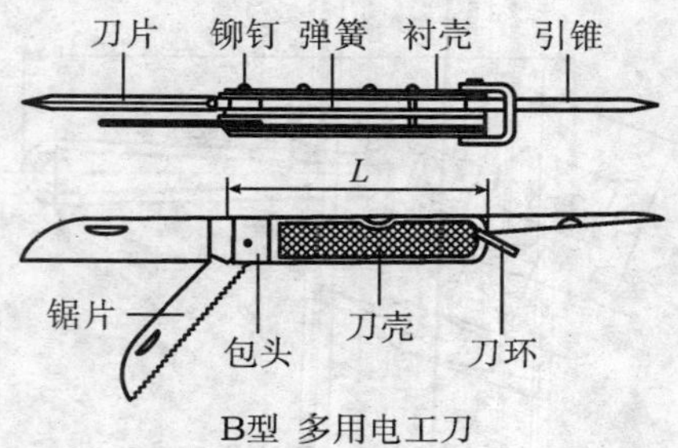

B型 多用电工刀

图 5-82　电工刀

表 5－67　电工刀的规格尺寸

型式代号	产品规格代号	刀柄长度（mm）
A	1 号	115
	2 号	105
	3 号	95
B	1 号	115
	2 号	105
	3 号	95

标记示例：

规格为 1 号的多用电工刀，其标记为；

电工刀　B1 QB/T 2208

5.2.13　螺钉旋具

螺钉旋具（QB/T 3860—1999）分三种。

1. 一字槽螺钉旋具

一字槽螺钉旋具按旋杆与旋柄的装配方式，分为普通式（用 P 表示）和穿心式（用 C 表示）两种。旋具的型式见图 5－83 所示；1～3 型的基本尺寸列于表 5－68；4 型的基本尺寸列于表 5－69。

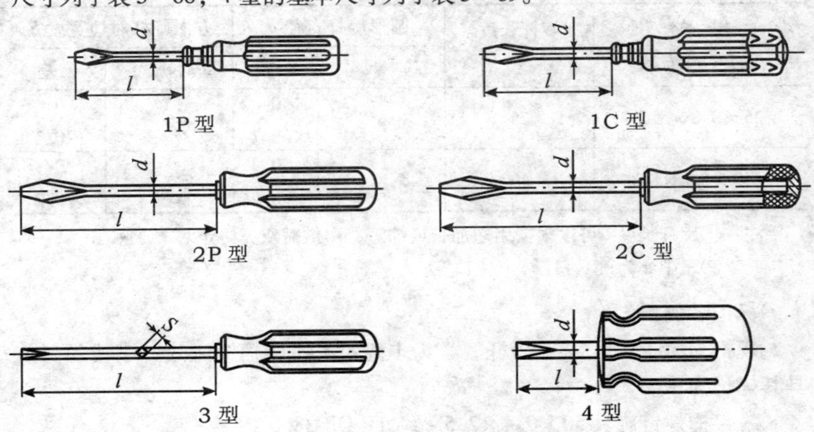

图 5－83　一字槽螺钉旋具

表 5－68　1～3 型一字槽螺钉旋具的基本尺寸（mm）

<table>
<tr><th rowspan="2">规　格
$l \times a \times b$</th><th rowspan="2">旋杆长度
l</th><th colspan="2">圆形旋杆直径 d</th><th colspan="2">方形旋杆对边宽度 S</th></tr>
<tr><th>基本尺寸</th><th>公差</th><th>基本尺寸</th><th>偏差</th></tr>
<tr><td>50×0.4×2.5</td><td>50</td><td>3</td><td rowspan="4">0
－0.1</td><td rowspan="3">5</td><td rowspan="5">0
－0.1</td></tr>
<tr><td>75×0.6×4</td><td>75</td><td>4</td></tr>
<tr><td>100×0.6×4</td><td>100</td><td>5</td></tr>
<tr><td>125×0.8×5.5</td><td>125</td><td>6</td><td rowspan="2">6</td></tr>
<tr><td>150×1×6.5</td><td>150</td><td>7</td><td rowspan="5">0
－0.2</td></tr>
<tr><td>200×1.2×8</td><td>200</td><td>8</td><td rowspan="2">7</td><td rowspan="4">0
－0.2</td></tr>
<tr><td>250×1.6×10</td><td>250</td><td>9</td></tr>
<tr><td>300×2×13</td><td>300</td><td>9</td><td rowspan="2">8</td></tr>
<tr><td>350×2.5×16</td><td>350</td><td>11</td></tr>
</table>

注：①旋杆长度 l 可以根据用途加长或缩短，具体由供需双方协定。

②表中 a 为旋具口厚，b 为口宽。

表 5－69　4 型一字槽螺钉旋具的基本尺寸（mm）

<table>
<tr><th rowspan="2">规　格
$l \times a \times b$</th><th rowspan="2">旋杆长度
l</th><th colspan="2">圆形旋杆直径 d</th><th colspan="2">方形旋杆对边宽度 S</th></tr>
<tr><th>基本尺寸</th><th>公差</th><th>基本尺寸</th><th>公差</th></tr>
<tr><td>25×0.8×5.5</td><td>25</td><td>6</td><td>0
－0.1</td><td>6</td><td>0
－0.1</td></tr>
<tr><td>40×1.2×8</td><td>40</td><td>8</td><td>0
－0.2</td><td>7</td><td>0
－0.2</td></tr>
</table>

注：①旋杆长度 l 可以根据用途加长或缩短，由供需双方协定。

②表中 a 为旋具口厚，b 为口宽。

标记示例：

规格为 50×0.4×2.5 旋杆型号为 I 型的木质旋柄穿心式一字槽螺钉旋具其标记为：

一字槽螺钉旋具 50×0.4×2.5　I－1P QB 3860

2. 十字槽螺钉旋具

十字槽螺钉旋具按旋杆与旋柄的装配方式，分为普通式（用 P 表示）和穿心式（用 C 表示）两种。其型式如图 5－84 所示。1～3 型十字槽螺钉旋具的基本尺寸列于表 5－70；4 型十字槽螺钉旋具的基本尺寸列于表 5－71。

十字槽螺钉旋具按旋杆强度，分为 A、B 两个等级。

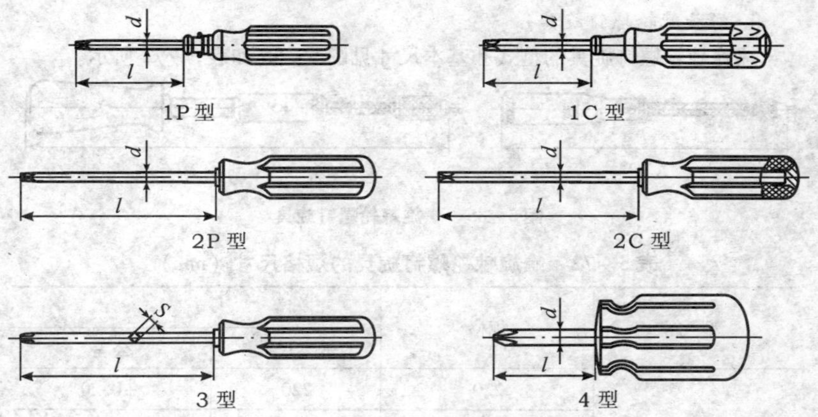

图 5－84　十字槽螺钉旋具

表 5－70　1～3 型十字槽螺钉旋具的基本尺寸（mm）

槽号	旋杆长度 l	圆形旋杆直径 d		方形旋杆对边宽度 S	
		基本尺寸	公差	基本尺寸	公差
0	75	3	0 −0.1	4	0 −0.1
1	100	4		5	
2	150	6		6	
3	200	8	0 −0.2	7	0 −0.2
4	250	9		8	

注：旋杆长度 l 可以根据用途加长或缩短，由供需双方协定。

表 5－71　4 型十字槽螺钉旋具的基本尺寸（mm）

槽号	旋杆长度 l	圆形旋杆直径 d		方形旋杆对边宽度 S	
		基本尺寸	公差	基本尺寸	公差
1	25	4.5	0 −0.1	5	0 −0.1
2	40	6.0		6	

注：旋杆长度 l 可以根据用途加长或缩短，由供需双方协定。

标记示例：

槽号为 1 号、旋杆长度为 100mm 的 3 型 B 级十字槽螺钉，其标记为：

十字槽螺钉旋具 1 100 3 B QB/T 3860

3. 螺旋棘轮螺钉旋具

螺旋棘轮螺钉旋具的型式和基本尺寸见图 5－85 和表 5－72 所示。

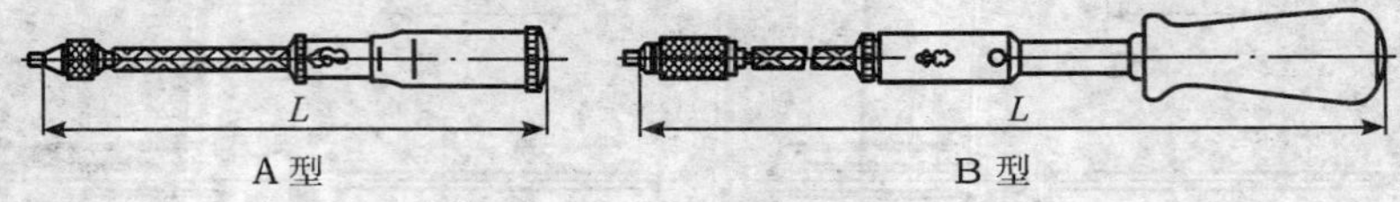

图 5－85　螺旋棘轮螺钉旋具

表 5－72　螺旋棘轮螺钉旋具的规格尺寸（mm）

型式	规格	L	
		基本尺寸	公差
A	220	220	±0.20
	300	300	±0.25
B	450	450	±0.30

标记示例：

A 型 220mm 的螺旋棘轮螺钉旋具，其标记为；

螺旋棘轮螺钉旋具　A　220　QB/T 3860

5.2.14　内六角扳手

内六角扳手（GB/T 5356—1998）分为普通级和增强级两种，其中增强级用 R 表示。扳手的型式见图 5－86 所示；扳手的规格尺寸、内六角套筒接头尺寸和扳手的硬度和最小试验扭矩列于表 5－73～表 5－75。

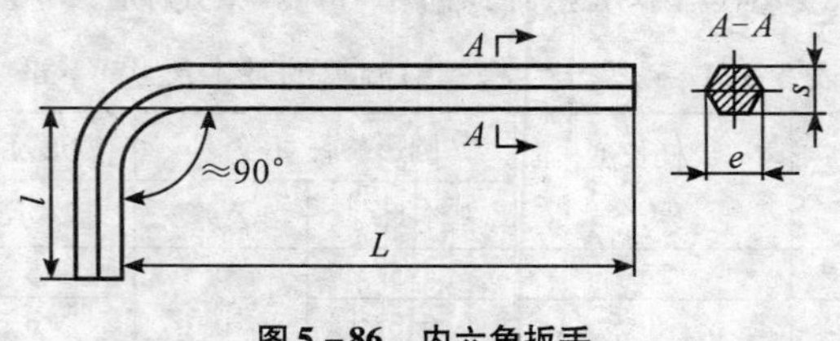

图 5－86　内六角扳手

表 5－73　内六角扳手的规格尺寸（mm）

规格	s		e		L	l
	最大	最小	最大	最小		
2	2.00	1.96	2.25	2.18	50	16
2.5	2.50	2.46	2.82	2.75	56	18
3	3.00	2.96	3.39	3.31	63	20
4	4.00	3.95	4.53	4.44	70	25
5	5.00	4.95	5.67	5.58	80	28
6	6.00	5.95	6.81	6.71	90	32
7	7.00	6.94	7.95	7.84	95	34
8	8.00	7.94	9.09	8.97	100	36
10	10.00	9.94	11.37	11.23	112	40
12	12.00	11.89	13.65	13.44	125	45
14	14.00	13.89	15.93	15.70	140	56
17	17.00	16.89	19.35	19.09	160	63
19	19.00	18.87	21.63	21.32	180	70
22	22.00	21.87	25.05	24.71	200	80
24	24.00	23.87	27.33	26.97	224	90
27	27.00	26.87	30.75	30.36	250	100
32	32.00	31.84	36.45	35.98	315	125
36	36.00	35.84	41.01	40.50	335	140

表 5－74 内六角套筒接头尺寸（mm）

规格	套筒接头对边宽度		啮合深度
	最大	最小	
2	2.05	2.02	2.5
2.5	2.56	2.52	3
3	3.08	3.02	3.5
4	4.09	4.02	5
5	5.09	5.02	6
6	6.09	6.02	8
7	7.11	7.02	9
8	8.11	8.02	10
10	10.11	10.02	12
12	12.14	12.03	15
14	14.14	14.03	17
17	17.23	17.05	20
19	19.27	19.06	23
22	22.27	22.06	26
24	24.27	24.06	29
27	27.27	27.06	32
32	32.33	32.08	38
36	36.33	36.08	43

表 5-75　内六角扳手硬度和最小试验扭矩（mm）

规格	硬度 HRC		最小试验扭矩 *T*（N·m）	
	普通级	增强级	普通级	增强级
2	≥50	≥52	1.5	1.9
2.5			3.0	3.8
3			5.2	6.6
4			12	16
5			24	30
6			41	52
7			65	78
8	≥45	≥50	95	120
10		≥48	180	220
12			305	370
14			480	590
17		45	830	980
19			1 140	1 360
22			1 750	2 110
24			2 200	2 750
27			3 000	3 910
32			4 850	6 510
36			6 700	9 260

标记示例：

规格为 12mm 增强级内六角扳手，其标记为：

内六角扳手　12　R　GB/T 5356—1998

5.2.15　内六角花形螺钉旋具

内六角花形螺钉旋具（GB/T 5358—1998）的型式和基本尺寸见图 5-87 和表 5-76 所示。

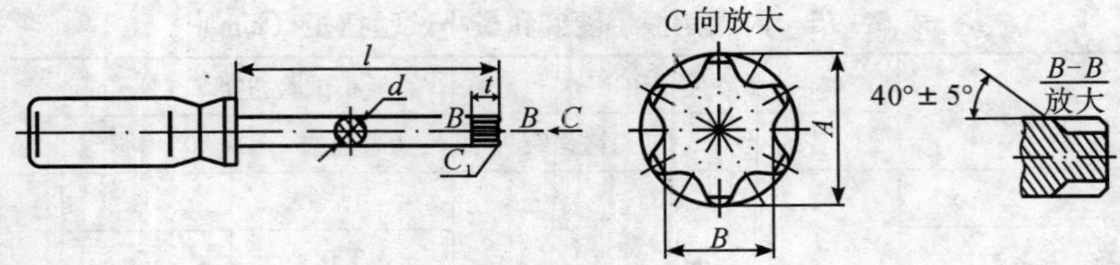

图 5-87　内六角花形螺钉旋具

表 5-76　内六角花形螺钉旋具基本尺寸（mm）

代号	l	d	A	B	t（参考）
T6	75	3	1.65	1.21	1.52
T7	75	3	1.97	1.42	1.52
T8	75	4	2.30	1.65	1.52
T9	75	4	2.48	1.79	1.52
T10	75	5	2.78	2.01	2.03
T15	75	5	3.26	2.34	2.16
T20	100	6	3.94	2.79	2.29
T25	125	6	4.48	3.20	2.54
T27	150	6	4.96	3.55	2.79
T30	150	6	5.58	3.99	3.18
T40	200	8	6.71	4.79	3.30
T45	250	8	7.77	5.54	3.81
T50	300	9	8.89	6.39	4.57

注：带磁性的用 H 字母标记。

标记示例：

内六角花形螺钉旋具　T10×75H　GB/T 5358—1998

5.2.16　内六角花形扳手

内六角花形扳手（GB/T 5357—1988）的型式见图 5-88；其基本尺寸见表 5-77；扳手的技术参数见表 5-78。

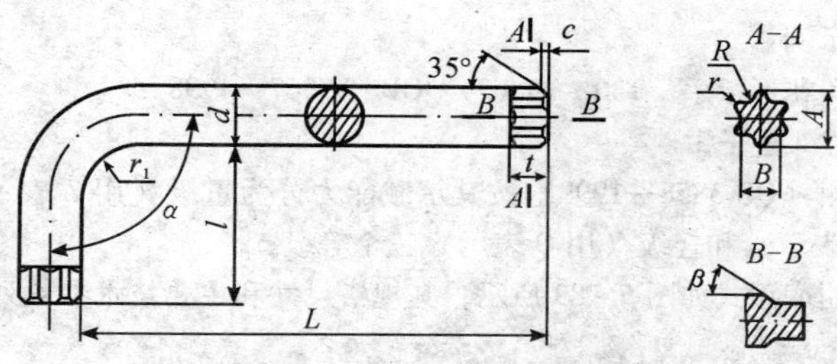

图 5 –88　内六角花形扳手

表 5 –77　内六角花形扳手的基本尺寸

<table>
<tr><th rowspan="2">代号</th><th colspan="2">L（mm）</th><th colspan="2">l（mm）</th><th colspan="2">t（mm）</th><th rowspan="2">C（mm）</th><th rowspan="2">α</th><th rowspan="2">β</th><th rowspan="2">r_1</th></tr>
<tr><th>基本尺寸</th><th>公差</th><th>基本尺寸</th><th>公差</th><th>基本尺寸</th><th>公差</th></tr>
<tr><td>T30</td><td>70</td><td rowspan="6">js15</td><td>24</td><td rowspan="6">js15</td><td>3. 30</td><td rowspan="6">H14</td><td rowspan="6">$<\frac{A-B}{4}$</td><td rowspan="6">90° ±2°</td><td rowspan="6">40° ±5°</td><td rowspan="6">$\approx d$</td></tr>
<tr><td>T40</td><td>76</td><td>26</td><td>4. 57</td></tr>
<tr><td>T50</td><td>96</td><td>32</td><td>6. 05</td></tr>
<tr><td>T55</td><td>108</td><td>35</td><td>7. 65</td></tr>
<tr><td>T60</td><td>120</td><td>38</td><td>9. 07</td></tr>
<tr><td>T80</td><td>145</td><td>46</td><td>10. 62</td></tr>
</table>

注：①扳手臂部圆截面直径 d 可以圆整成整数。

②扳手的长臂 L 和短臂 l，如有特殊要求，可不受本表限制。

表 5 –78　内六角花形扳手的技术参数

<table>
<tr><th>代号</th><th>适应的螺钉</th><th>硬度 HRC</th><th>试验扭矩值（N · m）</th></tr>
<tr><td>T30</td><td>M6</td><td rowspan="6">≥40</td><td>16. 51</td></tr>
<tr><td>T40</td><td>M8</td><td>40. 02</td></tr>
<tr><td>T50</td><td>M10</td><td>79. 21</td></tr>
<tr><td>T55</td><td>M12 ~ M14</td><td>220. 63</td></tr>
<tr><td>60</td><td>M16</td><td>341. 79</td></tr>
<tr><td>T80</td><td>M20</td><td>667. 48</td></tr>
</table>

标记示例：

内六角花形扳手　T30　70×24　GB/T 5357—1998

5.2.17　管子钳

管子钳（QB 3858—1999）按其承载能力分为重级（用 Z 表示）、普通级（用 P 表示）和轻级（用 Q 表示）三个等级。

管子钳的型式如图 5－89 所示；其规格尺寸和主要技术参数列于表 5－79。

管子钳按其承载能力分为重级（用 Z 表示）、普通级（用 P 表示）和轻级（用 Q 表示）三个等级。

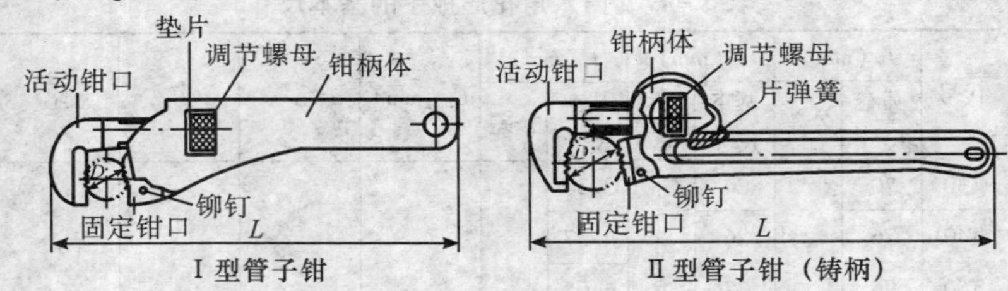

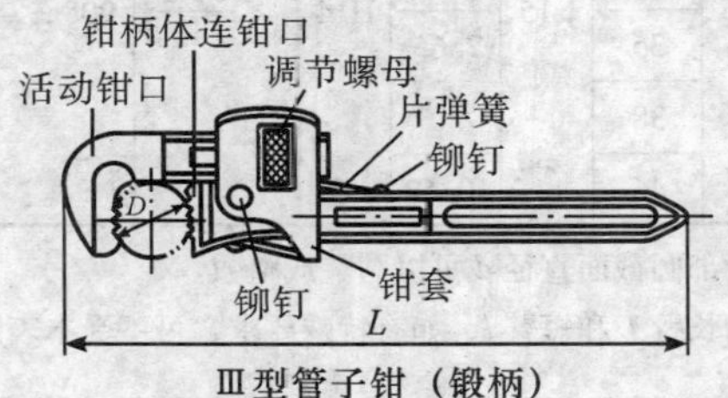

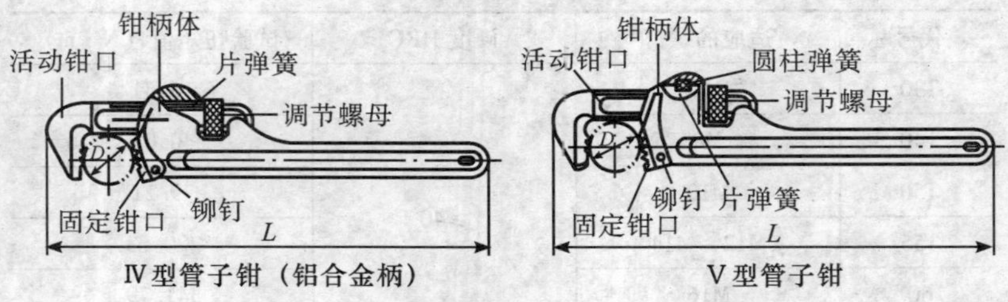

图 5－89　管子钳

表 5－79　管子钳的规格尺寸和主要技术参数

规格（mm）	L（mm）		最大夹持管径 D（mm）	试验扭矩（N·m）		
	基本尺寸	公差		轻级	普通级	重级
150	150	±2.5%	20	98	105	165
200	200		25	196	203	330
250	250		30	324	340	550
300	300	±3.5%	40	490	540	830
350	350		50	—	650	990
450	450		60	—	920	1 110
600	600	±5.0%	75	—	1 300	1 980
900	900		85	—	2 260	3 300
1 200	1 200		110	—	3 200	4 400

标记示例：

300mm 的轻级 I 型管子钳，其标记为：

管子钳　300mm　Q I QB 3855—1999

5.3　钳工工具

5.3.1　普通台虎钳

普通台虎钳（QB/T 1558.2—1992）的型式分为固定式台虎钳和回转式台虎钳两种；普通台虎钳按其夹紧能力分为轻级（用 Q 表示）和重级（用 Z 表示）两种。

普通台虎钳的型式见图 5－90，其基本尺寸和技术参数列于表 5－80、表 5－81。

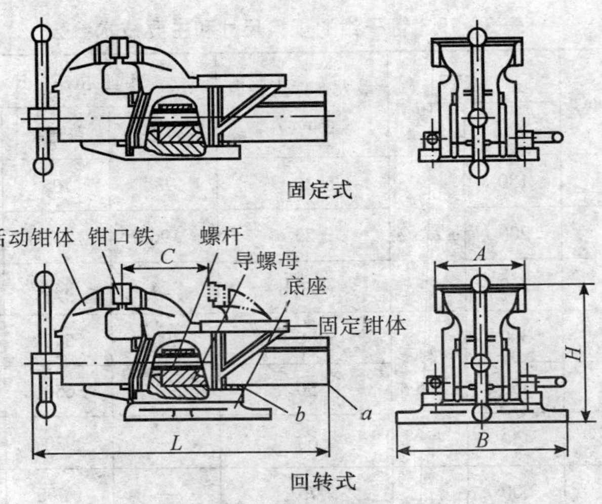

图 5-90　普通台虎钳

表 5-80　普通台虎钳的基本尺寸（mm）

规　格		75	90	100	115	125	150	200
钳口宽度 A	基本尺寸	75	90	100	115	125	150	200
	极限偏差	±2.5		±3.0				±3.2
开口度	C_{min}	75	90	100	115	125	150	200
外形尺寸	L_{min}	300	340	370	400	430	510	610
	B_{max}	200	220	230	260	280	330	390
	H_{max}	160	180	200	220	230	260	310

注：开口度是指活动钳体 a 端与固定钳体 b 端对齐时，两钳口夹持面间的距离。

表 5-81　普通台虎钳的技术参数

规格（mm）		75	90	100	115	125	150	200
夹紧力 min（kN）	轻级	7.5	9.0	10.0	11.0	12.0	15.0	20.0
	重级	15.0	18.0	20.0	22.0	25.0	30.0	40.0
闭合间隙 max（mm）		0.12		0.15			0.20	
导轨配合间隙 max（mm）		0.30		0.35			0.40	

标记示例：

规格为 75mm 的回转式轻级普通台虎钳其标记为：

普通台虎钳　75Q　回转式　QB/T 1558

5.3.2　多用台虎钳

多用台虎钳（QB/T 1558.3—1995）按其夹紧能力分为轻级（用 Q 表示）和重级（用 Z 表示）两种；多用台虎钳的规格按钳口宽度（B）分为 75、100、120、125 和 150 五种。台虎钳的型式如图 5－91 所示，其基本尺寸和主要技术参数列于表 5－81、表 5－83。

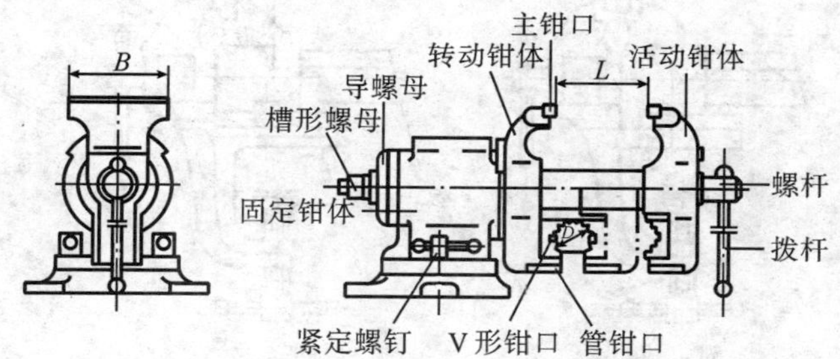

图 5－91　多用台虎钳

表 5－82　多用台虎钳的基本尺寸（mm）

规格		75	100	120	125	150
钳口宽度 B	基本尺寸	75	100	120	125	150
	极限偏差	±1.50	±1.75		±2.00	
开口度 L_{min}		60	80	100		120
管钳口夹持范围 D		6～40	10～50	15～60		15～65

注：①开口度是指转动螺杆，使活动钳体张至极限位置时，两钳口的最大距离。
②多用台虎钳的空程转动量应不大于 120°。

表 5－83　多用台虎钳的主要技术参数

规格（mm）		75	100	120	125	150
夹紧力 min（kN）	重级	15	20	25		30
	轻级	9	20	16		18
钳口闭合间隙 max（mm）		0.10	0.12	0.15		0.18
导轨配合间隙 max（mm）		0.28	0.34			

注：表中的夹紧力仅对主钳口而言，对管钳口和 V 形钳口不作规定。

标记示例：

多用台虎钳规格为 75mm 的重级，其标记为：

多用台虎钳　75　Z　QB/T 1558.3

5.3.3　方孔桌虎钳

方孔桌虎钳（QB/T 2096.3—1995）的型式分为固定式和回转式两种，见图5－92所示。其基本尺寸和技术参数列于表5－84和表5－85。

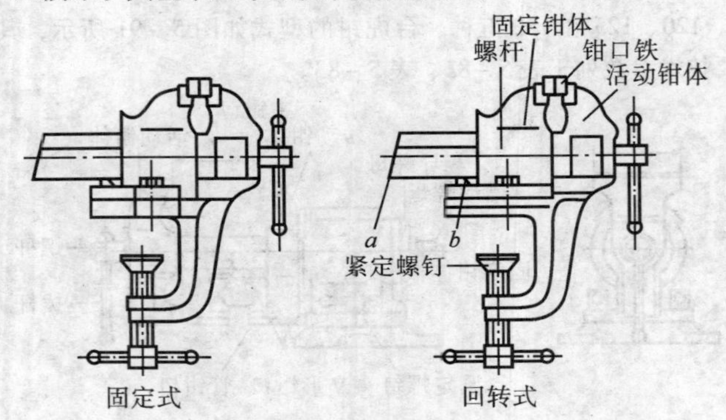

图5－92　方孔桌虎钳

表5－84　方孔桌虎钳的基本尺寸（mm）

规格		40	50	60	65
钳口宽度	基本尺寸	40	50	60	65
	极限偏差	±1.25		±1.50	
开口度 min		35	45	55	
紧固范围 min		15～45			

表5－85　方孔桌虎钳的技术参数

规格（mm）	40	50	60	65
夹紧力 min（kN）	4.0	5.0	6.0	
闭合间隙 max（mm）	0.10	0.12		
导轨配合间隙 max（mm）	0.20	0.25		

标注示例：

规格为40mm的回转式方孔桌虎钳，其标记为：

方孔桌虎钳　40　回转式　QB/T 2096.3

5.3.4　管子台虎钳

管子台虎钳（QB/T 2211—1996）的代号为GTQ。

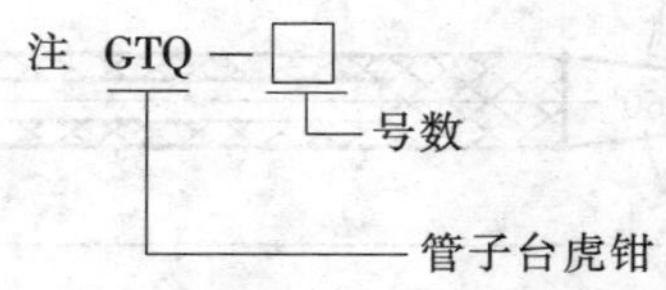

管子台虎钳的形式和规格尺寸如图 5－93 和表 5－86。

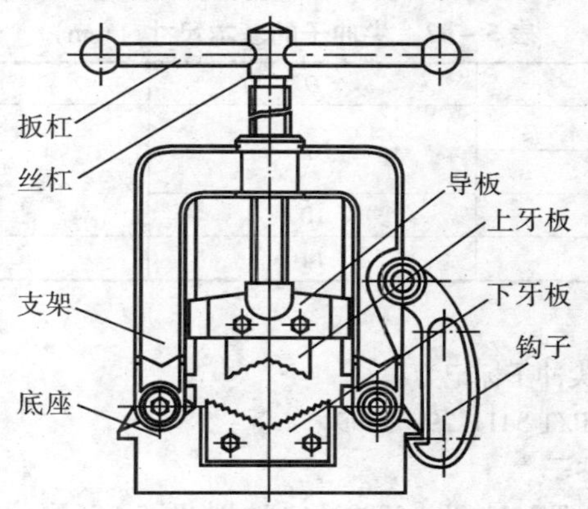

图 5－93 管子台虎钳

表 5－86 管子台虎钳的规格尺寸

规格	1	2	3	4	5	6
工作范围（mm）	d10～60	d10～90	d15～115	d15～165	d30～220	d30～300

注：表中 d 为被夹持管件的直径。

管子台虎钳的标记由产品名称、规格代号和标准编号组成。

标记示例：

2 号管子台虎钳标记为：

管子台虎钳 GTQ 2 QB/T 2211

5.3.5 尖冲子

尖冲子（JB/T 3411.29—1999）的型式如图 5－94 所示，其基本尺寸列于表 5－87。

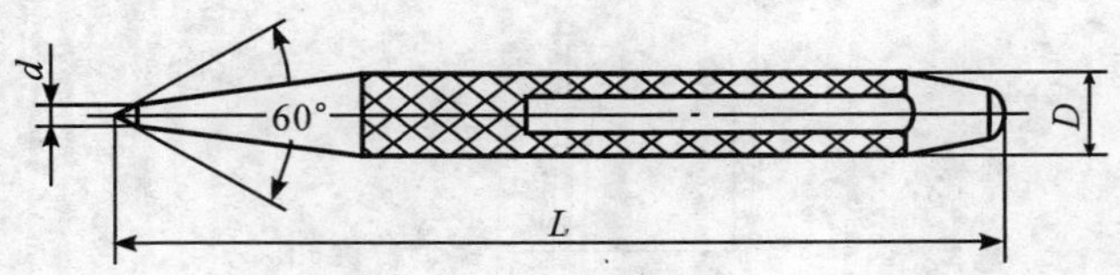

图 5－94　尖冲子

表 5－87　尖冲子的基本尺寸（mm）

<table>
<tr><th>d</th><th>D</th><th>L</th></tr>
<tr><td>2</td><td rowspan="2">8</td><td rowspan="3">80</td></tr>
<tr><td>3</td></tr>
<tr><td>4</td><td>10</td></tr>
<tr><td>6</td><td>14</td><td>100</td></tr>
</table>

标记示例：

$d=2$mm 的尖冲子标记为：

冲子　2　JB/T 3411. 29—1999

5. 3. 6　圆冲子

圆冲子（JB/T 3411. 30—1999）的型式如图 5－95 所示，其基本尺寸列于表 5－88。

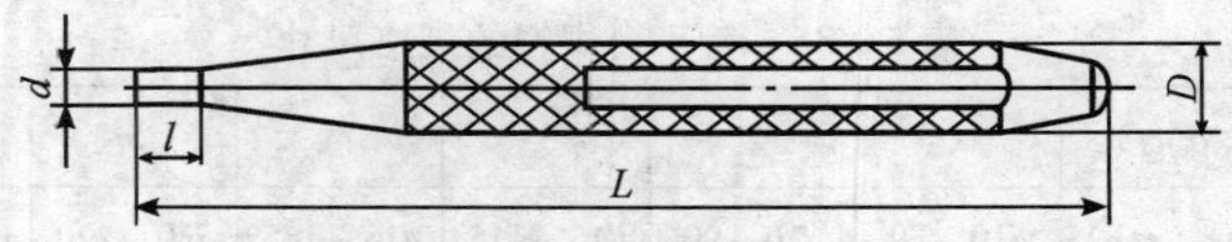

图 5－95　圆冲子

表 5－88　圆冲子的基本尺寸（mm）

<table>
<tr><th>d</th><th>D</th><th>L</th><th>l</th></tr>
<tr><td>3</td><td>8</td><td rowspan="2">80</td><td rowspan="2">6</td></tr>
<tr><td>4</td><td>10</td></tr>
<tr><td>5</td><td>12</td><td rowspan="2">100</td><td rowspan="2">10</td></tr>
<tr><td>6</td><td>14</td></tr>
<tr><td>8</td><td>16</td><td rowspan="2">125</td><td rowspan="2">14</td></tr>
<tr><td>10</td><td>18</td></tr>
</table>

标记示例：

$d=3$mm 的圆冲子标记为：

冲子　3　JB/T 3411.30—1999

5.3.7　弓形夹

弓形夹（JB/T 3411.49—1999）的型式如图 5－96，其基本尺寸列于表 5－89。

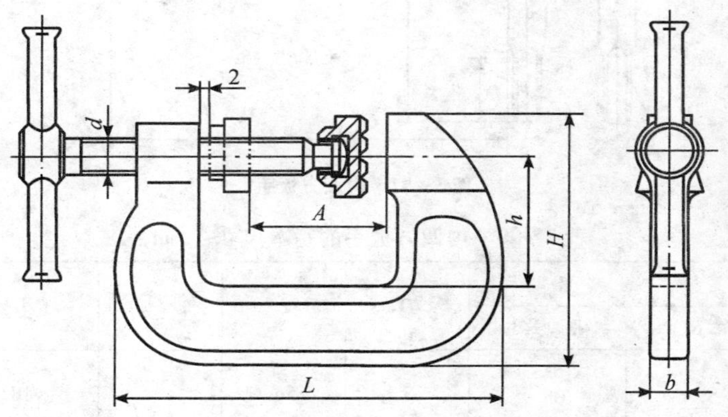

图 5－96　弓形夹

表 5－89　弓形夹的基本尺寸（mm）

d	*A*	*h*	*H*	*L*	*b*
M12	32	50	95	130	14
M16	50	60	120	165	18
M20	80	70	140	215	22
M24	125	85	170	285	28
	200	100	190	360	32
	320	120	215	505	36

标记示例：

$d=$M12、$A=32$mm 的弓形夹标记为：

弓形夹　M12×32　JB/T 3411.49—1999

5.3.8 内四方扳手

内四方扳手（JB/T 3411.35—1999）的型式如图 5-97 所示，其基本尺寸列于表 5-90。

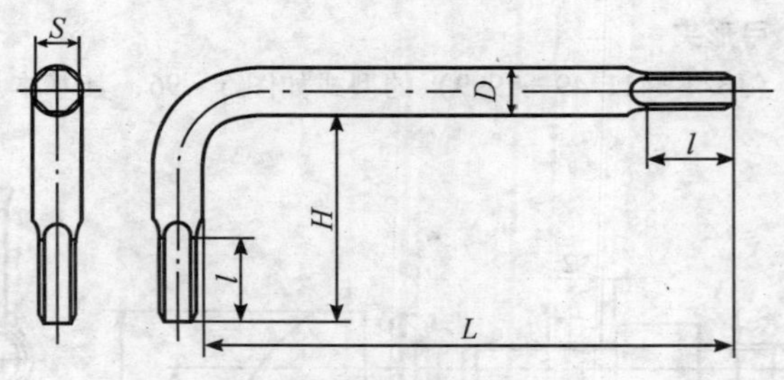

图 5-97 内四方扳手

表 5-90 内四方扳手的基本尺寸（mm）

<table>
<tr><th colspan="2">S</th><th rowspan="2">D</th><th rowspan="2">L</th><th rowspan="2">l</th><th rowspan="2">H</th></tr>
<tr><th>基本尺寸</th><th>极限偏差 h11</th></tr>
<tr><td>2</td><td rowspan="3">0
-0.060</td><td rowspan="2">5</td><td rowspan="2">56</td><td rowspan="3">8</td><td rowspan="2">18</td></tr>
<tr><td>2.5</td></tr>
<tr><td>3</td><td rowspan="2">6</td><td>63</td><td>20</td></tr>
<tr><td>4</td><td rowspan="3">0
-0.075</td><td>70</td><td rowspan="3">12</td><td>25</td></tr>
<tr><td>5</td><td>8</td><td>80</td><td>28</td></tr>
<tr><td>6</td><td>10</td><td>90</td><td>32</td></tr>
<tr><td>8</td><td rowspan="2">0
-0.090</td><td>12</td><td>100</td><td rowspan="2">15</td><td>36</td></tr>
<tr><td>10</td><td>14</td><td>112</td><td>40</td></tr>
<tr><td>12</td><td rowspan="2">0
-0.110</td><td>18</td><td>125</td><td rowspan="2">18</td><td>45</td></tr>
<tr><td>14</td><td>20</td><td>140</td><td>56</td></tr>
</table>

标记示例：

S=6mm 的内四方扳手标记为：

扳手 6 JB/T 3411.35—1999

5.3.9 端面孔活扳手

端面孔活扳手（JB/T 3411.37—1999）的型式如图 5－98 所示，其基本尺寸列于表 5－91。

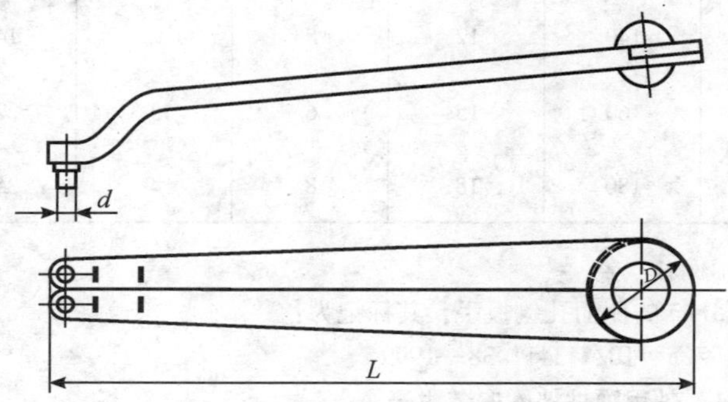

图 5－98 端面孔活扳手

表 5－91 端面孔活扳手的基本尺寸（mm）

d	$L\approx$	D
2.4	125	22
3.8	160	
5.3	220	25

标记示例：

$d=2.4$mm 的端面孔活扳手标记为：

扳手 2.4 JB/T 3411.37—1999

5.3.10 侧面孔钩扳手

侧面孔钩扳手（JB/T 3411.38—1999）的型式如图 5－99 所示，其基本尺寸列于表 5－92。

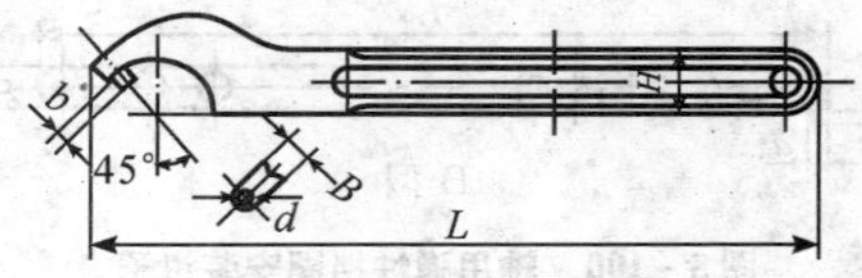

图 5－99 侧面孔钩扳手

表 5－92　侧面孔钩扳手的基本尺寸（mm）

d	L	H	B	b	螺母外径
2.5	140	12	5	2	14～20
3.0	160	15	6	3	22～35
5.0	180	18	8	4	35～60

标记示例：

d=2.5mm 的侧面孔钩扳手，其标记为：

扳手　2.5　JB/T 3411.38—1999

5.3.11　轴用弹性挡圈安装钳子

轴用弹性挡圈安装钳子（JB/T 3411.47—1999）如图 5－100 所示，其基本尺寸列于表 5－93。

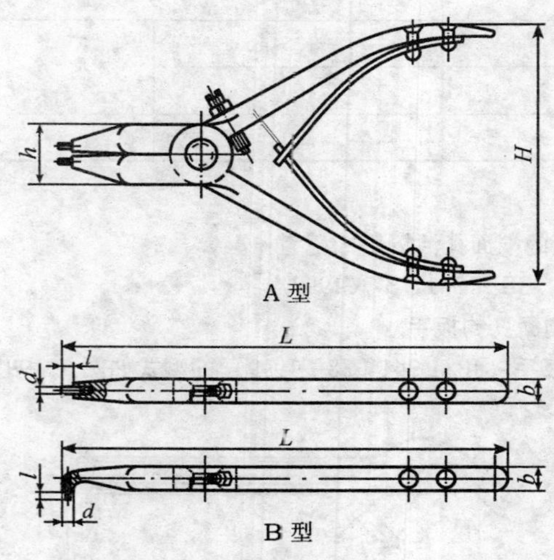

图 5－100　轴用弹性挡圈安装钳子

表 5－93　轴用弹性挡圈安装钳子的基本尺寸（mm）

d	*L*	*l*	*H*≈	*b*	*h*	弹性挡圈规格
1.0	125	3	72	8	18	3～9
1.5						10～18
2.0						19～30
2.5	175	4	100	10	20	32～40
3.0						42～105
4.0	250	5	122	12	24	110～200

标记示例：

d＝2.5mm 的 A 型轴用弹性挡圈安装钳子，其标记为：

轴用弹性挡圈　A　2.5　JB/T 3411.47—1999

5.3.12　孔用弹性挡圈安装钳子

孔用弹性挡圈安装钳子（JB/T 3411.48—1999）的型式如图 5－101 所示，其基本尺寸列于表 5－94。

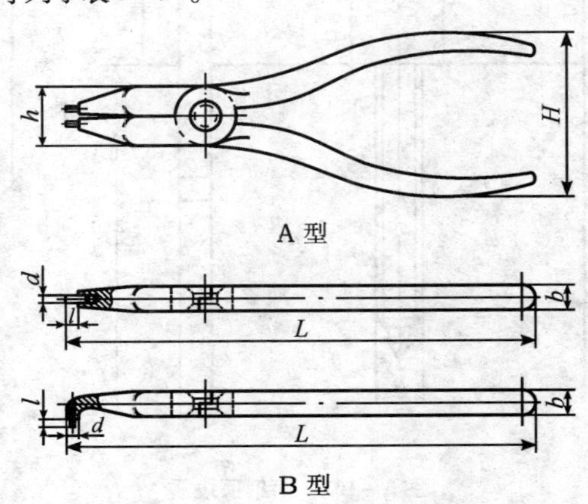

图 5－101　孔用弹性挡圈安装钳子

表 5-94　孔用弹性挡圈安装钳子的基本尺寸（mm）

d	*L*	*l*	*H*≈	*b*	*h*	弹性挡圈规格
1.0	125	3	52	8	18	8~9
1.5						10~18
2.0						19~30
2.5	175	4	54	10	20	32~40
3.0						42~100
4.0	250	5	60	12	24	105~200

标记示例：

d=2.5mm 的 A 型孔用弹性挡圈，其标记为：

孔用弹性挡圈　A 2.5　JB/T 3411.48—1999

5.3.13　两爪顶拔器

两爪顶拔器（JB/T 3411.50—1999）的型式如图 5-102 所示，其基本尺寸列于表 5-95。

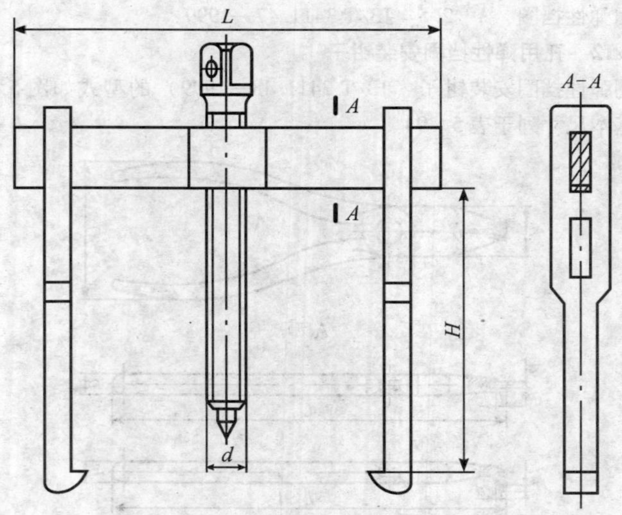

图 5-102　两爪顶拔器

表 5－95　两爪顶拔器的基本尺寸（mm）

H	L	d
160	200	M16
250	300	M20
380	400	Tr 30 ×3

标记示例：

H = 160mm 的两爪顶拔器，其标记为：

顶拔器　160　JB/T 3411. 50—1999

5. 3. 14　三爪顶拔器

三爪顶拔器（JB/T 3411. 51—1999）的型式如图 5－103 所示，其基本尺寸列于表 5－96。

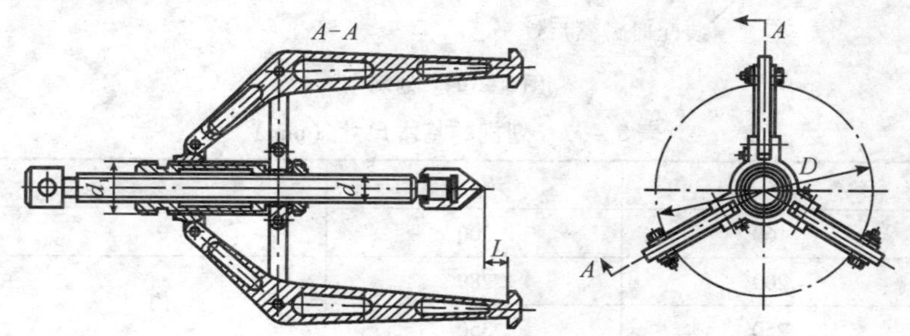

图 5－103　三爪顶拔器

表 5－96　三爪顶拔器的基本尺寸（mm）

D_{min}	L_{max}	d	d_1
160	110	Tr 20 ×2	Tr 40 ×7
300	160	Tr 32 ×3	Tr 55 ×9

标记示例：

D = 160mm 的三爪顶拔器，其标记为：

顶拔器　160　JB/T 3411. 51—1999

5.3.15　划规

划规（JB/T 3411.54—1999）的型式如图 5－104 所示，其基本尺寸列于表 5－97。

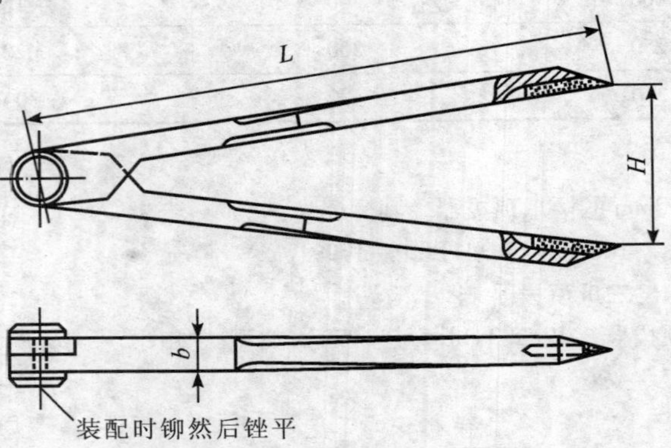

图 5－104　划规

表 5－97　划规的基本尺寸（mm）

<table>
<tr><th>L</th><th>H_{max}</th><th>b</th></tr>
<tr><td>160</td><td>200</td><td>9</td></tr>
<tr><td>200</td><td>280</td><td rowspan="2">10</td></tr>
<tr><td>250</td><td>350</td></tr>
<tr><td>320</td><td>430</td><td>13</td></tr>
<tr><td>400</td><td>520</td><td rowspan="2">16</td></tr>
<tr><td>500</td><td>620</td></tr>
</table>

标记示例：

L＝200mm 的划规，其标记为：

划规　200　JB/T 3411.54—1999

5.3.16　长划规

长划规（JB/T 3411.55—1999）的型式如图 5－105 所示，其基本尺寸列于表 5－98。

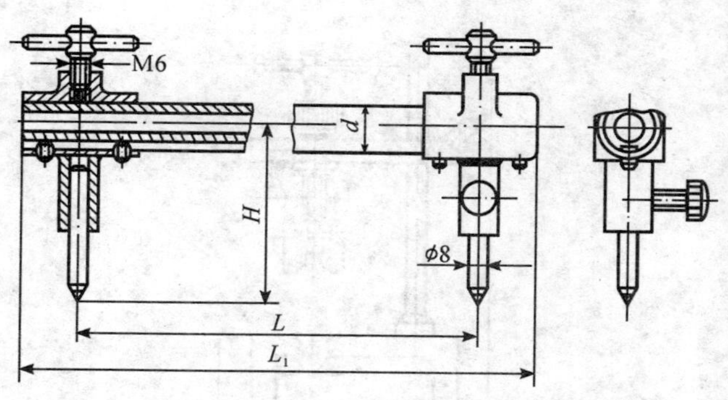

图 5－105　长划规

表 5－98　长划规的基本尺寸（mm）

L_{max}	L_1	d	$H\approx$
800	850	20	70
1 250	1 315	32	90
2 000	2 065		

标记示例：

$L=800$mm 的长划规，其标记为：

划规　800　JB/T 3411. 55—1999

5. 3. 17　方箱

方箱（JB/T 3411. 56—1999）的型式如图 5－106 所示，其基本尺寸列于表 5－99。

表 5－99　方箱的基本尺寸（mm）

B	H	d	d_1
160	320	20	M10
200	400		M12
250	500	25	M16
320	600		
400	750	30	M20
500	900		

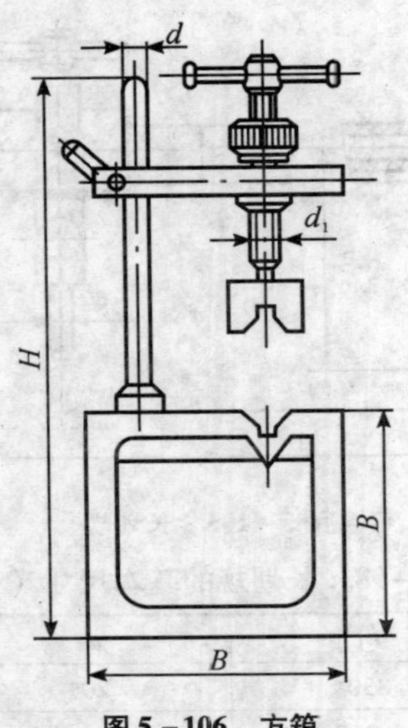

图 5-106　方箱

标记示例：

$B=160$mm 的方箱，其标记为：

方箱　160　JB/T 3411.56—1999

5.3.18　划线尺架

划线尺架（JB/T 3411.57—1999）的型式如图 5-107 所示，其基本尺寸列于表 5-100。

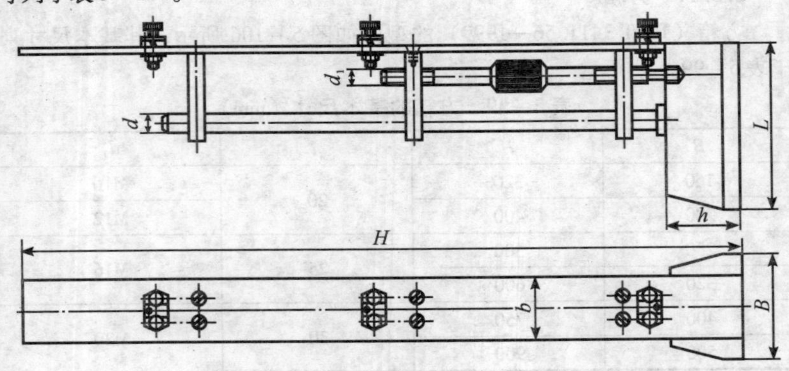

图 5-107　划线尺架

表 5－100　划线尺架的基本尺寸（mm）

<table>
<tr><th>H</th><th>L</th><th>B</th><th>h</th><th>b</th><th>d</th><th>d_1</th></tr>
<tr><td>500</td><td>130</td><td>80</td><td>60</td><td rowspan="2">50</td><td>15</td><td rowspan="2">M10</td></tr>
<tr><td>800</td><td>150</td><td>95</td><td>65</td><td>20</td></tr>
<tr><td>1 250</td><td>200</td><td>140</td><td>100</td><td>55</td><td rowspan="2">25</td><td rowspan="2">M16</td></tr>
<tr><td>2 000</td><td>250</td><td>160</td><td>120</td><td>60</td></tr>
</table>

标记示例：

H=500mm 的划线尺架，其标记为：

尺架　500　JB/T 3411. 57—1999

5. 3. 19　划线用 V 形铁

划线用 V 形铁（JB/T 3411. 60—1990）的型式如图 5－108 所示，其基本尺寸列于表 5－101。

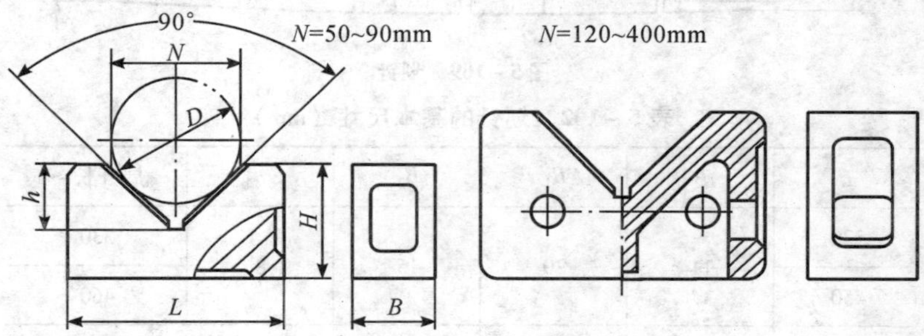

图 5－108　划线用 V 形铁

表 5－101　划线用 V 形铁的基本尺寸（mm）

N	D	L	B	H	h
50	15～60	100	50	50	26
90	40～100	150	60	80	46
120	60～140	200	80	120	61
150	80～180	250	90	130	75
200	100～240	300	120	180	100
300	120～350	400	160	250	150
350	150～450	500	200	300	175
400	180～550	600	250	400	200

标记示例：

$N=90$mm 的划线用 V 形铁，其标记为：

V 形铁　90　JB/T 3411.60—1999

5.3.20　划针

划针（JB/T 3411.64—1999）的型式和基本尺寸见图 5－109 和表 5－102。

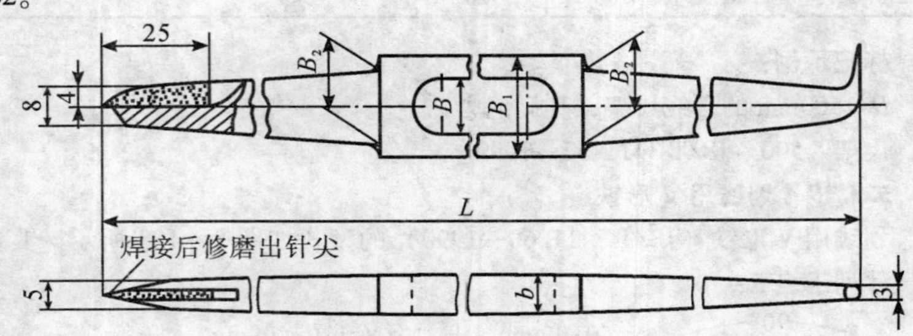

图 5－109　划针

表 5－102　划针的基本尺寸（mm）

<table>
<tr><th>L</th><th>B</th><th>B_1</th><th>B_2</th><th>b</th><th>展开长≈</th></tr>
<tr><td>320</td><td rowspan="2">11</td><td rowspan="2">20</td><td rowspan="2">15</td><td rowspan="2">8</td><td>330</td></tr>
<tr><td>450</td><td>460</td></tr>
<tr><td>500</td><td rowspan="2">13</td><td>25</td><td>20</td><td rowspan="2">10</td><td>510</td></tr>
<tr><td>700</td><td>30</td><td>25</td><td>710</td></tr>
<tr><td>800</td><td rowspan="3">17</td><td>38</td><td>33</td><td rowspan="3">12</td><td>860</td></tr>
<tr><td>1 200</td><td rowspan="2">45</td><td>37</td><td>1 210</td></tr>
<tr><td>1 500</td><td>40</td><td>1 510</td></tr>
</table>

标记示例：

$L=320$mm 的划针，其标记为：

划针　320　JB/T 3411.64—1999

5.3.21 大划线盘

大划线盘（JB/T 3411.66—1999）的型式如图 5－110 所示，其基本尺寸列于表 5－103。

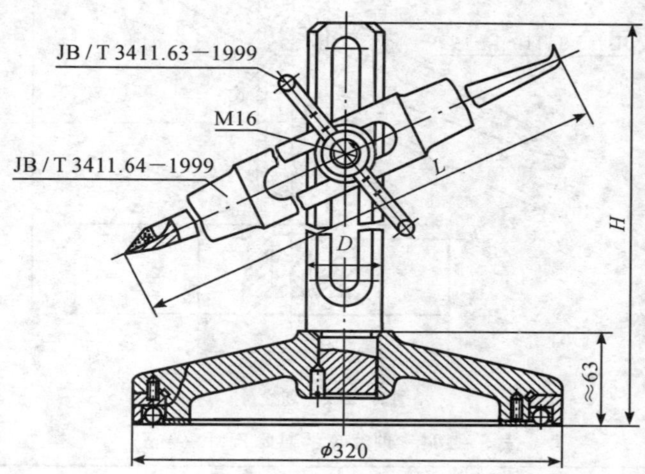

图 5－110 大划线盘

表 5－103 大划线盘的规格尺寸（mm）

H	L	D
1 000	850	45
1 250		
1 600	1 200	50
2 000	1 500	

标记示例：

H＝1 000mm 的大划线盘，其标记为：

划线盘 1000 JB/T 3411.66—1999

5.3.22 划线盘

划线盘（JB/T 3411.65—1999）的型式如图 5－111 所示，其基本尺寸列于表 5－104。

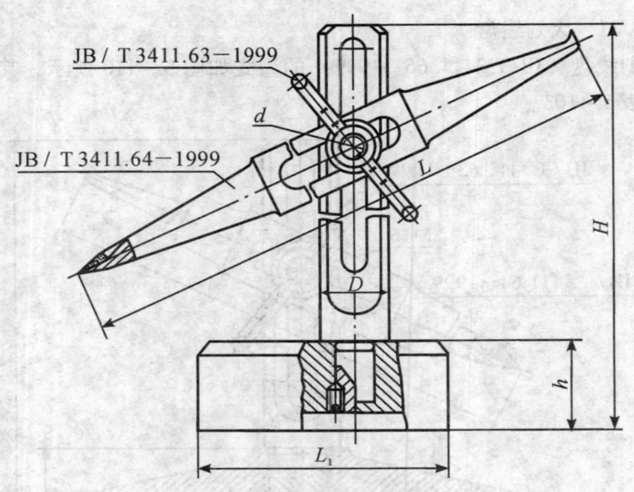

图 5－111　划线盘

表 5－104　划线盘的基本尺寸（mm）

<table>
<tr><th>H</th><th>L</th><th>L_1</th><th>D</th><th>d</th><th>h</th></tr>
<tr><td>355</td><td rowspan="2">320</td><td rowspan="2">100</td><td rowspan="2">22</td><td rowspan="3">M10</td><td rowspan="2">35</td></tr>
<tr><td>450</td></tr>
<tr><td>560</td><td>450</td><td>120</td><td>25</td><td>40</td></tr>
<tr><td>710</td><td>500</td><td>140</td><td>30</td><td rowspan="2">M12</td><td>50</td></tr>
<tr><td>900</td><td>700</td><td>160</td><td>35</td><td>60</td></tr>
</table>

标记示例：

H＝355mm 的划线盘，其标记为：

划线盘　355　JB/T 3411.65—1999

5.3.23　圆头锤

圆头锤（QB/T 1290.2—1991）的型式和规格尺寸见图 5－112 和表 5－105。

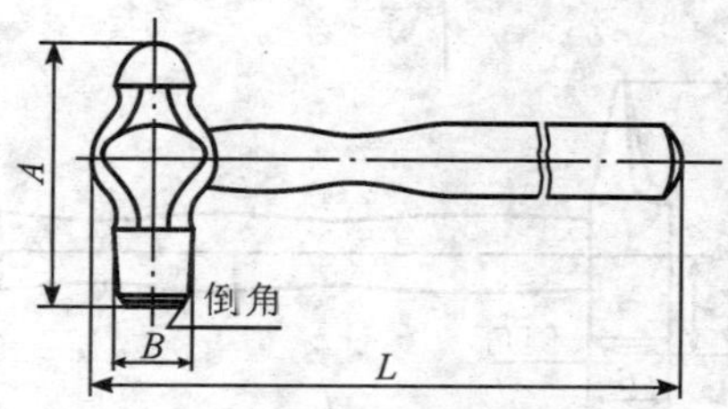

图 5－112　圆头锤

表 5－105　圆头锤的规格和基本尺寸

规格（kg）	L（mm）		A（mm）		B（mm）		锤孔编号
	基本尺寸	公差	基本尺寸	公差	基本尺寸	公差	
0.11	260	±4.00	66	±1.00	18	±0.70	A—01
0.22	285		80		23		A—03
0.34	315		90		26	±1.00	A—04
0.45	335	±4.50	101		29		A—05
0.68	355		116	±1.50	34		A—06
0.91	375		127		38		A—08
1.13	400		137		40		A—09
1.36	400		147		42		A—09

注：①本表不包括特殊规格、型式的圆头锤。

②锤孔尺寸按 GB 13473 附录 A 的规定。

圆头锤的标记由产品名称、规格和标准编号组成。

标记示例：

圆头锤　0.45　QB 1290.2

5.3.24　钳工锤

钳工锤（QB/T 1290.3—1991）的型式见图 5－113 和图5－114；其规格和基本尺寸列于表 5－106 和表

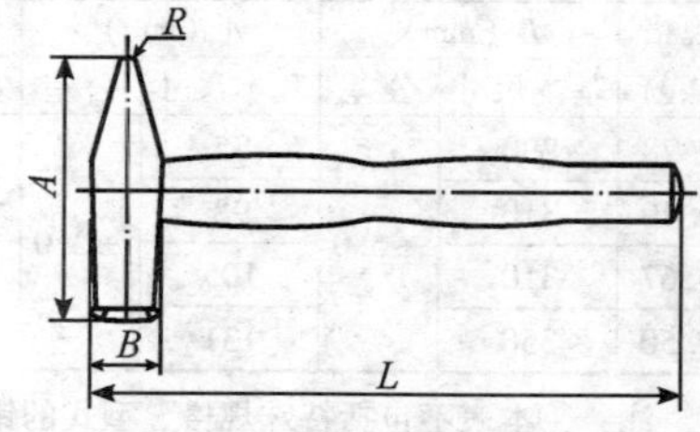

图 5－113　A 型钳工锤

5－107。

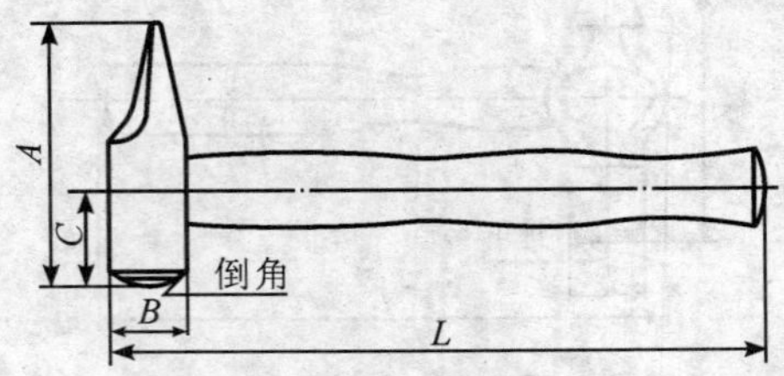

图 5－114　B 型钳工锤

表 5－106　A 型钳工锤的尺寸

规格 (kg)	L（mm）		A（mm）		R_{min} (mm)	B×B（mm）		锤孔编号
	基本尺寸	公差	基本尺寸	公差		基本尺寸	公差	
0. 1	260	±4. 00	82	±1. 50	1. 25	15×15	±0. 40	A—01
0. 2	280		95		1. 75	19×19		A—02
0. 3	300		105		2. 00	23×23		A—05
0. 4	310		112	±2. 00	2. 00	25×25	±0. 50	A—04
0. 5	320		118		2. 50	27×27		A—05
0. 6	330		122		2. 50	29×29		A—06
0. 8	350	±5. 00	130	±2. 50	3. 00	33×33	±0. 60	A—07
1. 0	360		135		3. 50	36×36		A—08
1. 5	380		145		4. 00	42×42		A—09
2. 0	400		155		4. 00	47×47		A—10

表 5－107　B 型钳工锤的尺寸

规格 (kg)	L（mm）		A（mm）		B（mm）		C（mm）		锤孔编号
	基本尺寸	公差	基本尺寸	公差	基本尺寸	公差	基本尺寸	公差	
0. 28	290	±6. 0	85	±2. 0	25	±0. 5	34	±0. 8	A—03
0. 40	310		98		30		40		A—04
0. 67	310		105		35		42		A—07
1. 50	350		131		45		53		A—09

注：①本表不包括特殊规格、型式的钳工锤。

②锤孔尺寸按 GB 13473 附录 A 的规定。

5.3.25　锤头

锤头（JB/T 3411.52—1999）的型式如图 5－115 所示，其基本尺寸列于表 5－108。

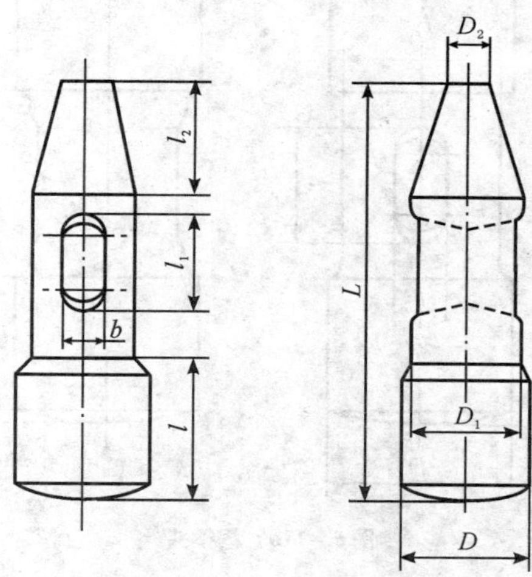

图 5－115　锤头

表 5－108　锤头的基本尺寸

质量≈ (kg)		L	D	D_1	D_2	b	l	l_1	l_2
钢	铜	(mm)							
0.05	0.06	60	15	12	4	6	16	14	26
0.1	0.11	80	18	15	6	8	20	18	32
0.2	0.23	100	22	18	8	10	25	22	43

标记示例：

质量为 0.1kg、材料为钢的锤头，其标记为：

钢锤头　0.1　JB/T 3411.52—1999

5.3.26　铜锤头

铜锤头（JB/T 3411.53—1999）的型式和基本尺寸分别见图 5－116 和

表 5－109。

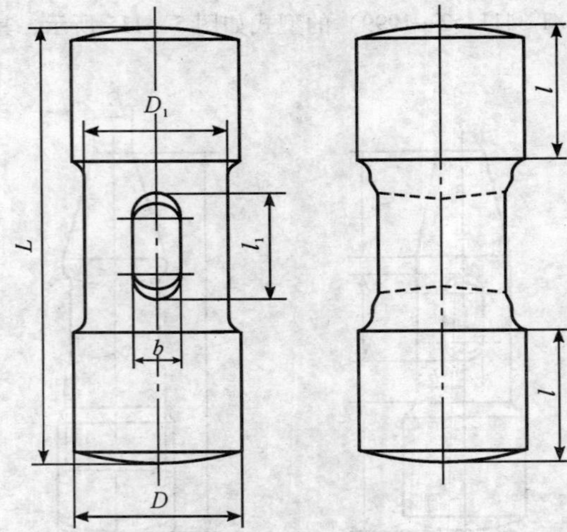

图 5－116　铜锤头

表 5－109　铜锤头的基本尺寸

<table>
<tr><td rowspan="2">质量≈
（kg）</td><td>L</td><td>D</td><td>D₁</td><td>b</td><td>l</td><td>l₁</td></tr>
<tr><td colspan="6">（mm）</td></tr>
<tr><td>0.5</td><td>80</td><td>32</td><td>26</td><td rowspan="2">12</td><td>28</td><td>18</td></tr>
<tr><td>1.0</td><td>100</td><td>38</td><td>30</td><td>30</td><td>25</td></tr>
<tr><td>1.5</td><td>120</td><td>45</td><td>37</td><td>22</td><td>35</td><td>36</td></tr>
<tr><td>2.5</td><td>140</td><td>60</td><td>52</td><td>24</td><td>44</td><td>40</td></tr>
<tr><td>4.0</td><td>160</td><td>70</td><td>60</td><td>26</td><td>52</td><td>44</td></tr>
</table>

标记示例：

质量 1.0kg 的铜锤头，其标记为：

锤头　1　JB/T 3411.53—1999

5.3.27　千斤顶

千斤顶（JB/T 3411.58—1999）的型式如图 5－117 所示；千斤顶的基本尺寸列于表 5－110。

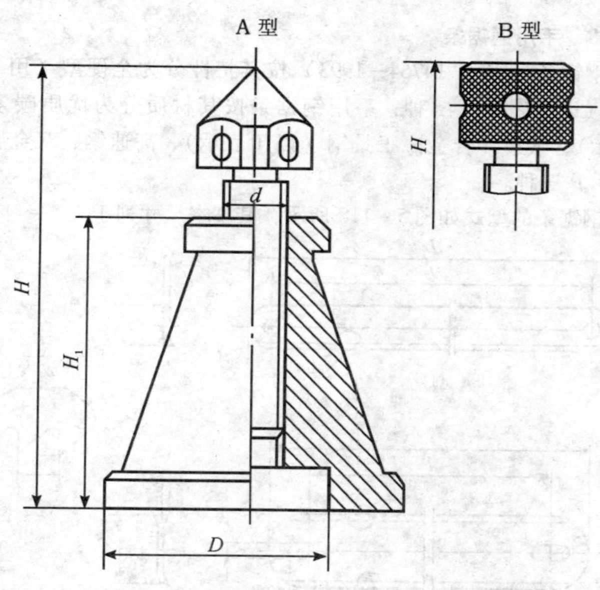

图 5－117　千斤顶

表 5－110　千斤顶的基本尺寸（mm）

d	A 型		B 型		H_1	D
	H_{min}	H_{max}	H_{min}	H_{max}		
M6	36	50	36	48	25	30
M8	47	60	42	55	30	35
M10	56	70	50	65	35	40
M12	67	80	58	75	40	45
M16	76	95	65	85	45	50
M20	87	110	76	100	50	60
Tr 26 ×5	102	130	94	120	65	80
Tr 32 ×6	128	155	112	140	80	100
Tr 40 ×7	158	185	138	165	100	120
Tr 55 ×9	198	255	168	225	130	160

标记示例：

d = M10 的 A 型千斤顶，其标记为：

千斤顶 A M10 JB/T 3411. 58—1999

5.3.28 手用钢锯条

手用钢锯条（GB/T 14764—1993）按其特性分为全硬型（用 H 表示）和挠性型（以 F 表示）二种；手用钢锯条按其材质分为优质碳素结构钢（以 D 表示）、碳素（合金）工具钢（以 T 表示）、高速钢、双金属复合钢（以 G 表示）三种。

手用钢锯条的型式如图 5－118 所示，其基本尺寸列于表 5－111。

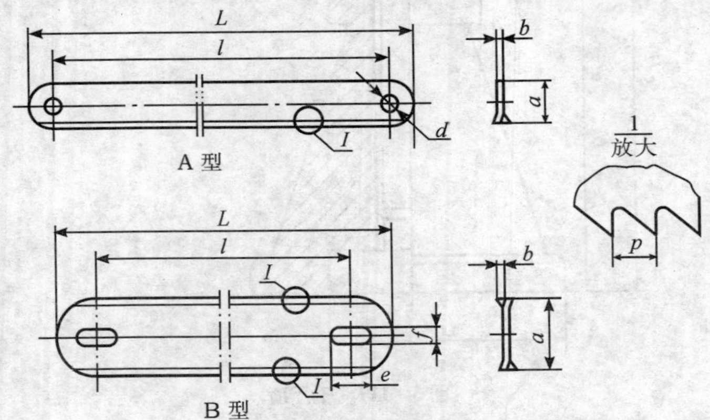

图 5－118　手用钢锯条

表 5－111　手用钢锯条的基本尺寸（mm）

型式	长度 l 基本尺寸	长度 l 公差	宽度 a 基本尺寸	宽度 a 公差	厚度 b 基本尺寸	厚度 b 公差	齿距 p 基本尺寸	齿距 p 公差	销孔 $d/e\times f$		全长 L
A 型	300	±2	12.0 或 10.7	+0.2 −0.5	0.65	0 −0.06	0.8	±0.08	3.8	+0.3 0	≤315
							1.0				
							1.2				
	250			+0.2 −0.3			1.4				≤265
							1.5				
							1.8				
B 型	296	±2	22	+0.2 −0.8	0.65	0 −0.06	0.8	±0.08	8×5	±0.30	≤315
							1.0				
	292		25				1.4		12×6		

注：特殊用途的锯条，其基本尺寸不受本表限制。

标记示例：

全硬型、碳素工具钢、单面齿型手用钢锯条、长度 $l=300$mm、宽度 $a=12$mm、齿距 $p=1.0$mm，其标记为：

手用钢锯条　HTA－300×12×1.0　GB/T 14764

5.3.29　钢锯架

钢锯架（QB/T 1108—1991）是人工切割金属材料时所用的锯架。钢锯架可分为钢板制锯架（又分调节式和固定式）、钢管制锯架（也分调节式和固定式）、手工艺锯架（分雕花锯架、轻便锯架和三角锯架）三种，其型式分别见图5－119～图5－121。锯架的基本参数列于表5－112。锯架可标记如下：

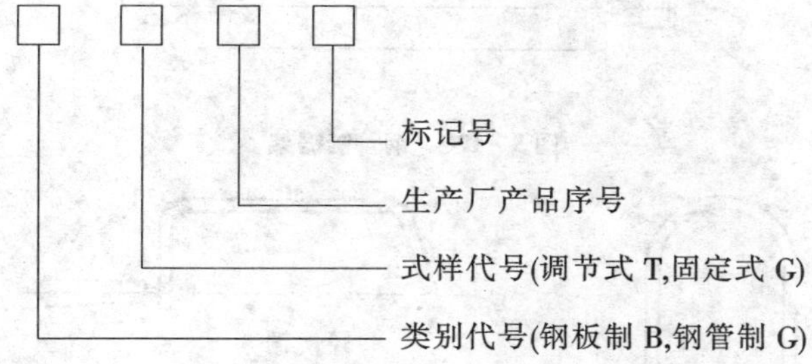

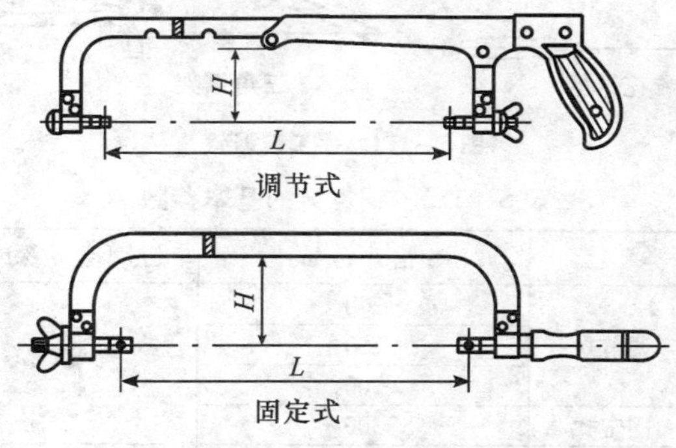

图5－119　钢板制锯条

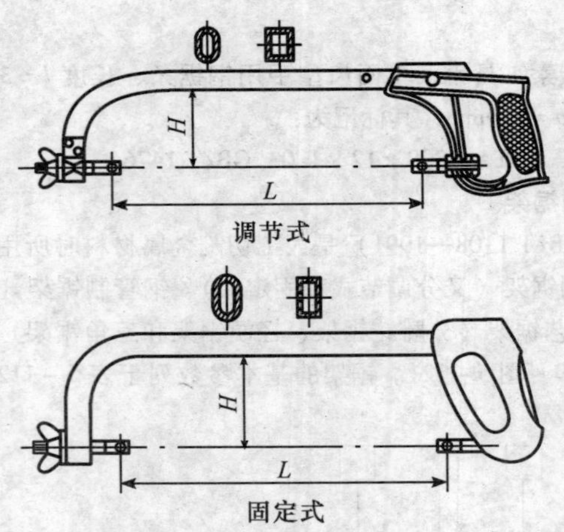

图 5－120　钢管制锯架

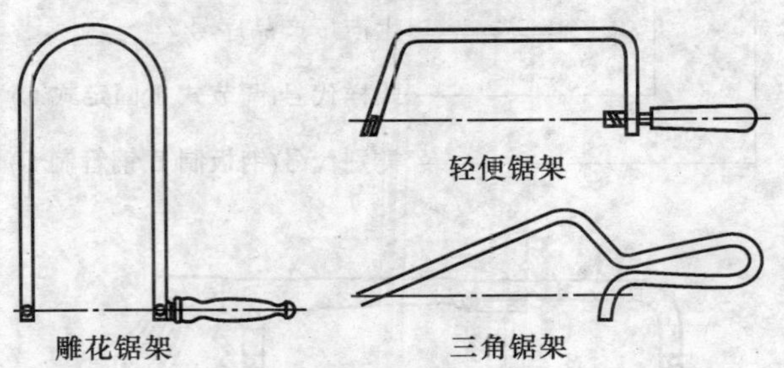

图 5－121　手工艺锯架

表 5－112　钢锯架的基本参数

产品分类		规格 *L*（mm）	最小锯切深度 *H*（mm）
钢板制	调节式	200	64
		250	
		300	
	固定式	300	
钢管制	调节式	250	74
		300	
	固定式	300	

标记示例：

钢板制调节式锯架，其标记为：

钢锯架　BT－01　QB 1108

5.3.30　机用锯条

机用锯条（GB/T 6080.1—1998/ISO 2336.2：1996）的型式和尺寸见图5－122和表5－113。

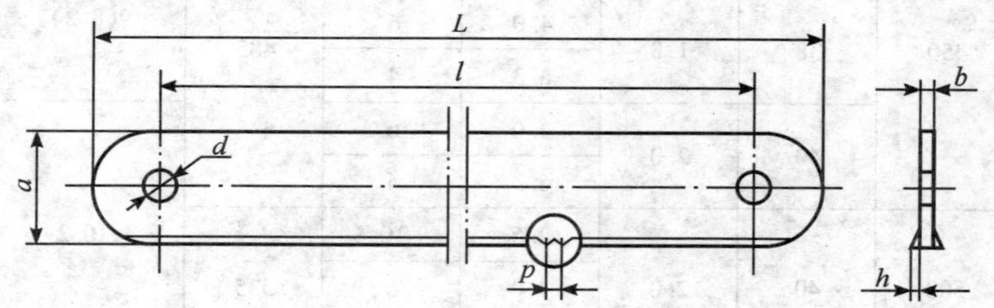

图5－122　机用锯条

表5－113　机用锯条的规格尺寸（mm）

长度 l ±2	宽度 a	厚度 b	齿矩		总长 L ≤	销孔直径 d H14
			P	N		
300	25	1.25	1.8	14	330	8.2
			2.5	10		
350	25	1.25	1.8	14	380	
			2.5	10		
350	32	1.6	2.5	10	380	
			4.0	6		
400	32	1.6	2.5	10	430	
			4.0	6		
	38	1.8	4.0	6		
			6.3	4		
	40	2.0	4.0	6		
			6.3	4		

续表

长度 l ±2	宽度 a	厚度 b	齿矩		总长 L ≤	销孔直径 d H14
			P	N		
450	32	1.6	2.5	10	485	10.2 (8.2)
			4.0	6		
	38	1.8	4.0	6		
			6.3	4		
	40	2.0	4.0	6		10.2
			6.3	4		
500	40	2.0	2.5	10	535	
			4.0	6		
			6.3	4		
600	50	2.5	4.0	6	640	12.5
			6.3	4		
700	50	2.5	4.0	6	740	
			6.3	4		
			8.5	3		

注：①本表适用于长度从300～700mm，齿距不超过8.5mm的单边开齿的机用锯条。
②锯条两端的形状由制造厂自定。

机用锯条的标记内容如下：

a. 机用锯条；

b. 标准号（GB/T 6080.1—1998）；

c. 锯条长度 l，mm；

d. 锯条宽度 a，mm；

e. 锯条厚度 b，mm；

f. 锯条齿距 P，mm，齿距后可在括号内补充每25mm的齿数 N。

标记示例：

长度 $l=300$mm，宽度 $a=25$mm，厚度 $b=1.25$mm，齿距 $P=2.5$mm的

机用锯条，其标记为：

机用锯条　GB/T 6080.1—1998　300×25×1.25×2.5

或

机用锯条　GB/T 6080.1—1998　300×25×1.25×2.5（10）

5.3.31　钢锉

1. 钳工锉

钳工锉（QB/T 2569.1—2002）分为齐头扁锉、尖头扁锉、半圆锉、三角锉、方锉和圆锉等6种，钳工锉的型式如图5－123～图5－128所示，其规格尺寸列于表5－114～表5－119。

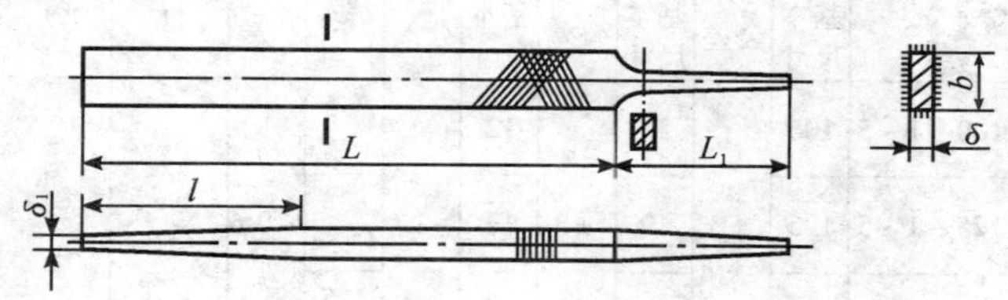

图5－123　齐头扁锉

表5－114　齐头扁锉的规格尺寸（mm）

<table>
<tr><th rowspan="2">代号</th><th colspan="2">L</th><th colspan="2">L_1</th><th colspan="2">b</th><th colspan="2">δ</th><th rowspan="2">δ_1</th><th rowspan="2">l</th></tr>
<tr><th>基本尺寸</th><th>公差</th><th>基本尺寸</th><th>公差</th><th>基本尺寸</th><th>公差</th><th>基本尺寸</th><th>公差</th></tr>
<tr><td>Q－01－100－1～5</td><td>100</td><td rowspan="3">±3</td><td>35</td><td rowspan="3">±3</td><td>12</td><td rowspan="3">－1.0</td><td>2.5
(3)</td><td rowspan="3">－0.6</td><td rowspan="9">≤80%δ</td><td rowspan="9">25%L～50%L</td></tr>
<tr><td>Q－01－125－1～5</td><td>125</td><td>40</td><td>14</td><td>3
(3.5)</td></tr>
<tr><td>Q－01－150－1～5</td><td>150</td><td>45</td><td>16</td><td>3.5
(4)</td></tr>
<tr><td>Q－01－200－1～5</td><td>200</td><td rowspan="3">±4</td><td>55</td><td rowspan="3">±4</td><td>20</td><td rowspan="3">－1.2</td><td>4.5
(5)</td><td rowspan="3">－0.8</td></tr>
<tr><td>Q－01－250－1～5</td><td>250</td><td>65</td><td>24</td><td>5.5</td></tr>
<tr><td>Q－01－300－1～5</td><td>300</td><td>75</td><td>28</td><td>6.5</td></tr>
<tr><td>Q－01－350－1～5</td><td>350</td><td rowspan="3">±5</td><td>85</td><td rowspan="3">±5</td><td>32</td><td rowspan="3">－1.4</td><td>7.5</td><td rowspan="3">－1.0</td></tr>
<tr><td>Q－01－400－1～5</td><td>400</td><td>90</td><td>36</td><td>8.5</td></tr>
<tr><td>Q－01－450－1～5</td><td>450</td><td>90</td><td>40</td><td>9.5</td></tr>
</table>

注：表中带括号尺寸为不推荐尺寸。

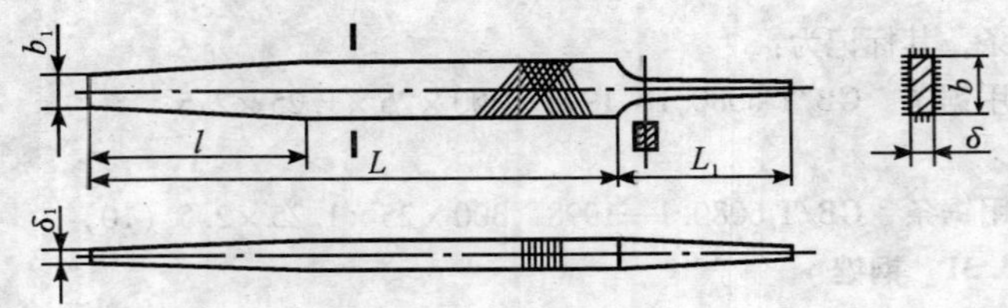

图 5－124　尖头扁锉

表 5－115　尖头扁锉的规格尺寸（mm）

<table>
<tr><th rowspan="2">代号</th><th colspan="2">L</th><th colspan="2">L_1</th><th colspan="2">b</th><th colspan="2">δ</th><th rowspan="2">b_1</th><th rowspan="2">δ_1</th><th rowspan="2">l</th></tr>
<tr><th>基本尺寸</th><th>公差</th><th>基本尺寸</th><th>公差</th><th>基本尺寸</th><th>公差</th><th>基本尺寸</th><th>公差</th></tr>
<tr><td>Q－02－100－1～5</td><td>100</td><td rowspan="3">±3</td><td>35</td><td rowspan="3">±3</td><td>12</td><td rowspan="3">－1.0</td><td>2.5
(3)</td><td rowspan="3">－0.6</td><td rowspan="9">≤80%b</td><td rowspan="9">≤80%δ</td><td rowspan="9">25%L～
50%L</td></tr>
<tr><td>Q－02－125－1～5</td><td>125</td><td>40</td><td>14</td><td>3
(3.5)</td></tr>
<tr><td>Q－02－150－1～5</td><td>150</td><td>45</td><td>16</td><td>3.5
(4)</td></tr>
<tr><td>Q－02－200－1～5</td><td>200</td><td rowspan="3">±4</td><td>55</td><td rowspan="3">±4</td><td>20</td><td rowspan="3">－1.2</td><td>4.5
(5)</td><td rowspan="3">－0.8</td></tr>
<tr><td>Q－02－250－1～5</td><td>250</td><td>65</td><td>24</td><td>5.5</td></tr>
<tr><td>Q－02－300－1～5</td><td>300</td><td>75</td><td>28</td><td>6.5</td></tr>
<tr><td>Q－02－350－1～5</td><td>350</td><td rowspan="3">±5</td><td>85</td><td rowspan="3">±5</td><td>32</td><td rowspan="3">－1.4</td><td>7.5</td><td rowspan="3">－1.0</td></tr>
<tr><td>Q－02－400－1～5</td><td>400</td><td>90</td><td>36</td><td>8.5</td></tr>
<tr><td>Q－02－450－1～5</td><td>450</td><td>90</td><td>40</td><td>9.5</td></tr>
</table>

注：表中带括号尺寸为不推荐尺寸。

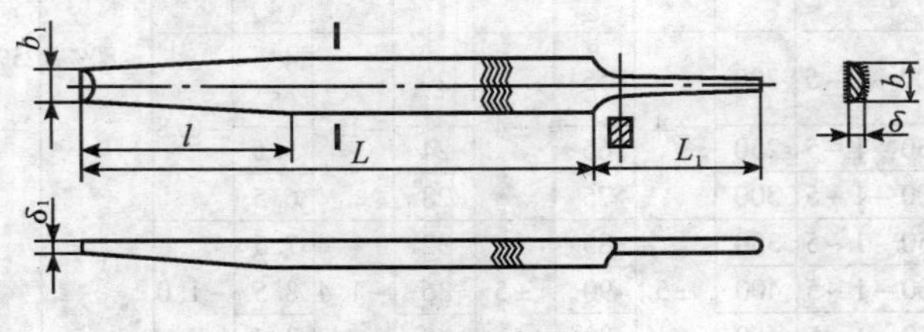

图 5－125　半圆锉

表5-116 半圆锉规格尺寸（mm）

代号	L		L_1		b		δ			b_1	δ	l
	基本尺寸	公差	基本尺寸	公差	基本尺寸	公差	基本尺寸		公差			
							薄型	厚型				
Q-$\frac{03b}{03h}$-100-1~5	100		35		12		3.5	4				
Q-$\frac{03b}{03h}$-125-1~5	125	±3	40	±3	14	-1.0	4	4.5	-0.6			
Q-$\frac{03b}{03h}$-150-1~5	150		45		16		4.5	5				
Q-$\frac{03b}{03h}$-200-1~5	200		55		20		5.5	6.5				
Q-$\frac{03b}{03h}$-250-1~5	250	±4	65	±4	24	-1.2	7	8	-0.8	≤80%b	≤80%δ	25%L~50%L
Q-$\frac{03b}{03h}$-300-1~5	300		75		28		8	9				
Q-$\frac{03b}{03h}$-350-1~5	350	±5	85	±5	32	-1.4	9	10	-1.0			
Q-$\frac{03b}{03h}$-400-1~5	400		90		36		10	11.5				

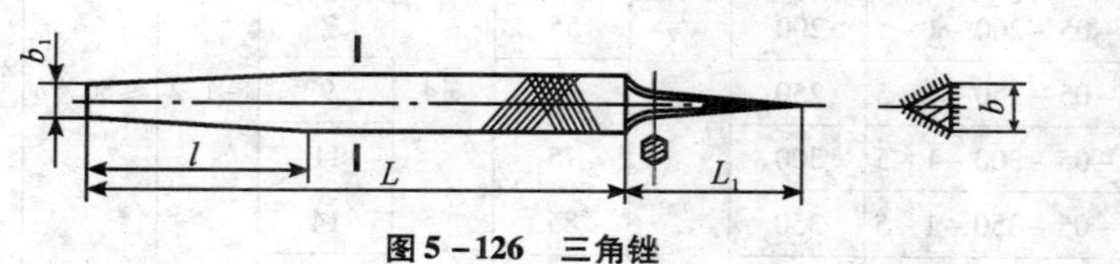

图5-126 三角锉

表 5－117　三角锉的规格尺寸（mm）

代号	L		L_1		b		b_1	l
	基本尺寸	公差	基本尺寸	公差	基本尺寸	公差		
Q－04－100－1～5	100	±3	35	±3	8	－1.0	≤80%b	25%L～50%L
Q－04－125－1～5	125		40		9.5			
Q－04－150－1～5	150		45		11			
Q－04－200－1～5	200	±4	55	±4	13	－1.2		
Q－04－250－1～5	250		65		16			
Q－04－300－1～5	300		75		19			
Q－04－350－1～5	350	±5	85	±5	22	－1.4		
Q－04－400－1～5	400		90		26			

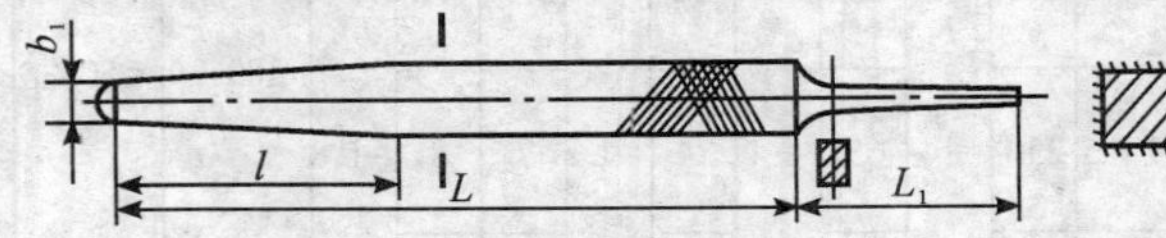

图 5－127　方锉

表 5－118　方锉的规格尺寸（mm）

代号	L		L_1		b		b_1	l
	基本尺寸	公差	基本尺寸	公差	基本尺寸	公差		
Q－05－100－1～5	100	±3	35	±3	3.5	－1.0	≤80%b	25%L～50%L
Q－05－125－1～5	125		40		4.5			
Q－05－150－1～5	150		45		5.5			
Q－05－200－1～5	200	±4	55	±4	7	－1.2		
Q－05－250－1～5	250		65		9			
Q－05－300－1～5	300		75		11			
Q－05－350－1～5	350	±5	85	±5	14	－1.4		
Q－05－400－1～5	400		90		18			
Q－05－400－1～5	450		90		22			

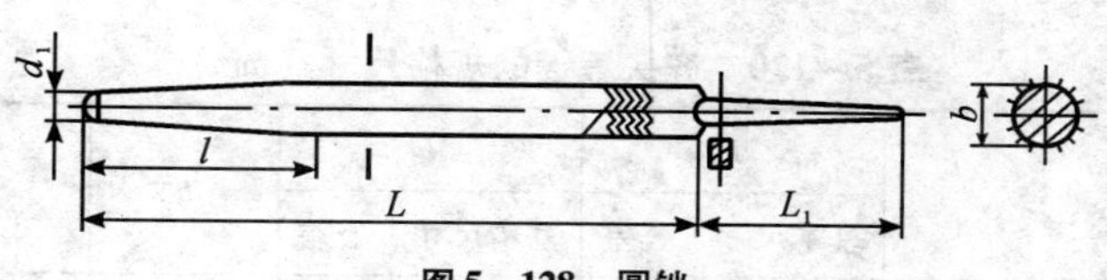

图 5－128　圆锉

表 5－119　圆锉的规格尺寸（mm）

代号	L		L_1		d		d_1	l
	基本尺寸	公差	基本尺寸	公差	基本尺寸	公差		
Q－06－100－1～5	100	±3	35	±3	3.5	－0.6	≤80% d	25% L～50% L
Q－06－125－1～5	125		40		4.5			
Q－06－150－1～5	150		45		5.5			
Q－06－200－1～5	200	±4	55	±4	7	－0.8		
Q－06－250－1～5	250		65		9			
Q－06－300－1～5	300		75		11			
Q－06－350－1～5	350	±5	85	±5	14	－1.0		
Q－06－400－1～5	400		90		18			

2. 整形锉

整形锉（QB/T 2569.3—2002）有 12 种型式，具体见图 5－129～图 5－140，其规格尺寸列于表 5－120～表 5－131。

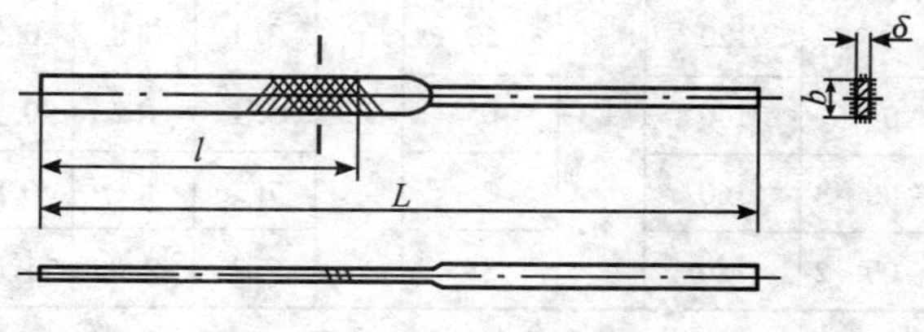

图 5－129　齐头扁锉

表 5-120　齐头扁锉的规格尺寸（mm）

代　号	L		l		b	δ
	基本尺寸	公差	基本尺寸	公差		
Z-01-100-2~8	100	±3	40	±3	2.8	0.6
Z-01-120-1~7	120		50		3.4	0.8
Z-01-140-0~6	140		65		5.4	1.2
Z-01-160-00~3	160		75		7.3	1.6
Z-01-180-00~2	180		85		9.2	2.0

注：b 与 δ 的公差按 GB/T 1804—2000 中 C 的规定。

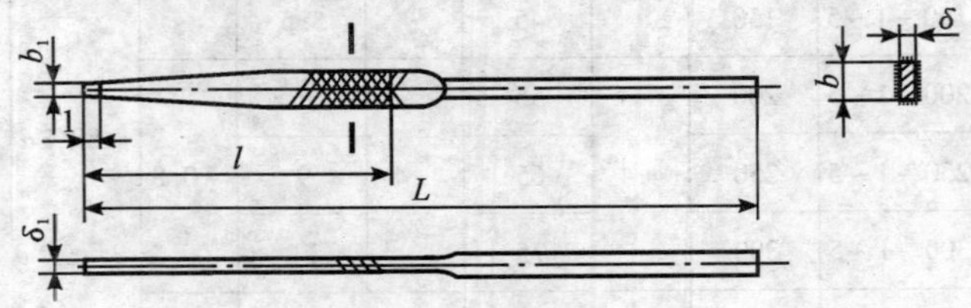

图 5-130　尖头扁锉

表 5-121　尖头扁锉的规格尺寸（mm）

代　号	L		l		b	δ	b_1	δ_1
	基本尺寸	公差	基本尺寸	公差				
Z-02-100-2~8	100	±3	40	±3	2.8	0.6	0.4	0.5
Z-02-120-1~7	120		50		3.4	0.8	0.5	0.6
Z-02-140-0~6	140		65		5.4	1.2	0.7	1.0
Z-02-160-00~3	160		75		7.3	1.6	0.8	1.2
Z-02-180-00~2	180		85		9.2	2.0	1.0	1.7

注：①锉的梢部长度不小于锉身的 50%。

②尺寸 b、δ、b_1、δ_1 的公差按 GB/T 1804—2000 中 C 的规定。

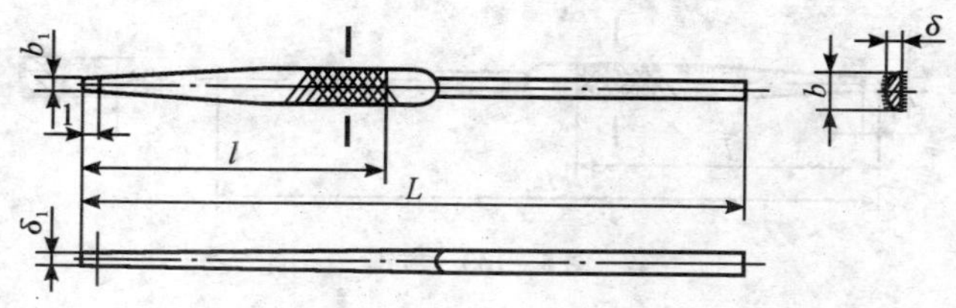

图 5－131　半圆锉

表 5－122　半圆锉的规格尺寸（mm）

代　号	L 基本尺寸	L 公差	l 基本尺寸	l 公差	b	δ	b_1	δ_1
Z－03－100－2～8	100	±3	40	±3	2.9	0.9	0.5	0.4
Z－03－120－1～7	120		50		3.3	1.2	0.6	0.5
Z－03－140－0～6	140		65		5.2	1.7	0.8	0.6
Z－03－160－00～3	160		75		6.9	2.2	0.9	0.7
Z－03－180－00～2	180		85		8.5	2.9	1.0	0.9

注：①锉的梢部长度不小于锉身的 50%。

②尺寸 b、δ、b_1 和 δ_1 的公差按 GB/T 1804—2000 中 C 的规定。

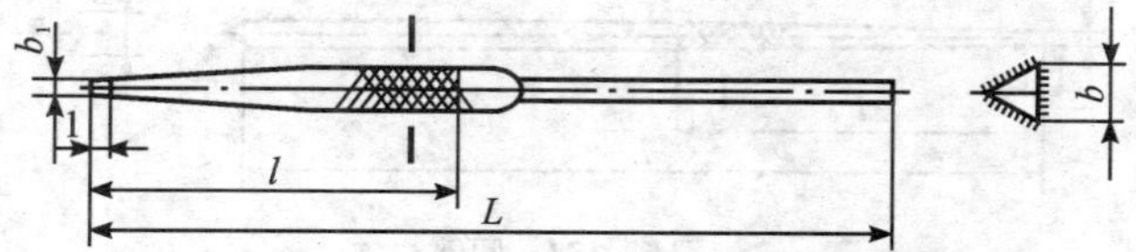

图 5－132　三角锉

表 5－123　三角锉的规格尺寸（mm）

代　号	L 基本尺寸	L 公差	l 基本尺寸	l 公差	b	b_1
Z－04－100－2～8	100	±3	40	±3	1.9	0.4
Z－04－120－1～7	120		50		2.4	0.6
Z－04－140－00～6	140		65		3.6	0.7
Z－04－160－00～3	160		75		4.8	0.8
Z－04－180－00～2	180		85		6.0	1.1

注：①锉的梢部长度不小于锉身的 50%。

②尺寸 b 和 b_1 的公差按 GB/T 1804—2000 中 C 的规定。

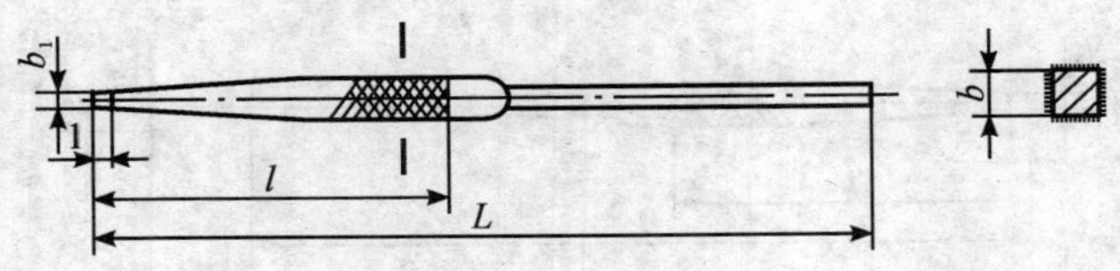

图 5－133　方锉

表 5－124　方锉的规格尺寸（mm）

代　号	L		l		b	b_1
	基本尺寸	公差	基本尺寸	公差		
Z－05－100－2～8	100	±3	40	±3	1.2	0.4
Z－05－120－1～7	120		50		1.6	0.6
Z－05－140－0～6	140		65		2.6	0.7
Z－05－160－00～3	160		75		3.4	0.8
Z－05－180－00～2	180		85		4.2	1.0

注：①锉的梢部长度不小于锉身的 50%。

②尺寸 b 和 b_1 的公差按 GB/T 1804—2000 中 C 的规定。

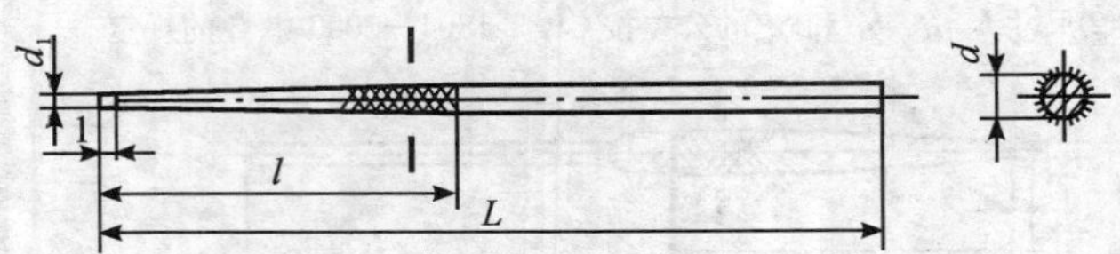

图 5－134　圆锉

表 5－125　圆锉的规格尺寸（mm）

代　号	L		l		d	d_1
	基本尺寸	公差	基本尺寸	公差		
Z－06－100－2～8	100	±3	40	±3	1.4	0.4
Z－06－120－1～7	120		50		1.9	0.5
Z－06－140－0～6	140		65		2.9	0.7
Z－06－160－00～3	160		75		3.9	0.9
Z－06－180－00～2	180		85		4.9	1.0

注：①锉的梢部长度不小于锉身的 50%。

②尺寸 d 和 d_1 的公差按 GB/T 1804—2000 中 C 的规定。

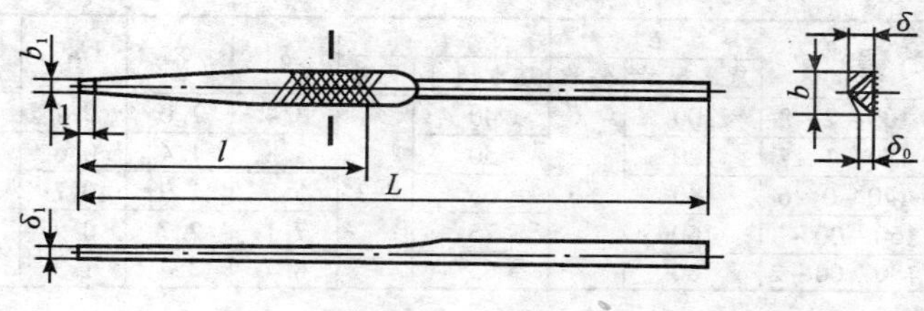

图 5－135　刀形锉

表 5－126　刀形锉的规格尺寸（mm）

代　号	L		l		b	δ	b_1	δ_1	δ_0
	基本尺寸	公差	基本尺寸	公差					
Z－08－100－2～8	100	±3	40	±3	3.0	0.9	0.5	0.4	0.3
Z－08－120－1～7	120		50		3.4	1.1	0.6	0.5	0.4
Z－08－140－0～6	140		65		5.4	1.7	0.8	0.7	0.6
Z－08－160－00～3	160		75		7.0	2.3	1.1	1.0	0.8
Z－08－180－00～2	180		85		8.7	3.0	1.4	1.3	1.0

注：①锉的梢部长度不小于锉身的 50%。

②尺寸 b、δ、b_1、δ_1 和 δ_0 的公差按 GB/T 1804—2000 中 C 的规定。

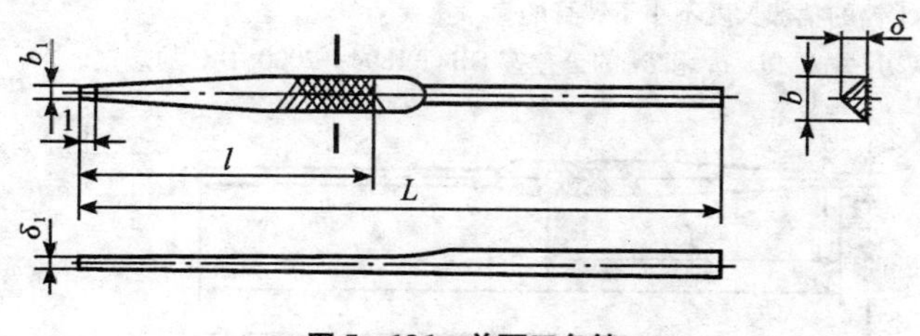

图 5－136　单面三角锉

表 5－127　单面三角锉的规格尺寸（mm）

代　号	L		l		b	δ	b_1	$δ_1$
	基本尺寸	公差	基本尺寸	公差				
Z－07－100－2～8	100	±3	40	±3	3.4	1.0	0.4	0.3
Z－07－120－1～7	120		50		3.8	1.4	0.6	0.4
Z－07－140－0～6	140		65		5.5	1.9	0.7	0.5
Z－07－160－00～3	160		75		7.1	2.7	0.9	0.8
Z－07－180－00～2	180		85		8.7	3.4	1.3	1.1

注：①锉的梢部长度不小于锉身的50%。

②尺寸 b、$δ$、b_1 和 $δ_1$ 的公差按 GB/T 1804—2000 中 C 的规定。

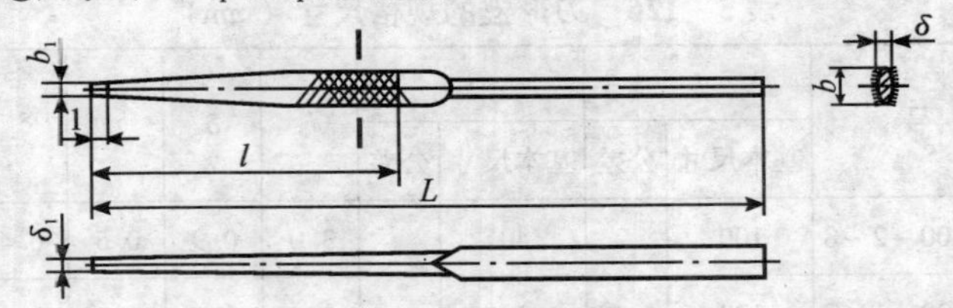

图 5－137　双半圆锉

表 5－128　双半圆锉的规格尺寸（mm）

代　号	L		l		b	δ	b_1	$δ_1$
	基本尺寸	公差	基本尺寸	公差				
Z－09－100－2～8	100	±3	40	±3	2.6	1.0	0.4	0.3
Z－09－120－1～7	120		50		3.2	1.2	0.6	0.5
Z－09－140－0～6	140		65		5.0	1.8	0.7	0.6
Z－09－160－00～3	160		75		6.3	2.5	0.8	0.6
Z－09－180－00～2	180		85		7.8	3.4	1.0	0.8

注：①锉的梢部长度不小于锉身的50%。

②尺寸 b、$δ$、b_1 和 $δ_1$ 的公差按 GB/T 1804—2000 中 C 的规定。

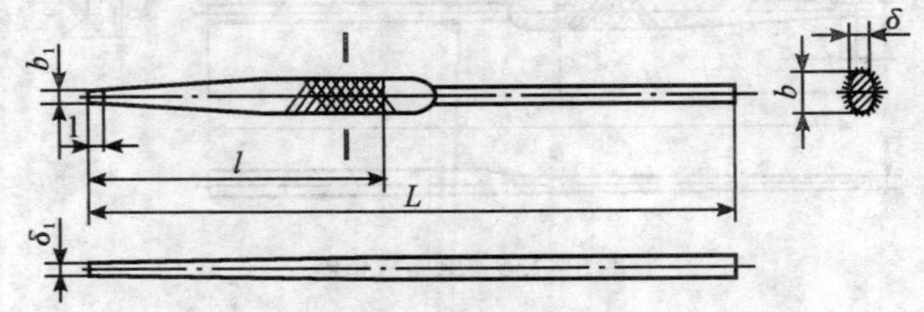

图 5－138　椭圆锉

表 5－129 椭圆锉的规格尺寸（mm）

代 号	L		l		b	δ	b_1	δ_1
	基本尺寸	公差	基本尺寸	公差				
Z－10－100－2～8	100	±3	40	±3	1.8	1.2	0.4	0.3
Z－10－120－1～7	120		50		2.2	2.3	0.6	0.5
Z－10－140－0～6	140		65		3.4	2.4	0.7	0.6
Z－10－160－00～3	160		75		4.4	3.4	0.9	0.8
Z－10－180－00～2	180		85		6.4	4.3	1.0	0.9

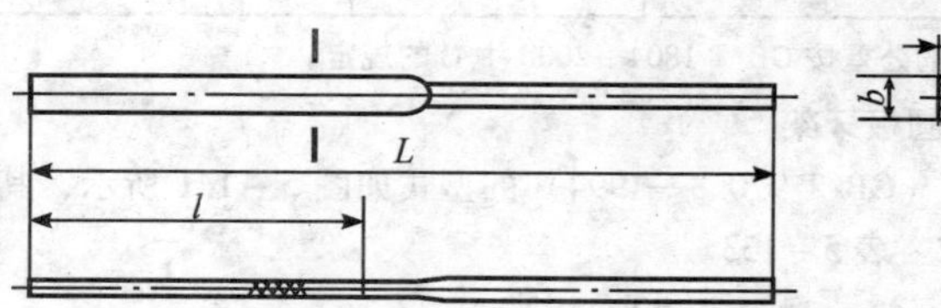

图 5－139 圆边扁锉

表 5－130 圆边扁锉的规格尺寸（mm）

代 号	L		l		b	δ
	基本尺寸	公差	基本尺寸	公差		
Z－11－100－2～8	100	±3	40	±3	2.8	0.6
Z－11－120－1～7	120		50		3.4	0.8
Z－11－140－0～6	140		65		5.4	1.2
Z－11－160－00～3	160		75		7.3	1.6
Z－11－180－00～2	180		85		9.2	2.0

注：b 和 δ 的公差按 GB/T 1804—2000 中 C 的规定。

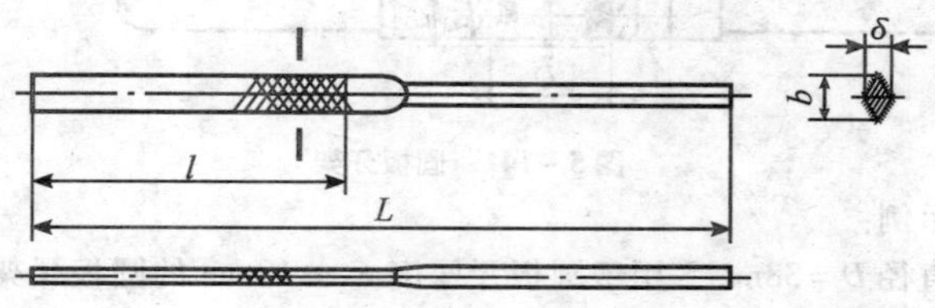

图 5－140 菱形锉

表 5－131　菱形锉的规格尺寸（mm）

代　号	L		l		b	δ
	基本尺寸	公差	基本尺寸	公差		
Z－12－100－2～8	100	±3	40	±3	2.8	0.6
Z－12－120－1～7	120		50		3.4	0.8
Z－12－140－0～6	140		65		5.4	1.2
Z－12－160－00～3	160		75		7.3	1.6
Z－12－180－00～2	180		85		9.2	2.0

注：b 和 δ 的公差按 GB/T 1804—2000 中 C 的规定。

5.3.32　圆板牙架

圆板牙架（GB/T 970.3—1994）的型式如图 5－141 所示，其基本尺寸列于表 5－132～表 5－133。

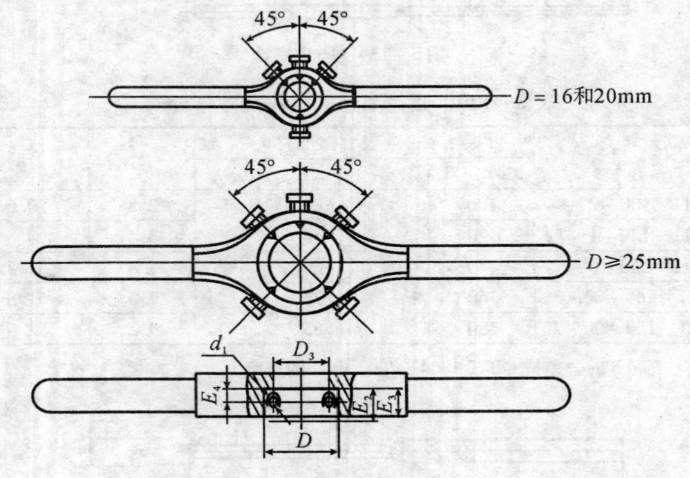

图 5－141　圆板牙架

标记示例：

内孔直径 $D=38$mm，用于圆板牙厚度 $E_2=10$mm 的圆板牙架，其标记为：

圆板牙架　38×10　GB/T 970.3—1994

表 5－132　圆板牙架基本尺寸（mm）

D D10	E_2	E_3	E_4 0 −0.2	D_3	d_1
16	5	4.8	2.4	11	M3
20	7	6.5	3.4	15	M4
25	9	8.5	4.4	20	M5
30	11	10	5.3	25	
38	10	9	4.8	32	M6
	14	13	6.8		
45	18	17	8.8	38	
55	16	15	7.8	48	M8
	22	20	10.7		
65	18	17	8.8	58	
	25	23	12.2		
75	20	18	9.7	68	
	30	28	14.7		
90	22	20	10.7	82	
	36	34	17.7		
105	22	20	10.7	95	M10
	36	34	17.7		
120	22	20	10.7	107	
	36	34	17.7		

表 5－133　圆板牙架补充尺寸（mm）

D D10	E_2	E_3	E_4 0 −0.2	D_3	d_1
30	8	7.5	3.9	25	M5
45	10	9	4.8	38	M6
55	12	11	5.8	48	M8
65	14	13	6.8	58	
75	18	15	7.8	68	
90	18	17	8.8	82	

5.4　切削工具

5.4.1　直柄麻花钻

1. 粗直柄小麻花钻

粗直柄小麻花钻（GB/T 6135.1—1996）的型式如图 5－142，其规格尺寸列于表 5－134。

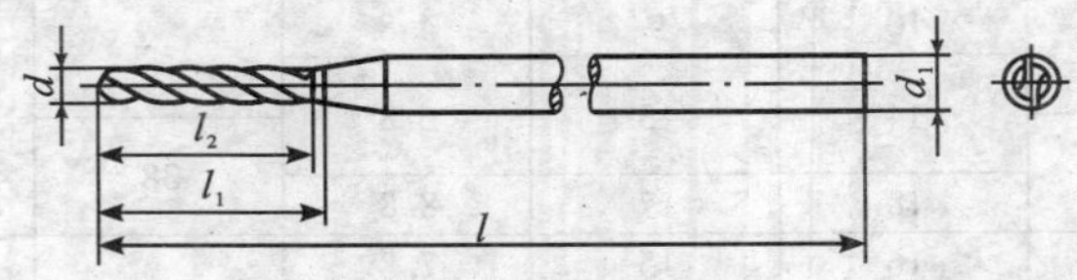

图 5－142　粗直柄小麻花钻

表 5－134　粗直柄小麻花钻的规格尺寸（mm）

<table>
<tr><th>d
h7</th><th>l
±1</th><th>l1
js15</th><th>l2
min</th><th>d1
h8</th></tr>
<tr><td>0.10</td><td rowspan="16">20</td><td rowspan="3">1.2</td><td rowspan="3">0.7</td><td rowspan="26">1</td></tr>
<tr><td>0.11</td></tr>
<tr><td>0.12</td></tr>
<tr><td>0.13</td><td rowspan="3">1.5</td><td rowspan="3">1.0</td></tr>
<tr><td>0.14</td></tr>
<tr><td>0.15</td></tr>
<tr><td>0.16</td><td rowspan="4">2.2</td><td rowspan="4">1.4</td></tr>
<tr><td>0.17</td></tr>
<tr><td>0.18</td></tr>
<tr><td>0.19</td></tr>
<tr><td>0.20</td><td rowspan="5">2.5</td><td rowspan="5">1.8</td></tr>
<tr><td>0.21</td></tr>
<tr><td>0.22</td></tr>
<tr><td>0.23</td></tr>
<tr><td>0.24</td></tr>
<tr><td>0.25</td><td rowspan="6">3.2</td><td rowspan="6">2.2</td></tr>
<tr><td>0.26</td><td rowspan="10">20</td></tr>
<tr><td>0.27</td></tr>
<tr><td>0.28</td></tr>
<tr><td>0.29</td></tr>
<tr><td>0.30</td></tr>
<tr><td>0.31</td><td rowspan="5">3.5</td><td rowspan="5">2.8</td></tr>
<tr><td>0.32</td></tr>
<tr><td>0.33</td></tr>
<tr><td>0.34</td></tr>
<tr><td>0.35</td></tr>
</table>

标记示例：

直径 $d=0.20$mm 粗直柄小麻花钻，其标记为：

粗直柄小麻花钻　0. 20　GB/T 6135. 1—1996

2. 直柄短麻花钻

直柄短麻花钻（GB/T 6135. 2—1996）的型式及规格尺寸见表 5－135 和图 5－143。

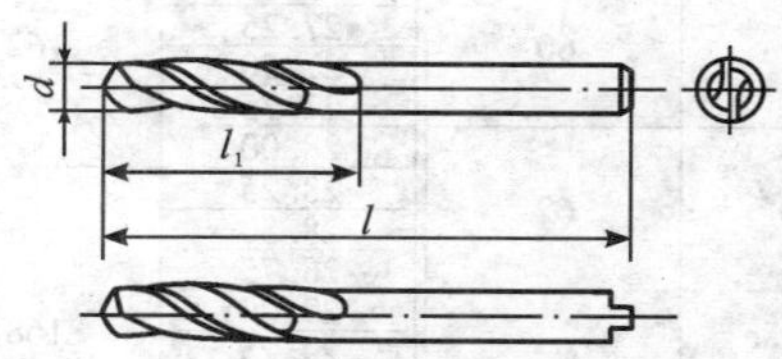

图 5－143　直柄短麻花钻

表 5－135　直柄短麻花钻的规格尺寸（mm）

d h8	l	l_1	d h8	l	l_1
0. 50	20	3	7. 80	79	37
0. 80	24	5	8. 00		
1. 00	26	6	8. 20		
1. 20	30	8	8. 50		
1. 50	32	9	8. 80	84	40
1. 80	36	11	9. 00		
2. 00	38	12	9. 20		
2. 20	40	13	9. 50		
2. 50	43	14	9. 80	89	43
2. 80	46	16	10. 00		
3. 00			10. 20		
3. 20	49	18	10. 50		
3. 50	52	20	10. 80	95	47
3. 80	55	22	11. 00		
4. 00			11. 20		
4. 20			11. 50		
4. 50	58	24	11. 80		
4. 80	62	26	12. 00	102	51
5. 00			12. 20		
5. 20			12. 50		
5. 50	66	28	12. 80		
5. 80			13. 00		
6. 00			13. 20		
6. 20	70	31	13. 50	107	54
6. 50			13. 80		
6. 80	74	34	14. 00		
7. 00			14. 25	111	56
7. 20			14. 50		
7. 50			14. 75		

续表

d h8	l	l_1
15.00	111	56
15.25	115	58
15.50		
15.75		
16.00		
16.25	119	60
16.50		
16.75		
17.00		
17.25	123	62
17.50		
17.75		
18.00		
18.25	127	64
18.50		
18.75		
19.00		
19.25	131	66
19.50		
19.75		
20.00		
20.25	136	68
20.50		
20.75		
21.00		
21.25	141	70
21.50		
21.75		
22.00		
22.25		
22.50	146	72
22.75		
23.00		
23.25		
23.50		
23.75	151	75
24.00		
24.25		
24.50		
24.75		
25.00		
25.25	156	78
25.50		

d h8	l	l_1
25.75	156	78
26.00		
26.25		
26.50		
26.75	162	81
27.00		
27.25		
27.50		
27.75		
28.00		
28.25	168	84
28.50		
28.75		
29.00		
29.25		
29.50		
29.75		
30.00	174	87
30.25		
30.50		
30.75		
31.00		
31.25		
31.50		
31.75		
32.00	180	90
32.50		
33.00		
33.50		
34.00	186	93
34.50		
35.00		
35.50		
36.00	193	96
36.50		
37.00		
37.50		
38.00	200	100
38.50		
39.00		
39.50		
40.00		

标记示例：

直径 $d=15.00$mm 的右旋直柄短麻花钻，其标记为：

直柄短麻花钻　15　GB/T 6135.2—1996

直径 $d=15.00$mm 的左旋直柄短麻花钻，其标记为：

直柄短麻花钻　15 – L　GB/T 6135.2—1996

高性能的直柄麻花钻应在直径前加“H –”，如：H – 15，其余标记方法与前相同。

3. 直柄麻花钻

直柄麻花钻（GB/T 6135.3—1996）的型式如图 5 – 144 所示，麻花钻的规格尺寸列于表 5 – 136。

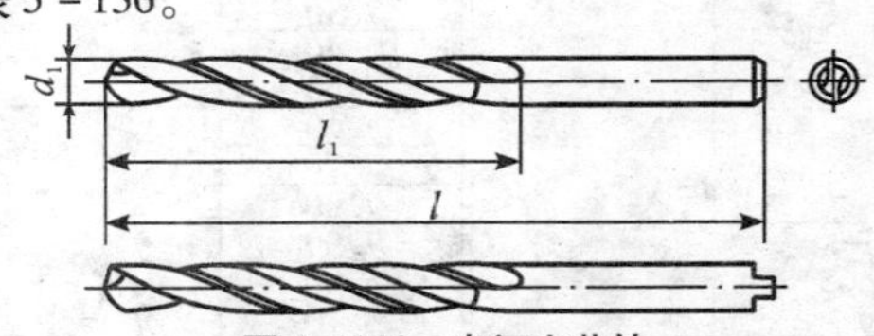

图 5 – 144　直柄麻花钻

表 5 – 136　直柄麻花钻的规格尺寸（mm）

d h8	l	l_1	d h8	l	l_1
0.20	19	2.5	0.98	34	12
0.22			1.00		
0.25		3	1.05	36	14
0.28			1.10		
0.30			1.15		
0.32		4	1.20	38	16
0.35			1.25		
0.38			1.30		
0.40	20	5	1.35	40	18
0.42			1.40		
0.45			1.45		
0.48			1.50		
0.50	22	6	1.55	43	20
0.52			1.60		
0.55	24	7	1.65		
0.58			1.70		
0.60			1.75	46	22
0.62	26	8	1.80		
0.65			1.85		
0.68	28	9	1.90	49	24
0.70			1.95		
0.72			2.00		
0.75			2.05		
0.78	30	10	2.10		
0.80			2.15	53	27
0.82			2.20		
0.85			2.25		
0.88	32	11	2.30		
0.90			2.35		
0.92			2.40	57	30
0.95			2.45		

续表

d h8	l	l_1	d h8	l	l_1
2.50	57	30	6.80	109	69
2.55			6.90		
2.60			7.00		
2.65			7.10		
2.70	61	33	7.20		
2.75			7.30		
2.80			7.40		
2.85			7.50		
2.90			7.60	117	75
2.95			7.70		
3.00			7.80		
3.10	65	36	7.90		
3.20			8.00		
3.30			8.10		
3.40	70	39	8.20		
3.50			8.30		
3.60			8.40		
3.70			8.50		
3.80	75	43	8.60	125	81
3.90			8.70		
4.00			8.80		
4.10			8.90		
4.20			9.00		
4.30	80	47	9.10		
4.40			9.20		
4.50			9.30		
4.60			9.40		
4.70			9.50		
4.80	86	52	9.60	133	87
4.90			9.70		
5.00			9.80		
5.10			9.90		
5.20			10.00		
5.30			10.10		
5.40	93	57	10.20		
5.50			10.30		
5.60			10.40		
5.70			10.50		
5.80			10.60		
5.90			10.70	142	94
6.00			10.80		
6.10	101	63	10.90		
6.20			11.00		
6.30			11.10		
6.40			11.20		
6.50			11.30		
6.60			11.40		
6.70			11.50		

续表

d h8	l	l_1	d h8	l	l_1
11.60	142	94	13.70	160	108
11.70			13.80		
11.80			13.90		
11.90	151	101	14.00		
12.00			14.25	169	114
12.10			14.50		
12.20			14.75		
12.30			15.00		
12.40			15.25	178	120
12.50			15.50		
12.60			15.75		
12.70			16.00		
12.80			16.50	184	125
12.90			17.00		
13.00			17.50	191	130
13.10			18.00		
13.20			18.50	198	135
13.30	160	108	19.00		
13.40			19.50	205	140
13.50			20.00		
13.60					

标记示例：

直径 $d=10.00$mm 的右旋直柄麻花钻，其标记为：

直柄麻花钻　10　GB/T 6135.3—1996

直径 $d=10.00$mm 的左旋直柄麻花钻，其标记为：

直柄麻花钻　10 – L　GB/T 6135.3—1996

高性能的直柄麻花钻应在直径前加"H –"，如：H – 10，其余标记方法与前相同。

4. 直柄长麻花钻

直柄长麻花钻（GB/T 6135.4—1996）的型式和尺寸如图 5 – 145 和表 5 – 137 所示。

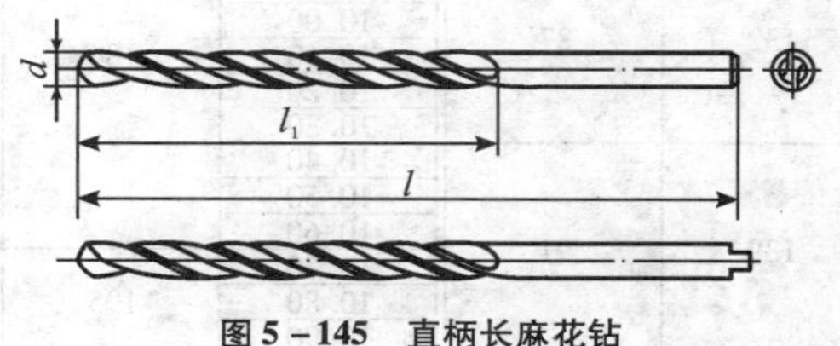

图 5 – 145　直柄长麻花钻

表 5－137　直柄长麻花钻规格尺寸（mm）

d h8	l	l_1	d h8	l	l_1
1.00	56	33	6.00	139	91
1.10	60	37	6.10	148	97
1.20	65	41	6.20		
1.30			6.30		
1.40	70	45	6.40		
1.50			6.50		
1.60	76	50	6.60		
1.70			6.70		
1.80	80	53	6.80	156	102
1.90			6.90		
2.00	85	56	7.00		
2.10			7.10		
2.20	90	59	7.20		
2.30			7.30		
2.40	95	62	7.40		
2.50			7.50		
2.60			7.60	165	109
2.70	100	66	7.70		
2.80			7.80		
2.90			7.90		
3.00			8.00		
3.10	106	69	8.10		
3.20			8.20		
3.30			8.30		
3.40	112	73	8.40		
3.50			8.50		
3.60			8.60	175	115
3.70			8.70		
3.80	119	78	8.80		
3.90			8.90		
4.00			9.00		
4.10			9.10		
4.20			9.20		
4.30	126	82	9.30		
4.40			9.40		
4.50			9.50		
4.60			9.60	184	121
4.70			9.70		
4.80	132	87	9.80		
4.90			9.90		
5.00			10.00		
5.10			10.10		
5.20			10.20		
5.30			10.30		
5.40	139	91	10.40		
5.50			10.50		
5.60			10.60		
5.70			10.70	195	128
5.80			10.80		
5.90			10.90		

续表

d h8	l	l_1
11.00	195	128
11.10		
11.20		
11.30		
11.40		
11.50		
11.60		
11.70		
11.80		
11.90	205	134
12.00		
12.10		
12.20		
12.30		
12.40		
12.50		
12.60		
12.70		
12.80		
12.90		
13.00		
13.10		
13.20		
13.30	214	140
13.40		
13.50		
13.60		
13.70		
13.80		
13.90		
14.00		
14.25	220	144
14.50		
14.75		
15.00		
15.25	227	149
15.50		
15.75		
16.00		
16.25	235	154
16.50		
16.75		
17.00		
17.25	241	158
17.50		
17.75		
18.00		
18.25	247	162
18.50		
18.75		
19.00		
19.25	254	166
19.50		
19.75		
20.00		
20.25	261	171
20.50		
20.75		
21.00		
21.25	268	176
21.50		
21.75		
22.00		
22.25		
22.50	275	180
22.75		
23.00		
23.25		
23.50		
23.75	282	185
24.00		
24.25		
24.50		
24.75		
25.00		
25.25	290	190
25.50		
25.75		
26.00		
26.25		
26.50		
26.75	298	195
27.00		
27.25		
27.50		
27.75		
28.00		
28.25	307	201
28.50		
28.75		
29.00		
29.25		
29.50		
29.75		
30.00		
30.25	316	207
30.50		
30.75		
31.00		
31.25		
31.50		

标记示例：

直径 $d = 15.00$mm 的右旋直柄长麻花钻，其标记为：直柄长麻花钻 15 GB/T 6135.4—1996

直径 $d = 15.00$mm 的左旋直柄长麻花钻，其标记为：

直柄长麻花钻　15 – L　GB/T 6135.4—1996

高性能的直柄长麻花钻，应在直径前加“H –”，如：H – 15，其余标记方法与前相同。

5. *直柄超长麻花钻*

直柄超长麻花钻（GB/T 6135.5—1996）的型式如图 5 – 146 所示，其尺寸规格如表 5 – 138。

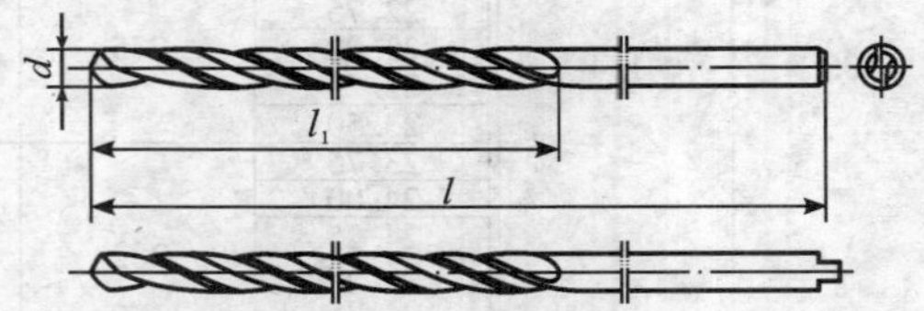

图 5 – 146　直柄超长麻花钻

表 5 – 138　直柄超长麻花钻规格尺寸（mm）

d h8	$l = 125$ $l_1 = 180$	$l = 160$ $l_1 = 100$	$l = 200$ $l_1 = 150$	$l = 250$ $l_1 = 200$	$l = 315$ $l_1 = 250$	$l = 400$ $l_1 = 300$
2.0	×	×	—	—	—	—
2.5	×	×				
3.0	—	×	×			
3.5		×	×	×		
4.0		×	×	×	×	
4.5		×	×	×	×	
5.0		—	×	×	×	×
5.5			×	×	×	×
6.0			×	×	×	×
6.5			×	×	×	×
7.0			×	×	×	×
7.5			×	×	×	×
8.0			—	×	×	×
8.5				×	×	×
9.0				×	×	×
9.5				×	×	×
10.0				×	×	×
10.5				×	×	×
11.0				×	×	×
11.5				×	×	×
12.0				×	×	×

续表

d h8	l = 125 l_1 = 180	l = 160 l_1 = 100	l = 200 l_1 = 150	l = 250 l_1 = 200	l = 315 l_1 = 250	l = 400 l_1 = 300
12. 5				×	×	×
13. 0	—		—	×	×	×
13. 5				×	×	×
14. 0				×	×	×

注：×表示有的规格。

标记示例：

直径 d = 10. 00mm，总长 l = 250mm 的右旋直柄超长麻花钻，其标记为：

直柄超长麻花钻　10 × 250　GB/T 6135. 5—1996

直径 d = 10. 00mm，总长 l = 250mm 的左旋直柄超长麻花钻，其标记为：

直柄超长麻花钻　10 × 250 – L　GB/T 6135. 5—1996

高性能的直柄超长麻花钻应在直径前加“H –”，如：H – 10，其余标记方法与前相同。

5. 4. 2　锥柄麻花钻

1. 莫氏锥柄麻花钻

莫氏锥柄麻花钻（GB/T 1438. 1—1996）的型式如图 5 – 147 所示，其规格尺寸列于表 5 – 139。

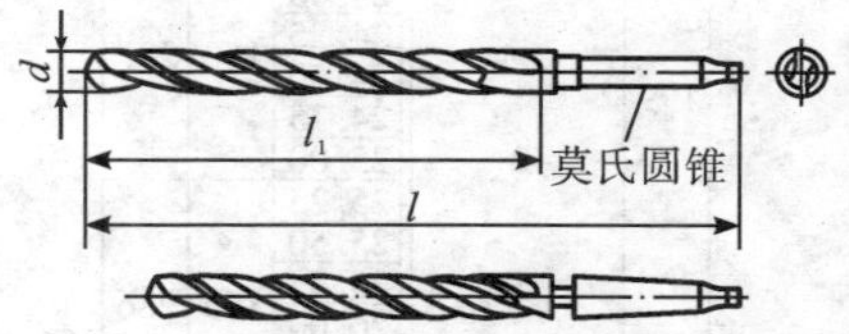

图 5 – 147　莫氏锥柄麻花钻

表 5 – 139　莫氏锥柄麻花钻规格尺寸（mm）

d h8	l_1	标准柄		粗柄		d h8	l_1	标准柄		粗柄	
		l	莫氏圆锥号	l	莫氏圆锥号			l	莫氏圆锥号	l	莫氏圆锥号
3. 00	33	114				4. 50	47	128			
3. 20	36	117				4. 80					
3. 50	39	120	1	—	—	5. 00	52	133	1	—	—
3. 80						5. 20					
4. 00	43	124				5. 50	57	138			
4. 20						5. 80					

续表

d h8	l_1	标准柄		粗柄	
		l	莫氏圆锥号	l	莫氏圆锥号
6.00	57	138			
6.20	63	144			
6.50					
6.80					
7.00	69	150			
7.20					
7.50					
7.80					
8.00	75	156			
8.20					
8.50					
8.80				—	—
9.00	81	162			
9.20					
9.50					
9.80					
10.00	87	168	1		
10.20					
10.50					
10.80					
11.00					
11.20	94	175			
11.50					
11.80					
12.00					
12.20					
12.50	101	182		199	
12.80					
13.00					2
13.20					
13.50					
13.80	108	189		206	
14.00					
14.25					
14.50	114	212			
14.75					
15.00					
15.25					
15.50	120	218			
15.75					
16.00			2	—	—
16.25					
16.50	125	223			
16.75					
17.00					
17.25					
17.50	130	228			
17.75					
18.00	130	228		—	—
18.25					
18.50	135	233		256	
18.75					
19.00					
19.25					
19.50	140	238		261	
19.75					
20.00					
20.25					
20.50	145	243	2	266	3
20.75					
21.00					
21.25					
21.50					
21.75	150	248		271	
22.00					
22.25					
22.50					
22.75		253		276	
23.00	155				
23.25		276			
23.50					
23.75					
24.00					
24.25	160	281			
24.50					
24.75				—	—
25.00					
25.25					
25.50					
25.75					
26.00	165	286			
26.25					
26.50			3		
26.75					
27.00					
27.25	170	291		319	
27.50					
27.75					
28.00					
28.25					4
28.50					
28.75					
29.00	175	296		324	
29.25					
29.50					
29.75					

续表

d h8	l_1	标准柄 l	标准柄 莫氏圆锥号	粗柄 l	粗柄 莫氏圆锥号
30.00	175	296		324	
30.25					
30.50					
30.75	180	301	3	329	4
31.00					
31.25					
31.50					
31.75		306		334	
32.00					
32.50	185	334			
33.00					
33.50					
34.00					
34.50	190	339			
35.00					
35.50					
36.00				—	—
36.50	195	344			
37.00					
37.50					
38.00					
38.50					
39.00	200	349			
39.50					
40.00					
40.50					
41.00			4		
41.50	205	354		392	
42.00					
42.50					
43.00					
43.50					
44.00	210	359		397	
44.50					
45.00					
45.50					5
46.00					
46.50	215	364		402	
47.00					
47.50					
48.00					
48.50					
49.00	220	369		407	
49.50					
50.00					
50.50		374		412	
51.00	225	412	5	—	—
52.00					

d h8	l_1	标准柄 l	标准柄 莫氏圆锥号	粗柄 l	粗柄 莫氏圆锥号
53.00	225	412			
54.00					
55.00	230	417			
56.00					
57.00					
58.00				—	—
59.00	235	422			
60.00					
61.00					
62.00	240	427			
63.00					
64.00			5		
65.00	245	432		499	
66.00					
67.00					
68.00					
69.00					
70.00	250	437		504	6
71.00					
72.00					
73.00					
74.00	255	442		509	
75.00					
76.00		447		514	
77.00					
78.00	260	514			
79.00					
80.00					
81.00					
82.00					
83.00	265	519			
84.00					
85.00					
86.00					
87.00					
88.00	270	524	6	—	—
89.00					
90.00					
91.00					
92.00					
93.00	275	529			
94.00					
95.00					
96.00					
97.00					
98.00	280	534			
99.00					
100.00					

标记示例：

直径 $d = 10$mm，标准柄的右旋莫氏锥柄麻花钻，其标记为：

莫氏锥柄麻花钻　10　GB/T 1438.1—1996

直径 $d = 10$mm，标准柄的左旋莫氏锥柄麻花钻，其标记为：

莫氏锥柄麻花钻　10 – L　GB/T 1438.1—1996

直径 $d = 12$mm，粗柄的右旋莫氏锥柄麻花钻，其标记为：

莫氏粗锥柄麻花钻　12　GB/T 1438.1—1996

直径 $d = 12$mm，粗柄的左旋莫氏锥柄麻花钻，其标记为：

莫氏粗锥柄麻花钻　12 – L　GB/T 1438.1—1996

高性能的莫氏锥柄麻花钻应在直径前加"H –"，如：H – 10，其余标记方法同前。

2. 莫氏锥柄长麻花钻

莫氏锥柄长麻花钻（GB/T 1438.2—1996）的型式如图 5 – 148 所示，其规格尺寸列于表 5 – 140。

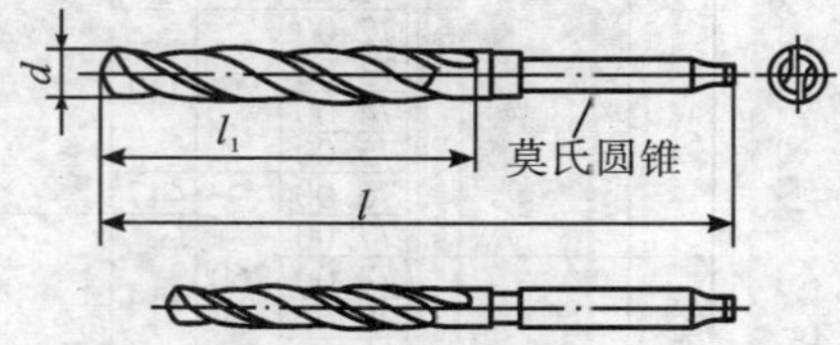

图 5 – 148　莫氏锥柄长麻花钻

表 5 – 140　莫氏锥柄长麻花钻规格尺寸（mm）

<table>
<tr><th>d
h8</th><th>l_1</th><th>l</th><th>莫氏圆锥号</th><th>d
h8</th><th>l_1</th><th>l</th><th>莫氏圆锥号</th></tr>
<tr><td>5.00</td><td rowspan="2">74</td><td rowspan="2">155</td><td rowspan="14">1</td><td>8.50</td><td>100</td><td>181</td><td rowspan="14">1</td></tr>
<tr><td>5.20</td><td>8.80</td><td rowspan="4">107</td><td rowspan="4">188</td></tr>
<tr><td>5.50</td><td rowspan="3">80</td><td rowspan="3">161</td><td>9.00</td></tr>
<tr><td>5.80</td><td>9.20</td></tr>
<tr><td>6.00</td><td>9.50</td></tr>
<tr><td>6.20</td><td rowspan="2">86</td><td rowspan="2">167</td><td>9.80</td><td rowspan="4">116</td><td rowspan="4">197</td></tr>
<tr><td>6.50</td><td>10.00</td></tr>
<tr><td>6.80</td><td rowspan="4">93</td><td rowspan="4">174</td><td>10.20</td></tr>
<tr><td>7.00</td><td>10.50</td></tr>
<tr><td>7.20</td><td>10.80</td><td rowspan="5">125</td><td rowspan="5">206</td></tr>
<tr><td>7.50</td><td>11.00</td></tr>
<tr><td>7.80</td><td rowspan="3">100</td><td rowspan="3">181</td><td>11.20</td></tr>
<tr><td>8.00</td><td>11.50</td></tr>
<tr><td>8.20</td><td>11.80</td></tr>
</table>

续表

d h8	l_1	l	莫氏圆锥号
12.00	134	215	1
12.20			
12.50			
12.80			
13.00			
13.20			
13.50	142	223	
13.80			
14.00			
14.25	147	245	2
14.50			
14.75			
15.00			
15.25	153	251	
15.50			
15.75			
16.00			
16.25	159	257	
16.50			
16.75			
17.00			
17.25	165	263	
17.50			
17.75			
18.00			
18.25	171	269	
18.50			
18.75			
19.00			
19.25	177	275	
19.50			
19.75			
20.00			
20.25	184	282	
20.50			
20.75			
21.00			
21.25	191	289	
21.50			
21.75			
22.00			
22.25			
22.50	198	296	
22.75			
23.00			
23.25		319	3
23.50			
23.75	206	327	
24.00			
24.25	206	327	3
24.50			
24.75			
25.00			
25.25	214	335	
25.50			
25.75			
26.00			
26.25			
26.50			
26.75	222	343	
27.00			
27.25			
27.50			
27.75			
28.00			
28.25	230	351	
28.50			
28.75			
29.00			
29.25			
29.50			
29.75			
30.00			
30.25	239	360	
30.50			
30.75			
31.00			
31.25			
31.50			
31.75	248	369	
32.00	248	397	4
32.50			
33.00			
33.50			
34.00	257	406	
34.50			
35.00			
35.50			
36.00	267	416	
36.50			
37.00			
37.50			
38.00	277	426	
38.50			
39.00			
39.50			
40.00			
40.50	287	436	

续表

d h8	l_1	l	莫氏圆锥号	d h8	l_1	l	莫氏圆锥号
41.00	287	436	4	46.00	310	459	4
41.50				46.50			
42.00				47.00			
42.50				47.50			
43.00	298	447		48.00	321	470	
43.50				48.50			
44.00				49.00			
44.50				49.50			
45.00				50.00			
45.50	310	459					

标记示例：

直径 $d=10$mm 的右旋莫氏锥柄长麻花钻，其标记为：

莫氏锥柄长麻花钻　10　GB/T 1438.2—1996

直径 $d=10$mm 的左旋莫氏锥柄长麻花钻，其标记为：

莫氏锥柄长麻花钻　10 - L　GB/T 1438.2—1996

高性能的莫氏锥柄长麻花钻应在直径前加"H -"，如：H - 10，其余标记方法与前相同。

3. 莫氏锥柄加长麻花钻

莫氏锥柄加长麻花钻（GB/T 1438.3—1996）的型式和规格尺寸见图 5 - 149 和表 5 - 141。

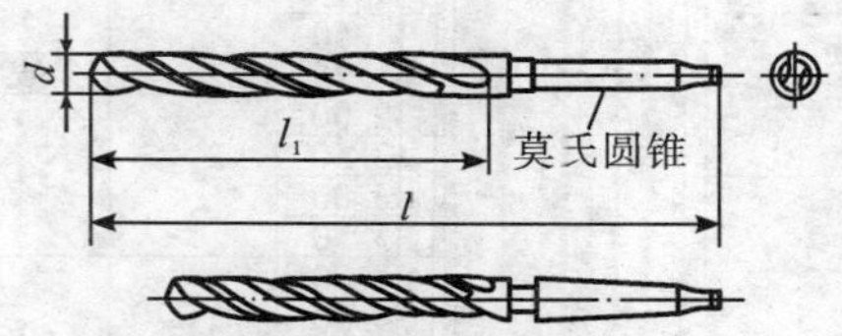

图 5 - 149　莫氏锥柄加长麻花钻

表 5 - 141　莫氏锥柄加长麻花钻规格尺寸（mm）

d h8	l_1	l	莫氏圆锥号	d h8	l_1	l	莫氏圆锥号
6.00	145	225	1	7.20	155	235	1
6.20	150	230		7.50			
6.50				7.80	160	240	
6.80	155	235		8.00			
7.00				8.20			

续表

d h8	l_1	l	莫氏圆锥号
8.50	160	240	1
8.80	165	245	
9.00			
9.20			
9.50			
9.80	170	250	
10.00			
10.20			
10.50			
10.80	175	255	
11.00			
11.20			
11.50			
11.80			
12.00	180	260	
12.20			
12.50			
12.80			
13.00			
13.20			
13.50	185	265	
13.80			
14.00			
14.25	190	290	2
14.50			
14.75			
15.00			
15.25	195	295	
15.50			
15.75			
16.00			
16.25	200	300	
16.50			
16.75			
17.00			
17.25	205	305	
17.50			
17.75			
18.00			
18.25	210	310	
18.50			
18.75			
19.00			
19.25	220	320	

d h8	l_1	l	莫氏圆锥号
19.50	220	320	2
19.75			
20.00			
20.25	230	330	
20.50			
20.75			
21.00			
21.25	235	335	
21.50			
21.75			
22.00			
22.25			
22.50	240	340	
22.75			
23.00			
23.25	240	360	3
23.50			
23.75	245	365	
24.00			
24.25			
24.50			
24.75			
25.00			
25.25	255	375	
25.50			
25.75			
26.00			
26.25			
26.50			
26.75	265	385	
27.00			
27.25			
27.50			
27.75			
28.00			
28.25	275	395	
28.50			
28.75			
29.00			
29.25			
29.50			
29.75			
30.00			

标记示例：

直径 $d=10$mm 的右旋莫氏锥柄加长麻花钻，其标记为：

莫氏锥柄加长麻花钻　10　GB/T 1438.3—1996

直径 $d=10$mm 的左旋莫氏锥柄加长麻花钻，其标记为：

莫氏锥柄加长麻花钻　10－L　GB/T 1438.3—1996

高性能莫氏锥柄加长麻花钻应在直径前加“H－”，如：H－10，其余标记方法与前相同。

4. 莫氏锥柄超长麻花钻

莫氏锥柄超长麻花钻（GB/T 1438.4—1996）的型式如图 5－150 所示，其基本尺寸列于表 5－142。

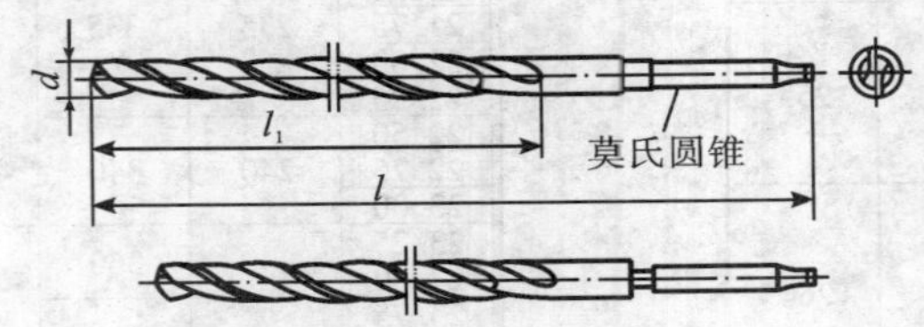

图 5－150　莫氏锥柄超长麻花钻

表 5－142　莫氏锥柄超长麻花钻基本尺寸（mm）

<table>
<tr><th rowspan="2">d
h8</th><th>l=200</th><th>l=250</th><th>l=315</th><th>l=400</th><th>l=500</th><th>l=630</th><th rowspan="2">莫氏圆锥号</th></tr>
<tr><th colspan="6">l_1</th></tr>
<tr><td>6.00</td><td rowspan="8">110</td><td rowspan="13">160</td><td rowspan="13">225</td><td rowspan="8">—</td><td rowspan="13">—</td><td rowspan="22">—</td><td rowspan="13">1</td></tr>
<tr><td>6.50</td></tr>
<tr><td>7.00</td></tr>
<tr><td>7.50</td></tr>
<tr><td>8.00</td></tr>
<tr><td>8.50</td></tr>
<tr><td>9.00</td></tr>
<tr><td>9.50</td></tr>
<tr><td>10.00</td><td rowspan="14">—</td><td rowspan="5">310</td></tr>
<tr><td>11.00</td></tr>
<tr><td>12.00</td></tr>
<tr><td>13.00</td></tr>
<tr><td>14.00</td></tr>
<tr><td>15.00</td><td rowspan="9">—</td><td rowspan="9">215</td><td rowspan="9">300</td><td rowspan="9">400</td><td rowspan="9">2</td></tr>
<tr><td>16.00</td></tr>
<tr><td>17.00</td></tr>
<tr><td>18.00</td></tr>
<tr><td>19.00</td></tr>
<tr><td>20.00</td></tr>
<tr><td>21.00</td></tr>
<tr><td>22.00</td></tr>
<tr><td>23.00</td></tr>
</table>

续表

d h8	$l=200$	$l=250$	$l=315$	$l=400$	$l=500$	$l=630$	莫氏圆锥号
	l_1						
24.00	—	—	—	275	375	505	3
25.00							
28.00							
30.00							
32.00				250	350	480	4
35.00							
38.00							
40.00							
42.00				—			
45.00							
48.00							
50.00							
直径范围	≥6.0 ~ 9.5	≥6.0 ~ 14.0	≥6.0 ~ 23.02	>9.5 ~ 40.0	>14.5 ~ 50.0	>23.02 ~ 50.0	

标记示例：

直径 $d=10$mm，总长为 250mm 的右旋莫氏锥柄超长麻花钻，其标记为：

莫氏锥柄超长麻花钻　10×250　GB/T 1438.4—1996

直径 $d=10$mm，总长为 250mm 的左旋莫氏锥柄超长麻花钻，其标记为：

莫氏锥柄超长麻花钻　10×250－L　GB/T 1438.4—1996

高性能莫氏锥柄超长麻花钻应在直径前加“H－”，如：H－10，其余标记方法与前相同。

5.4.3　60°、90°、120°直柄锥面锪钻

60°、90°、120°直柄锥面锪钻（GB/T 4258—2004/ISO 3294:1975）的型式如图 5－151 所示，锪钻的尺寸规格列于表 5－143。

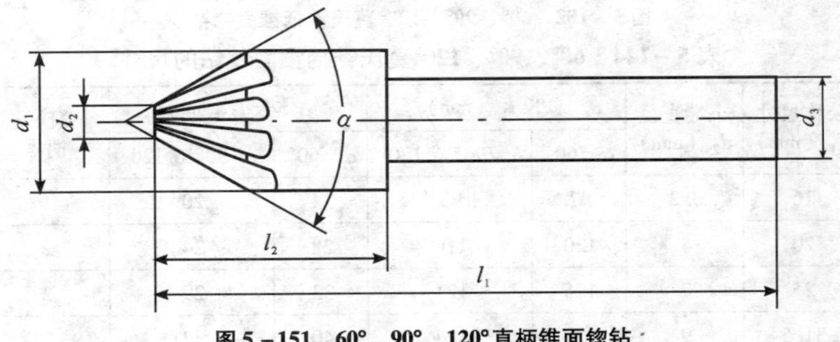

图 5－151　60°、90°、120°直柄锥面锪钻

表 5-143　60°、90°、120°直柄锥面锪钻的规格尺寸(mm)

公称尺寸 d_1	小端直径 d_2	总长 l_1		钻体长 l_2		柄部直径 d_3 h9
		α=60°	α=90°或120°	α=60°	α=90°或120°	
8	1.6	48	44	16	12	8
10	2	50	46	18	14	8
12.5	2.5	52	48	20	16	8
16	3.2	60	56	24	20	10
20	4	64	60	28	24	10
25	7	69	65	33	29	10

注：①d_2 前端部结构不作规定。

②α=60°、90°或120°(偏差：$^{0}_{-1°}$)

5.4.4　60°、90°、120°莫氏锥柄锥面锪钻

60°、90°、120°莫氏锥柄锥面锪钻（GB/T 1143—2004）的型式和尺寸如图 5-152 和表 5-144。

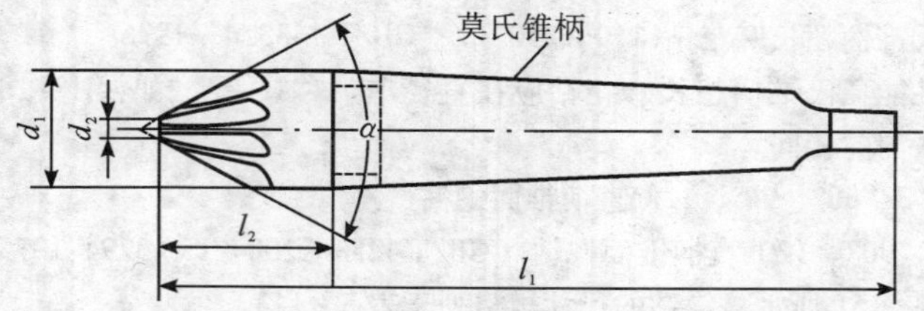

图 5-152　60°、90°、120°莫氏锥柄锥面锪钻

表 5-144　60°、90°、120°莫氏锥柄锥面锪钻的尺寸

公称尺寸 d_1 (mm)	小端直径 d_2 (mm)	总长 l_1 (mm)		钻体长 l_2 (mm)		莫氏锥柄号
		α=60°	α=90°或120°	α=60°	α=90°或120°	
16	3.2	97	93	24	20	1
20	4	120	116	28	24	2
25	7	125	121	33	29	2
31.5	9	132	124	40	32	2

续表

公称尺寸 d_1（mm）	小端直径 d_2（mm）	总长 l_1（mm）		钻体长 l_2（mm）		莫氏锥柄号
		α=60°	α=90°或120°	α=60°	α=90°或120°	
40	12.5	160	150	45	35	3
50	16	165	153	50	38	3
63	20	200	185	58	43	4
80	25	215	196	73	54	4

注：①α=60°、90°或120°$\left(偏差：{}^{0}_{-1°}\right)$

②小端直径 d_2 前端部结构不作规定。

5.4.5　直柄和莫氏锥柄扩孔钻

1. 直柄扩孔钻

直柄扩孔钻（GB/T 4256—2004）的型式如图 5－153 所示，其尺寸列于表 5－145 和表 5－146。

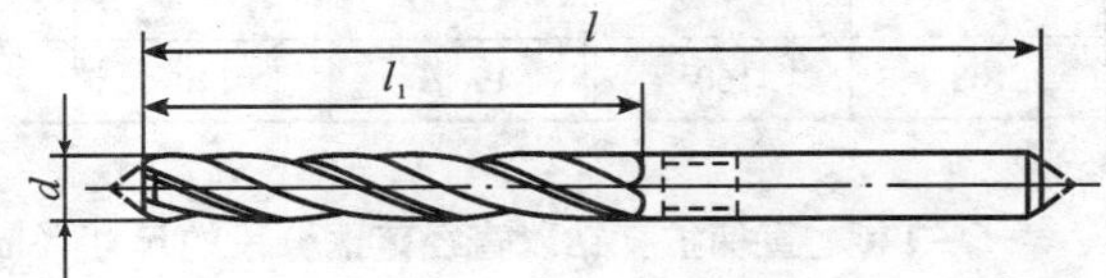

图 5－153　直柄扩孔钻

表 5－145　直柄扩孔钻优先采用的尺寸（mm）

d	l_1	l	d	l_1	l
3.00	33	61	4.80	52	86
3.30	36	65	5.00		
3.50	39	70	5.80	57	93
3.80	43	75	6.00		
4.00			6.80	69	109
4.30	47	80	7.00		
4.50			7.80	75	117

续表

d	l_1	l	d	l_1	l
8.00	75	117	14.00	108	160
8.80	81	125	14.75	114	169
9.00			15.00		
9.80	87	133	15.75	120	178
10.00			16.00		
10.75	94	142	16.75	125	184
11.00			17.00		
11.75			17.75	130	191
12.00	101	151	18.00		
12.75			18.70	135	198
13.00			19.00		
13.75	108	160	19.70	140	205

表 5－146　直柄扩孔钻以直径范围分段的尺寸（mm）

直径范围 d		相应长度		直径范围 d		相应长度	
大于	至	l_1	l	大于	至	l_1	l
—	3.00	33	61	9.50	10.60	87	133
3.00	3.35	36	65	10.60	11.80	94	142
3.35	3.75	39	70	11.80	13.20	101	151
3.75	4.25	43	75	13.20	14.00	108	160
4.25	4.75	47	80	14.00	15.00	114	169
4.75	5.30	52	86	15.00	16.00	120	178
5.30	6.00	57	93	16.00	17.00	125	184
6.00	6.70	63	101	17.00	18.00	130	191
6.70	7.50	69	109	18.00	19.00	135	198
7.50	8.50	75	117	19.00	20.00	140	205
8.50	9.50	81	125				

2. 莫氏锥柄扩孔钻

莫氏锥柄扩孔钻（GB/T 4256—2004）的型式如图 5－154 所示，其基本尺寸列于表 5－147 和表 5－148。

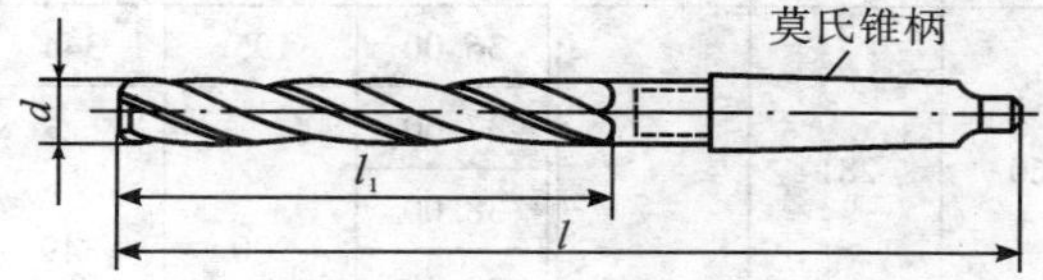

图 5－154　莫氏锥柄扩孔钻

表 5－147　莫氏锥柄扩孔钻优先采用的尺寸

<table>
<tr><th>d（mm）</th><th>l_1（mm）</th><th>l（mm）</th><th>莫氏锥柄号</th><th>d（mm）</th><th>l_1（mm）</th><th>l（mm）</th><th>莫氏锥柄号</th></tr>
<tr><td>7.80</td><td rowspan="2">75</td><td rowspan="2">156</td><td rowspan="14">1</td><td>15.75</td><td rowspan="2">120</td><td rowspan="2">218</td><td rowspan="16">2</td></tr>
<tr><td>8.00</td><td>16.00</td></tr>
<tr><td>8.80</td><td rowspan="2">81</td><td rowspan="2">162</td><td>16.75</td><td rowspan="2">125</td><td rowspan="2">223</td></tr>
<tr><td>9.00</td><td>17.00</td></tr>
<tr><td>9.80</td><td rowspan="2">87</td><td rowspan="2">168</td><td>17.75</td><td rowspan="2">130</td><td rowspan="2">228</td></tr>
<tr><td>10.00</td><td>18.00</td></tr>
<tr><td>10.75</td><td rowspan="3">94</td><td rowspan="3">175</td><td>18.70</td><td rowspan="2">135</td><td rowspan="2">233</td></tr>
<tr><td>11.00</td><td>19.00</td></tr>
<tr><td>11.75</td><td>19.70</td><td rowspan="2">140</td><td rowspan="2">238</td></tr>
<tr><td>12.00</td><td rowspan="3">101</td><td rowspan="3">182</td><td>20.00</td></tr>
<tr><td>12.75</td><td>20.70</td><td rowspan="2">145</td><td rowspan="2">243</td></tr>
<tr><td>13.00</td><td>21.00</td></tr>
<tr><td>13.75</td><td rowspan="2">108</td><td rowspan="2">189</td><td>21.70</td><td rowspan="2">150</td><td rowspan="2">248</td></tr>
<tr><td>14.00</td><td>22.00</td></tr>
<tr><td>14.75</td><td rowspan="2">114</td><td rowspan="2">212</td><td rowspan="2">2</td><td>22.70</td><td rowspan="2">155</td><td rowspan="2">253</td></tr>
<tr><td>15.00</td><td>23.00</td></tr>
</table>

续表

d（mm）	l_1（mm）	l（mm）	莫氏锥柄号	d（mm）	l_1（mm）	l（mm）	莫氏锥柄号
23.70	160	281	3	36.00	195	344	4
24.00				37.60	200	349	
24.70				38.00			
25.00				39.60			
25.70	165	286		40.00			
26.00				41.60	205	354	
27.70	170	291		42.00			
28.00				43.60	210	359	
29.70	175	296		44.00			
30.00				44.60			
31.60	185	306		45.00			
32.00	185	334	4	45.60	215	364	
33.60	190	339		46.00			
34.00				47.60	220	369	
34.60				48.00			
35.00				49.60			
35.60	195	344		50.00			

注：莫氏锥柄的尺寸和偏差按 GB/T 1443 的规定。

表 5-148　莫氏锥柄扩孔钻以直径范围分段的尺寸

直径范围 d（mm）		相应长度			直径范围 d（mm）		相应长度		
大于	至	l_1（mm）	l（mm）	莫氏锥柄号	大于	至	l_1（mm）	l（mm）	莫氏锥柄号
7.50	8.50	75	156	1	10.60	11.80	94	175	1
8.50	9.50	81	162		11.80	13.20	101	182	
9.50	10.60	87	168		13.20	14.00	108	189	

续表

直径范围 d (mm)		相应长度			直径范围 d (mm)		相应长度		
大于	至	l_1 (mm)	l (mm)	莫氏锥柄号	大于	至	l_1 (mm)	l (mm)	莫氏锥柄号
14.00	15.00	114	212	2	26.50	28.00	170	291	3
15.00	16.00	120	218		28.00	30.00	175	296	
16.00	17.00	125	223		30.00	31.50	180	301	
17.00	18.00	130	228		31.50	31.75	185	306	
18.00	19.00	135	233		31.75	33.50		334	4
19.00	20.00	140	238		33.50	35.50	190	339	
20.00	21.20	145	243		35.50	37.50	195	344	
21.20	22.40	150	248		37.50	40.00	200	349	
22.40	23.02	155	253		40.00	42.50	205	354	
23.02	23.60	155	276	3	42.50	45.00	210	359	
23.60	25.00	160	281		45.00	47.50	215	364	
25.00	26.50	165	286		47.50	50.00	220	369	

5.4.6 锥柄扩孔钻

锥柄扩孔钻（GB 1141—1984）的型式如图 5－155 所示，其基本尺寸列于表 5－149。

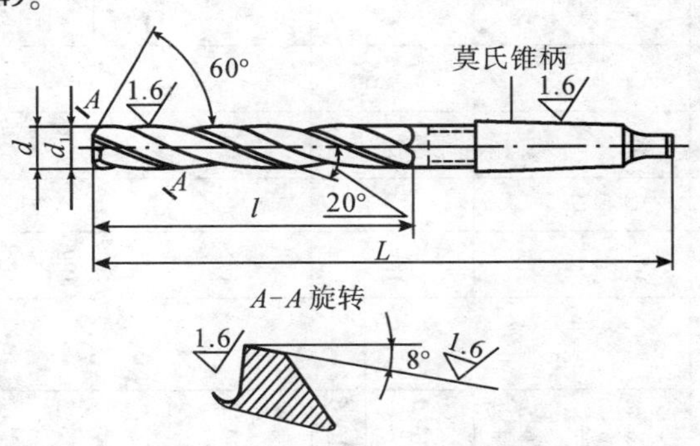

图 5－155 锥柄扩孔钻

（注：图中角度值仅供参考。）

表 5-149　锥柄扩孔钻基本尺寸

d(mm) 推荐值	d(mm) 分级范围 大于	d(mm) 分级范围 至	d(mm) 偏差	L(mm) 基本尺寸	L(mm) 偏差	l(mm) 基本尺寸	l(mm) 偏差	d_1 (mm) ≈	莫氏锥柄号
7.8	7.5	8.5	0 -0.022	156	±6	75	±6	5.1	1
8.0									
8.8	8.5	9.5		162		81		5.8	
9.0									
9.8	9.5	10.0		168	+7 -6	87	+7 -6	6.5	
10.0									
—	10.0	10.6							
10.75	10.6	11.8	0 -0.027	175	±7	94	±7	7.1	
11.0									
11.75									
12.0	11.8	13.2		182		101		7.8	
12.75								8.1	
13.0								8.4	
13.75	13.2	14.0		189		108		9.1	
14.0									

d(mm) 推荐值	d(mm) 分级范围 大于	d(mm) 分级范围 至	d(mm) 偏差	L(mm) 基本尺寸	L(mm) 偏差	l(mm) 基本尺寸	l(mm) 偏差	d_1 (mm) ≈	莫氏锥柄号
14.75	14.0	15.0	0 -0.027	212	±6	114	±6	9.7	2
15.0									
15.75	15.0	16.0		218	+5 -6	120	+5 -6	10.4	
16.0									
16.75	16.0	17.0		223		125		11	
17.0									
17.75	17.0	18.0		228	±5	130	±5	11.7	
18.0									
18.7	18.0	19.0	0 -0.033	233		135		12.3	
19.0	18.0	19.0		233		135		12.3	
19.7	19.0	20.0		238		140		13	
20.0									
20.7	20.0	21.2		243		145		13.6	
21.0									
21.7	21.2	22.4		248		150		14.3	

续表

d(mm) 推荐值	d(mm) 分级范围 大于	d(mm) 分级范围 至	d(mm) 偏差	L(mm) 基本尺寸	L(mm) 偏差	l(mm) 基本尺寸	l(mm) 偏差	d_1 (mm) ≈	莫氏锥柄号	d(mm) 推荐值	d(mm) 分级范围 大于	d(mm) 分级范围 至	d(mm) 偏差	L(mm) 基本尺寸	L(mm) 偏差	l(mm) 基本尺寸	l(mm) 偏差	d_1 (mm) ≈	莫氏锥柄号
22.0	21.2	22.4	0 -0.033	248	±5	150	±5	14.3	2	—	30.0	31.5	0 -0.039	301	±5	180	±5	19.5	3
22.7	22.4	23.02		253		155		15		31.6	31.5	31.75		306		185		20	
23.0										32.0	31.75	33.5		334		190		21	4
—	23.02	23.6		276					3	33.6	33.5	35.5		339				21.5	
23.7	23.6	25.0		281		160		15.6		34.0								22	
24.0										34.6								22.6	
24.7								16.3		35.0								23	
25.0										35.6	35.5	37.5		344		195		23.5	
25.7	25.0	26.5		286		165		17		36.0									
26.0										37.6	37.5	40.0		349		200		24.5	
27.7	26.5	28.0		291		170		17.6		38.0									
28.0								18.3		39.6								25	
29.7	28.0	30.0		296		175		19		40.0								26	
30.0								19.5		41.6	40.0	42.5		354		205		26.5	

续表

d(mm) 推荐值	d(mm) 分级范围 大于	d(mm) 分级范围 至	d(mm) 偏差	L(mm) 基本尺寸	L(mm) 偏差	l(mm) 基本尺寸	l(mm) 偏差	d_1 (mm) ≈	莫氏锥柄号	d(mm) 推荐值	d(mm) 分级范围 大于	d(mm) 分级范围 至	d(mm) 偏差	L(mm) 基本尺寸	L(mm) 偏差	l(mm) 基本尺寸	l(mm) 偏差	d_1 (mm) ≈	莫氏锥柄号
42.0	40.0	42.5		354		205		27		46.0	45.0	47.5		364		215		30	
43.6								28		47.6								30.5	
44.0	42.5	45.0	0 −0.039	359	±5	210	±5	28.5	4	48.0			0 −0.039		±5		±5	31	4
44.6								29		49.6	47.5	50.0		369		220		32	
45.0										50.0								32.5	
45.6	45.0	47.5		364		215		30											

注:①直径 d"推荐值"系常备的扩孔钻规格,用户有特殊需要时也可供应"分级范围"内任一直径的扩孔钻。

②莫氏锥柄的尺寸和偏差按 GB 1443—1978《莫氏工具圆锥的尺寸和公差》标准的规定。

标记示例：

直径 $d=20$mm 的锥柄扩孔钻为：

扩孔钻　20　GB 1141—1984

直径 $d=19.7$mm，用于内孔直径为 20mm 铰前扩孔的锥柄扩孔钻为：

扩孔钻　19.7　GB 1141—1984

5.4.7　中心钻

中心钻有三种。

1. 不带护锥的中心钻 A 型

不带护锥的中心钻 A 型（GB/T 6078.1—1998）的型式如图 5－156 所示，中心钻的规格尺寸列于表 5－150。

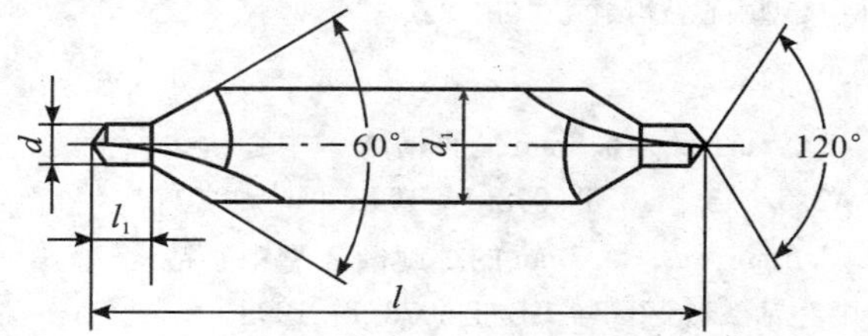

图 5－156　不带护锥的中心钻 A 型

表 5－150　不带护锥的中心钻 A 型规格尺寸（mm）

d k12	d_1 h9	l		l_1	
		基本尺寸	极限偏差	基本尺寸	极限偏差
(0.50)	3.15	31.5	±2	0.8	+0.2 0
(0.63)				0.9	+0.3 0
(0.80)				1.1	+0.4 0
1.00				1.3	+0.6 0
(1.25)				1.6	
1.60	4.0	35.5		2.0	+0.8 0
2.00	5.0	40.0		2.5	
2.50	6.3	45.0		3.1	+1.0 0
3.15	8.0	50.0		3.9	

续表

d k12	d_1 h9	l		l_1	
		基本尺寸	极限偏差	基本尺寸	极限偏差
4.00	10.0	56.0	±3	5.0	+1.2 0
(5.00)	12.5	63.0		6.3	
6.30	16.0	71.0		8.0	
(8.00)	20.0	80.0		10.1	+1.4 0
10.00	25.0	100.0		12.8	

注：①括号内的尺寸尽量不采用。

②A 型中心钻的容屑槽可为直槽或螺旋槽，由制造厂自行确定。除另有说明外，A 型中心钻均制成右切削。

标记示例：

直径 $d = 2.5$mm，$d_1 = 6.3$mm 的直槽 A 型中心钻：

中心钻 A2.5/6.3　GB/T 6078.1—1998

直径 $d = 2.5$mm，$d_1 = 6.3$mm 的螺旋槽 A 型中心钻：

螺旋槽中心钻 A2.5/6.3　GB/T 6078.1—1998

直径 $d = 2.5$mm，$d_1 = 6.3$mm 的直槽左切 A 型中心钻：

中心钻 A2.5/6.3 – L　GB/T 6078.1—1998

直径 $d = 2.5$mm，$d_1 = 6.3$mm 的螺旋槽左旋 A 型中心钻：

螺旋槽中心钻 A2.5/6.3 – L　GB/T 6078.1—1998

2. 带护锥的中心钻 B 型

带护锥的中心钻 B 型（GB/T 6078.2—1998）的型式如图 5 – 157 所示，其规格尺寸列于表 5 – 151。

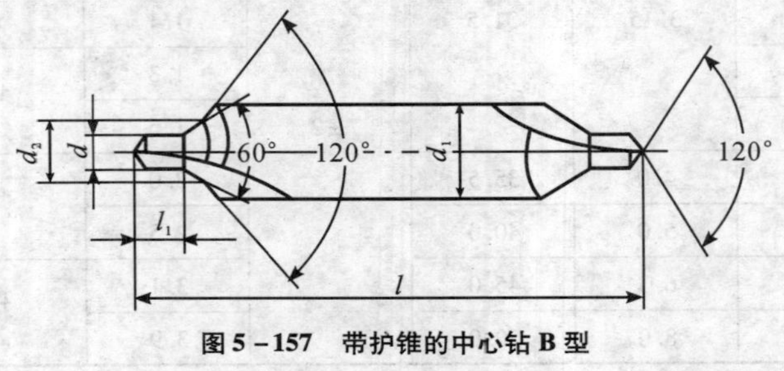

图 5 – 157　带护锥的中心钻 B 型

表 5－151　带护锥的中心钻 B 型规格尺寸（mm）

<table>
<tr><th rowspan="2">d
k12</th><th rowspan="2">d_1
h9</th><th rowspan="2">d_2
k12</th><th colspan="2">l</th><th colspan="2">l_1</th></tr>
<tr><th>基本尺寸</th><th>极限偏差</th><th>基本尺寸</th><th>极限偏差</th></tr>
<tr><td>1. 00</td><td>4. 0</td><td>2. 12</td><td>35. 5</td><td rowspan="4">±2</td><td>1. 3</td><td rowspan="2">+0. 6
0</td></tr>
<tr><td>（1. 25）</td><td>5. 0</td><td>2. 65</td><td>40. 0</td><td>1. 6</td></tr>
<tr><td>1. 60</td><td>6. 3</td><td>3. 35</td><td>45. 0</td><td>2. 0</td><td rowspan="2">+0. 8
0</td></tr>
<tr><td>2. 00</td><td>8. 0</td><td>4. 25</td><td>50. 0</td><td>2. 5</td></tr>
<tr><td>2. 50</td><td>10. 0</td><td>5. 30</td><td>56. 0</td><td rowspan="7">±3</td><td>3. 1</td><td rowspan="2">+1. 0
0</td></tr>
<tr><td>3. 15</td><td>11. 2</td><td>6. 70</td><td>60. 0</td><td>3. 9</td></tr>
<tr><td>4. 00</td><td>14. 0</td><td>8. 50</td><td>67. 0</td><td>5. 0</td><td rowspan="3">+1. 2
0</td></tr>
<tr><td>（5. 00）</td><td>18. 0</td><td>10. 60</td><td>75. 0</td><td>6. 3</td></tr>
<tr><td>6. 30</td><td>20. 0</td><td>13. 20</td><td>80. 0</td><td>8. 0</td></tr>
<tr><td>（8. 00）</td><td>25. 0</td><td>17. 00</td><td>100. 0</td><td>10. 1</td><td rowspan="2">+1. 4
0</td></tr>
<tr><td>10. 00</td><td>31. 5</td><td>21. 20</td><td>125. 0</td><td>12. 8</td></tr>
</table>

注：①括号内的尺寸尽量不采用。

②B 型中心钻的容屑槽可为直槽或螺旋槽，由制造厂自行确定。除另有说明外，B 型中心钻均制成右切削。

标记示例：

直径 d＝2. 5mm，d_1＝10. 0mm 的直槽 B 型中心钻：

中心钻 B2. 5/10　GB/T 6078. 2—1998

直径 d＝2. 5mm，d_1＝10. 0mm 的螺旋槽 B 型中心钻：

螺旋槽中心钻 B2. 5/1. 0　GB/T 6078. 2—1998

直径 d＝2. 5mm，d_1＝6. 3mm 的直槽左切 B 型中心钻：

中心钻 B2. 5/6. 3－L　GB/T 6078. 2—1998

直径 d＝2. 5mm，d_1＝6. 3mm 的螺旋槽左旋 B 型中心钻：

螺旋槽中心钻 B2. 5/6. 3－L　GB/T 6078. 2—1998

3. 弧形中心钻 R 型

弧形中心钻 R 型（GB/T 6078. 3—1998）的型式如图 5－158 所示，中心钻的规格尺寸列于表 5－152。

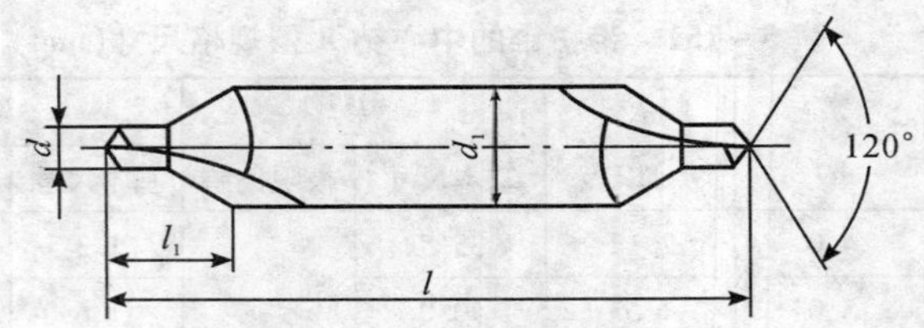

图 5－158　弧形中心钻 R 型

表 5－152　弧形中心钻 R 型规格尺寸(mm)

d	d_1	l		l_1	r	
k12	h9	基本尺寸	极限偏差	基本尺寸	max	min
1.00	3.15	31.5		3.0	3.15	2.5
(1.25)				3.35	4.0	3.15
1.60	4.0	35.5		4.25	5.0	4.0
2.00	5.0	40.0	±2	5.3	6.3	5.0
2.50	6.3	45.0		6.7	8.0	6.3
3.15	8.0	50.0		8.5	10.0	8.0
4.00	10.0	56.0		10.6	12.5	10.0
(5.00)	12.5	63.0		13.2	16.0	12.5
6.30	16.0	71.0	±3	17.0	20.0	16.0
(8.00)	20.0	80.0		21.2	25.0	20.0
10.00	25.0	100.0		26.5	31.5	25.0

注：①括号内的尺寸尽量不采用。

②R 型中心钻的容屑槽可为直槽或螺旋槽，由制造厂自行确定。除另有说明外，R 型中心钻均制成右切削。

标记示例：

直径 d＝2.5mm，d_1＝6.3mm 的直槽 R 型中心钻：

中心钻 R2.5/6.3　GB/T 6078.3—1998

直径 d＝2.5mm，d_1＝6.3mm 的螺旋槽 R 型中心钻：

螺旋槽中心钻 R2.5/6.3　GB/T 6078.3—1998

直径 $d=2.5$mm，$d_1=6.3$mm 的直槽左切 R 型中心钻：

中心钻 R2. 5/6. 3 – L　GB/T 6078. 3—1998

直径 $d=2.5$mm，$d_1=6.3$mm 的螺旋槽左旋 R 型中心钻：

螺旋槽中心钻 R2. 5/6. 3 – L　GB/T 6078. 3—1998

5. 4. 8　铰刀

1. 手用铰刀

手用铰刀（GB/T 1131. 1—2004）的型式如图 5 – 159 所示，其规格尺寸参数列于表 5 – 153 ~ 表 5 – 157。

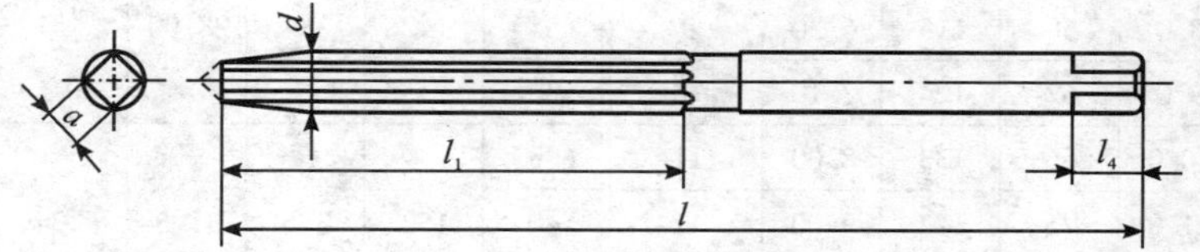

图 5 – 159　手用铰刀

表 5 – 153　手用铰刀长度公差

总长 l 和切削刃长 l_1				公　差	
大于	至	大于	至		
(mm)		(inch)		(mm)	(inch)
6	30		1	±1	±1/32
30	120	1	4	±1. 5	±1/16
120	315	4	12	±2	±3/32
315	1 000	12	40	±3	±1/8

表 5 – 154　手用铰刀米制系列的推荐直径和各相应尺寸(mm)

d	l_1	l	a	l_4	d	l_1	l	a	l_4
(1. 5)	20	41	1. 12	4	2. 5	29	58	2. 00	4
1. 6	21	44	1. 25		2. 8	31	62	2. 24	5
1. 8	23	47	1. 40		3. 0				
2. 0	25	50	1. 60		3. 5	35	71	2. 80	
2. 2	27	54	1. 80		4. 0	38	76	3. 15	6

续表

d	l_1	l	a	l_4	d	l_1	l	a	l_4
4.5	41	81	3.55	6	(27)				
5.0	44	87	4.00		28	124	247	22.40	26
5.5	47	93	4.50	7	(30)				
6.0					32	133	265	25.00	28
7.0	54	107	5.60	8	(34)				
8.0	58	115	6.30	9	(35)	142	284	28.00	31
9.0	62	124	7.10	10	36				
10.0	66	133	8.00	11	(38)				
11.0	71	142	9.00	12	40	152	305	31.5	34
12.0	76	152	10.00	13	(42)				
(13.0)					(44)				
14.0	81	163	11.20	14	45	163	326	35.50	38
(15.0)					(46)				
16.0	87	175	12.50	16	(48)				
(17.0)					50	174	347	40.00	42
18.0	93	188	14.00	18	(52)				
(19.0)					(55)				
20.0	100	201	16.00	20	56	184	367	45.00	46
(21.0)					(58)				
22	107	215	18.00	22	(60)				
(23)					(62)				
(24)					63	194	387	50.00	51
25	115	231	20.00	24	67				
(26)					71	203	406	56.00	56

注：表中括号内尺寸为不推荐采用尺寸。

表 5-155　手用铰刀英制系列的推荐直径和各相应尺寸（inch）

d	l_1	l	a	l_4
1/16	13/16	1 3/4	0.049	5/32
3/32	1 1/8	2 1/4	0.079	
1/8	1 5/16	2 5/8	0.098	3/16
5/32	1 1/2	3	0.124	1/4
3/16	1 3/4	3 7/16	0.157	9/32
7/32	1 7/8	3 11/16	0.177	
1/4	2	3 15/16	0.197	5/16
9/32	2 1/8	4 3/16	0.220	
5/16	2 1/4	4 1/2	0.248	11/32
11/32	2 7/16	4 7/8	0.280	13/32
3/8	2 5/8	5 1/4	0.315	7/16
(13/32)				
7/16	2 13/16	5 5/8	0.354	15/32
(15/32)	3	6	0.394	1/2
1/2				
9/16	3 3/16	6 7/16	0.441	9/16
5/8	3 7/16	6 7/8	0.492	5/8
11/16	3 11/16	7 7/16	0.551	23/32

d	l_1	l	a	l_4
3/4	3 15/16	7 15/16	0.630	25/32
(13/16)				
7/8	4 3/16	8 1/2	0.709	7/8
1	4 1/2	9 1/16	0.787	15/16
(1 1/16)	4 7/8	9 3/4	0.882	1 1/32
1 1/8				
1 1/4	5 1/4	10 7/16	0.984	1 3/32
(1 5/16)				
1 3/8	5 5/8	11 3/16	1.102	1 7/32
(1 7/16)				
1 1/2	6	12	1.240	1 11/32
(1 5/8)				
1 3/4	6 7/16	12 13/16	1.398	1 1/2
(1 7/8)	6 7/8	13 11/16	1.575	1 21/32
2				
2 1/4	7 1/4	14 7/16	1.772	1 13/16
2 1/2	7 5/8	15 1/4	1.968	2
3	8 3/8	16 11/16	2.480	2 7/16

注：表中括号内尺寸为不推荐采用尺寸。

表 5-156　手用铰刀以直径分段的尺寸

直径分段 d				长度			
大于	至	大于	至	l_1	l	l_1	l
(mm)		(inch)		(mm)		(inch)	
1.32	1.50	0.052 0	0.059 1	20	41	25/32	1 5/8
1.50	1.70	0.059 1	0.066 9	21	44	13/16	1 3/4

续表

直径分段 d				长度			
大于	至	大于	至	l_1	l	l_1	l
(mm)		(inch)		(mm)		(inch)	
1.70	1.90	0.066 9	0.074 8	23	47	29/32	1 7/8
1.90	2.12	0.074 8	0.083 5	25	50	1	2
2.12	2.36	0.083 5	0.092 9	27	54	1 1/16	2 1/8
2.36	2.65	0.092 9	0.104 3	29	58	1 1/8	2 1/4
2.65	3.00	0.104 3	0.118 1	31	62	1 7/32	2 7/16
3.00	3.35	0.118 1	0.131 9	33	66	1 5/16	2 5/8
3.35	3.75	0.131 9	0.147 6	35	71	1 3/8	2 13/16
3.75	4.25	0.147 6	0.167 3	38	76	1 1/2	3
4.25	4.75	0.167 3	0.187 0	41	81	1 5/8	3 3/16
4.75	5.30	0.187 0	0.208 7	44	87	1 3/4	3 7/16
5.30	6.00	0.208 7	0.236 2	47	93	1 7/8	3 11/16
6.00	6.70	0.236 2	0.263 8	50	100	2	3 15/16
6.70	7.50	0.263 8	0.295 3	54	107	2 1/8	4 3/16
7.50	8.50	0.295 3	0.334 6	58	115	2 1/4	4 1/2
8.50	9.50	0.334 6	0.374 0	62	124	2 7/16	4 7/8
9.50	10.60	0.374 0	0.417 3	66	133	2 5/8	5 1/4
10.60	11.80	0.417 3	0.464 6	71	142	2 13/16	5 5/8
11.80	13.20	0.464 6	0.519 7	76	152	3	6
13.20	15.00	0.519 7	0.590 6	81	163	3 3/16	6 7/16
15.00	17.00	0.590 6	0.669 3	87	175	3 7/16	6 7/8
17.00	19.00	0.669 3	0.748 0	93	188	3 11/16	7 7/16
19.00	21.20	0.748 0	0.834 6	100	201	3 15/16	7 15/16
21.20	23.60	0.834 6	0.929 1	107	215	4 3/16	8 1/2

续表

直径分段 d				长度			
大于	至	大于	至	l_1	l	l_1	l
(mm)		(inch)		(mm)		(inch)	
23.60	26.50	0.929 1	1.043 3	115	231	4½	9 1/16
26.50	30.00	1.043 3	1.181 1	124	247	4⅞	9¾
30.00	33.50	1.181 1	1.318 9	133	265	5¼	10 7/16
33.50	37.50	1.318 9	1.476 4	142	284	5⅝	11 3/16
37.50	42.50	1.476 4	1.673 2	152	305	6	12
42.50	47.50	1.673 2	1.870 1	163	326	6 7/16	12 13/16
47.50	53.00	1.870 1	2.086 6	174	347	6⅞	13 11/16
53.00	60.00	2.086 6	2.362 2	184	367	7¼	14 7/16
60.00	67.00	2.362 2	2.637 8	194	387	7⅝	15¼
67.00	75.00	2.637 8	2.952 8	203	406	8	16
75.00	85.00	2.952 8	3.346 5	212	424	8⅜	16 11/16

注：对于特殊公差的铰刀，其长度可以从相邻的较大或较小的尺寸分段内选择，例如：直径为4mm的特殊公差铰刀，长度 l_1 可取35mm，l 可取71mm；或者长度 l_1 可取41mm和 l 可取81mm，但公差应符合表5－153中规定。

表5－157　加工H7、H8、H9级孔的手用铰刀直径公差（mm）

直径范围		极限偏差		
大于	至	H7级	H8级	H9级
—	3	+0.008 +0.004	+0.011 +0.006	+0.021 +0.012
3	6	+0.010 +0.005	+0.015 +0.008	+0.025 +0.014
6	10	+0.012 +0.006	+0.018 +0.010	+0.030 +0.017
10	18	+0.015 +0.008	+0.022 +0.012	+0.036 +0.020

续表

直径范围		极限偏差		
大于	至	H7 级	H8 级	H9 级
18	30	+0.017 +0.009	+0.028 +0.016	+0.044 +0.025
30	50	+0.021 +0.012	+0.033 +0.019	+0.052 +0.030
50	80	+0.025 +0.014	+0.039 +0.022	+0.062 +0.036

标记示例：

直径 d = 10mm，公差为 m 6 的手用铰刀为：手用铰刀　10　GB/T 1131.1—2004

直径 d = 10mm，加工 H8 级精度孔的手用铰刀为：手用铰刀　10　H8　GB/T 1131.1—2004

2. 可调节手用铰刀

可调节手用铰刀（JB/T 3869—1999）有两种，即普通型铰刀和带导向套型铰刀，其型式如图 5－160 和图 5－161 所示。手用铰刀的规格尺寸列于表 5－158 和表 5－159。

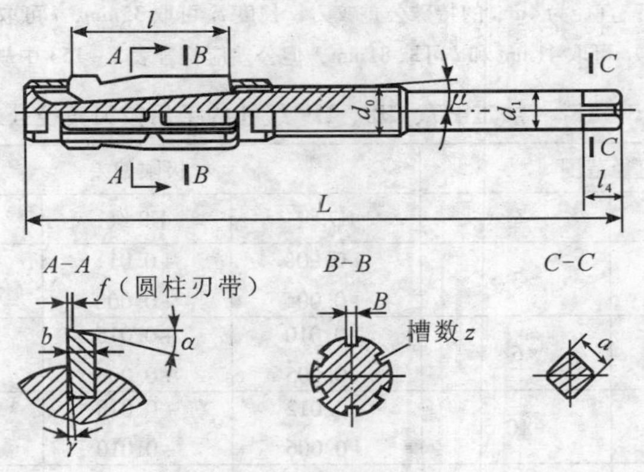

图 5－160　可调节手用铰刀

表 5-158 普通型可调节手用铰刀规格尺寸

铰刀调节范围 (mm)	L(mm) 基本尺寸	L(mm) 极限偏差	B(H9)(mm) 基本尺寸	B(H9)(mm) 极限偏差	b(h9)(mm) 基本尺寸	b(h9)(mm) 极限偏差	d_1 (mm)	d_0 (mm)	a (mm)	l_4 (mm)	参考 l (mm)	参考 μ	参考 γ	参考 α	参考 f(mm)	参考 z (mm)
≥6.5~7.0	85	0 -2.2	1.0	+0.025 0	1.0	0 -0.025	4	M5×0.5	3.15	6	35	1°30′	-1°~-4°	14°	0.05~0.15	5
>7.0~7.75	90															
>7.75~8.5	100		1.15		1.15		4.8	M6×0.75	4	7	38			12°		
>8.5~9.25	105															
>9.25~10	115		1.3		1.3		5.6	M7×0.75	4.5			2°			0.1~0.2	
>10~10.75	125	0 -2.5														6
>10.75~11.75	130						6.3	M8×1	5						0.1~0.25	
>11.75~12.75	135		1.6		1.6		7.1	M9×1	5.6	8	44					
>12.75~13.75	145										48					
>13.75~15.25	150						8	M10×1	6.3	9	52			10°		
>15.25~17	165		1.8		1.8		9	M11×1	7.1	10	55					
>17~19	170		2.0		2.0		10	M12×1.25	8	11	60					
>19~21	180						11.2	M14×1.5	9	12						
>21~23	195	0 -2.9	2.5		2.5		14	M16×1.5	11.2	14	65	2°30′			0.1~0.3	
>23~26	215							M18×1.5			72					
>26~29.5	240		3.0		3.0		18	M20×1.5	14	18	80					

续表

铰刀调节范围（mm）	L（mm）		B（H9）（mm）		b（h9）（mm）		d_1（mm）	d_0（mm）	a（mm）	l_4（mm）	参考					
	基本尺寸	极限偏差	基本尺寸	极限偏差	基本尺寸	极限偏差					l（mm）	μ	γ	α	f（mm）	z（mm）
>29.5～33.5	270	0 -3.2	3.5	+0.03 0	3.5	0 -0.03	19.8	M22×1.5	16	20	85	2°30′	-1°～-4°	10°	0.15～0.4	6
>33.5～38	310							M24×2			95					
>38～44	350	0 -3.6	4.0		4.0		25	M30×2	20	24	105	3°				
>44～54	400		4.5		4.5		31.5	M32×2	25	28	120	3°30′				
>54～63	460	0 -4.0					40	M45×2	31.5	34	120	5°		8°	0.2～0.4	
>63～84	510	0 -4.4	5.0		5.0		50	M55×2	40	42	135					
>84～100	570		6.0		6.0		63	M70×2	50	51	140					6或8

表 5－159　带导向套型可调节手用铰刀尺寸参数

铰刀调节范围（mm）	L（mm）基本尺寸	L（mm）极限偏差	B(H9)（mm）基本尺寸	B(H9)（mm）极限偏差	b(h9)（mm）基本尺寸	b(h9)（mm）极限偏差	d_1（mm）	d_0（mm）	$d_3(\frac{H9}{e9})$（mm）	a（mm）	l_4（mm）	参考 l（mm）	参考 μ	参考 γ	参考 α	参考 f（mm）	参考 l_1（mm）	参考 z（mm）
≥15.25～17	245	0 －2.9	1.8		1.8		9	M11×1	9	7.1	10	55	2°	－1°～－4°	10°	0.1～0.25	80	6
＞17～19	260	0 －3.2	2.0	＋0.025 0	2.0	0 ＋0.025	10	M12×1.25	10	8	11	60					90	
＞19～21	300						11.2	M14×1.5	11.2	9	12						95	
＞21～23	340	0 －3.6	2.5		2.5		14	M16×1.5	14	11.2	14	65	2°30′			0.1～0.3	105	
＞23～26	370							M18×1.5				72					115	
＞26～29.5	400		3.0		3.0		18	M20×1.5	18	14	18	80					125	
＞29.5～33.5	420	0 －4	3.5	＋0.03 0	3.5	0 －0.03	20	M22×1.5	20	16	20	85				0.15～0.4	130	
＞33.5～38	440							M24×2				95						
＞38～44	490		4.0		4.0		25	M30×2	25	20	24	105	3°				140	
＞44～54	540	0 －4.4	4.5		4.5		31.5	M36×2	31.5	25	28	120	3°30′					
＞54～68	550						40	M45×2	40	31.5	34		5°		8°	0.2～0.4		

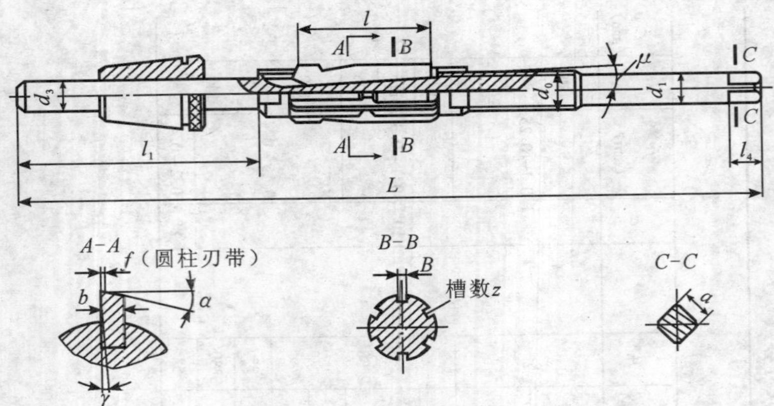

图 5 – 161　可调节手用带导向套型铰刀

标记示例：

直径调节范围为 15. 25 ~ 17mm 的普通型可调节手用铰刀的标记为：

可调节手用铰刀　15. 25 ~ 17　JB/T 3869—1999

直径调节范围为 19 ~ 21mm 的带导向套型可调节手用铰刀，其标记为：

可调节手用铰刀　19 ~ 21—DX　JB/T 3869—1999

3. 莫氏圆锥和米制圆锥铰刀

莫氏圆锥和米制圆锥铰刀（GB/T 1139—2004）可分为直柄和锥柄两种。铰刀的型式分别见图 5 – 162、图 5 – 163；其尺寸参数分别列于表 5 – 160、表 5 – 161。

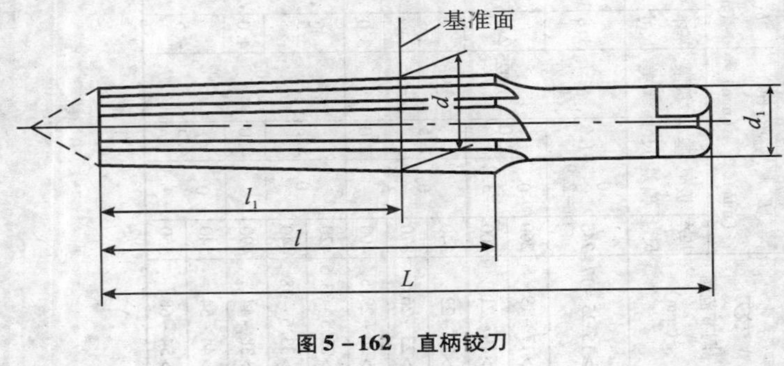

图 5 – 162　直柄铰刀

表 5-160 直柄莫氏圆锥和米制圆锥铰刀尺寸参数

圆锥			(mm)					(inch)				
代号		锥度	d	L	l	l_1	d_1(h9)	d	L	l	l_1	d_1(h9)
米制	4	1:20 = 0.05	4.000	48	30	22	4.0	0.157 5	1 7/8	1 3/16	7/8	0.157 5
	6		6.000	63	40	30	5.0	0.236 2	2 15/32	1 9/16	1 3/16	0.196 9
莫氏	0	1:19.212 = 0.052 05	9.045	93	61	48	8.0	0.356 1	3 21/32	2 13/32	1 7/8	0.315 0
	1	1:20.047 = 0.049 88	12.065	102	66	50	10.0	0.475 0	4 1/32	2 19/32	1 31/32	0.393 7
	2	1:20.020 = 0.049 95	17.780	121	79	61	14.0	0.700 0	4 3/4	3 1/8	2 13/32	0.551 2
	3	1:19.922 = 0.050 20	23.825	146	96	76	20.0	0.938 0	5 3/4	3 25/32	3	0.787 4
	4	1:19.254 = 0.051 94	31.267	179	119	97	25.0	1.231 0	7 1/16	4 11/16	3 13/16	0.984 3
	5	1:19.002 = 0.052 63	44.399	222	150	124	31.5	1.748 0	8 3/4	5 29/32	4 7/8	1.240 2
	6	1:19.180 = 0.052 14	63.348	300	208	176	45.0	2.494 0	11 13/16	8 3/16	6 15/16	1.771 7

注：①铰刀的柄部方头尺寸按 GB/T 4267 的规定。

②铰刀的莫氏锥柄尺寸按 GB/T 1443 的规定。

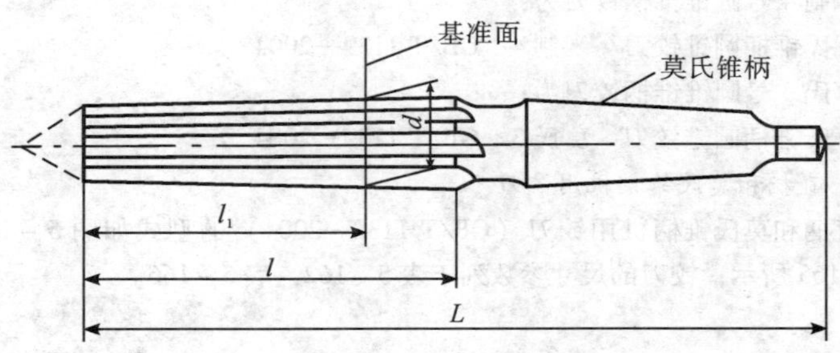

图 5-163 锥柄铰刀

表 5 - 161　锥柄莫氏圆锥和米制圆锥铰刀尺寸参数

圆锥			(mm)				(inch)				莫氏锥柄号
代号		锥度	d	L	l	l_1	d	L	l	l_1	
米制	4	1:20 = 0.05	4.000	106	30	22	0.157 5	4 3/16	1 3/16	7/8	1
	6		6.000	116	40	30	0.236 2	4 9/16	1 9/16	1 3/16	
莫氏	0	1:19.212 = 0.052 05	9.045	137	61	48	0.356 1	5 13/32	2 13/32	1 7/8	
	1	1:20.047 = 0.049 88	12.065	142	66	50	0.475 0	5 19/32	2 19/32	1 31/32	
	2	1:20.020 = 0.049 95	17.780	173	79	61	0.700 0	6 13/16	3 1/8	2 13/32	2
	3	1:19.922 = 0.050 20	23.825	212	96	76	0.938 0	8 11/32	3 25/32	3	3
	4	1:19.254 = 0.051 94	31.267	263	119	97	1.231 0	10 11/32	4 11/16	3 13/16	4
	5	1:19.002 = 0.052 63	44.399	331	150	124	1.748 0	13 1/32	5 29/32	4 7/8	5
	6	1:19.180 = 0.052 14	63.348	389	208	176	2.494 0	15 5/16	8 3/16	6 15/16	

注：①铰刀的柄部方头尺寸按 GB/T 4267 的规定。

②铰刀莫氏锥柄尺寸按 GB 1443 的规定。

标记示例：

米制 4 号圆锥直柄铰刀为：

直柄圆锥铰刀　米制 4　GB/T 1139—2004

莫氏 3 号圆锥直柄铰刀为：

直柄圆锥铰刀　莫氏 3　GB/T 1139—2004

米制 4 号圆锥锥柄铰刀为：

莫氏锥柄圆锥铰刀　米制 4　GB/T 1139—2004

莫氏 3 号圆锥锥柄铰刀为：

莫氏锥柄圆锥铰刀　莫氏 3　GB/T 1139—2004

4. 直柄和莫氏锥柄机用铰刀

直柄和莫氏锥柄机用铰刀（GB/T 1132—2004）的型式如图 5 - 164 和图 5 - 165 所示，铰刀的尺寸参数列于表 5 - 162 ~ 表 5 - 166。

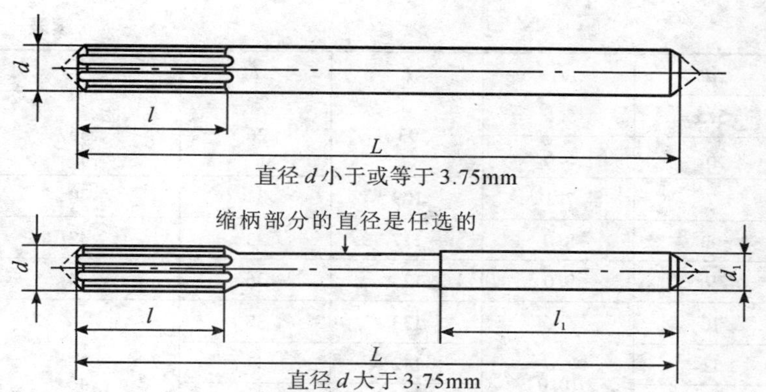

图 5－164　直柄机用铰刀

表 5－162　直柄机用铰刀优先采用的尺寸（mm）

d	d_1	L	l	l_1
1.4	1.4	40	8	—
(1.5)	1.5			
1.6	1.6	43	9	
1.8	1.8	46	10	
2.0	2.0	49	11	
2.2	2.2	53	12	
2.5	2.5	57	14	
2.8	2.8	61	15	
3.0	3.0			
3.2	3.2	65	16	
3.5	3.5	70	18	
4.0	4.0	75	19	32
4.5	4.5	80	21	33
5.0	5.0	86	23	34

续表

<table>
<tr><th>d</th><th>d_1</th><th>L</th><th>l</th><th>l</th></tr>
<tr><td>5. 5</td><td>5. 6</td><td rowspan="2">93</td><td rowspan="2">26</td><td rowspan="2">36</td></tr>
<tr><td>6</td><td>5. 6</td></tr>
<tr><td>7</td><td>7. 1</td><td>109</td><td>31</td><td>40</td></tr>
<tr><td>8</td><td>8. 0</td><td>117</td><td>33</td><td>42</td></tr>
<tr><td>9</td><td>9. 0</td><td>125</td><td>36</td><td>44</td></tr>
<tr><td>10</td><td rowspan="4">10. 0</td><td>133</td><td>38</td><td rowspan="4">46</td></tr>
<tr><td>11</td><td>142</td><td>41</td></tr>
<tr><td>12</td><td rowspan="2">151</td><td rowspan="2">44</td></tr>
<tr><td>（13）</td></tr>
<tr><td>14</td><td rowspan="3">12. 5</td><td>160</td><td>47</td><td rowspan="3">50</td></tr>
<tr><td>（15）</td><td>162</td><td>50</td></tr>
<tr><td>16</td><td>170</td><td>52</td></tr>
<tr><td>（17）</td><td rowspan="2">14. 0</td><td>175</td><td>54</td><td rowspan="2">52</td></tr>
<tr><td>18</td><td>182</td><td>56</td></tr>
<tr><td>（19）</td><td rowspan="2">16. 0</td><td>189</td><td>58</td><td rowspan="2">58</td></tr>
<tr><td>20</td><td>195</td><td>60</td></tr>
</table>

注：表中带括号尺寸为不推荐尺寸。

表 5 – 163　直柄机用铰刀以直径分段的尺寸（mm）

<table>
<tr><th colspan="2">直径范围 d</th><th rowspan="2">d_1</th><th rowspan="2">L</th><th rowspan="2">l</th><th rowspan="2">l_1</th></tr>
<tr><th>大于</th><th>至</th></tr>
<tr><td>1. 32</td><td>1. 50</td><td rowspan="5">$d_1 = d$</td><td>40</td><td>8</td><td rowspan="5">—</td></tr>
<tr><td>1. 50</td><td>1. 70</td><td>43</td><td>9</td></tr>
<tr><td>1. 70</td><td>1. 90</td><td>46</td><td>10</td></tr>
<tr><td>1. 90</td><td>2. 12</td><td>49</td><td>11</td></tr>
<tr><td>2. 12</td><td>2. 36</td><td>53</td><td>12</td></tr>
</table>

续表

直径范围 d		d_1	L	l	l_1
大于	至				
2.36	2.65	$d_1=d$	57	14	—
2.65	3.00		61	15	
3.00	3.35		65	16	
3.35	3.75		70	18	
3.75	4.25	4.0	75	19	32
4.25	4.75	4.5	80	21	33
4.75	5.30	5.0	86	23	34
5.30	6.00	5.6	93	26	36
6.00	6.70	6.3	101	28	38
6.70	7.50	7.1	109	31	40
7.50	8.50	8.0	117	33	42
8.50	9.50	9.0	125	36	44
9.50	10.60	10.0	133	38	46
10.60	11.80		142	41	
11.80	13.20		151	44	
13.20	14.00	12.5	160	47	50
14.00	15.00		162	50	
15.00	16.00		170	52	
16.00	17.00	14.0	175	54	52
17.00	18.00		182	56	
18.00	19.00	16.0	189	58	58
19.00	20.00		195	60	

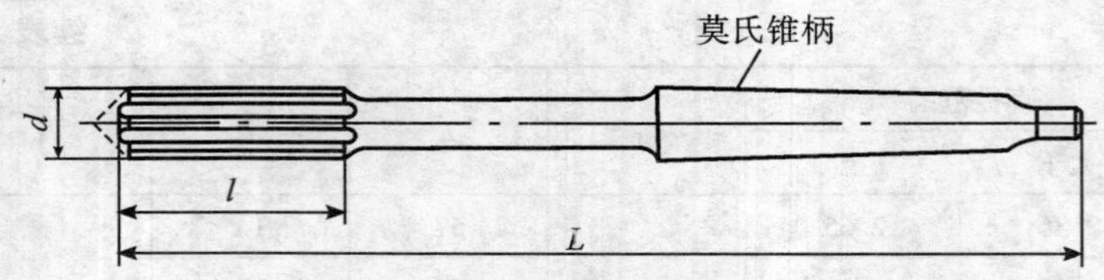

图 5－165　莫氏锥柄机用铰刀

表 5－164　莫氏锥柄机用铰刀优先采用的尺寸

d（mm）	*L*（mm）	*l*（mm）	莫氏锥柄号
5.5	138	26	1
6			
7	150	31	
8	156	33	
9	162	35	
10	168	38	
11	175	41	
12	182	44	
(13)	182	44	
14	189	47	
15	204	50	2
16	210	52	
(17)	214	54	
18	219	56	
(19)	223	58	
20	228	60	
22	237	64	
(24)	268	68	3
25			

续表

d（mm）	L（mm）	l（mm）	莫氏锥柄号
（26）	273	70	3
28	277	71	
（30）	281	73	
32	317	77	4
（34）	321	78	
（35）			
36	325	79	
（38）	329	81	
40			
（42）	333	82	
（44）	336	83	
（45）			
（46）	340	84	
（48）	344	86	
50			

注：括号内尺寸为不推荐尺寸。

表 5－165　莫氏锥柄机用铰刀以直径分段的尺寸

直径范围 d（mm）		L（mm）	l（mm）	莫氏锥柄号
大于	至			
5.30	6.00	138	26	1
6.00	6.70	144	28	
6.70	7.50	150	31	
7.50	8.50	156	33	
8.50	9.50	162	36	

续表

直径范围 d（mm）		L（mm）	l（mm）	莫氏锥柄号
大于	至			
9.50	10.60	168	38	1
10.60	11.80	175	41	
11.80	13.20	182	44	
13.20	14.00	189	47	
14.00	15.00	204	50	2
15.00	16.00	210	52	
16.00	17.00	214	54	
17.00	18.00	219	56	
18.00	19.00	223	58	
19.00	20.00	228	60	
20.00	21.20	232	62	
21.20	22.40	237	64	
22.40	23.02	241	66	
23.02	23.60	264	66	3
23.60	25.00	268	68	
25.00	26.50	273	70	
26.50	28.00	277	71	
28.00	30.00	281	73	
30.00	31.50	285	75	
31.50	31.75	290	77	
31.75	33.50	317	77	4
33.50	35.50	321	78	
35.50	37.50	325	79	
37.50	40.00	329	81	

续表

直径范围 d（mm）		L（mm）	l（mm）	莫氏锥柄号
大于	至			
40.00	42.50	333	82	4
42.50	45.00	336	83	
45.00	47.50	340	84	
47.50	50.00	344	86	

表 5－166　直柄和莫氏锥柄机用铰刀长度公差表（mm）

总长 L、切削刃长度 l、直柄长度 l_1		公差
大于	至	
6	30	±1
30	120	±1.5
120	315	±2
315	1 000	±3

注：对特殊公差的铰刀，其长度和柄部尺寸可以从相邻较大或较小的分段内选择，例如：直径为 14mm 的莫氏锥柄特殊公差铰刀，长度 L 可取 204mm，l 为 50mm 和 2 号莫氏锥柄；或长度 L 取 182mm，l 为 44mm 和 1 号莫氏锥柄，但公差应符合本表中规定。

标记示例：

直径 $d=10$mm，公差为 m6 的直柄机用铰刀标记为：

10　GB/T 1132—2004

直径 $d=10$mm，加工 H8 级精度孔的直柄机用铰刀标记为：

10　H8　GB/T 1132—2004

直径 $d=10$mm，公差为 m6 的莫氏锥柄机用铰刀标记为：

10　GB/T 1132—2004

直径 $d=10$mm，加工 H8 级精度孔的莫氏锥柄机用铰刀其标记为：

10　H8　GB/T 1132—2004

5.4.9　硬质合金机夹可重磨刀片

硬质合金机夹可重磨刀片（GB 10566—1989）有五种型号：W（外圆车刀片），P（皮带轮车刀片），B（刨刀片），Q（切断车刀片）和 L（60°

螺纹车刀片）。刀片型号由字母 W（或 P，B，Q，L）加上表示主要参数的数字组成。某主要参数不足两位整数时，在前面加“0”，左切削刀片，在型号末尾加字母 L。

例：P1509 表示为：

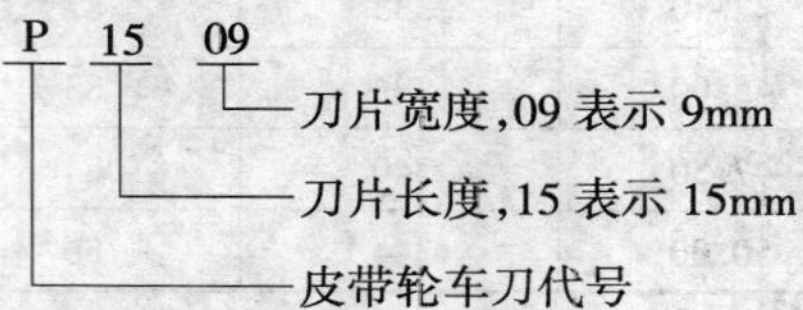

（1）W 型刀片的型式和尺寸参数见图 5－166 和表 5－167。

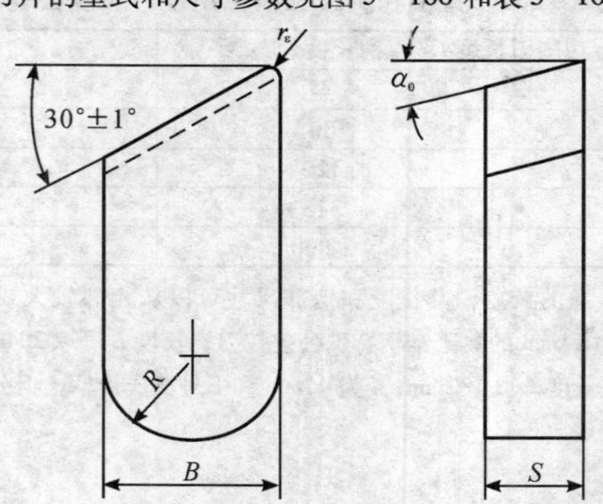

图 5－166　W 型硬质合金机夹可重磨刀片

表 5－167　W 型硬质合金机夹可重磨刀片尺寸参数

型号		公称尺寸(mm)			参考尺寸		
		l	B	S	R(mm)	r_ε(mm)	α_0(°)
W0606	W0606L	6	6	4	3	1.0	8
W0808	W0808L	8	8	5	4	1.0	8
W2010	W2010L	20	10	6	5	1.5	8
W3015	W3015L	30	15	8	7.5	2	8
W4018	W4018L	40	18	10	9	2.5	8

注：左切削刀片，在型号末尾加字母 L。

（2）Q 型硬质合金机夹可重磨刀片的型式见图 5－167，其尺寸参数列于表 5－168。

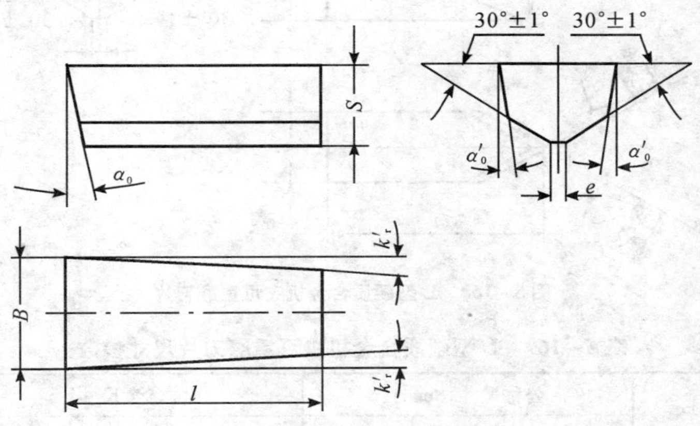

图 5－167　Q 型硬质合金机夹可重磨刀片

表 5－168　Q 型硬质合金机夹可重磨刀片尺寸参数

型号	公称尺寸（mm）			参考尺寸			
	l	B	S	α_0（°）	α'_0（°）	k'_r（°）	e（mm）
Q1203	12	3.2	4	0	3	2	0.8
Q1404	14	4.2	4	0	3	2	0.8
Q1605	16	5.3	5	5	4	3	1.0
Q1806	18	6.5	6	5	4	3	1.0
Q2008	20	8.5	7	8	4	3	1.0
Q2410	24	10.5	8	8	6	4	1.5
Q2812	28	12.5	10	8	6	4	1.5

（3）L 型硬质合金机夹可重磨刀片的型式和尺寸参数见图 5－168 和表 5－169。

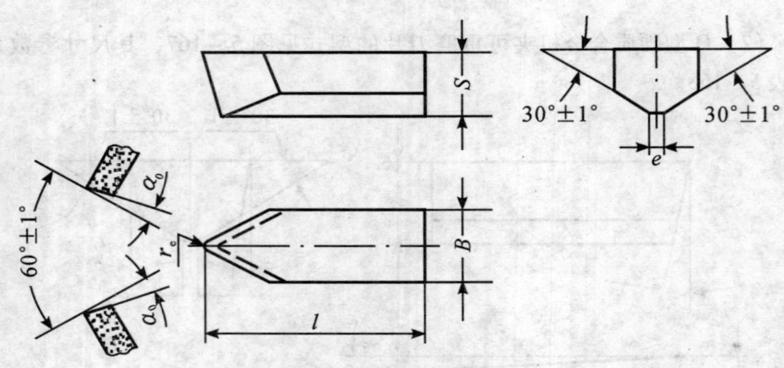

图 5 – 168　L 型硬质合金机夹可重磨刀片

表 5 – 169　L 型硬质合金机夹可重磨刀片尺寸参数

型号	公称尺寸（mm）			参考尺寸		
	l	B	S	α_0（°）	r_ε（mm）	e（mm）
L1403	14	3	3	0	0.5	1.0
L1704	17	4	4	0	1.0	1.5
L2006	20	6	5	5	1.0	1.5
L2408	24	8	6	5	1.0	2.0
L2810	28	10	8	5	1.5	2.0
L3212	32	12	10	5	1.5	2.0

（4）P 型硬质合金机夹可重磨刀片的型式和尺寸见图 5 – 169 和表 5 – 170。

表 5 – 170　P 型硬质合金机夹可重磨刀片尺寸参数

型号	公称尺寸（mm）			参考尺寸			
	l	B	S	b（mm）	e（mm）	α_0（°）	α'_0（°）
P1509	15	9	3	2	1	12	8
P2012	20	12	4	3	2		
P2516	25	16	6	4	2		
P3020	30	20	8	5	3		
P3525	35	25	10	7	4		
P4235	42	35	12	12	5		

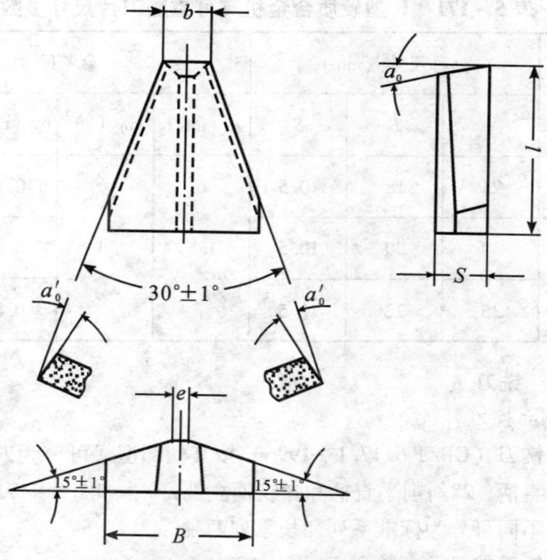

图 5－169　P 型硬质合金机夹可重磨刀片

（5）B 型硬质合金机夹可重磨刀片的型式和尺寸见图 5－170 和表 5－171。

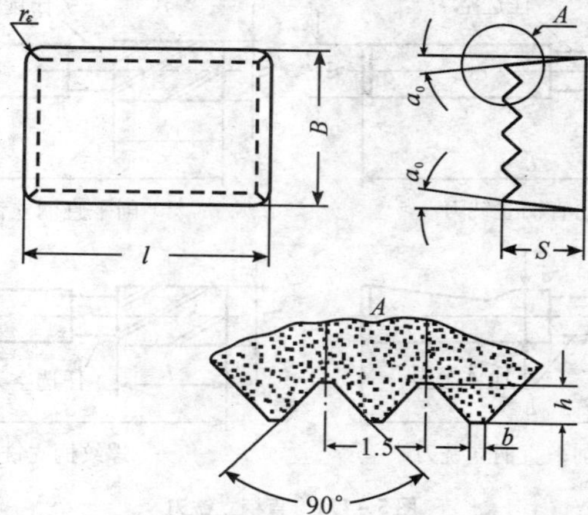

图 5－170　B 型硬质合金机夹可重磨刀片

表 5-171　B 型硬质合金机夹可重磨刀片尺寸参数

<table>
<tr><th rowspan="2">型号</th><th colspan="3">公称尺寸（mm）</th><th colspan="4">参考尺寸</th></tr>
<tr><th>l</th><th>B</th><th>S</th><th>h（mm）</th><th>α_0（°）</th><th>r_ε（mm）</th><th>b（mm）</th></tr>
<tr><td>B2518</td><td>25</td><td>18</td><td>10. 5</td><td rowspan="3">1. 5</td><td rowspan="3">11</td><td>0. 3</td><td rowspan="3">0. 2</td></tr>
<tr><td>B3020</td><td>30</td><td>20</td><td>10. 5</td><td>0. 5</td></tr>
<tr><td>B3522</td><td>35</td><td>22</td><td>12. 5</td><td>0. 8</td></tr>
</table>

5. 4. 10　铣刀

1. 直柄立铣刀

直柄立铣刀（GB/T 6117. 1—1996）按其柄部型式可分为四种（即普通直柄、削平直柄、2°斜削平直柄和螺纹柄立铣刀），如图 5-171 所示；立铣刀按其刃长不同可分为标准系列和长系列两种。

直柄立铣刀的尺寸参数列于表 5-172。

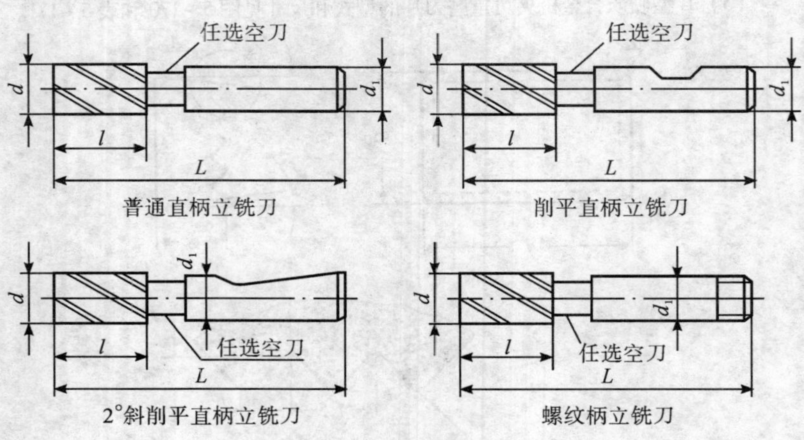

图 5-171　直柄立铣刀

表 5－172　直柄立铣刀的尺寸参数

直径范围 d（mm）		推荐直径 d（mm）		d_1（mm）		标准系列（mm）			长系列（mm）			齿数		
						l	L* *		l	L* *				
>	≤			Ⅰ组	Ⅱ组		Ⅰ组	Ⅱ组		Ⅰ组	Ⅱ组	粗齿	中齿	细齿
1.9	2.36	2	—	4*	6	7	39	51	10	42	54			
2.36	3	2.5	—			8	40	52	12	44	56			
		3												
3	3.75	—	3.5			10	42	54	15	47	59			
3.75	4	4	—			11	43	55	19	51	63			—
4	4.75	—		5*	6		45	55		53	63			
4.75	5	5	—			13	47	57	24	58	68			
5	6	6	—	6			57			68				
6	7.5	—	7	8	10	16	60	66	30	74	80	3	4	
7.5	8	8	—			19	63	69	38	82	88			
8	9.5	—	9	10			69			88				
9.5	10	10	—			22	72		45	95				
10	11.8	—	11	12			79			102				5
11.8	15	12	14			26	83		53	110				
15	19	16	18	16		32	92		63	123				
19	23.6	20	22	20		38	104		75	141				6
23.6	30	25	28	25		45	121		90	166				
30	37.5	32	36	32		53	133		106	186				
37.5	47.5	40	45	40		63	155		125	217		4	6	8
47.5	60	50	—	50		75	177		150	252				
		—	56											
60	67	63	—	50	63	90	192	202	180	282	292	6	8	10
67	75	—	71	63			202			292				

注：①＊只适用于普通直柄。

②＊＊总长尺寸的Ⅰ组和Ⅱ组分别与柄部直径的Ⅰ组和Ⅱ组相对应。

③直径 d 的公差为 js14，刃长 l 和总长 L 的公差为 js18。

④柄部尺寸和公差分别按 GB/T 6131.1、GB/T 6131.2、GB/T 6131.3 和 GB/T 6131.4的规定。

标记示例：

直径 $d=8$mm，中齿，柄径 $d_1=8$mm 的普通直柄标准系列立铣刀为：

中齿　直柄立铣刀　8　GB/T 6117.1—1996

直径 $d=8$mm，中齿、柄径 $d_1=8$mm 的螺纹柄标准系列立铣刀为：

中齿　直柄立铣刀　8　螺纹柄　GB/T 6117.1—1996

直径 $d=8$mm，中齿，柄径 $d_1=10$mm 的削平直柄长系列立铣刀为：

中齿　直柄立铣刀　8　削平柄　10 长　GB/T 6117.1—1996

在本表中，当 d_1 尺寸只有一个时，或 d_1 为第Ⅰ组时，可不标记柄径；只有当 d_1 为第Ⅱ组时，才要求标记柄径。

2. 莫氏锥柄立铣刀

莫氏锥柄立铣刀（GB/T 6117.2—1996）按其柄部型式不同分为两种型式，见图 5-172；立铣刀按刃长不同分为标准系列和长系列两种。立铣刀的尺寸参数列于表 5-173。

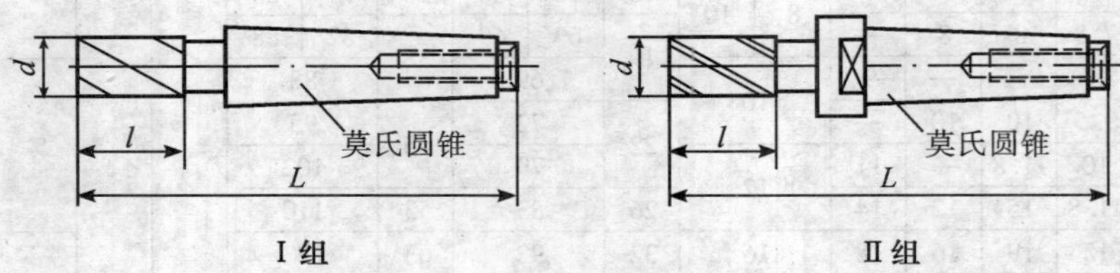

图 5-172　莫氏锥柄立铣刀

表 5-173　莫氏锥柄立铣刀尺寸参数

<table>
<tr><th colspan="2">直径范围
d（mm）</th><th colspan="2" rowspan="2">推荐直径
d（mm）</th><th colspan="2">l（mm）</th><th colspan="4">L（mm）</th><th rowspan="2">莫氏
圆锥号</th><th colspan="3">齿数</th></tr>
<tr><th rowspan="2">></th><th rowspan="2">≤</th><th rowspan="2">标准
系列</th><th rowspan="2">长系列</th><th colspan="2">标准系列</th><th colspan="2">长系列</th><th rowspan="2">粗齿</th><th rowspan="2">中齿</th><th rowspan="2">细齿</th></tr>
<tr><th></th><th></th><th>Ⅰ组</th><th>Ⅱ组</th><th>Ⅰ组</th><th>Ⅱ组</th><th></th></tr>
<tr><td>5</td><td>6</td><td>6</td><td>—</td><td>13</td><td>24</td><td>83</td><td rowspan="8">—</td><td>94</td><td rowspan="8">—</td><td rowspan="6">1</td><td rowspan="8">3</td><td rowspan="8">4</td><td rowspan="3">—</td></tr>
<tr><td>6</td><td>7.5</td><td>—</td><td>7</td><td>16</td><td>30</td><td>86</td><td>100</td></tr>
<tr><td rowspan="2">7.5</td><td rowspan="2">9.5</td><td>8</td><td>—</td><td rowspan="2">19</td><td rowspan="2">38</td><td rowspan="2">89</td><td rowspan="2">108</td></tr>
<tr><td>—</td><td>9</td><td rowspan="4">5</td></tr>
<tr><td>9.5</td><td>11.8</td><td>10</td><td>11</td><td>22</td><td>45</td><td>92</td><td>115</td></tr>
<tr><td rowspan="2">11.8</td><td rowspan="2">15</td><td rowspan="2">12</td><td rowspan="2">14</td><td rowspan="2">26</td><td rowspan="2">53</td><td>96</td><td>123</td></tr>
<tr><td>111</td><td>138</td><td rowspan="2">2</td></tr>
<tr><td>15</td><td>19</td><td>16</td><td>18</td><td>32</td><td>63</td><td>117</td><td>148</td><td>6</td></tr>
</table>

续表

<table>
<tr><th colspan="2" rowspan="2">直径范围
d（mm）</th><th colspan="2" rowspan="3">推荐直径
d（mm）</th><th colspan="2">l（mm）</th><th colspan="4">L（mm）</th><th rowspan="3">莫氏
圆锥号</th><th colspan="3" rowspan="2">齿 数</th></tr>
<tr><th rowspan="2">标准
系列</th><th rowspan="2">长系列</th><th colspan="2">标准系列</th><th colspan="2">长系列</th></tr>
<tr><th>></th><th>≤</th><th>Ⅰ组</th><th>Ⅱ组</th><th>Ⅰ组</th><th>Ⅱ组</th><th>粗齿</th><th>中齿</th><th>细齿</th></tr>
<tr><td rowspan="2">19</td><td rowspan="2">23.6</td><td rowspan="2">20</td><td rowspan="2">22</td><td rowspan="2">38</td><td rowspan="2">75</td><td>123</td><td rowspan="4">—</td><td>160</td><td rowspan="4">—</td><td>2</td><td rowspan="3">3</td><td rowspan="3">4</td><td rowspan="3">6</td></tr>
<tr><td>140</td><td>177</td><td rowspan="3">3</td></tr>
<tr><td>23.6</td><td>30</td><td>25</td><td>28</td><td>45</td><td>90</td><td>147</td><td>192</td></tr>
<tr><td rowspan="2">30</td><td rowspan="2">37.5</td><td rowspan="2">32</td><td rowspan="2">36</td><td rowspan="2">53</td><td rowspan="2">106</td><td>155</td><td>208</td><td rowspan="6">4</td><td rowspan="6">6</td><td rowspan="6">8</td></tr>
<tr><td>178</td><td>201</td><td>231</td><td>254</td><td rowspan="2">4</td></tr>
<tr><td rowspan="2">37.5</td><td rowspan="2">47.5</td><td rowspan="2">40</td><td rowspan="2">45</td><td rowspan="2">63</td><td rowspan="2">125</td><td>188</td><td>211</td><td>250</td><td>273</td></tr>
<tr><td>221</td><td>249</td><td>283</td><td>311</td><td>5</td></tr>
<tr><td rowspan="4">47.5</td><td rowspan="4">60</td><td rowspan="2">50</td><td rowspan="2">—</td><td rowspan="4">75</td><td rowspan="4">150</td><td>200</td><td>223</td><td>275</td><td>298</td><td>4</td></tr>
<tr><td>233</td><td>261</td><td>308</td><td>336</td><td>5</td></tr>
<tr><td rowspan="2">—</td><td rowspan="2">56</td><td>200</td><td>223</td><td>275</td><td>298</td><td>4</td><td rowspan="3">6</td><td rowspan="3">8</td><td rowspan="3">10</td></tr>
<tr><td>233</td><td>261</td><td>308</td><td>336</td><td rowspan="2">5</td></tr>
<tr><td>60</td><td>75</td><td>63</td><td>—</td><td>90</td><td>180</td><td>248</td><td>276</td><td>338</td><td>366</td></tr>
</table>

注：①Ⅰ组莫氏锥柄立铣刀的柄部尺寸和公差按 GB/T 1443 的规定；Ⅱ组莫氏锥柄立铣刀的柄部尺寸和公差按 GB/T 4133 的规定。

②莫氏锥柄立铣刀的直径 d 的公差为 js14，刃长 l 和总长 L 的公差为 js18。

标记示例：

直径 $d=12$mm，总长 $L=96$mm 的标准系列中齿莫氏锥柄立铣刀，其标记为：

中齿　莫氏锥柄立铣刀　12×96　GB/T 6117.2—1996

直径 $d=12$mm，总长 $L=123$mm 的长系列中齿莫氏锥柄立铣刀，其标记为：

中齿　莫氏锥柄立铣刀　12×123 长　GB/T 6117.2—1996

直径 $d=50$mm，总长 $L=200$mm 的标准系列Ⅰ组中齿莫氏锥柄立铣刀，其标记为：

中齿　莫氏锥柄立铣刀　50×200　GB/T 6117.2—1996

直径 $d=50$mm，总长 $L=298$ 的长系列Ⅱ组中齿莫氏锥柄立铣刀，其标记为：

中齿　莫氏锥柄立铣刀　50×295 Ⅱ　GB/T 6117.2—1996

3. 7/24 锥柄立铣刀

7/24 锥柄立铣刀（GB/T 6117.3—1996）的型式如图 5－173，其尺寸参数列于表 5－174。

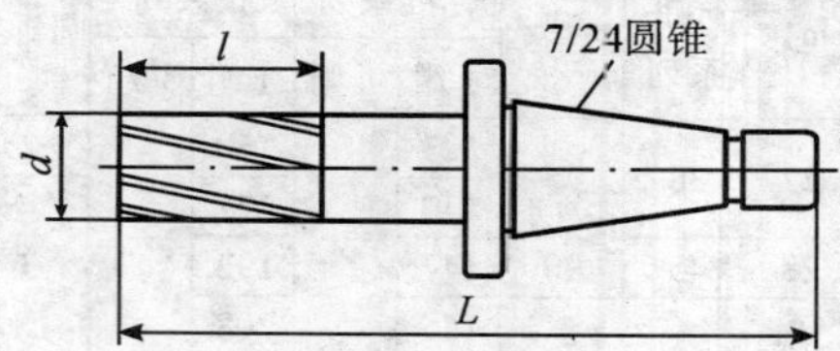

图 5－173　7/24 锥柄立铣刀

表 5－174　7/24 锥柄立铣刀尺寸参数

<table>
<tr><th colspan="2">直径范围
d（mm）</th><th colspan="2" rowspan="2">推荐直径
d（mm）</th><th colspan="2">l（mm）</th><th colspan="2">L（mm）</th><th rowspan="2">7/24
圆锥号</th><th colspan="3">齿数</th></tr>
<tr><th>></th><th>≤</th><th>标准系列</th><th>长系列</th><th>标准系列</th><th>长系列</th><th>粗齿</th><th>中齿</th><th>细齿</th></tr>
<tr><td>23.6</td><td>30</td><td>25</td><td>28</td><td>45</td><td>90</td><td>150</td><td>195</td><td rowspan="2">30</td><td>3</td><td>4</td><td>6</td></tr>
<tr><td rowspan="3">30</td><td rowspan="3">37.5</td><td rowspan="3">32</td><td rowspan="3">36</td><td rowspan="3">52</td><td rowspan="3">106</td><td>158</td><td>211</td><td rowspan="9">4</td><td rowspan="9">6</td><td rowspan="9">8</td></tr>
<tr><td>188</td><td>241</td><td>40</td></tr>
<tr><td>208</td><td>261</td><td>45</td></tr>
<tr><td rowspan="3">37.5</td><td rowspan="3">47.5</td><td rowspan="3">40</td><td rowspan="3">45</td><td rowspan="3">63</td><td rowspan="3">125</td><td>198</td><td>260</td><td>40</td></tr>
<tr><td>218</td><td>280</td><td>45</td></tr>
<tr><td>240</td><td>302</td><td>50</td></tr>
<tr><td rowspan="6">47.5</td><td rowspan="6">60</td><td rowspan="3">50</td><td rowspan="3">—</td><td rowspan="6">75</td><td rowspan="6">150</td><td>210</td><td>285</td><td>40</td></tr>
<tr><td>230</td><td>305</td><td>45</td></tr>
<tr><td>252</td><td>327</td><td>50</td></tr>
<tr><td rowspan="3">—</td><td rowspan="3">56</td><td>210</td><td>285</td><td>40</td><td rowspan="6">6</td><td rowspan="6">8</td><td rowspan="6">10</td></tr>
<tr><td>230</td><td>305</td><td>45</td></tr>
<tr><td>252</td><td>327</td><td>50</td></tr>
<tr><td rowspan="2">60</td><td rowspan="2">75</td><td rowspan="2">63</td><td rowspan="2">71</td><td rowspan="2">90</td><td rowspan="2">180</td><td>245</td><td>335</td><td>45</td></tr>
<tr><td>267</td><td>357</td><td rowspan="2">50</td></tr>
<tr><td>75</td><td>95</td><td>80</td><td>—</td><td>106</td><td>212</td><td>283</td><td>389</td></tr>
</table>

注：直径 d 的公差为 js14，刃长 l 和总长 L 的公差为 js18。

标记示例：

直径 $d=32$mm，总长 $L=158$mm，标准系列中齿 7/24 锥柄立铣刀，其标记为：

中齿 7/24 锥柄立铣刀　32×158　GB/T 6117.3—1996

直径 $d=32$mm，总长 $L=241$mm，长系列中齿 7/24 锥柄立铣刀，其标记为：

中齿 7/24 锥柄立铣刀　32×241 长　GB/T 6117.3—1996

4. 短莫氏锥柄立铣刀

短莫氏锥柄立铣刀（GB/T 1109—2004）的型式如图 5－174 所示，其尺寸参数列于表 5－175。

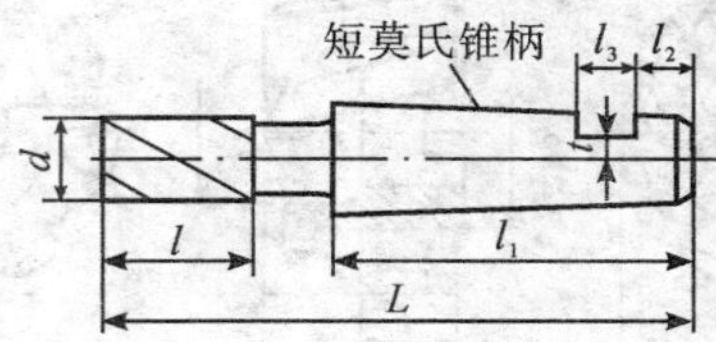

图 5－174　短莫氏锥柄立铣刀

表 5－175　短莫氏锥柄铣刀的尺寸参数

d（mm）		L（mm）		l（mm）		莫氏锥柄号	l_1	l_2	l_3	t
基本尺寸	公差	基本尺寸	公差	基本尺寸	公差		（mm）	（mm）	（mm）	（mm）
14	js14	85	js16	32	js16	2	40	8	14	5
16		90		36						
18										
20		95		40						
22		115		45		3	50	17.5		7
25		120		50						
28										
(30)		140		55		4	63	28.5	17	9
32										
36		150		60						
40		155		65						
45		160		70						
50										

注：①莫氏锥柄的尺寸和偏差按 GB 1443 的规定。

②表中括号内尺寸为非推荐尺寸。

标记示例：

直径 $d = 20$mm 的短莫氏锥柄立铣刀，其标记为：

短莫氏锥柄立铣刀　20　GB/T 1109—2004

5. 套式立铣刀

套式立铣刀（GB/T 1114. 1—1998）的型式如图 5－175 所示，其尺寸参数列于表 5－176。

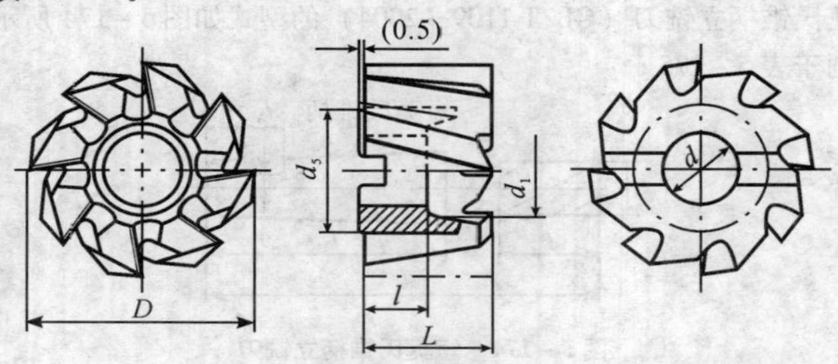

图 5－175　套式立铣刀

表 5－176　套式立铣刀的尺寸参数

D		d		L		l		d_1 min	d_5^* min
基本尺寸	极限偏差 js16	基本尺寸	极限偏差 H7	基本尺寸	极限偏差 K16	基本尺寸	极限偏差		
40	±0. 80	16	+0. 018 0	32	+1. 6 0	18	+1 0	23	33
50		22	+0. 021 0	36		20		30	41
63	±0. 95	27		40		22		38	49
80				45					
100	±1. 10	32	+0. 025 0	50		25		45	59
125	±1. 25	40		56	+1. 9 0	28		56	71
160		50		63		31		67	91

注：①＊背面上 0. 5mm 不作硬性的规定。

②套式立铣刀可以制造成右螺旋齿或左螺旋齿。

③端面键槽尺寸和偏差按 GB/T 6132 的规定。

标记示例：

外径为63mm的套式立铣刀为：

套式立铣刀 63　GB/T 1114.1—1998

外径为63mm的左螺旋齿的套式立铣刀为：

套式立铣刀 63 – L　GB/T 1114.1—1998

6. 圆柱形铣刀

圆柱形铣刀（GB/T 1115.1—2002）的型式如图5 – 176所示，其尺寸参数列于表5 – 177。

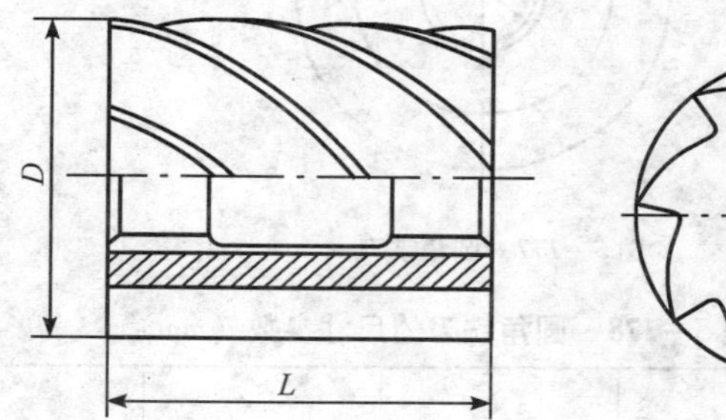

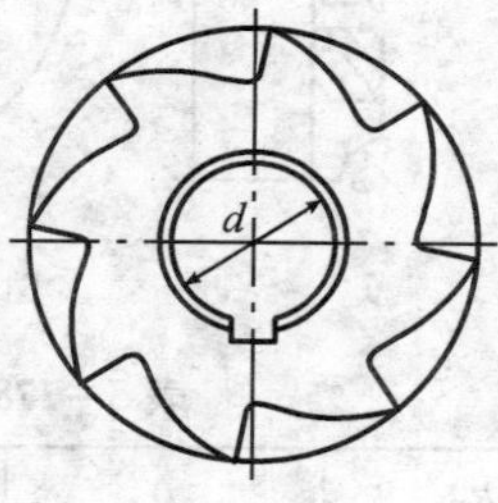

图5 – 176　圆柱形铣刀

表5 – 177　圆柱形铣刀（mm）

D js16	d H7	L js16						
		40	50	63	70	80	100	125
50	22	×		×		×		
63	27		×		×			
80	32			×			×	
100	40				×			×

注：表中×表示有此规格。

标记示例：

外径 $D=50$mm，长度 $L=80$mm 的圆柱形铣刀为：

圆柱形铣刀　50×80　GB/T 1115.1—2002

7. 圆角铣刀

圆角铣刀（GB/T 6122.1—2002）的型式如图 5－177 所示，其尺寸参数列于表 5－178。

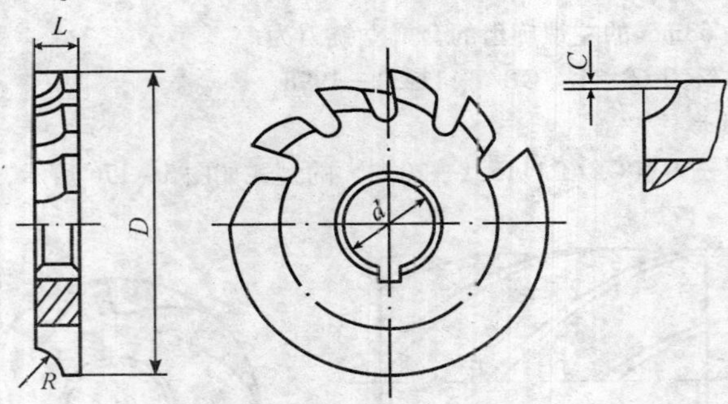

图 5－177　圆角铣刀

表 5－178　圆角铣刀的尺寸参数（mm）

R N11	*D* js16	*d* H7	*L* js16	*C*
1	50	16	4	0.2
1.25				
1.6			5	0.25
2				
2.5	63	22		0.3
3.15（3）			6	
4			8	0.4
5			10	0.5
6.3（6）	80	27	12	0.6
8			16	0.8
10	100	32	18	1.0
12.5（12）			20	1.2
16	125		24	1.6
20			28	2.0

注：①括号内的值为替代方案。

②键槽尺寸按 GB/T 6132 的规定。

标记示例：

齿形半径　$R=10$mm 的圆角铣刀：

圆角铣刀　$R10$　GB/T 6122.1—2002

8. *三面刃铣刀*

三面刃铣刀（GB/T 6119.1—1996）的型式如图 5－178 所示，其尺寸参数列于表 5－179。

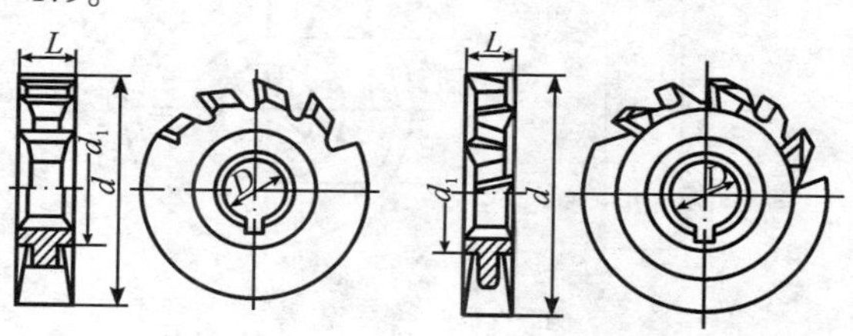

直齿三面刃铣刀　　错齿三面刃铣刀

图 5－178　三面刃铣刀

表 5－179　三面刃铣刀规格尺寸（mm）

d js16	D H7	d_1 min	L k11															
			4	5	6	8	10	12	14	16	18	20	22	25	28	32	36	40
50	16	27	×	×	×	×	×	—	—	—	—	—	—	—	—	—	—	—
63	22	34	×	×	×	×	×	×	×	×								
80	27	41	—	×	×	×	×	×	×	×	×	×						
100	32	47		—	×	×	×	×	×	×	×	×	×	×				
125					—	×	×	×	×	×	×	×	×	×	×			
160	40	55				—	×	×	×	×	×	×	×	×	×	×		
200							—	×	×	×	×	×	×	×	×	×	×	×

注：①表中×表示有此规格。

②键槽尺寸按 GB/T 6132 规定。

标记示例：

$d=63$mm，$L=12$mm，直齿三面刃铣刀的标记为：

直齿三面刃铣刀　63×12　GB/T 6119.1—1996

$d=63$mm，$L=12$mm，错齿三面刃铣刀的标记为：

错齿三面刃铣刀 63×12 GB/T 6119.1—1996

9. 锯片铣刀

锯片铣刀（GB/T 6120—1996）的型式和尺寸见图 5－179 和表 5－180～表 5－182。

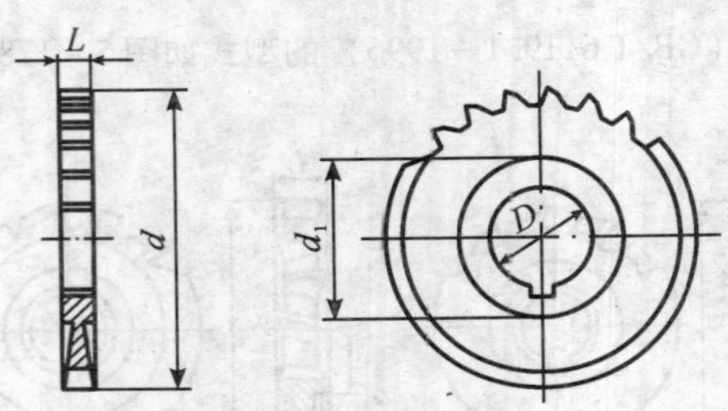

图 5－179 锯片铣刀

表 5－180 粗齿锯片铣刀的尺寸

<table>
<tr><td>d js16（mm）</td><td>50</td><td>63</td><td>80</td><td>100</td><td>125</td><td>160</td><td>200</td><td>250</td><td>315</td></tr>
<tr><td>D H7（mm）</td><td>13</td><td>16</td><td>22</td><td colspan="2">22（27）</td><td colspan="3">32</td><td>40</td></tr>
<tr><td>d_1 min（mm）</td><td colspan="2">—</td><td>34</td><td colspan="2">34（40）</td><td>47</td><td colspan="2">63</td><td>80</td></tr>
<tr><td>L js11（mm）</td><td colspan="9">齿 数（参考）</td></tr>
<tr><td>0.80</td><td rowspan="3">24</td><td rowspan="2">32</td><td>40</td><td rowspan="3">40</td><td>—</td><td rowspan="2">—</td><td rowspan="3">—</td><td rowspan="4">—</td><td rowspan="5">—</td></tr>
<tr><td>1.00</td><td rowspan="3">32</td><td>48</td></tr>
<tr><td>1.20</td><td rowspan="4">24</td><td rowspan="4">40</td><td rowspan="2">48</td></tr>
<tr><td>1.60</td><td rowspan="3">20</td><td rowspan="3">32</td><td rowspan="3">48</td></tr>
<tr><td>2.00</td><td rowspan="3">24</td><td rowspan="3">40</td><td>64</td></tr>
<tr><td>2.50</td><td rowspan="3">20</td><td rowspan="3">32</td><td rowspan="3">48</td><td rowspan="2">64</td></tr>
<tr><td>3.00</td><td rowspan="3">16</td><td rowspan="3">24</td><td rowspan="3">40</td></tr>
<tr><td>4.00</td><td rowspan="3">20</td><td rowspan="3">32</td><td rowspan="3">48</td></tr>
<tr><td>5.00</td><td rowspan="2">16</td><td rowspan="2">24</td><td rowspan="2">40</td></tr>
<tr><td>6.00</td><td>—</td><td>20</td><td>32</td></tr>
</table>

注：①括号内尺寸尽量不采用，如要采用，则应在标记中注明尺寸 D。

②当 $d \geqslant 125$mm，且 $L \geqslant 3$mm 时，内孔应制出键槽，键槽尺寸按 GB/T 6132 的规定。

表 5－181　中齿锯片铣刀的尺寸

<table>
<tr><td>d js16 (mm)</td><td>32</td><td>40</td><td>50</td><td>63</td><td>80</td><td>100</td><td>125</td><td>160</td><td>200</td><td>250</td><td>315</td></tr>
<tr><td>D H7 (mm)</td><td>8</td><td>10
(13)</td><td>13</td><td>16</td><td>22</td><td colspan="2">22（27）</td><td colspan="3">32</td><td>40</td></tr>
<tr><td>d_1 min (mm)</td><td colspan="4">—</td><td>34</td><td colspan="2">34（40）</td><td>47</td><td colspan="2">63</td><td>80</td></tr>
<tr><td>L js11 (mm)</td><td colspan="11">齿　数（参考）</td></tr>
<tr><td>0.30</td><td rowspan="3">40</td><td rowspan="2">48</td><td>64</td><td rowspan="3">64</td><td rowspan="3">—</td><td rowspan="4">—</td><td rowspan="5">—</td><td rowspan="6">—</td><td rowspan="7">—</td><td rowspan="8">—</td><td rowspan="9">—</td></tr>
<tr><td>0.40</td><td rowspan="3">48</td></tr>
<tr><td>0.50</td><td rowspan="4">40</td></tr>
<tr><td>0.60</td><td rowspan="3">32</td><td rowspan="3">48</td><td rowspan="2">64</td></tr>
<tr><td>0.80</td><td rowspan="3">40</td><td rowspan="3">64</td></tr>
<tr><td>1.00</td><td rowspan="3">32</td><td rowspan="3">48</td><td>80</td></tr>
<tr><td>1.20</td><td rowspan="3">24</td><td rowspan="3">40</td><td rowspan="3">64</td><td rowspan="2">80</td></tr>
<tr><td>1.60</td><td rowspan="3">32</td><td rowspan="3">48</td><td rowspan="3">80</td></tr>
<tr><td>2.00</td><td rowspan="3">24</td><td rowspan="3">40</td><td rowspan="3">64</td><td>100</td></tr>
<tr><td>2.50</td><td rowspan="3">20</td><td rowspan="3">32</td><td rowspan="3">48</td><td rowspan="3">80</td><td rowspan="2">100</td></tr>
<tr><td>3.00</td><td rowspan="3">24</td><td rowspan="3">40</td><td rowspan="3">64</td></tr>
<tr><td>4.00</td><td>20</td><td rowspan="3">32</td><td rowspan="3">48</td><td rowspan="3">80</td></tr>
<tr><td>5.00</td><td rowspan="2">—</td><td rowspan="2">—</td><td rowspan="2">24</td><td rowspan="2">40</td><td rowspan="2">64</td></tr>
<tr><td>6.00</td><td>—</td><td>32</td><td>48</td></tr>
</table>

注：①括号内尺寸尽量不采用，如要采用，则在标记中注明尺寸 D。

②当 $d \geqslant 125$mm，且 $L \geqslant 3$mm 时，内孔应制出键槽，键槽尺寸按 GB/T 6132 规定。

表 5-182 细齿锯片铣刀的尺寸

<table>
<tr><td>d js16
(mm)</td><td>20</td><td>25</td><td>32</td><td>40</td><td>50</td><td>63</td><td>80</td><td>100</td><td>125</td><td>160</td><td>200</td><td>250</td><td>315</td></tr>
<tr><td>D H7
(mm)</td><td>5</td><td colspan="2">8</td><td>10
(13)</td><td>13</td><td>16</td><td>22</td><td colspan="2">22（27）</td><td colspan="3">32</td><td>40</td></tr>
<tr><td>d_1 min
(mm)</td><td colspan="6">—</td><td>34</td><td colspan="2">34（40）</td><td>47</td><td colspan="2">63</td><td>80</td></tr>
<tr><td>L js11
(mm)</td><td colspan="13">齿数（参考）</td></tr>
<tr><td>0.20</td><td>80</td><td rowspan="3">80</td><td rowspan="2">100</td><td>128</td><td>—</td><td rowspan="2">—</td><td rowspan="4">—</td><td rowspan="5">—</td><td rowspan="6">—</td><td rowspan="8">—</td><td rowspan="9">—</td><td rowspan="10">—</td><td rowspan="11">—</td></tr>
<tr><td>0.25</td><td rowspan="3">64</td><td rowspan="3">100</td><td rowspan="2">128</td></tr>
<tr><td>0.30</td><td rowspan="3">80</td><td rowspan="3">128</td></tr>
<tr><td>0.40</td><td rowspan="3">64</td><td rowspan="3">100</td></tr>
<tr><td>0.50</td><td rowspan="3">48</td><td rowspan="3">80</td><td rowspan="3">128</td></tr>
<tr><td>0.60</td><td rowspan="3">64</td><td rowspan="3">100</td><td>160</td></tr>
<tr><td>0.80</td><td rowspan="3">48</td><td rowspan="3">80</td><td rowspan="3">128</td><td rowspan="2">160</td></tr>
<tr><td>1.00</td><td rowspan="3">40</td><td rowspan="3">64</td><td rowspan="3">100</td></tr>
<tr><td>1.20</td><td rowspan="3">48</td><td rowspan="3">80</td><td rowspan="3">128</td><td rowspan="2">160</td></tr>
<tr><td>1.60</td><td rowspan="3">40</td><td rowspan="3">64</td><td rowspan="3">100</td><td rowspan="3">160</td></tr>
<tr><td>2.00</td><td>32</td><td rowspan="3">48</td><td rowspan="3">80</td><td rowspan="3">128</td><td>200</td></tr>
<tr><td>2.50</td><td rowspan="5">—</td><td rowspan="2">40</td><td rowspan="3">64</td><td rowspan="3">100</td><td rowspan="3">160</td><td rowspan="2">200</td></tr>
<tr><td>3.00</td><td rowspan="4">—</td><td rowspan="3">48</td><td rowspan="3">80</td><td rowspan="3">128</td></tr>
<tr><td>4.00</td><td rowspan="3">—</td><td>40</td><td rowspan="3">64</td><td rowspan="3">100</td><td rowspan="3">160</td></tr>
<tr><td>5.00</td><td rowspan="2">—</td><td rowspan="2">48</td><td rowspan="2">80</td><td rowspan="2">128</td></tr>
<tr><td>6.00</td><td>—</td><td>64</td><td>100</td></tr>
</table>

注：①括号内的尺寸尽量不采用；如要采用，则在标记中注明尺寸 D。

②当 $d \geqslant 125$mm，且 $L \geqslant 3$mm 时，内孔应制出键槽，键槽尺寸应按 GB/T 6132 的规定。

标记示例：

$d=125$mm，$L=6$mm 的粗齿锯片铣刀为：

粗齿锯片铣刀　125×6　GB/T 6120—1996

$d=125$mm，$L=6$mm 的中齿锯片铣刀为：

中齿锯片铣刀　125×6　GB/T 6120—1996

$d=125$mm，$L=6$mm 的细齿锯片铣刀为：

细齿锯片铣刀　125×6　GB/T 6120—1996

$d=125$mm，$L=6$mm，$D=27$mm 的中齿锯片铣刀为：

中齿锯片铣刀　125×6×27　GB/T 6120—1996

10. 凹半圆铣刀

凹半圆铣刀（GB/T 1124.1—1996）的型式如图 5－180 所示，其尺寸参数列于表 5－183。

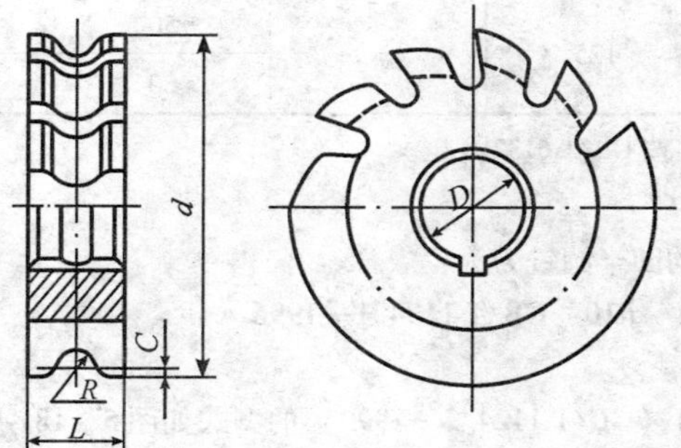

图 5－180　凹半圆铣刀

表 5－183　凹半圆铣刀的尺寸参数（mm）

R N11	d js16	D H7	L js16	C
1	50	16	6	0.20
1.25				
1.6			8	0.25
2			9	

续表

R N11	*d* js16	*D* H7	*L* js16	*C*
2. 5	63	22	10	0. 3
3			12	
4			16	0. 4
5			20	0. 5
6	80	27	24	0. 6
8			32	0. 8
10	100	32	36	1. 0
12			40	1. 2
16	125		50	1. 6
20			60	2. 0

注：键槽尺寸按 GB/T 6132 规定。

标记示例：

$R=10$mm 的凹半圆铣刀为：

凹半圆铣刀　*R*10　GB/T 1124. 1—1996

11. 凸半圆铣刀

凸半圆铣刀（GB/T 1124. 2—1996）的型式如图 5 - 181 所示，其尺寸参数列于表 5 - 184。

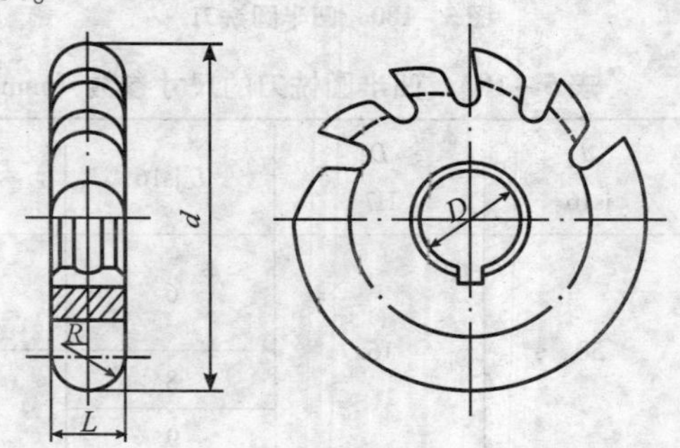

图 5 - 181　凸半圆铣刀

表 5－184　凸半圆铣刀的尺寸参数（mm）

<table>
<tr><th>R
k11</th><th>d
js16</th><th>D
H7</th><th>L
+0.30
0</th></tr>
<tr><td>1</td><td rowspan="4">50</td><td rowspan="4">16</td><td>2</td></tr>
<tr><td>1.25</td><td>2.5</td></tr>
<tr><td>1.6</td><td>3.2</td></tr>
<tr><td>2</td><td>4</td></tr>
<tr><td>2.5</td><td rowspan="4">63</td><td rowspan="4">22</td><td>5</td></tr>
<tr><td>3</td><td>6</td></tr>
<tr><td>4</td><td>8</td></tr>
<tr><td>5</td><td>10</td></tr>
<tr><td>6</td><td rowspan="2">80</td><td rowspan="2">27</td><td>12</td></tr>
<tr><td>8</td><td>16</td></tr>
<tr><td>10</td><td rowspan="2">100</td><td rowspan="4">32</td><td>20</td></tr>
<tr><td>12</td><td>24</td></tr>
<tr><td>16</td><td rowspan="2">125</td><td>32</td></tr>
<tr><td>20</td><td>40</td></tr>
</table>

注：键槽尺寸按 GB/T 6132 的规定。

标记示例：

$R=10$mm 的凸半圆铣刀为：

凸半圆铣刀　R10　GB/T 1124.2—1996

5.4.11　螺纹加工刀具

1. 机用和手用丝锥

机用和手用丝锥有三种（GB/T 3464.1—1994）：

（1）粗柄机用和手用丝锥：粗柄机用和手用丝锥的型式如图 5－182 所示，粗牙普通螺纹用丝锥和细牙普通螺纹用丝锥的技术参数列于表 5－185 和表 5－186。

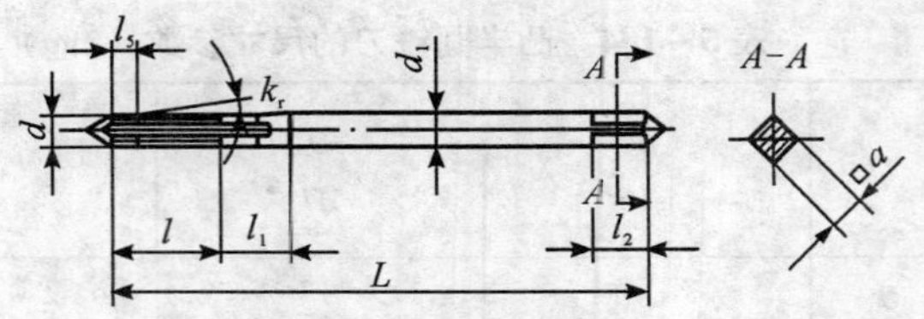

图 5－182　粗柄机用和手用丝锥

表 5－185　粗牙普通螺纹用丝锥的技术参数（mm）

<table>
<tr><th rowspan="2">代号</th><th rowspan="2">公称直径
d</th><th rowspan="2">螺距
P</th><th rowspan="2">d_1</th><th rowspan="2">l</th><th rowspan="2">L</th><th rowspan="2">l_1</th><th colspan="2">方　头</th></tr>
<tr><th>a</th><th>l_2</th></tr>
<tr><td>M1</td><td>1.0</td><td rowspan="3">0.25</td><td rowspan="7">2.5</td><td rowspan="3">5.5</td><td rowspan="3">38.5</td><td rowspan="3">4.5</td><td rowspan="7">2.00</td><td rowspan="7">4</td></tr>
<tr><td>M1.1</td><td>1.1</td></tr>
<tr><td>M1.2</td><td>1.2</td></tr>
<tr><td>M1.4</td><td>1.4</td><td>0.30</td><td>7.0</td><td>40.0</td><td rowspan="3">5.0</td></tr>
<tr><td>M1.6</td><td>1.6</td><td>0.35</td><td rowspan="3">8.0</td><td rowspan="3">41.0</td></tr>
<tr><td>M1.8</td><td>1.8</td><td>0.35</td></tr>
<tr><td>M2</td><td>2.0</td><td>0.40</td><td>5.5</td></tr>
<tr><td>M2.2</td><td>2.2</td><td rowspan="2">0.45</td><td rowspan="2">2.8</td><td rowspan="2">9.5</td><td rowspan="2">44.5</td><td rowspan="2">6.0</td><td rowspan="2">2.24</td><td rowspan="2">5</td></tr>
<tr><td>M2.5</td><td>2.5</td></tr>
</table>

表 5－186　细牙普通螺纹用丝锥的技术参数（mm）

<table>
<tr><th rowspan="2">代号</th><th rowspan="2">公称直径
d</th><th rowspan="2">螺距
P</th><th rowspan="2">d_1</th><th rowspan="2">l</th><th rowspan="2">L</th><th rowspan="2">l_1</th><th colspan="2">方　头</th></tr>
<tr><th>a</th><th>l_2</th></tr>
<tr><td>M1×0.2</td><td>1.0</td><td rowspan="6">0.2</td><td rowspan="7">2.5</td><td rowspan="3">5.5</td><td rowspan="3">38.5</td><td rowspan="3">4.5</td><td rowspan="7">2.00</td><td rowspan="7">4</td></tr>
<tr><td>M1.1×0.2</td><td>1.1</td></tr>
<tr><td>M1.2×0.2</td><td>1.2</td></tr>
<tr><td>M1.4×0.2</td><td>1.4</td><td>7.0</td><td>40.0</td><td rowspan="3">5.0</td></tr>
<tr><td>M1.6×0.2</td><td>1.6</td><td rowspan="3">8.0</td><td rowspan="3">41.0</td></tr>
<tr><td>M1.8×0.2</td><td>1.8</td></tr>
<tr><td>M2×0.25</td><td>2.0</td><td rowspan="2">0.25</td><td>5.5</td></tr>
<tr><td>M2.2×0.25</td><td>2.2</td><td rowspan="2">2.8</td><td rowspan="2">9.5</td><td rowspan="2">44.5</td><td rowspan="2">6.0</td><td rowspan="2">2.24</td><td rowspan="2">5</td></tr>
<tr><td>M2.5×0.35</td><td>2.5</td><td>0.35</td></tr>
</table>

（2）粗柄带颈机用和手用丝锥：粗柄带颈机用和手用丝锥的型式如图 5－183 所示，其基本尺寸列于表 5－187～表 5－188。

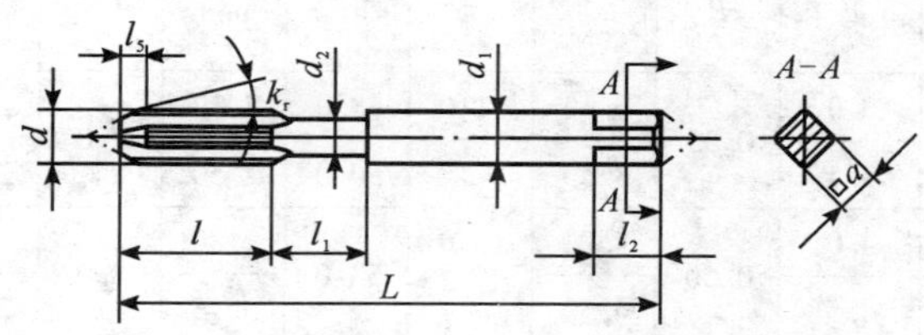

图 5－183　粗柄带颈机用和手用丝锥

表 5－187　粗牙普通螺纹用丝锥的基本尺寸（mm）

代号	公称直径 d	螺距 P	d_1	l	L	d_2 min	l_1	方头 a	方头 l_2
M3	3.0	0.50	3.15	11.0	48.0	2.12	7.0	2.50	5
M3.5	3.5	(0.60)	3.55	13.0	50.0	2.50		2.80	
M4	4.0	0.70	4.00		53.0	2.80	8.0	3.15	6
M4.5	4.5	(0.75)	4.50			3.15		3.55	
M5	5.0	0.80	5.00	16.0	58.0	3.55	9.0	4.00	7
M6	6.0	1.00	6.30	19.0	66.0	4.50	11.0	5.00	8
M7	7.0		7.10			5.30		5.60	
M8	8.0	1.25	8.00	22.0	72.0	6.00	13.0	6.30	9
M9	9.0		9.00			7.10	14.0	7.10	10
M10	10.0	1.50	10.00	24.0	80.0	7.50	15.0	8.0	11

注：①表中 d_2 和 l_1 为空刀槽尺寸，允许无空刀槽，无空刀槽时螺纹部分长度尺寸应为 $l+l_1/2$。

②括号内尺寸尽量不用。

表 5 - 188　细牙普通螺纹用丝锥的基本尺寸（mm）

代号	公称直径 d	螺距 P	d_1	l	L	d_2 min	l_1	方头 a	方头 l_2
M3 ×0. 35	3. 0	0. 35	3. 15	11. 0	48. 0	2. 12	7. 0	2. 50	5
M3. 5 ×0. 35	3. 5		3. 55		50. 0	2. 50		2. 80	
M4 ×0. 5	4. 0	0. 50	4. 00	13. 0	53. 0	2. 80	8. 0	3. 15	6
M4. 5 ×0. 5	4. 5		4. 50			3. 15		3. 55	
M5 ×0. 5	5. 0		5. 00	16. 0	58. 0	3. 55	90	4. 00	7
M5. 5 ×0. 5	5. 5	0. 50	5. 60	17. 0	62. 0	4. 00		4. 50	
M6 ×0. 5	6. 0		6. 30	19. 0	66. 0	4. 50	11. 0	5. 00	8
M6 ×0. 75		0. 75							
M7 ×0. 75	7. 0		7. 10			5. 30		5. 60	
M8 ×0. 5	8. 0	0. 50	8. 00	19. 0	66. 0	6. 00	13. 0	6. 30	9
M8 ×0. 75		0. 75							
M8 ×1		1. 00		22. 0	72. 0				
M9 ×0. 75	9. 0	0. 75	9. 00	19. 0	66. 0	7. 10	14. 0	7. 10	10
M9 ×1		1. 00		22. 0	72. 0				
M10 ×0. 75	10. 0	0. 75	10. 00	20. 0	73. 0	7. 50	15. 0	8. 00	11
M10 ×1		1. 00		24. 0	80. 0				
M10 ×1. 25		1. 25							

注：表中 d_2 和 l_1 为空刀槽尺寸，允许无空刀槽，无空刀槽时螺纹部分长度尺寸应为 $l + l_1/2$。

（3）细柄机用和手用丝锥：细柄机用和手用丝锥的型式如图 5 - 184 所示，其基本尺寸列于表 5 - 189 和表 5 - 190。

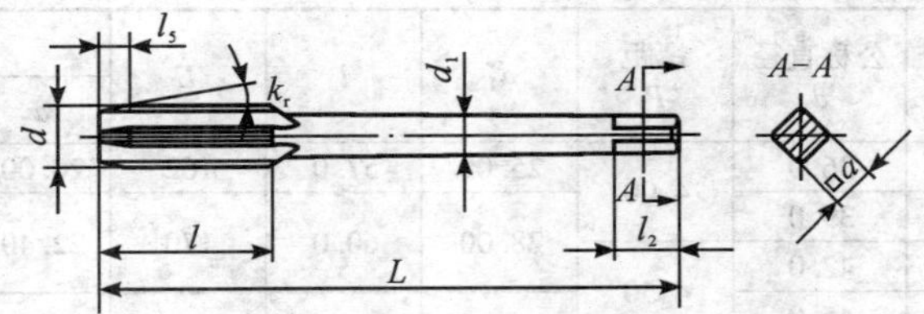

图 5－184　细柄机用和手用丝锥

表 5－189　粗牙普通螺纹用丝锥基本尺寸（mm）

代号	公称直径 d	螺距 P	d_1	l	L	方头	
						a	l_2
M3	3.0	0.50	2.24	11.0	48	1.80	4
M3.5	3.5	(0.60)	2.50	13.0	50	2.00	
M4	4.0	0.70	3.15		53	2.50	5
M4.5	4.5	(0.75)	3.55			2.80	
M5	5.0	0.80	4.00	16.0	58	3.15	6
M6	6.0	1.00	4.50	19.0	66	3.55	
M7	(7.0)		5.60			4.50	7
M8	8.0	1.25	6.30	22.0	72	5.00	8
M9	(9.0)		7.10			5.60	
M10	10.0	1.50	8.00	24.0	80	6.30	9
M11	(11.0)			25.0	85		
M12	12.0	1.75	9.00	29.0	89	7.10	10
M14	14.0	2.00	11.20	30.0	95	9.00	12
M16	16.0		12.50	32.0	102	10.00	13
M18	18.0	2.50	14.0	37.0	112	11.20	14
M20	20.0						
M22	22.0		16.00	38.0	118	12.50	16
M24	24.0	3.00	18.00	45.0	130	14.00	18
M27	27.0		20.00		135	16.00	20
M30	30.0	3.50		48.0	138		
M33	33.0		22.40	51.0	151	18.00	22

续表

代号	公称直径 d	螺距 P	d_1	l	L	方头	
						a	l_2
M36	36.0	4.00	25.00	57.0	162	20.00	24
M39	39.0		28.00	60.0	170	22.40	26
M42	42.0	4.50					
M45	45.0		31.50	67.0	187	25.00	28
M48	48.0	5.00					
M52	52.0	5.00	35.50	70.0	200	28.00	31
M56	56.0	5.50					
M60	60.0		40.00	76.0	221	31.50	34
M64	64.0	6.00		79.0	224		
M68	68.0		45.00		234	35.50	38

注：括号内尺寸尽量不用。

表 5－190　细牙普通螺纹用丝锥基本尺寸（mm）

代号	公称直径 d	螺距 P	d_1	l	L	方头	
						a	l_2
M3×0.35	3.0	0.35	2.24	11.0	48	1.80	4
M3.5×0.35	3.5		2.50	13.0	50	2.00	
M4×0.5	4.0	0.50	3.15		53	2.50	5
M4.5×0.5	4.5		3.55			2.80	
M5×0.5	5.0		4.00	16.0	58	3.15	6
M5.5×0.5	(5.5)			17.0	62		
M6×0.75	6.0	0.75	4.50	19.0	66	3.55	
M7×0.75	(7.0)		5.60			4.50	7
M8×0.75	8.0		6.30			5.00	8
M8×1		1.00		22.0	72		
M9×0.75	(9.0)	0.75	7.10	19.0	66	5.60	
M9×1		1.00		22.0	72		

续表

代号	公称直径 d	螺距 P	d_1	l	L	方头	
						a	l_2
M10×0.75	10.0	0.75	8.00	20.0	73	6.30	9
M10×1		1.00		24.0	80		
M10×1.25		1.25					
M11×0.75	(11.0)	0.75		22.0	80		
M11×1		1.00					
M12×1	12.0	1.00	9.00	22.0	80	7.10	10
M12×1.25		1.25		29.0	89		
M12×1.5		1.50		29.0	89		
M14×1	14.0	1.00	11.20	22.0	87	9.00	12
M14×1.25		1.25		30.0	95		
M14×1.5		1.50		30.0	95		
M15×1.5	(15.0)						
M16×1	16.0	1.00	12.50	22.0	92	10.00	13
M16×1.5		1.50		32.0	102		
M17×1.5	(17.0)						
M18×1	18.0	1.00	14.00	22.0	97	11.20	14
M18×1.5		1.50		37.0	112		
M18×2		2.00		37.0	112		
M20×1	20.0	1.00		22.0	102		
M20×1.5		1.50		37.0	112		
M20×2		2.00		37.0	112		
M22×1	22.0	1.00	16.00	24.0	109	12.5	16
M22×1.5		1.50		38.0	118		
M22×2		2.00		38.0	118		
M24×1	24.0	1.00	18.00	24.0	114	14.0	18
M24×1.5		1.50		45.0	130		
M24×2		2.00					
M25×1.5	25.0	1.50					
M25×2		2.00					
M26×1.5	26.0	1.50		35.0	120		
M27×1	27.0	1.00	20.0	25.0	120	16.0	20
M27×1.5		1.50		37.0	127		
M27×2		2.00					
M28×1	(28.0)	1.00		25.0	120		
M28×1.5		1.50		37.0	127		
M28×2		2.00					
M30×1	30.0	1.00		25.0	120		
M30×1.5		1.50		37.0	127		
M30×2		2.00					
M30×3		3.00		48.0	138		
M32×1.5	(32.0)	1.50	22.4	37.0	137	18.0	22
M32×2		2.00					
M33×1.5	33.0	1.50					
M33×2		2.00					
M33×3		3.00		51.0	151		

续表

代号	公称直径 d	螺距 P	d_1	l	L	方头 a	方头 l_2
M35×1.5	(35.0)	1.50	25.0	39.0	144	20.0	24
M36×1.5	36.0						
M36×2		2.00					
M36×3		3.00		57.0	162		
M38×1.5	38.0	1.50	28.0	39.0	149	22.4	26
M39×1.5	39.0						
M39×2		2.00					
M39×3		3.00		60.0	170		
M40×1.5	(40.0)	1.50		39.0	149		
M40×2		2.00					
M40×3		3.00		60.0	170		
M42×1.5	42.0	1.50	28.0	39.0	149	22.4	26
M42×2		2.00					
M42×3		3.00		60.0	170		
M42×4		(4.00)					
M45×1.5	45.0	1.50	31.5	45.0	165	25.0	28
M45×2		2.00					
M45×3		3.00		67.0	187		
M45×4		(4.00)					
M48×1.5	48.0	1.50		45.0	165		
M48×2		2.00					
M48×3		3.00		67.0	187		
M48×4		(4.00)					
M50×1.5	(50.0)	1.50		45.0	165		
M50×2		2.00					
M50×3		3.00		67.0	187		
M52×1.5	52.0	1.50	35.5	45.0	175	28.0	31
M52×2		2.00					
M52×3		3.00		70.0	200		
M52×4		4.00					
M55×1.5	(55.0)	1.50		45.0	175		
M55×2		2.00					
M55×3		3.00		70.0	200		
M55×4		4.00					
M56×1.5	56.0	1.50		45.0	175		
M56×2		2.00					
M56×3		3.00		70.0	200		
M56×4		4.00					
M58×1.5	58.0	1.50	40.0	76.0	193	31.5	34
M58×2		2.00					
M58×3		(3.00)			209		
M58×4		(4.00)					
M60×1.5	60.0	1.50			193		
M60×2		2.00					
M60×3		3.00			209		
M60×4		4.00					
M62×1.5	62.0	1.50			193		
M62×2		2.00					
M62×3		(3.00)			209		
M62×4		(4.00)					

续表

代号	公称直径 d	螺距 P	d_1	l	L	方头 a	方头 l_2
M64×1.5	64.0	1.50	40.0	79.0	193	31.5	34
M64×2		2.00					
M64×3		3.00			209		
M64×4		4.00					
M65×1.5	65.0	1.50			193		
M65×2		2.00					
M65×3		(3.00)			209		
M65×4		(4.00)					
M68×1.5	68.0	1.50	45.0	79.0	203	35.5	38
M68×2		2.00					
M68×3		3.00			219		
M68×4		4.00					
M70×1.5	70.0	1.50	45.0	79.0	203	35.5	38
M70×2		2.00					
M70×3		(3.00)			219		
M70×4		(4.00)					
M70×6		(6.00)			234		
M72×1.5	72.0	1.50			203		
M72×2		2.00					
M72×3		3.00			219		
M72×4		4.00					
M72×6		6.00			234		
M75×1.5	75.0	1.50			203		
M75×2		2.00					
M75×3		(3.00)			219		
M75×4		(4.00)					
M75×6		(6.00)			234		
M76×1.5	76.0	1.50	50.0	83.0	226	40.0	42
M76×2		2.00					
M76×3		3.00			242		
M76×4		4.00					
M76×6		6.00			258		
M78×2	78.0	2.00			226		
M80×1.5	80.0	1.50					
M80×2		2.00					
M80×3		3.00			242		
M80×4		4.00					
M80×6		6.00			258		
M82×2	82.0	2.00	50.0	86.0	226	40.0	42
M85×2	85.0	2.00					
M85×3		3.00			242		
M85×4		4.00					
M85×6		6.00			261		
M90×2	90.0	2.00			226		
M90×3		3.00			242		
M90×4		4.00					
M90×6		6.00			261		

续表

代号	公称直径 d	螺距 P	d_1	l	L	方头	
						a	l_2
M95×2	95.0	2.00	56.0	89.0	244	45.0	46
M95×3		3.00			260		
M95×4		4.00					
M95×6		6.00			279		
M100×2	100.0	2.00			244		
M100×3		3.00			260		
M100×4		4.00					
M100×6		6.00			279		

注：①括号内尺寸尽量不用。

②M14×1.25 仅用于火花塞。

③M35×1.5 仅用于滚动轴承锁紧螺母。

标记示例：

右螺旋的粗牙普通螺纹，直径 10mm，螺距 1.5mm，H1 公差带，单支初锥（底锥）高性能机用丝锥：

机用丝锥　初(底) GM10－H1　GB/T 3464.1—1994

右螺旋的细牙普通螺纹，直径 10mm，螺距 1.25mm，H4 公差带，单支中锥手用丝锥：

手用丝锥　M10×1.25　GB/T 3464.1—1994

右螺旋的粗牙普通螺纹，直径 12mm，螺距 1.75mm，H2 公差带，两支（初锥和底锥）一组普通级等径机用丝锥：

机用丝锥　初底 M12－H2　GB/T 3464.1—1994

左螺旋的粗牙普通螺纹，直径 27mm，螺距 3mm，H3 公差带，三支一组普通级不等径机用丝锥：

机用丝锥（不等径）　3－ M27L－H3　GB/T 3464.3—1994

直径 3～10mm 的丝锥，有粗柄和细柄两种结构同时并存。在需要明确指定柄部结构的场合，丝锥“粗柄”或“细柄”字样。

2. 长柄机用丝锥

长柄机用丝锥（GB/T 3464.2—1994）的型式如图 5－185 所示，其基本尺寸列于表 5－191～表 5－192。

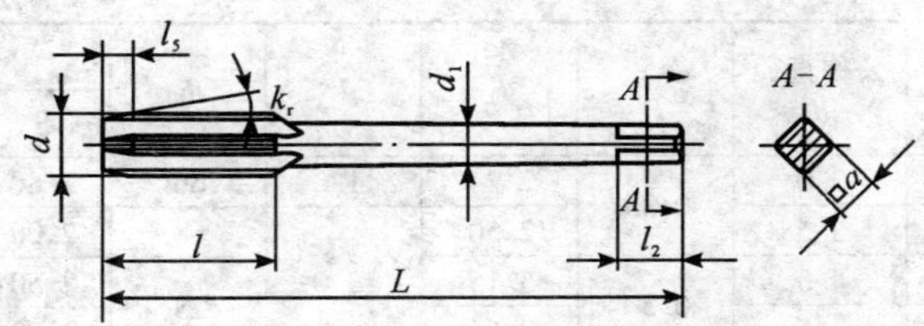

图 5－185　长柄机用丝锥

表 5－191　粗牙普通螺纹用丝锥基本尺寸（mm）

<table>
<tr><th rowspan="2">代号</th><th rowspan="2">公称直径
d</th><th rowspan="2">螺距
P</th><th rowspan="2">d_1</th><th rowspan="2">l</th><th rowspan="2">L</th><th colspan="2">方头</th></tr>
<tr><th>a</th><th>l_2</th></tr>
<tr><td>M3</td><td>3.0</td><td>0.50</td><td>2.24</td><td>11.0</td><td>66</td><td>1.80</td><td rowspan="2">4</td></tr>
<tr><td>M3.5</td><td>3.5</td><td>(0.60)</td><td>2.50</td><td rowspan="3">13.0</td><td>68</td><td>2.00</td></tr>
<tr><td>M4</td><td>4.0</td><td>0.70</td><td>3.15</td><td rowspan="2">73</td><td>2.50</td><td rowspan="2">5</td></tr>
<tr><td>M4.5</td><td>4.5</td><td>(0.75)</td><td>3.55</td><td>2.80</td></tr>
<tr><td>M5</td><td>5.0</td><td>0.80</td><td>4.00</td><td>16.0</td><td>79</td><td>3.15</td><td>6</td></tr>
<tr><td>M6</td><td>6.0</td><td rowspan="2">1.00</td><td>4.50</td><td rowspan="2">19.0</td><td rowspan="2">89</td><td>3.55</td><td>6</td></tr>
<tr><td>M7</td><td>(7.0)</td><td>5.60</td><td>4.50</td><td>7</td></tr>
<tr><td>M8</td><td>8.0</td><td rowspan="2">1.25</td><td>6.30</td><td rowspan="2">22.0</td><td rowspan="2">97</td><td>5.00</td><td rowspan="2">8</td></tr>
<tr><td>M9</td><td>(9.0)</td><td>7.10</td><td>5.60</td></tr>
<tr><td>M10</td><td>10.0</td><td rowspan="2">1.50</td><td rowspan="2">8.00</td><td>24.0</td><td>108</td><td rowspan="2">6.30</td><td rowspan="2">9</td></tr>
<tr><td>M11</td><td>(11.0)</td><td>25.0</td><td>115</td></tr>
<tr><td>M12</td><td>12.0</td><td>1.75</td><td>9.00</td><td>29.0</td><td>119</td><td>7.10</td><td>10</td></tr>
<tr><td>M14</td><td>14.0</td><td rowspan="2">2.00</td><td>11.20</td><td>30.0</td><td>127</td><td>9.00</td><td>12</td></tr>
<tr><td>M16</td><td>16.0</td><td>12.50</td><td>32.0</td><td>137</td><td>10.00</td><td>13</td></tr>
<tr><td>M18</td><td>18.0</td><td rowspan="3">2.50</td><td rowspan="2">14.00</td><td rowspan="2">37.0</td><td rowspan="2">149</td><td rowspan="2">11.20</td><td rowspan="2">14</td></tr>
<tr><td>M20</td><td>20.0</td></tr>
<tr><td>M22</td><td>22.0</td><td>16.00</td><td>38.0</td><td>158</td><td>12.50</td><td>16</td></tr>
<tr><td>M24</td><td>24.0</td><td>3.00</td><td>18.00</td><td>45.0</td><td>172</td><td>14.00</td><td>18</td></tr>
</table>

表 5－192　细牙普通螺纹用丝锥基本尺寸（mm）

<table>
<tr><th rowspan="2">代号</th><th rowspan="2">公称直径
d</th><th rowspan="2">螺距
P</th><th rowspan="2">d_1</th><th rowspan="2">l</th><th rowspan="2">L</th><th colspan="2">方头</th></tr>
<tr><th>a</th><th>l_2</th></tr>
<tr><td>M3 ×0. 35</td><td>3. 0</td><td rowspan="2">0. 35</td><td>2. 24</td><td>11. 0</td><td>66</td><td>1. 80</td><td rowspan="2">4</td></tr>
<tr><td>M3. 5 ×0. 35</td><td>3. 5</td><td>2. 50</td><td rowspan="3">13. 0</td><td>68</td><td>2. 00</td></tr>
<tr><td>M4 ×0. 5</td><td>4. 0</td><td rowspan="2">0. 50</td><td>3. 15</td><td rowspan="2">73</td><td>2. 50</td><td rowspan="2">5</td></tr>
<tr><td>M4. 5 ×0. 5</td><td>4. 5</td><td>3. 55</td><td>2. 80</td></tr>
<tr><td>M5 ×0. 5</td><td>5. 0</td><td rowspan="2">0. 50</td><td rowspan="2">4. 00</td><td>16. 0</td><td>79</td><td rowspan="2">3. 15</td><td rowspan="3">6</td></tr>
<tr><td>M5. 5 ×0. 5</td><td>(5. 5)</td><td>17. 0</td><td>84</td></tr>
<tr><td>M6 ×0. 75</td><td>6. 0</td><td rowspan="2">0. 75</td><td>4. 50</td><td rowspan="4">19. 0</td><td rowspan="2">89</td><td>3. 55</td></tr>
<tr><td>M7 ×0. 75</td><td>(7. 0)</td><td>5. 60</td><td>4. 50</td><td>7</td></tr>
<tr><td>M8 ×1</td><td>8. 0</td><td rowspan="3">1. 00</td><td>6. 30</td><td rowspan="2">97</td><td>5. 00</td><td rowspan="2">8</td></tr>
<tr><td>M9 ×1</td><td>(9. 0)</td><td>7. 10</td><td>5. 60</td></tr>
<tr><td>M10 ×1</td><td rowspan="2">10. 0</td><td rowspan="2">8. 00</td><td rowspan="2">20. 0</td><td rowspan="2">108</td><td rowspan="2">6. 30</td><td rowspan="2">9</td></tr>
<tr><td>M10 ×1. 25</td><td rowspan="2">1. 25</td></tr>
<tr><td>M12 ×1. 25</td><td rowspan="2">12. 0</td><td rowspan="2">9. 00</td><td>24. 0</td><td rowspan="2">119</td><td rowspan="2">7. 10</td><td rowspan="2">10</td></tr>
<tr><td>M12 ×1. 5</td><td>1. 50</td><td>29. 0</td></tr>
<tr><td>M14 ×1. 25</td><td rowspan="2">14. 0</td><td>1. 25</td><td rowspan="3">11. 20</td><td>25. 0</td><td rowspan="3">127</td><td rowspan="3">9. 00</td><td rowspan="3">12</td></tr>
<tr><td>M14 ×1. 5</td><td rowspan="5">1. 50</td><td rowspan="2">30. 0</td></tr>
<tr><td>M15 ×1. 5</td><td>(15. 0)</td></tr>
<tr><td>M16 ×1. 5</td><td>16. 0</td><td rowspan="2">12. 50</td><td rowspan="2">32. 0</td><td rowspan="2">137</td><td rowspan="2">10. 00</td><td rowspan="2">13</td></tr>
<tr><td>M17 ×1. 5</td><td>(17. 0)</td></tr>
<tr><td>M18 ×1. 5</td><td rowspan="2">18. 0</td><td rowspan="4">14. 00</td><td>29. 0</td><td rowspan="4">149</td><td rowspan="4">11. 20</td><td rowspan="4">14</td></tr>
<tr><td>M18 ×2</td><td>2. 00</td><td>37. 0</td></tr>
<tr><td>M20 ×1. 5</td><td rowspan="2">20. 0</td><td>1. 50</td><td>29. 0</td></tr>
<tr><td>M20 ×2</td><td>2. 00</td><td>37. 0</td></tr>
<tr><td>M22 ×1. 5</td><td rowspan="2">22. 0</td><td>1. 50</td><td rowspan="2">16. 00</td><td>33. 0</td><td rowspan="2">158</td><td rowspan="2">12. 50</td><td rowspan="2">16</td></tr>
<tr><td>M22 ×2</td><td>2. 00</td><td>38. 0</td></tr>
<tr><td>M24 ×1. 5</td><td rowspan="2">24. 0</td><td>1. 50</td><td rowspan="2">18. 00</td><td rowspan="2">35. 0</td><td rowspan="2">172</td><td rowspan="2">14. 00</td><td rowspan="2">18</td></tr>
<tr><td>M24 ×2</td><td>2. 00</td></tr>
</table>

注：①括号内尺寸尽量不用。

②M14 ×1. 25 仅用于火花塞。

③对于 M3 ~ M10，由制造厂决定是否采用带颈结构，颈部直径 d_2 和长度 l_1，柄部直径 d_1 和方头尺寸等，均按 GB/T 3464. 1 规定。

标记示例：

右螺旋的粗牙普通螺纹，直径6mm，螺距1mm，H2公差带，高性能长柄机用丝锥：长柄机用丝锥　G M6 - H2　GB/T 3464.2—1994

左螺旋的细牙普通螺纹，直径8mm，螺距1mm，H3公差带，普通级长柄机用丝锥：长柄机用丝锥　M8×1L - H3　GB/T 3464.2—1994

直径3～10mm的丝锥，有粗柄和细柄两种结构同时并存。在需要明确指定柄部结构的场合，丝锥名称前应加“粗柄”或“细”字样。

3. 短柄机用和手用丝锥

短柄机用和手用丝锥（GB/T 3464.3—1994）可分三种：

（1）粗短柄机用和手用丝锥：

短柄机用和手用丝锥的型式如图5-186所示，丝锥的基本尺寸列于表5-193和表5-194。

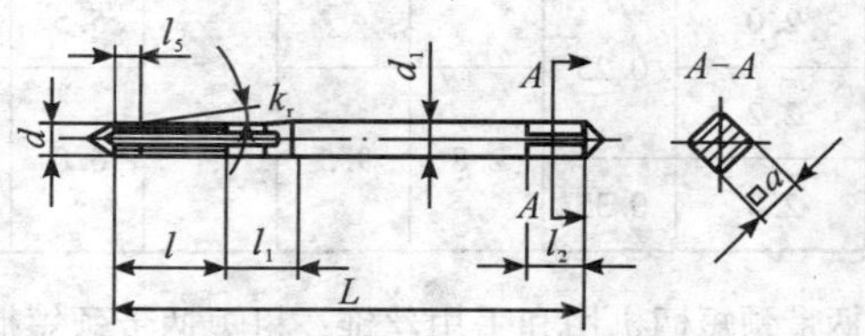

图5-186　粗短柄机用和手用丝锥

表5-193　粗牙普通螺纹用丝锥基本尺寸（mm）

代号	公称直径 d	螺距 P	d_1	l	L	l_1	方头 a	方头 l_2
M1	1.0	0.25	2.5	5.5	28	4.5	2.00	4
M1.1	1.1							
M1.2	1.2							
M1.4	1.4	0.30		7.0		5.0		
M1.6	1.6	0.35		8.0	32			
M1.8	1.8							
M2	2.0	0.40				5.5		
M2.2	2.2	0.45	2.8	9.5	36	6.0	2.24	5
M2.5	2.5							

表 5－194　细牙普通螺纹用丝锥的基本尺寸（mm）

<table>
<tr><th rowspan="2">代号</th><th rowspan="2">公称直径
d</th><th rowspan="2">螺距
P</th><th rowspan="2">d_1</th><th rowspan="2">l</th><th rowspan="2">L</th><th rowspan="2">l_1</th><th colspan="2">方头</th></tr>
<tr><th>a</th><th>l_2</th></tr>
<tr><td>M1 ×0. 2</td><td>1. 0</td><td rowspan="6">0. 2</td><td rowspan="7">2. 5</td><td rowspan="3">5. 5</td><td rowspan="4">28</td><td rowspan="3">4. 5</td><td rowspan="7">2. 00</td><td rowspan="7">4</td></tr>
<tr><td>M1. 1 ×0. 2</td><td>1. 1</td></tr>
<tr><td>M1. 2 ×0. 2</td><td>1. 2</td></tr>
<tr><td>M1. 4 ×0. 2</td><td>1. 4</td><td>7. 0</td><td rowspan="3">5. 0</td></tr>
<tr><td>M1. 6 ×0. 2</td><td>1. 6</td><td rowspan="3">8. 0</td><td rowspan="2">32</td></tr>
<tr><td>M1. 8 ×0. 2</td><td>1. 8</td></tr>
<tr><td>M2 ×0. 25</td><td>2. 0</td><td rowspan="2">0. 25</td><td rowspan="3">36</td><td>5. 5</td></tr>
<tr><td>M2. 2 ×0. 25</td><td>2. 2</td><td rowspan="2">2. 8</td><td rowspan="2">9. 5</td><td rowspan="2">6. 0</td><td rowspan="2">2. 24</td><td rowspan="2">5</td></tr>
<tr><td>M2. 5 ×0. 35</td><td>2. 5</td><td>0. 35</td></tr>
</table>

（2）粗短柄带颈短柄机用和手用丝锥：粗短柄带颈短柄机用和手用丝锥的型式如图 5－187 所示，丝锥的基本尺寸列于表 5－195 和表 5－196。

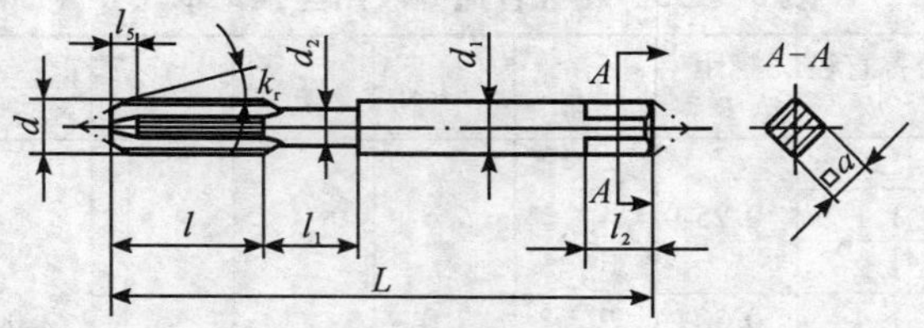

图 5－187　粗短柄带颈短柄机用和手用丝锥

表 5－195　粗牙普通螺纹用丝锥基本尺寸（mm）

代号	公称直径 d	螺距 P	d_1	l	L	d_2 min	l_1	方头 a	方头 l_2
M3	3.0	0.50	3.15	11.0	40	2.12	7.0	2.50	5
M3.5	3.5	(0.60)	3.55	13.0		2.50		2.80	
M4	4.0	0.70	4.00		45	2.80	8.0	3.15	6
M4.5	4.5	(0.75)	4.50			3.15		3.55	
M5	5.0	0.80	5.00	16.0	50	3.55	9.0	4.00	7
M6	6.0	1.00	6.30	19.0	55	4.50	11.0	5.00	8
M7	7.0		7.10			5.30		5.60	
M8	8.0	1.25	8.00	22.0	65	6.00	13.0	6.30	9
M9	9.0		9.00			7.10	14.0	7.10	10
M10	10.0	1.50	10.00	24.0	70	7.50	15.0	8.0	11

注：①括号内尺寸尽量不用。

②表中 d_2 和 l_1 为空刀槽尺寸，允许无空刀槽，无空刀槽时螺纹部分长度尺寸应为 $l+l_1/2$。

表 5－196　细牙普通螺纹用丝锥基本尺寸（mm）

代号	公称直径 d	螺距 P	d_1	l	L	d_2 min	l_1	方头 a	方头 l_2
M3×0.35	3.0	0.35	3.15	11.0	40	2.12	7.0	2.50	5
M3.5×0.35	3.5		3.55	13.0		2.50		2.80	
M4×0.5	4.0	0.50	4.00		45	2.80	8.0	3.15	6
M4.5×0.5	4.5		4.50			3.15		3.55	
M5×0.5	5.0		5.00	16.0	50	3.55	90	4.00	7
M5.5×0.5	5.5		5.60	17.0		4.00		4.50	
M6×0.5	6.0		6.30	19.0		4.50	11.0	5.00	8
M6×0.75		0.75							
M7×0.75	7.0		7.10			5.30		5.60	
M8×0.5	8.0	0.50	8.00		60	6.00	13.0	6.30	9
M8×0.75		0.75							
M8×1		1.00		22.0					
M9×0.75	9.0	0.75	9.00	19.0		7.10	14.0	7.10	10
M9×1		1.00		22.0					
M10×0.75	10.0	0.75	10.00	20.0	65	7.50	15.0	8.00	11
M10×1		1.00		24.0					
M10×1.25		1.25							

注：表中 d_2 和 l_1 为空刀槽尺寸，允许无空刀槽，无空刀槽时螺纹部分长度尺寸应为 $l+l_1/2$。

（3）细短柄机用和手用丝锥：细短柄机用和手用丝锥的型式如图 5－

188 所示，其基本尺寸列于表 5－197 和表 5－198。

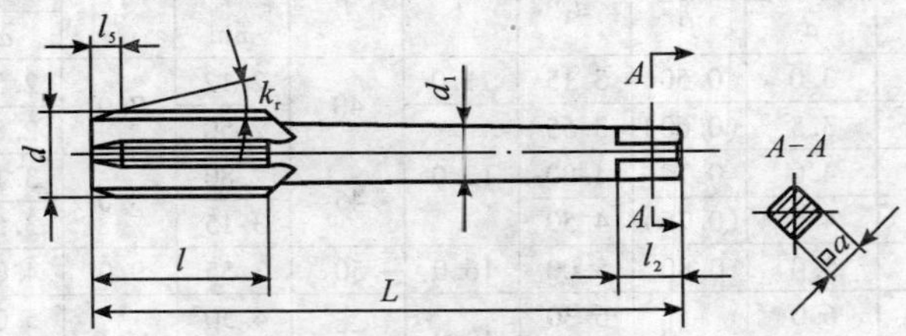

图 5－188　细短柄机用和手用丝锥

表 5－197　粗牙普通螺纹用丝锥基本尺寸（mm）

<table>
<tr><th rowspan="2">代号</th><th rowspan="2">公称直径
d</th><th rowspan="2">螺距
P</th><th rowspan="2">d_1</th><th rowspan="2">l</th><th rowspan="2">L</th><th colspan="2">方头</th></tr>
<tr><th>a</th><th>l_2</th></tr>
<tr><td>M3</td><td>3.0</td><td>0.50</td><td>2.24</td><td>11.0</td><td rowspan="2">40</td><td>1.80</td><td rowspan="2">4</td></tr>
<tr><td>M3.5</td><td>3.5</td><td>（0.60）</td><td>2.50</td><td rowspan="3">13.0</td><td>2.00</td></tr>
<tr><td>M4</td><td>4.0</td><td>0.70</td><td>3.15</td><td rowspan="2">45</td><td>2.50</td><td rowspan="2">5</td></tr>
<tr><td>M4.5</td><td>4.5</td><td>（0.75）</td><td>3.55</td><td>2.80</td></tr>
<tr><td>M5</td><td>5.0</td><td>0.80</td><td>4.00</td><td>16.0</td><td>50</td><td>3.15</td><td rowspan="2">6</td></tr>
<tr><td>M6</td><td>6.0</td><td rowspan="2">1.00</td><td>4.50</td><td rowspan="2">19.0</td><td rowspan="2">55</td><td>3.55</td></tr>
<tr><td>M7</td><td>（7.0）</td><td>5.60</td><td>4.50</td><td>7</td></tr>
<tr><td>M8</td><td>8.0</td><td rowspan="2">1.25</td><td>6.30</td><td rowspan="2">22.0</td><td rowspan="2">65</td><td>5.00</td><td rowspan="2">8</td></tr>
<tr><td>M9</td><td>（9.0）</td><td>7.10</td><td>5.60</td></tr>
<tr><td>M10</td><td>10.0</td><td rowspan="2">1.50</td><td rowspan="2">8.00</td><td>24.0</td><td rowspan="2">70</td><td rowspan="2">6.30</td><td rowspan="2">9</td></tr>
<tr><td>M11</td><td>（11.0）</td><td>25.0</td></tr>
<tr><td>M12</td><td>12.0</td><td>1.75</td><td>9.00</td><td>29.0</td><td>80</td><td>7.10</td><td>10</td></tr>
<tr><td>M14</td><td>14.0</td><td rowspan="2">2.00</td><td>11.20</td><td>30.0</td><td rowspan="2">90</td><td>9.00</td><td>12</td></tr>
<tr><td>M16</td><td>16.0</td><td>12.50</td><td>32.0</td><td>10.00</td><td>13</td></tr>
<tr><td>M18</td><td>18.0</td><td rowspan="3">2.50</td><td rowspan="2">14.00</td><td rowspan="2">37.0</td><td rowspan="2">100</td><td rowspan="2">11.20</td><td rowspan="2">14</td></tr>
<tr><td>M20</td><td>20.0</td></tr>
<tr><td>M22</td><td>22.0</td><td>16.00</td><td>38.0</td><td>110</td><td>12.50</td><td>16</td></tr>
<tr><td>M24</td><td>24.0</td><td rowspan="2">3.00</td><td>18.00</td><td rowspan="2">45.0</td><td rowspan="2">120</td><td>14.00</td><td>18</td></tr>
<tr><td>M27</td><td>27.0</td><td rowspan="2">20.00</td><td rowspan="2">16.00</td><td rowspan="2">20</td></tr>
<tr><td>M30</td><td>30.0</td><td rowspan="2">3.50</td><td>48.0</td><td rowspan="2">130</td></tr>
<tr><td>M33</td><td>33.0</td><td>22.40</td><td>51.0</td><td>18.00</td><td>22</td></tr>
<tr><td>M36</td><td>36.0</td><td rowspan="2">4.00</td><td>25.00</td><td>57.0</td><td rowspan="2">145</td><td>20.00</td><td>24</td></tr>
<tr><td>M39</td><td>39.0</td><td rowspan="2">28.00</td><td rowspan="2">60.0</td><td rowspan="2">22.40</td><td rowspan="2">26</td></tr>
<tr><td>M42</td><td>42.0</td><td rowspan="2">4.50</td><td rowspan="2">160</td></tr>
<tr><td>M45</td><td>45.0</td><td rowspan="2">31.50</td><td rowspan="2">67.0</td><td>25.00</td><td>28</td></tr>
<tr><td>M48</td><td>48.0</td><td rowspan="2">5.00</td><td rowspan="2">175</td><td>25.00</td><td>28</td></tr>
<tr><td>M52</td><td>52.0</td><td>35.50</td><td>70.0</td><td>28.00</td><td>31</td></tr>
</table>

注：括号内尺寸尽量不用。

表 5-198　细牙普通螺纹用丝锥的基本尺寸（mm）

代号	公称直径 d	螺距 P	d_1	l	L	方头	
						a	l_2
M3×0.35	3.0	0.35	2.24	11.0	40	1.80	4
M3.5×0.35	3.5		2.50			2.00	
M4×0.5	4.0	0.50	3.15	13.0	45	2.50	5
M4.5×0.5	4.5		3.55			2.80	
M5×0.5	5.0		4.00	16.0	50	3.15	6
M5.5×0.5	(5.5)			17.0			
M6×0.75	6.0	0.75	4.50	19.0		3.55	
M7×0.75	(7.0)		5.60			4.50	7
M8×0.75	8.0		6.30		60	5.00	8
M8×1		1.00		22.0			
M9×0.75	(9.0)	0.75	7.10	19.0		5.60	8
M9×1		1.00		22.0			
M10×0.75	10.0	0.75	8.00	20.0	65	6.30	9
M10×1		1.00		24.0			
M10×1.25		1.25					
M11×0.75	(11.0)	0.75		22.0			
M11×1		1.00					
M12×1	12.0		9.00		70	7.10	10
M12×1.25		1.25		29.0			
M12×1.5		1.50		29.0			
M14×1	14.0	1.00	11.20	22.0		9.00	12
M14×1.25		1.25		30.0			
M14×1.5		1.50		30.0			
M15×1.5	(15.0)						
M16×1	16.0	1.00	12.50	22.0	80	10.00	13
M16×1.5		1.50		32.0			
M17×1.5	(17.0)						
M18×1	18.0	1.00	14.00	22.0	90	11.20	14
M18×1.5		1.50		37.0			
M18×2		2.00		37.0			
M20×1	20.0	1.00		22.0			
M20×1.5		1.50		37.0			
M20×2		2.00		37.0			

续表

代号	公称直径 d	螺距 P	d_1	l	L	方头	
						a	l_2
M22×1	22.0	1.00	16.0	24.0	90	12.5	16
M22×1.5		1.50		38.0			
M22×2		2.00		38.0			
M24×1	24.0	1.00	18.00	24.0	95	14.0	18
M24×1.5		1.50		45.0			
M24×2		2.00					
M25×1.5	25.0	1.50					
M25×2		2.00					
M26×1.5	26.0	1.50		35.0			
M27×1	27.0	1.00	20.0	25.0		16.0	20
M27×1.5		1.50		37.0			
M27×2		2.00					
M28×1	(28.0)	1.00		25.0	105		
M28×1.5		1.50		37.0			
M28×2		2.00					
M30×1	30.0	1.00		25.0			
M30×1.5		1.50		37.0			
M30×2		2.00					
M30×3		3.00		48.0			
M32×1.5	(32.0)	1.50	22.4	37.0	115	18.0	22
M32×2		2.00					
M33×1.5	33.0	1.50					
M33×2		2.00					
M33×3		3.00		51.0			
M35×1.5	(35.0)	1.50	25.0	39.0	125	20.0	24
M36×1.5	36.0						
M36×2		2.00					
M36×3		3.00		57.0			
M38×1.5	38.0	1.5	28.0	39.0	130	22.4	26
M39×1.5	39.0						
M39×2		2.00					
M39×3		3.00		60.0			

续表

代号	公称直径 d	螺距 P	d_1	l	L	方头	
						a	l_2
M40 ×1.5	(40.0)	1.50	28.0	39.0	130	22.4	26
M40 ×2		2.00					
M40 ×3		3.00		60.0			
M42 ×1.5	42.0	1.50		39.0			
M42 ×2		2.00					
M42 ×3		3.00		60.0			
M42 ×4		(4.00)					
M45 ×1.5	45.0	1.50	31.5	45.0	140	25.0	28
M45 ×2		2.00					
M45 ×3		3.00		67.0			
M45 ×4		(4.00)					
M48 ×1.5	48.0	1.50		45.0	150		
M48 ×2		2.00					
M48 ×3		3.00		67.0			
M48 ×4		(4.00)					
M50 ×1.5	(50.0)	1.50		45.0			
M50 ×2		2.00					
M50 ×3		3.00		67.0			
M52 ×1.5	52.0	1.50	35.5	45.0		28.0	31
M52 ×2		2.00					
M52 ×3		3.00		70.0			
M52 ×4		4.00					

注：①括号内尺寸尽量不用。

②M14 ×1.25 仅用于火花塞。

③M35 ×1.5 仅用于滚动轴承锁紧螺母。

标记示例：

右螺旋的粗牙普通螺纹，直径 10mm，螺距 1.5mm，H1 公差带，单支初锥（底锥）高性能短柄机用丝锥：

短柄机用丝锥　初（底）GM10 – H1　GB/T 3464.3—1994

右螺旋的细牙普通螺纹，直径 10mm，螺距 1.25mm，H4 公差带，单支中锥短柄手用丝锥：

短柄手用丝锥　M10×1.25　GB/T 3464.3—1994

右螺旋的粗牙普通螺纹，直径 12mm，螺距 1.75mm，H2 公差带，两支（初锥和底锥）一组普通级等径短柄机用丝锥：

短柄机用丝锥　初底 M12-H2　GB/T 3464.3—1994

左螺旋的粗牙普通螺纹，直径 27mm，螺距 3mm，H3 公差带，三支一组普通级不等径短柄机用丝锥：

短柄机用丝锥（不等径）　3-M27L-H3　GB/T 3464.3—1994

直径 3～10mm 的丝锥，有粗柄和细柄两种结构同时并存。在需要明确指定柄部结构的场合，丝锥名称前应加“粗柄”或“细”字样。

4. 圆板牙

圆板牙（GB/T 970.1—1994）的型式如图 5-189 所示，其基本尺寸列于表 5-199、表 5-200。

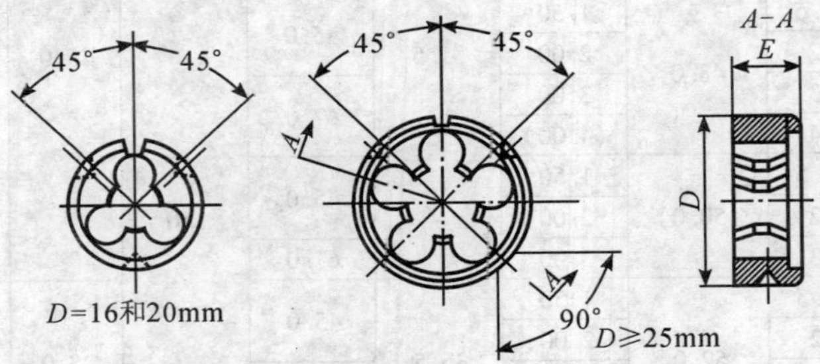

图 5-189　圆板牙

表 5-199　粗牙普通螺纹圆板牙基本尺寸（mm）

代号	公称直径 d			螺距 P	基本尺寸	
	第一系列	第二系列	第三系列		D	E
M1	1			0.25	16	5
M1.1		1.1				
M1.2	1.2					
M1.4		1.4		0.3		
M1.6	1.6			0.35		
M1.8		1.8				
M2	2			0.4		

续表

代号	公称直径 d			螺距	基本尺寸	
	第一系列	第二系列	第三系列	P	D	E
M2.2		2.2		0.45	16	5
M2.5	2.5					
M3	3			0.5	20	
M3.5		3.5		(0.6)		
M4	4			0.7		
M4.5		4.5		(0.75)		7
M5	5			0.8		
M6	6			1		
M7			7		25	9
M8	8			1.25		
M9			9	(1.25)		
M10	10			1.5	30	11
M11			11	(1.5)		
M12	12			1.75	38	14
M14		14		2		
M16	16				45	18
M18		18		2.5		
M20	20					
M22		22			55	22
M24	24			3		
M27		27			65	25
M30	30			3.5		
M33		33				
M36	36			4		
M39		39			75	30
M42	42			4.5		
M45		45			90	36
M48	48			5		
M52		52				
M56	56			5.5	105	
M60		60		(5.5)		
M64	64			6	120	
M68		68				

表 5-200　细牙普通螺纹圆板牙基本尺寸（mm）

代号	公称直径 d			螺距	基本尺寸	
	第一系列	第二系列	第三系列	*P*	*D*	*E*
M1×0.2	1			0.2	16	5
M1.1×0.2		1.1				
M1.2×0.2	1.2					
M1.4×0.2		1.4				
M1.6×0.2	1.6					
M1.8×0.2		1.8				
M2×0.25	2			0.25		
M2.2×0.25		2.2				
M2.5×0.35	2.5			0.35		
M3×0.35	3				20	
M3.5×0.35		3.5				
M4×0.5	4			0.5		
M4.5×0.5		4.5				
M5×0.5	5					
M5.5×0.5			5.5			
M6×0.75	6			0.75		7
M7×0.75			7		25	9
M8×0.75	8					
M8×1				1		
M9×0.75			9	0.75		
M9×1				1		
M10×0.75	10			0.75	30	11
M10×1				1		
M10×1.25				1.25		
M11×0.75			11	0.75		
M11×1				1		
M12×1	12				38	10
M12×1.25				1.25		
M12×1.5				1.5		
M14×1		14		1		
M14×1.25				1.25		
M14×1.5				1.5		
M15×1.5			15			

续表

代号	公称直径 d			螺距 P	基本尺寸	
	第一系列	第二系列	第三系列		D	E
M16×1	16			1		
M16×1.5				1.5		
M17×1.5			17			
M18×1				1		
M18×1.5		18		1.5	45	14
M18×2				2		
M20×1				1		
M20×1.5	20			1.5		
M20×2				2		
M22×1				1		
M22×1.5		22		1.5		
M22×2				2		
M24×1				1		
M24×1.5	24			1.5	55	16
M24×2				2		
M25×1.5			25	1.5		
M25×2				2		
M27×1				1		
M27×1.5		27		1.5		
M27×2				2		
M28×1				1		
M28×1.5			28	1.5		18
M28×2				2		
M30×1				1		
M30×1.5	30			1.5	65	
M30×2				2		
M30×3				(3)		25
M32×1.5			32	1.5		
M32×2				2		18
M33×1.5				1.5		
M33×2		33		2		
M33×3				(3)		25

续表

代号	公称直径 d			螺距	基本尺寸	
	第一系列	第二系列	第三系列	P	D	E
M35×1.5			35	1.5	65	18
M36×1.5	36					
M36×2				2		
M36×3				3		25
M39×1.5		39		1.5	75	20
M39×2				2		
M39×3				3		30
M40×1.5			40	1.5		20
M40×2				(2)		
M40×3				(3)		30
M42×1.5	42			1.5		20
M42×2				2		
M42×3				3		30
M42×4				(4)		
M45×1.5		45		1.5	90	22
M45×2				2		
M45×3				3		36
M45×4				(4)		
M48×1.5	48			1.5		22
M48×2				2		
M48×3				3		36
M48×4				(4)		
M50×1.5			50	1.5	90	22
M50×2				(2)		
M50×3				(3)		36
M52×1.5		52		1.5		22
M52×2				2		
M52×3				3		36
M52×4				(4)		
M55×1.5			55	1.5	105	22
M55×2				2		
M55×3				(3)		36
M55×4				(4)		

续表

<table>
<tr><th rowspan="2">代号</th><th colspan="3">公称直径 d</th><th rowspan="2">螺距
P</th><th colspan="2">基本尺寸</th></tr>
<tr><th>第一系列</th><th>第二系列</th><th>第三系列</th><th>D</th><th>E</th></tr>
<tr><td>M56×1.5</td><td rowspan="4">56</td><td rowspan="4"></td><td rowspan="4"></td><td>1.5</td><td rowspan="4">105</td><td rowspan="2">22</td></tr>
<tr><td>M56×2</td><td>2</td></tr>
<tr><td>M56×3</td><td>3</td><td rowspan="2">36</td></tr>
<tr><td>M56×4</td><td>4</td></tr>
</table>

注：第三系列和括号内的尺寸尽可能不采用。

标记示例：

粗牙普通螺纹公称直径 8mm、螺距 1.25mm、6g 公差带的圆板牙，其标记为：

圆板牙　M8 -6g　GB/T 970.1—1994

细牙普通螺纹公称直径 8mm、螺距 0.75mm、6g 公差带的圆板牙，其标记为：

圆板牙　M8 ×0.75 -6g　GB/T 970.1—1994

左螺纹圆板牙应在代号后加“L”字母，如 M8 ×0.75L，其余标记法与前相同。

5. 55°圆柱管螺纹丝锥

55°圆柱管螺纹丝锥（JB/T 9994—1999）分 G 系列、G－D 系列、Rp 系列三种，丝锥的型式如图 5－190 所示。丝锥的尺寸和丝锥切削锥长度分别列于表 5－201 和表 5－202。

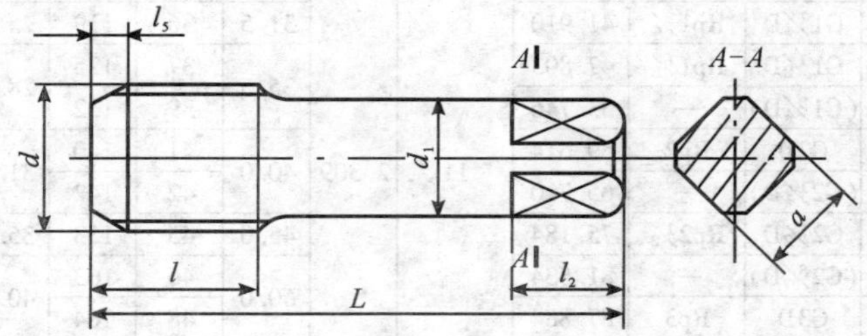

图 5－190　55°圆柱管螺纹丝锥

标记示例：

管螺纹，代号 G1/4，单支丝锥的标记为：

55°圆柱管螺纹丝锥 G1/4　JB/T 9994—1999

管螺纹，左旋，代号 G1/4，单支丝锥的标记为：

55°圆柱管螺纹丝锥 G1/4 - LH　JB/T 9994—1999

管螺纹，代号 G1/4D，单支丝锥的标记为：

55°圆柱管螺纹丝锥 G1/4D　JB/T 9994—1999

管螺纹，代号 Rp1/4，单支丝锥的标记为：

55°圆柱管螺纹丝锥 Rp1/4　JB/T 9994—1999

管螺纹，代号 G1/2，两支一组不等径丝锥的标记为：

55°圆柱管螺纹丝锥 2 - G1/2　JB/T 9994—1999

表 5 -201　55°圆柱管螺纹丝锥规格尺寸（mm）

<table>
<tr><th colspan="3">代号</th><th>基本直径
d</th><th>25.4mm
牙数</th><th>螺距
P</th><th>d_1</th><th>l</th><th>L</th><th>a</th><th>l_2</th></tr>
<tr><td>G1/16</td><td>G1/16D</td><td>Rp1/16</td><td>7.723</td><td rowspan="2">28</td><td rowspan="2">0.970</td><td>5.6</td><td>14</td><td>52</td><td>4.5</td><td>7</td></tr>
<tr><td>G1/8</td><td>G1/8D</td><td>Rp1/8</td><td>9.728</td><td>8.0</td><td>15</td><td>59</td><td>6.3</td><td>9</td></tr>
<tr><td>G1/4</td><td>G1/4D</td><td>Rp1/4</td><td>13.157</td><td rowspan="2">19</td><td rowspan="2">1.337</td><td>10.0</td><td>19</td><td>67</td><td>8.0</td><td>11</td></tr>
<tr><td>G3/8</td><td>G3/8D</td><td>Rp3/8</td><td>16.662</td><td>12.5</td><td>21</td><td>75</td><td>10.0</td><td>13</td></tr>
<tr><td>G1/2</td><td>G1/2D</td><td>Rp1/2</td><td>20.955</td><td rowspan="4">14</td><td rowspan="4">1.814</td><td>16.0</td><td rowspan="2">26</td><td>87</td><td>12.5</td><td>16</td></tr>
<tr><td>(G5/8)</td><td>(G5/8D)</td><td>—</td><td>22.911</td><td>18.0</td><td>91</td><td>14.0</td><td>18</td></tr>
<tr><td>G3/4</td><td>G3/4D</td><td>Rp3/4</td><td>26.441</td><td>20.0</td><td>28</td><td>96</td><td>16.0</td><td>20</td></tr>
<tr><td>(G7/8)</td><td>(G7/8D)</td><td>—</td><td>30.201</td><td>22.4</td><td>29</td><td>102</td><td>18.0</td><td>22</td></tr>
<tr><td>G1</td><td>G1D</td><td>Rp1</td><td>33.249</td><td rowspan="12">11</td><td rowspan="12">2.309</td><td>25.0</td><td>33</td><td>109</td><td>20.0</td><td>24</td></tr>
<tr><td>(G1 1/8)</td><td>G1 1/8D</td><td>—</td><td>37.897</td><td>28.0</td><td>34</td><td>116</td><td>22.4</td><td>26</td></tr>
<tr><td>G1 1/4</td><td>G1 1/4D</td><td>Rp1 1/4</td><td>41.910</td><td>31.5</td><td>36</td><td>119</td><td>25.0</td><td>28</td></tr>
<tr><td>G1 1/2</td><td>G1 1/2D</td><td>Rp1 1/2</td><td>47.803</td><td rowspan="2">35.5</td><td>37</td><td>125</td><td rowspan="2">28.0</td><td rowspan="2">31</td></tr>
<tr><td>(G1 3/4)</td><td>(G1 3/4D)</td><td>—</td><td>53.746</td><td>39</td><td>132</td></tr>
<tr><td>G2</td><td>G2D</td><td>Rp2</td><td>59.614</td><td rowspan="2">40.0</td><td>41</td><td>140</td><td rowspan="2">31.5</td><td rowspan="2">34</td></tr>
<tr><td>(G2 1/4)</td><td>(G2 1/4D)</td><td>—</td><td>65.710</td><td>42</td><td>142</td></tr>
<tr><td>G2 1/2</td><td>G2 1/2D</td><td>Rp2 1/2</td><td>75.184</td><td>45.0</td><td>45</td><td>153</td><td>35.5</td><td>38</td></tr>
<tr><td>(G2 3/4)</td><td>(G2 3/4D)</td><td>—</td><td>81.534</td><td rowspan="2">50.0</td><td>46</td><td>163</td><td rowspan="2">40.0</td><td rowspan="2">42</td></tr>
<tr><td>G3</td><td>G3D</td><td>Rp3</td><td>87.884</td><td>48</td><td>164</td></tr>
<tr><td>G3 1/2</td><td>G3 1/2D</td><td>Rp3 1/2</td><td>100.330</td><td>63.0</td><td>50</td><td>173</td><td>50.0</td><td>51</td></tr>
<tr><td>G4</td><td>G4D</td><td>Rp4</td><td>113.030</td><td>71.0</td><td>53</td><td>185</td><td>56.0</td><td>56</td></tr>
</table>

注：括号内的尺寸尽量不采用。

表 5-202　单支和成组丝锥切削长度推荐值

分类	名称	切削锥长度 l_5	图示
单支和成组（等径）丝锥	初锥	7~10 牙	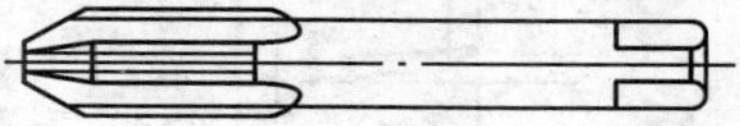
	中锥	3~5 牙	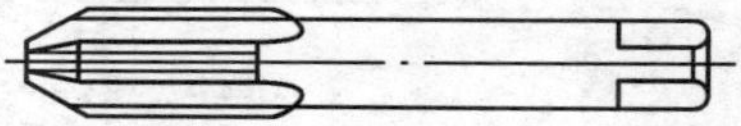
	底锥	1~3 牙	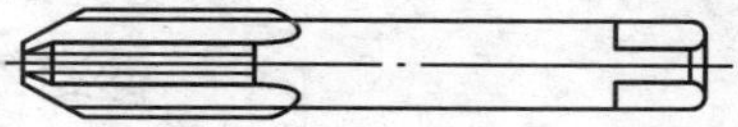
成组（不等径）丝锥	第一粗锥	7~10 牙	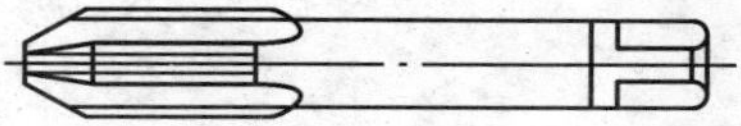
	第二粗锥	3~5 牙	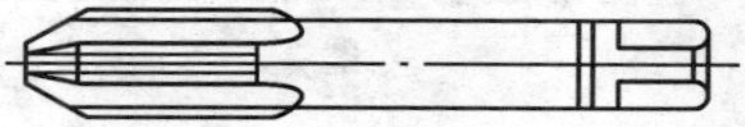
	精锥	1~3 牙	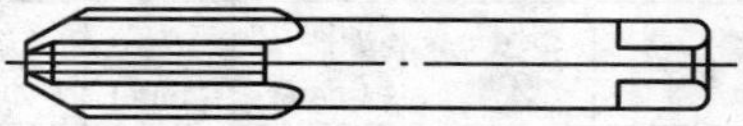

注：①螺距小于或等于 1.814mm 的丝锥，优先采用单支。单支按中锥生产供应。

②成组丝锥每组支数，按用户需要由制造厂自行规定。

③成组不等径丝锥，在第一、第二组粗锥柄部应分别切制 1 条、2 条圆环或以顺序号标志，以资识别。

6. 55°圆锥管螺纹丝锥

55°圆锥管螺纹丝锥（JB/T 9996—1999）的型式和牙型见图 5-191 和图 5-192；丝锥的尺寸和牙型极限偏差列于表 5-203 和表 5-204。

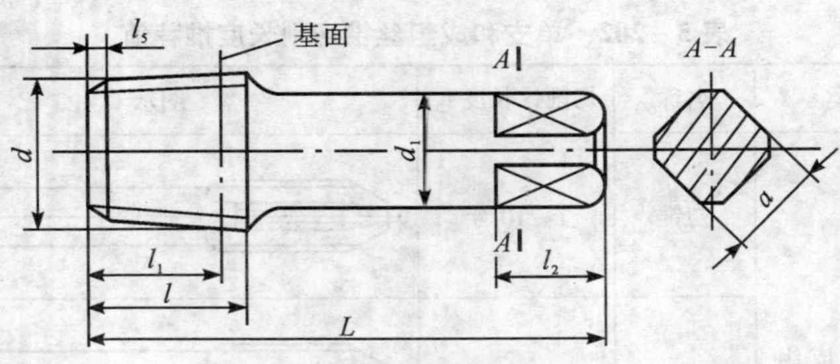

图 5 – 191　55°圆锥管螺纹丝锥

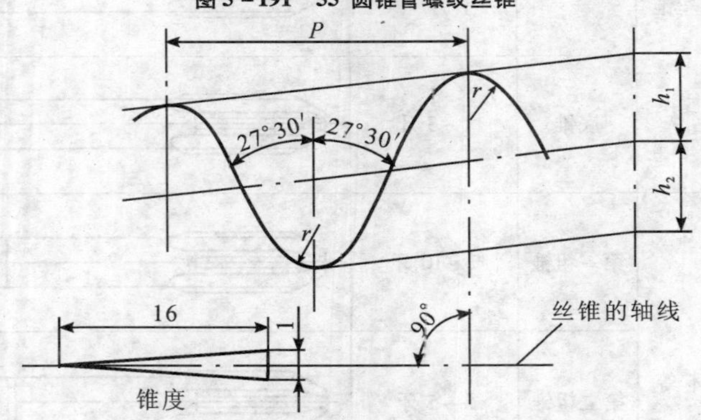

图 5 – 192　丝锥的螺纹牙型

表 5 – 203　55°圆锥管螺纹丝锥的尺寸参数

代号	25.4mm 牙数	螺距 P (mm)	d_1 (mm)	l (mm)	L (mm)	$l_{1\max}$ (mm)	l_5 (mm)	a (mm)	l_2 (mm)
Rc1/16	28	0.907	5.6	14	52	10.1	2.7	4.5	7
Rc1/8			8.0	15	59			6.3	9
Rc1/4	19	1.337	10.0	19	67	15.0	4.0	8.0	11
Rc3/8			12.5	21	75	15.4		10.0	13
Rc1/2	14	1.814	16.0	26	87	20.5	5.5	12.5	15
Rc3/4			20.0	28	96	21.8		16.0	20
Rc1	11	2.309	25.0	33	109	26.0	7	20.0	24
Rc1 1/4			31.5	36	119	28.3		25.0	28
Rc1 1/2			35.5	37	125			28.0	31
Rc2			40.0	41	140	32.7		31.5	34
Rc2 1/2			45.0	45	153	37.1		35.5	38
Rc3			50.0	48	164	40.2		40.0	42
Rc3 1/2			63.0	50	173	41.9		50.0	51
Rc4			71.0	53	185	46.2		56.0	56

注：l_5 为参考尺寸。

表 5－204　丝锥牙型极限偏差

代号	25.4 (mm) 牙数	螺距 P (mm)	基面上直径(mm)			r (mm)	h_1(mm)		h_2(mm)		螺距偏差		锥度偏差 (在16mm长度)(mm)	牙型半角偏差
			d	d_2	d_1		基本尺寸	极限偏差	基本尺寸	极限偏差	测量牙数	偏差 (mm)		
Rc1/16	28	0.907	7.723	7.142	6.561	0.125	0.291	+0.025 -0.015	0.291	+0.015 -0.025	9	±0.008	±0.05	±25′
Rc1/8			9.728	9.147	8.566									
Rc1/4	19	1.337	13.157	12.301	11.445	0.184	0.428		0.428					
Rc3/8			16.662	15.806	14.950									
Rc1/2	14	1.814	20.955	19.793	18.631	0.249	0.581		0.581		7	±0.009	±0.04	±20′
Rc3/4			26.441	25.279	24.117									
Rc1	11	2.309	33.249	31.770	30.291	0.317	0.740		0.740			±0.010		
Rc1 1/4			41.910	40.431	38.952									
Rc1 1/2			47.803	46.324	44.845									
Rc2			59.614	58.135	56.656									
Rc2 1/2			75.184	73.705	72.226									
Rc3			87.884	86.405	84.926									
Rc3 1/2			100.330	98.851	97.372									
Rc4			133.030	111.551	110.072									

标记示例：

管螺纹，代号 Rc½的丝锥标记为：

55°圆锥管螺纹丝锥 Rc½　JB/T 9996—1999

管螺纹，代号 Rc½，左旋丝锥的标记为：

55°圆锥管螺纹丝锥 Rc½ - LH　JB/T 9996—1999

7. 55°圆柱管螺纹圆板牙

圆板牙的型式如图 5 - 193 所示，其尺寸列于表 5 - 205 据 JB/T 9997—1999。

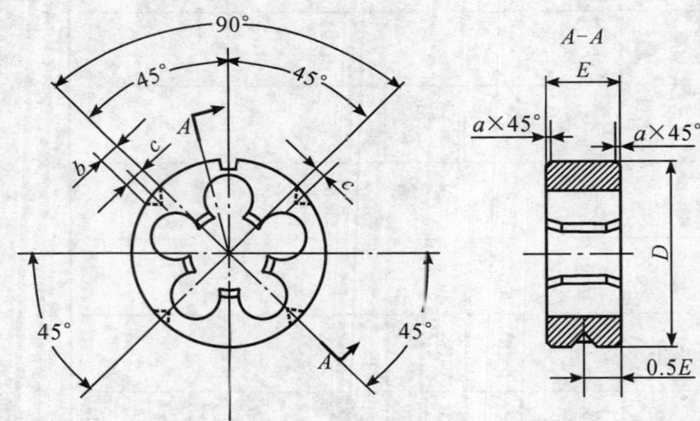

图 5 - 193　55°圆柱管螺纹圆板牙

表 5 - 205　55°圆柱管螺纹圆板牙规格尺寸

代号	基本直径 d (mm)	25.4mm 牙数	螺距 P (mm)	D (mm)	E (mm)	c (mm)	b (mm)	a (mm)
G1/16	7.723	28	0.907	25	9	0.8	5	0.5
G1/8	9.728			30	11	1.0		10
G1/4	13.157	19	1.337	38	14	1.2	6	
G3/8	16.662			45				

续表

<table>
<tr><th>代号</th><th>基本直径 d（mm）</th><th>25.4mm 牙数</th><th>螺距 P（mm）</th><th>D（mm）</th><th>E（mm）</th><th>c（mm）</th><th>b（mm）</th><th>a（mm）</th></tr>
<tr><td>G½</td><td>20.955</td><td rowspan="4">14</td><td rowspan="4">1.814</td><td rowspan="3">55</td><td>14</td><td>1.2</td><td>6</td><td rowspan="6">1.0</td></tr>
<tr><td>G⅝</td><td>22.911</td><td rowspan="2">16</td><td rowspan="2">1.5</td><td rowspan="6">8</td></tr>
<tr><td>G¾</td><td>26.441</td></tr>
<tr><td>G⅞</td><td>30.201</td><td rowspan="2">65</td><td rowspan="2">18</td><td rowspan="3">1.8</td></tr>
<tr><td>G1</td><td>33.249</td><td rowspan="6">11</td><td rowspan="6">2.309</td></tr>
<tr><td>G1¼</td><td>41.910</td><td>75</td><td>20</td></tr>
<tr><td>G1½</td><td>47.803</td><td>90</td><td rowspan="4">22</td><td>2.0</td><td rowspan="4">2.0</td></tr>
<tr><td>G1¾</td><td>53.746</td><td rowspan="2">105</td><td rowspan="3">2.5</td><td rowspan="3">10</td></tr>
<tr><td>G2</td><td>59.614</td></tr>
<tr><td>G2¼</td><td>65.710</td><td>120</td></tr>
</table>

注：排屑孔数由制造厂自行确定。

标记示例：

管螺纹、代号 G¼、A 级精度的圆板牙标记为：

55°圆柱管螺纹圆板牙，G¼ A JB/T 9997—1999 管螺纹、代号 G¼、B 级精度的圆板牙标记为：

55°圆柱管螺纹圆板牙，G¼ B JB/T 9997—1999

8. 55°圆锥管螺纹圆板牙

55°圆锥管螺纹圆板牙（JB/T 9998—1999）的型式如图 5－194 所示，圆板牙的规格尺寸列于表 5－206。

表 5－206　55°圆锥管螺纹圆板牙规格尺寸

<table>
<tr><th rowspan="2">代号</th><th rowspan="2">基本直径 d(mm)</th><th rowspan="2">25.4 mm 牙数</th><th rowspan="2">螺距 P(mm)</th><th rowspan="2">D(mm)</th><th rowspan="2">E(mm)</th><th rowspan="2">E₁(参考)(mm)</th><th rowspan="2">c(mm)</th><th rowspan="2">b(mm)</th><th rowspan="2">a(mm)</th><th colspan="2">基准长度 l(mm)</th><th rowspan="2">最少完整牙的长度(mm)</th></tr>
<tr><th>基本尺寸</th><th>极限偏差</th></tr>
<tr><td>R1/16</td><td>7.723</td><td rowspan="2">28</td><td rowspan="2">0.907</td><td rowspan="2">30</td><td rowspan="2">11</td><td rowspan="2">10</td><td rowspan="2">1.0</td><td rowspan="2">5</td><td rowspan="4">1.0</td><td rowspan="2">4.0</td><td rowspan="2">±0.9</td><td rowspan="2">5.6</td></tr>
<tr><td>R⅛</td><td>9.728</td></tr>
<tr><td>R¼</td><td>13.157</td><td rowspan="2">19</td><td rowspan="2">1.337</td><td>38</td><td>14</td><td>14</td><td rowspan="2">1.2</td><td rowspan="2">6</td><td>6.0</td><td rowspan="2">±1.3</td><td>8.4</td></tr>
<tr><td>R⅜</td><td>16.662</td><td>45</td><td>18</td><td>15</td><td>6.4</td><td>8.8</td></tr>
</table>

续表

代号	基本直径 d(mm)	25.4 mm 牙数	螺距 P(mm)	D(mm)	E(mm)	E_1(参考)(mm)	c(mm)	b(mm)	a(mm)	基准长度 l(mm) 基本尺寸	基准长度 l(mm) 极限偏差	最少完整牙的长度(mm)
R½	20.955	14	1.814	55	22	19	1.5	8	2.0	8.2	±1.8	11.4
R¾	26.441					20				9.5		12.7
R1	33.249	11	2.309	65	25	24	1.8			10.4	±2.3	14.5
R1¼	41.910			75	30	26				12.7		16.8
R1½	47.803			90	36		2.0					
R2	50.614			105		31	2.5	10		15.9		21.1

注：①基准长度 l 尺寸为对工件要求，设计圆板牙时应以此为依据。

②圆板牙排屑孔和 D_1 尺寸由制造厂自行确定。

③E 尺寸中 14 和 25 允许按 16 和 28 生产。

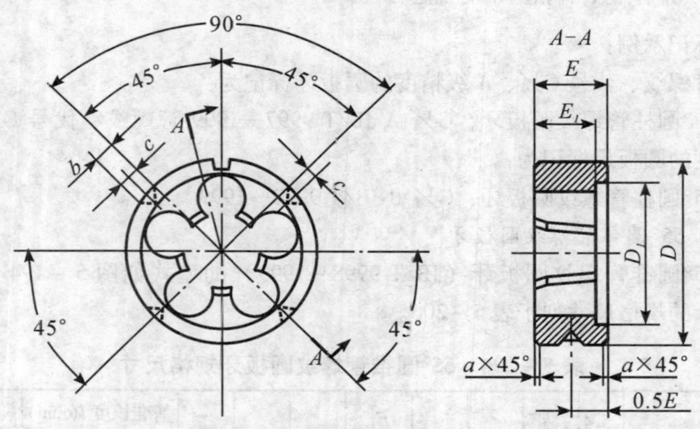

图 5－194　55°圆锥管螺纹圆板牙

标记示例：

管螺纹，代号 R¼的圆板牙标记为：

55°圆锥管螺纹圆板牙　R¼　JB/T 9998—1999

5.4.12　齿轮加工刀具

1. 直齿插齿刀

（1）直齿插齿刀（GB/T 6081—2001）分三种型式和三种精度等级：

Ⅰ型：盘形直齿插齿刀的公称分度圆直径为 75mm、100mm、125mm、160mm、200mm 五种，精度等级分 AA、A 和 B 三种。直齿插齿刀的型式如图5－195 所示，其基本尺寸列于表 5－207～表 5－211。

Ⅱ型：碗形直齿插齿刀的公称分度圆直径为 50mm 的精度等级分 A、B 两种，公称分度圆直径为 75mm、100mm 和 125mm 的精度等级分 AA、A、B 三种。其基本型式和尺寸如图 5－196 和表 5－212～表 5－215 所示。

Ⅲ型：锥柄直齿插齿刀的公称分度圆直径为 25mm、38mm 二种，精度等级分 A、B 两种。其基本型式和尺寸如图 5－197 和表 5－216、表 5－217。

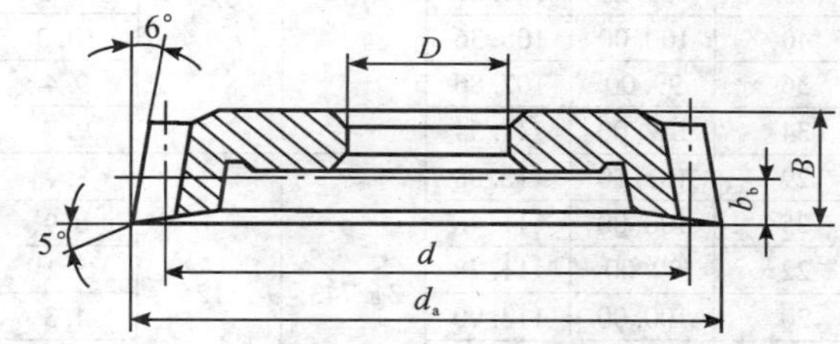

图 5－195　Ⅰ型（盘形直齿插齿刀）

表 5－207　公称分度圆直径 75mm（$m=1\sim4$mm　$\alpha=20°$）

模数 m (mm)	齿数 z	d	d_a	D	b	b_b	B
		(mm)					
1.00	76	76.00	78.50			0	
1.25	60	75.00	78.56			2.1	15
1.50	50		79.56			3.9	
1.75	43	75.25	80.67			5.0	
2.00	38	76.00	82.24			5.9	
2.25	34	76.50	83.48	31.743	10	6.4	17
2.50	30	75.00	82.34			5.2	
2.75	28	77.00	84.92			5.0	
3.00	25	75.00	83.34			4.0	
3.50	22	77.00	86.44			3.3	20
4.00	19	76.00	86.32			1.5	

注：在直齿插齿刀的原始截面中，齿顶高系数等于 1.25，分度圆齿厚等于 $\pi m/2$。

表 5-208　公称分度圆直径 100mm（$m=1\sim6$mm　$\alpha=20°$）

模数 m (mm)	齿数 z	d	d_a	D	b	b_b	B
		(mm)					
1.00	100	100.00	102.62	31.743	10	0.6	18
1.25	80		103.94			3.9	
1.50	68	102.00	107.14			6.6	
1.75	58	101.50	107.62		12	8.3	22
2.00	50	100.00	107.00			9.5	
2.25	45	101.25	109.09			10.5	
2.50	40	100.00	108.36			10.0	
2.75	36	99.00	107.86			9.4	
3.00	34	102.00	111.54			9.7	
3.50	29	101.50	112.08	31.743	12	8.7	24
4.00	25	100.00	111.46			6.9	
4.50	22	99.00	111.78			5.1	
5.00	20	100.00	113.90			4.3	
5.50	19	104.50	119.68			4.2	
6.00	18	108.00	124.56			4.6	

注：①直齿插齿刀的原始截面中，$m\leqslant4$ 时，齿顶高系数等于 1.25，$m>4$ 时，齿顶高系数等于 1.3；分度圆齿厚等于 $\pi m/2$。

②按用户需要，直齿插齿刀内孔直径 D 可做成 44.443mm 或 44.45mm。

表 5-209　公称分度圆直径 125mm（$m=4\sim8$mm　$\alpha=20°$）

模数 m (mm)	齿数 z	d	d_a	D	b	b_b	B
		(mm)					
4.0	31	124.00	136.80	31.743	13	11.4	30
4.5	28	126.00	140.14			11.6	
5.0	25	125.00	140.20			10.5	
5.5	23	126.50	143.00				
6.0	21	126.00	143.52			9.1	
7.0	18		145.74			7.3	
8.0	16	128.00	149.92			5.3	

注：①在直齿插齿刀的原始截面中，齿顶高系数等于 1.3，分度圆齿厚等于 $\pi m/2$。

②按用户需要，直齿插齿刀内孔直径可做成 44.443mm 或 44.45mm。

表 5－210　公称分度圆直径 160mm（$m=6\sim10\text{mm}$　$\alpha=20°$）

模数 m（mm）	齿数 z	d	d_a	D	b	b_b	B
		（mm）					
6	27	162.00	178.20			5.7	
7	23	161.00	179.90			6.7	
8	20	160.00	181.60	88.9	18	7.6	35
9	18	162.00	186.30			8.6	
10	16	160.00	187.00			9.5	

注：在直齿插齿刀的原始截面中，齿顶高系数等于 1.25，分度圆齿厚等于 $\pi m/2$。

表 5－211　公称分度圆直径 200mm（$m=8\sim12\text{mm}$　$\alpha=20°$）

模数 m（mm）	齿数 z	d	d_a	d	b_b	B	B_1
		（mm）					
8	25	200.00	221.60			7.6	
9	22	198.00	222.30			8.6	
10	20	200.00	227.00	101.6	20	9.5	40
11	18	198.00	227.70			10.5	
12	17	204.00	236.40			11.4	

注：在直齿插齿刀的原始截面中，齿顶高系数等于 1.25，分度圆齿厚等于 $\pi m/2$。

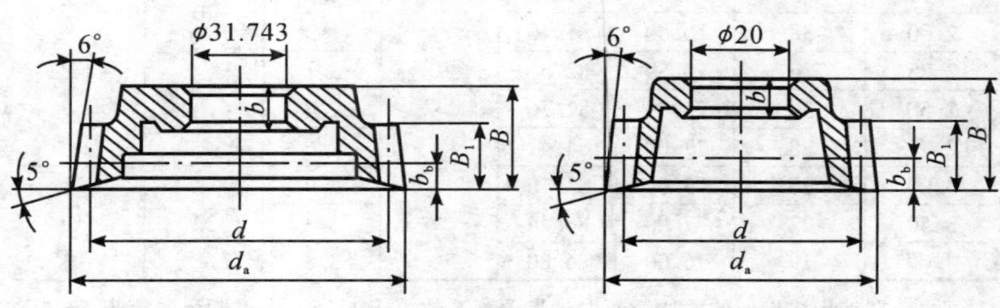

图 5－196　Ⅱ型（碗形直齿插齿刀）

表 5－212　公称分度圆直径 50mm（$m=1\sim3.5$mm　$\alpha=20°$）

<table>
<tr><th rowspan="2">模数 m
（mm）</th><th rowspan="2">齿数
z</th><th>d</th><th>d_a</th><th>b</th><th>b_b</th><th>B</th><th>B₁</th></tr>
<tr><th colspan="6">（mm）</th></tr>
<tr><td>1.00</td><td>50</td><td rowspan="2">50.00</td><td>52.72</td><td rowspan="10">10</td><td>1.0</td><td rowspan="8">25</td><td rowspan="3">14</td></tr>
<tr><td>1.25</td><td>40</td><td>53.38</td><td>1.2</td></tr>
<tr><td>1.50</td><td>34</td><td>51.00</td><td>55.04</td><td>1.4</td></tr>
<tr><td>1.75</td><td>29</td><td>50.75</td><td>55.49</td><td>1.7</td><td rowspan="5">17</td></tr>
<tr><td>2.00</td><td>25</td><td>50.00</td><td>55.40</td><td>1.9</td></tr>
<tr><td>2.25</td><td>22</td><td>49.50</td><td>55.56</td><td>2.1</td></tr>
<tr><td>2.50</td><td>20</td><td>50.00</td><td>56.76</td><td>2.4</td></tr>
<tr><td>2.75</td><td>18</td><td>49.50</td><td>56.92</td><td>2.6</td></tr>
<tr><td>3.00</td><td>17</td><td>51.00</td><td>59.10</td><td>2.9</td><td rowspan="2">27</td><td rowspan="2">20</td></tr>
<tr><td>3.50</td><td>14</td><td>49.00</td><td>58.44</td><td>3.3</td></tr>
</table>

注：在直齿插齿刀的原始截面中，齿顶高系数等于 1.25，分度圆齿厚等于 $\pi m/2$。

表 5－213　公称分度圆直径 75mm（$m=1\sim4$mm　$\alpha=20°$）

<table>
<tr><th rowspan="2">模数 m
（mm）</th><th rowspan="2">齿数
z</th><th>d</th><th>d_a</th><th>b</th><th>b_b</th><th>B</th><th>B₁</th></tr>
<tr><th colspan="6">（mm）</th></tr>
<tr><td>1.00</td><td>76</td><td>76.00</td><td>78.72</td><td rowspan="11">10</td><td>1.0</td><td rowspan="8">30</td><td rowspan="3">15</td></tr>
<tr><td>1.25</td><td>60</td><td rowspan="2">75.00</td><td>78.38</td><td>1.2</td></tr>
<tr><td>1.50</td><td>50</td><td>79.04</td><td>1.4</td></tr>
<tr><td>1.75</td><td>43</td><td>75.25</td><td>79.99</td><td>1.7</td><td rowspan="5">17</td></tr>
<tr><td>2.00</td><td>38</td><td>76.00</td><td>81.40</td><td>1.9</td></tr>
<tr><td>2.25</td><td>34</td><td>76.50</td><td>82.56</td><td>2.1</td></tr>
<tr><td>2.50</td><td>30</td><td>75.00</td><td>81.76</td><td>2.4</td></tr>
<tr><td>2.75</td><td>28</td><td>77.00</td><td>84.42</td><td>2.6</td></tr>
<tr><td>3.00</td><td>25</td><td>75.00</td><td>83.10</td><td>2.9</td><td rowspan="3">32</td><td rowspan="3">20</td></tr>
<tr><td>3.50</td><td>22</td><td>77.00</td><td>86.44</td><td>3.3</td></tr>
<tr><td>4.00</td><td>19</td><td>76.00</td><td>86.80</td><td>3.8</td></tr>
</table>

注：在直齿插齿刀的原始截面中，齿顶高系数等于 1.25，分度圆齿厚等于 $\pi m/2$。

表 5－214　公称分度圆直径 100mm（$m=1\sim6$mm　$\alpha=20°$）

模数 m (mm)	齿数 z	d	d_a	b	b_b	B	B_1
		(mm)					
1.00	100	100.00	102.62	10	0.6	32	18
1.25	80		103.94		3.9		
1.50	68	102.00	107.14		6.6		
1.75	58	101.50	107.62		8.3	34	22
2.00	50	100.00	107.00		9.5		
2.25	45	101.25	109.09		10.5		
2.50	40	100.00	108.36		10.0		
2.75	36	99.00	107.86		9.4		
3.00	34	102.00	111.54		9.7		
3.50	29	101.50	112.08		8.7	36	24
4.00	25	100.00	111.46		6.9		
4.50	22	99.00	111.78		5.1		
5.00	20	100.00	113.90		4.3		
5.50	19	104.50	119.68		4.2		
6.00	18	108.00	124.56		4.6		

注：①直齿插齿刀的原始截面中，$m\leqslant4$ 时，齿顶高系数等于 1.25，$m>4$ 时，齿顶高系数等于 1.3；分度圆齿厚等于 $\pi m/2$。

②按用户需要，直齿插齿刀内孔直径 D 可做成 44.443mm 或 44.45mm。

表 5－215　公称分度圆直径 125mm（$m=4\sim8$mm　$\alpha=20°$）

模数 m (mm)	齿数 z	d	d_a	b	b_b	B	B_1
		(mm)					
4.0	31	124.00	136.80	13	11.4	40	28
4.5	28	126.00	140.14		11.6		
5.0	25	125.00	140.20		10.5		
5.5	23	126.50	143.00				
6.0	21	126.00	143.52		9.1		
7.0	18		145.74		7.3		
8.0	16	128.00	149.92		5.3		

注：①在直齿插齿刀的原始截面中，齿顶高系数等于 1.3，分度圆齿厚等于 $\pi m/2$。

②按用户需要，直齿插齿刀内孔直径可做成 44.443mm 或 44.45mm。

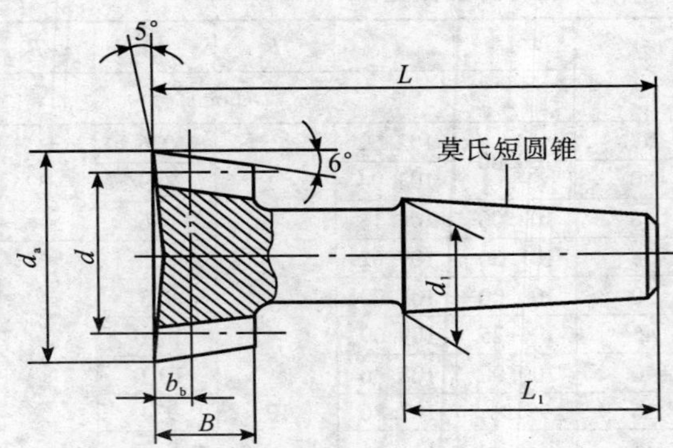

图 5-197　Ⅲ型（锥柄直齿插齿刀）

表 5-216　公称分度圆直径 25mm（$m=1\sim2.75$mm　$\alpha=20°$）

<table>
<tr><th rowspan="2">模数 m
（mm）</th><th rowspan="2">齿数
z</th><th>d</th><th>d_a</th><th>B</th><th>b_b</th><th>d_1</th><th>L_1</th><th>L</th><th rowspan="2">莫氏短
圆锥号</th></tr>
<tr><th colspan="7">（mm）</th></tr>
<tr><td>1.00</td><td>26</td><td>26.00</td><td>28.72</td><td rowspan="3">10</td><td>1.0</td><td rowspan="8">17.981</td><td rowspan="8">40</td><td rowspan="3">75</td><td rowspan="8">2</td></tr>
<tr><td>1.25</td><td>20</td><td>25.00</td><td>28.38</td><td>1.2</td></tr>
<tr><td>1.50</td><td>18</td><td>27.00</td><td>31.04</td><td>1.4</td></tr>
<tr><td>1.75</td><td>15</td><td>26.25</td><td>30.89</td><td rowspan="4">12</td><td>1.3</td><td rowspan="5">80</td></tr>
<tr><td>2.00</td><td>13</td><td>26.00</td><td>31.24</td><td>1.1</td></tr>
<tr><td>2.25</td><td>12</td><td>27.00</td><td>32.90</td><td>1.3</td></tr>
<tr><td>2.50</td><td rowspan="2">10</td><td>25.00</td><td>31.26</td><td>0</td></tr>
<tr><td>2.75</td><td>27.50</td><td>34.48</td><td>15</td><td>0.5</td></tr>
</table>

注：在直齿插齿刀的原始截面中，齿顶高系数等于 1.25，分度圆齿厚等于 $\pi m/2$。

表 5－217　公称分度圆直径 38mm（$m=1\sim3.5$mm　$\alpha=20°$）

<table>
<tr><th rowspan="2">模数 m
（mm）</th><th rowspan="2">齿数
z</th><th>d</th><th>d_a</th><th>B</th><th>b_b</th><th>d_1</th><th>L_1</th><th>L</th><th rowspan="2">莫氏短
圆锥号</th></tr>
<tr><th colspan="7">（mm）</th></tr>
<tr><td>1.00</td><td>38</td><td>38.0</td><td>40.72</td><td rowspan="3">12</td><td>1.0</td><td rowspan="10">24.051</td><td rowspan="10">50</td><td rowspan="10">90</td><td rowspan="10">3</td></tr>
<tr><td>1.25</td><td>30</td><td rowspan="2">37.5</td><td>40.88</td><td>1.2</td></tr>
<tr><td>1.50</td><td>25</td><td>41.54</td><td>1.4</td></tr>
<tr><td>1.75</td><td>22</td><td>38.5</td><td>43.24</td><td rowspan="7">15</td><td>1.7</td></tr>
<tr><td>2.00</td><td>19</td><td>38.0</td><td>43.40</td><td>1.9</td></tr>
<tr><td>2.25</td><td>16</td><td>36.0</td><td>41.98</td><td>1.7</td></tr>
<tr><td>2.50</td><td>15</td><td>37.5</td><td>44.26</td><td rowspan="2">2.4</td></tr>
<tr><td>2.75</td><td>14</td><td>38.5</td><td>45.88</td></tr>
<tr><td>3.00</td><td>12</td><td>36.0</td><td>43.74</td><td>1.1</td></tr>
<tr><td>3.50</td><td>11</td><td>38.5</td><td>47.52</td><td>1.3</td></tr>
</table>

注：在直齿插齿刀的原始截面中，齿顶高系数等于 1.25，分度圆齿厚等于 $\pi m/2$。

标记示例：

公称分度圆直径 100mm，$m=2$，A 级精度的Ⅱ型直齿插齿刀标记为：

碗形直齿插齿刀　∅100　m2 A　GB/T 6081—2001

2. 齿轮滚刀

齿轮滚刀（GB/T 6083—2001）的型式和尺寸参数见图 5－198 和表 5－218 所示。

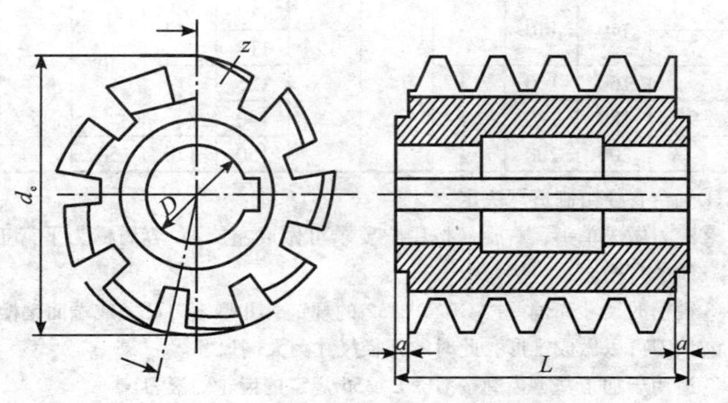

图 5－198　齿轮滚刀

标记示例：

模数 $m=2$ 的Ⅱ型齿轮滚刀标记为：

齿轮滚刀 $m2$ Ⅱ GB/T 6083—2001

表 5－218 齿轮滚刀的尺寸参数（mm）

<table>
<tr><th colspan="2">模数系列</th><th colspan="5">Ⅰ型</th><th colspan="5">Ⅱ型</th></tr>
<tr><th>1</th><th>2</th><th>d_e</th><th>L</th><th>D</th><th>a_{min}</th><th>z</th><th>d_e</th><th>L</th><th>D</th><th>a_{min}</th><th>z</th></tr>
<tr><td>1</td><td rowspan="2"></td><td rowspan="2">63</td><td rowspan="2">63</td><td rowspan="2">27</td><td rowspan="19">5</td><td rowspan="4">16</td><td rowspan="2">50</td><td rowspan="2">32</td><td rowspan="2">22</td><td rowspan="16">4</td><td rowspan="8">14</td></tr>
<tr><td>1.25</td></tr>
<tr><td>1.5</td><td></td><td rowspan="2">71</td><td rowspan="2">71</td><td rowspan="4">32</td><td rowspan="2">63</td><td rowspan="2">40</td><td rowspan="6">27</td></tr>
<tr><td></td><td>1.75</td></tr>
<tr><td>2</td><td></td><td rowspan="2">80</td><td rowspan="2">80</td><td rowspan="8">14</td><td rowspan="2">71</td><td rowspan="2">50</td></tr>
<tr><td></td><td>2.25</td></tr>
<tr><td>2.5</td><td></td><td rowspan="2">90</td><td rowspan="2">90</td><td rowspan="6">40</td><td rowspan="2">71</td><td rowspan="2">63</td></tr>
<tr><td></td><td>2.75</td></tr>
<tr><td>3</td><td></td><td rowspan="2">100</td><td rowspan="2">100</td><td rowspan="2">80</td><td rowspan="2">71</td><td rowspan="6">32</td><td rowspan="4">12</td></tr>
<tr><td></td><td>3.5</td></tr>
<tr><td>4</td><td></td><td rowspan="2">112</td><td rowspan="2">112</td><td rowspan="2">90</td><td rowspan="2">90</td></tr>
<tr><td></td><td>4.5</td></tr>
<tr><td>5</td><td></td><td rowspan="2">125</td><td rowspan="2">125</td><td rowspan="4">50</td><td rowspan="7">12</td><td rowspan="2">100</td><td rowspan="2">100</td><td rowspan="7">10</td></tr>
<tr><td></td><td>5.5</td></tr>
<tr><td>6</td><td></td><td rowspan="2">140</td><td rowspan="2">140</td><td>112</td><td rowspan="2">112</td><td rowspan="4">40</td></tr>
<tr><td></td><td>7</td><td>118</td></tr>
<tr><td>8</td><td></td><td>160</td><td>160</td><td rowspan="3">60</td><td>125</td><td rowspan="2">140</td><td rowspan="3">5</td></tr>
<tr><td></td><td>9</td><td>180</td><td>180</td><td>140</td></tr>
<tr><td>10</td><td></td><td>200</td><td>200</td><td>150</td><td>170</td><td>50</td></tr>
</table>

注：①轴台直径由制造厂决定。

②滚刀做成单头、右旋（按用户要求可做成左旋）；容屑槽为平行于滚刀轴线的直槽。

③键槽的尺寸和偏差按 GB/T 6132 的规定，Ⅱ型滚刀可做成端面键槽。

④滚刀可以做成锥形，此时的外径尺寸为大端尺寸。

⑤适用于加工基本齿廓按 GB/T 1356 规定的齿轮的滚刀。

3. 盘形齿轮铣刀

盘形齿轮铣刀（JB/T 7970.1—1999）的基本型式如图 5-199 所示，其尺寸参数列于表 5-219 和表 5-220。

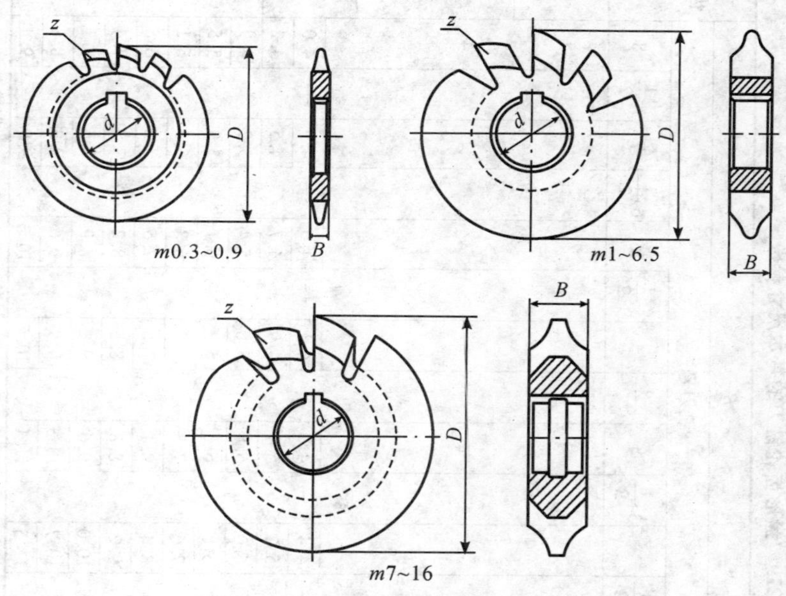

图 5-199　盘形齿轮铣刀

表 5－219　盘形齿轮铣刀的基本尺寸参数

模数系列		D	d	B															齿数 z	铣切深度
				铣刀号																
1	2			1	$1\frac{1}{2}$	2	$2\frac{1}{2}$	3	$3\frac{1}{2}$	4	$4\frac{1}{2}$	5	$5\frac{1}{2}$	6	$6\frac{1}{2}$	7	$7\frac{1}{2}$	8		
0.30		40	16	4		4		4		4		4		4		4		4	20	0.66
	0.35																			0.77
0.40																				0.88
0.50																			18	1.10
0.60																				1.32
	0.70																		16	1.54
0.80																				1.76
	0.90																			1.98
1.00		50	22																14	2.20
1.25				4.8	—	4.6	—	4.4	—	4.2	—	4.1	—	4.0	—	4.0	—	4.0		2.75
1.50		55		5.6		5.4		5.2		5.1		4.9		4.7		4.5		4.2		3.30
	1.75	60		6.5		6.3		6.0		5.8		5.6		5.4		5.2		4.9	12	3.85
2.00				7.3		7.1		6.8		6.6		6.3		6.1		5.9		5.5		4.40
	2.25			8.2		7.9		7.6		7.3		7.1		6.8		6.5		6.1		4.95
2.50		65		9.0		8.7		8.4		8.1		7.8		7.5		7.2		6.8		5.50
	2.75	70	27	9.9		9.6		9.2		8.8		8.5		8.2		7.9		7.4		6.05
3.00				10.7		10.4		10.0		9.6		9.2		8.9		8.5		8.1		6.60
	3.25	75		11.5		11.2		10.7		10.3		9.9		9.6		9.3		8.8		7.15
	3.50			12.4		12.0		11.5		11.1		10.7		10.3		9.9		9.4		7.70

续表

模数系列		D	d	B															齿数 z	铣切深度
				铣刀号																
1	2			1	$1\frac{1}{2}$	2	$2\frac{1}{2}$	3	$3\frac{1}{2}$	4	$4\frac{1}{2}$	5	$5\frac{1}{2}$	6	$6\frac{1}{2}$	7	$7\frac{1}{2}$	8		
	3.75			13.3		12.8		12.3		11.9		11.4		11.0		10.5		10.0		8.25
4.00		80	27	14.1		13.7		13.1		12.6		12.2		11.7		11.2		10.7	12	8.80
	4.50			15.3		14.9		14.4		13.9		13.6		13.1		12.6		12.0		9.90
5.00		90		16.8		16.3		15.8		15.4		14.9		14.5		13.9		13.2		11.00
	5.50	95		18.4	—	17.9	—	17.3	—	16.7	—	16.3	—	15.8	—	15.3	—	14.5		12.10
6.00		100		19.9		19.4		18.8		18.1		17.6		17.1		16.4		15.7		13.20
	6.50	105	32	21.4		20.8		20.2		19.4		19.0		18.4		17.8		17.0	11	14.30
	7.00			22.9		22.3		21.6		20.9		20.3		19.7		19.0		18.2		15.40
8.00		110		26.1		25.3		24.4		23.7		23.0		22.3		21.5		20.7		17.60
	9.00	115		29.2	28.7	28.3	28.1	27.6	27.0	26.6	26.1	25.9	25.4	25.1	24.7	24.3	23.9	23.3		19.80
10		120		32.2	31.7	31.2	31.0	30.4	29.8	29.3	28.7	28.5	28.0	27.6	27.2	26.7	26.3	25.7		22.00
	11	135		35.3	34.8	34.3	34.0	33.3	32.7	32.1	31.5	31.3	30.7	30.3	29.9	29.3	28.9	28.2		24.20
12		145	40	38.3	37.7	37.2	36.9	36.1	35.5	35.0	34.3	34.0	33.4	33.0	32.4	31.7	31.3	30.6	10	26.40
	14	160		44.7	44.0	43.4	43.0	42.1	41.3	40.6	39.8	39.5	38.8	38.4	37.7	37.0	36.3	35.5		30.80
16		170		50.7	49.9	49.3	48.7	47.8	46.8	46.1	45.1	44.8	44.0	43.5	42.8	41.9	41.3	40.3		35.20

注：铣刀的键槽尺寸和公差按 GB/T 6132 的规定。对于模数不大于 2mm 的铣刀，允许不做键槽。

表 5－220　铣刀所铣齿轮的齿数范围

铣刀号		1	$1\frac{1}{2}$	2	$2\frac{1}{2}$	3	$3\frac{1}{2}$	4	$4\frac{1}{2}$	5	$5\frac{1}{2}$	6	$6\frac{1}{2}$	7	$7\frac{1}{2}$	8
齿轮齿数	8 个一套	12～13		14～16		17～20		21～25		26～34		35～54		55～134		≥135
	15 个一套	12	13	14	15～16	17～18	19～20	21～22	23～25	26～29	30～34	35～41	42～54	55～79	80～134	≥135

注：每一种模数的铣刀，均由 8 个或 15 个刀号组成一套，每一刀号的铣刀所铣齿轮的齿数范围应符合表中规定。

标记示例：

模数 $m=10$mm，3 号的盘形齿轮铣刀标记为：

齿轮铣刀 m10—3　JB/T 7970. 1—1999

5. 4. 13　普通磨具

普通磨具（GB/T 4127—1997）有砂轮、磨头、砂瓦、砂纸和砂布五种。

1. 砂轮

砂轮的形状、代号、断面图及规格尺寸列于表 5－221～表 5－252。

表 5－221　砂轮的代号及形状

代号	名称	断面图	规格尺寸表
1	平形砂轮	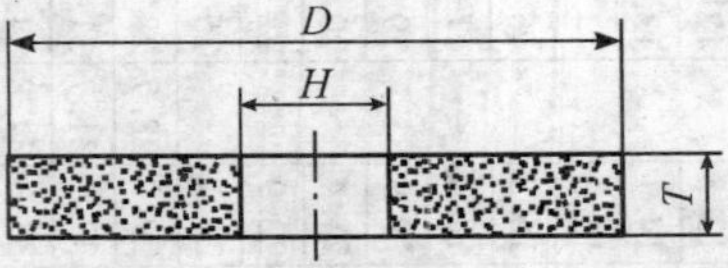 D H T	表 5－222、239、240、241、242、243、245、246、248、249、250、252
2	筒形砂轮	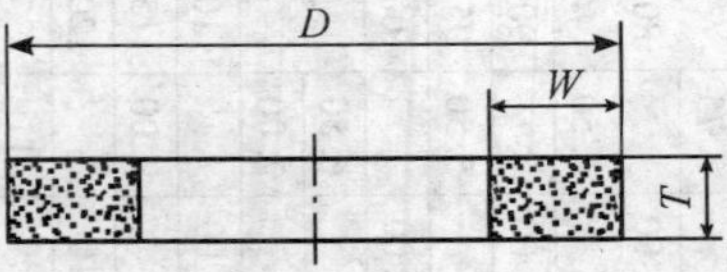 D W T	表 5－223

续表

代号	名称	断面图	规格尺寸表
3	单斜边砂轮	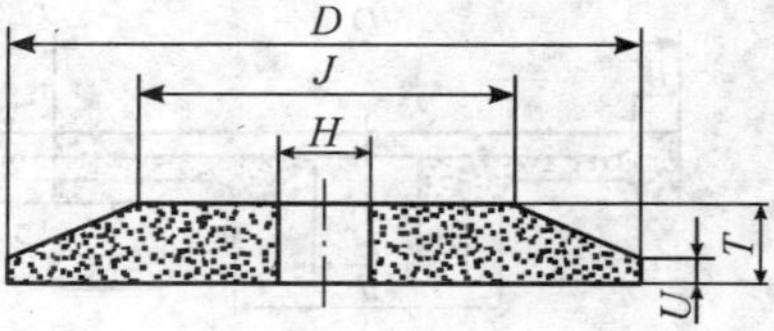 D J H T U	表 5 - 224
4	双斜边砂轮	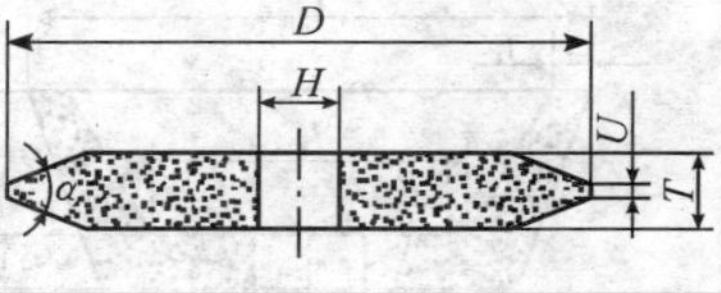 D H α U T	表 5 - 225
5	单面凹砂轮	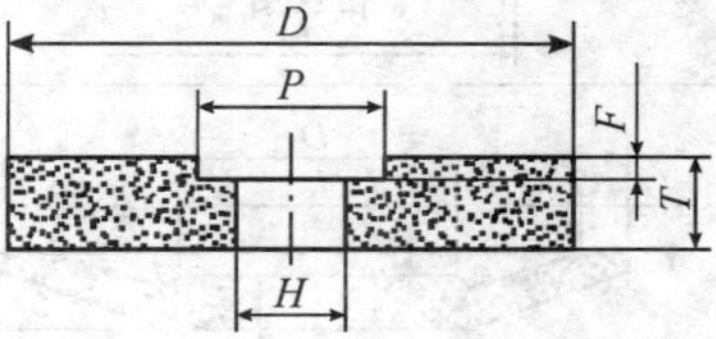 D P F T H	表 5 - 226、244
6	杯形砂轮	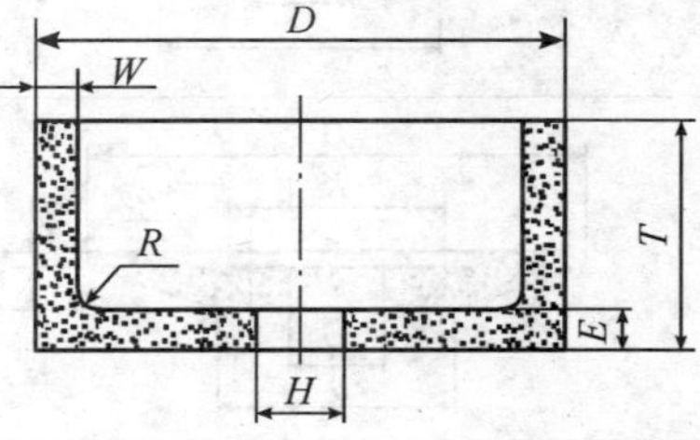 D W R T E H	表 5 - 227
7	双面凹一号砂轮	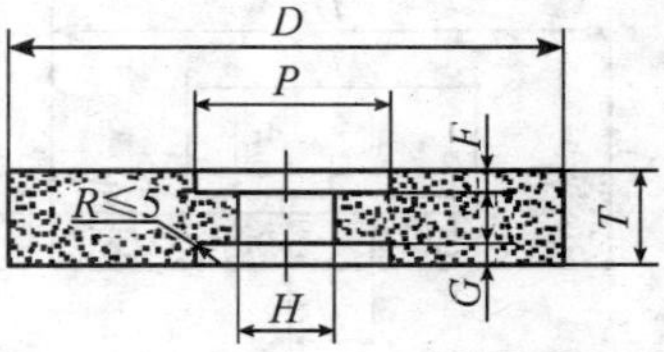 D P F R≤5 T G H	表 5 - 228、239、247

续表

代号	名称	断面图	规格尺寸表
8	双面凹二号砂轮	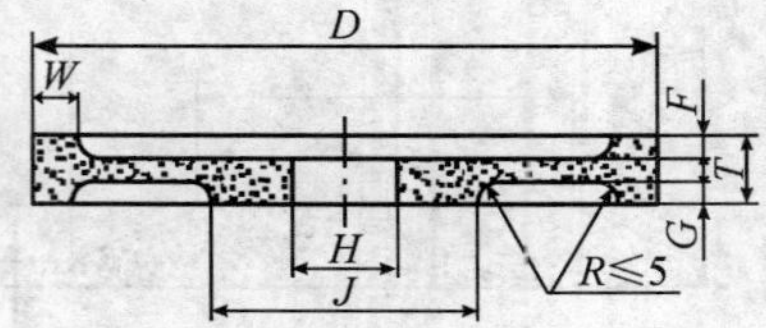 D, W, F, T, G, H, J, R≤5	表5－251
11	碗形砂轮	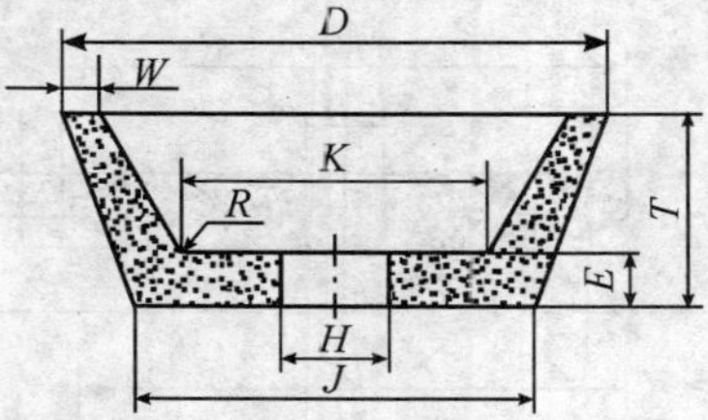 D, W, K, R, T, E, H, J	表5－229
12a	碟形一号砂轮	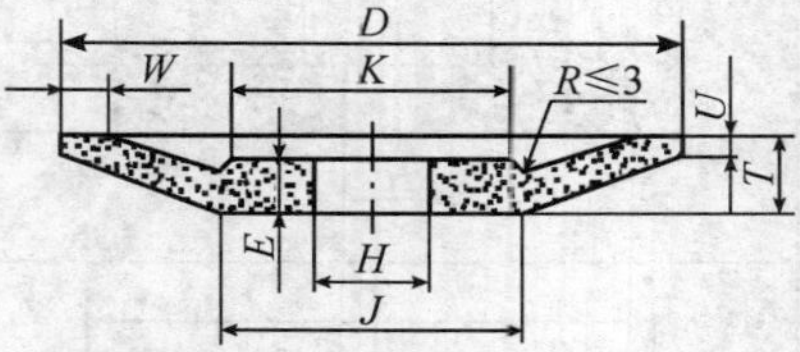 D, W, K, R≤3, U, T, E, H, J	表5－230
12b	碟形二号砂轮	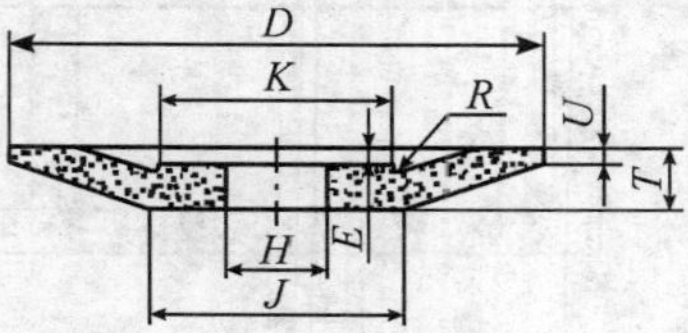 D, K, R, U, T, E, H, J	表5－231
23	单面凹带锥砂轮	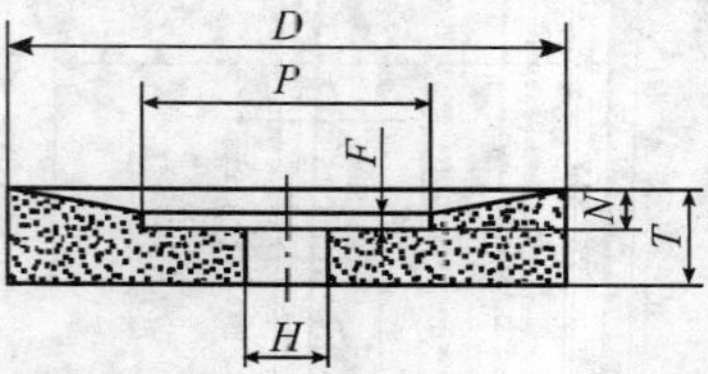 D, P, F, N, T, H	表5－232

续表

代号	名称	断面图	规格尺寸表
26	双面凹带锥砂轮	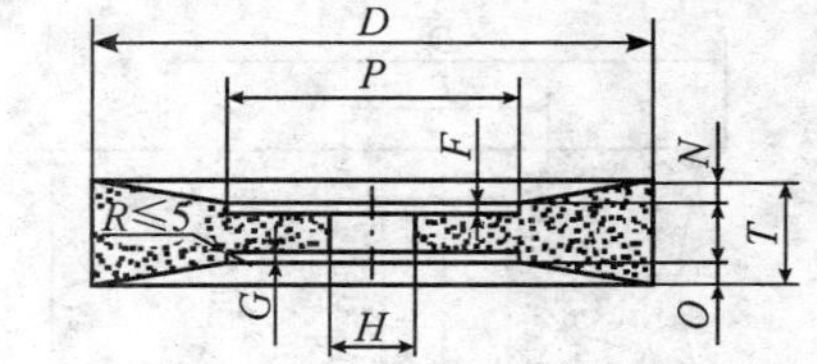	表 5-233
27	钹形砂轮	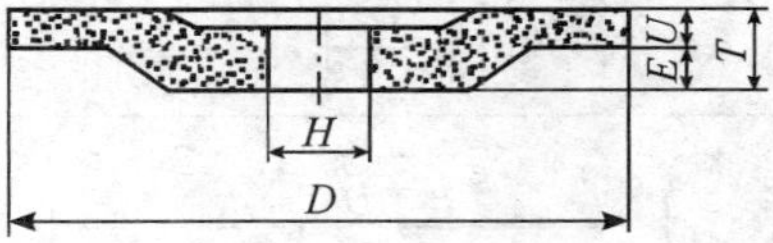	见 JB/T 3715
1-C	平形 C 型面砂轮	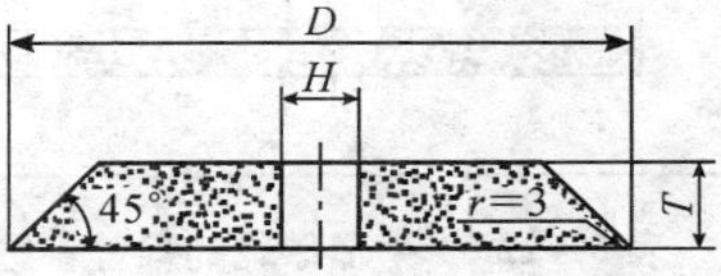	表 5-234
1-N	平形 N 型面砂轮	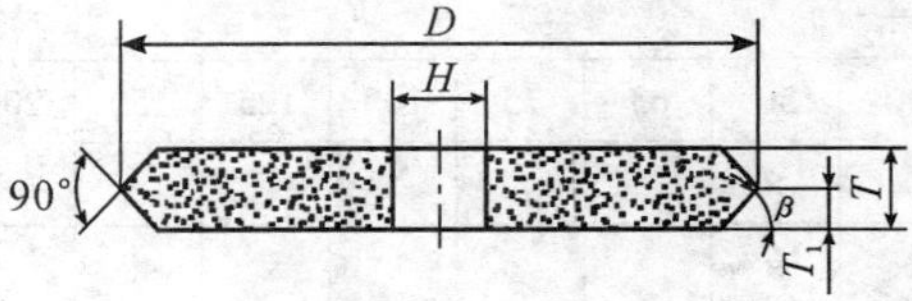	表 5-235
1-N	平凸形砂瓦	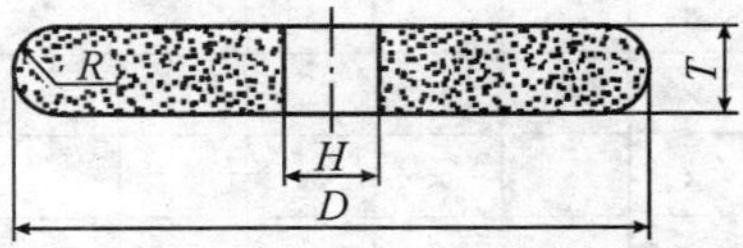	表 5-236
38	单面凸形轮	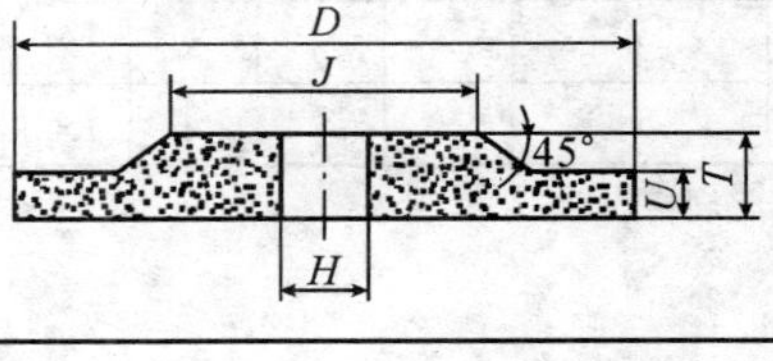	表 5-237

续表

代号	名称	断面图	规格尺寸表
7－J	双面凹丁型面砂轮	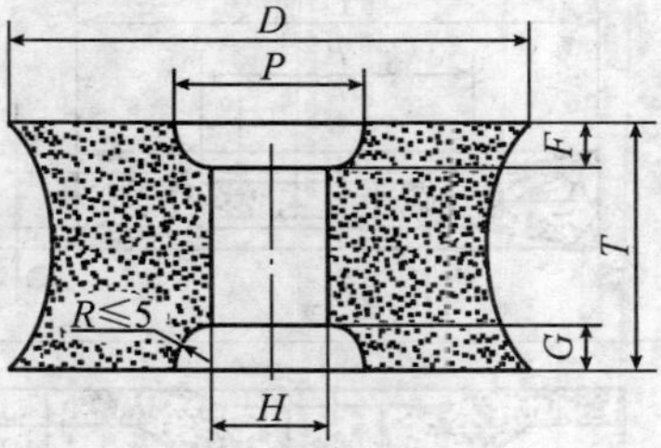	表 5－238
41	切断与开槽用薄片砂轮	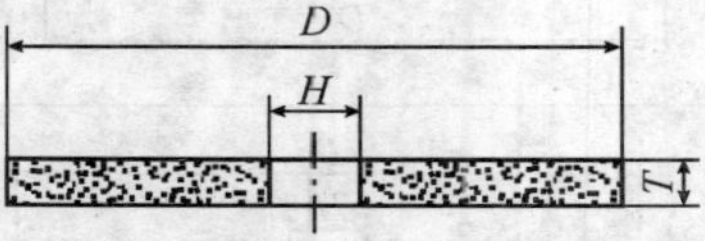	见 JB/T 6353 和 JB/T 4175

表 5－222　平形砂轮的尺寸参数（mm）

D	T									H
	32	40	50	63	75	100	125	150	200	
300	×	×	×							75，127
350	×	×	×							75，127，203
400	×	×	×	×						127，160，203
450	×	×	×	×	×					
500	×	×	×	×	×	×				203，254，305
600	×	×	×	×	×	×	×			
750	×	×	×	×	×	×	×	×	×	
900	×	×	×	×	×	×	×	×		305

注：表中×为有此规格。

表 5-223　筒形砂轮的尺寸参数（mm）

D	T	W
90	80	7.5，10
250	125	25
300	75	50
	100	25
350	125	35，50
450	125，150	100
		35
500	150	60
600	100	60

表 5-224　单斜边砂轮的尺寸参数（mm）

D	T	H	J	U
75	6	13	30	2
80	13	20	45	3
100	6		55	2
	8		55	
125	8	32	57	
	10		65	
150	10		59	
	13		68	
175	6		141	3
	8		118	
	10		123	
200	10		127	
	13		87	
	16		103	

续表

<table>
<tr><th>D</th><th>T</th><th>H</th><th>J</th><th>U</th></tr>
<tr><td rowspan="3">250</td><td>10</td><td rowspan="3">32</td><td>170</td><td rowspan="6">3</td></tr>
<tr><td>13</td><td>136</td></tr>
<tr><td>16</td><td>102</td></tr>
<tr><td rowspan="3">300</td><td>10</td><td rowspan="3">32
127</td><td>248</td></tr>
<tr><td>13</td><td>225</td></tr>
<tr><td>16</td><td>203</td></tr>
<tr><td rowspan="2">600</td><td>25</td><td rowspan="3">305</td><td>552</td><td>5</td></tr>
<tr><td>40</td><td>540</td><td>15</td></tr>
<tr><td>750</td><td>50</td><td>704</td><td>10</td></tr>
</table>

表 5－225　双斜边砂轮的尺寸参数（mm）

<table>
<tr><th>D</th><th>T</th><th>H</th><th>U</th><th>α</th></tr>
<tr><td rowspan="4">125</td><td>13</td><td rowspan="2">20</td><td rowspan="3">4</td><td rowspan="15">40°</td></tr>
<tr><td>16</td></tr>
<tr><td>16</td><td>32</td></tr>
<tr><td>20</td><td>20</td><td>6</td></tr>
<tr><td rowspan="2">150</td><td>16</td><td rowspan="2">32</td><td>4</td></tr>
<tr><td>20</td><td>6</td></tr>
<tr><td>200</td><td>13，16</td><td rowspan="8">75</td><td rowspan="4">4</td></tr>
<tr><td rowspan="5">250</td><td>10</td></tr>
<tr><td>13</td></tr>
<tr><td>16</td></tr>
<tr><td>20</td><td rowspan="2">6</td></tr>
<tr><td>25</td></tr>
<tr><td rowspan="3">300</td><td>20</td><td rowspan="2">11</td></tr>
<tr><td>32</td></tr>
<tr><td>25</td><td rowspan="2">127</td><td>6</td></tr>
<tr><td rowspan="2">350</td><td>10，16，25，32</td><td rowspan="6">3</td><td rowspan="6">50°</td></tr>
<tr><td>8</td><td>160</td></tr>
<tr><td rowspan="3">400</td><td>8</td><td rowspan="3">203</td></tr>
<tr><td>10</td></tr>
<tr><td>13</td></tr>
<tr><td>500</td><td>10</td><td>305</td></tr>
</table>

表 5－226　单面凹砂轮的尺寸参数（mm）

<table>
<tr><th>D</th><th>T</th><th>H</th><th>P</th><th>F</th></tr>
<tr><td rowspan="2">300</td><td>40</td><td rowspan="4">127</td><td rowspan="4">200</td><td>13</td></tr>
<tr><td>50</td><td>20</td></tr>
<tr><td rowspan="2">350</td><td>40</td><td>13</td></tr>
<tr><td>63</td><td>30</td></tr>
<tr><td>400</td><td>50</td><td rowspan="2">203</td><td rowspan="2">265</td><td>20</td></tr>
<tr><td rowspan="3">500</td><td>63</td><td>20</td></tr>
<tr><td>75</td><td rowspan="3">305</td><td rowspan="4">375</td><td>25</td></tr>
<tr><td>75，100，150</td><td>30</td></tr>
<tr><td rowspan="2">600</td><td>75，100</td><td rowspan="2">25</td></tr>
<tr><td>150</td><td>250</td></tr>
</table>

表 5－227　杯形砂轮的尺寸参数（mm）

<table>
<tr><th>D</th><th>T</th><th>H</th><th>W</th><th>E</th><th>R</th></tr>
<tr><td>40</td><td>25</td><td rowspan="2">13</td><td>4</td><td>5</td><td rowspan="4">3</td></tr>
<tr><td>50</td><td rowspan="2">32</td><td rowspan="3">5</td><td rowspan="2">7</td></tr>
<tr><td>60</td><td rowspan="3">20</td></tr>
<tr><td>75</td><td>40</td><td>8</td></tr>
<tr><td>100</td><td>50</td><td>7.5</td><td>10</td><td rowspan="2">4</td></tr>
<tr><td>125</td><td rowspan="3">63</td><td>32，65</td><td>7.5，12.5</td><td>13</td></tr>
<tr><td rowspan="3">150</td><td rowspan="2">65</td><td>25</td><td>25</td><td rowspan="6">5</td></tr>
<tr><td rowspan="2">12.5</td><td>13</td></tr>
<tr><td>80</td><td>32</td><td>15</td></tr>
<tr><td rowspan="2">200</td><td>63</td><td>32，75</td><td>15</td><td>18</td></tr>
<tr><td rowspan="2">100</td><td>100</td><td rowspan="2">25</td><td rowspan="2">25</td></tr>
<tr><td>250</td><td>150</td></tr>
</table>

表 5－228　双面凹一号砂轮尺寸参数（mm）

<table>
<tr><th>D</th><th>T</th><th>H</th><th>P</th><th>F、G</th></tr>
<tr><td>300</td><td>50</td><td rowspan="2">127</td><td rowspan="2">200</td><td>10</td></tr>
<tr><td>350</td><td>63</td><td>16</td></tr>
<tr><td>400</td><td>50</td><td>203</td><td>265</td><td rowspan="2">10</td></tr>
<tr><td rowspan="3">500</td><td>50</td><td>305</td><td>375</td></tr>
<tr><td>63</td><td rowspan="2">203</td><td rowspan="2">265</td><td rowspan="2">16</td></tr>
<tr><td>75，100</td></tr>
<tr><td rowspan="4">600</td><td>50</td><td rowspan="9">305</td><td rowspan="9">375</td><td>10</td></tr>
<tr><td>63</td><td rowspan="2">16</td></tr>
<tr><td>75</td></tr>
<tr><td>100，150</td><td>25</td></tr>
<tr><td rowspan="2">750</td><td>63</td><td rowspan="4">16</td></tr>
<tr><td>75</td></tr>
<tr><td rowspan="3">900</td><td>63</td></tr>
<tr><td>75</td></tr>
<tr><td>100</td><td>25</td></tr>
</table>

表 5－229　碗形砂轮的尺寸参数（mm）

<table>
<tr><th>D</th><th>T</th><th>H</th><th>W</th><th>E</th><th>J</th><th>K</th><th>R</th></tr>
<tr><td>50</td><td>25</td><td>13</td><td rowspan="2">5</td><td>7</td><td>32</td><td>23</td><td rowspan="2">3</td></tr>
<tr><td>75</td><td>32</td><td rowspan="3">20</td><td rowspan="4">10</td><td>52</td><td>44</td></tr>
<tr><td rowspan="2">100</td><td>30</td><td>10</td><td>50</td><td>40</td><td rowspan="4">4</td></tr>
<tr><td>35</td><td>7. 5</td><td>75</td><td>62</td></tr>
<tr><td rowspan="2">125</td><td>35</td><td rowspan="6">32</td><td rowspan="2">10</td><td>66</td><td>55</td></tr>
<tr><td>45</td><td rowspan="2">13</td><td>92</td><td>75</td></tr>
<tr><td rowspan="2">150</td><td>35</td><td>12. 5</td><td>91</td><td>81</td><td rowspan="6">5</td></tr>
<tr><td>50</td><td>10</td><td>15</td><td>114</td><td>97</td></tr>
<tr><td>175</td><td rowspan="2">63</td><td>22. 5</td><td rowspan="2">25</td><td>102</td><td>86</td></tr>
<tr><td>200</td><td>25</td><td>127</td><td>106</td></tr>
<tr><td>250</td><td>140</td><td>100</td><td>30</td><td rowspan="2">40</td><td>201</td><td>155</td></tr>
<tr><td>300</td><td>150</td><td>140</td><td>35</td><td>247</td><td>191</td></tr>
</table>

表 5-230 碟形一号砂轮尺寸参数（mm）

<table>
<tr><th>D</th><th>T</th><th>H</th><th>K</th><th>J</th><th>W</th><th>U</th><th>E</th></tr>
<tr><td>75</td><td>8</td><td>13</td><td>30</td><td>30</td><td>4</td><td>2</td><td>5</td></tr>
<tr><td>100</td><td>10</td><td>20</td><td>40</td><td>40</td><td>6</td><td>2</td><td>6</td></tr>
<tr><td>125</td><td>13</td><td rowspan="4">32</td><td>50</td><td>50</td><td>6</td><td>3</td><td>8</td></tr>
<tr><td>150</td><td>16</td><td>60</td><td>60</td><td>8</td><td>4</td><td>10</td></tr>
<tr><td>200</td><td>20</td><td>80</td><td>81</td><td>10</td><td>4</td><td>12</td></tr>
<tr><td>250</td><td>25</td><td>100</td><td>103</td><td>13</td><td>6</td><td>15</td></tr>
<tr><td>300</td><td>20</td><td rowspan="3">127</td><td rowspan="3">180</td><td>181</td><td>15</td><td rowspan="4">4</td><td>13</td></tr>
<tr><td>350</td><td>25</td><td>193</td><td>25</td><td rowspan="2">18</td></tr>
<tr><td>400</td><td>25</td><td>243</td><td>25</td></tr>
<tr><td>500</td><td>32</td><td rowspan="2">203</td><td rowspan="2">255</td><td>291</td><td>35</td><td>27</td></tr>
<tr><td>600</td><td>32</td><td>406</td><td>35</td><td>6</td><td>24</td></tr>
<tr><td>800</td><td>35</td><td>400</td><td>500</td><td>770</td><td>40</td><td>3</td><td>30</td></tr>
</table>

表 5-231 碟形二号砂轮的尺寸参数（mm）

<table>
<tr><th>D</th><th>T</th><th>H</th><th>J</th><th>K</th><th>U</th><th>E</th><th>R</th></tr>
<tr><td>225</td><td>18</td><td>40</td><td>120</td><td>105</td><td>2，4，6，8</td><td rowspan="2">16</td><td>4</td></tr>
<tr><td rowspan="2">275</td><td>20</td><td rowspan="2">40</td><td rowspan="2">125</td><td rowspan="2">105</td><td rowspan="2">2，4，6，8</td><td rowspan="2">5</td></tr>
<tr><td>25</td><td>21</td></tr>
<tr><td>350</td><td>27</td><td>55</td><td>170</td><td>130</td><td>5，8，10，12</td><td rowspan="2">22</td><td>6</td></tr>
<tr><td>450</td><td>29</td><td>127</td><td>255</td><td>205</td><td>5，8，10，12</td><td>7</td></tr>
</table>

表 5-232 单面凹带锥砂轮的尺寸参数（mm）

<table>
<tr><th>D</th><th>T</th><th>H</th><th>P</th><th>N</th><th>R</th><th>F</th></tr>
<tr><td rowspan="2">300</td><td>40</td><td rowspan="2">127</td><td rowspan="2">200</td><td rowspan="2">18</td><td rowspan="2">3</td><td rowspan="2">2</td></tr>
<tr><td>50</td></tr>
<tr><td>350</td><td>50</td><td>127</td><td>265</td><td>15</td><td>3</td><td>10</td></tr>
<tr><td>400</td><td>50</td><td>203</td><td>265</td><td>18</td><td>4</td><td>7</td></tr>
<tr><td>500</td><td>50</td><td>203</td><td>375</td><td>17</td><td>4</td><td>8</td></tr>
<tr><td>600</td><td>75</td><td>305</td><td>375</td><td>20</td><td>5</td><td>15</td></tr>
<tr><td>750</td><td>75</td><td>305</td><td>500</td><td>22</td><td>5</td><td>13</td></tr>
</table>

表 5－233　双面凹带锥砂轮的尺寸参数（mm）

<table>
<tr><th>D</th><th>T</th><th>H</th><th>P</th><th>$F=G$</th><th>$N=O$</th></tr>
<tr><td rowspan="2">500</td><td>63</td><td rowspan="8">305</td><td rowspan="4">375</td><td rowspan="2">8</td><td rowspan="2">8</td></tr>
<tr><td>75</td></tr>
<tr><td rowspan="2">600</td><td>63</td><td>2</td><td>14</td></tr>
<tr><td>75</td><td>6</td><td>14</td></tr>
<tr><td>750</td><td>75</td><td rowspan="4">500</td><td>5</td><td>11</td></tr>
<tr><td rowspan="3">900</td><td>63</td><td rowspan="3">2</td><td rowspan="3">14</td></tr>
<tr><td>75</td></tr>
<tr><td>100</td></tr>
</table>

表 5－234　平形 C 型面砂轮的尺寸参数（mm）

<table>
<tr><th rowspan="2">D</th><th colspan="5">T</th><th rowspan="2">H</th></tr>
<tr><th>8</th><th>10</th><th>13</th><th>16</th><th>25</th></tr>
<tr><td>175</td><td>×</td><td>×</td><td></td><td></td><td></td><td rowspan="4">32</td></tr>
<tr><td>200</td><td></td><td>×</td><td>×</td><td>×</td><td></td></tr>
<tr><td>250</td><td></td><td>×</td><td>×</td><td>×</td><td></td></tr>
<tr><td rowspan="3">300</td><td></td><td></td><td></td><td>×</td><td></td></tr>
<tr><td></td><td></td><td>×</td><td></td><td></td><td>75</td></tr>
<tr><td></td><td></td><td>×</td><td>×</td><td></td><td rowspan="2">127</td></tr>
<tr><td>350</td><td></td><td></td><td></td><td></td><td>×</td></tr>
</table>

注：表中×表示有此规格。

表 5－235　平形 *N* 型面砂轮的尺寸参数

<table>
<tr><th>D（mm）</th><th>T（mm）</th><th>H（mm）</th><th>T_1（mm）</th><th>β</th></tr>
<tr><td rowspan="5">600</td><td>25</td><td rowspan="20">305</td><td>15</td><td>45°</td></tr>
<tr><td>32</td><td>16</td><td rowspan="2">44°</td></tr>
<tr><td>40</td><td>24</td></tr>
<tr><td>75</td><td rowspan="2">10</td><td rowspan="2">26°</td></tr>
<tr><td>100</td></tr>
<tr><td rowspan="8">750</td><td>40</td><td>6</td><td rowspan="2">30°</td></tr>
<tr><td rowspan="2">50</td><td>14</td></tr>
<tr><td>36</td><td rowspan="2">64°</td></tr>
<tr><td>63</td><td>54</td></tr>
<tr><td>75</td><td>17</td><td>45°</td></tr>
<tr><td>125</td><td>10</td><td rowspan="3">64°</td></tr>
<tr><td>160</td><td>14</td></tr>
<tr><td>200</td><td>16</td></tr>
<tr><td rowspan="7">900</td><td rowspan="2">75</td><td>15</td><td rowspan="2">45°</td></tr>
<tr><td>20</td></tr>
<tr><td>90</td><td rowspan="5">15</td><td rowspan="5">64°</td></tr>
<tr><td>110</td></tr>
<tr><td>125</td></tr>
<tr><td>160</td></tr>
<tr><td>200</td></tr>
</table>

表 5-236　平凸形砂瓦的尺寸参数（mm）

<table>
<tr><th>D</th><th>T</th><th>H</th><th>R</th></tr>
<tr><td rowspan="6">250</td><td>8</td><td rowspan="6">75</td><td>5</td></tr>
<tr><td>10</td><td>7</td></tr>
<tr><td>13</td><td>8</td></tr>
<tr><td>16</td><td>13</td></tr>
<tr><td>18</td><td>13</td></tr>
<tr><td>20</td><td>18</td></tr>
<tr><td rowspan="5">400</td><td>10</td><td rowspan="11">203</td><td rowspan="2">9</td></tr>
<tr><td>13</td></tr>
<tr><td>16</td><td>11</td></tr>
<tr><td>18</td><td rowspan="2">13</td></tr>
<tr><td>20</td></tr>
<tr><td rowspan="6">400
600</td><td>22</td><td>16</td></tr>
<tr><td>22，24，26</td><td>18</td></tr>
<tr><td>30</td><td>21</td></tr>
<tr><td>35</td><td>25</td></tr>
<tr><td>40，45</td><td>32</td></tr>
</table>

表 5-237　单面凸砂轮的尺寸参数（mm）

D	T	U					J	H
		6	8	10	13	16		
500	16	×	×				350	305
	20			×	×			
600	20		×	×				
	25				×	×		

注：表中×表示有此规格。

表 5-238　双面凹 J 型面砂轮的尺寸参数（mm）

D	*T*	*H*	*P*	*F* = *G*	*R*
400	150	100	170	25	150
450	200	150	225	25	200

表 5-239　无心磨磨轮的尺寸参数（mm）

D	*T*									*H*	*P*
	100	125	150	200	250	300	400	500	600		
300	×	×								127	200
350		×	×								
400	×	×	×	×	×					203	265
450			×	×							
500	×	×	×	×	×	×	×	×	×	305	375
600			×	×	×	×	×	×			
750							×	×		350	435

注：此为无心外圆磨用砂轮，表中 × 为有此规格。

表 5-240　无心磨导轮的尺寸参数（mm）

D	*T*									*H*
	100	125	150	200	225	250	300	350	380	
200	×									75
250		×								127
300			×	×	×	×		×		
350		×	×	×	×	×				127
400	×		×	×			×		×	203
500	×		×	×						305

注：此为无心外圆磨用砂轮，表中 × 为有此规格。

表 5－241　MGT 1050 磨床用平形砂轮的尺寸参数（mm）

D	*T*	*H*
350	225	250
450	150	250

注：此为无心外圆磨用砂轮。

表 5－242　平面磨用平形砂轮的尺寸参数（mm）

D	*T*															*H*
	13	16	20	25	32	40	50	63	75/80	100	125	150	200	260	300	
150	×															32
200	×		×	×												32，75
250		×	×	×	×											75
300			×	×	×	×	×		×							75
350					×	×	×									127
400					×	×	×	×								127
450					×	×	×	×	×							203
500					×	×	×	×	×	×						203 305
600					×	×	×	×	×	×	×	×	×	×	×	305
750					×	×	×	×	×	×	×	×				305
900					×	×	×	×	×	×	×	×				305

注：表中×表示有此规格。

表 5－243　内圆磨用平形砂轮的尺寸参数（mm）

D	T														H
	6	8	10	13	16	20	25	32	40	50	63	75	100	120	
3		×	×	×											1
4	×														1.5
5		×													2
6	×														
8		×													3
10	×		×	×		×									
13	×			×	×	×		×							4
16			×		×										
	×			×		×	×								6
20	×	×	×			×	×	×							
25	×			×	×		×								
							×	×		×					10
30	×		×				×	×	×		×				
35	×	×	×				×	×	×		×				
40	×				×			×							
	×	×	×												13
		×	×				×	×	×	×	×				16
45								×							16
50	×														13
	×	×	×		×	×	×	×	×	×					16
60								×		×					
		×	×	×		×		×		×	×				20
70	×	×	×	×	×		×	×		×					
80		×		×	×	×		×		×	×				
90			×	×	×	×	×	×		×	×				
100											×	×	×	×	
125											×	×	×	×	32
150											×	×	×	×	

注：砂轮厚度 T 也可在 2、3、4、5、7、9、11、12、14、15、18、23、28mm 中选择，表中×为有此规格。

表 5－244　单面凹砂轮的尺寸参数（mm）

D	T									H	P
	10	13	16	20	25	32	40	50			
	F										
	5	6	8	10	13	16	20	20	30		
10		×								3	6
13	×		×							4	
16		×		×						6	10
20			×		×						
25				×	×	×					13
30					×						16
35					×	×				10	20
40					×		×				
					×		×		×	13	25
						×					
50					×		×			16	
60						×					32
						×			×		
70							×		×		40
80				×		×			×	20	
100						×	×	×			50
125						×		×			65
								×		32	
150						×		×			85

注：此为内圆磨用砂轮，表中×表示有此规格。

表 5－245　磨滚动轴承用平形砂轮的尺寸参数（mm）

D	T																													H
	2	3	4	5	6	7	8	9	10	11	12	13	14	15	16	18	20	22	25	28	30	32	36	40	45	50	63	75	80	
10	×	×																												3
15	×	×	×	×	×	×																								
20		×	×	×	×	×	×	×	×																					6
25			×	×	×	×	×	×	×	×	×																			
30			×	×	×	×	×	×	×	×	×	×	×		×															
35		×	×	×	×	×	×	×	×	×	×	×		×	×	×														
							×		×		×	×		×	×		×													10
40			×	×	×	×	×	×	×		×		×		×															6
			×	×	×	×	×	×	×		×	×	×	×																10
45			×	×	×	×	×	×	×	×	×	×	×	×	×	×		×												
50	×	×	×	×	×	×	×	×	×		×	×	×	×	×	×	×		×											
55				×	×	×	×	×	×			×	×	×	×	×	×													
60			×	×	×	×	×	×	×			×	×	×		×	×	×	×											
65					×	×	×	×	×	×		×	×		×		×													
70			×	×	×	×	×	×	×			×	×	×	×	×	×	×	×											
			×	×	×	×	×	×	×	×		×	×	×	×	×	×	×	×	×	×	×								20

续表

D	T																													H
	2	3	4	5	6	7	8	9	10	11	12	13	14	15	16	18	20	22	25	28	30	32	36	40	45	50	63	75	80	
80			×	×	×	×	×	×	×	×		×	×	×	×	×	×	×	×	×			×	×						20
90				×	×	×	×	×	×	×		×	×	×		×	×	×	×	×				×						
100			×	×	×	×	×	×	×	×		×		×	×	×	×	×	×	×	×	×	×	×	×	×				
110					×		×		×	×		×	×	×	×	×	×	×	×	×	×	×	×	×	×	×				
125							×		×			×			×		×		×					×						
						×	×	×	×			×	×	×	×	×	×	×	×	×	×	×	×	×	×	×	×			32
150									×			×		×	×	×	×		×	×		×	×	×		×	×	×		
																						×	×	×		×	×	×		75
200																											×	×	×	
300		×	×	×	×	×	×	×	×	×			×			×														127
400			×	×	×	×	×	×	×	×	×	×	×	×		×		×	×	×	×	×	×							203
500									×			×	×		×	×		×	×	×	×	×	×	×	×	×				305
600																×		×	×	×			×		×					
																		×					×							203

注：此为特种磨削用砂轮，表中×为有此规格。

表 5-246　磨凸轮轴平形砂轮的尺寸参数（mm）

D	T	H
600，750	20，22，25，32，40	305

表 5-247　磨曲轴及其他专用双面凹一号砂轮的尺寸参数（mm）

D	P	$F=G$	T							H
			58	75	78	82	86	110	130	
500	375	20					×			305
600		13	×							
		16			×					
		20					×			
750		20				×	×			
900		25							×	
1 200	850	25						×		
1 400	530	16		×						450

注：表中×表示有此规格。

表 5-248　磨钢球砂轮的尺寸参数（mm）

D	T			H
	80	100	110	
720	×			290
800		×		
		×		360
		×		450
820			×	305

注：表中×表示有此规格。

表 5 - 249　磨曲轴用平形砂轮的尺寸参数（mm）

D	*T*												*H*
	22	25	28	32	33	38	40	42	43	47	52	55	
650					×		×						
750	×	×	×		×		×		×				305
900	×	×	×	×	×	×	×	×	×	×	×	×	
1 065	×	×		×		×		×		×	×	×	304. 8
1 100		×		×	×	×	×		×			×	
1 200													
1 250								×					305
1 400													
1 600													

D	*T*												*H*
	58	61	67	72	75	78	80	82	86	90	120	150	
650													
750	×	×	×						×				305
900	×	×		×	×	×		×		×			
1 065													304. 8
1 100	×	×		×	×			×	×	×			
1 200											×	×	
1 250					×		×						305
1 400							×		×		×		
1 600							×		×		×		

注：表中 × 为有此规格。

表 5－250　砂轮机用平形砂轮的尺寸参数（mm）

<table>
<tr><th rowspan="2">D</th><th colspan="7">T</th><th rowspan="2">H</th></tr>
<tr><th>20</th><th>25</th><th>32</th><th>40</th><th>50</th><th>63</th><th>75</th></tr>
<tr><td>100</td><td>×</td><td></td><td></td><td></td><td></td><td></td><td></td><td rowspan="2">20</td></tr>
<tr><td>125</td><td>×</td><td></td><td></td><td></td><td></td><td></td><td></td></tr>
<tr><td>150</td><td>×</td><td>×</td><td></td><td></td><td></td><td></td><td></td><td rowspan="3">32</td></tr>
<tr><td>200</td><td></td><td>×</td><td></td><td></td><td></td><td></td><td></td></tr>
<tr><td>250</td><td></td><td>×</td><td>×</td><td></td><td></td><td></td><td></td></tr>
<tr><td>300</td><td></td><td></td><td>×</td><td>×</td><td></td><td></td><td></td><td rowspan="2">75</td></tr>
<tr><td>350</td><td></td><td></td><td></td><td>×</td><td>×</td><td></td><td></td></tr>
<tr><td>400</td><td></td><td></td><td></td><td>×</td><td>×</td><td></td><td></td><td>127</td></tr>
<tr><td>500</td><td></td><td></td><td></td><td></td><td>×</td><td>×</td><td></td><td>203</td></tr>
<tr><td>600</td><td></td><td></td><td></td><td></td><td></td><td>×</td><td>×</td><td>305</td></tr>
</table>

注：表中×表示有此规格。

表 5－251　磨量规用双面凹二号砂轮（mm）

<table>
<tr><th>D</th><th>T</th><th>H</th><th>J</th><th>F = G</th><th>W</th></tr>
<tr><td rowspan="2">150</td><td>10</td><td rowspan="7">32</td><td>65</td><td>3</td><td rowspan="4">6</td></tr>
<tr><td>16</td><td>65</td><td>5</td></tr>
<tr><td rowspan="2">175</td><td>16</td><td>65</td><td>5</td></tr>
<tr><td>25</td><td>—</td><td>8</td></tr>
<tr><td rowspan="3">200</td><td>16</td><td>—</td><td>5</td><td rowspan="4">8</td></tr>
<tr><td>25</td><td>—</td><td>8</td></tr>
<tr><td>40</td><td>—</td><td>16</td></tr>
<tr><td rowspan="2">250</td><td>20</td><td rowspan="2">75</td><td>125</td><td>6</td></tr>
<tr><td>28</td><td>125</td><td>10</td><td>12</td></tr>
</table>

表 5-252　磨钢丝针布用平形砂轮（mm）

D	*T*	*H*
240	20	116
180	50	116

2. 磨头

磨头（53 型）的型式代号及尺寸参数等列于表 5-253 ~ 表 5-260。

表 5-253　磨头的形状及代号

类别	代号	名称	断面形状	规格尺寸表
53型磨头	5301	圆柱磨头	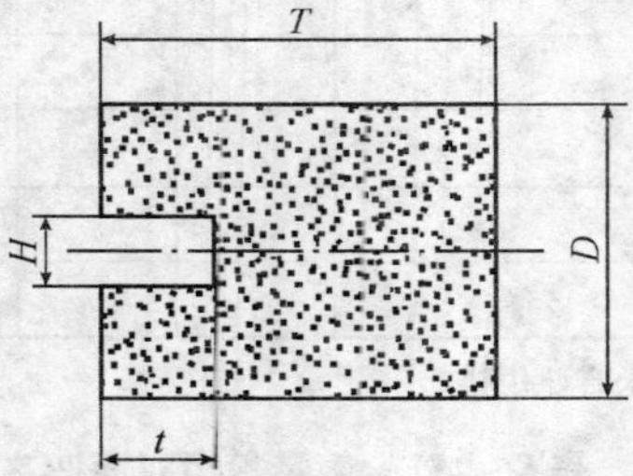 T, H, D, t	表 5-254
	5302	半球形磨头	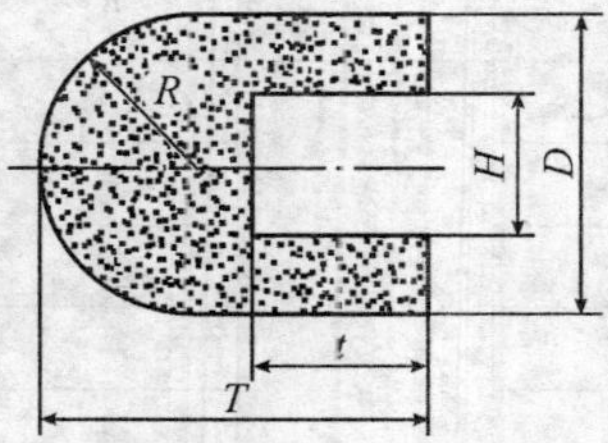 R, H, D, t, T	表 5-255
	5303	球形磨头	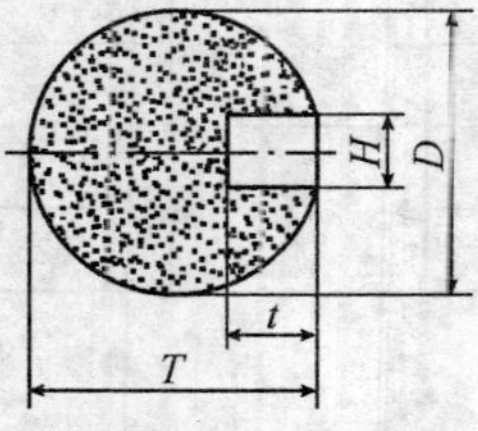 H, D, t, T	表 5-256

续表

类别	代号	名称	断面形状	规格尺寸表
53型磨头	5304	截锥磨头	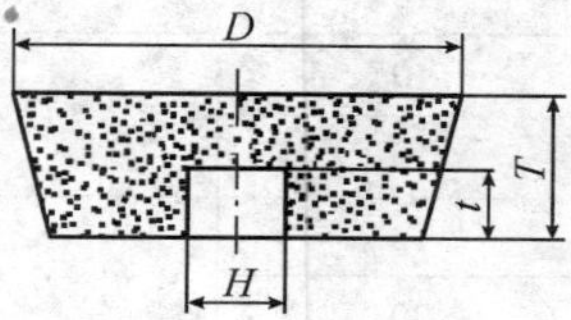 D T t H	表5-257
	5305	椭圆锥磨头	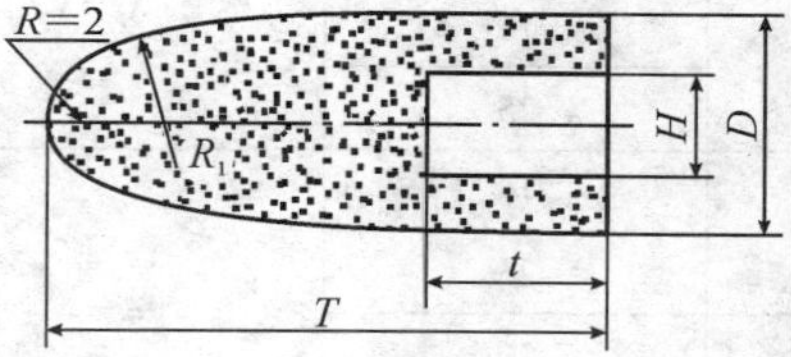 R=2 R_1 H D t T	表5-258
	5306	60°锥磨头	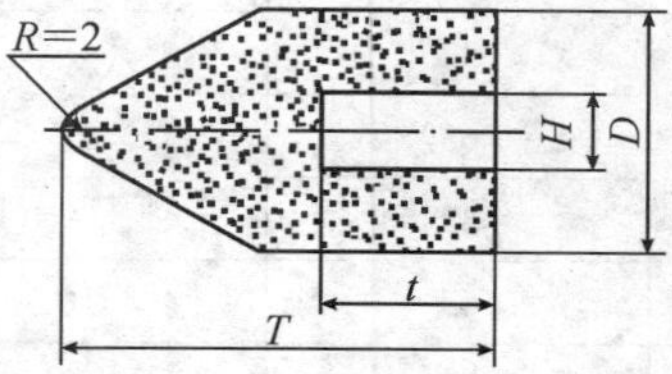 R=2 H D t T	表5-259
	5307	圆头锥磨头	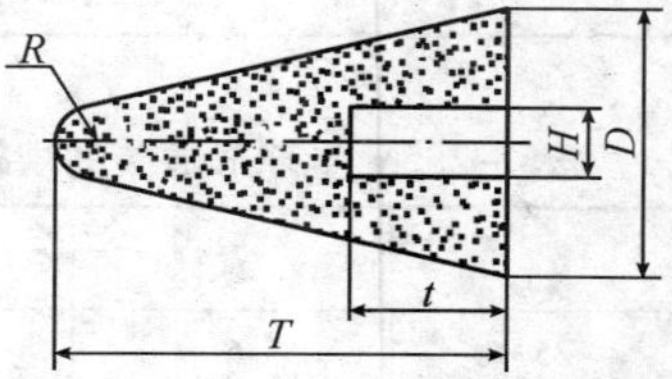 R H D t T	表5-260

注：带柄磨头（52型）与表中53型磨头形状相同，只是带柄。其代号为5201、5202、5203、5204、5205、5206和5207。

表 5－254　圆柱磨头的规格尺寸（mm）

<table>
<tr><th>D</th><th>T</th><th>H</th><th>t</th></tr>
<tr><td>4</td><td>10</td><td>1.5</td><td rowspan="2">6</td></tr>
<tr><td rowspan="2">6</td><td>10</td><td rowspan="2">2</td></tr>
<tr><td>16</td><td>8</td></tr>
<tr><td rowspan="2">8</td><td>13</td><td rowspan="5">3</td><td>6</td></tr>
<tr><td>20</td><td>10</td></tr>
<tr><td rowspan="3">10</td><td>10</td><td>6</td></tr>
<tr><td>16</td><td>8</td></tr>
<tr><td>25</td><td>10</td></tr>
<tr><td rowspan="2">13</td><td>16</td><td rowspan="4">4</td><td>8</td></tr>
<tr><td>25</td><td>10</td></tr>
<tr><td rowspan="2">16</td><td>20</td><td>10</td></tr>
<tr><td>40</td><td>20</td></tr>
<tr><td rowspan="2">20</td><td>32</td><td rowspan="3">6</td><td>13</td></tr>
<tr><td>63</td><td>25</td></tr>
<tr><td rowspan="2">25</td><td>32</td><td>13</td></tr>
<tr><td>63</td><td>10</td><td>25</td></tr>
<tr><td>30</td><td>32</td><td>6</td><td>13</td></tr>
<tr><td>40</td><td>75</td><td>10</td><td>30</td></tr>
</table>

表 5－255　半球形磨头的规格尺寸（mm）

D	T	H	R	t
25	25	6	0.5D	10

表 5-256　球形磨头的规格尺寸（mm）

<table>
<tr><th>D</th><th>H</th><th>T</th><th>t</th></tr>
<tr><td>10</td><td rowspan="2">3</td><td>9</td><td>4</td></tr>
<tr><td>16</td><td>15. 2</td><td>6</td></tr>
<tr><td>20</td><td rowspan="3">6</td><td>18. 7</td><td>8</td></tr>
<tr><td>25</td><td>23. 5</td><td>10</td></tr>
<tr><td>30</td><td>28. 5</td><td>13</td></tr>
</table>

表 5-257　截锥磨头的规格尺寸（mm）

D	T	H	t
16	8	3	6
30	10	6	6

表 5-258　椭圆锥磨头的规格尺寸（mm）

D	T	H	t
10	20	3	8
20	40	6	16

表 5-259　60°锥磨头的规格尺寸（mm）

D	H	T	t
10	25	3	10
20	35	6	13
30	50	6	20

表 5-260　圆头锥磨头的规格尺寸（mm）

<table>
<tr><th>D</th><th>T</th><th>H</th><th>R</th><th>t</th></tr>
<tr><td>16</td><td>16</td><td>3</td><td>2</td><td>6</td></tr>
<tr><td>20</td><td rowspan="2">32</td><td rowspan="3">6</td><td>3</td><td rowspan="3">13</td></tr>
<tr><td>25</td><td rowspan="3">5</td></tr>
<tr><td>30</td><td>40</td></tr>
<tr><td>35</td><td>75</td><td>10</td><td>30</td></tr>
</table>

3. 砂瓦

砂瓦的形状、代号和规格尺寸列于表 5－261～表 5－266。

表 5－261　砂瓦的形状及代号

代号	名称	形状图	规格尺寸表
3101	平形砂瓦	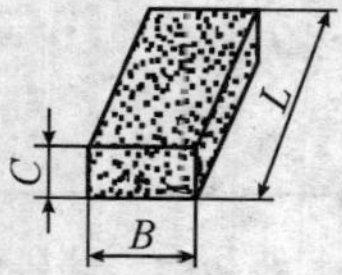	表 5－262
3102	平凸形砂瓦	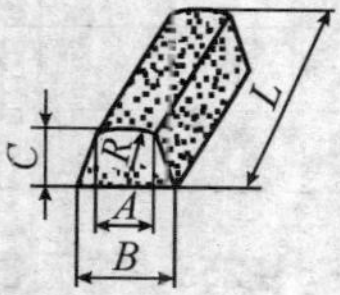	表 5－263
3103	凸平形砂瓦	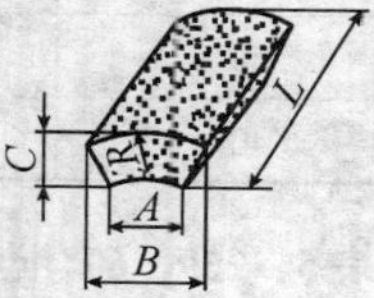	表 5－264
3104	扇形砂瓦	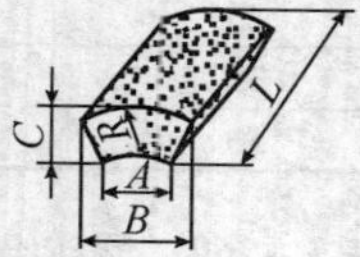	表 5－265
3109	梯形砂瓦	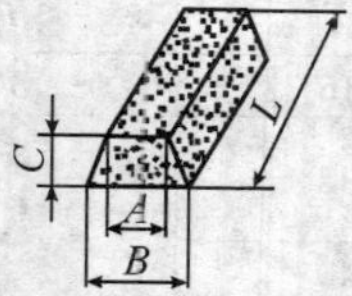	表 5－266

表 5-262　平形砂瓦的规格尺寸（mm）

B	C	L
50	25	150
80	25	150
90	35	150
80	50	200

表 5-263　平凸形砂瓦的规格尺寸（mm）

B	A	C	R	L
100	85	38	230	150

表 5-264　凸平形砂瓦的规格尺寸（mm）

B	A	C	R	L
115	80	45	250	150

表 5-265　扇形砂瓦的规格尺寸（mm）

B	A	R	C	L
60	40	85	25	75
125	85	225	35	125

表 5-266　梯形砂瓦的规格尺寸（mm）

B	A	C	L
60	50	15	125
100	85	35	150

磨石的形状、代号及规格尺寸列于表 5-267～表 5-275。

表 5-267　磨石形状及代号

代号	名称	形状图	规格尺寸表
5410	长方珩磨油石	B C L	表 5-268
5411	正方珩磨油石	B B L	表 5-269
9010	长方油石	C L B	表 5-270
9011	正方油石	B L B	表 5-271
9020	三角油石	L B	表 5-272
9021	刀形油石	C L B	表 5-273

续表

代号	名称	形状图	规格尺寸表
9030	圆形油石	L B	表 5－274
9040	半圆油石	L C B	表 5－275

表 5－268　长方珩磨油石的规格尺寸（mm）

B	*C*	*L*
4	3	40
6	5	63
8	6	80
10	8	100
11	9	100
13	10	125
16	13	160

表 5－269　正方珩磨油石的规格尺寸（mm）

B	*L*
3，4	40
4，6	50
6，8	80
8，10，13	100
10，13	125
13，16	160

表 5－270　长方油石的规格尺寸（mm）

B	*C*	*L*
20	6，10	125
20，25	10，13，16	150
50	25，15/10 *	
30	13，20	200
40	20，25	
50	25，15/10 *	
75	50	

注：* 为双面磨石，两层厚度分别为 15 及 10mm。

表 5－271　正方油石的规格尺寸（mm）

B	*L*
6，8，10，13，16	100
10，13，16，20，25	150
20，25	200
25，40	250

表 5－272　三角油石的规格尺寸（mm）

B	*L*
6，8	100
8，10，13，16，20	150
16，20	200
25	300

表 5－273　刀形油石的规格尺寸（mm）

B	*C*	*L*
10	25，30	150
20	50	150

表 5－274　圆形油石的规格尺寸（mm）

B	L
6，10	100
10，13，16，20	150

表 5－275　半圆油石的规格尺寸（mm）

B	L
6	100
10，13，16	150
20，25	200

4. 砂纸

砂纸（JB/T 7498—1994）的分类见表 5－276，磨料及其代号见表 5－277。

表 5－276　砂纸的分类

（1）按形状分类

形状	页状	卷状
代号	S	

（2）按黏合剂分类

黏合剂	动物胶	半树脂	全树脂
代号	G/G	R/G	R/R

（3）按基材分类

定量（g/m^2）	80	100	120	160	220
代号	A	B	C	D	E

表 5－277　磨料及代号

磨料	玻璃砂	石榴石
代号	GL	G

注：磨料代号应符合 GB 2476 和表中规定。

标记代号：

页状、动物胶黏合剂、B 型基材、规格（宽×长）230×280、玻璃砂磨料、P80 粒度的砂纸：

砂纸　SG/G　B　230×280　GL　P80　JB/T 7498—1994

5. 砂布

砂布（JB/T 3889—1994）的分类列于表 5－278。

表 5－278　砂布的分类

（1）按形状分类		
形状	页状	卷状
代号	S	R

（2）按黏合剂分类				
黏合剂	动物胶	半树脂	全树脂	耐水
代号	G/G	R/G	R/R	WP

（3）按基材分类			
基材	轻型布	中型布	重型布
面密度（g/m^2）	≥110	≥170	≥250
代号	L	M	H

注：磨料代号应符合 GB 2476 的规定。

标记示例：

卷状、耐水、重型基材布、规格（宽×长）1 350×50 000、棕刚玉磨料、粒度 P60 的砂布，其标记为：

砂布　R　WP　H　1 350×50 000 A　P60　JB/T 3889—1994

5.5　量　　具

5.5.1　游标类卡尺

1. 游标卡尺

游标卡尺（GB/T 1214.2—1996）的型式分为Ⅰ型、Ⅱ型和Ⅲ型三种，如图 5－200。卡尺标准规格的测量范围及基本参数列于表 5－279。

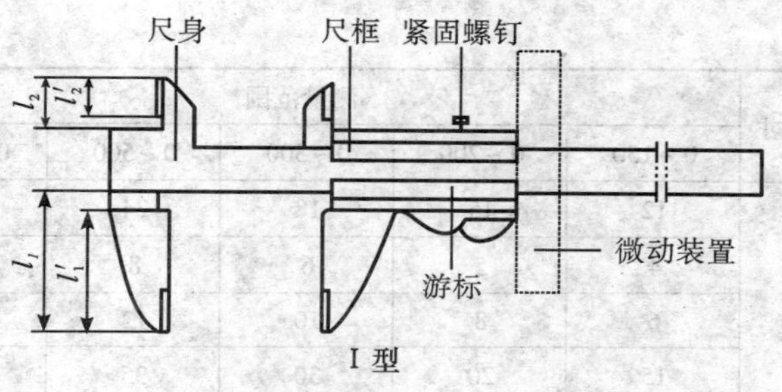

Ⅰ型

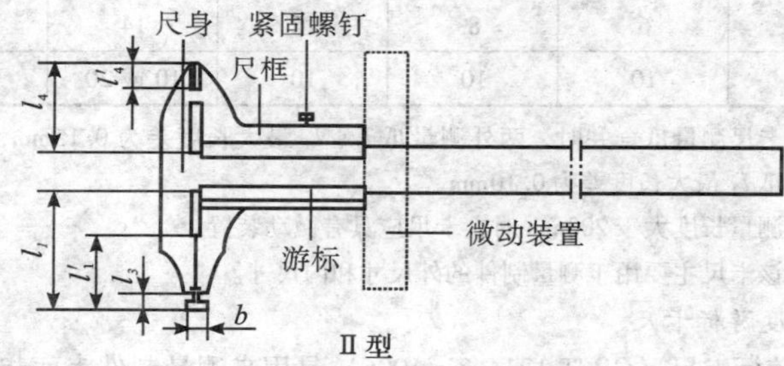

Ⅱ型

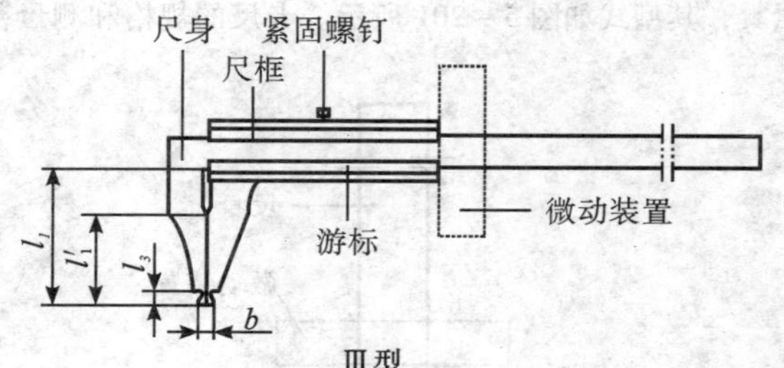

Ⅲ型

图 5－200　游标卡尺示意图

表 5－279　游标卡尺的规格及基本参数（mm）

主要外形尺寸		测量范围				
		0～150	0～200	0～300	0～500	0～1 000
l_1	≥	30	40	50	60	80
l'_1		18	24	30	36	48

续表

主要外形尺寸		测量范围				
		0 ~ 150	0 ~ 200	0 ~ 300	0 ~ 500	0 ~ 1 000
l_2	≥	12	15	18	24	30
l'_2		4	5	6	8	10
l_3		6	8	10	12	18
l_4		15	20	30	35	40
l'_4		6	8	12	14	16
b		10	10	10	10 或 20	20

注：①卡尺测量爪合并时，两外测量爪 l_1、l_2 最大长度差为 0. 15mm，两内测量爪 l_2 最大长度差为 0. 10mm。

②测量长度大于 200mm 时，卡尺应具有微动装置。

③该卡尺主要用于测量制件的外尺寸和内尺寸。

2. 高度游标卡尺

高度游标卡尺（GB/T 1214. 3—1996）是用来测量制件表面相互位置和精密划线的量具，其型式如图 5 - 201 所示。卡尺的规格和测量范围列于表 5 - 280。

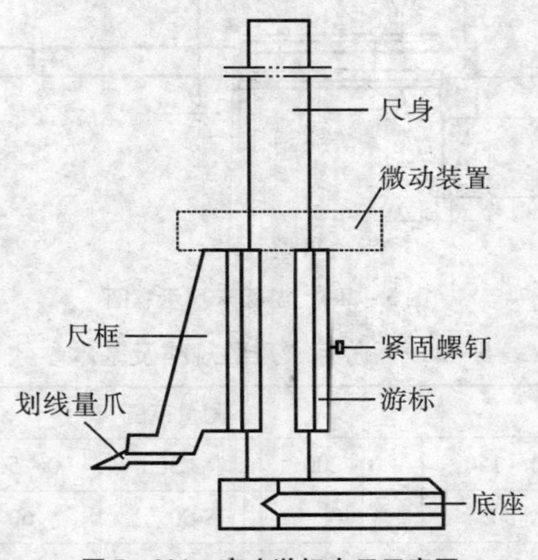

图 5 - 201　高度游标卡尺示意图

表 5－280　高度游标卡尺的规格和测量范围（mm）

测量范围	游标读数值
0～200	0.02，0.05
0～300	
0～500	
0～1 000	

注：①测量高度＞200mm 的高度游标卡尺，应具有微动装置。

②配有安装杠杆表附件的卡尺，其装夹杠杆表的孔或槽的尺寸公差为 6H8 和 8H8。

3. 深度游标卡尺

深度游标卡尺（GB/T 1214.4—1996）是用来测量制件的盲孔、阶梯孔及凹槽等深度尺寸的量具，其型式如图 5－202 所示，卡尺标准规格的测量范围及主要尺寸参数列于表 5－281。

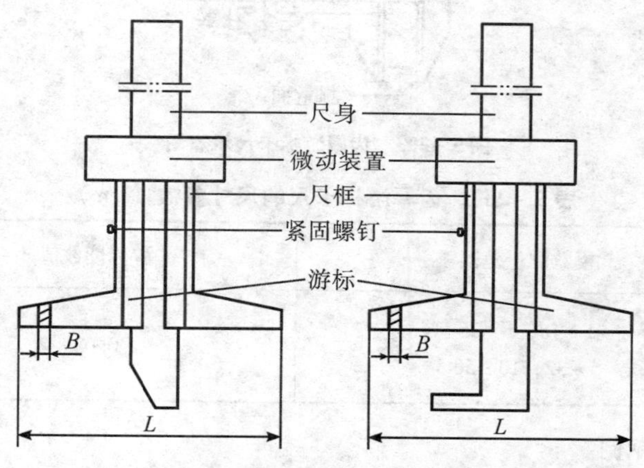

图 5－202　深度游标卡尺示意图

表 5－281　深度游标卡尺标准规格的测量范围及尺寸参数（mm）

测量范围	测量面长度 L	测量面宽度 B	游标读数值
0～200，0～300	≥100	≥6	0.02，0.05
0～500	≥120		

4. 齿厚游标卡尺

齿厚游标卡尺（GB 6316—1996）的型式见图 5－203 所示，其尺寸参数列于表 5－282。

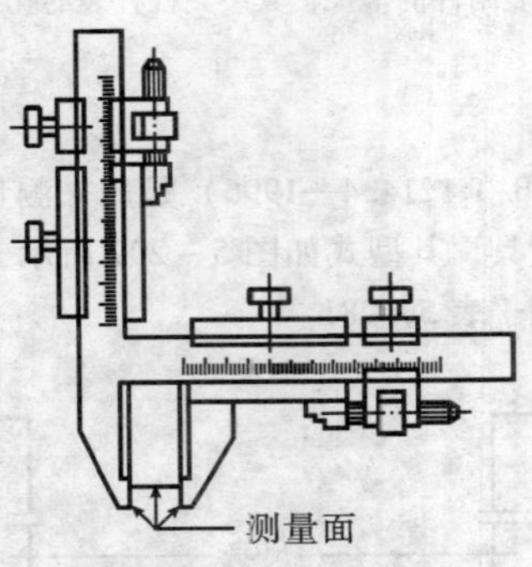

图 5－203　齿厚游标卡尺示意图

表 5－282　齿厚游标卡尺的尺寸参数（mm）

模数测量范围	游标读数值
1～16，1～25 5～32，10～50	0.02

标记示例：

测量模数范围为 1～25mm 的齿厚游标卡尺表示为：

齿厚游标卡尺　m 1～25　GB 6316—1996

5.5.2 带表卡尺

带表卡尺（GB/T 6317—1993）的型式分为Ⅰ型和Ⅱ型两种，如图5-204所示。卡尺的测量范围等技术参数列于表5-283和表5-284。

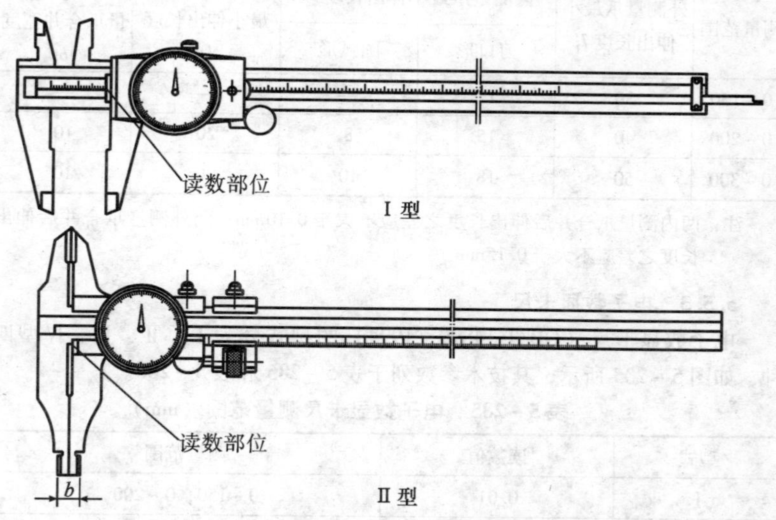

图5-204 带表卡尺示意图

表5-283 带表卡尺的测量范围、指示表分度值和示值范围（mm）

测量范围	指示表分度值	指示表示值范围
0~150	0.01	1
0~200	0.02	1
		2
0~300	0.05	5

注：测量上限等于或大于200mm的带表卡尺应具有微动装置。

表 5-284　带表卡尺测量爪的伸出长度和圆弧形内测量爪的合并宽度（mm）

测量范围	外测量爪最小伸出长度 l_1	内测量爪最小伸出长度 l_2		刀口形外测量爪最小伸出长度 l_3	圆弧形内测量爪合并宽度 b
		刀口形	圆弧形		
0～150	30	12	—	—	—
0～200	40	15	8	20	10
0～300	50	18	10	30	10

注：两内测量爪合并后伸出长度之差应不大于 0.10mm；两外测量爪合并后伸出长度之差应不大于 0.15mm。

5.5.3　电子数显卡尺

电子数显卡尺（GB/T 14899—1994）的型式分为Ⅰ、Ⅱ、Ⅲ、Ⅳ型四种，如图 5-205 所示，其技术参数列于表 5-285 和表 5-286。

表 5-285　电子数显卡尺测量范围（mm）

型式	读数值	测量范围
Ⅰ	0.01	0～150，0～200
Ⅱ、Ⅲ	0.01	0～200，0～300
Ⅳ	0.01	0～500

表 5-286　电子数显卡尺测量爪伸出长度和圆弧形内测量爪的合并宽度（mm）

型式	测量范围	外测量爪最小伸出长度 l_1	内测量爪最小伸出长度 l_2		刀口形外测量爪最小伸出长度 l_3	圆弧形内测量爪合并宽度 b
			刀口形	圆弧形		
Ⅰ	0～150	30	12	—	—	—
Ⅰ、Ⅱ、Ⅲ	0～200	40	15	8	20	10
Ⅱ、Ⅲ	0～300	50	18	10	30	10
Ⅳ	0～500	60	—	12	—	10 或 20

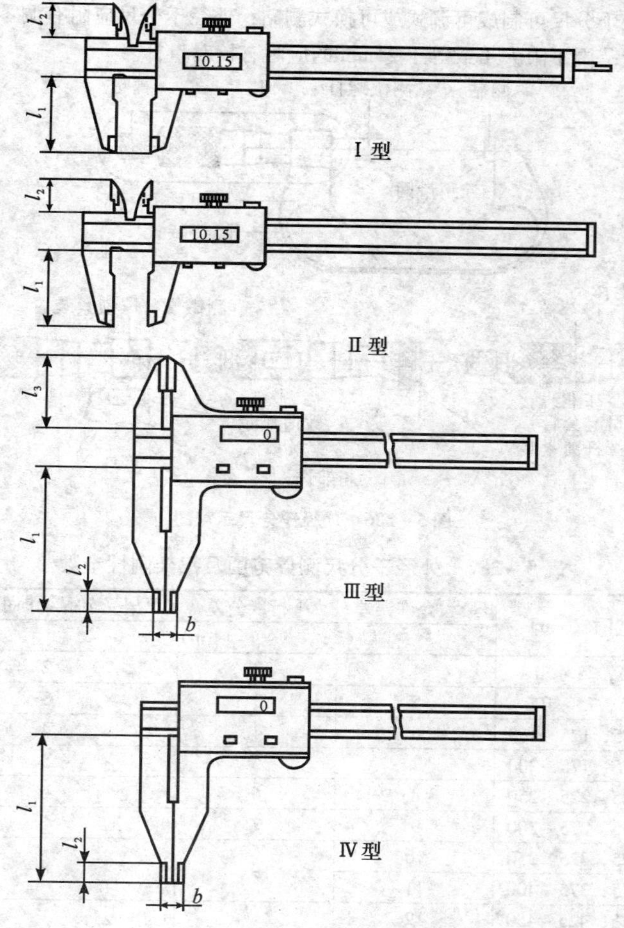

图 5－205　电子数显卡尺示意图

5.5.4　外径千分尺

外径千分尺（GB/T 1216—2004）的型式如图 5－206 所示。外径千分尺的量程为 25mm，测微螺杆螺距为 0.5mm 和 1mm，测量范围及尺架的刚性列于表 5－287。

外径千分尺可制成可调式或可换式测砧；外径千分尺应附有调零位的工具，测量范围下限大于或等于25mm的应附有校对量杆。

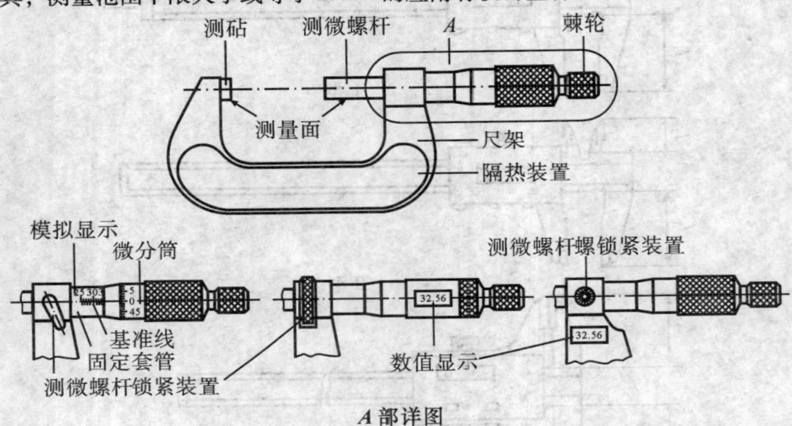

A 部详图

图 5-206　外径千分尺示意图

表 5-287　外径千分尺测量范围及尺架刚性参数

测量范围（mm）	最大允许误差	平行度公差	尺架受10N力时的变形量
	（μm）		
0~25，25~50	4	2	2
50~75，75~100	5	3	3
100~125，125~150	6	4	4
150~175，175~200	7	5	5
200~225，225~250	8	6	6
250~275，275~300	9	7	6
300~325，325~350	10	9	8
350~375，375~400	11		
400~425，425~450	12	11	10
450~475，475~500	13		
500~600	14	12	12
600~700	16	14	14
700~800	18	16	16
800~900	20	18	18
900~1 000	22	20	20

5.5.5　公法线千分尺

公法线千分尺（GB/T 1217—2004）的型式如图 5－207 所示，其基本参数列于表 5－288，千分尺尺架的刚性参数列于表 5－289。

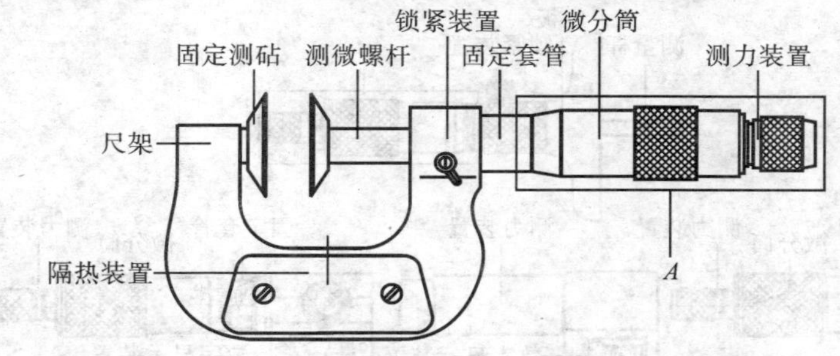

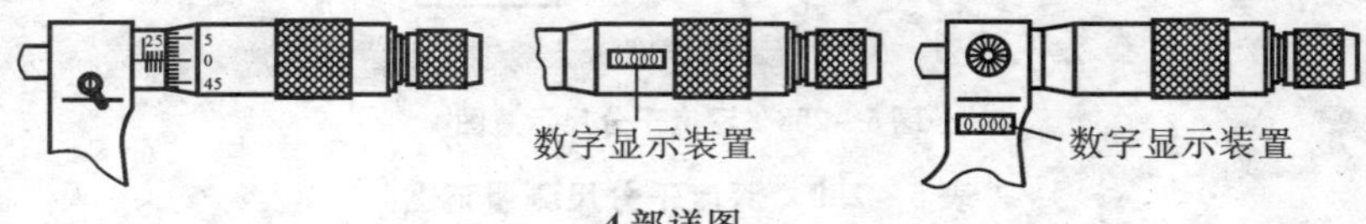

A 部详图

图 5－207　公法线千分尺示意图

表 5－288　公法线千分尺测量范围

测量范围（mm）
0～25、25～50、50～75、75～100、100～125、125～150、150～175、175～200

表 5－289　公法线千分尺尺架刚性参数（mm）

测量上限 l_{max}	最大允许误差	平行度公差	弯曲变形量
$l_{max} \leqslant 50$	0.004	0.004	0.002
$50 < l_{max} \leqslant 100$	0.005	0.005	0.003
$100 < l_{max} \leqslant 150$	0.006	0.006	0.004
$150 < l_{max} \leqslant 200$	0.007	0.007	0.005

注：当尺架沿测微螺杆的轴线方向作用 10N 的力时，其弯曲变形量不应大于表中规定。

5.5.6 深度千分尺

深度千分尺（GB/T 1218—2004）的型式如图 5－208 所示，其基本参数列于表 5－290～表 5－291。

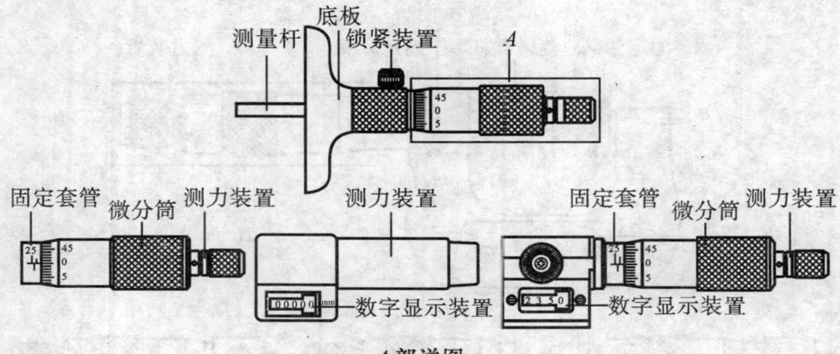

A 部详图

图 5－208 深度千分尺示意图

表 5－290 深度千分尺测量范围

测量范围（mm）
0～25、0～50、0～100、0～150、0～200、0～250、0～300

注：深度千分尺适用于分度值为 0.01mm、0.001mm、0.002mm、0.005mm，测微头的量程为 25mm，测量上限 l_{max} 不应大于 300mm。

表 5－291 深度千分尺测量杆的对零误差

测量范围 *l*（mm）	最大允许误差（μm）	对零误差（μm）
l≤25	4.0	±2.0
0≤*l*≤50	5.0	±2.0
0≤*l*≤100	6.0	±3.0
0≤*l*≤150	7.0	±4.0
0≤*l*≤200	8.0	±5.0
0≤*l*≤250	9.0	±6.0
0≤*l*≤300	10.0	±7.0

注：测量杆相互之间的长度差为 25mm，应成套地进行校准。校准后，测量杆的对零误差不应大于表中规定。

5.5.7 两点内径千分尺

两点内径千分尺（GB/T 8177—2004）的型式见图5－209所示，千分尺长度尺寸的允许变化值列于表5－292。

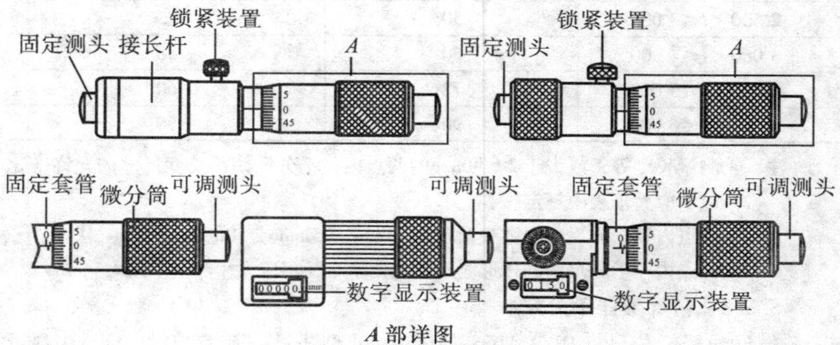

A 部详图

图 5－209 两点内径千分尺示意图

表 5－292 两点内径千分尺长度尺寸的允许变化值

测量长度 l（mm）	最大允许误差（μm）	长度尺寸的允许变化值（μm）
l≤50	4	—
50＜l≤100	5	—
100＜l≤150	6	—
150＜l≤200	7	—
200＜l≤250	8	—
250＜l≤300	9	—
300＜l≤350	10	—
350＜l≤400	11	—
400＜l≤450	12	—
450＜l≤500	13	—
500＜l≤800	16	—
800＜l≤1 250	22	—
1 250＜l≤1 600	27	—
1 600＜l≤2 000	32	10

续表

测量长度 l（mm）	最大允许误差（μm）	长度尺寸的允许变化值（μm）
2 000 < l≤2 500	40	15
2 500 < l≤3 000	50	25
3 000 < l≤4 000	60	40
4 000 < l≤5 000	72	60
5 000 < l≤6 000	90	80

注：①测量长度等于或大于 2 000mm 的两点内径千分尺，其长度尺寸的允许变化值不应大于表中规定。

②两点内径千分尺的测微头量程为 13mm、25mm 或 50mm。

③两点内径千分尺的砧球形测量面的曲率半径不应大于测量下限 l_{min} 的 1/2。

5.5.8 带计数器千分尺

带计数器千分尺（JB/T 4166—1999）的型式见图 5－210 所示。其测量范围和刻度数字列于表 5－293。

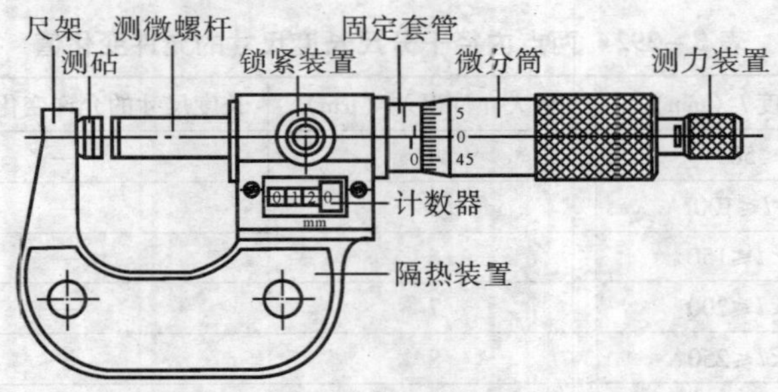

图 5－210 带计数器千分尺示意图

表 5－293 带计数器千分尺的测量范围和刻度数字

测量范围（mm）	刻度数字
0～25	0，5，10，15，20，25
25～50	25，30，35，40，45，50
50～75	50，55，60，65，70，75
75～100	75，80，85，90，95，100

注：除特别规定外，带计数千分尺固定套管刻有毫米刻度数字时，应参照表中规定。

5.5.9 指示表

指示表（GB/T 1219—2000）的基本参数列于表 5 - 294 和表 5 - 295。

表 5 - 294 指示表基本参数（mm）

分度值	量程	外壳直径
0.01 0.002	≤10	≤60
0.001	1	

表 5 - 295 指示表的外形和配合尺寸（mm）

分度值	标尺间距	标尺标记宽度
0.01	≥0.8	0.10 ~ 0.20
0.002	≥1.0	
0.001	≥0.7	

5.5.10 内径指示表

内径指示表（GB/T 8122—2004）的型式和基本参数见图 5 - 211 和表 5 - 296。

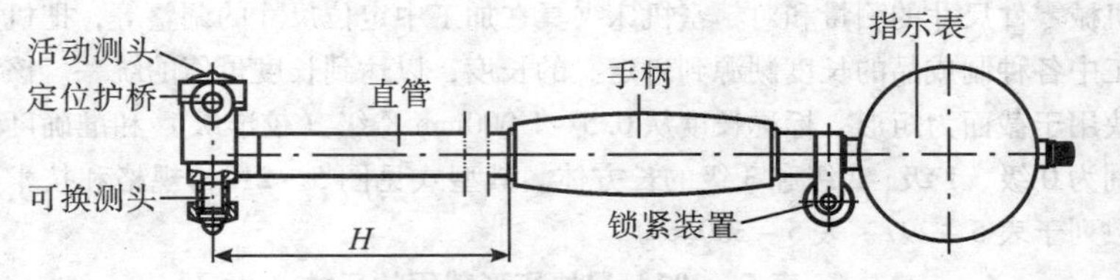

图 5 - 211 内径指示表示意图

表 5 - 296 内径指示表的基本技术参数（mm）

分度值	测量范围	活动测量头的工作行程	活动测量头的预压量	手柄下部长度 H
0.01	6 ~ 10	≥0.6	0.1	≥40
	10 ~ 18	≥0.8		
	18 ~ 35	≥1.0		
	35 ~ 50	≥1.2		

续表

分度值	测量范围	活动测量头的工作行程	活动测量头的预压量	手柄下部长度 H
0.01	50 ~ 100	≥1.6	0.1	≥40
	100 ~ 160			
	160 ~ 250			
	250 ~ 450			
0.001	6 ~ 10	≥0.6		
	18 ~ 35	≥0.8	0.05	
	35 ~ 50			
	50 ~ 100			
	100 ~ 160			
	160 ~ 250			
	250 ~ 450			

5.5.11 量块

量块（GB/T 6093—2001）长度常被用做计量器具的长度标准，对精密机械零件尺寸的测量和对精密机床夹具在加工中定位尺寸的调整等，把机加工中各种制成品的长度溯源到米定义的长度，以达到长度量值的统一。该量块用于截面为矩形、标称长度从 0.5 ~ 1 000mm K 级（校准级）和准确度级别为 0 级、1 级、2 级和 3 级的长方体。其型式见图 5 - 212，规格和技术参数列于表 5 - 297 ~ 表 5 - 300。

表 5 - 297 量块矩形截面的尺寸（mm）

矩形截面	标称长度 l_n	矩形截面长度 a	矩形截面宽度 b
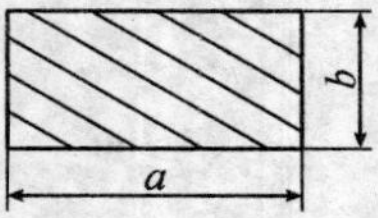	$0.5 \leqslant l_n \leqslant 10$	$30^{\ 0}_{-0.3}$	$9^{-0.05}_{-0.20}$
	$10 < l_n \leqslant 1\ 000$	$35^{\ 0}_{-0.3}$	

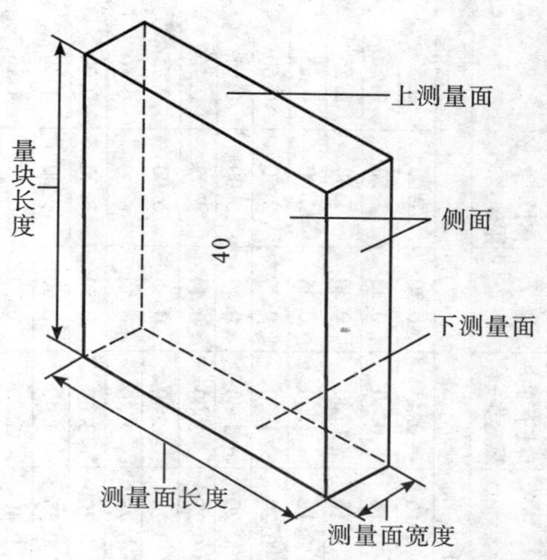

图 5-212　量块示意图

表 5-298　量块测量面的平面度误差

标称长度 l_n (mm)	平面度公差 t_f (μm) ≤			
	K 级	0 级	1 级	2、3 级
0.5≤l_n≤150	0.05	0.10	0.15	0.25
150≤l_n≤500	0.10	0.15	0.18	
500≤l_n≤1 000	0.15	0.18	0.20	

注：①距离测量面边缘 0.8mm 范围内不计。

②距离测量面边缘 0.8mm 范围表面不得高于测量面的平面。

表 5-299　量块侧面相对于测量面的垂直度误差

标称长度 l_n (mm)	垂直度公差 (μm) ≤
10≤l_n≤25	50
25≤l_n≤60	70
60≤l_n≤150	100
150≤l_n≤400	140
400≤l_n≤1 000	180

表 5 - 300　量块长度相对于量块标称长度的极限偏差和量块长度变动量偏差

标称长度 l_n (mm)	K级		0级		1级		2级		3级	
	量块测量面上任意点长度相对于标称长度的极限偏差 $\pm t_e$	量块长度变动量最大允许值 t_v	量块测量面上任意点长度相对于标称长度的极限偏差 $\pm t_e$	量块长度变动量最大允许值 t_v	量块测量面上任意点长度相对于标称长度的极限偏差 $\pm t_e$	量块长度变动量最大允许值 t_v	量块测量面上任意点长度相对于标称长度的极限偏差 $\pm t_e$	量块长度变动量最大允许值 t_v	量块测量面上任意点长度相对于标称长度的极限偏差 $\pm t_e$	量块长度变动量最大允许值 t_v
	(μm)									
$l_n \leqslant 10$	0.20	0.05	0.12	0.10	0.20	0.16	0.45	0.30	1.00	0.50
$10 < l_n \leqslant 25$	0.30	0.05	0.14	0.10	0.30	0.16	0.60	0.30	1.20	0.50
$25 < l_n \leqslant 50$	0.40	0.06	0.20	0.10	0.40	0.18	0.80	0.30	1.60	0.55
$50 < l_n \leqslant 75$	0.50	0.06	0.25	0.12	0.50	0.18	1.00	0.35	2.00	0.55
$75 < l_n \leqslant 100$	0.60	0.07	0.30	0.12	0.60	0.20	1.20	0.35	2.50	0.60
$100 < l_n \leqslant 150$	0.80	0.08	0.40	0.14	0.80	0.20	1.60	0.40	3.00	0.65
$150 < l_n \leqslant 200$	1.00	0.09	0.50	0.16	1.00	0.25	2.00	0.40	4.00	0.70
$200 < l_n \leqslant 250$	1.20	0.10	0.60	0.16	1.20	0.25	2.40	0.45	5.00	0.75
$250 < l_n \leqslant 300$	1.40	0.10	0.70	0.18	1.40	0.25	2.80	0.50	6.00	0.80
$300 < l_n \leqslant 400$	1.80	0.12	0.90	0.20	1.80	0.30	3.60	0.50	7.00	0.90
$400 < l_n \leqslant 500$	2.20	0.14	1.10	0.25	2.20	0.35	4.40	0.60	9.00	1.00
$500 < l_n \leqslant 600$	2.60	0.16	1.30	0.25	2.60	0.40	5.00	0.70	11.00	1.10
$600 < l_n \leqslant 700$	3.00	0.18	1.50	0.30	3.00	0.45	6.00	0.70	12.00	1.20
$700 < l_n \leqslant 800$	3.40	0.20	1.70	0.30	3.40	0.50	6.50	0.80	14.00	1.30
$800 < l_n \leqslant 900$	3.80	0.20	1.90	0.35	3.80	0.50	7.50	0.90	15.00	1.40
$900 < l_n \leqslant 1\,000$	4.20	0.25	2.00	0.40	4.20	0.60	8.00	1.00	17.00	1.50

注：距离测量面边缘 0.8mm 范围内不计。

5.5.12　量针

量针（JB/T 3326—1999）主要用于检验螺纹中径，其型式分为Ⅰ型、Ⅱ型和Ⅲ型三种，见图5－213。量针的基本尺寸、公称直径偏差以及量针的选择等列于表5－301～表5－303。

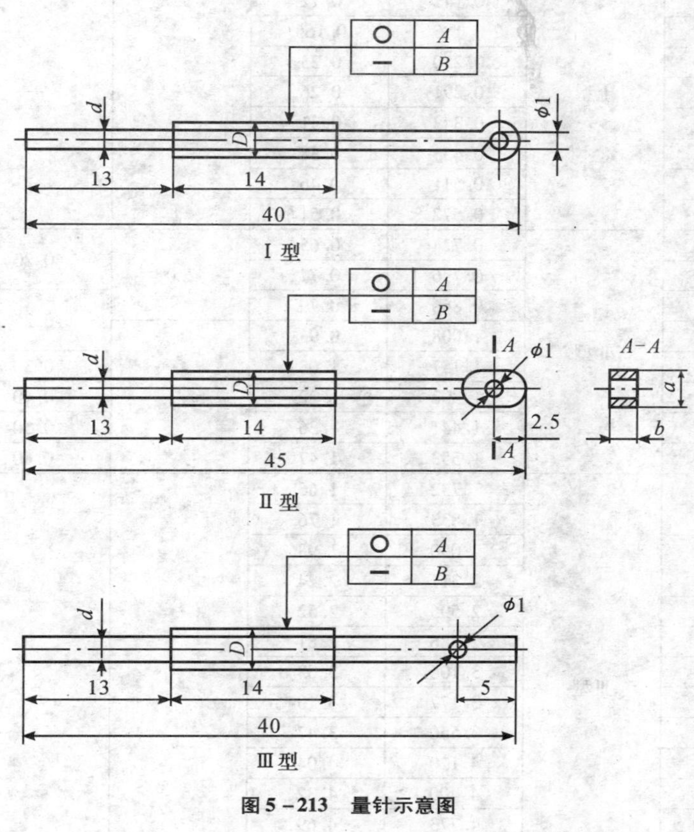

图5－213　量针示意图

表 5－301　量针的基本尺寸（mm）

<table>
<tr><th rowspan="2">序号</th><th rowspan="2">量针型式</th><th rowspan="2">公称直径 D</th><th colspan="3">基本尺寸</th></tr>
<tr><th>d</th><th>a</th><th>b</th></tr>
<tr><td>1</td><td rowspan="9">Ⅰ型</td><td>0. 118</td><td>0. 10</td><td rowspan="9">—</td><td rowspan="9">—</td></tr>
<tr><td>2</td><td>0. 142</td><td>0. 12</td></tr>
<tr><td>3</td><td>0. 185</td><td>0. 165</td></tr>
<tr><td>4</td><td>0. 250</td><td>0. 23</td></tr>
<tr><td>6</td><td>0. 291</td><td>0. 26</td></tr>
<tr><td>5</td><td>0. 343</td><td>0. 31</td></tr>
<tr><td>7</td><td>0. 433</td><td>0. 38</td></tr>
<tr><td>8</td><td>0. 511</td><td>0. 46</td></tr>
<tr><td>9</td><td>0. 572</td><td>0. 51</td></tr>
<tr><td>10</td><td rowspan="8">Ⅱ型</td><td>0. 724</td><td>0. 65</td><td rowspan="3">2. 0</td><td rowspan="2">0. 20</td></tr>
<tr><td>11</td><td>0. 796</td><td>0. 72</td></tr>
<tr><td>12</td><td>0. 866</td><td>0. 79</td><td rowspan="2">0. 25</td></tr>
<tr><td>13</td><td>1. 008</td><td>0. 93</td><td rowspan="5">2. 5</td></tr>
<tr><td>14</td><td>1. 157</td><td>1. 08</td><td>0. 30</td></tr>
<tr><td>15</td><td>1. 302</td><td>1. 22</td><td>0. 40</td></tr>
<tr><td>16</td><td>1. 441</td><td>1. 36</td><td>0. 50</td></tr>
<tr><td>17</td><td>1. 553</td><td>1. 47</td><td>0. 60</td></tr>
<tr><td>18</td><td rowspan="14">Ⅲ型</td><td>1. 732</td><td>1. 66</td><td rowspan="14">—</td><td rowspan="14">—</td></tr>
<tr><td>19</td><td>1. 833</td><td>1. 76</td></tr>
<tr><td>20</td><td>2. 050</td><td>1. 98</td></tr>
<tr><td>21</td><td>2. 311</td><td>2. 24</td></tr>
<tr><td>22</td><td>2. 595</td><td>2. 52</td></tr>
<tr><td>23</td><td>2. 886</td><td>2. 81</td></tr>
<tr><td>24</td><td>3. 106</td><td>3. 03</td></tr>
<tr><td>25</td><td>3. 177</td><td>3. 10</td></tr>
<tr><td>26</td><td>3. 550</td><td>3. 47</td></tr>
<tr><td>27</td><td>4. 120</td><td>4. 04</td></tr>
<tr><td>28</td><td>4. 400</td><td>4. 32</td></tr>
<tr><td>29</td><td>4. 773</td><td>4. 69</td></tr>
<tr><td>30</td><td>5. 150</td><td>5. 07</td></tr>
<tr><td>31</td><td>6. 212</td><td>5. 12</td></tr>
</table>

表 5－302　量针公称直径的偏差值

精度等级	公称直径 D（mm）	尺寸偏差（μm）	圆度公差 A（μm）	锥度公差	母线的直线度公差 B
0	0.118～6.212	±0.25	0.25	在直径 D 的偏差范围内	在 8mm 长度上≤1μm
1		±0.5	0.5		

注：距测量面边缘＜1mm 的范围内，圆度公差、锥度公差、母线直线度公差不计。

表 5－303　量针的选择

序号	量针直径（mm）	量针型式	螺纹 适用螺距 公制（mm）	英制（每英寸上的牙数） 55°	60°	梯形（mm）
1	0.118	Ⅰ型	0.2	—	—	—
			(0.225)	—	—	—
2	0.142		0.25	—	—	—
3	0.185		0.3	—	—	—
			—	—	80	—
			0.35	—	72	—
4	0.25		0.4	—	64	—
			0.45	—	56	—
5	0.291		0.5	—	48	—
6	0.343		0.6	—	—	—
			—	—	44	—
			—	—	40	—
7	0.433		0.7	—	—	—
			0.75	—	36	—
			0.8	—	32	—
8	0.511		—	—	28	—
9	0.572		1.0	—	27	—
			—	—	26	—
			—	—	24	—

续表

序号	量针直径（mm）	量针型式	螺纹			
			适用螺距			
			公制（mm）	英制（每英寸上的牙数）		梯形（mm）
				55°	60°	
10	0.724	Ⅱ型	1.25	20	20	—
11	0.796		—	18	18	—
12	0.866		1.5	16	16	—
13	1.008		1.75	14	14	—
			—	—	—	2
14	1.157		2.0	12	13	—
			—	—	12	—
15	1.302	Ⅲ	—	11	11½	2*
			—	—	11	—
16	1.441		2.5	10	10	—
17	1.553		—	9	9	3
18	1.732		3.0	—	—	3*
19	1.833		—	8	8	—
20	2.05		3.5	7	7½	4
			—	—	7	—
21	2.311		4.0	6	6	4*
22	2.595		4.5	—	5½	5
23	2.886		5.0	5	5	5*
24	3.106		—	—	—	6
25	3.177		5.5	4½	4½	6*
26	3.55		6.0	4	4	—
27	4.12		—	3½	—	8
28	4.4		—	3¼	—	8*
29	4.773		—	3	—	—
30	5.15		—	—	—	10
31	6.212		—	—	—	12

注：①用量针测量螺纹中径时，建议根据被测螺纹的螺距按此表选用相应公称直径的量针。

②按表中选择量针的直径测量单头螺纹中径时，除标有“*”符号外，由于螺纹牙形半角偏差而产生的测量误差甚小，可以不计。

③当用量针测量梯形螺纹中径出现量针表面低于螺纹外径和测量通端梯形螺纹塞规中径时，按带“*”号的相应螺距来选择量针。此时必须计入牙形半角偏差对测量结果的影响。

5.5.13 塞尺

塞尺（JB/T 8788—1998）主要用于测量工件两表面间的间隙。塞尺片有特级和普通级两种，型式分为 A 型和 B 型，见图 5－214 所示，其规格尺寸列于表 5－304。

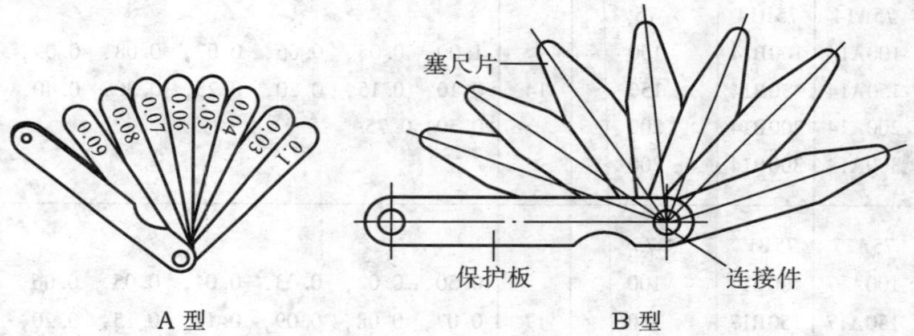

图 5－214 塞尺的型式

表 5－304 塞尺的规格尺寸

<table>
<tr><td colspan="5">单片塞尺</td></tr>
<tr><td colspan="2">型式</td><td colspan="3">塞尺厚度系列（mm）</td></tr>
<tr><td colspan="2">A 型
B 型</td><td colspan="3">0.02，0.03，0.04，0.05，0.06，0.07，0.08，0.09，0.10，0.11，0.12，0.13，0.14，0.15，0.20，0.25，0.30，0.35，0.40，0.45，0.50，0.55，0.60，0.65，0.70，0.75，0.80，0.85，0.90，0.95，1.00</td></tr>
<tr><td colspan="5">成组塞尺</td></tr>
<tr><td colspan="2">组别标记</td><td rowspan="2">塞尺片长度（mm）</td><td rowspan="2">片数</td><td rowspan="2">塞尺片厚度（mm）（组装顺序）</td></tr>
<tr><td>A 型</td><td>B 型</td></tr>
<tr><td>75A13</td><td>75B13</td><td>75</td><td rowspan="5">13</td><td rowspan="5">保护片，0.02，0.02，0.03，0.03，0.04，0.04，0.05，0.05，0.06，0.07，0.08，0.09，0.10，保护片</td></tr>
<tr><td>100A13</td><td>100B13</td><td>100</td></tr>
<tr><td>150A13</td><td>150B13</td><td>150</td></tr>
<tr><td>200A13</td><td>200B13</td><td>200</td></tr>
<tr><td>300A13</td><td>300B13</td><td>300</td></tr>
</table>

续表

组别标记		塞尺片长度（mm）	片数	塞尺片厚度（mm）（组装顺序）
A型	B型			
75A14 100A14 150A14 200A14 300A14	75B14 100B14 150B14 200B14 300B14	75 100 150 200 300	14	1.00，0.05，0.06，0.07，0.08，0.09，0.10，0.15，0.20，0.25，0.30，0.40，0.50，0.75
75A17 100A17 150A17 200A17 300A17	75B17 100B17 150B17 200B17 300B17	75 100 150 200 300	17	0.50，0.02，0.03，0.04，0.05，0.06，0.07，0.08，0.09，0.10，0.15，0.20，0.25，0.30，0.35，0.40，0.45
75A20 100A20 150A20 200A20 300A20	75B20 100B20 150B20 200B20 300B20	75 100 150 200 300	20	1.00，0.05，0.10，0.15，0.20，0.25，0.30，0.35，0.40，0.45，0.50，0.55，0.60，0.65，0.70，0.75，0.80，0.85，0.90，0.95
75A21 100A21 150A21 200A21 300A21	75B21 100B21 150B21 200B21 300B21	75 100 150 200 300	21	0.50，0.02，0.02，0.03，0.03，0.04，0.04，0.05，0.05，0.06，0.07，0.08，0.09，0.10，0.15，0.20，0.25，0.30，0.35，0.40，0.45

5.5.14 螺纹样板

螺纹样板（JB/T 7981—1999）主要用于测量螺纹的螺距或英制55°螺纹的每25.4mm牙数。其型式见图5－215，规格列于表5－305。

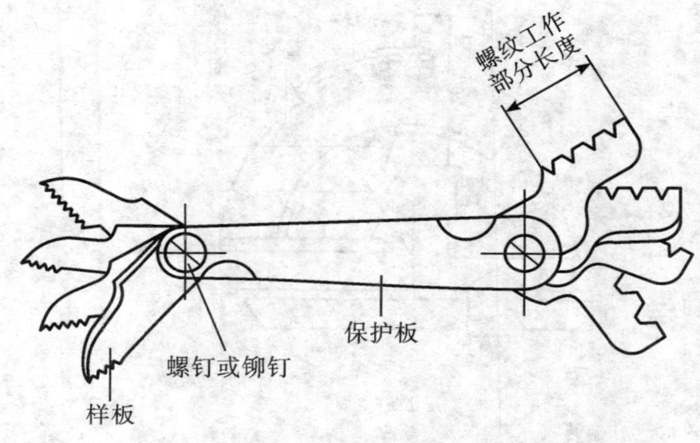

图 5－215　螺纹样板示意图

表 5－305　螺纹样板的规格

螺距种类	普通螺纹螺距（mm）	英制螺纹螺距（牙/inch）
螺距尺寸系列	0.40，0.45，0.50，0.60，0.70，0.75，0.80，1.00，1.25，1.50，1.75，2.00，2.50，3.00，3.50，4.00，4.50，5.00，5.50，6.00	28，24，22，20，19，18，16，14，12，11，10，9，8，7，6，5，4.5，4
样板数	20	18
厚度（mm）	0.5	

5.5.15　游标万能角度尺

游标万能角度尺（GB/T 6315—1996）用于测量两测量面夹角的大小。它分为Ⅰ型和Ⅱ型两种型式，见图 5－216 所示。角度尺的游标读数值及测量范围列于表 5－306。

表 5－306　游标万能角度尺的技术参数（mm）

型式	测量范围	游标读数值	公称长度	
			直尺测量面	其他测量面
Ⅰ型	0°～320°	2′，5′	≥150	≥50
Ⅱ型	0°～360°	5′	200 或 300	

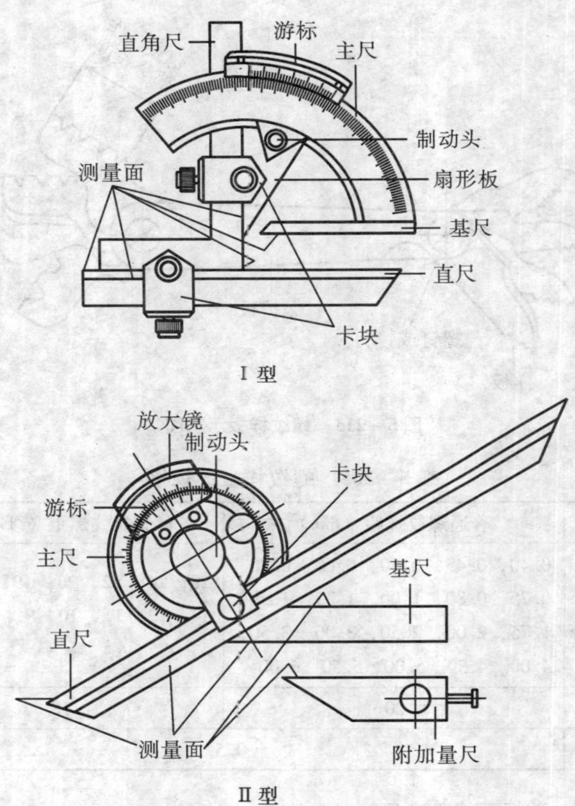

图 5-216 游标万能角度尺示意图

标记示例：

游标读数值为2′的Ⅰ型游标万能角度尺表示为：

游标万能角度尺 1—2′ GB/T 6315—1996

5.5.16 带表万能角度尺

带表万能角度尺（JB/T 10026—1999）的型式见图 5-217 所示，其测量范围列于表 5-307。

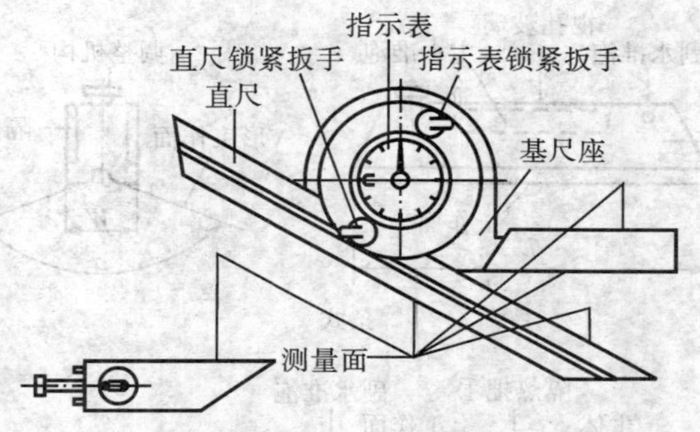

图 5－217　带表万能角度尺示意图

表 5－307　带表万能角度尺的尺寸参数（mm）

直尺测量面	附加量尺测量面	基尺测量面
公称长度		
200 或 300	≥70	≥50

注：带表万能角度尺适用于分度值为 5′，测量范围为 0°～360°。

5.5.17　条式和框式水平仪

条式和框式水平仪（GB/T 16455—1996）用于测量相对水平和垂直位置微小倾角的测量器具。其型式见图 5－218。水平仪的尺寸参数等列于表 5－308～表 5－309。

表 5－308　条式和框式水平仪的技术参数

<table>
<tr><th>分度值
（mm/m）</th><th>规格</th><th>工作面长度 L
（mm）</th><th>工作面宽度 W
（mm）</th><th>V 形工作面夹角 α</th></tr>
<tr><td rowspan="5">0.02
0.05
0.10</td><td>100</td><td>100</td><td>≥30</td><td rowspan="5">120°或 140°</td></tr>
<tr><td>150</td><td>150</td><td rowspan="2">≥35</td></tr>
<tr><td>200</td><td>200</td></tr>
<tr><td>250</td><td>250</td><td rowspan="2">≥40</td></tr>
<tr><td>300</td><td>300</td></tr>
</table>

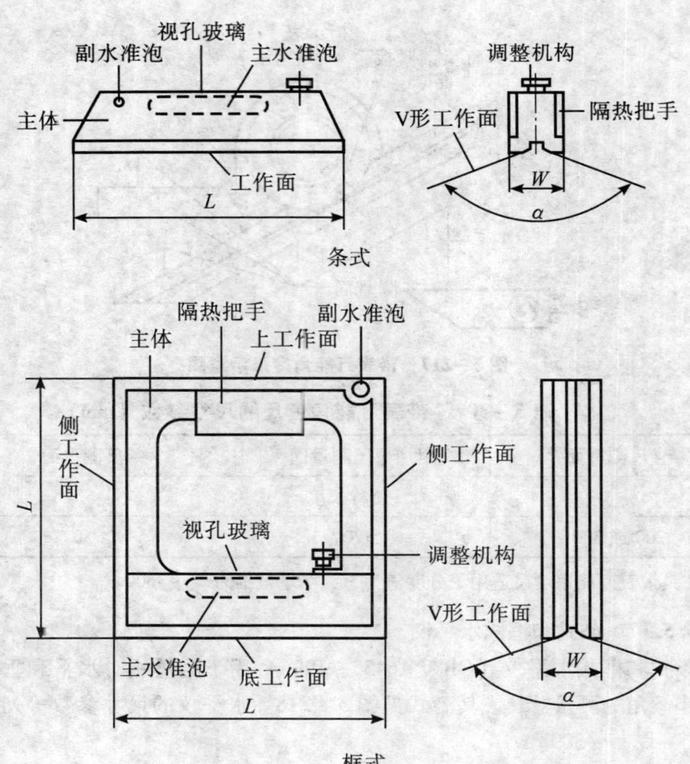

图 5－218　条式和框式水平仪示意图

表 5－309　条式和框式水平仪的示值误差（mm/m）

分度值	示值误差	
	任意一个分度	全量程
0.02	0.004	0.002n
0.05	0.01	0.005n
0.10	0.02	0.01n

注：n 为全量程分度数。

5.5.18 电子水平仪

电子水平仪（JB/T 10038—1999）按指示形式可分为指针式和数字显示式两种，其结构型式由传感器、指示器（或显示器）和底座三部分组成（这三部分可以是分开的，如图 5－220；也可以是一体型，如图 5－219 所示）。水平仪的规格是按底座工作面的尺寸而定，具体见图 5－221 和表 5－310。

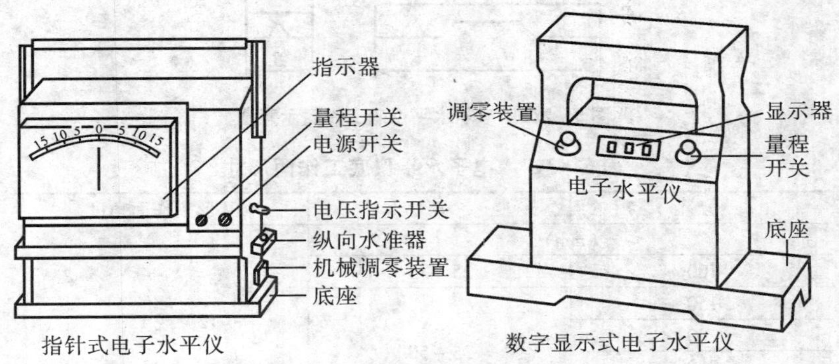

图 5－219 电子水平仪（一体型）示意图

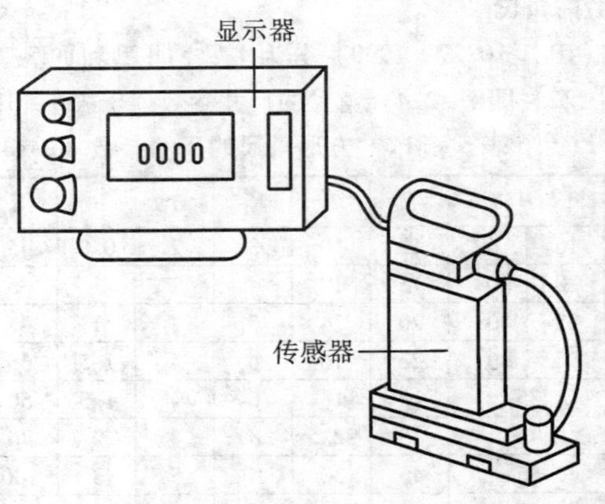

图 5－220 分开式电子水平仪示意图

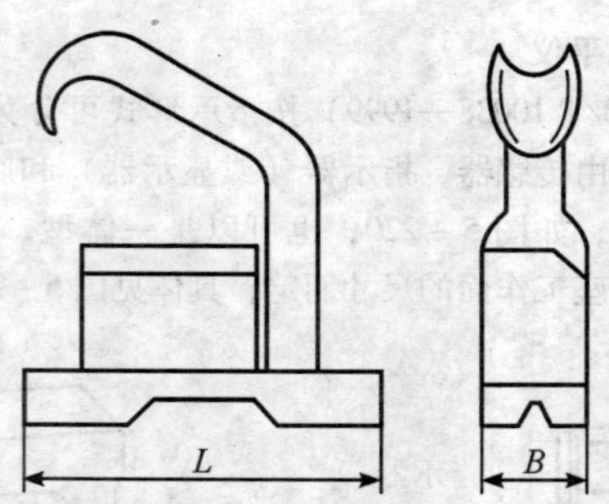

图 5－221　电子水平仪底工作面示意图

表 5－310　电子水平仪底工作面尺寸

L	B	V 形工作面角度
（mm）		
100	25～35	120°或 150°
150	35～50	
200		
250		
300		

5.5.19　方形角尺

方形角尺（JB/T 10027—1999）分为Ⅰ型、Ⅱ型和Ⅲ型三种，其结构型式分别见图 5－222～图 5－224。角尺的尺寸参数列于表 5－311、表 5－312。

表 5－311　方形角尺的尺寸参数（mm）

结构型式	H	B		K	R	R_1	t	r	d	C	S
Ⅰ型	100	16	16①	12	10	3	2	0.8	45	—	2.5
	150	20	30①	15	12	4	2	1	65	—	3
Ⅱ型	200	25	40①	20	14	5	3	1	45	42	3
Ⅲ型	250	30	40①	22	16	6	4	1.5	45	65	3
	315	35		25	18	6	4	1.5	50	80	3.5
	400	45		35	22.5	8	4	2	70	100	4
	500	55		45	30	10	5	3	100	130	5
	630	65		55	36	10	5	3	115	175	5

注：表中①为该尺寸制造时，R_1 不做。

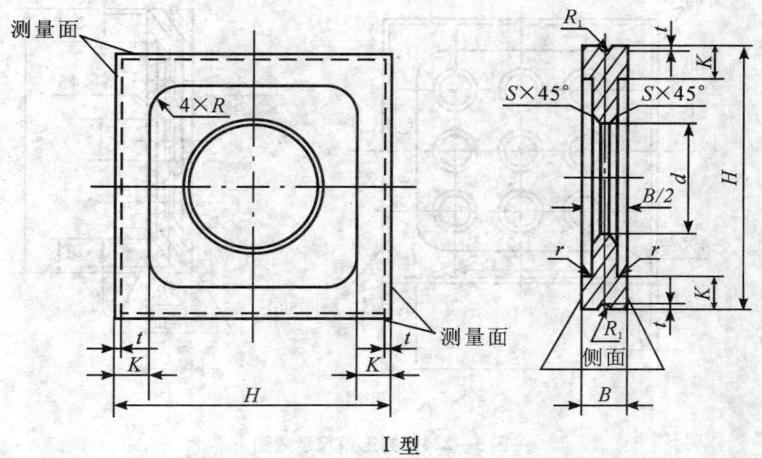

Ⅰ型

图 5－222　方形角尺示意图

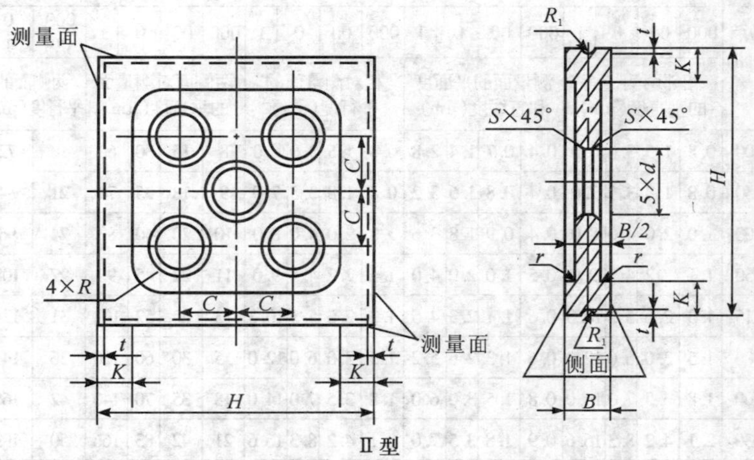

Ⅱ型

图 5－223　方形角尺示意图

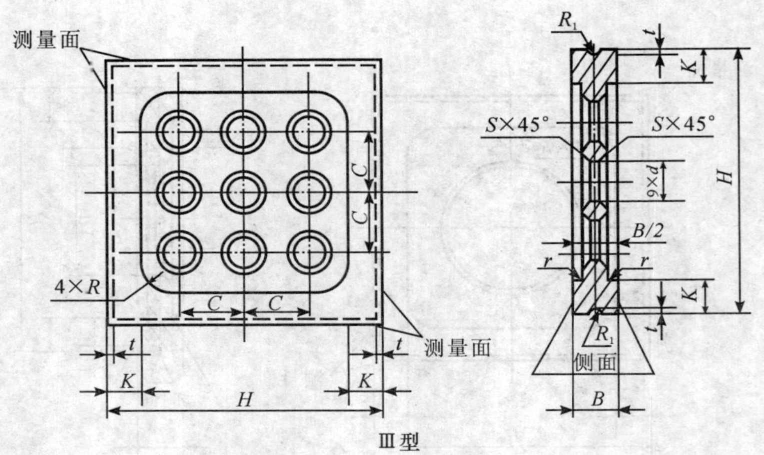

Ⅲ型

图 5－224　方形角尺示意图

表 5－312　方形角尺的精度等级及其精度值

H (mm)	精度等级																	
	000	00	0	1	000	00	0	1	000	00	0	1	000	00	0	1	000 00	0 1
	相邻两测量面的垂直度(μm)				测量面的平面度和直线度(μm)				相对测量面的平行度(μm)				两侧面对测量面的垂直度(μm)				两侧面的平行度(μm)	
100	0.8	1.5	3.0	6.0	0.4	0.7	1.4	2.8	0.8	1.5	3.0	6.0	8	15	30	60	18	72
150	0.8	1.8	3.5	7.0	0.4	0.8	1.6	3.2	0.8	1.8	3.5	7.0	9	18	35	70	21	84
200	1.0	2.0	4.0	8.0	0.4	0.9	1.8	3.6	1.0	2.0	4.0	8.0	10	20	40	80	24	96
250	1.1	2.2	4.5	9.0	0.5	1.0	2.0	4.0	1.1	2.2	4.5	9.0	11	22	45	90	27	108
315	1.3	2.6	5.2	10.3	0.6	1.1	2.3	4.5	1.3	2.6	5.5	10.3	13	26	52	103	31	124
400	1.5	3.0	6.0	12.0	0.6	1.3	2.6	5.2	1.5	3.0	6.0	12.0	15	30	60	120	36	144
500	1.8	3.5	7.0	14.0	0.8	1.5	3.0	6.0	1.8	3.5	7.0	14.0	18	35	70	140	42	168
630	2.1	4.2	8.3	16.6	0.9	1.8	3.5	7.0	2.1	4.2	8.3	16.6	21	42	83	166	50	199

注：测量面的平面度和直线度的误差不许凸，在各测量面相交处 2.5mm 范围内不检测。

5.5.20　金属直尺

金属直尺（GB/T 9056—2004）的型式和基本参数分别见图 5－225 和表 5－313。

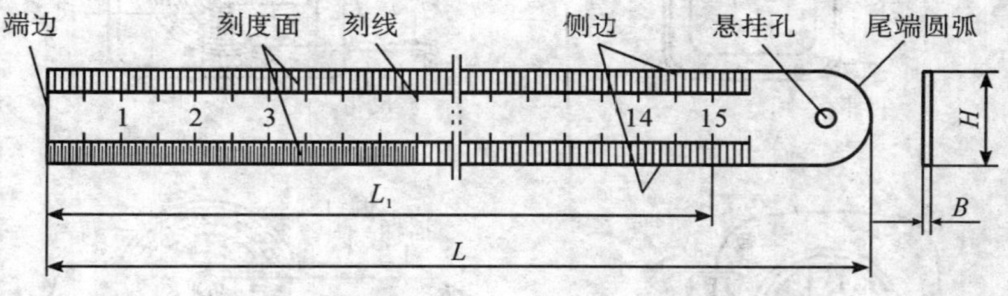

图 5－225　金属直尺

表 5－313　金属直尺的基本参数

标称长度 L_1	全长 L		厚度 B		宽度 H		孔径∅
	尺寸	偏差	尺寸	偏差	尺寸	偏差	
150	175	±5	0.5	±0.05	15 或 20	±0.3 或 ±0.4	5
300	335		1.0	±0.10	25	±0.5	
500	540		1.2	±0.12	30	±0.6	
600	640		1.2	±0.12	30	±0.6	
1 000	1 050		1.5	±0.15	35	±0.7	7
1 500	1 565		2.0	±0.20	40	±0.8	
2 000	2 065		2.0	±0.20	40	±0.8	

5.5.21　钢卷尺

钢卷尺（QB/T 2443—1999）按结构分为 A 型（自卷式）、B 型（自卷自动式）、C 型（摇卷盒式）和 D 型（摇卷架式）四种型式，见图 5－226，其规格尺寸列于表 5－314。

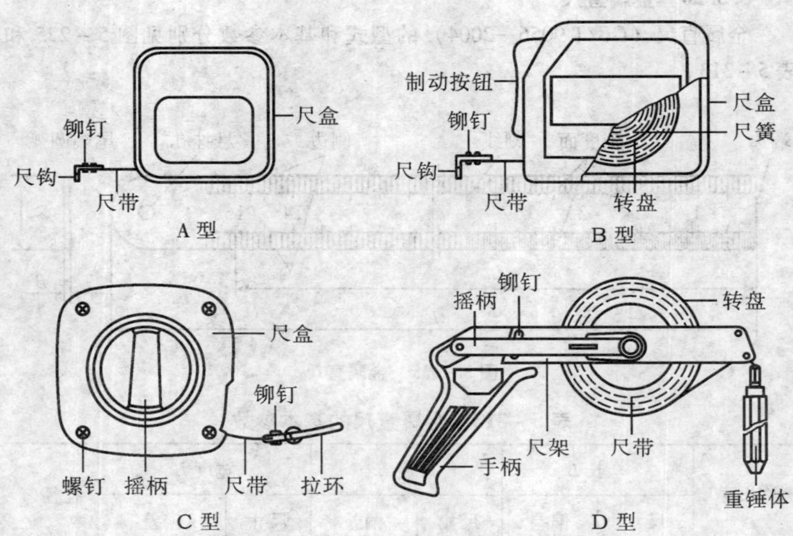

图 5－226　钢卷尺示意图

表 5－314　钢卷尺的规格尺寸

型式	规格[①]（m）	尺带[②]				
		宽度	宽度偏差	厚度	厚度偏差	形状
		(mm)				
A、B 型	0.5 的整数倍	4～25	0 －0.3	0.12～0.14	0 －0.04	弧形或平形
C、D 型	5 的整数倍	8～16		0.14～0.24		平形

注：①特殊规格和要求由供需双方协商。

②尺带的宽度和厚度系指金属材料的宽度和厚度。

5.5.22　纤维卷尺

纤维卷尺（QB/T 1519—1992）按尺带选用原材料分为塑料卷尺和布卷尺两种；卷尺按不同结构可分为折卷式、盒式和架式三种型式，见图 5－227 所示，其规格尺寸列于表 5－315。

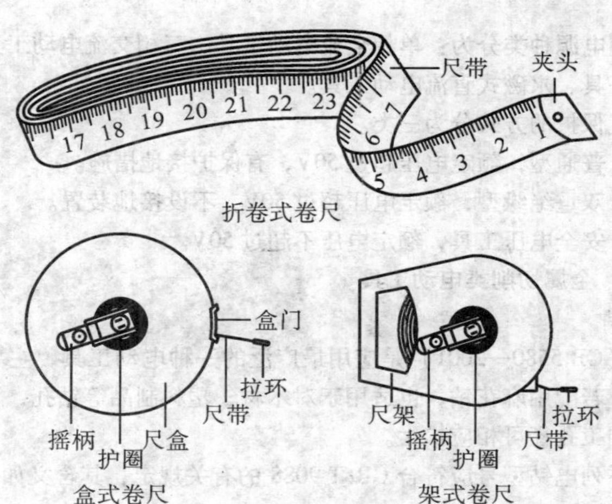

图 5-227　纤维卷尺示意图

表 5-315　纤维卷尺的规格尺寸

型式	尺带标称长度系列（m）		尺带宽度系列（mm）	
	长度	长度允差	宽度	宽度允差
折卷式	0.5 的整数倍（5m 以下）	见 4.2	7.5，13，14，15，16，18，20	±0.3
盒　式				
折卷式	5 的整数倍			
盒　式				
架　式				

5.6　电动工具

5.6.1　电动工具的分类及型号

电动工具一般按用途分为：金属切削电动工具、砂磨电动工具、装配电动工具、建筑道路类电动工具、林木加工类电动工具等。

按使用电源种类分为：单相交流电动工具、三相交流电动工具、交直流两用电动工具、永磁式直流电动工具。

按电气保护的方式分为三类。

Ⅰ类：普通型，额定电压超过50V，有保护接地措施。

Ⅱ类：双重绝缘型，额定电压超过50V，不设接地装置。

Ⅲ类：安全电压工具，额定电压不超过50V。

5.6.2 金属切削类电动工具

1. 电钻

电钻（GB 5580—2001）是应用最广泛的一种电动工具，主要用于对金属件钻孔。若配用麻花钻，也适用于对木材、塑料制品等钻孔，若配用金属孔锯，其加工孔径可相应扩大。

基本系列电钻型号应符合GB/T 9088的有关规定，其含义如下：

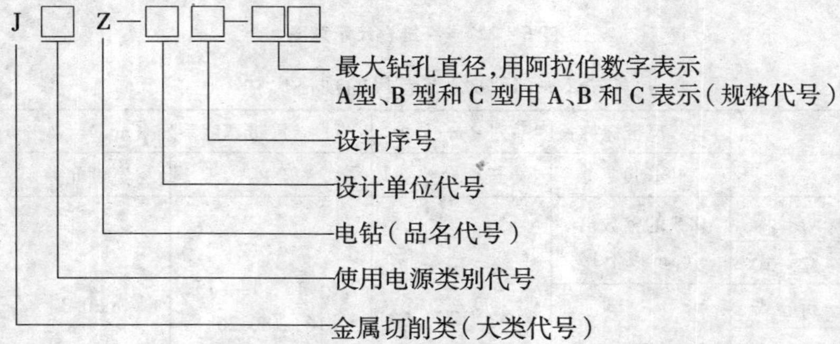

电钻的型式、基本参数和技术参数等列于表5－316、表5－317。进口电钻技术数据见表5－318。

表5－316 电钻的型式

分类方式	种类	用途
按电源种类分	（1）单相交流电钻	
	（2）直流电钻	
	（3）交直流两用电钻	

续表

分类方式	种类	用途
按电钻的基本参数和用途分	（1）A 型（普通型）电钻	主要用于普通钢材的钻孔，也可用于塑料和其他材料的钻孔，具有较高的钻削生产率，通用性强
	（2）B 型（重型）电钻	主要用于优质钢材及各钢材的钻孔，具有很高的钻削生产率，B 型电钻结构可靠、可施加较大的轴向力
	（3）C 型（轻型）电钻	主要用于有色金属、铸铁和塑料的钻孔，尚能用于普通钢材的钻削，C 型电钻轻便，结构简单，不可施以强力
按对无线电和电视的干扰的抑制要求分	（1）对无线电和电视的干扰无抑制要求的电钻	
	（2）对无线电和电视的干扰有抑制要求的电钻	
按触电保护分	（1）Ⅰ类电钻	
	（2）Ⅱ类电钻	
	（3）Ⅲ类电钻	

表 5-317　电钻的基本参数

电钻规格（mm）		额定输出功率（≥）（W）	额定转矩（≥）（N·m）
4	A	80	0.35
6	C	90	0.50
	A	120	0.85
	B	160	1.20
8	C	120	1.00
	A	160	1.60
	B	200	2.20
10	C	140	1.50
	A	180	2.20
	B	230	3.00
13	C	200	2.50
	A	230	4.00
	B	320	6.00
16	A	320	7.00
	B	400	9.00
19	A	400	12.00
23	A	400	16.00
32	A	500	32.00

注：电钻规格指电钻钻削抗拉强度为390MPa钢材时所允许使用的最大钻头直径。

表 5-318　HYD 进口电钻技术数据

型号	HYD-10
钻夹头口径（mm）	10
钻木材口径（mm）	15
钻钢材口径（mm）	10
输入功率（W）	210
空载转速（r/min）	1 800
总体长度（mm）	225（8-27/32″）
净重（kg）	1

2. *磁座钻*

磁座钻（JB/T 9609—1999）主要由电钻、机架、电磁吸盘、进给装置和回转机构等组成。使用时借助直流电磁铁吸附于钢铁等磁性材料工件上，运用电钻进行切削加工，可减轻劳动强度，提高钻孔精度，适用于大型工件和高空作业。

磁座钻的型号应符合 GB/T 9088 的规定，其含义如下：

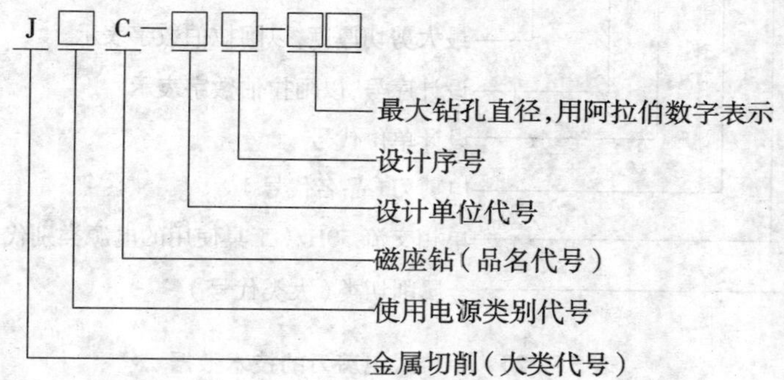

磁座钻的基本参数列于表 5－319。

表 5－319　磁座钻技术数据

规格(mm)	额定电压(V)	钻孔直径(mm)	电钻		磁座钻架		导板架		断电保护器		
			主轴额定输出功率(W)	主轴额定转矩(N·m)	回转角度(°)	水平位移(mm)	最大行程(mm)	允许偏差(mm)	保护吸力(kN)	保护时间(min)	电磁铁吸力(kN)
13	220	12	≥320	≥6.00	≥300	≥20	140	1	7	10	≥8.5
19	220	19	≥400	≥12.00	≥300	≥20	180	1.2	8	8	≥10
	380		400								
23	220	23	≥400	≥16.00	≥60	≥20	180	1.2	8	8	≥11
	380		≥500								
32	220	32	≥1 000	≥25.00	≥60	≥20	200	1.5	9	6	≥13.5
	380		≥1 250								

注：①表中电磁铁吸力值。系在厚度为 20mm、Q235—A、Ra0.8 的标准块上测得。

②保护时间为维持保护吸力的最短时间。

③表中 380V 为三相线电压。

3. *手持式电剪刀*

手持式电剪刀（JB/T 8641—1999）主要用于剪裁金属板材，修剪工件边角及切边平整等。电剪刀的技术数据列于表 5 - 320。

电剪刀型号应符合 GB/T 9088 的规定，其含义如下：

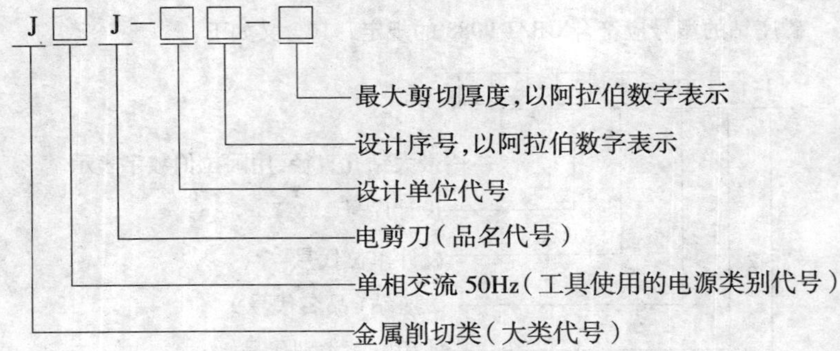

表 5 - 320　手持式电剪刀的技术数据

型号	规格（mm）	额定输出功率（W）	刀杆额定每分钟往复次数	剪切进给速度（m/min）	剪切余料宽度（mm）	每次剪切长度（mm）
J1J - 1.6	1.6	≥120	≥2 000	2 ~ 2.5	45	560
J1J - 2	2	≥140	≥1 100	2 ~ 2.5		
J1J - 2.5	2.5	≥180	≥800	1.5 ~ 2	40	470
J1J - 3.2	3.2	≥250	≥650	1 ~ 1.5	35	500
J1J - 4.5	4.5	≥540	≥400	0.5 ~ 1	30	400

注：①规格是指电剪刀剪切抗拉强度 390MPa 热轧钢板的最大厚度。

②单相串激电机驱动，电源电压为 220V，频率为 50Hz。

4. *型材切割机*

型材切割机（JB/T 9608—1999）主要利用砂轮对圆形或异型钢管、圆钢、槽钢、扁钢、角钢等进行切割，转切角度为 45°。切割机的技术参数列于表 5 - 321。

切割机的型号应符合 GB/T 9088 的规定，其含义如下：

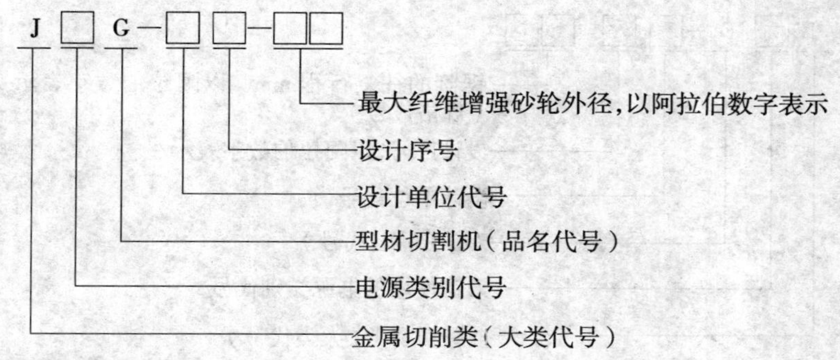

表 5－321　型材切割机的技术参数

规格（mm）	额定输出功率（W）	额定转矩（N·m）≥	最大切割直径（mm）	说明
200	600	2.3	20	
250	700	3.0	25	
300	800	3.5	30	
350	900	4.2	35	
400	1 100	5.5	50	单相切割机
	2 000	6.7	50	三相切割机

注：①切割机的最大切割直径是指抗拉强度为 390MPa（390N/mm^2）圆钢的直径。

②交流额定电压：三相 380V；单相 220，42V。交流额定频率：50Hz。

5. *电动刀锯*

电动刀锯（JB/T 6209—1999）主要用于锯割金属板、管、棒等材料和合成材料及木料等。其技术数据列于表 5－322。

电动刀锯型号应符合 GB/T 9088 的规定，其含义如下：

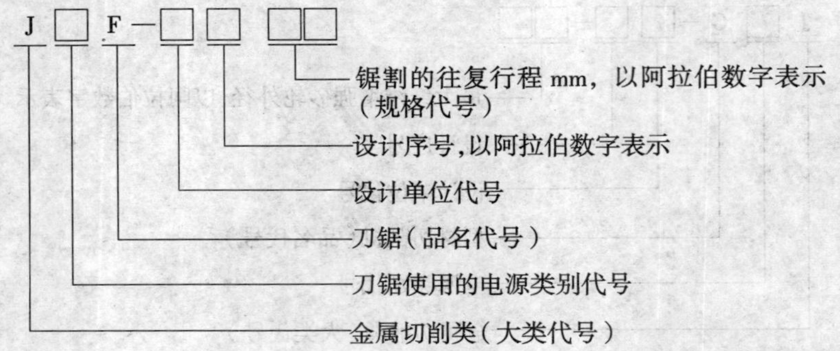

表 5－322　电动刀锯的技术数据

规格（mm）	往复行程（mm）	额定输出功率（W）≥	额定往复次数（次/min）≥
26	26	260	550
30	30	360	600

注：①表中额定往复次数是指工作轴每分钟额定往复次数。

②表中额定输出功率是指电动机的额定输出功率。

③直流额定电压为 220V；交流额定电压为：220V，42V 和 36V；交流额定频率为 50Hz。

6. *双刃电剪刀*

双刃电剪刀（JB/T 6208—1999）的主要技术参数列于表 5－323，双刃电剪刀的型号应符合 GB/T 9088 的有关规定，其含义如下：

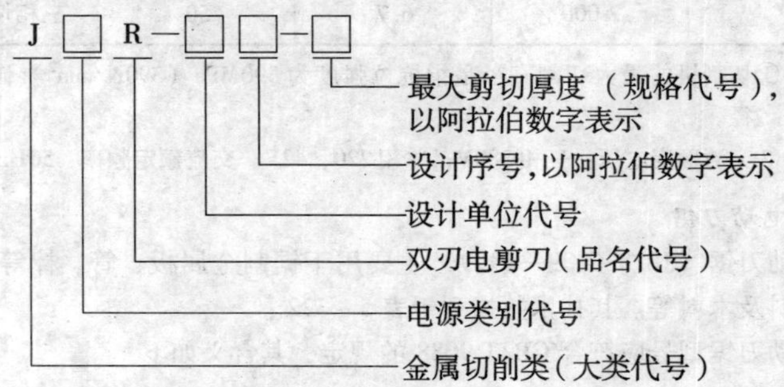

表 5-323　双刃电剪刀的主要技术参数

规格 （mm）	最大剪切厚度 （mm）	额定输出功率 （W）≥	额定往复次数 （次/min）≥
1.5	1.5	130	1 850
2	2	180	150

注：①最大剪切厚度是指双刃剪剪切抗拉强度 $\sigma=390\text{MPa}$ 的金属（相当于 GB/T 700 中 Q235 热轧）板材最大厚度。

②额定输出功率是指电机的额定输出功率。

7. 自动切割机

自动切割机主要是利用电机自重自动进给切割，用于切割金属管材、角钢、圆钢等。其技术数据列于表 5-324。

表 5-324　自动切割机技术数据表

型号		J3G93—400	J1G93—400
工作电流	（A）	10	20
电动机功率	（kW）	2.2	2.2
额定电压	（V）	380	220
频率	（Hz）	50	50
电机转速	（r/min）	2 880	2 900
砂轮片线速度	（m/s）	60	60
可转切割角度		0°～45°	0°～45°
最大钳口开口	（mm）	125	125
切割圆钢直径	（mm）	65	65
外包装尺寸	（cm）	52×36×43	52×36×43
质量	（kg）	46	48

8. 电动锯管机

电动锯管机利用铣刀割断大口径钢管、铸铁管，加工焊件的坡口。其技术数据列于表 5-325。

表 5-325 电动锯管机技术数据

型　号	适用管径（mm）	切割深度（mm）	输出功率（W）	铣刀轴转速（r/min）	爬行进给速度（mm/min）	质量（kg）	电源
J3UP-35	133～1 000	≤35	1 500	35	40	80	380V
J3UP-70	200～1 000	≤20	1 000	70	85	60	50Hz

9. 斜切割机

斜切割机又名转台式斜断锯、金属切割机。配用合金锯片或木工圆锯片，切割铝合金型材、塑料、木材。可进行左右两个方向各45°范围内的多种角度切割，切割角度及垂直度比较精确。其技术数据列于表5-326。

表 5-326 斜切割机技术数据

规格（锯片直径）（mm）	最大锯深 高×宽（mm）		转速（r/min）	输入功率（W）	外形尺寸（mm）			质量（kg）
	90°角	45°角			长	宽	高	
210	55×130	55×95	5 000	800	390	270	385	5.6
255	70×122	70×90	4 100	1 380	496	470	475	18.5
355	122×152	122×115	3 200	1 380	530	596	435	34
380	122×185	122×137	3 200	1 380	678	590	720	23

注：单相串激电机驱动，电源电压为220V，频率为50Hz，软电缆长度为2.5m。

10. 电动焊缝坡口机

电动焊缝坡口机主要用于各种金属构件在气（电）焊之前开各种形状各种角度的坡口。其技术数据列于表5-327。

表 5-327 电动焊缝坡口机技术数据

型　号	切口斜边最大宽度（mm）	输入功率（W）	每分钟冲击频率（Hz）	加工速度（m/min）	加工材料厚　度（mm）	质量（kg）	电源
J1P1-10	10	2 000	480	≤2.4	4～25	14	220V 50Hz

5.6.3 研磨类电动工具

1. 角向磨光机

角向磨光机（GB/T 7442—2001）又称角磨机、手砂轮机。主要用于金属件的修磨及型材的切割，焊接前开坡口以及清理工件的飞边、毛刺。配用金刚石切割片，可切割非金属材料，如砖、石等。配用钢丝刷可除锈，配用圆形砂纸可进行砂光作业。其技术数据列于表5－328。

角向磨光机的型号按GB/T 9088规定，其含义如下：

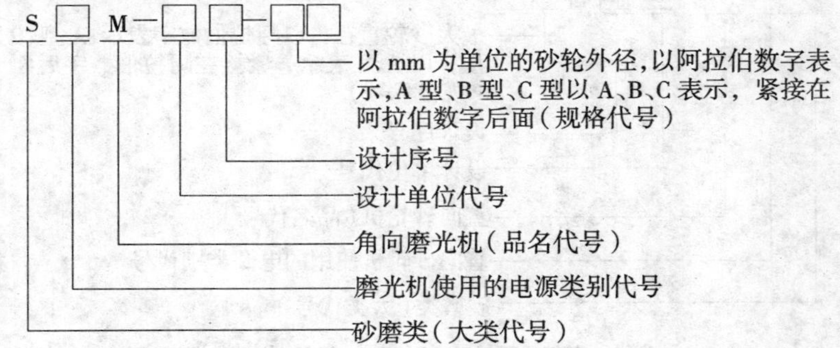

表5－328　角向磨光机的技术数据

规格		额定输出功率（W）	额定转矩（N·m）
砂轮外径（mm）	类　型	≥	
100	A	200	0.30
	B	250	0.38
115	A	250	0.38
	B	320	0.50
125	A	320	0.50
	B	400	0.63
150	A	500	0.80
180	C	710	1.25
	A	1 000	2.00
	B	1 250	2.50
230	A	1 000	2.80
	B	1 250	3.55

2. 手持式直向砂轮机

手持式直向砂轮机（JB/T 8197—1999）配用平形砂轮，对大型钢铁件、铸件进行磨削加工，清理飞边毛刺以及割口，换上抛轮可清理金属结构件的锈层及抛光金属表面。

砂轮机的技术数据列于表5－329和表5－330。

砂轮机的型号应符合GB/T 9088的规定，其含义如下：

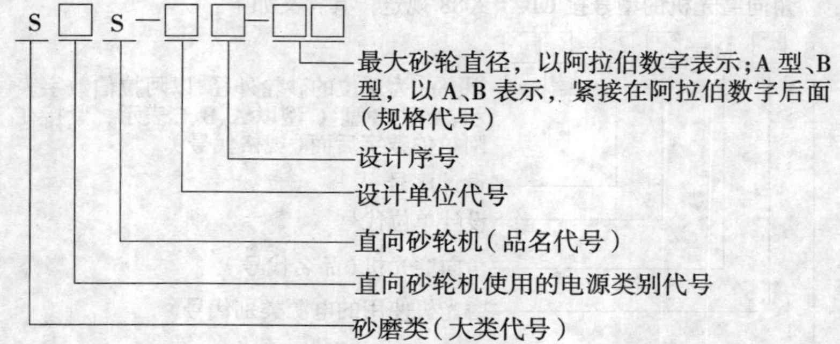

表5－329　手持式直向砂轮机的技术数据

<table>
<tr><th colspan="2">规格
（mm）</th><th>额定输入功率
（W）</th><th>额定转矩
（N·m）</th><th>最高空载转速
（r/min）</th><th>许用砂轮安全线速度
（m/s）</th></tr>
<tr><td rowspan="2">80×20×20</td><td>A型</td><td>≥120</td><td>≥0.36</td><td rowspan="2">≤11 900</td><td rowspan="10">≥50</td></tr>
<tr><td>B型</td><td rowspan="2">≥250</td><td>≥0.40</td></tr>
<tr><td rowspan="2">100×20×20</td><td>A型</td><td>≥0.50</td><td rowspan="2">≤9 500</td></tr>
<tr><td>B型</td><td rowspan="2">≥350</td><td>≥0.60</td></tr>
<tr><td rowspan="2">125×20×20</td><td>A型</td><td>≥0.80</td><td rowspan="2">≤7 600</td></tr>
<tr><td>B型</td><td rowspan="2">≥500</td><td>≥1.10</td></tr>
<tr><td rowspan="2">150×20×32</td><td>A型</td><td>≥1.35</td><td rowspan="2">≤6 300</td></tr>
<tr><td>B型</td><td rowspan="2">≥750</td><td>≥2.00</td></tr>
<tr><td rowspan="2">175×20×32</td><td>A型</td><td>≥2.40</td><td rowspan="2">≤5 400</td></tr>
<tr><td>B型</td><td>≥1000</td><td>≥3.15</td></tr>
</table>

注：表中规格指可使用的最大砂轮片外径×孔径×厚度。

表 5－330　手持式直向砂轮机的技术数据

规　　格（mm）		额定输入功率（W）	额定转矩（N·m）	最高空载转速（r/min）	许用砂轮安全线速度（m/s）
80×20×20	A 型	≥140	≥0.45	≤3 000	≥35
	B 型	≥200	≥0.64		
100×20×20	A 型				
	B 型	≥250	≥0.80		
125×20×20	A 型				
	B 型	≥350	≥1.15		
150×20×32	A 型				
	B 型	≥500	≥1.60		
175×20×32	A 型				
	B 型	≥750	≥2.40		

3. 抛光机

抛光机（JB/T 6090—1992）主要是用配用布、毡等抛轮对各种材料工作表面进行抛光。

抛光机的型式有两种：台式抛光机和落地抛光机（自驱式和他驱式），如图 5－228 和图 5－229 所示。其主要技术参数列于表 5－331。

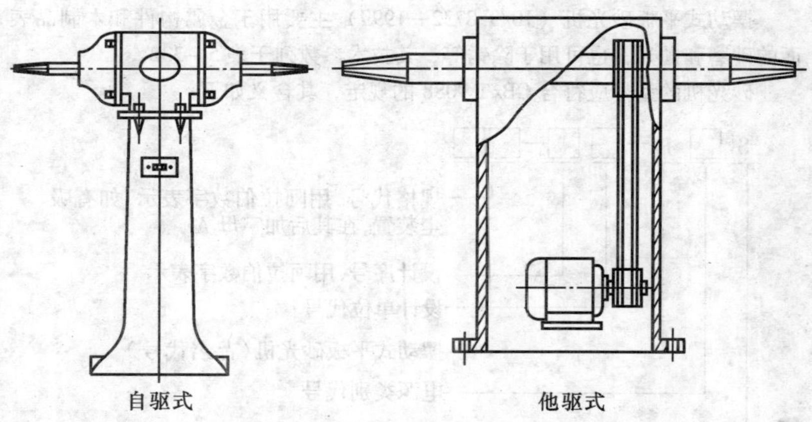

图 5－228　落地抛光机

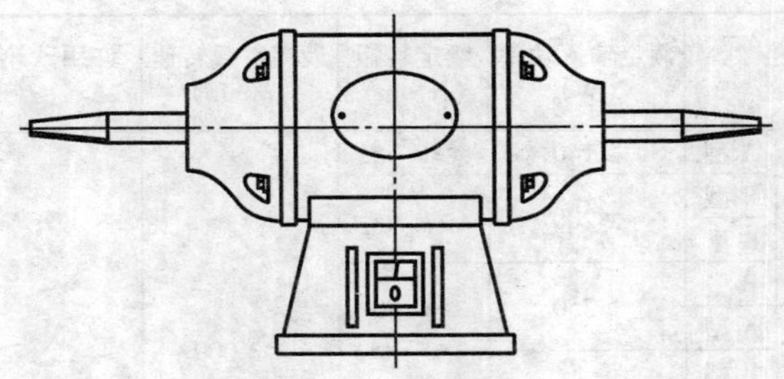

图 5－229　台式抛光机

表 5－331　抛光机的技术数据

最大抛轮直径（mm）	200	300	400
额定功率（kW）	0.75	1.5	3
电动机同步转速（r/min）	3 000		1 500
额定电压（V）	380		
额定频率（Hz）	50		

4. 摆动式平板砂光机

摆动式平板砂光机（JB/T 8732—1999）主要用于金属构件和木制品表面的砂磨和抛光，也可用于除锈等，其技术参数列于表 5－332。

砂光机的型号应符合 GB/T 9088 的规定，其含义如下：

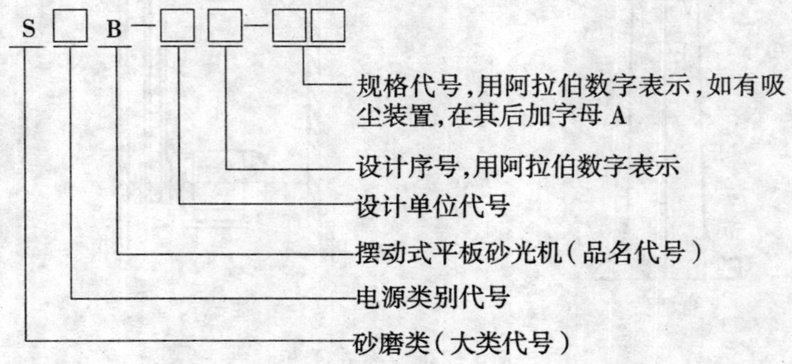

表 5－332　摆动式平板砂光机技术参数

规　　格	额定输入功率（W）	空载摆动次数（次/min）
120	120	10 000
140	140	10 000
160	160	10 000
180	180	10 000
200	200	10 000
250	250	10 000
300	300	10 000
350	350	10 000

注：①制造厂应在每一挡砂光机的规格上指出所对应的平板尺寸。

②空载摆动次数是指砂光机空载时平板摆动的次数（摆动 1 周为 1 次），其值等于偏心轴的空载转速。

5. 台式砂轮机

台式砂轮机（JB/T 4143—1999）主要用于修磨刀具、刃具，也可用于对小零件进行磨削，去除毛刺及清理表面。其技术数据列于表 5－333～表 5－334。

表 5－333　台式砂轮机的技术数据

最大砂轮直径（mm）	150	200	250
砂轮厚度（mm）	20	25	25
砂轮孔径（mm）	32	32	32
输出功率（W）	250	500	750
电动机同步转速（r/min）	3 000	3 000	3 000

表 5－334　台式砂轮机的技术数据

最大砂轮直径（mm）	150，200，250	150，200，250
使用电动机的种类	单相感应电动机	三相感应电动机
额定电压（V）	220	380
额定频率（Hz）	50	50

6. 落地式砂轮机

落地式砂轮机（JB/T 3770—2000）有自驱式和他驱式两种，它们分别由除尘型和多能型组成。多能型砂轮机备有多功能的工件托架，能修磨刀具、刃具并能磨削多种几何角度。

砂轮机的型式见图 5－230，其技术数据列于表 5－335。

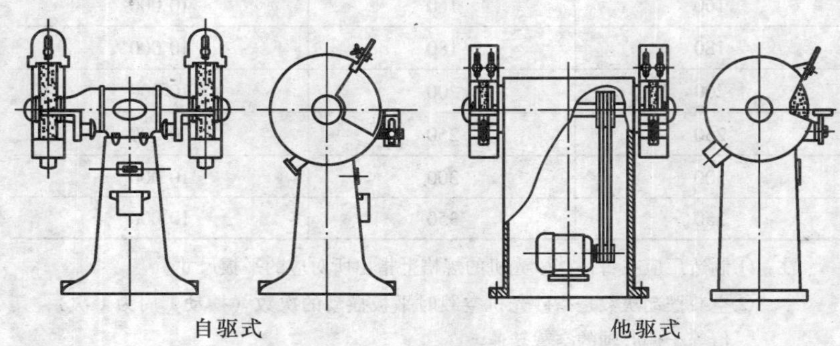

图 5－230　落地式砂轮机示意图

表 5－335　落地式砂轮机的技术数据

最大砂轮直径	(mm)	200	250	300	350	400	500	600
砂轮厚度		25		40			50	65
砂轮孔径		32		75		127	203	305
额定功率*（kW）		0.5	0.75	1.5	1.75	3.0 2.2**	4.0	5.5
同步转速（r/min）		3 000	1 500 3 000		1 500		1 000	
额定电压（V）		380						
额定频率（Hz）		50						

注：①＊额定功率指额定输出功率。

②＊＊此额定功率为自驱式砂轮机的额定功率。

7. DG 角向磨光机

DG 角向磨光机为进口产品，主要用于去除铸品毛刺、飞边等物及抛光各种型号的钢、青铜、铝及铸造品；研磨焊接部分或研磨用焊接切割的部分；研磨人造树脂胶、砖块、大理石等；研磨和切割混凝土、石头、瓦片（用金刚石轮）。其主要技术数据列于表 5－336。

表 5－336　DG 进口角向磨光机主要技术数据

型式		DG－100H
电源		60Hz/50Hz，110V/220V
无负荷速度（r/min）		12 000
功率输入（W）		620
砂轮尺寸（mm）	外径	100
	厚度	6
	内径	150
质量（不含线缆 kg）		2.0

8. 盘式砂光机

盘式砂光机又称圆盘磨光机，用于金属构件和木制品表面砂磨和抛光，也可用于清除工件表面涂料及其他打磨作业。能适应曲面加工需要，不受工件形状限制。抛光、除锈须配用羊绒和钢丝轮。

砂光机的技术数据列于表 5－337。

表 5－337　盘式砂光机技术数据

型　号	砂纸直径（mm）	输入功率（W）	转速（r/min）	质　量（kg）	电源
S1A－180	180	570	4 000	2.3	220V
进口产品	150	180	12 000	1.3	50Hz
进口产品	125	180	12 000	1.1	

9. 带式砂光机

带式砂光机用于砂磨木板、地板，也可用于清除涂料、磨斧头以及金属表面除锈等。其技术数据列于表 5－338。

表 5-338　带式砂光机技术数据

型式	规格（mm）	砂带尺寸 宽×长（mm）	砂带速度（双速）（m/min）	输入功率（W）	质量（kg）
手持式（进口产品）	76	76×533	450/360	950	4.4
手持式（进口产品）	110	110×620	350/300	950	7.3
台式（上海产品）	150	150×1 200	640	750	60

注：①规格指砂带宽度。

②台式砂带机（2M5415 型）以三相异步电机驱动，电源电压为380V；其余两种砂带机以单相串激电机驱动，电源电压为220V；频率均为50Hz。

10. 轴形磨光机

轴形磨光机在其两端长轴伸出处制有锥形螺纹，可以旋小磨轮、抛轮，主要用于磨光、抛光各种零件。其主要技术数据列于表 5-339。

表 5-339　轴形磨光机技术数据

型号	功率（W）	电压（V）	电流（A）	工作定额（%）	转速（r/min）	质量（kg）	电源
JP2-31-2	3 000	380/220	6.2/10.7	60	2 900	48	AC 380V 50Hz
JP2-32-2	4 000	380/220	8.2/14.2		2 900	55	
JP2-41-2	5 500	380/220	10.2/17.6		2 900	75	

11. 软轴砂轮机

软轴砂轮机用于对大型笨重及不易搬动的机件进行磨削。去毛刺，清理飞边，操作灵活，适应受空间限制部位的加工。其主要技术参数列于表 5-340。

表 5-340　软轴砂轮机技术数据

新型号	旧型号	砂轮外径×厚度×孔径（mm）	功率（W）	转速（r/min）	软轴（mm）		软管（mm）		质量（kg）
					直径	长度	内径	长度	
M3415	S3SR-150	150×20×32	1 000	2 820	13	2 500	20	2 400	45
M3420	S3SR-200	200×25×32	1 500	2 850	16	3 000	25	3 000	50

注：①砂轮安全线速度≥35m/s。

②三相异步电动机驱动，电源电压380V，频率为50Hz。

12. 多功能抛磨机

多功能抛磨机用于对金属进行修磨、清理，还可用于小型零部件的抛光、除锈以及木雕刻等。其技术数据见表 5－341。

表 5－341　多功能抛磨机技术数据

型号	规格（mm）	调速范围（r/min）	输出功率（W）	质量（kg）	电源
MPR3208	75×20×10	0～12 000	120	3.4	AC 220V 50Hz

注：75×20×10：75mm 为砂轮直径，20mm 为厚度，10mm 为孔径。

5.6.4　建筑道路类电动工具

1. 电锤

电锤（GB/T 7443—2001）主要用于混凝土、岩石、砖石砌体等脆性材料上钻孔。如装上附件，也可用于金属、木材、塑料等材料上钻孔，速度快，精度高。其技术数据列于表 5－342。

电锤的型号应符合 GB/T 9088 的规定，其含义如下：

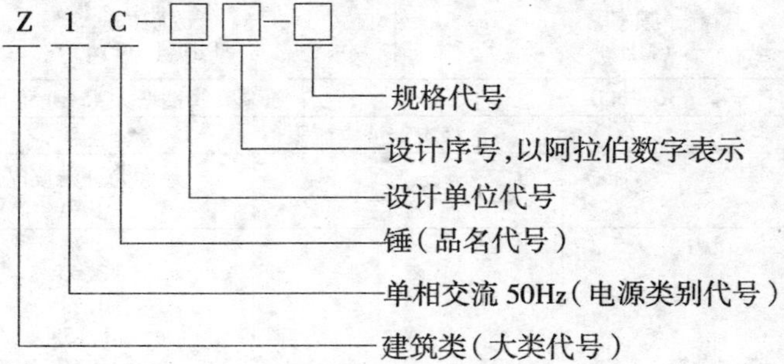

表 5－342　电锤的技术数据

（1）基本参数

规格（mm）	16	18	20	22	26	32	38	50
钻削率(cm^3/min)≥	15	18	21	24	30	40	50	70

注：电锤规格指在 300 号混凝土（抗拉强度 30～35MPa）上作业时的最大钻孔直径。

续表

(2) 脱扣力矩								
电锤规格（mm）	16	18	20	22	26	32	38	50
脱扣力矩≤（N·m）		35		45		50		60

(3) 噪声允许值								
电锤规格（mm）	16	18	20	22	26	32	38	50
噪声值 dB(A)		88(98)		91(101)		93(103)		95(105)

注：当在混响室内测量电锤的噪声时，其声功率级（A 计权）应不大于表中括号内的允许值。

(4) 连续干扰电压允许值

频率 （MHz）	干扰电压 [dB（μV）]
0.15～0.35	66～59 随频率的对数线性减小
0.35～5.00	59
5.00～30.00	64

(5) 连续干扰功率允许值

频率 （MHz）	干扰功率 [dB（pW）]
30～300	随频率线性增大 45 到 55

(6) 稳态谐波电流限值

	谐波次数 n	最大允许谐波电流 （A）
奇次谐波	3 5 7 9 11 13 $15 \leqslant n \leqslant 39$	3.45 1.71 1.155 0.60 0.495 0.315 $0.225 \times 15/n$
偶次谐波	2 4 6 $8 \leqslant n \leqslant 40$	1.62 0.645 0.45 $0.345 \times 8/n$

2. 电动套丝机

电动套丝机（JB/T 5334—1999）主要用于对金属管套制螺纹，并可切管及管内倒角。其技术数据列于表 5－343。

电动套丝机型号应符合 GB/T 9088 的规定，其含义如下：

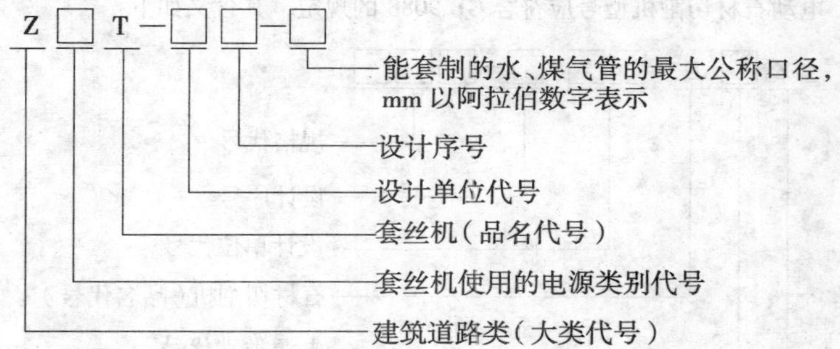

表 5－343　电动套丝机技术数据

型号	规格（mm）	套制圆锥管螺纹范围（尺寸代号）	电源电压（V）	电机额定功率（W）	主轴额定转速（r/min）	质量（kg）
Z1T－50 Z3T－50	50	$\frac{1}{2}$～2	220 380	≥600	≥16	71
Z1T－80 Z3T－80	80	$\frac{1}{2}$～3	220 380	≥750	≥10	105
Z1T－100 Z3T－100	100	$\frac{1}{2}$～4	220 380	≥750	≥8	153
Z1T－150 Z3T－150	150	$2\frac{1}{2}$～6	220 380	≥750	≥5	260

注：①规格指能套制的符合 GB/T 3091 规定的水、煤气管的最大公称口径。

②电源有单相交流和三相交流两种。

3. 电动石材切割机

电动石材切割机（JB/T 7825—1999）用于切割花岗石、大理石、筑砖等脆性材料，也可用于切割钢和铸铁件以及混凝土等。切割机的技术数据列于表5－344；另附进口切割机技术数据表5－345。

电动石材切割机型号应符合GB 9088的规定，其含义如下：

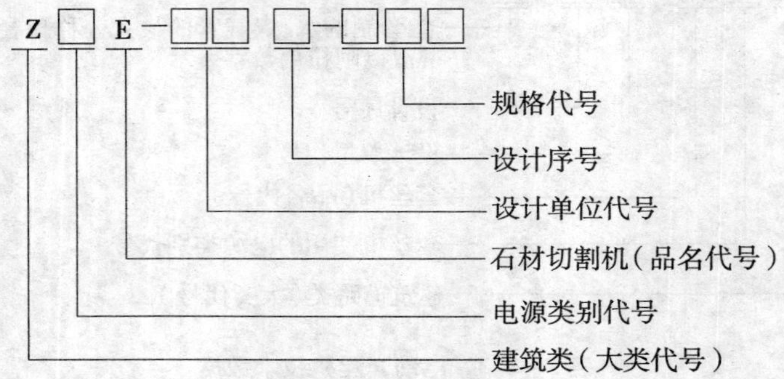

表5－344　电动石材切割机技术数据

规格	切割尺寸（mm）外径×内径	额定输出功率（W）≥	额定转矩（N·m）≥	最大切割深度（mm）≥
110C	110×20	200	0.3	20
110	110×20	450	0.5	30
125	125×20	450	0.7	40
150	150×20	550	1.0	50
180	180×25	550	1.6	60
200	200×25	650	2.0	70
250	250×25	730	2.8	75

表 5－345　进口切割机技术数据

规格（mm）	锯片直径（mm）	最大锯深（mm）	空载转速（r/min）	输入功率（W）	整机长度（mm）	电缆长度（m）	质量（kg）	电源
110	110	34	11 000	860	218	2.5	2.7	AC220V 50Hz
110*	110	34	11 000	860	236	2.5	3.0	
125	125	40	7 500	1 050	230	2.5	3.2	
180	180	60	5 000	1 400	345	5.0	6.8	
255	255	75	3 500	2 300	620	2.5	9.0	

注：带＊的 110mm 石材切割机是防水型，并具有斜切功能。

4. 冲击电钻

冲击电钻（JB/T 7839—1999）又称冲击钻，具有两种运动形式，当调节至第一旋转状态时，配用麻花钻头，与电钻一样，适用于对金属、木材、塑料件钻孔。当调节至旋转带冲击状态时，配用硬质合金冲击钻头后，可对砖、轻质混凝土、陶瓷等材料钻孔。其技术数据列于表 5－346。

冲击电钻的型式应符合 GB/T 9088 的规定，其含义如下：

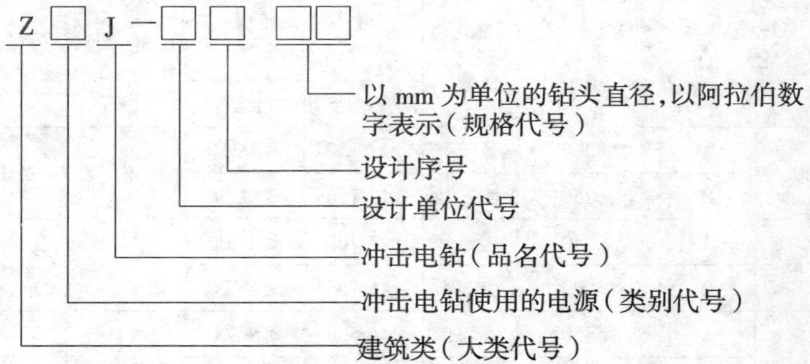

表 5－346　冲击电钻的技术参数

规格（mm）	10	12	16	20
额定输出功率（W）	160	200	240	280
额定转矩（N·m）	1.4	2.2	3.2	4.5
额定冲击次数（次/min）	17 600	13 600	11 200	9 600

注：①冲击电钻规格是指加工砖石、轻质混凝土等材料的最大钻孔直径。

②对双速冲击电钻、表中的参数系指低速挡时的参数。

5. 电动湿式磨光机

电动湿式磨光机（JB/T 5333—1999）主要用于对水磨石板、混凝土等注水磨削，磨削工具为碗形砂轮。磨光机的主要技术参数列于表 5－347。

湿磨机的型号应符合 GB/T 9088 的规定，其含义如下：

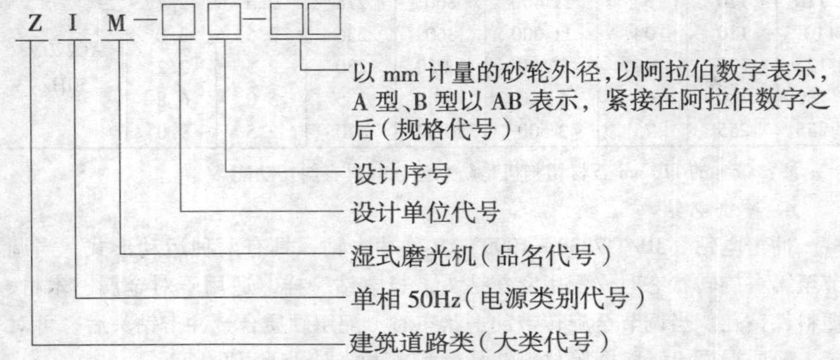

表 5－347　电动湿式磨光机的主要技术参数

规格（砂轮外径）（mm）		额定输出功率（W）	额定转矩（N·m）	最高空载转速（r/min）		砂轮厚度（mm）	砂轮的螺纹孔径
				陶瓷结合剂	树脂结合剂		
80	A	≥200	≥0.4	≤7 150	≤8 350	40	M10
	B	≥250	≥1.1	≤7 150	≤8 350		
100	A	≥340	≥1	≤5 700	≤6 600	40	M14
	B	≥500	≥2.4	≤5 700	≤6 600		
125	A	≥450	≥1.5	≤4 500	≤5 300	50	M14
	B	≥500	≥2.5	≤4 500	≤5 300		
150	A	≥850	≥5.2	≤3 800	≤4 400	50	M14
	B	≥1 000	≥6.1	≤3 800	≤4 400		

6. 砖墙铣沟机

砖墙铣沟机配用硬质合金专用铣刀后，对砖墙、泥夹墙、石膏和木材等表面进行铣切沟槽作业，其技术数据列于表 5－348。

表 5－348　砖墙铣沟机技术数据

型　号	输入功率（W）	负载转速（r/min）	额定转矩（N·m）	铣沟能力（mm）≤	质量（kg）
Z1R－16	400	800	2	20×16	3.1

注：单相串激电机驱动，电源电压为220V，频率为50Hz，软电缆长度为2.5m。

7. 电动软轴偏心插入式混凝土振动器

电动软轴偏心插入式混凝土振动器（JB/T 8292—1995）的基本参数列于表5－349。其型号说明如下：

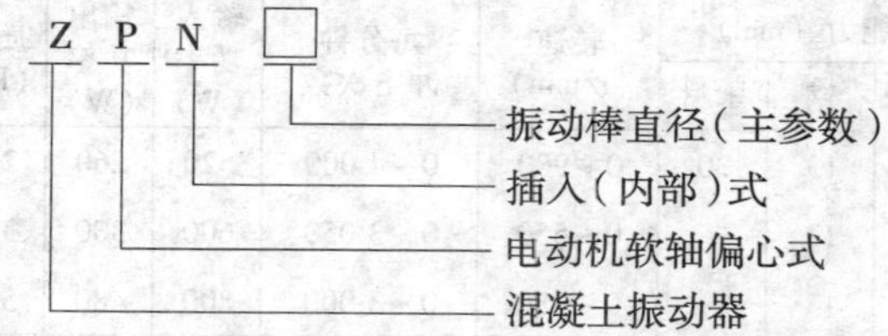

表 5－349　电动软轴偏心插入式混凝土振动器基本参数

项目	型号				
	ZPN25	ZPN30	ZPN35	ZPN42	ZPN50
	数值				
振动棒直径（mm）	25	30	35	42	50
空载振动频率标称值（Hz）	270	250	230	200	200
振动棒空载最大振幅（mm）≥	0.5	0.75	0.8	0.9	1.0
电机输出功率（W）	370	370	370	370	370
混凝土坍落度为3～4cm时生产率（m^3/h）	1.0	1.7	2.5	3.5	5.0
振动棒质量（kg）	1.0	1.4	1.8	2.4	3.0
软轴直径（mm）	8.0	8.0	10	10	10
软管外径（mm）	24	24	30	30	30
电机与软管接头连接螺纹尺寸	M42×1.5	M42×1.5	M42×1.5	M42×1.5	M42×1.5
电机轴与软轴接头连接尺寸	M10×1.5	M10×1.5	M10×1.5	M10×1.5	M10×1.5

注：①振动棒质量不包括软轴、软管接头的质量。

②振幅为全振幅一半。

标记示例：

振动棒直径 50mm 的电动软轴偏心插入式混凝土振动器的标记为：

振动器　ZPN50　JB/T 8292—1995

8. 电动锤钻

电动锤钻配用电锤钻头对混凝土、岩石、砖墙等进行钻孔、开槽、凿毛等；如配用麻花钻头或机用木工钻头可对金属、塑料、木材进行钻孔。其主要技术数据列于表 5－350。

表 5－350　电动锤钻技术数据

规格（mm）	钻孔能力（mm）			转速（r/min）	每分钟冲击次数	输入功率（W）	输出功率（W）	质量（kg）	电源
	混凝土	钢	木材						
20*	20	13	30	0～900	0～4 000	520	260	2.6	AC220V 50Hz
26*	26	13	—	0～550	0～3 050	600	300	3.5	
38	38	13	—	0～380	0～3 000	800	480	5.5	
16	16	10	—	0～900	0～3 500	420	—	3	
20*	20	13	—	0～900	0～3 500	460	—	3.1	
22*	22	13	—	0～1 000	0～4 200	500	—	2.6	
25*	25	13	—	0～800	0～3 150	520	—	4.4	

注：带＊的规格，带有电子调速开关。

9. 电钻锤

SB 系列电钻锤属进口产品，主要用于混凝土、砖石建筑结构打孔，配用木钻头后，可对木材、塑料进行钻孔。其技术数据列于表 5－351。

表 5－351　进口电钻锤技术数据

型号		SBE 500R	SB2－500	SBE 400R	SB2－400N
输入功率	（W）	500	500	400	400
输出功率	（W）	250	250	200	200
无负载转速 第一齿转数	（r/min）	2 800	2 300	2 600	2 300
第二齿锤动率	（次/min）	42 000	2 900 43 500	39 000	2 900 43 500

续表

型号		SBE 500R	SB2 - 500	SBE 400R	SB2 - 400N
钻动能力： 混凝土	(mm)	16	16	13	13
石块	(mm)	18	18	16	16
铜铁	(mm)	10	10	10	10
木	(mm)	25	25	20	20
齿轮颈部直径	(mm)	43	43	43	43
夹头伸张	(mm)	1.5 ~ 13	1.5 ~ 13	1.5 ~ 10	1.5 ~ 10
钻轮芯		1/2″ × 20	1/2″ × 20	1/2″ × 20	1/2″ × 20
重量	(kg)	1.3	1.3	1.3	1.3
电源	AC 220V 50/60Hz				

5.6.5 林木加工类电动工具

1. 电刨

电刨（JB/T 7843—1999）主要用于刨削木材或木质结构件，其技术数据列于表 5 - 352。

电刨型号应符合 GB/T 9088 的规定，其含义如下：

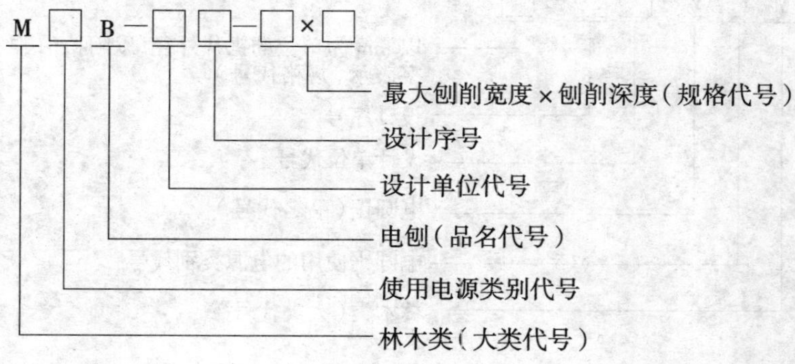

表 5－352 电刨的主要技术数据

刨削宽度（mm）	刨削深度（mm）	额定输出功率（W）	额定转矩（N·m）
60	1	180	0.16
80（82）	1	250	0.22
80	2	320	0.30
80	3	370	0.35
90	2	370	0.35
90	3	420	0.42
100	2	420	0.42

2. 电圆锯

电圆锯（JB/T 7838—1999）主要用于对木材、纤维板、塑料锯割加工，其技术数据列于表 5－353。

电圆锯型号应符合 GB/T 9088 的规定，其含义如下：

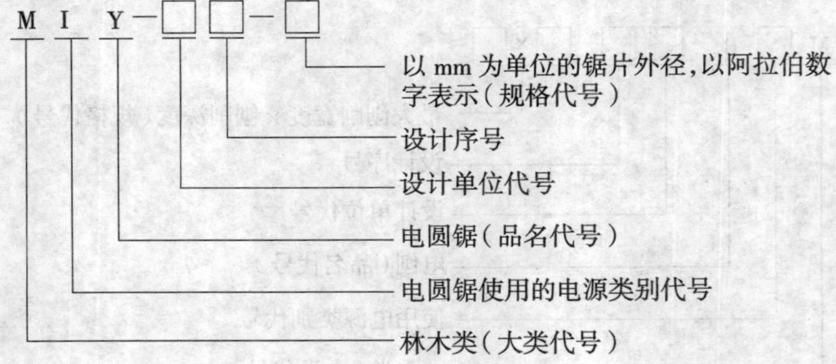

表 5－353　电圆锯的技术数据

规格（mm）	额定输出功率（W）	额定转矩（N·m）	最大锯割深度（mm）	最大调节角度
160×30	450	2.00	50	45°
180×30	510	2.00	55	45°
200×30	560	2.50	65	45°
250×30	710	3.20	85	45°
315×30	900	5.00	105	45°

注：表中的规格是指可使用的最大锯片外径×孔径。

3. 电动曲线锯

电动曲线锯（JB/T 3973—1999）主要用于对金属、塑料、橡胶、板材进行直线和曲线锯割，换刀片后还可裁切皮革、橡胶、泡塑、纸板等。其技术数据列于表 5－354。

电动曲线型号应符合 GB/T 9088 的规定，其含义如下：

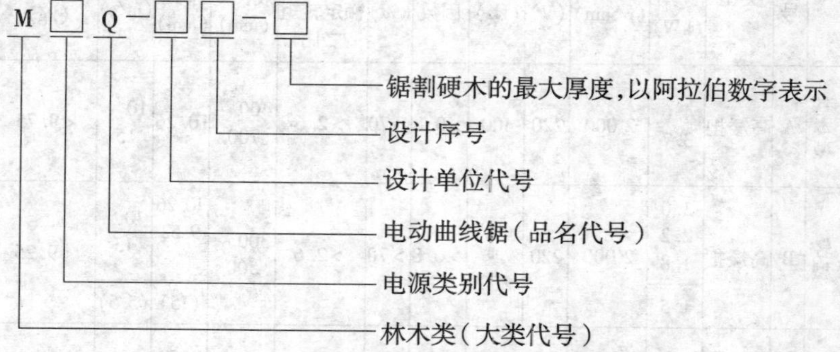

表 5－354　电动曲线锯的技术数据

规格（mm）	额定输出功率（W）	工作轴额定往复次数（次/min）
40（3）	140	1 600
55（6）	200	1 500
65（8）	270	1 400

注：①额定输出功率是指电动机的输出功率。

②电动曲线锯规格指垂直锯割一般硬木的最大厚度。

③括号内数值为锯割抗拉强度为 390MPa（N/mm^2）板的最大厚度。

4. **电链锯**

电链锯（LY/T 1121—1993）主要用其回转的链状锯条锯截木料、伐木造材。其主要技术参数列于表 5－355；表示方法及含义如下：

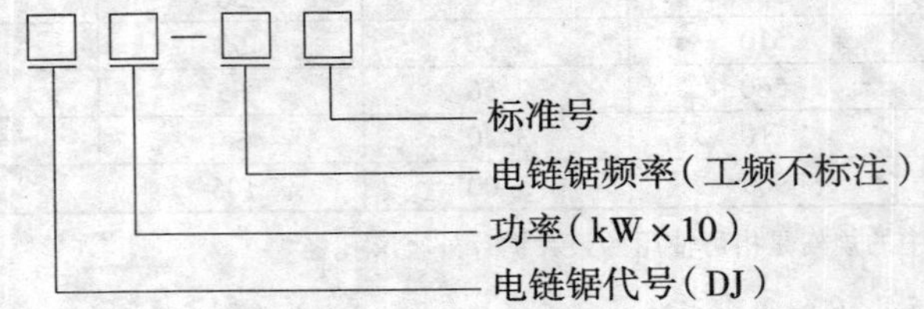

表 5－355　电链锯的主要技术参数

类型	类型代号	手把类型	电动机基本参数							锯切机构参数			电锯质量（不含导板、锯链）（kg）
			额定功率（kW）	转速（r/min）	电压（V）	频率（Hz）	功率因数	效率（%）	最大转矩与额定转矩之比	导板有效长度（mm）	锯链节距（mm）	链速（m/s）	
基本型	A	高矮把	4.0 3.7	2 000	220	400	>0.8	>70	>2.6	400～700	10.26	10～15	<9.75
轻型	B	高矮把	3.0 2.2 1.8	2 000	220	400或200	>0.8	>70	>2.6	300～500	10.26 9.52	10～15	<9.25
			1.5								（15）	（5.5）	
微型	C	矮把	1.1 （1.0）	3 000	380或220	50	>0.8	>70	1.8～2.2	300～400	9.52 8.25 6.35	15～22	<10.25

注：①括号中参数为暂时保留参数。

②电链锯用电机其他参数应符合 GB 755 的规定。

③电链锯的类型按电流频率分为工频和中频两种。

标记示例：

额定功率为 1.8kW，频率为 200Hz 的电链锯：

电链锯　DJ 18—200　LY/T 1121—1993

额定功率为 1.1kW，频率为 50Hz 的电链锯：

电链锯　DJ 11 LY/T 1121—1993

5. 台式木工多用机床

台式木工多用机床（JB/T 6555—1993）的主要技术数据列于表 5－356。

表 5－356　台式木工多用机床的主要技术数据

项目							
最大平刨压刨加工宽度 B（mm）		125	150[①]	160	180[①]	200	250
刨刀体长度（JB 4172）（mm）		135	160[①]	170	190[①]	210	260
平刨最大加工深度（mm）		3					
压刨工件的厚度（mm）	最大尺寸（加工前）	≥120					
	最小尺寸（加工后）	≤6					
圆锯片直径（mm）		250，315					
最大锯削高度（mm）		≥60					
锯轴装锯片处直径（mm）		25，30					
最大榫槽宽度（mm）		16					
最大榫槽深度（mm）		≥60					
最大钻孔直径（mm）		13					
最大钻孔深度（mm）		≥60					
刨床切削速度（m/s）		≥12					
锯机切削速度（m/s）		≥36					
电机功率[②]（kW）		1.1[③]，1.5[③]，2.2[③]					

注：①新设计时不应采用。

②无锯削的机床电机功率不受此限制。

③当圆锯片直径 250mm 时，选用电机功率为 1.1kW、1.5kW；当圆锯片直径 315mm 时，选用电机功率为 2.2kW。

6. 木工电钻

木工电钻主要用于木质工件钻削大孔径，其主要技术数据列于表 5－357。

表 5-357　木工电钻技术数据

型号	钻孔直径（mm）	钻孔深度（mm）	钻轴转速（r/min）	输出功率（W）	电流（A）	质量（kg）	电源
M3Z-26	≤26	800	480	600	1.52	10.5	AC 380V 50Hz

7. 电动木工凿眼机

电动木工凿眼机配用方眼钻头，主要用于在木质工件上凿方眼，去掉方钻头可钻圆孔。其技术数据列于表 5-358。

表 5-358　电动木工凿眼机技术数据

型号	凿眼宽度（mm）	凿孔深度（mm）	夹持工件尺寸（mm）≤	电机功率（W）	质量（kg）
ZMK-16	8~16	≤100	100×100	550	74

注：①本机有两种款式：一种为单相异步电机驱动，电源电压为 220V；另一种为三相异步电机驱动，电源电压为 380V；频率均为 50Hz。

②每机附 4 号钻夹头一只，方眼钻头一套（包括 8、9.5、11、12.5、14、16mm 六个规格），钩形扳手 1 件，方壳锥套 3 件。

8. 电动雕刻机

电动雕刻机配用各种铣刀，可在木料上铣出各种不同形状的沟槽，可雕刻各种花纹图案等。其技术数据列于表 5-359。

表 5-359　电动雕刻机技术数据

铣刀直径（mm）	主轴转速（r/min）	输入功率（W）	套爪夹头（mm）	整机高度（mm）	电缆长度（m）	质量（kg）	电源
8	10 000~25 000	800	8	255	2.5	2.8	220V 50Hz
12	22 000	1 600	12	280	2.5	5.2	
12	8 000~20 000	1 850	12	300	2.5	5.3	

5.6.6　装配作业类电动工具

1. 电动扳手

电动扳手（JB/T 5342—1999）又称冲击电扳手，主要用于装拆螺栓、螺母等，其主要技术参数列于表 5-360。

电动扳手的型号应符合 GB/T 9088 的规定，其含义如下：

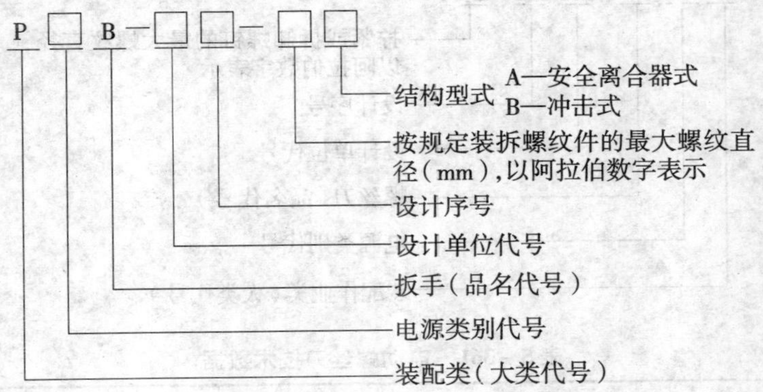

表 5-360　电扳手技术数据

规格（mm）	适用范围（mm）	力矩范围（N·m）	方头公称尺寸（mm）	边心距（mm）	电源
8	M6 ~ M8	4 ~ 15	10 × 10	≤26	AC 220V 50Hz
12	M10 ~ M12	15 ~ 60	12.5 × 12.5	≤36	
16	M14 ~ M16	50 ~ 150	12.5 × 12.5	≤45	
20	M18 ~ M20	120 ~ 220	20 × 20	≤50	
24	M22 ~ M24	220 ~ 400	20 × 20	≤50	
30	M27 ~ M30	380 ~ 800	25 × 25	≤56	
42	M36 ~ M42	750 ~ 2 000	25 × 25	≤66	

注：电扳手的规格指在刚性衬垫系统上，装配精制的强度级别为 6.8（GB/T 3098）内外螺纹公差配合为 6H/6g（GB/T 197）的普通粗牙螺纹（GB/T 193）的螺栓所允许使用的最大螺纹直径 d（mm）。

2. *电动螺丝刀*

电动螺丝刀（JB/T 10108—1999）又称电动改锥，主要用于装拆机器螺钉、木螺钉和自攻螺钉，其技术数据列于表 5-361。

电动螺丝刀型号应符合 GB/T 9088 的规定，其含义如下：

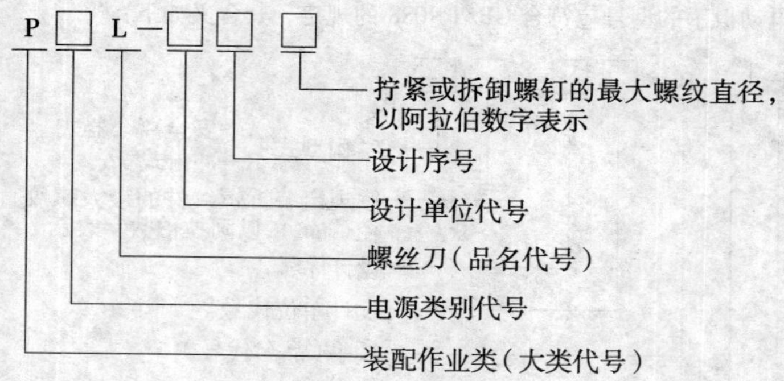

表 5－361　电动螺丝刀技术数据

规格（mm）	适用范围		额定输出功率（W）	拧紧力矩（N·m）	质量（kg）
	机器螺钉	木螺钉			
	（mm）				
M6	M4～M6	≤4	≥85	2.45～8.5	2

3. 自攻电动螺丝刀

自攻电动螺丝刀（JB/T 5343—1999）用于拆装十字自攻螺钉，它可以到预定深度自动脱扣，自动定位。其技术数据列于表 5－362。

自攻电动螺丝刀型号应符合 GB/T 9088 的规定，其含义如下：

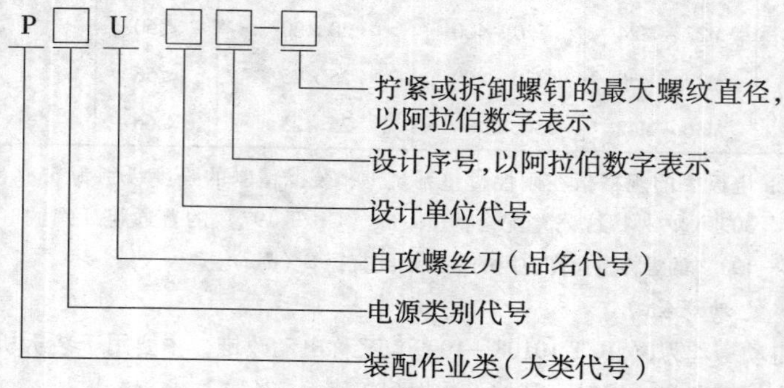

表 5－362　自攻电动螺丝刀技术数据

型号	规格（mm）	适用自攻螺钉范围	输出功率（W）	负载转速（r/min）	质量（kg）
P1U－5	5	ST3～ST5	≥140	≥1 600	1.8
P1U－6	6	ST4～ST6	≥200	≥1 500	

注：单相串激电机驱动，电源电压为220V，频率为50Hz，软电缆长度为2.5m。

4. 电动胀管机

电动胀管机用于扩大金属管端部的直径，使其管与管连接部位紧密胀合，使之不漏水，不漏气，并可承受一定的压力，能自动控制胀度，在锅炉、石化、制冷、机车制造等行业得到广泛应用。其技术数据列于表5－363。

表 5－363　电动胀管机技术数据

型号	胀管直径（mm）	输入功率（W）	额定转矩（N·m）	额定转速（r/min）	主轴方头尺寸（mm）	工作定额（%）	质量（kg）
P3Z－13	8～13	510	5.6	500	8	60	13
P3Z－19	13～19	510	9.0	310	12		13
P3Z－25	19～25	700	17.0	240	12		13
P3Z－38	25～38	800	39.0	—	16		13
P3Z－51	38～51	1 000	45.0	90	16		14.5
P3Z－76	51～76	1 000	200.0	—	20		14.5

注：三相异步电机驱动，电源电压为380V，频率为50Hz。

5.6.7　其他电动工具

1. 塑焊机

塑焊机又称电动焊塑枪，用于焊接聚乙烯、聚丙乙烯、聚丙烯及尼龙等热塑性工程塑料板材或制品。其主要技术数据列于表5－364。

表 5-364　塑焊机技术数据

型号	电机功率（W）	风泵			整机功率（W）	转速（r/min）	质量（kg）	电源
		压力（MPa）	流量（L/min）	热风温度（℃）				AC 220V 50Hz
DH-3	250	0.1	140	40~550	1 250	2 800	9	

2. 电吹风机

电吹风机主要用于铸造、仪表、金属切削、汽车及棉纺织等行业。其技术数据列于表 5-365。

表 5-365　电吹风机技术数据

额定输入功率（W）	风压（MPa）	风量（L/min）	转速（r/min）	长度（mm）	质量（kg）	备注
310	≥0.04	2 300	12 500	390	2.2	进口产品
600	≥0.08	2 000	16 000	430	1.75	

注：①单相串激电机驱动，电源电压为220V，频率为50Hz，软电缆长度为2.5m。
②带有集尘袋。

3. 电动管道清理机

电动管道清理机配用各种切削刀，用于清理管道污垢、疏通管道淤塞，其主要技术数据列于表 5-366。

表 5-366　电动管道清理机技术数据

清理管道直径（mm）	额定转速（r/min）	额定电流（A）	输入功率（W）	软轴伸出最大长度（mm）	质量（kg）
19~76	0~500	1.9	390	8 000	6.75

注：①单相串激电机驱动，电源电压为220V，频率为50Hz，软电缆长度为3m；采用电子调速正反转开关，易于调整；采用软轴传动。
②配用油脂切削刀、C形切削刀，鼓形、梯形、直形弹簧头，以用于各种清理工作。

4. 手持式凿岩机

手持式凿岩机（JB/T 7301—1994）按功能特性分为手持式凿岩机、手持式湿式凿岩机、手持式集尘凿岩机和手持式水下凿岩机四种型式。其主要技术数据列于表 5－367。

表 5－367　手持式凿岩机主要技术数据

<table>
<tr><th rowspan="3">产品系列</th><th rowspan="3">产品质量（kg）</th><th colspan="7">验收气压 0.4MPa</th><th>气管内径</th><th>水管内径</th><th>钎尾规格</th></tr>
<tr><th rowspan="2">空转转速（r/min）</th><th rowspan="2">冲击能（J）</th><th rowspan="2">凿岩冲击频率（Hz）</th><th rowspan="2">凿岩耗气量（L/s）</th><th rowspan="2">噪声（声功率级）[dB(A)]</th><th rowspan="2">每米岩孔耗气量（L/m）</th><th rowspan="2">凿孔深度（m）</th><th colspan="3">（mm）</th></tr>
<tr></tr>
<tr><td>轻型</td><td>≤10</td><td rowspan="3">≥200</td><td>2.5～15</td><td>45～60</td><td>≤20</td><td>≤114</td><td rowspan="3">≤18.8 $\times 10^3$</td><td>≥1</td><td>8 或 13</td><td>—</td><td>生产厂自定</td></tr>
<tr><td>中型</td><td>>10～22</td><td>15～35</td><td>25～45</td><td>≤40</td><td>≤120</td><td>≥3</td><td>16 或 19</td><td>8 或 13</td><td>六角钎尾 22 ×108 或 19 ×108</td></tr>
<tr><td>重型</td><td>>22</td><td>30～50</td><td>22～40</td><td>≤55</td><td>≤124</td><td>≥5</td><td>19</td><td>13</td><td>六角钎尾 22 ×108 或 25 ×108</td></tr>
</table>

第六章　泵、阀管及管路附件

6.1　泵

6.1.1　小型潜水电泵

小型潜水电泵（JB/T 8092—1996）适用于流量为1.5～250m^3/h，扬程为3～130m，功率为0.12～11kW单相或三相的单级或多级的小型潜水电泵。

小型潜水电泵可分为以下四种型式。

（1）电泵为立式，泵与电动机同轴。

（2）电泵的外壳防护等级为IP×8。

（3）电泵定额是以连续工作制（S1）为基准的连续定额。

（4）电泵从进水口方向看为逆时针方向旋转。

型号表示方法：电泵的型号由大写拉丁字母和阿拉伯数字等组成，其含义如下。

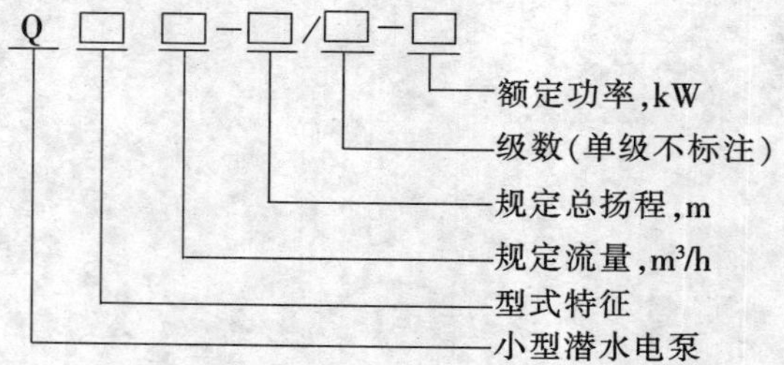

型式特征：

型式特征用下列大写拉丁字母表示：

D——单相电动机（三相电动机不注）。

Y——充油式电动机。

S——充水式电动机（干式电动机不注）。

X——泵在电动机下方（下泵式）（泵在电动机上方即上泵式，不注）。

R——旋流式叶轮。

L——流道式叶轮。

K——开式叶轮（闭式叶轮不注）。

N——内装式电泵（外装式电泵不注）。

B——半内装式电泵。

电泵的基本参数列于表 6－1～表 6－3。

表 6－1 单级电泵的基本参数

序号	流量（m^3/h）	扬程（m）	功率（kW）	电泵规定效率（%）				
				QDX	QX	Q	QY	QS
1	1.5	7	0.12	14.2	—	—	—	—
2	3	5.5		22.5	—	—	—	—
3	6	3.5		27.5	—	—	—	—
4	1.5	9	0.18	13.1	—	—	—	—
5	3	8		21.9	—	—	—	—
6	6	5		28.7	—	—	—	—
7	10	3.5		31.0	—	—	—	—
8	1.5	11	0.25	12.8	—	—	—	—
9	3	10		22.2	—	—	—	—
10	6	7		30.6	—	—	—	—
11	10	4.5		33.7	—	—	—	—
12	15	3		33.7	—	—	—	—
13	1.5	15	0.37	12.6	—	—	—	—
14	3	14		22.1	—	—	—	—
15	6	10		32.0	—	—	—	—
16	10	7		37.0	—	—	—	—
17	15	5		38.6	—	—	—	—
18	25	3		37.8	—	—	—	—

续表

序号	流量（m^3/h）	扬程（m）	功率（kW）	电泵规定效率（%）				
				QDX	QX	Q	QY	QS
19	1.5	20	0.55	11.8	12.6	—	—	—
20	3	18		21.3	22.7	—	—	—
21	6	14		31.2	33.4	—	—	—
22	10	10		38.0	40.6	—	—	—
23	15	7		40.7	43.5	—	—	—
24	25	4.5		41.3	44.1	—	—	—
25	3	24	0.75	20.8	21.7	—	—	—
26	6	18		31.5	33.0	31.6	29.7	29.2
27	10	13		39.4	41.3	39.3	36.9	36.3
28	15	10		43.5	45.5	43.6	40.9	40.3
29	25	6		45.4	47.6	45.2	42.4	41.8
30	40	3.5		44.1	46.2	43.6	40.9	40.3
31	3	30	1.1	21.1	—		—	—
32	6	24		31.8	30.3		28.6	28.1
33	10	18		40.7	38.7		36.4	35.9
34	15	14		46.6	44.9		42.3	41.6
35	25	9		50.0	47.6		44.8	44.1
36	40	5.5		49.7	47.2		44.5	43.8
37	65	3.5		—	46.9		44.2	43.5
38	6	32	1.5	30.9	—		—	—
39	10	24		39.6	37.8		35.7	35.2
40	15	18		46.8	44.7		42.2	41.6
41	25	12		52.2	49.7		46.9	46.2
42	40	8		53.6	50.8		48.0	47.2
43	65	4.5		51.9	48.9		46.2	45.5
44	100	3		—	50.0		47.3	46.6

续表

序号	流量 (m^3/h)	扬程 (m)	功率 (kW)	电泵规定效率（%）			
				QX	Q	QY	QS
45	6	40	2.2	29.6	—	—	—
46	10	32		38.5	36.2	34.3	33.8
47	15	26		45.2	43.3	40.9	40.3
48	25	17		52.9	50.3	47.6	46.9
49	40	12		55.5	51.8	49.0	48.3
50	65	7		54.4	50.7	47.9	47.2
51	100	4.5		—	51.0	48.3	47.6
52	160	3		—	51.8	49.0	48.3
53	10	44	3	36.7	—	—	—
54	15	34		44.0	42.9	40.3	39.8
55	25	24		51.2	50.5	47.5	46.9
56	40	16		57.4	54.3	51.1	50.4
57	65	10		57.8	54.7	51.5	50.8
58	100	6		56.2	53.2	50.0	49.3
59	160	4		—	53.9	50.8	50.1
60	10	56	4	34.9	—	—	—
61	15	45		41.8	—	—	—
62	25	30		52.0	49.2	46.3	45.7
63	40	21		57.7	54.6	51.5	50.8
64	65	13		59.7	56.5	53.3	52.5
65	100	9		57.3	54.3	51.1	50.4
66	160	5.5		—	54.6	51.5	50.8
67	250	3.5		—	55.4	52.2	51.5
68	15	55	5.5	41.5	—	—	—
69	25	40		50.5	48.1	44.8	44.2
70	40	28		57.6	54.8	51.0	50.4
71	65	18		61.3	58.0	54.0	53.3
72	100	12		60.4	57.6	53.7	52.9
73	160	8		59.6	56.1	52.2	51.5
74	250	5		—	56.9	52.9	52.2

续表

序号	流量（m^3/h）	扬程（m）	功率（kW）	电泵规定效率（%）			
				QX	Q	QY	QS
75	25	50	7.5	48.3	—	—	—
76	40	38		56.8	53.6	49.9	49.2
77	65	25		62.0	58.7	54.7	54.0
78	100	17		63.2	60.0	55.9	55.1
79	160	11		60.4	56.8	52.4	52.2
80	250	6.5		—	57.6	53.6	52.9
81	25	60	9.2	47.4	—	—	—
82	40	45		55.5	52.7	49.1	48.4
83	65	31		62.0	58.7	54.7	54.0
84	100	21		63.6	60.3	56.2	55.5
85	160	12.5		61.6	57.1	53.2	52.5
86	250	8		61.6	57.9	54.0	53.3
87	40	53	11	54.7	51.4	48.2	47.6
88	65	37		61.6	58.4	54.8	54.0
89	100	25		63.6	60.3	56.6	55.9
90	160	15		62.8	58.7	55.1	54.4
91	250	9.5		61.6	57.9	54.4	53.7

注：①表中为单级电泵在电源频率为50Hz，电压为380V（三相），220V（单相）时和规定的使用条件下的数值。

②表中电泵的规定转速为2 860r/min。

③当电泵采用开式叶轮时，电泵规定效率允许下降0.02，规定总扬程允许下降为［1－（0.02/电泵规定效率）］倍的规定扬程。

④当电泵为内装式或半内装式时，电泵规定效率允许下降0.02，总规定扬程允许下降为［1－（0.02/电泵规定效率）］倍的规定扬程。

表 6-2　多级电泵的基本参数

序号	流量 (m^3/h)	扬程 (m)	级数	功率 (kW)	电泵规定效率（%）			
					QX	Q	QY	QS
1	6	21	3	0.75	38.2		35.9	35.3
2		20	2		36.3		34.1	33.6
3	10	14			41.5		39.0	38.4
4	6	32	4	1.1	39.4		37.1	36.5
5		30	3		38.0		35.8	35.2
6		28	2		35.2		33.2	32.7
7	10	21	3		43.4		40.9	40.3
8		20	2		42.8		40.3	39.7
9	15	15			45.6		42.9	42.3
10	6	42	4	1.5	39.2		37.1	36.5
11		39	3		37.5		35.4	34.9
12		34	2		35.3		33.3	32.8
13	10	28	4		45.3		42.8	42.2
14		27	3		45.0		42.5	41.9
15		26	2		42.8		40.5	39.9
16	15	21	3		47.5		44.9	44.2
17		20	2					
18	6	56	4	2.2	37.8		35.7	34.2
19		51	3		36.2		34.3	33.8
20		46	2		33.3		31.5	31.1
21	10	40	4		45.9		43.4	42.8
22		39	3		44.4		42.0	41.4
23		36	2		41.8		39.6	39.0
24	15	30	4		48.9		46.2	45.6
25			3					
26		28	2		47.7		45.1	44.5
27	20	21	3		50.3		47.6	46.9
28		20	2					
29	25	18			51.0		48.3	47.6

续表

序号	流量 (m^3/h)	扬程 (m)	级数	功率 (kW)	电泵规定效率（%）			
					QX	Q	QY	QS
30	6	66	3	3	34.4		32.4	32.0
31		58	2		32.2		30.3	29.9
32	10	54	4		45.5		42.8	42.2
33		51	3		43.6		41.1	40.5
34		48	2		40.5		38.1	37.6
35	15	40	4		50.5		47.5	46.9
36		39	3		49.7		46.8	46.2
37		38	2		47.5		44.7	44.1
38	20	30	4		52.0		48.9	48.2
39			3					
40			2		51.3		48.3	47.6
41	25	26	3		52.8		49.7	49.0
42								
43	30	20	2		53.6		50.4	49.7
44	40	16						
45	6	80	4	4	36.1		34.0	33.5
46		72	3		34.1		32.1	31.7
47	10	68	4		44.2		41.7	41.1
48		63	3		42.2		39.8	39.2
49		56	2		39.5		37.3	36.7
50	15	52	4		50.4		47.5	46.8
51		51	3		48.8		46.0	45.3
52		48	2		46.1		43.4	42.8
53	20	40	4		52.7		49.6	48.9
54		40.5	3					
55		36	2		51.2		48.2	47.5
56	25	34	4		53.5		50.4	49.7
57		33	3					
58		32	2		53.1		50.0	49.3
59	30	27	3		54.3		51.1	50.4
60		26	2					
61	40	21	3		53.9		50.7	50.0
62		20	2		55.0		51.9	51.1

续表

序号	流量 (m^3/h)	扬程 (m)	级数	功率 (kW)	电泵规定效率（%）			
					QX	Q	QY	QS
63	6	115	5	5. 5	35. 8		33. 3	32. 9
64		110	4		34. 1		31. 8	31. 4
65		102	3		31. 8		29. 9	29. 2
66	10	90	5		44. 9		41. 8	41. 3
67		84	4		43. 3		40. 3	39. 8
68		78	3		41. 0		38. 1	37. 6
69	15	72	5		50. 9		47. 3	46. 7
70		70	4		49. 7		46. 3	45. 6
71		66	3		48. 1		44. 8	44. 2
72		60	2		44. 9		41. 8	41. 3
73	20	55	5		54. 0		50. 3	49. 6
74		54	4					
75			3		52. 5		48. 9	48. 2
76		48	2		50. 0		46. 6	46. 0
77	25	47	5		54. 8		51. 0	50. 4
78		46	4					
79		45	3					
80		44	2		52. 9		49. 2	48. 6
81	30	36	4		55. 7		51. 8	51. 1
82			3					
83			2					
84	40	30	4					
85			3		56. 5		52. 6	51. 9
86			2					
87	10	115	5	7. 5	43. 0		40. 1	39. 6
88		110	4		41. 1		38. 3	37. 8
89		102	3		38. 6		36. 0	35. 5
90		96	2		35. 8		33. 4	32. 9
91	15	95	5		50. 0		46. 5	45. 9
92		92	4		48. 3		45. 0	44. 4
93		84	3		45. 9		42. 8	42. 2
94		76	2		43. 0		40. 1	39. 6

续表

序号	流量（m^3/h）	扬程（m）	级数	功率（kW）	电泵规定效率（%）			
					QX	Q	QY	QS
95	20	75	5	7.5	54.0		50.3	49.6
96		72	4		53.2		49.5	48.9
97			3		51.5		48.0	47.3
98		66	2		49.1		45.8	45.2
99	25	64	5		55.5		51.7	51.0
100		62	4		55.1		51.3	50.7
101		60	3		54.0		50.3	49.6
102		58	2		51.5		48.0	47.3
103	30	50	5		56.4		52.5	51.8
104		48	4					
105			3					
106			2		54.7		51.0	50.3
107	40	40	4		57.2		53.3	52.6
108			3					
109			2					
110	15	110	5	9.2	49.0		45.7	45.1
111		104	4		48.2		44.9	44.3
112		102	3		45.4		42.3	41.7
113		98	2		42.2		39.3	38.8
114	20	90	5		53.5		49.9	49.2
115		88	4		52.7		49.1	48.4
116		84	3		49.0		45.7	45.1
117		80	2		46.9		43.8	43.2
118	25	75	5		55.9		52.1	51.4
119		72	4		55.0		51.3	50.6
120			3		53.5		49.9	49.2
121		70	2		51.0		47.5	46.9
122	30	65	5		56.7		52.9	52.2
123		64	4					
124		63	3		55.9		52.1	51.4
125		60	2		53.5		49.9	49.2
126	40	50	5		57.5		53.6	52.9
127		48	4					
128			3					
129			2		56.7		52.9	52.2

续表

序号	流量（m^3/h）	扬程（m）	级数	功率（kW）	电泵规定效率（%）			
					QX	Q	QY	QS
130	15	130	5	11	48.2		45.2	44.6
131		128	4		46.2		43.4	42.8
132		114	3		43.3		40.6	40.1
133	20	110	5		52.7		49.4	48.8
134		104	4		51.0		47.8	47.2
135		99	3		49.4		46.4	45.8
136		92	2		46.2		43.4	42.8
137	25	90	5		55.0		51.6	51.0
138		88	4		53.9		50.6	49.9
139		87	3		51.8		48.6	48.0
140		80	2		49.0		46.0	45.4
141	30		5		56.7		53.2	52.5
142		72	4		56.3		52.8	52.1
143			3		55.0		51.6	51.0
144		70	2		52.7		49.4	48.8
145	40	60	5		57.5		54.0	53.3
146			4					
147			3					
148		68	2		56.3		52.8	52.1

注：①表中为多级电泵在电源频率为50Hz，电压为380V（三相），220V（单相）时和规定的使用条件下的数值。

②表中电泵的规定转速为2 860r/min。

③当电泵采用开式叶轮时，电泵规定效率允许下降0.02，规定总扬程允许下降为［1－（0.02/电泵规定效率）］倍的规定扬程。

④当电泵为内装式或半内装式时，电泵规定效率允许下降0.02，总规定扬程允许下降为［1－（0.02/电泵规定效率）］倍的规定扬程。

表 6-3　QXL 和 QXR 型电泵的基本参数

序号	流量 (m^3/h)	扬程 (m)		功率 (kW)		电泵规定效率 (%)			
						规定转速 n=1 450r/min		规定转速 n=2 860r/min	
		QXL	QXR	QXL	QXR	QXL	QXR	QXL	QXR
1	6	10	12	0.55	0.75	—	—	24.6	22.4
2	10	7	8			—	—	27.7	25.0
3	6	13	17	0.75	1.1	—	—	25.4	23.1
4	10	9	11			—	—	29.0	26.2
5	15	7	8			—	—	31.6	28.3
6	6	19	22	1.1	1.5	—	—	25.9	23.7
7	10	13	15			—	—	30.3	27.0
8	15	10	11	1.1	1.5	—	—	33.1	29.5
9	25	6	7			—	—	35.6	32.4
10	10	18	21	1.5	2.2	—	—	30.9	27.4
11	15	13	16			—	—	34.5	30.4
12	25	8	11			—	—	37.1	33.3
13	40	5.5	7			—	—	38.9	35.2
14	10	26	30	2.2	3	—	—	31.5	28.0
15	15	19	22			—	—	35.2	30.6
16	25	12	15			37.3	32.8	38.1	34.4
17	40	8	10			40.2	35.7	40.7	36.7
18	65	5.5	6			42.3	38.0	41.8	37.9
19	10	34	38	3	4	—	—	32.2	27.5
20	15	26	30			—	—	36.0	31.0
21	25	17	20			37.6	32.8	39.4	34.9
22	40	11	13			41.0	36.5	42.1	37.2
23	65	7	8			43.2	38.5	43.6	38.8
24	15	34	38	4	5.5	—	—	35.7	31.0
25	25	23	27			—	—	39.9	35.4
26	40	15	18			41.1	37.2	42.6	38.1
27	65	10	12			43.8	40.3	44.9	40.6
28	100	6	8			45.3	42.6	44.9	41.4

续表

<table>
<tr><td rowspan="3">序号</td><td rowspan="3">流量
(m^3/h)</td><td colspan="2" rowspan="2">扬程
(m)</td><td colspan="2" rowspan="2">功率
(kW)</td><td colspan="4">电泵规定效率(%)</td></tr>
<tr><td colspan="2">规定转速
$n=1\ 450$r/min</td><td colspan="2">规定转速
$n=2\ 860$r/min</td></tr>
<tr><td>QXL</td><td>QXR</td><td>QXL</td><td>QXR</td><td>QXL</td><td>QXR</td><td>QXL</td><td>QXR</td></tr>
<tr><td>29</td><td>15</td><td>45</td><td>52</td><td rowspan="5">5. 5</td><td rowspan="5">7. 5</td><td>—</td><td>—</td><td>36. 6</td><td>31. 0</td></tr>
<tr><td>30</td><td>25</td><td>31</td><td>36</td><td>—</td><td>—</td><td>40. 6</td><td>35. 4</td></tr>
<tr><td>31</td><td>40</td><td>21</td><td>25</td><td>42. 6</td><td>37. 2</td><td>43. 7</td><td>38. 6</td></tr>
<tr><td>32</td><td>65</td><td>13</td><td>16</td><td>45. 8</td><td>40. 8</td><td>46. 1</td><td>41. 1</td></tr>
<tr><td>33</td><td>100</td><td>9</td><td>11</td><td>47. 4</td><td>43. 2</td><td>46. 9</td><td>42. 6</td></tr>
<tr><td>34</td><td>25</td><td>40</td><td>42</td><td rowspan="5">7. 5</td><td rowspan="5">9. 2</td><td>—</td><td>—</td><td>40. 3</td><td>35. 2</td></tr>
<tr><td>35</td><td>40</td><td>29</td><td>30</td><td>42. 4</td><td>37. 1</td><td>44. 3</td><td>38. 8</td></tr>
<tr><td>36</td><td>65</td><td>18</td><td>20</td><td>46. 4</td><td>40. 7</td><td>46. 7</td><td>41. 3</td></tr>
<tr><td>37</td><td>100</td><td>12</td><td>14</td><td>48. 0</td><td>43. 5</td><td>47. 9</td><td>43. 7</td></tr>
<tr><td>38</td><td>160</td><td>8</td><td>9</td><td>49. 6</td><td>45. 9</td><td>48. 3</td><td>44. 6</td></tr>
<tr><td>39</td><td>25</td><td>48</td><td>50</td><td rowspan="5">9. 2</td><td rowspan="5">11</td><td>—</td><td>—</td><td>40. 1</td><td>34. 8</td></tr>
<tr><td>40</td><td>40</td><td>35</td><td>36</td><td>—</td><td>—</td><td>44. 6</td><td>38. 8</td></tr>
<tr><td>41</td><td>65</td><td>23</td><td>24</td><td>46. 3</td><td>40. 7</td><td>46. 9</td><td>41. 3</td></tr>
<tr><td>42</td><td>100</td><td>15</td><td>16</td><td>48. 3</td><td>43. 5</td><td>48. 6</td><td>43. 7</td></tr>
<tr><td>43</td><td>160</td><td>9. 5</td><td>10. 5</td><td>50. 0</td><td>45. 9</td><td>48. 6</td><td>44. 6</td></tr>
<tr><td>44</td><td>40</td><td>42</td><td>—</td><td rowspan="4">11</td><td rowspan="4">—</td><td>—</td><td>—</td><td>44. 1</td><td>—</td></tr>
<tr><td>45</td><td>65</td><td>27</td><td>—</td><td>45. 9</td><td>—</td><td>46. 9</td><td>—</td></tr>
<tr><td>46</td><td>100</td><td>18</td><td>—</td><td>48. 3</td><td>—</td><td>48. 6</td><td>—</td></tr>
<tr><td>47</td><td>160</td><td>12</td><td>—</td><td>50. 0</td><td>—</td><td>49. 4</td><td>—</td></tr>
</table>

注:①表中为 QXL 和 QXR 型电泵在电源频率为 50Hz，电压为 380V（三相），220V（单相）时和规定的使用条件下的数值。

②当电泵采用开式叶轮时，电泵规定效率允许下降 0. 02，规定总扬程允许下降为［1 -（0. 02/电泵规定效率）］倍的规定扬程。

③当电泵为内装式或半内装式时，电泵规定效率允许下降 0. 02，总规定扬程允许下降为［1 -（0. 02/电泵规定效率）］倍的规定扬程。

标记示例：

规定流量为 25m³/h，规定总扬程为 24m，额定功率为 3kW，三相充水式 2 级上泵式小型潜水电泵，其标记为：

QS25 – 24/2 – 3

规定流量为 15m³/h，规定扬程为 10m，额定功率为 0.75kW，单相干式单级下泵式小型潜水电泵，其标记为：

QDX15 – 10 – 0.75

规定流量为 40m³/h，规定扬程为 45m，额定功率为 9.2kW，三相干式单级上泵内装式小型潜水电泵，其标记为：

QN40 – 45 – 9.2

6.1.2 中小型轴流泵

中小型轴流泵（GB/T 9481—1988）用于输送清水或物理及化学性质类似于水的其他液体，规格型号见表 6 – 4。

按泵的结构型式可分为立式“L”、卧式“W”、斜式“X”；按叶片的安装方式可分为固定式“D”，半调节式“B”，全调节式“Q”。

型号示例：

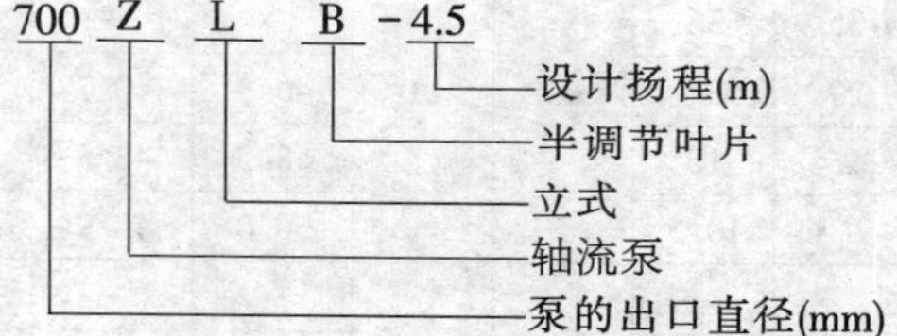

表 6 – 4 中小型轴流泵规格型号

150ZLD – 5.5	350ZLB – 4	600ZLB – 11.2	800ZWQ – 4
150ZLD – 4	350ZWB – 4	600ZLB – 8	800ZLQ – 2
150ZLD – 3	350ZLB – 1.6	600ZLB – 5	800ZWQ – 2
150ZLD – 2	350ZWB – 1.6	600ZWB – 5	900ZLQ – 11.2
200ZLD – 6	400ZLB – 10	600ZLB – 3	900ZLQ – 7
200ZLD – 4	400ZLB – 7	600ZWB – 3	900ZLQ – 6
200ZLD – 2	400ZLB – 5.5	600ZLB – 2.5	900ZWQ – 6
200ZLD – 1.25	400ZWB – 5.5	600ZWB – 2.5	900ZLQ – 2
250ZLD – 6	400ZLB – 4	600ZLB – 1.6	900ZWQ – 2

续表

250ZLD－4	400ZWB－4	600ZWB－1.6	1000ZLQ－10
250ZLD－3	400ZLB－2.5	700ZLQ－11.2	1000ZLQ－7
250ZLD－2	400ZWB－2.5	700ZLQ－7	1000ZLQ－6
250ZLD－1.6	400ZLB－1.6	700ZLQ－6	1000ZLQ－4
300ZLD－9	400ZWB－1.6	700ZWQ－6	1000ZWQ－6
300ZLD－6	500ZLB－10	700ZLQ－4	1000ZWQ－4
300ZLD－5.5	500ZLB－7	700ZWQ－4	1000ZLQ－3
300ZLD－4	500ZLB－5.5	700ZLQ－3	1000ZWQ－3
300ZLD－3	500ZWB－5.5	700ZWQ－3	1000ZLQ－2.5
300ZLD－2.5	500ZLB－4	700ZLQ－2	1000ZWQ－2.5
350ZLD－11.2	500ZWB－4	700ZWQ－2	1000ZLQ－1.6
350ZLB－10	500ZLB－2	800ZLQ－9	1000ZWQ－1.6
350ZLB－8	500ZWB－2	800ZLQ－6	
350ZLB－6	500ZLB－1.6	800ZWQ－6	
350ZWB－6	500ZWB－1.6	800ZLQ－4	

6.1.3 离心油泵

离心油泵（JB/T 8095—1999）的型式为卧式，壳体采用径向剖分、支承形式为中心支承，吸入口和排出口法兰方向垂直向上。具体可分为下列三种型式。

（1）单级单吸、单级双吸和两级单吸悬臂式。

（2）单级双吸、两级单吸和两级双吸两端支承式。

（3）多级单吸和多级双吸节段式。

单级离心油泵型号表示方法：

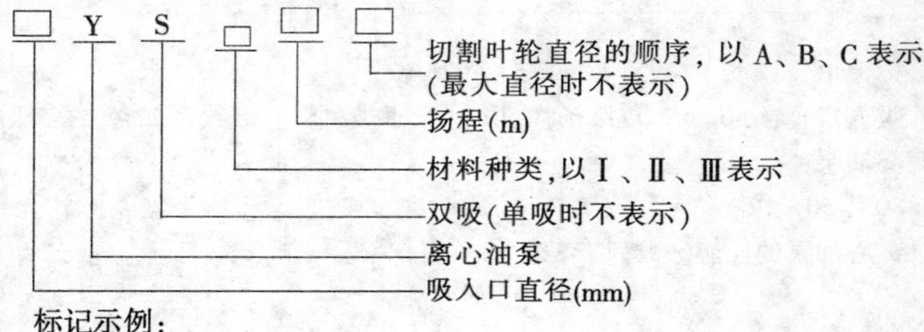

标记示例：

吸入口直径 100mm、单级扬程 60m、第Ⅰ类材料、叶轮直径经 A 次（第 1 次）切割的单级单吸离心油泵：

$100Y_{I}60A$

两级离心油泵型号表示方法：

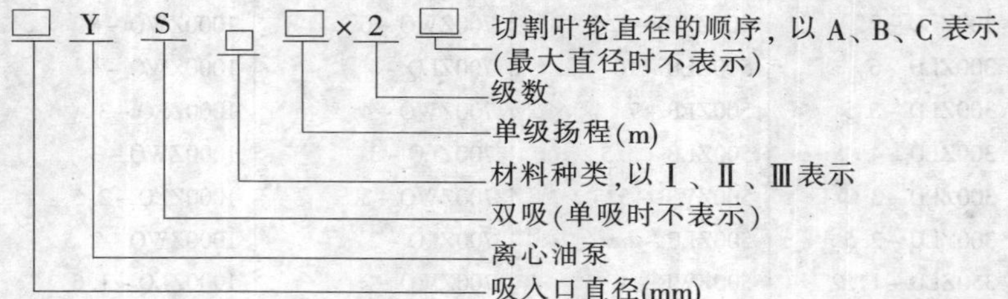

标记示例：

吸入口直径 250mm、单级扬程 150m、第Ⅱ类材料、叶轮直径经 B 次（第二次）切割的两级双吸离心油泵：

$250YS_{II}150\times2B$

多级离心油泵型号表示方法：

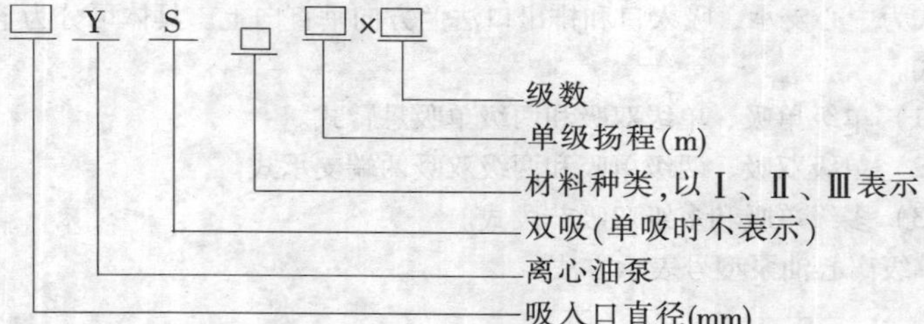

标记示例：

吸入口直径 80mm、单级扬程 50m、第Ⅲ类材料、级数为 12 级的多级单吸离心油泵：

$80Y_{III}50\times12$

离心油泵的性能参数列于表 6－5～表 6－6。

表 6 – 5　单级、两级离心油泵基本参数

型号 \ 基本参数	流量 Q		扬程 H	转速 n	比转速
	(m^3/h)	(L/S)	(m)	(r/min)	n_S
40Y40 ×2	6. 25	1. 74	80	2 950	28
50Y60	12. 5	3. 47	60		29
50Y60 ×2			120		
65Y60	25	6. 94	60		42
65Y100			100		28
65Y100 ×2			200		
80Y60	50	13. 9	60		59
80Y100			100		40
80Y100 ×2			200		
100Y60	100	27. 8	60		83
100Y120			120		49
100Y120 ×2			240		
150Y75	180	50	75		94
150Y150			150		56
150Y150 ×2			300		
200Y75	300	83. 3	75		122
200Y150			150		73
200Y150 ×2			300		
250YS75	500	138. 9	75		111
250YS150			150		66
250YS150 ×2			300		

注：①150Y150 ×2、200Y150 ×2、250YS150 和 250YS150 ×2 为两端支承式，其余型号为悬臂式。

②油泵从驱动端看，为逆时针方向旋转。

③油泵的效率应符合 GB/T 13007 的规定。

④汽蚀余量应符合 GB/T 13006 的规定。

⑤表中所列性能参数为输送常温清水时设计点的数值。

⑥性能参数的检验和偏差应符合 GB/T 3216 的规定。

表 6－6　多级离心油泵基本参数

型号＼基本参数	流量 Q (m³/h)	流量 Q (L/S)	扬程 H (m)	转速 n (r/min)	比转速 n_S
40Y25×4	6.25	1.74	100	2 950	40
40Y25×5	6.25	1.74	125	2 950	40
40Y25×6	6.25	1.74	150	2 950	40
40Y25×7	6.25	1.74	175	2 950	40
40Y25×8	6.25	1.74	200	2 950	40
40Y25×9	6.25	1.74	225	2 950	40
40Y25×10	6.25	1.74	250	2 950	40
40Y25×11	6.25	1.74	275	2 950	40
40Y25×12	6.25	1.74	300	2 950	40
40Y35×4	6.25	1.74	140	2 950	31
40Y35×5	6.25	1.74	175	2 950	31
40Y35×6	6.25	1.74	210	2 950	31
40Y35×7	6.25	1.74	245	2 950	31
40Y35×8	6.25	1.74	280	2 950	31
40Y35×9	6.25	1.74	315	2 950	31
40Y35×10	6.25	1.74	350	2 950	31
40Y35×11	6.25	1.74	385	2 950	31
40Y35×12	6.25	1.74	420	2 950	31
50Y25×4	12.5	3.47	100	2 950	57
50Y25×5	12.5	3.47	125	2 950	57
50Y25×6	12.5	3.47	150	2 950	57
50Y25×7	12.5	3.47	175	2 950	57
50Y25×8	12.5	3.47	200	2 950	57
50Y25×9	12.5	3.47	225	2 950	57
50Y25×10	12.5	3.47	250	2 950	57
50Y25×11	12.5	3.47	275	2 950	57
50Y25×12	12.5	3.47	300	2 950	57

续表

基本参数 型号	流量 Q		扬程 H	转速 n	比转速
	(m^3/h)	(L/S)	(m)	(r/min)	n_S
50Y35×4	12.5	3.47	140	2 950	44
50Y35×5			175		
50Y35×6			210		
50Y35×7			245		
50Y35×8			280		
50Y35×9			315		
50Y35×10			350		
50Y35×11			385		
50Y35×12			420		
50Y50×5			250		34
50Y50×6			300		
50Y50×7			350		
50Y50×8			400		
50Y50×9			450		
50Y50×10			500		
50Y50×11			550		
50Y50×12			600		
65Y50×5	25	6.94	250		48
65Y50×6			300		
65Y50×7			350		
65Y50×8			400		
65Y50×9			450		
65Y50×10			500		
65Y50×11			550		
65Y50×12			600		
80Y50×5	45	12.5	250		64
80Y50×6			300		
80Y50×7			350		
80Y50×8			400		
80Y50×9			450		
80Y50×10			500		
80Y50×11			550		
80Y50×12			600		

续表

型号＼基本参数	流量 Q (m³/h)	流量 Q (L/S)	扬程 H (m)	转速 n (r/min)	比转速 n_S
100Y67×5	80	22.2	335	2 950	69
100Y67×6			402		
100Y67×7			469		
100Y67×8			536		
100Y67×9			603		
150Y67×5	150	41.7	335		94
150Y67×6			402		
150Y67×7			469		
150Y67×8			536		
150Y67×9			603		
200Y100×4	280	77.8	400		95
200Y100×5			500		
200Y100×6			600		
205YS100×4	450	125	400		双吸 85 单吸 120
205YS100×5			500		
205YS100×6			600		

注：①油泵从驱动端看，为逆时针方向旋转。

②油泵的效率应符合 GB/T 13007 的规定。

③汽蚀余量应符合 GB/T 13006 的规定。

④表中所列性能参数为输送常温清水时设计点的数值。

⑤性能参数的检验和偏差应符合 GB/T 3216 的规定。

6.1.4 单螺杆泵

单螺杆泵（JB/T 8644—1997）分为卧式、立式两种。适用于输送清洁的或含有悬浮物的水、污水、油、污油、渣油、牛奶、酒类、糖浆、果酱、泥浆、化工浆液等。

型号表示方法及标记示例：

例 1

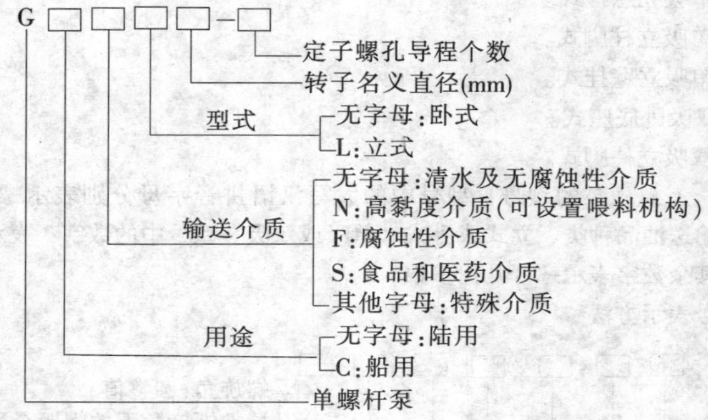

例2

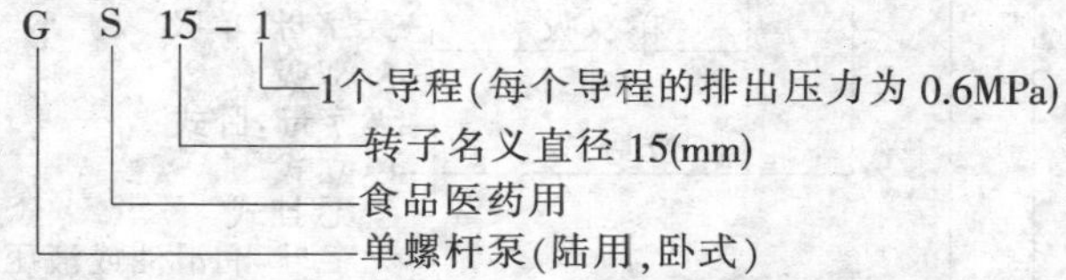

单螺杆泵的转子、定子几何参数、代号见表6-7。

表6-7　单螺杆泵的转子、定子几何参数、代号

15-1（2，3，4，5，6）	40-1（2，3，4，5，6）	105-1（2，3，4）
20-1（2，3，4，5，6）	50-1（2，3，4，5，6）	135-1（2，3，4）
25-1（2，3，4，5，6）	70-1（2，3，4）	170-1（2）
35-1（2，3，4，5，6）	85-1（2，3，4）	

6.1.5　三螺杆泵

三螺杆泵（GB/T 10886—2002）适用于输送不含固体颗粒，温度为0～150℃、黏度为3～760mm²/s的润滑油、液压油、柴油、重油（燃料油）或性质类似润滑油的三螺杆泵。

（1）三螺杆泵按规定可以制成下列几种型式：

a. 单吸卧底座式。

b. 单吸卧端盘式。

c. 单吸立悬挂式。

d. 单吸立柱脚式。

e. 单吸立壁挂式。

f. 双吸卧底座式。

g. 双吸立柱脚式。

（2）三螺杆泵的型号：型号中的大写汉语拼音字母分别表示螺杆泵、用途、输送油品种类、立式或卧式、单吸或双吸。型号中的数字3表示螺杆根数，其余数字表示螺杆几何参数。

型号表示方法

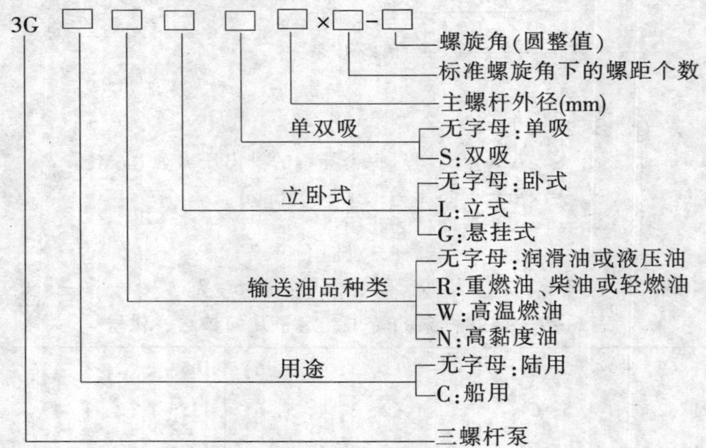

油泵的性能参数列于表6－8。

表6－8　三螺杆泵性能范围

泵吸入方式	流量 Q（m^3/h）	压力 p（MPa）	轴功率 P（kW）	必需汽蚀余量NPSHR（m）
单吸	0.5～380	0.6～16	0.25～602	3～10
双吸	69～760	0.6～2.5	16.3	3～10

型号标记示例：

螺杆螺旋角为46°、螺距个数为4、主螺杆外径为25mm、输送油品为润滑油或液压油、单吸卧式陆用三螺杆泵，标记为：

3G25 ×4 －46

螺杆螺旋角为38°、螺距个数为2、主螺杆外径为100mm、输送油品为润滑油或液压油、双吸立式船用三螺杆泵，标记为：

3GCLS100 ×2 －38

6.1.6　离心式渣浆泵

离心式渣浆泵（JB/T 8096—1998）适用于输送含有悬浮固体颗粒（如精矿、尾矿、灰渣、煤泥、泥沙、砂砾等）的液体。离心式渣浆泵为单级、单吸、轴向吸入，按壳体结构和泵轴方向分为以下三种结构：双壳体（同时具有内壳和外壳）卧式；单壳体立式或卧式。其型号代号见表6－9。

型号标记示例：

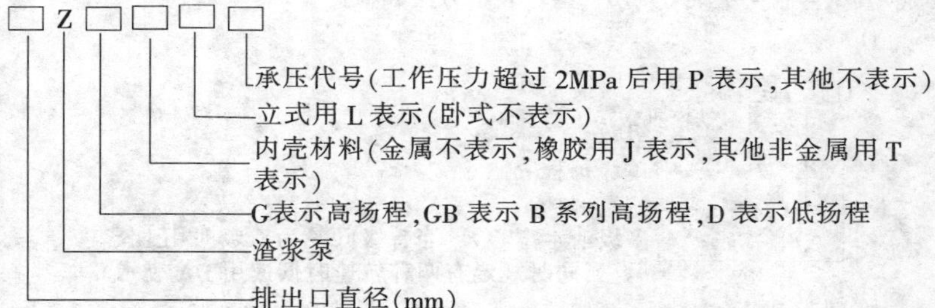

排出口直径为40mm、高扬程、卧式，用于串联第二级的金属内壳离心式渣浆泵：

40ZGS2

排出口直径为80mm、低扬程、立式、离心渣浆泵：

80ZDL

表6－9　离心式渣浆泵型号代号

25ZD，25ZDJ，25ZDT，25ZDL	150ZG，150ZGJ，150ZGT
40ZD，40ZDJ，40ZDT，40ZDL	200ZD，200ZD，200ZDJ，200ZDT，200ZDL
40ZG，40ZGJ，40ZGT	200ZG，200ZGJ，200ZGT
50ZD，50ZDJ，50ZDT，50ZDL	250ZD，250ZDJ，250ZDT
50ZG，50ZGJ，50ZGT	250ZG，250ZGJ，250ZGT
80ZD，80ZDJ，80ZDT，80ZDL	300ZDJ，300ZDT

续表

80ZG，80ZGJ，80ZDT 100ZD，100ZDJ，100ZDT，100ZDL 150ZG，100ZGJ，100ZGT 150ZD，150ZDJ，150ZDT，150ZDL	300ZGJ，300ZGT 65ZGB，80ZGB，100ZGB 150ZGB，200ZGB，250ZGB 300ZGB

6.1.7 多级清水离心泵

多级清水离心泵（JB/T 1051—1993）用于输送清水或物理及化学性质类似于水的其他液体。

泵的型式为多级卧式。叶轮为单吸（或首级叶轮为双吸），壳体为分段式。其型号代号见表 6－10，型号表示方法如下：

D 型泵：

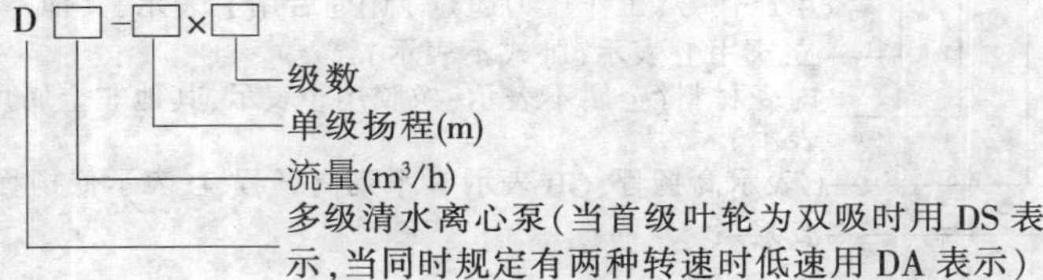

标记示例：

流量 46m³/h、单级扬程 30m、级数为 10 级的多级清水离心泵的型号标记为：

D46－30×10

DG 型泵：

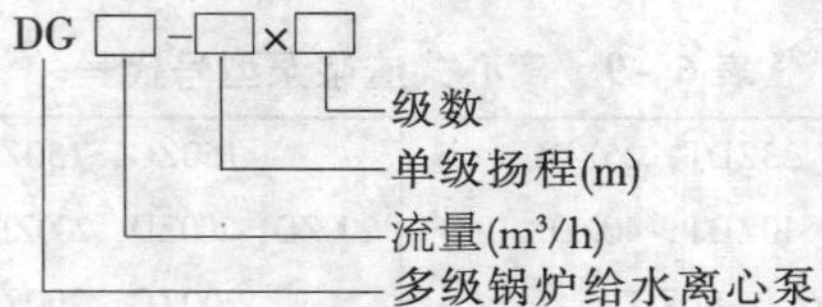

标记示例：

流量 46m³/h、单级扬程 50m、级数为 12 级的多级锅炉给水离心泵的型号标记为：

DG46－50×12

表 6-10　多级清水离心泵的型号

D6-25×2(3,4,5,6,7,8,9,10,11,12)	D54-16×2(3,4,5,6,7,8,9)
DG6-25×2(3,4,5,6,7,8,9,10,11,12)	DA54-16×2(3,4,5,6,7,8,9)
D10-40×2(3,4,5,6,7,8,9,10)	D85-45×2(3,4,5,6,7,8,9)
DG10-40×2(3,4,5,6,7,8,9,10)	D85-67×4(5,6,7,8,9)
D12-25×2(3,4,5,6,7,8,9,10,11,12)	DG8-67×4(5,6,7,8,9)
DG12-25×2(3,4,5,6,7,8,9,10,11,12)	D100-20×2(3,4,5,6,7,8,9)
D12-50×4(5,6,7,8,9,10,11,12)	DA100-20×2((3,4,5,6,7,8,9)
DG12-50×4(5,6,7,8,9,10,11,12)	D155-30×2(3,4,5,6,7,8,9,10)
D18-8×2(3,4,5,6,7,8,9)	D155-67×4(5,6,7,8,9)
DA18-8×2(3,4,5,6,7,8,9)	DG155-67×4(5,6,7,8,9)
D25-30×4(5,6,7,8,9,10)	D280-43×2(3,4,5,6,7,8,9)
DG25-30×4(5,6,7,8,9,10)	D280-65×5(6,7,8,9,10)
D25-50×4(5,6,7,8,9,10,11,12)	D450-60×3(4,5,6,7,8,9,10)
DG25-50×4(5,6,7,8,9,10,11,12)	DS720-80×3(4,5,6,7,8)
D33-12×2(3,4,5,6,7,8,9)	
DA33-12×2(3,4,5,6,7,8,9)	
D46-30×4(4,5,6,7,8,9,10)	
DG46-30×4(5,6,7,8,9,10)	
D46-50×4(5,6,7,8,9,10,11,12)	
DG46-50×4(5,6,7,8,9,10,11,12)	

6.1.8　单级双吸清水离心泵

单级双吸清水离心泵（JB/T 1050—1993）为单级双吸卧式，用于输送清水或物理及化学性质类似于清水的其他液体，被输送的液体温度不高于80℃。型号表示方法及示例如下，其型号见表6-11。

S型泵：

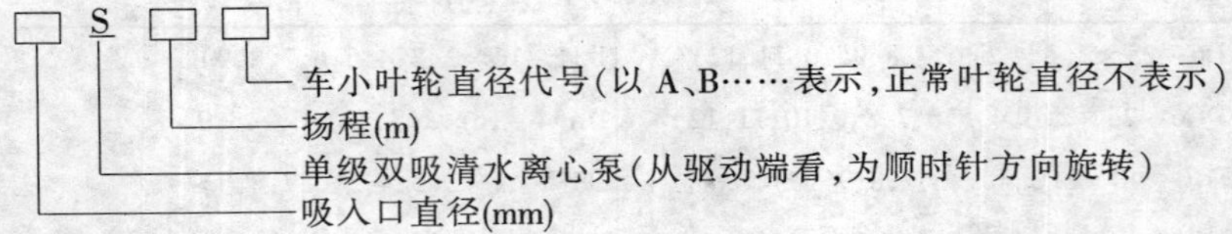

标记示例:

吸入口直径为300mm，扬程32m正常叶轮直径的单吸清水离心泵的型号标记为:

300S32

Sh型:

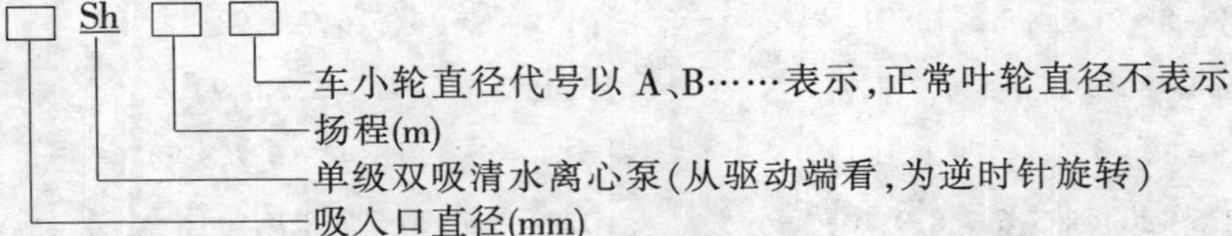

吸入口直径为250mm，扬程54m，叶轮直径第一次车小的单级双吸清水离心泵的型号标记为:

250Sh54A

表6－11　单级双吸清水离心泵的型号

150S50（78）	500S13（22，35，59，78）
150Sh50（78）	500Sh13（22，35，59，98）
200S42（63，95）	600S22（32，47，75，100）
200Sh42（63，95）	600Sh22（32，47，75）
250S14（24，39，65）	800S22（32，47，76）
250Sh14（24，39，65）	800Sh32
300S12（19，32，58，90）	1 000S22（31，46）
300Sh12（19，32，58，90）	1 200S24（35）
350S16（26，44，75，125）	1 200Sh24
350Sh16（26，44，75，125）	1 400S15（22，30）

6.1.9 离心式潜污泵

离心式潜污泵（JB/T 8857—2000）适用于输送液体中含有非磨蚀性固体颗粒、纤维、污杂物（如城市生活污水、化学工业废水等）的泵。

这种型式的泵分为单级、单吸，立式，可长期潜入液下工作。泵与电动机共轴，电动机为三相异步电动机。按泵所输送的液体的排出方式，分为三种基本形式。

（1）外装式：液体直接从泵体外接排出管排出，如图6－1。

（2）内装式：液体由机组外壳和电动机外壳之间的环形流道排出，如图6－2。

（3）半内装式：液体由与电动机外壳连接的管道中排出，如图6－3。

三种形式泵对液体排出方式示意图如下所示：

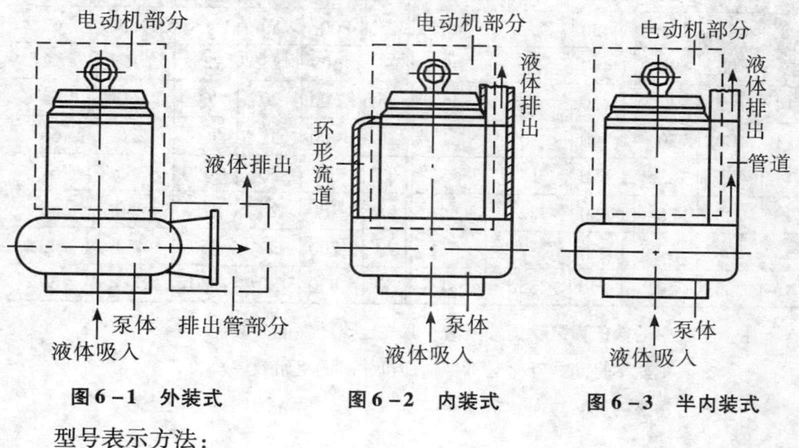

图6－1 外装式　　**图6－2 内装式**　　**图6－3 半内装式**

型号表示方法：

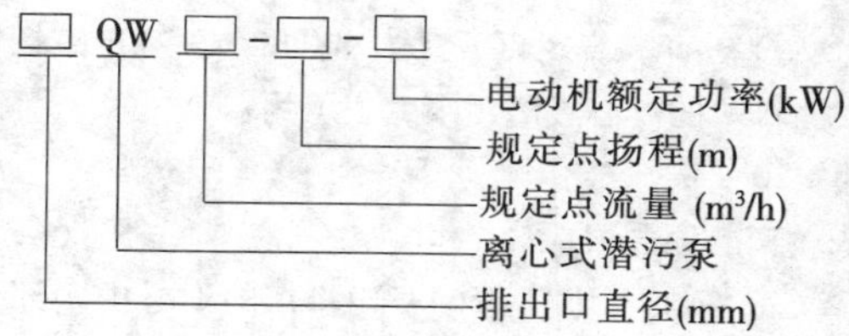

离心式潜污泵基本参数列于表6－12。

表 6－12　离心式潜污泵基本参数

序号	流量 Q (m^3/h)	扬程 H (m)	转速 n (r/min)	电动机额定功率 (kW)	机组效率 η_{gr} (%)	序号	流量 Q (m^3/h)	扬程 H (m)	转速 n (r/min)	电动机额定功率 (kW)	机组效率 η_{gr} (%)
1	25	8	2 900	1.1	36	16	400	12.5	960	30	57
2	25	12.5	2 900	2.2	39	17	400	20	1 450	45	58
3	25	20	2 900	4	40	18	400	32	1 450	75	59
4	50	8	1 450	3	43	19	400	50	1 450	110	59
5	50	12.5	1 450	4	44	20	800	12.5	960	55	59
6	50	20	2 900	7.5	45	21	800	20	960	75	62
7	50	32	2 900	11	45	22	800	32	1 450	110	62
8	100	12.5	1 450	7.5	48	23	800	50	1 450	185	62
9	100	20	1 450	15	49	24	1 600	12.5	725	90	62
10	100	32	1 450	22	46	25	1 600	20	960	160	63
11	100	50	2 900	30	51	26	1 600	32	960	220	66
12	200	12.5	1 450	15	53	27	1 600	50	1 450	355	67
13	200	20	1 450	22	54	28	3 200	20	725	280	68
14	200	32	1 450	37	54	29	3 200	32	960	450	69
15	200	50	1 450	55	51	30	5 800	20	580	500	69

注：①表中的数值为泵输送常温清水时规定点的性能参数。

②表中效率是闭式叶轮且不带辅助机构时的机组效率。

③潜污泵的旋转方向：从泵的电动机端看，叶轮顺时针方向旋转。

标记示例：

排出口直径为200mm，规定点流量为400m^3/h，规定点扬程为20m，电动机额定功率为45kW的离心式潜污泵，表示为：

200 QW400－20－45

6.1.10　长轴离心深井泵

JC型长轴离心深井泵（JB/T 3564—1992）的型号由四部分组成，分别代表：适用的最小井径尺寸；泵型代号；流量；单级扬程。型号代号见表6－13。

标记示例：

最小井径为 200mm，流量为 80m³/h，单级扬程为 16m 的长轴离心深井泵表示为：

200JC80 – 16

表 6 – 13　长轴离心深井泵的型号代号

100JC5 – 4. 2	200JC30 – 18	300JC130 – 12
100JC10 – 3. 8	200JC50 – 18	300JC210 – 10. 5
150JC10 – 9	200JC80 – 16	350JC340 – 14
150JC18 – 10. 5	200JC40 – 4	400JC550 – 17
150JC30 – 9. 5	250JC80 – 8	500JC900 – 23
150JC50 – 8. 5	250JC130 – 12	750JC1500 – 24

6. 1. 11　微型离心泵

微型离心泵（JB/T 5415—2000）适用于轴向吸入卧式与电动机共轴的微型离心泵。泵配套电动机功率不大于 1 500W，最高工作压力 0. 6MPa，最高工作温度 60℃，输送工农业用水、饮用水或物理、化学性能与之类似的介质。

微型离心泵的型式如图 6 – 4、图 6 – 5 所示。泵的吸入、排出口可以是法兰型式，符合 GB/T 2555 的规定（图 6 – 4）；也可以是内螺纹连接型式，符合 GB/T 1415 的规定（图 6 – 5）；还可以采用其他连接方式，如软管连接等。

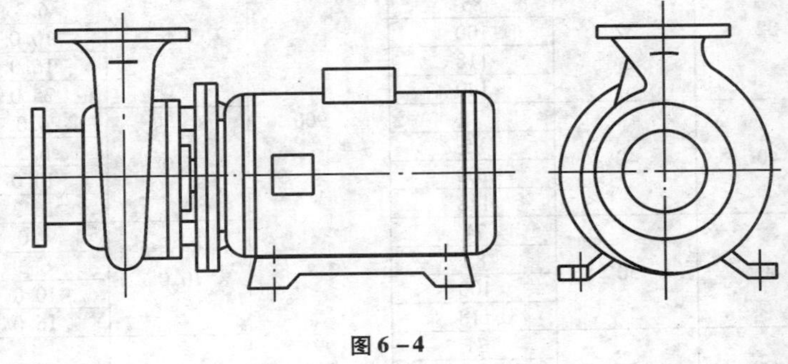

图 6 – 4

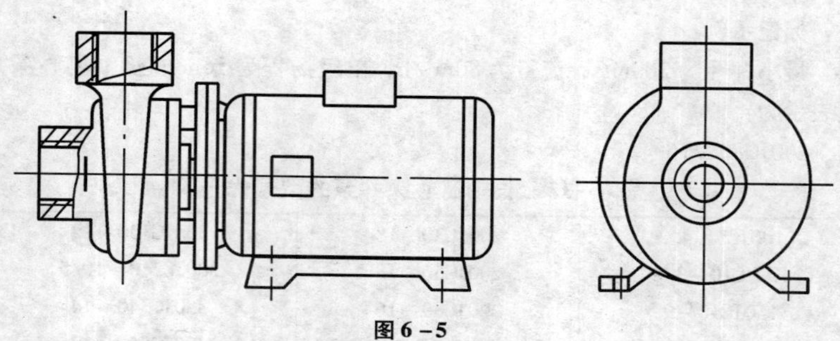

图 6－5

泵可以是单级叶轮，也可以是多级叶轮构成。多级叶轮级数不应超过 3 级。泵的旋转方向从驱动端看为顺时针方向。除特殊需要外，泵不另设底座。

泵的基本参数列于表 6－14～表 6－17。

表 6－14　单级叶轮泵的基本参数（性能规定点）

<table>
<tr><th colspan="3">尺寸标记</th><th rowspan="2">转速 n
(r/min)</th><th rowspan="2">流量 Q
(m^3/h)</th><th rowspan="2">扬程 H
(m)</th></tr>
<tr><th>吸入口直径
(mm)</th><th>排出口直径
(mm)</th><th>叶轮名义直径
(mm)</th></tr>
<tr><td rowspan="5">25</td><td rowspan="5">25</td><td>71</td><td rowspan="23">2 900</td><td rowspan="5">1.25</td><td>4.0</td></tr>
<tr><td>85</td><td>6.3</td></tr>
<tr><td>100</td><td>10.0</td></tr>
<tr><td>118</td><td>16.0</td></tr>
<tr><td>140</td><td>25.0</td></tr>
<tr><td rowspan="5">32</td><td rowspan="5">32</td><td>71</td><td rowspan="5">2.5</td><td>4.0</td></tr>
<tr><td>85</td><td>6.3</td></tr>
<tr><td>100</td><td>10.0</td></tr>
<tr><td>118</td><td>16.0</td></tr>
<tr><td>140</td><td>25.0</td></tr>
<tr><td rowspan="4">40</td><td rowspan="4">40</td><td>71</td><td rowspan="4">5.0</td><td>4.0</td></tr>
<tr><td>85</td><td>6.3</td></tr>
<tr><td>100</td><td>10.0</td></tr>
<tr><td>118</td><td>16.3</td></tr>
<tr><td rowspan="4">50</td><td rowspan="4">50</td><td>71</td><td rowspan="4">10.0</td><td>4.0</td></tr>
<tr><td>85</td><td>6.3</td></tr>
<tr><td>100</td><td>10.0</td></tr>
<tr><td>118</td><td>16.0</td></tr>
<tr><td rowspan="3">65</td><td rowspan="3">65</td><td>71</td><td rowspan="3">20.0</td><td>4</td></tr>
<tr><td>85</td><td>6.3</td></tr>
<tr><td>100</td><td>10.0</td></tr>
</table>

表 6－15　泵性能规定点效率值

Q （m^3/h）	1.25	2.5	5	10	20
η （%）	42	52	60	64	66

注：①当比转数 $n_s=120\sim210$ 时，泵性能规定点效率 η 值不低于表中规定。

②在配套功率许可的情况下，泵的扬程可通过增加叶轮级数来提高。多级泵（2～3 级）效率指标可以比表中相应规定值降低 2%。

表 6－16　泵性能规定点效率修正值

n_s	23	33	47	66	93
$\Delta\eta$ （%）	23	17	11	6	2

注：当 $n_s<120$ 时，用表 6－16 规定值 $\Delta\eta$ 对表 6－15 修正，即规定点效率 $\eta'\geq\eta-\Delta\eta$。

表 6－17　泵的临界汽蚀余量

Q （m^3/h）	≤4	>4～15	>15～30
$(NPSH)_C$ （m）	2.0	2.5	3.0

注：泵性能规定点的临界汽蚀余量 $(NPSH)_C$ 应不大于表中的规定。

6.1.12　蒸汽往复泵

蒸汽往复泵（GB/T 14794—2002）适用于输送温度不高于 110℃、运动黏度不超过 850mm²/s 的清水和石油化学性质类似的其他液体的一般蒸汽往复泵；同时适用于输送温度不高于 400℃的石油制品的蒸汽往复热油泵。输送温度不低于－40℃的液化气泵可参照使用。

其型式为卧式、立式。往复泵的基本参数列于表 6－18～表 6－19。

表 6－18　蒸汽往复泵基本参数

<table>
<tr><th>流量（m³/h）</th><th>进气压力范围（MPa）</th><th>排出压力范围（MPa）</th><th>流量（m³/h）</th><th>进气压力范围（MPa）</th><th>排出压力范围（MPa）</th><th>流量（m³/h）</th><th>进气压力范围（MPa）</th><th>排出压力范围（MPa）</th></tr>
<tr><td rowspan="2">3</td><td rowspan="2">0.4～0.7</td><td rowspan="2">0.6～1.3</td><td>3.0</td><td rowspan="4">0.7～1.6</td><td rowspan="2">0.9～2.2</td><td>3.0</td><td rowspan="4">1.6～2.5</td><td rowspan="2">2.2～3.6</td></tr>
<tr><td>5.0</td><td>5.0</td></tr>
<tr><td rowspan="2">9</td><td rowspan="2"></td><td rowspan="2">0.7～1.5</td><td>9.0</td><td rowspan="2">1.0～2.5</td><td>9.0</td><td rowspan="2">2.5～3.9</td></tr>
<tr><td>14.0</td><td>14.0</td></tr>
</table>

续表

流量（m^3/h）	进气压力范围（MPa）	排出压力范围（MPa）	流量（m^3/h）	进气压力范围（MPa）	排出压力范围（MPa）	流量（m^3/h）	进气压力范围（MPa）	排出压力范围（MPa）
20	0.5～1.0	0.7～1.7	20.0	1.0～1.6	1.3～2.1	20.0	1.6～2.5	2.1～3.3
			25.0			25.0		
29	0.7～1.3	0.9～1.8	35.0	1.3～1.6	1.6～2.0	35.5		2.0～3.1
35.5			42.5			42.5		
53			63.0			63.0		
63			80.0			80.0		
130								
170								

表 6－19　蒸汽往复热油泵基本参数

流量范围（m^3/h）	进气压力（MPa）	排出压力（MPa）	流量范围（m^3/h）	进气压力（MPa）	排出压力（MPa）	流量范围（m^3/h）	进气压力（MPa）	排出压力（MPa）
11～22	0.85	3.5	1.2～2.8	1.0	6.4	3～7.5	1.2	4.0
13～26		1.2	5～10		4	21～70		1.2
15～30		3.0	16～44		6	28～56		2.5
14～35		3.0				28～60		2.0
30～60		2.0				56～112		2.5

6.1.13　大、中型立式混流泵

大、中型立式混流泵（JB/T 6433—1992）用于输送清水或物理性质类似于水的其他液体。其型式按检拆型式分为可抽出式和不可抽出式；按压水室型式分为导叶式和涡壳式；按叶片调节型式分为固定式、半调节式和全调节式。其型号表示方法如下：

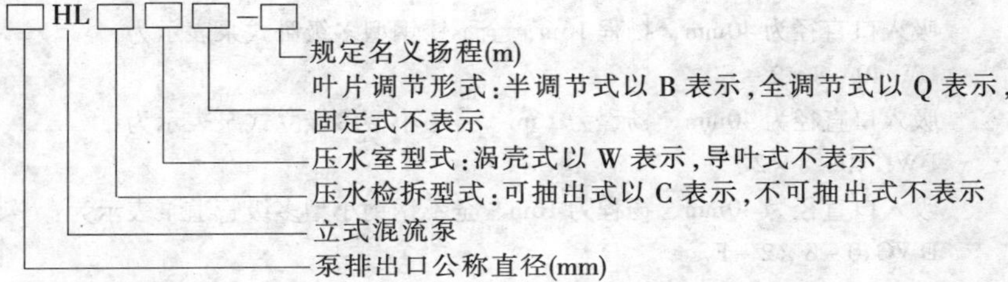

标记示例:

排出口公称直径为1 800mm,不可抽出式、涡壳式、全调节式、规定点扬程为16.8m的立式混流泵的标记为:

1800HLWQ-16

泵的型号见表6-20。

表6-20 泵的型号

600HL-10(12,16,24)	1200HL-10(12,16,24)	1800HL-10(12,16,24)
700HL-10(12,16,24)	1400HL-10(12,16,24)	2000HL-10(12,16,24)
900HL-10(12,16,24)	1600HL-10(12,16,24)	2200HL-10(12,24)

6.1.14 小型多级离心泵

小型多级离心泵(JB/T 6435.1—1992)用于输送介质为清水或120℃以下热水或轻度腐蚀性液体。泵的结构型式分为多级卧式泵,多级立式泵,多级管道泵;按泵的材料不同又分为普通型和全不锈钢型。其型号表示方法如下:

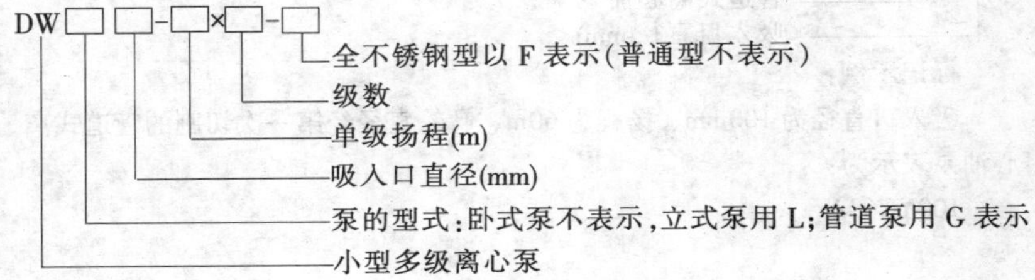

标记示例：

吸入口直径为40mm，扬程16m，全不锈钢型多级卧式泵表示为：

DW 40－8×2－F

吸入口直径为40mm、扬程为16m、普通小型多级立式泵表示为：

DWL 40－8×2

吸入口直径为40mm、扬程为16m、全不锈钢小型多级管道泵表示为：

DWG40－8×2－F。

型号标记见表6－21。

表6－21 泵的型号标记

25－8×2（3，4，5，6，7，8，9，10，11，12，13，14，15，16，17，18）
32－8×2（3，4，5，6，7，8，9，10，11，12，13，14，15，16，17，18）
40－8×2（3，4，5，6，7，8，9，10，11，12，13，14，15，16，17，18）
50－12×2（3，4，5，6，7，8，9，10，11，12）
65－12×2（3，4，5，6，7，8，9，10，11，12）

6.1.15 管道式离心泵

管道式离心泵（JB/T 6537—1992）用以输送不含固体颗粒（磨料）的石油及产品。其型号见表6－22。型式按结构为立式，单级单吸，吸入口径与吐出口径相同。

其型号表示方法如下：

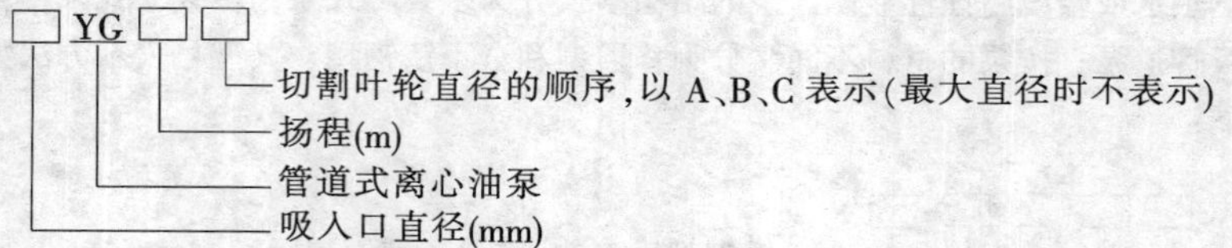

标记示例：

吸入口直径为100mm、扬程为60m、叶轮直径经第一次切割的管道式离心油泵表示为：

100YG60A

表 6-22　泵的型号

40YG24（38，60）	100YG24（38，60，100，150）
50YG24（38，60，100）	150YG24（38，75，150）
65YG24（38，60，100）	200YG24（38，60，100）
80YG24（38，60，100，150）	250YG24（38，60，100）

6.1.16　旋涡泵

旋涡泵（JB/T 7743—1995）用于输送的介质不含固体颗粒，黏度不大于37.4mm²/s（5°E）。泵分为四种型式：单级旋涡式（单级悬臂式）；两级旋涡式（两级两端支承式）；多级自吸旋涡式（多级两端支承式）；离心旋涡式（两级悬臂式）。其型号见表6-23。型号表示方法如下：

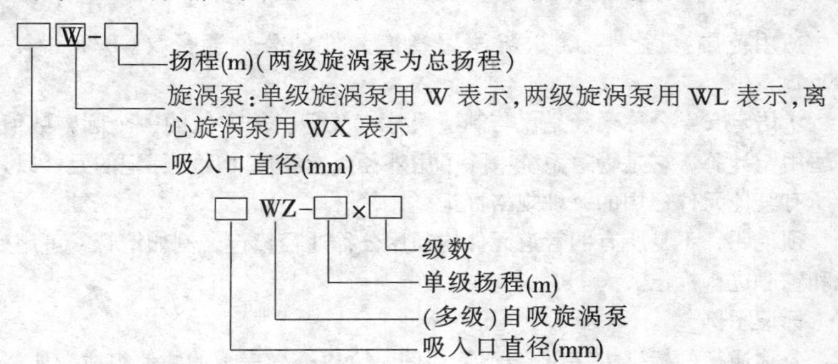

标记示例：

吸入口直径 20mm、扬程 65m 的单级旋涡泵表示为：

20W-65

吸入口直径为 25mm、总扬程 140m 的两级旋涡泵表示为：

25WL-140

吸入口直径 32mm、单级扬程 18m 级数 4 级的多级自吸旋涡泵表示为：

32WZ-18×4

表 6-23　旋涡泵的型号

单级旋涡泵	15W-50（15） 20W-65（20） 25W-70（25）	32W-120（75，30） 40W-150（90，40） 50W-45 65W-50

续表

两级旋涡泵	20WL－130 25WL－140	32WL－150 40WL－180
多级自吸式旋涡泵	20WZ－14×1(2,3，4，5，6，7，8) 25WZ－16×1（2，3，4，6，7，8) 32WZ－18×1(2,3，4，5，6，7，8)	40WZ－28×1(2，3，4，5，6，7，8) 50WZ－32×1（2，3，4，5，6) 65WZ－36×1（2，3，4，5，6)
离心旋涡泵	65WX－130（140，150)	

6.2 管道元件的公称通径

适用范围：适用于输送流体用管道元件的公称通径（GB/T 1047—1995）。

术语定义：公称通径是仅与制造尺寸有关且引用方便的一个圆整数值，不适用于计算，它是管道系统中除了用外径或螺纹尺寸代号标记的元件以外的所有其他元件通用的一种规格标记。

须说明，不是所有的管道元件均须用公称通径标记，例如钢管就可用外径和壁厚进行标记。

标记示例：

公称通径的标记由字母“DN”后跟一个以毫米表示的数值组成，如：

公称通径为50mm 的管道元件，标记为：DN50

公称通径系列：公称通径系列列于表6－24。

表6－24　公称通径系列

公称通径系列 DN　(mm)							
3	50	225	450	750	1 200	2 000	3 800
6	65	250	475	800	1 250	2 200	4 000
8	80	275	500	850	1 300	2 400	
10	90	300	525	900	1 350	2 600	
15	100	325	550	950	1 400	2 800	
20	125	350	575	1 000	1 450	3 000	
25	150	375	600	1 050	1 500	3 200	
32	175	400	650	1 100	1 600	3 400	
40	200	425	700	1 150	1 800	3 600	

注：表中黑体字为常用的公称通径。

6.3 管路附件

6.3.1 可锻铸铁管路连接件

可锻铸铁管路连接件（GB/T 3287—2000）品种繁多，可适用于公称通径（DN）6~150 输送水、油、空气、煤气、蒸汽用的一般管路上连接的管件。

（1）配合螺纹符合 GB/T 7306 的螺纹。

（2）紧固螺纹符合 GB/T 7306 的螺纹。

（3）管件出口端螺纹尺寸代号应符合 GB/T 7306 管螺纹的标记。

（4）公称通径（DN）应符合 GB/T 1047 规定。公称通径的标记由字母“DN”后跟一个以 mm 表示的数值组成。

管件规格（即螺纹尺寸代号）与公称通径（DN）之间的关系列于表6-25。

管件分类列于表 6-26、表 6-27。

表 6-25 管件规格与公称通径关系表

管件规格	1/8	1/4	3/8	1/2	3/4	1	1¼	1½	2	2½	3	4	5	6
公称通径 DN(mm)	6	8	10	15	20	25	32	40	50	65	80	100	125	150

表 6-26 管件按表面状态分类

名称	符号
黑品管件	Fe
热镀锌管件	Zn

标记示例：

等径弯头，管件规格 2，黑色表面，设计符号 A：

弯头 GB/T 3287 A1-2-Fe-A

异径三通，主管管件规格 2，支管管件规格 1，热镀锌表面，设计符号 C：

三通 GB/T 3287 B1-2×1-Zn-C

异径三通，主管管件规格 1 和规格 3/4，支管管件规格 1/2，黑色表面，设计符号分别为 B 和 D：

使用方法 a)：三通 GB/T 3287 B1-1×1/2×3/4-Fe-B

使用方法 b)：三通 GB/T 3287 B1-1×3/4×1/2-Fe-D

1. 弯头、三通和四通

弯头、三通、四通型式尺寸应符合图 6-6 和表 6-28 的规定。

表 6－27　管件型式和符号

型式	符号（代号）			
A 弯头	A1（90） 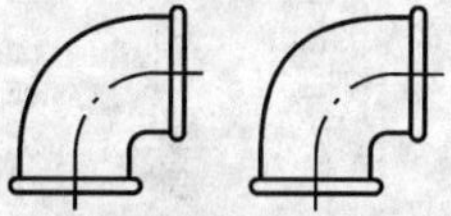	A1/45°（120） 	A4（92） 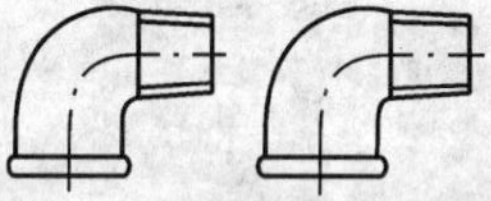	A4/45°（121） 
B 三通	B1（130） 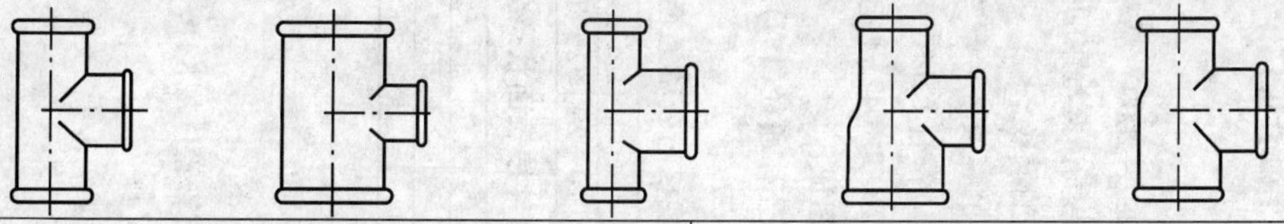			
C 四通	C1（180） 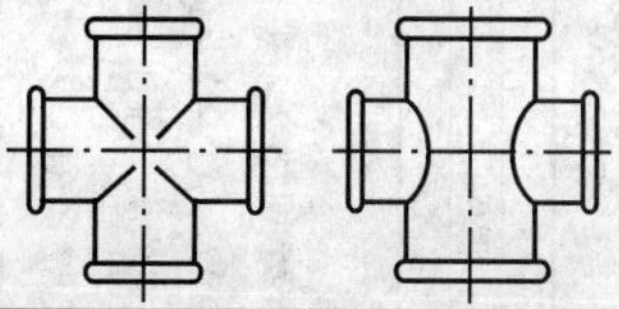			
D 短月弯	D1（2a） 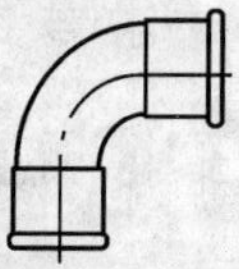	D4（1a） 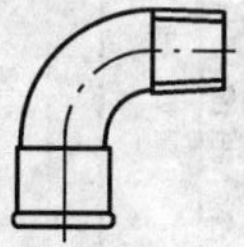		

续表

型式	符号（代号）				
E 单弯三通及双弯弯头	E1（131） 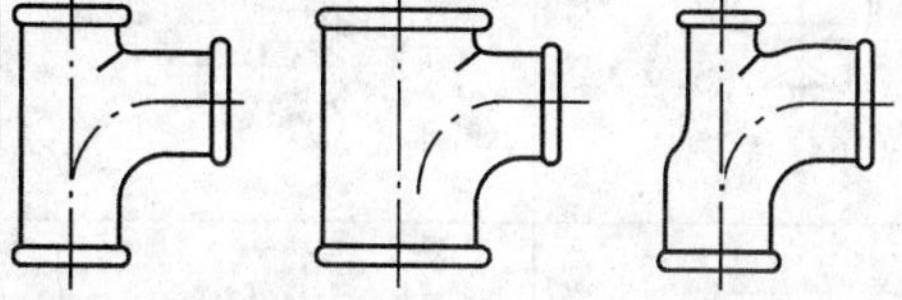			E2（132） 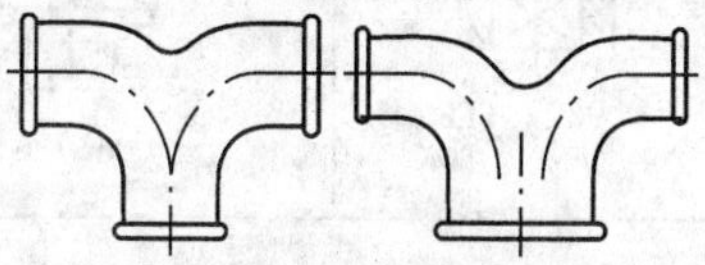	
G 长月弯	G 1（2） 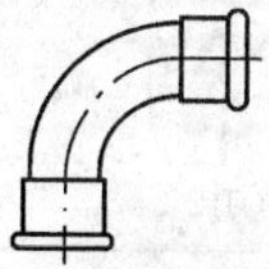	G 1/45°（41） 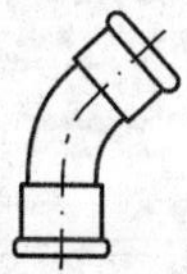	G 4（1） 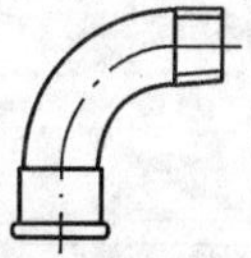	G 4/45°（40） 	G 8（3） 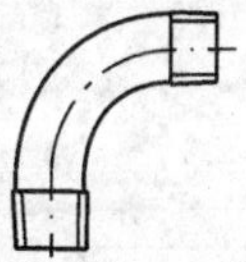
M 外接头	M 2（270） M2R－L（271） 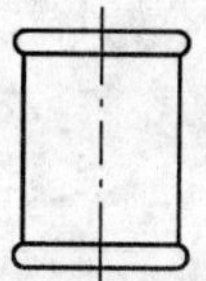	M 2（240） 		M 4（529a） 	M 4（246） 

续表

型式	符号（代号）			
N 内外螺丝 内接头	N4（241） 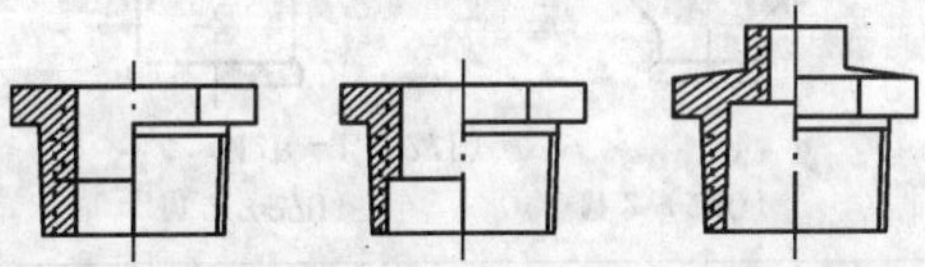		N8（280） N8R－L（281） 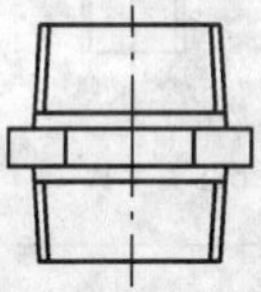	N8（245） 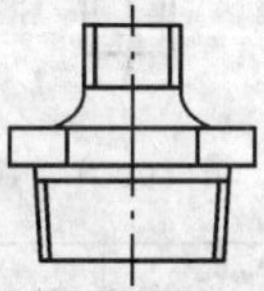
P 锁紧螺母	P4（310） 			
T 管帽 管堵	T1（300） 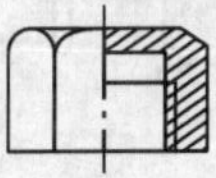	T 8（291） 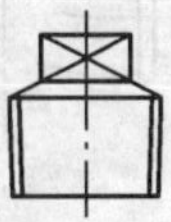	T 9（290） 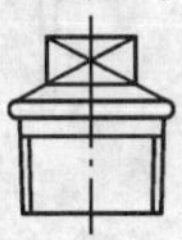	T11（596） 

续表

型式	符号（代号）			
U 活接头	U1（330） 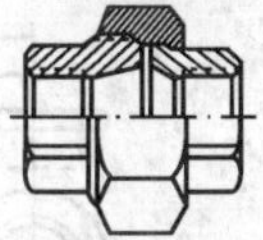	U2（331） 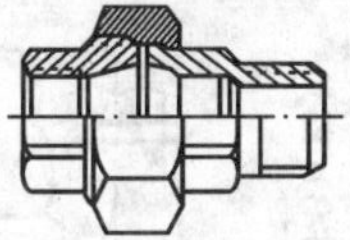	U11（340） 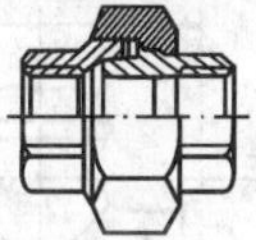	U12（341） 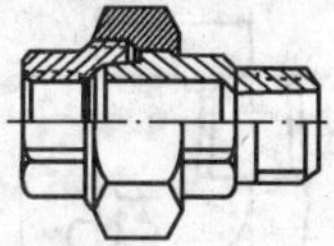
UA 活接弯头	UA1（95） 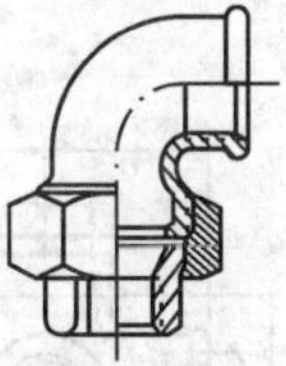	UA2（97） 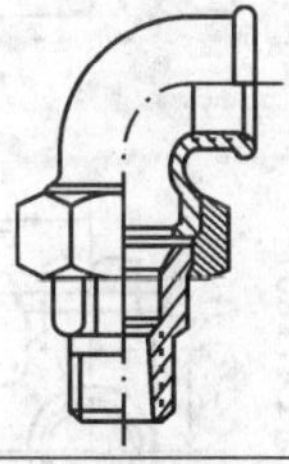	UA11（96） 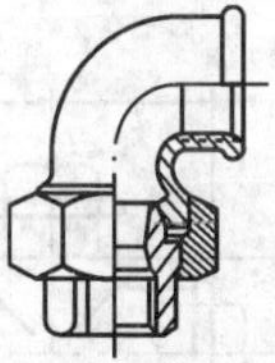	UA12（98） 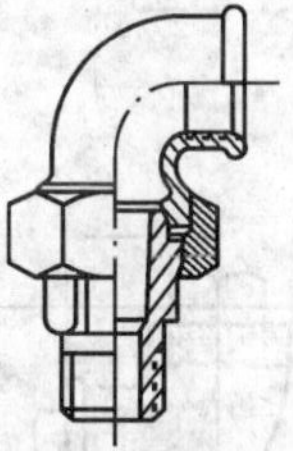
Za 侧孔弯头 侧孔三通	Za1（221） 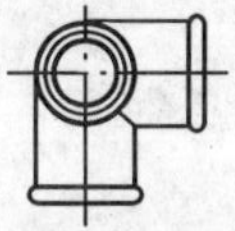	Za2（223） 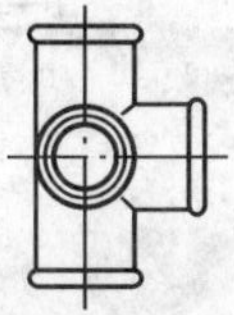		

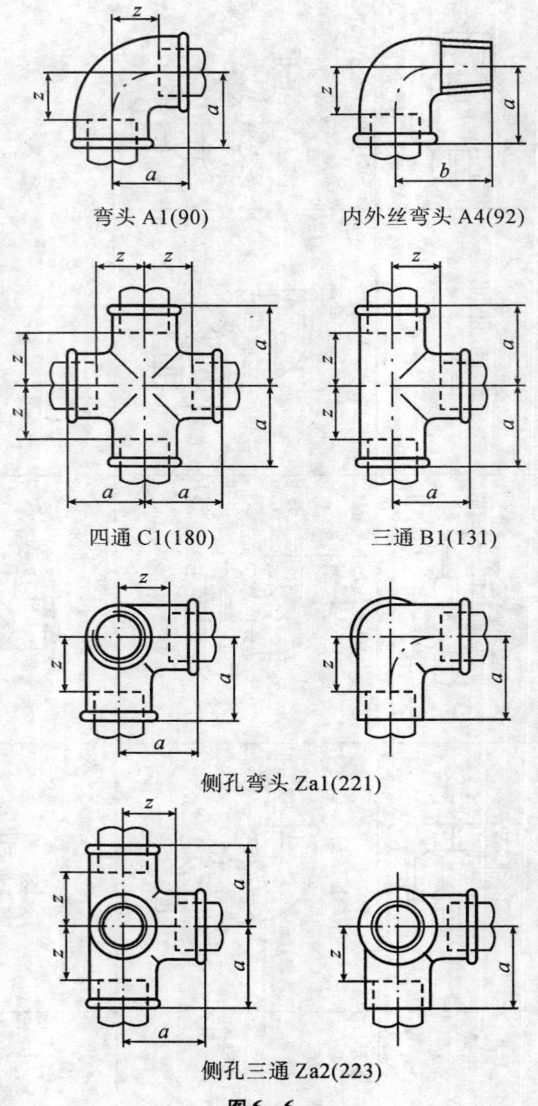
z
z
a
a
弯头 A1(90)
z
a
b
内外丝弯头 A4(92)
z
z
z
z
a
a
a
a
四通 C1(180)
z
z
z
a
a
a
三通 B1(131)
z
z
a
a
z
a
侧孔弯头 Za1(221)
z
z
z
a
a
a
z
a
侧孔三通 Za2(223)

图 6 –6

表 6－28　弯头、三通、四通的公称通径、规格和尺寸

公称通径 DN（mm）						管件规格（inch）						尺寸（mm）		安装长度（mm）
A1	A4	B1	C1	Za1	Za2	A1	A4	B1	C1	Za1	Za2	*a*	*b*	*z*
6	6	6	—	—	—	1/8	1/8	1/8	—	—	—	19	25	12
8	8	8	(8)	—	—	1/4	1/4	1/4	(1/4)	—	—	21	28	11
10	10	10	10	(10)	(10)	3/8	3/8	3/8	3/8	(3/8)	(3/8)	25	32	15
15	15	15	15	15	(15)	1/2	1/2	1/2	1/2	1/2	(1/2)	28	37	15
20	20	20	20	20	(20)	3/4	3/4	3/4	3/4	3/4	(3/4)	33	43	18
25	25	25	25	(25)	(25)	1	1	1	1	(1)	(1)	38	52	21
32	32	32	32	—	—	1¼	1¼	1¼	1¼	—	—	45	60	26
40	40	40	40	—	—	1½	1½	1½	1½	—	—	50	65	31
50	50	50	50	—	—	2	2	2	2	—	—	58	74	34
65	65	65	(65)	—	—	2½	2½	2½	(2½)	—	—	69	88	42
80	80	80	(80)	—	—	3	3	3	(3)	—	—	78	98	48
100	100	100	(100)	—	—	4	4	4	(4)	—	—	96	118	60
(125)	—	(125)	—	—	—	(5)	—	(5)	—	—	—	115	—	75
(150)	—	(150)	—	—	—	(6)	—	(6)	—	—	—	131	—	91

注：表 6－28～表 6－45 中括号中的管件尺寸为可选择尺寸，由制造方自行规定。

2. 异径弯头

异径弯头的型式见图 6－7；其规格尺寸列于表 6－29。

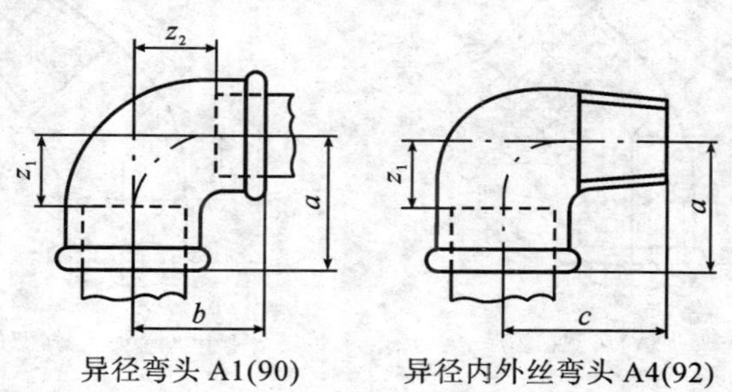

异径弯头 A1(90)　　异径内外丝弯头 A4(92)

图 6－7

表 6－29　异径弯头的规格尺寸

公称通径 DN（mm）		管件规格（inch）		尺寸（mm）			安装长度（mm）	
A1	A4	A1	A4	a	b	c	z_1	z_2
10×8	—	(3/8×1/4)	—	23	23	—	13	13
15×10	15×10	1/2×3/8	1/2×3/8	26	26	33	13	16
(20×10)	—	(3/4×3/8)	—	28	28	—	13	18
20×15	20×15	3/4×1/2	3/4×1/2	30	31	40	15	18
25×15	—	1×1/2	—	32	34	—	15	21
25×20	25×20	1×3/4	1×3/4	35	36	46	18	21
32×20	—	1¼×3/4	—	36	41	—	17	26
32×25	32×25	1¼×1	1¼×1	40	42	56	21	25
(40×25)	—	(1½×1)	—	42	46	—	23	29
40×32	—	1½×1¼	—	46	48	—	27	29
50×40	—	2×1½	—	52	56	—	28	36
(65×50)	—	(2½×2)	—	61	66	—	34	42

3. 45°弯头

45°弯头型式见图 6－8；弯头规格尺寸列于表 6－30。

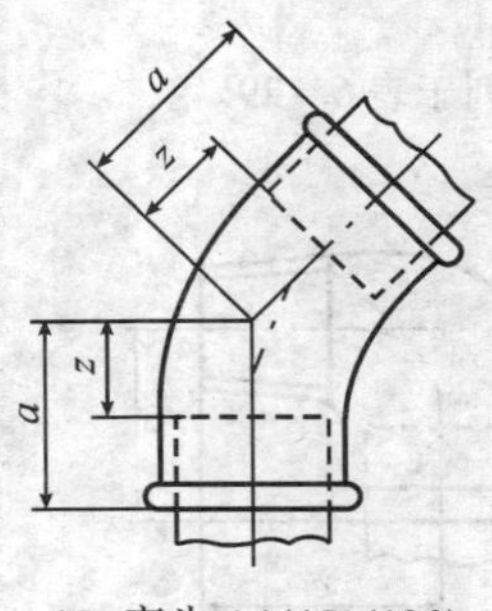

45° 弯头 A1/45°(120)

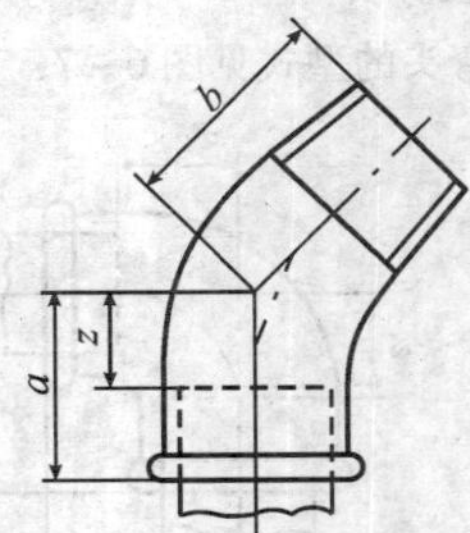

45°内外丝弯头 A4/45°(121)

图 6－8

表 6－30　45°弯头的规格尺寸

公称通径 DN（mm）		管件规格（inch）		尺寸（mm）		安装长度（mm）
A1/45°	A4/45°	A1/45°	A4/45°	*a*	*b*	*z*
10	10	3/8	3/8	20	25	10
15	15	1/2	1/2	22	28	9
20	20	3/4	3/4	25	32	10
25	25	1	1	28	37	11
32	32	1¼	1¼	33	43	14
40	40	1½	1½	36	46	17
50	50	2	2	43	55	19

4. 中大、中小异径三通

中大、中小异径三通的型式见图 6－9；其规格尺寸见表 6－31。

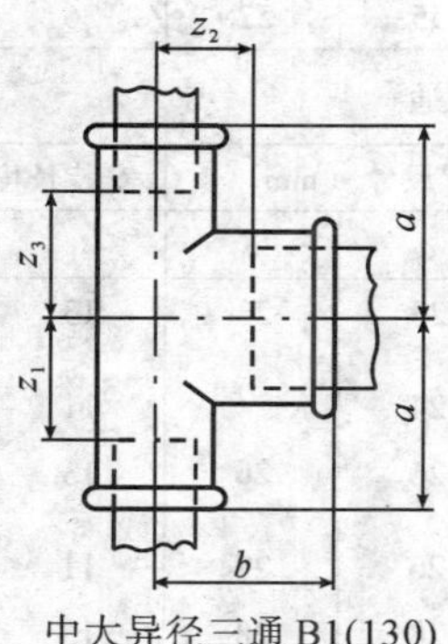

中大异径三通 B1(130)

中小异径三通 B1(130)

图 6－9

表 6－31　中大、中小异径三通的规格尺寸

（1）中大异径三通

公称通径 DN（mm）	管件规格（inch）	尺寸（mm）		安装长度（mm）	
		a	b	z_1	z_2
10×15	3/8×1/2	26	26	16	13
15×20	1/2×3/4	31	30	18	15
(15×25)	(1/2×1)	34	32	21	15
20×25	3/4×1	36	35	21	18
(20×32)	(3/4×1¼)	41	36	26	17
25×32	1×1¼	42	40	25	21
(25×40)	(1×1½)	46	42	29	23
32×40	1¼×1½	48	46	29	27
(32×50)	(1¼×2)	54	48	35	24
40×50	1½×2	55	52	36	28

（2）中小异径三通

公称通径 DN（mm）	管件规格（inch）	尺寸（mm）		安装长度（mm）	
		a	b	z_1	z_2
10×8	3/8×1/4	23	23	13	13
15×8	1/2×1/4	24	24	11	14
15×10	1/2×3/8	26	26	13	16
(20×8)	(3/4×1/4)	26	27	11	17
20×10	3/4×3/8	28	28	13	18
20×15	3/4×1/2	30	31	15	18
(25×8)	(1×1/4)	28	31	11	21
25×10	1×3/8	30	32	13	22
25×15	1×1/2	32	34	15	21
25×20	1×3/4	35	36	18	21

续表

公称通径 DN（mm）	管件规格（inch）	尺寸（mm）		安装长度（mm）	
		a	b	z_1	z_2
（32×10）	（1¼×3/8）	32	36	13	26
32×15	1¼×1/2	34	38	15	25
32×20	1¼×3/4	36	41	17	26
32×25	1¼×1	40	42	21	25
40×15	1½×1/2	36	42	17	29
40×20	1½×3/4	38	44	19	29
40×25	1½×1	42	46	23	29
40×32	1½×1¼	46	48	27	29
50×15	2×1/2	38	48	14	35
50×20	2×3/4	40	50	16	35
50×25	2×1	44	52	20	35
50×32	2×1¼	48	54	24	35
50×40	2×1½	52	55	28	36
65×25	2½×1	47	60	20	43
65×32	2½×1¼	52	62	25	43
65×40	2½×1½	55	63	28	44
65×50	2½×2	61	66	34	42
80×25	3×1	51	67	21	50
（80×32）	（3×1¼）	55	70	25	51
80×40	3×1½	58	71	28	52
80×50	3×2	64	73	34	49
80×65	3×2½	72	76	42	49
100×50	4×2	70	86	34	62
100×80	4×3	84	92	48	62

5. 异径三通

异径三通见图 6－10；其规格尺寸列于表 6－32。

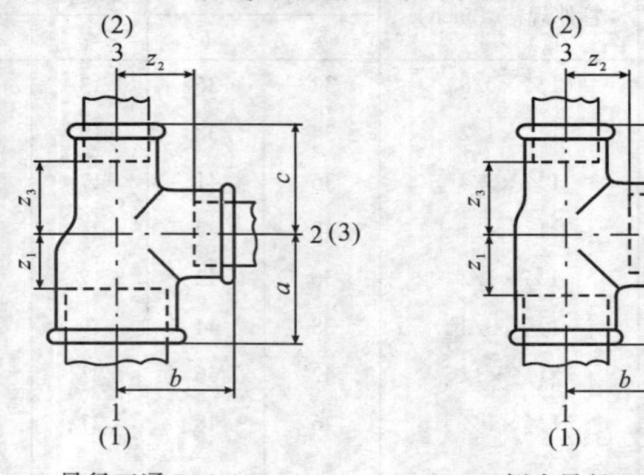

异径三通 B1(130)　　　侧小异径三通 B1(130)

图 6－10

表 6－32　异径三通的规格尺寸

(1)异径三通									
公称通径 DN(mm)		管件规格(inch)		尺寸(mm)			安装长度(mm)		
方法 a 1　2　3	方法 b (1)(2)(3)	方法 a 1　2　3	方法 b (1)(2)(3)	a	b	c	z_1	z_2	z_3
15×10×10	15×10×10	1/2×3/8×3/8	1/2×3/8×3/8	26	26	25	13	16	15
20×10×15	20×15×10	3/4×3/8×1/2	3/4×1/2×3/8	28	28	26	13	18	13
20×15×10	20×10×15	3/4×1/2×3/8	3/4×3/8×1/2	30	31	26	15	18	16
20×15×15	20×15×15	3/4×1/2×1/2	3/4×1/2×1/2	30	31	28	15	18	15
25×15×15	25×15×16	1×1/2×1/2	1×1/2×1/2	32	34	28	15	21	15
25×15×20	25×20×15	1×1/2×3/4	1×3/4×1/2	32	34	30	15	21	15
25×20×15	25×15×20	1×3/4×1/2	1×1/2×3/4	35	36	31	18	21	18
25×20×20	25×20×20	1×3/4×3/4	1×3/4×3/4	35	36	33	18	21	18
32×15×25	32×25×15	1¼×1/2×1	1¼×1×1/2	34	38	32	15	25	15

续表

(1)异径三通											
公称通径 DN(mm)		管件规格(inch)		尺寸(mm)			安装长度(mm)				
方法 a 1 2 3	方法 b (1) (2) (3)	方法 a 1 2 3	方法 b (1) (2) (3)	a	b	c	z_1	z_2	z_3		
32×20×20	32×20×20	1¼×3/4×3/4	1¼×3/4×3/4	36	41	33	17	26	18		
32×20×25	32×25×20	1¼×3/4×1	1¼×1×3/4	36	41	35	17	26	18		
32×25×20	32×20×25	1¼×1×3/4	1¼×3/4×1	40	42	36	21	25	21		
32×25×25	32×25×25	1¼×1×1	1¼×1×1	40	42	38	21	25	21		
40×15×32	40×32×16	1½×1/2×1¼	1½×1¼×1/2	36	42	34	17	29	15		
40×20×32	40×32×20	1½×3/4×1¼	1½×1¼×3/4	38	44	36	19	29	17		
40×25×25	40×25×25	1½×1×1	1½×1×1	42	46	38	23	29	21		
40×25×32	40×32×25	1½×1×1¼	1½×1¼×1	42	46	40	23	29	21		
(40×32×25)	(40×25×32)	(1½×1¼×1)	(1½×1×1¼)	46	48	42	27	29	25		
40×32×32	40×32×32	1½×1¼×1¼	1½×1¼×1¼	46	48	45	27	29	26		
50×20×40	50×40×20	2×3/4×1½	2×1½×3/4	40	50	39	16	35	19		
50×25×40	50×40×25	2×1×1½	2×1½×1	44	52	42	20	35	23		
50×32×32	50×32×32	2×1¼×1¼	2×1¼×1¼	48	54	45	24	35	26		
50×32×40	50×40×32	2×1¼×1½	2×1½×1¼	48	54	46	24	35	27		
(50×40×32)	(50×32×40)	(2×1½×1¼)	(2×1¼×1½)	52	55	48	28	36	29		
50×40×40	50×40×40	2×1½×1½	2×1½×1½	52	55	50	28	36	31		
(2)侧小异径三通											
公称通径 DN(mm)		管件规格(inch)		尺寸(mm)			安装长度(mm)				
方法 a 1 2 3	方法 b (1) (2) (3)	方法 a 1 2 3	方法 b (1) (2) (3)	a	b	c	z_1	z_2	z_3		
15×15×10	15×10×15	1/2×1/2×3/8	1/2×3/8×1/2	28	28	26	15	15	16		
20×20×10	20×10×20	3/4×3/4×3/8	3/4×3/8×3/4	33	33	28	18	18	18		
20×20×15	20×15×20	3/4×3/4×1/2	3/4×1/2×3/4	33	33	31	18	18	18		
(25×25×10)	(25×10×25)	(1×1×3/8)	(1×3/8×1)	38	38	32	21	21	22		
25×25×15	25×15×25	1×1×1/2	1×1/2×1	38	38	34	21	21	21		
25×25×20	25×20×25	1×1×3/4	1×3/4×1	38	38	36	21	21	21		

续表

(2)侧小异径三通									
公称通径 DN(mm)		管件规格(inch)		尺寸(mm)			安装长度(mm)		
方法 a 1 2 3	方法 b (1) (2) (3)	方法 a 1 2 3	方法 b (1) (2) (3)	a	b	c	z_1	z_2	z_3
32×32×15	32×15×32	1¼×1¼×1/2	1¼×1/2×1¼	45	45	38	26	26	25
32×32×20	32×20×32	1¼×1¼×3/4	1¼×3/4×1¼	45	45	41	26	26	26
32×32×25	32×25×32	1¼×1¼×1	1¼×1×1¼	45	45	42	26	26	25
40×40×15	40×15×40	1½×1½×1/2	1½×1/2×1½	50	50	42	31	31	29
40×40×20	40×20×40	1½×1½×3/4	1½×3/4×1½	50	50	44	31	31	29
40×40×25	40×25×40	1½×1½×1	1½×1×1½	50	50	46	31	31	29
40×40×32	40×32×40	1½×1½×1¼	1½×1¼×1½	50	50	48	31	31	29
50×50×20	50×20×50	2×2×3/4	2×3/4×2	58	58	50	34	34	35
50×50×25	50×25×50	2×2×1	2×1×2	58	58	52	34	34	35
50×50×32	50×32×50	2×2×1¼	2×1¼×2	58	58	54	34	34	35
50×50×40	50×40×50	2×2×1½	2×1½×2	58	58	55	34	34	36

6. 异径四通

异径四通型式尺寸应符合图 6－11 和表 6－33 的规定。

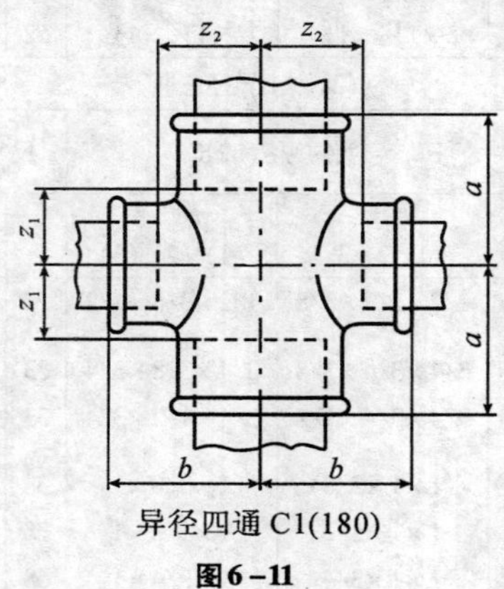

异径四通 C1(180)

图 6－11

表 6－33　异径四通规格尺寸

公称通径 DN(mm)	管件规格(inch)	尺寸(mm)		安装长度(mm)	
		a	b	z_1	z_2
(15×10)	(1/2×3/8)	26	26	13	16
20×15	3/4×1/2	30	31	15	18
25×15	1×1/2	32	34	15	21
25×20	1×3/4	35	36	18	21
(32×20)	(1¼×3/4)	36	41	17	26
32×25	1¼×1	40	42	21	25
(40×25)	(1½×1)	42	46	23	29

7. 短月弯、单弯三通和双弯弯头

短月弯、单弯三通、双弯弯头型式尺寸应符合图 6－12 和表 6－34 的规定。

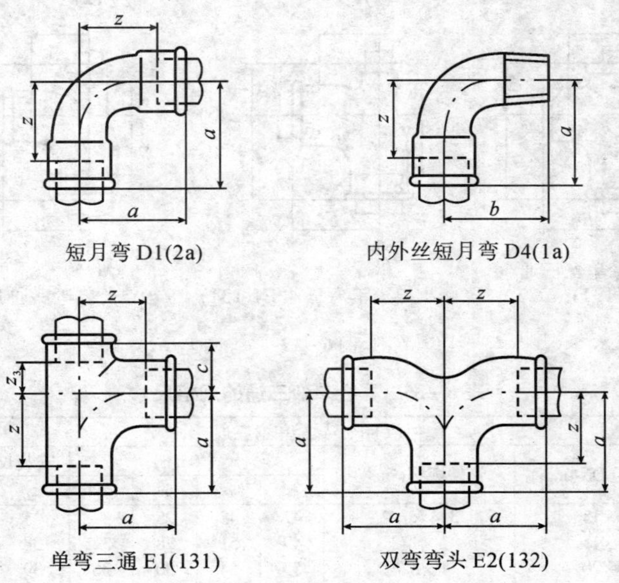

图 6－12

表 6-34　短月弯、单弯三通、双弯弯头的规格尺寸

公称通径 DN（mm）				管件规格（inch）				尺寸（mm）		安装长度（mm）	
D1	D4	E1	E2	D1	D4	E1	E2	$a=b$	c	z	z_3
8	8			1/4	1/4	—	—	30	—	20	—
10	10	10	10	3/8	3/8	3/8	3/8	36	19	26	9
15	15	15	15	1/2	1/2	1/2	1/2	45	24	32	11
20	20	20	20	3/4	3/4	3/4	3/4	50	28	35	13
25	25	25	25	1	1	1	1	63	33	46	16
32	32	32	32	1¼	1¼	1¼	1¼	76	40	57	21
40	40	40	40	1½	1½	1½	1½	85	43	66	24
50	50	50	50	2	2	2	2	102	53	78	29

8. 异径单弯三通

异径单弯三通见图 6-13，其规格尺寸列于表 6-35。

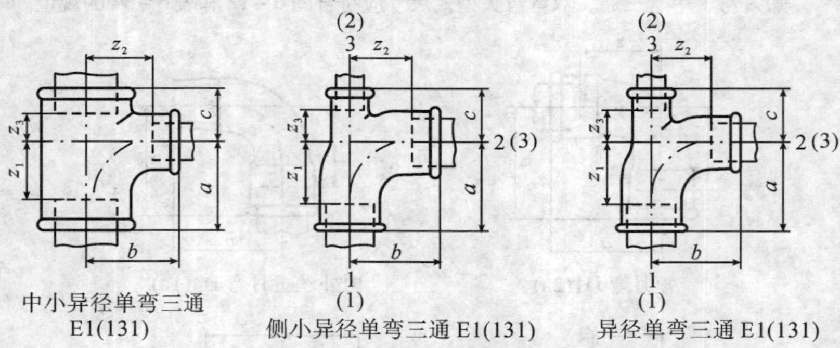

中小异径单弯三通 E1(131)　　侧小异径单弯三通 E1(131)　　异径单弯三通 E1(131)

图 6-13

表 6-35　异径单弯三通的规格尺寸

(1)中小异径单弯三通

公称通径 DN(mm)	管件规格(inch)	尺寸(mm)				安装长度(mm)	
		a	b	c	z_1	z_2	z_3
20×15	3/4×1/2	47	48	25	32	35	10
25×15	1×1/2	49	51	28	32	38	11
25×20	1×3/4	53	54	30	36	39	13
32×15	1¼×1/2	51	56	30	32	43	11
32×20	1¼×3/4	55	58	33	36	43	14

续表

(1)中小异径单弯三通							
公称通径 DN(mm)	管件规格(inch)	尺寸(mm)				安装长度(mm)	
		a	b	c	z_1	z_2	z_3
32×25	1¼×1	66	68	36	47	51	17
(40×20)	(1½×3/4)	55	61	33	36	46	14
(40×25)	(1½×1)	66	71	36	47	54	17
(40×32)	(1½×1¼)	77	79	41	58	60	22
(50×25)	(2×1)	70	77	40	46	60	16
(50×32)	(2×1¼)	80	85	45	56	66	21
(50×40)	(2×1½)	91	94	48	57	75	24

(2)侧小异径单弯三通									
公称通径 DN(mm)		管件规格(inch)		尺寸(mm)			安装长度(mm)		
方法 a 1 2 3	方法 b (1) (2) (3)	方法 a 1 2 3	方法 b (1) (2) (3)	a	b	c	z_1	z_2	z_3
20×20×15	20×15×20	3/4×3/4×1/2	3/4×1/2×3/4	50	50	27	35	35	14

(3)异径单弯三通									
公称通径 DN(mm)		管件规格(inch)		尺寸(mm)			安装长度(mm)		
方法 a 1 2 3	方法 b (1) (2) (3)	方法 a 1 2 3	方法 b (1) (2) (3)	a	b	c	z_1	z_2	z_3
20×15×15	20×15×15	3/4×1/2×1/2	3/4×1/2×1/2	47	48	24	32	35	11
25×15×20	25×20×15	1×1/2×3/4	1×3/4×1/2	49	51	25	32	38	10
25×20×20	25×20×20	1×3/4×3/4	1×3/4×3/4	53	54	28	36	39	13

9. 异径双弯弯头

异径双弯弯头型式尺寸见图 6－14 和表 6－36。

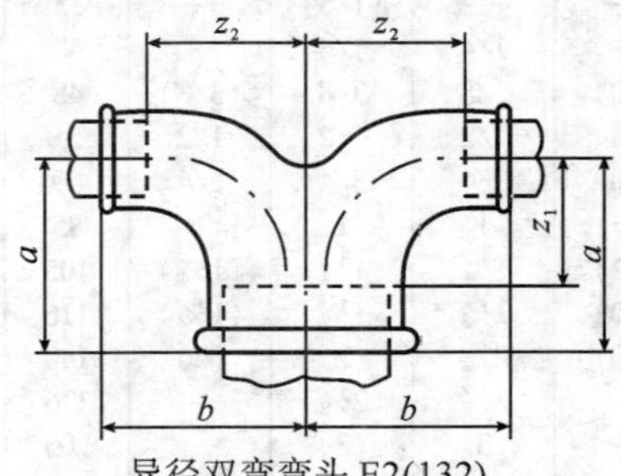

异径双弯弯头 E2(132)

图 6－14

表 6-36 异径双弯弯头规格尺寸

公称通径 DN(mm)	管件规格(inch)	尺寸(mm)		安装长度(mm)	
		a	b	z_1	z_2
(20×15)	(3/4×1/2)	47	48	32	35
(25×20)	(1×3/4)	53	54	36	39
(32×25)	(1¼×1)	66	68	47	51
(40×32)	(1½×1¼)	77	79	58	60
(50×40)	(2×1½)	91	94	67	75

10. 长月弯

长月弯的型式尺寸见图 6-15 和表 6-37。

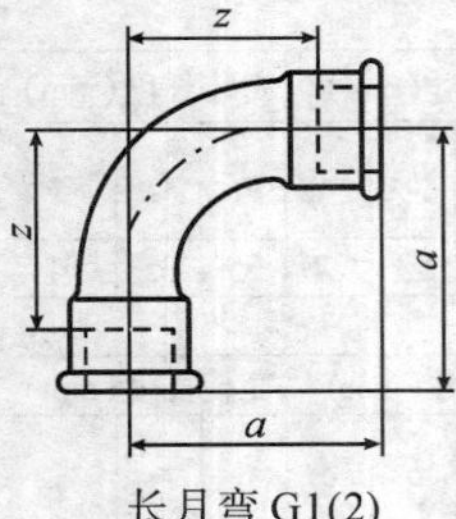

长月弯 G1(2)

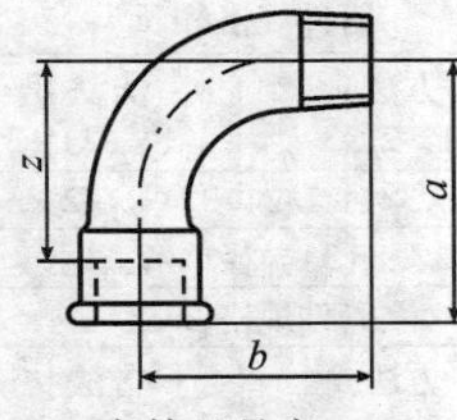

内外丝月弯 G4(1)

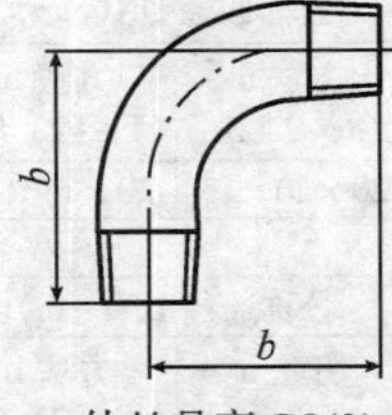

外丝月弯 G8(3)

图 6-15

表 6-37 长月弯的规格尺寸

公称通径 DN(mm)			管件规格(inch)			尺寸(mm)		安装长度(mm)
G1	G4	G8	G1	G4	G8	a	b	z
—	(6)	—	—	(1/8)	—	35	32	28
8	8	—	1/4	1/4	—	40	36	30
10	10	(10)	3/8	3/8	(3/8)	48	42	38
15	15	15	1/2	1/2	1/2	55	48	42
20	20	20	3/4	3/4	3/4	69	60	54
25	25	25	1	1	1	85	75	68
32	32	(32)	1¼	1¼	(1¼)	105	95	86
40	40	(40)	1½	1½	(1½)	116	105	97
50	50	(50)	2	2	(2)	140	130	116
65	(65)	—	2½	(2½)	—	176	165	149
80	(80)	—	3	(3)	—	205	190	175
100	(100)	—	4	(4)	—	260	245	224

11. 45°月弯

45°月弯型式尺寸应符合图 6－16 和表 6－38 的规定。

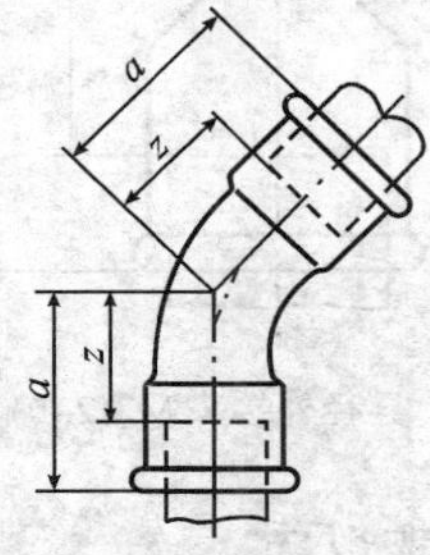

45° 月弯 G1/45°(41)

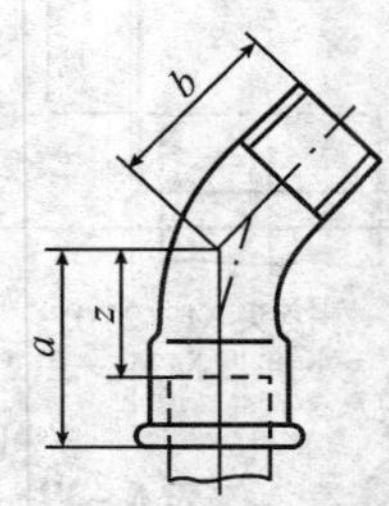

45° 内外丝月弯 G4/45°(40)

图 6－16

表 6－38　45°月弯规格尺寸

公称通径 DN(mm)		管件规格(inch)		尺寸(mm)		安装长度(mm)
G1/45°	G4/45°	G1/45°	G4/45°	*a*	*b*	*z*
—	(8)	—	(1/4)	26	21	16
(10)	10	(3/8)	3/8	30	24	20
15	15	1/2	1/2	36	30	23
20	20	3/4	3/4	43	36	28
25	25	1	1	51	42	34
32	32	1¼	1¼	64	54	45
40	40	1½	1½	68	58	49
50	50	2	2	81	70	57
(65)	(65)	(2½)	(2½)	99	86	72
(80)	(80)	(3)	(3)	113	100	83

12. 外接头

外接头型式尺寸应符合图 6－17 和表 6－39 的规定。

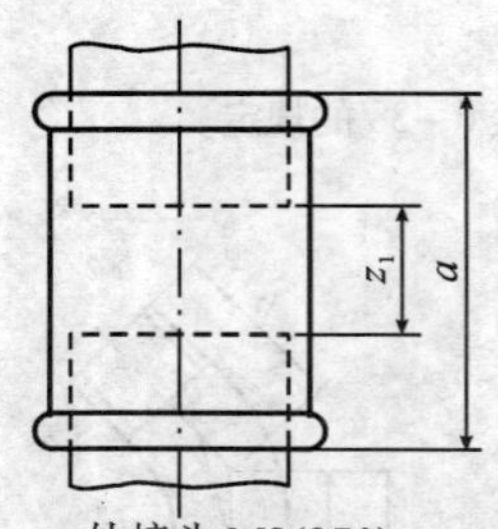

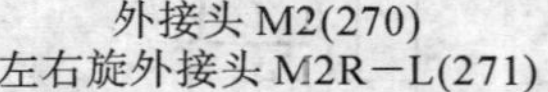

外接头 M2(270)
左右旋外接头 M2R－L(271)

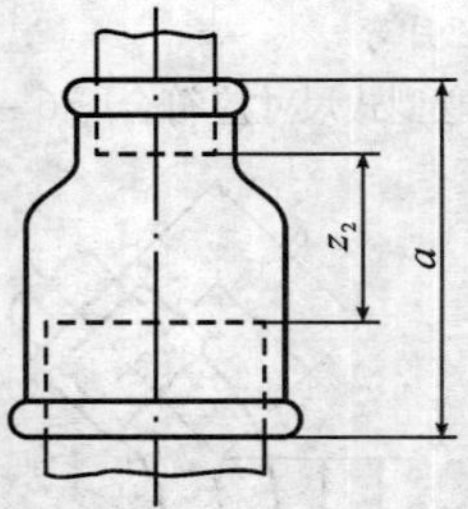

异径外接头 M2(240)

图 6－17

表 6－39　外接头的规格尺寸

公称通径 DN(mm)			管件规格(inch)			尺寸(mm)	安装长度(mm)	
M2	M2R－L	异径 M2	M2	M2R－L	异径 M2	a	z_1	z_2
6	—	—	1/8	—	—	25	11	—
8	—	8×6	1/4	—	1/4×1/8	27	7	10
10	10	(10×6) 10×8	3/8	3/8	(3/8×1/8) 3/8×1/4	30	10	13 10
15	15	15×8 15×10	1/2	1/2	1/2×1/4 1/2×3/8	36	10	13 13
20	20	(20×8) 20×10 20×15	3/4	3/4	(3/4×1/4) 3/4×3/8 3/4×1/2	39	9	14 14 11
25	25	25×10 25×15 25×20	1	1	1×3/8 1×1/2 1×3/4	45	11	18 15 13
32	32	32×15 32×20 32×25	1¼	1¼	1¼×1/2 1¼×3/4 1¼×1	50	12	18 16 14
40	40	(40×15) 40×20 40×25 40×32	1½	1½	(1½×1/2) 1½×3/4 1½×1 1½×1¼	55	17	23 21 19 17

续表

公称通径 DN(mm)			管件规格(inch)			尺寸(mm)	安装长度(mm)	
M2	M2R－L	异径 M2	M2	M2R－L	异径 M2	a	z_1	z_2
		(50×15)			(2×1/2)			28
		(50×20)			(2×3/4)			26
(50)	(50)	50×25	(2)	(2)	2×1	65	17	24
		50×32			2×1¼			22
		50×40			2×1½			22
		(65×32)			(2½×1¼)			28
(65)	—	(65×40)	(2½)	—	(2½×1½)	74	20	28
		(65×50)			(2½×2)			23
		(80×40)			(3×1½)			31
(80)	—	(80×50)	(3)	—	(3×2)	80	20	26
		(80×65)			(3×2½)			23
		(100×50)			(4×2)			34
(100)	—	(100×65)	(4)	—	(4×2½)	94	22	31
		(100×80)			(4×3)			28
(125)	—	—	(5)	—	—	109	29	—
(150)	—	—	(6)	—	—	120	40	—

13. 内外丝接头

内外丝接头型式尺寸应符合图 6－18 和表 6－40 的规定。

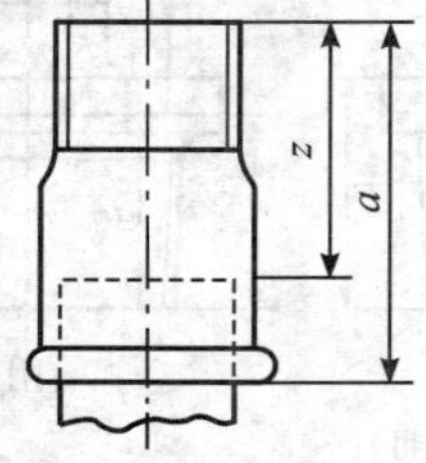

内外丝接头 M4(529a)

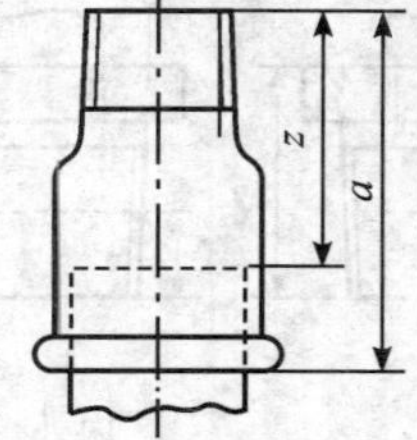

异径内外丝接头 M4(246)

图 6－18

表 6－40　内外丝接头的规格尺寸

公称通径 DN(mm)		管件规格(inch)		尺寸(mm)	安装长度(mm)
M4	异径 M4	M4	异径 M4	a	z
10	10×8	3/8	3/8×1/4	35	25
15	15×8 15×10	1/2	1/2×1/4 1/2×3/8	43	30
20	(20×10) 20×15	3/4	(3/4×3/8) 3/4×1/2	48	33
25	25×15 25×20	1	1×1/2 1×3/4	55	38
32	32×20 32×25	1¼	1¼×3/4 1¼×1	60	41
—	40×25 40×32	—	1½×1 1½×1¼	63	44
—	(50×32) (50×40)	—	(2×1¼) (2×1½)	70	46

14. 内外螺丝

内外螺丝型式尺寸应符合图 6－19 和表 6－41 的规定。

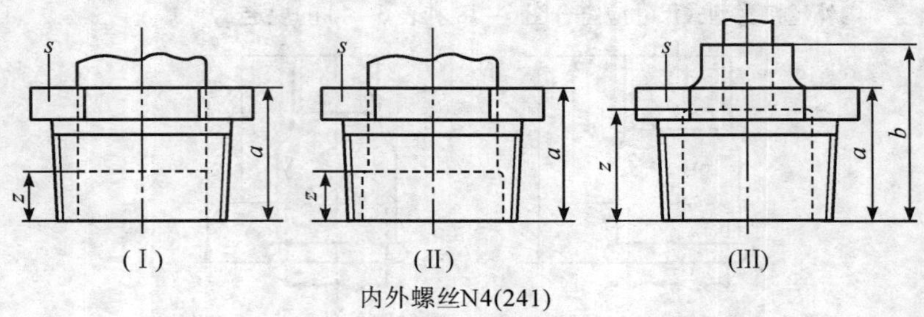

内外螺丝N4(241)

图 6－19

表 6－41　内外螺丝规格尺寸

公称通径 DN(mm)	管件规格 (inch)	型式	尺寸(mm)		安装长度(mm)
			a	*b*	*z*
8×6	1/4×1/8	Ⅰ	20	—	13
10×6	3/8×1/8	Ⅱ	20	—	13
10×8	3/8×1/4	Ⅰ	20	—	10
15×6	1/2×1/8	Ⅱ	24	—	17
15×8	1/2×1/4	Ⅱ	24	—	14
15×10	1/2×3/8	Ⅰ	24	—	14
20×8	3/4×1/4	Ⅱ	26	—	16
20×10	3/4×3/8	Ⅱ	26	—	16
20×15	3/4×1/2	Ⅰ	26	—	13
25×8	1×1/4	Ⅱ	29	—	19
25×10	1×3/8	Ⅱ	29	—	19
25×15	1×1/2	Ⅱ	29	—	16
25×20	1×3/4	Ⅰ	29	—	14
32×10	1¼×3/8	Ⅱ	31	—	21
32×15	1¼×1/2	Ⅱ	31	—	18
32×20	1¼×3/4	Ⅱ	31	—	16
32×25	1¼×1	Ⅰ	31	—	14
(40×10)	(1½×3/8)	Ⅱ	31	—	21
40×15	1½×1/2	Ⅱ	31	—	18
40×20	1½×3/4	Ⅱ	31	—	16
40×25	1½×1	Ⅱ	31	—	14
40×32	1½×1¼	Ⅰ	31	—	12
50×15	2×1/2	Ⅲ	35	48	35
50×20	2×3/4	Ⅲ	35	48	33
50×25	2×1	Ⅱ	35	—	18
50×32	2×1¼	Ⅱ	35	—	16

续表

公称通径 DN(mm)	管件规格 (inch)	型式	尺寸(mm)		安装长度(mm)
			a	b	z
50×40	2×1½	Ⅱ	35	—	16
65×25	2½×1	Ⅲ	40	54	37
65×32	2½×1¼	Ⅲ	40	54	35
65×40	2½×1½	Ⅱ	40	—	21
65×50	2½×2	Ⅱ	40	—	16
80×25	3×1	Ⅲ	44	59	42
80×32	3×1¼	Ⅲ	44	59	40
80×40	3×1½	Ⅲ	44	59	40
80×50	3×2	Ⅱ	44	—	20
80×65	3×2½	Ⅱ	44	—	17
100×50	4×2	Ⅲ	51	69	45
100×65	4×2½	Ⅲ	51	69	42
100×80	4×3	Ⅱ	51	—	21

15. 内接头

内接头型式尺寸应符合图 6-20 和表 6-42 的规定。

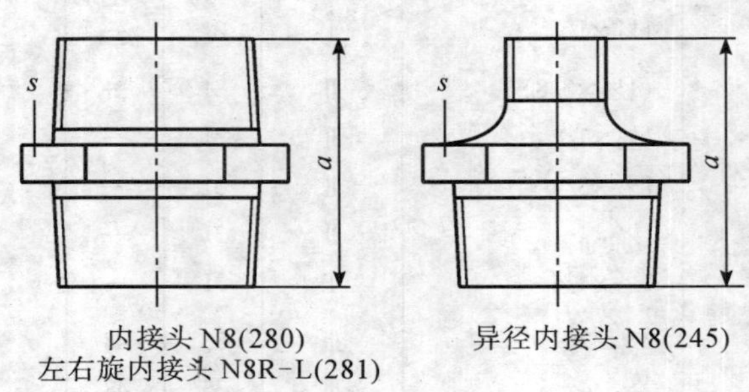

图 6-20

表 6－42　内接头规格尺寸

公称通径 DN(mm)			管件规格(inch)			尺寸(mm)
N8	N8R－L	异径 N8	N8	N8R－L	异径 N8	a
6	—	—	1/8	—	—	29
8	—	—	1/4	—	—	36
10	—	10×8	3×8	—	3/8×1/4	38
15	15	15×8 15×10	1/2	1/2	1/2×1/4 1/2×3/8	44
20	20	20×10 20×15	3/4	3/4	3/4×3/8 3/4×1/2	47
25	(25)	25×15 25×20	1	(1)	1×1/2 1×3/4	53
	—	(32×15) 32×20 32×25	1¼	—	(1¼×1/2) 1¼×3/4 1¼×1	57
40	—	(40×20) 40×25 40×32	1½	—	(1½×3/4) 1½×1 1½×1¼	59
50	—	(50×25) 50×32 50×40	2	—	(2×1) 2×1¼ 2×1½	68
65	—	65×50	2½	—	(2½×2)	75
80	—	(80×50) (80×65)	3	—	(3×2) (3×2½)	83
100	—	—	4	—	—	95

16. 锁紧螺母

锁紧螺母型式尺寸应符合图 6－21 和表 6－43 的规定。

锁紧螺母可以是平的，或凹入式的，允许加工一个表面。

s 尺寸（扳手对边宽度）由制造方自己决定。

螺纹应符合 GB/T 7307 的规定。

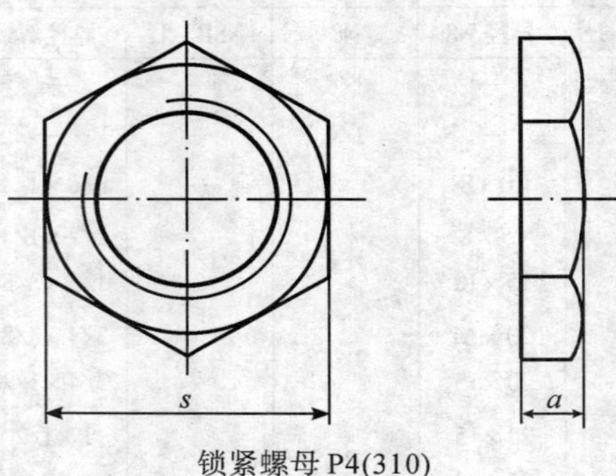

锁紧螺母 P4(310)

图 6－21

表 6－43　锁紧螺母规格尺寸

公称通径 DN（mm）	管件规格（inch）	尺寸（mm）a_{min}
6	1/4	6
10	3/8	7
15	1/2	8
20	3/4	9
25	1	10
32	1¼	11
40	1½	12
50	2	13
65	2½	16
80	3	19

17. 管帽和管堵

管帽和管堵型式尺寸应符合图 6－22 和表 6－44 的规定。

管帽可以是六边形、圆形或其他形状，由制造方决定。

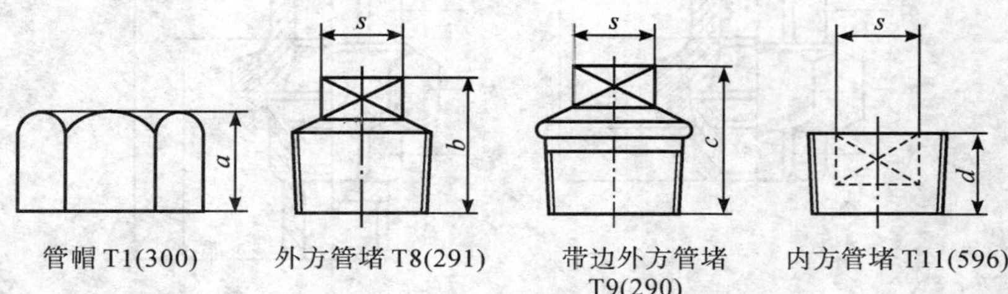

管帽 T1(300)　外方管堵 T8(291)　带边外方管堵 T9(290)　内方管堵 T11(596)

图 6－22

表 6－44　管帽和管堵的规格尺寸

公称通径 DN（mm）				管件规格（inch）				尺寸（mm）			
T1	T8	T9	T11	T1	T8	T9	T11	a_{min}	b_{min}	c_{min}	d_{min}
(6)	6	6	—	(1/8)	1/8	1/8	—	13	11	20	—
8	8	8	—	1/4	1/4	1/4	—	15	14	22	—
10	10	10	(10)	3/8	3/8	3/8	(3/8)	17	15	24	11
15	15	15	(15)	1/2	1/2	1/2	(1/2)	19	18	26	15
20	20	20	(20)	3/4	3/4	3/4	(3/4)	22	20	32	16
25	25	25	(25)	1	1	1	(1)	24	23	36	19
32	32	32	—	1¼	1¼	1¼	—	27	29	39	—
40	40	40	—	1½	1½	1½	—	27	30	41	—
50	50	50	—	2	2	2	—	32	36	48	—
65	65	65	—	2½	2½	2½	—	35	39	54	—
80	80	80	—	3	3	3	—	38	44	60	—
100	100	100	—	4	4	4	—	45	58	70	—

18. 活接头

活接头的型式尺寸应符合图 6－23 和表 6－45。

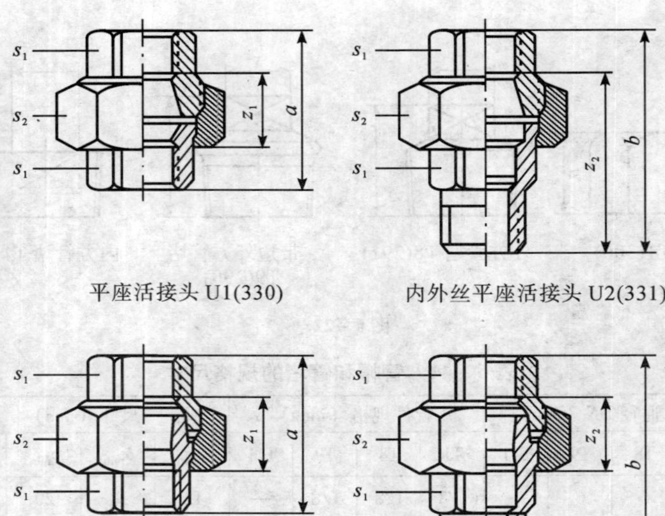

平座活接头 U1(330)　　内外丝平座活接头 U2(331)

锥座活接头 U11(340)　　内外丝锥座活接头 U12(341)

图 6 –23

表 6 –45　活接头的规格尺寸

公称通径 DN（mm）				管件规格（inch）				尺寸（mm）		安装长度(mm)	
U1	U2	U11	U12	U1	U2	U11	U12	a	b	z_1	z_2
—	—	(6)	—	—	—	(1/8)	—	38	—	24	—
8	8	8	8	1/4	1/4	1/4	1/4	42	55	22	45
10	10	10	10	3/8	3/8	3/8	3/8	45	58	25	48
15	15	15	15	1/2	1/2	1/2	1/2	48	66	22	53
20	20	20	20	3/4	3/4	3/4	3/4	52	72	22	57
25	25	25	25	1	1	1	1	58	80	24	63
32	32	32	32	1¼	1¼	1¼	1¼	65	90	27	71
40	40	40	40	1½	1½	1½	1½	70	95	32	76
50	50	50	50	2	2	2	2	78	106	30	82
65	—	65	65	2½	—	2½	2½	85	118	31	91
80	—	80	80	3	—	3	3	95	130	35	100
—	—	100	—	—	—	4	—	100	—	38	—

19. 活接弯头

活接弯头的型式尺寸应符合图 6－24 和表 6－46 的规定。

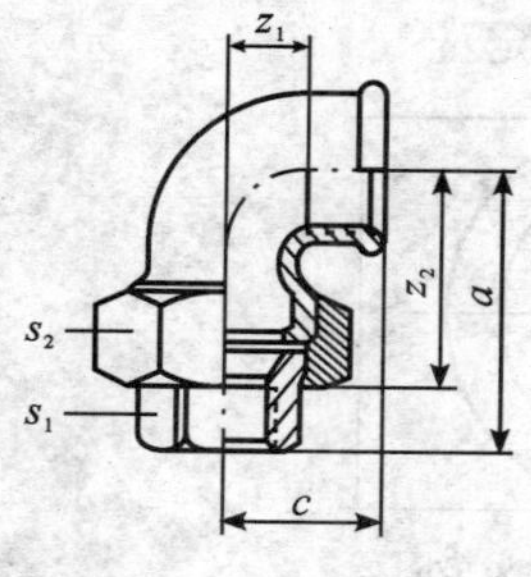

平座活接弯头 UA1(95)　　内外丝平座活接弯头 UA2(97)

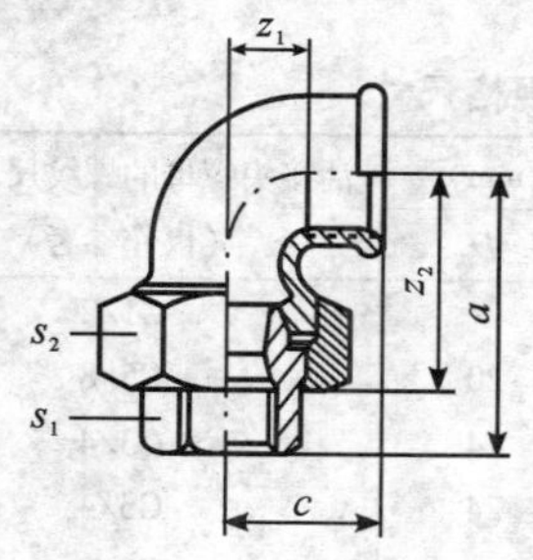

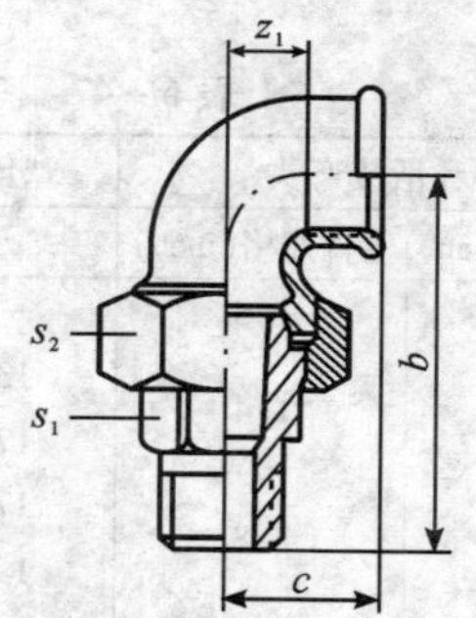

锥座活接弯头 UA11(96)　　内外丝锥座活接弯头 UA12(98)

图 6－24

表 6－46　活接弯头的规格尺寸

公称通径 DN（mm）				管件规格（inch）				尺寸（mm）			安装长度（mm）	
UA1	UA2	UA11	UA12	UA1	UA2	UA11	UA12	a	b	c	z_1	z_2
—	—	8	8	—	—	1/4	1/4	48	61	21	11	38
10	10	10	10	3/8	3/8	3/8	3/8	52	65	25	15	42
15	15	15	15	1/2	1/2	1/2	1/2	58	76	28	15	45
20	20	20	20	3/4	3/4	3/4	3/4	62	82	33	18	47
25	25	25	25	1	1	1	1	72	94	38	21	55
32	32	32	32	1¼	1¼	1¼	1¼	82	107	45	26	63
40	40	40	40	1½	1½	1½	1½	90	115	50	31	71
50	50	50	50	2	2	2	2	100	128	58	34	76

20. 垫圈

垫圈的型式尺寸应符合图 6－25 和表 6－47。

垫片材料和厚度依照用途订货时双方协定。

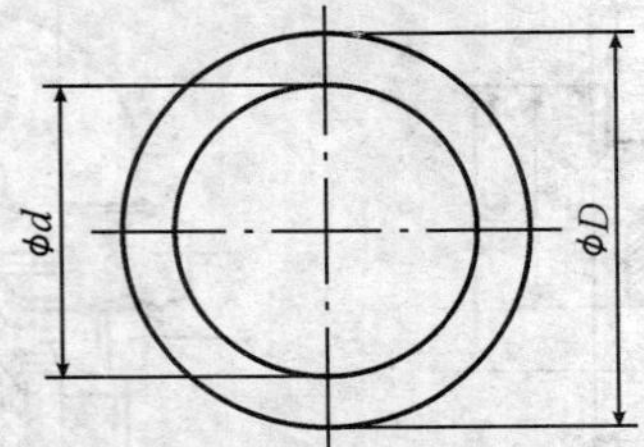

平座活接头和活接弯头垫圈

U1(330)、U2(331)、UA1(95)和UA2(97)

图 6－25

表 6－47　垫圈的规格尺寸

活接头和活接弯头		垫圈尺寸（mm）		活接头螺母的螺纹尺寸代号（仅作参考）
公称通径 DN(mm)	管件规格(inch)	*d*	*D*	
6	1/8	—	—	G1/2
8	1/4	13	20	G5/8
		17	24	G3/4
10	3/8	17	24	G3/4
		19	27	G7/8
15	1/2	21	30	G1
		24	34	G1⅛
20	3/4	27	38	G1¼
25	1	32	44	G1½
32	1¼	42	55	G2
40	1½	46	62	G2¼
50	2	60	78	G2¾
65	2½	75	97	G3½
80	3	88	110	G4
100	4	—	—	G5
				G5½

6.3.2 水嘴通用技术条件

水嘴（QB/T 1334—1998）适用于安装在盥洗室（洗手间、浴室等）、厨房和化验室等设施（或场合）使用的水嘴。

适用公称通径为 DN15，DN20，DN25；公称压力为 PN0.6MPa；介质温度不大于 90℃条件下使用的水嘴。

水嘴的分类：其分类列于表 6－48～表 6－53。

表 6－48 水嘴按控制方式分

控制方式	单手控制非混合	单手控制混合	双手控制混合	肘控制非混合	脚踏控制非混合	感应控制非混合	手揿控制非混合	电子控制非混合	定时控制非混合	双手控制非混合
代号	1	2	3	4	5	6	7	8	9	0

表 6－49 水嘴按密封件材料（密封副或运动件）分

材料名称	橡胶	工程塑料	陶瓷	铜合金	不锈钢	其他
代号	J	S	C	T	B	Q

表 6－50 水嘴按启闭结构分

启闭结构	螺旋升降式	柱塞式	弹簧式	平面式	圆球式	铰链式	其他
代号	L	Z	T	P	Y	J	Q

表 6－51 水嘴按阀体安装型式分

阀体安装型式	台式明装	台式暗装	壁式明装	壁式暗装	其他
代号	1	2	3	4	5

表 6－52 水嘴按阀体材料分

材料名称	灰铸铁	可锻铸铁	铜合金	不锈钢	塑料	其他
代号	H	K	T	B	S	Q

表6－53　水嘴按适用设施（或场合）分

适用设施（或场合）	产品名称	代号
普通水池（或槽）	普通水嘴	P
洗面器	洗面器水嘴	M
浴缸	浴缸水嘴	Y
洗涤池（或槽）	洗涤水嘴	D
便池	便池水嘴	B
净身盆（或池）	净身水嘴	C
沐浴间（或房）	沐浴水嘴	L
化验水池（或室）	化验水嘴	H
草坪（或洒水）	接管水嘴	J
洗衣房（或餐柜）	洗衣房水嘴	F
其他	—	Q

型号表示方法：

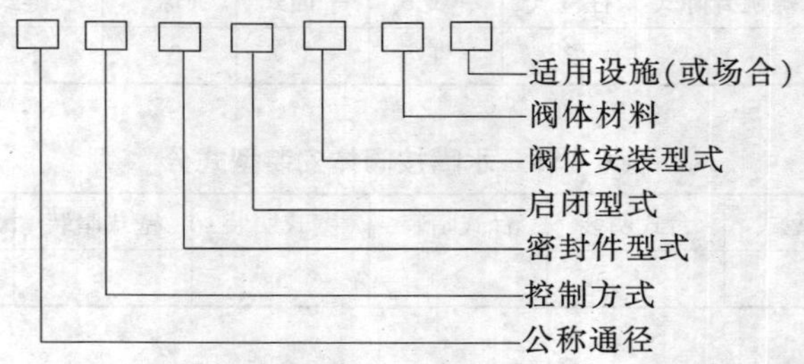

标记示例：

DN15单手把控制，陶瓷平面式密封，台式明装铜洗面器混合水嘴。

洗面器水嘴　152CP1TM　QB/T 1334—1998

技术要求：水嘴的技术要求列于表6－54～表6－58。

表 6－54　镀层、喷涂层耐腐蚀性能

镀（涂）层种类	基体材料	试验时间（h）	评定结果
电镀	铜合金	20	不允许出现蚀点
	锌合金	16	
喷涂	—	48	1级

表 6－55　水嘴阀体的强度

项目	检 测 部 位	压力（MPa）	保压时间（s）	技术要求
强度试验	进水部位（阀座下方）	0.9（静水压）	60	不得渗漏
	出水部位（阀座上方）	0.4（静水压）		不得渗漏

表 6－56　水嘴的流束直径

压力（MPa）	启闭状态	出水口高度（mm）	流束直径（mm）
0.02	全开	300	≤100

表 6－57　水嘴寿命（启闭次数）

水嘴结构形式	万次
螺旋升降式	6
其他	30

表 6－58　水嘴的密封气压或水压试验

检测部位	压力（MPa）	保压时间（s）	技术要求
阀座密封面	0.6（静水压）	60	阀座密封面不得渗漏
	0.4（气压）	20	
冷、热水隔墙	0.4（静水压）	60	另一进水孔无渗漏
	0.2（气压）	20	
上密封	0.2（静水压）	60	各部位不得渗漏
	0.1（气压）	20	

续表

<table>
<tr><th colspan="2">检测部位</th><th>压力
（MPa）</th><th>保压时间
（s）</th><th>技术要求</th></tr>
<tr><td rowspan="4">手动转换式开关</td><td rowspan="2">转换开关处于浴缸进水位置</td><td>0.2（静水压）</td><td>60</td><td rowspan="4">未出水口无渗漏</td></tr>
<tr><td>0.1（气压）</td><td>20</td></tr>
<tr><td rowspan="2">转换开关处于淋浴进水位置</td><td>0.2（静水压）</td><td>60</td></tr>
<tr><td>0.1（气压）</td><td>20</td></tr>
<tr><td rowspan="3">自动复位式转换开关</td><td>转换开关处于淋浴进水位置</td><td>0.1（静水压）</td><td>60</td><td>未出水口渗漏量≤200ml/min</td></tr>
<tr><td rowspan="2">转换开关处于浴缸进水位置</td><td>0.2（气压）</td><td>20</td><td rowspan="2">未出水口无渗漏</td></tr>
<tr><td>0.1（静水压）</td><td>60</td></tr>
</table>

1. 普通水嘴

普通水嘴结构尺寸应符合图 6－26 和表 6－59 的规定。

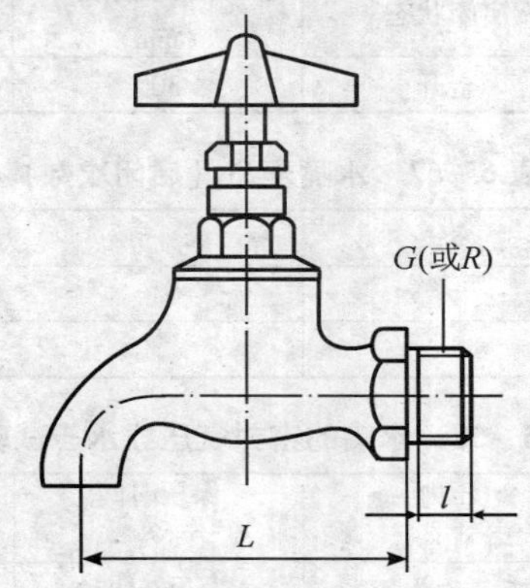

图 6－26　壁式明装单控普通水嘴示意图

表 6－59　壁式明装单控普通水嘴规格尺寸

公称通径 DN（mm）	螺纹尺寸代号	螺纹有效长度 l_{min}（mm）		L_{min}（mm）
		圆柱管螺纹	圆锥管螺纹	
15	1/2	10	11.4	55
20	3/4	12	12.7	70
25	1	14	14.5	80

2. 明装洗面器水嘴

明装洗面器水嘴的结构尺寸应符合图 6－27、图 6－28、图 6－29、图 6－30 和表 6－60 的规定。

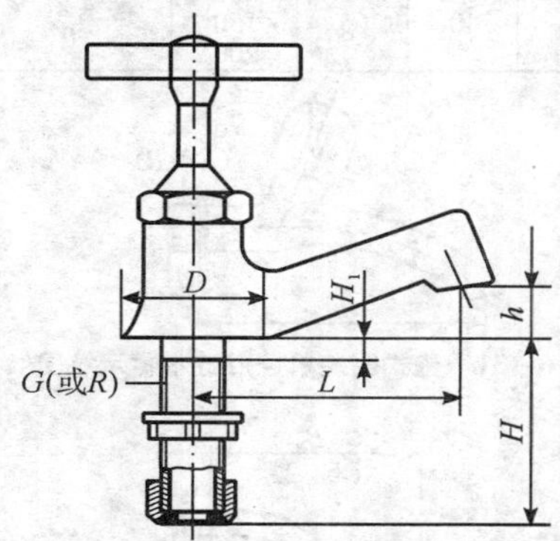

图 6－27　台式明装单控洗面器水嘴示意图

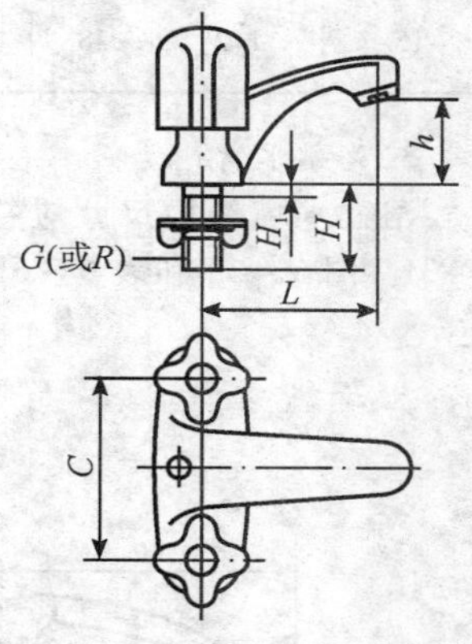

图 6－28　台式明装双控洗面器水嘴示意图

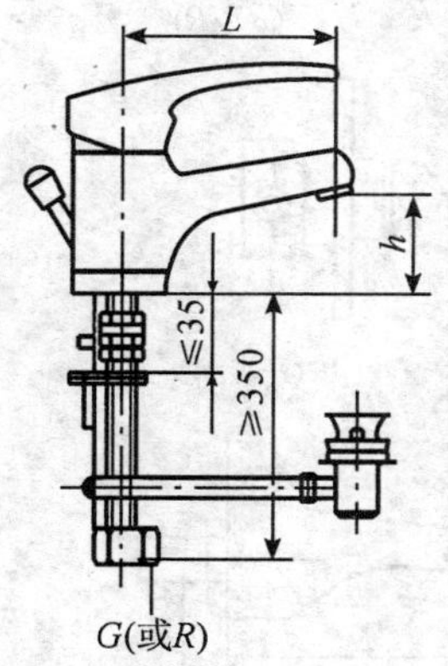

图 6－29　台式明装单控洗面器水嘴示意图

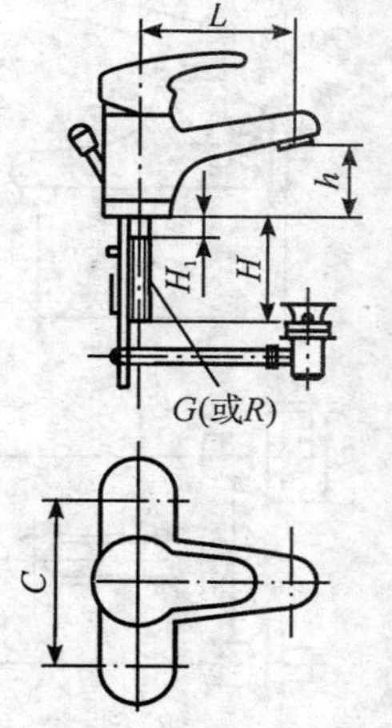

图 6－30　台式明装单控洗面器水嘴示意图

表 6 – 60　明装洗面器水嘴的规格尺寸

公称通径 DN（mm）	螺纹尺寸代号	H_{max}（mm）	H_{1min}（mm）	h_{min}（mm）	D_{min}（mm）	L_{min}（mm）	C（mm）	
							基本尺寸	基本偏差
15	1/2	48	8	25	40	65	100 150 200	+2 0

3. 浴缸水嘴

浴缸水嘴结构尺寸应符合图 6 – 31 ~ 图 6 – 35 和表 6 – 61 的规定。

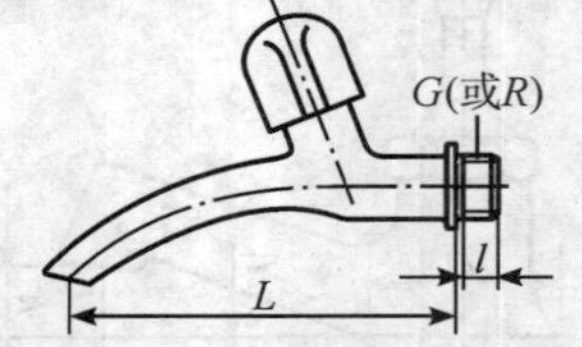

图 6 – 31　壁式明装单控浴缸水嘴示意图

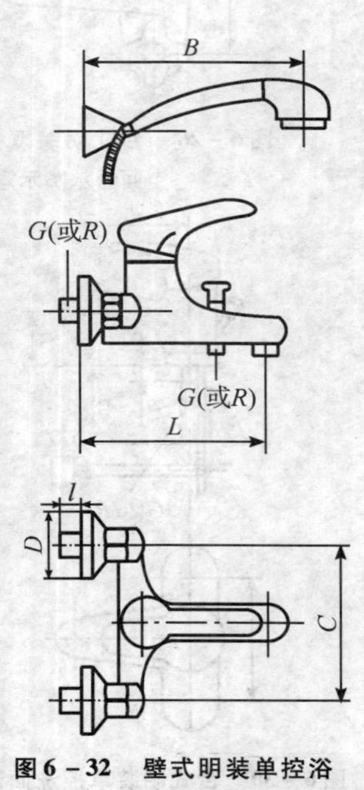

图 6 – 32　壁式明装单控浴缸水嘴示意图

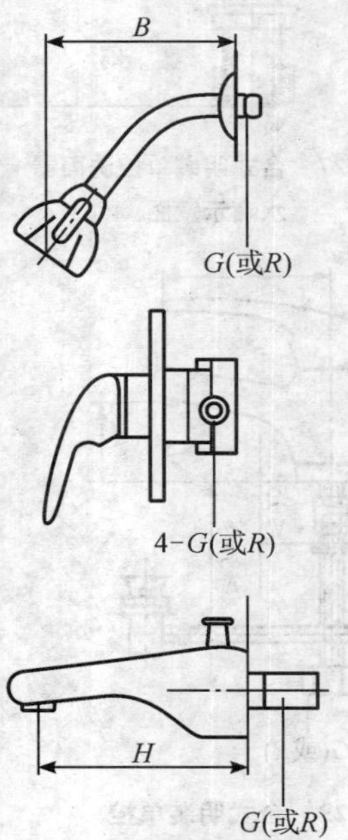

图 6 – 33　壁式暗装单控浴缸水嘴示意图

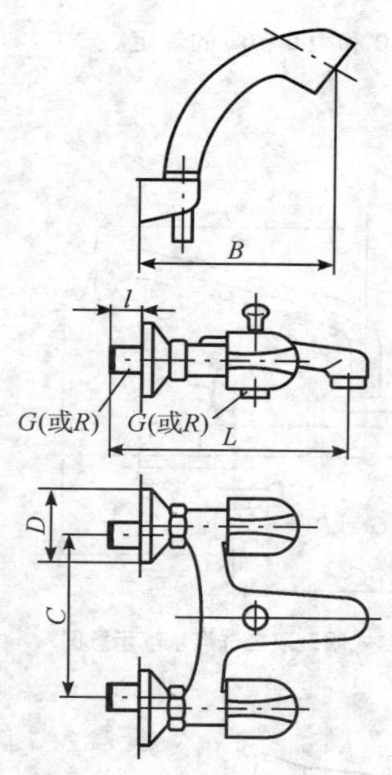

图 6-34 壁式明装双控浴缸水嘴示意图

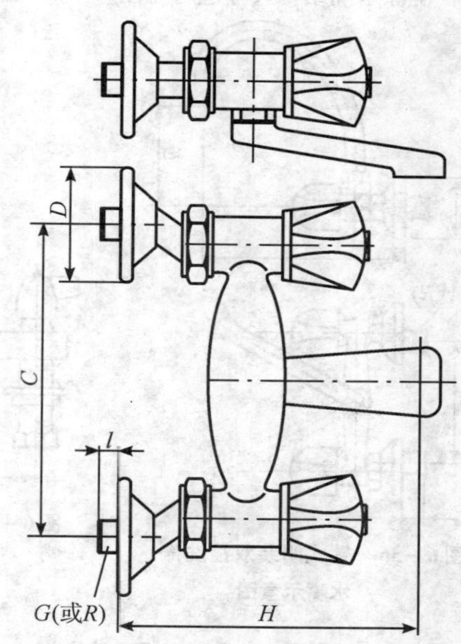

图 6-35 壁式明装双控浴缸水嘴示意图

表 6-61 浴缸水嘴的规格尺寸

<table>
<tr><th rowspan="2">公称通径 DN（mm）</th><th rowspan="2">螺纹尺寸代号</th><th rowspan="2">L_{min}（mm）</th><th colspan="3" rowspan="2">螺纹有效长度 l_{min}（mm）</th><th rowspan="2">D_{min}（mm）</th><th rowspan="2">C（mm）</th><th colspan="2">B_{min}（mm）</th><th rowspan="2">H_{min}（mm）</th></tr>
<tr><th>明装水嘴</th><th>暗装水嘴</th></tr>
<tr><td rowspan="2">15</td><td rowspan="2">1/2</td><td rowspan="4">120</td><td colspan="3">13</td><td rowspan="2">45</td><td rowspan="4">150 ±30</td><td rowspan="4">120</td><td rowspan="4">150</td><td rowspan="4">110</td></tr>
<tr><td rowspan="2">混合水嘴</td><td colspan="2">非混合水嘴</td></tr>
<tr><td rowspan="2">20</td><td rowspan="2">3/4</td><td>圆柱螺纹</td><td>圆锥螺纹</td><td rowspan="2">50</td></tr>
<tr><td>15</td><td>12. 7</td><td>14. 5</td></tr>
</table>

注：淋浴喷头软管长度不小于 1 350mm。

4. 洗涤水嘴

洗涤水嘴结构尺寸应符合图6－36～图6－40和表6－62的规定。

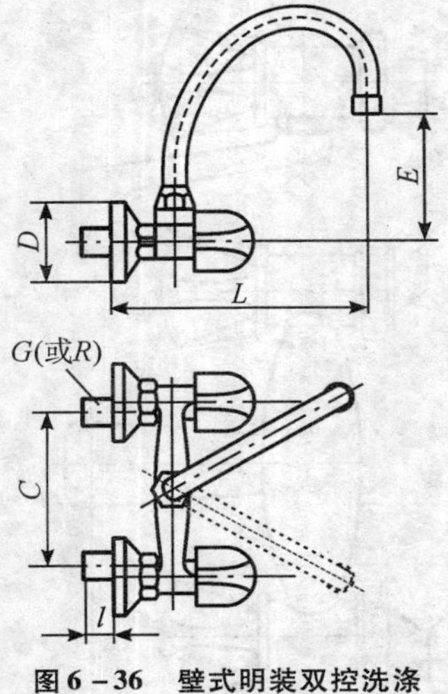

图6－36　壁式明装双控洗涤水嘴示意图

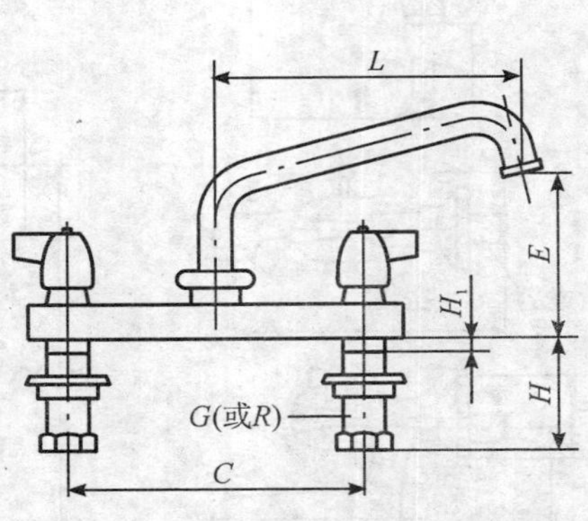

图6－37　台式明装双控洗涤水嘴示意图

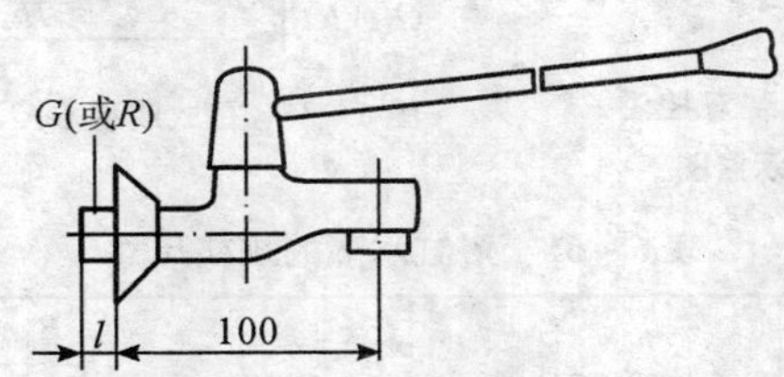

图6－38　壁式明装单控洗涤水嘴示意图

表6－62　洗涤水嘴的规格尺寸

公称通径 DN (mm)	螺纹尺寸代号	C_{min} (mm)			L_{min} (mm)	D_{min} (mm)	H_{min} (mm)	H_{1max} (mm)	E_{min} (mm)	螺纹有效长度 l_{min} (mm)
		基本尺寸	基本偏差							
			台式	壁式						
15	1/2	100 150 200	+2 0	±30	170	45	48	8	25	同表6－61

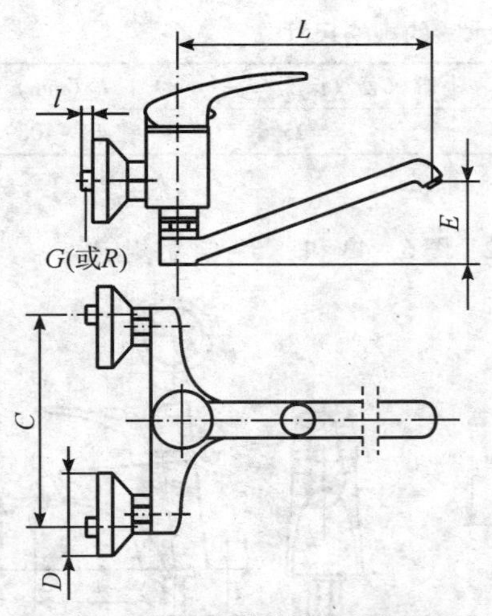

图 6－39　壁式明装单控洗涤水嘴示意图

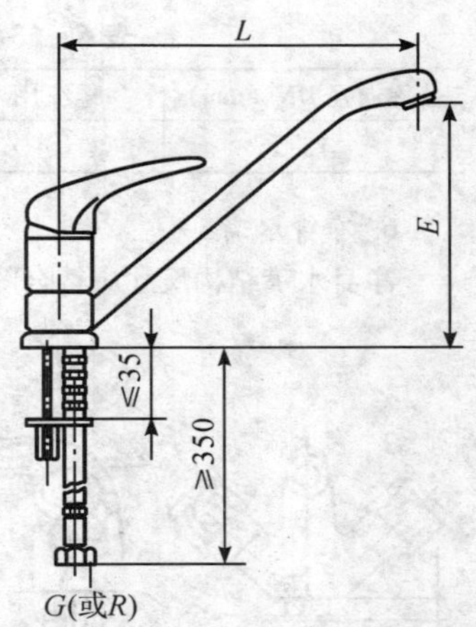

图 6－40　台式明装单控洗涤水嘴示意图

5. 便池水嘴

便池水嘴结构尺寸应符合图 6－41 和表 6－63 的规定。

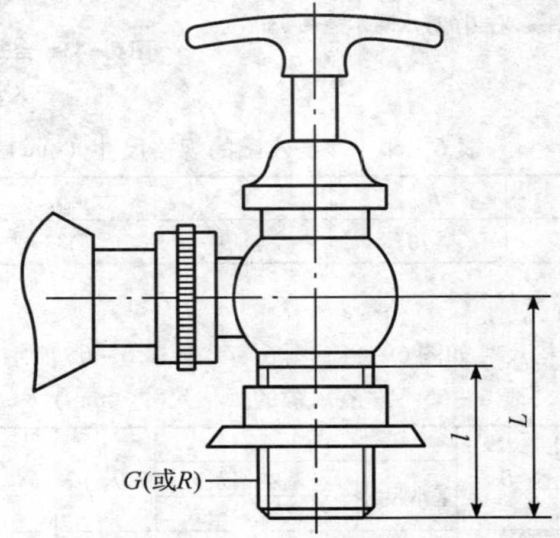

图 6－41　台式明装单控便池水嘴示意图

表 6-63　便池水嘴的规格尺寸

公称通径 DN（mm）	螺纹尺寸代号	螺纹有效长度 l_{min}（mm）	L（mm）
15	1/2	25	48 ~ 108

6. 净身水嘴

净身水嘴结构尺寸应符合图 6-42、图 6-43 和表 6-64 的规定。

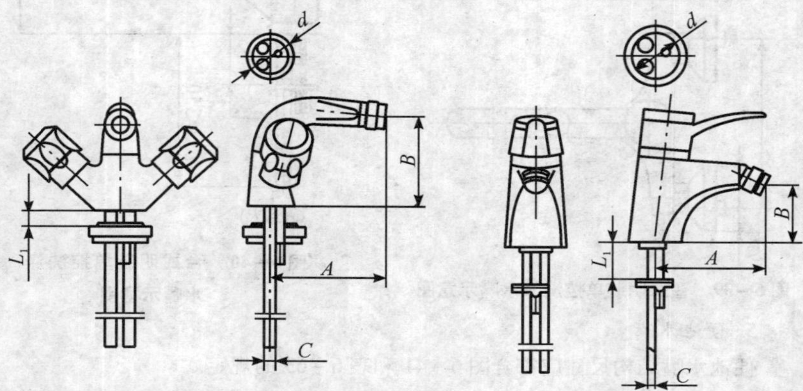

图 6-42　台式明装双控净身水嘴示意图

图 6-43　台式明装单控净身水嘴示意图

表 6-64　净身水嘴的规格尺寸（mm）

A_{min}	B_{min}	C	d_{max}	L_{1min}
105	70	∅10	∅33	35

7. 淋浴水嘴

淋浴水嘴结构尺寸如图 6-44 ~ 图 6-46 和表 6-65 所示。

表 6-65　淋浴水嘴的规格尺寸（mm）

A_{min}		B	C			D_{min}	l_{min}	E_{min}
非移动喷头	移动喷头		基本尺寸	基本偏差				
				台式	壁式			
395	120	1 015	100 150 200	+2 0	±30	45	25	95

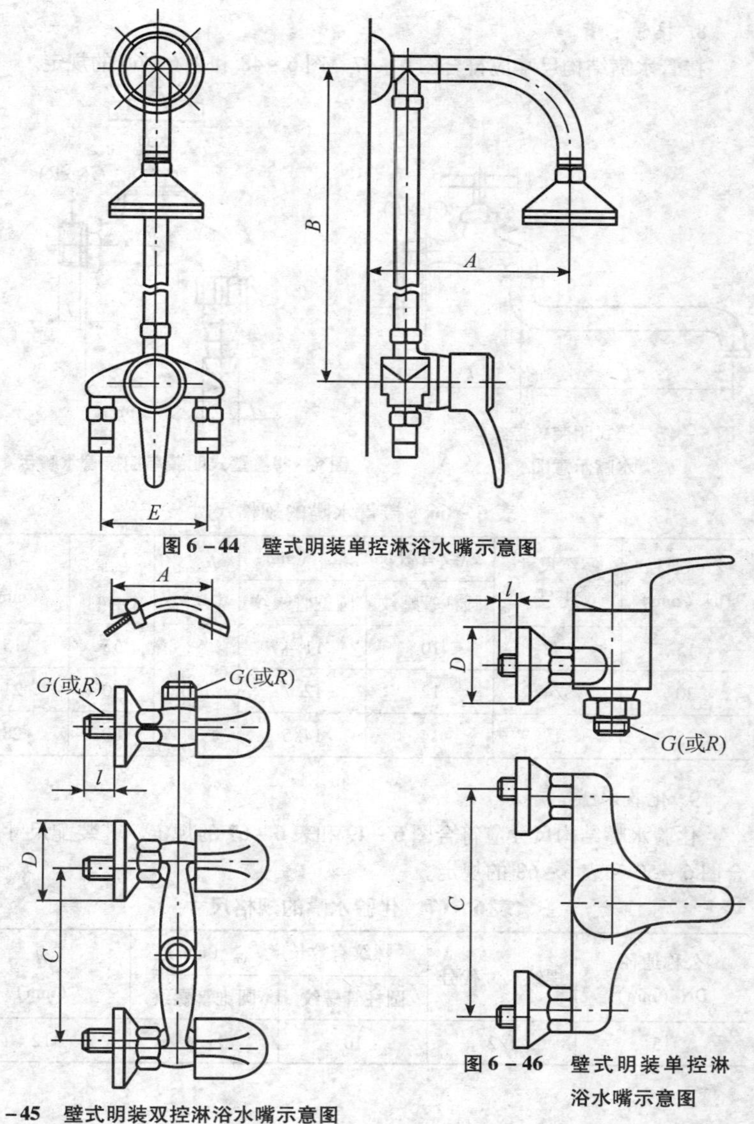

图 6－44　壁式明装单控淋浴水嘴示意图

图 6－45　壁式明装双控淋浴水嘴示意图

图 6－46　壁式明装单控淋浴水嘴示意图

8. 接管水嘴

接管水嘴结构尺寸应符合图 6－47、图 6－48 和表 6－66 的规定。

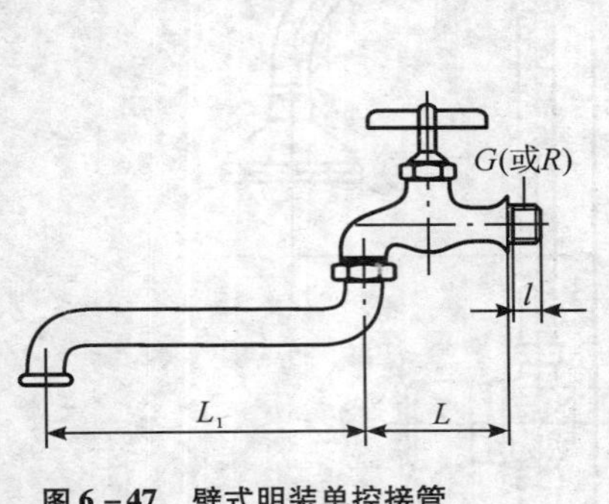

图 6－47　壁式明装单控接管水嘴示意图

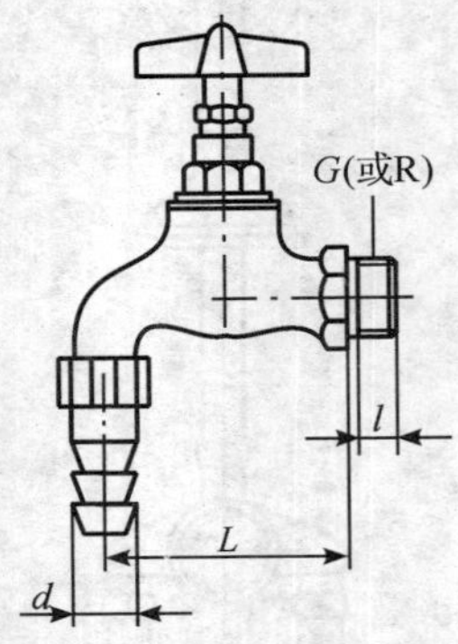

图 6－48　壁式明装单控接管水嘴示意图

表 6－66　接管水嘴的规格尺寸

公称通径 DN（mm）	螺纹尺寸代号	螺纹有效长度 l_{min}（mm）		L_{1min}（mm）	L_{min}（mm）	d（mm）
		圆柱管螺纹	圆锥管螺纹			
15	1/2	10	11.4	170	55	15
20	3/4	12	12.7		70	21
25	1	14	14.5		80	28

9. 化验水嘴

化验水嘴结构尺寸应符合图 6－49 和表 6－67 的规定。其装配尺寸应符合图 6－50 和表 6－68 的规定。

表 6－67　化验水嘴的规格尺寸

公称通径 DN（mm）	螺纹尺寸代号	螺纹有效长度 l_{min}（mm）		d（mm）
		圆柱管螺纹	圆锥管螺纹	
15	1/2	10	11.4	12

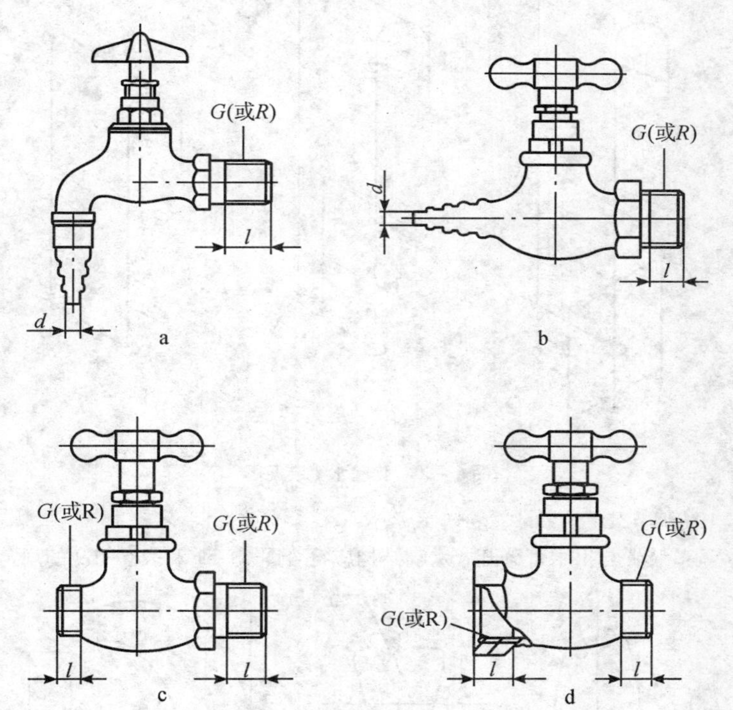

图 6－49　单控化验水嘴示意图

表 6－68　化验水嘴装配尺寸（mm）

名　　称	H_{min}	R	h_1	h_2	C
单式化验水嘴	450	140	—	—	—
复式化验水嘴	650		110～120	150～155	115～120

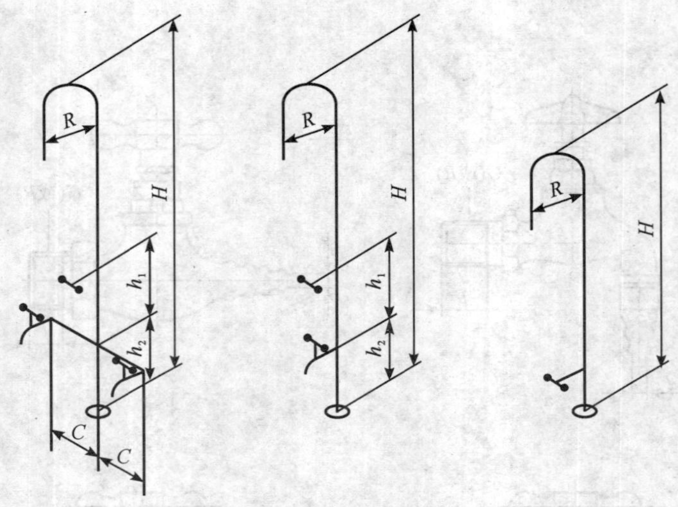

图 6－50 化验水嘴装配图

10. 调节装置与出水管分开式水嘴

调节装置与出水管分开式水嘴结构应符合图 6－51 和表 6－69 的规定。

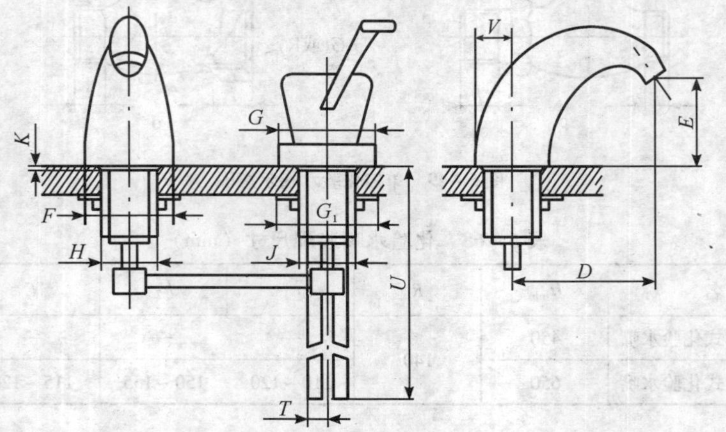

图 6－51 调节装置与出水管分开式水嘴装配图

表 6－69　调节装置与出水管分开式水嘴

尺寸	数值（mm）	内容
D	≥90	轴径中心线到出水孔中心的水平距离
E	≥25 ≤125	出水孔的最低点到安装平面的垂直距离 用于高式喷管形
F	≥42	间接式喷管底面的最小尺寸
G	≥45	水嘴底面的最小尺寸
G_1	≥50	装夹垫板或支承螺帽的外缘直径
H	≤29	喷管固定架的直径
J	≤33.5	进水管支架的直径或围绕进水管和固定螺栓的外接直径
K	≤5	当安装平面的厚度小于5mm时，可使用一隔板
T	8，10或12mm铜管； 金属软管	普通螺纹或G1/2B的管螺纹 G1/2B的管螺纹
U	≥350	用户同意可减至220mm
V	浴缸最大35其余32	从尺寸J轴线量起到后面的最大投影距离

6.3.3　陶瓷片密封水嘴

陶瓷片密封水嘴（GB 18145—2003）适用于安装在建筑物内的冷、热水供水管路上，公称压力不大于1.0MPa，介质温度不大于90℃条件下的各种水嘴。

（1）术语定义：

a. 单柄、双柄：是指水嘴启闭控制手柄（手轮）的数量。单柄是指由一个手柄（手轮）控制冷、热水流量和温度；双柄是指由二个手柄（手轮）控制冷、热水流量及温度。

b. 单控、双控：是指水嘴控制供水管路的数量。单控是指控制一路供水；双控是指控制二路（冷、热）供水。

（2）分类及代号：水嘴的分类及代号列于表6－70～表6－72。

表 6－70　单柄、双柄阀门代号

启闭控制部件数量	单柄	双柄
代号	D	S

表 6－71　单控、双控阀门代号

供水管路数量	单控	双控
代号	D	S

表 6－72　陶瓷片密封阀门分类代号

用途	普通	面盆	浴盆	洗涤	净身	淋浴	洗衣机
代号	P	M	Y	X	J	L	XY

标记表示方法：

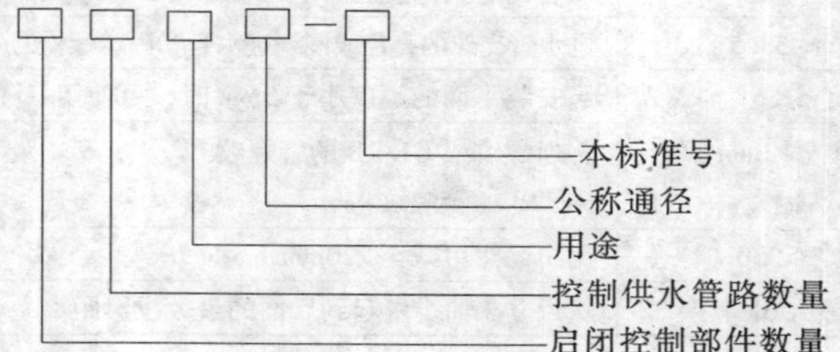

标记示例：

公称通径为15mm的单柄双控面盆阀门，其标记为：

DSM15

1. 陶瓷片密封水嘴

（1）单柄单控水嘴：单柄单控陶瓷片密封普通水嘴示意图见图 6－52；其规格尺寸见表 6－73。

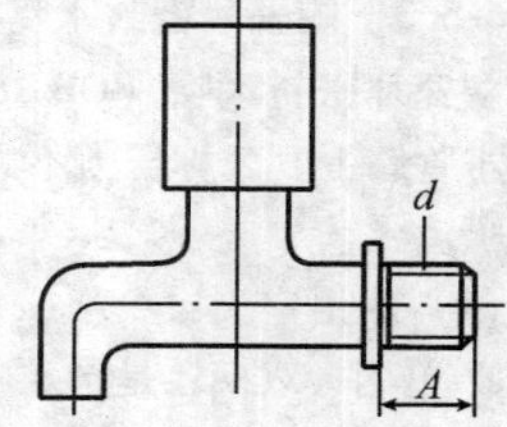

图 6－52　单柄单控陶瓷片密封水嘴示意图

表 6－73　单柄单控陶瓷片密封普通水嘴规格尺寸

DN（mm）	*d*（inch）	*A*（mm）
15	G1/2″	≥14
20	G3/4″	≥15
25	G1″	≥18

单柄单控陶瓷片密封面盆水嘴示意图见图 6 - 53；其规格尺寸见表 6 - 74。

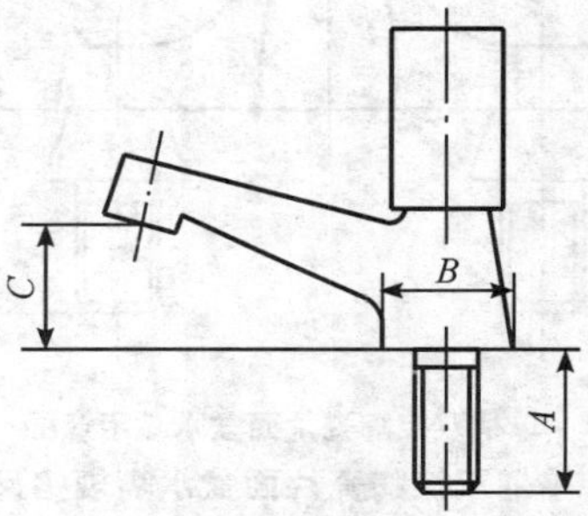

图 6 - 53　单柄单控陶瓷片密封面盆水嘴示意图

表 6 - 74　单柄单控陶瓷片密封面盆水嘴规格尺寸（mm）

DN15	*A*	*B*	*C*
G1/2″	≥48	≥30	≥25

（2）单柄双控陶瓷片面盆水嘴：单柄双控陶瓷片面盆水嘴示意图见图 6 - 54、图 6 - 55；其规格尺寸列于表 6 - 75 和表 6 - 76。

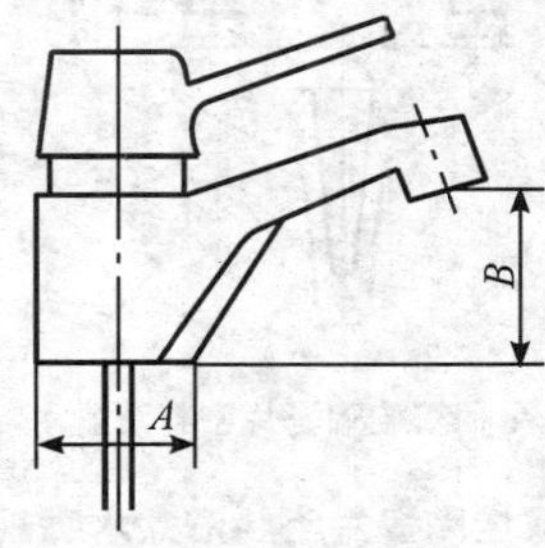

图 6 - 54　单柄双控陶瓷片面盆水嘴示意图

表 6 - 75　单柄双控陶瓷片面盆水嘴的规格尺寸（mm）

A	*B*
≥40	≥25

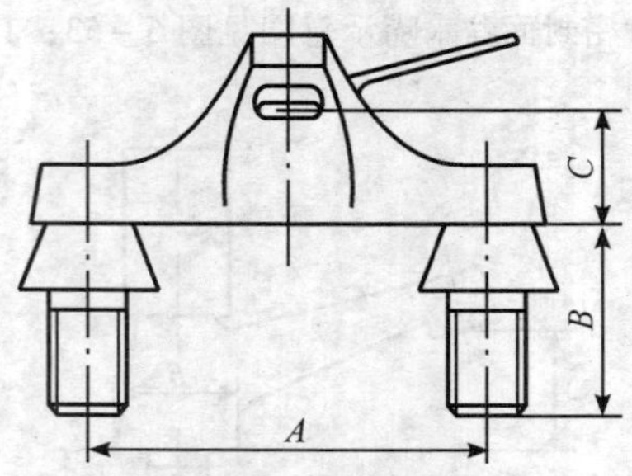

图 6-55　单柄双控陶瓷片面盆水嘴示意图

表 6-76　单柄双控陶瓷片面盆水嘴规格尺寸（mm）

A	*B*	*C*
102	≥48	≥25

（3）单柄双控陶瓷片密封浴盆水嘴：单柄双控陶瓷片密封浴盆水嘴示意图见图 6-56；其规格尺寸列于表 6-77。

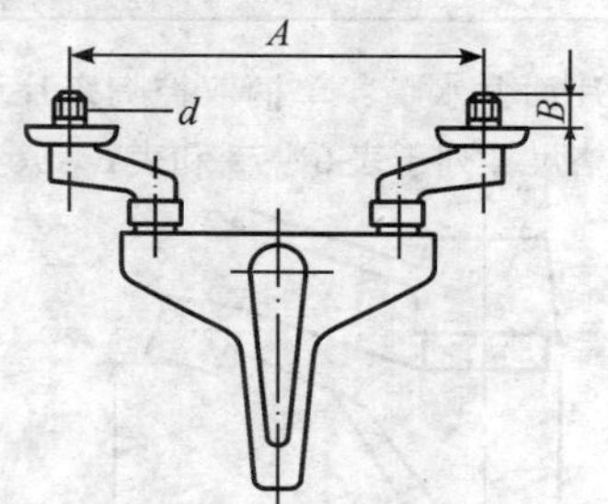

图 6-56　单柄双控陶瓷片密封浴盆水嘴示意图

表 6-77　单柄双控陶瓷片密封浴盆水嘴规格尺寸（mm）

<table>
<tr><th>DN（mm）</th><th>d（inch）</th><th>A（mm）</th><th>B（mm）</th></tr>
<tr><td>15</td><td>G1/2″</td><td rowspan="2">150
偏心管调节尺寸范围：
120～180</td><td>≥16</td></tr>
<tr><td>20</td><td>G3/4″</td><td>≥20</td></tr>
</table>

（4）陶瓷片密封洗涤水嘴：陶瓷片密封洗涤水嘴示意图见图 6－57；其规格尺寸见表 6－78。

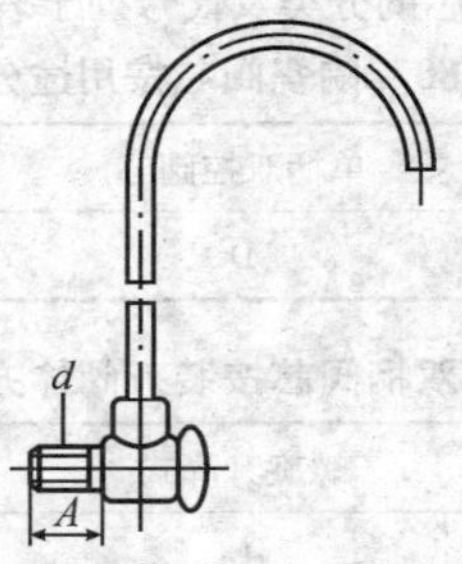

图 6－57　陶瓷片密封洗涤水嘴示意图

表 6－78　陶瓷片密封洗涤水嘴规格尺寸

DN（mm）	d（inch）	A（mm）
15	G1/2″	≥14
20	G3/4″	≥15

（5）陶瓷片密封净身器水嘴：陶瓷片密封净身器水嘴示意图见图 6－58；其规格尺寸列于表 6－79。

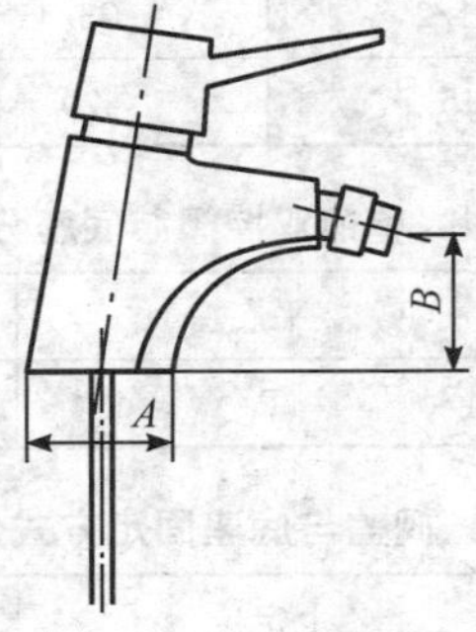

图 6－58　陶瓷片密封净身器水嘴示意图

表 6－79　陶瓷片密封净身器水嘴规格尺寸（mm）

A	B
≥40	≥25

2. 陶瓷片密封水嘴陶瓷阀芯

（1）分类及代号：阀芯的分类及代号列于表6－80～表6－85。

表6－80　陶瓷阀芯按用途分类代号

分类	单柄双控阀芯	双柄阀芯
代号	D	S

表6－81　双柄阀芯按装入阀体方式分类代号

分类	螺旋升降式	插入式
代号	L	C

表6－82　双柄阀芯阀体材料分类代号

材料	铜合金	塑料
代号	T	S

表6－83　双柄阀芯按连接螺纹分类代号

连接螺纹	与水嘴阀体连接螺纹		装饰盖连接螺纹
	G1/2	G3/4	M24×1
代号	15	20	A

表6－84　单柄双控阀芯底座分类代号

分类	平底	高脚
代号	P	G

表6－85　阀盖与底座固定方式分类代号

分类	上定位	下定位
代号	S	X

（2）标记：

a. 双柄阀芯标记

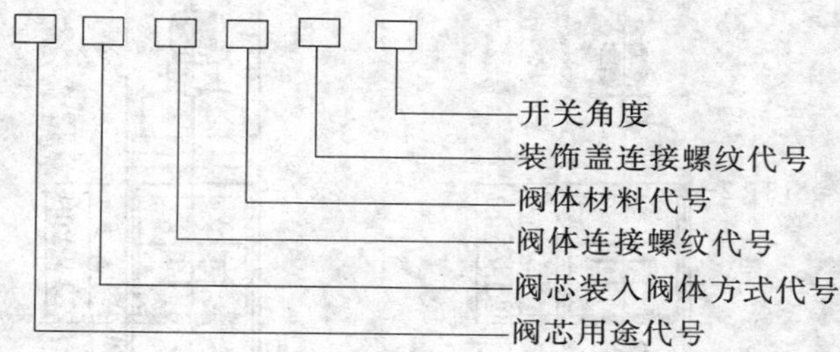

标记示例：

带装饰盖连接螺纹双柄 90°开关铜阀芯，与水嘴阀体连接螺纹为 G3/4。其标记为：

SL 20 TA90

b. 单柄双控阀芯标记

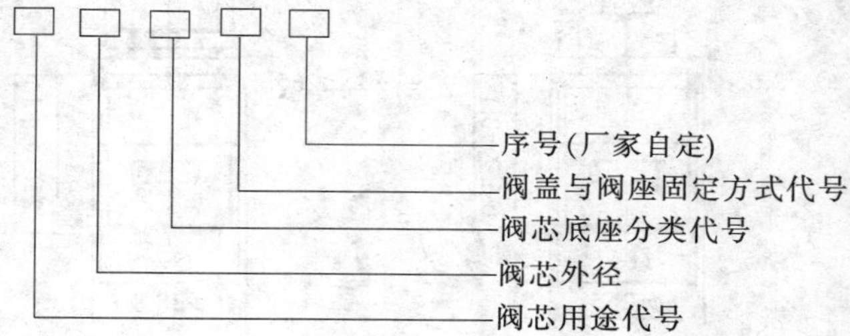

标记示例：

外径 35mm 上定位平底单柄阀芯，其标记为：

D35PS

（3）规格尺寸：陶瓷片密封水嘴陶瓷阀芯的规格尺寸（mm）见图 6－59。

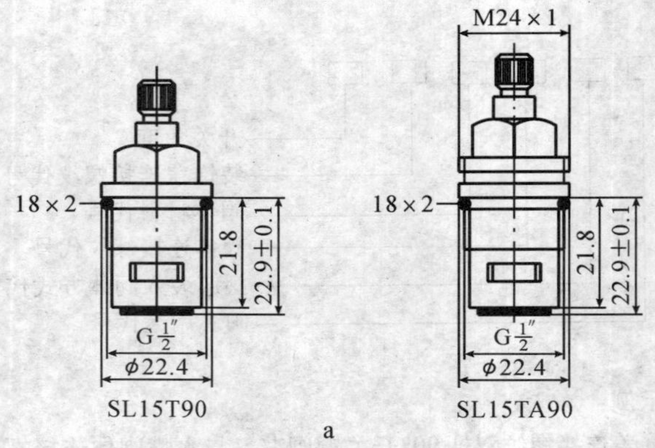

a

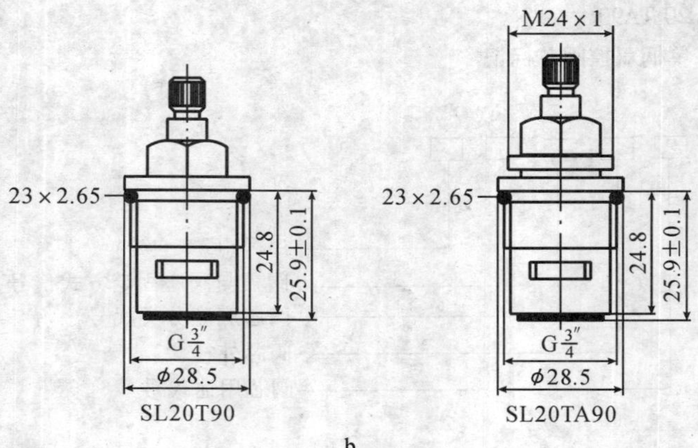

b

图 6－59　陶瓷片密封水嘴陶瓷阀芯规格尺寸示意图

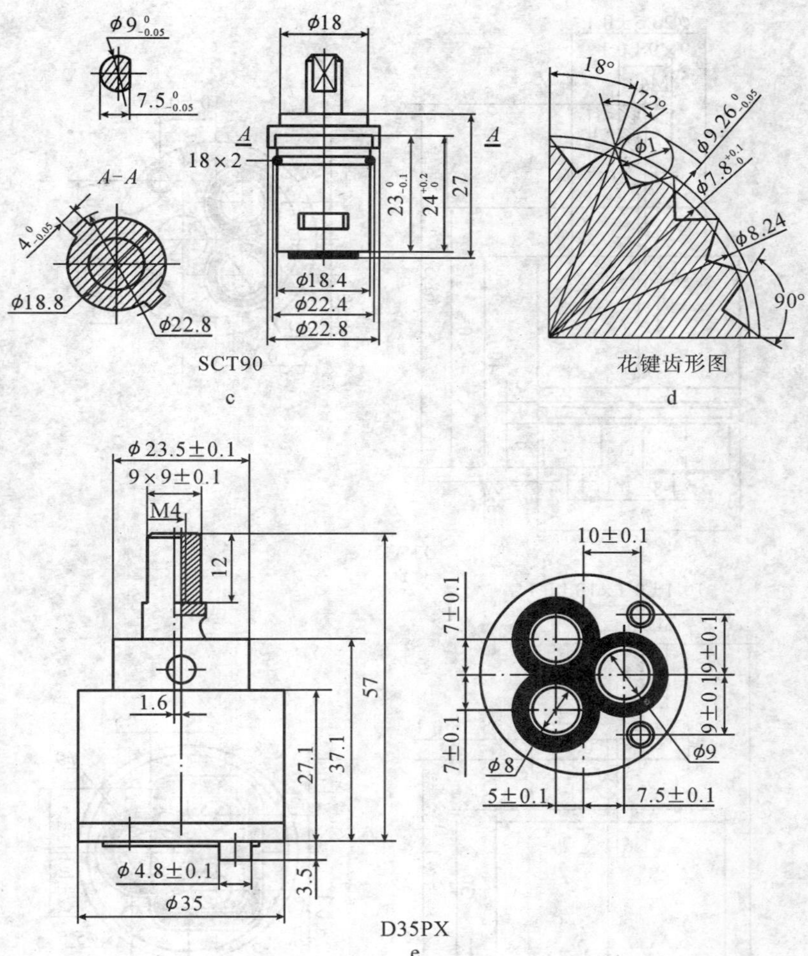

图 6－59　陶瓷片密封水嘴陶瓷阀芯规格尺寸示意图（续）

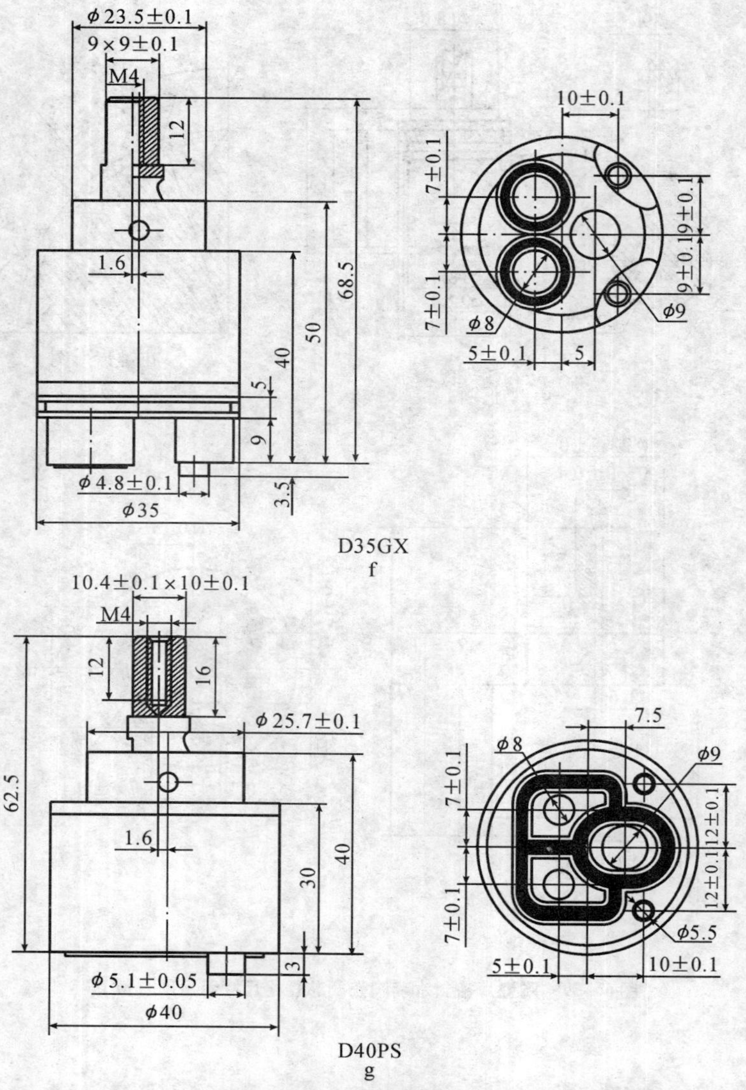

图 6－59　陶瓷片密封水嘴陶瓷阀芯规格尺寸示意图（续）

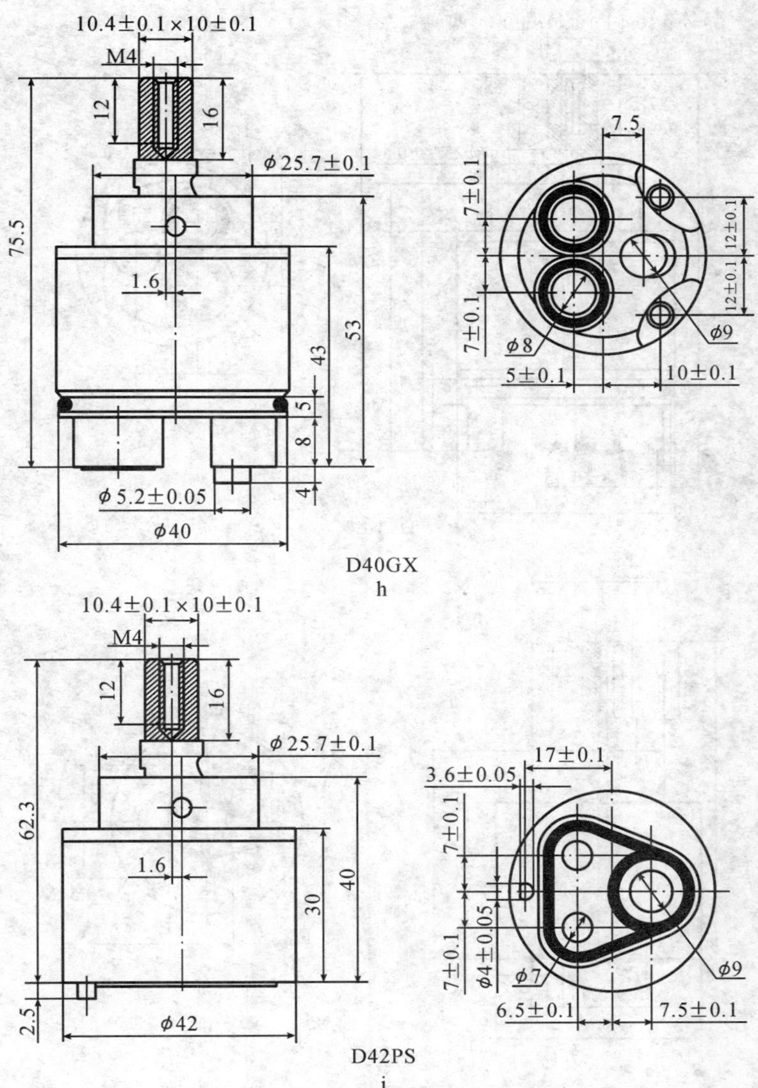

图 6－59　陶瓷片密封水嘴陶瓷阀芯规格尺寸示意图（续）

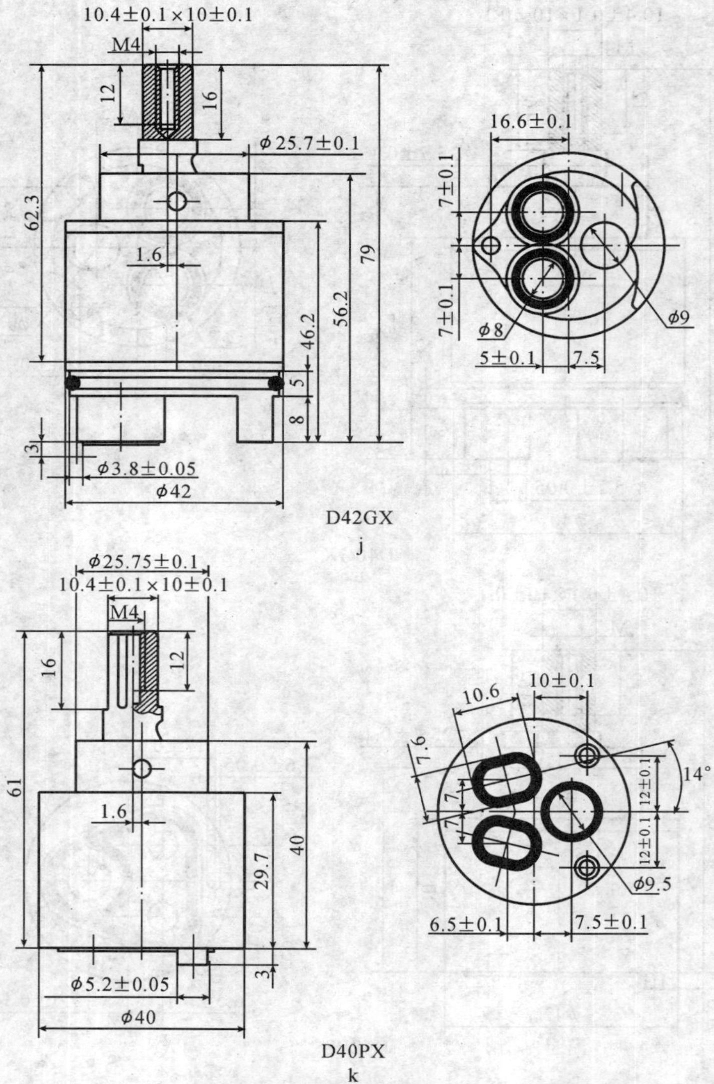

图6－59 陶瓷片密封水嘴陶瓷阀芯规格尺寸示意图（续）

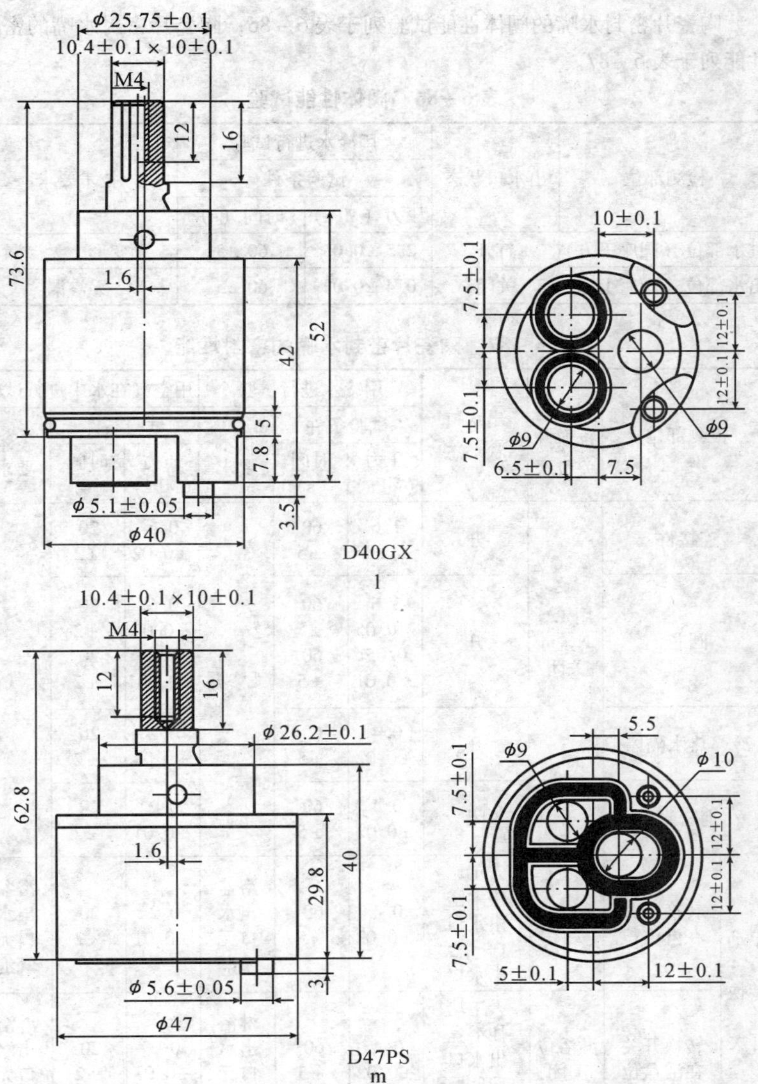

图 6 – 59　陶瓷片密封水嘴陶瓷阀芯规格尺寸示意图（续）

陶瓷片密封水嘴的阀体性能试验列于表 6－86；陶瓷片密封水嘴的密封性能列于表 6－87。

表 6－86　阀体性能试验

<table>
<tr><th rowspan="3">检测部位</th><th rowspan="3">出水口状态</th><th colspan="2">用冷水进行试验</th><th rowspan="3">技术要求</th></tr>
<tr><th colspan="2">试验条件</th></tr>
<tr><th>压力（MPa）</th><th>时间（s）</th></tr>
<tr><td>进水部位（阀座下方）</td><td>打开</td><td>2.5 ±0.05</td><td>60 ±5</td><td>无变形、无渗漏</td></tr>
<tr><td>出水部位（阀座上方）</td><td>关闭</td><td>0.4 ±0.02</td><td>60 ±5</td><td>无渗漏</td></tr>
</table>

表 6－87　陶瓷片密封水嘴的密封性能

<table>
<tr><th rowspan="3" colspan="2">检测部位</th><th rowspan="3">阀芯及转换开关位置</th><th rowspan="3">出水口状态</th><th colspan="3">用冷水进行试验</th><th colspan="3">用空气在水中进行试验</th></tr>
<tr><th colspan="2">试验条件</th><th rowspan="2">技术要求</th><th colspan="2">试验条件</th><th rowspan="2">技术要求</th></tr>
<tr><th>压力（MPa）</th><th>时间（s）</th><th>压力（MPa）</th><th>时间（s）</th></tr>
<tr><td colspan="2">连接件</td><td rowspan="3">用1.5 N·m关闭</td><td>开</td><td>1.6 ±0.05</td><td>60 ±5</td><td rowspan="4">无渗漏</td><td>0.6 ±0.02</td><td>20 ±2</td><td rowspan="4">无气泡</td></tr>
<tr><td colspan="2">阀芯</td><td>开</td><td>1.6 ±0.05
0.05 ±0.01</td><td>60 ±5
60 ±5</td><td>0.6 ±0.02
0.02 ±0.001</td><td>20 ±2
20 ±2</td></tr>
<tr><td colspan="2">冷、热水隔墙</td><td>开</td><td>0.4 ±0.02</td><td>60 ±5</td><td>0.2 ±0.01</td><td>20 ±2</td></tr>
<tr><td colspan="2">上密封</td><td>开</td><td>闭</td><td>0.4 ±0.02</td><td>60 ±5</td><td>0.2 ±0.01</td><td>20 ±2</td></tr>
<tr><td rowspan="2">手动转换开关</td><td>转换开关在淋浴位</td><td>浴盆位关闭</td><td>人工堵住淋浴出水口打开浴盆出水口</td><td>0.4 ±0.02</td><td>60 ±5</td><td>浴盆出水口无渗漏</td><td>0.2 ±0.01</td><td>20 ±2</td><td>浴盆出水口无气泡</td></tr>
<tr><td>转换开关在浴盆位</td><td>淋浴位关闭</td><td>人工堵住浴盆出水口打开淋浴出水口</td><td>0.4 ±0.02</td><td>60 ±5</td><td>淋浴出水口无渗漏</td><td>0.2 ±0.01</td><td>20 ±2</td><td>淋浴出水口无气泡</td></tr>
</table>

续表

<table>
<tr><td colspan="2" rowspan="3">检测部位</td><td rowspan="3">阀芯及转换开关位置</td><td rowspan="3">出水口状 态</td><td colspan="3">用冷水进行试验</td><td colspan="3">用空气在水中进行试验</td></tr>
<tr><td colspan="2">试验条件</td><td rowspan="2">技术要求</td><td colspan="2">试验条件</td><td rowspan="2">技术要求</td></tr>
<tr><td>压力（MPa）</td><td>时间（s）</td><td>压力（MPa）</td><td>时间（s）</td></tr>
<tr><td rowspan="4">自动复位转换开关</td><td>转换开关在浴盆位 1</td><td>淋浴位关闭</td><td rowspan="4">两出水口打开</td><td rowspan="2">0.4（动压）±0.02</td><td>60 ±5</td><td>淋浴出水口无渗漏</td><td>—</td><td>—</td><td>—</td></tr>
<tr><td>转换开关在淋浴位 2</td><td>浴盆位关闭</td><td>60 ±5</td><td>浴盆出水口无渗漏</td><td>—</td><td>—</td><td>—</td></tr>
<tr><td>转换开关在淋浴位 3</td><td>浴盆位关闭</td><td rowspan="2">0.05（动压）±0.01</td><td>60 ±5</td><td>浴盆出水口无渗漏</td><td>—</td><td>—</td><td>—</td></tr>
<tr><td>转换开关在浴盆位 4</td><td>淋浴位关闭</td><td>60 ±5</td><td>淋浴出水口无渗漏</td><td>—</td><td>—</td><td>—</td></tr>
</table>

6.3.4 水暖用螺纹连接阀门

水暖用内螺纹连接阀门（GB/T 8464—1998）适用于公称压力不大于1.6MPa、公称通径 DN 不大于 100mm、工作温度 t 不高于 200℃ 水暖用内螺纹连接的闸阀、截止阀、球阀、止回阀。

内螺纹连接阀门的型号编制按 JB 308 的规定；内螺纹连接阀门的公称通径按 GB/T 1047 的规定；内螺纹连接阀门的压力按 GB 1048 规定。

阀门的技术要求列于表 6－88 ~ 表 6－93。

表 6－88 止回阀最大允许泄漏量

公称通径 DN（mm）	最大允许泄漏量（cm^3/min）
≤32	2.0
40 ~ 50	1.2

注：①金属密封副的止回阀最大允许泄漏量应符合表中的要求。

②铁制和铜制阀门在进行压力试验后，其结果应符合 GB/T 13927 中的壳体和密封试验规定的有关要求。

表 6－89　阀门最大允许工作压力

公称压力（MPa）	温度额定值（℃）		
	≤120	＞120～150	＞150～200
	最大允许工作压力（MPa）		
1.00	1.00	0.90	0.80
1.60	1.60	1.52	1.44

表 6－90　闸阀、截止阀、止回阀密封面高度（mm）

公称通径 DN	密　封　面　高　度	
	闸阀及旋启式止回阀	截止阀及升降式止回阀
≤40	≥1	≥1.5
50～100	≥2	≥2

表 6－91　内螺纹连接铁制阀门的阀体最小壁厚

公称通径 DN（mm）	阀体材料：可锻铸铁	
	公称压力（MPa）	
	1.0	1.6
	阀体最小壁厚（mm）	
15	3	3
20	3	3.5
25	3.5	4
32	4	4
40	4.5	5
50	5	5.5
65	6	6

表 6－92　内螺纹连接砂铸铜阀门阀体最小壁厚

公称通径 DN（mm）	阀体材料：黄铜	
	公称压力（MPa）	
	1.0	1.6
	阀体最小壁厚（mm）	
6	2	2
8	2	2
10	2.5	2.5

续表

公称通径 DN（mm）	阀体材料：黄铜	
	公称压力（MPa）	
	1.0	1.6
	阀体最小壁厚（mm）	
15	2.5	2.5
20	2.5	2.5
25	3	3
32	3	3
40	3	3
50	4	4
65	4.5	5
80	7	7
100	7	7

表 6－93　内螺纹连接压铸铜阀门的阀体最小壁厚

公称通径 DN（mm）	阀体材料：黄铜							
	公称压力（MPa）							
	1.0	1.6	1.0	1.6	1.0	1.6	1.0	1.6
	闸阀		截止阀		球阀		止回阀	
	阀体最小壁厚（mm）							
6	—	—	—	—	1.4	1.6	—	—
8	—	1.6	—	—	—	1.6	—	—
10	—	1.6	—	—	1.4	1.6	—	—
15	1.6	1.8	1.8	2.0	1.6	1.8	1.8	1.9
20	1.6	1.8	1.8	2.0	1.6	1.8	1.8	1.9
25	1.7	1.9	1.9	2.0	1.8	2.0	1.9	2.0
32	1.7	1.9	2.0	2.2	2.0	2.2	2.2	2.5
40	1.8	2.0	2.2	2.4	2.2	2.4	2.3	2.5
50	2.0	2.2	2.4	2.6	2.4	2.6	2.8	3.0
65	2.8	3.0	—	—	—	—	—	—
80	3.0	3.4	—	—	—	—	—	—
100	3.6	4.0	—	—	—	—	—	—

1. 内螺纹连接闸阀

内螺纹连接闸阀示意图见图 6－60；其种类和基本尺寸分别列于表 6－94～表 6－96。

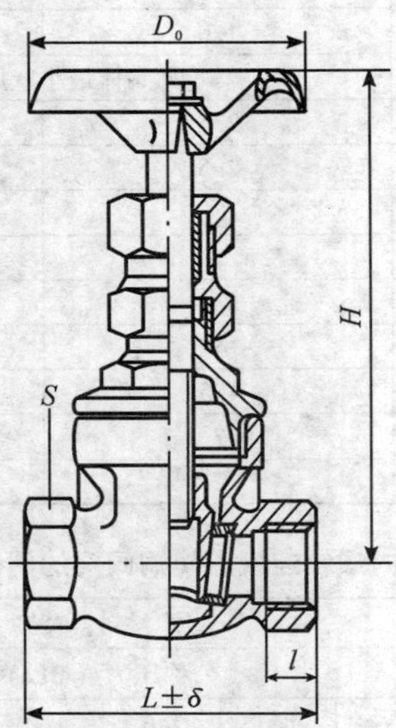

图 6－60　内螺纹连接闸阀示意图

表 6－94　PN1MPa 铁制闸阀基本尺寸（mm）

DN	$l_{有效}$ ≥	L		δ	H	S	D_0
		A	B				
15	11	60	65	2	110	30	60
20	13	65	70		120	36	60
25	15	75	80		145	46	80
32	17	85	90		155	55	90
40	18	95	100		180	62	100
50	20	110	110		205	75	100
65	23	120	130		235	92	120

注：H、S、D_0 为参考尺寸。

表 6-95　PN1MPa 铜制闸阀基本尺寸（mm）

DN	$l_{有效}$ ≥	L		δ	H		D_0		S
		L_1	L_2		H_1	H_2	D_{01}	D_{02}	
15	9.2	50	42	2	131	75	55	55	27
20	10.0	60	45		143	80	55	55	33
25	11.4	65	52		157	90	65	65	40
32	11.5	75	55		162	110	75	65	50
40	11.7	85	60		166	120	100	70	55
50	13.2	95	70		205	140	115	80	70
65	14.6	115	82		236	170	135	100	90
80	15.1	130	90		298	200	210	110	100
100	17.1	145	110		320	240	240	130	125

注：①如用户需要，L 数值可适当调整，但必须在订货合同中注明。

②H、D_0、S 为参考尺寸。

③L_1、H_1、D_{01} 适用于浇铸铜闸阀；L_2、H_2、D_{02} 适用于压铸铜闸阀。

表 6-96　PN1.6MPa 铜制闸阀基本尺寸（mm）

DN	$l_{有效}$ ≥	L	δ	H	D_0	S
8	8.5	40	2	60	45	18
10	9.0	42		60	45	21
15	9.2	50		80	55	27
20	10.0	60		90	65	33
25	11.4	65		110	65	40
32	11.5	75		120	70	50
40	11.7	85		140	80	55
50	13.2	95		170	100	70
65	14.6	115		200	110	90
80	15.1	130		240	130	100
100	17.1	145		240	130	124

注：①如用户需要，L 数值可适当调整，但必须在订货合同中注明。

②H、D_0、S 为参考尺寸。

2. 内螺纹连接截止阀

内螺纹连接截止阀示意图见图 6－61；其基本尺寸分别列于表 6－97、表 6－98 和表 6－99。

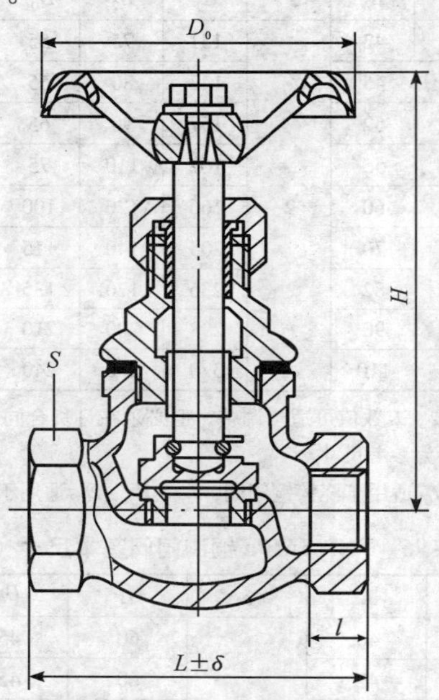

图 6－61　内螺纹连接截止阀示意图

表 6－97　PN1.6MPa 铁制截止阀基本尺寸（mm）

DN	$l_{有效}$ ≥	L		δ	H	S	D_0
		A	B				
15	11	65	90	2	86	30	60
20	13	75	100		104	36	60
25	15	90	120		120	46	80
32	17	105	140		130	55	90
40	18	120	170		150	62	100
50	20	140	200		165	75	100
65	23	165	260		200	90	120

注：H、S、D_0 为参考尺寸。

表 6-98　PN1MPa 铜制截止阀基本尺寸（mm）

DN	$l_{有效}$ ≥	L		δ	H		D_0	S
		L_1	L_2		H_1	H_2		
15	9.5	52	50	2	76	80	55	27
20	10.5	60	60		80	88	55	33
25	12	70	65		87	98	65	40
32	13.5	80	75		101	110	65	50
40	13.5	86	85		127	140	70	55
50	17	104	95		148	152	80	70

注：①如用户需要，L 数值可适当调整，但必须在订货合同中注明。

②H、D_0、S 为参考尺寸。

③L_1、H_1 适用于浇铸铜制截止阀；L_2、H_2 适用于压铸铜制截止阀。

表 6-99　PN1.6MPa 铜制截止阀基本尺寸（mm）

DN	$l_{有效}$ ≥	δ	L	D_0	H	S
15	9.5	2	56	55	88	27
20	11.0		67	65	98	33
25	13.7		78	65	110	40
32	14.0		88	70	140	50
40	14.6		104	80	155	55
50	19.0		120	100	170	70

注：①如用户需要，L 数值可适当调整，但必须在订货合同中注明。

②D_0、H、S 为参考尺寸。

3. 内螺纹连接球阀

内螺纹连接球阀的示意图见图 6-62；其基本尺寸列于表 6-100 ~ 表 6-102。

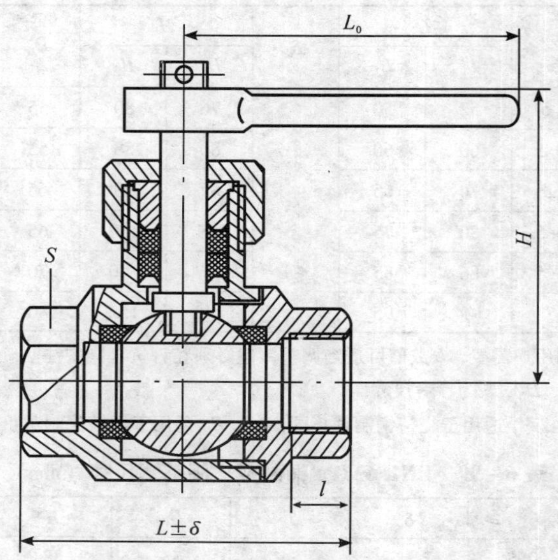

图 6-62　内螺纹连接球阀示意图

表 6-100　PN1.6MPa 铁制球阀基本尺寸（mm）

DN	$l_{有效}$ ≥	L		δ	H	S	L_0
		A	B				
15	11	65	90	2	65	30	110
20	13	75	100		74	36	110
25	15	90	115		87	46	130
32	17	105	130		92	55	130
40	18	120	150		108	62	180
50	20	140	180		114	75	180

注：H、S、L_0 为参考尺寸。

表 6－101　PN1MPa 铜制球阀基本尺寸（mm）

DN	$l_{有效}$ ≥	L	δ	H	S	L_0
6	7	46	2	38	18	90
10	7.5	48		38	22	90
15	9.5	60		44	27	100
20	10.5	65		48	33	100
25	12	75		54	40	120
32	13.5	85		58	50	120
40	13.5	95		75	55	160
50	17	110		82	70	160

注：①如用户需要，L 数值可适当调整，但必须在订货合同中注明。
②H、S、L_0 为参考尺寸。

表 6－102　PN1.6MPa 铜制球阀基本尺寸（mm）

DN	$l_{有效}$ ≥	L	δ	H	S	L_0
6	8.4	48	2	38	18	90
8	8.4	48		42	18	90
10	9.0	56		44	22	90
15	11.2	68		48	27	100
20	11.2	78		54	33	100
25	13.9	86		58	40	120
32	15.1	100		75	50	120
40	16.0	106		82	55	160
50	18.0	130		90	70	160

注：①如用户需要，L 数值可适当调整，但必须在订货合同中注明。
②H、S、L_0 为参考尺寸。

4. 内螺纹连接止回阀

PN1.6MPa 铁制止回阀的基本尺寸见图 6－63 和表 6－103。

PN1MPa 铜制止回阀的基本尺寸见图 6－64 和表 6－104。

PN1.6MPa 铜制止回阀的基本尺寸见图 6－65 和表 6－105。

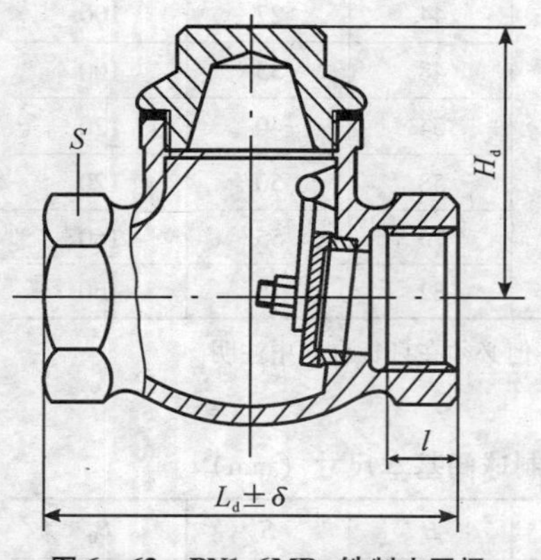

图 6－63　PN1.6MPa 铁制止回阀

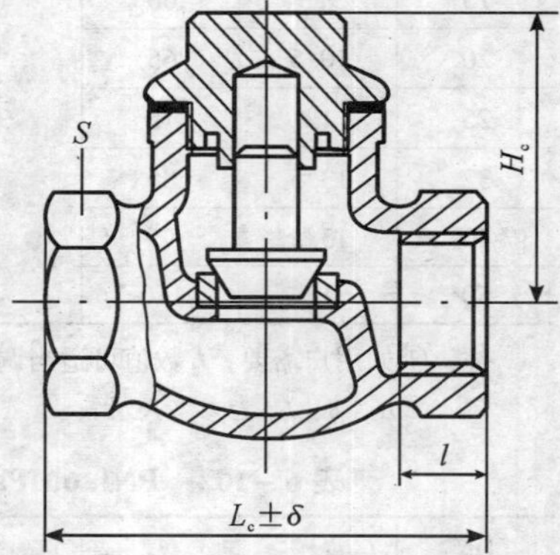

图 6－64　PN1MPa 铜制止回阀

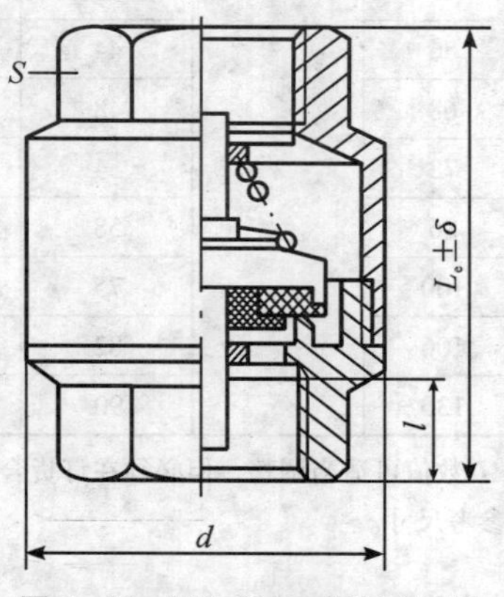

图 6－65　PN1.6MPa 铜制止回阀

表 6－103　PN1. 6MPa 铁制止回阀基本尺寸（mm）

DN	$l_{有效}$ ≥	L		δ	H_c	H_d	S
		A	B				
15	11	65	90	2	42	46	30
20	13	75	100		48	52	36
25	15	90	120		58	60	46
32	17	105	140		68	70	55
40	18	120	170		75	78	62
50	20	140	200		82	86	75

注：H_c、H_d、S 为参考尺寸。

表 6－104　PN1MPa 铜制止回阀基本尺寸（mm）

DN	$l_{有效}$ ≥	L		δ	H_d	H_c	S
		L_d	L_c				
15	9. 5	60	52	2	35	30	27
20	10. 5	65	60		40	38	33
25	12	75	70		47	46	40
32	13. 5	85	80		53	52	50
40	13. 5	95	86		60	60	55
50	17	110	104		70	70	70

注：①如用户需要，L 数值可适当调整，但必须在订货合同中注明。

②H_c、H_d、S 为参考尺寸。

表 6－105　PN1. 6MPa 铜制止回阀基本尺寸（mm）

DN	$l_{有效}$ ≥	L			δ	H_d	H_c	S	d
		L_d	L_c	L_e					
15	11. 4	68	56	50	2	40	40	27	35
20	12. 7	78	67	60		48	48	33	41
25	14. 5	86	78	65		54	54	40	48
32	16. 8	100	88	—		60	60	50	—
40	16. 8	106	104			70	70	55	
50	21. 1	130	120			80	80	70	

注：①如用户需要，L 数值可适当调整，但必须在订货合同中注明。

②H_c、H_d、S、d 为参考尺寸。

第七章　建筑五金

7.1　金属网、窗纱及玻璃

7.1.1　网类

1. 一般用途镀锌低碳钢丝编织波纹方孔网

一般用途镀锌低碳钢丝编织波纹方孔网（QB/T 1925.3—1993）按编织型式分A型网（图7－1）、B型网（图7－2）；按材料可分热镀锌低碳钢丝编织网、电镀锌低碳钢丝编织网。其尺寸规格和质量要求如表7－1～表7－8所示。

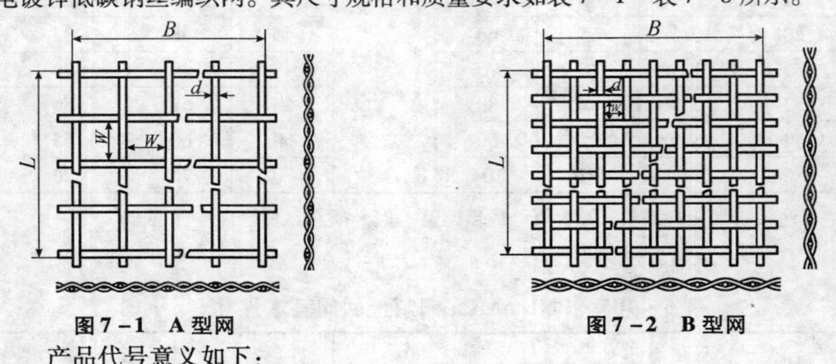

图7－1　A型网　　**图7－2　B型网**

产品代号意义如下：

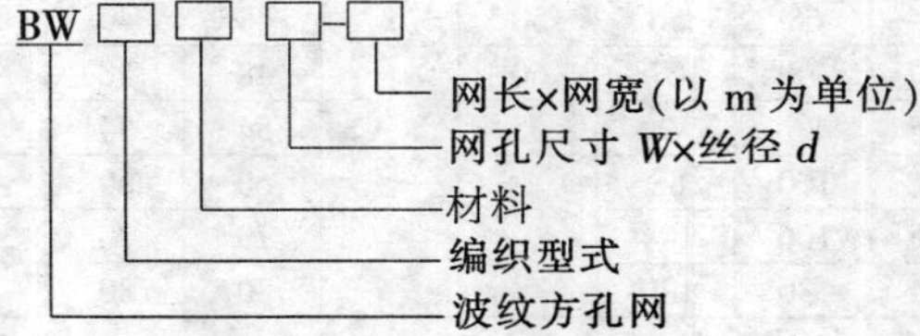

标记示例：

用A型编织型式，热镀锌低碳钢丝编织的网孔为25mm、丝径为

3.50mm、长度为30m、宽度为1m的波纹方孔网，其标记为：

BWA R 25×3.5—30×1　QB/T 1925.3

用B型编织型式，电镀锌低碳钢丝编织的网孔为2.5mm、丝径为0.90mm、长度为50m、宽度为1m的波纹方孔网，其标记为：

BWB D 2.5×0.9—50×1　QB/T 1925.3

表7-1　网面长度和宽度尺寸（mm）

网面尺寸 / 产品分类	L		B	
	基本尺寸	极限偏差	基本尺寸	极限偏差
片网	<1 000	+10 0	900	±6
	1 000～5 000	+50 0	1 000	±6
	5 001～10 000	+100 0	1 500	±8
卷网	10 000～30 000	≥0	2 000	±18

表7-2　网孔尺寸规格（mm）

丝径 d	网孔尺寸 W							
	A型				B型			
	Ⅰ系	偏差	Ⅱ系	偏差	Ⅰ系	偏差	Ⅱ系	偏差
0.70					1.5 2.0	±0.2		
0.90					2.5	±0.2		
1.20	6	±0.7	8	±0.7				
1.60	8 10	±0.8	12	±1.0	3	±0.7	5	±0.8
2.20	12	±1.0	15 20	±1.2	4		6	±0.9
2.80	15 20	±1.0	25	±1.2		±0.8	10 12	±0.8 ±1.0
3.5	20 25	±1.0	30	±1.5	6		8 10 15	±0.8 ±1.0 ±1.5
4.00	20 25	±1.0	30	±1.5	8	±0.7 ±0.8	12 16	±1.5

续表

丝径 d	网孔尺寸 W							
	A型				B型			
	Ⅰ系	偏差	Ⅱ系	偏差	Ⅰ系	偏差	Ⅱ系	偏差
5.00	25	±1.5	28	±2.0	20	±1	22	±1.5
	30		36					
6.00	30	±1.5	28	±2.0	20	±1	18	±1.5
	40	±2.0	35	±3.0				
	50		45		25		22	
8.00	40	±3.0	40	±3.0	30	±1.5	35	±2
	50		50					
10.00	80	±4.0	70	±5.0				
	100	±5.0	90	±7.0				
	125		110					

注：①Ⅰ系为优先选用规格；Ⅱ系为一般规格。

②可根据用户需要生产其他规格尺寸。

表7－3　片网平度偏差表（mm）

分类 / 等级	A型网面积			B型网面积		
	$<1m^2$	$1\sim2m^2$	$>2m^2$	$<1m^2$	$1\sim2m^2$	$>2m^2$
优等品	20	30	40	30	40	50
一级品	25	40	50	40	50	60
合格品	40	50	80	60	80	90

表7－4　网面经线倒条根数表

分　类 / 等　级	片网每平方米经丝总根数	卷网经向5米网面经丝总根数	每根长度（mm）
优等品	2	3	<400
一级品	3	4	<500
合格品	5	7	<1 000

表7－5　网边丝径露头数表（mm）

网孔尺寸 W / 等　级	1.5～10	12～25	>25
		≤	
优等品	6	8	10
一级品	8	10	15
合格品	10	15	20

表 7－6　10mm 以下的网面跳线处数表

网孔 W / 等级	片网每平方米网面			卷网经向 5 米网面		
	1.5～3	4～8	10	1.5～5	6～8	10
	≤					
优等品	2	1	0	5	2	0
一级品	3	2	1	6	3	1
合格品	5	3	2	8	4	2

注：网面每处跳线不得超过 3 个网孔，网孔尺寸 W 在 10mm 以上的网不允许跳线。

表 7－7　经线网面搭头数表

网孔 W / 等级	片网每平方米网面		卷网经向 5 米网面	
	≤5mm	>5mm	≤5mm	>5mm
	≤			
优等品	0	0	2	1
一级品	1	0	3	2
合格品	2	1	5	3

注：每根搭头长度为 3～5 个网孔，纬线不允许有搭头。

表 7－8　网孔 W 小于等于 8mm 的缩纬处数表

分类 / 等级	片网 每平方米网面≤	卷网 经向 5 米网面≤
优等品	0	3
一级品	1	5
合格品	2	7

注：每处缩纬不得超过一个网孔；网孔大于 8mm 的不得有缩纬。

2. 一般用途镀锌低碳钢丝编织六角网

一般用途镀锌低碳钢丝编织六角网（QB/T 1925.2—1993）的产品分类如下：

按镀锌方式分：
- 先编后镀网　代号：B
- 先电镀锌后织网　代号：D
- 先热镀锌后织网　代号：R

按编织型式分：
- 单向搓捻式　代号：Q（图 7－3）
- 双向搓捻式　代号：S（图 7－4）
- 双向搓捻式有加强筋　代号：J（图 7－5）

钢丝六角网的规格尺寸见表 7－9、表 7－10、表 7－11。其产品代号如下：

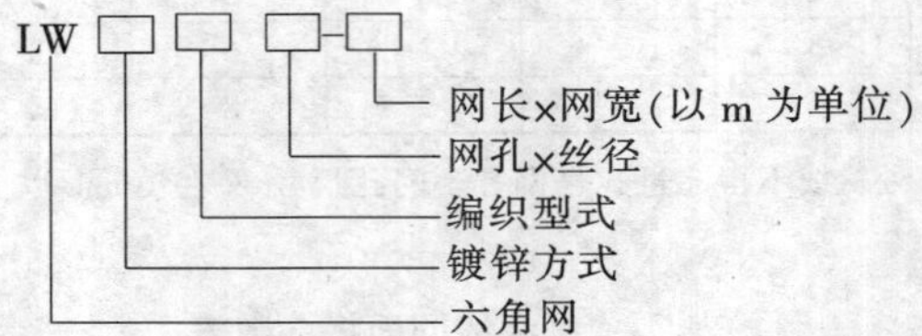

标记示例：

先编后镀的编织网网孔为 16mm，丝径为 0.9mm，网面宽为 1m，网长为 3m 单向搓捻的一般用途镀锌低碳钢丝编织六角网，其标记为：

LWBQ 16×0.9—1×3　QB/T　1925.2

先热镀锌后编的编织网网孔为 20mm，丝径为 0.80mm，网面宽为 1.5m，网长为 5m 的双向搓捻有加强筋的六角网，其标记为：

LWRJ 20×0.8—1.5×5　QB/T　1925.2

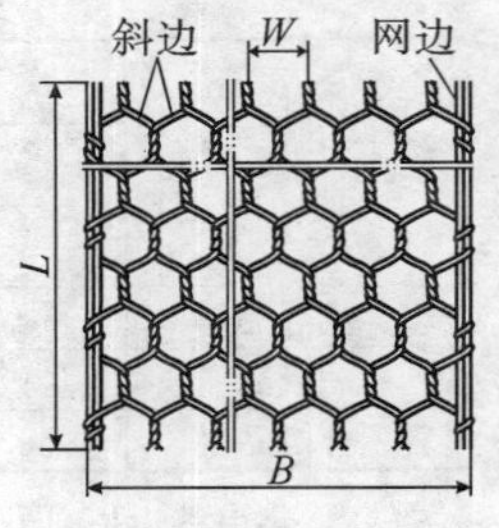

图 7－3　单向搓捻式

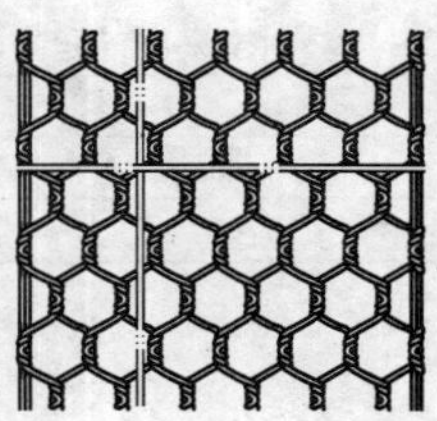

图 7－4　双向搓捻式

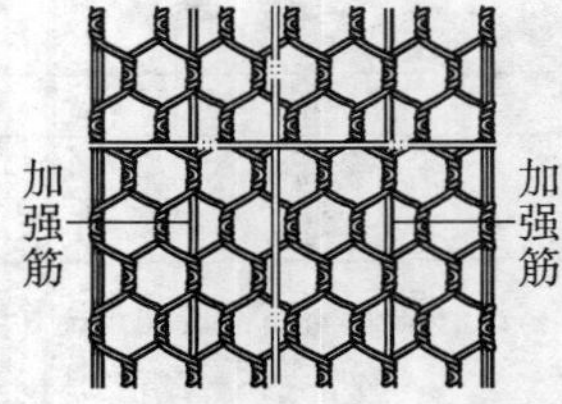

图 7－5　双向搓捻式有加强筋

表 7－9　产品规格尺寸（mm）

网孔尺寸 W		斜边差 C	网面丝径			网面锌层（g/m²）
			镀前		镀后	
规格	极限偏差		直径 d	极限偏差	直径 d	
10	±3	≤2.5	0.40	±0.03	≥0.42	≥225
			0.45		≥0.47	≥205
			0.50		≥0.52	≥195
			0.55		≥0.57	≥125
			0.60		≥0.62	≥135
13	±3	≤3	0.40	±0.03	≥0.42	≥225
			0.45		≥0.47	≥205
			0.50		≥0.52	≥195
			0.55		≥0.57	≥125
			0.60		≥0.62	≥135
			0.70	±0.04	≥0.72	≥145
			0.80		≥0.82	≥155
			0.90		≥0.92	≥165
16	±3	≤4	0.40	±0.03	≥0.42	≥50
			0.45		≥0.47	≥60
			0.50		≥0.52	≥70
			0.55		≥0.57	≥80
			0.60		≥0.62	≥90
			0.70	±0.04	≥0.72	≥100
			0.80		≥0.82	≥110
			0.90		≥0.92	≥112
20	±3	≤5	0.40	±0.03	≥0.42	≥20
			0.45		≥0.47	≥30
			0.50		≥0.52	≥40
			0.55		≥0.57	≥50
			0.60		≥0.62	≥60
			0.70	±0.04	≥0.72	≥70
			0.80		≥0.82	≥80
			0.90		≥0.92	≥90
			1.00	±0.05	≥1.02	≥100

续表

网孔尺寸 W		斜边差 C	网面丝径			网面锌层 (g/m²)
			镀前		镀后	
规格	极限偏差		直径 d	极限偏差	直径 d	
25	±3	≤6.5	0.40	±0.03	≥0.42	≥20
			0.45		≥0.47	≥20
			0.50		≥0.52	≥30
			0.55		≥0.57	≥40
			0.60		≥0.62	≥50
			0.70	±0.04	≥0.72	≥60
			0.80		≥0.82	≥70
			0.90		≥0.92	≥80
			1.00	±0.05	≥1.02	≥90
			1.10		≥1.12	≥100
			1.20		≥1.22	≥110
			1.30		≥1.32	≥120
30	±4	≤7.5	0.45	±0.03	≥0.47	≥30
			0.50		≥0.52	≥35
			0.55		≥0.57	≥40
			0.60		≥0.62	≥45
			0.70	±0.04	≥0.72	≥50
			0.80		≥0.82	≥55
			0.90		≥0.92	≥65
			1.00	±0.05	≥1.02	≥75
			1.10		≥1.12	≥85
			1.20		≥1.22	≥95
			1.30		≥1.32	≥105

续表

网孔尺寸 W		斜边差 C	网面丝径			网面锌层 (g/m²)
			镀前		镀后	
规格	极限偏差		直径 d	极限偏差	直径 d	
40	±5	≤8	0.50	±0.03	≥0.52	≥25
			0.55		≥0.57	≥30
			0.60		≥0.62	≥35
			0.70	±0.04	≥0.72	≥40
			0.80		≥0.82	≥45
			0.90		≥0.92	≥55
			1.00	±0.05	≥1.02	≥65
			1.10		≥1.12	≥75
			1.20		≥1.22	≥85
			1.30		≥1.32	≥95
50	±6	≤10	0.50	±0.03	≥0.52	≥20
			0.55		≥0.57	≥20
			0.60		≥0.62	≥25
			0.70	±0.04	≥0.72	≥30
			0.80		≥0.82	≥35
			0.90		≥0.92	≥40
			1.00	±0.05	≥1.02	≥45
			1.10		≥1.12	≥50
			1.20		≥1.22	≥65
			1.30		≥1.32	≥70
75	±12	≤12	0.50	±0.03	≥0.52	≥20
			0.55		≥0.57	≥20
			0.60		≥0.62	≥20
			0.70	±0.04	≥0.72	≥20
			0.80		≥0.82	≥20
			0.90		≥0.92	≥25
			1.00	±0.05	≥1.02	≥30
			1.10		≥1.12	≥35
			1.20		≥1.22	≥40
			1.30		≥1.32	≥45

注：网孔斜边差就是两根相邻金属丝组成网孔斜边长短之差。

表 7－10　网面长度 *L* 和宽度 *B* 基本尺寸和偏差（mm）

类别	*L*		*B*	
	基本尺寸	极限偏差	基本尺寸	极限偏差
B 型	25 000	≥0	500	±2.5%
	30 000		1 000	
	50 000		1 500	
			2 000	
D 型、R 型	25 000	≥0	500	±1.5%
	30 000		1 000	
	50 000		1 500	
			2 000	

表 7－11　网面断丝处数和根数表

丝　径（mm）	（m^2）	处数≤	根数≤
0.50～0.60	10	1	2
0.70～0.90	20	1	2
1.00～1.40	30	1	1

3. 一般用途镀锌低碳钢丝编织方孔网（镀锌低碳钢丝布）

一般用途镀锌低碳钢丝编织方孔网（QB/T 1925.1—1993）按材料可分两类：电镀锌低碳钢丝编织方孔网，代号 D。热镀锌低碳钢丝编织方孔网，代号 R。其型式见图 7－6，规格尺寸和质量要求见表 7－12～表 7－23。

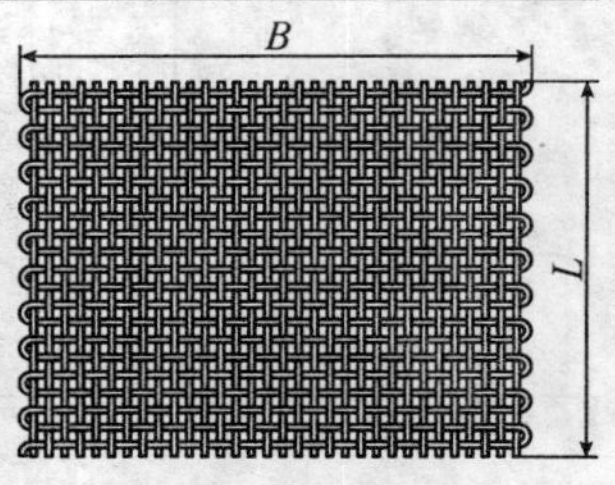

图 7－6　镀锌低碳钢丝编织网

表 7－12　网面长度和宽度规格（mm）

网孔尺寸 *W*	长度 *L*		宽度 *B*	
	基本尺寸	极限偏差	基本尺寸	极限偏差
0.50～1.40	30 000	≥0	914	±5
1.60～7.25			1 000	±6
8.46～12.70			1 200	±8

表 7－13 网孔尺寸与网丝直径表

<table>
<tr><th rowspan="2">网孔尺寸 W
（mm）</th><th colspan="3">等级</th><th rowspan="2">丝径 d
（mm）</th></tr>
<tr><th>优等品</th><th>一级品</th><th>合格品</th></tr>
<tr><td>0. 50</td><td rowspan="7">7. 0</td><td rowspan="7">7. 5</td><td rowspan="7">8. 0</td><td rowspan="5">0. 20</td></tr>
<tr><td>0. 55</td></tr>
<tr><td>0. 60</td></tr>
<tr><td>0. 64</td></tr>
<tr><td>0. 66</td></tr>
<tr><td>0. 95</td><td rowspan="2">0. 25</td></tr>
<tr><td>1. 05</td></tr>
<tr><td>1. 15</td><td rowspan="7">6. 5</td><td rowspan="7">7. 0</td><td rowspan="7">7. 5</td><td rowspan="4">0. 30</td></tr>
<tr><td>1. 30</td></tr>
<tr><td>1. 40</td></tr>
<tr><td>1. 50</td></tr>
<tr><td>1. 80</td><td>0. 35</td></tr>
<tr><td>2. 10</td><td rowspan="2">0. 45</td></tr>
<tr><td>2. 55</td></tr>
<tr><td>2. 80</td><td rowspan="2">5. 0</td><td rowspan="2">5. 5</td><td rowspan="2">6. 0</td><td rowspan="2">0. 55</td></tr>
<tr><td>3. 20</td></tr>
</table>

表 7－14 网面断丝允许表

<table>
<tr><th rowspan="2">网孔尺寸 W
（mm）</th><th colspan="3">每卷根数≤</th><th rowspan="2">断丝孔数</th></tr>
<tr><th>优等品</th><th>一级品</th><th>合格品</th></tr>
<tr><td>0. 50～0. 80</td><td>4</td><td>5</td><td>6</td><td>3</td></tr>
<tr><td>0. 85～1. 40</td><td>2</td><td>3</td><td>4</td><td>2</td></tr>
<tr><td>1. 60～3. 20</td><td>不允许断丝</td><td>1</td><td>2</td><td>1</td></tr>
<tr><td>3. 60～12. 70</td><td colspan="4">不允许断丝</td></tr>
</table>

表 7-15　网面稀密档规定表　≤

<table>
<tr><th rowspan="2">网孔尺寸 W（mm）</th><th colspan="3">每卷稀档处数</th><th rowspan="2">每卷密档处数</th><th colspan="2">每处条数</th><th colspan="3">经向 1m 内处数</th><th rowspan="2">每孔偏差（孔）</th></tr>
<tr><th>优等品</th><th>一级品</th><th>合格品</th><th>稀档</th><th>密档</th><th>优等品</th><th>一级品</th><th>合格品</th></tr>
<tr><td>0.50～0.80</td><td>5</td><td>6</td><td>8</td><td>12</td><td rowspan="5">3</td><td rowspan="3">3</td><td>1</td><td>1</td><td>2</td><td>1/3</td></tr>
<tr><td>0.85～1.40</td><td>4</td><td>5</td><td>6</td><td>10</td><td>1</td><td>1</td><td>2</td><td rowspan="4">1/2</td></tr>
<tr><td>1.60～3.20</td><td>3</td><td>4</td><td>5</td><td>8</td><td>1</td><td>1</td><td>2</td></tr>
<tr><td>3.60～5.65</td><td>2</td><td>3</td><td>4</td><td>6</td><td rowspan="2">5</td><td>1</td><td>1</td><td>2</td></tr>
<tr><td>6.35～12.70</td><td>1</td><td>2</td><td>4</td><td>5</td><td>1</td><td>1</td><td>2</td></tr>
</table>

表 7-16　边缘波幅高度允许表（mm）

网孔尺寸 W	边缘波幅高度≤		
	优等品	一级品	合格品
0.50～2.10	20	23	25
2.55～12.70	30	35	40

表 7-17　不直经纬丝根数允许值

<table>
<tr><th rowspan="2">网孔尺寸 W（mm）</th><th colspan="2">每卷根数</th><th rowspan="2">经向 1m 内根数</th><th rowspan="2">每根长度（mm）</th></tr>
<tr><th>经丝</th><th>纬丝</th></tr>
<tr><td>0.50～0.80</td><td>7</td><td>12</td><td rowspan="2">5</td><td>100</td></tr>
<tr><td>0.85～1.40</td><td>6</td><td>10</td><td>120</td></tr>
<tr><td>1.60～3.20</td><td>5</td><td>8</td><td rowspan="2">3</td><td>250</td></tr>
<tr><td>3.60～12.70</td><td>3</td><td>6</td><td>300</td></tr>
</table>

注：长度大于 50mm，弯曲超过 1/4 的经纬丝为不直网丝。

表 7-18　跳丝数值表　≤

网孔尺寸 W（mm）	每卷根数	每根长度跳孔数
0.50～0.80	10	8
0.85～1.40	8	6
1.60～3.20	6	4
3.60～12.70	2	2

表 7－19　顶扣回鼻数值表　≤

网孔尺寸 *W*（mm）	每卷个数	经向 1m 网面内个数
0. 50～0. 80	15	2
0. 85～1. 40	15	2
1. 60～3. 20	15	2
3. 60～12. 70	25	3

表 7－20　缩纬数值表　≤

<table>
<tr><th>网孔尺寸 W（mm）</th><th>每卷处数</th><th>每处个数</th></tr>
<tr><td>0. 50～0. 80</td><td>7</td><td>20</td></tr>
<tr><td>0. 85～1. 40</td><td rowspan="2">6</td><td rowspan="2">15</td></tr>
<tr><td>1. 60～3. 20</td></tr>
<tr><td>3. 60～12. 70</td><td>5</td><td>15</td></tr>
</table>

表 7－21　勒边数值表　≤

网孔尺寸 *W*（mm）	每卷处数	每处经向长度（mm）	勒进孔数	下列勒进孔数不计
0. 50～0. 80	8	15	4	1
0. 85～1. 40	7	20	3	1½
1. 60～5. 65	6	25	2	1
6. 35～12. 70	4	30	1½	1/2

表 7－22　锯齿边数值表　≤

网孔尺寸 *W*（mm）	每卷处数	每处经向长度（mm）	伸出或凹进孔数	下列伸出或凹进孔数不计
0. 50～0. 80	8	100	2	1
0. 85～1. 40	7	200	1½	7/10
1. 60～5. 65	6	200	1	1/2
6. 35～12. 70	4	300	1/2	1/4

表 7-23 拼段数值表

网孔尺寸 W（mm）	每卷拼段数（个）	每段长度（m）
0.50～0.66	≤4	≥3
0.70～1.05	≤3	≥4
1.15～4.60	≤2	≥5
5.10～12.70	不允许拼段	

产品代号意义如下：

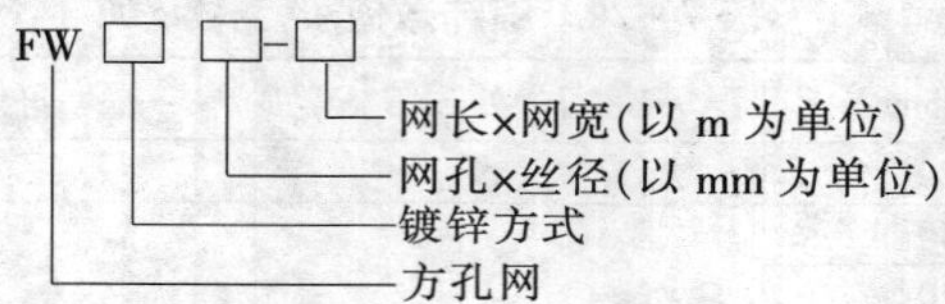

标记示例：

用一般低碳钢丝编织的方孔网，网孔尺寸为 6.5mm，丝径 d 为 0.9mm，长度 L 为 30m、宽度 B 为 0.914m，其标记为：

FWR 6.35×0.90—30×0.914　QB/T 1925.1

4. 铜丝编织方孔网

铜丝编织方孔网（QB/T 2031—1994）按编织型式分平纹编织：代号 P（图 7-7）、斜纹编织：代号 E（图 7-8）、珠丽纹编织：代号 Z（图 7-9）三类。按材料分有铜：代号 T、黄铜：代号 H、锡青铜：代号 Q 三种。其产品规格尺寸和技术要求见表 7-24～表 7-27。

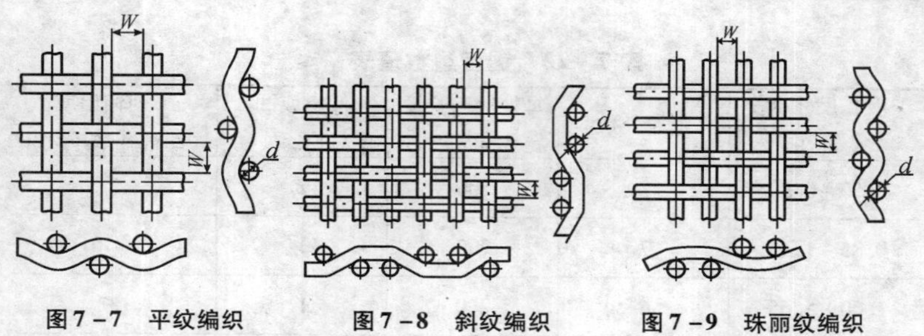

图 7-7 平纹编织　　图 7-8 斜纹编织　　图 7-9 珠丽纹编织

表 7－24　铜丝编织方孔网的规格尺寸

网孔基本尺寸 *W*			金属丝直径基本尺寸 *d*	网孔算术平均尺寸偏差		
主要尺寸	补充尺寸					
R10系列	R20系列	R40/3系列		优等品	一级品	合格品
（mm）				（±%）		
5.00	5.00	—	1.60 1.25 1.12 1.00 0.90			
—	—	4.75	1.60 1.25 1.12 1.00 0.90			
—	4.50	—	1.40 1.12 1.00 0.90 0.80 0.71			
4.00	4.00	4.00	1.40 1.25 1.12 1.00 0.900 0.710			
—	3.55	—	1.25 1.00 0.900 0.800 0.710 0.630 0.560			
—	—	3.55	1.25 0.900 0.800 0.710 0.630 0.560	5	7	9.8
3.15	3.15	—	1.25 1.12 0.800 0.710 0.630 0.560 0.500			
—	2.8	2.8	1.12 0.800 0.710 0.630 0.560			
2.50	2.50	—	1.00 0.710 0.630 0.560 0.500			
—	—	2.36	1.00 0.800 0.630 0.560 0.500 0.450			
—	2.24	—	0.900 0.630 0.560 0.500 0.450			
2.00	2.00	2.00	0.900 0.630 0.560 0.500 0.450 0.400			
—	1.80	—	0.800 0.560 0.500 0.450 0.400			
—	—	1.70	0.800 0.630 0.500 0.450 0.400			
1.60	1.60	—	0.800 0.560 0.500 0.450 0.400			
—	1.40	1.40	0.710 0.560 0.500 0.450 0.400 0.355			
1.25	1.25	—	0.630 0.560 0.500 0.400 0.355 0.315	5	7	9.8
—	—	1.18	0.630 0.500 0.450 0.400 0.355 0.315			
—	1.12	—	0.560 0.450 0.400 0.355 0.315 0.280			
1.00	1.00	1.00	0.560 0.500 0.400 0.355 0.315 0.280 0.250			
—	0.90	—	0.500 0.450 0.355 0.315 0.250 0.224			

续表

网孔基本尺寸 W 主要尺寸 R10系列	补充尺寸 R20系列	补充尺寸 R40/3系列	金属丝直径基本尺寸 d	网孔算术平均尺寸偏差 优等品	一级品	合格品
(mm)				(±%)		
—	—	0.850	0.500 0.450 0.355 0.315 0.280 0.250 0.224	5.6	8	11.2
0.800	0.800	—	0.450 0.355 0.315 0.280 0.250 0.200			
—	0.710	0.710	0.450 0.355 0.315 0.280 0.250 0.200			
0.630	0.630	—	0.400 0.315 0.280 0.250 0.224 0.200			
—	—	0.600	0.400 0.315 0.280 0.250 0.200 0.180			
—	0.560	—	0.315 0.280 0.250 0.224 0.180			
0.500	0.500	0.500	0.315 0.250 0.224 0.200 0.160			
—	0.450	—	0.280 0.250 0.200 0.180 0.160 0.140			
—	—	0.425	0.280 0.224 0.200 0.180 0.160 0.140			
0.400	0.400	—	0.250 0.224 0.200 0.180 0.160 0.140			
—	0.355	0.355	0.224 0.200 0.180 0.140 0.125	5.6	8	11.2
0.315	0.315	—	0.200 0.180 0.160 0.140 0.125			
—	—	0.300	0.200 0.180 0.160 0.140 0.125 0.112			
—	0.280	—	0.180 0.160 0.140 0.112			
0.250	0.250	0.250	0.160 0.140 0.125 0.112 0.100			
—	0.224	—	0.160 0.125 0.100 0.090			
—	—	0.212	0.140 0.125 0.112 0.100 0.090			
0.200	0.200	—	0.140 0.125 0.112 0.090 0.080			
0.200	0.200	—	0.140 0.125 0.112 0.090 0.080	6.3	9	12.5
0.180	0.180	—	0.125 0.112 0.100 0.090 0.080 0.071			
0.160	0.160	—	0.112 0.100 0.090 0.080 0.071 0.063			
—	—	0.150	0.100 0.090 0.080 0.071 0.063	7	10	14

续表

网孔基本尺寸 *W*			金属丝直径基本尺寸 *d*	网孔算术平均尺寸偏差		
主要尺寸	补充尺寸					
R10 系列	R20 系列	R40/3 系列		优等品	一级品	合格品
(mm)				(±%)		
—	0.140	—	0.100 0.090 0.071 0.063 0.056	7	10	14
0.125	0.125	0.125	0.090 0.080 0.071 0.063 0.056 0.050			
—	—	0.106	0.080 0.071 0.063 0.056 0.050			
0.100	0.100	—	0.080 0.071 0.063 0.056 0.050	8	11.2	15.7
—	0.090	0.090	0.071 0.063 0.056 0.050 0.045			
0.080	0.080	—	0.063 0.056 0.050 0.045 0.040			
—	—	0.075	0.063 0.056 0.050 0.045 0.040			
—	0.071		0.056 0.050 0.045 0.040			
0.063	0.063	0.063	0.050 0.045 0.040 0.036	8	11.2	15.7
—	0.056	—	0.045 0.040 0.036 0.032	8	12.5	17.5
—	—	0.053	0.040 0.036 0.032			
0.050	0.050		0.040 0.036 0.032 0.030	9	12.5	17.5
—	0.045	0.045	0.036 0.032 0.028			
0.040	0.040	—	0.032 0.030 0.025			
—	—	0.038	0.032 0.030 0.025	10	14	19.6
—	0.036	—	0.030 0.028 0.022			

产品代号意义：

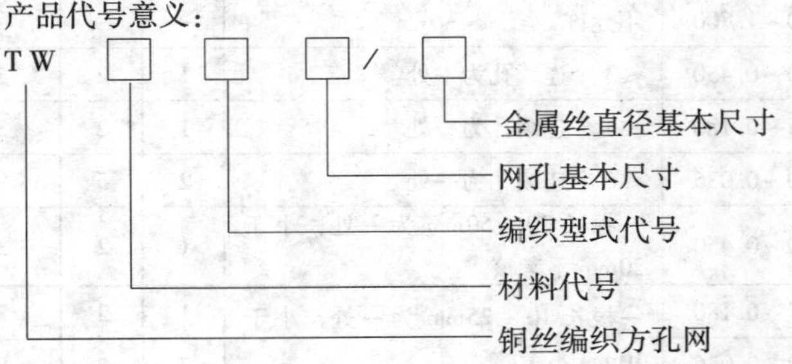

标记示例：

网孔基本尺寸 0.85mm，铜丝直径 0.280mm 的平纹编织方孔网的标记为：

TWTP 0.85/0.28　QB/T 2031—1994

网孔基本尺寸 0.180mm，黄铜丝直径 0.080mm 的平纹编织方孔网的标记为：

TWHP　0.180/0.080　QB/T　2031—1994

网孔基本尺寸 0.063mm，锡青铜丝直径 0.040mm 的斜纹编织方孔网标记为：

TWQE 0.063/0.040　QB/T 2031—1994

产品用途：

铜丝编织方孔网适用于作筛选、过滤等。

表 7－25　方孔网每卷网长、网宽及允许偏差表（mm）

网孔基本尺寸 W	网长 L		网宽 B	
	公称尺寸	允许偏差	公称尺寸	允许偏差
0.036～5.00	30 000	≥0	914	±5
			1 000	

表 7－26　网面允许缺陷表

缺陷名称	网孔基本尺寸 W（mm）	缺陷程度	每卷不超过处数		
			优等品	一级品	合格品
断丝	5.000～1.700	不允许	—	—	—
	1.600～0.450	≤3 个连续孔为一处	1	2	3
	0.425～0.180	≤4 个连续孔为一处	1	2	3
	0.160～0.036	≤6 个连续孔为一处	2	5	8
松丝	5.000～0.450	一根长 20～50mm 为一处，小于 20mm 不考核	1	2	3
	0.425～0.180	一根长 10～25mm 为一处，小于 10mm 不考核	1	2	3
	0.160～0.036		2	5	8

续表

<table>
<tr><th rowspan="2">缺陷名称</th><th rowspan="2">网孔基本尺寸 W（mm）</th><th rowspan="2" colspan="2">缺陷程度</th><th colspan="3">每卷不超过处数</th></tr>
<tr><th>优等品</th><th>一级品</th><th>合格品</th></tr>
<tr><td rowspan="4">顶扣</td><td>5.000～0.450</td><td rowspan="4" colspan="2">一个为一处</td><td>1</td><td>2</td><td>3</td></tr>
<tr><td>0.425～0.180</td><td>1</td><td>3</td><td>5</td></tr>
<tr><td>0.160～0.125</td><td>3</td><td>7</td><td>10</td></tr>
<tr><td>0.112～0.036</td><td>4</td><td>10</td><td>15</td></tr>
<tr><td rowspan="8">稀密档</td><td>5.000～0.450</td><td rowspan="4">经向</td><td rowspan="4">每根长度不大于 3m 为一条</td><td>0</td><td>0</td><td>1</td></tr>
<tr><td>0.425～0.180</td><td>0</td><td>1</td><td>2</td></tr>
<tr><td>0.160～0.125</td><td>0</td><td>1</td><td>2</td></tr>
<tr><td>0.112～0.036</td><td>1</td><td>2</td><td>3</td></tr>
<tr><td>5.000～0.450</td><td rowspan="4">纬向</td><td rowspan="4">不大于 10mm 为一处</td><td>1</td><td>2</td><td>4</td></tr>
<tr><td>0.425～0.180</td><td>2</td><td>4</td><td>8</td></tr>
<tr><td>0.160～0.125</td><td>4</td><td>8</td><td>10</td></tr>
<tr><td>0.112～0.036</td><td>4</td><td>8</td><td>12</td></tr>
<tr><td rowspan="4">缩纬</td><td>5.000～0.450</td><td colspan="2">经向长度 50mm 内，6～9 个为一处，小于 6 个不考核</td><td rowspan="4">6</td><td rowspan="4">14</td><td rowspan="4">20</td></tr>
<tr><td>0.425～0.180</td><td colspan="2">经向长度 50mm 内，8～12 个为一处，小于 8 个不考核</td></tr>
<tr><td>0.160～0.125</td><td colspan="2">经向长度 50mm 内，12～18 个为一处，小于 12 个不考核</td></tr>
<tr><td>0.112～0.036</td><td colspan="2">经向长度 50mm 内，16～24 个为一处，小于 16 个不考核</td></tr>
</table>

续表

缺陷名称	网孔基本尺寸 W（mm）	缺陷程度	每卷不超过处数		
			优等品	一级品	合格品
回鼻	5. 000 ~0. 450	不允许	—	—	—
	0. 425 ~0. 180	一个为一处	1	3	5
	0. 160 ~0. 125		2	6	10
	0. 112 ~0. 036		4	12	20
并丝	5. 000 ~0. 450	长度 50 ~ 100mm 为一处，小于 50mm 不考核	1	2	4
	0. 425 ~0. 180		1	4	6
	0. 160 ~0. 125		2	5	8
	0. 112 ~0. 063		3	7	10
	0. 056 ~0. 036		4	9	14
跳丝	5. 000 ~1. 700	不允许	—	—	—
	1. 600 ~0. 450	≤3 孔为一处	1	2	3
	0. 425 ~0. 180	≤4 孔为一处	1	3	5
	0. 160 ~0. 036	≤6 孔为一处	3	7	10

注：① 5. 000 ~0. 180 大于规定网孔基本尺寸的 50% 为稀档，小于规定网孔基本尺寸 50% 为密档。

0. 160 ~0. 036 大于规定网孔基本尺寸的 60% 为稀档，小于规定网孔基本尺寸 60% 为密档。

②有下列情况之一，均为不合格：

断丝的连续孔数、松丝长度、稀密档长度、缩纬个数、并丝长度或跳丝孔数超过了表中缺陷程度规定的上限。

③网面表面质量应平整、清洁，不得有破洞、机械损伤、锈斑和杂物织入。允许经向接头，但应编织紧密。

表 7 –27　网段组成规定表

网孔基本尺寸（mm）	网段组成数量	最小网段长度（m）
5. 0 ~2. 8	1	—
2. 5 ~0. 315	≤2	5
0. 300 ~0. 200	≤3	
0. 180 ~0. 140	≤4	2. 5
0. 125 ~0. 080	≤5	
0. 075 ~0. 036	≤6	

注：产品应成卷供应，同一卷内必须是同一规格、同一材料、同一等级的网段组成。

5. 钢板网

钢板网（QB/T 3896—1999）适用于建筑、防护、通风、隔离等工程方面。钢板网的结构见图7－10。其规格尺寸、技术要求等见表7－28～表7－34。

产品标记：

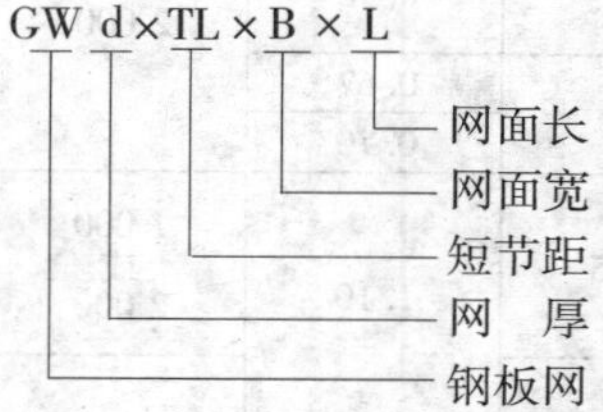

标记示例：

板厚为1.2mm，短节距为12mm，网面宽度为2 000mm，网面长度为4 000mm的钢板网，其标记为：

GW 1.2×12×2 000×4 000

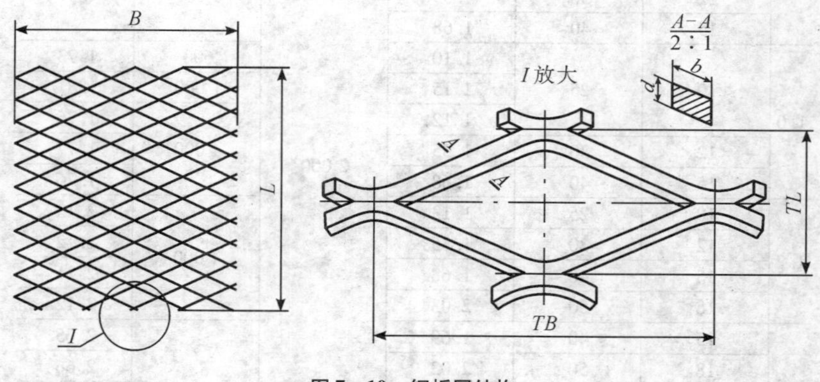

图7－10　钢板网结构

表 7－28　钢板网规格

d	网格尺寸			网面尺寸		钢板网理论质量（kg/m²）
	TL	TB	b	B	L	
（mm）						
0. 5	5	12. 5	1. 11	2 000	1 000	1. 74
	10	25	0. 96		600 1 000	0. 75
	14	25	0. 62		600 1 000	0. 35
			0. 70			0. 39
	5	12. 5	1. 10	1 000 或 2 000	2 000	1. 73
	8	20		2 000	3 000	1. 08
	10	25	1. 12		4 000	0. 88
	12	30	1. 35			
0. 8	10	25	0. 96		600	1. 20
			1. 14		1 000	1. 43
			1. 12		4 000	1. 41
	12	30	1. 35			
	15	40	1. 68			
1. 0	10	25	1. 10		600	1. 73
			1. 15		1 000	1. 81
			1. 12		4 000	1. 76
	12	30	1. 35			1. 77
	15	40	1. 68			1. 76
1. 2	10	25	1. 13		4 000	2. 13
	12	30	1. 35			2. 12
	15	40	1. 68			2. 11
	18	50	2. 03			2. 12
1. 5	15	40	1. 69		4 000 或 5 000	2. 65
	18	50	2. 03			2. 66
	22	60	2. 47			2. 64
	29	80	3. 25			
2. 0	18	50	2. 03			3. 54
	22	60	2. 47			3. 53
	29	80	3. 26			

续表

d	网格尺寸			网面尺寸		钢板网理论质量（kg/m²）
	TL	TB	b	B	L	
	（mm）					
2.0	36	100	4.05	2 000	4 000 或 5 000	3.53
	44	120	4.95			
2.5	29	80	3.26			4.41
	36	100	4.05			4.42
	44	120	4.95			
3.0	36	100	4.05			5.30
	44	120	4.95			
	55	150	4.99		5 000	4.27
	65	180	4.60		6 400	3.33
4.0	22	60	4.5	1 500 或 2 000	2 200	12.85
	30	80	5.0		2 700	10.47
	38	100	6.0		2 800	9.92
4.5	22	60	5.0		2 000	16.05
	30	80	6.0		2 200	14.13
	38	100			2 800	11.16
5.0	24	60			1 800	19.63
	32	80			2 400	14.72
	38	100	7.0		2 400	14.46
	56	150	6.0		4 200	8.41
	76	200			5 700	6.20
6.0	32	80	7.0		2 000	20.60
	38	100			2 400	17.35
	56	150			3 600	11.78
	76	200	8.0		4 200	9.92
7.0	40	100			2 200	21.98
	60	150			3 400	14.65
	80	200	9.0		4 000	12.36
8.0	40	100	8.0		2 200	25.12
			9.0		2 000	28.26
	60	150			3 000	18.84
	80	200	10.0		3 600	15.70

表 7-29　网格短节距 *TL* 的极限偏差（mm）

TL	极限偏差	*TL*	极限偏差	*TL*	极限偏差	*TL*	极限偏差
5	±0.40	12	+0.90 -0.70	22	+1.30 -1.10	44	+2.20 -2.00
8	+0.70 -0.60	14	+0.70 -1.10	29	+1.80 -1.60	55	+2.70 -2.20
		15					
10	+0.80 -0.60	18	+1.10 -1.00	36	+2.00 -1.60	65	+3.20 -2.70

表 7-30　网面长度 *L*、宽度 *B* 的极限偏差（mm）

类别	*L*	*B*
	极 限 偏 差	
$L>1\,000$	+120 0	+25 0
$L\leqslant 1\,000$	+20 0	

网面长短差 *C* 不超过 *L* 的 1.3%。$C=L_2-L_1$（图 7-11）。

表 7-31　网面平度值（mm）

d	*TL*	h_D	h_C
0.5	5	46	70
0.5 ~ 0.8	10	40	58
1.0	14		

注：*d* 为 0.5 ~ 1.0mm，$L\leqslant 1\,000$mm 网面平度应不超过表中规定，如图 7-12、图 7-13 所示。

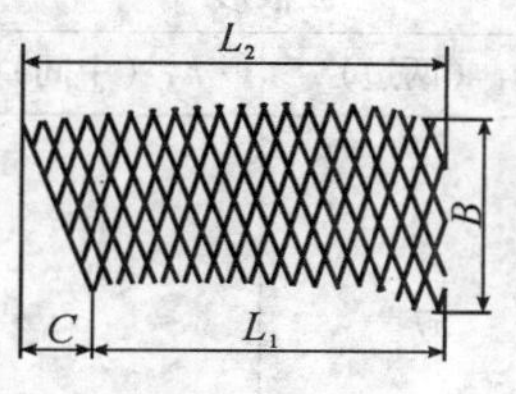

图 7-11　网面长短差

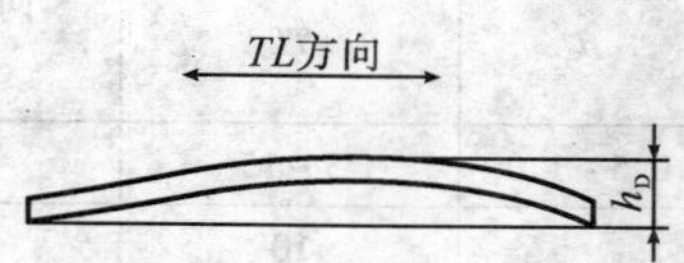

图 7-12　*d* 为 0.5～1.0mm，*L*≤1 000mm，*TL* 方向网面平度示意图

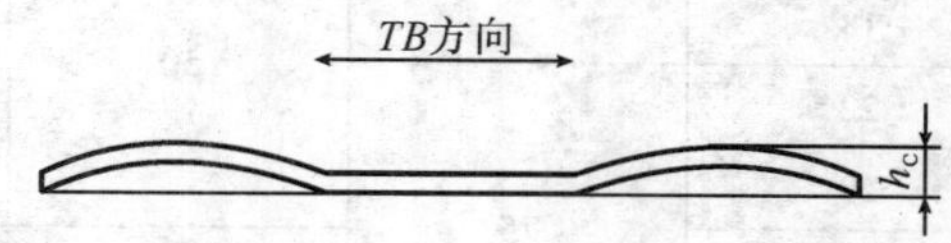

图 7-13　*d* 为 0.5～1.0mm，*L*≤1 000mm，*TB* 方向网面平度示意图

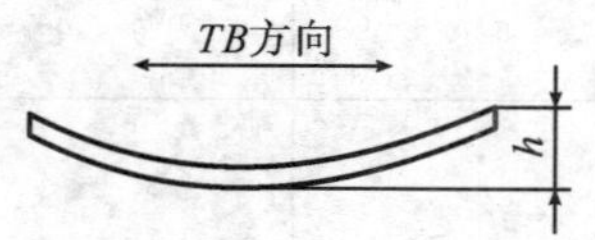

图 7-14　*d* 为 0.5～3mm，*L*＞1 000mm 网面 *TB* 方向平面度示意图

图 7-15　*d* 为 0.5～3mm，*L*＞1 000mm 网面 *TL* 方向平面度示意图

表 7-32　整张网面断丝允许值

规格（mm）	断丝根
L＞1 000	1
L≤1 000	3

表 7－33　网面平度值（mm）

<table>
<tr><th rowspan="2">d</th><th rowspan="2">TL</th><th>两边翘起</th><th colspan="2">波浪形</th></tr>
<tr><th>h</th><th>h_1（两边）</th><th>h_2（中间）</th></tr>
<tr><td>0.5～1.0</td><td>5～15</td><td>112</td><td rowspan="5">57</td><td rowspan="9">40</td></tr>
<tr><td rowspan="4">1.2</td><td>10</td><td rowspan="2">110</td></tr>
<tr><td>12</td></tr>
<tr><td>15</td><td rowspan="2">100</td></tr>
<tr><td>18</td></tr>
<tr><td rowspan="4">1.5</td><td>15</td><td rowspan="2">80</td><td rowspan="4">50</td></tr>
<tr><td>18</td></tr>
<tr><td>22</td><td rowspan="4">75</td></tr>
<tr><td>29</td></tr>
<tr><td rowspan="5">2.0</td><td>18</td><td rowspan="5">46</td><td rowspan="5">30</td></tr>
<tr><td>22</td></tr>
<tr><td>29</td><td rowspan="2">63</td></tr>
<tr><td>36</td></tr>
<tr><td>44</td><td>60</td></tr>
<tr><td rowspan="3">2.5</td><td>29</td><td rowspan="2">63</td><td rowspan="7">35</td><td rowspan="7">25</td></tr>
<tr><td>36</td></tr>
<tr><td>44</td><td rowspan="3">57</td></tr>
<tr><td rowspan="4">3.0</td><td>36</td></tr>
<tr><td>44</td></tr>
<tr><td>55</td><td rowspan="2">50</td></tr>
<tr><td>65</td></tr>
</table>

注：d 为 0.5～3mm，L > 1 000mm 网面平度应不超过表中规定（图 7－14、图 7－15）。

表 7－34　网面平度值（mm）

<table>
<tr><th>TL</th><th>TB</th><th>d</th><th>两边翘起
h</th></tr>
<tr><td>22</td><td rowspan="3">60</td><td>4. 0</td><td rowspan="2">60</td></tr>
<tr><td rowspan="2">24</td><td>4. 5</td></tr>
<tr><td>5. 0</td><td>50</td></tr>
<tr><td rowspan="2">30</td><td rowspan="4">80</td><td>4. 0</td><td rowspan="2">80</td></tr>
<tr><td>4. 5</td></tr>
<tr><td rowspan="2">32</td><td>5. 0</td><td>60</td></tr>
<tr><td>6. 0</td><td>50</td></tr>
<tr><td rowspan="4">38</td><td rowspan="6">100</td><td>4. 0</td><td rowspan="2">100</td></tr>
<tr><td>4. 5</td></tr>
<tr><td>5. 0</td><td>80</td></tr>
<tr><td>6. 0</td><td>60</td></tr>
<tr><td rowspan="2">40</td><td>7. 0</td><td>50</td></tr>
<tr><td>8. 0</td><td>40</td></tr>
<tr><td rowspan="2">56</td><td rowspan="4">150</td><td>5. 0</td><td>100</td></tr>
<tr><td>6. 0</td><td>80</td></tr>
<tr><td rowspan="2">60</td><td>7. 0</td><td>60</td></tr>
<tr><td>8. 0</td><td>50</td></tr>
<tr><td rowspan="2">76</td><td rowspan="4">200</td><td>5. 0</td><td>100</td></tr>
<tr><td>6. 0</td><td>80</td></tr>
<tr><td rowspan="2">80</td><td>7. 0</td><td rowspan="2">60</td></tr>
<tr><td>8. 0</td></tr>
</table>

注：表中数据系指 d 为 4～8mm 时的网面平度值（图 7－14）。

6. 镀锌电焊网

镀锌电焊网（QB/T 3897—1999）适用于建筑、种植、养殖、围栏等用。其型式见图7－16，其尺寸规格和技术要求见表7－35～表7－38。

产品代号：

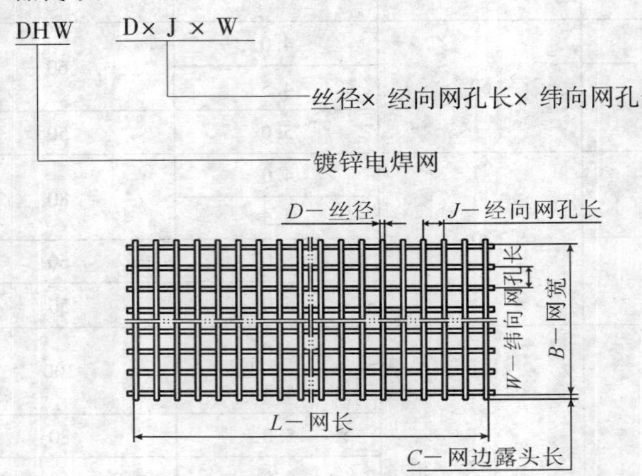

图7－16　镀锌电焊网

标记示例：

丝径0.70mm，经向网孔长12.7mm，纬向网孔长12.7mm的镀锌电焊网，表示为：

DHW　0.70×12.70×12.70

表7－35　镀锌电焊网 ***L***、***B*** 值及极限偏差（mm）

L		*B*	
基本尺寸	极限偏差	基本尺寸	极限偏差
30 000 30 480	≥0	914	±5

注：基本尺寸为30 480mm的适用于外销，也可以根据用户需要的规格生产。

表 7－36　镀锌电焊网尺寸规格（mm）

网号	网孔尺寸 $J \times W$	丝　径　D		网边露头长
		尺寸	极限偏差	
20×20 10×20 10×10	50.80×50.80 25.40×50.80 25.40×25.40	1.80～2.50	±0.07	≤2.5
04×10 06×06	12.70×25.40 19.05×19.05	1.00～1.80	±0.05	≤2
04×04 03×03 02×02	12.70×12.70 9.53×9.53 6.35×6.35	0.50～0.90	±0.04	≤1.5

表 7－37　镀锌电焊网断丝和脱焊允许值

网号	处/卷	处/m	点/处
20×20	4	2	2
10×20	4	2	2
10×10	6	2	3
04×10	8	2	3
06×06	10	3	4
04×04	12	3	4
03×03	15	4	5
02×02	20	4	5

表 7－38　镀锌电焊网焊点抗拉力值

丝径（mm）	焊点抗拉力 （N）	丝径（mm）	焊点抗拉力 （N）
2.50	>500	1.00	>80
2.20	>400	0.90	>65
2.00	>330	0.80	>50
1.80	>270	0.70	>40
1.60	>210	0.60	>30
1.40	>160	0.55	>25
1.20	>120	0.50	>20

7. 铝板网

铝板网按型式分有菱形孔（图 7－17）、人字形孔（图 7－18）两种，其规格见表 7－39。

图 7－17　菱形孔

图 7－18　人字形孔

表 7－39　铝板网规格

d	网格尺寸			网面尺寸		铝板网理论质量（kg/m^2）
	TL	*TB*	*b*	*B*	*L*	
（mm）						
（1）　菱形网孔						
0.4	2.3	6	0.7	200～500	500 650 1 000	0.657
0.5	2.3	6	0.7			0.822
	3.2	8	0.8			0.675
	5.0	12.5	1.1			0.594
1.0	5.0	12.5	1.1	1 000	2 000	1.188
（2）　人字形网孔						
0.4	1.7	6	0.5	200～500	500 650 1 000	0.635
	2.2	8	0.5			0.491
0.5	1.7	6	0.5			0.794
	2.2	8	0.6			0.736
	3.5	12.5	0.8			0.617
1.0	3.5	12.5	1.1	1 000	2 000	1.697

注：尺寸代号 *TL*、*TB*、*b*、*B*、*L* 的意义：*TL* 为短节距；*TB* 为长节距：*d* 为板厚；*b* 为丝梗宽；*B* 为网面宽；*L* 为网面长。

8. 铝合金花格网

铝合金花格网用于门窗、玻璃幕墙等防护网；阳台、跳台、人行天桥、高速公路等安全防护栏；球场、码头、机场和各种设备的隔离防护栏以及建筑物的保护装饰贴面等。常用的产品为上海产的申川牌铝合金花格网。其型式如图7-19、图7-20所示。产品规格见表7-40、表7-41。

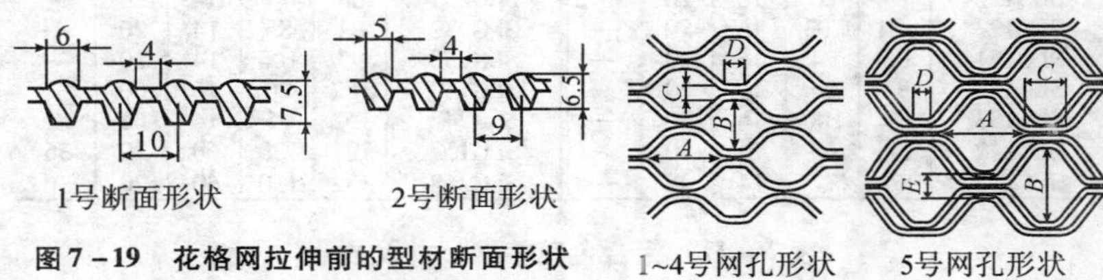

图7-19　花格网拉伸前的型材断面形状示意图（图中数字为尺寸值，单位为mm）

图7-20　花格网网孔形状示意图

产品代号及标记如下：

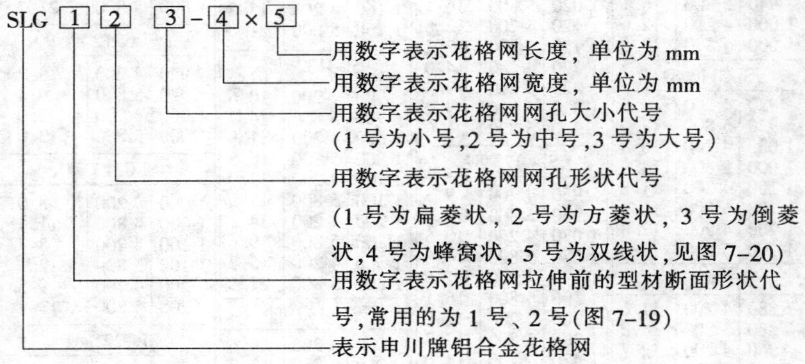

标记示例：

型材断面形状代号为1号、网孔形状代号为2号、网孔大小为3号、宽度为1 300mm、长度为5 800mm的申川牌铝合金花格网，其标记为：

SLG 123 - 1300 ×5800

表 7－40　铝合金花格网网孔尺寸

花格网型号	网孔尺寸（mm）					花格网型号	断面尺寸（mm）				
	A	*B*	*C*	*D*	*E*		*A*	*B*	*C*	*D*	*E*
SLG112	106	63	16	20	—	SLG221	72	72	14	20	—
SLG113	124	77	16	20	—	SLG222	84	86	14	20	—
SLG121	72	72	16	20	—	SLG223	101	103	14	20	—
SLG122	84	86	16	20	—	SLG231	68	74	14	20	—
SLG123	101	103	16	20	—	SLG232	83	85	14	20	—
SLG131	68	74	16	20	—	SLG233	97	106	14	20	—
SLG132	83	85	16	20	—	SLG142	152	96	16	60	—
SLG133	97	106	16	20	—	SLG242	152	96	14	60	—
SLG212	105	63	14	20	—	SLG152	132	130	60	20	36
SLG213	124	77	14	20	—	SLG252	132	130	60	20	36

表 7－41　铝合金花格网尺寸及质量

宽度	长度	质量
（mm）		（kg）
SLG112 型		
940	4 200	11.7
940	5 800	16.1
1 000	4 200	12.6
1 000	5 800	17.5
SLG113 型		
920	4 200	9.8
920	5 800	13.6
1 000	4 200	10.8
1 000	5 800	14.9
1 100	4 200	11.8
1 100	5 800	16.3
1 200	4 200	12.8
1 200	5 800	17.6
SLG121 型		
880	4 200	11.6
880	5 800	16.0
960	4 200	12.7
960	5 800	17.6
1 050	4 200	13.9
1 050	5 800	19.2
1 140	4 200	15.1
1 140	5 800	20.8
SLG122 型		
910	4200	10.5
910	5800	14.5
1 020	4 200	11.7
1 020	5 800	16.1
1 120	4 200	12.8
1 120	5 800	17.7
1 220	4 200	14.0
1 220	5 800	19.3
1 320	4 200	15.2
1 320	5 800	21.0
SLG123 型		
950	4 200	9.3
950	5 800	12.8
1 070	4 200	10.5
1 070	5 800	14.5
1 190	4 200	11.6
1 190	5 800	16.1
1 300	4 200	12.8
1 300	5 800	17.7
1 420	4 200	14.0
1 420	5 800	19.3
1 540	4 200	15.1
1 540	5 800	20.9
SLG131 型		
980	4 200	13.3
980	5 800	18.4
1 060	4 200	14.5
SLG131 型		
1 060	5 800	20.1
1 160	4 200	15.8
1 160	5 800	21.8
SLG132 型		
900	4 200	10.6
900	5 800	14.7
1 000	4 200	11.8
1 000	5 800	16.3
1 100	4 200	12.9
1 100	5 800	17.9
1 200	4 200	14.1
1 200	5 800	19.6
1 300	4 200	15.3
1 300	5 800	21.2
SLG133 型		
960	4 200	9.6
960	5 800	13.3
1 100	4 200	10.8
1 100	5 800	15.0
1 200	4 200	12.0
1 200	5 800	16.7
1 300	4 200	13.2
1 300	5 800	18.3
1 450	4 200	14.4
1 450	5 800	20.0
SLG133 型		
1 600	4 200	15.6
1 600	5 800	21.7
SLG212 型		
920	4 200	8.7
920	5 800	9.4
1 000	4 200	12.0
1 000	5 800	13.0
SLG213 型		
1 000	4 200	8.0
1 000	5 800	11.1
1 100	4 200	8.7
1 100	5 800	12.1
1 200	4 200	9.5
1 200	5 800	13.1
SLG221 型		
860	4 200	8.6
860	5 800	11.9
940	4 200	9.5
940	5 800	13.1
1 030	4 200	10.3
1 030	5 800	14.3
1 120	4 200	11.2
1 120	5 800	15.5

续表

宽度	长度	质量
（mm）		（kg）
SLG222 型		
900	4 200	7.8
900	5 800	10.8
1 000	4 200	8.7
1 000	5 800	12.0
1 100	4 200	9.5
1 100	5 800	13.2
1 200	4 200	10.4
1 200	5 800	14.4
1 300	4 200	11.3
1 300	5 800	15.6
SLG223 型		
930	4 200	6.9
930	5 800	9.5
1 050	4 200	7.8
1 050	5 800	10.7
1 170	4 200	8.6
1 170	5 800	11.9
1 280	4 200	9.5
1 280	5 800	13.1
1 400	4 200	10.4
1 400	5 800	14.3
1 520	4 200	11.2
1 520	5 800	15.5

宽度	长度	质量
（mm）		（kg）
SLG231 型		
980	4 200	9.9
980	5 800	13.7
1 060	4 200	10.8
1 060	5 800	14.9
1 160	4 200	11.7
1 160	5 800	16.2
SLG232 型		
900	4 200	7.9
900	5 800	10.9
1 000	4 200	8.7
1 000	5 800	12.1
1 100	4 200	9.6
1 100	5 800	13.3
1 200	4 200	10.5
1 200	5 800	14.5
1 300	4 200	11.4
1 300	5 800	15.8
SLG233 型		
960	4 200	7.1
960	5 800	9.9
1 100	4 200	8.0
1 100	5 800	11.1
1 200	4 200	8.9
1 200	5 800	12.4

宽度	长度	质量
（mm）		（kg）
SLG233 型		
1 300	4 200	9.8
1 300	5 800	13.6
1 400	4 200	10.7
1 400	5 800	14.8
1 560	4 200	11.6
1 560	5 800	16.1
SLG142 型		
1 000	4 200	9.2
1 000	5 800	12.7
1 100	4 200	10.2
1 100	5 800	14.1
1 200	4 200	11.2
1 200	5 800	15.6
1 350	4 200	12.2
1 350	5 800	17.0
1 460	4 200	13.3
1 460	5 800	18.4
SLG242 型		
1 000	4 200	6.9
1 000	5 800	9.5
1 100	4 200	7.6
1 100	5 800	10.6
1 200	4 200	8.4
1 200	5 800	11.7

宽度	长度	质量
（mm）		（kg）
SLG242 型		
1 300	4 200	9.1
1 300	5 800	12.7
1 400	4 200	9.9
1 400	5 800	13.8
SLG152 型		
900	4 200	11.1
900	5 800	15.5
1 000	4 200	12.2
1 000	5 800	17.1
1 060	4 200	13.4
1 060	5 800	18.6
1 200	4 200	14.5
1 200	5 800	20.2
SLG252 型		
880	4 200	8.3
880	5 800	11.6
960	4 200	9.1
960	5 800	12.7
1 020	4 200	10.0
1 020	5 800	13.9
1 120	4 200	10.8
1 120	5 800	15.0

注：铝合金牌号为 LD31，供应状态为 RCS 或 CS，表面色彩有银白色、古铜色、金黄色等。

7.1.2 窗纱

窗纱（QB/T 3882—1999）的品种有金属丝编织的窗纱，一般为低碳钢涂（镀）层窗纱和铝窗纱，其型式为Ⅰ型和Ⅱ型两种（图 7－21）。纱窗的规格尺寸列于表 7－42 和表 7－43。

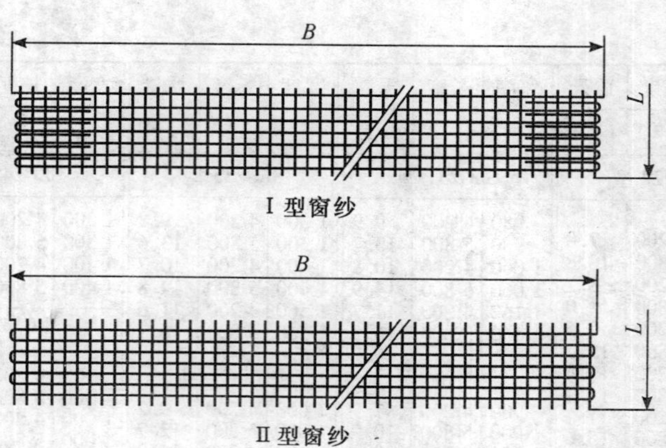

图 7－21　窗纱

表 7－42　窗纱的长度、宽度尺寸

L		B	
基本尺寸（mm）	极限偏差（%）	基本尺寸（mm）	极限偏差（mm）
15 000	+1.5 0	1 200	±5
25 000		1 000	
30 000		914	
30 480			

表 7－43　窗纱的基本目数、金属丝直径

目数				金属丝直径（mm）			
经　向 每 25.4mm 目　数	极限偏差 （%）	纬　向 每 25.4mm 目　数	极限偏差 （%）	直　径		极限偏差	
				钢	铝	钢	铝
14	±5	14	±3	0.25	0.28	0 －0.03	
16		16					
18		18					

7.1.3 普通平板玻璃

1. 普通平板玻璃

普通平板玻璃（GB 4871—1995）适用于拉引法生产的，用于建筑和其他方面。

普通平板玻璃的分类和技术要求等列于表7－44～表7－47。

表7－44 普通平板玻璃的分类

分类方法	种类
按厚度分（mm）	2、3、4、5
按等级分	优等品、一等品、合格品

表7－45 普通平板玻璃厚度偏差

厚度（mm）	允许偏差（mm）
2	±0.20
3	±0.20
4	±0.20
5	±0.25

注：①玻璃的尺寸偏差：长1 500mm以内（含1 500mm）不得超过±3mm，长超过1 500mm不得超过±4mm。

②玻璃应为矩形，尺寸一般不小于600mm×400mm。

③尺寸偏斜，长1 000mm，不得超过±2mm。

表7－46 普通平板玻璃可见光总透过率

厚度（mm）	可见光总透过率（%）
2	88
3	87
4	86
5	84

玻璃表面不许有擦不掉的白雾状或棕黄色的附着物。

表7-47 普通平板玻璃外观质量

缺陷种类	说明	优等品	一等品	合格品
波筋（包括波纹辊子花）	不产生变形的最大入射角	60°	45° 50mm边部，30°	30° 100mm边部，0°
气泡	长度1mm以下的	集中的不许有	集中的不许有	不限
	长度大于1mm的每平方米允许个数	≤6mm，6	≤8mm，8 >8~10mm，2	≤10mm，12 >10~20mm，2 >20~25mm，1
划伤	宽≤0.1mm 每平方米允许条数	长≤50mm 3	长≤100mm 5	不限
	宽>0.1mm，每平方米允许条数	不许有	宽≤0.4mm 长<100mm 1	宽≤0.8mm 长<100mm 3
砂粒	非破坏性的，直径0.5~2mm，每平方米允许个数	不许有	3	8
疙瘩	非破坏性的疙瘩波及范围直径不大于3mm，每平方米允许个数	不许有	1	3
线道	正面可以看到的每片玻璃允许条数	不许有	30mm边部 宽≤0.5mm	宽≤0.5mm 2
麻点	表面呈现的集中麻点	不许有	不许有	每平方米不超过3处
	稀疏的麻点，每平方米允许个数	10	15	30

注：集中气泡、麻点是指100mm直径圆面积内超过6个。

2. 普通平板玻璃尺寸系列

普通平板玻璃的主要规格适用于生产厂、建筑门窗设计等。

普通平板玻璃的尺寸范围（GB 4870—1985）列于表 7－48、表 7－49。

表 7－48　普通平板玻璃的尺寸范围

厚　度（mm）	长度（mm）		宽度（mm）	
	最小	最大	最小	最大
2	400	1 300	300	900
3	500	1 800	300	1 200
4	600	2 000	400	1 200
5	600	2 600	400	1 800
6	600	2 600	400	1 800

注：①长、宽尺寸比不超过 2. 5。

②长、宽尺寸的进位基数均为 50mm。

表 7－49　普通平板玻璃主要规格

尺寸（mm）	厚度（mm）	备注（in）
900×600	2，3	36×24
1 000×600	2，3	40×24
1 000×800	3，4	40×32
1 000×900	2，3，4	40×36
1 100×600	2，3	44×24
1 100×900	3	44×36
1 100×1 000	3	44×40
1 150×950	3	46×38
1 200×500	2，3	48×20
1 200×600	2，3，5	48×24
1 200×700	2，3	48×28
1 200×800	2，3，4	48×32
1 200×900	2，3，4，5	48×36
1 200×1 000	3，4，5，6	48×40
1 250×1000	3，4，5	50×40
1 300×900	3，4，5	52×36
1 300×1 000	3，4，5	52×40
1 300×1 200	4，5	52×48
1 350×900	5，6	54×36

续表

尺寸（mm）	厚度（mm）	备注（in）
1 400 ×1 000	3，5	56 ×40
1 500 ×750	3，4，5	60 ×30
1 500 ×900	3，4，5，6	60 ×36
1 500 ×1 000	3，4，5，6	60 ×40
1 500 ×1 200	4，5，6	60 ×48
1 800 ×900	4，5，6	72 ×36
1 800 ×1 000	4，5，6	72 ×40
1 800 ×1 200	4，5，6	72 ×48
1 800 ×1 350	5，6	72 ×54
2 000 ×1 200	5，6	80 ×48
2 000 ×1 300	5，6	80 ×52
2 000 ×1 500	5，6	80 ×60
2 400 ×1 200	5，6	96 ×48

注：特殊及专用规格，产、需双方协商解决。

7.2　门窗及家具配件

7.2.1　插销

1. 钢插销

钢插销（QB/T 2032—1994）分七类，其型式和尺寸见图 7－22 ~ 图 7－28 和表 7－50 ~ 表 7－56。

分类：
- 封闭Ⅰ型　代号为 F_1（图 7－22 和表 7－50）
- 封闭Ⅱ型：代号为 F_2（图 7－23 和表 7－51）
- 封闭Ⅲ型：代号为 F_3（图 7－24 和表 7－52）
- 管　　型：代号为 G（图 7－25 和表 7－53）
- 普 通 型：代号为 P（图 7－26 和表 7－54）
- 蝴蝶Ⅰ型：代号为 H_1（图 7－27 和表 7－55）
- 蝴蝶Ⅱ型：代号为 H_2（图 7－28 和表 7－56）

表 7－50　封闭Ⅰ型钢插销规格尺寸（mm）

规格	插板						插座		插节		插杆	
	L		B	d_0	t	孔数（个）	L_1	B_1	L_2	B	d	L_3
40	40	±0.5	25	3.5	$1^{+0.20}_{-0.07}$	4	10	26	—	—	5.5	28
50	50											38
65	65											52
75	75		28.5	4			15	32			7	53
100	100											78
125	125				$1.2^{+0.20}_{-0.09}$	6						98
150	150											123
200	200		37	4.5			28	37			9	170
250	150								50	37		220
300												270
350	200											320
400												370
450												420
500												470
550												520
600												570

表 7－51　封闭Ⅱ型钢插销规格尺寸（mm）

规格	插板					插座		插杆	
	L	B	d_0	t	孔数（个）	L_1	B_1	d	L_3
40	40	25	3.5	$1^{+0.20}_{-0.07}$	4	10	25	5.5	28
50	50								37
65	65								47
75	75	29	4			12	29	7	55
100	100								72
125	125			$1.2^{+0.20}_{-0.09}$	6				94
150	150								116
200	200	36	4.5			15	36	9	163

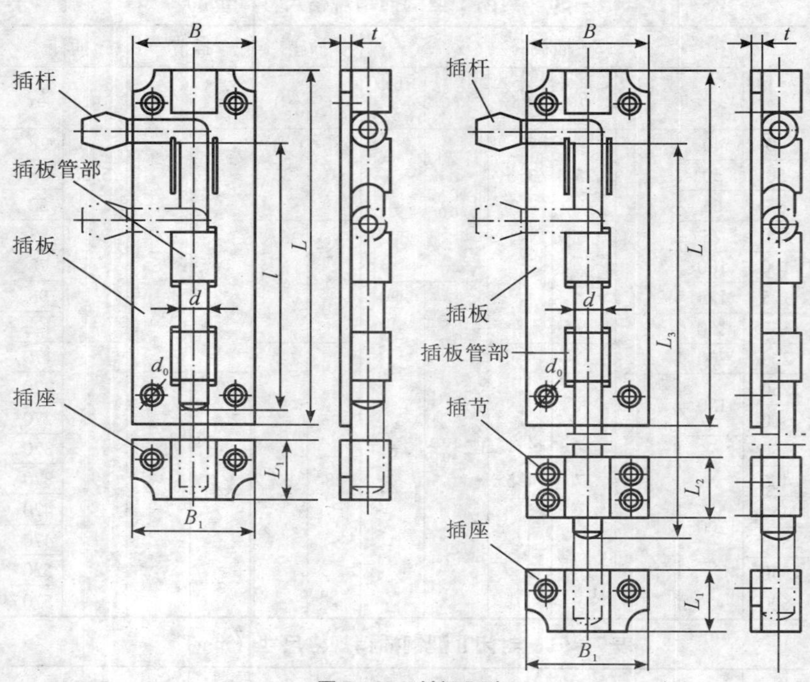

图 7－22　封闭Ⅰ型

表 7－52　封闭Ⅲ型钢插销规格尺寸（mm）

规格	插板					插座		插杆	
	L	B	d_0	t	孔数（个）	L_1	B_1	d	L_3
75	75	33	4	$1^{+0.20}_{-0.07}$	4	14	37	7	54
100	100								74
125	125	35		$12^{+0.20}_{-0.09}$	6			8	94
150	150								114
200	200	40				16	45	9	162

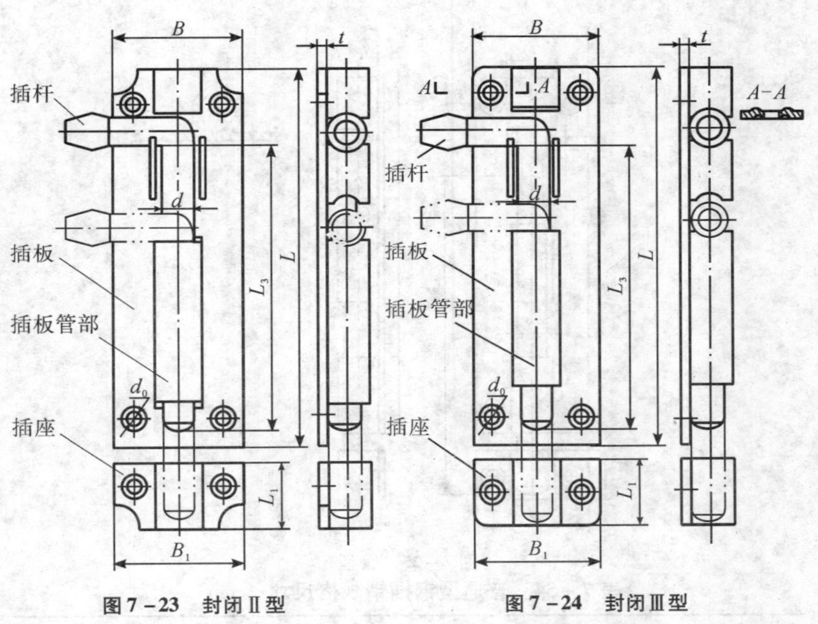

图 7－23　封闭Ⅱ型　　　图 7－24　封闭Ⅲ型

表 7－53　管型钢插销规格尺寸（mm）

规格	插板							插座		插杆		
	L	B	l_1	D	d_0	t	孔数（个）	L_1	B_1	d	d_1	l
40	40	23	6.8	6.5	3.5	$1^{+0.20}_{-0.07}$	4	11	23	6	$4^{\ 0}_{-0.12}$	40
50	50											50
65	65											65
75	75											75
100	100	26	7.4	7.8	4			14	26	7	$5^{\ 0}_{-0.12}$	100
125	125					$1.2^{+0.20}_{-0.09}$	6					125
150	150											150

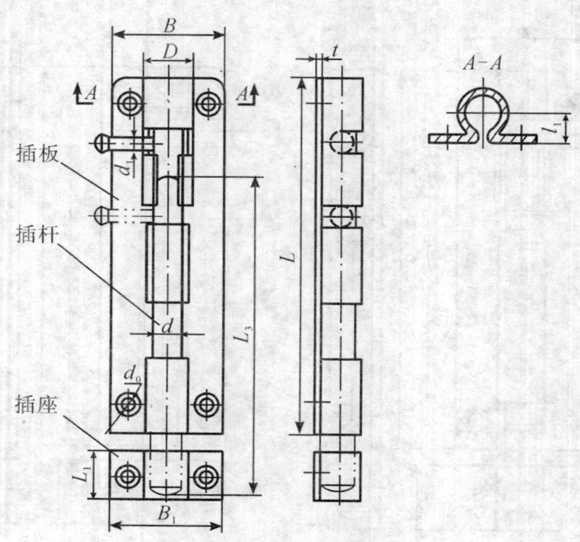

图 7-25 管型

表 7-54 普通型钢插销规格尺寸（mm）

<table>
<tr><th rowspan="2">规格</th><th colspan="6">插板</th><th colspan="2">插座</th><th colspan="2">插杆</th><th colspan="2">插片</th></tr>
<tr><th>L</th><th>B</th><th>d_0</th><th>t</th><th>孔数（个）</th><th>套圈个数</th><th>L_1</th><th>B_1</th><th>d</th><th>L_3</th><th>代号</th><th>数据</th></tr>
<tr><td>65</td><td>65</td><td rowspan="2">25</td><td rowspan="14">4</td><td rowspan="3">$1^{+0.20}_{-0.07}$</td><td rowspan="3">4</td><td rowspan="6">2</td><td rowspan="8">11</td><td rowspan="8">33</td><td rowspan="8">7</td><td>42</td><td rowspan="3">L_2</td><td rowspan="3">35</td></tr>
<tr><td>75</td><td>75</td><td>52</td></tr>
<tr><td>100</td><td>100</td><td rowspan="6">28</td><td>70</td></tr>
<tr><td>125</td><td>125</td><td rowspan="11">$1.2^{+0.20}_{-0.09}$</td><td rowspan="5">6</td><td>95</td><td rowspan="3">B_2</td><td rowspan="3">15</td></tr>
<tr><td>150</td><td>150</td><td>119</td></tr>
<tr><td>200</td><td>200</td><td>170</td></tr>
<tr><td>250</td><td>250</td><td rowspan="5">3</td><td>220</td><td rowspan="2">h</td><td rowspan="2">5</td></tr>
<tr><td>300</td><td>300</td><td>270</td></tr>
<tr><td>350</td><td>350</td><td rowspan="6">32</td><td rowspan="6">8</td><td rowspan="6">12</td><td rowspan="6">35</td><td rowspan="6">8</td><td>315</td><td rowspan="3">∅</td><td rowspan="3">9</td></tr>
<tr><td>400</td><td>400</td><td>365</td></tr>
<tr><td>450</td><td>450</td><td>415</td></tr>
<tr><td>500</td><td>500</td><td rowspan="3">4</td><td>465</td><td rowspan="3">d_0</td><td rowspan="3">2</td></tr>
<tr><td>550</td><td>550</td><td>515</td></tr>
<tr><td>600</td><td>600</td><td>565</td></tr>
</table>

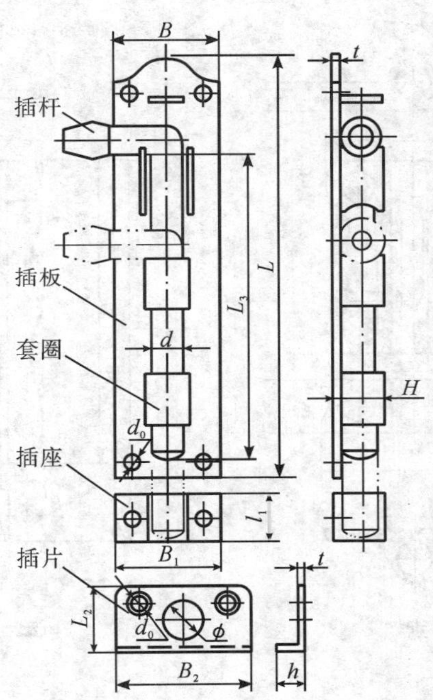

图 7－26　普通型

表 7－55　蝴蝶Ⅰ型钢插销规格尺寸（mm）

规格	插板							插座		插杆		
	L	B	d_0	t_1	∅	t	孔数(个)	L_1	B_1	d	$d_{1}{}^{\ 0}_{-0.12}$	L_3
40	40	35	4	7	7.5	$1^{+0.20}_{-0.07}$	4	15	35	7	4	55
50	50	44		7.5	8.5			20	44	8	5	75

表 7－56　蝴蝶Ⅱ型钢插销规格尺寸（mm）

规格	插板							插座		插杆		
	L	B	t_1	∅	d_0	t	孔数(个)	L_1	B_1	d	$d_{1}{}^{\ 0}_{-0.12}$	L_3
40	40	29	6.3	6.5	3.5	$1^{+0.20}_{-0.07}$	4	15	31	6	4	56.5
50	50											67
65	65											81.5
75	75											91.5

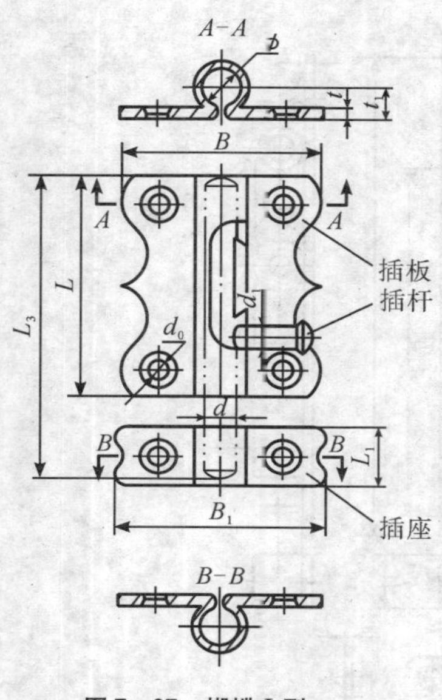

图 7－27　蝴蝶Ⅰ型

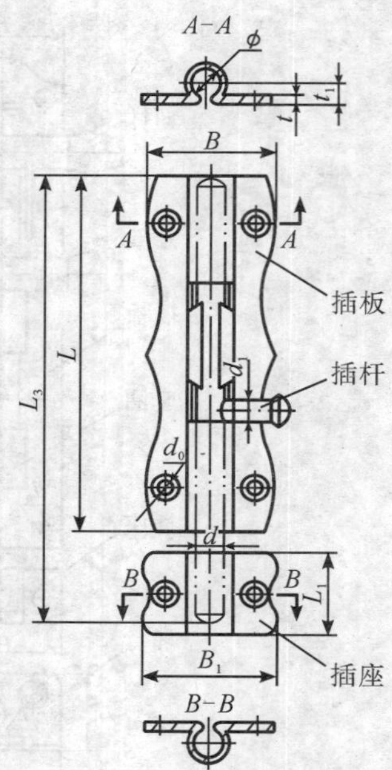

图 7－28　蝴蝶Ⅱ型

标记示例：

封闭Ⅰ型 75mm 的钢插销，其标记为：

钢插销 F_1－75mm　QB/T 2032—1994

封闭Ⅲ型　125mm 的钢插销，其标记为：

钢插销 F_3－125mm　QB/T 2032—1994

2. 暗插销

暗插销如图 7－29 所示，其规格尺寸见表 7－57。

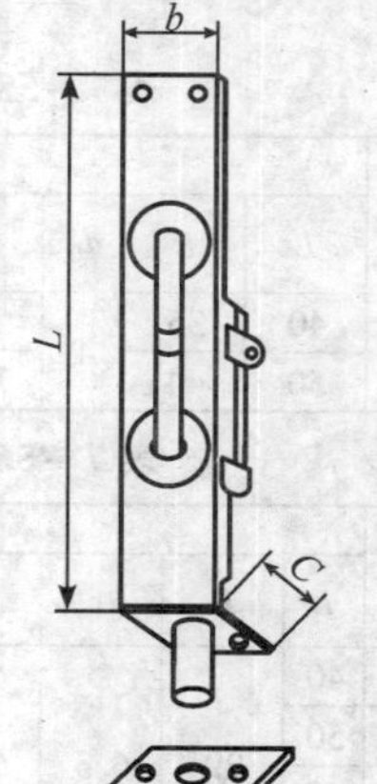

图 7－29　暗插销

表 7－57　暗插销规格尺寸

规格（mm）	主要尺寸（mm）			配用木螺钉（参考）	
	长度 L	宽度 B	深度 C	直径×长度（mm）	数目
150	150	20	35	3.5×18	5
200	200	20	40	3.5×18	5
250	250	22	45	4×25	5
300	300	25	50	4×25	6

注：暗插销装置在双扇门的一扇门上，用于固定关闭该扇门。插销嵌装在该扇门的侧面，双扇门关闭后，插销不外露。一般用铝合金制造。

3. 翻窗插销

翻窗插销如图 7－30 所示，其规格尺寸见表 7－58。

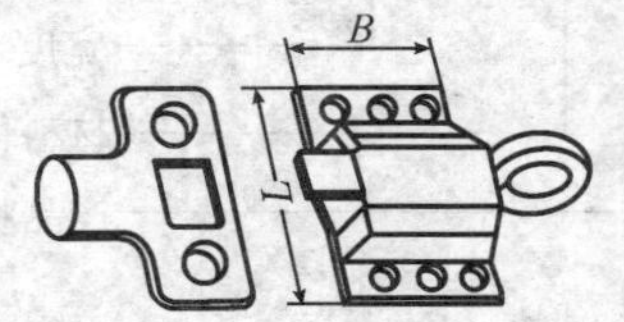

图 7－30　翻窗插销

表 7－58　翻窗插销规格尺寸

规格（长度 L）	宽度 B	滑板		销舌伸出长度	配用木螺丝	
		长度	宽度		直径×长度	数目
（mm）						
50	30	50	43	9	3.5×18	6
60	35	60	46	11	3.5×20	6
70	45	70	48	12	3.5×22	6

注：除弹簧用弹簧钢丝外，其余材料均为低碳钢。本体表面喷漆，滑板、销舌表面镀锌。

4. 铝合金门插销

铝合金门插销（QB/T 3885—1995）按型式分为台阶式（图 7－31）、平板式（图 7－32）两种。其规格尺寸及技术要求等列于表 7－59～表 7－63。

表 7－59　铝合金门插销型式代号

产品型式	台阶式插销	平板式插销
代号	T	P

表 7－60　铝合金门插销材料代号

材料名称	锌合金	铜
代　　号	ZZn	ZH

产品标记

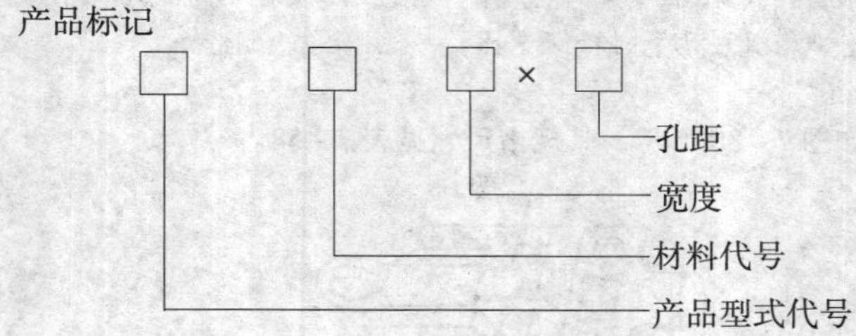

标记示例：

孔距为 130mm，宽度为 22mm 的台阶式锌合金插销，其标记为：

TZZn 22 × 130　QB/T 3885—1995

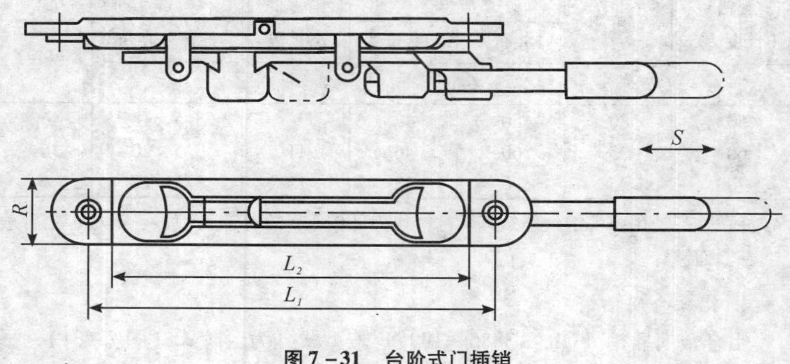

图 7－31　台阶式门插销

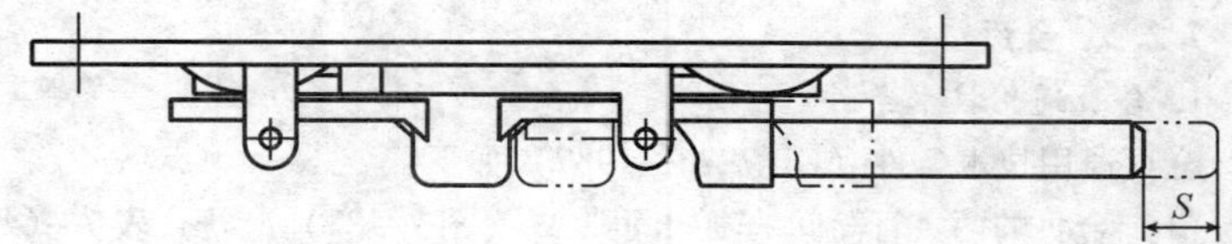

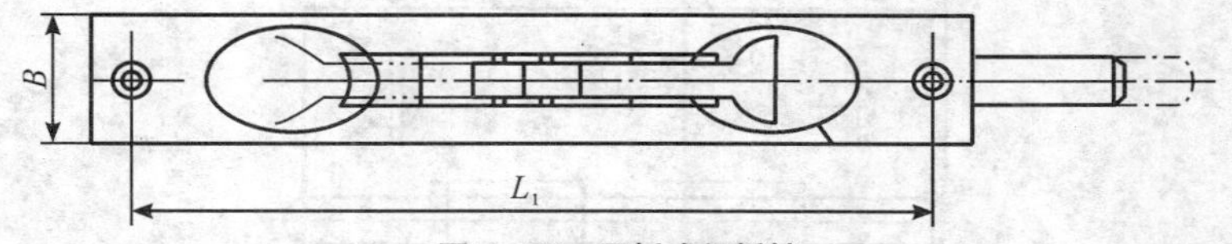

图 7-32　平板式门插销

表 7-61　铝合金门插销的主要尺寸（mm）

行程 S	宽度 B	孔距 L_1		台阶 L_2	
		基本尺寸	极限偏差	基本尺寸	极限偏差
>16	22	130	±0.20	110	±0.25
	25	155			

表 7-62　产品金属镀层耐腐蚀性能值

产品等级	耐蚀级别			
	锌合金		碳素钢	
	铜镍铬镀层	试验时间（h）	锌镀层	试验时间（h）
优等品	10	24	8	24
一级品	8		7	
合格品	7	12	6	

表 7-63　插销使用寿命值

产品等级	次数
优 等 品	40 000
一 级 品	30 000
合 格 品	20 000

注：①插销开启力应在 5～10N 之间。

②插销适用于装置在铝合金平开门、弹簧门上。

7.2.2　合页

1. 合页通用技术条件

合页通用技术条件（GB 7276—1987）如下：

（1）合页的两页管筒间的轴向间隙 ΔL（图 7－33）应符合表 7－64 规定（H 型、双袖型例外）。两页管筒间的径向间隙应符合表 7－65 的规定。

图 7－33　间隙 ΔL 示意

表 7－64　两页管筒间轴向间隙 ΔL 值（mm）

型式	L	ΔL 轴向间隙
普通型 抽芯型	25～51	<0.30
	64～102	<0.40
	127～152	<0.50
轻　型	19～51	<0.25
	64～102	<0.30
T　型	76～203	<0.40

表 7－65　两页管筒间的径向间隙值（mm）

型式	L	径向间隙
普通型 轻型 抽芯型	19～51	≤0.3
	64～102	≤0.4
	127～152	≤0.5
H　型	80～140	≤0.6
T　型	76～203	≤0.4
双袖型	65	
	75～100	≤0.5
	125～150	≤0.6

注：合页开闭应转动灵活。

（2）管筒接口间隙 Δ*d*（图 7－34）应符合表 7－66 规定。

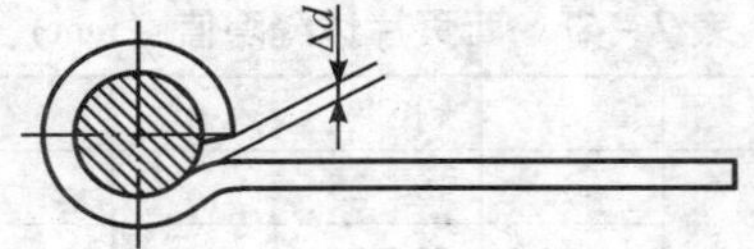

图 7－34　间隙 Δ*d* 示意

表 7－66　管筒接口间隙 Δ *d* 值（mm）

接口间隙 / 型式 / *L*	Δ*d*							
	普通型抽芯型	轻型	H 型		T 型		双袖型	
			间隙管	过盈管	短页	长页	间隙管	过盈管
19～51	＜0.25	＜0.20						
64～89	＜0.30	＜0.25						
102～152	＜0.40	＜0.30						
80～95			＜0.25	＜0.50				
110～140			＜0.35	＜0.70				
76						＜0.30		
102～152					＜0.25	＜0.40		
203						＜0.50		
65～75							＜0.25	＜0.40
90～100							＜0.35	＜0.55
125～150							＜0.45	＜0.70

（3）铆头与管筒端面间隙 Δ*x*（图 7－35）值应不大于 0.15mm（H 型、双袖型例外）。

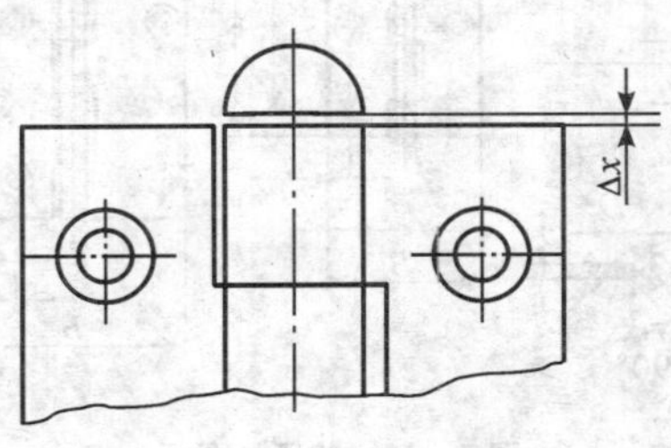

图 7－35　间隙 Δ*x* 示意

（4）两页片的边缝隙应不超过表7－67规定。

表7－67　两页片边缝隙值（mm）

<table>
<tr><th>型式</th><th>长度</th><th>两页边缝隙</th></tr>
<tr><td rowspan="5">普通型
轻　型
抽芯型</td><td>19～25</td><td>≤0.20</td></tr>
<tr><td>32～38</td><td>≤0.30</td></tr>
<tr><td>51</td><td>≤0.40</td></tr>
<tr><td>64～102</td><td>≤0.50</td></tr>
<tr><td>127～152</td><td rowspan="2">≤0.60</td></tr>
<tr><td rowspan="3">H型</td><td>80</td></tr>
<tr><td>95</td><td>≤0.70</td></tr>
<tr><td>110～140</td><td>≤0.80</td></tr>
<tr><td rowspan="3">双袖型</td><td>65～75</td><td>≤0.50</td></tr>
<tr><td>90～100</td><td>≤0.70</td></tr>
<tr><td>125～150</td><td>≤0.90</td></tr>
</table>

2. 普通型合页

普通型合页（QB/T 3874—1999）主要用作木质门扇、窗扇和箱盖等与门框、窗框和箱体之间的连接件，并使门扇能围绕合页的芯轴转动和启合。

合页材料为低碳钢，表面滚光，或镀锌（铬、黄铜等）；也有采用黄铜、不锈钢，表面滚光。合页的型式如图7－36所示，其规格尺寸见表7－68。

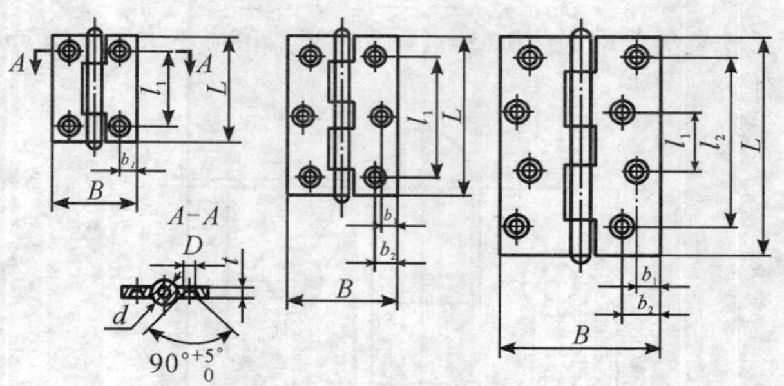

图7－36　普通型合页

表 7－68　普通型合页基本尺寸（mm）

<table>
<tr><td rowspan="3">L</td><td rowspan="2">基本尺寸</td><td>Ⅰ组</td><td>25</td><td>38</td><td>50</td><td>65</td><td>75</td><td>90</td><td>100</td><td>125</td><td>150</td></tr>
<tr><td>Ⅱ组</td><td>25</td><td>38</td><td>51</td><td>64</td><td>76</td><td>89</td><td>102</td><td>127</td><td>152</td></tr>
<tr><td colspan="2">极限偏差</td><td colspan="9">±0.5</td></tr>
<tr><td rowspan="2">B</td><td colspan="2">基本尺寸</td><td>24</td><td>31</td><td>38</td><td>42</td><td>50</td><td>55</td><td>71</td><td>82</td><td>104</td></tr>
<tr><td colspan="2">极限偏差</td><td colspan="9">±1</td></tr>
<tr><td rowspan="2">t</td><td colspan="2">基本尺寸</td><td>1.05</td><td>1.20</td><td>1.25</td><td>1.35</td><td colspan="2">1.60</td><td>1.80</td><td>2.10</td><td>2.50</td></tr>
<tr><td colspan="2">极限偏差</td><td colspan="4">－0.09</td><td colspan="5">－0.12</td></tr>
<tr><td colspan="3">d</td><td>2.6</td><td>2.8</td><td colspan="2">3.2</td><td>4</td><td>5</td><td>5.5</td><td>7</td><td>7.5</td></tr>
<tr><td colspan="3">l_1</td><td>15</td><td>25</td><td>36</td><td>46</td><td>56</td><td>67</td><td>26</td><td>35</td><td>39</td></tr>
<tr><td colspan="3">l_2</td><td colspan="6"></td><td>78</td><td>105</td><td>117</td></tr>
<tr><td colspan="3">b_1</td><td>4.5</td><td>6.5</td><td>7.5</td><td>7</td><td colspan="2">8</td><td>9</td><td colspan="2">11</td></tr>
<tr><td colspan="3">b_2</td><td colspan="3"></td><td>9</td><td>10</td><td>11</td><td>15</td><td>20</td><td>28</td></tr>
<tr><td colspan="3">D</td><td>3.8</td><td colspan="2">4.8</td><td>5</td><td colspan="3">6</td><td colspan="2">7</td></tr>
<tr><td colspan="3">木螺钉直径</td><td>2.5</td><td colspan="3">3</td><td colspan="3">4</td><td colspan="2">5</td></tr>
<tr><td colspan="3">木螺钉数量</td><td colspan="3">4</td><td colspan="3">6</td><td colspan="3">8</td></tr>
</table>

注：①表中Ⅱ组为出口型尺寸。

②表中未注公差按 GB 1800～1804—79《公差与配合》中±1/2 IT15 计算（*d* 例外）。

③技术要求按 GB 7276—1987《合页通用技术条件》规定。

3. 轻型合页

轻型合页（QB/T 3875—1999）与普通合页相似，只是页片窄而薄。主要用于轻便门、窗及家具上。其材料可参考普通型合页的材料。轻型合页的型式如图 7－37 所示，基本尺寸见表 7－69。

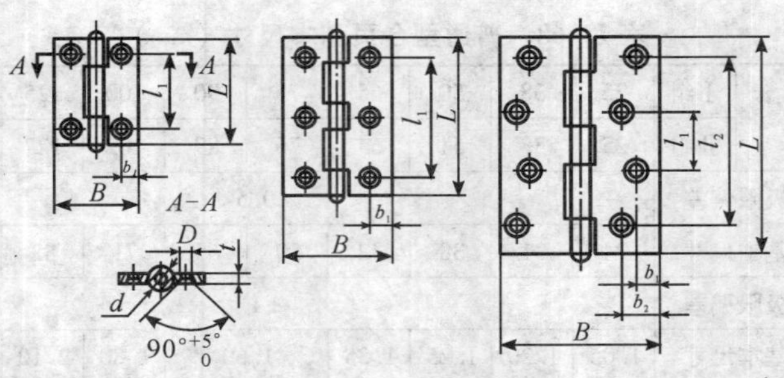

图 7-37　轻型合页

表 7-69　轻型合页基本尺寸（mm）

L	基本尺寸	Ⅰ组	20	25	32	38	50	65	75	90	100
		Ⅱ组	19	25	32	38	51	64	76	89	102
	极限偏差		±0.5								
B	基本尺寸		16	18	22	26	33		40	48	52
	极限偏差		±1								
t	基本尺寸		0.60	0.70	0.75	0.80	1.00	1.05		1.15	1.25
	极限偏差		-0.05		-0.07			-0.09			
d			1.6	1.9	2	2.2	2.4	2.6	2.8	3.2	3.5
l_1			12	18	21	27	36	50	59	68	28
l_2											84
b_1			3.2	4	4.2	4.5	6	7	8	10	8
b_2											13
D			2.2	3.2	3.4	3.6	4.4		4.8	5.2	
木螺钉直径			1.6	2	2.5		3				
木螺钉数量			4					6			8

注：①表中Ⅱ组为出口型尺寸。
②表中未注公差按 GB 1800～1804—79《公差与配合》中 ±1/2 IT15 计算（d 例外）。
③技术要求按 GB 7276—1987《合页通用技术条件》规定。

4. 抽芯型合页

抽芯型合页（QB/T 3876—1999）与普通型合页相似，只是合页的芯轴可以自由抽出，抽出后即使两页片分离，即门扇、窗扇与门框、窗框分离。

它主要用于需要经常拆卸的门、窗上。其材料一般为低碳钢，要求表面滚光。其型式如图 7－38 所示，基本尺寸见表 7－70。

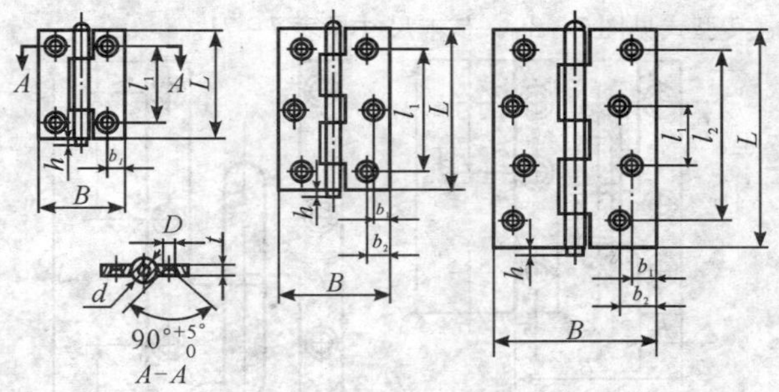

图 7－38　抽芯型合页

表 7－70　抽芯型合页基本尺寸（mm）

L	基本尺寸	Ⅰ组	38	50	65	75	90	100
		Ⅱ组	38	51	64	76	89	102
	极限偏差		±0.5					
B	基本尺寸		31	38	42	50	55	71
	极限偏差		±1					
t	基本尺寸		1.20	1.25	1.35	1.60		1.80
	极限偏差		−0.09			−0.12		
d	基本尺寸		2.8	3.2		4	5	5.5
	极限偏差		−0.1					
l_1			25	36	46	56	67	26
l_2								78
b_1			6.5	7.5	7	8		9
b_2					9	10	11	15
D			4.8		5	6		
h			1.5			2		
木螺钉直径			3			4		
木螺钉数量			4		6			8

注：①表中Ⅱ组为出口型尺寸。
②表中未注公差按 GB 1800～1804—79《公差与配合》中 ±1/2 IT15 计算。
③技术要求按 GB 7276《合页通用技术条件》规定。

5. H 形合页

H 形合页（QB/T 3877—1999）主要用于需要经常脱卸而厚度较薄的门、窗上。其型式见图 7－39，基本尺寸见表 7－71。

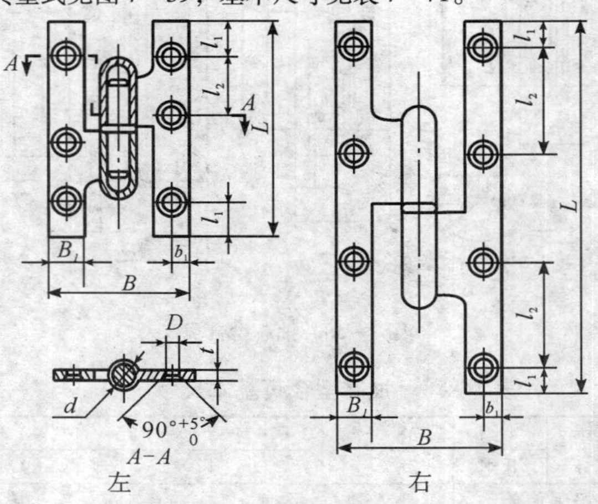

图 7－39　H 形合页

表 7－71　H 形合页基本尺寸（mm）

规格		80	95	110	140
L	基本尺寸	80	95	110	140
	极限偏差	±0.50			
B	基本尺寸	50	55		60
	极限偏差	±1			
t	基本尺寸	2			2.5
	极限偏差	−0.12			
d		6		6.2	
l_1		8		9	10
l_2		22	27.5	33	40
b_1		7		7.5	
B_1		14		15	
D		5		5.2	
木螺钉直径		4			
木螺钉数量		6			8

注：①表中未注公差按 GB 1800～1804—79《公差与配合》中 ±1/2 IT15 计算（d 例外）。

③技术条件按 GB 7276—1987《合页通用技术条件》规定。

6. T 形合页

T 形合页（QB/T 3878—1999）主要用于较大门扇或较重箱盖及遮阳帐篷架等与门框、箱体等之间的连接件，并使门扇、箱盖能围绕合页轴芯转动或启合。其型式和尺寸见图 7－40、表 7－72。

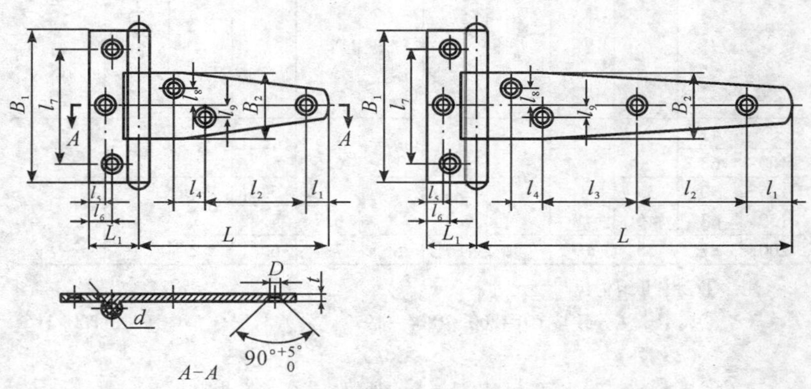

图 7－40　T 形合页

表 7－72　T 形合页基本尺寸（mm）

<table>
<tr><th colspan="3">L</th><th colspan="2">L_1</th><th colspan="2">B_1</th><th colspan="2">t</th><th rowspan="3">B_2</th><th rowspan="3">d</th><th rowspan="3">l_1</th></tr>
<tr><th colspan="2">基本尺寸</th><th rowspan="2">极限偏差</th><th rowspan="2">基本尺寸</th><th rowspan="2">极限偏差</th><th rowspan="2">基本尺寸</th><th rowspan="2">极限偏差</th><th rowspan="2">基本尺寸</th><th rowspan="2">极限偏差</th></tr>
<tr><th>Ⅰ组</th><th>Ⅱ组</th></tr>
<tr><td>75</td><td>76</td><td>±0.8</td><td rowspan="2">20</td><td rowspan="5">±0.5</td><td rowspan="2">63.5</td><td rowspan="5">±0.5</td><td rowspan="2">1.35</td><td rowspan="2">－0.09</td><td rowspan="2">26</td><td rowspan="2">4.15</td><td rowspan="2">9</td></tr>
<tr><td>100</td><td>102</td><td rowspan="2">±1</td></tr>
<tr><td>125</td><td>127</td><td rowspan="2">22</td><td rowspan="2">70</td><td rowspan="2">1.52</td><td rowspan="3">－0.12</td><td rowspan="2">28</td><td rowspan="2">4.5</td><td rowspan="2">11</td></tr>
<tr><td>150</td><td>152</td><td rowspan="2">±1.2</td></tr>
<tr><td>200</td><td>203</td><td>24</td><td>73</td><td>1.80</td><td>32</td><td>5</td><td>12</td></tr>
</table>

续表

<table>
<tr><th colspan="3">L</th><th colspan="2">L_1</th><th colspan="2">B_1</th><th colspan="2">t</th><th rowspan="3">B_2</th><th rowspan="3">d</th><th rowspan="3">l_1</th></tr>
<tr><th colspan="2">基本尺寸</th><th rowspan="2">极限偏差</th><th rowspan="2">基本尺寸</th><th rowspan="2">极限偏差</th><th rowspan="2">基本尺寸</th><th rowspan="2">极限偏差</th><th rowspan="2">基本尺寸</th><th rowspan="2">极限偏差</th></tr>
<tr><th>Ⅰ组</th><th>Ⅱ组</th></tr>
<tr><th>规格</th><th>l_2</th><th>l_3</th><th>l_4</th><th>l_5</th><th>l_6</th><th>l_7</th><th>l_8</th><th>l_9</th><th>D</th><th>木螺钉直径</th><th>木螺钉数量</th></tr>
<tr><td>75</td><td>41</td><td rowspan="2"></td><td>12</td><td rowspan="4">7</td><td rowspan="4">9</td><td rowspan="2">47.5</td><td rowspan="3">6.5</td><td>5</td><td rowspan="2">5</td><td rowspan="2">3</td><td rowspan="2">6</td></tr>
<tr><td>100</td><td>63</td><td rowspan="2">14</td><td>5.3</td></tr>
<tr><td>125</td><td>50</td><td>35</td><td rowspan="2">54</td><td>5.6</td><td rowspan="2">5.2</td><td rowspan="3">4</td><td rowspan="3">7</td></tr>
<tr><td>150</td><td>63</td><td>45</td><td>18</td><td>6.7</td><td>5.8</td></tr>
<tr><td>200</td><td>87</td><td>68</td><td>19</td><td>8</td><td>10</td><td>55</td><td>7.7</td><td>6.8</td><td>5.5</td></tr>
</table>

注：①表中Ⅱ组为出口型尺寸。

②表中未注公差按 GB 1800—1804—1979《公差与配合》中 ±1/2 IT15 计算（d 例外）。

③技术条件按 GB 7276—1987《合页通用技术条件》规定。

7. 双袖型合页

双袖型合页（QB/T 3879—1999）分三种：双袖Ⅰ型（图 7－41），双袖Ⅱ型（图 7－42），双袖Ⅲ型（图 7－43）。其基本尺寸见表 7－73～表 7－75。

表 7－73　双袖Ⅰ型合页基本尺寸（mm）

<table>
<tr><th colspan="2">规格</th><th>75</th><th>100</th><th>125</th><th>150</th></tr>
<tr><td rowspan="2">L</td><td>基本尺寸</td><td>75</td><td>100</td><td>125</td><td>150</td></tr>
<tr><td>极限偏差</td><td colspan="4">±0.50</td></tr>
<tr><td rowspan="2">B</td><td>基本尺寸</td><td>60</td><td>70</td><td>85</td><td>95</td></tr>
<tr><td>极限偏差</td><td colspan="4">±1</td></tr>
<tr><td rowspan="2">t</td><td>基本尺寸</td><td colspan="2">1.5</td><td>1.8</td><td>2.0</td></tr>
<tr><td>极限偏差</td><td colspan="2">－0.09</td><td colspan="2">－0.12</td></tr>
<tr><td colspan="2">d</td><td colspan="2">6</td><td colspan="2">8</td></tr>
</table>

续表

规格	75	100	125	150
l_1	57	27	33	40
l_2		81	99	120
b_1	8	9	10	
b_2	15	17	23	28
B_1	23	28	33	38
D	4.5		5.5	
木螺钉直径	3		4	
木螺钉数量	6	8		

注：表中未注公差按 GB 1800～1804—79《公差与配合》中 ±1/2 IT15 计算（d 例外）。

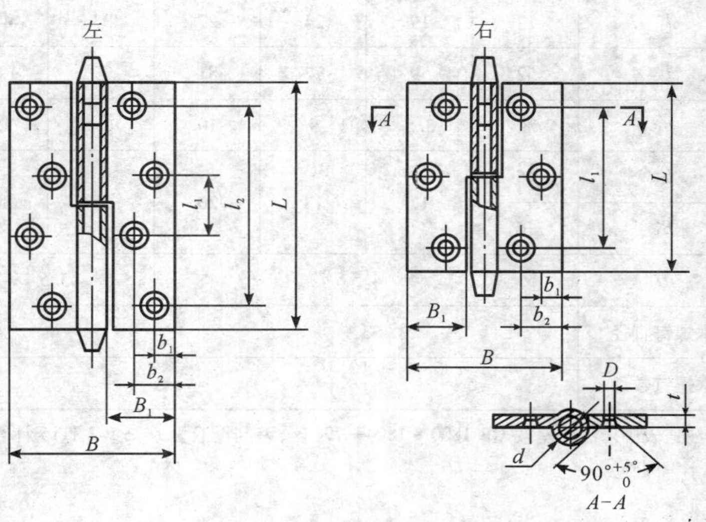

图 7-41　双袖Ⅰ型

表 7-74　双袖Ⅱ型合页基本尺寸（mm）

规格		65	75	90	100	125	150
L	基本尺寸	65	75	90	100	125	150
	极限偏差	±0.50					
B	基本尺寸	55	60	65	70	85	95
	极限偏差	±1					
t	基本尺寸	1.6		2.0		2.2	
	极限偏差	-0.09		-0.12			
d		6		7.5		8.5	
l_1		17	19	24	27	33	40
l_2		52	59	72	81	99	120
b_1		8	8.5	9	10	12.5	15
b_2		15	17	18	20	25	30
B_1		16					
D		4.5				5.5	
木螺钉直径		3				4	
木螺钉数量		6		8			

注：表中未注公差按 GB 1800～1804—79《公差与配合》中 ±1/2 IT15 计算（d 例外）。

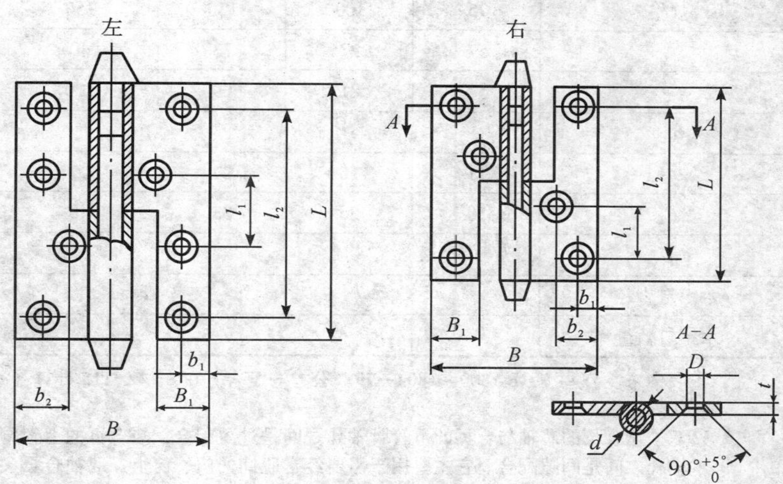

图 7-42　双袖Ⅱ型

表 7-75　双袖Ⅲ型合页基本尺寸（mm）

规格		75	100	125	150
L	基本尺寸	75	100	125	150
	极限偏差	±0.50			
B	基本尺寸	50	67	83	100
	极限偏差	±1			
t	基本尺寸	1.5		1.8	2.0
	极限偏差	-0.09		-0.12	
d		6		7.8	

续表

规格	75	100	125	150
l_1	57	27	33	40
l_2		81	99	120
b_1	8		10	
b_2	11	16	22	27
B_1	18	26	33	40
D	4.5		5.5	
木螺钉直径	3		4	
木螺钉数量	6	8		

注：①表中未注公差按 GB 1800～1804—79《公差与配合》中 ±1/2 IT15 计算（d 例外）。

②双袖型合页的芯轴与合页的下管脚轴孔之间是过盈配合，与合页的上管脚轴孔之间是间隙配合。它主要用于需要经常脱卸的门、窗上。双袖合页又分为左合页和右合页两种，分别用于左内开门和右内开门上；如用于外开门上时，则反之。

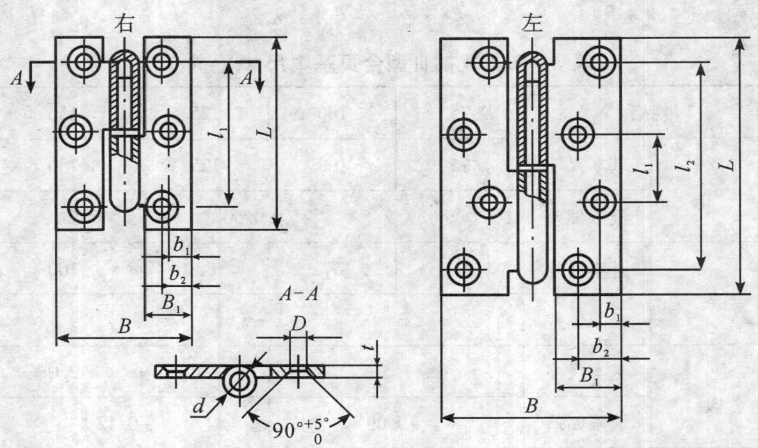

图 7－43　双袖Ⅲ型

8. 尼龙垫圈合页

尼龙垫圈合页与普通型合页相似，但页片一般较宽并厚，两页片管脚之间衬以尼龙垫圈，使门扇转动轻便、灵活，而且无摩擦噪声，合页材料为低碳钢，表面都有镀（涂）层，比较美观，多用于比较高级建筑物的房门上。其型式见图 7 - 44，规格尺寸见表 7 - 76。

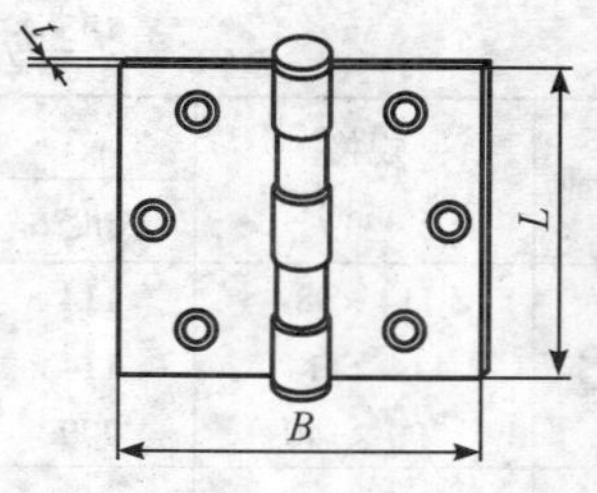

图 7 - 44 尼龙垫圈合页

表 7 - 76 尼龙垫圈合页规格尺寸

产地	规格（mm）	页片尺寸（mm）			配用木螺钉（参考）	
		长度 L	宽度 B	厚度 t	直径 × 长度（mm）	数目
上海	102 × 76	102	76	2.0	5 × 25	8
	102 × 102	102	102	2.2	5 × 25	8
扬州	75 × 75	75	75	2.0	5 × 20	6
	89 × 89	89	89	2.5	5 × 25	8
	102 × 75	102	75	2.0	5 × 25	8
	102 × 102	102	102	3.0	5 × 25	8
	114 × 102	114	102	3.0	5 × 30	8

9. 轴承合页

轴承合页与尼龙垫圈合页相似，但两管脚之间衬以滚动轴承，使门扇转动时轻便、灵活，多用于重型门扇上。其型式和规格尺寸见图7 - 45、表7 - 77。

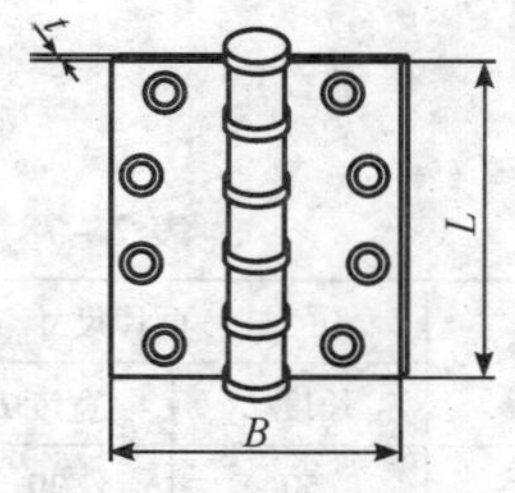

图 7 - 45 轴承合页

表 7 – 77　轴承合页规格尺寸

产地	规格（mm）	页片尺寸（mm）			配用木螺钉（参考）	
		长度 L	宽度 B	厚度 t	直径×长度（mm）	数目
上海	114×98	114	98	3.5	6×30	8
	114×114	114	114	3.5	6×30	8
	200×140	200	140	4.0	6×30	8
扬州	102×102	102	102	3.2	6×30	8
	114×102	114	102	3.3	6×30	8
	114×114	114	114	3.3	6×30	8
	127×114	127	114	3.7	6×30	8

注：轴承合页材料一般为低碳钢，表面镀黄铜（或古铜、铬）、喷塑、涂漆；也有采用不锈钢材料，其表面滚光。

10. 脱卸合页

脱卸合页与Ⅰ型双袖型合页相似，但页片较窄而薄，并且多为小规格，主要用于需要脱卸轻便的门、窗及家具上。其型式和规格尺寸见图7 – 46、表7 – 78。

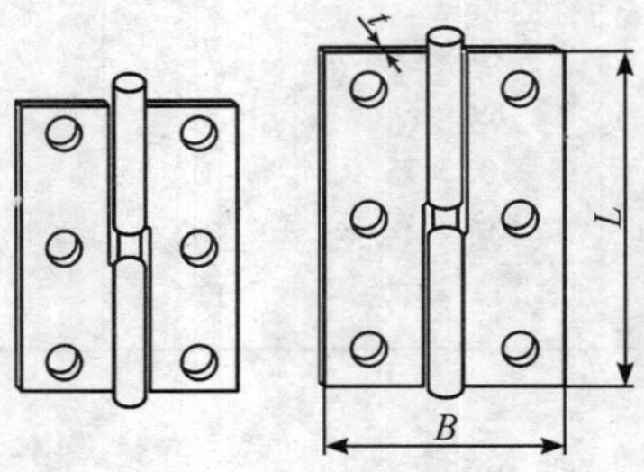

图 7 – 46　脱卸合页

表 7 – 78　脱卸合页规格尺寸

规格（mm）	页片尺寸（mm）			配用木螺钉（参考）	
	长度 L	宽度 B	厚度 t	直径×长度（mm）	数目
50	50	39	1.2	3×20	4
65	65	44	1.2	3×25	6
75	75	50	1.5	3×30	6

注：合页材料为低碳钢，表面镀锌或黄铜。

11. 自关合页

自关合页使门扇开启后能自动关闭。适用于需要经常关闭的门扇上，但门扇顶部与门框之间应留出一个间隙（大于“升高 a”）。有左、右合页之分，分别适用于左内开门和右内开门上，用于外开门上时则反之。其型式和规格尺寸见图 7－47、表 7－79。

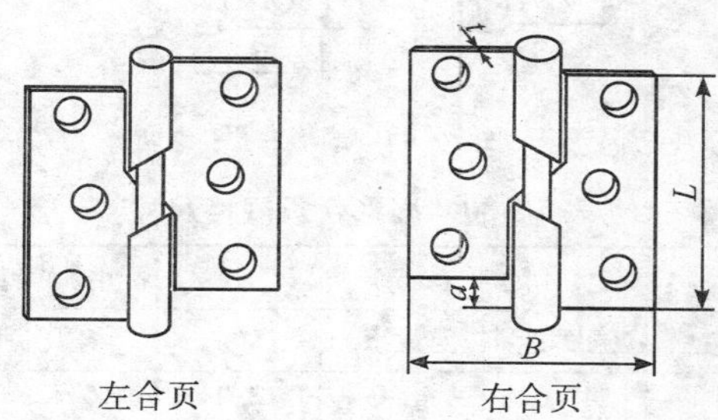

图 7－47　自关合页

表 7－79　自关合页规格尺寸

规格（mm）	页片尺寸（mm）				配用木螺钉（参考）	
	长度 L	宽度 B	厚度 t	升高 a	直径×长度（mm）	数目
75	75	70	2.7	12	4.5×30	6
100	100	80	3.0	13	4.5×40	8

注：合页材料为低碳钢，表面滚光，该产品为上海产。

12. 扇形合页

扇形合页与抽芯型合页相似，但两合页片尺寸不同，而且页片较厚，主要用作木质门扇与钢质（或水泥）门框之间的连接件（大页片与门扇连接，小页片与门框连接）。其型式及规格尺寸见图 7－48、表 7－80。

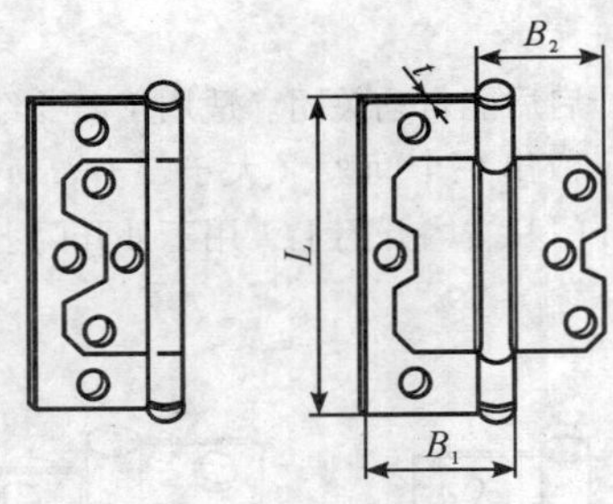

图 7－48　扇形合页

表 7－80　扇形合页规格尺寸

规格（mm）	页片尺寸（mm）				配用木螺钉/沉头螺钉（参考）	
	长度 L	宽度 B_1	宽度 B_2	厚度 t	直径×长度（mm）	数目
75	75	48.0	40.0	2.0	4.5×25/M5×10	3/3
100	100	48.5	40.5	2.5	4.5×25/M5×10	3/3

注：合页材料一般为低碳钢，表面滚光或镀锌（铬）。

13. 翻窗合页

翻窗合页用作工厂、仓库、住宅、农村养蚕室和公共场所等的中悬式气窗与窗框之间的连接件，使气窗能围绕合页的芯轴旋转和启合。其型式和规格尺寸见图 7－49、表7－81。

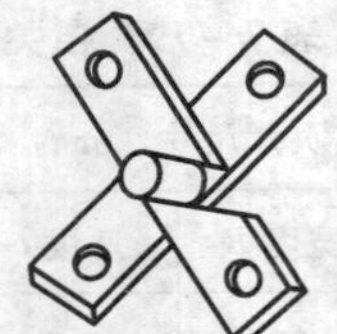

图 7－49　翻窗合页

表 7－81　翻窗合页尺寸规格

页片尺寸（mm）			芯轴（mm）		每副配用木螺钉（mm）（参考）	
长度	宽度	厚度	直径	长度	直径×长度	数目
50	19.5	2.7	9	12	4×18	8
65，75	19.5	2.7	9	12	4×20	8
90，100	19.5	3.0	9	12	4×25	8

注：合页材料为低碳钢，表面涂漆；每副合页由图示 4 个零件组成。

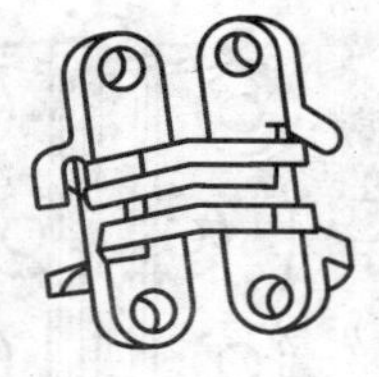

图 7-50　暗合页

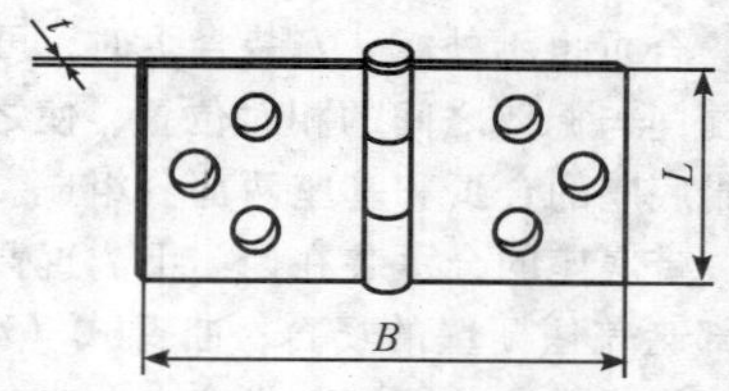

图 7-51　台合页

14. 暗合页

暗合页一般用于屏风、橱门上，其特点是在屏风展开、橱门关闭时看不见合页。其型式见图 7-50。

暗合页的规格：长度（mm）40、70、90。

15. 台合页

台合页一般装置于能折叠的台板上。其型式和尺寸见图 7-51、表 7-82。

表 7-82　台合页的尺寸

页片规格尺寸（mm）			配用木螺钉	
长度 L	宽度 B	厚度 t	直径×长度（mm）	数量
34	80	1.2	3×16	6
38	136	2.0	3.5×25	6

注：合页材料为低碳钢，表面镀锌、涂漆或滚光。

16. 蝴蝶合页

与单弹簧合页相似，多用于纱窗以及公共厕所、医院病房等的半截门上。其型式和规格尺寸见图 7-52、表 7-83。

表 7-83　蝴蝶合页规格尺寸

规格（mm）	页片尺寸（mm）			配用木螺钉	
	长度	宽度	厚度	直径×长度（mm）	数量
70	70	72	1.2	4×30	6

注：页片材料为低碳钢，表面涂漆或镀锌。

17. 自弹杯状暗合页

自弹杯状暗合页主要用作板式家具的橱门与橱壁之间的连接件。其特点是利用弹簧弹力，开启时，橱门立即旋转到 90°位置；并闭时，橱门不会自行开启，合页也不外露。安装合页时，可以很方便地调整橱门与橱壁之间的相对位置，使之端正、整齐。由带底座的合页和基座两部分组成。基座装在橱壁上，带底座的合页装在橱门上。直臂式适用于橱门全部遮盖住橱壁的场合；曲臂式（小曲臂式）适用于橱门半盖遮住橱壁的场合；大曲臂式适用于橱门嵌在橱壁的场合。其型式和规格尺寸见图7－53、表7－84。

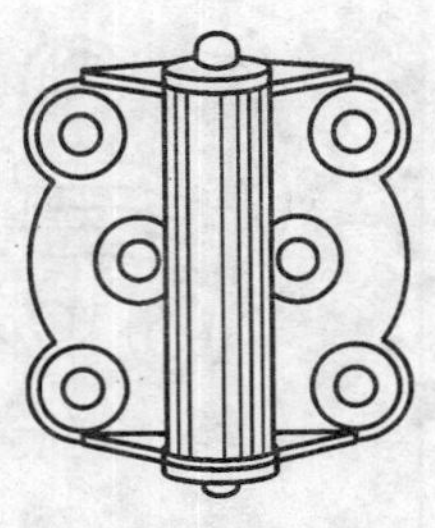

图7－52　蝴蝶合页

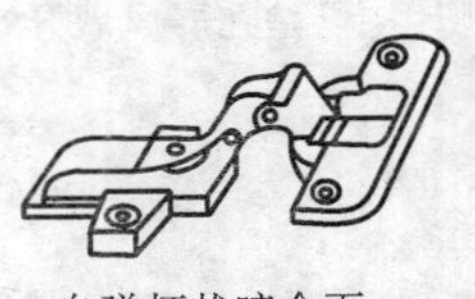

自弹杯状暗合页
（直臂式）

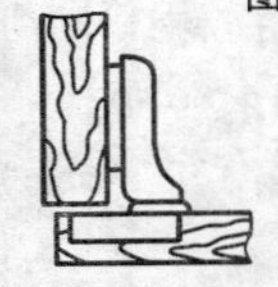

全遮盖式柜门用
（直臂式暗合页）

半遮盖式柜门用
（曲臂式暗合页）

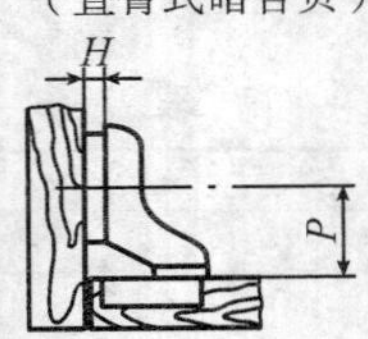

嵌式柜门用
（大曲臂式暗合页）

暗合页应用示意图

图7－53　自弹杯状暗合页

表7－84　自弹杯状暗合页规格尺寸

带底座的合页（mm）				基座（mm）				
型式	底座直径	合页总长	合页总宽	型式	中心距 P	底板厚 H	基座总长	基座总宽
直臂式	35	95	66	V形	28	4	42	45
曲臂式	35	90	66					
大曲臂式	35	93	66	K形	28	4	42	45

注：合页臂材料为低碳钢（表面镀铬）；底座及基座材料有尼龙（白色、棕色）和低碳钢（表面镀铬两种）。

18. 弹簧合页

（1）弹簧合页（铰链 QB/T 1738—1993）的种类：

按结构分：
- a. 单弹簧合页　代号为D
- b. 双弹簧合页　代号为S

按页片材料分：
- a. 普通碳素钢制　代号为P
- b. 不锈钢制　代号为B
- c. 铜合金制　代号为T

按表面处理分：
- a. 涂漆　代号为Q
- b. 涂塑　代号为S
- c. 电镀锌　代号为D
- d. 表面不作处理　无代号

（2）弹簧合页的代号和标记：

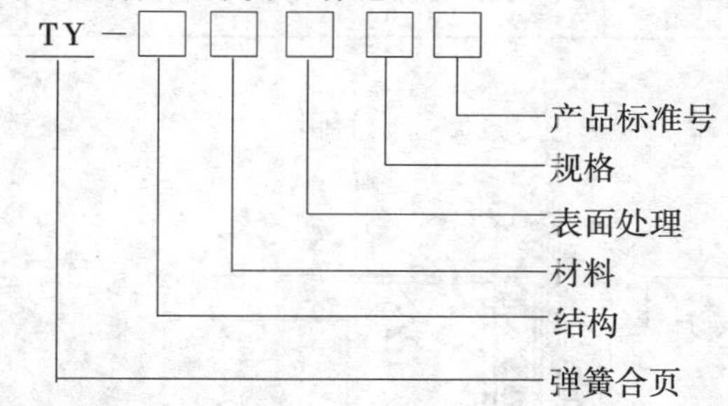

标记示例：

普通碳素钢制造、表面涂漆、规格为150mm的Ⅱ型双弹簧合页标记为：

弹簧合页 TY—SPQ　150Ⅱ　QB/T 1738

(3)弹簧合页尺寸规格、技术要求见图7－54、图7－55和表7－85～表7－91。

表7－85　弹簧合页型式和尺寸（mm）

规格			75	100	125	150	200	250
L	Ⅰ型	基本尺寸	76	102	127	152	203	254
		极限偏差	±0.95	±1.10	±1.25		±1.45	±1.60
	Ⅱ型	基本尺寸	75	100	125	150	200	250
		极限偏差	±0.95	±1.10	±1.25		±1.45	
B	图7－54	基本尺寸	36	39	45	50	71	—
		极限偏差	±1.95				±2.3	—
	图7－55	基本尺寸	48	56	64		95	
		极限偏差	±1.95	±2.3			±2.7	

续表

规格		75	100	125	150	200	250
B_1	基本尺寸	13	16	19	20	32	
	极限偏差	±0.55		±0.65		±0.80	
B_2	基本尺寸	8	9		10	14	
	极限偏差	±0.45				±0.55	
B_3	基本尺寸	—	—	—	15	23	
	极限偏差	—	—	—	±0.55	±0.65	
L_1	基本尺寸	58	76	90	120	164	—
	极限偏差	±0.95		±1.10		±1.25	—
L_2	基本尺寸	34	43	44	70	82	—
	极限偏差	±0.80			±0.95	±1.10	

注：推荐生产Ⅱ型。

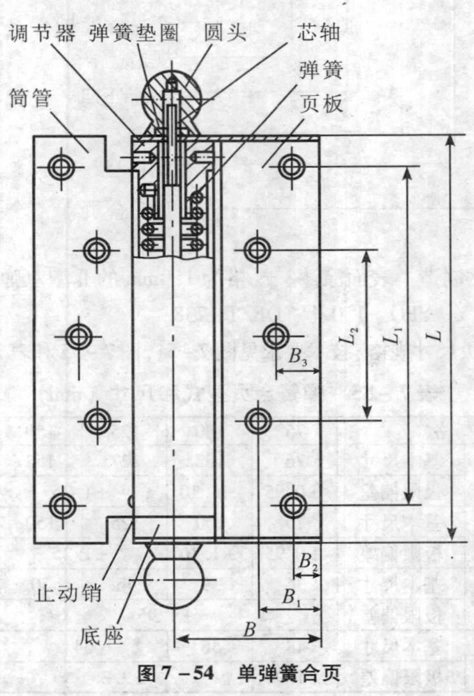

图 7-54　单弹簧合页

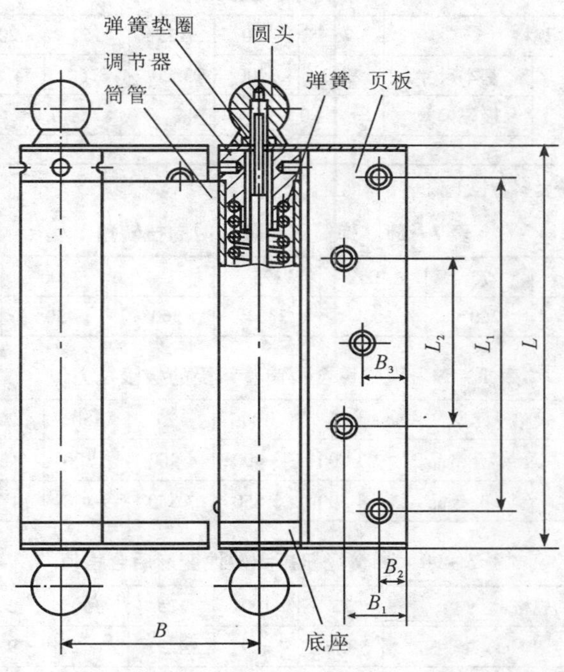

图 7－55　双弹簧合页

表 7－86　钢制弹簧合页筒管和页片材料厚度（mm）

规格		75	100	125	150	200	250
筒管材厚	基本尺寸	1.00		1.20		2.00	
	极限偏差	－0.09		－0.11		－0.15	
页片料厚	基本尺寸	1.80		2.00		2.40	
	极限偏差	－0.14		－0.15		－0.17	

表 7－87　弹簧材料直径偏差（mm）

规格		75	100	125	150	200	250
直　径	基本尺寸	2.50	3.00	3.20	3.50	4.50	5.00
	极限偏差	－0.03		－0.04			

注：弹簧材料直径上偏差不作规定。

表 7－88　弹簧正常使用时的扭转角

规格	75	100	125	150	200	250
扭转角	260°	300°	330°	360°	430°	460°

表 7－89　双弹簧合页筒管承受的极限拉力值

规格		75	100	125	150	200	250
拉力（N）	合格品	3 000	3 900	4 900	6 100	9 800	15 000
	一等品	4 500	5 850	7 350	9 150	14 700	22 500

表 7－90　弹簧经扭矩和塑性变形后合格值

规格		75	100	125	150	200	250
扭矩（N·m）≥		3.1	3.9	4.9	6.2	9.8	15.7
塑性变形≤	合格品	60°					
	一等品	45°					

页板、调节器、筒管、底座装配后轴向间隙最大值（max）见图 7－56。

表 7－91　最大轴向间隙值（mm）

规格	75	100	125	150	200	250
轴向间隙 max＜	1.0		1.2		1.5	

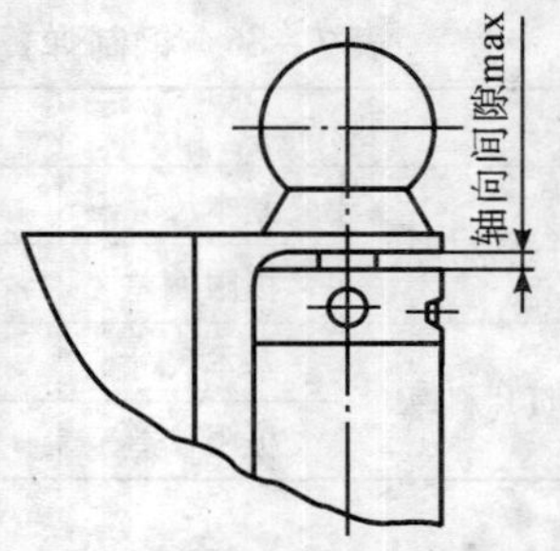

图 7－56　轴向间隙最大值示意

7.2.3　拉手

1. 小拉手

小拉手一般装在木质房门或抽屉上，作推、拉房门或抽屉之用，也常用作工具箱、仪表箱上的拎手。

普通式（A型，门拉手，弓形拉物）

香蕉式（香蕉拉手）

图7－57　小拉手

表7－92　小拉手规格尺寸

拉手品种		普通式				香蕉式		
拉手规格（全长）（mm）		75	100	125	150	90	110	130
钉孔中心距（纵向）（mm）		65	88	108	131	60	75	90
配用螺钉（参考）	品　　种	沉头木螺钉				盘头螺钉		
	直径（mm）	3	3.5	3.5	4	M3.5		
	长度（mm）	16	20	20	25	25		
	数　　目	4				2		

注：拉手材料一般为低碳钢，表面镀铬或喷漆，香蕉拉手也有用锌合金制造，表面镀铬。

2. 蟹壳拉手

蟹壳拉手装在抽屉上，作拉启抽屉之用。

普通型

方型

图7－58　蟹壳拉手

表7－93　蟹壳拉手规格

长度（mm）		65（普通）	80（普通）	90（方型）
配用木螺钉	直径×长度（mm）	3×16	3.5×20	3.5×20
	数量	3	3	4

3. 圆柱拉手

圆柱拉手可装在橱门或抽屉上，作拉启之用。

圆柱拉手　　塑料圆柱拉手

图 7－59　圆柱拉手

表 7－94　圆柱拉手型式和尺寸

品名	材料	表面处理	圆柱拉手尺寸（mm）		配用镀锌半圆头螺钉和垫圈
			直　径	高　度	
圆 柱 拉 手	低碳钢	镀铬	35	22.5	M5×25；垫圈 5
塑料圆柱拉手	ABS		40	20	M5×30

4. 底板拉手

底板拉手安装在中型门扇上，作推、拉门扇之用。

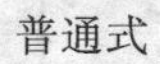
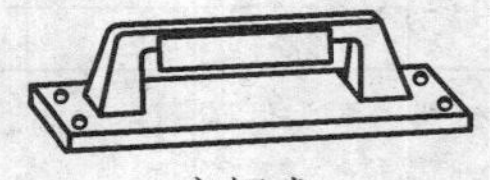

普通式　　方柄式

图 7－60　底板拉手

表 7－95　底板拉手规格

规格（底板全长）（mm）	普通式（mm）				方柄式（mm）			每副（2 只）拉手附镀锌木螺钉（mm）	
	底板宽度	底板厚度	底板高度	手柄长度	底板宽度	底板厚度	手柄长度	直径×长度	数目
150	40	1.0	5.0	90	30	2.5	120	3.5×25	8
200	48	1.2	6.8	120	35	2.5	163	3.5×25	8
250	58	1.2	7.5	150	50	3.0	196	4×25	8
300	66	1.6	8.0	190	55	3.0	240	4×25	8

注：拉手的底板、手柄材料为低碳钢（方柄式手柄也有锌合金），表面镀铬；方柄式手柄的托柄为塑料。

5. 梭子拉手

梭子拉手装在一般房门或大门上，作推、拉门扇之用。

图 7－61　梭子拉手

表 7－96　梭子拉手规格尺寸

主要尺寸（mm）					每副（2 只）拉手配用镀锌木螺钉（mm）	
规格（全长）	管子外径	高　度	桩脚底座直径	两桩脚中心距	直径 × 长度	数　量
200	19	65	51	60	3.5 × 18	12
350	25	69	51	210	3.5 × 18	12
450	25	69	51	310	3.5 × 18	12

注：拉手材料：管子为低碳钢；桩脚、梭头为灰铸铁，表面镀铬。

6. 管子拉手

管子拉手装在一般推、拉比较频繁的大门上，作推、拉门扇之用。

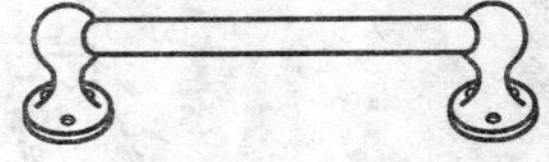

图 7－62　管子拉手

表 7－97　管子拉手规格尺寸

主要尺寸（mm）	管子	长度（规格）：250，300，350，400，450，500，550，600，650，700，750，800，850，900，950，1 000
		外径 × 壁厚：32 × 1.5
	桩头	底座直径 × 圆头直径 × 高度：77 × 65 × 95
	拉手总长：管子长度 + 40	
每副（2 只）拉手配用镀锌木螺钉（直径 × 长度）：4 × 25mm，12 只		

注：拉手材料：管子为低碳钢，桩头为灰铸铁；或全为黄铜；表面镀铬。

7. 推板拉手

推板拉手装在一般房门或大门上，作推、拉门扇之用。

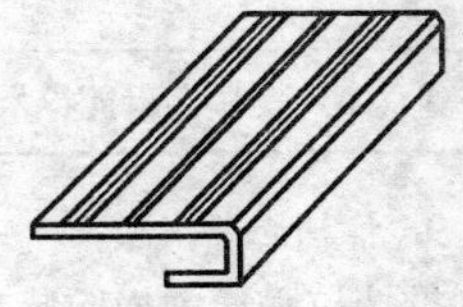

图 7－63　推板拉手

表 7-98　推板拉手型号规格

型号	拉手主要尺寸（mm）				每副（2只）拉手附件的品种、规格（mm）和数目，钢制品镀锌		
	规格（长度）	宽度	高度	螺栓孔数及中心距	双头螺柱	盖形螺母	铜垫圈
X-3	200	100	40	二孔，140	M6×65，2只	M6，4只	6，4只
	250	100	40	二孔，170	M6×65，2只	M6，4只	6，4只
	300	100	40	三孔，110	M6×65，3只	M6，6只	6，6只
228	300	100	40	二孔，270	M6×85，2只	M6，4只	6，4只

注：拉手材料为铝合金，表面为银白色、古铜色或金黄色。

8. 方型大门拉手

方型大门拉手与管子拉手作用相同。

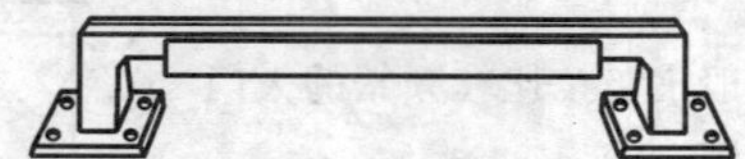

图 7-64　大门拉手

表 7-99　方型大门拉手规格

主要尺寸（mm）	手柄长度（规格）/托柄长度：250/190，300/240，350/290，400/320，450/370，500/420，550/470，600/520，650/550，700/600，750/650，800/680，850/730，900/780，950/830，1 000/880 手柄断面宽度×高度：12×16 底板长度×宽度×厚度：80×60×3.5 拉手总长：手柄长度+64，拉手总高：54.5
每副（2只）拉手附镀锌木螺钉：直径×长度　4mm×25mm，16只	

9. 推挡拉手

推挡拉手通常横向装在进出比较频繁的大门上，作推、拉门扇用，并起保护门上的玻璃作用。

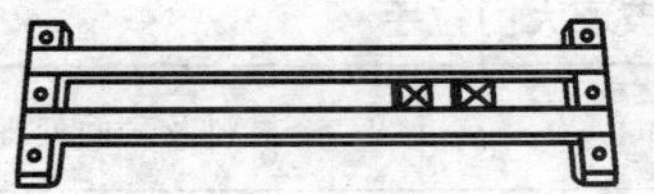

双臂（推挡）拉手

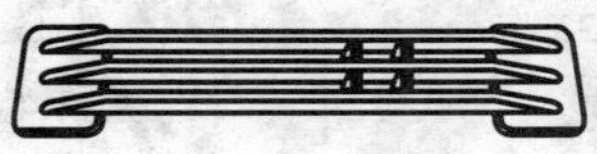

三臂（推挡）拉手

图 7－65　推挡拉手

表 7－100　推挡拉手的尺寸规格

主要尺寸（mm）	拉手全长（规格）： 双臂拉手——600，650，700，750，800，850 三臂拉手——600，650，700，750，800，850，900，950，1 000 底板长度×宽度：120×50
每副拉手（2 只）附件的品种、规格（mm）及数量： 双臂拉手——4×25 镀锌木螺钉，12 只； 三臂拉手——6×25 镀锌双头螺栓，4 只；M6 铜六角球螺母，8 只；6 铜垫圈，8 只	

注：拉手材料为铝合金，表面为银白色或古铜色；或为黄铜，表面抛光。

10. 玻璃大门拉手

玻璃大门拉手主要装在商场、大厦、俱乐部、酒楼等的玻璃大门上，作推、拉门扇用。

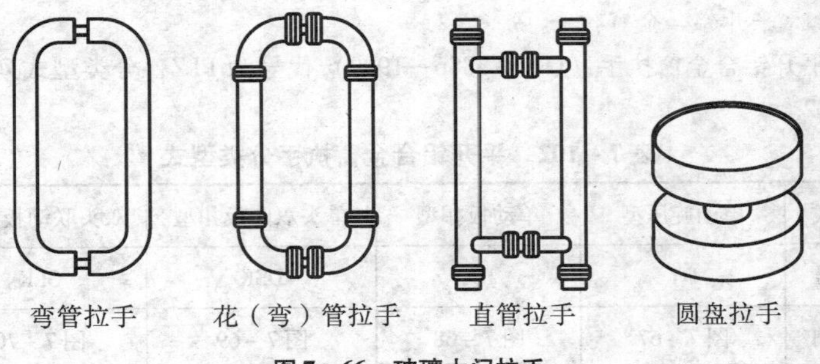

弯管拉手　花（弯）管拉手　直管拉手　圆盘拉手

图 7－66　玻璃大门拉手

表 7－101　玻璃大门拉手

品种	代号	规格（mm）	材料及表面处理
弯管拉手	MA113	管子全长×外径：600×51，457×38，457×32，300×32	不锈钢，表面抛光
花（弯）管拉手	MA112 MA123	管子全长×外径：800×51，600×51，600×32，457×38，457×32，350×32	不锈钢，表面抛光，环状花纹表面为金黄色；手柄部分也有用柚木、彩色大理石或有机玻璃制造
直管拉手	MA104	600×51，457×38 457×32，300×32	不锈钢，表面抛光，环状花纹表面为金黄色；手柄部分也有用彩色大理石、柚木制造
	MA122	800×54，600×54 600×42，457×42	
圆盘拉手（太阳拉手）		圆盘直径：160，180，200，220	不锈钢、黄铜，表面抛光；铝合金，表面喷塑（白色、红色等）；有机玻璃

11. 平开铝合金窗执手

平开铝合金窗执手（QB/T 3886—1999）代号为 PLZ，分类型式列于表 7－102。

表 7－102　平开铝合金窗执手分类型式

型式	单动旋压型	单动板扣型	单头双向板扣型	双头联动板扣型
代号	DY	DK	DSK	SLK
图例	图 7－67	图 7－68	图 7－69	图 7－70

产品标记

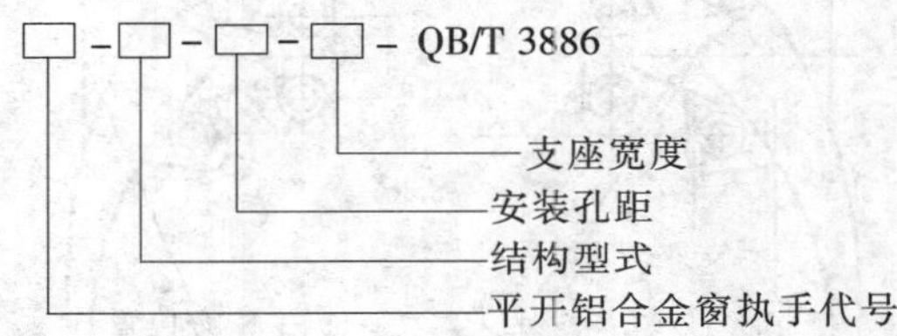

标记示例：

安装孔距为 60mm，支座宽度为 12mm 的双头联动板扣型平开铝合金窗执手，其标记为：

PLZ – SLK – 60 – 12 – QB/T 3886

平开铝合金窗执手的型式见图 7 – 67 ~ 图 7 – 70，其规格尺寸见表 7 – 103，技术要求见表 7 – 104 ~ 表 7 – 107。

表 7 – 103　平开铝合金窗执手的规格尺寸（mm）

型式	执手安装孔距 *E*		执手支座宽度 *H*		承座安装孔距 *F*		执手座底面至锁紧面距离 *G*		执手柄长度 *L*
	基本尺寸	极限偏差	基本尺寸	极限偏差	基本尺寸	极限偏差	基本尺寸	极限偏差	
DY 型	35	±0.5	29	±0.5	16	±0.5	—	—	≥70
			24		19				
DK 型	60		12		23		12	±0.5	
	70		13		25				
DSK 型	128		22		—		—	—	
SLK 型	60		12		23		12	±0.5	
	70		13		25				

注：①当安装孔为椭圆可调形时，表中安装孔距偏差不适用。

②联动杆长度 *S* 由供需双方协定。

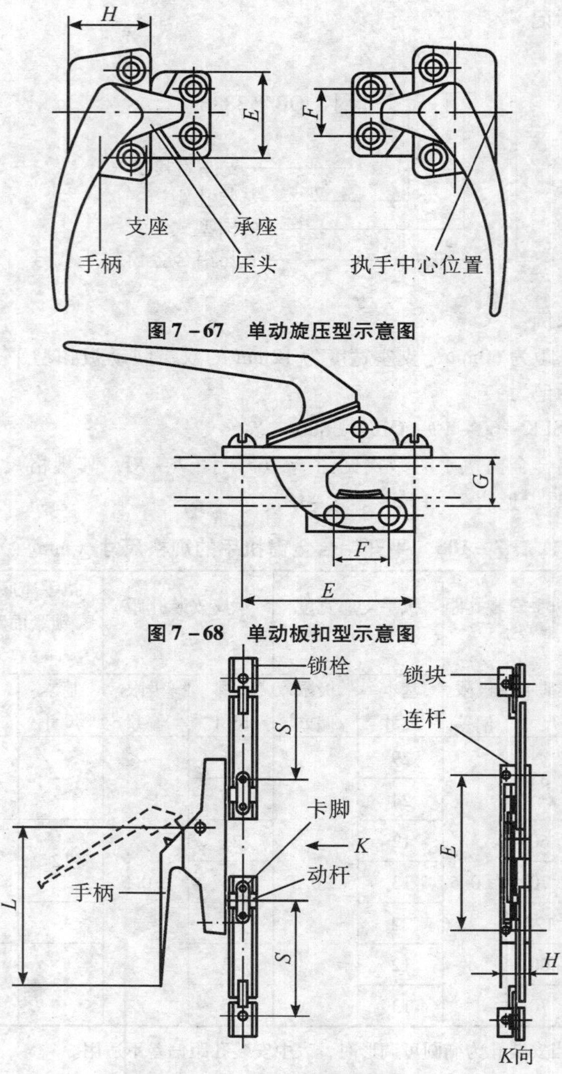

图 7-67　单动旋压型示意图

图 7-68　单动板扣型示意图

图 7-69　单头双向板扣型示意图

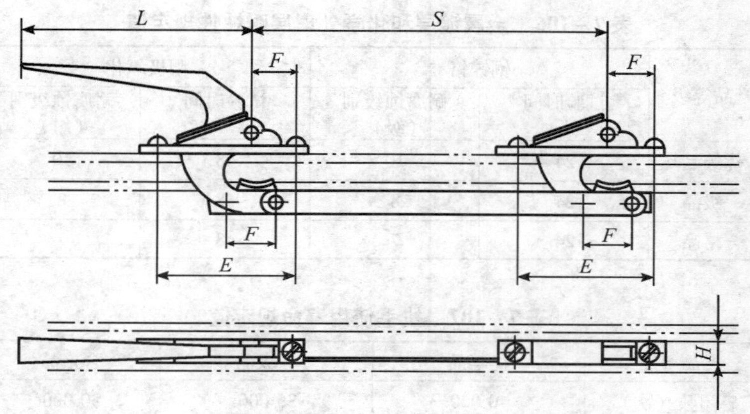

图 7－70　双头联动板扣型示意图

表 7－104　执手强度在规定部位承受相应荷载后位移量

型式	受力部位	载荷（N）	位移量 W（mm）
DY	压头部	315 *	≤0.5
		392	
DK	锁紧部	392	
	承座		
DSK	锁栓	490	
SLK	锁紧部	392	
	承座		

注：①＊适宜于低层、承受风荷较小的窗用。

②DY 型、DK 型、SLK 型执手装配后，手柄在承受 490N 时不应断裂。

表 7－105　铝合金阳极氧化层厚度规定值（μm）

产品等级	厚度
优等品	25
一级品	20
合格品	15

表 7 – 106　金属镀层和化学处理层耐蚀性规定值

产品等级	铜镍铬		阳极氧化	
	试验时间（h）	耐腐蚀级别（级）	试验时间（h）	耐腐蚀级别（级）
优等品	24	10	48	10
一级品	24	8	48	8
合格品	24	7	48	7

表 7 – 107　执手使用寿命规定值

产品等级	优等品	一级品	合格品
启闭数（次）	40 000	35 000	30 000

12. 铝合金门窗拉手

铝合金门窗拉手（QB/T 3889—1999）的产品标记：

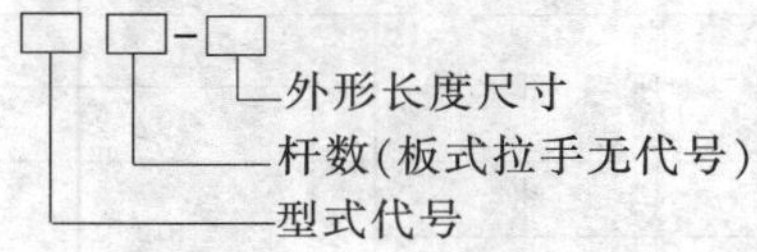

标记示例：

外形长度尺寸为 850mm 的门用三杆拉手的标记为：

MG 3—850　QB/T 3889

外形长度尺寸为 80mm 的板式窗用拉手：

CB—80　QB/T 3889

铝合金门窗拉手的型式代号、规格尺寸及技术要求列于表 7 – 108 ~ 表 7 – 114。

表 7 – 108　门用拉手型式代号表

型式名称	杆式	板式	其他
代　　号	MG	MB	MQ

表 7－109　窗用拉手型式代号表

型式名称	板式	盒式	其他
代　　号	CB	CH	CQ

表 7－110　门用拉手外形长度尺寸值（mm）

名称	外形长度系列					
门　用　拉　手	200	250	300	350	400	450
	500	550	600	650	700	750
	800	850	900	950	1 000	

表 7－111　窗用拉手外形长度尺寸值（mm）

名称	外形长度			
窗用拉手	50	60	70	80
	90	100	120	150

表 7－112　杆式拉手安装平面度值（mm）

安装面最大尺寸	≤500	＞500
平面度公差值	1	2

表 7－113　表面阳极氧化膜厚度值（μm）

产 品 等 级	优 等 品	一 级 品	合 格 品
氧化膜厚度	≥25	≥15	≥10

表 7－114　金属镀层耐腐蚀等级值

产 品 等 级	试验时间（h）		耐腐蚀等级
	铜合金基体	锌合金或其他材料基体	
优等品	30	24	10
一级品	24	18	10
合格品	24	12	9

7.2.4 钉类

1. 鞋钉

鞋钉（QB/T 1559—1992）的外形、尺寸见图 7－71 和表 7－115、表 7－116。

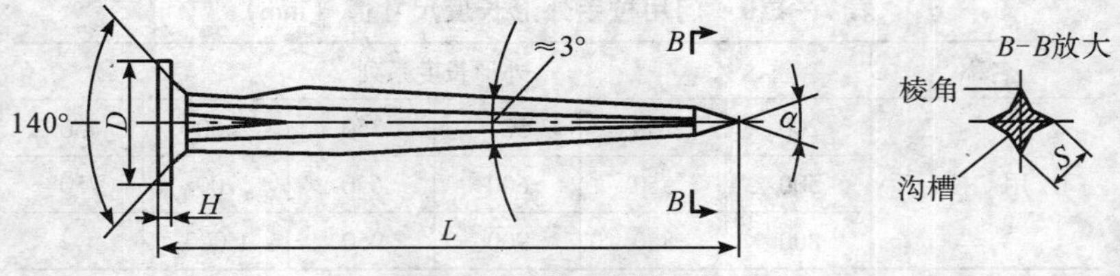

图 7－71 鞋钉

表 7－115 普通型鞋钉规格尺寸

鞋钉全长 L（mm）	基本尺寸	10	13	16	19	22	25
	极限偏差	±0.50		±0.60		±0.70	
钉帽直径 D（mm） ≥		3.10	3.40	3.90	4.40	4.70	4.90
钉帽厚度 H（mm） ≥		0.24	0.30	0.34	0.40	0.44	
钉杆末端宽度 S（mm） ≤		0.74	0.84	0.94	1.04	1.14	1.24
钉帽圆整（mm） ≤		0.30	0.36	0.40	0.46	0.50	
钉帽对钉杆偏移 Δ（mm） ≤		0.30	0.36	0.40	0.46	0.50	
钉尖角度 α ≤		28°			30°		
每百克个数（参考） ≥		1 100	660	410	290	230	190

表 7－116 重型鞋钉尺寸及偏差值

鞋钉全长 L（mm）	基本尺寸	10	13	16	19	22	25
	极限偏差	±0.50		±0.60		±0.70	
钉帽直径 D（mm） ≥		4.50	5.20	5.90	6.10	6.60	7.00
钉帽厚度 H（mm） ≥		0.30	0.34	0.38	0.40	0.44	
钉杆末端宽度 S（mm） ≤		1.04	1.10	1.20	1.30	1.40	1.50
钉帽圆整（mm） ≤		0.36	0.40	0.46	0.50	0.56	
钉帽对钉杆偏移 Δ（mm） ≤		0.36	0.40	0.46	0.50	0.56	
钉尖角度 α ≤		28°			30°		
每百克个数（参考）		640	420	290	210	160	130

鞋钉的产品代号：

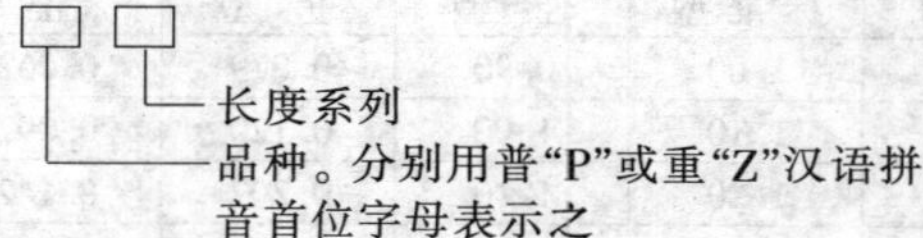

标记示例：

长度为16mm 普通鞋钉的标记为：

鞋钉 P16　QB/T 1559—1992

长度为16mm 的重型鞋钉的标记为：

鞋钉 Z16　QB/T 1559—1992

2. 一般用途圆钢钉

一般用途圆钢钉（YB/T 5002—1993）的分类及代号：

按钉杆直径圆钉分为三种，其代号为：

重型　Z

标准型　b

轻型　q

按钉帽外观圆钉分为两种，其代号为：

菱形方格帽　g

平帽　p

圆钢钉外形图见图 7－72；圆钢钉的尺寸规格、长度允许偏差列于表 7－117～表 7－121。

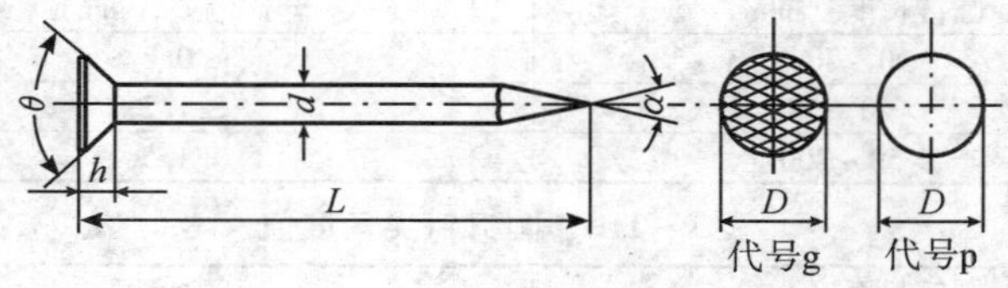

图 7－72　一般用途圆钢钉

表 7－117　圆钢钉的规格尺寸

钉长（mm）	钉杆直径（mm）			1 000 个圆钉重（kg）		
	重　型	标准型	轻　型	重　型	标准型	轻　型
10	1. 10	1. 00	0. 90	0. 079	0. 062	0. 045
13	1. 20	1. 10	1. 00	0. 120	0. 097	0. 080
16	1. 40	1. 20	1. 10	0. 207	0. 142	0. 119
20	1. 60	1. 40	1. 20	0. 324	0. 242	0. 177
25	1. 80	1. 60	1. 40	0. 511	0. 359	0. 302
30	2. 00	1. 80	1. 60	0. 758	0. 600	0. 473
35	2. 20	2. 00	1. 80	1. 060	0. 86	0. 70
40	2. 50	2. 20	2. 00	1. 560	1. 19	0. 99
45	2. 80	2. 50	2. 20	2. 220	1. 73	1. 34
50	3. 10	2. 80	2. 50	3. 020	2. 42	1. 92
60	3. 40	3. 10	2. 80	4. 350	3. 56	2. 90
70	3. 70	3. 40	3. 10	5. 936	5. 00	4. 15
80	4. 10	3. 70	3. 40	8. 298	6. 75	5. 71
90	4. 50	4. 10	3. 70	11. 30	9. 35	7. 63
100	5. 00	4. 50	4. 10	15. 50	12. 5	10. 4
110	5. 50	5. 00	4. 50	20. 87	17. 0	13. 7
130	6. 00	5. 50	5. 00	29. 07	24. 3	20. 0
150	6. 50	6. 00	5. 50	39. 42	33. 3	28. 0
175	—	6. 50	6. 00	—	45. 7	38. 9
200	—	—	6. 50	—	—	52. 1

注：经供需双方协议也可生产其他尺寸的圆钉。

表 7－118　圆钢钉长度允许偏差

圆钉长度（mm）	允许偏差（mm）
10～20	±0. 8
>20～50	±1. 2
>50～200	±1. 5

表 7－119　圆钉钉尖角度值

圆钉长度（mm）	钉尖角度
≤45	≤30°
>45	≤32°

注：钉尖应为菱形截面，不应有显著的歪斜。

表 7－120　英制圆钉表

尺寸 英寸×线号	圆钉长度 （mm）	公称直径 （mm）	1 000 个约重 （kg）	每 kg 约数 （个）
3/8×20	9.52	0.89	0.046	21 730
1/2×19	12.7	1.07	0.088	11 360
5/8×18	15.87	1.25	0.152	6 580
3/4×17	19.05	1.47	0.25	4 000
1×16	25.40	1.65	0.42	2 380
1¼×15	31.75	1.83	0.65	1 540
1½×14	38.10	2.11	1.03	971
1¾×13	44.45	2.41	1.57	637
2×12	50.80	2.77	2.37	422
2½×11	63.5	3.05	3.58	279
3×10	76.20	3.40	5.35	187
3½×9	88.90	3.76	7.65	131
4×8	101.6	4.19	10.82	92.4
4½×7	114.3	4.57	14.49	69.0
5×6	127.0	5.16	20.53	48.7
6×5	152.4	5.59	28.93	34.5
7×4	177.8	6.05	40.32	24.8

注：经供需双方协议，可供应表中英制规格圆钉。其直径与长度允许偏差应符合本标准中相邻较大尺寸圆钉的规定。

表 7－121　圆钉废钉率

圆钉长度（mm）	废钉率（%）
10～20	1.5
>20～50	1.0
>50～200	0.5

注：圆钉的次钉和废钉率的总和不得超过 8%，其中废钉率不得超过表中的规定。

标记示例：

长度为50mm，直径为3.1mm的菱形方格帽，重型圆钉其标记为：

Z－50×3.1—YB/T 5002—1993

长度为45mm，直径为2.5mm的菱形方格帽，标准圆钉其标记为：

45×2.5—YB/T 5002—1993

长度为30mm，直径为1.8mm的平帽，轻型圆钉其标记为：

pq－30×1.8—YB/T 5002—1993

长度为25mm，直径为1.6mm的菱形方格帽、轻型圆钉其标记为：

q－25×1.6—YB/T 5002—1993

3. 扁头圆钢钉

扁头圆钢钉（图7－73）主要用于木模制造、钉家具及地板等需将钉帽埋入木材的场合；规格及质量如表7－122所示。

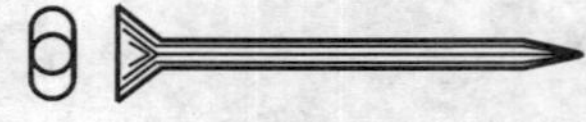

图7－73　扁头圆钢钉

表7－122　扁头圆钢钉规格及质量

钉　长（mm）	35	40	50	60	80	90	100
钉杆直径（mm）	2	2.2	2.5	2.8	3.2	3.4	3.8
每千只约重（kg）	0.95	1.18	1.75	2.9	4.7	6.4	8.5

4. 拼合用圆钢钉

拼合用圆钢钉（图7－74）主要用途是供制造木箱、家具、门扇及其需要拼合木板时作销钉用；规格及质量如表7－123所示。

图7－74　拼合用圆钢钉

表7－123　拼合用圆钢钉规格及质量

钉　　长（mm）	25	30	35	40	45	50	60
钉杆直径（mm）	1.6	1.8	2	2.2	2.5	2.8	2.8
每千只约重（kg）	0.36	0.55	0.79	1.08	1.52	2	2.4

5. 木螺钉

木螺钉（图7－75）用在木质器具上紧固金属零件或其他物品，如铰链、门锁、箱扣等；其规格如表7－124和表7－125所示。

表 7－124　米制木螺钉规格

直径 d (mm)	开槽木螺钉钉长 l（mm）			十字槽木螺钉	
	沉头	圆头	半沉头	十字槽号	钉长 l（mm）
1.6	6～12	6～12	6～12	—	—
2	6～16	6～14	6～16	1	6～16
2.5	6～25	6～22	6～25	1	6～25
3	8～30	8～25	8～30	2	8～30
3.5	8～40	8～38	8～40	2	8～40
4	12～70	12～65	12～70	2	12～70
(4.5)	16～85	14～80	16～85	2	16～85
5	18～100	16～90	18～100	2	18～100
(5.5)	25～100	22～90	30～100	3	25～100
6	25～120	22～120	30～120	3	25～120
(7)	40～120	38～120	40～120	3	40～120
8	40～120	38～120	40～120	3	40～120
10	75～120	65～120	70～120	4	70～120

注：①钉长系列（mm）：6，8，10，12，14，16，18，20，(22)，25，30，(32)，35，(38)，40，45，50，(55)，60，(65)，70，(75)，80，(85)，90，100，120。

②括号内的直径和长度，尽可能不采用。

③根据 GB 99～101、GB950～952—1986 标准。

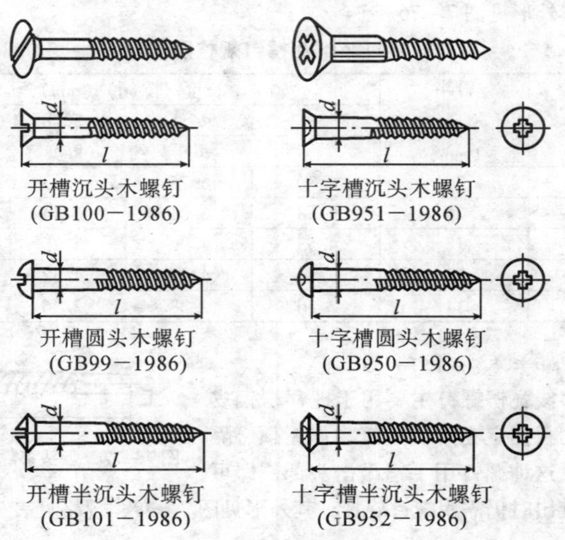

图 7－75　木螺钉

表 7-125　号码（英）制木螺钉规格

钉杆直径		钉　长	钉杆直径		钉长	钉杆直径		钉长
号码	(mm)	(in)	号码	(mm)	(in)	号码	(mm)	(in)
0	1.52	1/4	6	3.45	1/2～1¼	14	6.30	1¼～4
1	1.78	1/4～3/8	7	3.81	1/2～2	16	7.01	1½～4
2	2.08	1/4～1/2	8	4.17	5/8～2½	18	7.72	1½～4
3	2.39	1/4～3/4	9	4.52	5/8～2½	20	8.43	2～4
4	2.74	3/8～1	10	4.88	1～3	24	9.86	2～4
5	3.10	3/8～1¼	12	5.59	1～4			

注：英制钉长系列 in：1/4，3/8，1/2，5/8，3/4，7/8，1，1¼，1½，1¾，2，2¼，2½，3，3½，4。

6. 瓦楞钉

瓦楞钉专用于固定屋面上的瓦楞铁皮。其规格见表 7-126，其外形见图 7-76。

图 7-76　瓦楞钉

表 7-126　瓦楞钉规格及质量

钉身直径 (mm)	钉帽直径 (mm)	长度（除帽）(mm)			
		38	44.5	50.8	63.5
		每千只约重（kg）			
3.73	20	6.30	6.75	7.35	8.35
3.37	20	5.58	6.01	6.44	7.30
3.02	18	4.53	4.90	5.25	6.17
2.74	18	3.74	4.03	4.32	4.90
2.38	14	2.30	2.38	2.46	—

7. 盘头多线瓦楞螺钉

盘头多线瓦楞螺钉主要用于把瓦楞钢皮或石棉瓦楞板固定在木质建筑物如屋顶、隔离壁等上。这种螺钉用手锤敲击头部，即可钉入，但旋出时仍需用螺钉旋具。其外形见图 7-77，规格见表 7-127。

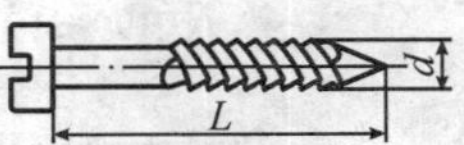

图 7-77　盘头多线瓦楞螺钉

表 7－127　盘头多线瓦楞螺钉规格

公称直径 d（mm）	6		7	
钉　　长 L（mm）	65	75	90	100

注：螺钉表面应全部镀锌钝化。

8. 鱼尾钉

图 7－78　鱼尾钉

鱼尾钉用于制造沙发、软坐垫、鞋、帐篷、纺织、皮革箱具、面粉筛、玩具、小型农具等，特点是钉尖锋利、连接牢固，以薄型应用较广。其外形及规格见图 7－78、表 7－128。

表 7－128　鱼尾钉规格及质量

种类	薄型（A 型）					厚型（B 型）					
全长（mm）	6	8	10	13	16	10	13	16	19	22	25
钉帽直径（mm）≥	2.2	2.5	2.6	2.7	3.1	3.7	4	4.2	4.5	5	5
钉帽厚度（mm）≥	0.2	0.25	0.30	0.35	0.40	0.45	0.50	0.55	0.60	0.65	0.65
卡颈尺寸（mm）≥	0.80	1.0	1.15	1.25	1.35	1.50	1.60	1.70	1.80	2.0	2.0
每千只约重（g）	44	69	83	122	180	132	278	357	480	606	800
每 kg 只数	22 700	14 400	12 000	8 200	5 550	7 600	3 600	2 800	2 100	1 650	1 250

注：卡颈尺寸指近钉头处钉身的椭圆形断面短轴直径尺寸。

9. 磨胎钉

磨胎钉主要用于汽车轮胎翻修，作轮胎粘合面拉毛、抛平用。其规格：钉身长度（不包括帽）×钉身直径（mm）：14.5×2.7；14.5×3.0。

10. 特种钢钉

特种钢钉（WJ 1674—1986）又称水泥钉，见图 7－79。可用手锤直接将钉敲入小于 200 号混凝土、矿渣砖块、砖砌体或厚度小于 3mm 薄钢板中，作固定之用。其型号规格见表 7－129。

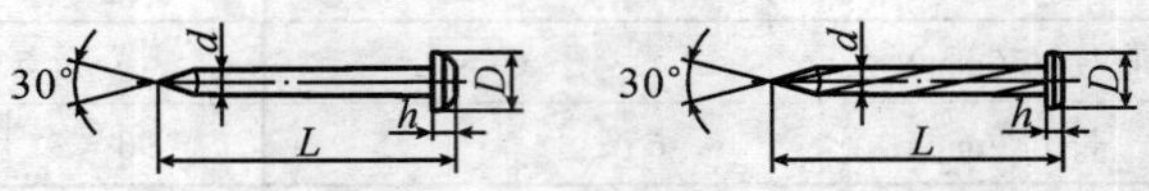

图 7－79　特种钢钉

表 7－129　特种钢钉型号和规格

钢钉型号	钉杆直径 d (mm)	钢钉全长 L (mm)	钉帽直径 D (mm)	钉帽高度 h (mm)	钢钉型号	钉杆直径 d (mm)	钢钉全长 L (mm)	钉帽直径 D (mm)	钉帽高度 h (mm)
T20	2	20	4	1. 5	T45	4. 5	80	9	2
T 30	3	20 25 30 35	6	2	T 52	5. 2	100 120	10. 5	2. 5
T 37	3. 7	30 40 50 60	7. 5	2	ST 40	4	20 30 40 50 60	8	2
T 45	4. 5	60	9	2	ST 48	4. 8	60 80	9	2

注：①钢钉规格以型号和全长表示。例：ST48 ×80 表示直径为 4. 8mm、全长为 80mm 丝纹型特种钢钉。

②丝纹型钢钉钉杆上压有丝纹条数：ST40 型为 8 条，ST48 型为 10 条。

③直径不大于 3mm 钢钉适用于厚度小于 2mm 薄钢板。

④钢钉材料为中碳结构钢丝（GB 345）；硬度为 HRC50 ~58；剪切强度 $\tau \geqslant$ 980MPa；弯曲角度≥60°。

⑤钢钉表面镀锌，镀锌层≥4μm。

7. 2. 5　窗钩

1. 铝合金窗撑挡

铝合金窗撑挡（QB/T 3887—1999）按型式分平开铝合金窗上悬撑挡、平开铝合金窗内开撑挡、平开铝合金窗外开撑挡、平开铝合金窗带纱窗上撑挡、平开铝合金窗带纱窗下撑挡五种。其中又分为：

平开铝合金窗撑挡{外开启上撑挡（图7－80）
内开启下撑挡（图7－81）
外开启下撑挡（图7－82）

平开铝合金带纱窗撑挡{带纱窗上撑挡（图7－80）
带纱窗下撑挡（图7－83）

标记代号意义：

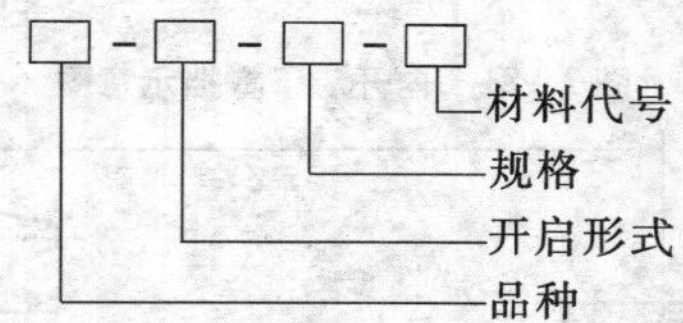

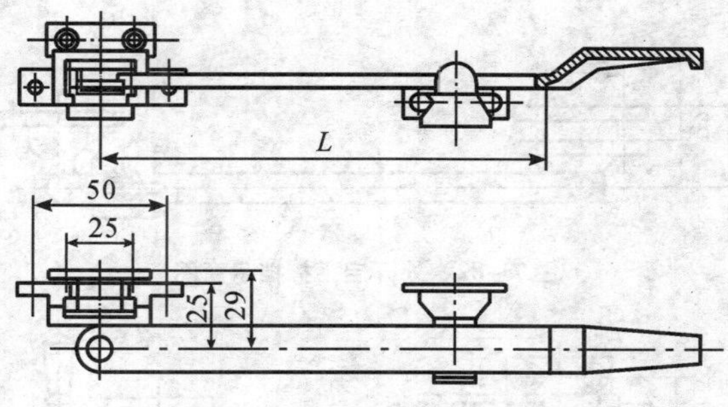

图7－80 外开启上撑挡示意图

标记示例：

平开铝合金内开窗规格为240mm铜质撑挡，其标记为：

PLCN－240－T QB/T 3887

带纱窗铝合金右开窗规格为280mm的不锈钢撑挡，其标记为：

ALCY－280－G QB/T 3887

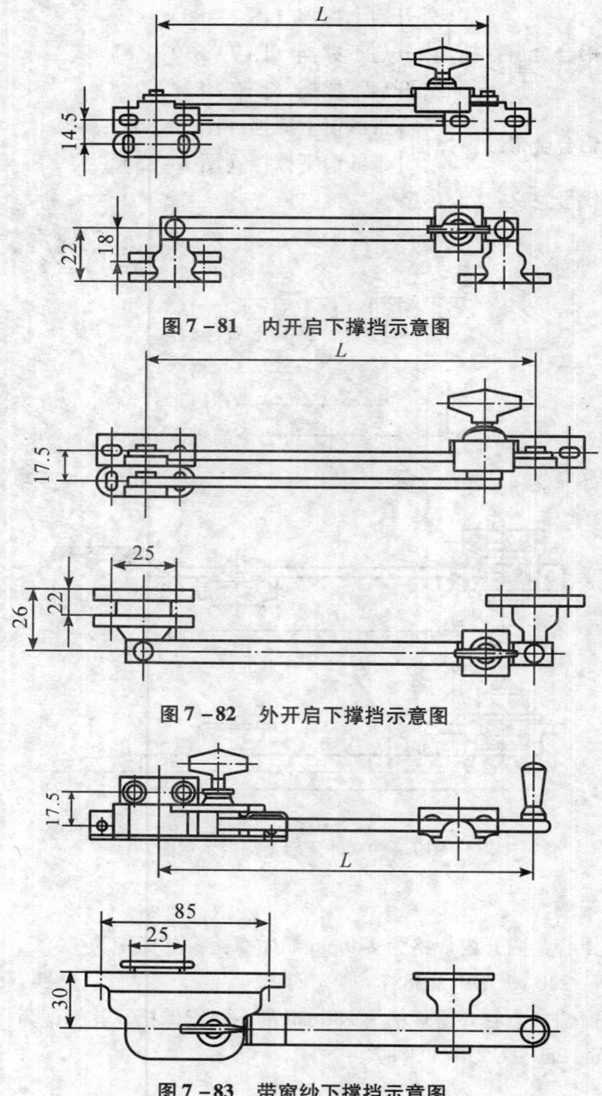

图 7－81　内开启下撑挡示意图

图 7－82　外开启下撑挡示意图

图 7－83　带窗纱下撑挡示意图

表 7－130　标记代号表

<table>
<tr><td rowspan="3">名称</td><td colspan="3">平开窗</td><td colspan="3">带纱窗</td><td rowspan="3">铜</td><td rowspan="3">不锈钢</td></tr>
<tr><td rowspan="2">内开启</td><td rowspan="2">外开启</td><td rowspan="2">上撑挡</td><td rowspan="2">上撑挡</td><td colspan="2">下撑挡</td></tr>
<tr><td>左开启</td><td>右开启</td></tr>
<tr><td>代号</td><td>N</td><td>W</td><td>C</td><td>SC</td><td>Z</td><td>Y</td><td>T</td><td>G</td></tr>
</table>

表 7－131　铝合金窗撑挡的规格尺寸（mm）

<table>
<tr><td colspan="2" rowspan="2">品种</td><td colspan="6" rowspan="2">基本尺寸 L</td><td colspan="2">安装孔距</td></tr>
<tr><td>壳体</td><td>拉搁脚</td></tr>
<tr><td rowspan="2">平开窗</td><td>上</td><td>—</td><td>260</td><td>—</td><td>300</td><td>—</td><td>—</td><td>50</td><td rowspan="4">25</td></tr>
<tr><td>下</td><td>240</td><td>260</td><td>280</td><td>—</td><td>310</td><td>—</td><td>—</td></tr>
<tr><td rowspan="2">带纱窗</td><td>上撑挡</td><td>—</td><td>260</td><td>—</td><td>300</td><td>—</td><td>320</td><td>50</td></tr>
<tr><td>下撑挡</td><td>240</td><td>—</td><td>280</td><td>—</td><td>—</td><td>320</td><td>85</td></tr>
</table>

表 7－132　撑挡整体承受规定拉力值（N）

产品等级	整体受拉力	杆中间受压力	锁紧部受力
优等品	2 000	600	>600
一级品	1 800	500	>400
合格品	1 500	400	400

注：①撑挡整体承受表中规定拉力时，其延伸率不大于 0.36%。

②撑挡的撑杆中间在规定承受压力时，其永久变形量不大于长度的 1%。

表 7－133　撑挡表面粗糙度值（μm）

产品等级	机加工	抛光
优等品	0.8	0.4
一级品	1.6	0.8
合格品	3.2	1.6

表 7－134　撑挡金属镀层耐腐蚀性能表

产品等级	铜＋镍＋铬	
	试验时间（h）	耐腐蚀级别（级）
优　等　品	36	10
一　级　品	30	10
合　格　品	24	10

表 7－135　撑挡铝合金氧化膜厚度值（μm）

产 品 等 级	铝合金氧化膜厚度
优　等　品	≥25
一　级　品	≥15
合　格　品	≥10

2. 铝合金窗不锈钢滑撑

铝合金窗不锈钢滑撑（QB/T 3888—1999）的代号为 BH，其规格尺寸和技术要求列于表 7－136～表 7－140，示意图见图 7－84。

产品标记：

标记示例：

规格长度为 300mm 的不锈钢滑撑，其标记为：

BH—300　QB/T 3888

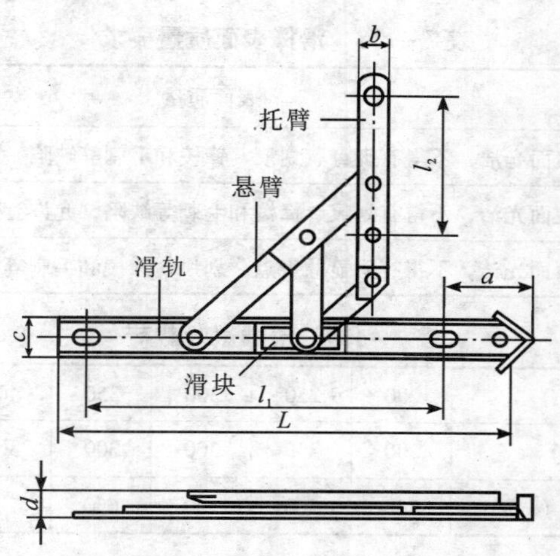

图 7－84　铝合金窗不锈钢滑撑示意图

表 7－136　产品规格和基本尺寸

<table>
<tr><th>规格
(mm)</th><th>长度
(mm)</th><th>滑轨安装
孔距 l_1
(mm)</th><th>托臂安装
孔距 l_2
(mm)</th><th>滑轨宽度
a
(mm)</th><th>托臂悬臂
材料厚度 δ
(mm)</th><th>高度 h
(mm)</th><th>开启角度</th></tr>
<tr><td>200</td><td>200</td><td>170</td><td>113</td><td rowspan="6">18～22</td><td rowspan="2">≥2</td><td rowspan="2">≤135</td><td>60°±2°</td></tr>
<tr><td>250</td><td>250</td><td>215</td><td>147</td><td rowspan="5">85°+3°</td></tr>
<tr><td>300</td><td>300</td><td>260</td><td>156</td><td rowspan="2">≥2.5</td><td>≤15</td></tr>
<tr><td>350</td><td>350</td><td>300</td><td>195</td><td rowspan="3">≤165</td></tr>
<tr><td>400</td><td>400</td><td>360</td><td>205</td><td rowspan="2">≥3</td></tr>
<tr><td>450</td><td>450</td><td>410</td><td>205</td></tr>
</table>

注：规格 200mm 适用于上悬窗。

表 7－137　滑撑闭合后包角与剑头之间的横向间隙值（mm）

产品等级	间隙要求
优　等　品	≤0.1
一　级　品	≤0.2
合　格　品	≤0.3

表 7－138　滑撑表面质量要求

产品等级	表面质量
优　等　品	表面光洁，不得有疵点、划痕、锋棱和毛刺等缺陷
一　级　品	表面光洁，不得有划痕、锋棱和毛刺等缺陷，允许有微量的疵点
合　格　品	表面光洁，不得有明显的疵点、划痕、锋棱和毛刺等缺陷

表 7－139　滑撑试验载荷

规格（mm）	200	250	300	350	400	450
载荷（N）	200	250	300	300	300	300
窗扇最大宽度（mm）	500	500	600	650	700	700

表 7－140　滑撑使用寿命表（次）

产品等级	启闭次数
优　等　品	30 000
一　级　品	20 000
合　格　品	10 000

注：滑撑在表 7－136 中的载荷下，按表中不同等级所规定的次数做循环启闭试验后，其关闭时的永久变形量（下垂量）不得大于 2mm。

3. 窗钩

窗钩（QB/T 1106—1991）分为普通型（P 型）窗钩、粗型（C 型）窗钩两种。窗钩的外形见图 7－85、图 7－86 和图 7－87；其规格尺寸见表 7－141、表 7－142。

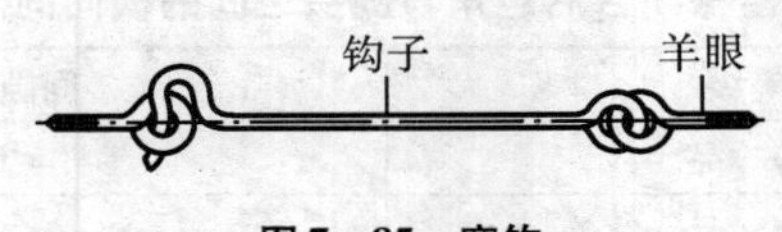

图 7－85　窗钩

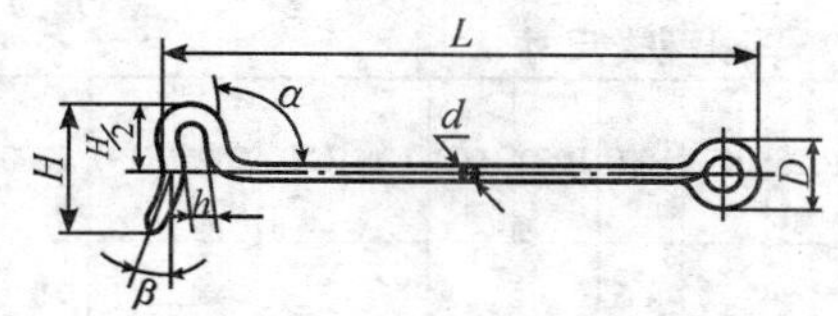

图 7－86　钩子

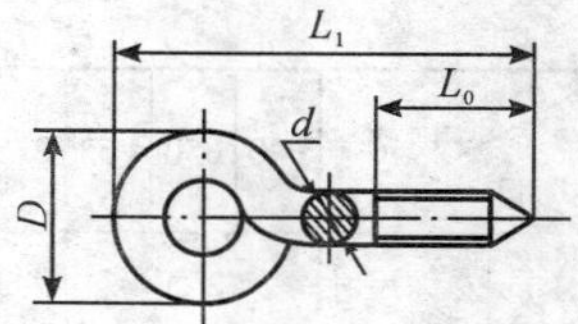

图 7－87　羊眼

表 7－141　钩子型式尺寸

项目	规格	P40	P50	P65	P75	P100	P125	P150	P200	P250	P300	C75	C100	C125	C150	C200
钢丝直径 d（mm）	公称尺寸	2.5			3.2		4		4.5	5		4		4.5		5
	极限偏差	±0.04					±0.05					±0.04		±0.05		
全长 L（mm）	公称尺寸	40	50	65	75	100	125	150	200	250	300	75	100	125	150	200
	极限偏差	±0.30	±0.95			±1.10	±1.25		±1.45		±1.60	±0.95	±1.10	±1.25		±1.45
外径 D（mm）	公称尺寸	10			12		15		17	18.5		15		17		18.5
	极限偏差	±0.75			±0.90					±1.05		±0.90				±1.05
钩长 H（mm）	公称尺寸	18			22		28		32	35		28		32		35
	极限偏差	±0.90			±1.05				±1.25			±1.05		±1.25		
钩上部 h（mm）	公称尺寸	9			11		14		16	17.5		14		16		17.5
	极限偏差	±0.45			±0.55											
钩内宽 b（mm）	公称尺寸	$d+1$														
	极限偏差	+0.75														
钩杆角 α	公称尺寸	100°														
	极限偏差	±5°														
钩端角 β	公称尺寸	20°														
	极限偏差	±5°														

表 7－142　羊眼型式尺寸

项目	规格	P40	P50	P65	P75	P100	P125	P150	P200	P250	P300	C75	C100	C125	C150	C200
钢丝直径 d（mm）	公称尺寸	2.5			3.2		4		4.5	5		4		4.5		5
	极限偏差	±0.04					±0.05					±0.04		±0.05		
外径 D（mm）	公称尺寸	10			12		15		17	18.5		15		17		18.5
	极限偏差	±0.75			±0.90				±1.05			±0.90				±1.05
全长 L_1（mm）	公称尺寸	22			25	30	35		40	45		35		40		45
	极限偏差	±0.65					±0.80									
螺纹长度 L_0（mm）	公称尺寸	8			9		13		15	17		13		15		17
	极限偏差	±0.9			±1.0		±1.1									
螺纹顶尖角	公称尺寸	60°														
	极限偏差	+15°														
公称尺寸（mm）	公称尺寸	1			1.3		1.6		1.8	2		1.6		1.8		2
螺纹小径（mm）	公称尺寸	1.8			2.3		2.8		3.2	3.5		2.8		3.2		3.5
	极限偏差	0 −0.25			0 −0.30		0 −0.40		0 −0.48	0 −0.48		0 −0.40		0 −0.48		0 −0.48

标记示例：

长度为65mm的普通型窗钩，其标记为：

窗钩 P65 QB/T 1106

长度为125mm的粗型窗钩，其标记为：

窗钩 C125 QB/T 1106

7.2.6　门锁、家具锁

1. 外装双舌门锁

外装双舌门锁（QB/T 3837—1999）的型式见图 7－88；其类型代号和规格尺寸见表 7－143～表 7－144。

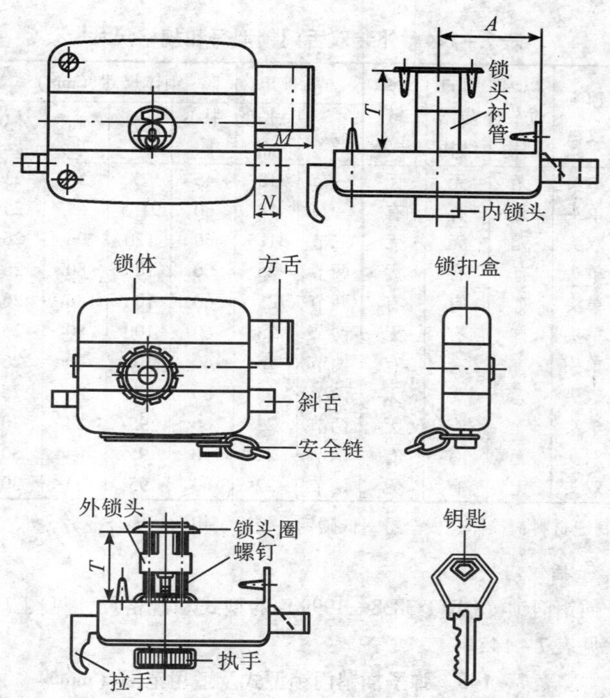

图 7－88　双舌门锁

表 7－143　外装双舌门锁类型代号（mm）

类型 / 数值 / 代号	单头、双头	
A	基本尺寸	极限偏差
	60	±0.95
M	≥18	
N	≥12	
T	35～55	

表 7－144　外装双舌门锁型号和规格尺寸

<table>
<tr><th rowspan="3">型号</th><th rowspan="3">锁头数目</th><th rowspan="3">锁头防钻结构</th><th rowspan="3">方舌防锯结构</th><th rowspan="3">安全链装置</th><th colspan="2">方舌伸出</th><th colspan="4">锁体尺寸（mm）</th><th rowspan="3">适用门厚（mm）</th></tr>
<tr><th rowspan="2">节数</th><th rowspan="2">总长度（mm）</th><th rowspan="2">中心距</th><th rowspan="2">宽度</th><th rowspan="2">高度</th><th rowspan="2">厚度</th></tr>
<tr></tr>
<tr><td>6669</td><td>单头</td><td>无</td><td>无</td><td>无</td><td>一节</td><td>18</td><td>45</td><td>77</td><td>55</td><td>25</td><td>35～55</td></tr>
<tr><td>6669L</td><td>单头</td><td>无</td><td>有</td><td>有</td><td>一节</td><td>18</td><td>60</td><td>91.5</td><td>55</td><td>25</td><td>35～55</td></tr>
<tr><td>6682</td><td>双头</td><td>无</td><td>无</td><td>无</td><td>三节</td><td>31.5</td><td>60</td><td>120</td><td>96</td><td>26</td><td>35～50</td></tr>
<tr><td>6685</td><td>单头</td><td>有</td><td>有</td><td>无</td><td>两节</td><td>25</td><td>60</td><td>100</td><td>80</td><td>26</td><td>35～55</td></tr>
<tr><td>6685C</td><td>单头</td><td>有</td><td>有</td><td>有</td><td>两节</td><td>25</td><td>60</td><td>100</td><td>80</td><td>26</td><td>35～55</td></tr>
<tr><td>6687</td><td>单头</td><td>有</td><td>有</td><td>无</td><td>两节</td><td>25</td><td>60</td><td>100</td><td>80</td><td>26</td><td>35～55</td></tr>
<tr><td>6687C</td><td>单头</td><td>有</td><td>有</td><td>有</td><td>两节</td><td>25</td><td>60</td><td>100</td><td>80</td><td>26</td><td>35～55</td></tr>
<tr><td>6688</td><td>双头</td><td>无</td><td>无</td><td>无</td><td>两节</td><td>25</td><td>60</td><td>100</td><td>80</td><td>26</td><td>35～50</td></tr>
<tr><td>6690</td><td>单头</td><td>无</td><td>有</td><td>无</td><td>两节</td><td>22</td><td>60</td><td>95</td><td>84</td><td>30</td><td>35～55</td></tr>
<tr><td>6690A</td><td>双头</td><td>无</td><td>有</td><td>有</td><td>两节</td><td>22</td><td>60</td><td>95</td><td>84</td><td>30</td><td>35～55</td></tr>
<tr><td>6692</td><td>双头</td><td>无</td><td>有</td><td>无</td><td>两节</td><td>22</td><td>60</td><td>95</td><td>84</td><td>30</td><td>35～55</td></tr>
</table>

注：制造材料：锁体、安全链—低碳钢；锁舌、钥匙—铜合金。

2. 弹子插销门锁

弹子插销门锁（QB/T 3838—1999）的型式和规格尺寸见图 7－89，其规格尺寸见表 7－145。

表 7－145　弹子插销门锁型式及适用范围（mm）

<table>
<tr><th rowspan="3">类型 / 数值 / 代号</th><th colspan="4">单方舌</th><th colspan="3">单斜舌</th><th colspan="3">双舌揿压</th><th colspan="3">双锁舌</th><th>钩子锁舌</th><th colspan="2">双锁舌（钢门）</th></tr>
<tr><td colspan="16">双头、单头</td></tr>
<tr><td>平口</td><td>甲企</td><td>乙企</td><td>圆口</td><td>平口</td><td>甲企</td><td>乙企</td><td>平口</td><td>甲企</td><td>乙企</td><td>平口</td><td>甲企</td><td>乙企</td><td>平口</td><td colspan="2">平口</td></tr>
<tr><td rowspan="3">A</td><td colspan="8">基本尺寸</td><td colspan="8">极限偏差</td></tr>
<tr><td colspan="8">40，45，50</td><td colspan="8">±0.80</td></tr>
<tr><td colspan="8">55，70</td><td colspan="8">±0.95</td></tr>
<tr><td>M</td><td colspan="8">≥12</td><td colspan="6">≥12.5</td><td>≥12.5</td><td>≥9</td></tr>
<tr><td>N</td><td colspan="14">≥12</td><td>≥12</td><td>≥9</td></tr>
<tr><td rowspan="2">T</td><td colspan="14" rowspan="2">35～50</td><td>26～32</td><td rowspan="2"></td></tr>
<tr><td>35～50</td></tr>
</table>

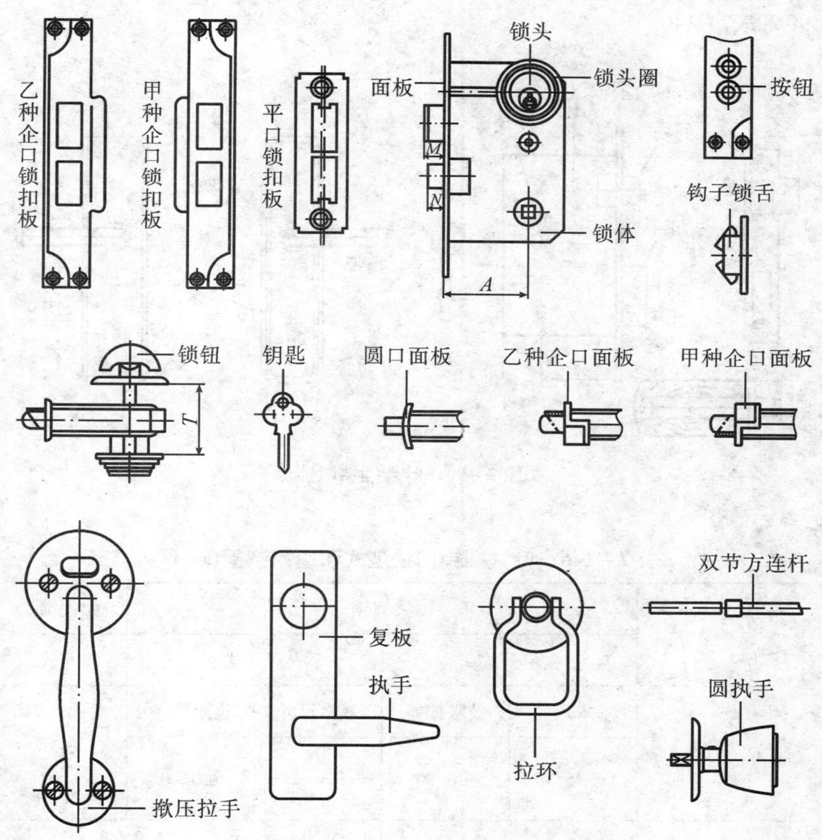

乙种企口锁扣板
甲种企口锁扣板
平口锁扣板
锁头
面板
锁头圈
M
N
锁体
A
按钮
钩子锁舌
锁钮
T
钥匙
圆口面板
乙种企口面板
甲种企口面板
复板
执手
双节方连杆
拉环
圆执手
撳压拉手

图7-89　弹子插销门锁

3. 叶片插销门锁

叶片插销门锁(QB/T 3839—1999)的型式和规格尺寸适用范围见图 7 - 90 和表7 - 146。

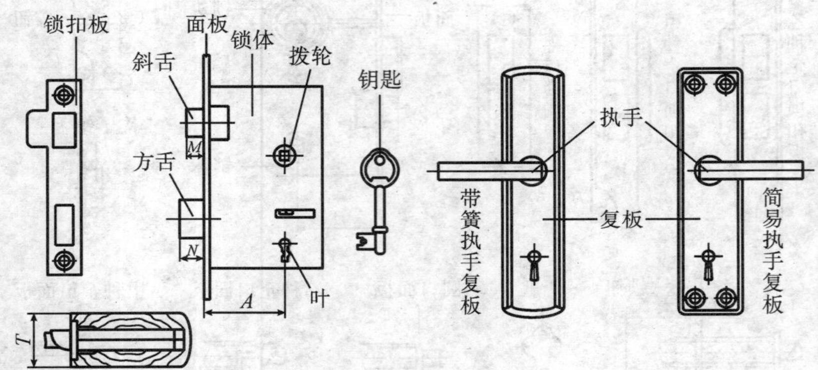

图 7 - 90　叶片插销门锁

表 7 - 146　叶片插销门锁型式和适用范围(mm)

数值 型式 代号	狭型锁				中型锁
	单开式		双开式		双开式
	基本尺寸	极限偏差	基本尺寸	极限偏差	
A	45	±0. 80	40 45	±0. 80	53
N	≥12. 5		第一挡 ≥8 第二挡 ≥16		
M	≥10				≥12
T	35 ~ 50				

4. 球形门锁

球形门锁(QB/T 3840—1999)见图7－91,其技术参数见表 7－147～表 7－149。

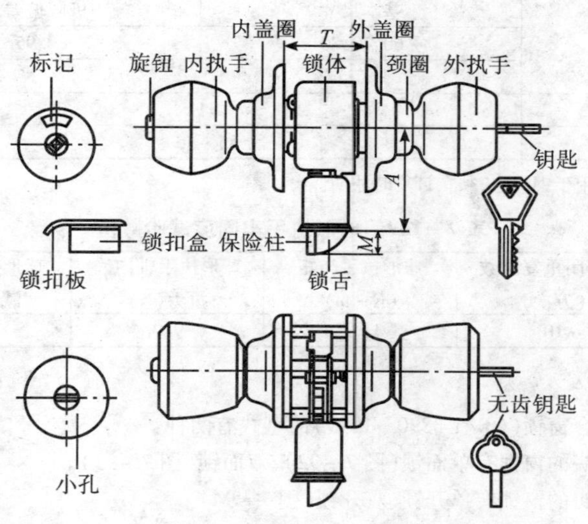

图 7－91　球形门锁

表 7－147　球形门锁型式和结构特点

<table>
<tr><th>序号</th><th>型式 \ 结构特点</th><th>外执手上</th><th>内执手上</th><th>锁舌</th></tr>
<tr><td>1</td><td>房　间</td><td>锁　头</td><td>旋　钮</td><td>有保险柱</td></tr>
<tr><td rowspan="2">2</td><td rowspan="2">壁　橱</td><td>锁　头</td><td rowspan="2">无执手</td><td rowspan="6">无保险柱</td></tr>
<tr><td>—</td></tr>
<tr><td>3</td><td>厕　所</td><td>标示牌(无齿钥匙)</td><td rowspan="3">旋　钮</td></tr>
<tr><td rowspan="2">4</td><td rowspan="2">浴　室</td><td>有小孔(无齿钥匙)</td></tr>
<tr><td>—</td></tr>
<tr><td>5</td><td>防　风</td><td>—</td><td>—</td></tr>
</table>

表 7-148　球形门锁型式和适用范围(mm)

型式 数值 代号	房间	壁橱	厕所	浴室	防风
A	基本尺寸			极限偏差	
	60,70,80			±0.95	
M	≥11				
T	35~50				

注:如用于钢门上,须在订货时注明。

表 7-149　球形执手牢固度试验数值

项目	锁开闭重复次数(万次)	球形执手转矩(N·m)	球形执手轴向静拉力(N)	球形执手径向载荷(N)
数值	10	11.8	980	784

5. 铝合金窗锁

铝合金窗锁(QB/T 3890—1999)的型式有两种:

无锁头的窗锁有单面锁(图 7-92)、双面锁(图 7-93)。

有锁头的窗锁有单开锁、双开锁(图 7-94)。

产品标记:

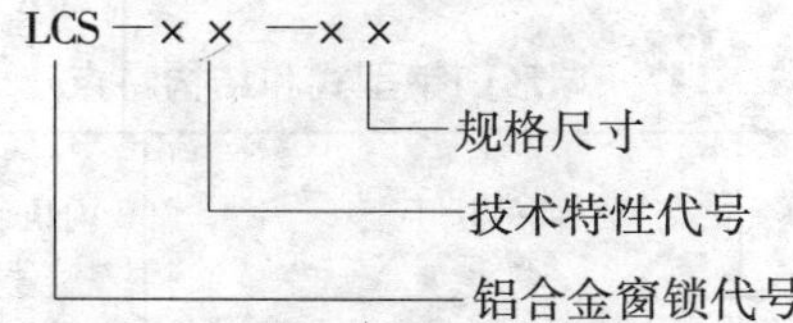

标记示例:

规格为 12mm 无锁头单面铝合金窗锁,其标记为:

LCS—WD—12　QB/T 3890

其特性代号、规格尺寸、技术要求见表 7-150 ~ 表 7-155。

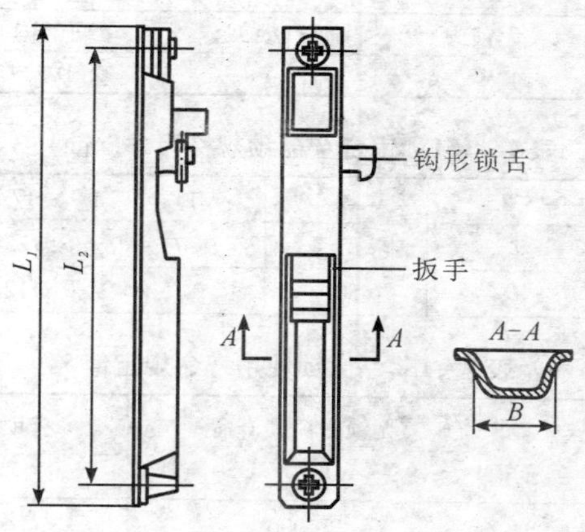

图 7-92　单面锁

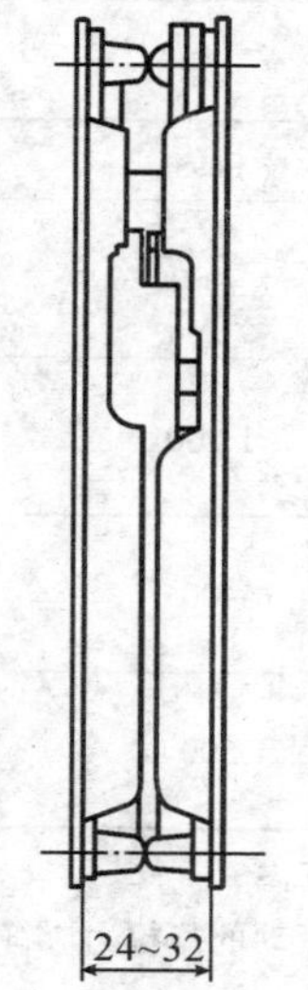

图 7-93　双面锁

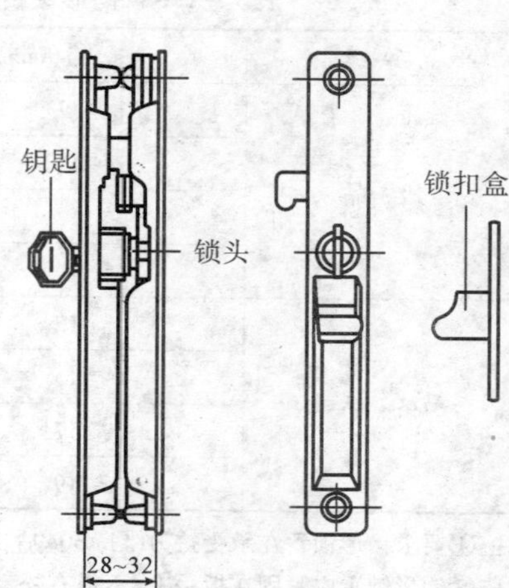

图 7-94　单开锁、双开锁

表 7－150　铝合金窗锁技术特性代号

型式	无锁头	有锁头	单面(开)	双面(开)
代号	W	Y	D	S

表 7－151　铝合金窗锁规格尺寸(mm)

规格尺寸	B	12	15	17	19
安装尺寸	L_1	87	77	125	180
	L_2	80	87	112	168

表 7－152　窗锁使用寿命规定值

产品等级	无锁头窗锁寿命(次)	有锁头窗锁寿命(次)
一　级　品	30 000	3 000
合　格　品	20 000	2 000

表 7－153　钩形锁舌牢固度数值

产 品 等 级	规　格(mm)	承受拉力(N)
一　级　品	12	700
	15	
	17	1 000
	19	
合　格　品	12	400
	15	
	17	500
	19	

注:①要求钩形锁舌在承受拉力维持 30s 后,应符合表中规定值。

②钩形锁舌应紧固在扳手上,不得有松动现象,扳手上下扳动的静拉力应符合大于 5N 小于 20N。

③钥匙拔出静拉力应小于 7N。

表 7－154　锌合金镀层耐腐蚀性能规定

镀层种类	试验时间 (h)	镀层耐腐蚀等级
钢＋镍＋铬	12	10
铜＋镍	6	10

表 7－155　喷涂产品附着力规定值

产品等级	涂层附着力级别 (级)
一　级　品	4
合　格　品	5

6. 铝合金门锁

铝合金门锁（QB/T 3891—1999）的型式尺寸、技术要求等列于表 7－156～表 7－163。其产品标记如下：

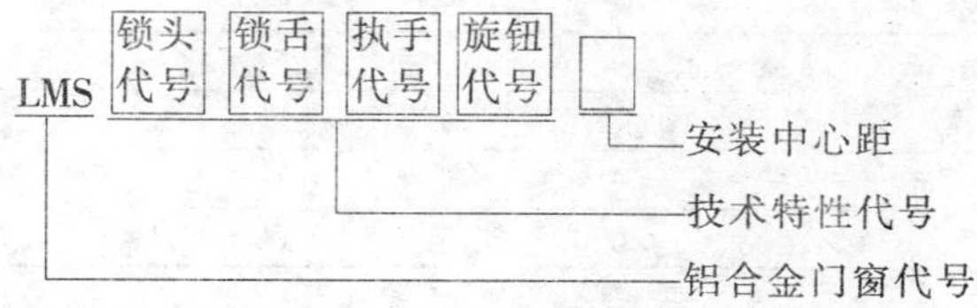

标记示例：

安装中心距为 22.4mm，双锁头、单方舌、无执手、无旋钮的铝合金门锁，其标记为：

LMS · 2300—22.4

安装中心距为 35.5mm，单锁头、双舌、有执手、有旋钮的铝合金门锁，其标记为：

LMS · 1689—35.5

表 7－156　铝合金门锁型式尺寸(mm)

安装中心距	基本尺寸				
	13.5	18	22.4	29	35.5
锁舌伸出长度	≥8		≥10		

表 7－157　铝合金门锁技术特性代号

锁头代号		锁舌代号					执手代号		旋钮代号	
单锁头	双锁头	单方舌	单钩舌	单斜舌	双舌	双钩舌	有	无	有	无
1	2	3	4	5	6	7	8	0	9	0

表 7－158　安装中心距偏差及锁舌伸出长度值(mm)

安装中心距	基本尺寸					极限偏差
	13.5	18	22.4	29	35.5	±0.65
锁舌伸出长度	≥8		≥10			

表 7－159　钥匙牙花数值

弹子孔数	每批牙花数(把)		
	优等品	一级品	合格品
4	—	—	500
5	6 000	6 000	3 000

表 7－160　互开率值

产品等级	互开率(%)	
优等品	一级品	合格品
0.204	0.204	0.286

表 7－161　铝合金门锁牢固度检测规定值

产品等级	钥匙扭矩 (N·m)	锁舌垂直静压力	钩形锁舌静拉力	锁舌侧向静压力	使用寿命 (万次)
		(N)			
优等品	2	1 470	1 470	3 000	10
一级品	1.5	980	1 225	1 470	6
合格品	1	588	980	980	4

表 7－162　钥匙拔出静拉力和开启锁舌钥匙扭矩值

产 品 等 级	钥匙拔出静拉力(N)	开启锁舌的钥匙扭矩(N·m)
优等品	≤3.92	≤0.5
一级品	≤5.88	≤0.7
合格品	≤7.84	≤0.9

表 7－163　外露金属表面处理耐腐蚀性能表

序号	基体金属	镀层种类	试验时间（h）	镀层耐蚀等级
1	锌合金	铜＋镍＋铬	12	10
2	钢		24	10
3	铜	镍＋铬	24	10
4	钢	锌钝化	12	8

7. 弹子门锁

弹子门锁如图 7－95 所示，其适用范围列于表 7－164。

表 7－164　弹子门锁的安装使用范围（mm）

安装中心距	适应门厚	锁头直径
60±0.95	35～55	28±0.5

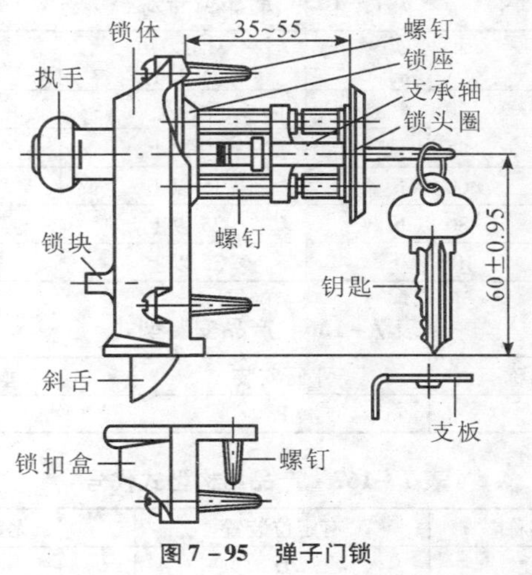

图 7－95　弹子门锁

7.2.7　闭门器

闭门器（QB/T 3893—1999）适用于安装在平开门扇上部，由金属弹簧、液压阻尼组合作用的闭门器。

产品标记

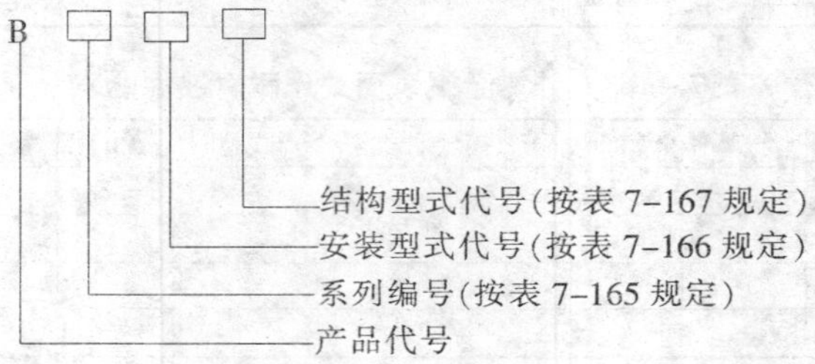

标记示例：

有定位装置平行安装的 1 号系列闭门器

B1PD　QB/T 3893

无定位装置垂直安装的 2 号系列闭门器

B2CW　QB/T 3893

表 7 – 165　产品型号规格

系列编号	开启力矩（N·m）	关闭力矩（N·m）	适用门重（kg）
1	30 以下	5 以上	15 ~ 30
2	45 以下	10 以上	25 ~ 45
3	60 以下	15 以上	40 ~ 65
4	80 以下	25 以上	60 ~ 85
5	100 以下	35 以上	80 ~ 120

表 7 – 166　产品安装型式

安装型式名称	平行安装	垂直安装
代　　号	P	C

表 7 – 167　产品结构型式代号

结构型式名称	有定位装置	无定位装置
代　　号	D	W

表 7－168　产品金属镀层耐腐蚀等级

产品等级	优 等 品	一 级 品	合 格 品
试验时间（h）	24		12
耐腐蚀等级	不低于 8 级		

表 7－169　产品使用寿命及测试后技术性能

项目 \ 产品等级		优等品	一级品	合格品
寿　　命		≥30 万次	≥20 万次	≥10 万次
关闭力矩		表 7－165 核定值的 80%		
关闭时间	全关闭调速阀	≥8s	≥9s	≥10s
	全打开调速阀	≤3s		

注：①产品使用温度范围－15～+40℃。

②有定位装置的，必须能在规定的位置或区域停门并易于脱开。

③全关闭调速阀时，关闭时间不小于 20s，全打开调速阀时，关闭时间不大于 3s。

④开启力矩、关闭力矩、适用门重应符合表 7－165 规定。

7.2.8　推拉铝合金门窗用滑轮

推拉铝合金门窗用滑轮（QB/T 3892—1999）适用于推拉铝合金门窗上。

（1）产品分类：

a. 按用途分：

推拉铝合金门滑轮　代号 TML

推拉铝合金窗滑轮　代号 TCL

b. 按结构型式分：

可调型　代号 K（图 7－96）

固定型　代号 G（图 7－97）

（2）标记代号：

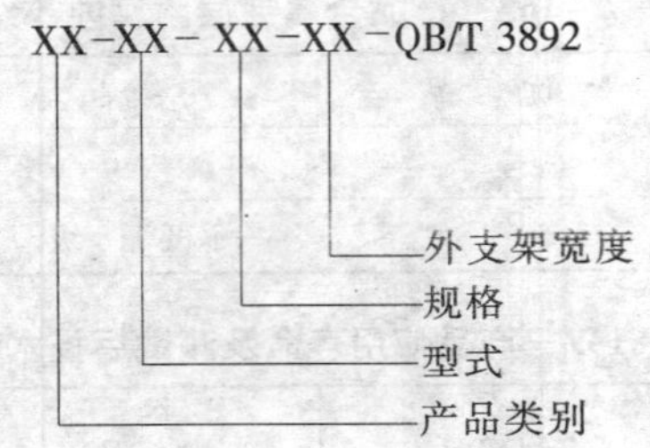

标记示例：

规格为20mm，外支架宽度为16mm，可调整型的推拉窗滑轮：

TCL - K - 20 - 16 - QB/T 3892

规格为42mm，外支架宽度为24mm，固定型的推拉门滑轮：

TML - G - 42 - 24 - QB/T 3892

滑轮的规格尺寸、技术性能等列于表7-170～表7-172。可调型、固定型滑轮示意图见图7-96和图7-97。

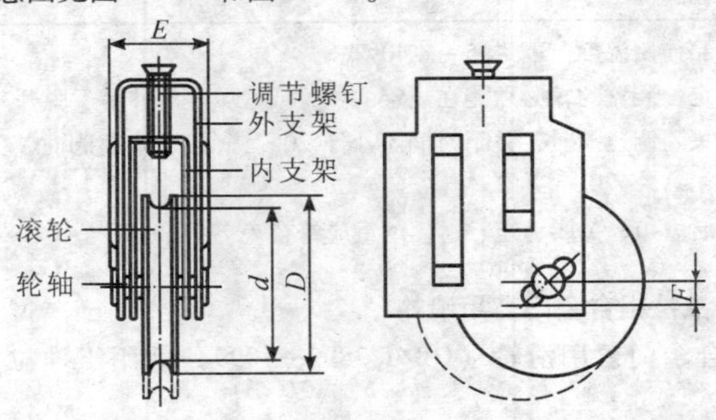

图7-96　可调型滑轮示意图

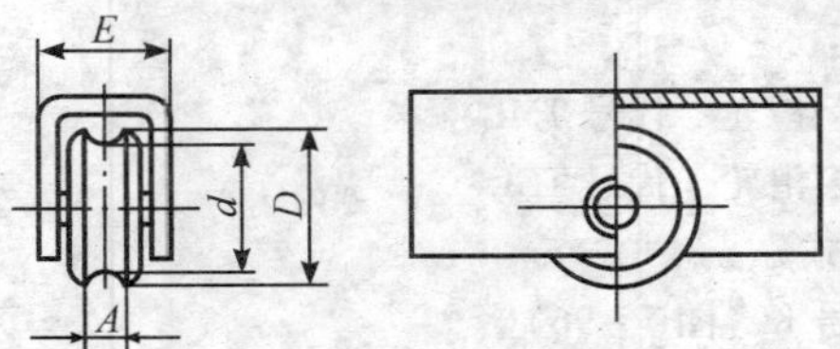

图7-97　固定型滑轮示意图

表 7－170　滑轮的规格尺寸（mm）

规格 D	底径 d	滚轮槽宽 A		外支架宽度 E		调节高度 F
		一系列	二系列	一系列	二系列	
20	16	8	—	16	6～16	—
24	20	6.5	3～9	—	12～16	—
30	26	4		13	12～20	≥5
36	31	7		17	—	
42	36	6	6～13	20	—	≥5
45	38	6			—	

表 7－171　滑轮镀层耐腐蚀性能

产品等级	试验时间（h）	耐蚀级别
优等品	12	10
一级品		9
合格品		8

表 7－172　滑轮使用寿命

产品等级	往复次数	
	窗用	门用
优等品	60 000	110 000
一级品	50 000	100 000
合格品	40 000	90 000

注：①轮轴外圆表面和轴承内孔表面的粗糙度 R_a 不大于 3.20μm。

②滑轮受压后，滚轮槽面不应产生大于 0.15mm 的残留压痕，滚轮受压点到支承面的总体残留位移量 W 不应大于 1.50mm。

7.2.9　地弹簧

地弹簧（QB/T 3884—1999）适用于安装在关闭速度可调的平开门扇下。

产品标记：

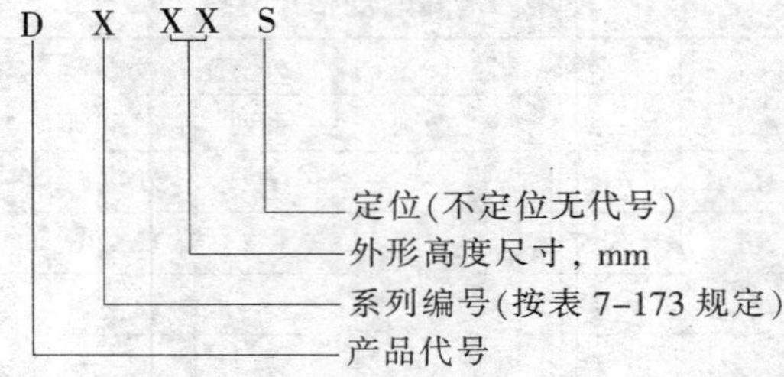

地弹簧的产品系列规格列于表 7－173；其使用寿命及测试后技术性能列于表 7－174。

表 7－173　产品系列规格

系列编号	开启力矩（N·m）	关闭力矩（N·m）	适用门重（kg）
1	29 以下	5 以上	25～45
2	44 以下	9 以上	40～65
3	59 以下	15 以上	60～85
4	78 以下	25 以上	80～120
5	98 以下	34 以上	100～150

表 7－174　产品的使用寿命及测试后技术性能

项目 \ 产品等级		优等品	一级品
寿　命（万次）		≥50	≥30
关闭力矩		表 7－172 核定值的 80%	
关闭时间（s）	全关闭调速阀	≥14	≥20
	全打开调速阀	≤3	≤3

注：①产品使用温度范围：－15℃～＋40℃。

②门扇双向开启定位偏差 ±3°。

③中心复位偏差 ±18°。

④全关闭调速阀时，关闭时间不少于 20s；全打开调速阀时，关闭时间不大于 3s。

⑤开启力矩、关闭力矩适用门重应符合表 7－172 规定。

7.3 实腹钢门窗五金配件

实腹钢门窗五金配件（GB/T 8376—1987）包括执手类、撑挡类、合页类、插销类等。以下介绍其基本尺寸和相关孔位。

7.3.1 执手类基本尺寸和相关孔位

执手类基本尺寸和相关孔位见图 7 - 98 ~ 图 7 - 130 和表 7 - 175 ~ 表 7 - 180。

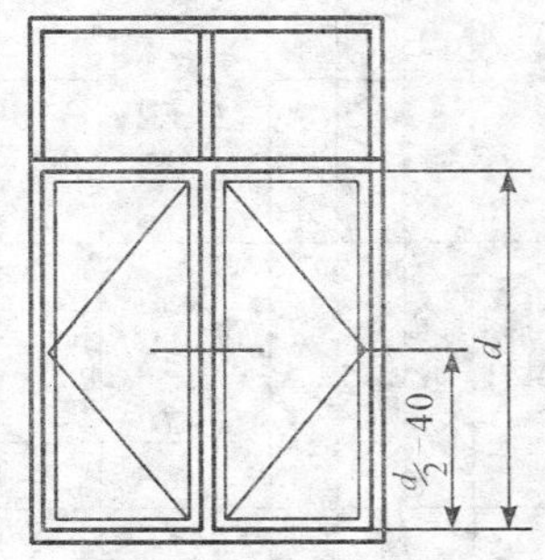

图 7 - 98 普通执手安装位置示意图

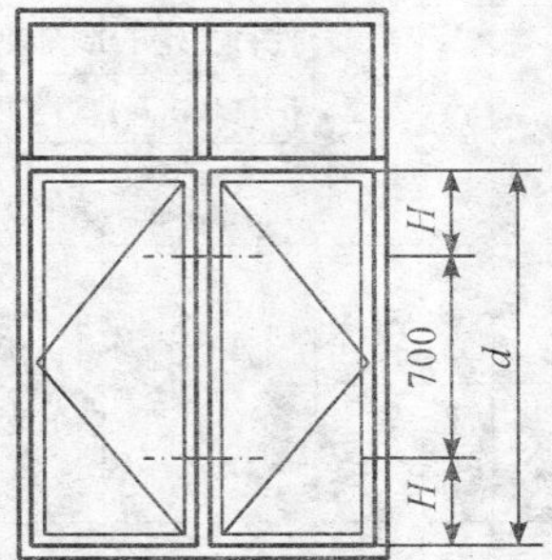

图 7 - 99 联动执手安装位置示意图

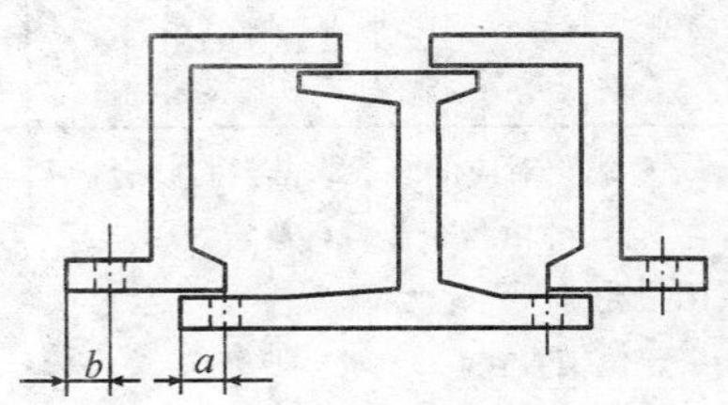

图 7 - 100 外开执手孔位示意图

表 7－175　执手类基本尺寸和相关孔位（mm）

配件名称	适用范围				基本尺寸						相关孔位		
	料型	开启扇高度	窗扇种类及开启形式	配用轧头	孔距		孔径	配合尺寸			安装高度 H	a（框）	b（扇）
					l	极限偏差	D	e	f	g			
普通执手	32	≤1 500	平开窗（外开）	斜形轧头	35	±0.25	5.5（沉孔）	16	7		$\frac{1}{2}d-40$	5.5	5
			平开窗（内开）	槽形轧头						16		10	12.5
			平开窗（单扇内开）	钩形轧头									9.5
换气窗执手	25		换气窗		25				5		$\frac{1}{2}$换气窗高	6	6
	32												
联动执手	32	>1 500	平开窗（外开）	斜形轧头	35				7		$\frac{d-700}{2}$	5.5	5
			平开窗（内开）	槽形轧头						16		10	10.5
			平开窗（单扇内开）	钩形轧头									7.5
纱窗执手	25	≤1 500	带纱扇窗（外开）	纱窗执手轧头	70		5.5	9	11.5		$\frac{1}{2}d-40$	10.5	14
	32												13
纱窗联动执手	32	>1 500									$\frac{d-700}{2}$		
	40												12
斜形轧头					20	±0.15	5.2※				$\frac{1}{2}d-40$	5.5	
槽形轧头					35	±0.25	5.5					10	
纱窗执手轧头					30								13
钩形轧头	25				25	±0.15	M5				$\frac{1}{2}$换气窗高	6	
	32										$\frac{1}{2}d-40$	10	

注：①配合尺寸 f、g 要求与对应的轧头、凸台相吻合。

②25 料、40 料配合尺寸由各企业自行规定。

③执手底板采用三孔时，孔距为 17.5。

④※为斜形轧头定位销直径。

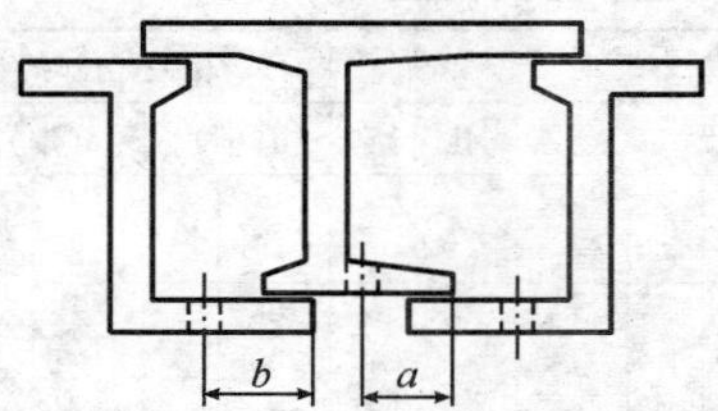

图 7－101　内开执手孔位示意图

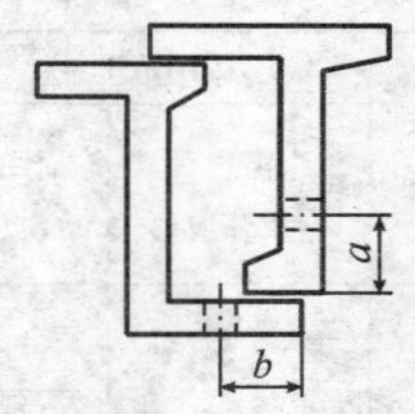

图 7－102　单扇内开执手孔位示意图

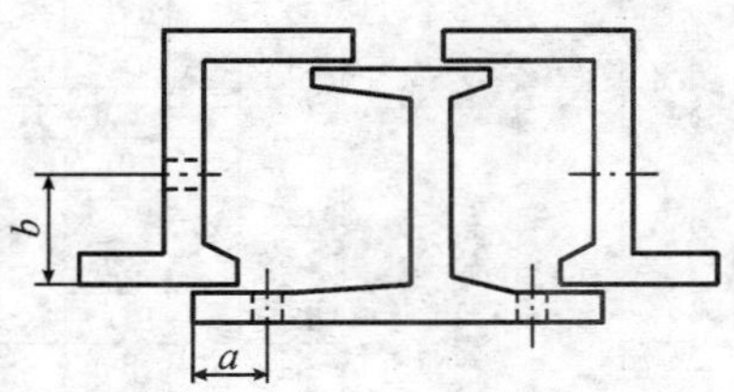

图 7－103　纱窗执手孔位示意图

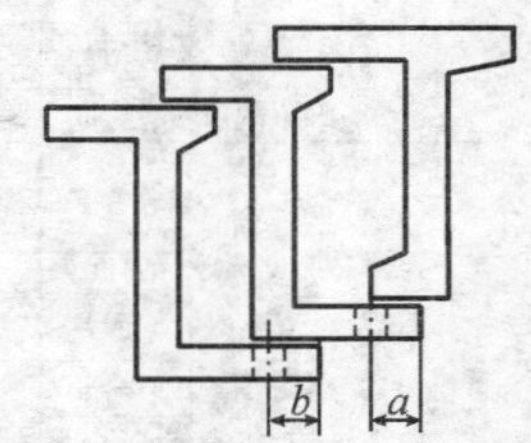

图 7－104　气窗内开执手孔位示意图

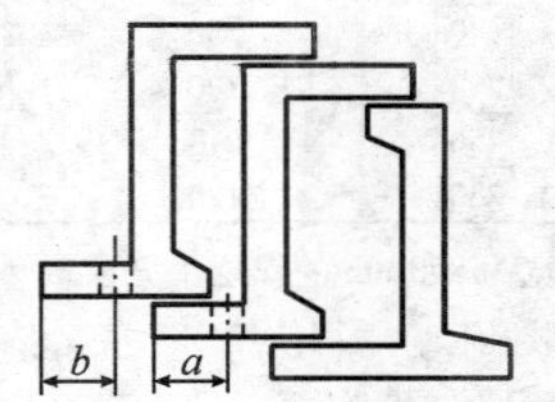

图 7－105　气窗外开执手孔位示意图

7.3.2 撑挡类基本尺寸和相关孔位

表 7－176 撑挡类基本尺寸和相关孔位（mm）

配件名称	适用范围			基本尺寸						相关孔位			
	料型	窗扇种类及开启形式	配用合页	规格	孔距 1				孔径	a(框)		b(扇)	
				L	l_1	极限偏差	l_2	极限偏差	D	a_1	a_2	b_1	b_2
单臂撑挡	25	平开窗（外开）	平合页	210	25	±0.25	85	±0.25	5.5 或 5.5×7.5 长孔	168	9	89	6
	32			235						200		91.5	4.5
			角形合页	255						(231)		(72.5)	
	25		长合页	250						195		91	6
	32											87.5	
双臂撑挡	25		平合页	240						130.5		100.5	4.5
	32									124.5		91.5	
	25		角形合页	280						130.5		100.5	
	32									124.5		91.5	
		平开窗(内开)	平合页	240						143	5	110	11
纱窗下撑挡	25	平开窗（外开）	平合页	200						140	11	97	4.5
	32									137		91.5	
	25		角形合页	240						140		97	
	32									137		91.5	
纱窗板撑		双层窗(外层带纱窗)	平合页	230	90		250			140	10	100	18
			角形合页				355			195		55	
上撑挡		上悬窗	平合页	255						40	8		4.5
纱窗上撑挡		上悬窗(带纱扇)		260			50				12		
滑动撑挡	25	换气窗	气窗合页	170	25		120			170.5	9	68	6
	32									173.5		63.5	
	25	平开窗（外开）	平合页	190			150			168	8	89	
				210			170			185		104	
	32			190			150			168		84.5	
	25		长合页	230			190			195		91	
				250			210			205		109	
	32			230			190			195		80.5	

注：①括号内尺寸用于宽为 873mm 的双层平开窗。

②∅为五金配件安装孔径，根据使用实际情况安装孔径可以选用∅5.5mm 圆孔或 5.5mm×7.5mm 长孔。

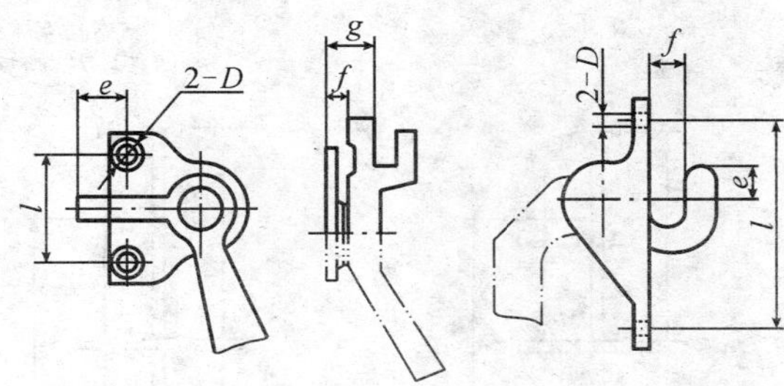

图 7－106　执手类孔距孔位及配合尺寸示意图

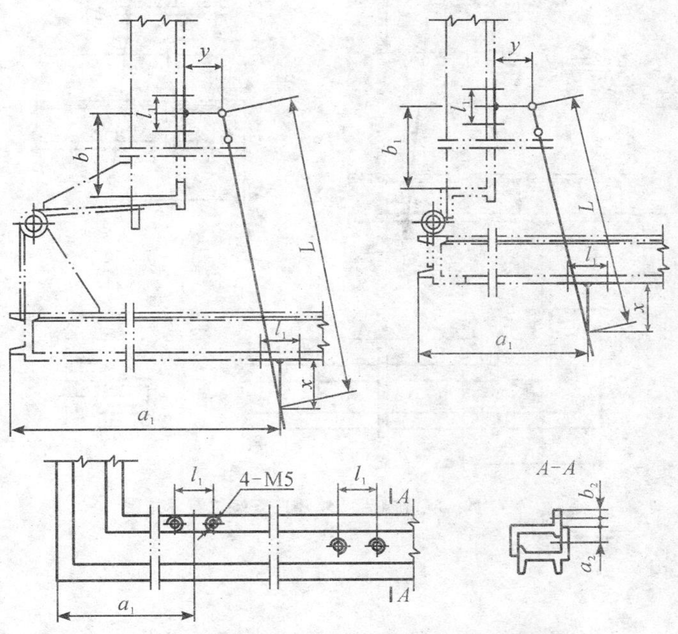

图 7－107　单臂撑挡安装位置示意图

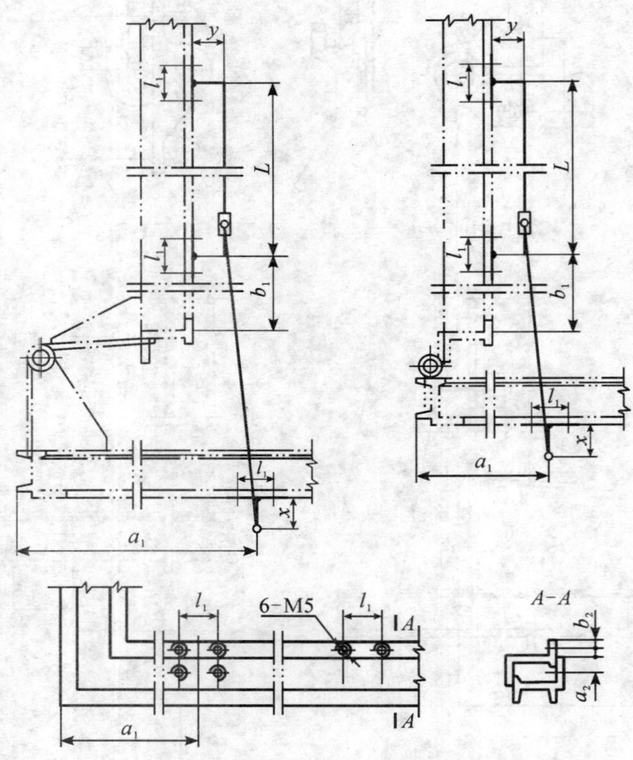

图 7－108　双臂撑挡（外开）安装位置示意图

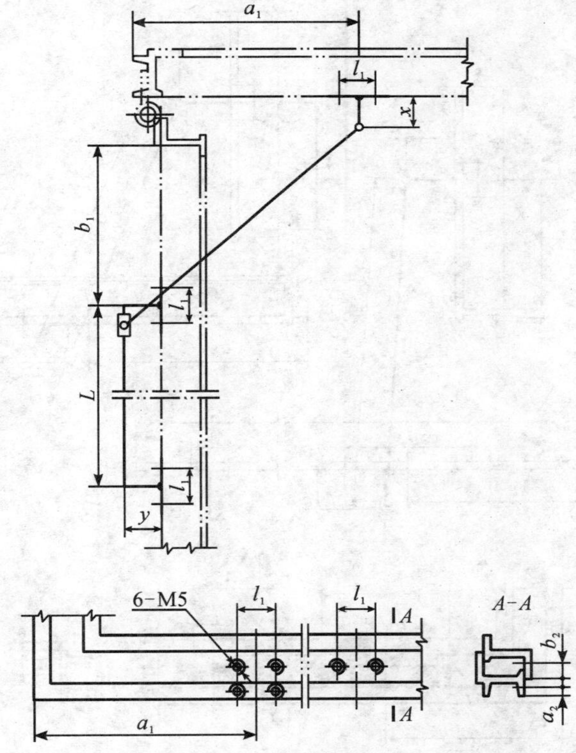

图 7-109　双臂撑挡平开（内开）窗安装位置示意图

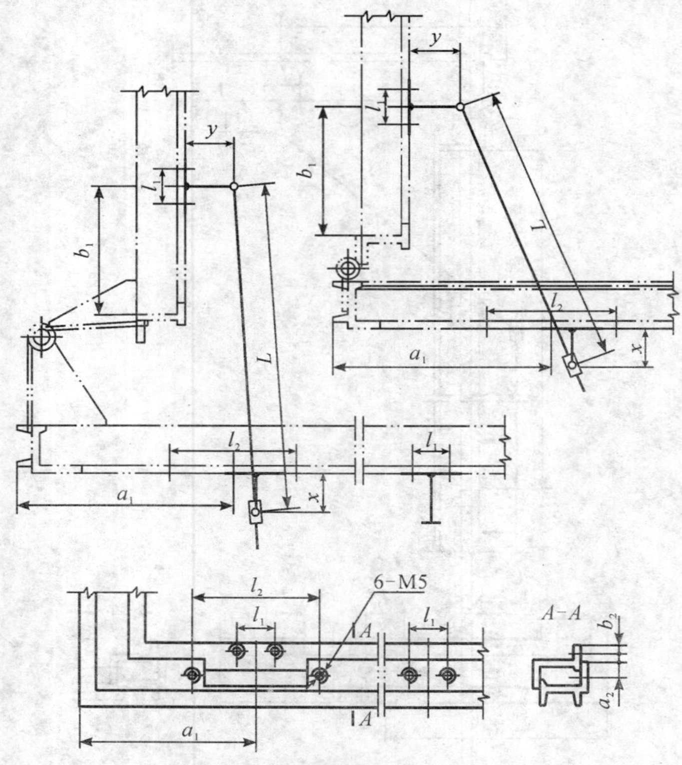

图 7-110　纱窗下撑挡安装位置示意图

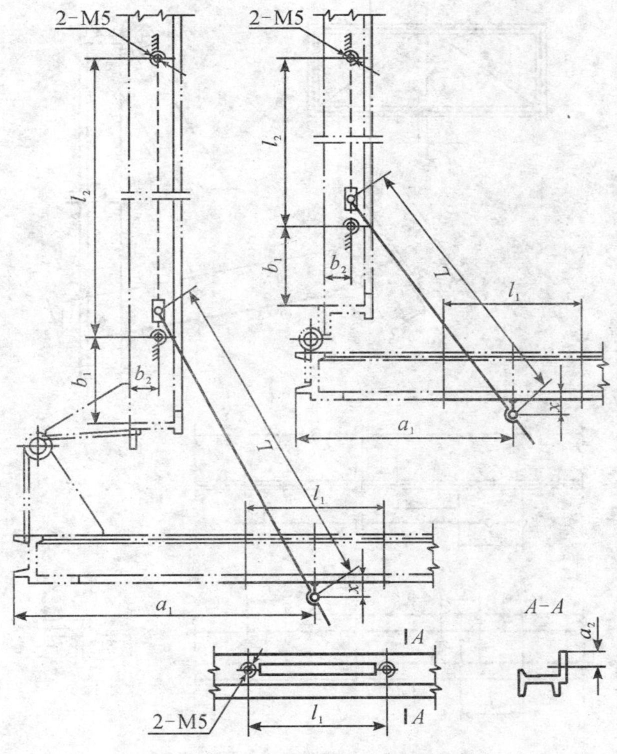

图 7－111　纱窗板撑安装位置示意图

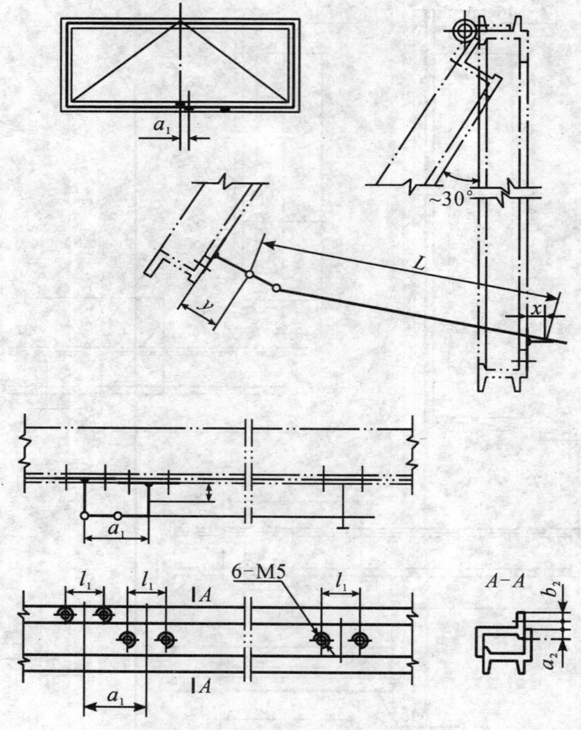

图 7－112　上撑挡安装位置示意图

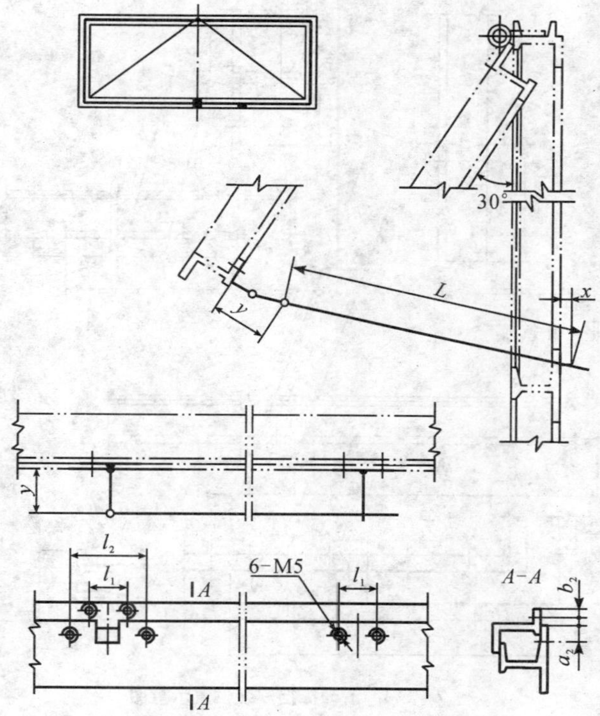

图 7－113　纱窗上撑挡安装位置示意图

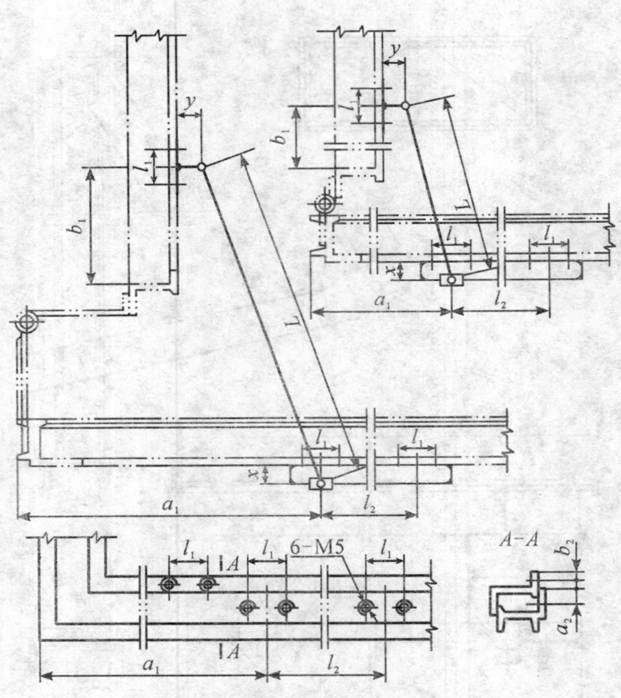

图 7-114　滑动撑挡安装位置示意图

7.3.3 合页类基本尺寸和相关孔位

表 7－177 合页类基本尺寸和相关孔位（mm）

配件名称	适用范围		基本尺寸															相关孔位	
	料型	门、窗扇种类及开启形式	规格			孔距		孔径	配合尺寸									a	b
			L	D_1	极限偏差	l	极限偏差	D	e	极限偏差	f	极限偏差	g	h	i	j		(框)	(扇)
平合页	32	平开门（内、外开）	80		±0.5	26	±0.2	5.3	18.5	+0.3 0	14.5							14	10
	40								23		17								
	25	平开窗（内、外开）与上、下悬窗	60			22			14.5		11①							11	10①
			65								13								8
	32		60						18.5		13①							14	10.5①
			65								13.5								10
											10.5		1						
角型合页	25								64	0 −0.5	60	+0.5 0	22	45	22	39			
	32									+0.5 0		0 −0.5							
长合页	25	平开窗（内、外开）	60		±0.5	22	±0.25	5.3	79.5		65							11	10①
			80			30													
	32		60			22			88.5									14	10.5①
			80			30													
圆心合页	25	中悬窗		40	±0.2	18			15									11	
	32			46		22			11.5									14	
气窗合页	25	换气窗（内、外开）	28		±0.3	15					12		4±0.5						11
	32												5±0.5						②

注：①为安装换气窗时所采用的尺寸。

②为 32 料安装换气窗时，允许在框页上焊接。

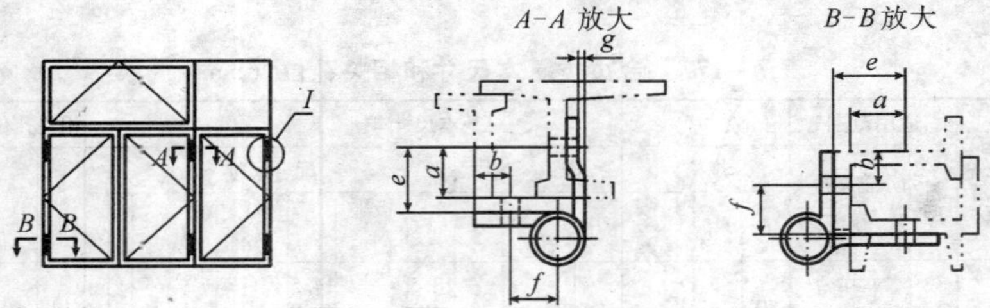

图 7－115　（窗）平合页安装位置示意图

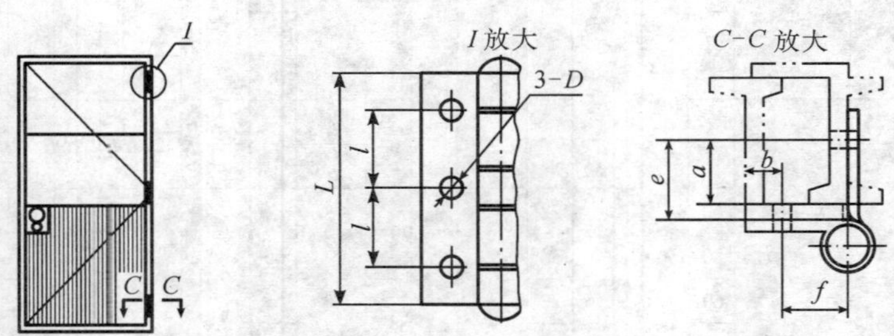

图 7－116　（门）平合页安装位置示意图

表 7－178　角形合页安装位置尺寸（mm）

钢窗用料规格	窗框		
	B	b	h_1
25	26	6.5	14
32	26.5	7	11.5

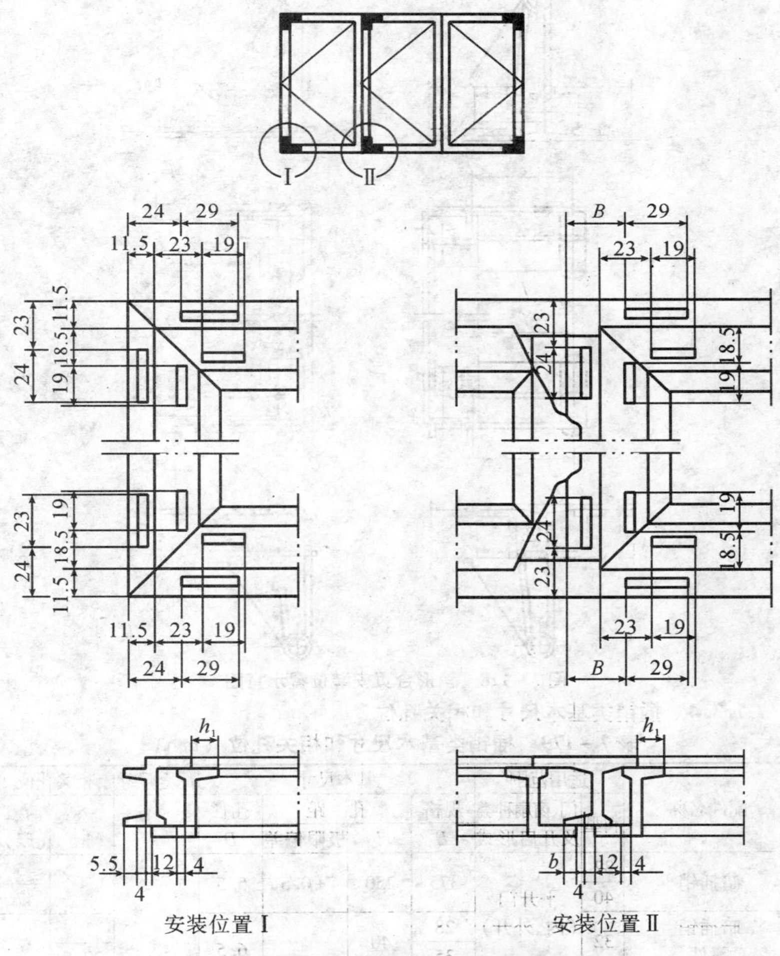

图 7－117　角形合页在窗料上安装位置尺寸示意图

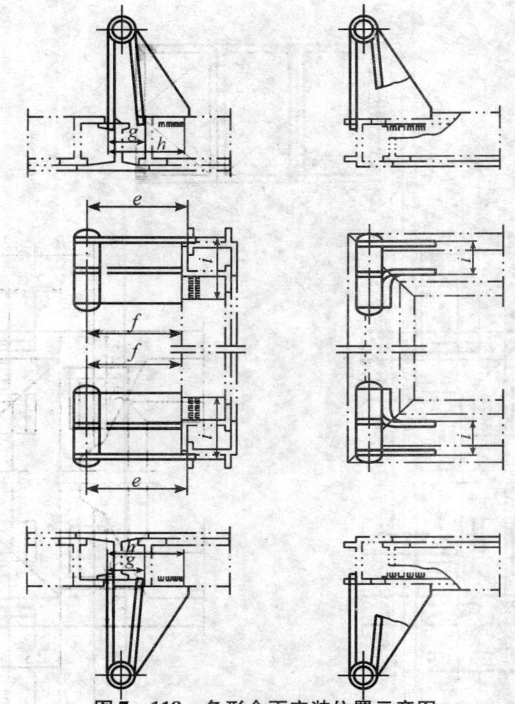

图 7－118　角形合页安装位置示意图

7.3.4　插销类基本尺寸和相关孔位

表 7－179　插销类基本尺寸和相关孔位（mm）

<table>
<tr><th rowspan="3">配件名称</th><th colspan="2">适用范围</th><th colspan="4">基本尺寸</th><th>配合尺寸</th><th colspan="2">相关孔位</th></tr>
<tr><th rowspan="2">料型</th><th>门、窗扇种类</th><th>规格</th><th colspan="2">孔　距</th><th>孔径</th><th rowspan="2">e</th><th>a</th><th>b</th></tr>
<tr><th>及开启形式</th><th>L</th><th>l</th><th>极限偏差</th><th>D</th><th>（框）</th><th>（扇）</th></tr>
<tr><td rowspan="2">暗插销</td><td>32</td><td rowspan="4">平开门
（内、外开）</td><td rowspan="2">375</td><td rowspan="2">250</td><td rowspan="2">±0.5</td><td rowspan="2">5.5</td><td rowspan="6"></td><td rowspan="2"></td><td>45</td></tr>
<tr><td>40</td><td>47</td></tr>
<tr><td rowspan="2">暗插销
附件</td><td rowspan="2">32</td><td>28</td><td rowspan="2">40</td><td rowspan="4">±0.25</td><td rowspan="3">6.5</td><td>16</td><td rowspan="2"></td></tr>
<tr><td>35</td><td>20.5</td></tr>
<tr><td>中悬窗插销</td><td rowspan="2">40</td><td rowspan="2">中悬窗与
下悬窗</td><td rowspan="2"></td><td rowspan="2">35</td><td>14</td><td>8</td></tr>
<tr><td>中悬窗插销附件</td><td>M5</td><td></td><td></td></tr>
<tr><td rowspan="2">插销拉手</td><td>32</td><td>平开门</td><td>136</td><td rowspan="2">120</td><td rowspan="2">±0.5</td><td rowspan="2">6.5</td><td rowspan="2">14.5</td><td rowspan="2"></td><td rowspan="2">20</td></tr>
<tr><td>40</td><td>（内、外开）</td><td>146</td></tr>
</table>

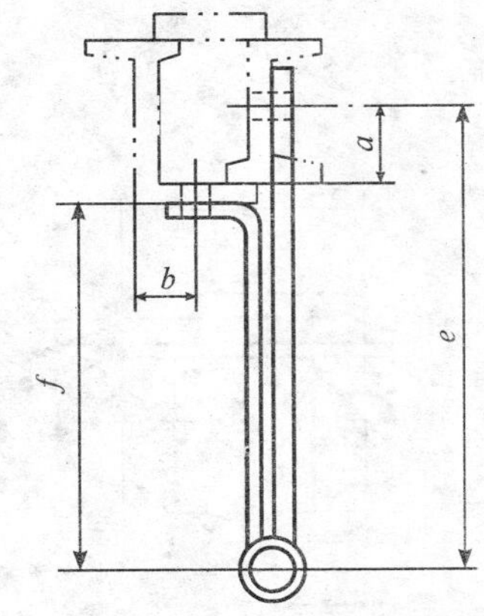

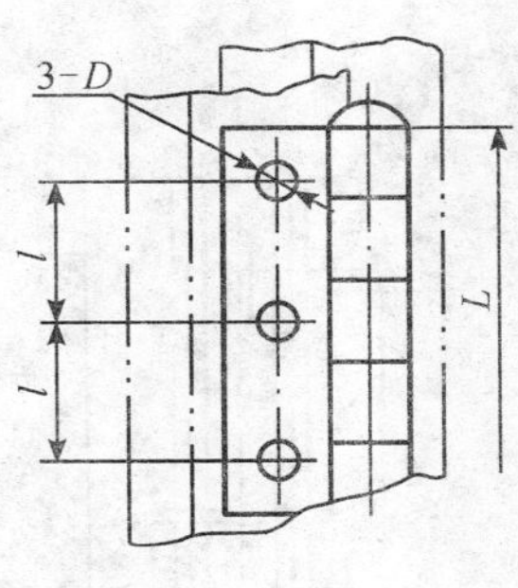

图 7－119　长合页安装位置示意图

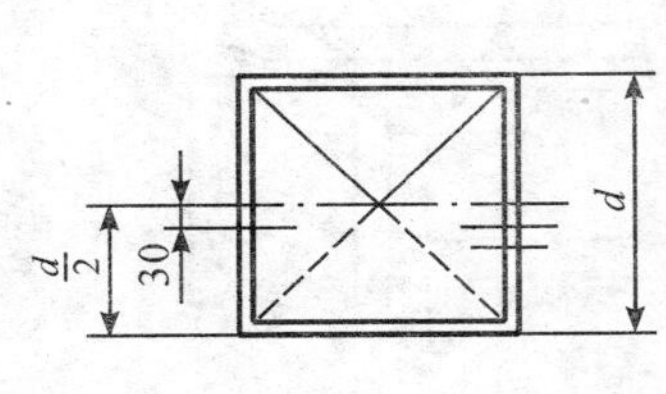

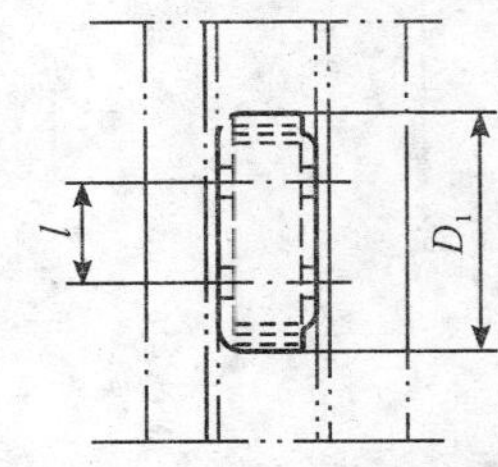

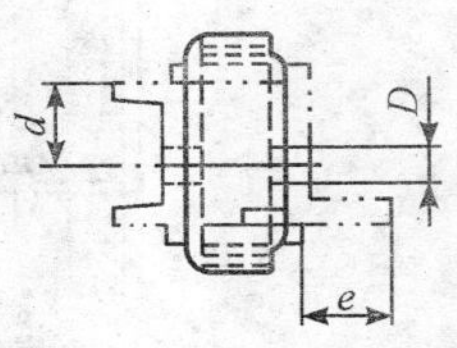

图 7－120　圆芯合页安装位置示意图

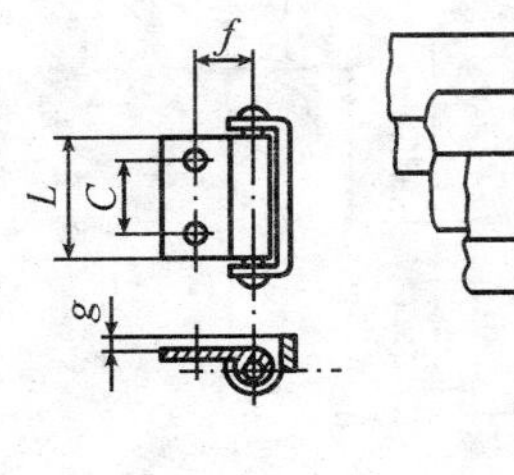

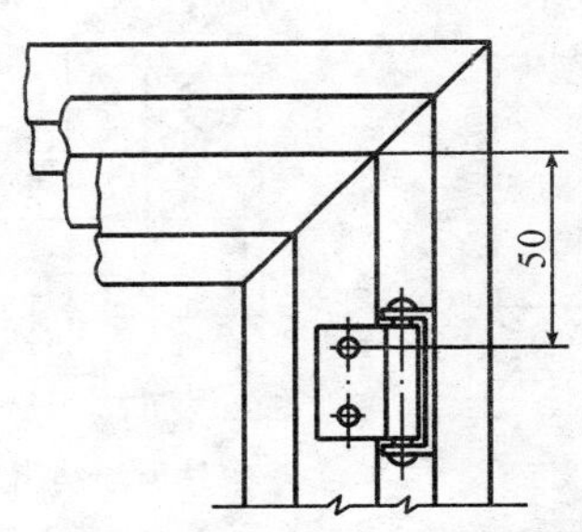

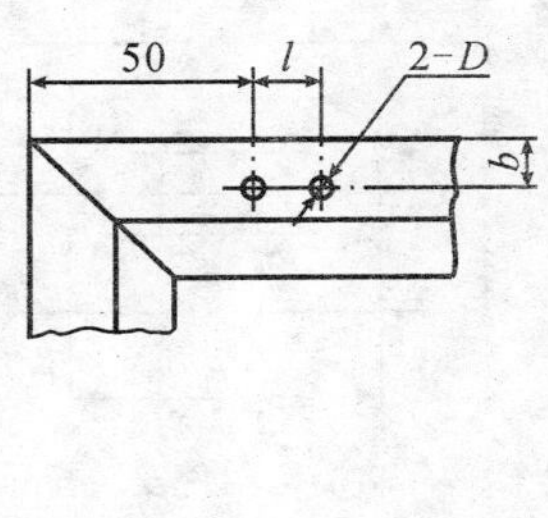

图 7－121　气窗合页安装位置示意图

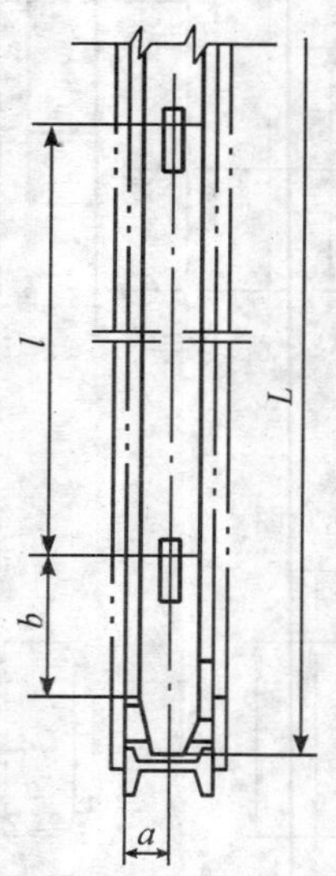

暗插销安装位置

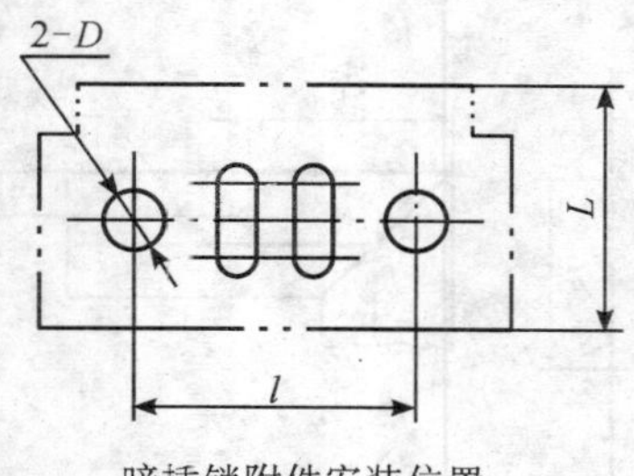

暗插销附件安装位置

图 7－122　暗插销安装位置示意图

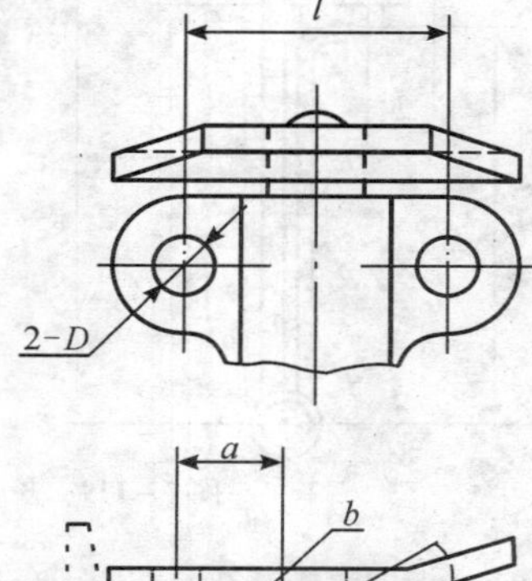

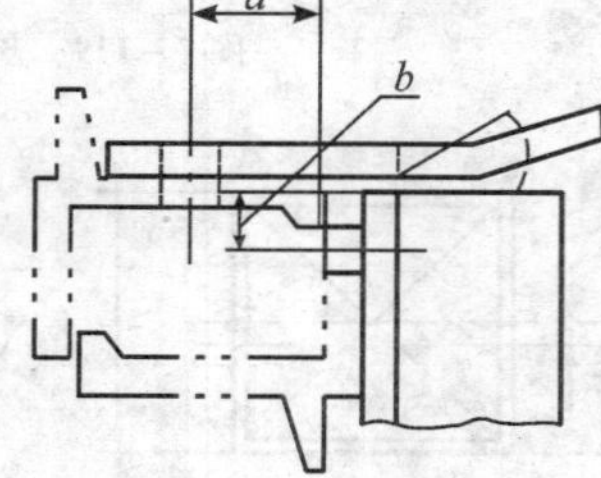

中悬窗插销安装位置

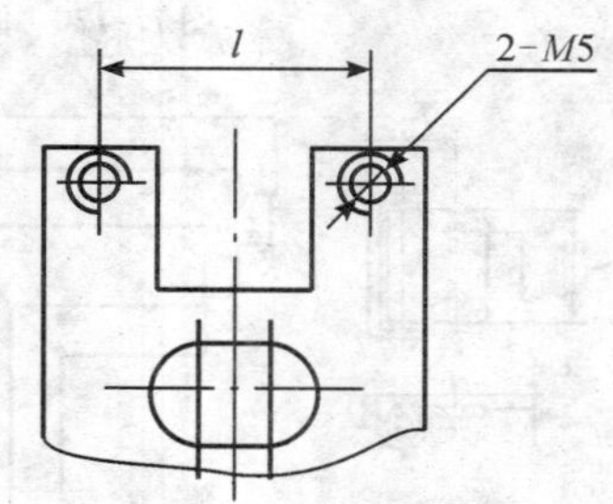

中悬窗插销附件安装位置

图 7－123　中悬窗插销安装位置示意图

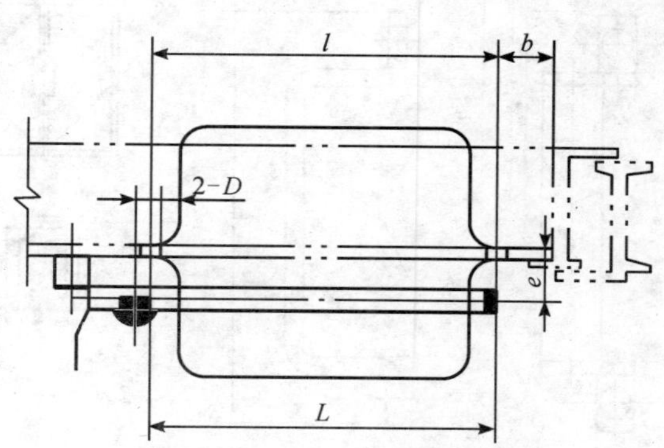

图 7－124　插销拉手安装位置示意图

7.3.5　其他类基本尺寸和相关孔位

表 7－180　其他类基本尺寸和相关孔位（mm）

配件名称	适用范围		基本尺寸								相关孔位	
	料型	门、窗扇种类及开启形式	规格	孔距		孔径		配合尺寸			a	b
			L	l	极限偏差	D	M	e	f	g	（框）	（扇）
纱门拉手	32	带纱扇门	150	100	±0.25	5.5						4.5
门风钩	32	平开门（内、外开）	175	35		6.5						
	40											
固定铁脚	32	门、窗	70				6	15	6		14	
	40										18	
调整铁脚	32		30								14	
	40										18	
连接铁脚	25	双层窗（内层内开 外层外开）	172	156	±0.5	6.5		14	7	15	11	
	32										14	
玻璃销	25	门、窗	35			4.5					11	11
	32										14	12
	40					5						13
窗纱压脚	32	带纱扇窗（用于固定纱窗）				5.5		10	14		11	

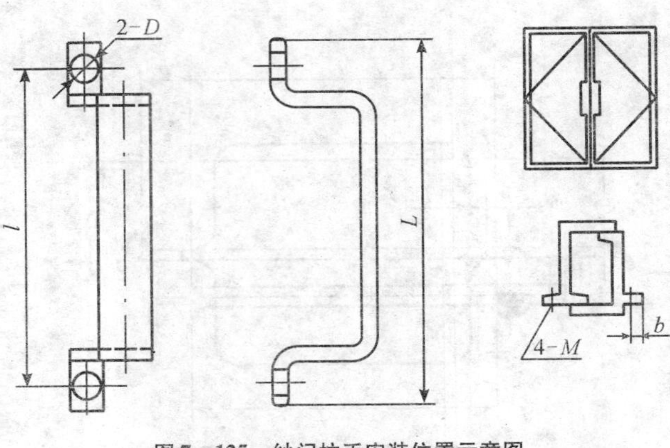

图 7－125　纱门拉手安装位置示意图

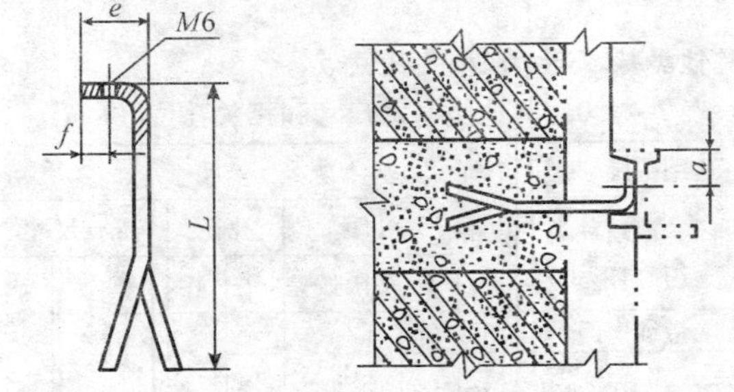

图 7－126　固定铁脚安装位置示意图

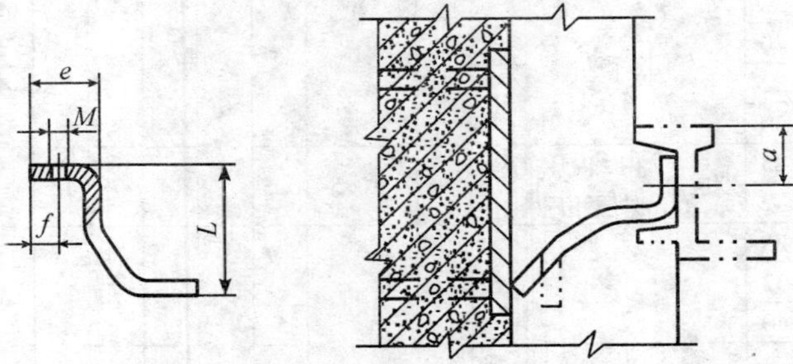

图 7－127　调整铁脚安装位置示意图

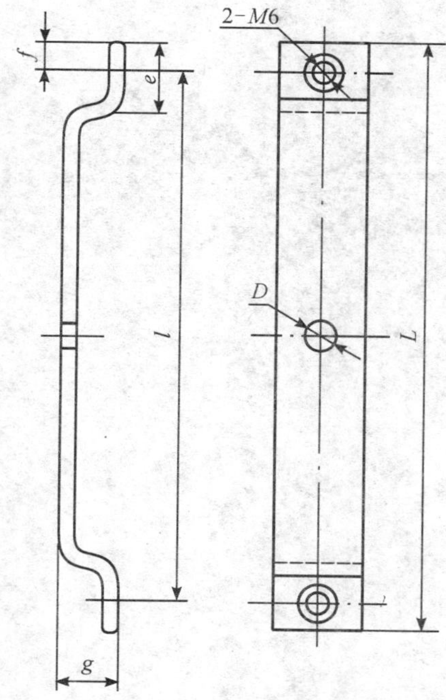

图 7-128　连接铁脚孔距、孔径示意图

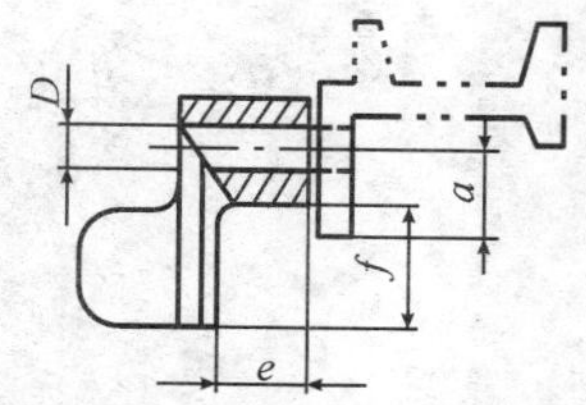

图 7-129　纱窗压脚安装位置示意图

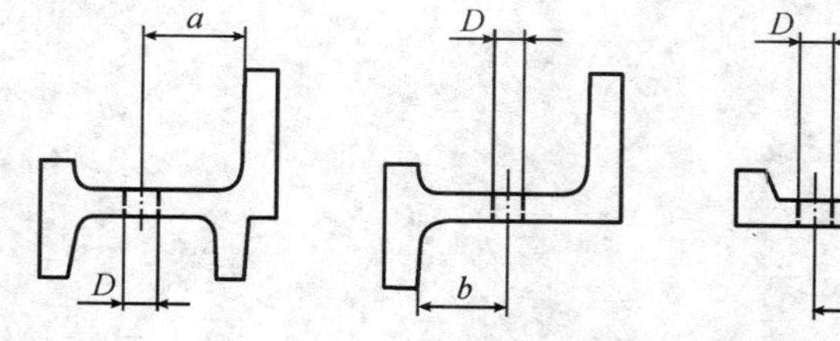

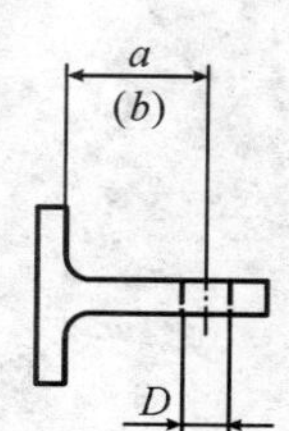

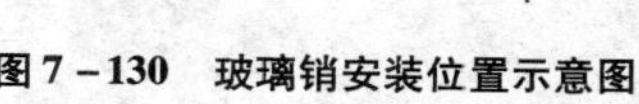

图 7-130　玻璃销安装位置示意图